高能量密度物理学

[俄]弗拉基米尔·叶甫盖尼耶维奇·弗尔托夫 著

余 真 译

中国原子能出版社

图书在版编目(CIP)数据

高能量密度物理学 / (俄罗斯) 弗拉基米尔·叶甫盖尼耶维奇·弗尔托夫著 ; 余真译. — 北京 : 中国原子能出版社, 2020.12

ISBN 978-7-5221-1157-5

Ⅰ. ①高… Ⅱ. ①弗… ②余… Ⅲ. ①高能量密度物理 Ⅳ. ①O572

中国版本图书馆 CIP 数据核字(2020)第254370号

版权合同登记号 01-2020-6740

高能量密度物理学

出版发行 中国原子能出版社(北京市海淀区阜成路 43 号 100048)
特邀编辑 李天惠
责任编辑 付 凯 裘 勖
责任校对 冯莲凤
责任印制 潘玉玲
装帧设计 崔 彤
印　　刷 保定市中画美凯印刷有限公司
开　　本 787 mm×1092 mm 1/16
印　　张 37
字　　数 924 千字
版　　次 2020 年 12 月第 1 版 2020 年 12 月第 1 次印刷
书　　号 ISBN 978-7-5221-1157-5
定　　价 **198.00** 元

网址:http://www.aep.com.cn **E-mail:atomep123@126.com**
发行电话: 010-68452845

前　言

本学术专著根据近年来作者于莫斯科物理技术学院教学课程讲义写成，也包括各种科学会议和论坛上的大会报告、综述性报告和邀请报告内容。本书也采用了作者的另一本书《地球及宇宙空间物质极端状态》(2008 年出版 M.：Физматлит)的内容。该书很快销售一空，现已无从购买。它不是针对很大范围读者群的，但我还是收到了很多评论和建议，包括指出印刷错误和其他错误，这些在撰写本书时都考虑在内。当然，本书有新的篇章，其余大部分内容也补充了新的材料，纳入了世界上很多实验室不断出现的快速发展的理论和实验结果。

关于物质极端状态新的数据急速增长，这与地球条件下产生高能状态的实验新方法相关，也和令人兴奋的空间物理学新近观测数据有关，这些数据由最新一代各种波长的地球或太空望远镜以及自动化空间设备所获得。

人们对极端状态物理学的关注度总是很高，一方面大家总是很自然地希望达到更高的成就，研究创纪录的参数；另一方面也是源于太空物理学、能源及国防等多方面的大量应用。正是由于军事用途的刺激，才在 3000 多年前完成了第一次成功的极端状态实验——在大卫和哥利亚决战的时代(图 1)。大卫用投石器射出了高速度石块，打中了哥利亚的头，在哥利亚的头上产生了压力高达 1.5 kbar(1 bar = 10^5 Pa)的冲击波，这个压力是他的前额颅骨强度的两倍多，使得决斗结果偏向了更振奋的以色列军队。那个时代所成功发现的流程，成为了后来高能动力物理学领域所有实验的思想基础。

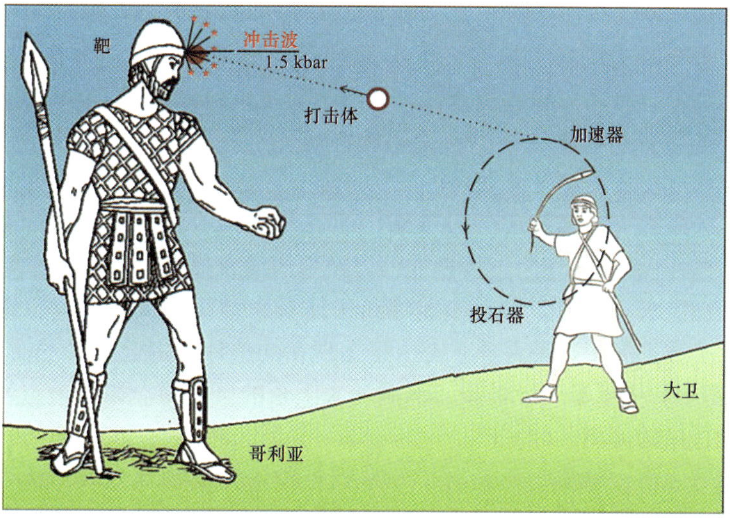

图 1　大卫大战哥利亚(《旧约》，公元前 2000 年)

使用更强大更敏感的能量聚合系统——化学及核炸药、火药、轻气体及电动力“炮”、带电粒子流、激光及X射线辐射——使投出的打击体速度自大卫时代以来提高了3~4个数量级，而冲击波压力则提高了6~8个数量级，达到了Mbar及Gbar幅度，达到了“核反应”级别的物质能量密度。

在20世纪，人类文明进入了原子和宇宙纪元，高能物理学的发展与此紧密相关。高能量密度冲击波对原子核加载，是为了在受到压缩的核材料中激发链式反应，而受控聚变高能状态控制的热核加载和微靶，则是压缩、加热热核材料以激发热核反应的主要方法。

虽然实验室等离子体产生的压力有限，与天体物理学最大值相差20~30个数量级，但这个差距已在快速缩小。实验室和太空的物理过程经常表现出惊人的差别，同时也有显著的种种相似，从而至少证明了，物质所表现的物理性质在很宽的密度(大约42个数量级)和温度(达10^{13} K)范围内的统一性。

正如伏尔泰(Voltaire)曾经指出的：“……在大自然中这是完全自然、司空见惯的现象。德国和意大利的一些领主的领地，巡视一圈差不多得花一个半小时吧。但是它们相较于土耳其、莫斯科或者中国等帝国真是微不足道，对比十分惊人。这些反差隐含无穷真谛。”(伏尔泰《微型巨人》(*Le Micromégas*)，巴黎，1752)

需要重点强调的是，同基础研究一样，与极端状态物理学相关的技术问题的研究范围持续不断扩大。这类物质状态决定了高温等离子体惯性约束脉冲热核反应堆的运行、高功率爆磁以及磁动力学发生器、能源装置和气相核反应火箭推进器的运行，还有等离子体化学及超高频反应器、等离子体加速器以及大功率光学辐射、X辐射源等的运行。未来的能源设备中，极度压缩和加热的等离子体将作为工作介质，犹如现代热电厂中的水蒸汽。

极端状态由物质受到强冲击波、爆轰波或电爆炸波、聚心激光辐射、电子及离子束等作用而产生，发生于强化学及核爆炸、脉冲蒸发套筒箍缩、磁聚合发生器、超高声速物体在地球稠密大气层运动、高速撞击以及很多其他以超高温度和压力为特征的过程中。真空击穿时近电极、接触及电爆炸过程的物理学与高能等离子体紧密相关，高能等离子体决定了高功率脉冲加速器、微波辐射发生器和等离子体开关的工作状态。

高能量密度可引起物质在很宽范围的物性变化，从固体、液体到中性气体，覆盖了熔化及沸腾相变边界，以及金属-电介质的转变。金属-电介质的转变问题目前已经进行了大量实验研究，包括多重(“准等熵”)冲击压缩电介质、电介质的金属化、最近发现的等离子体在Mbar级压力下的相变，以及强压缩普通金属的介电作用等实验。

伴随实用性需求，目前人们对高能等离子体科学规律的兴趣陡增，因为宇宙中可见物质的绝大多数正属于这种奇异状态。根据现在的估计，将近95%的质量(不包括暗物质)为普通恒星和中子星、脉冲星、黑洞和太阳系的巨行星、以及最近发现的太阳系以外的数百颗行星的等离子体。

在成为星球之前，宇宙物质经历了一系列各种各样的物理变换：从夸克和基本粒子到复杂分子再到各种原子和粒子；从相对论能量变为绝对零度以及又变为高能量和稠密的等离子体；从极高密度变为超高真空再变为原子核及夸克的密度。因此我们有关宇宙的结构、演化和历史的基本知识，直接取决于我们对直到超高能量密度的物质所有物性变化的了解，从而不仅形成特定的物理模型，还有当代自然科学的世界观。随着在地球上和空间研究中可得到的高能量密度的稳步提高，我们好像可以乘“时间机器”回到过去，探索宇宙大爆炸——大约150亿年前宇宙诞生时刻——的奇异状态。

如今我们可以清楚地看到，对物质在极端条件下的研究是最热门、最急速发展的基础科学研究领域之一，处于等离子体物理、非线性光学、凝聚态物理、核物理和原子分子物理、相对论和磁流体动力学等等的结合点，包含由压缩和加热所激发的丰富多样的物理效应，以及经常性扩展中的各种目标和状态，其中等离子体非理想性至关重要。尽管天体目标、实验和天体物理状况各种各样，它们都有一个共同的特点，即高能量密度对其物理行为起着决定性的作用。

这些因素持续稳定地推动着理论和实验的大力研究，最近得到了大量新的研究成果，主要是有关极端条件下物质的热动力学、结构、气体动力学、光学、电子物理学及输运性质的可靠信息。这些具体的信息包含在大量的原创出版物中，其中一部分对于俄罗斯专家，尤其是年轻人，不太容易得到。

作者试图以统一的观点，系统化综合论述这些属于科学新领域的理论和实验研究资料，并且追随卢克莱修①去展示：“原素交混，万物生成；千差万别，怪状奇形。”(*Тит Лукреций Кар*. О природе вещей. В сер.: Великие мыслители. – М.: Мир, 2006. 卢克莱修《物性论》，《伟大的思想家》系列之一，莫斯科：世界出版社，2006)

作者试图在本书中尽可能更广泛地讨论有关高能量密度物理学的问题。因此大量有趣的天体物理学、激光、核物理问题以及技术方面资料论述得比较简洁，以引领读者去研究原文和专著。同时，涵盖当今所有已知的有关极端条件的知识也不是目的，重点叙述的是作者最感兴趣并亲自进行过研究的问题。我知道，由于高能量密度物理学的飞速发展，本书所涉及的知识将不断扩展，描述会更加准确，书中内容不可避免地会过时，如果读者们能发来批评性评论和建议，我将不胜感激。

我希望本书能对广大的自然科学专业学者们、研究生们和大学生们有所助益，使他们能够接触原创资料，并帮助他们发现当今物质极端状态物理学方面感兴趣的问题。

本书准备过程中，很多人给予我帮助和建议，和我进行了激发灵感的讨论，他们是伯列伽(Ю. Ю. Болега)，安德列耶夫(Н. Е. Андреев)，法耶诺夫(А. Я. Фаенов)，伯林尼科夫(С. И. Блинников)，科金措娃(М. Б. Козинцова)，谢尔盖耶夫(А. М. Сергеев)，斯塔罗斯金(А. Н. Старостин)，伊姆申尼克(В. С. Имшенник)，伊澳西列夫斯基(И. Л. Иосилевский)，卡尔达绍夫(Н. С. Кардашев)，苏尔坦诺夫(В. Г. Султанов)，沙尔科夫(Б. Ю. Шарков)，雅可夫列娃(В. А. Яковлева)。我非常感谢他们。

弗拉基米尔·弗尔托夫

于莫斯科阿伯拉姆采沃，2008年3月

---

① 即提图斯·卢克莱修·卡鲁斯(Titus Lucretius Carus，约前99年～约前55年)，罗马共和国末期的诗人和哲学家，以哲理长诗《物性论》(De Rerum Natura)著称于世。

引 言

“我们已经知道了物质在所有条件下所遵循的变化规律，除了极端条件。”

——霍金《时间简史》

极限高温高压意味着极高的能量密度，这样状态下的物质属性总是以得到创纪录参量的可能性、推进至相图中之新区域的前景、以及实验室条件下得到奇异状态等吸引着研究者们。这些奇异状态通过宇宙大爆炸产生了我们的宇宙，并且目前绝大部分(90%～95%)重子(可见)物质质量——在恒星及星际天体中，在行星及系外行星中[1-10]——仍处于奇异状态。因此，研究这些在地球条件下非同寻常、而在宇宙其余部分却如此典型的物质状态对于我们有着巨大的增长知识的作用，有助于我们形成当代宇宙观和世界观。此外，将原子能、热核能源和脉冲能源装置，以及高压和高功率电子物理学中的高能量密度状态应用于合成超硬物质、强化及锻接材料、太空装置陨石防护，当然还包括用于国防，是对这类研究得以持续的实用主义激励。须知可控(惯性可控热核聚变)及准可控(原子弹和氢弹)核能装置的能量释放进程，是建立在激发被强烈压缩和加热的核燃料的核反应基础上的。

近几十年，天文学革命性的发现(中子星、脉冲星、黑洞、蠕虫洞、γ射线暴、系外行星)[1,5-10]证实了存在新型极端状态，必须加以研究以解决当代天体物理学最基本的问题。

自20世纪50年代中期开始，在核武器国防领域内，随着可产生高能量密度的新型装置——激光、带电粒子束、强流Z箍缩、爆炸和爆电强冲击波发生器、多级轻气炮、金刚石砧等——的出现，高能量密度研究取得了很大发展。这些复杂而昂贵的技术设备，使物理实验可利用的能量密度数量级极大提高，且在实验室或者准实验室条件下可得到Mbar～Gbar量级的压力，这是实验物理的传统技术所达不到的。

为聚集高能量密度所使用的新型发生器导致了各种各样有趣的物理现象：从根本上重组被压缩和加热的材料的能谱和成分[1-5,11]；当定向能流与稠密等离子体相互作用时产生新型集合效应以及各种不稳定性，可观的能量辐射输运条件下等离子体的非定常运动，相对论的、万有引力的、以及原子核的现象，以及许多其他奇异现象。这些现象目前就算能够预言，也不过是其最普通的形态[5-7]。

如今，高能量密度物理学已经成为当代科学中包罗万象且快速发展的领域，使用更为强大的产生手段、诊断方法，并用最强大的超级计算机进行数值模拟。

因此，并非偶然，金兹博格(V. L. Ginzburg)院士在《21世纪开端的物理学基础知识》[6]一书中所提出的30个问题中，有一半或多或少地涉及高能量密度物理学。

通常所谓的“高”能量密度[1-5,9]，是指物质中的能量密度高于$10^4 \sim 10^5$ J/cm^3，相当于凝聚态介质(例如，高能炸药(HE)、H_2或金属)中的结合能和数百万大气压的压力水平。比较一下：地球中心压力大约3.6 Mbar，木星中心约40 Mbar，太阳中心则为200 Gbar左右。我们必须立刻指出，这里所谓的“物质”，是指较大宏观尺度的连续介质。原子核内的“超极端”状态，以及原子核——在加速器中达到亚光速——单次碰撞时出现于微观(更精确地说是飞米级)体积的条件，是相对论核物理研究对象[12]，不在本书仔细研究的范围之内。

一般来说，高能量密度条件下的物质处于等离子体(电离)状态——由于受热和/或受压产生的电离状态。天体物理目标中，这样的压缩和加热由万有引力及核反应来实现，而实验室条件则是强冲击波，其引发需要各种“驱动器”——从二级气体炮[13]到激光[14,15]和强流Z箍缩[16,17]，其功率高达数百TW①。同时，如果天体物理目标中极端状态存续时间从毫秒到数十亿年，借助于太空探测器——各种波长的轨道和地基望远镜——可对它们进行仔细观察测量；则地球条件下涉及的是微秒(10^{-6} s)、飞秒(10^{-15} s)、阿秒(10^{-18} s)时长范围[2-4,15]，以至于必须使用超快的特殊诊断方法。

目前，产生超高压力和温度的每种大型物理装置，除解决脉冲能源装置或国防实际需求的目标任务之外，还用于高能量密度基础物理学(经常是国际的)工作计划。重要的是，这方面技术的实验能力在急速发展。如，现代化短脉冲激光系统(美国的NIF[14,18]、NIKE、OMEGA，法国的TRIDENT、LMJ[19-21]，日本的GEKKO-XII，英国的VULKAN，俄罗斯的Искра-6(Iskra-6)等，见表1.1、表2.1)，特别长于在1 mm^{3}级别体积内数纳秒时间就释放1~1.8 MJ能量，建立准Gbar量级的压力。

此外，Z箍缩技术领域也取得了巨大的进展：在美国圣地亚的装置，等离子体套筒箍缩时，5~15纳秒时间、1 cm^{3}量级的区域内，可以得到约1.8 MJ软X射线辐射能量[22-24]。这些创纪录的参量，从采用金刚石砧、爆炸和电爆装置、Mbar压力量级轻气炮等的实验中得到增补，是目前最新的、有时是出乎意料的有关高度压缩等离子体性状的信息来源[3,4]。

有趣的是，利用实验室极端状态等离子体所进行的实验中，目前已经小规模部分成功地复制了很多发生于天体物理目标中——相关信息通过应用地球和太空观测手段已经容易得到——的现象和过程。得到了关于以下各个方面的数据：流体动力学混合及各种不稳定性，冲击波现象，强辐射、相对论磁化流和射流，孤子，相对论现象，状态方程，被压缩非理想等离子体组分和光谱，星际太空等离子体、尘埃特性以及一系列其他现象等。

高能量密度物理学与下列科学领域紧密相关，如等离子体和凝聚态物理学，相对论物理学，激光和带电粒子束物理学，原子核、原子及分子物理学，辐射流体力学、气体动力学及磁流体力学，以及天体物理学等等。此外，高能量密度物理学的特殊性还在于，发生其中的等离子体过程具有极端的复杂性和极强的非线性，集体粒子间相互作用的重要性，还有相对论，使得从事这个领域研究工作是有趣迷人的事业，吸引

① 地球上所有发电厂功率总计将近3.5 TW。

了越来越多新人的加入。

考虑到这些情况，美国科学院国家科学研究委员会为高能量密度物理学领域编制了庞大的国家研究计划[5]，赋予了很高的优先权。后文的论述中，我们将在很多方面关注到这份文件[5]。类似的工作计划在很多发达国家蓬勃发展，这些国家能够提供必要的实验装置，并且具有必需的高水平专家。

本书的目的在于讨论高能量密度物理学发展的现状和远景，各种产生和诊断稠密等离子体实验手段的优势和局限，并简要分析已有的结果。鉴于资料来源广泛且出处不同，某些情况的叙述将言简意赅，读者可参考相关的综述和专著[1-10,25-41]。

本书的第 1 章，对处于高能量密度的物质状态进行了分类，讨论相图的一般形态、无量纲参量，以及相应于地球和天体物理目标的物理条件。

第 2 章，介绍实验人员可得到的用于生成极端状态的设备。

第 3 章，单独分析核爆炸极端状态——从激发链式反应和聚变反应到毁灭性作用。

第 4 章，分析如何利用激光和相对论重离子束来生成和诊测高能量密度状态。

第 5 章，讨论重离子碰撞时的高能量密度物理学问题，这些重离子已加速至亚光速，并伴随有超稠密核物质——夸克-胶子等离子体(QGP)——的形成。

第 6 章，对大量高能量密度物理学技术性应用进行简单介绍。

第 7 章，我们讨论关于引起核材料变形的超高能量密度物理问题。

本书结束于讨论最特别的天体物理学目标和现象，它们与极端能量密度的实现紧密相关。

本书作者试图引导读者进入相当广阔的具有各式各样问题的高能量密度物理学领域，因此这里所涉及的很多主题远未进行充分阐述，要知道本书的目的，就是要帮助读者在目前所积累的实际信息的辽阔海洋中找到定位，看清趋势，并帮助年轻学者们选择今后的研究方向，而不是给出这里不断出现的所有问题的答案。

高能量密度物理学是正在蓬勃发展的当代科技领域，因此本书所介绍的资料将会经常得到补充和更正，包括新的测量结果、观测数据和模型等。作者将非常感谢读者对所述资料的补充和批评指正。

参考文献

[1] *Киржниц Д. А.* Экстремальные состояния вещества (сверхвысокие давления и температуры) // УФН. 1971. Т. 104, №7. С. 489. 基尔日尼茨. 物质极端状态(超高压力和温度).

[2] *Фортов В. Е.* Мощные ударные волны и экстремальные состояния вещества // УФН. 2007. Т. 177, №4. С. 347. 弗尔托夫. 强冲击波和物质极端状态.

[3] *Fortov V.*, *Yakubov I.*, *Khrapak A.* Physics of Strongly Coupled Plasma. — Oxford: Clarendon Press, 2006.

[4] *Фортов В. Е.*, *Храпак А. Г.*, *Якубов И. Т.* Физика неидеальной плазмы. — М.: Физматлит, 2004. 弗尔托夫,等. 非理想等离子体物理学.

[5] Frontiers in High Energy Density Physics / Ed. by D. Henderson. — Washington: National Research Council, Nat. Acad. Press, 2003.

[6] *Гинзбург В. Л.* О сверхпроводимости и сверхтекучести (что мне удалось, а что не удалось), а

также о «физическом минимуме» на начало XXI века // УФН. 2004. Т. 174, №11. С. 1240. 金兹伯格. 关于超导性和超流动性(我的成功与不成功),以及关于 21 世纪开端的物理学基础知识.
[7] *Гинзбург В.Л.* О физике и астрофизике. — М.: Бюро Квантум, 1995. 金兹伯格. 关于物理学和天体物理学.
[8] *Засов А. В., Постнов К. А.* Общая астрофизика. — Фрязино: Век-2, 2006. 扎索夫,等. 普通天体物理学.
[9] *Drake R. P.* High-Energy-Density Physics. — Berlin-Heidelberg: Springer, 2006.
[10] *Vacca J. R.* The World's 20. Greatest Unsolved Problems. — New Jersey: Prentice Hall-PTR, 2004.
[11] *Фортов В. Е., Терновой В. Я., Жерноклетов М. В. и др.* Ионизация давлением неидеальной плазмы в мегабарном диапазоне динамических давлений // ЖЭТФ. 2003. Т. 124, №2. С. 288. 弗尔托夫,等. 兆巴量级动压条件下非理想等离子体的电离.
[12] *Окунь Л. Б.* Лептоны и кварки. 2 изд. — М.: Наука, 1990. 奥共,轻子和夸克.
[13] *Nellis W. J.* Dynamic Compression of Materials: Metallization of Fluid Hydrogen at High Pressures // Reports on Progress in Physics. 2006. V. 69, №5. P. 1479-1580.
[14] *Hammel B. A., the National Ignition Campaign Team.* The NIF Ignition Program: Progress and Planning // Plasma Phys. Control. Fusion. 2006. V. 48, №12B. P. B497-B506.
[15] *Анисимов С. И., Прохоров А. М., Фортов В. Е.* Применение мощных лазеров для исследования вещества при сверхвысоких давлениях // УФН. 1984. Т. 142, №3. С. 395. 阿尼西莫夫,等. 运用强激光研究超高压力下的物质.
[16] *Knudson M. D., Hanson D. L., Bailey J. E. et al.* Equation of State Measurements in Liquid Deuterium to 70 GPa // Phys. Rev. Lett. 2001. V. 87, №22. P. 225501.
[17] *Грабовский Е. В., Воробьев О. Ю., Дябилин К. С. и др.* Генерация мощных ударных волн мягким рентгеновским излучением плазмы Z-пинча // Письма ЖЭТФ. 1994. Т. 60, №1. С. 3. 格拉波夫斯基,等. 运用 Z 箍缩等离子体软 X 光辐射生成强冲击波.
[18] *Moses E. I., Bonanno R. E., Haynam C.A. et al.* The national ignition facility: Path to ignition in the laboratory // Eur. Phys. J.D. 2006. V. 44, №2. P. 215-218.
[19] *Cavailler C.* Inertial fusion with the LMJ // Plasma Phys. Control. Fusion. 2005. V. 47, №12B. P. B389-B403.
[20] *Giorla J., Bastian J., Bayer C. et al.* Target design for ignition experiments on the laser megajoule facility // Plasma Phys. Control. Fusion. 2006. V. 48, №12B. P. B75-B82.
[21] *Andre M.* Conceptual Design of the French LMJ Laser // First SPIE Int. Conf. Solid State Lasers for Application to ICF. Monteray: 1999. P. 39.
[22] *Spielman R. B., Deeney C., Chandler G. A. et al.* Tungsten Wire-Array Z-pinch Experiments at 200 TW and 2 MJ // Phys. Plasmas. 1998. V. 5, №5. P. 2105-2111.
[23] *Cuneo M. E., Vesey R. A., Bennett G. R. et al.* Progress in Symmetric ICF Capsule Implosions and Wire-Array Z-Pinch Source Physics for Double-Pinch-Driven Hohlraums // Plasma Phys. Control. Fusion. 2006. V. 48, №2. P. R1-R35.
[24] *Quintenz J., Sandia S.* Pulsed Power Team. — Nagaoka, Japan, 2000. June.
[25] *Ashkroft N. A.* // Int. School of Physics《Enrico Fermi》, Course CXLVII High Pressure Phenomena / Ed. by R.Hemley, G. Chiarotti. — Amsterdam: Oxford, JOS Press, 2002. P. 151.
[26] *Киржниц Д. А., Лозовик Ю. Е., Шпатаковская Г. В.* Статистическая модель вещества // УФН. 1975. Т. 117, №9. С. 3. 基尔日尼茨,等. 物质的统计学模型.

[27] Энциклопедия низкотемпературной плазмы / Под ред. В. Е. Фортова. — М.: Наука, 2000. 弗尔托夫,编. 低温等离子体百科全书.

[28] *Hemley R. J.*, *Mao H. K.* // Int. School of Physics «Enrico Fermi», Course CXLVII, High Pressure Phenomena / Ed. by R. J. Hemley et al. Amsterdam. — Oxford: IOS Press, 2001. P. 3.

[29] *Фортов В.Е.* Мощные ударные волны и экстремальные состояния вещества. — М.: Букос, 2005. 弗尔托夫. 强冲击波和物质极端状态.

[30] *Kruer W. L.* The Physics of Laser Plasma Interaction. — Reading MA: Addison-Wesley, 1988.

[31] *Adzeni S.*, *Meyer-ter-Vehen J.* The Physics of Inertial Fusion. — Oxford: Clarendon Press, 2004.

[32] *Lindle I. D.* Inertial Confinement Fusion. — N.Y.: Springer, 1998.

[33] *Pukhov A.* Strong field interaction of laser radiation // Rep. Prog. Phys. 2003. V. 66, №1. P. 47-101.

[34] *Mourou G. A.*, *Tajima T.*, *Bulanov S.V.* Optics in the relativistic regime // Rev. Mod. Phys. 2006. V. 78, №2. P. 1804-1816.

[35] Energy from Inertial Fusion / Ed. by W. Hogan. —Austria: IAEA, 1995.

[36] *Аврорин Е. Н.*, *Водолага Б. К.*, *Симоненко В. А.*, *Фортов В. Е.* Мощные ударные волны и экстремальные состояния вещества // УФН. 1993. Т. 163, №5. С. 1. 阿夫洛林,等. 强冲击波和物质极端状态.

[37] Физика высоких плотностей энергии / Под ред. П. Кардиролла, Г. Кнопфеля. — М.: Мир, 1969. 卡尔基洛尔,等编. 高能量密度物理学.

[38] *Chen F. F.* Introduction to Plasma Physics and Controlled Fusion. — N.Y.: Plenum Press, 1984.

[39] *Альтшулер Л. В.*, *Крупников К. К.*, *Фортов В. Е.*, *Фунтиков А. И.* Начало физики мегабарных давлений // Вестник РАН. 2004. Т. 74, №11. С. 1011. 阿尔特舒列尔,等. 兆巴量级压力物理学起源.

[40] *Fortov V. E.*, *Altshuler L.V.*, *Trunin R. F.*, *Funtikov A. I.* Shock waves and extreme states of matter // High Pressure Shock Compression of Solids, VII / Ed. by R. Graham. — N.Y.: Springer, 2004.

[41] *Максимов Е. Г.*, *Магницкая М. В.*, *Фортов В. Е.* Непростое поведение простых металлов при высоких давлениях // УФН. 2005. Т. 175, №8. С. 793. 马克西莫夫,等. 普通金属在高压条件下的不普通特性.

目　录

第 1 章

高能量密度条件下的物质状态分类

图 1.1 和图 1.2 为存在于许多自然物体中和用一些技术设备可以实现的各种极端物质状态的示意图。当然，给出的参数实际大体上是估计，只能提供所讨论数值的量级的一般概念。

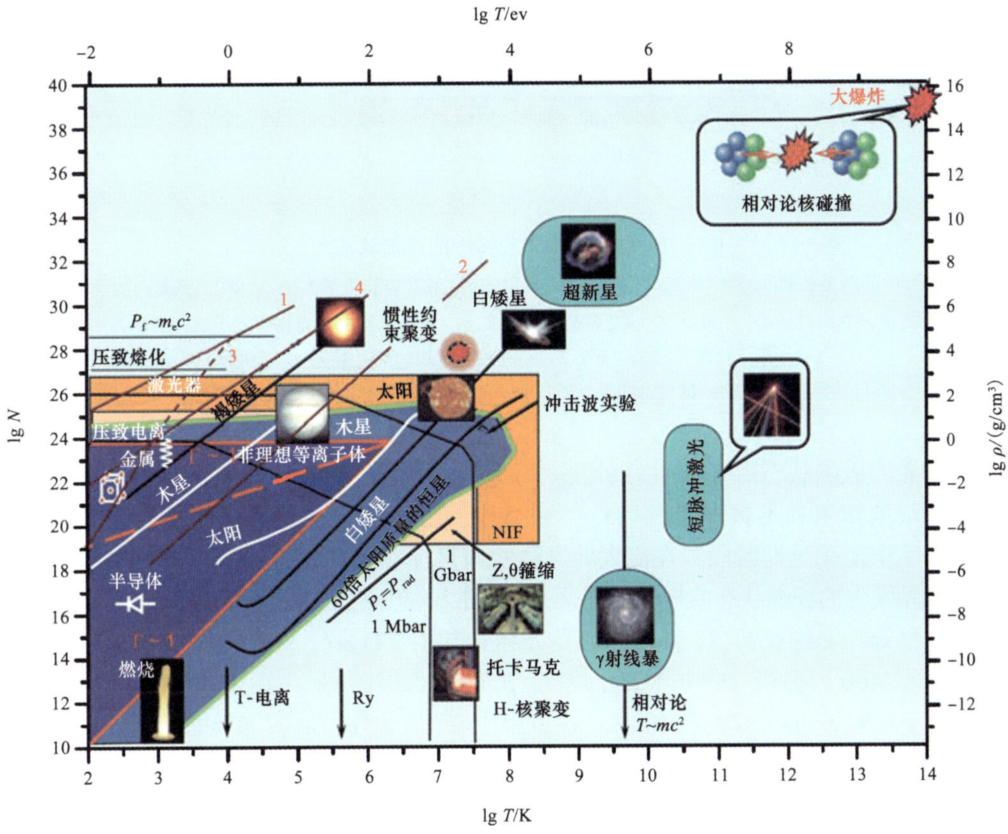

图 1.1　物质状态相图[1,2]

斜线 1—4 表示以 lg ρ 为标尺的物质(氘)[3]核成分状态：1——原子核简并区域边界；2——理想化区域边界；3——熔化曲线；4——可认为是经典晶格的区域的边界

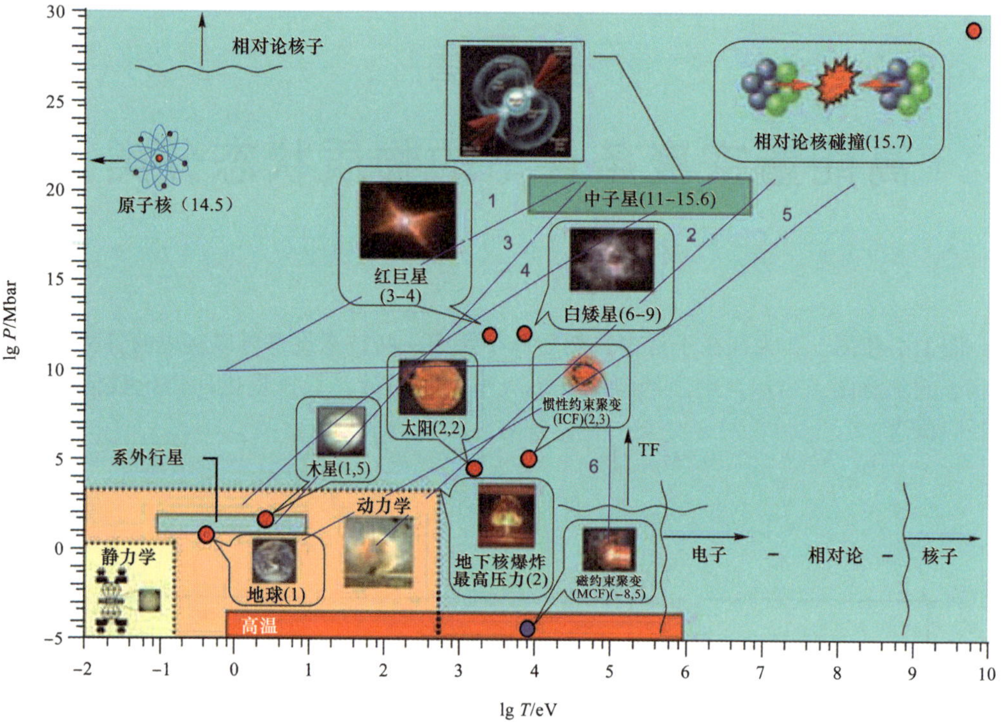

图 1.2　自然界和实验室中的极端状态[3]

括号中的数字是密度对数(密度单位 g/cm³)。“静态”区域对应静力学方法、“动态”区域对应动力学方法来获得高压力，“高温”指的是高温度下的实验。斜线所指的是碳物质电子成分的状态[3]：
1——原子核简并区域边界；2——理想化区域边界；3——熔化曲线；
4——可认为是经典晶格的区域的边界；5——电子简并区域边界；6——电子相对论区域边界

自然界的极端状态由万有引力引发。与库仑力(存在于电磁等离子体中)不同，引力具有远距离作用和不被屏蔽的特性。这类作用力压缩和加热物质，或者是直接的，或者是在宇宙演化早期阶段，在庞大的天体物理目标上激发放热核反应[3-5]。

自然界发生的极端状态的规模，即便是最大胆的想象也无法企及(图 1.3、图 1.4)。太平洋马里亚纳海沟底部(11 km 深处)的水压达到 1.2 kbar(1 kbar=100 MPa)，而地心压力为 3.4 Mbar，温度 $T\approx 0.5$ eV，密度 $\rho\approx 10\sim 20$ g/cm³；在木星中心，$p\approx 40\sim 70$ Mbar，$\rho\approx 30$ g/cm³，$T\approx 2\times 10^4$ K；在太阳中心，$p\approx 240$ Gbar，$T\approx 1.6\times 10^3$ eV，$\rho\approx 150$ g/cm³；冷却中的恒星——白矮星的 $p\approx 10^{10}\sim 10^{16}$ Mbar，$\rho\approx 10^6\sim 10^9$ g/cm³，$T\approx 10^3$ eV。惯性约束等离子体受控热核聚变靶中，$p\approx 200$ Gbar，$\rho\approx 150\sim 200$ g/cm³，$T\approx 10^8$ eV。中子星是脉冲星、黑洞、γ 射线暴和磁星的要素，被认为具有破纪录高的参数：幔层 $p\approx 10^{19}$ Mbar，$\rho\approx 10^{11}$ g/cm³，$T\approx 10^4$ eV；内核 $p\approx 10^{23}$ Mbar，$\rho\approx 10^{14}$ g/cm³，$T\approx 10^4$ eV，并且还有极高的磁感应强度($10^{11}\sim 10^{16}$ Gs)。

现代加速器中，加速到相对论速度的重原子核互相碰撞，出现极度压缩的夸克-胶体等离子体状态，具有超极端参数 $p\approx 10^{30}$ bar，$\rho\approx 10^{15}\sim 10^{16}$ g/cm³，$T\approx 10^{14}$ K，超过了极端天体物理目标实际值。

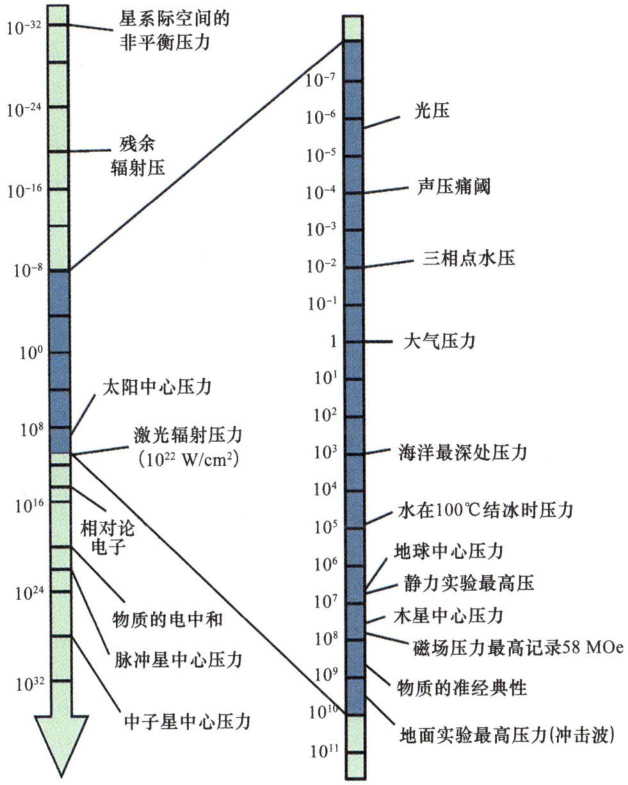

图 1.3　自然界中压力数值范围(单位为 Pa，1 atm≈10^5 Pa)

图中包含约 64 个数量级。右边标尺所示为实验条件已经达到的数量级[6]

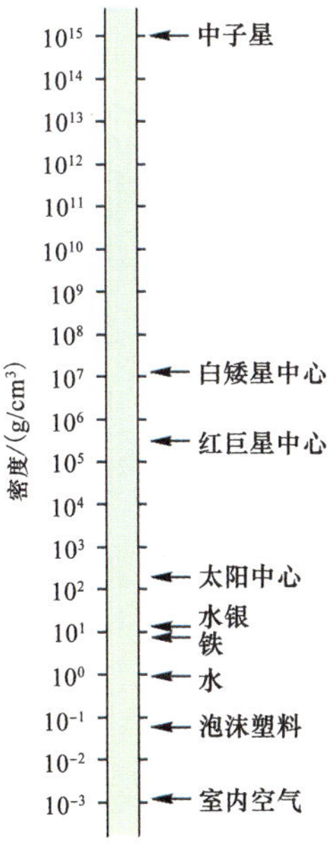

图 1.4　地球和太空中物质的密度

令人惊异的不仅仅是自然界中实现的参数范围之广，而且还有特征时间和特征尺度的巨大差异。宇宙可见部分的尺寸达到 1.3×10^{19} cm，如果把它与时间尺度上的 10^{-24} s[光通过质子大小(10^{-13} cm)距离所用时间]相比较，将会给人以更强烈的震撼。在如此大跨度的范围内，相对论和其他当代物理学模型的确重任在肩。

正如前面已经提到过的，“高能量密度”的下限，是指与凝聚态物质的键能(10^4 ~ 10^5 J/cm^3)相当的能量密度，对应于价电子的结合能(数电子伏)和大约 100 kbar ~ 1 Mbar 的压力。这些压力数值远高于材料的机械强度极限，因此必须考虑它们在脉冲能量释放所引起的流体力学运动状态下的可压缩性。

低压低温范围内，物质表现出了各自性质和结构独特的多样性，这是在正常条件下我们每天都能遇到的[3]。

正常条件下，物质的物理、化学、结构及生物学特性是其组分的强非单调函数。这类“低能量”状态的分类复杂而烦琐，取决于原子、离子、分子的电子能级的分布、填充细节和特性，最终形成了地球上我们周围无比丰富的生物和非生物自然界的形式和表现。

激光和蒸发冷却方法(图 1.5)可以提供超低的离子温度(10^{-9} K)，从而能够研究最有趣的量子现象，如玻色-爱因斯坦凝聚、里德伯物质、库仑凝结等。

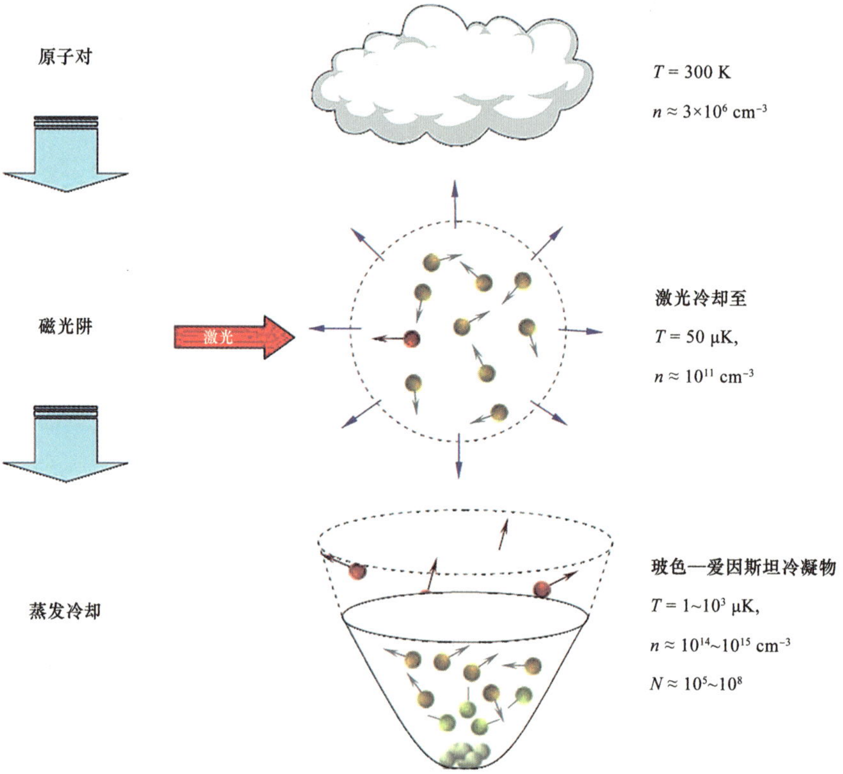

图 1.5　获得极低温度的方法

随着能量密度(p 和 T)的增长，物质的结构越来越具有普遍性[3,7,8]。元素周期表中相邻元素的差别越来越不明显，而物质的属性成为其组分更为平滑的函数。由于能量密度的增长，物质属性发生了明显的“普遍化”或是简化。压力和温度的升高破坏了分子复合物，形成了原子化状态，之后由于温度电离和/或压力电离，失去了负责物质化学特性的外围电子。原子和离子的电子壳层重新构造，获得了越来越规则的能级填充，而晶格在经过系列多晶形转化(一般发生条件是 $p<0.5$ Mbar)后，变成了所有物质中常见的紧密压实的体心立方结构。

这些物质属性的“简化”过程，发生在能量密度与上述“普遍化”过程中的特征能量相当的条件下。当特征能量密度在价电子层量级时，$e^2/a_0^4\approx3\times10^{14}$ erg/cm^3(a_0为玻尔半径，$a_0=\hbar/(me^2)=5.2\times10^{-9}$ cm，1 erg $=1\times10^{-7}$ J)，则意味着达到了物质“普遍化”下限，$T\approx10$ eV，$p\approx300$ Mbar。这些极限值的精确量化是高能量密度物理学实验的重要任务(见第 6 章)。况且在超 Mbar 压力范围内，理论[7,8]预言了更加多样化的物质性状(壳效应[7,8]、电子和等离子体相变[9-20]以及其他特征现象)。

极端状态区域的上限由当代高能物理学和天体物理学观测数据等知识水平所决定[5,21,22]，也许仅仅受到我们的想象力的限制。

用于当代物理学概念的能够得到的超极端物质参量，由所谓的普朗克类参量来定义[5,22]，这是一组基本常数的组合：普朗克常量 $\hbar$，光速 c，引力常量 G 和玻耳兹曼常数 k：

——长度　$l_p=\sqrt{\dfrac{\hbar G}{c^3}}=\dfrac{\hbar}{m_p c}\approx1.62\times10^{-33}$ cm；

——质量(所谓“峰值”质量)　$m_p=\sqrt{\dfrac{\hbar c}{G}}=2.18\times10^{-5}$ g；

——时间　$t_p=\dfrac{l_p}{c}=\dfrac{\hbar}{m_p c^2}=\sqrt{\dfrac{\hbar G}{c^5}}=5.39\times10^{-44}$ s；

——温度　$T_p=\dfrac{m_p c^2}{k}=\sqrt{\dfrac{\hbar c^5}{Gk^2}}=1.42\times10^{32}$ K；

——能量　$W_p=m_p c^2=\dfrac{\hbar}{t_p}=\sqrt{\dfrac{\hbar c^5}{G}}=1.96\times10^9$ J；

——密度　$\rho_p=\dfrac{m_p}{l_p^3}=\dfrac{\hbar t_p}{l_p^5}=\dfrac{c^5}{\hbar G^2}=5.16\times10^{93}$ g/cm^3；

——作用力　$F_p=\dfrac{W_p}{l_p}=\dfrac{\hbar}{l_p t_p}=\dfrac{c^4}{G}=1.21\times10^{44}$ N；

——压力　$p_p=\dfrac{F_p}{l_p^2}=\dfrac{\hbar}{l_p^3 t_p}=\dfrac{c^7}{\hbar G^2}=4.63\times10^{113}$ Pa；

——电荷量　$q_p=\sqrt{\hbar c4\pi\varepsilon_0}=1.78\times10^{-18}$ C；

——功率　$P_p=\dfrac{W_p}{t_p}=\dfrac{\hbar}{t_p^2}=\dfrac{c^5}{G}=3.63\times10^{52}$ W；

——回转频率　$\omega_{\mathrm{p}}=\sqrt{\dfrac{c^5}{\hbar G}}\approx 1.85\times 10^{43}\ \mathrm{s}^{-1}$；

——电流　$I_{\mathrm{p}}=\dfrac{q_{\mathrm{p}}}{t_{\mathrm{p}}}=\sqrt{\dfrac{c^6 4\pi\varepsilon_0}{G}}=3.48\times 10^{25}\ \mathrm{A}$；

——电压　$V_{\mathrm{p}}=\dfrac{W_{\mathrm{p}}}{q_{\mathrm{p}}}=\dfrac{\hbar}{t_{\mathrm{p}}}=\sqrt{\dfrac{c^4}{G4\pi\varepsilon_0}}=1.05\times 10^{27}\ \mathrm{V}$；

——阻抗　$Z_{\mathrm{p}}=\dfrac{V_{\mathrm{p}}}{I_{\mathrm{p}}}=\dfrac{\hbar}{q_{\mathrm{p}}^2}=\dfrac{1}{4\pi\varepsilon_0 c}=\dfrac{Z_0}{4\pi}=29.98\ \Omega$；

——电场强度　$E_{\mathrm{p}}=\dfrac{V_{\mathrm{p}}}{l_{\mathrm{p}}}=\dfrac{1}{G}\sqrt{\dfrac{c^7}{4\pi\varepsilon_0\hbar}}=6.4\times 10^{59}\ \mathrm{V/cm}$；

——磁场强度　$H_{\mathrm{p}}=\dfrac{1}{G}\sqrt{\dfrac{c^9 4\pi\varepsilon_0}{\hbar}}=2.19\times 10^{60}\ \mathrm{A/m}=2.75\times 10^{58}\ \mathrm{Oe}$

$(1\ \mathrm{A/m}=4\pi\times 10^{-3}\ \mathrm{Oe})$。

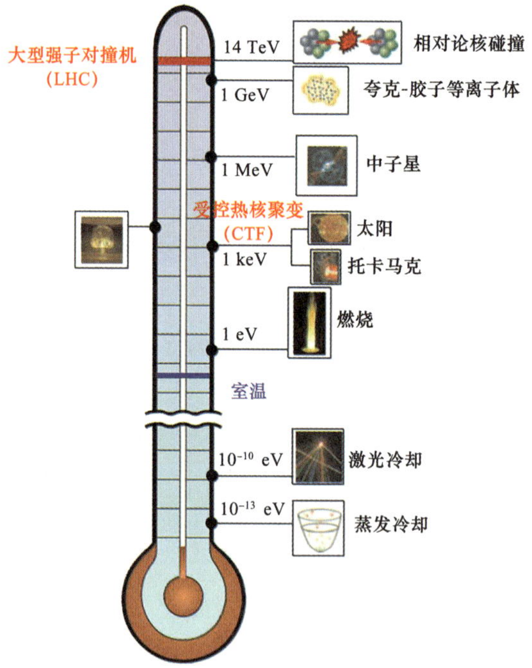

图 1.6　实验中达到的温度

这些超极端的物质参数，以它们为条件，显然我们已知的物理定律不再成立，它们也许在宇宙大爆炸最开始或者于黑洞崩坍时的中心奇点能够实现。对第一种情况，根据宇宙膨胀模型(弗里德曼，列米特尔[2,5,23])，宇宙从普朗克尺度 10^{-33} cm 量级的区域起、以超高的普朗克物理参量，经过大约 137～145 亿年，膨胀到了现在的尺度 10^{28} cm 量级。这时候，恒星被引力压缩到了黑洞阶段，又出现了奇点——普朗克尺度的超高参量。对此提出的物理模型认为我们的空间超过三个维度，而普通的物质则处于一个三维多样体——嵌入多维空间的“三维膜世界(3-brane world)”——之中[23]。当代高能量密度物理学实验领域的能力距离这些普朗克量值十分遥远，远不能阐明能量高到0.1~10 TeV量级、间距小到大约10^{-16} cm的基础粒子的性质。欧洲核子研究组织(CERN)质子-质子对撞机的启动是一个重大事件，其质子碰撞能量有7×7 TeV，开启了太电子伏特级别能量范围的研究。

依照文献[3]，对易于掌握大量的物理分析、相对于核子为非相对论的能量区域$mc^2 \approx 1$ GeV进行仔细研究，我们得到了极限温度10^9 eV，能量密度10^{37} erg/cm^2，压力约10^{25} Mbar，虽然在大质量脉动星内部、以及在宇宙演化早期阶段，可能存在更极端的物质状态。

尽管我们的实验水平在快速进步，但是也只能部分地闯入超极端天体物理状态领域。物质的强度原则上限制了高能量密度研究静力学方法的运用，因为绝大多数材料结构经受不住我们所感兴趣的高压。金刚石是个例外，它是硬度纪录保持者($\sigma_n \approx$ 500 kbar)，利用金刚石砧，静力学实验压力可以达到3~5 Mbar[16,17,24]。

目前名列前茅的是动力学方法[1,9,10,18,25-28]，建立在物质中高能量密度的脉冲式累积之上。这类高能量状态的寿命取决于等离子体惯性膨胀时间，具有特征尺度10^{-10}~10^{-6} s，因此需要灵敏的快速测量手段。对应于我们所感兴趣状态的物理条件的下限列在表1.1中[2,25,26,29]。显然，对等离子体中获得高能量密度的生成方法的要求非常高，必须具有高效率的时空功率压缩技术。

表1.1 对应于高能量密度10^4~10^5 J/cm^{3}的物理条件[2]

物理条件	物理参数量值
能量密度 W	$W \approx 10^4$~10^5 J/cm^3
压力 p	$p \approx 0.1$~1 Mbar
凝聚态炸药	$W \approx 10^4$ J/cm^3
压力	≈400 kbar
温度	≈4000 K
密度	≈2.7 g/cm^3
爆轰速度	≈9×10^5 cm/s
铝片冲击铝的速度	(5~13.2)×10^5 cm/s
钼片冲击钼的速度	(3~7.5)×10^5 cm/s
电磁辐射	
激光，强度 q (W~q)	(2.6~3)×10^{15} W/cm^2
黑体温度 T(p~T^4)	(2~4)×10^2 eV
电场强度 E(W~E^2)	(0.5~1.5)×10^9 V/cm
磁感应强度 B(W~B^2)	(1.6~5)×10^2 T
等离子体密度，温度 T =1 keV($p=nkT$)	6×10^{19}~6×10^{20} cm^{-3}
激光辐射强度 q	
λ=1 μm，W~$q^{2/3}$	(0.86~4)×10^{12} W/cm^2
黑体温度 T (p~$T^{3.5}$)	66~75 eV

图 1.1 示出了对应于高能量密度的物质相图[1,2,25-27]，图中标注了存在于天体物理目标、工程及实验室实验装置的条件。显然，作为自然界最普遍的物质状态（“暗”物质不计算在内，占据宇宙 95%的质量），等离子体几乎占据了相图的全部区域。因此，对于这类介质进行物理学阐述是非理想等离子体领域所面临的极大难点，因为粒子间库仑相互作用能量 $e^2n^{1/3}$ 相当于或者高于粒子运动的动能 E_k。这一领域中，$\Gamma=e^2n^{1/3}/E_k>1$，等离子体非理想性效应不能由扰动理论来描述[3,25,26]，而计算机无参数的蒙特-卡罗方法或分子动力学的运用[11,16]，则与选择合适的赝势及准确核算量子效应的艰巨性紧密相关。

状态方程以及等离子体输运性质中的电子相对论效应，当 $m_ec^2\approx kT$ 时，对应 $T\approx 0.5$ MeV $\approx 6\times10^6$ K。若温度高于这一量值，则物质由于电子-正电子对偶的自发生成而变得不稳定。

量子效应由简并参数 $n\lambda\!\!\!^{-}{}^3$（$\lambda\!\!\!^{-}=\sqrt{\hbar^2/(2mkT)}$ 为热力学德布罗意波长（thermal de Broglie wavelength））所决定。对于简并等离子体，$n\lambda\!\!\!^{-}{}^3\gg1$，费米能量 $E_F\approx\hbar^2n^{2/3}/2m$ 是动能量级，该能量随等离子体密度增加而增大，使等离子体随着压缩，$n\to\infty$，越来越理想化；$\Gamma=me^2/(\hbar^2n^{1/3})\to0$。对应于 $m_ec^2\approx E_F\approx0.5$ MeV 的相对论条件，密度 $\rho\approx 10^6$ g/cm^3。

类似的趋向性也存在于其他经典（$n\lambda\!\!\!^{-}{}^3\ll1$）等离子体的极限状况 $T\to0$，此时 $E_k\approx kT$，且加热中的等离子体变得越来越理想化（$\Gamma\approx e^2n^{1/3}/(kT)$）。可以看到，物质相图边缘由理想（$\Gamma\ll1$）等离子体、玻耳兹曼（$n\lambda\!\!\!^{-}{}^3\ll1$）等离子体或简并（$n\lambda\!\!\!^{-}{}^3\gg1$）等离子体占据，现有的物理模型已经可以进行适当描述[1,3,11-15,25,26]。

金属和半导体中的电子等离子体，对应于相互作用能量 E_{int} 约为 e^2/r_0，r_0 约为 $\hbar/k_F$，E_k 约为 $k_F{}^2/m$ 的简并情况；Γ 约为 $e^2/\hbar v_F\approx1\sim5$，这里 v_F 约为 $10^{-2}\sim10^{-3}$ c（c 为光速），下标 F 表示是费米边界上的参数。

对于夸克-胶子等离子体，E_{int} 约为 g^2/r_0，r_0 约为 $1/T$，E_k 约为 T；Γ 达到 300～400。对于冷阱中的超冷等离子体，Γ 约为$(n/10^9)^{1/3}/T_k$。对于理论来说，最大的困难来自千变万化的非理想等离子体区域 $\Gamma\geqslant1$，它涵盖大量的工程应用（金属和半导体等离子体、脉冲式能源装置、爆破、电弧、放电等等），用理论可以定性地预告新的物理效应（金属化、“冷”电离、电介质化、等离子体相变等[1,25,26,30]），这些研究需要开展大量的实验及理论工作。

强非理想库仑系统中的等离子体相变特别令人感兴趣：静电冷阱[20]和回旋加速器中[31,32]、电解液[33,34]和胶体系统中[35]、液氦表面的二维电子系统中[36]的粉末等离子体（图 1.7）[15,19]和离子的结晶，以及半导体中激子的凝聚[13]，等等。特别需要指出的是，前不久在热氘等离子体中发现了相变[12-14,37]，通过一系列反射冲击波，等离子体被准绝热压缩到了 Mbar 压力水平。

在参数非理想区域定性地寻找这类新型效应，是对高能量密度状况下的物质进行研究的强烈且持久的动因[1,2,25,26]。

高能量密度等离子体的另一特性，是其集体行为和对外部能量作用如冲击波和电

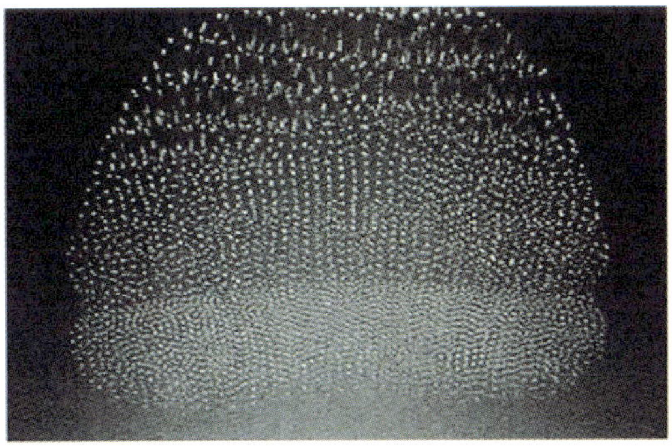

图 1.7　等离子体粉末晶体和等离子体液体

磁波、孤子、激光辐射流和快速粒子束等响应的强烈非线性。毕竟等离子体中电磁波的传播激发了一系列参数性的不稳定性(辐射的拉曼、汤姆逊及布里渊散射)，伴随着自动聚焦和辐射成丝，还有相对论所固有的不稳定性的发展、快速粒子及射流的生成，以及更高强度条件下伴随着电子-正电子对偶的诞生才有的真空“沸腾”[2,30,38-49]。

在极端能量作用下，非定常流体力学现象特别引人关注，如冲击波和层流的不稳定性[42]、湍流转捩模式[50]、湍流混合、射流和孤子动力学等等[50,51]。

图 1.8 来自参考文献[2]，列出了无量纲参数的区域，$Re \sim Ul/\nu$，$M = U/c$(c 为声速，l 为特征尺度，ν 为运动黏度)，这些区域中有各种高能量密度物理学的流体力学现象发生。天体物理学应用对应的流动模式，位于 $Re>10^4$，$M>0.5$ 区域。

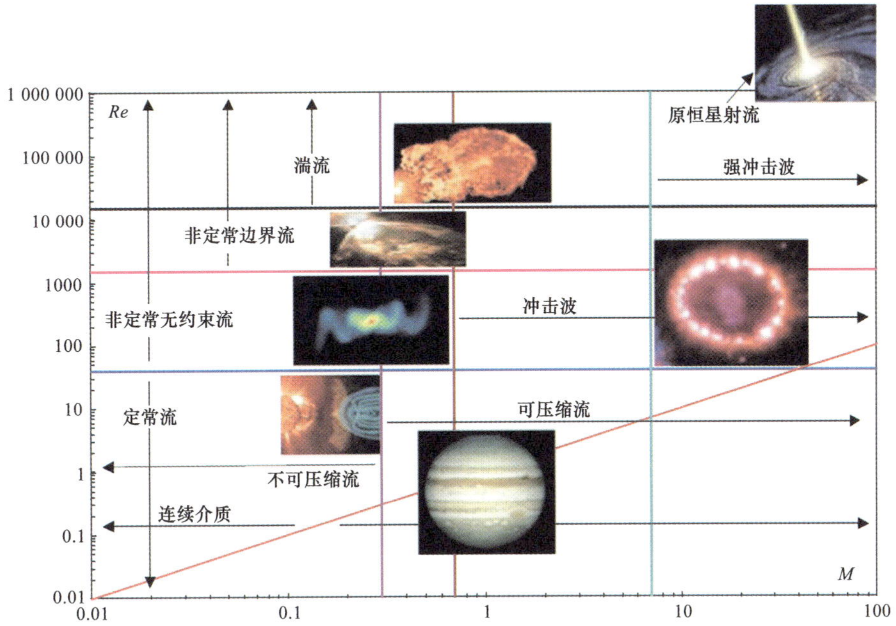

图 1.8　与高能量密度物理学相关的流体力学模式[2]

Ia 型超新星爆炸时，马赫数 M 从热核燃烧区域的 0.01 变化到超新星表面爆炸冲击波中的 100。大多数天体物理学现象的雷诺数 $Re>10^6$[2]

所有这些引人入胜且内在非线性的现象，既出现在天体物理学等离子体中，也出现在实验室等离子体中，尽管在空间规模上有极大的差别，但它们有很多相同之处，由此形成了“实验室天体物理学”这一学科[47,51]。

实验室天体物理学可以在实验室中的微小体积内，重现天体物理目标特征的高能量密度的物质状态及过程。它们是不稳定性和流体力学混合的过程，普通的以及磁流体力学湍流过程，强冲击波动力学过程，辐射和孤子波动过程，膨胀波过程，磁压缩和高速相对论射流过程，强辐射流动过程，以及各种其他有意义并且还未充分研究的现象。

对于状态方程、组分、光学及输运性质、辐射和吸收光谱、基本过程横截面、辐射热传导系数，以及相对论等离子体性质等方面的信息，人们投入了极大关注。这些信息使得我们能够研究和模拟存在于天体物理目标中的物理条件，定常的或是脉冲的过程，以及各种现象，包括巨行星和外行星，恒星的进化和超新星爆炸，γ 射线暴的辐射结构，黑洞中物质的吸积动力学，双子星和中子星中及星际分子云辐射运动中的过程，无碰撞冲击波动力学，带电粒子加速至超高能量的过程等。

强短激光脉冲与等离子体相互作用所产生的非线性光学现象，通过在实验室条件下产生极端参数的相对论等离子体，在地球条件下获得创纪录的电场和磁场强度，特别是可以导致高能电子束和离子束的产生[43,48]，可使能量密度等级、单位功率、压力和温度急速提高。这些研究现已得到了很多新的成果，涉及等离子体物理学、受控热核聚变、天体物理学、工程技术以及国防应用等方面。这些研究工作的进展，可能导致出现全新的高梯度电子加速器（见 6.4 节）、新型高频辐射源和光源（6.5 节），以及创新型诊断技术及热核聚变方案（6.2 节和 6.3 节）。

短脉冲稠密电子束可以产生高强度等离子体波，其与有质动力相结合[43,48]，可将电子从等离子体通道排挤出去，并形成等离子体透镜，使能量向压缩的热核聚变靶中心传输。此外，峰值功率巨大的相对论电子束，在强大的内部等离子体电磁场作用下出现在等离子体内部。特别是在拍瓦（10^{15} W）峰值功率的激光作用下，如今可得到极强的电子流和离子流，超过了阿尔芬（Alfvén）极限几个数量级，也超过了兆伏能量级别的带电粒子流[43-46,48]。

强流电子束与高功率短脉冲激光相互作用，转而使量子电动力学领域的实验室实验研究成为可能，导致电子－正电子对偶的产生，以及康普顿 X 射线辐射的出现[43,48,49,52]，使得建立新一代紧凑型 X 射线辐射源的实用性前景大门洞开，该源创纪录的亮度完全可应用于材料科学和医学（见 6.4 节）。

高强度相对论电子束的生成，从将其用作形成自由电子激光的有源介质方面来看也十分引人入胜（见 6.5 节）。此种说法有关“第四代”X 射线光源，具有创纪录的功率和可变波长，对于分子科学、生物学和材料科学研究极其重要。

近年来在强流 Z 箍缩技术方面也取得了巨大进步[53-55]，脉冲电流（100 ns，≈20 MA）通过丝阵（$\phi\approx 6\ \mu$m）和喷气介质产生磁驱动压缩，从而形成了 Z 箍缩。通过这些实验能够研究稠密等离子体的辐射磁动力学，当轴向挤压等离子体时，可得到短脉冲（5~15 ns）软 X 射线，其能量为 1.8 MJ[56-58]。

使用同一装置，兆安量级的电流脉冲被用于时间编程的金属套筒电动力学加速，可加速到 12 km/s，目的是产生强冲击且绝热压缩波。这类波可用于精准地研究兆巴压力量级物质的状态方程[53]。

强流装置 ANGARA 上的实验中，等离子体套筒箍缩而产生的软($T \approx 100$ eV) X 射线被用于生成高度轴对称的强冲击波及辐射波，也用于驱动金属套筒速度直到 10 km/s[54]。电物理学装置 MAGPIE[59] 可以生成超声速等离子体射流，与天体物理学相应射流特性十分接近。

利用高能量等离子体进行的实验可以给出压缩等离子体中非常有价值的光谱性质信息，以及能量的辐射输运信息。特别是在参数的强非线性区域所得到的结果非常有意义[1,25,26]，其中粒子间相互作用效应导致了原子和离子能谱根本性的偏差、压缩等离子体的部分“透明化”，以及光谱线显著的位移和加宽(详见参考文献[47])。

等离子体中能量的脉冲式累积造成了各种各样的流体力学现象，相应的实验室实验对此进行了全面研究[2,51]。这些现象包括：瑞利-泰勒(Rayleigh-Taylor)不稳定性、里希特麦耶-麦士科夫(Richtmyer-Meshkov)不稳定性和非线性模式中其他形态的不稳定性，高速($M \approx 15 \sim 20$)冲击波、磁流体力学和辐射(热)波，可压缩及辐射介质中的湍流及湍流混合[51]。

局部高能量密度源所生成的冲击波的应用，使得实验可利用的压力和温度跨度显著扩大，进入了从化学炸药参量到罕见的地下核爆炸条件之间的参数区域。即使是在第一批利用激光的、粒子束的、电动力学驱动的冲击波实验中，也已经成功获得了关于氢、氘、铜、铁、碳、和水的状态方程有意义的实验数据，并且利用这些数据对太阳系的巨行星和系外行星进行了构造分析[1,25-28,30,38,53,54]。

总之，高能量密度物理学领域的研究，是为惯性约束受控热核聚变的运行研究提供必要的科学基础(6.2 节)[39-41,60,61]。这些工作的目的，是在高强度激光辐射流(美国 NIF 装置[25,26,62]，法国 LMJ 装置[63-65])，美国强电流 Z 箍缩软 X 射线辐射 Zeta 装置[56-58])或相对论重离子束[61,66]的作用下，在氘-氚微靶中点燃热核聚变放热反应。

本书接下来将转而详细阐述迄今为止所发展的用于在物质中产生高能量密度的实验室(第 2 章、4 章、5 章)和准实验室(第 3 章)技术。

第 1 章参考文献

[1] *Фортов В. Е.* Мощные ударные волны и экстремальные состояния вещества // УФН. 2007. Т. 177, №4. С. 347. 弗尔托夫. 强冲击波和物质极端状态.

[2] Frontiers in High Energy Density Physics / Ed. by D. Henderson. — Washington: National Research Council, Nat. Acad. Press, 2003.

[3] *Киржниц Д. А.* Экстремальные состояния вещества (сверхвысокие давления и температуры) // УФН. 1971. Т. 104, №7. С. 489. 基尔日尼茨. 物质极端状态(超高压力和温度).

[4] *Гинзбург В. Л.* О сверхпроводимости и сверхтекучести (что мне удалось, а что не удалось), а также о «физическом минимуме» на начало XXI века // УФН. 2004. Т. 174, №11. С. 1240. 金兹伯格. 关于超导性和超流动性(我的成功与不成功),以及关于 21 世纪开端的物理学基础知识.

[5] *Гинзбург В. Л.* О физике и астрофизике. — М.: Бюро Квантум, 1995. 金兹伯格. 关于物理学和天体物理学.

[6] *Ashkroft N. A.* // Int. School of Physics «Enrico Fermi», Course CXLVII High Pressure Phenomena / Ed. by R.Hemley, G. Chiarotti. — Amsterdam: Oxford, JOS Press, 2002. P. 151.

[7] *Киржниц Д. А.*, *Лозовик Ю. Е.*, *Шпатаковская Г. В.* Статистическая модель вещества // УФН. 1975. Т. 117, №9. С. 3. 基尔日尼茨,等. 物质的统计学模型.

[8] *Шпатаковская Г.* Квазиклассический метод в задачах квантовой физики. — М.: LAP LAMBERT Academic Publishing, 2012. 施巴达科夫斯卡娅. 量子物理学问题的准经典方法.

[9] *Альтшулер Л. В.*, *Трунин Р. Ф.*, *Урлин В.Д. и др.* Развитие в России динамических методов исследований высоких давлений // УФН. 1999. Т. 169, №3. С. 323. 阿尔特舒列尔,等. 高压研究动力学方法在俄罗斯的发展.

[10] *Альтшулер Л. В.* Применение ударных волн в физике высоких давлений // УФН. 1965. Т. 85, №2. С. 197. 阿尔特舒列尔. 冲击波在高压物理学中的应用.

[11] Энциклопедия низкотемпературной плазмы / Под ред. В. Е. Фортова. — М.: Наука, 2000. 弗尔托夫,编. 低温等离子体百科全书.

[12] *Filinov V. S.*, *Levashov P. R.*, *Bonitz M.*, *Fortov V. E.* Calculation of the Shock Hugoniot of Deuterium at Pressures above 1 Mbar by the Path-Integral Monte Carlo Method // Plasma Phys. Rep. 2005. V. 31, №8. P. 700-704.

[13] *Filinov V. S.*, *Bonitz M.*, *Levashov P. et al.* Plasma phase transition in dense hydrogen and electron-hole plasmas // J. Phys. A: Math. Theor. 2003. V. 36, №22. P. 6069-6076.

[14] *Bezkrovniy V.*, *Filinov V. S.*, *Kremp D. et al.* Monte Carlo Results for the Hydrogen Hugoniot // Phys. Rev. E. 2004. V. 70, №5. P. 057401.

[15] *Fortov V. E.*, *Ivlev A. V.*, *Khrapak S.A. et al.* Complex (Dusty) Plasma: Current Status, Open Issues, Perspectives // Phys. Rep. 2005. V. 421, №1. P. 1-103.

[16] *Loubeyre P.*, *Occelli F.*, *Toulec R. L.* Optical Studies of Solid Hydrogen to 320 GPa and Evidence for Black Hydrogen // Nature. 2002. V. 416, №6881. P. 613-617.

[17] *Hemley R. J.*, *Mao H. K.* // Int. School of Physics «Enrico Fermi», Course CXLVII, High Pressure Phenomena / Ed. by R. J. Hemley et al. Amsterdam. — Oxford: IOS Press, 2001. P. 3.

[18] *Зельдович Я. Б.*, *Райзер Ю. П.* Физика ударных волн и высокотемпературных гидродинамических явлений. — М.: Наука, 1966. 泽尔多维奇,等.冲击波和高温流体力学现象物理学.

[19] *Фортов В. Е., Храпак А. Г., Храпак С. А. и др.* Пылевая плазма // УФН. 2004. Т. 174, №5. С. 495. 弗尔托夫,等.粉末等离子体.

[20] *Dubin D. H. E., O'Nail T. M.* Trapped Nonneutral Plasmas, Liquids and Crystals (the Thermal Equilibrium States) // Rev. Mod. Phys. 1999. V. 71. P. 87.

[21] *Vacca J. R.* The World's. 20 Greatest Unsolved Problems. — New Jersey: Prentice Hall-PTR, 2004.

[22] *Окунь Л. Б.* Лептоны и кварки. 2 изд. — М.: Наука, 1990. 奥共. 轻子和夸克.

[23] *Рубаков В. А.* Большие и бесконечные дополнительные измерения // УФН. 2001. Т. 171, №9. С. 913. 鲁巴科夫. 巨大而无限的附加维度.

[24] *Hemley R. J., Ashcroft N. W.* The Revealing Role of Pressure in the Condensed Matter Sciences // Physics Today. 1998. V. 51, №8. P. 26-32.

[25] *Fortov V., Yakubov I., Khrapak A.* Physics of Strongly Coupled Plasma. — Oxford: Clarendon Press, 2006.

[26] *Фортов В. Е., Храпак А. Г., Якубов И. Т.* Физика неидеальной плазмы. — М.: Физматлит, 2004. 弗尔托夫,等. 非理想等离子体物理学.

[27] *Фортов В. Е., Терновой В. Я., Жерноклетов М. В. и др.* Ионизация давлением неидеальной плазмы в мегабарном диапазоне динамических давлений // ЖЭТФ. 2003. Т. 124, №2. С. 288. 弗尔托夫,等. 兆巴量级动压条件下非理想等离子体的电离.

[28] *Nellis W. J.* Dynamic Compression of Materials: Metallization of Fluid Hydrogen at High Pressures // Reports on Progress in Physics. 2006. V. 69, №5. P. 1479-1580.

[29] Физика высоких плотностей энергии / Под ред. П. Кардиролла, Г. Кнопфеля. — М.: Мир, 1969. 卡尔基洛尔,等编. 高能量密度物理学.

[30] *Фортов В. Е.* Мощные ударные волны и экстремальные состояния вещества. — М.: Букос, 2005. 弗尔托夫. 强冲击波和物质极端状态.

[31] *Schatz T., Schramm U., Habs D.* Crystalline Ion Beams // Nature. 2001. V. 412, №6848. P. 717-720.

[32] *Schramm U., Schatz T., Bussmann M., Habs D.* Cooling and Heating of Crystalline Ion Beams // J. Phys. B: At. Mol. Opt. Phys. 2003. V. 36, №3. P. 561-571.

[33] *Pieranski P.* Colloidal crystals // Contemporary Physics. 1983. V. 24, №1. P. 25-73.

[34] *Russel W. B., Savill D. A., Schowalter W. R.* Colloidal Dispersions. — Cambridge: Cambridge University Press, 1989.

[35] *Murray C. A., Wenk R. A.* Observation of Order-Disorder Transitions and Particle Trajectories in a Model One-Component Plasma: Time Resolved Microscopy of Colloidal Spheres // Strongly Coupled Plasma Physics / Ed. by H. Van Horn, S. Ichimaru. — Rochester: University Rochester Press, 1993. P. 367.

[36] *Шашкин А. А.* Переходы металл-диэлектрик и эффекты электрон-электронного взаимодействия в двумерных электронных системах // УФН. 2005. Т. 175, №2. С. 139. 沙什金. 金属-电介质转换以及二维电子系统中电子-电子相互作用效应.

[37] *Fortov V. E., Ilkaev R. I., Arinin V. A. et al.* Phase Transition in a Strongly Nonideal Deuterium Plasma Generated by Quasi-Isentropical Compression at Megabar Pressures // Phys. Rev. Lett. 2007. V. 99, №18. P. 185001.

[38] *Анисимов С. И., Прохоров А. М., Фортов В. Е.* Применение мощных лазеров для исследования вещества при сверхвысоких давлениях // УФН. 1984. Т. 142, №3. С. 395. 阿尼

西莫夫,等. 运用强激光研究超高压力下的物质.
[39] *Kruer W. L.* The Physics of Laser Plasma Interaction. — Reading MA: Addison-Wesley, 1988.
[40] *Adzeni S.*, *Meyer-ter-Vehen J.* The Physics of Inertial Fusion. — Oxford: Clarendon Press, 2004.
[41] *Lindle I.* Inertial Confinement Fusion. — N.Y.: Springer, 1998.
[42] *Конюхов А. В.*, *Лихачев А. П.*, *Опарин А. М. и др.* Численное исследование неустойчивости ударных волн в термодинамически неидеальных средах // ЖЭТФ. 2003. Т. 125, №4. С. 927. 孔纽霍夫,等. 热力学非理想介质中冲击波不稳定性的数值研究.
[43] *Pukhov A.* Strong field interaction of laser radiation // Rep. Prog. Phys. 2003. V. 66, №1. P. 47-101.
[44] *Clark E. L.*, *Krushelnick K.*, *Davies J. R. et al.* Measurements of Energetic Proton Transport through Magnetized Plasma from Intense Laser Interactions with Solids // Phys. Rev. Lett. 2000. V. 84, №4. P. 670-673.
[45] *Maksimchuk A.*, *Gu K. F. S.*, *Umstadter D.*, *Bychenkov V. Y.* Forward Ion Acceleration in Thin Films Driven by a High-Intensity Laser // Phys. Rev. Lett. 2000. V. 84, №18. P. 4108-4111.
[46] *Mackinnon A. J.*, *Borghesi M.*, *Hatchett S. et al.* Effect of Plasma Scale Length on Multi-MeV Proton Production by Intense Laser Pulses // Phys. Rev. Lett. 2001. V. 86, №9. P. 1769-1772.
[47] *Ryutov D. D.*, *Remington B.A.*, *Robey H. F.*, *Drake R. P.* Magnetodynamic Scaling: From Astrophysics to the Laboratory // Phys. Plasmas. 2001. V. 8, №5. P. 1804-1816.
[48] *Mourou G. A.*, *Tajima T.*, *Bulanov S.V.* Optics in the relativistic regime // Rev. Mod. Phys. 2006. V. 78, №2. P. 1804-1816.
[49] *Burke D. L.*, *Field R. C.*, *Horton-Smith G. et al.* Positron Production in Multiphoton Light-by-Light Scattering // Phys. Rev. Lett. 1997. V. 79, №9. P. 1626-1629.
[50] *Faber T.* Fluid Dynamics for Physicists. — Cambridge: Cambridge University Press, 1977.
[51] *Drake R. P.* High-Energy-Density Physics. — Berlin-Heidelberg: Springer, 2006.
[52] *Bamber C.*, *Boege S. J.*, *Koffas T. et al.* Studies of nonlinear QED in collisions of 46,6 GeV electrons with intense laser pulses // Phys. Rev. D. 1999. V. 60, №9. P. 092004.
[53] *Knudson M.D.*, *Hanson D. L.*, *Bailey J. E. et al.* Equation of State Measurements in Liquid Deuterium to 70 GPa // Phys. Rev. Lett. 2001. V. 87, №22. P. 225501.
[54] *Грабовский Е. В.*, *Воробьев О. Ю.*, *Дябилин К. С. и др.* Генерация мощных ударных волн мягким рентгеновским излучением плазмы Z-пинча // Письма ЖЭТФ. 1994. Т. 60, №1. С. 3. 格拉波夫斯基,等. 运用 Z-pinch 等离子体软性 X 光辐射生成强冲击波.
[55] *Lebedev S.V.*, *Ciardi A.*, *Ampleford D. J. et al.* Magnetic tower outflows from a radial wire array Z-pinch // Mon. Not. R. Astron. Soc. 2005. V. 361, №1. P. 97-108.
[56] *Spielman R. B.*, *Deeney C.*, *Chandler G. A. et al.* Tungsten Wire-Array Z-Pinch Experiments at 200 TW and 2 MJ // Phys. Plasmas. 1998. V. 5, №5. P. 2105-2111.
[57] *Cuneo M. E.*, *Vesey R. A.*, *Bennett G.R. et al.* Progress in Symmetric ICF Capsule Implosions and Wire-Array Z-Pinch Source Physics for Double-Pinch-Driven Hohlraums // Plasma Phys. Control. Fusion. 2006. V. 48, №2. P. R1-R35.
[58] *Quintenz J.*, *Sandia S.* Pulsed Power Team. — Nagaoka, Japan, 2000. June.
[59] Magpie, http://dorland.pp.ph.ic.ac.uk.
[60] Energy from Inertial Fusion / Ed. by W. Hogan. — Austria: IAEA, 1995.
[61] Ядерный синтез с инерционным удержанием / Под ред. Б.Ю. Шаркова. — М.: Физматлит, 2005. 沙尔科夫,编. 惯性约束核聚变.

[62] *Moses E. I.*, *Bonanno R. E.*, *Haynam C.A. et al.* The National Ignition Facility: Path to Ignition in the Laboratory // Eur. Phys. J. D. 2006. V. 44, №2. P. 215-218.

[63] *Cavailler C.* Inertial fusion with the LMJ // Plasma Phys. Control. Fusion. 2005. V. 47, №12B. P. B389-B403.

[64] *Giorla J.*, *Bastian J.*, *Bayer C. et al.* Target design for ignition experiments on the laser megajoule facility // Plasma Phys. Control. Fusion. 2006. V. 48, №12B. P. B75-B82.

[65] *Andre M.* Conceptual Design of the French LMJ Laser // First SPIE Int. Conf. Solid State Lasers for Application to ICF. — Monteray, 1999. P. 39.

[66] *Фортов В. Е.*, *Хоффманн Д.*, *Шарков Б. Ю.* Интенсивные ионные пучки для генерации экстремальных состояний вещества // УФН. 2008. Т. 178, №2. С. 113. 弗尔托夫,等. 用于产生物质极端状态的高强度离子束.

第2章
实验室高能量密度

2.1 主要研究方向

宏观高能量密度物理学实验的终极目标在于生成物质的极端参数，这些参数处于当代实验手段能力的极限范围(表2.1)。如今实验室中的研究对象是最高压力几百到几千兆巴、最高温度一百亿度、能量密度高达 10^9 J/cm^{3}的等离子体状态，已经与核物质的能量密度相当[1-6]。按照迄今为止发展起来的思想[7-10]，要实现热等离子体的惯性约束受控热核反应，必须在 10^{-9} s 内给球形靶提供数兆焦能量，在靶中心生成具有极端高参数的氘-氚等离子体：$T\approx(1\sim2)\times10^8$ K，$\rho\approx200$ g/cm^3，$p\approx150\sim200$ Gbar，非常接近太阳中心的条件。相应的输出激光功率应超过地球上全部发电厂功率之和的量级。

表2.1 高能量浓度物理学中采用的能量来源及实验装置[1,2]

初级能源	能源最终形态	能量密度/(MJ/cm^3)	温度/eV	压力/10^5 Pa	总能/MJ	持续时间/s	功率/W
化学炸药	化学炸药	10^{-2}	0.5	5×10^5	10^2	10^{-7}	10^{10}
	金属薄片	0.3	60	10^7	3	10^{-6}	10^{10}
	磁场 1 MOe	4×10^{-3}	0.3	5×10^4	5	10^{-6}	5×10^{12}
	磁场 25 MOe	2.5	200	2.5×10^7	1	10^{-7}	10^{13}
	爆炸等离子体发生器	10^{-2}	60	10^5	30	10^{-6}	10^{12}
核能炸药	核能炸药	10^4	10^7	10^{10}	10^{11}	10^{-6}	10^{22}
	中子加热	10	50	2×10^7	10^3	10^{-6}	10^{15}
	固体中的冲击波	5	50	5×10^7	10^4	3×10^{-6}	10^{15}
	气体中的冲击波	0.3	40	2×10^5	10^7	10^{-5}	10^{18}
压缩气体	绝热压缩	2×10^{-5}	0.3	150	10^3	6×10^{-3}	10^5
	气动激波管	10^{-4}	1	250	10^{-2}	10^{-4}	3×10^8
	燃烧激波管	10^{-6}	2	10	2×10^{-2}	3×10^{-4}	10^8
	放电激波管	10^{-7}	2	1	10^{-2}	10^4	10^8

续表

初级能源	能源最终形态	能量密度/(MJ/cm³)	温度/eV	压力/10^5 Pa	总能/MJ	持续时间/s	功率/W
电容器	—	10^{-8}	—	—	40	10^{-5}	10^{12}
转子储能装置	—	10^{-3}	—	—	100	10^{-4}	10^{12}
感应储能器	—	10^{-4}	—	—	100	10^{-4}	10^{12}
蓄电池	—	5×10^{-4}	—	—	1000	10^{-3}	10^{12}
	快速丝爆	5×10^{-2}	4	10^5	10^{-3}	10^{-6}	10^9
	慢速丝爆	2×10^{-2}	0.5	5×10^2	10^{-3}	10^{-4}	10^7
	脉冲放电	10^{-3}	10	10^4	10^{-4}	10^{-3}	10^9
	等离子体聚焦	10^{-2}	10^3	10	10^{-4}	10^{-5}	10^{10}
	高压电弧	10^{-5}	2	10^4	10^{-4}	∞	10^4
	熔炉实验	10^{-3}	0.3	5×10^3	10^{-3}	∞	10^3
激光	—	10^{-6}	—	—	0.5×10^{-3}		10^{13}
	靶	10^4	10^6	10^8	0.5	10^{-10}	5×10^{14}
电子束	—	10^{-6}	—	—	1	10^{-8}	10^{14}
	靶	5×10	5×10^3	10^7	0.1	10^{-8}	10^{13}

这些条件是点燃受控热核反应所必须的，对于地球条件是极不寻常的，但对于宇宙中的绝大多数物质又是十分典型的，如恒星以及其他天体物理目标内部被引力压缩的物质。由此，在高能量密度物理学中出现了一系列引人入胜的课题，本领域以及相关领域认知的进步取决于对这些课题的解答[11]。

等离子体惯性约束热核反应在受控条件下的点燃，是高能量密度物理学研究工作实用主义的主要目的。其中激光领域占据主导地位[7-9,12-21]，尽管电动力学方法(Z 箍缩[19,22-26])和重离子方案[27-29]也在蓬勃发展。这类热核靶的工作原理近似于超新星爆炸，使得天体物理学可以利用丰富的实验经验以及复杂的计算机程序，这些程序本是用于计算热核反应以及核当量的。

此外，物质状态方程的研究以及相图中大范围内等离子体物理组分的研究，包括巨行星、外行星、恒星的矮星、巨星和中子星等状况的研究，具有基础性研究意义。准经典理论[托马斯-费米模型(Thomas-Fermi model)[30,31]]在热力学中的边界的确立仍是重要的研究课题。人们对简并压缩等离子体的性质抱有极大的兴趣，包括它在强非理想状态条件下以及处于强磁场中的热动力学、平衡性、运动学及输运性质，还有夸克-胶子等离子体的性质，及其假想的相变性质和范围。

要构造和检验行星和系外行星的结构及演化模型，天体物理学家必须用到超兆巴量级压力下等离子体性质可靠的实验数据。对于木星和其他行星，关键是确定或者否定硬核的存在，并评估金属氢所占据区域的尺度，划定 H_2 和 H_2+He 混合物的金属化界限。木星力能学的分析具有重大意义，要考虑混合物 He-H、C-O 等的相分层，研究其磁场的起源及动力学。研究巨行星和系外行星时类似的问题也会不断涌现。冲击波实验在这里起着重要作用，可以确定金属化边界及等离子体相变。

令人着迷的关于强非理想状态等离子体中的第一类相变问题已经提出来将近 80 年了(见在氙中观察这类相变的实验结果[32])。

超密态核反应("冷"聚变)状态的研究、大质量恒星内部加速热核反应的强库仑屏蔽条件、具有费米能量 $E_F>m_ec^2$ 的相对论简并物质的获得及其状态方程的研究，似乎都属于更遥远的未来。

成熟的实验室能量聚集手段现已能够生成[11,33]相对论射流和强碰撞、无碰撞以及磁流体力学冲击波，类似于天体物理目标上可观测到的那些现象。

讨论中的专题包括以辐射为主的热等离子体的形成，类似于黑洞内和中子星吸积盘内的状况，以及这些状态的稳定性(见核爆炸[4-6]、激光[33-35]和 Z 箍缩等的试验[22-24,36])。关于辐射坍缩的磁流体力学及无碰撞冲击波、快速粒子、相对论射流等的产生及其聚焦，会经常性提出一些有趣的建议[11,33-35]。

发展中的高能量密度技术，为超高($B>1$ GGs)磁场的获得及其对物质物理性质的影响展开了远大的前景。如今在激光等离子体中已经得到了数百兆高斯的磁场。

激光功率的超高水平可以接近测定相对论引力效应的条件。

这个清单可以轻松扩展，也许只会受到我们的想象力的限制。目前很难断定，未来哪怕是几十年内，利用现有的和计划建造的实验装置，可以解决哪些令人着迷的高能量密度物理学问题，如果最终能够解决的话。当然，听从我们敬爱的卡皮察(П. Л. Капица)院士的建议："去钓鱼吧，拿上鱼钩最大的钓鱼竿，希望能钓到最大的鱼。"

2.2　高能量密度发生器

产生高能量密度的实验装置多种多样，包括材料静力压缩用金刚石砧、火药及轻气体抛射装置("炮")、强冲击波的爆炸发生器、电爆装置、磁聚能发生器、激光器、高功率强流脉冲发生器、带电粒子加速器以及这些装置可能的组合等等。这些发生方式的特性可见表 2.1，表中列出了所生成的等离子体状态的典型(但不一定是峰值)参数。

表 2.2[11]列出了现有的和建设中的最高功率装置的参数对比：激光器、脉冲式电气设备、Z 箍缩装置、带电粒子加速器[37,38]等。已建造的相对论带电粒子加速器，已经成功地用在了对于国防和高能量密度物理学意义重大的等离子体研究中，也用在了高能量密度等离子体的基础物理研究工作中。表 2.3、表 4.2 及图 2.1、图 2.2 中列出了建造中的或者设计中的激光装置特性，若这些装置投入使用，将大大拓宽等离子体激光物理的实验范围。如今高密度的实验正在美国激光装置 OMEGA(罗切斯特大学)上

进行[14,15]，该装置有 60 束激光、总能量 30 kJ、波长 0.35 μm(图 2.3)。利用该装置进行着大范围的激光受控热核聚变研究工作，用直接和转换(软 X 光)方式点火，研究强冲击波生成、稠密等离子体状态方程和光学性质、流体力学不稳定性、高强度 X 射线辐射生成等[21,39-43]。

表 2.2　用于生成高能量密度的装置[11]

	激光装置			Z 箍缩装置					
	NIF	LMJ	拍瓦激光器(见表4.2)	圣地亚(Sandia)		C-300		Angara-5	
				电流	X 射线	电流	X 射线	电流	X 射线
单粒子能量	3.6 eV	3.6 eV	1.5 eV	20 MA	50~250 eV	1.5~4 MA	70 eV	25 MA	100 eV
脉冲宽度	1~20 ns	~10 ns	0.5 ps	100 ns(波阵面)	5~15 ns	80 ns	12 ns	90 ns	6 ns
光斑尺寸	0.3 mm	0.3 mm	5 μm	—	1 mm(圆柱)	—	2 mm	—	2 mm
脉冲能量	1.8 MJ	2 MJ	0.5~5 kJ	16 MJ	1.8 MJ	400 kJ	50 kJ	600 kJ	120 kJ
强度(W/cm²)	2×10^{15}	$\sim10^{15}$	10^{22}	—	10^{14}	—	$(2\sim3)\times10^{12}$	—	$(6\sim10)\times10^{12}$

	加速器					
	电子加速器(SLAC)	LHC 加速器	SIS 18		SIS 100	TWAC
			现有	计划		
单粒子能量	50 GeV	7 TeV	1 GeV	1 GeV	4 GeV	700 MeV
脉冲宽度	5 ns	0.25 ns	200 ns	50 ns	20 ns	100 ns
光斑尺寸	3 mm	16 mm	1 mm	1 mm	1 mm	1 mm
脉冲能量	150 J	334 MJ	~1 kJ	30 kJ	300 kJ	100 kJ
强度(W/cm²)	10^{20}	10^{19}	5×10^{11}	6×10^{13}	10^{15}	10^{14}

表 2.3　用于高能量密度物理学的激光装置的参数

激光装置	国/地区	参数	启用年份	评论
卢瑟福(Rutherford)实验室中心激光装置(CLF)VULCAN 玻璃激光器(VULCAN CLF)	英国	2.6 kJ，几 ns，100 TW，0.5~1 ps，10^{21} W/cm^2	1999	欧洲最大的中心，同时运行高功率 ns 和 fs 激光器
卢瑟福(Rutherford)实验室 VULCAN-PW(拍瓦)CLF	英国	1 PW，0.5~1 ps	2002	双光束激光，重复频率高 100~1000 倍，靶面光强高 10 倍
卢瑟福(Rutherford)实验室 ASTRA TA1，TA 2 CLF	英国	实验区 1：10 fs，10~1000 Hz，1 TW. 实验区 2：40 fs，10 Hz，12 TW，10^{19} W/cm^2	2005	
卢瑟福(Rutherford)实验室 ASTRA-GEMINI(双子)CLF	英国	15 J，30 fs，每分钟 1 发，两束激光中任意一束为 0.5 PW	2007	超强超短激光器，波长从红外波段至真空紫外波段可调，结合同步加速器作为诊断综合设备。提供相互作用腔辐射屏蔽
卢瑟福(Rutherford)实验室 VULCAN-OPCPA CLF	英国	10 PW 0.5~1 ps，10^{23} W/cm^2	2011	超强超短激光器。使用光学参量方法将有可能在靶上获得非常高的强度对比度
原子武器研究所(Atomic Weapons Establishment，AWEsome) Orion	英国	500 J，1 ns，$3\omega_0$，10 束+2 束 500 J，500 fs，1 PW，10^{21} W/cm^2		
高功率激光能源研究(HiPER)项目	欧洲	40 束总能量 200 kJ + 24 束总能量 70 kJ 以及约 10 ps 靶点火脉宽	2010 年初	正在考虑未来在脉冲周期模式下运行的可行性
法国原子能委员会(CEA)先进工艺与系统研究中心(CESTA)兆焦耳激光器(Laser MegaJoule，LMJ)	法国	1.8 MJ，3ω，240 光束，5~10 ns	2014	类似于 NIF

续表

激光装置	国/地区	参数	启用年份	评论
LMJ，波尔多(Bordeaux)市	法国	2 MJ，0.35 μm，≈10 ns，550 TW，240 束	2010—2012	吸收 1.4 MJ 激光能量时，核聚变能量产额预计达到 25 MJ
8 束原型装置"激光组合线"LIL，CESTA CEA，波尔多市	法国	≈40 kJ，0.35 μm，8 束，9 ns	2006	LMJ 激光样机，2003 年发出第一束光
阿基坦(Region Aquitaine，阿基坦大区)PETAL(拍瓦激光装置，为 LMJ 附加拍瓦光路)，波尔多市	法国	3.5 kJ，0.5~5 ps	2007—2008	超强激光器，将与 8 束 LIL (CESTA)激光器组合使用，后者是 LMJ 的原型
法国应用光学实验室(Laboratoire d'Optique Appliquée，LOA)激光装置	法国	30 J，30 fs，100 TW，1~10 Hz	2004	电子被加速到 200 MeV，得到单色准直的强流电子束
强激光应用实验室(Laboratoire pour l'Utilisation des Lasers Intenses，LULI)激光装置	法国	几 ns，2 束，约 1 kJ 每束+30 J，300 fs，100 TW，升级装置为 PW 量级	2000—2007	
国家点火装置(National Ignition Facility，NIF)，劳伦斯·利弗莫尔国家实验室(LLNL)	美国	4.2 MJ，192 束，5~25 ns，$1\omega_0$	2010	预计到 2010 年，1 MJ 的激光能量将得到 300 eV 的辐射温度。预计激光-靶能量转换效率为 14%~16%
罗彻斯特(Rochester)大学激光能量学实验室(Laboratory for Laser Energetics，LLE)OMEGA 装置	美国	30 kJ，几 ns，60 TW，60 束，$3\omega_0$	1995	获得低温实验创纪录的中子数(10^{14})
OMEGA EP LLE，罗彻斯特市	美国	6.5 kJ，$3\omega_0$，4 束，将有 2 束的高能 PW 激光器(High-Energy Petawatt laser，HEPW)，能量 2.6 kJ，ω_0时 10 ps	2007	能够进行低温实验

续表

激光装置	国/地区	参数	启用年份	评论
大阪大学激光工程研究所（Institute of Laser Engineering）激光快点火实验项目 FIREX Ⅰ快点火激光仪（LFEX）	日本	每束 3.6 kJ，10 ps，4 束，总能量 14.4 kJ	2007—2008	目标是证明靶可以被加热到 5~10 keV
大阪大学激光工程研究所 FIREX Ⅱ项目	日本	100 kJ，1 Hz 激光用于加热；100 kJ，1 Hz 激光用于点火	>2010	热核反应功率预计达到 10 MW，能量增益达到 50。40%的能量将转化为电能。将有 2 MW 的这种电能以 10%的效率用于运行激光器
中国工程物理研究院（CAEP）激光聚变研究中心神光-Ⅱ（Shenguang-Ⅱ，SG-Ⅱ）装置	中国	$1\omega_0$时 6 kJ，1 ns；$3\omega_0$时 3 kJ，8 束 ω_0，100 ps 时功率 8 TW	2005	
SG-Ⅱ升级装置（SG-ⅡU）	中国	$3\omega_0$时 3 ns，18 kJ；+ps 脉宽、能量 1~2 kJ 的 PW 激光+用于 X 射线背光照相的 3 ns，4.5 kJ 激光	2007	
神光-Ⅲ（Shenguang-Ⅲ）	中国	$3\omega_0$时 3 ns，150 kJ，64 束	2010	
俄罗斯科学院全俄实验物理研究院（VNIIEF）+应用物理研究院（IAP RAS）激光装置	俄罗斯	1 PW（100 J，100 fs）	2006	获得 10^{22} W/cm^2 靶面激光强度
Iskra-5，VNIIEF+IAP RAS	俄罗斯	120 TW，0.3 ns，碘激光器，12 束，$1\omega_0 = 1.315$ μm，$2\omega_0$	2002	获得 $T_e \approx 180$ eV
Iskra-6，VNIIEF+IAP RAS	俄罗斯	300 kJ，1~3 ns，128 束		
俄罗斯科学院高温联合研究所（JIHT RAS）IHED 装置	俄罗斯	10 TW，40 fs，10^{19} W/cm^2	2006	

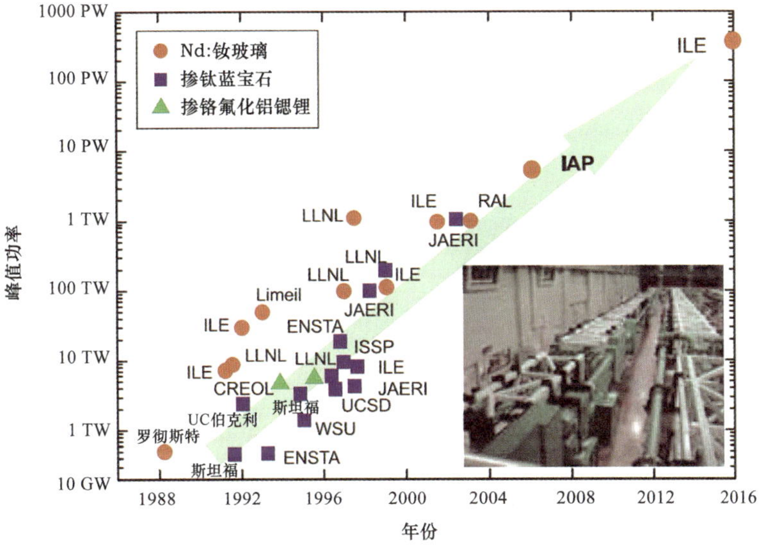

图 2.1　激光装置峰值功率逐年变化

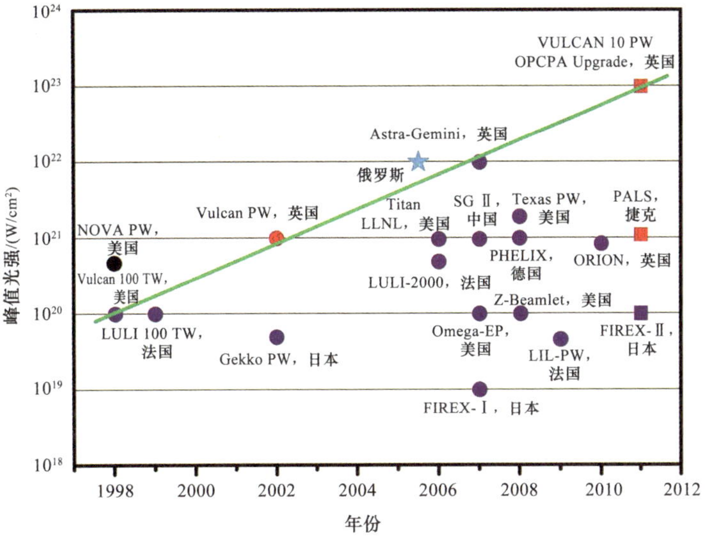

图 2.2　世界 PW 级激光装置的发展情况(http://www.clrc.ac.uk)

蓝色圆点—运行中的激光装置；蓝色方块—计划进行资助的装置。

红色标记—单光束激光装置，蓝色标记—附加功能的超强激光装置。

黑色圆点—利弗莫尔实验室之前的 PW 激光系统。绿线—卢瑟福激光实验室的发展趋势。

天蓝色星标记—俄罗斯科学院全俄实验物理研究院+应用物理研究院的激光装置，

于 2006 年底投入使用

本节随后的论述将主要参考文献[44]。目前，在世界领先的实验室中，运行着将近 20 套峰值功率超过 100 TW、脉宽小于 1 ps 的装置，另有不少于 10 套这种水平的装置在进行建设或改进。它们之中有最大的激光热核聚变综合体：NIF(National Ignition

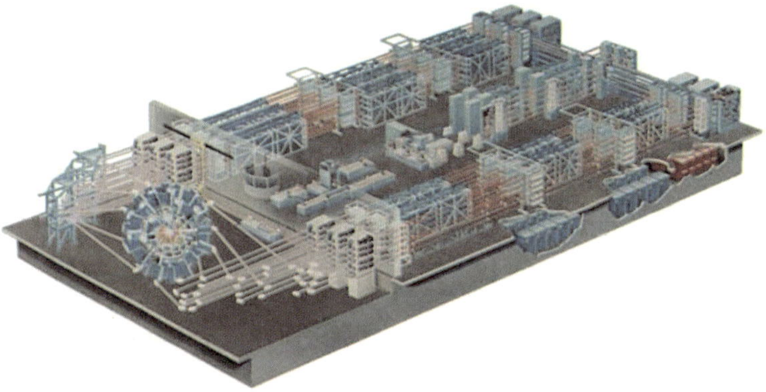

图 2.3　激光综合体 OMEGA

Facility)(美国)、LMJ/PETAL(Laser MegaJoule/PETa-watt Aquitaine Laser)(法国)，以及 HiPER(High Power laser Energy Research)项目(英国)，它们都采用(或计划采用)总计数百 TW 功率的数十道纳秒激光脉冲。为了快速点火(见 6.2.3 节)，预计需要建造皮秒(ps，10^{-12} s)型数拍瓦(PW，10^{15} W)级的激光通道。

除了表中所介绍的正在运行或即将建成的装置，人们对筹备阶段的或是正处于安装初始阶段的下一代装置更感兴趣，这些装置计划达到数 PW 辐射功率。这类项目包括两个欧洲的基础设施特大型项目：极端光基础设施(Extreme Light Infrastructure，ELI)和 HiPER，还有英国卢瑟福实验室(Rutherford Appleton Laboratory，RAL)的 Vulcan-10 PW 项目，法国极端光研究所(Institut de la Lumiere Extreme，ILE)的 ILE-Apollon 项目，以及俄罗斯科学院应用物理研究院的 PEARL-10(PEtawatt pARametric Laser)项目。

欧洲特大项目 ELI 预计[44]要建造独一无二的研究性基础设施，向在可达到的最高功率水平上研究激光与物质相互作用的学者们开放，也向相关应用程序的开发人员开放。已经确定了四个主要应用方向：极强光场中的真空物理学；阿秒(10^{-18} s)物理学；加速带电粒子和硬光子次生光源的建立；超强激光场中核反应过程。

ELI 项目的激光器将达到 0.2 EW(0.2×10^{18} W)的峰值功率。要达到这样的功率，ELI 要在超短时间间隔(大约 15 fs)内聚集相对不很高的能量(大约 3~4 kJ)。由于脉冲超短，使 ELI 在峰值功率方面能够数百倍地超过当今世界现有的最强激光。与 EW 激光器一起，ELI 项目框架内计划建造的其他三套独特的激光综合体，其峰值功率为10~20 PW。

预计[44] ELI 的几个激光综合体能够使科学和技术在上述方向得到极大推进，并可以在前所未有的条件下，开展等离子体物理学、天体物理学、核物理学和高能物理学研究。这些激光综合体可以提供独特的硬光子和高能带电粒子源，在纳米空间和阿秒时间尺度内，具有前所未有的亮度和电磁能量时空密度。ELI 的超亮质子束和 X 射线，能够使癌症的诊断和治疗技术取得实质性进步，同时也能使结构生物学取得重大进展，可以应用它们进行质子/离子治疗、相位对比 X 射线照相以及单独生物分子和纳米目标的 X 射线衍射照相。相应地[44]，高亮度阿秒 X 光束使得到四维亚原子分辨率的图像成为可能，也就是说，能够检测微观物质结构的动力学图像，具有皮米空间分辨率和阿秒时间分辨率。

ILE 项目框架内正计划建设 10 PW 级激光 ILE-Apollon，使用 CPA(optical parametric amplification，光学参量脉冲放大)技术，使 Ti: Sa 晶体终极放大至 20 cm 直径。马克斯-普朗克量子光学研究所(Max Planck Institute of Quantum Optics，MPQ)开发了极限短脉冲——脉宽短至 5 fs——的基本放大技术，使用 OPCPA(optical parametric chirped pulse amplification，光学参量啁啾脉冲放大)技术和非线性光学 BBO(偏硼酸钡)晶体；卢瑟福实验室建造 10 PW 的 Vulcan 激光器时，采用了类似技术，使用了终极大口径 DKDP 晶体。

ELI 项目的全部费用将由欧共体基础设施部门在 5~6 年内投入，据推测[44]大约需要 7.4 亿欧元，为完成此项目而直接参与的学者超过 600 人。

国际合作项目 HiPER[44]意义非凡，其目的在于建造第一台工业化能源生产的惯性聚变反应堆样机，其作用将与实现受控磁聚变(见第 6 章)的国际实验型热核反应堆(ITER，International Experimental Thermonuclear Reactor)项目所起的作用相似。HiPER 今后的发展以及过渡至演示阶段，在很大程度上取决于美国 NIF 装置和法国 LMJ 装置最近的运行成果。

若能在 NIF 和/或 LMJ 上成功地达到等离子体中的惯性激光约束热核聚变条件并展示其效应，那么 HiPER 项目就将过渡到实用阶段，接下来的十年，应该能够建造好以重复频率 5~10 Hz 激发热核反应的激光综合体、激光靶工厂、辐射与靶相互作用的腔室，以及使热核反应产物能量连续不断地转化成热能的外壳。该激光综合体应该具有大约 50 个通道，每通道脉冲能量为 10 kJ，脉冲宽度为数纳秒，重复频率在 5~10 Hz。对于快点火或冲击波点火聚变模式，应该另外建造数 PW 功率、ps 脉宽通道。

HiPER 项目开发的主要阶段计划在 2020 年代。

Vulcan-10 PW 激光综合体(英国卢瑟福实验室)的目的是建立 300 J 能量的激光脉冲源，脉冲宽度 30 fs，强度高达 10^{23} W/cm^2，重复频率为每小时两次，采用啁啾脉冲参量放大技术。Vulcan-10 PW 激光器将使用其放大级发送的 kJ 级脉冲来泵浦参量放大器。同时还计划 OPCPA 的最后两级将使用大口径(40 cm×40 cm)DKDP 晶体。10 PW 激光器的建设计划从 2013 年下半年开始实施，届时 Vulcan 装置将停止进行实验，2016 年则完全关闭(译者注：本书原版出版于 2013 年)。

ILE-Apollon 项目(法国极端光研究所)的目标[44]是建造峰值功率达 10 PW 的激光器，最高光强 10^{24} W/cm^2，单脉冲能量为 150 J、脉宽 15 fs，脉冲重复频率为每分钟一次。最后阶段的放大将使用直径 20 cm 的 Ti: Sa(掺钛蓝宝石)活性晶体。具有必要光学质量的这种尺寸的晶体目前并不存在，但已经有几个激光晶体制造商在进行这方面的研制。另一项需要研发的重要技术，是建造重复频率为每分钟一发的千焦级泵浦激光器。严重的问题也有可能是没有合适的自适应镜，作为聚焦高能量脉冲于 1 μm 级光斑所必需的波阵面校正器，有了它才能使光强达到上述量值。

值得注意的是[44]，ELI 框架内所规划的具体业务中，ILE-Apollon 项目被指派了一个特别的角色。首先，在 Apollon 激光方案基础上，正计划建造捷克和罗马尼亚的 ELI 综合体。其次，很有可能在极端光研究所领导下，2012 年之后在法国建造用于研究超强场中真空性质的第四套 ELI 综合体。因此，很显然，Apollon 将是 EW(10^{18} W)激光独立通道的原型机。

如今俄罗斯科学院应用物理研究院(IAP RAS)正在进行 PEARL-10 项目[44]。IAP RAS 于 2007 年启用的 PEARL 激光器，脉冲功率 0.56 PW、脉宽 45 fs、能量 25 J，目前位列世界激光前十强。PEARL-10 利用 DKDP 晶体进行参数放大，该晶体由 IAP RAS 采用特殊的定向快速生长技术生成，口径为 10 cm×10 cm。近来该研究院又掌握了40 cm×40 cm 口径晶体的生产技术，为未来推广 OPCPA 开辟了前所未有的机遇。PEARL-10项目基于该研究院现有的研究成果，目标是建造能量高于 200 J、脉宽 20 fs 的激光脉冲源，其焦点峰值强度高于 10^{23} W/cm^2，重复频率为每分钟一发。该综合体将包含 DKDP 晶体参量放大，最后一级口径为 20 cm×20 cm。

PEARL-10 研究计划包括[44]：

——在硬 X 射线频率和伽马射线频率范围，基于超强激光场中的超相对论带电粒子的同步加速器辐射，建造超短相干和非相干高亮度辐射源；将这些源用于皮米空间分辨率和亚飞秒时间分辨率之过程和结构的诊断；

——建造 10~1000 MeV 能量的紧凑型激光离子加速器，开发其应用功能，包括放射治疗；建造 1~10 GeV 能量的激光电子加速器，进行高能物理学研究，包括国际线性对撞机项目(International Linear Collider，ILC)中的加速器样机研制；

——获取和研究超相对论强度激光场作用下所出现的物质的极端状态；在实验室中模拟天体物理及早期宇宙现象；研究位于极强激光场中真空的非线性性质，研究电子-正电子对偶以及粒子雨的生成。

极端脉冲能量激光综合体建造的桂冠应属于国家点火装置(National Ignition Facility，NIF)，它在利弗莫尔国家实验室开始设计，用以实现惯性约束受控热核反应[12,16,45](图 2.4)。NIF 可拥有 192 束激光，总能量达 4.2 MJ。将这些能量聚焦在微型靶上应该能导致其热核爆炸，放能系数约 10~30。相应的实验我们将在 6.2.1 节中详细论述。

图 2.4 用于等离子体惯性约束受控热核聚变的激光综合体 NIF(美国)

这套世界上最大的激光装置占据约 350 000 m^2面积。192 路激光束光路中的每一路(图 2.5[45])都是一个光学系统，由 36~38 个高精度大口径光学元件和数百个较小的光学元件组成，表面积约 3600 m^2，辐射口径约 22 m^2。作为对比：世界上最大的光学反射望远镜凯克(Keck，夏威夷)所具有的光学表面积约 152 m^2，只不过是 NIF 的 4%。

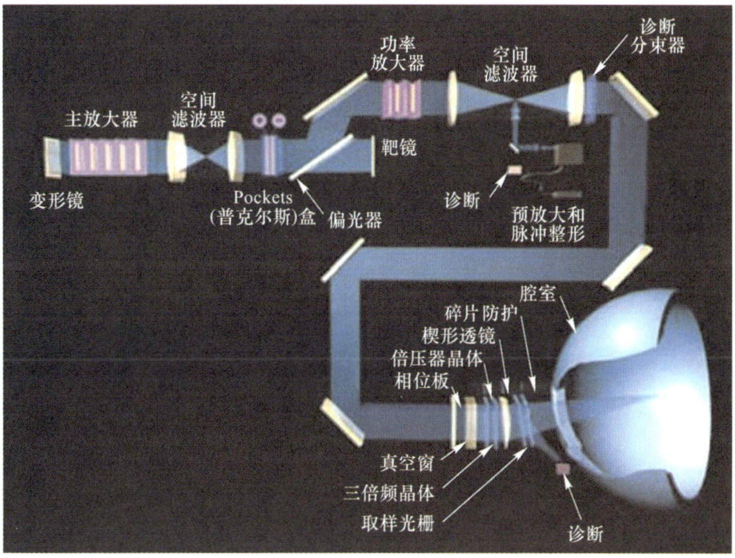

图 2.5 192 路激光束之一的光学系统[45]

10 m 大的球形靶室(图 2.6[45])上具有 192 束激光的输入孔及将近 100 路诊断设备输入通道(35 种各式各样的诊断方法)。192 束激光以高精度聚焦于直径 2.5 mm 的热核靶上(第 6 章的图 6.17)。每一束光的能量都有 19 kJ，可以是基频(1053 nm)光、二次或三次谐波，不仅可用于热核聚变研究，也可用于高能量密度物理学通常意义上的实验[45]。

图 2.6 NIF(美国)的靶室

直径 10 m 球腔、10 cm 厚铝壳和 40 cm 厚中子防护罩，整体重量将近 500 t。右侧：激光注入系统[45]

主光纤激光器向光纤元件系统提供辐射，形成所需要的时间和频率脉冲形态。然后脉冲分成 48 路，其后每一路都在前置放大器内放大，之后再被分成 4 束。随后，每一光束都在 4 通路放大器中放大，如图 2.5[45] 所示，该放大器由大口径普克耳斯盒(Pockels cell)所控制。放大后的辐射穿过旋转偏振装置、自适应镜、靶破坏产物防护系统，最终进入靶室。建造 NIF 的时候，利用了激光技术的诸多最新成就，如高性能光学玻璃、高性能 KDP 晶体以及很多其他成果[45]。

法国的 LMJ 系统[13,17,18]将发射总能量 1.8~2 MJ(三次谐波)的 240 束光，保证了微靶的热核点火条件，并能模拟核爆炸的各种效应。这些设施使得有可能进行 Gbar 压力级别冲击波实验，对物质的描述向准经典领域推进[31]，并且可在完善的辐射效应条件下研究等离子体的流动。

全俄实验物理研究院(俄罗斯，萨洛夫市)建造了碘光解装置"Iskra-5"(图 2.7)[46]，该装置由 12 激光通道组成，总辐射能量 30~40 kJ，泵浦脉宽约 0.36 ns。为了泵浦闪光灯和放电源，建造了满负荷储能约 65 MJ 的电容储能综合设施。

图 2.7　全俄实验物理研究院的 PW 级激光综合体

Iskra-5 的靶室装备了 12 套三元件的反射折射透镜。主要实验以 12 通道辐照模式进行，输出能量为 9~10 kJ，脉冲宽度 0.3~0.4 ns。近来此装置改为以二次谐振波工作[46]，向相互作用靶室注入 2.4~3 kJ 激光辐射能量，脉冲宽度 0.5~0.6 ns。在这套设备上已经进行了密集的激光受控热核聚变实验和高能量密度物理学实验。下一阶段装置——Iskra-6——的功率应该高出 10 倍[46]。

总而言之，我们可以说，最近几年预期有几个国家将会出现峰值功率高达 10 PW、

辐射强度高达 10^{23} W/cm^{2}的脉冲激光源。因此可以预先畅想一下，这些激光综合体将为极端光与物质相互作用物理学研究提供什么样的新方法。

高达 10^{18} W/cm^{2}的纳秒激光的辐射作用已经得到充分研究，详细记录在文献[7，8，34，35，47-50]中。最初主要的能量集中在临界密度区域，临界密度 $n_c \approx 10^{21}\pi m/(e\lambda)^2$ cm^{-3}(λ 是波长)，分布于膨胀中的等离子体冕区中，通过电子热传导途径，该能量将传到靶内。激光辐射加热的等离子体冕区迎向激光束，产生强劲的冲击波，向靶深处移动传播，或者压缩靶到数百兆巴压力，或者加速靶外壳到数百千米/秒速度，进而压缩和加热热核燃料或者被研究的物质。这是最早的热核方案，被称为“直接”驱动方案[7-9]。

另一种可供选择的是“间接”驱动方案(见 6.2.1 节)[7-9]，建立在将激光辐射转化为 X 射线辐射(亮度温度达数百电子伏特)的基础上，由球形靶的高度对称压缩来实现这种转化，类似于“直接”驱动方案中的等离子体冕区烧蚀压力压缩。

第二类激光系统成本较低，因此用于高能量密度物理学的研究相对容易，相应的能量和脉冲宽度要小一些，但靶上的单位功率仍然很大，有 $10^{16}\sim10^{22}$ W/cm^{2}量级。它们的启用基于 1980 年代初发现的啁啾效应(chirping effect)及由此开发的啁啾脉冲放大技术，这时主振荡器产生的激光辐射由衍射系统及时展宽，经放大级放大，然后被压缩至飞秒时长[51,52]。这类甚至大学实验室都可得到的太瓦或拍瓦功率的激光系统，迅速拓展了高能量密度等离子体物理学的前沿阵地：从研究相对论等离子体辐射到产生加速电子、离子束流及软 X 射线辐射(用于光刻、医学和热核聚变)通量，生成电子-正电子对偶，实现核反应以及其他各种任务。

将来在这方面工作的推进[53]，与激光功率朝着 ZW(10^{21} W)级别的发展紧密相关(见图 4.2)。这类梦幻强度，既可以通过把激光脉宽压缩到数十阿秒(as，10^{-18} s)来实现，也可以通过在飞秒设施中使激光束的直径增大、数量增加从而提高激光束能量来实现。现如今已经证明了生成孤立单周期 130 as 时长脉冲的可行性[54]。

在众多利用这类系统进行的有趣的物理实验中，我们注意到超短激光脉冲与团簇的相互作用[55]，这种情况下，它们的多重非平衡电离将电子从团簇中打出来，激发了产生千电子伏离子、激光冲击波、甚至热核反应的“库仑爆炸”。

由于最短的飞秒和阿秒激光脉冲具有与光周期相当的持续时间，它们是能够极端快速地作用于物质的独特工具，可以用来研究超快原子和分子过程的动力学、化学反应动力学以及其他很多引人入胜的现象。

2.3 金刚石砧静力学方法

1980 年代初，随着金刚石砧实验技术的出现，静力学领域取得了实质性的进步(图 2.8)[56,57]。这类装置中，两颗经过特殊切割的金刚石挤压所研究物质的薄层(10~100 μm)，最高压力达兆巴级别，其上限取决于金刚石最高强度，0.5~1.0 Mbar 量级。一系列实验中，被挤压的物质由激光辐射加热(图 2.9)[58,59]，或者材料在被金刚石砧挤压之后，成为激光冲击波实验用靶(图 2.10[60])。

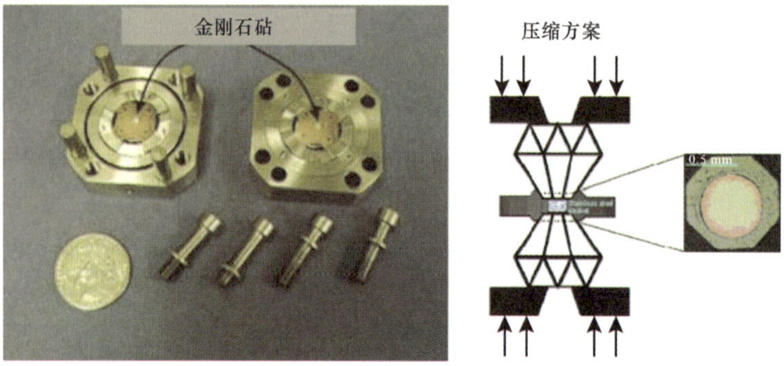

图 2.8　用于物质静力挤压的金刚石砧装置

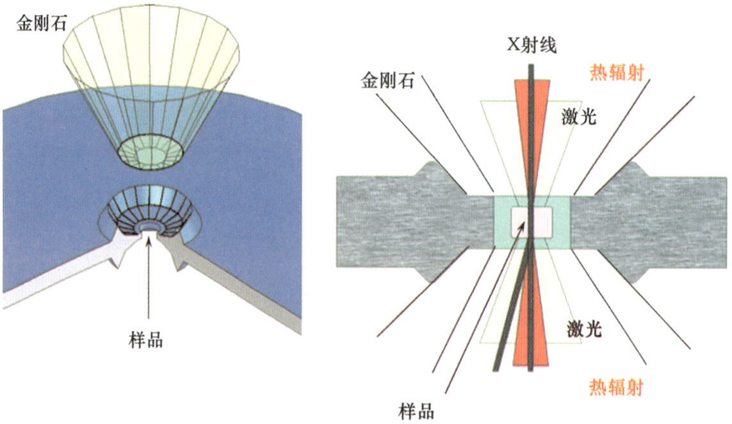

图 2.9　物质的激光加热金刚石砧静力挤压实验示意图

图 2.10　预先在金刚石砧上挤压过[60]的物质在 OMEGA 装置中被激光冲击波压缩

无时间限制的静力挤压允许使用多种诊断工具，包括各式各样的光谱学方法，以及使用千电子伏特 X 射线和同步加速器辐射进行 X 射线结构分析。这类实验提供了很多有用的信息，涉及对地球条件来说属于极端参数区域 $p\approx0.1\sim3.6$ Mbar（100～360 GPa），$T\approx10^3\sim6\times10^3$ K 的地球物理目标（图 2.11）的力学性质、热力学及相变等。

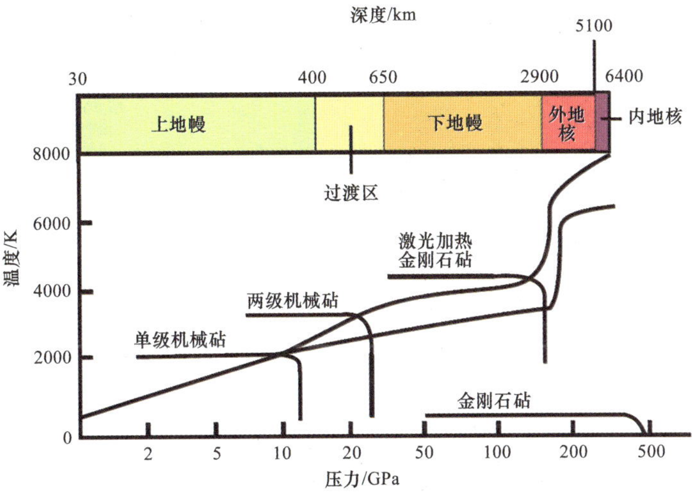

图 2.11 静力条件下可达到的参数[57,61]与地球内部物理条件的对比

金刚石砧方法的能力受金刚石（地球上已知的最高强度材料）强度所限，难以超出兆巴压力水平。

2.4 动力学方法

沿着高能量密度标尺向上进一步攀升，与研究向动力学方法的转变紧密相关[1-6,62-69]，这些方法借助于强冲击波或者电磁的或各种高能粒子的辐射，在所研究的物质中形成脉冲式能量累积。由此出现的等离子体温度和压力远高于装置中结构材料的热强度极限，导致动力学实验中等离子体特征寿命受到限制，该特征寿命由靶的膨胀动力学所决定，约有 $10^{-10}\sim10^{-5}$ s。在这些动力学方法中，靶中所形成的最大能量密度和压力值不再有原则上的限制，它们仅受能源即所谓“驱动器”的功率限制。

形成高能量密度最常见的工具就是强冲击波[3,62-64]，是物质中物质运动非线性流体力学效应的结果，该运动由脉冲式能量释放所引起。这里起主要作用的冲击波是黏性压缩波，其中来流的动能转化成了被压缩且不可逆加热的等离子体的热能（图 2.12）。

当今高能量密度物理学领域中，冲击波技术是主要角色，能够获取兆巴、吉巴量级的最大压力用于化学元素和化合物。目前能达到的最高动压级别比子弹撞击产生的压力高六个数量级，比地球中心压力高三个数量级，接近于太阳中心层及惯性热核聚变靶内的压力[4-6]。这些奇异的物质状态在宇宙大爆炸之后数秒内我们的宇宙诞生时就出现了[11,71,72]。在一定的意义上可以认为，动力学实验中压力和温度不断升高的时候，我们好

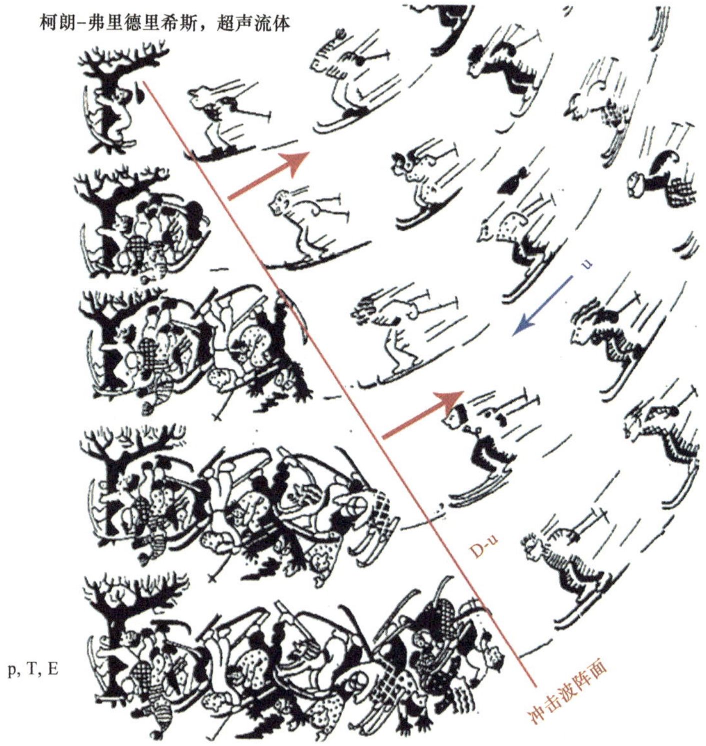

图 2. 12　物质的冲击波压缩及加热[70]

像在沿着时间轴倒退，以接近宇宙创建的时刻——宇宙大爆炸(见第 9 章、图 9. 55)。

冲击波不仅压缩物质，而且也把物质加热到很高温度，因此对于产生等离子体(物质的离子化状态)尤为重要。目前强非理想等离子体的实验研究正在使用大量的动力学方法[1-3,62,63,66,68,69,73](图 2. 13)。

对初始状态为固体或液体的物质进行冲击压缩，可以在冲击波波阵面后获得非理想简并(费米统计)和经典(玻耳兹曼统计)等离子体状态，等离子体被压缩至大约 4 Gbar 的最高压力，被加热到约 10^7 K 的温度量级[4-6]，这时等离子体内能密度与核能密度相当，而温度更是接近于平衡辐射的能量和温度开始在这类高能状态的总体热力学和动力学中起显著作用时的条件。

为了降低不可逆的加热效应，应有意识地利用冲击波的次第入射和反射 H_k 所导致的物质压缩[3,32,65,77]，这时压缩变得更接近于“温和”的等熵压缩，相较于一次性的冲击波压缩，可获得显然更高(10~50 倍)程度的压缩和更低(大约 10 倍)的温度。多重冲击压缩曾成功用于兆巴压力下的等离子体压力电离[3,32,65,77]和物质电介质化[78]的实验研究。准绝热压缩 S_1 也在氢气和惰性气体的高度对称圆柱体爆炸压缩时实现过(图 2. 14)[3,32,77]。等离子体的最高参数曾利用球形爆炸压缩达到过[79](图 2. 15)。实验的完成利用了 X 光综合体，该综合体由三套电子感应加速器和一套记录氘的球形压缩过程 X 光成像的多通道光电系统组成。以兆高斯磁场“温和”绝热压缩等离子体的实验，在文献[80，81]中有详细论述。

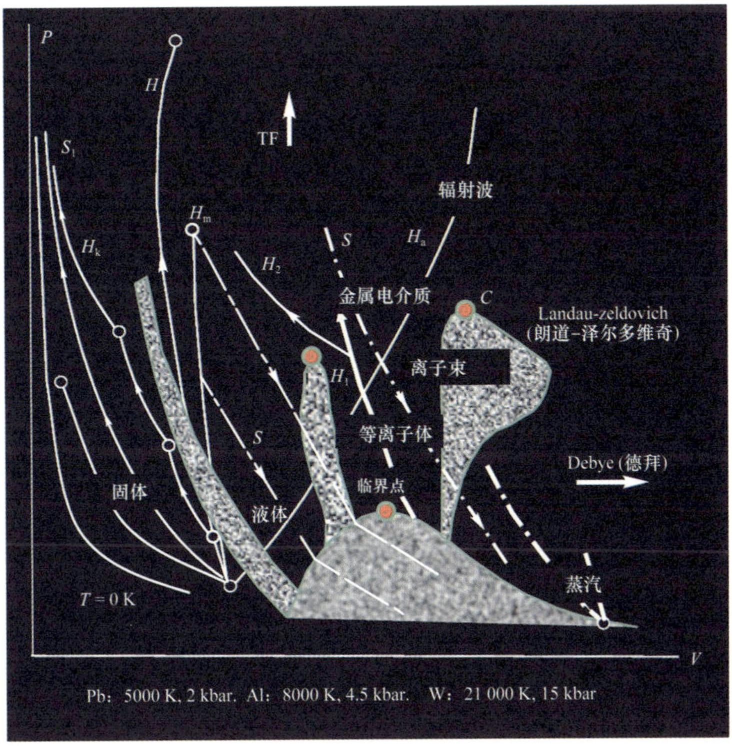

图 2.13 物质的动力学研究方法的热力学轨迹[1,2]

底部一行数据是一些金属的临界点参数(K. T.)

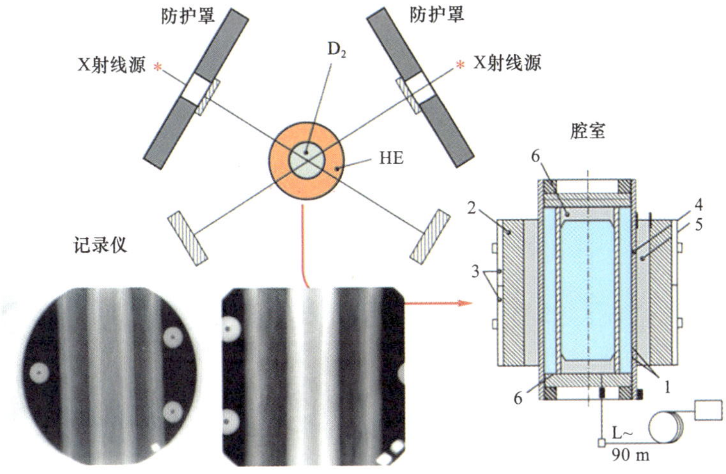

图 2.14 用于等离子体准绝热压缩的爆炸圆柱体装置[32,74-76]

1——圆柱体样品；2——炸药装填；3、4——外部和内部金属套筒；5——X 射线辐射源；6——X 光记录仪

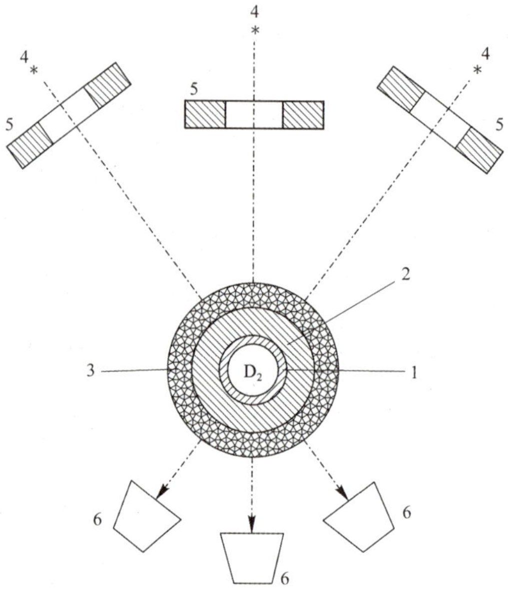

图 2.15　实验布局

1——球形腔室；2——隔层(聚乙烯)；3——炸药组件；4——辐射源；5——防护设施；6——电子光学记录仪[79]

其他临界情况中，当必须获得高温等离子体时，应有意识地进行低密度(与固体相比)靶的冲击波压缩，如多孔金属 H_m[62-64,66-68,82] 或者气凝胶 H_a[83](图 2.13)。这样就可以显著提高不可逆冲击压缩效应，并且因此提高压缩状态的熵和温度。

图 2.16 显示了由冲击波压缩多孔镍样品而获得的高能状态热力学实验数据，该状态属于等离子体物理学上非常规的固体密度和高温区域[82]。有趣的是，这些实验数据[82]正对应于金属-电介质的转化区域(图 2.17)，此区域的压力电离和温度电离效应对于等离子体热力学的阐述具有重要意义[1,2,82,84]。

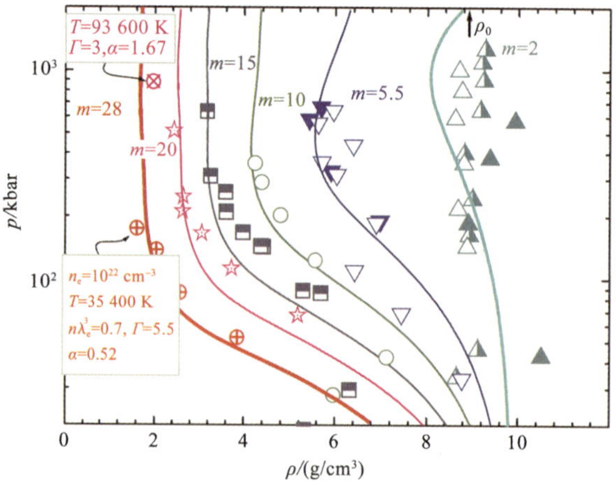

图 2.16　非理想镍等离子体热力学[82]

各种符号点表示冲击压缩多孔($m=\rho_0/\rho_{00}$)样品的结果，α 为电离度

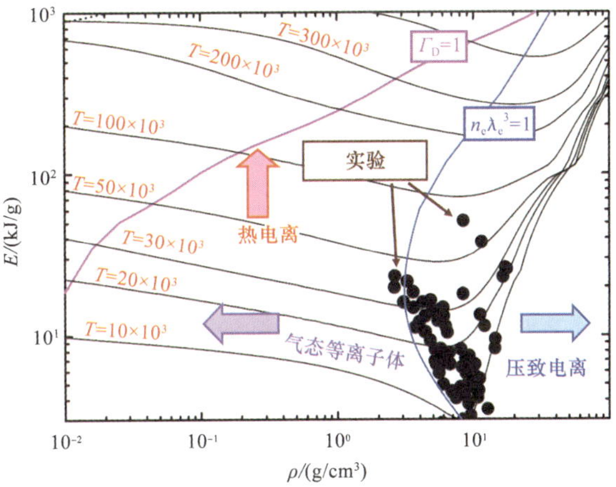

图 2.17 被冲击压缩的镍等离子体的能量密度[82]

稀有气体和碱金属饱和蒸气由入射 H_1 和反射 H_2 冲击波(图 2.13)所引起的冲击压缩，提供了在充分热电离区域研究等离子体的可能性，电离所产生的电子服从玻耳兹曼统计(Boltzmann statistics)[1-3,66,67,77](图 2.18)。

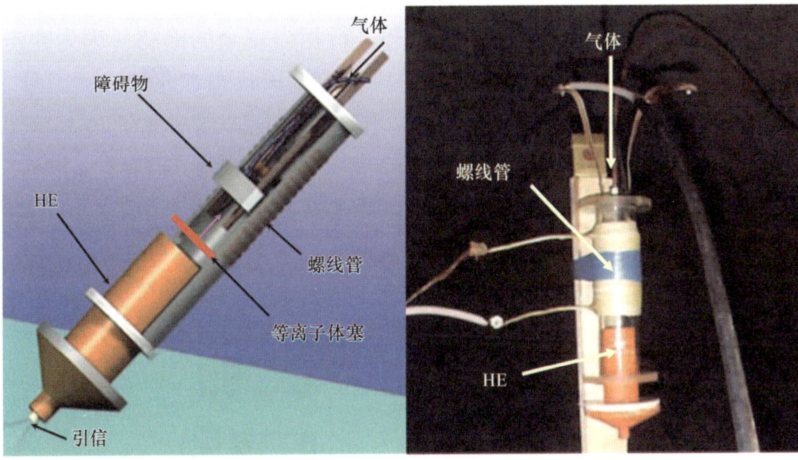

图 2.18 用于测量低频和霍尔(Hall)传导性的爆炸冲击管，也可测量等离子体冲击压缩热力学性质[1,2,85]

冲击波技术的一个特征是可以在压缩介质中获得高温高压，而这在低密度区域(包括沸腾曲线和临界点附近)是做不到的[1-3,66]。研究固体和气体之间的等离子体中间状态可使用等熵膨胀方法：凝聚态物质在强冲击波波阵面上被预压缩并被不可逆加热，于绝热膨胀 S 条件下生成等离子体[1-3,66]。正是应用这种技术，首次进行了沸腾曲线的高温段、临界状态附近和很多金属的金属-电介质转化区域等的实验研究(详见参考文献[1，2，66，86])。作为范例，图 2.19 列出了铀的高温蒸发区域[3,86,87]，正是在其绝热膨胀数据的基础上得到的。

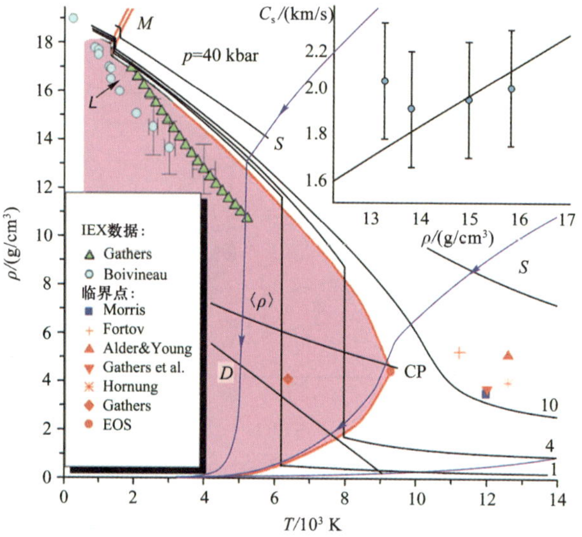

图 2.19　临界区域附近铀的高温蒸发，数据利用绝热膨胀方法而得到[86,87]

由此可见，动力学诸多方法的各种组合使用，使人们得以在实验中实现和研究多种多样强粒子间相互作用的大量等离子体状态。这样一来，不仅可以在实验中实现能量高度聚集的条件，而且能够对这些高能状态进行相当完全的诊测，因为冲击和绝热波不仅是能量高度聚集的物质极端状态的生成手段，也是该状态专业的诊测工具[1,2,62-64,66]。通过测量冲击波运动及接触间断的力学参数，有助于确定等离子体的热力学性质，再利用现代化高速诊断技术，还能够测定极端参数等离子体的很多物理特性。

接下来我们将简要讨论稠密介质中生成强冲击波的实验技术(图 2.20)。

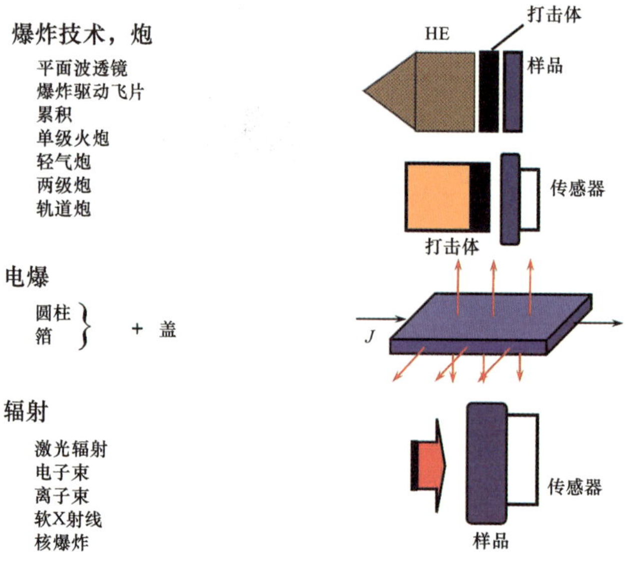

图 2.20　强冲击波生成示意图

2.5 轻气炮和化学爆炸

强冲击波由加速至每秒数公里的金属衬垫(打击体)与由所研究物质材料制成的靶碰撞所激发，强冲击波技术是现今高压达 10~15 Mbar 条件下有关等离子体性状物理信息的主要来源。这里我们将不再详细描述打击体加速技术和诊测方式，它们在[1-4，33，62，63，65-68，77，88，89]等文献和学术专著中有全面的介绍。我们仅强调，在这类冲击波实验中，成功地进行了相当完整的等离子体物理性质测量。为了确定状态方程，实现了冲击间断运动和接触表面的时间间隔的电接触和光学记录。使用脉冲 X 射线和同步加速器辐射源进行了高温测量、光谱学测量、质子成像测量、X 射线衍射测量和吸附作用测量，还进行了干涉仪激光测量、低频和高频霍尔(Hall)导电性记录，以及压电和磁电效应测量。研究介质的冲击压缩力学性质获得了独有的数据：弹塑性性质、断裂、多晶形现象、黏性、破坏和碎裂等[90]。对化学反应以及冲击波和爆轰波中的物理化学转换动力学进行研究时，得到了很多出乎意料的结果[90]。

为了这些目的，在美国最常使用的是火药和轻质气体驱动的发射装置——轻气炮(图 2.21)[65]，而在苏联，人们更愿意使用爆炸发射装置[88]。

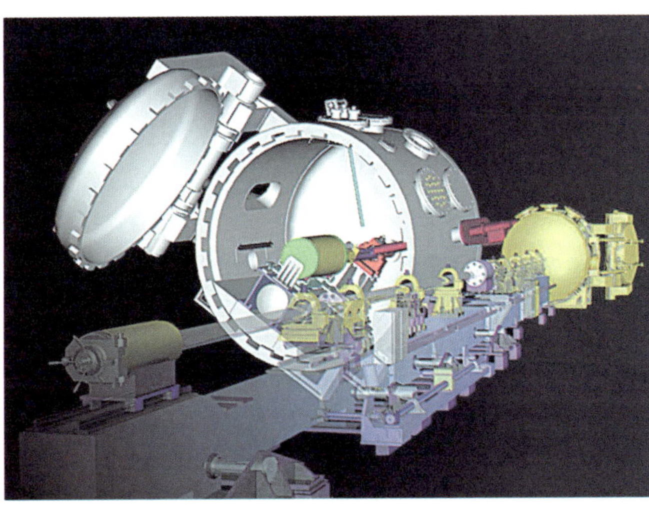

图 2.21 轻气炮示意图(利弗莫尔，美国[65])

为了提高发射速度，也就是提高对等离子体进行冲击压缩的压力，需要采用最先进的气体动力学技术。“梯度”积累技术(图 2.22[82,91])是在平面的重材料和轻材料交替叠加层内连续升高打击体速度。这项技术与能量的几何聚焦效应无关，因此具有更高的(与球形压缩相比)加速和压缩过程稳定性。所构造的这样的三级爆炸式“千层饼”[82,88]把一个 100 μm 的钽制打击体加速到了 5~14 km/s。这样的打击体的撞击在靶等离子体中激发起了平面冲击波或者系列回声冲击波，振幅压力可达兆巴量级。选择这些实验装置的几何参数时，必须排除侧面和后部卸载波的扭曲效应，以保证在数据采集区域内气体动力学流动的一维性和稳定性。

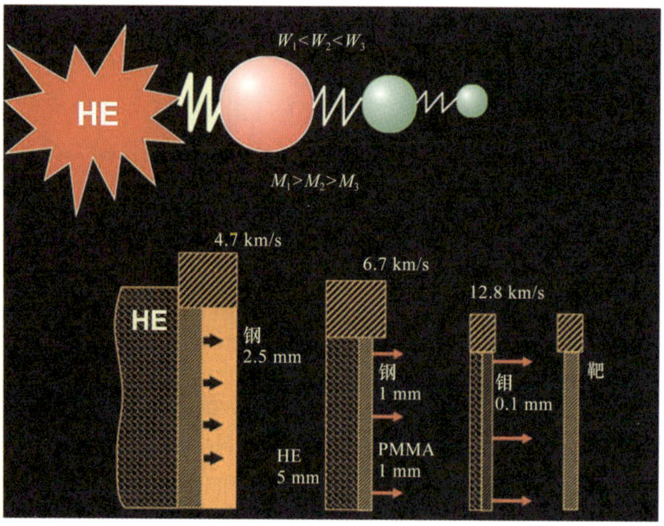

图 2. 22 “梯度”积累原理[91]和三级爆炸“千层饼”[62,63]

有趣的是，以 10 km/s 速度运动的金属打击体动能接近于[65]费米实验室回旋加速器中质子束的动能。冲击波实验中的高动能导致了极度压缩的高温压缩等离子体的生成，类似于相对论离子的碰撞导致极高能量密度的夸克-胶子等离子体的形成。

为了提高冲击压缩参数，在一系列实验中使用了迎面冲击波爆炸发生器(图 2. 23)，被研究材料(靶)被钢质打击体从两边同步撞击加载，打击体由炸药驱动同步对称加速[92,93]。

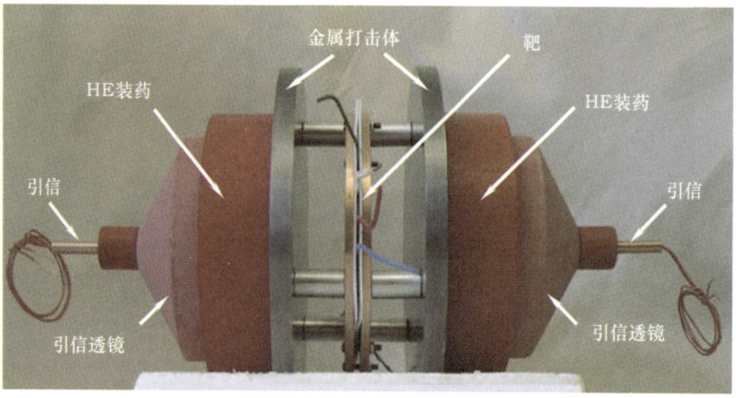

图 2. 23 迎面冲击波爆炸发生器[92,93]

苏联曾经建造过特别精密的球形爆炸强冲击波发生器(图 2. 24)[62,63,67,88,94]，用于研究高达 10 Mbar 压力条件下材料的热力学性质。爆轰产物和半球外壳向心运动时(内爆)，利用几何聚集效应，装置内约 100 kg 的质量和约 300 MJ 的能量释放，足以将金属打击体加速到约 23 km/s 的速度。

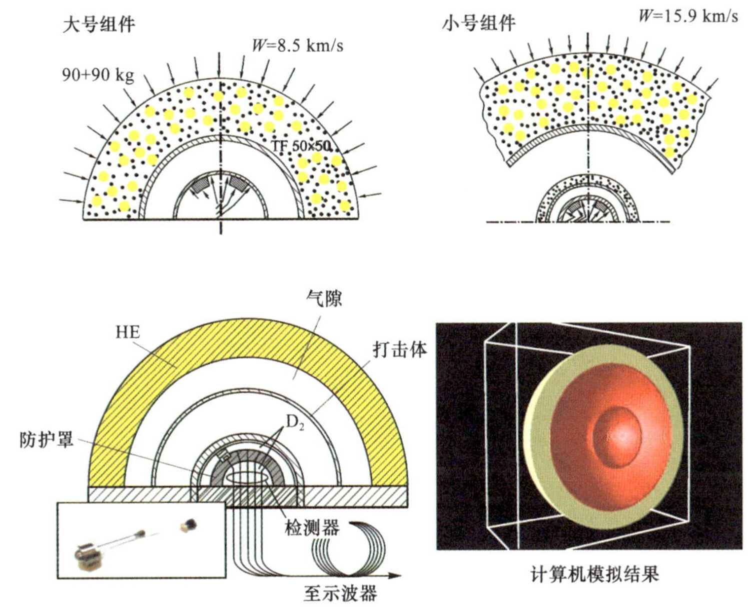

图 2.24 球形聚心强冲击波爆炸发生器[67,68,88]

采用强冲击波实验技术研究物质极端状态[11,95,96]，是现今有关强压缩强非理想等离子体在创纪录的高温及 Mbar、Gbar 高压量级参数区域的性状信息的主要来源[32,65,77,94,97-109]。虽然相对于地球条件看起来非同寻常，但是这些超极端状态完全是大多数天体物理目标的特征，决定着恒星、太阳系行星以及新发现的 100 多颗系外行星的构造、演化和亮度[11,95]。

此外，与超兆巴级别等离子体相关的还有前途光明的惯性约束等离子体受控热核聚变能源计划[11,95]以及压缩氢内高温状态的实现[96]。这种大环境不断推动着强冲击波作用下强压缩非理想氢、氘和惰性气体等离子体性质的实验研究。为了激发强冲击波，用到了轻气体[65]、平面和半球形爆炸装置[77,94,99,106,107]，以及强激光[102,103]和电动加速器[104,105]。

高出一次性冲击压缩压力几乎一个数量级的、且使不可逆加热效应明显减小的实质上更高的压力，可以通过平面、圆柱体以及球形几何装置中冲击波的次第入射反射使物质准等熵压缩来实现[32,65,100,101,108,109]。实验中利用这种方法，在压力高达 800 GPa 的区域，成功地使压缩氢的密度达到了约 2 g/cm^3[100,101]。

文献[79]中记载了在氘中所获得的创纪录的参数。初始状态压力 p_0 = 267 atm(约 27 MPa)、T_0 = 10.5 ℃ 的气态氘，冲击压缩之后记录到氘等离子体 ρ = (4.3±0.7) g/cm^3，此时 p = 1830 GPa。这些条件下，等离子体为强非理想($\Gamma \approx 4.5\times10^2$)状态，具有简并($n\lambda_e^3 \approx 2.8\times10^2$)电子成分，电子数密度约 2.8×10^{23} cm^{-3}(图 2.25)。

文献[115]中，利用平面波和半球形冲击波发生器生成了平面冲击波，测量了其波阵面之后的液态氮的冲击压缩运动学和热力学参数。实验过程中实现了高压缩参数——压力 $p \approx 265$ GPa 时，液氮的冲击压缩密度 $\rho \approx 3.25$ g/cm^3，$T \approx 56\ 000$ K。测量了冲击压缩液氮非理想等离子体的密度、压力、温度及电导率。记录了 p = 100 ~ 300 GPa 范围内，接近等容的氮冲击绝热曲线特性。实验数据可解释为找到了 $p \approx$

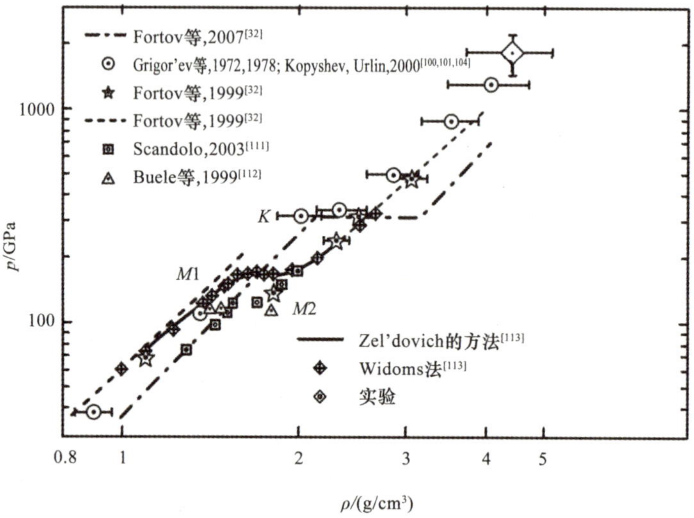

图 2.25　气态氘在最高压力 1800 GPa 以内的准等熵压缩[79]

当用氘代替氢时，文献[100，101，114]的实验密度加倍。压力小平台对应于等离子体相变阶段

100 GPa、$\rho \approx 3.4\ g/cm^3$时，被冲击压缩的氮从聚合态向稠密强非理想等离子体状态过渡的边界。

圆柱形和球形冲击波压缩所获得的非理想氘等离子体热力学性质实验数据，列于图 2.25、图 2.26，它们也与激光的(图 2.4)[117]和电动力学的(图 5.8)实验结果进行了对比[116]。评估结果显示，这些实验中的冲击压缩等离子体是强非理想的(德拜耦合参数 $\Gamma>1$)，并且是完全电离的($n_e/n_D \approx 1$，n_e和 n_D分别表示电子密度和德拜密度)以及强简并的($n_e\lambda_e^3 \approx 3$，λ_e 为热力学德布罗意波长)。可以看出(图 2.26)，非理想等离子体模型[62-64,68]合理地描述了动力学实验数据。

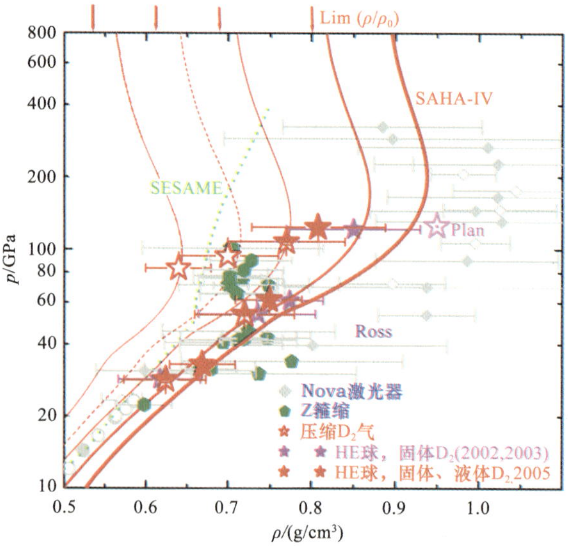

图 2.26　氘等离子体的冲击波压缩[102,106,116,117]

当圆柱形冲击波进行不规则(“马赫”)会聚时(图 2.27)，在更为稳定的圆锥形爆炸发生器中利用了积累效应。不规则圆柱形积累与“梯度”积累的组合效应能够在铜中激发出幅度约 20 Mbar 的冲击波，已经与核爆近区的压力相当了。

图 2.28 对各种发射方法的能力进行了对比。

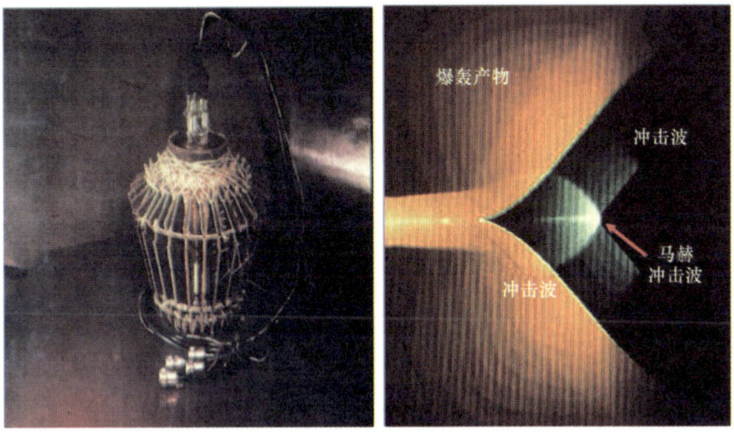

图 2.27 左图为“马赫”冲击波锥形发生器[73]，右图为二维气体动力学计算结果

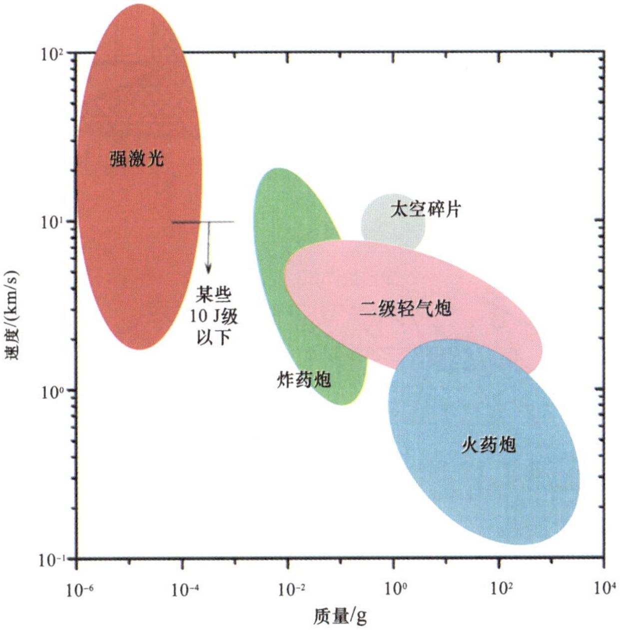

图 2.28 各种速度发射方法的能力范围

2.6　地下核爆炸和物质的准经典模型

地球条件下创纪录的等离子体能量密度在接近核爆炸源区获得。图 2.29 和图 2.30 给出了几个这类实验的示意图[4-6,68,88,89,118]。图 2.31 示出了铝等离子体冲击压缩实验收集的数据，图中最高点对应于地球条件下创纪录的参数[5]。该等离子体的内能密度 $E \approx 10^9$ J/cm^3，已接近于核物质的能量密度，而压力 $p \approx 4$ Gbar 也接近了太阳内部的压力。这些条件($n_e \approx 4\times10^{24}$ cm^{-3}，$T \approx 8\times10^6$ K)下的等离子体是非简并的，$n\lambda^3 \approx 0.07$，是十二重电离，而非理想性参数也不高，$\Gamma \approx 0.1$，是第 1 章的关于超高能量密度极限内等离子体物理性质简化这一主题的实验说明。令人惊奇的是，所研究的参数范围与系统的热力学中能量和平衡光辐射压力有显著贡献的区域相邻：

$$E_R = 4\sigma T^4/c；\ P_R = E_R/3 = \frac{4}{3}\sigma T^4/c$$

因此，等离子体动力学的工况实际上十分接近辐射气体动力学的工况[33]。

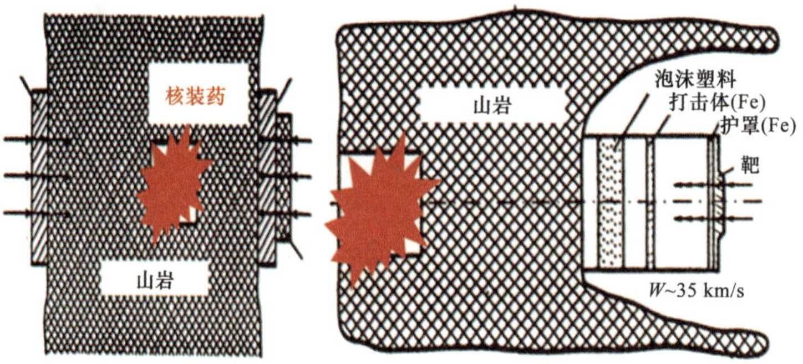

图 2.29　核爆近区强冲击波生成实验示意图[4,6,89,118]

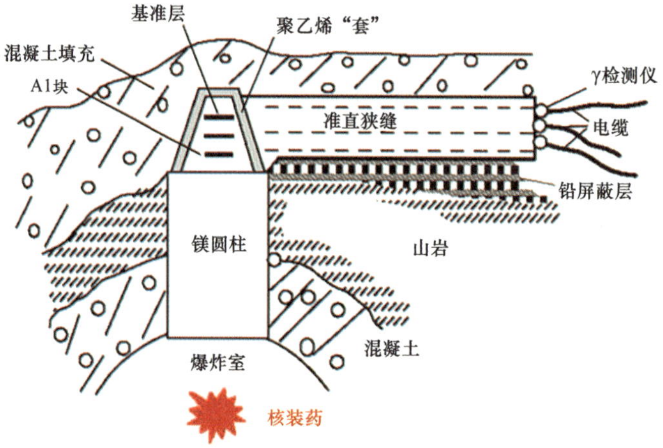

图 2.30　使用伽马基准的地下核爆炸实验示意图[6]

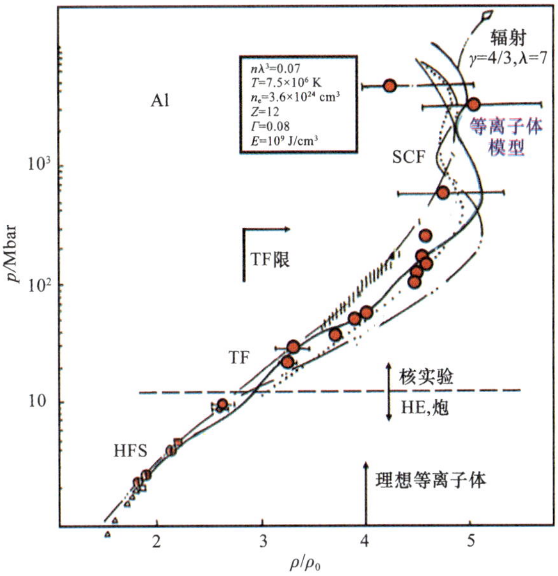

图 2.31 铝的 Gbar 量级压力冲击波压缩[4-6]

借助于核爆炸[4-6,67,68,88,89]所获得的压力(图 2.31)处于数兆巴压力范围，接近于某个特征"物理"压力，该压力可以从量纲分析得出，$p \approx e^2/a_{\mathrm{B}}^4 \approx 300$ Mbar（$a_{\mathrm{B}}=\hbar^2/(me^2)$——玻尔电子半径)，并且从这些压力出发，采用托马斯-费米理论[30,31]，就意味着强压缩物质简化的量子统计描述及其物理性质的"自相似性"。这个模型[31]基于对自洽场方法的准经典近似，是对多粒子量子力学问题本质上的简化，因而非常广泛地用于天体物理问题及特殊问题的计算。

正如我们在第 1 章所讨论的，在极端高压——$p \gg e^2/a_{\mathrm{B}}^4$——条件下，或者 $T \gg \mathrm{Ry} \approx 10^5$ K 时，相关电子状态在密度升高区域——$\rho \geqslant \rho_0$——的描述被彻底地简化了，此时电子壳层好像"被压坏了"，它们的性质由自洽场方法的准经典近似——也就是托马斯-费米理论——来描述。这个模型中，原使用波动函数和能量本征值的系统描述被简化的借助于平均电子密度 $\rho(x)$ 的统计概念所取代，该密度服从准均匀简并电子气关系(下文的讨论中使用单位原子系统)

$$n(x)=\frac{1}{\sqrt{2}\,\pi}T^{3/2}f_{1/2}\left(\frac{p_{\mathrm{F}}^2(\mathbf{x})}{2T}\right)\xrightarrow[T\to 0]{}\frac{p_{\mathrm{F}}^2(\mathbf{x})}{3\pi^2}$$

这里的 $f_{1/2}(\alpha)$ 为费米函数，μ 为化学势能，

$$\mu=\frac{p_{\mathrm{F}}^2(\mathbf{x})}{2}+U(x)$$

为了简化计算，在准经典模型中，物质被分成电中性、半径为 R 的球形维格纳-赛茨原胞(Wigner-Seitz cell)，包括核心及其周围的 Z 电子，使得问题从多中心转变成了单中心球对称问题。电子处于自洽场，具有势能 $U(r)$，满足泊松方程：

$$-\nabla^2 U=4\pi n,\ \left(U(r)\underset{r\to 0}{\sim}\frac{1}{r},\ U(r)\underset{r\to R}{\sim}(r-R)^2\right)$$

这里的原胞半径 R 由电中性条件 $\int n(x)\,\mathrm{d}x = Z$ 所决定。这个方程的数值积分能够决定电子密度 $\rho(x)$，根据此密度来还原原子单元电子气体的全部热力学函数。要得到物质总的热力学特性，同电子项一起，必须考虑原子核的运动，此运动通常在理想气体近似或者准谐波近似中描述。托马斯-费米模型的方程就核电荷而言具有自相似性质：引入变量 ZV、$Z^{-4/3}T$、$Z^{-10/3}P$、$Z^{-7/3}E$ 之后，它们并不显性地包含 Z，它们的解适用于任何元素，因此使这个模型的实际应用得到简化。

相对于哈特里(Hatree)自洽场方程，托马斯-费米模型是准经典的极限，因此这个模型的改进涉及更细致地考虑相关性、量子力学和相对论效应[31]。相关性修正的存在是由哈特里自洽场与原子单元内真实场的差别所引起的。这些修正是电子波动方程非对称性的结果，并被解释为交换关联效应。另外，由于模型中所采用的独立粒子图像的不精确性，也出现了作用力相关性效应。

量子力学修正出现在使用准经典形式之后，分为规则修正和不规则修正。规则修正是关于 $\hbar^2$(所谓的量子)的部分，反映 $n(x)$ 与势能 $U(x)$ 由于不确定性原则而产生的非定域性关系。不规则修正反映由于能谱的离散性产生的物理量的非单调性[31]。实际上，振荡修正的引入正说明了托马斯-费米模型最新改进型的特点[31]，尽管交换性、相关性和量子修正的统筹对于高能量密度物理学来说是常规实践。

相关性和量子效应的相对量由无量纲参数 $\delta_{\text{corr}} \sim \delta_0^{\nu}$ 和 $\delta_{\text{quant}} \sim \delta_{\text{exch}} \sim n/p_{\mathrm{F}}^4$ 所控制[31]，在简并区域($n^{2/3} \gg T$，$p_{\mathrm{F}} \sim n^{1/3}$，$\delta_0 \sim n^{-1/3}$，$\nu = 2$)，它们的形态是：

$$\delta_{\text{corr}} \sim n^{-2/3}, \qquad \delta_{\text{exch}} \sim n^{-1/3}$$

而在经典区域($n^{2/3} \ll T$，$p_{\mathrm{F}} \sim T^{1/2}$，$\delta_0 \sim n^{1/3}$，$\nu = 3/2$)，

$$\delta_{\text{corr}} \sim n^{1/2}/T^{3/2}, \qquad \delta_{\text{exch}} \sim n/T^2$$

托马斯-费米模型对原胞周边和靠近核心位置电子密度的描述的不正确是一个缺点，因为那里违反了准经典性条件。文献[31]中提出了消除这个缺点的方法，也就是在量子修正、且不采用小参数展开为级数求解托马斯-费米方程时，使用连续近似方法。这类步骤构成了量子统计模型的基础，该模型中核心周围的解迅速收敛，而距离核心很远的地方则具有高质量正确的量子力学性状。然而，所得到的公式不再有关于 Z 的相似性。对于每一种元素，数值计算必须从头开始进行，而方程本身对于数值计算来说更是困难重重。

也有人提出了其他一些对准经典模型在核心周围的改进[31,119]，差别在于修正引入方式的不同。但在热力学论述时，这些模型与修正托马斯-费米模型之间的差别，仅在它们正式应用的区域之外才能明显区分，这就解释了为什么在进行具体计算时，大家更愿意使用更为简单的修正托马斯-费米模型。

使用准经典描述方法时必须着重强调特殊的误差，它们来自原胞模型本身。这个模型中，所有电子相关性自动地受原子单元尺度限制，并且不可能因此而超过核心之间的平均距离，而核心与核心之间的相关性不存在。这些具体情况，明显地限制了托马斯-费米模型对于该物质状态典型条件下的等离子体的描述的可用性，此时屏蔽球中存在有大量原子核，它们之间的相关性主导了德拜修正[12]。因此本模型在等离子体区

域没有德拜极限，更有甚者，随着等离子体变得稀薄，其外推性质越来越差(见参考文献[1，2])，因为此模型不能描述气体等离子体中由电离效应而引起的热力学函数的逐级特性(图 2.32)。

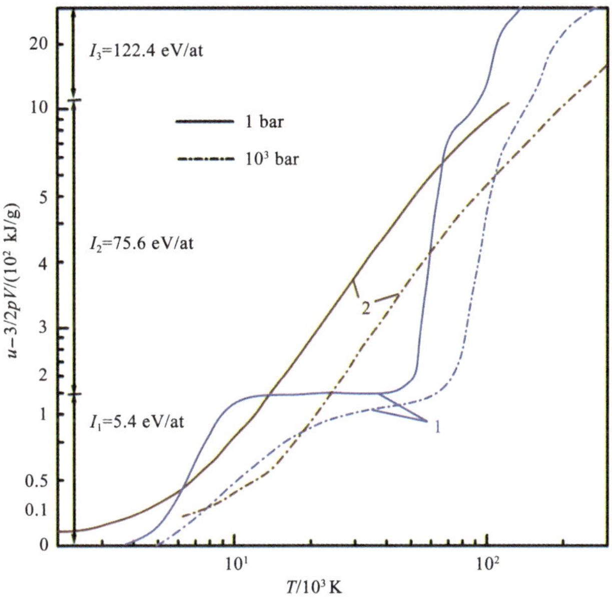

图 2.32 锂等离子体的状态方程[1,2]

1——化学模型；2——有量子修正和交换性修正的托马斯-费米模型。

I_1、I_2、I_3——顺序电离潜能

等离子体状态特征参数范围内，托马斯-费米模型计算与更精确的量子力学哈特里-福克-斯莱特模型(Hartree-Fock-Slater model)计算之间的差异在文献[1，2，68]中有仔细研究。

核相关效应可能在凝聚态相也非常重要，因为原胞模型忽略了单元真实体积与平均体积之间由原子核运动而产生的偏差，因而仅对有秩序的系统才是正确的。凝聚态和稠密等离子体典型的非理想性参量 $\Gamma\approx 100$ 时，状态方程中必须考虑原子核的运动，它也会引起原子体积的波动。对于托马斯-费米模型，对这一效应的评估以 SiO_2 为例，表明[120]在 $1<\Gamma<100$ 区间内，把原子核运动考虑在内使压力提高了约 15%。

准经典模型适用性的物理条件，正如我们所强调过的，对应于极端高压 $p\gg$ 300 Mbar、温度 $T\gg 10^5$ K，它们可以在各种天体物理目标上实现，但现今对地球条件下的实验技术来说，要达成还极为困难。当今已达到的极限高温高压状态区域，正如我们前面所看见的，要借助于使用强冲击波技术的动力学方法来实现。虽然大多数冲击波实验数据就精确度来说还不能满足量子统计条件，但它们可以用来评估准经典模型正式应用界限以外的外推性质，该界限由相应的直接标准取小值所决定[31,119]。类似构造的结果显示，量子修正、交换性修正和相关性修正的引入(不包括振荡修正)优化了外推插值，这样一来外推法看来是可行的，按照文献[121]作者的观点，对于零温度，压力可达到 $p\geqslant 300$ Mbar，而温度 $T\geqslant 10^4$ K 时，压力可达到约 50 Mbar。同时，比较性

测量结果——在地下核爆炸中完成——的解释模棱两可，不能明确地回答这样一个问题，即为什么这样的或那样的准经典模型版本更受欢迎；这些测量的结果与绝对测量数据之间存在着矛盾之处[6]。

我们也注意到，对压力 10~20 Mbar 及温度高达 2×10^6 K 条件下高孔隙率铜[3,4,66]、以及压力最高 160 Mbar 条件下的固体材料[3,4,66,118,121-123]进行冲击压缩所完成的实验表明，从前传统上由标准托马斯-费米模型来描述的区域内，壳层效应有重大影响。

初始简化起作用后，低压时不再采用量子修正和交换性修正准经典模型，但该模型给出了[62,63](图 2.33)周期表元素的原子体积的合理平均。我们强调，托马斯-费米模型本身，由于其中缺少内聚力，零压力时会导致原子单元的无限半径，随后导致不正确的——零——物质密度，所以只有引入修正才能得到有限物质密度。文献[62,63]表明，随着压力的升高，原子体积的振荡减小并逼近修正托马斯-费米模型计算值，虽然这多少可以解释为，高压条件下与实验数据外推结果所进行的对比指向了准经典计算本身。

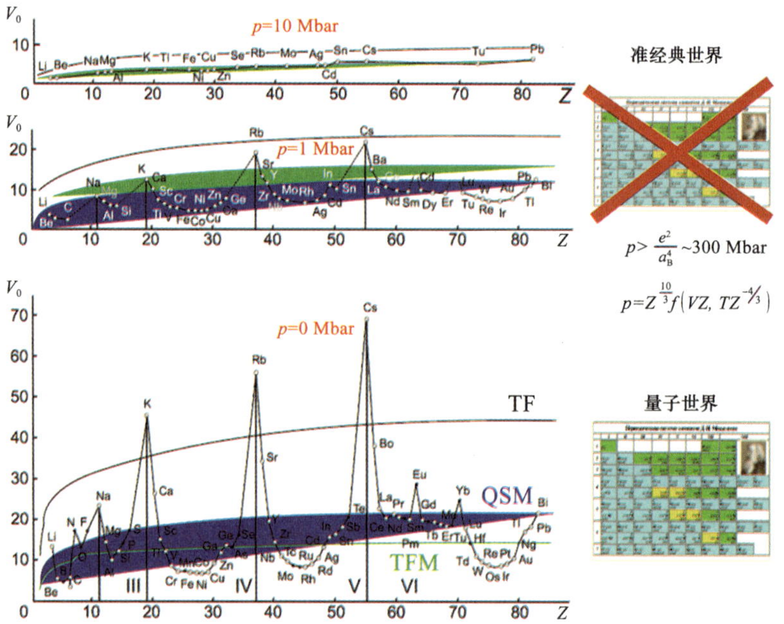

图 2.33　元素的原子体积随压力升高而变化[62,63]

事实上，由于原子内部电子壳层的存在，更高压条件下物质性质简化的趋势被破坏了。正如曾经所确定的[31]，通过对 $\hbar^2$ 进行不规则修正，壳层效应在准经典近似框架内可以被定性描述，该不规则修正对应于先前被错误地抛弃的电子密度振荡部分。同时实际上，壳层效应已经包括在了用于波动方程的初级准经典近似中，由此应该与上述仔细研究的规则修正一起考虑在内。壳层效应反映了物质特性的无规律性，受不连续能量谱所制约，并且作为德布罗意波干涉的结果出现在准经典模型中[31]。

准经典模型的最新版本[31]比从前所提出的内涵丰富得多。因为这一模型不仅描述重原子和强压缩原子中电子的平均性状，也定性地再现原子的内部壳层结构，并在许多情况下得到接近于更精确的量子力学模型计算的结果，以其简单性和直观性体现出有别于更精确模型的优势。

将壳层效应包括在内明显地改变了物质的状态方程，导致高压区域(那里现有的近似合理)内的原子体积曲线 $V(Z)$ 出现间断[1,2,3]。此外状态方程中出现了明显的非单调性，由能量水平从不连续谱被挤到连续谱时的电子相变引起。本来或许可以期待，这些非单调性随着温度的升高将在谐振电子影响下趋于消失。然而，中心场近似计算结果[124]表明(图 2.34)，壳层结构的影响甚至对于高度加热的物质也非常明显。超兆巴压力下壳层效应的巨大贡献，也由更精确的哈特里-福克-斯莱特近似[125,126]和缀加平面波方法[127]的量子力学计算结果得出。这些效应可以在大跨度参数范围内来预估，并且应该在 $n \gg Z^4$ 时在均匀区域内消失[30]，此时原子的所有能级转变为连续谱。由此我们注意到，关于准经典模型渐进特性问题并不是无关紧要的，因为已经表明[128]，仅仅当 $Z\to\infty$ 时、而不是高密度极限内，这一模型才符合薛定谔方程精确解。

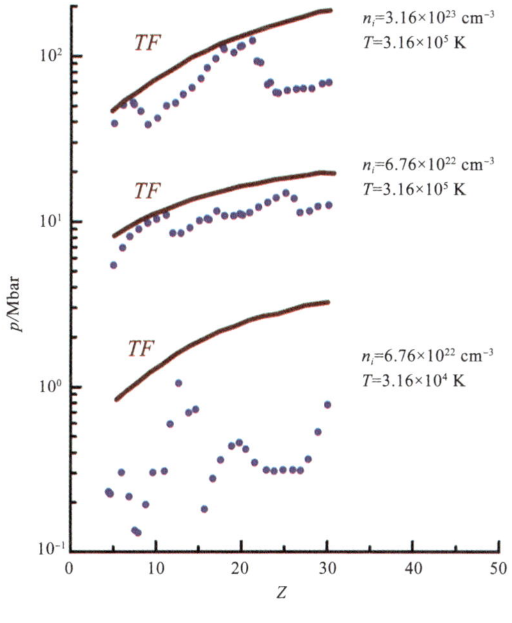

图 2.34 固定密度和温度条件下压力与原子序数的函数关系[124]

实线——托马斯-费米模型计算结果；分布的点——包含了中心场近似的壳层效应

必须指出，现如今准经典模型适用性界限问题在很大程度上仍是开放的，而物质在 $p>300$ Mbar 区域的性状原来比从前基于简化概念所设想的更加丰富多彩[31]。壳层的准经典模型预估的实验校验如今是超高压力物理学最有意义的研究课题，要解决它看起来需要新的实验技术，该技术建立在定向能强激光流基础之上。

迄今为止，只有地下核爆炸技术[4-6,68,88]才有提供接近数兆巴压力级别的可能性，仅允许实现准经典模型适用性下限的评估(图 2.35)。根据文献[62，63]，这一模型可用于雨贡纽绝热曲线上大约 100 Mbar 起，同时随温度升高(多孔材料的冲击绝热)其适用性范围明显地变窄。

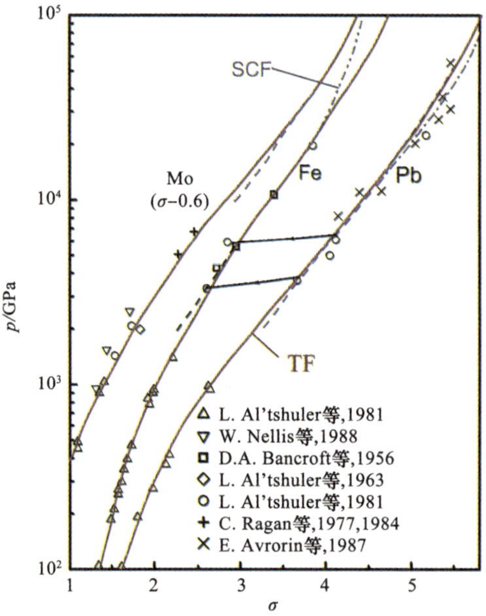

图 2.35 准经典(托马斯-费米)模型的外推性质[62,63]

这里必须继续进行超兆巴动压级别的超稠密等离子体热力学研究。受控条件下借助于冲击波和金刚石砧，现今已达到的压力列在图 2.36 中。显然，要过渡到高于 10 Mbar 的压力，不得不使用非传统手段来激发冲击波(2.8 节)，首选就是激光技术(第 4 章)。

我们建议，对超高压力问题感兴趣的读者请阅读参考文献[3-6，66，88，89]。

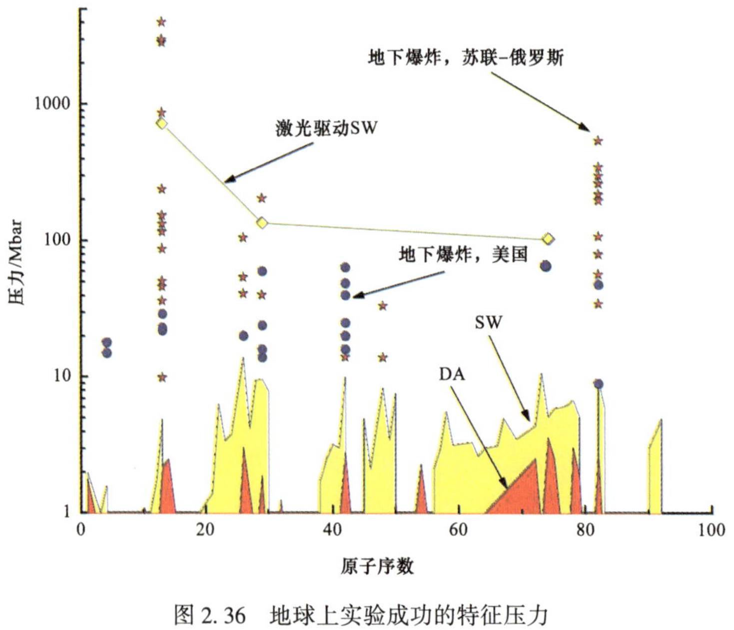

图 2.36 地球上实验成功的特征压力

DA——金刚石砧静力学方法，SW——轻气炮和化学炸药产生的冲击波

2.7 强磁场

当今地球上宏观体积中能成功获得的最强磁场是通过使用爆磁(磁积累)发生器得到的[129-131]。这类爆炸装置拥有磁场强度最新的最高纪录——28 MGs，脉冲电流值≈300 MA，对应于极端高的电磁能 $H^2/8\pi\approx 3\ \mathrm{MJ/cm^3}$。爆磁发生器是当今最强大的能源装置，其功率可达到约 100 GW。

萨哈罗夫(A. Д. Сахаров)院士所提出的爆磁发生器最初原理方案见图 2.37。放射状发生器(场发生器)中，感应强度为 B_0 的初始磁通量被金属圆柱筒径向压缩，金属圆柱筒由凝聚态炸药爆轰驱动，加速向中心运动。磁通量守恒 $S=H_0\pi R_0^2=H\pi R^2$ 条件下，圆柱筒内部磁场强度 $H=H_0\left(\dfrac{R_0}{R}\right)^2$ 达到了很多兆高斯。

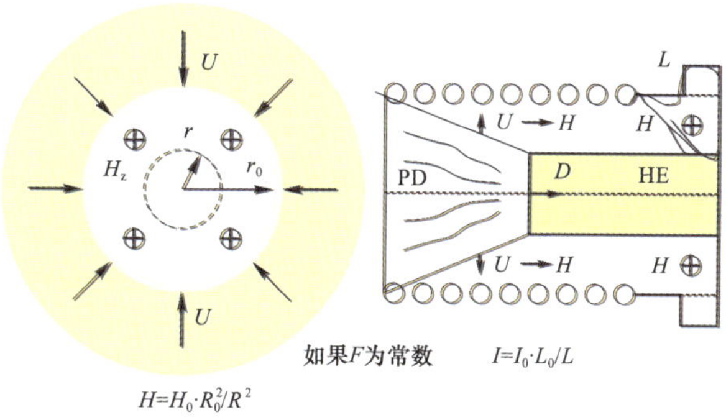

图 2.37 萨哈罗夫建议的圆盘爆磁发生器示意图[130]

螺旋形发生器(能量发生器)中，磁通量守恒条件导致电流随——由放置于线圈轴上的金属弹药盒中的炸药爆轰所导致的——线圈电感下降而增长。此时所达到的能量增益系数处于 1000 的水平。

下面我们以文献[130]为例继续，该文献认为存在着两种强加于磁通量压缩速度的基本限制。第一，为了使条件 $\mathrm{d}L/\mathrm{d}t\gg R$ 得到满足，并且使载荷不因有质动力作用而受到损失，压缩应该非常快速；第二，由于通量 Φ 迅速改变时出现了高电压 $U=-L\mathrm{d}I/\mathrm{d}t$，需要保证足够牢靠的电绝缘性来预防电击穿。

图 2.38 为一种圆盘爆磁发生器(disk explosion magnetic generator，DEMG)的结构示意图。当发生器中磁通量达到预定值后，发生器回路就闭合了，由此捕获输入的磁通量。此时此刻借助于激发系统，沿轴同步起爆炸药装料。在爆炸产物作用下，导电盘片崩溃，同时压缩所有腔室内的磁通量，并通过传输线路将它排挤出压缩腔形成载荷。导电盘片的形状经过精心选择，使得压缩服从指数规律。

文献[130]中的实验在借助于电容器组引入装置回路的初始磁通量约 1 Wb 条件下，形成了幅度为 6.5 MA 的初始电流脉冲，此电流经过 DEMG 放大到了 90 MA，得到了一个很高的磁通量守恒系数：$\eta\approx 0.6$。DEMG 中储存的能量约 10 MJ。

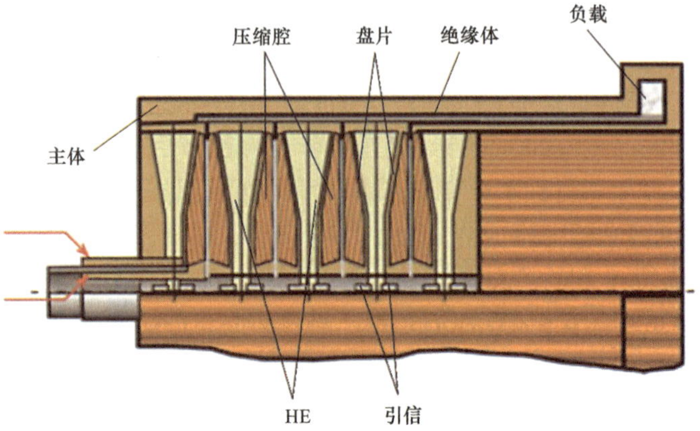

图 2.38　圆盘爆磁发生器示意图[130]

采用 400 mm 直径的十模块 DEMG 实验中[13]，当最终 DEMG 电感为 4.7 nH 时，磁场能量总计为 25 MJ，其中的 15 MJ 可成为载荷。

迄今为止已经建造了 DEMG 系列产品，其炸药装料的直径从 240 mm 到 1000 mm。DEMG 在运行中已经达到了下列参数[132-143]：能量增益系数 10 ~ 30；特征时间 3 ~ 10 μs；比能 600 J/cm^3；输出能量 200 MJ。这些发生器用于加速金属套筒，目的是生成冲击波。对于质量为 1 g 的套筒，速度可达到 50 km/s[144]，而 0.25 kg 的质量，则是 15 km/s[145]。实验也证明了轴对称磁场作用下准球形套筒内爆的可行性。

螺旋爆磁发生器(spiral explosive magnetic generator，SEMG)[130]具有非常高的感应系数及其输出(减小)速率，与其他类型爆磁发生器相比，可以在较大感应系数和阻尼系数范围内高效地加载运行(图 2.39)。SEMG 的关键单元(中心管)是一个螺线管和一个炸药装料金属管，它们同轴分布并电力连接。在发生器体积内由外部能源建立的磁通量被中心管压缩，当炸药从与载荷相对的另一端面起爆时，中心管在爆轰产物作用下呈圆锥体膨胀，以爆轰速度沿装置的轴移动[146,147]。中心管用软铜或软质铝合金制成。

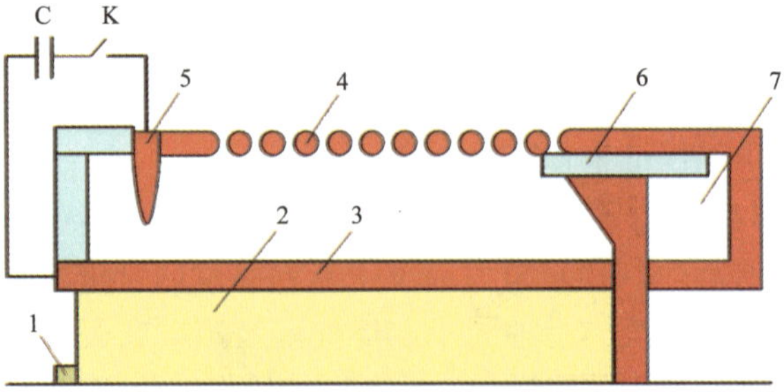

图 2.39　螺旋爆磁发生器

1——电爆管；2——炸药装料；3——套筒；4——螺线管(定子)；

5——闭合销钉(撬棒)；6——绝缘体；7——载荷；C——电容器，K——放电器[130]

最强劲的 SEMG 之一为全俄实验物理研究院(VNIIEF)所建造，其螺旋线圈内径为 240 mm[130]。它的初始能量约 40 kJ，能保证载荷为 50~120 nH 时电流达到 15 MA，磁能约 8 MJ。发生器在性能方面，相比世界平均水平，比能超过 2~3 倍，能量增益系数约 10~20 倍，而比速大约为 2 倍。

爆磁发生器有助于获得电磁场的高能量密度，被用在很多大型实验系统中。下一节我们将对热核计划“磁压缩(MAGO—MAГнитное Обжатие，读作 MAGnitnoe Obzhatie，英译为 magnetic compression)”中的实验进行仔细分析[130]。

在定子直径 80 mm 的高感应系数 SEMG 以及等离子体聚焦腔室的基础之上，建造了爆磁脉冲中子源[148]。电流约 1 MA 时，发生器每个脉冲生成近 10^{12} 个中子，并具有高时间和幅度稳定性。

200 mm 直径的 SEMG[130]——所形成的电流超过 5 MA、上升时间 400 ns——被用于 Z-pinch 能源供给，此时记录到的软 X 射线辐射脉冲生成，其能量约 180 kJ，半幅值持续时间 20 ns[149]。在 VNIIEF，SEMG 最先被用于微波发生器的能源供给[150]。

SEMG 在把固体套筒加速到很高速度方面也找到了用武之地。最有名的是七组实验组成的系列实验 *R-Damage*，由 VNIIEF 和洛斯阿拉莫斯国家实验室(LANL)联合完成，研究聚合型几何的动态破坏，使用爆磁装置来驱动圆柱形铝制套筒，生成了对所研究目标的轴对称冲击作用[151]。实验的目的是研究层裂破坏产生和发展的特殊性，以及被挤压铝的破坏性压实。

当高阻抗加载电流作为能源时，如何在有限的爆磁发生器线圈内产生巨大能量，以及通过升压变压器将此能量输送到载荷，成了首要问题[130]。需要借助爆磁发生器来解决这类问题的课题之一，就是钕激光和光解激光的泵浦问题[152,153]。激光辐射能量大约 100 kJ。

160 mm 直径、具有电缆变压器的螺旋同轴爆磁发生器，能保证 12~15 μH 的能量载荷达 2 MJ。最高输出电压达到了约 200 kV。

建造出完全自主运行螺旋爆磁发生器的可能性，使它们可以用于测试重要工业目标的避雷措施。实验中，通过于防护地线再造闪电脉冲电流，沿土壤表面首次记录到了强烈的火花放电通道的发生和发展，长度达到了 30 m。这些实验中电流约 70 kA 时，接地电极的有效电阻减小了一个多数量级[154]。

中型圆盘爆磁发生器(炸药装药直径 400 mm)，也曾成功用于 VNIIEF 和 LANL 的一系列联合实验(Russian High Strain Rate，RHSR，俄罗斯高应变率实验)中[155]。这些实验研究材料的动力学强度，采用应变率 $d\varepsilon/dt=10^5\sim10^6\ s^{-1}$ 条件下无冲击加载模式提高扰动量的技术[130]。三层圆柱形套筒由带电铝、聚乙烯或水以及被研究材料(铜)(Al-H_2O(聚乙烯)-Cu)组成。在铜的外表面的两小片连续区域上激发轴对称正弦扰动，波长为 $\lambda=2$ mm 和 4 mm。

RHSR 系列实验得到了有关聚乙烯的动力学强度数据(2~3 kbar，比静力学的高 20 倍)，也证明了有关铜的动力学强度数据。这一实验系列的成功，得益于圆盘爆磁发生器基础上的脉冲功率系统的稳定运行——电流脉冲的重复误差≤3%。

惯性热核聚变发展方向之一就是如何生成高功率软 X 射线(SXR)脉冲，在约 10 ns

时间内使能量达到约 10 MJ，并利用此能量压缩热核靶[156-158]。为了产生软 X 射线辐射，“Emir”项目中[158]使用了一级和二级钨丝(直径约 0.01 mm)套筒，能源来自爆磁发生器。最早研究阶段使用了直径 100 mm 和 200 mm、带有爆炸电流断续器(ECI，explosive current interrupter)的爆磁发生器。这些实验中，电流脉冲幅度 2.5~5.5 MA，脉冲上升时间 300~400 ns。记录到软 X 射线辐射输出达约 180 kJ，持续时间约 20 ns，温度约 50 eV[159]。当使用 10-组件、240 mm 直径炸药装药、具有电子爆炸电流断续器的圆盘爆磁发生器时，套筒中获得了 14 MA 水平的电流，其特征上升时间为 1.1 μs，软 X 射线辐射能量约 0.8 MJ[149]。就目前来说，这是俄罗斯最高功率的软 X 射线辐射源。将来的圆盘爆磁发生器计划使用 480 mm 装药直径，组件数从 5 到 15，也使用电流断续器。预计套筒中的电流将达到约 50 MA，上升时间约 0.5 μs。根据计算，这套电流参数条件下的软 X 射线辐射能量应该能超过 10 MJ。

现在，我们根据文献[131]来仔细分析使用爆磁发生器进行的物理实验。

为此，建造了一组径向爆磁发生器(图 2.40)，能获得重复性很高的兆高斯级别磁场。在此过程中克服了很多困难[131]：

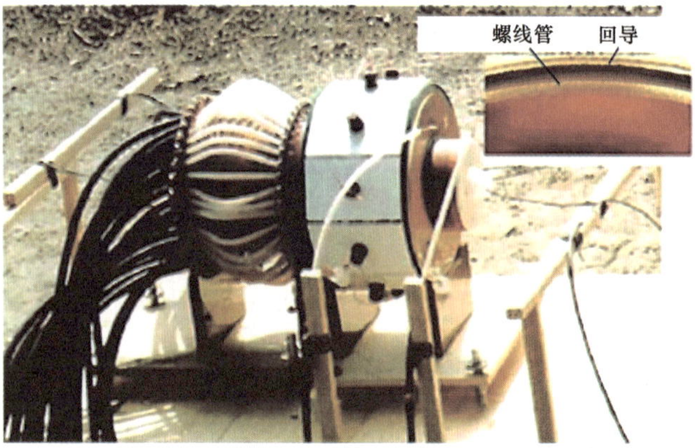

图 2.40　准备进行爆炸实验的级联发生器外观

插图显示了发生器的螺线管-外壳横截面[131]

——设计师们一开始使用的是可变电导率材料来制造发生器外壳。初始状态下，这种材料或者不导电，或者只沿一个方向导电。在需要的时候，高能炸药释放的冲击波通过该材料，它就变得在所有方向上都导电了。

——曾经建造了特殊的初始磁场螺线管，是采用复合材料形成的圆柱形螺线管，其里层内的导线组成了多路(≈500 线路)多层(7~13 层线圈)螺线管。这种设计可以获得很高的初始磁通量，并且螺线管也可以作为套筒来压缩磁场：来自炸药装药的冲击波通过复合材料后，其导线闭合形成连续导电圆柱体，捕获并压缩磁通量。

最终建造了一组径向爆磁发生器，在实验室条件下可以获得 10 MGs 级别的磁场。图 2.40 所展示的发生器具有下列特性[160,161]。发生器初始参数：外壳初始内径 139 mm，HE 质量 16 kg，初始磁场达 250 kGs。发生器第二级、第三级的内/外径分别是 28 mm/35 mm 以及 12 mm/17 mm，可以由导线复合材料或者细散分布的金属粉末加聚合物黏结剂形成的复合材料制成[131]。

发生器中，如果把尺寸放大三倍(HE 质量增加 8 倍)，获得过约 20 MGs 的磁场，有一次实验甚至达到了约 28 MGs[131]。

在爆磁发生器生成的兆高斯磁场中对高温超导现象进行的研究见文献[162，163]。

实验表明，温度为 4.2 K 时 $Yba_2Cu_3O_{7-x}$中的临界场超过 200 T（1 T=10^4 Gs）[162]。超过 210 T 的场中，仅留下了一小部分涡流处于钉扎状态(电导率中存在虚部)，样本主要处于黏性流体运动模式。第二临界场 $B_{c2}((8\pm3)\text{K})=(340\pm40)\text{T}$ 对应于电导率虚部的消失。

超强磁场中的半导体研究有助于研究能带结构、研究低载流子迁移率材料以及高缺陷度或高不纯度材料。这类实验中，成功地定义了传导带中电子的有效质量、价电子带的路丁格(Luttinger)参数，以及电子和空穴的 g-因子量值。所有这些参量都是电子能量的函数，只有在超强磁场中才能确定。曾经在 90 T，270 T 和 410 T 的场中发现了三个共振峰值，帮助确定了有效质量和电子状态的分布[164]。

在具有量子阱的 InGaAs/GaAs 材料中，研究了空穴的基础回旋加速器共振，以及带间磁吸收问题[131]。测量波长 $\lambda=0.87$ μm 的透射时，精确地对应了 GaAs 中的带隙(量子能量 1.425 eV)，样本只在 50 T 的场中才变得透明。正因如此，$\lambda=0.82$ μm 时，样本在 150 T 的场中也变得透明[165]。在更高的场中观测到了吸收带，范围从 230 T 到 350 T。它们是由从第一空穴次能带中的双上层自旋劈裂朗道能级向第一电子次能带中的双下层朗道能级过渡所产生的。

磁性材料研究的主要目标是超强磁场中自旋重定向过程。研究了反铁磁体 MnF_2、$KMnF_3$和 $FeBO_3$中的自旋翻转(spin flip)和自旋突转(spin flop)变化，研究了多相亚晶格磁性材料 $Ho_{0.7}Y_{2.3}Fe_5O_{12}$的阶跃磁化曲线[166]。磁场可以使基态电子结构发生变形，导致感应带磁性的出现。

在温度 4.2 K 条件下、在高达 400 T 的场强中，使用感应技术完成了顺磁锆石 $YbPO_4$、$TmPO_4$、$ErVO_4$、$PrVO_4$中的能级交叉(转向)效应研究[167,168]。

超强磁场在某些包含稀土元素——如 Ce、Sm、Eu、Tm 和 Yb——离子的化合物中可能诱发化合价的变化[131]。

化合物 $EuNi_2(Si_{1-x}Ge_x)_2$中诱发了化合价的改变，从三价离子状态为主过渡到二价离子状态为主，伴随着磁矩的突变。对于这些化合物，由实验测定了 Ge 浓度区间直到 $x=0.5$ 的磁感应化合价的转变。在全浓度范围内，临界场 B_c随浓度的下降而线性升高[169]。

铽酸盐石榴石 $Tb_3Ga_5O_{12}$(其磁性子系统能谱在静力学场中已经非常彻底地研究过了)中的法拉第效应在超强磁场——场强累计速率在径向发生器中达到了 $10^7\sim10^8$ T/s——中的实验研究，有助于测定重要的系统性磁热效应值。据悉，75 T 场中绝热磁化时的温度达到了 35 K[169]。

兆高斯磁场是可用于低温、兆巴压力级别物质绝热压缩独一无二的工具[131]。这类实验的原理见图 2.41。如同文献[131]，挤压管中同轴分布着一个基准样品和一个研究样品(在中间)。低温装置，包括一个贮藏液氦的容器和一个真空低温导体，用于预先冷却所研究的气体至固体状态($T_0 \approx 5$ K)。在低温容器中所形成的超压作用下，冷却剂沿低温导体上升，逐步冷却压缩室以及里面的一切。当强劲的电容器组对发生器螺线管在其腔室内放电时，在螺线管和挤压管之间的缝隙中就建立了初始磁通量。径向磁累积发生器运行过程中，缝隙中的磁场增强到兆高斯量值，对压缩腔外表面施加了均匀的磁压力 $B^2/8\pi$。结果还没有形成冲击波时腔室管道就崩溃了，并且(约 15 μs 时间内)压缩其中的物质到兆巴量级压力。

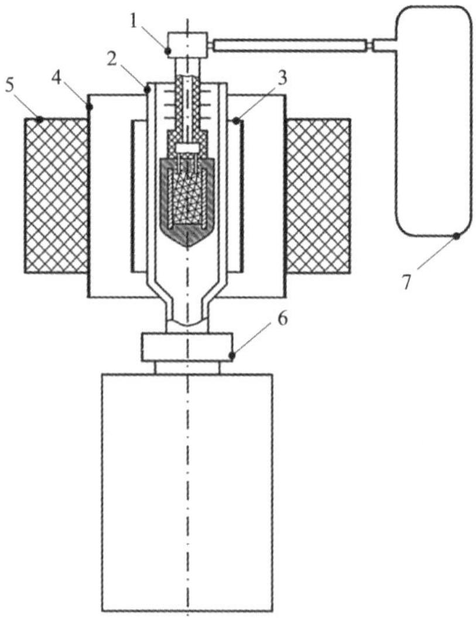

图 2.41　压缩装置原理图

1——有压缩腔的低温容器，充满被研究物质；2——低温导体；3——发生器第二级；
4——发生器初始场螺线管(第一级)；5——炸药环形装药；6——液氦保存容器；
7——装有被研究气体的容器罐[131]

确定被压缩物质的密度 ρ 和压力 p 有下列方法。实验进行过程中，实验装置的中心部分被 BIM-234 电子感应加速器[170,171]的韧致辐射脉冲 X 射线透视，并将影像记录在 X 光胶片上。X 光造像在压缩腔中的压力达到超高值的时刻进行。根据实验中所获得的 X 光照片处理结果，可以判定尺度，随后既得出研究样品的、也得出基准样品的压缩比。根据样品已知的压缩比率值和初始密度 ρ_0，很容易计算出 X 光造像时刻的密度。根据基准样品的密度并借助于其已知的等熵线，可以算出基准样品中的压力，经过略微的计算修正之后，就能算出研究样品中的值了。由此，经过有 X 光造像的实验之后，我们就获得所研究物质在 p-ρ 平面上的点了。

通过使用这类压缩装置和测量方法，进行了一系列实验[172,173]，构造了 1~5 Mbar 区间氕和氘的零等温线[131]。所获得的 H_2 和 D_2 的实验点(以 $p-\rho/\rho_0$ 为坐标)列于图 2.42。实线是实验数据拟合曲线。虚线表示兆巴区域由金刚石砧实验所构造的零等温线的外推[174]。也援引了文献[114]所提出的氕和氘为分子相和原子相时的类似曲线(点线)。

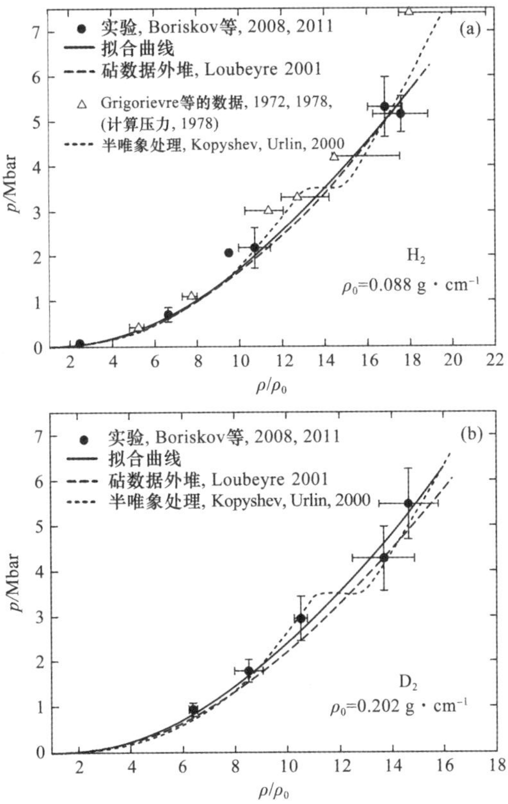

图 2.42 氕(a)和氘(b)的"压力-压缩"关系图[131]

2.8 强电流脉冲动力学装置

在各式各样的实验装置中，已经利用强流($10^5 \sim 10^7$ A)脉冲动力装置获得了高能量密度等离子体。电能可能会影响导体的直接脉冲焦耳加热(电控引爆)，或者影响等离子体生成的磁动力压缩和预热。贮存的能量可用于获得软 X 射线辐射的强烈爆发(辐射温度可达 200~300 eV)，紧接着以这个辐射生成强冲击波或者辐射热力波，既可用于冲击波的电动力学生成，也可用于金属套筒的电动力学加速。这类电动力学装置的能源潜力，一般来说(NIF 和 LMJ 除外)，比激光高几个数量级，因此可用来对更厚的靶进行试验，提高测量精度并降低对诊测手段的时间分辨要求($10^{-8} \sim 10^{-7}$ s)。

以 50~200 kA 量级的脉冲电流来电控引爆导体和金属箔材，是特征能量密度 10 kJ/cm^3级别条件下(图 2.43)凝聚态耐火(高熔点)材料热物理性质研究的传统路线[175]。近年来，这一范围延伸到了 20~30 kJ/cm^3，得到了强超临界金属状态，特别是在金属等离子体连续超临界膨胀时，"金属-电介质"的转换得以研究。

当今等离子体的最高参数是在太瓦级功率的 Z 箍缩装置上获得的，装置中电容器的电能在相应的剧烈增加之后，实现了等离子体的电动力学加速，随后等离子体动能聚焦到圆柱轴上[25,176-191]。采用这种方式，在加拿大和美国(图 5.8)的实验室 Z 箍缩装置中获得了软(150~200 eV)X 射线辐射的爆发，时长 10 ns，能量约 1.8 MJ，功率约 230 TW[22-24,178-182,184,185,192]。这些实验中，圆柱状等离子体壳由数百细(6~50 μm)钨丝导体的电爆炸形成，其上升沿约为 100 ns，电流 20 MA。轴向内爆后获得了钨等离子体，其离子密度有 10^{20} cm^{-3}量级，电离度超过了 50。

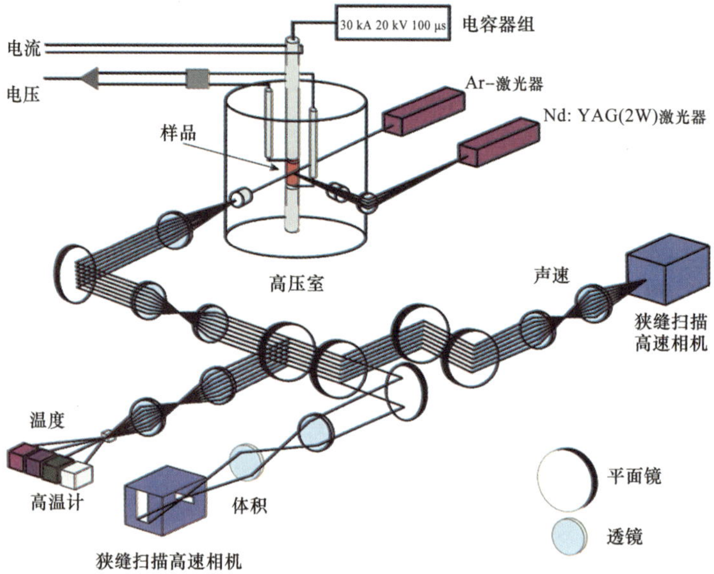

图 2.43　爆炸丝实验原理图[175]

此类装置第二种有意义的应用与强冲击波的电动力学生成相关[116]。为此一个强电流脉冲把金属打击体电动力学加速到了 20 km/s 的速度，目标在此打击体撞击下，生成了兆巴压力范围的冲击波。这时出现了电流参数控制的可能性，靶子可被非冲击——“软”——压缩至将近 3 Mbar 的压力。用激光干涉仪记录了准等熵压缩参数，观测到了比冲击波加热更低的压缩温度和熵的状态。

在 Angara 装置上进行的实验中[36](图 2.44)，约 4 MA 的脉冲电流将等离子体氙套筒加速到了约 500 km/s 的速度。套筒对非常疏松的圆柱形靶表面的高度轴对称打击在靶内部激起了热辐射波，发出温度在 100 eV 量级的软 X 射线辐射。这股来自圆柱腔的强烈 X 射线辐射，可用于生成压力幅度约 5 Mbar 的高度对称的平面冲击波，也可用于激发传播速度 100 km/s 的热辐射波，或者用于加速金属打击体至 10~12 km/s 的速度。

有意思的等离子体参数可在初始气体外壳[176,177,184]为厘米量级的 Z 箍缩中获得，外壳在 100~200 ns 的兆安电流作用下电离，内爆成毫米级柱状物，使电子温度为数百电子伏特的等离子体密度升高了 20~50 倍(达 10^{20} cm^{-3})。

高能等离子体也可通过两根带电导线交叉所获得的 X 箍缩几何中产生[25,193-195]。作为微光刻和其他用途的 X 射线辐射源，这类装置前途远大。

根据文献[193]，X 箍缩是一种用于强流发生器的载荷，由两条或更多交叉导线组

图 2.44 脉冲型发生器 Angara-5，TRINITI，俄罗斯，用于受控热核聚变以及高能量密度等离子体实验、冲击波实验和热力波实验[36]

成。这种构造的奇特性决定了它的独特性质，也就是在很宽的初始参数范围内(导线的数量和材料，它们的直径、交叉角度、二极管间隙、放电电流及其增长速率)，交叉区域内形成了热等离子体，发射出紫外线和 X 射线波长范围的辐射。辐射等离子体的结构可能非常复杂，但它的极端参数在形成被称为“热斑”的特殊的等离子体中出现了。大量先前的实验表明，热斑应该具有下列参数：

——数千电子伏特量级光子能量范围内的影像尺寸小于 10 μm；

——在此光子能量范围内根据辐射持续时间所测得的存在时间小于 100 ps；

——等离子体电子密度大于 10^{22} cm^{-3}；

——等离子体电子温度约 0.5~2 keV；

——最初 10 ps 的辐射光谱接近黑体辐射谱。

因此，X 箍缩的热斑是独一无二的软脉冲 X 射线辐射(达 10 keV)，并具有创纪录的亮度，使得它可以用于短寿命目标的射线照相技术。这类 X 箍缩最适合这样的用途：形成尺度最小、亮度最高、相应辐射脉冲持续时间最短的一个热斑[193]。

文献[196]中仔细分析了电磁场对导体不同寻常的脉冲式作用模式——库仑爆炸模式。该效应是带正电荷的晶体在载流电子从金属体积中快速排除时的电爆炸，而且其晶格本身没有明显温升。低频场情况(此时的频率低于电子碰撞频率)，如果场的脉冲宽度小于电子弹性碰撞能量弛豫时间、且电子温度远高于费米能和输出功，则能够实现金属库仑爆炸的条件。相反的高频场情况，例如紫外线激光辐射的强脉冲中，如果场强远高于原子内部场强，也就是激光辐射功率密度 $\geqslant 10^{19}$ W/cm^2 时，库仑爆炸就会出现。

当代强流箍缩(pinch)的工作中，在生成高能量密度的过程中，会出现成熟的起决定性辐射作用的磁流体流[25,180,182,186,190,191,197]，它本身在天体物理目标的放射性气体动力学模拟中具有重要意义。

高能量密度等离子体的生成，应该是很有前途的工作方向，它以准绝热圆柱形等离子体结构的压缩为基础[25,178,179,185,188,190,198,199]，结构中一开始便容纳了预先形成的封闭的磁构型——可称为“逆”磁场结构[195]。这类等离子体额外的压缩和加热由外部重金属套筒来实现，套筒由兆安级电流电动加速。评估表明[11]，30 MA 级别的 ATLAS 装置中的脉冲电流，可以帮助获得直径 1 cm、长几厘米的等离子体束，等离子体压力约 1 Mbar，离子密度 10^{19} cm^{-3}，温度在 10 keV 量级。

在 MAGO(磁压缩)项目中(图 2.45)[200]，来自两套螺旋爆磁发生器(SEMG)的 7 MA 脉冲电流[201]，压缩并加热预先准备好的磁化等离子体，直至接近热核条件的参数，$\rho \approx 20$ g/cm^3，$T \approx 3 \sim 4$ keV，并给出了 DT(氘-氚)反应的中子产额在$(3 \sim 5) \times 10^{13}$水平。同时在压缩等离子体的金属套筒中，能量密度达到了 10^7 J/cm^3。

从图 2.45 中可以看到，要使包括两个由拉瓦尔(Laval)喷管连接并充满氘氚混合物隔舱的 MAGO 腔运行[130]，需要两套 SEMG。其中一套给腔室初步提供能源，该步骤结束之后，由另一套 SEMG 和电流锐化(整形)器组成的快速能源马上联通。第一个腔室隔舱内气体发生了放电现象，结果磁场冻结成了等离子体。已形成的等离子体在磁场作用下，通过喷管从第一隔舱流向第二隔舱。在磁场快速增长过程中，等离子体流在喷管出口变成超声速工况，因此在第二隔舱内形成了冲击波，波内等离子体减速并升温[202]。腔室中获得了每脉冲 5×10^{13}个中子。

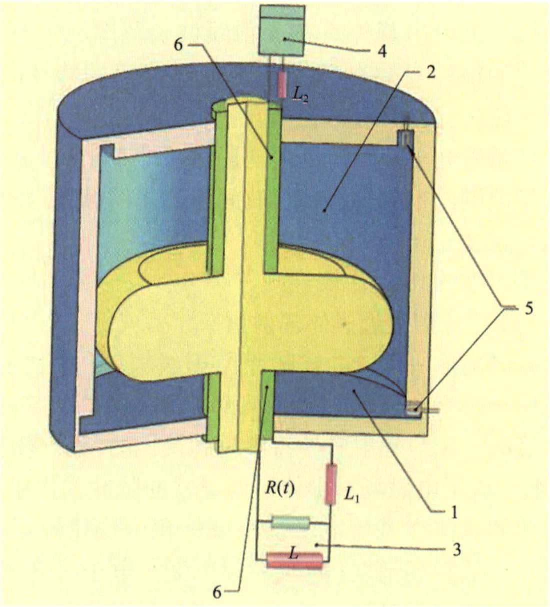

图 2.45　MAGO 等离子体发生器原理图[130]

1、2——等离子体腔室；3、4——电源，爆磁发生器；5——传感器；6——绝缘体

上述强流脉冲型动力学装置，既在基本参数的提高方面，也在组件和功率压缩设计的发展方面，都前途无量。

俄罗斯设计的“贝加尔”(Baikal)装置[203,204]应该能成为软X射线辐射源，其能量输出在10 MJ量级，可用于间接驱动热核靶的实验，也可用于其他高能量密度物理学研究课题(图2.46)。此项目中，4 GJ电能贮存于感应存储器中，伴随着后续的功率剧烈增加，为快速套筒系统供能，功率可达500~1000 TW。

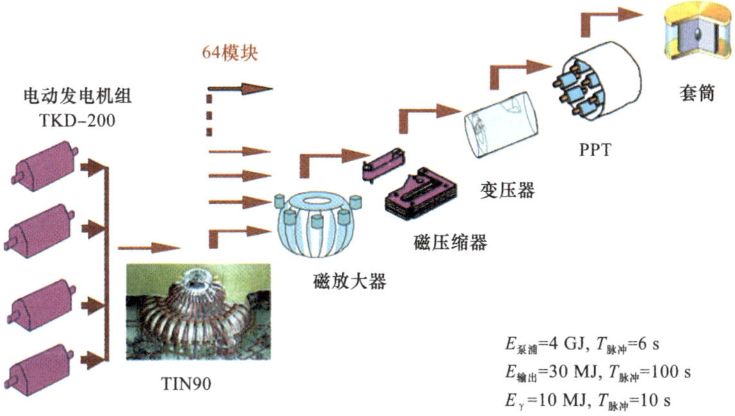

图2.46 “贝加尔”装置原理图[203]

在Z装置(圣地亚，美国)上获得的成功，预计同样可以在X-1装置上发展，给两组箍缩单元供能，每一组都可生成7 MJ软X射线辐射，功率为1000 TW量级。该软X射线被传输到直径4 mm的热核靶上，靶被温度超过225 eV的X射线辐照10 ns时间。X-1装置中的热核能量释放预计在200~1000 MJ水平。

IFE-Z计划[205]是Z发生器(圣地亚，美国)的进一步发展，实质上已经是脉冲热核反应堆的原型样机了(图2.47)。双Z箍缩组合将得到使用，每一组在66 MA脉冲电流作用下都产生8 MJ的X射线辐射。同时热核能量输出计划在3 GJ水平，增益系数约为83。

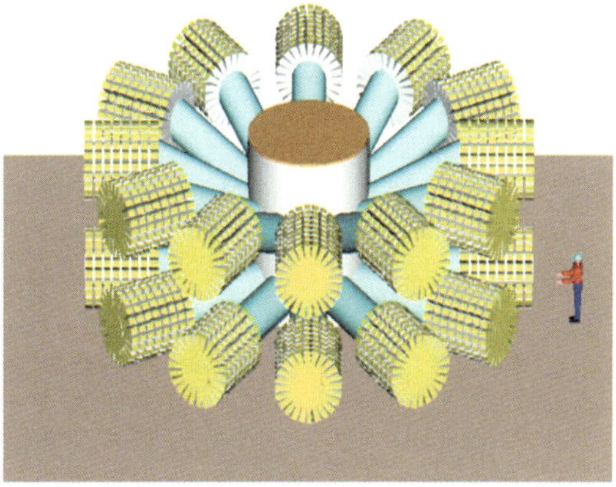

图2.47 热核装置IFE-Z示意图[205]

该装置用到的X射线辐射能量输出与箍缩电流的比例关系列在图2.48上。

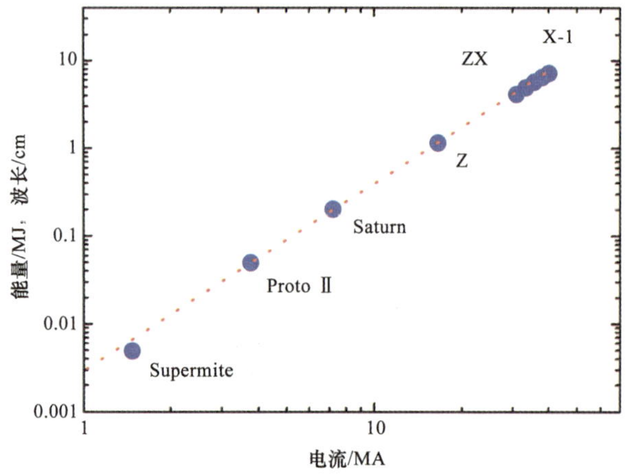

图 2.48 软 X 射线辐射输出与 Z 箍缩电流之间的关系

该装置使用化学炸药来获得高强度脉冲电流和磁场，这是建立在[80]导电金属套筒爆炸压缩初始磁通量的基础之上的[80,81,206]，凝聚态炸药的爆轰产物把套筒加速到每秒数公里的速度。正因如此，才获得了地球条件下创纪录的约 300 MA 电流值和约 29 MGs 磁感应强度[201]。后一种情况的磁场能量密度有 3×10^6 J/cm^3，有助于在兆高斯磁场中完成很多意义重大的物理实验：物质的准等熵压缩[80,81]，磁致电阻研究，磁光现象，舒布尼科夫-德哈斯效应(Shubnikov-de Haas effect)以及很多高能量密度条件下其他现象的研究等[207]。

第 2 章参考文献

[1] *Fortov V.*, *Yakubov I.*, *Khrapak A.* Physics of Strongly Coupled Plasma. — Oxford: Clarendon Press, 2006.

[2] *Фортов В. Е.*, *Храпак А. Г.*, *Якубов И. Т.* Физика неидеальной плазмы. — М.: Физматлит, 2004. 弗尔托夫,等. 非理想等离子体物理学.

[3] *Фортов В. Е.* Мощные ударные волны и экстремальные состояния вещества. — М.: Букос, 2005. 弗尔托夫. 强冲击波和物质极端状态.

[4] *Аврорин Е. Н.*, *Водолага Б. К.*, *Симоненко В. А.*, *Фортов В. Е.* Мощные ударные волны и экстремальные состояния вещества // УФН. 1993. Т. 163, №5. С. 1. 阿夫洛林,等. 强冲击波和物质极端状态.

[5] *Владимиров А. С.*, *Волошин Н. П.*, *Ногин В. Н. и др.* Ударная сжимаемость алюминия при давлениях *P*>1 Гбар // Письма ЖЭТФ. 1984. Т. 39, №2. С. 69–72. 伏拉基米洛夫,等. *P*>1 Gbar 压力条件下铝材料的冲击可压缩性.

[6] *Аврорин Е. Н.*, *Симоненко В. А.*, *Шибаршов Л. И.* Физические исследования при ядерных взрывах // УФН. 2006. Т. 176, №4. С. 449. 阿夫洛林,等. 核爆炸的物理学研究.

[7] *Kruer W. L.* The Physics of Laser Plasma Interaction. — Reading MA: Addison-Wesley, 1988.

[8] *Adzeni S.*, *Meyer-ter-Vehen J.* The Physics of Inertial Fusion. — Oxford: Clarendon Press, 2004.

[9] *Lindle I.* Inertial Confinement Fusion. — N.Y.: Springer, 1998.

[10] Energy from Inertial Fusion / Ed. by W. Hogan. — Austria: IAEA, 1995.

[11] Frontiers in High Energy Density Physics / Ed. by D. Henderson. — Washington: National Research Council, Nat. Acad. Press, 2003.

[12] *Hammel B. A.*, *the National Ignition Campaign Team.* The NIF Ignition Program: Progress and Planning // Plasma Phys. Control. Fusion. 2006. V. 48, №12B. P. B497–B506.

[13] *Cavailler C.* Inertial fusion with the LMJ // Plasma Phys. Control. Fusion. 2005. V. 47, №12B. P. B389–B403.

[14] *Betti R.*, *Anderson K.*, *Boehly T. R. et al.* Progress in hydrodynamics theory and experiments for direct-drive and fast ignition inertial confinement fusion // Plasma Phys. Control. Fusion. 2006. V. 48, №12B. P. B153–B163.

[15] *Bunkenberg J.*, *Boles J.*, *Brown D. et al.* The OMEGA high-power phosphate-glass system: Design and performance // IEEE Journal of Quantum Electronics. 1981. V. 17, №9. P. 1620–1628.

[16] *Moses E. I.*, *Bonanno R. E.*, *Haynam C.A. et al.* The National Ignition Facility: Path to ignition in the laboratory // Eur. Phys. J. D. 2006. V. 44, №2. P. 215–218.

[17] *Giorla J.*, *Bastian J.*, *Bayer C. et al.* Target design for ignition experiments on the laser megajoule facility // Plasma Phys. Control. Fusion. 2006. V. 48, №12B. P. B75–B82.

[18] *Andre M.* Conceptual Design of the French LMJ Laser // First SPIE Int. Conf. Solid State Lasers for Application to ICF. — Monteray: 1999. P. 39.

[19] *Glenzer S. H.*, *MacGowan B. J.*, *Meezan N. B. et al.* Demonstration of ignition radiation temperatures in indirect-drive inertial confinement fusion hohlraums // Phys. Rev. Lett. 2011. V. 106. P. 085004.

[20] *Kline J. L.*, *Glenzer S. H.*, *Olson R. E. et al.* Observation of high soft X-ray drive in large-scale hohlraums at the national ignition facility // Phys. Rev. Lett. 2011. V. 106. P. 085003.

[21] *Sangster T. C., Goncharov V. N., Betti R. et al.* Shock-tuned cryogenic-deuterium-tritium implosion performance on OMEGA // Phys. Plasmas. 2010. V. 17, №5. P. 056312.

[22] *Spielman R. B., Deeney C., Chandler G. A. et al.* Tungsten Wire-Array Z-pinch Experiments at 200 TW and 2 MJ // Phys. Plasmas. 1998. V. 5, №5. P. 2105-2111.

[23] *Cuneo M. E., Vesey R. A., Bennett G.R. et al.* Progress in Symmetric ICF Capsule Implosions and Wire-Array Z-Pinch Source Physics for Double-Pinch-Driven Hohlraums // Plasma Phys. Control. Fusion. 2006. V. 48, №2. P. R1-R35.

[24] *Quintenz J., Sandia S.* Pulsed Power Team. — Nagaoka, Japan, 2000. June.

[25] *Jones B., Ampleford D. J., Vesey R. A. et al.* Planar wire-array *Z*-pinch implosion dynamics and X-ray scaling at multiple-MA drive currents for a compact multisource hohlraum configuration // Phys. Rev. Lett. 2010. V. 104. P. 125001.

[26] *Sinars D. B., Slutz S. A., Herrmann M. C. et al.* Measurements of magneto-Rayleigh-Taylor instability growth during the implosion of initially solid metal liners // Phys. Plasmas. 2011. V. 18, №5. P. 056301.

[27] Ядерный синтез с инерционным удержанием / Под ред. Б.Ю. Шаркова. — М.: Физматлит, 2005. 沙尔科夫编. 惯性约束核聚变.

[28] *Фортов В. Е., Хоффманн Д., Шарков Б. Ю.* Интенсивные ионные пучки для генерации экстремальных состояний вещества // УФН. 2008. Т. 178, №2. С. 113. 弗尔托夫,等. 用于产生物质极端状态的高强度离子束.

[29] *Hoffmann D., Tahir N., Udrea S. et al.* High energy density physics with heavy ion beams and related interaction phenomena // Contrib. Plasma Phys. 2010. V. 50, №1. P. 7-15.

[30] *Киржниц Д. А.* Экстремальные состояния вещества (сверхвысокие давления и температуры) // УФН. 1971. Т. 104, №7. С. 489. 基尔日尼茨. 物质极端状态(超高压力和温度).

[31] *Киржниц Д. А., Лозовик Ю. Е., Шпатаковская Г. В.* Статистическая модель вещества // УФН. 1975. Т. 117, №9. С. 3. 基尔日尼茨,等. 物质的统计学模型.

[32] *Fortov V. E., Ilkaev R. I., Arinin V. A. et al.* Phase Transition in a Strongly Nonideal Deuterium Plasma Generated by Quasi-Isentropical Compression at Megabar Pressures // Phys. Rev. Lett. 2007. V. 99, №18. P. 185001.

[33] *Drake R. P.* High-Energy-Density Physics. — Berlin-Heidelberg: Springer, 2006.

[34] *Pukhov A.* Strong field interaction of laser radiation // Rep. Prog. Phys. 2003. V. 66, №1. P. 47-101.

[35] *Mourou G. A., Tajima T., Bulanov S. V.* Optics in the relativistic regime // Rev. Mod. Phys. 2006. V. 78, №2. P. 1804-1816.

[36] *Грабовский Е. В., Воробьев О. Ю., Дябилин К. С. и др.* Генерация мощных ударных волн мягким рентгеновским излучением плазмы Z-пинча // Письма ЖЭТФ. 1994. Т. 60, №1. С. 3. 格拉波夫斯基,等. 运用 Z-pinch 等离子体软性 X 光辐射生成强冲击波.

[37] Shock-wave and material properties experiments using the Los Alamos Atlas pulsed power system / Ed. by M. D. Furnish, Y. M. Gupta, J.W. Forbes. V. 706. AIP, 2004. P. 1191-1194.

[38] Atlas project, LASL. http://atlasweb.lanl.gov.

[39] *Theobald W., Anderson K. S., Betti R. et al.* Advanced-ignition-concept exploration on OMEGA // Plasma Phys. Control. Fusion. 2009. V. 51, №12. P. 124052.

[40] *Florido R., Mancini R., Nagayama T. et al.* Argon K-shell and bound-free emission from OMEGA direct-drive implosion cores // High Energy Density Physics. 2010. V. 6, №1. P. 70-75.

[41] *Goncharov V. N., Sangster T. C., Boehly T. R. et al.* Demonstration of the highest deuterium-tritium areal density using multiple-picket cryogenic designs on OMEGA // Phys. Rev. Lett. 2010. V. 104. P. 165001.

[42] *Chang P., Betti R., Spears B. K. et al.* Generalized measurable ignition criterion for inertial confinement fusion // Phys. Rev. Lett. 2010. V. 104. P. 135002.

[43] *Betti R., Chang P. Y., Spears B. K. et al.* Thermonuclear ignition in inertial confinement fusion and comparison with magnetic confinement // Phys. Plasmas. 2010. V. 17, №5. P. 058102.

[44] *Коржиманов А. В., Гоносков А. А., Хазанов Е. А., Сергеев А. М.* Горизонты петаваттных лазерных комплексов // УФН. 2011. Т. 181, №1. С. 9–32. 考尔日曼诺夫,等. 拍(10^{15})瓦激光技术的地平线.

[45] *Moses E. I.* The National Ignition Facility and the National Ignition Campaign // IEEE Transactions on Plasma Science. 2010. V. 38, №4, Part 2, SI. P. 684–689. 36th IEEE International Conference on Plasma Science, San Diego, CA, May 31–Jun 05, 2009.

[46] *Гаранин С. Г.* Мощные лазеры и их применение в исследованиях физики высоких плотностей энергии // УФН. 2011. Т. 181, №4. С. 434–441. 加兰宁. 强激光及其在高能量密度物理学研究中的应用.

[47] *Анисимов С. И., Прохоров А. М., Фортов В. Е.* Применение мощных лазеров для исследования вещества при сверхвысоких давлениях // УФН. 1984. Т. 142, №3. С. 395. 阿尼西莫夫,等. 运用强激光研究超高压力下的物质.

[48] Физика высоких плотностей энергии / Под ред. П. Кардиролла, Г. Кнопфеля. — М.: Мир, 1969. 卡尔基洛尔,等编. 高能量密度物理学.

[49] *Mourou G. A., Tajima T., Bulanov S. V.* Optics in the relativistic regime // Rev. Mod. Phys. 2006. V. 78, №2. P. 1804–1816.

[50] *Chen F. F.* Introduction to Plasma Physics and Controlled Fusion. — N.Y.: Plenum Press, 1984.

[51] *Strickland D., Mourou G.* Compression of amplified chirped optical pulses // Opt. Comm. 1985. V. 56, №3. P. 219–221.

[52] *Strickland D., Mourou G.* Compression of amplified chirped optical pulses // Opt. Comm. 1985. V. 55, №6. P. 447–449.

[53] *Mourou G., Tajima T.* More intense, shorter pulses // Science. 2011. V. 331, №6013. P. 41–42.

[54] *Sansone G., Benedetti E., Calegari F. et al.* Isolated single-cycle attosecond pulses // Science. 2006. V. 314, №5798. P. 443–446.

[55] *Ditmire T., Springate E., Tisch J. W. et al.* Explosion of atomic clusters heated by high-intensity femtosecond laser pulses // Phys. Rev. A. 1998. V. 57, №1. P. 369–382.

[56] *Loubeyre P., Occelli F., Toulec R. L.* Optical Studies of Solid Hydrogen to 320 GPa and Evidence for Black Hydrogen // Nature. 2002. V. 416, №6881. P. 613–617.

[57] *Hemley R. J., Mao H. K.* // Int. School of Physics «Enrico Fermi», Course CXLVII, High Pressure Phenomena / Ed. by R. J. Hemley et al. Amsterdam. — Oxford: IOS Press, 2001. P. 3.

[58] *Boehler R.* Temperatures in the Earth's core from melting-point measurements of iron at high static pressures // Nature. 1993. V. 363, №6429. P. 534–536.

[59] *Boehler R., Forzandonea D.* The Laser Heated Diamond Cell: High P–T Phase Diagrams // Int. School of Physics «Enrico Fermi», Course CXLVII, High Pressure Phenomena / Ed. By R. J. Hemley et al. Amsterdam. — Oxford: IOS Press, 2001. P. 55–66.

[60] *Loubeyre P., Celliers P. M., Hicks D. G. et al.* Coupling static and dynamic compressions: first measurements in dense hydrogen // High Pressure Research. 2004. V. 24, №1. P. 25–31.

[61] *Hemley R. J., Ashcroft N. W.* The Revealing Role of Pressure in the Condensed Matter Sciences // Physics Today. 1998. V. 51, №8. P. 26–32.

[62] *Альтшулер Л. В., Трунин Р. Ф., Урлин В. Д. и др.* Развитие в России динамических методов исследований высоких давлений // УФН. 1999. Т. 169, №3. С. 323. 阿尔特舒列尔,等. 高压研究动力学方法在俄罗斯的发展.

[63] *Альтшулер Л. В.* Применение ударных волн в физике высоких давлений // УФН. 1965. Т. 85, №2. С. 197. 阿尔特舒列尔. 冲击波在高压物理学中的应用.

[64] *Зельдович Я. Б., Райзер Ю. П.* Физика ударных волн и высокотемпературных гидродинамических явлений. — М.: Наука, 1966. 泽尔多维奇,等. 冲击波和高温流体力学现象物理学.

[65] *Nellis W. J.* Dynamic Compression of Materials: Metallization of Fluid Hydrogen at High Pressures // Rep. Prog. Phys. 2006. V. 69, №5. P. 1479–1580.

[66] *Фортов В. Е.* Мощные ударные волны и экстремальные состояния вещества // УФН. 2007. Т. 177, №4. С. 347. 弗尔托夫. 强冲击波和物质极端状态.

[67] *Альтшулер Л. В., Крупников К. К., Фортов В. Е., Фунтиков А. И.* Начало физики мегабарных давлений // Вестник РАН. 2004. Т. 74, №11. С. 1011. 阿尔特舒列尔,等. 兆巴量级压力物理学起源.

[68] *Fortov V. E., Altshuler L. V., Trunin R. F., Funtikov A. I.* Shock waves and extreme states of matter // High Pressure Shock Compression of Solids, VII / Ed. by R. Graham. — N.Y.: Springer, 2004.

[69] *Жерноклетов М. В., Зубарев В. Н., Трунин Р. Ф., Фортов В. Е.* Экспериментальные данные по ударной сжимаемости и адиабатическому расширению конденсированных веществ при высоких плотностях энергии. — Черноголовка: ИХФ РАН, 1996. 热尔诺克列托夫,等. 高能量密度条件下凝聚态物质冲击压缩和绝热膨胀的实验数据.

[70] *Курант Р., Фридрикс Н.* Сверхзвуковые течения и ударные волны. — М.: Изд-во иностр. лит., 1950. 库烂特,等. 超声速流和冲击波.

[71] *Гинзбург В.Л.* О физике и астрофизике. — М.: Бюро Квантум, 1995. 金兹伯格. 关于物理学和天体物理学.

[72] *Засов А. В., Постнов К. А.* Общая астрофизика. — Фрязино: Век-2, 2006. 扎索夫,等. 普通天体物理学.

[73] *Базанов О. В., Беспалов В. и др.* Нерегулярное отражение конических сходящихся ударных волн в плексигласе и меди // ТВТ. 1985. Т. 23, №5. С. 976. 巴扎诺夫,等. 有机玻璃和铜材料中圆锥形聚心冲击波的不规则反射.

[74] *Mochalov M., Zhernokletov M., Il'kaev R. et al.* Study of thermodynamic and optical properties of deuterium under shock and quasiisentropic compression // Theses Int. Conf. on Strongly Coupled Coulomb Systems. 2008. P. 35.

[75] *Fortov V. E., Gryaznov V. K., Mintsev V. B. et al.* Thermophysical properties of shock compressed argon and xenon // Contrib. Plasma Phys. 2001. V. 41, №2–3. P. 215–218.

[76] *Fortov V., Mintsev V. B., Ternovoi V. Y. et al.* Conductivity of nonideal plasma // Contrib. Plasma Phys. 2004. V. 8, №3. P. 447–459.

[77] *Фортов В. Е., Терновой В. Я., Жерноклетов М. В. и др.* Ионизация давлением неидеальной плазмы в мегабарном диапазоне динамических давлений // ЖЭТФ. 2003. Т. 124, №2. С. 288.

弗尔托夫,等. 兆巴量级动压条件下非理想等离子体的电离.

[78] *Максимов Е. Г., Магницкая М. В., Фортов В. Е.* Непростое поведение простых металлов при высоких давлениях // УФН. 2005. Т. 175, №8. С. 793. 马克西莫夫,等. 普通金属在高压条件下的不普通特性.

[79] *Мочалов М. А., Илькаев Р. И., Фортов В. Е. и др.* Измерение сжимаемости дейтериевой плазмы при давлении 1800 ГПа // Письма ЖЭТФ. 2010. Т. 92, №5. С. 336-340. 莫恰洛夫,等. 1800 GPa 压力条件下氘等离子体可压缩性测量.

[80] *Hawke P. S., Burgess T. J., Duerre D. E. et al.* Observation of electrical conductivity of isentropically compressed hydrogen at megabar pressures // Phys. Rev. Lett. 1978. V. 41, №14. P. 994-997.

[81] *Pavlovski A., Boriskov G. et al.* Isentropic solid hydrogen compression by ultrahigh magnetic field pressure in megabar range // Megagauss Technology and Pulsed Power Applications / Ed. by C. Fowler, R. Caird, D. Erickson. — N.Y.-London: Plenum Press, 1987. C. 255.

[82] *Грязнов В. К., Жерноклетов М. В., Иосилевский И.Л. и др.* Ударно-волновое сжатие сильнонеидеальной плазмы металлов и ее термодинамика // ЖЭТФ. 1998. Т. 114, №4. С. 1242. 格利亚兹诺夫,等. 高度非理想金属等离子体的冲击波压缩和热动力学.

[83] *Грязнов В.К., Николаев Д.Н., Терновой В. Я. и др.* Генерация неидеальной плазмы путем ударноволнового сжатия высокопористого SiO_2-аэрогеля // Химическая физика. 1998. Т. 17, №2. С. 33-37. 格利亚兹诺夫,等. 高度疏松 SiO_2-气凝胶在冲击波压缩条件下非理想等离子体的生成.

[84] Энциклопедия низкотемпературной плазмы / Под ред. В. Е. Фортова. — М.: Наука, 2000. 弗尔托夫编. 低温等离子体百科全书.

[85] *Минцев В. Б., Фортов В. Е.* Взрывные ударные трубы // ТВТ. 1982. Т. 20, №4. С. 745. 敏采夫,等. 爆炸式冲击波风洞.

[86] *Жерноклетов М. В.* Ударное сжатие и изоэнтропическое расширение природного урана // ТВТ. 1998. Т. 36, №2. С. 231. 热尔诺克列托夫. 天然铀的冲击压缩和等熵膨胀.

[87] *Fortov V. E., Lomonosov I. V.* Thermodynamics of extreme states of matter // Pure and Applied Chemistry. 1997. V. 69, №4. P. 893-904.

[88] *Альтшулер Л. В., Трунин Р. Ф., Крупников К. К., Панов Н. В.* Взрывные лабораторные устройства для исследования сжатия веществ в ударных волнах // УФН. 1996. Т. 166, №5. С. 575. 阿尔特舒列尔,等. 用于冲击波压缩研究的爆炸式实验室装置.

[89] *Трунин Р. Ф.* Ударная сжимаемость конденсированных веществ в мощных ударных волнах подземных ядерных взрывов // УФН. 1994. Т. 164, №11. С. 1215. 特鲁宁. 地下核爆炸产生强烈冲击波条件下凝聚态物质的冲击可压缩性.

[90] *Kanel G. I., Rasorenov S. V., Fortov V. E.* Shock-Wave Phenomena and Properties of Condensed Matter. — N.Y.: Springer, 2004.

[91] *Забабахин Е.И., Забабахин И. Е.* Явления неограниченной кумуляции. — М.: Наука, 1988. 扎巴巴新,等. 无限积累现象.

[92] *Набатов С. С., Дремин А. Н., Постнов В. И., Якушев В. В.* Измерение электропроводности серы при сверхвысоких динамических давлениях // Письма ЖЭТФ. 1979. Т. 29, №7. С. 407. 纳巴托夫,等. 超高动压条件下硫磺电导率的测量.

[93] *Фортов В. Е., Якушев В. В., Каган К.Л. и др.* Аномальная электропроводность лития при квазиизоэнтропическом сжатии до 60 ГПа (0.6 Мбар). Переход в молекулярную фазу? //

Письма ЖЭТФ. 1999. Т. 70, №9. С. 620. 弗尔托夫,等. 准等熵压缩至 60 GPa (0.6 Mbar)时锂的异常电导率。转变成分子态了吗?

[94] *Гришечкин С. К., Груздев С. К., Грязнов В. К. и др.* Экспериментальное измерение сжимаемости, температуры и поглощения света в ударно-сжатом плотном газообразном дейтерии // Письма ЖЭТФ. 2004. Т. 80, №6. С. 452. 格里舍契金,等. 冲击压缩稠密气态氘的可压缩性、温度及光线吸收性质的实验测量.

[95] *Фортов В. Е.* Экстремальные состояния вещества. — М.: Физматлит, 2009. 弗尔托夫. 物质的极端状态.

[96] *Ashkroft N. A.* // Int. School of Physics «Enrico Fermi», Course CXLVII High Pressure Phenomena / Ed. by R. Hemley, G. Chiarotti. — Amsterdam: Oxford, JOS Press, 2002. P. 151.

[97] *Eggert J., Brygoo S., Loubeyre P. et al.* Hugoniot data for helium in the ionization regime // Phys. Rev. Lett. 2008. V. 100. P. 124503.

[98] *Hicks D. G., Boehly T. R., Celliers P. M. et al.* Laser-driven single shock compression of fluid deuterium from 45 to 220 GPa // Phys. Rev. B. 2009. V. 79. P. 014112.

[99] *Weir S. T., Mitchell A. C., Nellis W. J.* Metallization of fluid molecular hydrogen at 140 GPa (1, 4 Mbar) // Phys. Rev. Lett. 1996. V. 76. P. 1860-1863.

[100] *Григорьев Ф. В., Кормер С. Б., Михайлова О. Л. и др.* Экспериментальное определение сжимаемости водорода при плотностях 0.5 ~ 2 г/см^3. Металлизация водорода // Письма ЖЭТФ. 1972. Т. 16, №5. С. 286. 格里高里耶夫,等. 密度为 0.5~2 g/cm^{3}的氢气的可压缩性的实验测定。氢气的金属化.

[101] *Григорьев Ф. В., Кормер С. Б., Михайлова О. Л. и др.* Ударное сжатие и яркостная температура фронта ударной волны в аргоне. Электронная экранировка излучения // ЖЭТФ. 1978. Т. 75, №5. С. 1683-1693. 格里高里耶夫,等. 氩气中的冲击压缩和冲击波波阵面发光温度。辐射的电屏蔽.

[102] *Da L. B., Silva P., Celliers P.M. et al.* Absolute equation of state measurements on shocked liquid deuterium up to 200 GPa (2 Mbar) // Phys. Rev. Lett. 1997. V. 78, №3. P. 483-486.

[103] *Collins G. W., Da L. B., Silva P. et al.* Measurements of the equation of state of deuterium at the fluid insulator-metal transition // Science. 1998. V. 281, №5380. P. 1178-1181.

[104] *Knudson M. D., Hanson D. L., Bailey J. E. et al.* Principal Hugoniot, reverberating wave, and mechanical reshock measurements of liquid deuterium to 400 GPa using plate impact techniques // Phys. Rev. B. 2004. V. 69. P. 144209.

[105] *Knudson M. D., Hanson D. L., Bailey J. E. et al.* Use of a wave reverberation technique to infer the density compression of shocked liquid deuterium to 75 GPa // Phys. Rev. Lett. 2003. V. 90. P. 035505.

[106] *Boriskov G. V., Bykov A. I., Il'kaev R. I. et al.* Shock compression of liquid deuterium up to 109 GPa // Phys. Rev. B. 2005. V. 71, №9. P. 092104.

[107] *Трунин Р. Ф., Урлин В. Д., Медведев А. Б.* Динамическое сжатие изотопов водорода при мегабарных давлениях // УФН. 2010. Т. 180, №6. С. 605-622. 特鲁宁,等. 兆巴压力下氢同位素的动力压缩.

[108] *Борисков Г. В., Быков А. И., Егоров Н. и др.* // X Харитоновские тематические научные чтения / Под ред. С. Г. Гаранина. — РФЯЦ-ВНИИЭФ, 2006. №281. 鲍里斯科夫,等. 第十届哈里顿主题科学报告会,加兰宁编辑.

[109] *Борисков Г. В., Быков А. И., Егоров Н. и др.* // XI Харитоновские тематические научные чтения / Под ред. А. С. Михайлова. — РФЯЦ-ВНИИЭФ, 2009. №771. 鲍里斯科夫,等. 第十一届哈里顿主题科学报告会,米哈伊洛夫编辑.

[110] *Копышев В. П., Хрусталев В. В.* Уравнение состояния водорода до 10 Мбар // ПМТФ. 1980. №1. С. 122-128. 孔内舍夫,等. 达 10 Mbar 压力下氢气状态方程.

[111] *Scandolo S.* Liquid-liquid phase transition in compressed hydrogen from first-principles simulations // Proceedings of the National Academy of Sciences. 2003. V. 100, №6. P. 3051-3053.

[112] *Beule D., Ebeling W., Förster A. et al.* Equation of state for hydrogen below 10000 K: From the fluid to the plasma // Phys. Rev. B. 1999. V. 59. P. 14177-14181.

[113] *Filinov V. S., Levashov P. R., Bot. an A. V. et al.* Thermodynamic properties and electrical conductivity of strongly correlated plasma media // J. Phys. A: Math. Theor. 2009. V. 42, №21. P. 214002.

[114] *Копышев В. П., Урлин В. Д.* Изоэнтропическая сжимаемость и уравнение состояния водорода до давления 1 ТПа // Ударные волны и экстремальные состояния вещества / Под ред. В. Е. Фортова, Л. В. Альтшулера, Р.Ф. Трунина, А. И. Фунтикова. — М.: Наука, 2000. С. 297-314. 孔内舍夫,等. 达 1 TPa 压力氢气的等熵压缩性和状态方程 //冲击波和物质极端状态,弗尔托夫,等编.

[115] *Мочалов М. А., Жерноклетов М. В., Илькаев Р. И. и др.* Экспериментальное измерение плотности, температуры и электропроводности ударно-сжатой неидеальной плазмы азота в мегабарном диапазоне давлений // ЖЭТФ. 2010. Т. 137, №1. С. 77-92. 莫恰洛夫,等. Mbar 压力限度冲击压缩非理想氮气等离子体的密度温度电导率的实验测量.

[116] *Knudson M. D., Hanson D. L., Bailey J. E. et al.* Equation of State Measurements in Liquid Deuterium to 70 GPa // Phys. Rev. Lett. 2001. V. 87, №22. P. 225501.

[117] *Белов С. И., Борисков Г. В., Быков А. И. и др.* Ударно-волновое сжатие твердого дейтерия // Письма ЖЭТФ. 2002. Т. 76, №7. С. 508. 别洛夫,等. 固态氘的冲击压缩.

[118] *Трунин Р. Ф., Подурец М. А., Симаков Г. В. и др.* Экспериментальная проверка модели Томаса-Ферми для металлов при высоких давлениях // ЖЭТФ. 1972. Т. 62, №3. С. 1043-1048. 特鲁宁. 高压状态下金属的托马斯-费米模型的实验检验.

[119] *Шпатаковская Г.* Квазиклассический метод в задачах квантовой физики. — М.: LAP LAMBERT Academic Publishing, 2012. 施巴达科夫斯卡娅. 量子物理学问题的准经典方法.

[120] *More R. M., Skupsky S.* Nuclear-motion corrections to the Thomas-Fermi equation of state for high-density matter // Phys. Rev. A. 1976. V. 14, №1. P. 474-479.

[121] *Альтшулер Л. В., Калиткин Н. Н., Кузьмина Л. В., Чекин Б. С.* Ударные адиабаты при сверхвысоких давлениях // ЖЭТФ. 1977. Т. 72, №1. С. 317. 阿尔特舒列尔,等. 超高压力下的冲击绝热曲线.

[122] *Schatz T., Schramm U., Habs D.* Crystalline Ion Beams // Nature. 2001. V. 412, №6848. P. 717-720.

[123] *Schramm U., Schatz T., Bussmann M., Habs D.* Cooling and Heating of Crystalline Ion Beams // J. Phys. B: At. Mol. Opt. Phys. 2003. V. 36, №3. P. 561-571.

[124] *Lee C. M., Thorsos E. I.* Properties of matter at high pressures and temperatures // Phys. Rev. A. 1978. V. 17, №6. P. 2073-2076.

[125] *Синько Г. В.* Расчет термодинамических функций простых веществ на основе уравнений

самосогласованного поля // Численные методы механики сплошной среды. 1979. Т. 10, №1. С. 124. 新科. 自恰场基础上简单物质热动力函数的计算 // 连续介质力学数值方法.

[126] *Синько Г. В.* Некоторые результаты расчетов термодинамических функций алюминия, меди, кадмия и свинца методом самосогласованного поля // Численные методы механики сплошной среды. 1981. Т. 12, №1. С. 121. 新科. 铝、铜、镉、铅热动力函数计算结果 // 连续介质力学数值方法.

[127] *McMahan A., Ross M.* // High Pressure Science and Technology / Ed. by K. D. Timmerhaus, M. S. Barber. — N.Y., London: Plenum Press, 1979. P. 920.

[128] *Lieb E. H., Simon B.* Thomas-Fermi Theory Revisited // Phys. Rev. Lett. 1973. V. 31, №11. P. 681–683.

[129] Взрывные генераторы мощных импульсов электрического тока / Под ред. В. Е. Фортова. — М.: Наука, 2002. 弗尔托夫编. 强脉冲电流爆炸发生器.

[130] *Гриневич Б. Е., Демидов В. А., Ивановский А.В., Селемир В.Д.* Взрывомагнитные генераторы энергии и их применение в научных экспериментах // УФН. 2011. Т. 181, №4. С. 422–427. 格林耶维奇,等. 爆磁能量发生器及其在科学实验中的应用.

[131] *Борисков Г. В., Быков А. И., Долотенко М. И. и др.* Физические исследования в сверхсильных магнитных полях // УФН. 2011. Т. 181, №4. С. 441–447. 鲍里斯科夫,等. 超强磁场的物理学研究.

[132] *Чернышев В. К., Протасов М. С., Швецов В. А.* // Сверхсильные магнитные поля. Физика. Техника. Применение: Труды седьмой Международной конференции по генерации мегагауссных магнитных полей и родственным экспериментам / Под ред. В. М. Титова, Г. А. Швецова. — М.: Наука, 1984. С. 23. 切尔内舍夫,等. 超强磁场,物理学,技术,应用:第七届兆高斯磁场生成和同类实验国际会议文集,帝托夫,等编.

[133] Megagauss fields and pulsed power systems / Ed. by V. M. Titov, G. A. Shvetsov. — N.Y.: Nova Science Publishers, 1990. P. 331.

[134] *Chernyshev V. K. et al.* // Megagauss fields and pulsed power systems / Ed. by V.M. Titov, G. A. Shvetsov. — N.Y.: Nova Science Publishers, 1990. P. 347.

[135] *Fowler C. M. et al.* // Megagauss fields and pulsed power systems / Ed. by V. Titov, G. Shvetsov. — N.Y.: Nova Science Publishers, 1990. P. 337.

[136] *Павловский А. И. и др.* // Сверхсильные магнитные поля. Физика. Техника. Применение: Труды седьмой Международной конференции по генерации мегагауссных магнитных полей и родственным экспериментам / Под ред. В. М. Титова, Г.А. Швецова. — М.: Наука, 1984. С. 347. 巴伏洛夫斯基,等. 超强磁场,物理学,技术,应用:第七届兆高斯磁场生成和同类实验国际会议文集,帝托夫,等编.

[137] *Шевцов В. А. и др.* // Мегагауссная и мегаамперная импульсная технология и применения: Труды седьмой Международной конференции по генерации мегагауссных магнитных полей и родственным экспериментам / Под ред. В. К. Чернышева, В. Д. Селемира, Л. Н. Пляшкевича. — Саров: РФЯЦ-ВНИИЭФ, 1997. С. 282. 舍夫措夫,等. 兆高斯和兆安培脉冲技术及应用:第七届兆高斯磁场生成和同类实验国际会议文集,切尔内舍夫,等编.

[138] *Demidov V. A. et al.* // Megagauss fields and pulsed power systems / Ed. by V.M. Titov, G. A. Shvetsov. — N.Y.: Nova Science Publishers, 1990. P. 351.

[139] *Мохов В.Н. и др.* // ДАН СССР. 1979. Т. 247, №1. С. 83. 马霍夫,等. 苏联科学院学报.

[140] *Demidov V. A.*, *Selemir V. D.* Explosive Pulsed Power for Controlled Fusion // Megagauss Magnetic Fields and High Energy Liner Technology: Proceedings of the 2006 International Conference on Megagauss Magnetic Field Generation and Related Topics and International Workshop on High Energy Liners & High Energy Density Applications / Ed. by G. F. Kiuttu, R. E. Reinovsky, P. J. Turchi. 2006. P. 245-254.

[141] *Aryutkin M. Y. et al.* // The 13th Intern. Conf. on Megagauss Magnetic Field Generation and Related Topics. — Suzhou, 2010.

[142] *Чернышев В. К. и др.* // Вопр. атом. науки и тех. Мат. моделир. физ. процессов. 1992. Т. 4. С. 33. 切尔内舍夫,等. 关于原子科学和技术的问题。物理过程的数学模拟.

[143] *Selemir V. D.*, *Demidov V. A.*, *Boriskin A. S. et al.* Disk Magnetocumulative Generator of 480-mm Diameter for Explosive EMIR Facility // IEEE Transactions on Plasma Science. 2010. V. 38, №8. P. 1762-1767.

[144] *Buyko A. M. et al.* // Megagauss fields and pulsed power systems / Ed. by V. M. Titov, G. A. Shvetsov. — N.Y.: Nova Science Publishers, 1990. P. 743.

[145] *Гриневич Б. Е. и др.* // Мегагауссная и мегаамперная импульсная технология и применения: Труды седьмой Международной конференции по генерации мегагауссных магнитных полей и родственным экспериментам / Под ред. В. К. Чернышева, В. Д. Селемира, Л. Н. Пляшкевича. — Саров: РФЯЦ-ВНИИЭФ, 1997. С. 677. 格林耶维奇,等. 兆高斯兆安培脉冲技术和应用:第七届兆高斯磁场生成和同类实验国际会议文集,切尔内舍夫,等编.

[146] *Сахаров А. Д. и др.* // ДАН СССР. 1965. Т. 165. С. 65. 萨哈罗夫,等. 苏联科学院学报.

[147] *Сахаров А. Д.* Взрывомагнитные генераторы // УФН. 1966. Т. 88, №4. С. 725-734. 萨哈罗夫. 爆磁发生器.

[148] *Demidov V. A.*, *Kazakov S. A.* Helical Magneto-Cumulative Generators for Plasma Focus Powering // IEEE Transactions on Plasma Science. 2010. V. 38, №8. P. 1758-1761.

[149] *Selemir V. D.*, *Demidov V.A.*, *Repin P.B.* Explosive Electrophysical Complex EMIR: Current State and Perspectives // IEEE Transactions on Plasma Science. 2010. V. 38, №8. P. 1754-1757.

[150] *Бродский А. Я. и др.* // ДАН СССР. 1990. Т. 314. С. 846. 布罗德斯基. 苏联科学院学报.

[151] *Vasyukov V. A. et al.* // The 13th Intern. Conf. on Megagauss Magnetic Field Generation and Related Topics. — Suzhou, 2010.

[152] MGG applications for powered channeling neodim laser // Megagauss Magnetic Field Generation and Pulsed Power Applications / Ed. by V. Cowan, R. B. Spielman. — N.Y.: Nova Science Publishers, 1994. P. 969-976.

[153] *Pavlovskii A. I. et al.* // Megagauss Magnetic Field Generation and Pulsed Power Applications / Ed. by V. Cowan, R. B. Spielman. — N.Y.: Nova Science Publishers, 1994. P. 977.

[154] Investigation of Spark Discharge in the Ground on Reproduction a Lightning Current Pulse by Means of EMG // Pulsed Power Conference, 2005 IEEE / Ed. by J. Maenchen, E. Schamiloglu. 2005. P. 541-544.

[155] A Series of Joint VNIIEF/LANL Explosive Magnetic Experiments RHSR-0,1,2 on Radiographic Study of Perturbations Growth at a Copper Liner Boundary with Polyethylene or Water // Megagauss-X: Proceedings of the Tenth International Conference on Megagauss Magnetic Field Generation and Related Topics / Ed. by M. von Ortenberg. — Berlin, 2005. P. 348-354.

[156] PBFA II-Z: A 20-MA driver for Z-pinch experiments // Pulsed Power Conference, 1995. Digest of

Technical Papers. Tenth IEEE International / Ed. by W. Baker, G. Cooperstein. V. 1. 1995. P. 396-404.

[157] *Дябилин К. С. и др.* // ТВТ. 1996. Т. 34. С. 479. 加比林,等. 高温理论(High Temp.)

[158] *Селемир В. Д., Демидов В. А., Ивановский А. В. и др.* Взрывной комплекс для генерации импульсных потоков мягкого рентгеновского излучения // ДАН СССР. 1999. Т. 25, №12. С. 1085-1094. 苏联科学院学报.

[159] *Selemir V. D., Demidov V. A., Ermolovich V. F. et al.* Generation of soft X-ray emission by Z-pinches powered from helical explosive magnetocumulative generators // Plasma Phys. Rep. 2007. V. 33. P. 381-390.

[160] *Павловский А. И. и др.* // Сверхсильные магнитные поля. Физика. Техника. Применение: Труды седьмой Международной конференции по генерации мегагауссных магнитных полей и родственным экспериментам / Под ред. В. М. Титова, Г.А. Швецова. — М.: Наука, 1984. С. 19. 巴伏洛夫斯基,等. 超强磁场,物理学,技术,应用:第七届兆高斯磁场生成和同类实验国际会议文集,帝托夫,等编.

[161] *Bykov A. I., Dolotenko M. I., Kolokol'chikov N. P. et al.* The cascade magnetocumulative generator of ultrahigh magnetic fields — a reliable tool for megagauss physics // Physica B: Cond. Matter. 1996. V. 216, №3-4. P. 215-217.

[162] *Pavlovskii A. I., Kolokolchikov N. P., Platonov V. V. et al.* Destruction of superconductivity in $YBa_2Cu_3O_{7-x}$ ceramics by ultrahigh magnetic field // Physica C: Superconductivity. 1989. V. 162-164, Part 2, №0. P. 1659-1660.

[163] *Быков А. И. и др.* // Сверхпроводимость. 1995. Т. 8, №1. С. 37. 贝科夫,等. 超导性.

[164] *Puhlmann N., Tatsenko O. M., Stolpe I. et al.* Cyclotron resonance on galliumnitride in fields up to 700 T generated by explosive driven flux compression // Physica B: Cond. Matter. 2001. V. 294-295, №0. P. 447-452.

[165] *Gavrilenko V. I.* // Proc. of the 14th Intern. Symp. «Nanostructures: Physics and Technology». — St. Petersburg: 2006. P. 166.

[166] Spin-flop and metamagnetic transitions in itinerant ferrimagnets // Proceedings of the NATO Advanced Research Workshop on Itinerant Electron Magnetism: Fluctuation Effects & Critical Phenomena / Ed. by D. Wagner, W. Brauneck, A. Solontsov. V. 55. of Nato Science Partnership. — Moscow: Kluwer Acad. Publ, 1998. P. 285.

[167] *Kirste A., von Ortenberg M., Demidov A. A. et al.* Crossover in the Van Vleck paramagnet TmPO4 // Physica B: Cond. Matter. 2003. V. 336, №3-4. P. 335-343.

[168] *Kazei Z. A., Kirste A., von Ortenberg M. et al.* Are the crossover effects observable in $ErBa_2Cu_3O_{7-\delta}$ and $ErVO_4$ in pulsed magnetic fields // Physica B: Cond. Matter. 2004. V. 346-347, №0. P. 241-245.

[169] *Levitin R. Z., Zvezdin A. K., Ortenberg M. et al.* Faraday effect in Tb3Ga5O12 in a rapidly increasing ultrastrong magnetic field // Physics of the Solid State. 2002. V. 44. P. 2107-2111.

[170] *Павловский А. И. и др.* // ДАН СССР. 1965. Т. 160. С. 68. 巴伏洛夫斯基,等. 苏联科学院学报.

[171] Uncored betatron BIM-M a source of bremsstrahlung for flash radiography // Pulsed Power Conference, 1997. Digest of Technical Papers. 1997 11th IEEE International / Ed. By G. Cooperstein, I. Vitkovitsky. V. 2. 1997. P. 1669-1673.

[172] *Boriskov G. V.*, *Bykov A. I.*, *Egorov N. I. et al.* Building zero isotherm of hydrogen isotopes taking into account experimental results of isentropic compression up to pressures of several megabar // Journal of Physics: Conference Series. 2008. V. 121, №8.

[173] *Boriskov G. V.*, *Bykov A. I.*, *Egorov N. I. et al.* Isentropic Compression of Substances Using Ultra-High Magnetic Field: Zero Isotherms of Protium and Deuterium in Pressure Range up to ~5 Mbar // Contrib. Plasma Phys. 2011. V. 51, №4. P. 339-348.

[174] *Loubeyre P.*, *LeToullec R.*, *Hausermann D. et al.* X-ray diffraction and equation of state of hydrogen at megabar pressures // Nature. 1996. V. 383, №6602. P. 702-704.

[175] *Лебедев С. В.*, *Савватимский А.И.* Металлы в процессе быстрого нагревания электрическим током большой плотности // УФН. 1984. Т. 144, №2. С. 215. 列别捷夫,等. 大密度电流快速加热过程中的金属.

[176] *Turchi P. J.*, *Baker W. L.* Generation of high-energy plasmas by electromagnetic implosion // J. Appl. Phys. 1973. V. 44, №11. P. 4936-4945.

[177] *Гасилов В. А.*, *Захаров С. В.*, *Смирнов В.П.* О генерации мощных потоков излучения и получении мегабарных давлений в лайнерных системах // Письма ЖЭТФ. 1991. Т. 53, №2. С. 83. 加西洛夫,等. 关于强辐射流的生成和在套筒系统中兆巴压力的获取.

[178] *Sinars D. B.*, *Cuneo M. E.*, *Yu E. P. et al.* Measurements and simulations of the ablation stage of wire arrays with different initial wire sizes // Phys. Plasmas. 2006. V. 13, №4. P. 042704.

[179] *Klir D.*, *Kravarik J.*, *Kubes P. et al.* Neutron emission generated during wire array Z-pinch implosion onto deuterated fiber // Phys. Plasmas. 2008. V. 15, №3. P. 032701.

[180] *Rochau G. A.*, *Bailey J. E.*, *Maron Y. et al.* Radiating shock measurements in the Z-pinch dynamic hohlraum // Phys. Rev. Lett. 2008. V. 100. P. 125004.

[181] *Lemke R.W.*, *Sinars D. B.*, *Waisman E.M. et al.* Effects of mass ablation on the scaling of X-ray power with current in wire-array *Z* pinches // Phys. Rev. Lett. 2009. V. 102. P. 025005.

[182] *Coverdale C.*, *Jones B.*, *Ampleford D. et al.* K-shell X-ray sources at the Z accelerator // High Energy Density Physics. 2010. V. 6, №2. P. 143-152.

[183] *Rochau G. A.*, *Bailey J. E.*, *Maron Y.* Applied spectroscopy in pulsed power plasmas // Phys. Plasmas. 2010. V. 17, №5. P. 055501.

[184] *Notake T.*, *Saito T.*, *Tatematsu Y. et al.* Development of a novel high power sub-THz second harmonic gyrotron // Phys. Rev. Lett. 2009. V. 103. P. 225002.

[185] *Slutz S. A.*, *Herrmann M. C.*, *Vesey R.A. et al.* Pulsed-power-driven cylindrical liner implosions of laser preheated fuel magnetized with an axial field // Phys. Plasmas. 2010. V. 17, №5. P. 056303.

[186] *Shrestha I.*, *Kantsyrev V.*, *Safronova A. et al.* Investigation of characteristics of hard X-rays produced during implosions of wire array loads on 1,6 MA zebra generator // High Energy Density Physics. 2010. V. 6, №1. P. 113-120.

[187] *Chuvatin A. S.*, *Kantsyrev V. L.*, *Rudakov L. I. et al.* Operation of a load current multiplier on a nanosecond mega-ampere pulse forming line generator // Phys. Rev. ST Accel. Beams. 2010. V. 13. P. 010401.

[188] *Bland S. N.*, *Lebedev S. V.*, *Chittenden J. P. et al.* Implosion and stagnation of wire array Z pinches // Phys. Plasmas. 2007. V. 14, №5. P. 056315.

[189] *Fan Y.*, *Zheng-Hong L.*, *Yi Q. et al.* Spatially-resolved spectroscopic diagnosing of aluminum wire array Z-pinch plasmas on QiangGuang-I facility // Chin. Phys. B. 2010. V. 19, №7. P. 075204.

[190] *McBride R. D.*, *Shelkovenko T. A.*, *Pikuz S. A. et al.* Implosion dynamics and radiation characteristics of wire-array Z pinches on the Cornell beam research accelerator // Phys. Plasmas. 2009. V. 16, №1. P. 012706.

[191] *Faussurier G.*, *Blancard C.*, *Cossé P.*, *Renaudin P.* Equation of state, transport coefficients, and stopping power of dense plasmas from the average-atom model self-consistent approach for astrophysical and laboratory plasmas // Phys. Plasmas. 2010. V. 17, №5. P. 052707.

[192] *Vesey R. A.*, *Herrmann M. C.*, *Lemke R.W. et al.* Target design for high fusion yield with the double Z-pinch-driven hohlraum // Phys. Plasmas. 2007. V. 14, №5. P. 056302.

[193] *Ананьев С. С.*, *Бакшаев Ю. Л.*, *Блинов П. И. и др.* Исследования мегаамперного многопроволочного Х-пинча // Письма ЖЭТФ. 2008. Т. 87, №7. С. 426–432. 阿纳尼耶夫,等. 兆安培多线 X 箍缩研究.

[194] *Glidden S. C.*, *Richter M.*, *Hammer D. A.*, *Kalantar D. H.* 1 KW X-pinch soft X-ray source powered by a 500 KA, 100 ns, 40 pps pulser // 9th IEEE International Pulsed Power Conference, 1993. Digest of Technical Papers. V. 1. 1993. P. 459.

[195] *Chittenden J. P.*, *Ciardi A.*, *Jennings C.A. et al.* Structural evolution and formation of high-pressure plasmas in X pinches // Phys. Rev. Lett. 2007. V. 98, №2. P. 025003.

[196] *Рухадзе А. А.*, *Юсупалиев У.* О возможности реализации кулоновского взрыва металла // Журнал технической физики. 2004. Т. 74, №7. С. 127–128. 鲁哈泽,等. 关于实现金属库仑爆炸的可能性.

[197] *Ryutov D. D.*, *Derzon M. S.*, *Matzen M. K.* The physics of fast Z-pinches // Rev. Mod. Phys. 2000. V. 72, №1. P. 167–223.

[198] Условия генерации импульсного нейтронного излучения при взрывном обжатии термоядерной плазмы // Препринт ИАЭ им. И. В. Курчатова. ИАЭ-5519/7 / Под ред. В.Андреева, Ю. Караева, Н. Умрихина и др. — М., 1992. 热核等离子体爆炸压缩产生中子脉冲辐射的条件,库尔恰托夫研究所预印本,安德烈耶夫,等编.

[199] *Winterberg F.* The magnetic booster target inertial confinement fusion driver // Zeitschrift fur Naturforschung A — Journal of Physical Sciences. 1984. V. 39A. P. 325.

[200] *Selemir V. D.*, *Plyashkevichu L. N.* Formation of the thermonuclear fusion ideas // Megagauss-IX / Ed. by V. Selemir, L. Plyashkevichu. — Sarov: VNIIEF, 2004. P. 665.

[201] *Boyko B.*, *Bykov A. et al.* More than 20 MG magnetic field generation in the cascade magnetocumulative MC-1 generator // Proc. VIIIth Int. Conf. Megagauss Magnetic Field Generation and Related Topics, 18–23 Oct. 1998 / Ed. by H. Schneider-Muntau. — Tallahassee: Fl. World Sci, 2004. P. 61.

[202] *Чернышев В. К. и др.* // Вопр. атом. науки и тех. Методики и программы численного решения задач математической физики. 1983. Т. 3, №14. С. 30. 切尔内舍夫,等. 关于原子科学和技术的问题。数学物理问题数值解的方法和程序.

[203] Pulse power system development for megajoule X-ray facility Baikal / Ed. by C. Deeney, N. R. Pereira, J. Davis. V. 651. AIP, 2002. P. 29–32.

[204] *Glushkin V.*, *Velikhov E. et al.* Perspective of kiloterawatt soft X-ray source based on slow inductive storage with energy 1 gigajoule // Proceedings 12th International Conference on High-Power Particle Beams, June 7–12, 1998 / Ed. by H. Van Horn, S. Ichimaru. — Haifa, Izrael, 1998. P. 71.

[205] *Oslon C.*, *Rochau G. et al.* Development path for Z-pinch IFE // Fusion Science and Technology.

2005. V. 47, №3. P. 633-640.

[206] Explosive-Driven Generators of Powerful Electrical Current Pulses / Ed. by V. E. Fortov. — Cambridge: Cambridge Int. Sci. Publishing Ltd, 2007.

[207] *Selimir V.*, *Tatsenko O. et al.* Investigations in solid state physics in ultra-high magnetic fields — experimental results of Kapitsa series // Megagauss-X / Ed. by M. von Ortenberg. Berlin, 2005. P. 219.

第3章

核爆炸中的极端状态

人们总是将探索和掌握新型能源作为基础研究和应用研究的优先发展方向[1]。20世纪的前三分之一，原子和原子核的结构研究得到了蓬勃发展。以该领域一些世界顶尖物理学家如恩利克·费米(E. Fermi)、利奥·西拉德(L. Szilard)、弗雷德里克·约里奥-居里(F. Joliot-Curie)、雅可夫·泽尔多维奇(Я. Б. Зельдович)、尤里·哈里顿(Ю. Б. Харитон)等的成就为支撑，早在1939年就论证了在铀中发生核裂变链式反应的可能性，然后就是完全新型的核能源实际应用的可能性，其强度超过传统化学反应数百万倍。此后很快就确定了爆炸型链式核反应(早先为谢苗诺夫(Н. Н. Семенов)院士所发现，用于化学反应)的发生条件[2]，该反应所释放出的能量空前巨大、史无前例，意味着科学家们即将制造出具有非凡破坏力的武器[3]。

为了能够实际应用核能，科学家们不得不解决大量复杂的科学和技术问题。他们的努力成就了一门新的学科——高能量密度物理学，对其基本要素，大量出版物有所阐述，文献[4]的综述和俄罗斯科学院物理学分部系列会议材料进行了概括[5]。

在1940年代，美国和苏联迈出了解决确保实现爆炸型核反应的条件问题及建造核武器的最初步伐。这些问题的科学和技术成就，至今仍然是拥有核武器的国家的军事和国家机密。国际条约严格管控着与核武器生产有关的技术的公开发布，并禁止向其他国家转让。

然而，核爆炸也是一种独一无二的物理现象，对它的研究吸引着不同学科领域大量科学家的注意力，其中包括从事高能量密度物理学研究的科学家。

众所周知[6,7]，物质极端状态的研究及其大规模实际应用与人类文明已进入原子时代密不可分，也与沿着这个方向迈出的第一步——建造核武器与热核武器——紧密相关[8-17]。高强度球面冲击波在核装料中生成数十至数百兆巴压力，多重压缩核燃料，激发起其中的脉冲式能量输出的链式核反应。这些核能输出本身也是压缩和加热核材料到数十亿大气压和数千万度高温的主要手段，目的是在其中激发起氘氚混合物的热核聚变[8-19]。

从广义上说，核爆炸起始于在小体积的铀或钚中、在几十纳秒时间内实现爆炸式裂变链式核反应条件的建立，结束于其后很多年大气中以及地球表面放射性爆炸产物的衰变。如果核爆炸意味着初级能量释放，其本身随后在不超过数微秒时间内这样发展——一开始是在铀或钚中的链式裂变核反应，然后(在热核爆炸装置情况下)是按一定次序的氚与氘的聚变核反应[1-5]。说到核爆炸，最通常的意思就是有着这样的外观(图3.1[1,3])——出现发光的区域，冲击波到达观测点，爆炸云升起等等。换句话说，

图 3.1 核爆炸概貌[1]

通常与“核爆炸”概念紧密相关的是物理过程的形成和发展，习惯性称之为核爆炸的破坏性因子[1]。

本章的第 1 第 2 节，我们分析这些阶段中的第一阶段——核爆炸的激发，而第 3 节探讨它的极端效果。本章最后一节献给关于物质极端状态生成和研究的实验，这些实验用到了强冲击波——正是由核爆炸所激发的。

3.1 放热核反应

标志着人类进入核时代的关键性发现，就是 1911 年由卢瑟福(E. Rutherford)所提出的原子的行星模型[20](图 3.2)。与先前存在过的汤姆逊(J. Thomson)模型——原子里均匀充满电子和离子——不同，卢瑟福模型在原子中心设定了紧凑的原子核，环绕原子核的电子远离($\approx 10^{-8}$ cm)原子核在运动。为了平衡原子核中正电荷的库仑斥力，必须引入核结合力，其能量高出库仑斥力的能量数百万倍。

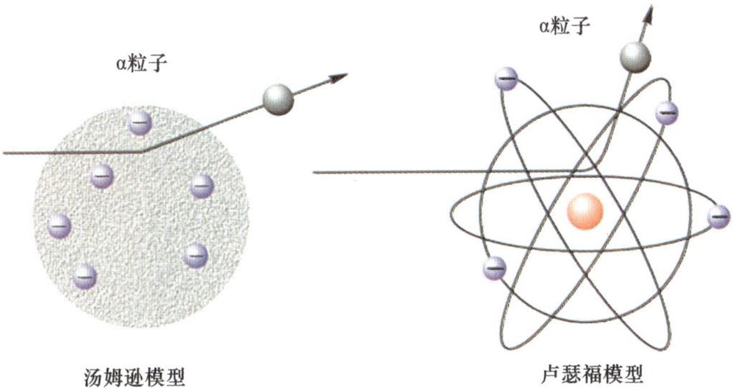

图 3.2 原子构造模型

按照文献[21]，质量为 m 的原子核形成过程中用到了 Z 个质量为 m_p 的质子，以及 $(A-Z)$ 个质量为 m_n 的中子，则质量亏损可以写为：$\Delta m = Zm_p + (A-Z)m_n - m$。

对于稳定的原子核，质量亏损 $\Delta m > 0$，并且结合能 $B = \Delta mc^2$。

核反应时的能量释放对应于反应原子核与反应产物的能量之差

$$Q = \sum_f B_f - \sum_i B_i$$

每核子的平均结合能(图 3.3)显示，B/A 随原子核质量 A 的变大而缓慢增长，并在 $A_0 = 57$ 时，达到峰值约 8.7 MeV。由于如果反应产物有较高 B/A 值时放热反应能够发生，那么根据图 3.3，($A > A_0$ 时的)原子核分裂成更小的碎片将是放热的，而($A < A_0$ 时的)聚变反应在形成更重原子核时也将有能量释放。

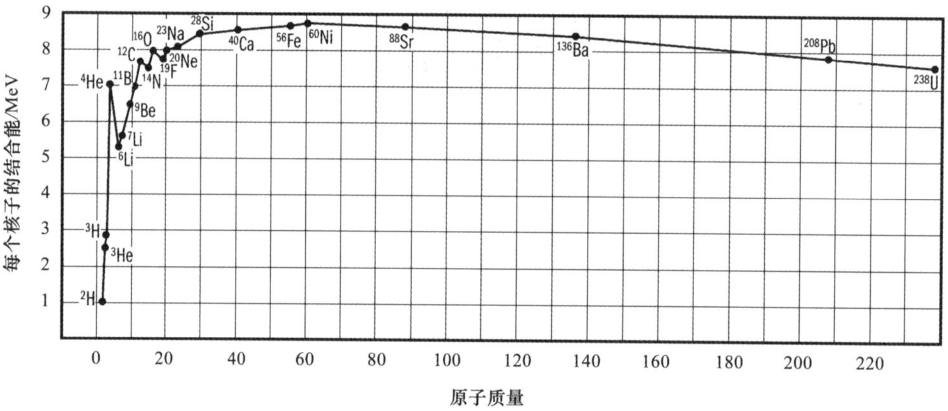

图 3.3　计算中使用的每核子原子核结合能[22]

由此可见，自然界中的轻(比 Fe 轻)元素通过热核聚变反应而生成，而较重元素则通过捕获中子或质子、或者发生裂变而生成。

3.1.1　热核聚变

对于两个质量分别是 A_1 和 A_2、具有正电荷的原子核来说，它们的聚变反应应该克服库仑斥力，并且相互接近到距离 $\approx 1.44 \times 10^{-13}(A_1^{1/3} + A_2^{1/3})$ cm——原子核力作用区(图 3.4)，这是势能为 $U_0 \approx 30 \sim 40$ MeV 的原子核引力的作用范围。这一势能的峰值是若干 MeV。取 $Z = 90$，$r \approx 10^{-12}$ cm，我们得到 $U_B \approx 26$ MeV。经典动力学中，出射粒子必须具有这样的能量，才能克服这个势能。

量子力学中，粒子就是波包，其尺度为热力学德布罗意波长(thermal de Broglie wavelength) $\lambda \sim \sqrt{\hbar^2/(2mkT)}$ 量级。

如果这个波的尺度与图 3.4 中的峰值宽度相当，则粒子可以实现隧穿过程(tunnel transition)，即便其能量小于图 3.4 中势能 U_B 的最高值(峰值)。

根据文献[21]，聚变反应截面可以写成

$$\sigma \sim \sigma_{\text{geom}} \cdot Y \cdot \Re$$

这里，$\sigma_{\text{geom}} \sim \hbar^2$——几何截面，$Y$——图 3.4 的势垒(barrier)穿透因子，$\mathfrak{R}$——原子核参与反应概率，$Y \sim Y_\Gamma = \exp\left(-\sqrt{\frac{\epsilon_\Gamma}{\epsilon}}\right)$——伽莫夫因子(Gamov factor)，并且 $\epsilon_\Gamma = (\pi \alpha_f Z_1 Z_2)^2 2m_r c^2 \approx 986.1\, Z_1^2 Z_2^2 A_r$ keV，$A_r = \frac{m_r}{m_p}$，$\alpha_f = e^2/\hbar c = 1/137.04$ 为精细结构常数。

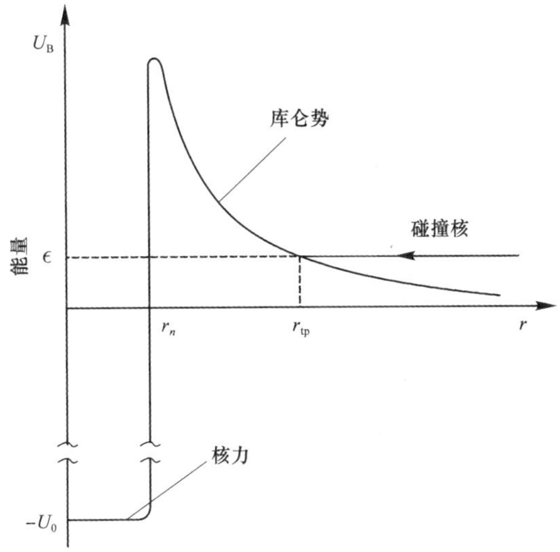

图 3.4 两个带电原子核之间势能与相对质心距离的关系[21]

这一关系表明，隧穿过程时，参与反应的机会随原子核质量的增大而迅速降低。

至于参数 $\mathfrak{R}$，它由核反应特性所决定。对于原子核强相互作用它很大，对于电磁相互作用则降低几个数量级，对于原子核弱相互作用则降低 20 个数量级。同时，$\mathfrak{R}$ 的变化原则上总是小于伽莫夫因子的剧烈变化。

人们经常[21]用到如下概念

$$\sigma(\epsilon) = \frac{S(\epsilon)}{\epsilon}\exp\left(-\sqrt{\frac{\epsilon_\Gamma}{\epsilon}}\right)$$

此处 $S(\epsilon)$ 是所谓的天体物理学的 S 因子，是微小变化的能量函数。

表 3.1 和图 3.5[21]中列出了一些热核用途令人感兴趣的反应的截面和参数。

图 3.5 中可以看到，对于约 64 keV 的相对比较适中的能量，氘氚聚变反应

$$D + T \rightarrow \alpha\ (3.5\ \text{MeV}) + n\ (14.1\ \text{MeV}) \tag{3.1}$$

所具有最大的截面约为 5 barn。这个反应所释放的能量很大，约 17.6 MeV。此外，这一反应在约 64 keV 条件下形成 ^{5}He 时还有一个宽幅谐振。

分析表明：

$$D + D \rightarrow T\ (1.01\ \text{MeV}) + p\ (3.03\ \text{MeV})$$

$$D + D \rightarrow {}^3\text{He}\ (0.82\ \text{MeV}) + n\ (2.45\ \text{MeV})$$

表 3.1　聚变反应：质量中心能量为 10 keV 和 100 keV 时的反应截面，σ_{max} 为最大反应截面，ϵ_{max} 为最大值所处位置。圆括号中是理论评估值，其余数据由实验得到

反应	σ(10 keV)/barn	σ(100 keV)/barn	σ_{max}/barn	ϵ_{max}/keV
$D + T \rightarrow \alpha + n$	2.72×10^{-2}	3.43	5.0	64
$D + D \rightarrow T + p$	2.81×10^{-4}	3.3×10^{-2}	0.096	1250
$D + D \rightarrow {}^3He + n$	2.78×10^{-4}	3.7×10^{-2}	0.11	1750
$T + T \rightarrow \alpha + 2n$	7.90×10^{-4}	3.4×10^{-2}	0.16	1000
$D + {}^3He \rightarrow \alpha + p$	2.2×10^{-7}	0.1	0.9	250
$p + {}^6Li \rightarrow \alpha + {}^3He$	6×10^{-10}	7×10^{-3}	0.22	1500
$p + {}^{11}B \rightarrow 3\alpha$	(4.6×10^{-17})	3×10^{-4}	1.2	550
$p + p \rightarrow D + e^+ + \nu$	(3.6×10^{-26})	(4.4×10^{-25})		
$p + {}^{12}C \rightarrow {}^{13}N + \gamma$	(1.9×10^{-26})	2.0×10^{-10}	1.0×10^{-4}	400
${}^{12}C + {}^{12}C$(所有分支)		(5.0×10^{-102})		

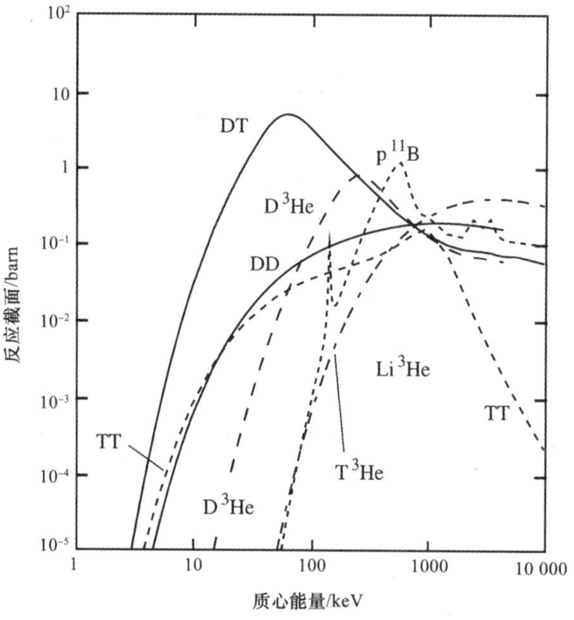

图 3.5　反应截面与相对质量中心能量的关系，是可控热核聚变的关注所在（DD 曲线是各种反应截面的总合[21]）

类型的反应在 10~100 keV 条件下具有缩小 100 倍的截面，而反应 $D(d, \gamma)^4He$ 所具有的截面更是比 D + D 反应的还要缩小 4 个数量级。

反应

$$p + {}^{11}B \rightarrow 3\alpha + 8.6\ \mathrm{MeV}$$

令人感兴趣，因为它与放射性产物无关，并且不产生中子。

这里不讨论其他可能的反应，我们强调，正是 DT 反应(式(3.1))与当今可控和准可控热核聚变主要的实际应用有关。对于天体物理学来说，其他反应的意义更为重大[21]。

首先是质子-质子循环反应，其详细流程我们将在之后仔细讨论。这里我们主要强调，pp 反应和 pD 反应具有最低的伽莫夫能量 ϵ_Γ，当然它们的截面也很小。确实，pp 反应与低概率 β 衰变有关，因此这些反应的 S 因子比 DT 的反应减小了 25 个数量级。pD 反应与电磁转换相关，这些电磁转换的概率大大高于 pp 过程，但它们的截面还是比氘氘反应的小得多，因为氘氘反应具有强烈的原子核相互作用。

对于我们的太阳(黄矮星，属于由 10^{11} 个恒星组成的我们的银河系)，这里引入两个最重要的能量循环——氦循环(图 3.6)和碳-氮循环(图 3.7)[23]。

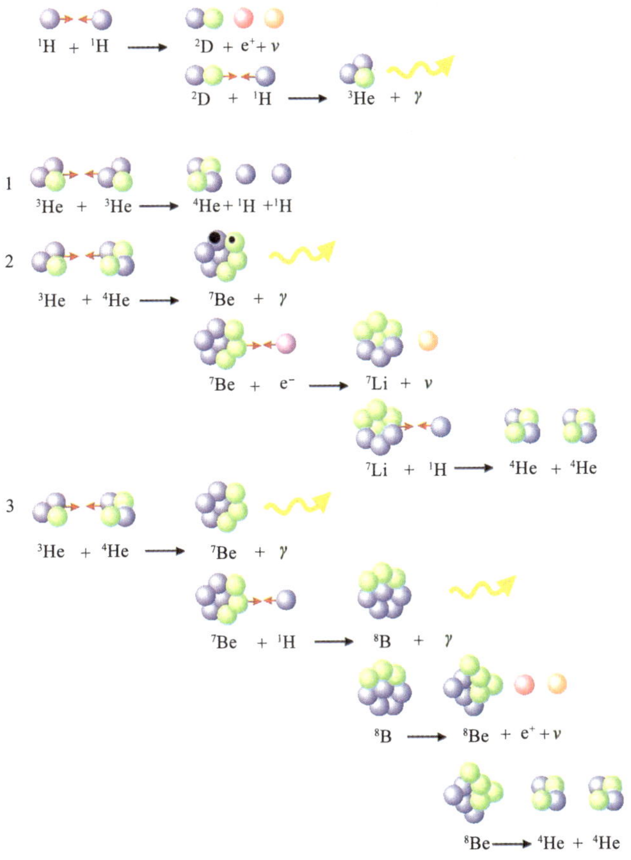

图 3.6 质子-质子循环[23]

按照图 3.6 的质子-质子流程，当两个质子 p 相撞时生成由一个质子和一个中子组成的重氢原子核(氘)D

$$p + p \rightarrow {}_1^2D + e^+ + \nu$$

这个反应中产生了中微子 ν，它毫无阻碍地逃离恒星，而正电子 e^+ 在诞生之后就立刻与大量的电子之一发生碰撞，两个粒子都湮灭了，并转化为几个光子：$e^+ + e^- \rightarrow \gamma + \gamma$。新生成的氘原子核在与质子碰撞且合并之后，就生成了轻氦同位素

$$ {}_{1}^{2}D + p \rightarrow {}_{2}^{3}He $$

然后当两个${}_{2}^{3}He$原子核碰撞后就会生成不稳定的铍原子核${}_{4}^{6}Be$，它几乎瞬间就衰变成两个质子和一个原子质量为 4 的“普通”氦原子核

$$ {}_{2}^{3}He + {}_{2}^{3}He \rightarrow {}_{2}^{4}He + 2p $$

如果省略这个质子-质子链路反应的中间产物，整个过程可以归结为四个氢原子核转变成一个氦原子核 He-4。

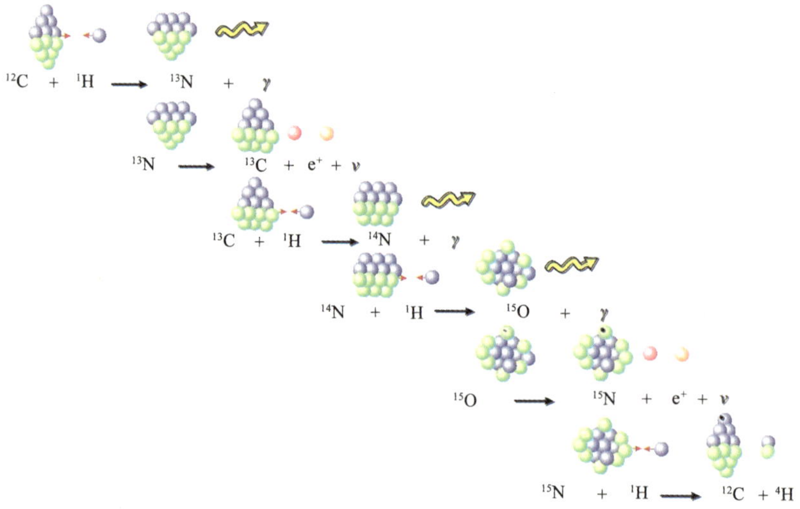

图 3.7　碳-氮循环[23]

主序恒星的发光度随质量而迅速增强。例如，10 倍太阳质量($10M_{\odot}$)的恒星，其发光度超过太阳几乎达 10^4倍。因此在大质量恒星的核心，热核反应进行得更为剧烈。由于这些反应的速率又主要取决于温度，所以主序恒星质量越大，则其中心的温度就越高。带有太阳化学成分的恒星模型的计算证明：质量分别为 $0.1M_{\odot}$、$1M_{\odot}$和 $10M_{\odot}$的星球，其中心温度分别为 5 MK、14 MK 和 30 MK。可是这些恒星中心的密度随着它们质量的升高反而降低了：在太阳中心接近 150 t/m^3，而具有 $10M_{\odot}$质量的恒星，其中心密度反而只有太阳中心的 1/10。

氦循环的最终结果为：四个质子变成了一个氦-4 的原子核，同时释放出两个中微子、γ 光子以及两个正电子，结果正电子与电子结合，也产生了 γ 辐射。四个质子形成一个^4He原子核过程中，释放出 26.7 MeV 能量，等于四个质子能量和所生成的一个原子核能量的差值。图 3.7 所显示的碳-氮循环意义重大，因为碳元素数量大约比氦之后的元素锂、铍和硼多出几乎 10^7倍。计算结果显示，当温度高于 10 MK 时，链式反应就能发生，被称为 CNO 循环，根据参与其中的元素命名。

依照文献[22]，原子核${}_{7}^{13}N$、${}_{7}^{14}N$ 和${}_{8}^{15}O$ 在 CNO 循环中起过渡环节作用，因此这些反应的最终结果，与 pp 链路反应一样，是四个质子聚变成一个氦原子核。也释放出了逃离恒星的两个中微子，以及立刻湮灭的两个正电子。

碳元素在 CNO 循环中起催化剂作用：原子核${}_{6}^{12}C$ 对于过程的启动是必须的，在循

环的最后一个反应中重新出现。然而在主序恒星生存期间，由于下述原因，碳元素的丰度会缩小数百倍。计算结果显示，组成 CNO 循环的 6 个反应中，最慢的反应是$^{14}_{7}N + p \rightarrow ^{15}_{8}O$，导致了氮原子核$^{14}_{7}N$ 的聚变比它们变成氧原子快了许多。因此循环开始之后，大量氮原子核在核反应区域就开始积累，以相应的碳原子数量的减少为代价。但总体上对恒星而言，氮原子核总数的减少速度不仅取决于循环中第四反应进行的速度，也取决于这些反应的数量，这个数量值将随着(反应发生)区域中氮原子核数量的增加而变大。在某个时刻，氮原子核将变得如此之多，使得单位时间在恒星内合成的氮原子核$^{14}_{7}N$ 与消失的数量一样多，形成了动态平衡。CNO 循环中的第五、第六反应比第四反应快很多，因此可以说，原子核$^{14}_{7}N$ 消失之后，循环很快收尾，并且诞生了原子核$^{12}_{5}C$(自然还有原子核$^{4}_{2}He$)——至此循环封闭。重新出现的碳原子核启动新一轮的循环，这个过程不断重复，直到全部氢元素都变成了氦元素。动态平衡建立之后，氮和碳的相对丰度不再随时间变化，但这时也与初始状态彻底不同——几乎全部碳都变成了氮。在恒星中建立动态平衡所需的时间远少于氢燃烧的时间，因此，离开主序列的恒星，其中心区域所含有的氮元素比外壳的多数百倍。

太阳内部，CNO 循环只贡献了几个百分点的能量释放，但在 $M>2M_{\odot}$ 的恒星中，这个循环几乎囊括了所有的能量释放。在有质子和碳原子参与的反应中，$Z_1Z_2=6$，而当质子与氮原子碰撞时，$Z_1Z_2=7$。这就是说，主序列上部恒星内的气体温度足够高，以至于反应$^{4}_{2}He + ^{4}_{2}He \rightarrow ^{4}_{2}Be$ 能够进行，此时 $Z_1Z_2=4$。然而，铍原子核$^{4}_{2}Be$ 不稳定：只能存在至多 10^{-16} s 就衰变成两个 α 粒子，因此在主序恒星中，氦不会“烧尽”，只有积累[22]。

上述仔细分析的核反应中出现了 γ 射线光子，它们在太阳物质中传播，在自己的传播路径上，与介质的原子、离子、电子相互作用，平均自由程等于 1 cm，而太阳的半径却有 $7×10^7$ cm。数十万年过去，诞生于太阳内部的 γ 射线光子这一“远亲”才成功地向外逃出，才被外部观察者们发现，使生命能够在地球上存在。按照最新的概念，太阳内部氢的燃烧主要通过质子-质子循环实现，只有 1.6 %的氢在碳-氮循环反应中被消耗掉。

CNO 循环的反应对于恒星的动力及氢生成非常重要。虽然它们的 S 因子不小，但伽莫夫能量 $\epsilon_\Gamma \approx 40$ MeV，所以总截面比 pp 循环的小很多。因此当温度高于 ≈1.5 keV 时，CNO 循环相对于 pp 循环占上风。

有^{12}C 参与的反应对于白矮星的演化非常重要。鉴于很高的库仑位垒，这里的 S 因子非常大。由于稠密等离子体中库仑势的屏蔽作用而产生极端密度 $\approx 10^9$ g/cm^3 的时候，这些反应开始发动。

单位时间、单位靶密度的反应概率具有下列形式[22]

$$\langle \sigma v \rangle = \int_0^\infty \sigma(v) v f(v) \mathrm{d}v \tag{3.2}$$

对于麦克斯韦分布函数

$$f_j(v_j) = \left(\frac{m_j}{2\pi kT}\right)^{3/2} \exp\left(-\frac{m_j v_j^2}{2kT}\right) \tag{3.3}$$

根据文献[21]所示

$$\langle \sigma v \rangle = \frac{4\pi}{(2\pi m_r)^{1/2}} \frac{1}{kT^{3/2}} \int_0^{\infty} \sigma(\epsilon)\epsilon \exp\left(-\frac{\epsilon}{kT}\right) \mathrm{d}v$$

则在简化之后便可得到近似关系——伽莫夫公式[21]

$$\langle \sigma v \rangle = \frac{6.4\times10^{-18}}{A_r Z_1 Z_2} S\,\xi^2 \exp(-3\xi)\ \mathrm{cm^3/s}$$

这里 $\xi = 6.2696\,(Z_1 Z_2)^{2/3} A_r^{1/3} T^{-1/3}$，温度以 keV 为单位。

按照麦克斯韦分布函数(3.3)，核聚变反应截面直接积分的结果列于图 3.8。显然，与其他温度在 10~20 keV 范围的反应相比，DT 反应有高出 100 倍的截面，当 T<25 keV 时，是 10 倍。仅当极端高温 $T>10^2\sim10^3$ K 条件下，这个反应才有了竞争者。文献[21]中援引了半经验公式来描述图 3.8 中的关系曲线。

$$\langle \sigma v \rangle_{\mathrm{DT}} = 9.10\times10^{16} \exp\left(-0.572 \left| \ln \frac{T}{64.2} \right|^{2.13}\right) \mathrm{cm^3/s}$$

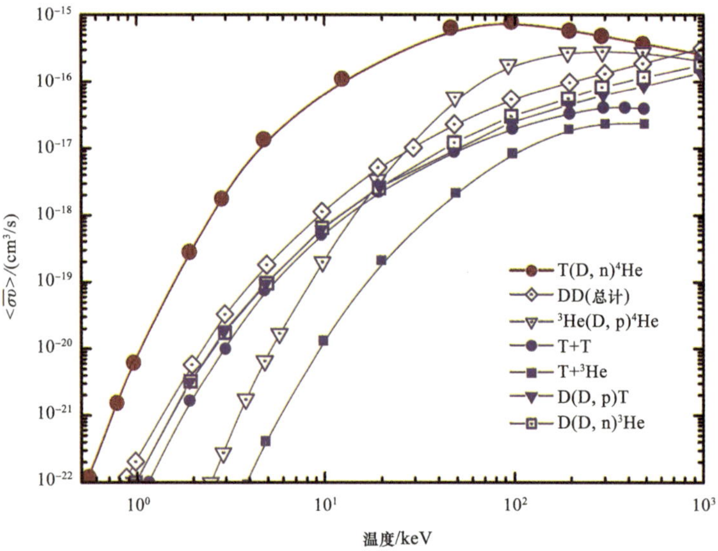

图 3.8　热核反应速度与温度的关系[24]

显然，氘氚聚变反应具有最大的截面，因此在实践中也最容易实现

这个表达式的精度在 3~100 keV 时在 10 %以内；0.3~3 keV 时为 20 %[25]。当温度为 8~25 keV 时，DT 反应率为[21]

$$\langle \sigma v \rangle_{\mathrm{DT}} = 1.1\times10^{-18} T^2\ \mathrm{cm^3/s}$$

对于 3~100 keV 时精度约 10 %的两个 DD 反应分支来说，可以使用表达式[26]

$$\langle \sigma v \rangle_{\mathrm{DD_p}} = 2\times10^{-14} \frac{1+0.00577\,T^{0.949}}{T^{2/3}} \exp\left(-\frac{19.31}{T^{1/3}}\right) \mathrm{cm^3/s}$$

和

$$\langle \sigma v \rangle_{\mathrm{DD_n}} = 2.72\times10^{-14} \frac{1+0.00539\,T^{0.917}}{T^{2/3}} \exp\left(-\frac{19.80}{T^{1/3}}\right) \mathrm{cm^3/s}$$

对于 pp 反应[27]：

$$\langle\sigma v\rangle_{pp}=1.56\times10^{-37}T^{-2/3}\exp\left(-\frac{14.94}{T^{1/3}}\right)\times(1+0.044T+2.03\times10^{-4}T^{2}+5\times10^{-7}T^{3})\ \text{cm}^{3}/\text{s}$$

原来，太阳的这个主要反应比 DT 反应慢了 24~25 个量级。令人意外的是，太阳中心所释放的核能量真的很少，约 0.018 W/kt，总共只有人类心脏功率的 1/50[21]。

随着等离子体密度的升高，粒子间的相互作用 $V(r)\sim e^2/a$ 逐渐与粒子运动的动能相当，因此非理想性参数 $\Gamma\sim e^2/akT$ 接近于 1，使热核反应速度提高[28,29]。

$$\langle\sigma v\rangle_{es}\sim(1+\sqrt{3}\,\Gamma^{3/2})\langle\sigma v\rangle$$

在太阳条件下且 $\rho\approx130$ g/cm³ 及 $T\approx1.5$ keV 时，这一效应并不大，对于 $\langle\sigma v\rangle$ 来说，量值在 1.5%。它对于激光热核反应来说也不大：当 $\rho\approx100$ g/cm³ 及 $T\approx5$ keV 时，量值不超过 0.2%。

随着非理想性 Γ 的增大，对屏蔽作用的修正变为 $\sim\exp(\Gamma_i)$，但在热核温度条件下仍然不大，通常也就被忽略了。强非线性等离子体的情况($\Gamma>170$)，离子逐渐“冻结”，发展成晶格，并在平衡点附近以频率 ω 振荡[30]。

这种情况下，离子与附近的离子就会步入热核反应。此时伽莫夫势垒的穿透因子正比于 $\exp(-\rho^{1/6})$，且与温度无关。$\Gamma_i>170$ 条件下，对碳-碳反应的详细计算得出[29,31]

$$\langle\sigma v\rangle_{CC}=10^{7}\left(\frac{\rho}{10^{8}}\right)^{-0.6}\exp\left(-258\left(\frac{\rho}{10^{8}}\right)^{-1/6}\right)$$

这种固缩核模式被用来解释，为什么在稠密且相对寒冷、具有碳核心的白矮星中有剧烈的能量释放[21]。根据这一模型，碳核心压缩到 10^9 g/cm³时热核反应速度 $\langle\sigma v\rangle_{CC}$ 急剧加快，因而也提高了温度和压力，导致热核燃烧。

原子核的自旋极化作用可以对热核反应速度施加强烈影响，因为角动量 $J=3/2$(以 $\hbar$ 为单位)的 DT 原子核对偶旋转(even spin)碰撞，其反应概率比其他情况高出两个数量级。这种特性使这一想法别具吸引力[32-34]，只待在实践中真正兑现。

用 μ 介子起催化作用这一想法[35,36]建立在把原子中的电子替换成质量更重的 μ 介子基础之上，μ 介子质量 $m_\mu=208m_e$。μ 介子替换电子将导致 μ 原子的形成，其尺度缩小了 208 倍，使得 D_2 和 T_2 分子中的原子核更加靠近，甚至可以在室温条件下提高热核反应的概率，与普通分子相比较，这将使聚变反应隧道效应提高 50 倍。对于假分子 $D_\mu T$ 中 DT 反应，计算结果得到 $\tau_f\approx7\times10^{-13}$ s，对于 $D_\mu D$ 分子中的 DD 反应，则是 $\tau_f\approx1.5\times10^{-9}$ s。反应发生之后，μ 介子也许会介入其他类似的反应，以完成自己独特的催化剂角色。

为了使 μ 介子的催化作用是正向的能量平衡，循环中所释放的巨大的能量必须超过生成一个 μ 介子本身所需消耗的约 5 GeV 能量(一个 π 介子衰变释放的能量)。如果一个 μ 介子参与 N 个聚变反应，每个反应都释放能量 17.6 MeV，能量到电力的转换效率为 40%的话，那么 N 应该超过 700，对于实际应用，一般希望 $N>3000$。迄今为止，μ 介子起催化作用的事件已经达到了约 200 项[35,36]。

值得注意的聚变可能性还有一种[21]。式(3.1)中的氘氚聚变反应在碰撞能量为 25~300 keV 时，截面为 1~5 barn，释放 17.6 MeV 能量。通过一维静电加速 D 和 T 离子使它们直接碰撞来实现这一反应的想法，被称为“电核”或者“束”聚变。然而对于动力技术来说，这种方式没有什么前途，因为D和T离子的库仑相互作用截面远远超过了核聚变截面。因此D或T束将主要加热靶，而不是激发核聚变反应。

有一种情况可以使能量正向输出，此时反应介质D和T处于高温等离子体状态[21]、并具有很高的动力学运动速度，足以超越粒子间的排斥力(图3.4)。热力学平衡状态中，等离子体粒子在相互作用之下加入聚变反应，库仑碰撞仅仅重新分配它们之间的动能。要实现正向能量输出，等离子体应该具有足够高的温度、密度和寿命。这种办法是如今获得聚变能量的主要方法，被称为“热核聚变”——它正是恒星、炸弹的能源，并且很快就会成为地球上发电厂的主要能源。

接下来的讨论将根据文献[21]，仔细分析热核等离子体的能量平衡条件。等离子体的点火和稳定燃烧条件可以简化为热核能量输出和消耗之间的平衡。全电离热核等离子体能量消耗的主要渠道是热核辐射[21]

$$W_b = G_b n_e^2 T^{1/2} = 5.34\times10^{-24} n_e^2 T^{1/2} \mathrm{erg\cdot s^{-1}\cdot cm^{-3}} \tag{3.4}$$

DT燃料的热核能量释放功率是[21]

$$W_{fus} = \frac{1}{4} n^2 \langle \sigma v \rangle Q = 7.04\times10^{-6} n^2 \langle \sigma v \rangle Q\ \mathrm{erg\cdot s^{-1}\cdot cm^{-3}} \tag{3.5}$$

通常来说，离开反应区的中子带走这一功率的80%，有14.1 MeV。而另外的20%则属于α粒子，它们被等离子体吸收并加热等离子体，以此维持热核燃烧。

这些温度的相关性列于图3.9。热核反应能量释放与辐射能量损失相等决定了点火温度 $T_{id}=4.3$ keV。由于聚变反应和韧致辐射是在二体碰撞时发生[21]，T_{id} 值与等离子体密度无关。

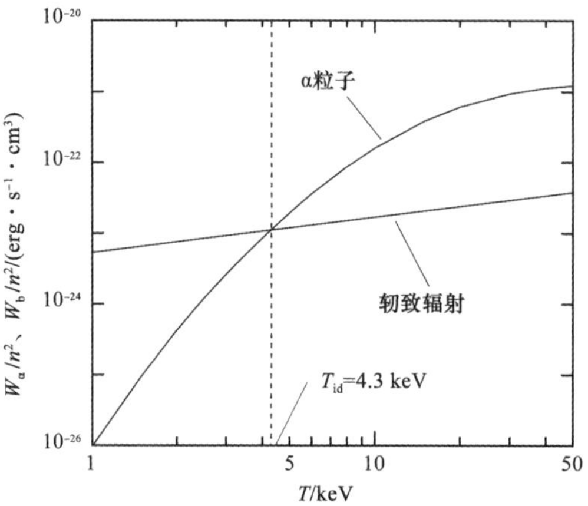

图3.9 α粒子对热核等离子体的加热强度以及韧致辐射所导致的热耗强度[21]

当然这对于光学敏感等离子体基本正确。另一种对立的情况，再吸收会锁住辐射，并且按照泰勒和乌拉姆(Teller-Ulam)的想法，会优化点火条件[21]。利用辐射来压缩燃料并使燃料更容易点火也是他们的主意。对于其他热核燃料，点火条件比DT要差很多——见表3.2[21]。纯氘反应起初并没有氚——它和^{3}He出现在随后反应的结果中。这一过程被称为氘的催化热核燃烧。D^3He 反应意义重大，因为它只含有带电粒子。然而，它需要特别稀有的^3He 作为燃料。$p^{11}B$ 反应引人注目在于，它只产生带电粒子，不产生放射性物质和中子。

表 3.2 受控热核聚变的主要燃料[21]

	T_{id}/keV	H_B^{min}/(g/cm^2)	$T(H_B^{min})$ /keV	Yield/(GJ/mg)
DT	4.3	7.3	40	0.337
DD	35	52	500	0.088 5
DD（全催化）	25	35	500	0.350
D^3He	28	51	38	0.035 7
$p^{11}B$	—	73	250	0.069 7

由于极端高温是实现受控热核反应所必需的，所以如何约束这类等离子体是极其困难的任务[21]。萨哈罗夫院士(А. Д. Сахаров)和塔姆院士(И. Е. Тамм)提出了用磁场来约束这类等离子体的原理。这类装置——托卡马克(tokamak)——的示意图见图6.10。这类系统中的等离子体动压 $p=(n_e+n_i)kT$ 不应该比磁场压力 B^2高出 10%~15%以上：$B\approx 100$ kGs 及 $T\approx 10^4$ keV 时，我们得到 $n_i\approx 10^{14}$ cm^{-3}。这类装置中的约束时间没有限制。

可替代磁场约束的惯性约束方法不使用外部磁场，意味着可以在超短持续时间(约1~10 ns)内实现反应，该持续时间由等离子体的惯性膨胀来决定。为了在如此超短持续时间内消耗掉足够多的燃料，必须保证反应的高速率、以及为此目的的靶的高度压缩。

热核燃料的压缩及加热由引力(第 8 章)或者核爆炸的辐射(第 3 章)或者强激光辐射(第 6 章)来实现，视不同情况而定。

利用表示热核能量输出功率的式(3.5)和能量损耗的式(3.4)，可以得到[21]：

$$n\tau_E=\frac{3kT}{\frac{1}{4}[(1/Q)+(1/5)]Q_{DT}\langle\sigma v\rangle-C_bT^{1/2}}$$

这里 $C_b=5.34\times 10^{-24}$ erg · cm^3 · s^{-1} · keV$^{-1/2}$，$Q_{DT}=2.86\times 10^{-5}$ erg。

这个参数仅与 T 相关，被称为劳森判据(Lawson criterion)，决定着热核反应点火条件。点火曲线在 $T=T_{id}$时有一条垂直渐近线，而当 $T\approx 20$ keV 时有最小值的 $n\tau_E\approx 2\times 10^{14}$ cm^{-3} s。除了劳森判据，还经常使用参数 $n\tau_E T$，对于点火条件，该参数有 3.3×10^{15} cm^{-3} · s · keV 量值。我们将在第 6 章使用这个参数，要记住 $n\tau_E T\sim p\tau_E$。

对于激光受控热核聚变球型靶，很容易用 ρR 的形式来代表劳森判据，它需要几个单位的量值来点燃 DT 反应(图 3.10)。在更讲究的惯性聚变流程中[21]，反应的点燃在全部靶中并不均匀一致，不过在其中心区域有不大的部分是“热点”。热核燃烧波其后从这个热点开始不均匀地向全靶传播，从而引起微爆炸(见图 6.12)。这样的方案更经济，并且所需要的 ρR 值更小。使产生于 DT 反应的 α 粒子将自己的能量传递给热核燃料这一需求会导致更为接近 ρR 的量值。

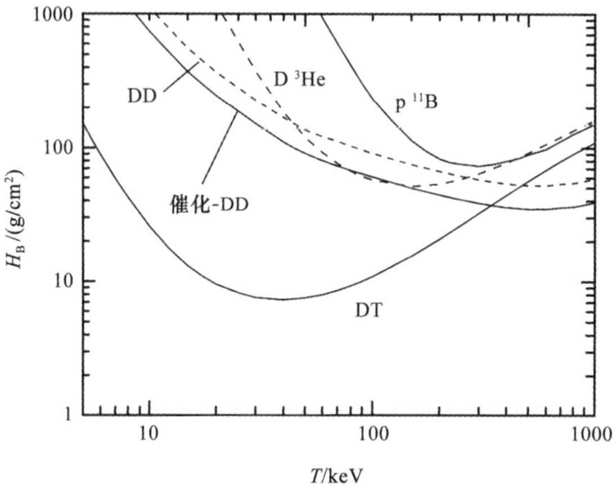

图 3.10　等摩尔数的 DT、DD、催化 D、D^3He、$p^{11}B$ 等混合物的点火参数与温度的关系[21]

有关惯性聚变更精妙的多层靶机制，我们将在第 6 章简短地讨论。

前面所讨论的热核聚变反应对于人类有着至关重要的意义，因为它们解释了我们的太阳和恒星的能量学原理，自然地，也就解释了我们全部文明的动力学原理[37]。毕竟，人类在地球上使用的绝大多数可再生有机、水力、生物、风力和其他能源，主要都来源于那个巨大无比的热核反应堆——太阳——提供的热核聚变能。

热核反应作为太空目标能源这一非同寻常的角色，是在 1920 年代由诺贝尔奖获得者魏格纳(Wigner)所确定的。如果不算氢弹，地球可控条件下，在通往点燃及实际应用热核反应的道路上人类面临着巨大的技术障碍，至今仍未克服，尽管已经花费了无数的人力和物力。

3.1.2　裂变反应

实际上更早实现的是重元素(铀和钚的同位素)的裂变放热反应，落在质量亏损曲线最右侧部分(图 3.3)。

“我们所擅长的多于我们所知道的”——这还是费米(Enrico Fermi)在 1930 年代末所说的，指的是关于核裂变反应本质的认知程度，总的来说，现在仍然在理。确实，其后数年就造出了原子弹和反应堆，它们的工作原理正是核裂变反应，而具有适当实验支撑的裂变反应理论性认知则要晚得多——大约开始于 1950 年代中期。

这里没什么可奇怪的。本质上核裂变是第一种已知的真正意义上复杂的原子核转变，伴随着原子核结构彻底重构，不仅是数目的完全改变，还有总体上系统特性的变化。或许这种情况下，应用应该超前于理解——也正是这么发生的。但即便是今天，就核裂变而言，我们仍远未在生活中体现出哈里顿(Ю. Б. Харитона)院士所倡导的著名原则：“我们所知道的应该比我们今天所需要的多出十倍。”正因如此，物理学家们所掌控的实质上并不是当代物理学装置中的物理过程本身，而只是过程的一些后果。若不是这样的话，当今如此迫切的核技术安全性问题就完全另当别论了。

原子核裂变的发现是最基础的发现之一，贡献了大量实际应用。费米在 1934 年的卓越工作被认为是原子核裂变研究的发端，当时他用中子辐照重原子核，目的是获得更重的元素——超铀元素。中子没有电荷，因而排除了原子核的库仑斥力，使中子容易到达原子核。

^{238}U、^{235}U、^{234}U 是铀同位素研究对象，其中最普遍的是^{238}U，另外两种则很少：全部铀元素中，^{235}U 只占 1/140，^{234}U——1/17000。曾经获得过具有非同寻常的新半衰期的一些元素。1939 年，德国化学家哈恩(O. Hahn)、梅特内尔(L. Meitner)和斯特拉斯曼(F. Strassmann)在研究中子照射铀和钍所生成的裂变反应产物时，发现了元素周期表中部的元素(钡、镧等等)。

1939 年 1 月中旬，梅特内尔和她的外甥弗里希(O. Frisch)领悟了这些惊人现象的本质。他们提出，俘获中子之后而被激活的铀或钍原子核分裂成两个比较轻的部分，质量大致相等，被称为碎片。由居里(Curie)和萨维奇(Savitch)、哈恩和斯特拉斯曼所发现的处于元素周期表中部的放射性同位素，也是铀和钍原子核的这类碎片。由于原子核中中子的相对份额随质量的增加而增加，所以这些来自重原子核的碎片中中子过量。因此这些碎片的原子核中，通过释放电子会发生中子变为质子的过程。同样的过程也发生在这类转变所生成的子原子核中，这也就解释了还是由费米所观测到的顺序 β^- 转变链条。值得期待、也由后续研究所证实的是，原子核不仅可以分裂成两部分，也可以是三部分或更多数目的碎片。当然相较于仅仅分裂成两部分的，那些裂变极为稀少。

梅特内尔和弗里希的假设很快就被弗里希用反冲原子实验证实了，实验中成功地观测到了原子核裂变的爆炸特性。图 3.3 中可以看到，重原子核的平均核子结合能小于元素周期表中部的原子核的。假设铀原子核^{235}U 在俘获中子后分裂成两个相等的碎片。从图 3.3 中可以看到，铀原子核的平均核子结合能等于 7.6 MeV，而每个碎片的却等于 8.5 MeV。因此当铀原子核裂变时，每一个核子都释放出了 8.5−7.6 = 0.9 MeV 能量。由于裂变之后核子的总数不变，则铀的一次裂变作用所释放出的全部能量是 $0.9\times236\approx210$ MeV。这一巨大的能量主要体现在所形成碎片的动能之上。

这种简单的评估被出现晚得多的精密理论模型所补充，这里不再赘述。

正如实验所展示的，原子核最容易先裂变成两个碎片，但这两个碎片的质量比有可能各种各样。用热中子所激发的裂变，几乎看不到质量相等或相近的碎片。事实上最可能生成的两个裂变碎片，其中一片的质量是另一片的一倍半。这都显示在了图 3.11 上，图中是热中子激发^{235}U 裂变所生成的各种质量数碎片数量的百分比。可以认为，这种裂变不对称性是由于原子核中子壳层的影响：每个碎片的中子数目接近魔法般的两个数字——50 或 82——之一时，原子核分裂在能量分配上更便利。

原子核的裂变过程伴随着次生中子的飞出[38]，这可以基于下列简单的概念来预期。原子核内中子数目 N 与质子数目 Z 的比例关系见图 3.12，显然更大更重的原子核含有更多的中子数量。

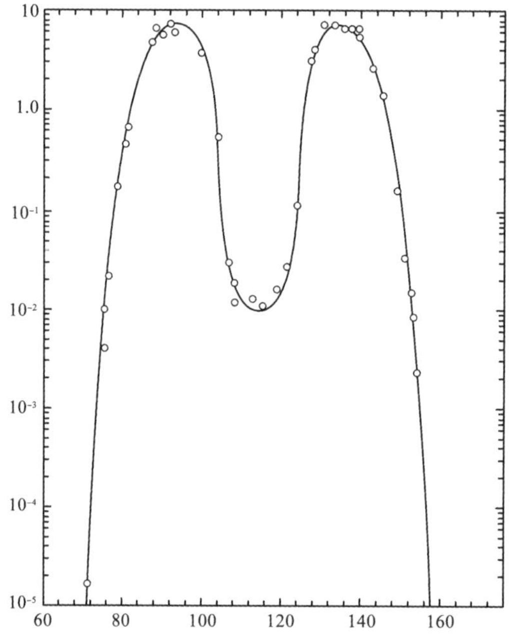

图 3.11　热中子激发^{235}U 裂变所生成的各种质量数目的碎片数量百分比[38]

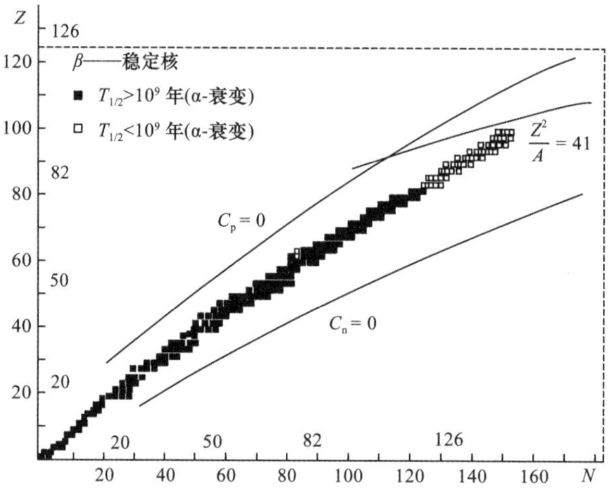

图 3.12　稳定原子核的中子数 N 与质子数 Z 的关系[38]

现在我们假设，一个重原子核裂变成了两个碎片。假设分裂过程中系统总的中子数量不变，则 N/Z 比例关系在两个碎片之中，或许都等于初始重原子核的，或许其中之一大一些，另一个小一些。也就是说，至少碎片之一或许有中子过剩，或许应该去掉过量的中子。

原子核裂变过程的动力学带有一定程度的条件性，可以表述为裂变的原子核经过了三个阶段，对应于偏心参数的增长(初始原子核变形的累积直到它分裂的不同阶段)。

这些阶段是：

——到达马鞍点并通过;

——系统从马鞍点下陷至分裂前状态;

——碎片之间越来越细的连接部分断裂。

次生中子的出现可以从原子核液滴模型的观点来理解。哑铃状原子核的轴颈(图3.13中的状态3)中几乎没有质子,因为由于库仑斥力的作用它们主要集中在远端的球状原子核部分。因此当裂变过程中轴颈断裂时,从中能飞出的只有中子,并且耗时是核反应时标($10^{-22}\sim10^{-23}$ s),也就是,瞬间已发。这类次生中子被称为瞬发中子。

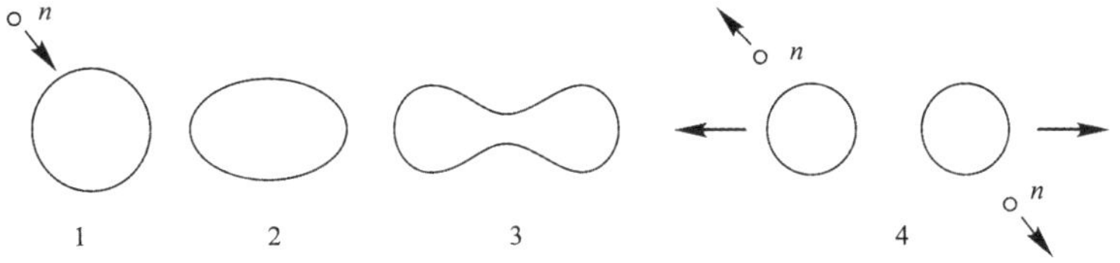

图3.13 中子激发原子核裂变的原子核液滴模型[38]

最终按照当代概念,断裂点直接相邻区域形成了一个裂变碎片电荷分布,决定了碎片的独立产额。

与瞬发中子一道,原子核裂变时也出现了缓发次生中子。原子核裂变碎片实际上具有放射性。碎片的β衰变可能使中子过剩原子核处于强烈激发状态。这类原子核的激发可以通过中子和γ光子的竞争性释放过程而消除,两个释放过程实际上都是瞬间发生,前一个过程产生缓发中子。所谓"缓发"的意思可理解为,上述中子飞出的瞬间落后于瞬发中子(裂变瞬间直接出现)释放的时间,它由母同位素的半衰期来决定,母同位素β衰变所产生的激发态原子核稍后就会释放中子。

根据缓发时间和能量,缓发中子可分为几组。表3.3列出了^{235}U核裂变后所产生的缓发中子的特性。

表3.3 缓发中子[38]

半衰期	产额/%(相对于次生中子总数)	缓发中子动能/MeV
55.7	0.021	0.25
22.7	0.140	0.56
6.2	0.125	0.43
2.3	0.253	0.62
0.6	0.074	0.42
0.2	0.027	—
—	—	—
8.97(平均)	0.64	0.508

裂变后分离出的中子中，超过 99%的为瞬发中子，缓发中子的份额大约有 0.75%。尽管如此，缓发中子在核能技术中仍起着重要的作用——它们能使反应堆中的裂变核反应变得可控。

一开始人们就明白，所有锕系原子核中（它们已知的数量自从 1950 年代开始就不断增长）只有三种能够起到这样的作用：^{235}U（半衰期 7.1 亿年），^{239}Pu（半衰期 24 100 年），^{233}U（16 万年）。同时这些锕系元素实际上的重要性也大为不同。

^{235}U 在它们之中占有独一无二的地位——只有它在自然界独立存在，而且由于其他两种的工业用量只能在反应堆技术中获得，所以 ^{235}U 是“一切的基础”。假如自然界中没有它，则当代原子能技术和原子能动力工程无从谈起。

^{239}Pu 在此“排序”中，按照历史性也按照实质性，占有第二名位置。原因在于它的加工工艺：反应堆中子被自然界中最丰富的铀同位素（^{238}U）原子核俘获，紧接着是两个 β^- 衰变，以及后续被照射燃料的放射化学再加工。这套技术实现起来的特殊性在于，反应堆中使用两种减速剂（重水和石墨）之一时，不需要预先浓缩 ^{235}U。历史上正是如此才生产出了装备核武器的 ^{239}Pu。钚元素独特的核物理性质使它成为任何当代核装药中必不可少的材料——迄今为止这一角色无可替代[10-13]。

我们列出大致的裂变能量分布，热中子激发 ^{235}U 裂变时，裂变能量以各种渠道释放[38]。

碎片动能	(166.2±1.3) MeV
裂变中子能量	(4.8±0.1) MeV
瞬发 γ 光子能量	(8.0±0.8) MeV
裂变产物中 β 粒子能量	(7.0±0.3) MeV
裂变产物中 γ 辐射能量	(7.2±1.1) MeV
裂变产物中反中微子能量	(9.6±0.5) MeV
总能量	(202.8±0.4) MeV

我们看到，重原子核在裂变时释放能量，每个原子核裂变所释放的能量平均在 200 MeV 左右，这个量值比单一化学反应所释放的能量高出数亿、数十亿倍。后者在最好的情况下也就只有几个电子伏，通常只有十分之一、甚至百分之一电子伏，这就奠定了核燃料在国民经济能源领域，特别是军事领域，绝无仅有的前途。

自然界中天然存在的核燃料只有一种，它就是铀。天然铀中含有大约 0.7%同位素 ^{235}U。严格地说，只有同位素 ^{235}U 才是所谓的“核燃料”，能够支持核裂变反应。天然铀中几乎 99.3%是同位素 ^{238}U，它和 ^{232}Th 都是原材料。从这两种元素中可以人工提取裂变同位素 ^{239}Pu 和 ^{233}U，它们也是所谓的核燃料，但在自然界中并不存在。生成 ^{239}Pu 的反应式如下

$$ {}_0^1n + {}_{92}^{238}U \rightarrow {}_{92}^{239}U \xrightarrow{\beta^-} {}_{94}^{239}Np \xrightarrow{\beta^-} {}_{94}^{239}Pu \xrightarrow[2.4\times10^4\text{年}]{\alpha} $$

而获得 ^{233}U 的反应是

$$^{232}_{90}\mathrm{Th}(\mathrm{n},\ \gamma)\xrightarrow[22.4\text{分}]{\beta^-}{}^{233}_{91}\mathrm{Pa}\xrightarrow[27.4\text{天}]{\beta^-}{}^{233}_{92}\mathrm{U}\xrightarrow[1.6\times10^{5}\text{年}]{\alpha}$$

最高超铀元素锎、锔、锫、锕等，由于其生产太过困难和昂贵，不能用于释放大量核能。

核动力工程技术中，含有奇数中子的$^{235}_{92}$U、$^{239}_{94}$Pu 和$^{233}_{92}$U 起着主要作用，因为它们可以被任何能量的中子激发而发生裂变，包括热中子。所谓“热”中子的概念是中子能量为 kT(k 为玻耳兹曼常数)量级。通常室温(300 K)下，$kT\approx4.14\times10^{-14}$ erg = 0.025 eV。这样小的能量条件下，裂变截面与 $1/v$ 成正比，v 是中子速度。如果中子能量≥1 MeV，则这样的中子被称为快中子。^{238}U 和^{232}Th 的原子核用慢中子轰击不会发生裂变，只有快中子才行。

体现可裂变原子核特性的最重要参量是一个原子核裂变时所释放的次生中子平均数量 ν。另一个参量 η 用来描述已经是同一种原子核所组成的无限均匀介质的特性，它是每原子核每单次中子俘获行动的次生中子平均数量。ν 和 η 参量值并不相同，因为介质中的中子不仅仅有激发原子核裂变的，也有最终被俘获但没有触发裂变而只释放了 γ 光子的，也就是它们参加了放射性俘获反应(n，γ)。设定 σ_{nf}是裂变截面，而 $\sigma_{n\gamma}$是放射性俘获截面，则能够裂变且确实经历了裂变的原子核平均份额将是 $\sigma_{nf}/(\sigma_{nf}+\sigma_{n\gamma})$。每单次中子俘获行动所释放的次生中子平均数量与可裂变原子核的关系将是

$$\eta=\nu\frac{\sigma_{nf}}{\sigma_{nf}+\sigma_{n\gamma}}$$

表 3.4 列出了由热中子和快中子激发原子核裂变的 ν 和 η 参量值。在原子核激发能不很高的区域(<10 MeV)，激发能增加 1 MeV，则 ν 的量值就增大约 0.11。

表 3.4　原子核由热中子和快中子激发裂变的 ν 和 η 量值[38]

原子核		$^{233}_{92}$U	$^{235}_{92}$U	$^{239}_{94}$Pu
热中子 (0.025 eV)	ν	2.48	2.42	2.86
	η	2.28	2.07	2.11
快中子 (1 MeV)	ν	2.59	2.52	2.98
	η	2.45	2.3	2.7

从表 3.4 中可以看到，要实现原子核裂变的链式核反应，$\eta>1$ 是必要(但不充分)条件。所谓链式反应是这样一个过程，初始反应物之一以更大的量再生出来，再次加入这一反应过程。结果这一反应物又被再生，数量更为庞大。

原子核裂变的链式核反应中，中子被再生，然后加入新的核反应。设有一块由纯^{235}U 组成的足够大的物体。我们假设，自发裂变或者宇宙射线作用于此物体之后出现了一个中子。为简化起见，设定每个中子早晚会被^{235}U 原子核之一俘获并激发其裂变，随后释放出两个新的中子，我们称之为第一代中子。这两个中子也激发了两个原子核的裂变，结果出现了四个第二代中子。取代四个二代中子的是 $2^3=8$ 个第三代中子。如此这般，第 n 代中子的数量将随时间以指数增长。

^{235}U 中一代中子的平均寿命在 $10^{-7} \sim 10^{-8}$ s 量级[38]。我们取 10^{-7} s 这个值作为范例，那么反应开始之后经过 10^{-5} s 时间，就已经出现了第一百代数量为 $n_{100} = 2^{100} = 1.27 \times 10^{30}$ 个的中子。这段时间内，发生了总量为 $1 + 2 + 2^2 + \cdots + 2^{100} \approx 2^{101} \approx 2.54 \times 10^{30}$ 次的核裂变，释放了 $200 \times 2.54 \times 10^{30} \approx 5 \times 10^{32}$ MeV $\approx 8 \times 10^{26}$ erg 的能量。这将引起巨大的爆炸，其平均功率将近 8×10^{31} erg/s。为了对比我们注意到，太阳的辐射总功率为 3.8×10^{33} erg/s。我们所设定的这段时间内，经历了裂变的 ^{235}U 原子核总质量将有 10^3 t。

链式反应实际上是在所谓的“浓缩”铀中才能实现，其中除 ^{238}U 外，还有含量从 0.7%提高到 2%~5%的 ^{235}U。天然铀中 ^{235}U 的浓缩通过同位素分离来实现，所用的方法有气体和热扩散、离心分离和电磁方法等。添加到天然铀中的同位素 ^{235}U，也可以由 ^{239}Pu 或 ^{233}U 替代，它们有关裂变反应的性质与 ^{235}U 的类似[15,16,18,19]。

对于充满活性区域的同位素混合物来说，前面所介绍的系数 η 也包含这样的意义，也就是一个中子被混合物吸收后，裂变次生中子的平均数量。如果混合物中只有一种同位素可以裂变，那么

$$\eta = \frac{\nu \sigma_{\mathrm{nf}}}{\sigma_{\mathrm{nt}}}$$

这里 σ_{nf}——裂变截面，而 σ_{nt}——混合物全部成分中子俘获总截面。因为 ^{235}U 热中子裂变截面为 $\sigma_{\mathrm{nf}}^{235} = 582$ barn，则放射性俘获截面为 $\sigma_{\mathrm{n\gamma}}^{235} = 100$ barn，$\sigma_{\mathrm{n\gamma}}^{238} = 2.73$ barn[38]。由于在天然铀中，一个 ^{235}U 原子落在 140 个 ^{238}U 原子之中，则天然铀对于热中子的总截面将是

$$\sigma_{\mathrm{nt}} = \sigma_{\mathrm{nf}}^{235} + \sigma_{\mathrm{n\gamma}}^{235} + 140 \cdot \sigma_{\mathrm{n\gamma}}^{238} \approx 1064 \text{ barn}$$

热中子的 $\nu = 2.42$(见表 3.4)。因此天然铀与热中子的

$$\eta = \frac{\nu \sigma_{\mathrm{nf}}^{235}}{\sigma_{\mathrm{nt}}} = 1.32$$

代表反应堆活性区域特性的最重要参量是中子增殖系数 k，它是任何一代中子总数与其前一代母中子总数之比。

$k = 1$ 时，裂变反应稳定，也就是所有代的中子数目相同——中子没有增殖，相应的反应堆状态被称为临界状态。$k > 1$ 时，数目 N_n 随着 n 的增大而增长，这样的状态被称为超临界状态。$k < 1$ 时，数目 N_n 随着 n 的增大而减小，这样的状态被称为次临界状态。极限理想情况下，当反应堆只由一个活性区域组成并且此区域无限大时，中子增殖因数增加一个下标∞，也就是标注为 k_∞。

中子能量范围高达 1 MeV 时参数 $\sigma_{\mathrm{nf}}/\sigma_{\mathrm{nt}}$ 的高量值决定了 ^{239}Pu 核物理性质的独特性，其“裸球”形的临界质量是 15 kg，同样的 ^{235}U 的则是 50 kg。此外，钚还有良好的力学性能——不同于硬而脆的铀，它很容易压缩，从武器设计的角度来说，它可以使内爆这一达到临界质量的有效方法[15-19](质量不变条件下，通过增大密度、减小有效表面积来实现超临界转变)得以实现。利用这种方法可以建造战术-技术性能非常好的现代核武器。

然而 ^{239}Pu 赢得“未来核燃料”的美名完全不是因为其“军用优势”。正因为它在原子能技术中可用作燃料，才使得其资源潜力可延续数千年。

假如活性区域只由一种裂变同位素构成(例如^{235}U)，那么毫无疑问 $k_\infty=\eta$，但真实的反应堆状况并非如此。所谓的真实性，我们的意思将是，反应堆使用自然的或是稍微浓缩的铀。次生中子的主要部分出现在^{235}U 由热中子激发裂变时，但裂变时主要生成的是快中子。为了使它们更高效，使用了各种减速剂，把中子分散在减速剂原子核中，使中子减速到热速度。这类反应堆被称为热中子反应堆[38]。

图 3.14 引用的是^{235}U 裂变的近似中子谱[38]。如图所示，裂变中主要出现的是快中子。^{238}U 原子核只有在能量约 1 MeV 的快中子作用下才能发生裂变，但这类裂变的有效截面非常小，只有将近 0.3 barn。比较而言，^{235}U 原子核在任何能量的中子作用下都能发生裂变，并且有效裂变截面随中子能量的减少迅速增大，对于热中子，竟然有 582 barn，所以把中子减速到热中子能量或许是不错的选择。

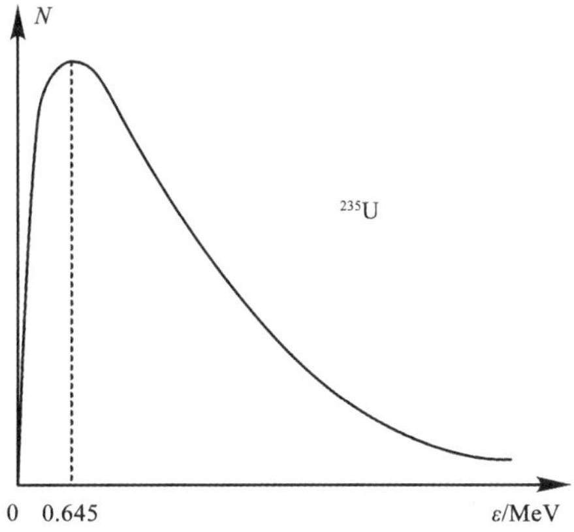

图 3.14 ^{235}U 裂变的近似中子谱[38]

当然在与^{238}U 和^{235}U 的原子核弹性碰撞时，中子也会减速，但由于铀原子核的巨大质量，这一过程非常缓慢。天然铀中中子减速的主要障碍是^{238}U 原子核对中子的辐射俘获[38]。特别剧烈的辐射俘获过程在能量共振区域进行。减速过程中中子必须经过共振区域，在这里它们被吸收，因而也到不了热能区域。此外，还有一定份额的中子跑到了活性区域之外。要让尽可能多份额的中子减速到热速度，使用了减速剂，也就是由轻原子核所构成的物质，它们几乎不俘获中子。石墨经常被用作减速剂。也会使用重水和普通水、铍及其氧化物，以及一些有机物质。

如果反应堆活性区域含有中子减速剂，那么核裂变的主要部分是在热中子作用下所发生。如果活性区域中没有减速剂，那么主要的核裂变反应是由能量>1 MeV 的快中子所激发[38]。核反应堆也可能使用能量 1~1000 keV 的中子。

减速过程中，中子可能被^{238}U 原子核、减速剂原子核或其他反应堆结构材料元素原子核所吸收。不难理解，增殖因数与中子不被这些原子核吸收的概率 p 成正比。当然有一些^{238}U 原子核是由还没来得及减速的快中子轰击而发生裂变。这种情况通过引入一个因子 ε 而考虑在内，它是快中子增殖因数。快中子增殖因数是快中子和热中子激发裂变所出现的中子数目、与只由热中子激发裂变所出现的中子数目之比。我们也引入

了热中子利用系数 f，它是减速了的中子被铀同位素原子核、而不是减速剂原子核及其他反应堆结构材料元素所吸收的概率。如此一来，

$$k_{\infty}=\eta pf\varepsilon$$

由于活性区域尺寸有限，部分中子将向外逸走。因此可以设定

$$k=k_{\infty}P$$

这里 P 是中子不离开活性区域的概率。这个公式对于任何型号的反应堆都成立，与 k_{∞} 的具体表达式无关。它所包含的思想对于原子弹也成立，原子弹的活性区域由纯 ^{235}U 或者 ^{239}Pu 构成。参量 P 与活性区域的成分、尺寸以及形状相关，也与包围活性区域的介质相关。如果外围介质能将中子弹回活性区域，则能使 P 提高。这种情况下，外围介质被称为反射剂，由轻原子构成，几乎不会吸收中子(石墨、铍)。

如上所述，要让反应堆工作，必须使 $k\equiv k_{\infty}P\geqslant 1$。极限状态 $k_{\infty}P=1$ 时，反应堆内发生的链式反应能够自持并且稳定。使反应堆内自持链式反应成为可能的活性区域尺度、质量以及概率 P，也就是当

$$P=P_{\mathrm{crit}}=1/k_{\infty}$$

时，它们统称为临界参量[38]。这些参量当然取决于活性区域的成分和形状，以及反应堆结构布局。

要减少中子泄漏，活性区域被造成圆形或近似圆形，例如高度和直径尺度相当的圆柱形或者立方体，因为这类形状实体的表面积与体积之比最小或接近最小。纯 ^{235}U 的临界质量接近 0.8 kg，而 ^{239}Pu 的是 0.5 kg，^{251}Cf 的是 10 g[38]。

如果活性区域质量远大于临界质量，则链式反应就有了爆炸特性。以此为准则奠定了原子弹效应的基础，将在后续详细论述。

众所周知，发生在反应堆中的过程参量所体现的，是链式裂变反应进行中所产生的中子的命运。其中一部分去支持反应本身，一部分飞出了活性区域边界，一部分被反应堆的控制和结构部件所俘获。在所讨论的内容中，最令人感兴趣的还是最后这一部分被反应堆燃料中的 ^{238}U 原子核俘获的中子，伴随其后的是 ^{239}Pu 的累积，如上所述。然而，^{239}Pu 不仅仅是所谓的“炸弹”原料，也可以履行适当的建设性职责，是高效的核燃料。

核动力工程技术资源保障中的一个主要问题变得越来越清晰——由此而产生的 ^{239}Pu 的累积速度与初始燃料消耗速度之间保持怎样的比率(初始燃料可以是 ^{235}U 或者同样是 ^{239}Pu)？如果这个比率小于 1，那么只要自然界有 ^{235}U 存在，原子能动力技术就能存在下去，因为显而易见的原因，其中不存在 ^{239}Pu。绝大多数当代热中子反应堆中情况正是这样——这个比率(转换系数)一直小于 1，最多在 0.8 附近。此外，参与到能量释放中的 ^{238}U 无关紧要(只有几个百分点)，此类原子能动力的资源寿命限制在 100~150 年。

实际上问题在于，以 ^{235}U 或者 ^{239}Pu 为燃料的热中子反应堆中，让 ^{238}U 原子核去俘获的中子数目远远不够——提高俘获强度的努力会导致反应堆缺少维持链式反应的中子，以至于反应堆将停止运行。然而主要以钚为燃料的快中子反应堆(没有减速剂)内的情况则完全不同。在硬(未减速的)瞬发裂变中子谱，由于——相比于铀同位素显得——异常大量值的参数 α 和很高的 ν，^{239}Pu 的有效增殖因数非常大，使得“多余”中子

的份额也增大了("多余"是相对于支持链式反应所必需的)。也许,可以通过相应反应堆本身结构性功能的履行(除活性区域外,还存在特殊的布置有^{238}U 的再生区域),把多余中子引向^{239}Pu 的生成中。这种情况下,前面所提到的累积速度对消耗速度的比值(增殖比)有可能大于 1,也就是说,反应堆所新生产的燃料多于所消耗的初始燃料。可以这样理解,只要还不到不仅燃烧^{235}U(天然铀中仅占 0.71%)、也要燃烧^{238}U(天然铀中的其余部分)的程度,这类原子能动力技术就不会"就此打住",并且资源储备将从一百年延长到数千年。

很有可能,适当的时候也会轮到^{233}U。虽然它本身就是非常好的核燃料(对于"裸球"形状,其临界质量与钚的相同,接近 15 kg[15-19,38]),但它的生产有非常大的技术性困难,因为天然钍中没有高裂变性同位素(类似于天然铀中的^{235}U)。与此同时,对核燃料循环的充分研究表明,^{233}U 是在放置^{232}Th 的再生区域生产出来的。^{233}U 的形成过程类似于前面提到的^{239}Pu 的生产过程(一个反应堆中子被^{232}Th 的原子核俘获,变成^{233}Th 紧接着产生两个 β^-衰减)。

最近印度也着手研究这类燃料循环的实现,这个国家的天然铀资源少之又少,但有着丰富的钍[38]。需要着重强调的是,在增殖系数略微大于 1 的情况下也可能实现这类核燃料循环。热中子反应堆里,正是在低能量条件下,^{233}U 的核常数比例关系技术上更有利于循环。对于未减速的中子(在快速反应堆范畴),^{233}U 完全劣于^{239}Pu。也许,以钍为基础的核燃料循环要在 2030 年代才能真正亮相。同时也不排除,它的实现需要广泛使用新型反应堆,例如高温(氦)气冷反应堆。

3.2 爆炸核反应的高能量密度

人类以惊人的速度掌握了准受控的核能与热核能。裂变核反应发现之后,仅仅经过短短六年半时间,第一次核爆炸就实现了。

1938—1939 年,实现了费米的中子照射铀来人工合成超重元素的思想之后,哈恩和斯特拉斯曼惊喜地发现了不是超重的而是更轻的元素,是所研究靶的碎片。

——1942 年,美国启动了曼哈顿计划。也是这一年,费米开动了第一座稳态核裂变反应堆。

——一个半月之后,1942 年 9 月 28 日,苏联恢复被战争中断的铀研究工作。

——1943 年,洛斯阿拉莫斯(Los Alamos)科学研究实验室成立。

——1945 年 7 月,美国进行了第一次成功的核爆炸。

——1945 年 8 月,使用了对付日本的原子武器。

——1946 年 12 月,库尔恰托夫(И. В. Курчатов)院士开动了欧洲第一座裂变反应堆。

——1949 年 8 月,苏联爆炸了自己的第一枚原子弹,是苏联在启动原子计划①大规模阶段后四年内研制成功的。

① 苏联原子计划,即苏联研制原子弹的核计划,又称苏联原子弹工程。

——美国开始研究热核武器——超级炸弹。

——1952 年，美国爆炸了不可运送的核装置，然后在 1954 年，爆炸了可运送的氢弹。

——1953 年 8 月，苏联试验了第一枚机动的氢弹（“千层饼”）[8]。又过了两年，实现了完全成熟的机动装药（萨哈罗夫的“第三思想”）[8]。

按照俄罗斯核中心阿尔扎马斯-16（Арзамас-16，现在是俄罗斯联邦核中心——全俄实验物理研究院）科学领导人哈里顿院士的观点[39]：“取得如此高效率的终极成功，要感谢两个国家的科学家们，他们具有很高的专业能力和文化水平，他们的工作有赖于欧洲第一流的物理科学学校。美国和苏联的科学家们为战胜德国贡献了自己全部的力量。”

此外，关于核计划研究工作，费米曾经说过：“归根到底，这是令人兴趣盎然的物理学。”

核武器及热核武器的建造不仅是人类科学技术的伟大成就，也保证了 75 年①来全球地缘政治的稳定与和平。除了维也纳会议——该会议终结了拿破仑的战争——之后的一百年（1812—1914）以外，人类从未享有过如此长久的没有大规模战争的生活。

在下面的讨论中，我们将只涉及核爆炸条件下极端状态的生成和应用问题，仅采用公开出版物[8-19,39-66]。

这些材料中的绝大部分已经解密[10-12,56,58,61]，并由俄罗斯联邦原子能部专家团队汇编成公开资料《苏联原子计划》，由里亚波夫（Л. Д. Рябов）编辑，俄罗斯联邦原子能部出版。这些资料是根据俄罗斯联邦总统叶利钦（Б. Н. Ельцин）于 1995 年 2 月 17 日颁布的第 160 号法令“关于准备和出版苏联时代研制核武器历史档案文件的官方汇编”进行公开的。这些历史档案文件的一部分已经在汇编中公开发表[10-12]，其余部分正在准备付印。本章内容不仅会参考这些文献来源，也会援引某些资料的部分内容。

3.2.1　爆炸裂变反应

泽尔多维奇和哈里顿于 1940 年发表了文章《铀的链式裂变动力学》[2]，描述了实现核爆炸所必需的条件：“链式裂变的爆炸应用需要特殊的装置，用于向超临界区域极快、极深地转变，并且尽量减少自然的热交换。”他们所提出的假设，无论采用何种措施，其结果都有可能“借助于分支链路来形成铀的链式裂变的条件，这样一来，就会非常有利于使微弱的中子照射导致链式反应的强烈发展和大规模的效应。”他们强调了这类高超临界性系统中中子密度指数增长的极快速率（在 10^{-7} s 时间内增长 e 倍），并认为与此相关的难点如下：“如此猛烈的链式裂变发展中，我们没有理由不去分析超临界条件本身的建立，只有这样的条件下，链式裂变才有可能。实现临界条件转换这一过程所用的时间，例如对于链式裂变使两半块铀质量（每半块都单独处于次临界状态）靠近所需的时间，其范围很难成功确定，哪怕是与反应建立时间相当。”泽尔多维奇和哈里顿特别指出，“链式裂变发展的动力学，是判断铀裂变实际、发电或者爆炸应用这样或那样路径的决定性因素”[13]。我们引用这些言论是想说明，那时候就已经很清楚地认识到了利用以及研究具有非常高能量密度的物质状态的必要性[10-13]。

---

① 1938—2013 年，2013 年为本书俄文版出版年。

1943 年 3 月 20 日，也就是被任命为铀研究工作科学领导人之后一个多月，库尔恰托夫联系了别尔夫新(М. Г. Первухин)，给他写了一封信，其中提到[10,11]：铀弹爆炸发展初期，一大部分还没来得及参加反应的物质将处于一种特殊的状态——所有原子几乎完全电离，过程的后续发展和炸弹的破坏能力将取决于这种物质状态。

在实验中，甚至非常低的级别上，类似的物质状态一点儿也没观测到，在炸弹研制成功之前也不可能观测到。设想只有在恒星上才存在这种物质状态。从理论上分析爆炸在这一阶段大体上的进行过程是可能的。”

核武器研制的最初阶段，美国曾经实现了[9-13]两种核加载方案——“枪射”式或“发射”式(图 3.15)，以及“内爆”式(图 3.16~图 3.17)。库尔恰托夫院士所撰写的手册《^{235}U 和^{239}Pu 原子弹的结构》[10-13]中提道：“原子弹可以由两种方法发动：

两块^{235}U 或^{239}Pu 装药从初始间距 0.5~1 m 开始迅速靠近直至接触；

通过周围环抱的 TNT 炸药强烈爆炸压实^{235}U 或^{239}Pu 装药。”

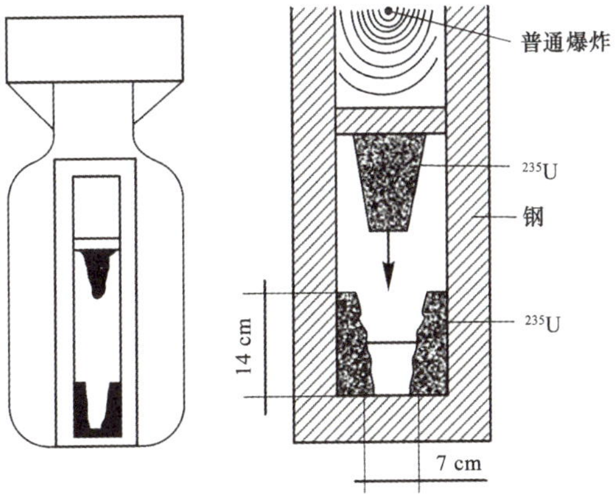

图 3.15 投到广岛的原子弹“小男孩”示意图

炸弹中^{235}U 是核装药，分成两块，每块质量都低于临界值。爆炸所必需的^{235}U 临界质量，是利用普通炸药“枪射法”使两部分合二为一的结果[15,16]

图 3.16 内爆型核装药方案[16]

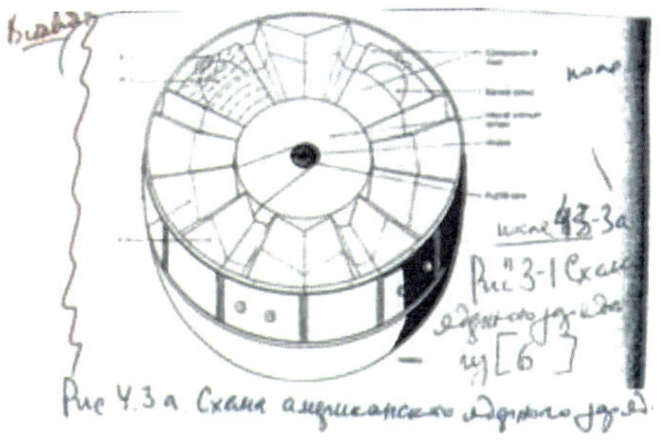

图 3.17 美国核装药方案[9]

手册中标注日期为 1944 年 5 月 18 日的部分，库尔恰托夫提到了“枪射法”原子弹方案，对其结构和运行进行了如下描述[13]：“空投原子弹有圆柱形外壳，其两端装有原子炸药——^{235}U 或者^{239}Pu。借助于安放在活性炸药之下的粉末炸药的爆炸，原子弹起爆。原子弹的爆炸发生在^{235}U 或^{239}Pu 的(a)和(b)两块装药结合的瞬间。

计算结果表明，要实现 1000 吨甲苯的当量，炸弹必需含有 2~5 kg^{235}U 或者^{239}Pu。

如今还没有绝对可靠的数据，证明这样制造的炸弹能够爆炸。但随着今后所进行的实验越多，可以越有信心证明这种方案的正确性。

研制成功原子弹主要的难点在于^{235}U 和^{239}Pu 的获得……”

枪射方案见图 3.15，已用于被投到广岛的那颗原子弹。

两半儿各约 0.7 倍临界质量的铀[67]结合的瞬间所产生的压力，相对保守的值也有 $p=\rho W^2\approx 100$ bar，还不足以显著地压缩核燃料。

可替代“枪射”方案的是“内爆”方案，被用于那颗轰炸长崎的原子弹(“胖子”)，见图 3.16。

作为燃料的^{239}Pu 是人造元素，不是地球上天然存在的元素，可在稳态核反应堆中通过中子辐照天然^{238}U 获取。裸球形状的钚的临界质量约 10 kg，而^{235}U 的则是 50 kg[67]。与^{235}U 相比，钚的生产要贵五倍[67]。由于燃料临界质量随压缩的增强而急剧(二次方)下降，这一方案可以减量使用昂贵的核燃料(减到数百克)[8-19,39-57,67]，并且提高其装药的裂变效率[10-13,67]。

这一方案的可操作性及其主要特点，根本上取决于所用材料和物质在极端条件下的物理性质，如核燃料在数十 Mbar 量级压力下的冲击波可压缩性；实现爆炸压缩以及在核装药中生成强烈球形冲击波的凝聚态炸药爆轰产物的热力学性质；从启动到爆炸核能释放过程中，结构材料的热物理性质以及核装药元素的很多其他特性[8-19,39-57]。

因此研究工作的最开始阶段曾经有过非常大的不确定性，以及核爆炸异乎寻常的条件下对于物质性状完全蹩脚的理解。例如按照文献[9]，不少专家曾认为这些条件下金属是不可压缩的，而凝聚态炸药爆炸产物状态方程巨大的不确定性，则使“成品”能否运行本身疑点重重[8,13,14]，即便苏联科学家们不断作出“组织结论”[13,14]。

为了获得核爆炸这样极端条件下物质性状的物理和气动特性的必要数据，开展了大规模实验和理论配合进行的工作，开创了新的科学领域——高能量密度物理学[2,6,7,15,68,69]和高压动力物理学(第 2 章)。

当年所研制的核装置的方案和照片见图 3.18、图 3.19、图 3.20[65]。它们的设计完全利用了所获得的高温高压条件下物质和结构材料物理性质的基础数据，以及大量独创的思想和处理方法。

我们列举一些美国内爆型原子弹的特性[15-17]。炸弹看起来像梨形，最大直径有 127 cm，长(包括稳定器)325 cm，总重大约 4500 kg。

中子发生器是半径为 10 mm 的钋-铍系统。钋的总量为 50 Ci。

炸弹的裂变材料是 δ 相钚，密度为 15.8 g/cm^3。钚球外直径为 80~90 mm。

钚核放置在材质为金属铀、外直径为 230 mm 的空心球内[15-17]。

金属铀放置在铝壳内。铝壳也是空心球形，外直径为 460 mm[15,16]。

图 3.18 美国枪射式^{235}U 原子弹“小男孩”(15 kt TNT 当量)和内爆式^{239}Pu 原子弹“胖子”(21 kt TNT 当量)，分别投到了广岛和长崎[65]

图 3.19 RSD-1 核弹，于 1949 年 8 月 29 日在塞米巴拉金斯克(Семипалатинском)靶场首次试验。装药当量不到 20 kt TNT。俄罗斯联邦核中心——全俄实验物理研究院博物馆，萨洛夫市[16]

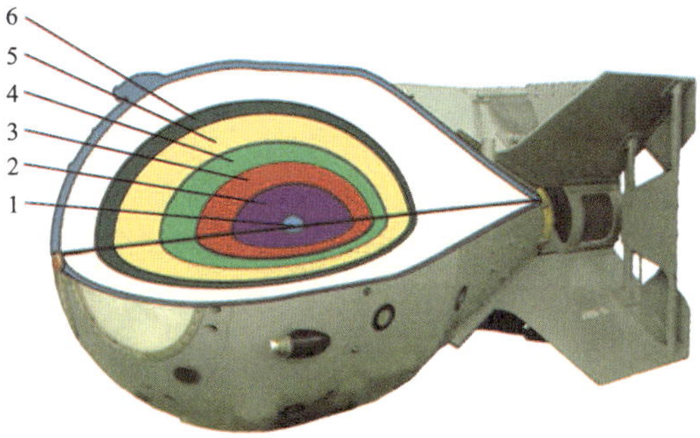

图 3.20 苏联第一枚内爆式原子弹原理图，类似于美国原子弹“胖子”[65]

铝层外面布置一层炸药，带有由 32 个形状特别的部件组成的聚焦透镜系统。炸药总质量将近 2 t[15,16]。

在研究均匀载荷过程中，阿尔特舒列尔(Л. В. Альтшулер)教授的团队找到了更好的结构，就是把“枪射”和“内爆”的思想结合起来(“外壳-内核式结构”)[10-14]，这时炸药爆炸不是直接压缩均匀的球形装药，而是加速裂变材料制成的球形壳体，去打击尺寸更小的球体[10-13,67,69]。在此过程中密度增加了数倍[69]，在大大减小外廓尺寸和重量的同时，使装置的效率翻倍。

除此以外，还使用了比钋-铍系统更完善的外中子触发系统，用于链式反应的可控启动。这一炸弹里的“电站”响应时间[18]由非常成熟的气动力学计算得出，用到了极高能量密度条件下的物质状态方程。在 1954 年的实验中，这些思想得到了完全的证明[18]。

根据文献[40，67]，达到自动同步作用的其他方法如下。少量含氘固体物质放置在装药中心。在来自化学炸药所生成的冲击波作用下发生“氘-氘”核反应并释放中子，这些中子激发链式反应[67]。

进一步的核武器研究很快揭示了纯裂变爆炸方案的局限性(数万吨当量)，这与裂变反应过程中核燃料的快速膨胀有关，其后果是限制了燃料利用率(“胖子”装置的 6. 2 kg 钚只用到了 20%，而“小男孩”装置的 64 kg 浓缩铀只用到了 1. 4%)。

未来的发展前景在于热核聚变反应，正如萨哈罗夫院士所说，“恒星能源和太阳能源是地球生命的源泉，或许也将是它灭亡的原因”。

3. 2. 2　脉冲热核聚变

核能作为恒星动力来源的角色人们在 20 世纪初就认识到了。爱丁顿(A. Eddington)于 1920 年在不列颠科学促进学会会议上发表演说称[42]：

“恒星只是我们看到的外表，却以我们不知道的方式储备了巨大的能量。这个能量库不可能是其他任何形式，只能是原子内部能量，众所周知，为任何物质所固有的……这种能量储备几乎永不枯竭，如果它原本可以测量的话……如果恒星上原子内部能量确实被大量地用于维持一个巨大的炉膛，也就是恒星，那么看起来这可以推动我们更接近于实现我们的梦想，那就是控制这隐藏的能量，用于人类的福利或者自杀。”

热核反应的确是恒星能源主要角色这一发现属于 1926 年的诺贝尔物理学奖获得者汉斯・贝蒂(Hans Bethe)，稍后他领导了洛斯阿拉莫斯科学实验室理论部，该实验室研制了美国的核武器和热核武器。虽然到 1940 年代中期，相应的热核反应原理和这些过程所必需的截面已经众所周知[8-19,39-57]，但是要在地球条件下实现爆炸热核反应遇到了很大的困难，困难在于如何在热核燃料中获得所必需的超高压和数千万度的超高温度。

为了研制出热核“超级炸弹”，人们为寻找可接受的物理方案和技术招数付出了极大的努力[8,9,13,14,19,50-67]，很多出版物中对此进行了详细描述，反映了热核计划非常激动人心的历史，充满了戏剧性、绝望以及天才灵感的闪光。

如同文献[66]所述，“主要的任务在于，借助于原子弹爆炸所产生的能量，加热并点燃重氢同位素氘和氚，也就是实现热核反应

$$D + D = H + T + 4\ MeV$$

$$D + D = n + {}^{3}He + 3.3\ MeV$$

并释放能量，由此这些反应还能自主维持。要提高“燃烧掉”的氘的份额，萨哈罗夫建议，用普通天然重铀所制成的外壳包住氘，这样可以减慢膨胀，从根本上提高氘的密度[8,15-17,66]。

DD反应速率的提高导致氚产量显著增加，它立刻加入了与氘的热核反应

$$D + T = n + {}^{4}He + 17.6\ MeV$$

并具有超过DD反应100倍的截面和5倍的能量释放。此外，铀外壳的原子核在DD反应所生成的快速中子作用下发生裂变，极大地增加了爆炸强度。正是由于这个因素才选择了铀作为外壳材料，而不是其他重物质。

氘中热核过程的强度或许可以提高更多，如果一开始由氚代替部分氘的话。

确实，氚化氘和氘化锂-6形式的热核装药可以从根本上提高热核过程的强度并增加来自铀外壳所释放的能量，因为其裂变所产生的能量高出热核反应能量释放有好几倍。

这样的物理思想就是我们最初版本热核武器的理论基础。”

热核反应速率与温度的关系(图3.8)使氘氚反应成为最受欢迎的聚变反应，为了高效地进行这个过程，必须使温度约为2~10 keV。对于热核等离子体膨胀速度10^8 cm/s来说，如果球形靶丸半径约1 cm，则特征时间在10^{-8} s量级。此类热核反应的能量平衡条件(劳森判据[24])为

$$n\tau \sim \rho r/4c_s m_i \approx 2\times10^{14}\ s/cm^3$$

对应于$\rho r \approx 0.1 \sim 3$ g/cm^2，并要求热核燃料压缩到每cm^{3}数十克的密度。温度10 keV条件下，所对应的巨大压力达数Gbar[67]。

热核等离子体的高密度是必需的，是为了提高反应速率并缩短热核α粒子的行程，使它们“卡”[6,7,67]在稠密靶中，形成一个热核燃烧波，从微球体中心向其边缘传播(见6.2.1节图6.12)。

3.2.3 流体力学热核聚变

要借助于化学炸药(与核裂变装药一样)来达到热核燃料所必需的超极端条件的愿望没能够实现[70]，因为炸药强度不够并且有一些不稳定性的发展，特别是深度压缩时的瑞利-泰勒(Rayleigh-Taylor)不稳定性。尽管在“气体动力学”点火方面投入了极大的努力，迄今为止，以此方法成功获得的热核中子产额仅约5×10^{13}[70-72]。

全俄实验物理研究院学术领导伊尔卡耶夫(P. И. Илькаев)院士认为这个问题属于爆炸核动力学还没有解决的重要问题之一[4]：“由炸药爆炸所产生的能量在热核燃料中聚集来‘点燃’热核燃料的想法看起来非常诱人。从那时起进行了一百多次大型实验，然而问题仍没有解决，并且看起来离解决还很远。中心金属壳层的压缩水平在此类条件下达到了≥50，而热核燃料密度也超过了10^2 g/cm^3。可能这里我们必须面对不稳定性发展这个基本问题，如何抑制不稳定性目前超出了我们的实际能力。”

在这个方向上继续讨论热核研究，我们将参照文献[70]的评论。

流体力学热核聚变(HDTF)方面的工作大概起始于第二次世界大战时的德国，与德国人的原子计划相关[72-74]。在苦心研究载荷累积(德制“铁拳”反坦克榴弹发射器(panzerfaust))原理——也是在德国首先提出的——的过程中闪现了灵感，就是聚焦有嵌套壳层的球形装药来实现热核聚变[75]。这项工作得益于古德雷(Guderlay)所发展的、已成为经典的球面冲击波汇聚理论。

当时在苏联这样的工作从未听说过。直到 1945 年，朗道(Л. Д. Ландау)和斯塔纽科维奇(К. П. Станюкович)才各自独立地证明了压力的提高这一事实，也就是连续介质中聚心冲击波波阵面上的聚积作用[76]。

有关苏联的 HDTF 研究工作，科济列夫(А. С. Козырев)(1945 年)是先驱，他提出了在球形化学炸药载荷的焦点有可能达到足够高压力温度的思想，使氢的重同位素中可以持续热核反应[77]。另外，在此思想基础上，科济列夫还提出了爆炸热核反应堆的结构设计。

随后进行的数值计算评估表明，要达到激发自持热核反应(点火)所必需的高温(约 2 keV)，对半径约 50 cm 的炸药装药，需要把壳层球面对称“汇聚”到零点几毫米半径。这样的条件下在约 10^{-3} g DT 混合物中激发热核闪爆才可能成功[78]。

进一步密集进行的实验努力(见[70]概述)主要关注于寻找球型累积优化方案，研究阻碍深度内爆的不稳定性，寻找合适的高均匀度炸药，研究其他复杂的气动力学过程。最先进的 HDTF 加载方案是[70]球形轻材料层和重材料层交替安放的构造，实现了从炸药有效提取能量。

也使用过液体炸药，可以避免由炸药组分的不均匀性所导致的密度起伏，也可以抹平结构元件之间的工艺接头与缝隙。

向多点高度同步起动系统——最大程度均匀地在球型装药外表面分布 1000 个激发点、具有一个规则的十二面体对称——的转变可以得到高精度的聚焦，与计算出的几何形状相差不超过 0.1 mm[70,78]。此外，这样的累积系统元件的制造精度，系统外层成功地达到了约 0.03 mm 的水平，其内部元件达到了约 0.003 mm 的水平[79]。

1982 年 12 月 10 日，在类似的改良系统中记录到了当今创纪录的来自靶中心的中子产额最高值——5×10^{13} 个中子，该靶含有 DT 气体，初始半径 $r_0\approx1$ mm，初始密度 $\rho_0\approx0.1$ g/cm^3。按照文献[70]的评估，这个实验中达到了 $T\approx0.65$ keV 的温度，$\rho\approx80$ g/cm^{3}的最大密度。参量 $\rho r\approx0.8$ g/cm^{2}对于惯性热核聚变来说如今也是高到创纪录，如果把温度提高大约 3~4 倍，足以点燃 DT 气体。然而在这个实验中，中子产额还是比计算值低了 2~3 个数量级[70,79]。

为解释这个差异，曾提出了一个假设，认为原因在于液体炸药中可能存在着系统性的垂直不对称性，它可能源于由重力所造成的对液体炸药密度的影响，以及各个实验之间的与公差相关的幅度随机波动(这些波动导致中子产额不稳定性达数十个百分点)。该假设已经在特别设计的实验中被部分地证实[70]。

HDTF 系统中中子产额理想化的计算结果与实验值之间的差别，可以解释为[70]计算中被忽略的不对称性效应和不同密度物质在交界处的混合所造成的。当今的计算方法对这些效应的考虑程度还不足以适当地描述实验结果。

近年来，专家们开始在计算中考虑压缩壳层的重物质如何以射流形式进入中心气体。射流的形成是由于小扰动的发展，小扰动则起源于中心壳层材料及其表面的结构特殊性。考虑了气体污染机制及随之而来的气体最高温度降低的计算，揭示了比根据现有湍流发展理论所计算的大得多的效应。

对于解释中子产额实验结果，以及降低这一效应(结果可提高中子产额)而言，在HDTF 系统相应的结构和技术完善之后，包括射流混合的最新计算给出了令人鼓舞的结果。

瑞利-泰勒不稳定性及湍流混合出现于不同密度介质接触边界加速时的轻物质一侧，起因是这时边界处有速度的切向间断(特别是当压缩重壳层被中心气体减速时，以及当重壳层被轻壳层减速或加速时)[80-83]。两种不同密度介质接触边界的不稳定性也发生于冲击波波阵面通过该界面之后，即里奇麦耶-麦士科夫(Richtmyer-Meshkov)不稳定性[83,84]。也需要强调，不稳定性和湍流混合实质上也取决于材料的物理黏性和强度，对于 HDTF 系统的外部区域这点特别重要。实验证明，高强度难熔性材料的采用的确具有积极效果[70]。

小扰动其他可能的来源与物质的介观结构有关[85]。物质还未熔化的外层部分地变形了。根据现代概念，连续介质的塑性流动并不是一个连续统一体的变形，而是塑性起源地的运动以中等尺度 1~100 μm 的推进。这些起源地看起来具有涡旋特性。实验记录和测量了冲击波通过自由边界瞬间边界的速度色散。也就是说，中等规模塑性流动的不均匀性可能成为速度的小扰动源。可以将这类流动与正在冰冻的河流形象地进行比较，此时“冰凌”——小冰块——随河流运动。因此，这里应该利用和完善弹塑性流动模型。此外还可以依靠这一领域大量的理论和实验研究资料[85]。

分布于低半径的内部壳层，其熔化的塑性流动也可能是类似的扰动源。向中心汇聚的累积流动总是伴随着切变，切变本身也是小规模湍流来源。

热核反应点火条件可以通过减小混合的负面影响、改善非对称性(补偿或去除常规的非对称组成部分等等)来达到[70]。保持达标的非对称性和混合的同时，可以通过增大装药尺寸来尽量满足点火条件。

HDTF 与其他形式的惯性热核聚变之差异在于能量累积程度的不同，能量累积要根据温度比率 $k=T_{\text{eff}}/T_{\text{BB}}$来评估[70]，这里 $T_{\text{eff}}=2$ keV 为 DT 混合物点火有效温度，$T_{\text{BB}}\approx 1$ eV 为爆轰产物温度，由此对于 HDTF 我们得到 $k\approx 10^3$。对于激光和离子热核聚变方案，壳层蒸发部分的温度约 100 eV，也就是 $k\approx 10$。与 HDTF 实现的可能性相关的主要难点就包含在这个差异之中。因此在激光热核聚变研究中所得到的无论何种信息，都未必能够直接搬到 HDTF 上。恰恰相反，作为在更复杂条件下所得到的 HDTF 的研究结果，却能够用于其他形式的惯性热核聚变。

预先压缩到适中密度(每立方厘米数十克量级)的气体的聚心冲击波点火可能更有前途，因为用壳层使气体压缩到点火所必需的最大程度时，气体中的瑞利-泰勒不稳定性效应及混合效应并不很强。确实，遗留的问题是如何建立气体的预先适度冷压缩，使足够对称的燃烧冲击波随后对该气体进行压缩和加热。很遗憾，不仅仅是 HDTF 系统，还有其他系统，例如双脉冲——进行预压缩和形成保证能够点燃靶的聚焦强冲击波——作用下的激光靶系统，目前均没有进行这样的实验研究。

另一种 HDTF 方案见图 3.21[71]。这一方案中，凝聚态炸药爆轰产物驱动金属打击体，实现了准球形压缩氘及圆锥形靶尾部的氘氙混合物。利用平面"千层饼"方案使打击体速度提高到 6 km/s，利用不多(1%~3%)的氙掺杂来提高氘等离子体温度，这些措施令实验中记录到了每次爆炸都有 10^6 量级的热核中子产额。

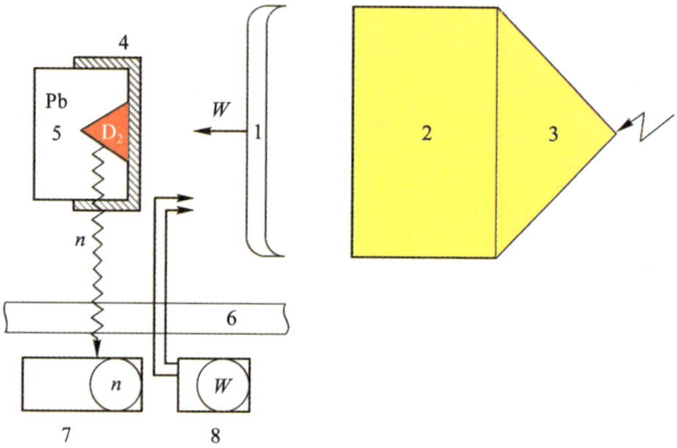

图 3.21　锐角几何条件下用于动力压缩热核等离子体的实验装置示意图

1——打击体(套筒)；2——炸药装药；3——爆轰透镜；4——靶盖；5——靶；6——铁制保护罩；7——中子记录仪单元；8——打击体飞行速度记录仪单元[71]

为了分析靶内所发生的过程并优化实验参数，曾进行了一系列激光作用下氘等离子体压缩的数值计算。计算在最简化的球型对称双温等离子体模型范畴内进行，包括输运过程、辐射损失和热核反应。此模型早先曾用于描述激光实验中圆锥形靶动力学。计算结果显示，压缩可分为两个阶段。一开始顺序从打击体和中心反射的波系加热并电离气体，形成沿半径准均匀气动力学参数状态，然后伴随着第一阶段的不可逆过程所决定的熵对等离子体进行绝热再压缩。评估表明，打击体的非球形状的影响可忽略不计。打击体与靶碰撞时刻出现在铅内的冲击波对压缩过程也没有影响。因此，用一维模型可以充分描述真实压缩初始阶段。在结束阶段可以预计明显的非一维效应，此时圆锥的变形已经十分明显，当然还有热传导的显著变化。在此瞬间之前还可以认为压缩是绝热的，只要知道等离子体比熵并利用铅的半经验状态方程，就能评估计算中子产额所必需的极限参数。计算给出的值是 $p \approx 50 \sim 100$ Mbar、$T \approx 0.3 \sim 0.5$ keV、$\rho/\rho_0 \approx 10^3$，所对应的中子产额在 $10^4 \sim 10^8$ 区间。

作为本节关于 HDTF 的结束语，我们强调，爆炸压缩方面的实验对于脉冲热核聚变靶的研究和优化意义重大。除了极大地拓宽了能量区间之外，爆炸方法能够单纯地研究动力学压缩，不必考虑微粒子束之间或者光与等离子体之间复杂的相互作用过程。

3.2.4　爆炸热核聚变

核爆炸提供了远超化学爆炸 100 万倍的能量强度，因此使它成为更具吸引力的激发爆炸热核反应的方法[8-13]。

1952—1954 年作为第一阶段，苏联原子计划蓝图内[86]曾仔细分析了有关普通密度液体氘球热核爆炸的气体动力学问题(图 3.22)，主要结论是，由于辐射结果及快速中子非定域性能量释放所造成的能量损失，爆炸冲击波在氘中急剧衰减。同时这一负面效果本质上意味着，直接制造氢弹这条路走入了绝境。60 年之后，独立进行的详细数值计算证明了上述“历史性”结论，也揭示了所发生衰减现象的物理特性。最为负面的因素是辐射能量损失，由轫致辐射和热电子中所生成光子的逆康普顿散射(Inverse Compton Scattering)效应叠加而成。快速中子所担当的能量输运角色作用较小，已经充分地考虑在内。

裂变载荷点燃热核反应的费米版本(“经典超级炸弹”)见图 3.23[42]。

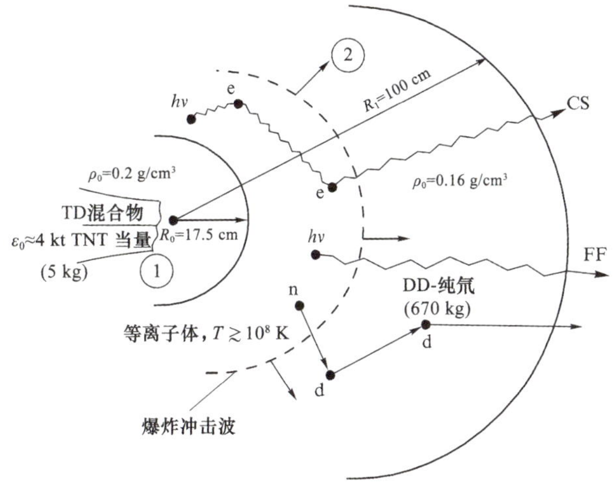

图 3.22 液体氘球热核爆炸示意图[86]

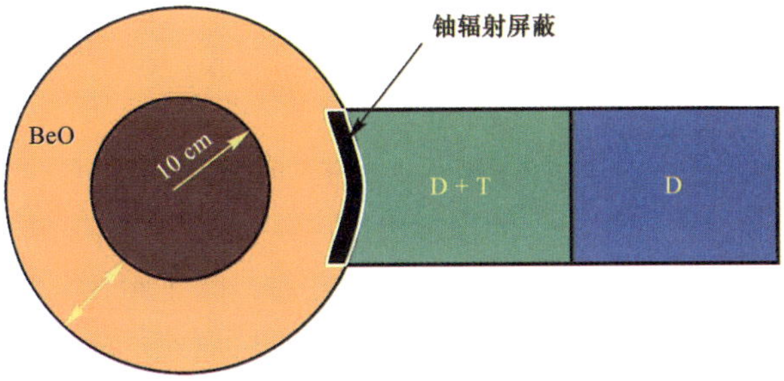

图 3.23 来自福克斯(Fuchs)资料的“经典超级炸弹”示意图

这一被称为“烟囱(Tube)”的热核反应点火方案于 20 世纪 50 年代初在苏联和美国都得到了大力发展[8-13,71]。所关注的装置包括一个装满氘氚混合物和氘的管子，管子的一端安装有核装药雷管，用于在管子中激发热核爆轰波。这一热核爆轰稳定传播的条件由管子的直径所决定，因为管子侧壁对等离子体辐射冷却有非常大的作用。与哈里顿非常著名的用于“化学”爆轰的“临界直径”理论不同，这一问题中出现了两个临界直径，计算中两个直径非常接近，但最终也没能使这一热核加载方案成为现实[8,67,87]。

如同文献[87]，研究热核爆轰的基础在于哈里顿定理[88]，也就是，任何放热物质都能够导致爆轰，如果它的特征尺度超过某种最小（“临界”）直径的话。热核反应速率是温度的强相关函数。由于侧壁表面的热传导，能量损失与能量释放其实一起发生。体积能量释放和表面能量损失之间的平衡决定了典型温度 T_{max}，并由此而得出燃烧时间。另一方面，等离子体寿命由其自身的气动力学膨胀所决定，其数值量级等于

$$t_{\rho}=\frac{r}{c_s}\approx\frac{r}{\sqrt{T_{max}}}$$

从这两种时间的比较中可以导出临界尺度[87]。由于燃烧速率与物质密度 ρ 成正比，则不同系统中的相似性根据“光学厚度”这一参数 ρr 来建立，这就意味着像燃烧度这样的无量纲量是 ρr 的函数。特别是临界尺度 $r\sim 1/\rho$，因此能够燃烧的质量，对于球形将是 $M\sim 1/\rho^2$，对于圆柱形是 $M\sim 1/\rho$。

同时在研究氘中的热核爆轰时，研究者们碰到了另一个难点——管子半径的上限[8,87]。这一上限并没有出现在化学物质的爆轰中。物理因素如下。众所周知，光子在静止电子中散射时失去自己的部分能量。但如果电子充满能量，而光子相反是软的，则它们的碰撞将导致光子能量的增加。这些过程——直接的（康普顿效应，Compton Effect）和反向的（康普顿化，Comptonization）——最终将导致等离子体和辐射之间的热平衡[辐射的“普朗克化（Planckovization）”][87]。

由于氢介质中主要的光子源是非常软的韧致辐射，所以热等离子体中将出现能量从物质到辐射的寄生流。要使它一定程度地减小，就得缩小管子的尺寸，使光子在从电子中获取显著能量之前就向外飞散。这就意味着管子半径不能真正超过康普顿光子自由程[87]（液氦的 $l=5/\rho$，$\rho=0.14\ g/cm^3$）。所有计算表明，半径下限几乎与上限重叠，系统对于过程的细节显得非常敏感[87]。例如，封闭液氢的壁面的厚度和材料对于总体状况有巨大的影响[87]。

两种因素——最低氢装药（$Z=1$）和强烈 D + T 反应——组合的后果是，燃烧时间内辐射还来不及普朗克化。因此辐射有效温度仍然很低，释放的能量被抽取转换成了材料介质的温度。

在实验中成功地捕捉到了这种现象[87]。根据 14 MeV 中子的多普勒能量展宽，爆炸实验中的 DT 燃烧产物直奔创纪录的极端温度——超过十亿度。

化学爆轰和热核爆轰有很多共同点，另一方面，除了最简单的发热值差别而外，又存在显著差异。热核反应中人们通常认为只有 DT 反应才是最快的。正是在氘氚混合物基础上才可能出现极限小尺度的爆轰圆柱体。只有沿这条道路继续前进，才可能真正实现从军用向民用过渡的热核爆轰，任何“实验室”条件下可行的起爆能量消耗都在所不惜。

同时还明确了，自持反应在 $\rho r\geqslant 0.35\ g/cm^2$ 条件下才能进行[89]。温度约 10 keV 的热等离子体表现出很多能量传递机制：既有气体动力学爆轰，也有电子热传导，带电 α 粒子、中子带走能量，以及辐射现象等[67,87]。在不同条件下，不同的过程各占优势：对于无限介质，14 MeV 输运能量的中子可能是决定性的，带走了 D + T → α + n 反应 80%的能量。相反对于极限小尺度的圆柱体，中子“向前”传递能量的作用不大，因为

对于中子来说介质是透明的（中子行程 $l_n = 5/\rho$ 比半径大了几十倍）。在纯氢物质中，正如已经提到过的，辐射输运也不重要。由于行程过短，α 粒子所传递的能量也远不如电子热传导。实际上有两个过程在互相竞争：尤格（Jouguet）-泽尔多维奇气体动力学爆轰和高速（热传导）燃烧[87]。

对于化学爆轰，侧壁热损失原则上并不重要，然而当热核爆轰时，对于最关注的情况绝对不应该忽略能量损失。例如在某些条件下，α 粒子所带走的能量——而不是膨胀——决定着圆柱的临界半径。文献[89，90]中仔细分析了一些热核波的问题。

因此，由于辐射出去的损失（逆康普顿效应），图 3.23 的方案显然运行不良[42]，不得不放弃其进一步的发展。

激发热核反应的真正突破来自于萨哈罗夫院士，他提出了热核"千层饼"思想[8-13]。

正如罗曼诺夫（Ю. А. Романов）——一位关键性热核武器研制者——所说的[47]：萨哈罗夫提出了一个巧妙的方案，也就是轻物质层（氘、氚及其化合物）与重物质层（^{238}U）交替的异质结构，被称为"千层饼"。

萨哈罗夫总结自己的设计有以下特点[91]：

1. "千层饼"中物质和辐射之间实现了局部温度平衡。是否存在这类爆轰工况的问题没有出现（毫无疑问是存在的）……爆轰波带不是很宽。

2. D 中热反应的结果是出现了快中子，它们能够激发^{238}U 的核裂变，极大地提高了发热量。

3. 铀相对于光子的小透明度保证了向前掠过燃烧区域的冲击波的中等带宽。

4. 邻接相中的温度被辐射热传导拉平，因此从邻接相的压力平衡得出 U 和 D 单位体积的粒子数平衡；电离铀"鼓胀起来"，用自己的电子压力使 D 压缩。

萨哈罗夫的主要思想在于，先是转为由爆轰冲击波模式使压缩热核燃料，然后由所谓的"糖化"（сахаризации）①过程点火[92]。

其实，近似的观点泰勒于 1946 年已经提出过（"闹钟（Alarm Clock）"方案[42]），但是美国的研究走上了另一条道路，看起来不太有效。

依照文献[4]，装置应该是一个热核材料层（氘-氚化锂和氘化锂）与^{235}U 同位素不同含量铀层交替构成的系统，以保证它们气体动力学内爆的成功。

首先，对热核材料所进行的最初加热由核心部分^{235}U 的核爆炸保证。此外要点燃热核材料，重要的是它也要经受内爆过程。其次，当设定了热核材料与其周围的铀之间的等温工况，热核材料增量压缩就会发生，它是压力均匀化的结果（正是所谓的"糖化"过程）。第三，热核材料的燃烧发生在辐射与物质之间热力学平衡的工况下。第四，"热核"中子使铀发生的裂变促使介质温度增量升高及热核反应加速，然后又造成了增量铀裂变等。

装置研制过程中，为保证气体动力学内爆的精密度投入了极大的精力，实验证明，气体动力学不稳定性对于热核燃烧影响不大。

辐射内爆路径上的能量释放定标问题已经解决[4]。1954 年，在认识到了这一工作

① 即"萨哈化"。俄语中，"萨哈化"与"糖化"谐音。

原理的能力之后，就建造了热核模块的样机，成为 RDS-6s 的核心部分。如今在新的条件下，多重更强劲内爆的热核模块充分提高了能量释放(使用氘化锂作为热核材料)。这一工作原理于 1955 年 11 月 22 日在 RDS-37 试验中获得成功。更为重要的是，转为这种新型内爆后，气动力学不稳定性对热核燃烧的影响显得无影无踪。

“千层饼”版本具有下列优势[8-13]。首先它能够实现“裂变—聚变—裂变”的工作原理，为提高爆炸能量所必需。来自 DT 反应含有超过^{238}U 裂变阈值能量的中子使^{238}U 裂变，其结果释放了额外的能量。但更重要的是，多亏铀的低热传导性，使热量从炸弹物质中被带走的部分大为减少，与铀直接相邻的轻物质结果被加热到数千万度高温、被压缩了数倍。这一效应在核武器研制圈得到了“糖化”这一称谓[8,13,15,47]。“糖化”的物理原理极其简单：超高温度下物质几乎完全电离，重物质和轻物质中相同的电子密度使它们之间的压力得到平衡。

这也意味着，轻物质一定处于极度压缩状态，尤其这也是加速聚变反应所需要的。如果“千层饼”中还嵌入了锂，那么在中子作用下它将变成氚，就像已经提到过的，非常高效地参加热核反应[8-13,15,16]。

在“千层饼”中使用同位素^{6}Li 的主意属于金兹伯格(В. Л. Гинзбург)，他把氘化锂(^{6}LiD)亲切地称为“锂姑娘”。千层饼的基本特性可以使它的结构特征和材料成分变化多端。这类建议的第一次几乎在萨哈罗夫形成主要思想之后立刻发生了。就此他这样写道：“金兹伯格很快对我的建议进行了实质性的补充，提出了‘第二思想’[93]。1949 年 3 月 3 日在《^{6}LiD 在“千层饼”中的使用》这一报告中，金兹伯格强调：‘作为含氘物质，$^{6}_{3}$LiD 用于‘千层饼’体现出了优势。此外反应$^{6}_{3}\mathrm{Li} + {}^{1}_{0}\mathrm{n} \rightarrow {}^{4}_{2}\mathrm{He} + {}^{3}_{1}\mathrm{H}$ 的结果出现了${}^{3}_{1}\mathrm{H} \equiv \mathrm{T}$ 的氚，之后它参与反应 $\mathrm{D} + \mathrm{T} \rightarrow {}^{4}_{2}\mathrm{He} + \mathrm{n}$ 和 $\mathrm{T} + \mathrm{T} \rightarrow {}^{4}_{2}\mathrm{He} + 2\mathrm{n}$ 产生中子，去裂变铀。’”[94]

库尔恰托夫正确地认识到了^{6}Li 应用的远大前景，马上组织了它的生产。结果是苏联在 1953 年首先把它应用到了氢武器试验中。

伊尔卡耶夫院士曾经写到[92]：“装备的运行过程分为几个阶段。第一阶段是通过炸药聚心爆炸来内爆球对称部件，并在中子源启动时结束，中子源类似于第一代原子弹 RDS-1 的激发器。

第二阶段起始于可裂变材料中链式反应的出现，它是用于激发热核反应的核爆炸。

第三阶段从热核燃料内部温度升高到足以进行热核燃烧开始。结果就是铀原子核开始燃烧和下一层热核燃料开始点火。这一阶段的‘糖化’过程具有重要意义。”

不同于 1952 年美国人爆炸的质量 62 t 的不可移动设施“迈克(Mike)”(图 3.24)，萨哈罗夫的“千层饼”是可运输装置，可以从飞机上投放。正是从那时起，科罗廖夫(С. П. Королев)工程设计局开始为它进行运载火箭的研制。后来的热核装置越来越轻，而科罗廖夫研制的运载火箭就成为了发射第一颗人造卫星和将第一个人载入太空的工具[13]。

最早的热核武器概念，大体上是泰勒(E. Teller)于 20 世纪 40 年代初私下里开始琢磨的。几乎同一时期，泽尔多维奇和同事们向苏联政府提出了同样的建议。决定当代核武器面貌的“热核”基本概念，是由泰勒和乌拉姆于 1951 年 2 月[42]、萨哈罗夫和同事们于 1954 年春天(“第三”思想)提出的[8]。

图 3.24 1952 年 11 月 1 日在马绍尔群岛的埃尼威托克岛环礁上引爆了被称为“艾维·迈克(Ivy Mike)”的两级泰勒-乌拉姆(Teller-Ulam)构型全尺寸装置。爆炸强度有 10.4 Mt 当量。装置总重量为 62 t，包括一个低温容器，容器内装有液体氘氚混合物以及安放于顶端的普通核装药。沿低温容器中心轴安装有钚棒，是热核反应的“火花塞”。两种装药成分都放到同一个 4.5 t 的铀制壳层内，其中充满聚乙烯泡沫材料，起到 X 射线和伽马射线从一级载荷到二级载荷的导体作用

依照文献[92]，讨论的主题变成了如何将气体动力学“千层饼”的内爆设计替换为原子能驱动的压缩。同时决定采用球形“分层”构型作为二级模块物理设计的基础。从此原子能驱动压缩获得了自己的权威构型，构型中 X 射线辐射担当从一级载荷到热核模块的能量运输工具。要使能量的输运具有方向性，根据萨哈罗夫的建议，一级和二级模块应封闭在统一的壳体内，高质量壳体应具有反射 X 射线辐射的能力，装置内部采取了一些措施，有助于 X 射线辐射向需要的方向输运。

1955 年 11 月 22 日，从飞机空投的一枚氢弹爆炸试验成功，结束了苏联热核武器原理研究阶段。早些时候，1952 年的“迈克”试验和 1954 年的“布拉瓦(Bravo)”试验证明了泰勒-乌拉姆概念的正确性。

这样经历了几条不同的技术路线、或失败或胜利之后，美国和苏联几乎同时抵达了当代热核武器所应有样貌的彼岸[40]，其后就是沿着完善和特性化方向的发展了。

“第三”思想的出现[8-13,42-46]以及向超极端等离子体状态的转轨，按照萨哈罗夫的观点，成为理论工作者们的“天堂”。

萨哈罗夫回忆道[8]：“通过纯理论模型经过一些相对简单的计算，就可以充满信心地描述在数千万度高温下可能发生什么，也就是说，那是类似于恒星中心的状态条件。”例如，如果中等温度压力条件下物质状态方程不能多多少少容易地进行理论计算(迄今为止这样的计算即使使用电子计算机也不能进行)，那么这里状态方程就写成一个简单的公式：

$$p = a\rho T + bT^4$$

(p——压力，ρ——密度，T——热力学温度，a 和 b——容易计算的参数)。第一项是完全电离理想气体压力，第二项是辐射压力。列别捷夫(Лебедев)曾经在当时算是最精巧的实验中测量了光压——极大但能确定。这样的极高温度条件下物质压力计算也简化了——电离全部完成并且粒子间的相互作用可以忽略！同样简单的公式用于热核反应速率——每单位体积每单位时间反应行为数量等于(例如，对于 $D + T \rightarrow n + {}^4He$ 反应)

$$N = (\sigma v)_{DT} n_D n_T$$

(D——氘，T——氚，n——具有 14 MeV 能量的中子，n_D 和 n_T——氘和氚原子核数密度)，这里 $(\sigma v)_{DT}$ 为反应有效截面与原子核相对运动速度乘积平均值。如果作为粒子碰撞能量 E 的函数的反应截面 σ 从实验中已知，$(\sigma v)_{DT}$ 量值很容易用初等积分来计算。

泽尔多维奇院士和萨哈罗夫院士所提出的二级装药方案见图 3.25[13,42-46]。

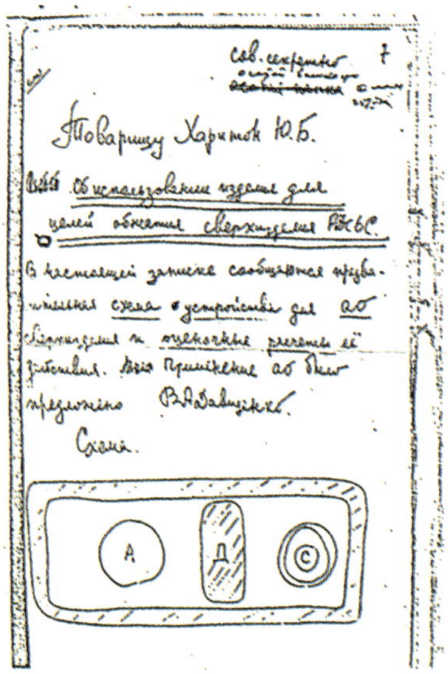

图 3.25　1954 年 11 月 14 日泽尔多维奇和萨哈罗夫有关二级热核装药手稿第一页[42]

按照文献[42]的记载，手稿中的装药具有很大外廓尺寸和重量(26~30 t)。它包含两个组件——一级原子弹和独立于它的二级热核组件，两部分都封闭在庞大的外罩之内。最初的想法是，一级炸弹爆炸后的气体流进热核部件所处区域，气体的压力使热核部件得到压缩。对物理过程的描述中，上述载荷爆炸条件下曾经有这样的记载[10-12,42]：“第一阶段——能量在 A 部件(意思是一级原子弹)的传播——我们没有仔细分析：这一阶段最开始，一多半能量是辐射能量并按照辐射热传导机制传播；然而这一阶段结束时冲击波已经形成，冲击波速度变得高于辐射扩散速度。”随后[42]辐射机制成为了主要方面。

“迈克”的热核装药作用原理，实现了泰勒-乌拉姆的“光子驱动”压缩思想，见图 3.26、图 3.27[15,40]。

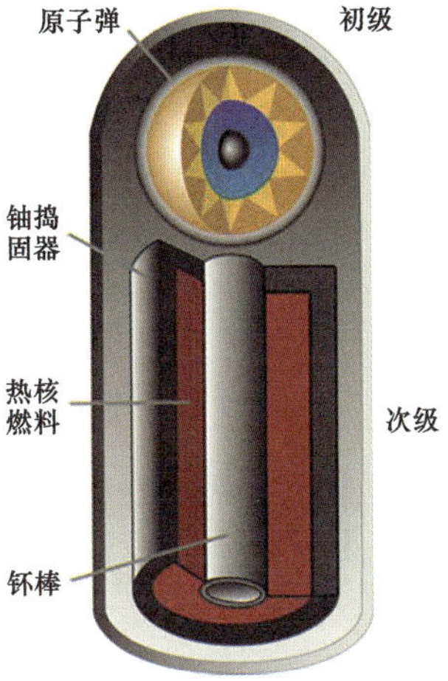

图 3.26 泰勒-乌拉姆构型[15,40]

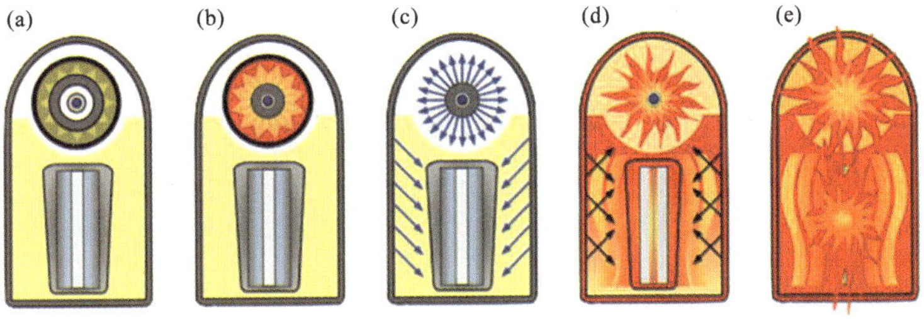

图 3.27 (a) 爆炸之前的弹头；第一级在上面，第二级在下面；(b) 化学炸药引爆第一级，压缩钚核到超临界状态以引发链式裂变反应；(c) 裂变过程中，第一级产生 X 射线辐射脉冲并沿外罩内部传播，穿透聚苯乙烯填充泡沫；(d) 由于 X 射线辐射作用下的烧蚀，第二级压缩开始，放置在第二级内的钚棒过渡到超临界状态，激发了链式反应并释放出巨大的热量；(e) 被压缩并加热的氘化锂-6 中发生聚变反应，所释放出的中子流又诱发了铀制中子反射屏的裂变[15,40]

“迈克”试验中(10 Mt 当量)运用了二级构型，使用液体氘作为热核燃料。使用了核雷管并利用了辐射内爆概念[10-13,15,40-48]。

“迈克”试验中的爆炸装置绰号为“香肠”，是兆吨当量级别炸弹，按照泰勒-乌拉姆构型制造[10-13,15,40-48]。装药为两级，第一级使用 TX-5 原子弹；第二级包含液态氘，装在杜瓦瓶(Dewar vessel，真空保温瓶)内(图 3.24)。瓶子中心吊装钚导火棒用于点火聚变反应(图 3.27)。瓶子本身被 5 t 多天然铀制成的外壳罩着。组装出的成品完整地放置在巨大的铁制壳子内：直径 2 m，高 6.1 m，壁厚 25~30 cm(图 3.24 左侧)。壳内壁蒙皮覆盖的是铅层和聚乙烯层，所形成的管道将热辐射从第一级导向到第二级。“香肠”总重达 82 t。

铀壳裂变反应提供了 77%(8 Mt 当量)的能量输出，聚变反应提供了其余(2.4 Mt 当量)的能量输出。爆炸把装置所在的岛屿完全摧毁，弹坑直径 2 km，深 52 m。

当代热核弹头构型见图 3.28 以及文献[15，40]。依照文献[15，40]，这些装置中的裂变装药被特殊的物质所包围，一定条件下在特殊物质内部核聚变反应被触发。

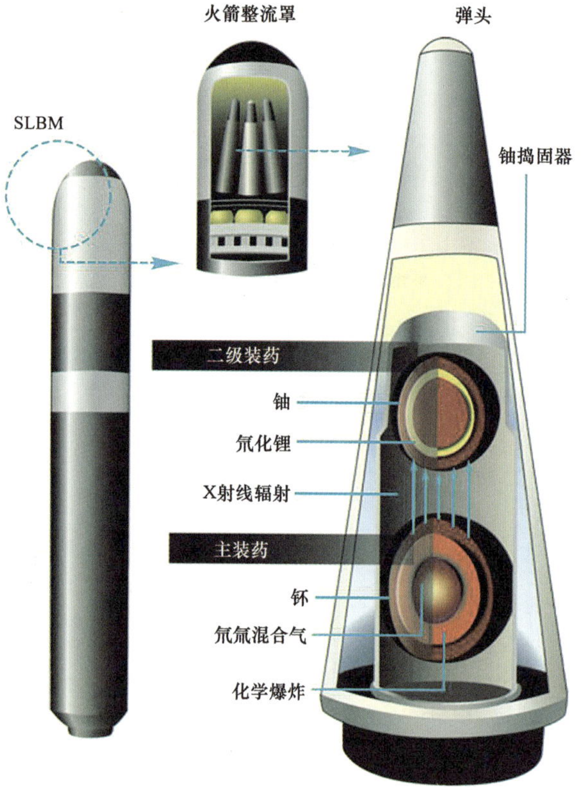

图 3.28　当代弹头——热核聚变装药[40]

一级加载开始阶段，普通炸药的爆炸挤压钚材料，此时钚材料也已经被来自特别触发的“发生器”的中子所照射。钚材料发生核裂变并释放能量。这股能量以 X 射线辐射的形式发往二级装药，其中包含发生热核聚变的元素。聚变反应在氘化锂装药中的氢同位素(氘和氚)之间进行。这一自持反应的最终结果是形成了一个热核火球。

正如罗曼诺夫所指出的[8]：“这类炸弹的一个特别之处在于，其爆炸所产生的能量在很大程度上由所装载的热核燃料数量所决定，并可以达到兆吨当量。而裂变原子弹爆炸所产生的能量则受到一些因素的限制，其中包括不得不使用大量昂贵的裂变材料。实际上，氘的离析和生产比铀同位素的分离和钚材料的提取简单得多也便宜得多。”

这类高性能设施的研制势必导致出现一个重要的基础研究方向——辐射气体动力学(流体力学)[4]。文献[4]的概述写道：

“这一基础研究方向首先与热核储能的研制任务紧密相关。这里辐射内爆原理是基础，意味着：

——核装药爆炸(一级模块)时的大部分能量以 X 射线辐射的形式输出；

——X 射线辐射能量向热核模块输送；

——热核模块借助于“运送到的”X 射线辐射能量发生内爆。

这一原理所包含的上述三步骤的每一步的完成都是以辐射气体动力学为基础。

核装药的爆炸——其能量释放的主要部分来自裂变物质的中子驱动核反应——伴随着能量向 X 射线辐射能和物质热能的转变，处于局部热力学平衡状态(当然还有向介质动能的转变)。物质内部也有 X 射线辐射输运，该辐射发自于裂变材料表面，然后向内传播到一级模块的外部区域。

显然，这一机制从根本上倚赖于某些基本特性——X 射线光子的行程，此距离上光子和物质发生相互作用。对于类似铀的物质，光子吸收和束缚-束缚跃迁过程具有决定性意义……辐射气体动力学过程的研究有助于实现 X 射线辐射向一级模块输运的控制，并且能够极大地提高模块作为辐射内爆能源的品质，该品质具有极其重要的实际意义。

辐射内爆原理的第二部分主要与辐射气体动力学模型范畴内——X 射线辐射通过不同材料所构成的多层结构(它们通常有多元几何形状并具有复杂的动力学响应)时的反射和透射——过程的研究紧密相关。这些研究的实际成果是判定了加入热核模块辐射内爆能量的量值。如果第一阶段的主要需求是令来自一级模块的 X 射线辐射能量值最大化的话，那么第二阶段的主要需求就是令能量损失最小化。

辐射内爆原理的第三部分与 X 射线辐射能量转化为压缩热核模块的压力场的研究紧密相关。这一压力场是辐射在各种材料中传播的复杂过程的结果，具有轴对称结构。要获得热核模块可接受的压缩结果，必须改造轴对称边界条件以达到内爆的对称特性。要解决这个问题必须既要控制高温的、也要控制低温的稠密等离子体辐射通量和气体动力学流动，这在辐射气体动力学 2D 模型范围内可以得到保证。

必须指出，所谓“边界条件”的特殊性在于，热核模块的内爆既可能相对稳定，也可能相对不稳定。存在着重要的实际状况，其中有些过程本质上是三维的，因此我们也发展了辐射气体动力学 3D 模型。值得注意的是，辐射内爆压力水平决定着热核模块的压缩，能达到数百 TPa，而内爆过程中压缩得以实现，使涉及物质的密度超过初始值数十倍。

解决这些问题过程中，物理数学建模方法起着主要作用，既由于热核加载试验所获得信息的特殊性，也由于如今这样的可能性的缺失。测定热核模块辐射内爆“稳定区”是最重要的实验内容，测定将内爆带离这些区域的物理因素也是。

我要着重指出，辐射气体动力学是一个杰出的范例，展示了基础研究学科如何保证一种复杂构件的设计，其中有各种最复杂的物理过程交织在一起，有关这些过程关键物理参数的实验数据极为稀少。”

我们强调，类似的过程也发生在惯性约束可控热核聚变微靶中，我们将在第 6 章讨论这类工作。

多年密集高效的研究工作之后，获得了大量充满智慧的精妙热核加载设计，具有广泛的用途(包括和平用途)，从微型装药到最强大的 50 兆吨当量的炸弹，其中一部分见图 3.29。目前仍在进行有关提升战斗部可靠性和安全性的大量工作，还有关于核武器不扩散的工作。尽管如此，拥核国家俱乐部仍在逐渐扩大（已经达到了九个成员），而造好的核弹头数量将近 25 000 枚（图 3.30）。莫斯科战略进攻性武器削减条约（Strategic Offensive Reductions Treaty，SORT）规定，到 2012 年，俄罗斯和美国两家作战部署的弹头应限制在 2200 枚以下。

所幸所有这些武器只作为威慑遏止力量而存在，还没有过任何一件热核装置真正用来攻击人类。

图 3.29　阿尔扎马斯-16 的核武器博物馆

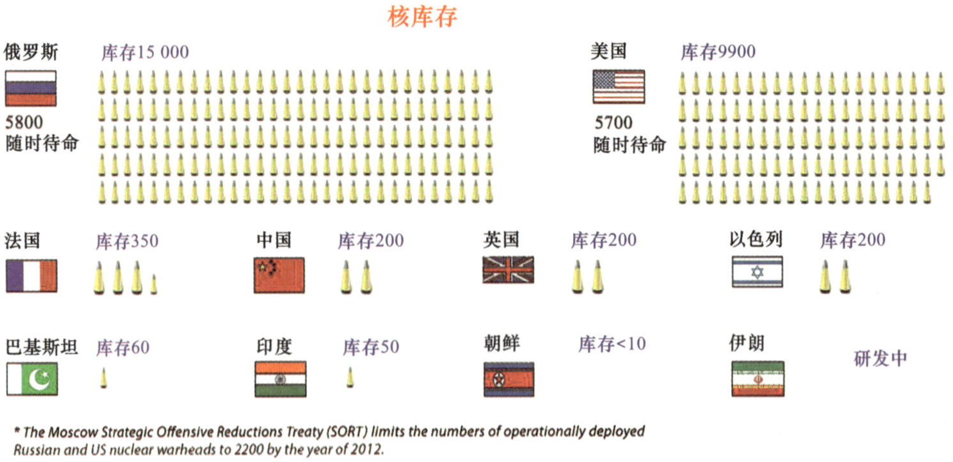

图 3.30　各国核弹头数量

3.3 研究物质极端状态的核爆炸

核武器的出现把前所未见的集中能源交到实验者们手上，用以在凝聚态介质中生成强劲的冲击波[69,117]。因此与核爆炸综合特性测量一起，还有它的效应测量，甚至在最初的实验中，已经开始进行极端温度压力条件下物质物理特性的试验研究。

物理学家们，首先是核武器研制者们，立即充分意识到了核爆炸作为超强冲击波、辐射波生成工具、并用于研究物质超极端状态的可能性[6,7,68,69,117]。

我们已经在2.6节讨论了用核爆炸生成高能量密度的相对潜力。这里我们将更细致地分析这些问题。

除了获得超高能量密度的能力之外，这些实验还有一些独一无二的特性。即实验中宽大无比的压力变化区间，通过大量样本测得的均匀性和对称性，超过实验室所用的数个量级的样本尺度。结果获得了大量非常宝贵的超高压力领域的实验信息，该领域低限如今也能用强激光技术达到[69]（见第2、4章）。

地球条件下创纪录的等离子体能量密度正是在核爆炸区域附近所得到。这类实验的物理装置和主要的物理结果包括在文献[69]详尽的综述里，随后的讨论我们还将用到这些资料。

冲击波研究最早的工作是通过反射波方法来测量物质的相对可压缩性[68,69]（图2.29、图3.31）。

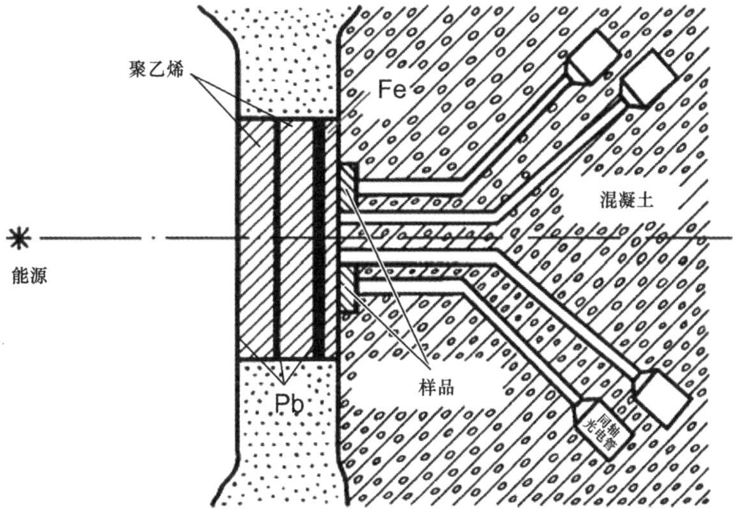

图3.31 Fe（隔屏）-Pb-Cu-Ti系统相对可压缩性研究实验装置[69]

这一方法基于[68,69]冲击波速度的测定，冲击波连续通过所研究物质的各个层面。其中之一是标准件，它的状态方程已知，它的雨贡纽（Hugoniot）绝热曲线通过实验区块和计算区域之间的插值来定义，计算区域采用相应的理论模型。根据冲击波速度可以找到标准物质初始状态参数，而所研究样本的未知特性通过建立压力-质量速度图表来决定[68,102]。用这种方法所进行的第一批实验，按照文献[69]的说法，完成于 1965 年末，稍后公开发表[68,118]。当时 Fe-Pb-U 系统跨过了 1 TPa 压力门槛(Fe 对应 3.8 TPa、U 对应 4.0 TPa)。

紧接着获得了 1.4 TPa 压力下水的相对可压缩性(详见[69，117])，还有 2.0 TPa 和 1.8 TPa 压力下初始密度为 1.75 g/cm^3 和 1.35 g/cm^3 的石英的、0.6 TPa 压力下树脂玻璃($(C_5H_8O_2)_n$)的相对可压缩性，以及石墨的、金红石(TiO_2)的、岩盐的、铝的、一些矿物品种(石墨、页岩、白云岩)的、其他一些连续疏松物质压力最高 1 TPa 条件下的相对可压缩性。

Pb-Cu-Cd 系统中 1.5 TPa 压力下金属的相对可压缩性于 1968 年研究过[119]，后来研究过 5 TPa 压力下的[120]。文献[120]中，对于 Fe-Pb 系统获得了 5.2~5.8 TPa 压力下的相对可压缩性[121,122]，并且测量了太帕量级压力下疏松金属的可压缩性：铜、铁、钨[69,121,122]及一些其他元素。

由于当时实验用核装药能量不受限制，因此可以[69]进行以太帕为压力单位的冲击波参数测量，测量位置距离爆炸中心相对较远(达 10 m)，因此简化了结果数据的诠释，使小幅度衰减的测量更为可靠，因为以这样的距离，冲击波具有高度对称性和相对较低的域外压力。

10 TPa 的极限在文献[123]中已经突破了，然后达到了 700 TPa 水平[124,126]。

压力的世界纪录，在此压力下测得了极度压缩多重电离等离子体状态方程参数，是在核爆炸邻近区域获得的 $p\approx 40$ 亿大气压[125-127]。

洛斯阿拉莫斯所记录的地下核爆炸条件下的绝对可压缩性数据包含在文献[128-131]中，而美国利弗莫尔实验室(Livermore Laboratory)的数据在文献[132]中。中国科学家们于 1990 年宣告拥有了这方面的能力[133]。

物质相对可压缩性的测量实验具有不确定性，与状态方程和标准件的误差有关，不确定性随着压力的升高而增大。

材料冲击可压缩性的“绝对”测量技术就可以避免这一缺陷，见图 3.32[69,117]。这套方案中，核装置加速铁制打击体至飞行速度 W 并撞击一个铁靶。实验测量了飞临速度 W 和靶内冲击波速度 D_{Fe}。从对称观点出发，冲击波内物质的质量速度 $U_{Fe}=W/2$，根据质量守恒、能量守恒定律，得出压力 $p_{Fe}=g_0D_{Fe}U_{Fe}$，能量 $E_{Fe}=U_{Fe}^2/2$。

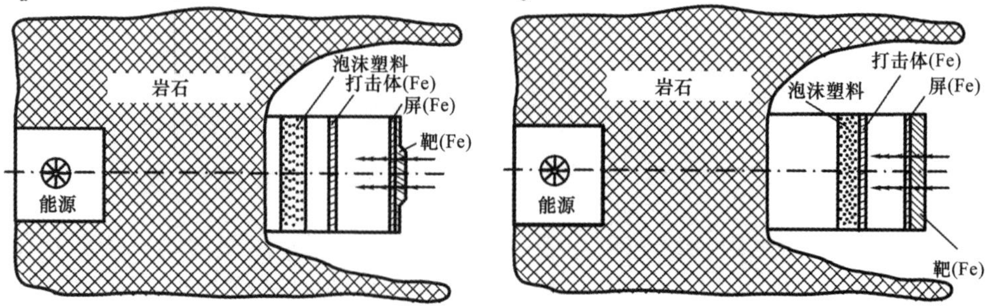

图 3.32 使用减速技术测定铁的冲击可压缩性的加速装置的两种版本[69]

以这种方法所获得的数据与“标准件”性质无关，不需要满足一系列条件，如打击体和靶撞击之前(核爆炸的辐射加热很小)应该具有清楚已知的初始条件 ρ_0、p_0、T_0，撞击时刻具有清楚已知的打击体飞行常速度(W=const)，飞行中的打击体具有很好的对称性，并且靶内的冲击波也有很好的对称性等等。严格的等式 $U=W/2$ 仅只在打击体平稳无加热加速、并保持完整性时才成立。实际情况偏离这个等式的原因有二：一是打击体的冲击波加热，二是它的物质汽化所导致的背压增高。依照文献[69]，方案中(图 3.32a)打击体经过 20%(通向靶的)路程时，就已经获得了速度 W 的 80%。实验(图 3.32a、b)的参数收集整理在表 3.5 中[69]。

表 3.5 实验参数[69]

实验方案	W_1/(km/s)	W_2/(km/s)	W_{cp}/(km/s)	D/(km/s)	U/(km/s)	p/TPa	ρ/(g/cm^3)	$\sigma=\rho/\rho_0$
11a	36.5	36.5	36.5±1.0	28.85±0.7	18.25	4.13	21.34	2.72
11b	42.7	42.7	42.7±1.2	32.4±0.8	21.35	5.42	22.99	2.93
11c	48.6	58.8	60.8±2.54	43.5±1.0	30.60	10.50	26.50	3.37

高压范围动力学方法的进一步发展取决于贯穿性物理场的利用[6,7,69,117]。

美国研究者们[128]提出了高压区间质量速度的测量方案，基于中子和运动中物质原子核相互作用的共振位移，所谓位移是指相对于原子核静止时的位置(多普勒位移，Doppler Shift)。为了获得高压力，利用了中子轰击铀原子核所产生的裂变能量，中子由核爆炸所产生。

依照文献[129]，与铀层相接的是所研究材料的样品。冲击波波阵面速度由样品控制表面出现闪光的时间来捕捉到。为了测量质量速度，使用了 $10\sim10^3$ eV 能量区间的中子，共振处在此区间内。人们通常对具有显著核共振的物质很感兴趣，因为核共振使实验中记录到的穿过样品的中子通量明显减弱。中子能量为 ε_n(或者中子速度为 v_n)时，如果样品中出现共振和此时部分样品物质沿所观测方向以速度 u 运动，那么将发生额外的中子通量减弱，中子速度为 $v'_n=v_n+u$。穿过样品的中子通量频谱中将有两个最小值，属于额定共振。实验任务是记录中子通量频谱。如果中子源可认为是瞬时的，那么中子频谱的测量通过中子飞过已知基准距离 L 的时间来实现。与此同时，共振时间分辨率将由中子以速度 v_n 和 v'_n 飞抵传感器的时间差来计算。参量 $u/v_n\ll1$，所以 $t\sim u$。

对于能量 $\varepsilon_n=10^3$ eV 的共振且强度为 $u\geqslant10$ km/s 的冲击波，$L\approx20$ m 的测量可接受值是 $t=1$ μs。中子飞过这一基准距离所用时间为 $t\approx5\times10^3$ μs。中子源持续时间，依照文献[128]的数据，是 0.5～0.8 μs。样品厚度这样选择——中子源工作时间内样品的绝大部分一定参与了运动。

对于方法的实验落实，共振区间 $\varepsilon_n=10\sim10^3$ eV 的中子谱通量值具有根本性意义。这类中子在裂变谱区间数量非常少。为了提高它的数量，文献[128]中在铀和样品之间放置了(图 3. 33)薄薄一层含氢物质(树脂玻璃)。这一窍门可以使边界上的中子通量提高一个数量级。

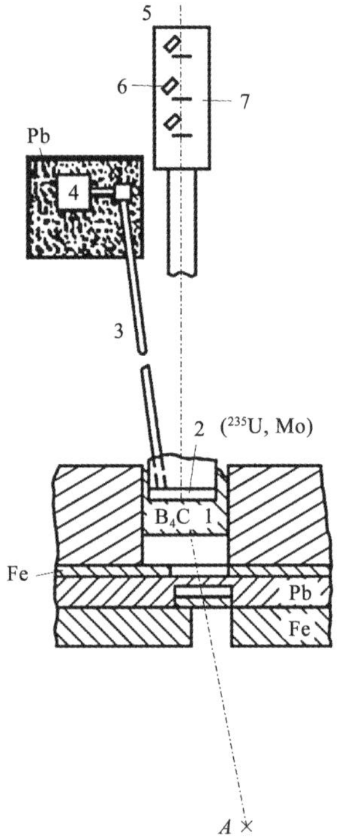

图 3. 33　利用地下核爆炸生成强冲击波的实验方案[128]

A——核装置；1——中子吸收体 B_4C；2——^{235}U 和钼实验组件；3——波导管(12 m 长)；4——光辐射记录仪；5——飞行时间中子谱仪；6——固体探测器；7——锂钚金属薄片

所讨论的质量速度测量方法不是万能的。在与测量基准相当的厚度上对于所研究的物质，其处于共振区间的截面应该保证一个既由不动物质、也由运动物质所提供的容易识别的中子通量衰减。这类性质是钼、铁、铜等所固有的。此外，还有一些元素，其原子核具有异常大共振截面(钨、金、钴)。样品中这些元素所制成薄层的放置也可用于测量质量速度。而且在某些情况中，单独共振能量的展宽可用于判断冲击波波阵面前后物质的温度。

钼元素表现出最显著的共振，文献[128]中有仔细的研究。铀中曾经实现过压力 $p \approx 90$ Mbar，钼元素中记录到了 $D = 18.7$ km/s(±5%)和 $u = 10.2$ km/s(±5%)。测量的精度不足以使所获得的实验点数据用于钼状态方程的校准(图 3. 34)。测量误差的主要来源与中子源持续时间的不稳定性以及各种共振侵蚀机制紧密相关。

然而其中很多因素对误差的贡献随着质量速度的增大而弱化，因此当速度在 $u \approx 100$ km/s 时，原则上精度可以达到 $\Delta u/u \approx 1\%$，这就推动了使方法进一步完善的工作。

文献[134]中提出了借助于伽马主动基准层同时测量 D 和 u 值的方法，基准层深埋于所研究的物质中。在气体动力学运动过程中，基准层被运动中的物质所拖带。借助

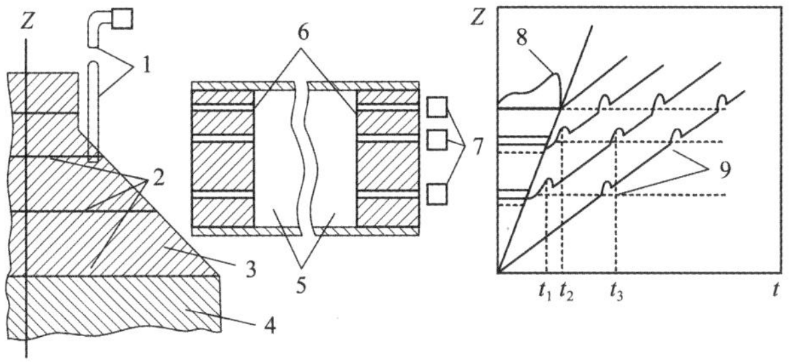

图 3.34 铝的冲击压缩性绝对测量实验布局

1——光学通道；2——基准层；3——所研究的物质；4——冲击波形成通道；5——准直系统；6——准直狭缝；7——γ 射线探测器；8、9——静止和移动基准点辐射信号[134,135]

于准直狭缝系统(图 3.34、图 2.30)，记录下基准层通过控制点的时刻。

实验中，冲击波波阵面、基准层、准直狭缝的“平面”几何最容易实现，平面几何使相应的各种表面都互相平行(图 3.34、图 2.30)。为此目的建立了圆柱形的波行进通道，该通道所用材料(镁、有机物等等)的密度小于实验装置安放于其中的材料的密度。仔细分析二维气体动力学计算结果，这样的通道设计保证了冲击波波阵面相对于周边介质内的波阵面充足的提前量，而且圆柱体中心部分直径约是外径的 2/3，所以这里波阵面是平面的。测量组件部分安装于圆柱体一端。准直系统在波的行进过程中被结实材料(铅、钢)层所保护，保证基准层通过控制点的时刻记录完成前该系统不被损坏。

为了测量质量速度 u，记录一个基准层通过两个准直狭缝的时刻就足够了，狭缝间距 d 也是一个基准值，则 $u=d/(t_3-t_1)$(见图 3.34、图 2.30)。双准直狭缝的双基准层设置可以根据它们运动的起始时刻的对比来算出 D，$D=d/(t_2-t_1)$。此外，波阵面上的冲击压缩 δ 只能在时间间隔测量的基础上得出，$\delta=(t_3-t_1)/(t_3-t_2)$。通常在实验装置中，基准层数量和准直狭缝数量要超过上述最低值。这样就可能得到有关所记录冲击波现象不稳定性的信息，以及有关中子和伽马过程的信息。

所建议的简单方案中，可以进行时间测量的关键元素是基准层。基准层辐射应该通过所研究物质的周边层，周边层内部的气体动力学运动与所利用的“平面”冲击波流动非常不同。因此在基准层内用到了硬伽马射线辐射源。由于过程的非稳态和高速度，借助于光电放大器或类似模式的同轴光电管等探测器，基准层辐射的强度应该能够使它们越过准值狭缝平面的时刻保证得到记录。

因此文献[125, 134]中利用了脉冲源，它们存在于当前气体动力学过程选择性的流动阶段。特别是，高强度伽马源曾经于物质被中子脉冲照射时所获得，该物质原子核所具有的辐射俘获截面约以 10^3倍高于铝所具有的相应截面。现有的脉冲源中通常产生快速中子($E_n \approx 1$ MeV)。辐射俘获反应在 E_n低得多的条件下也能有效进行。因此中子脉冲应该比所记录的气体动力学运动提前一段时间，这段时间是令中子在所研究物质中减速到最佳能量所必需的。有一些情况中，基准层内可以使用铕，为此当 $E_n=10\sim100$ eV 时，(n, γ)反应截面是 $\sigma=220\sim80$ barn。

正如我们前面所看到的，反射技术应用中铝被广泛用作标准物质。5~150 Mbar 压力区间内，这一物质的状态方程完全不能统一，这就制约了技术应用中对于铝的使用兴趣[125,134]。当然，也可能有基准件和样本其他物质组合。看起来在个别情况下，可以在基准层中使用脉冲中子源(变换器)。

中子减速时间段内，扩散和吸收事实上并不改变中子密度。文献[134]进行了这样的评估，必要的伽马辐射基准强度 $\Gamma(s^{-1})$ 一方面与快速中子通量 $\Phi(cm^{-2})$ 的关系、另一方面与基准件质量 M 的关系为：

$$\Gamma \sim \Phi\sigma NvM/l \sim 0.2\times10^{7}\Phi M$$

其中，σ——基准材料原子核的(n,γ)反应截面；N——每单位基准质量这些原子核数量；v——减速中子速度；l——所研究物质内中子外部通量行程。文献[125]给出了铝和基准材料的数值——铕氧化物 Eu_2O_3 可压实到密度为 2.7 g/cm^3。由于随着中子的减速，铕的 σ 比 v^{-1} 增长得快，所以 Γ 量值将不断升高，直到中子流入铝制基准层的速率与铕吸收中子的速率相等为止。中子进一步减速状况下，由于包围基准层的铝区域中子损耗的缘故，Γ 量值将下降。如果基准层厚约为 5 cm，它的辐射强度在 $\sigma\approx200$ barn 时可达到最高，对应于中子能量 $E_n\approx10\sim100$ eV。中子减速到上述 E_n 时的特征时间为 10~15 μs。

样品中的中子减速导致所研究物质的加热，从而影响它的冲击可压缩性。为了实验结果插值的简化起见，不得不希望这样的影响越小越好。这就限制了通量值 Φ 的上限。研究铝的时候，可接受值是 $\Phi<10^{17}$ cm^{-2}[125,134]。通量值的下限与测量单元所必需的尺度增大相关。各基准层在所研究物质中并不一致，基于气体动力学的计算，这一点在实验结果插值时已考虑在内。要减小因计算修正的引入而引起的不确定性，必须使基准层厚度不得超过测量基线长度的 10%。实验中所采用的设备能够在时间间隔长度约为 2 μs 时获得可接受的记录精度($\Delta t/t\approx1\%$)。因此对于铝的冲击压缩性研究，压力约为 10 Mbar(D 约为 25 km/s)时，基线长度选择约为 5 cm，则基准层厚度 $\Delta\leqslant$ 0.5 cm。

测量单元(图 3.34、图 2.30)由一套 AD-1 标号(99% Al，$\rho_0=2.7$ g/cm^3)的铝制盘片组成，基准层以片状物形式嵌入其中。这样的层状形式与冲击波形成通道的圆柱形几何相匹配，并且在需要的时候很方便容纳附加准直系统。要保证所记录辐射的最大通量，在探测器方向，所研究物质的厚度应该越小越好，从而使波阵面的运动以及波阵面后基准层所处区域的物质不变形。因此准直系统一侧的模块侧壁表面是一个平面，与波阵面移动方向夹角 45°。形状的控制借助于三个光学通道来实现，它们安放于一个直径 150 mm 圆周上的等边三角形的顶点(图 3.34 显示了通道之一)。记录到了冲击波到达(垂直于单元轴的)特定控制表面时闪光出现的时刻。

测量过程因显著的本底效应而复杂化。本底主要来源是初级通量中子以及伽马射线光子，产生于样本中、实验装置结构元件中、环境介质中的(n,γ)反应。令探测器远离所研究的物质可以达到屏蔽中子的效果。免于俘获伽马射线的保护措施由准直系统完成，其铅制隔板实际上可以完全弱化来自测量单元及其环境的伽马射线通量。无法弱化的就只剩下穿过准直狭缝的射线了。使用同轴光电管类探测器时，准直系统长度 $L\approx2$ m 就足够了。文献[134]的实验中使用了直径≈9 cm、厚度≈0.4 cm 的基准片状物。

准直系统由一套同轴铅制圆盘严密地连在一起而组成，有截面为 3 cm×90 cm 的狭缝。狭缝宽度取决于冲击波中被压缩的基准片状物特征厚度(≈1 mm)以及准直系统调校范围。狭缝平面之间的距离是测量基准。这些基准值测定的误差取决于系统制造时的精度，也来自狭缝平面、基准层和冲击波波阵面表面的不平行度。狭缝平面平行于基准层的定位精度为±0.2°。与此不平行度相关的误差在基准值的确定中与系统制造中的误差相比微不足道，50 mm 基准值的系统制造误差约为 2%。冲击波波阵面形状的控制必要时可考虑对基准长度的修正，此修正与波阵面平面和基准层的不平行度相关。

为了降低探测器所测得的冲击波抵达前的伽马射线本底值，确定 D 的时候，第二和第三基准层(基准层和准直狭缝的标号是沿着波的行进方向为准)相对于所对应的狭缝平面加深了 1 mm 距离(见图 3.34)。第四基准层放置于狭缝中心，用以获得中子和伽马射线流经过程的实验信息。

高强度源嵌入样本导致了物质的辐射加热。冲击波到达时刻之前发生了铝-基准物交界面的位移，以及样本和基准层物质状态的变化，这对实验结果插值造成了明显的影响，所以应该借助于气体动力学计算考虑相应的过程。

测量结果见文献[69，134，135]，数据处理过程中已经把示波器处理、运动的非稳态、基准层等方面的最新方法性成果考虑在内。这里我们只做到综合性表格(表 3.6)和图 3.35 为止，给出了铝的雨贡纽绝热曲线[69]以及所获得的实验数据。显然，雨贡纽绝热曲线平均起来能够合理地诠释实验数据，但速度误差在某些点的还是大于了通常的 1%~1.5%，可能的原因见文献[69]的分析。

表 3.6　铝的绝对测量结果[68,134]

实验	D/(km/s)	U/(km/s)	p/TPa	$\sigma=\rho/\rho_0$
1	24.2±0.7	15.1±0.4	0.99±0.03	2.65±0.1
2	23.4±0.6	14.5±0.3	0.93±0.02	2.63±0.7
3	40.0±5.0	30.0±2.0	3.20±0.50	3.90±1.2
4	30.5±0.7	21.0±0.6	1.73±0.07	3.21±0.2

基准层强烈的伽马射线导致铝材料内能升高约达 1.5 kJ/g 量值[126,134]。由此所产生的压力结果又使铝密度下降到约 2.55 g/cm^3，并对疏松的基准材料进行了压缩，也就是，波进入了初始特征状态为 $\rho_0=2.71$ g/cm^3、$E_0=1.5$ kJ/g 的样本。冲击绝热压缩曲线上以这种状态出发的实验点列于表 3.6 的 1 行、3 行。而表 3.6 的 2 行、4 行是换算成常压条件下 $\rho_0=2.71$ g/cm^3、$E_0=0$ 的冲击绝热的数据。所完成的换算与模型因素几乎无关。

第三次实验在使壳层效应出现的压力的低限附近进行测量。

采用冲击压缩性测量基准技术的实验表明[134]，无论使用基准物和所研究材料的各种组合，还是组织各式各样的实验，都还有很大的完善空间。

物质内能量密度很高时，例如，对于恒星内部所发生的一些典型过程来说，电磁

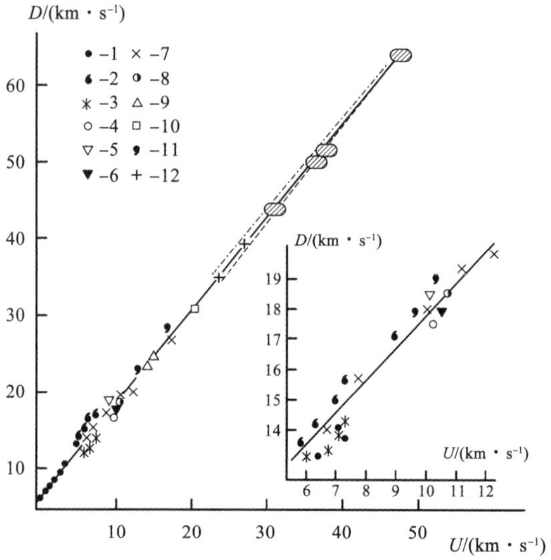

图 3.35　实验室测量值(1~6)和地下核爆炸条件下铝的 D-U 图

7-10——绝对测量；11、12——相对测量。阴影椭圆代表实验数据不同处理方案[134]。点划线代表依照文献[136]所作的插值，虚线代表托马斯-费米-科卢舍夫模型(Thomas-Fermi-Kopyshev (TFK) model)计算值

辐射能量的输运具有主要意义[6,7,68,102]。为了正确描述这类过程，物质各种密度 ρ 温度 T 条件下的光学性质知识是必需的。能够满足局部辐射与物质之间热力学平衡条件的现象是很大的一类[102]。这些情况中，为了描述辐射所承载的能量输运，知道罗斯兰不透明度系数 $\varkappa$(Rosseland opacity coefficient)就足够了，该系数是 ρ 和 T 的函数[102]。一般情况下，$\varkappa(\rho,\ T)$ 为非线性关系，而电磁辐射能量的输运具有非线性热传导性质。

迄今为止，关于物质中辐射输运系数现有的理论资料都来自物质各种理论模型基础上的计算。不透明度系数计算方法中，康普顿散射、自由电子因素的韧致辐射逆过程、束缚电子跃迁线上的光吸收都包含在内。主要困难之处在于光谱线吸收的计算，因为必须考虑大量电子构型以及它们之间所有可能的转换，以及谱线展宽和分解的各种机制——斯塔克效应(Stark effect)、多普勒效应(Doppler effect)等。

离子波动函数的定义、电子状态占有数、自洽势能、能级、振子强度等的计算应该先于给定 ρ、T 所进行的 $\varkappa$ 计算。在所研究的密度温度范围内尽可能完整地把多原子系统真实性质考虑在内，此种物质理论建立的难点在第 7 章中有详细论述。作者们所利用的各种模型的简化，对热物理特性，特别是对不透明度系数，造成了难以估量的影响。

高能量密度状况下物质光学性质的实验研究，既在过程可控条件的良好保证方面，也在承载所寻找信息的参数记录方面，都是一项复杂的课题。获得有关不透明度系数的实验数据的可能性之一是测量穿过所研究物质样本的辐射通量，样本厚度通过辐射热传导近似适用性条件来选择。另一种物质不透明度研究的可能性建立在辐射热传导波通过样本的计算时间和实验时间之间所进行的对比之上。如果实验装置内部边界上产生了相当高的温度，那么样本中最初的能量输运以热波模式进行(例如见文献

[102])。热波波阵面行经一段距离之后将被冲击间断追上。在这一阶段，物质流动可以近似地按照自相似处理[102]。波通过样本的时间取决于样本的厚度、密度、不透明度系数、状态方程和样本边界温度。测量中使用同样的温度源就足以求出不同物质之间的不透明度系数之比[102]（不必再考虑初始温度 T 的不确定性）。纯净物质中和含有些微杂质（但不改变样本状态方程）的同样纯净物质中，此类测量版本$\varkappa$值的相对测量最为精准。

表 3.7　按照文献[137]中的方法所计算出的铝和铁的研究结果

物质	T/eV			
	0.5	0.75	1.0	1.25
铝	1.26	1.44	1.41	1.32
铁	1.31	1.0	0.85	0.81

不透明度系数的绝对测量在系统组件之间温度分布已知的系统中实现。例如，可以使用某种形状的管道，管道由所研究的材料制成，依照文献[137]，管道内的温度分布由壁面热交换过程所控制。

铝和铁的研究结果以比率形式$\varkappa_{exp}/\varkappa_{calc}<\varkappa_{calc}$列于表 3.7 中，计算按照[137]中的方法进行，误差±15%。

表 3.7 数据与文献[137]中结果的对比显示在图 3.36 上。

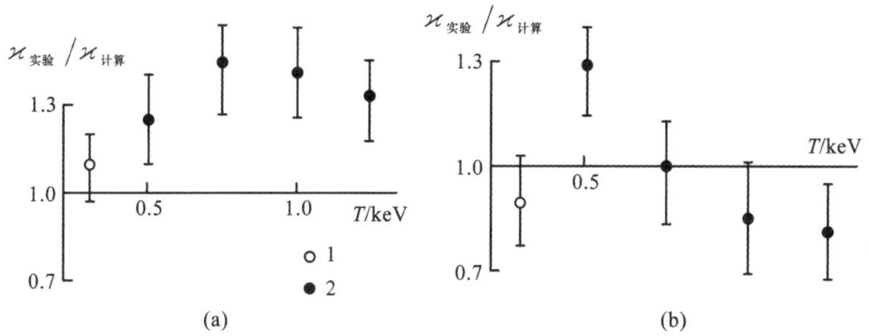

图 3.36　不透明度系数之比

计算$\varkappa_{calc}$使用 TF 模型[138,139]；(a)——铝；(b)——铁；1——[137]的实验；2——[138]的实验

现有实验中采用了与研究物质的冲击压缩性相同的测量设备和记录方法[126,127]。为了计算出波到达控制表面的制约关系，采用了根据文献[126，127]的研究所修正的状态方程。光学不透明度系数的测量结果最好由计算结果来阐述，计算中所有必要量值的计算采用哈特里-福克-斯莱特（Hartree-Fock-Slater，HFS）模型进行，而不是托马斯-费米（Thomas-Fermi，TF）模型。

如同我们在前面所提到的（第 1 章）[126,127]，能够用以描述物质全部相图的极端状态热力学理论迄今为止仍没有建立。由于使用相容理论研究法有着根本性的困难，主要结果只能在模型假设范畴内才可获得，该模型假设基于对结构、能量谱和粒子间相互作用性质进行简化的思想。当然，这类模型的适用范围受到近似假设性质的限制，要对其质量进行评价，实验资料必不可少。

特别是，极端状态物理学原则性问题之一是“壳层”效应的作用，以及壳层效应所引起的超极端压力下相变可能性的作用[6,7,125,139,140]。

2.6节中我们已经分析了物质量子-统计模型适用范围的极限，方法是将它们与来自地下核爆炸的热力学数据进行比较。

我们对准经典描述物质时才出现的壳层效应只稍微提一下[139]。按照这一模型最完善的版本[6,139,141,142]在高压区域，由束缚状态向连续谱(类似于“压力诱发电离”)转换所引起的振荡应该出现，以代替平均化光滑的热力学函数性状。在某些情况中，这些振荡或可导致第一类相变。

实际上，统计学描述的哲学与原子中的准经典近似及电子系统平均化描述的使用可能性相关，它忽略了电子壳层填充的具体特性，以及由此所引发的系统压缩时热力学函数的非单调性。应该指出，壳层效应对于等离子体模型十分自然[140,141,143]，它所起作用的分析一直是最近几十年凝聚态领域理论和实验工作者们的关注中心。量子力学效应的精妙分析[139,141]显示，在量子统计模型范畴内包含了振荡效应，终态温度(计算)已将该效应成功地[144]考虑在内。

壳层效应更为彻底的考虑需要走出准经典模型的范畴和对自洽场量子力学方法的迷恋。文献[145]的工作中，包括一些简化假设的电子能带理论得以采用，用来计算温度接近于零的单质物质的压缩，确认了一些元素零等温性状反常区域的存在。然而有不少结果与实验数据相比偏离很多，显然这可以解释为，简化假设(原子单元的球型、哈特里近似(Hartree approximation)、相关性效应的忽略等)对所计算参量有巨大影响。

晚些时候又出现了一些工作成果(见[139]及其所包含的参考文献)，试图在传统性采用托马斯-费米模型的区域考虑壳层结构效应。根据这些模型所进行的计算揭示了热力学参量的性状为波浪形、甚或阶跃型的走向，同时各模型所算出的振荡位置和幅度差别巨大。

尽管壳层效应评估在准经典方法基础上取得了一定的成绩，更为严谨的壳层效应考虑应该建立在哈特里-福克(Hartree-Fock，HF)模型基础上，该模型中交换性相互作用在斯莱特(HFS)近似中考虑。文献[145]的模型中，斯莱特交换势能参数在自由能最小化条件下得出，并且通过电子密度和温度得到了交换势能表达式。这一情况反映在了模型的命名上——修正哈特里-福克-斯莱特模型(modified Hartree-Fock-Slater，MHFS)。MHFS的方程由密度泛函法导出，该方法的精髓不是电子多粒子波动函数的计算以及随后电子密度分布函数的发现，而是某种密度泛函，其形式取决于所采用的近似方法。对于平衡状态电子密度，与热力学吉布斯势能(Gibbs potential)巧合的密度泛函值最小，使得MHFS模型具有热力学相容性。此模型中(如同能带模型中)，电子能带借助于布洛赫(Bloch)边界条件来获得。数值算法的精心调试可以使计算量大为减少，并且可以计算锂、铝、铁详细的热力学函数表。

计算量的减少是因为考虑了准经典近似中高度激发态电子的贡献，但也使模型的物理精度有一些降低。准经典性的界限对于每一种物质都独立界定。

另一种自洽场模型(self-consistent field，SCF)是文献[146]中模型的进一步发展，于文献[147]中完成，其方程用密度泛函法导出。格栅单元一如从前为圆形。使用了一个伪能带近似替换了由布洛赫边界条件所获得的真能带。

SCF 和 MHFS 的模型发展过程中形成了一些简化假设：

1. 绝热近似(把热力学函数分成了电子的和原子核的两部分)；

2. 单元的电中性(单元间相关性不考虑在内)；

3. 单元为圆形(不能用于描述未压缩物质)；

4. 按照斯莱特模型用“局部交换”代替交换性相互作用；

5. 蒸发物质中存在能带，其中不仅远程有序(long-range order)缺席，近程有序(short-range order)也缺席；

6. 从多粒子问题过渡到单电子近似。

简化假设单纯的罗列就已经表明，这些模型急需实验验证。源自于本身固有性质的模型适用性范围现在还没有可靠地确立。某些模型简化对热力学函数的影响很难理解，但它们所引起的偏差与壳层结构的全部影响相当，这一点被图 3.37 中的铝材料冲击绝热曲线范例所确证。显然壳层结构甚至在 TF 近似也可接受的区域也表现出了相当可观的效应，这时振荡冲击绝热曲线互相之间、以及与平滑关系曲线之间的最大偏差在压力为 100 Mbar 时观测到。图 3.37 中也列出了 ACTEX 模型[149]和 INFERNO 模型[148]的冲击绝热曲线，其中都考虑了原子的壳层结构。ACTEX 模型[149]建立在电离平衡等离子体模型基础之上，其中利用了由实验光谱数据所确定的有效电子势能，也考虑了离子-离子强相互作用。根据 ACTEX 在模型适用区域所进行的计算结果，处于考虑了和没考虑德拜-哈凯尔(Debye-Huckel)修正的沙哈方程组(Saha equations)解的数据之间。在 L-壳层电离区域内，铝材料冲击绝热曲线上电子-离子相互作用变得与动能相当，也就是，振荡下半波超出了模型适用区域。这就解释了为什么在给定区域内 ACTEX 模型的冲击绝热曲线与其他的差别如此之大。较高压力(温度)条件下，可以见到比较好的一致性。

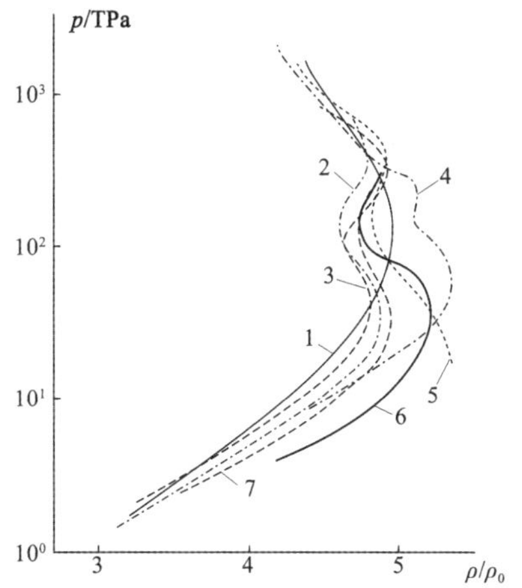

图 3.37 不同模型铝材料压缩曲线图[69,125,135]

1——TFK；2、3、6——MHFS；4——INFERNO[148]；5——ACTEX[149]；7——SCF[147]

MHFS 和 SCF 模型中所采用的一系列近似恰巧与 INFERNO 模型[148]发展过程中所采用的一致。然而文献[148]中没有能带分解，这就对绝热曲线较低部分的性状产生了影响：INFERNO 模型壳层结构的发端点向高压区域移动，并且与分解情况相比表现得更为清晰。除此之外，INFERNO 模型中热力学参量因各种(报告有三种可能性)模型关系而关联，不同于它们在 MHFS 和 SCF 模型中的严格制约关系。压力高于 1000 Mbar 条件下、并且没有关于模型的全部信息时，要解释 INFERNO 模型与其他模型之间冲击绝热曲线的差别目前十分困难。

图 3.38 列出了[140]用反射法所获得的 Al 和 Pb 的冲击压缩性数据，分别对应于 35 ~ 240 Mbar 和 80 ~ 550 Mbar 压力区间。这样就暴露出了与量子统计(Quantum-Statistical，QS)模型之间显著的差别，认为对于等离子体冲击压缩热力学中“壳层”效应的体现是一件好事。

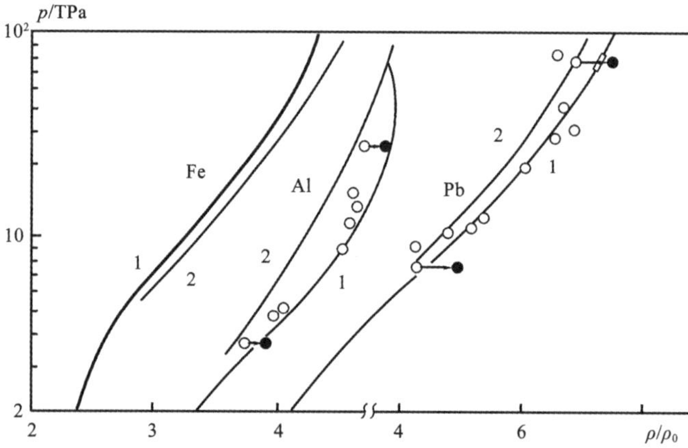

图 3.38　铝和铅在超高压力下的冲击绝热曲线[140]

箭头表示铁制基准件绝热曲线在从曲线 1 向曲线 2 过渡时实验数据的偏移

当代量子力学状态方程完整模型包含三个部分：描述电子性状的方程；原子核的方程；原子单元边界上考虑了相邻单元电子和原子核影响的边界条件。这些部分应该相互相容，但当代大多数模型还做不到(TF 和 QS 模型是例外[141])。不相容热力学对冲击绝热曲线的影响目前还不能完全解释清楚。但是不应该排除这样一种可能性——振幅和相位的差异部分地源于这一因素。

有关铝等离子体冲击压缩实验数据的总合列于图 2.31 上，那里的最高点对应于一个纪录——地球条件下最极端的参量[125-127]。这类等离子体的内能密度达 $E\approx10^9$ J/cm^3，已经接近于核物质能量密度，而 $p\approx4$ Gbar 的压力已经接近于太阳内部的压力了。这些条件下的等离子体($n\approx4\times10^{24}$ cm^{-3}、$T\approx8\times10^6$ K[126,127])不简并，$n\lambda^3\approx0.07$，而是十二重电离，而且非理想性参数不大，$\Gamma\approx0.1$。这就是萨哈罗夫院士[8]有关理论工作者的“天堂”说的实验例证，也就是超极端状态的分析、以及超高能量密度极限状态下等离子体物理性质的简化。显然所研究的参数范围与能量和光辐射平衡压力对系统的热力学有显著贡献的区域相邻：

$$E_n \sim \frac{4\sigma T^4}{c},\ P_R \sim \frac{E_R}{3}$$

也就是，实现“第三”思想[8]所必需的物质的动力学模式得以实现。

最后，我们引用哈里顿院士——阿尔扎马斯-16核中心、如今的俄罗斯联邦核中心，全俄实验物理科学研究院总设计师——的话来结束本章：“我惊叹并倾倒于我们的人民在1946—1949年间所成就的一切……后来也那么不容易。但这一时期的紧张工作、英雄主义、创造性思维的飞扬和献身精神难以尽述。经过四年与法西斯殊死搏斗之后，我的祖国打破了美国对原子弹的垄断。战后八年，首次在世界上制造并实验了氢弹。又经过十二年，发射了第一颗人造地球卫星。再过四年，首先打开了人类通向宇宙的道路……你们看，这些都是人类文明史上具有永恒意义的里程碑……

导弹核武器的研制需要付出极限强度的人类智慧和努力。或许，有一个辩解理由是，虽然核武器以前所未有的破坏力威胁了地球上的生命将近50年，却也阻止了世界强国的战争，阻挡了迈向全人类无可挽回的灾难的脚步。大概我们时代最大的悖论是，最尖端的大规模杀伤性武器，迄今为止，却促进了地球上的和平，成为强有力的威慑遏止性关键力量……”[13,39,62,63]。

第 3 章参考文献

[1] Физика ядерного взрыва / Под ред. В. Верховцева, В. Е. Фортова. Т. 1. — М.: Министерство обороны РФ, ЛЕМ, Физматлит, 2009. 核爆炸物理学. 维尔霍夫采夫,等编.

[2] *Зельдович Я. Б.*, *Харитон Ю. Б.* // ЖЭТФ. 1940. Т. 10. С. 477. 泽尔多维奇,等. 实验物理及理论物理杂志.

[3] *Смит Г. Д.* Атомная энергия для военных целей / Под ред. Г. Н. Иванова. — М.: Государственное транспортное железнодорожное изд-во, 1946. 斯米特. 军事用途的原子能,伊万诺夫编.

[4] *Илькаев Р. И.* О фундаментальных физических исследованиях во Всероссийском научноисследовательском институте экспериментальной физики // УФН. 2011. Т. 181, №4. С. 405-410. 伊尔卡耶夫. 关于全俄实验物理科学研究院的基础物理学研究.

[5] К 65-летию образования Российского федерального ядерного центра — Всероссийского научно-исследовательского института экспериментальной физики (Научная сессия отделения физических наук Российской академии наук, 6 октября 2010 г.) // УФН. 2011. Т. 181, №4. С. 405-447. 庆祝俄罗斯联邦暨全俄实验物理科学研究院核中心 65 周年(俄罗斯科学院物理学分部学术会议,2010 年 10 月 6 日).

[6] *Фортов В. Е.* Экстремальные состояния вещества. — М.: Физматлит, 2009. 弗尔托夫. 物质的极端状态.

[7] *Фортов В. Е.* Экстремальные состояния вещества на земле и в космосе // УФН. 2009. Т. 179, №6. С. 653-687. 弗尔托夫. 地球上及太空中的物质极端状态.

[8] *Сахаров А. Д.* Научные труды ОТФ ФИАН. — М.: Центрком, 1960. 萨哈罗夫. 学术文集.

[9] *Rhodes R.* Dark Sun: The Making of the Hydrogen Bomb. — N.Y.: Simon and Schuster, 1995.

[10] Атомный проект СССР: Документы и материалы. Т. 1. 1938-1945. Ч. 1 / Под ред. Л. Д. Рябева. — М.: Физматлит, 1998. 苏联原子计划,文件和材料,里亚别夫编.

[11] Атомный проект СССР: Документы и материалы. Т. 2. Атомная бомба. 1945-1954. Кн. 1 / Под ред. Л. Д. Рябева. — М.: Физматлит, 1999. 苏联原子计划,文件和材料,里亚别夫编.

[12] Атомный проект СССР: Документы и материалы. Т. 2. Атомная бомба. 1945-1954. Кн. 2 / Под ред. Л. Д. Рябева. — М.: Физматлит, 2000. 苏联原子计划,文件和材料,里亚别夫编.

[13] *Гончаров Г. А.*, *Рябев Л.Д.* О создании первой отечественной атомной бомбы // УФН. 2001. Т. 171, №1. С. 79-104. 冈恰洛夫,等. 关于第一枚国产原子弹的研制.

[14] Экстремальные состояния Льва Альтшулера / Под ред. Б. Л. Альтшулера, В. Е. Фортова. — М.: Физматлит, 2011. 阿尔特舒列尔的极端状态,阿尔特舒列尔,等编.

[15] Термоядерное оружие // Википедия. 热核武器,维基百科.

[16] Ядерное оружие // Википедия. 核武器,维基百科.

[17] *Андрюшин И. А.*, *Илкаев Р. И.*, *Чернышев А.К.* Решающий шаг к миру. Водородная бомба с атомным обжатием РДС-37. — Саров: РФЯЦ-ВНИИЭФ, 2010. 安德琉申,等. 走向和平决定性的一步。原子压缩的氢弹 RDS-37.

[18] История Советского атомного проекта / Под ред. В. П. Визгина. — СПб.: Изд-во РХГУ, 2002. 苏联核计划历史,维兹金编.

[19] *Hansen C.* US Nuclear Weapons: The Secret History. — N.Y.: Orion books, 1988.

[20] *Rutherford E.* The Scattering of α and β Particles by Matter and the Structure of the Atom // Philosophical Magazine, Series 6. 1911. V. 21. P. 669-688.

[21] *Atzeni S.*, *Meyer-ter-Vehen J.* The Physics of Inertial Fusion: Beam Plasma Interaction, Hydrodynamics, Hot Dense Matter. International Series of Monographs on Physics. — Oxford University Press, USA, 2004.

[22] Звезды / Под ред. В. Г. Сурдина. Астрономия и астрофизика. 2 изд. — М.: Физматлит, 2009. 仰望星空,苏尔金编.

[23] *Кочаров Г. Е.* Термоядерный котел в недрах солнца и проблема солнечных нейтрино // Энциклопедия «Современное естествознание» / Под ред. В. Н. Сойфера. Т. 4. Физика элементарных частиц. Астрофизика. — М.: Магистр-пресс, 2000. С. 28. 孔恰洛夫. 太阳内部的热核熔炉以及太阳中微子问题 //《当代自然科学》百科全书,索菲尔编.

[24] Energy from Inertial Fusion / Ed. by W. Hogan. —Austria: IAEA, 1995.

[25] *Hively L. M.* A simple computational form for maxwellian reactivities // Nucl. Technol/ Fusion. 1983. V. 3, №2. P. 199-200.

[26] *Hively L. M.* Convenient computational forms for maxwellian reactivities // Nucl. Fusion. 1977. V. 17, №4. P. 873.

[27] *Angulo C.*, *Arnould M.*, *Rayet M. et al.* A compilation of charged-particle induced thermonuclear reaction rates // Nucl. Phys. A. 1999. V. 656, №1. P. 3-183.

[28] *Salpeter E. E.* Electron Screening and Thermonuclear Reactions // Australian Journal of Physics. 1954. V. 7. P. 373-388.

[29] *Ichimaru S.* Statistical Plasma Physics, V. II: Condensed Plasmas (Frontiers in Physics). — Reading, MA: Addison-Wesley Publishing Company, 1994.

[30] *Фортов В. Е.* Экстремальные состояния вещества. — М.: Физматлит, 2009. 弗尔托夫. 物质的极端状态.

[31] *Salpeter E. E.*, *Van Horn H. M.* Nuclear reaction rates at high densities // Astrophys. J. 1969. V. 155. P. 183-202.

[32] *Kulsrud R. M.*, *Furth H. P.*, *Valeo E. J.*, *Goldhaber M.* Fusion Reactor Plasmas with Polarized Nuclei // Phys. Rev. Lett. 1982. V. 49. P. 1248-1251.

[33] *Kulsrud R.*, *Valeo E.*, *Cowley S.* Physics of spin-polarized plasmas // Nucl. Fusion. 1986. V. 26, №11. P. 1443.

[34] *More R.M.* Nuclear spin-polarized fuel in inertial fusion // Phys. Rev. Lett. 1983. V. 51. P. 396-399.

[35] *Ponomarev L. I.* Muon catalysed fusion // Contemporary Physics. 1990. V. 31, №4. P. 219-245.

[36] *Bertin A.*, *Vitale A.* Experimental frontiers in muon-catalyzed fusion // Status and Perspectives of Nuclear Energy: Fission and Fusion, Proceedings of the International School of Physics «Enrico Fermi», Course CXVI / Ed. by C. Salvetti, R. A. Ricci, E. Sindoni. — Amsterdam: North-Holland, 1992. P. 449-468.

[37] *Фортов В. Е.*, *Попель О. С.* Энергетика в современном мире. Интеллект, 2011. 弗尔托夫,等. 当代世界的能源技术.

[38] *Сивухин Д. В.* Общий курс физики. Учеб. пособие: Для вузов. В 5 т. Т. V. Атомная и ядерная физика. — М.: Физматлит, 2002. 西武新. 普通物理课程,高等学校教材,原子及核物理学.

[39] *Харитон Ю. Б.* Речь на вручении премии Оппенгеймус. 哈里顿. 欧喷黑目斯奖颁奖致辞.

[40] *Биелло Д.* Нужны ли новые боеголовки? // В мире науки. 2008. №2. P. 32.

[41] *Альтшулер Л., Бриш А., Смирнов Ю.* На пути к первому советскому атомному испытанию // История советского атомного проекта: документы, воспоминания, исследования. — М.: Изд-во РХГИ, 2002. С. 9-48. 阿尔特舒列尔.等. 通向苏联第一次核试验之路 // 苏联原子计划历史:文献、回忆、研究.

[42] *Гончаров Г.* Термоядерный проект СССР: предыстория и десять лет пути к водородной бомбе // История советского атомного проекта: документы, воспоминания, исследования. — М.: Изд-во РХГИ, 2002. С. 49-146. 冈恰洛夫. 苏联热核计划:背景及十年通向氢弹之路 //苏联原子计划历史:文献、回忆、研究.

[43] *Гончаров Г. А.* Хронология основных событий истории создания водородной бомбы в СССР и США // Наука и общество: история советсткого атомного проекта (40 - 50 гг.). Труды международного симпозиума ИСАП-96. Т. 1. — М., 1997. С. 231-255. 冈恰洛夫. 苏联和美国研制氢弹主要事件编年史 // 科学和社会:苏联原子计划历史(1940—50 年代)。国际论坛 ISAP-96 文集.

[44] *Goncharov G. A.* // Thermonuclear milestones. 1996. V. 49, №11. P. 44-44.

[45] *Гончаров Г. А.* К истории создания советской водородной бомбы // УФН. 1997. Т. 167, №8. С. 903-912. 冈恰洛夫. 苏联氢弹研制历史.

[46] *Гончаров Г. А.* Истории становления ядерно-оружейной программы СССР // История атомных проектов. Труды международного симпозиума ИСАП-99. Т. 1. — М., 2004. 冈恰洛夫. 苏联核武器计划形成历史 // 原子计划历史。国际论坛 ISAP-99 文集.

[47] *Романов Ю. А.* Отец советской водородной бомбы // Природа. 1990. №8. С. 21. 罗曼诺夫. 苏联氢弹之父.

[48] *Holloway D. J.* Stalin and the Bomb: the Soviet Union and Atomic Energy, 1939 - 1956. — New Haven: Yale University Press, 1994.

[49] *Шафранов В. Д.* Первый период истории термоядерных исследований в курчатовском институте // УФН. 2001. Т. 171, №8. С. 877. 沙弗兰诺夫. 库尔恰托夫研究所热核研究第一阶段历史.

[50] *Teller E.* The work of many people // Science. 1955. V. 121, №3139. P. 267-275.

[51] US Congress Joint Committee on Atomic Energy, Policy and Progress in the H-Bomb Program: A Chronology of Leading Events. — Washington, DC.: US Govt. Printing Office, 1953.

[52] *Gosling F. G.* The Manhatten Project: Making the Atomic Bomb. — United Station Departament of Energy, 1994.

[53] *Гончаров Г. А.* К пятидесятилетию начала исследований в СССР возможности создания термоядерного реактора // УФН. 2001. Т. 171, №8. С. 894-901. 冈恰洛夫. 纪念苏联启动热核计划评估 50 周年.

[54] У истоков советского атомного проекта: роль разведки 1941 - 1946 гг. // Вопросы истории естествознания и техники. 1992. №3. С. 97 - 134. 苏联原子计划起源:1941 - 1946 情报工作的作用.

[55] *Бондарев Н. Д., Кеда А. А., Селезнева Н. В.* Особая папка из архива И. В. Курчатова // Вопросы истории естествознания и техники. 1994. №2. С. 114-122. 邦达列夫,等. 库尔恰托夫档案中的特殊文件夹.

[56] Архив Президента Российской Федерации (АП РФ). Ф. 93, Д. 3/45. 俄罗斯联邦总统档案.

[57] *Гуревич И. И., Зельдович Я. Б., Померанчук И. Я., Харитон Ю. Б.* Использование ядерной

энергии легких элементов // УФН. 1997. Т. 161, №5. С. 171–175. 古列维奇,等. 轻元素核能的利用.

[58] Архив Президента Российской Федерации (АП РФ). Ф. 93, Д. 3/46. 俄罗斯联邦总统档案.

[59] *Иоффе Б. Л.* «Труба», почему она не пошла. Тяжеловодородные реакторы в ИТЭФ // Наука и общество: история советсткого атомного проекта (40 – 50 гг.). Труды международного симпозиума ИСАП–96. Т. 2. — М., 1999. С. 207–244. 伊欧费.《烟囱》为什么没能竖起来。理论实验物理研究院的重氢计划 // 科学和社会:苏联原子计划历史(1940—50 年代)。国际论坛 ISAP–96 文集.

[60] *Читайкин В. И.* О работах физико-энергетического института по термоядерному оружию // Наука и общество: история советского атомного проекта (40–50 гг.). Труды международного симпозиума ИСАП–96. Т. 2. — М., 1999. С. 471–475. 契达伊金. 关于物理能源研究院在热核武器方面的工作 // 科学和社会:苏联原子计划历史(1940—50 年代)。国际论坛 ISAP–96 文集.

[61] Архив Президента Российской Федерации (АП РФ). Ф. 93, Д. 265/52. 俄罗斯联邦总统档案.

[62] *Харитон Ю. Б., Адамский В. Б., Смирнов Ю. Н.* О создании советской водородной (термоядерной) бомбы // УФН. 1996. Т. 166, №2. С. 201–205. 哈里顿,等. 关于苏联氢(热核)弹的研制.

[63] *Харитон Ю. Б., Адамский В. Б., Смирнов Ю. Н.* О создании советской водородной (термоядерной) бомбы // Наука и общество: история советсткого атомного проекта (40–50 гг.). Труды международного симпозиума ИСАП–96. Т. 1. — М., 1997. С. 200–213. 哈里顿,等. 关于苏联氢(热核)弹的研制 // 科学和社会:苏联原子计划历史(1940—50 年代)。国际论坛 ISAP–96 文集.

[64] *Феоктистов Л. Д.* Водородная бомба: кто же выдал ее секрет // Наука и общество: история советского атомного проекта (40–50 гг.). Труды международного симпозиума ИСАП–96. Т. 1. — М., 1997. С. 223–230. 费奥克季斯托夫. 氢弹:谁揭示了它的秘密 // 科学和社会:苏联原子计划历史(1940—50 年代)。国际论坛 ISAP–96 文集.

[65] 60 лет мира. К шестидесятилетию испытания первой советской атомной бомбы. — Саров: РФЯЦ ВНИИЭФ, 2009. 和平 60 年。纪念苏联第一次原子弹试验 60 周年.

[66] *Андрюшин И. А., Чернышев А.К., Юдин Ю. А.* Укрощение ядра. Страницы истории ядерного оружия и ядерной инфраструктуры СССР. — Саров, Саранск: Красный октябрь, 2003. 安德琉申,等. 核扩张。苏联的核武器及核基地历史篇章.

[67] *Феоктистов Л. П.* Лев и Атом. Творцы ядерного века. — М.: Воскресенье, 2003. 费奥克季斯托夫. 狮子和原子。核世纪的创造者.

[68] *Альтшулер Л. В.* Успехи физики высоких давлений // УФН. 1970. Т. 100, №4. С. 721–723. 阿尔特舒列尔. 高压物理学的成就.

[69] *Трунин Р. Ф.* Ударная сжимаемость конденсированных веществ в мощных ударных волнах подземных ядерных взрывов // УФН. 1994. Т. 164, №11. С. 1215–1237. 特鲁宁. 地下核爆炸产生强烈冲击波条件下凝聚态物质的冲击可压缩性.

[70] *Попов Н. А., Щербаков В. А., Минеев В. Н. и др.* О термоядерном синтезе при взрыве сферического заряда (проблема газодинамического термоядерного синтеза) // УФН. 2008. Т. 178, №10. С. 1087–1094. 波波夫,等. 关于球面载荷爆炸条件下的热核聚变(气体动力学热核聚变问题).

[71] *Анисимов С. И.*, *Беспалов В. Е.*, *Вовченко В. И. и др.* Генерация нейтронов при взрывном инициировании дд-реакций в конических мишенях // Письма ЖЭТФ. 1980. Т. 31, №1. С. 67-70. 阿尼西莫夫,等.由圆锥形目标中的 DD 反应激发爆炸从而产生中子.

[72] *Winterberg F.* Atomkernenerg // Kerntech. 1982. V. 41, №1. P. 1.

[73] *Irving D.* The German Atomic Bomb: The History of Nuclear Research in Nazi Germany. — N.Y.: Da Capo Press, 1983.

[74] *Ирвинг Д.* Атомная бомба Адольфа Гитлера. — М.: ЯУЗА. ЭКСМО, 2004. 伊尔文格. 希特勒的原子弹.

[75] *Karlsch R.* Hitlers Bombe. — Munchen: Deutsche Verlags-Anstalt, 2005.

[76] *Ландау Л. Д.*, *Станюкович К. П.* // ДАН СССР. 1943. Т. 46, №9. С. 399. 朗道,等. 苏联科学院学报.

[77] *Козырев А. С.* Газодинамический термодерный синтез // Высокие плотности энергии. — Саров: РФЯЦ-ВНИИЭФ, 1997. Р. 493. 科济列夫. 气体动力学热核聚变 // 高能量密度.

[78] *Попов Н. А.* // Высокие плотности энергии. — Саров: РФЯЦ-ВНИИЭФ, 1997. С. 493. 波波夫 // 高能量密度.

[79] *Анисимов А. Н. и др.* // Химическая физика. 1993. Т. 14. С. 749. 阿尼西莫夫等 // 化学物理.

[80] *Birkhoff G.* Hydrodynamics. Princeton: Princeton University Press, 1960.

[81] *Беленький С. З.*, *Фрадкин Е. С.* Теория турбулентного перемешивания // Труды ФИАН. Т. 29. — М.: ФИАН, 1965. 别林斯基,等. 湍流混合理论 // 苏联科学院物理研究所文集.

[82] *Richtmyer R.D.* Taylor instability in shock acceleration of compressible fluids // Communications on Pure and Applied Mathematics. 1960. V. 13, №2. P. 297-319.

[83] *Мешков Е. Е.*, *Никифоров В. В.* Высокие плотности энергии. — Саров: РФЯЦ-ВНИИЭФ, 1997. С. 188. 缅什科夫,等. 高能量密度.

[84] *Сешков Е. Е.* // Изв. АН СССР. Сер. Механика жидкости и газа. 1969. №5. С. 151. 塞什科夫// 苏联科学院出版物,液体气体力学系列.

[85] *Канель Г. И.*, *Фортов В. Е.*, *Разоренов С. В.* Ударные волны в физике конденсированного состояния // УФН. 2007. Т. 177, №8. С. 809-830. 卡涅里,等. 凝聚态物理中的冲击波.

[86] *Марчук Г. И.*, *Имшенник В. С.*, *Баско М. М.* Физика термоядерного взрыва шара из сжиженного дейтерия нормальной плотности (невозможность сферически- симметричного термоядерного взрыва при нормальной плотности жидкого дейтерия) // УФН. 2009. Т. 179, №3. С. 289-295. 马尔丘克,等. 常密度氘压缩球热核爆炸物理学(球对称常密度液氘热核爆炸的不可能性).

[87] *Феоктистов Л. П.* Термоядерная детонация // УФН. 1998. Т. 168, №11. С. 1247-1255. 费奥克季斯托夫. 热核爆轰.

[88] *Зельдович Я. Б.* Избранные труды. Химическая физика и гидродинамика. — М.: Наука, 1984. 泽尔多维奇. 选集。化学物理和气体动力学.

[89] *Chu M. S.* Thermonuclear reaction waves at high densities // Phys. Fluids. 1972. V. 15, №3. P. 413-422.

[90] *Непомнящий А. Ф.*, *Шевченко Л.П.* // Атомная энергия. 1972. №32. Р. 451. 涅波姆恩雅西等 // 原子能.

[91] *Сахаров А. Д.* Стационарная детонационная волна в гетерогенной системе А-9 +«180» // «Слойка» Сахарова. Путь гения / Под ред. И. А. Андрюшина, Р. И. Илькаева, А. К.

Чернышева. — Саров：ФГУП «РФЯЦ-ВНИИЭФ», 2011. С. 144. 萨哈罗夫. 各向异性系统 A-9 +«180» 中的定常爆轰波 // 萨哈罗夫的“千层饼”。天才之路。安德琉申，等编.

[92] *Илькаев Р. И.* Сахаров в КБ-11. Путь гения // УФН. 2012. Т. 182, №2. С. 195-201. 伊尔卡耶夫. 萨哈罗夫在 KB-11，天才之路.

[93] *Сахаров А. Д.* Научные труды / Под ред. Б. Л. Альтшулера, Л. В. Келдыша, Д.А. Киржница, В. И. Ритуса. — М.：ОТФ ФИАН-ЦентрКом, 1995. 萨哈罗夫. 学术文集。阿尔特舒列尔，等编.

[94] *Гинзбург В. Л.* 1. Использование Li-6D в «слойке». 2. Влияние взаимодействия между ядрами урана в «слойке» // «Слойка» Сахарова. Путь гения / Под ред. И. А. Андрюшина, Р. И. Илькаева, А.К. Чернышева. — Саров：ФГУП «РФЯЦ-ВНИИЭФ», 2011. С. 144. 金兹伯格，1. “千层饼”中 Li-6D 的使用。2. “千层饼”中铀原子核相互作用的影响 // 萨哈罗夫的“千层饼”。天才之路。安德琉申，等编.

[95] *Лейпунский О. И.* Гамма-излучение атомного взрыва. — М.：Атомиздат, 1959. 列普恩斯基. 原子弹爆炸的伽马辐射.

[96] *Ямпольский П. А.* Нейтроны атомного взрыва. — М.：Госатомиздат, 1961. 亚姆泊尔斯基. 原子弹爆炸的中子.

[97] *Reichert U.* Nuclear testing and a comprehensive test ban-background and issues. — Darmstadt (Germany)：Inst. Kernphysik, 1989.

[98] *Hansen C.* U. S. Nuclear weapons. The secret history. Arlington (Texas)：Aerofax Inc., 1988.

[99] *Cochran T. B., Arkin W. M., Hoenig M. M.* Nuclear weapons datebook. V.1. U.S. Nuclear forces and capabilities. — Ballinger Pub. Co., 1985.

[100] *Компанеец А. С.* Радиоизлучение атомного взрыва // ЖЭТФ. 1958. Т. 35, №6(12). С. 1538-1543. 康姆帕涅耶茨. 原子弹爆炸的无线电辐射.

[101] *Броуд Г. Л.* Динамика газа с излучением：общий численный метод // Действие ядерного взрыва. — М.：Мир, 1971. 布罗乌德. 辐射气体动力学：一般数值方法 // 核爆炸效应.

[102] *Зельдович Я. Б., Райзер Ю.П.* Физика ударных волн и высокотемпературных гидродинамических явлений. — М.：Наука, 1966. 泽尔多维奇，等. 冲击波和高温流体力学现象物理学.

[103] *Кноулз К. Р., Броуд Г. Л.* Теория процессов кратерообразования // Удар, взрыв, разрушение / Под ред. В.Н. Николаевского. — М.：Мир, 1981. С. 8-42. 克诺乌尔兹，等. 火山口形成过程理论 // 冲击，爆炸，破坏。尼古拉耶夫斯基编.

[104] *Купер Г. Ф., Броуд Г. Л., Лей Д. Д.* Некоторые основные аспекты действия ядерного оружия // Расчеты взрывов на ЭВМ. Подземные взрывы / Под ред. Г.Л. Броуда. — М.：Мир, 1981. С. 104-134. 库沛尔，等. 核武器效应的几个基本方面 // 电子计算机的爆炸计算。地下核爆炸。布罗乌德编.

[105] *Замышляев Б. В., Евтерев Л. С.* Модели динамического деформирования и разрушения грунтовых сред. — М.：Наука, 1990. 扎美施里亚耶夫，等. 土壤介质动力学变形和破坏模型.

[106] *Григорян С. С., Евтерев Л. С.* О действии сильного взрыва на поверхности скального полупространства // ДАН СССР. 1975. Т. 222, №3. С. 544-547. 格里高良，等. 强爆炸在岩石半空间表面的作用 // 苏联科学院学报.

[107] *Кочарян Г. Г.* Модель необратимого деформирования горного массива блочной структуры при взрывном воздействии // Действие взрыва в неоднородной среде. Взрывное дело. — М.：Недра, 1990. №90/47. 孔恰良. 爆炸作用下高原采矿结构不可逆变形模型 // 爆炸在不均匀介质中的作用。爆炸知识.

[108] *Адушкин В. В., Спивак И. А.* Расчетная модель взрывного деформирования твердой среды со структурой // Действие взрыва в неоднородной среде. Взрывное дело. — М.: Недра, 1990. №90/47. 安杜什金,等. 坚硬介质与结构的爆炸变形计算模型.

[109] *Садовский М. А., Костюченко В. Н.* О затухании сейсмических волн взрыва в массиве горных пород // ДАН СССР. 1988. Т. 301, №6. С. 1344-1347. 萨多夫斯基,等. 关于地震波在大片高山岩石中的衰减 // 苏联科学院学报.

[110] *Купер Г. Ф., Сауэр Ф. М.* Движение грунта, связанное с образованием воронки и приложения к масштабному приведению размеров воронок // Удар, взрыв, разрушение / Под ред. В.Н. Николаевского. — М.: Мир, 1981. С. 43-80. 库沛尔,等. 与弹坑形成以及弹坑尺度规模效应相关的土壤运动 // 冲击,爆炸,破坏。尼古拉耶夫斯基编.

[111] *Замышляев Б. В., Евтерев Л. С., Лоборев В.М., Чернейкин В. А.* Локальный двухмодальный закон распределения обломков по размерам при взрывном разрушении горных пород // ДАН СССР. 1987. Т. 293, №2. С. 326-329. 扎美施里亚耶夫,等. 爆炸破坏高山岩石碎片按尺度分布的局地双模式规律 // 苏联科学院学报.

[112] *Онуфриев А. Т., Христианович С. А.* Об особенностях турбулентного движения в вихревом кольце // ДАН СССР. 1976. Т. 229, №1. С. 42-44. 奥努富里耶夫,等. 涡旋环圈中湍流运动的特殊性 // 苏联科学院学报.

[113] *Сэффмен Ф.* Динамика завихренности // Современная гидродинамика: успехи и проблемы / Под ред. Д. Бэтчелора, Г.Моффата. — М.: Мир, 1984. С. 77-90. 塞福曼. 涡量动力学 // 当代气体动力学:成就和问题。贝切罗尔,等编.

[114] *Израэль Ю. А., Стукин Е. Д.* Гамма-излучение радиоактивных выпадений. — М.: Атомиздат, 1967. 以色列,等. 放射性下降的伽马辐射.

[115] *Израэль Ю. А.* Изотопный состав радиоактивных выпадений. — М.: Гидрометеоиздат, 1973. 以色列,放射性下降的同位素组分.

[116] *Сахаров А. Д.* Радиоактивный углерод ядерных взрывов и непороговые биологические эффекты // Советские ученые об опасности испытаний ядерного оружия. — М.: Атомиздат, 1959. 萨哈罗夫. 核爆炸的碳元素放射性和非临界生物效应 // 苏联学者谈关于核武器试验的危险性.

[117] *Аврорин Е. Н., Водолага Б. К., Симоненко В. А., Фортов В. Е.* Мощные ударные волны и экстремальные состояния вещества // УФН. 1993. Т. 163, №5. С. 1-34. 阿夫洛林,等. 强冲击波和物质极端状态.

[118] *Альтшулер Л. В., Моисеев Б. Н., Попов Л. В. и др.* // ЖЭТФ. 1968. №54. С. 785. 阿尔特舒列尔,等. 实验物理及理论物理杂志.

[119] *Трунин Р. Ф., Подурец М. А., Симаков Г. В. и др.* // ЖЭТФ. 1969. №56. С. 1172. 特鲁宁,等. 实验物理及理论物理杂志.

[120] *Трунин Р. Ф., Подурец М. А., Симаков Г. В. и др.* Экспериментальная проверка модели Томаса-Ферми для металлов при высоких давлениях // ЖЭТФ. 1972. Т. 62, №3. С. 1043-1048. 特鲁宁. 高压状态下金属的托马斯-费米模型的实验检验.

[121] *Трунин Р. Ф., Медведев А.Б., Фунтиков А. И. и др.* // ЖЭТФ. 1989. №95. С. 361. 特鲁宁,等. 实验物理及理论物理杂志.

[122] *Зубарев В. Н., Подурец М. А., Попов Л. В. и др.* Ударная сжимаемость и уравнение состояния меди в области высоких давлений // В сб.: Доклад Всесоюзн. симп. по импульсным

давлениям. Т. 1. 1974. С. 61. 祖巴列夫,等. 高压状态下铜的冲击压缩性和状态方程.

[123] *Аврорин Е. Н.*, *Водолага Б. К.*, *Волков Л. П. и др.* Ударная сжимаемость свинца, кварцита, алюминия, воды при давлении 100 Мбар // Письма ЖЭТФ. 1980. Т. 31, №12. С. 727-729. 阿夫洛林,等. 100 Mbar 压力下铅、石英、铝、水的冲击压缩性.

[124] *Аврорин Е. Н.*, *Водолага Б. К.*, *Волошин Н.П. и др.* // ЖЭТФ. 1987. Т. 93. С. 613. 阿夫洛林,等. 实验物理及理论物理杂志.

[125] *Аврорин Е. Н.*, *Симоненко В. А.*, *Шибаршов Л. И.* Физические исследования при ядерных взрывах // УФН. 2006. Т. 176, №4. С. 449. 阿夫洛林,等. 核爆炸的物理学研究.

[126] *Владимиров А. С.*, *Волошин Н. П.*, *Ногин В. Н. и др.* Ударная сжимаемость алюминия при давлениях P>1 Гбар // Письма ЖЭТФ. 1984. Т. 39, №2. С. 69-72. 伏拉基米洛夫,等. P> 1 Gbar 压力条件下铝材料的冲击可压缩性.

[127] *Симоненко В. А.*, *Волошин Н. П.*, *Владимиров А. С. и др.* // ЖЭТФ. 1985. Т. 88. С. 1452. 西蒙年科,等. 实验物理及理论物理杂志.

[128] *Ragan III C. E.*, *Silbert M. G.*, *Diven B. C.* Shock compression of molybdenum to 2,0 TPa by means of a nuclear explosion // J. Appl. Phys. 1977. V. 48, №7. P. 2860-2870.

[129] *Ragan C. E.* Ultrahigh-pressure shock-wave experiments // Phys. Rev. A. 1980. V. 21, №2. P. 458-463.

[130] *Ragan C. E.* Shock-wave experiments at threefold compression // Phys. Rev. A. 1984. V. 29, №3. P. 1391-1402.

[131] *Ragan C. E.* Shock compression measurements at 1 to 7 TPa // Phys. Rev. A. 1982. V. 25, №6. P. 3360-3375.

[132] *Mitchel A. C.*, *Nellis N. C.* Shock impedance match experiments in alwninum beetween 0.1-2.5 TPa (1-25 Mbar) // Shock waves in condensed matter / Ed. by I.R. Asay, R. A. Graham, G. R. Straub. — Elsevier Sciens Publ., 1983.

[133] *Fuqian J.* Shock wave physics research in China. 1989 / Ed. by S. C. Schmidt, I. N. Johnson, L.W. Davison. — Elsevier Science Publ., 1990. P. 133.

[134] *Волков Л. П.*, *Волошин Н.П.*, *Владимиров А. С. и др.* Ударная сжимаемость алюминия при давлении 10 Мбар // Письма ЖЭТФ. 1980. Т. 31, №11. С. 623. 沃尔科夫,等. 10 Mbar 压力下铝的冲击压缩性.

[135] *Аврорин Е. Н.*, *Водолага Б. К.*, *Симоненко В. А.*, *Фортов В. Е.* Мощные ударные волны и экстремальные состояния вещества // УФН. 1993. Т. 163, №5. С. 1. 阿夫洛林,等.强冲击波和物质极端状态.

[136] *Модель И. Ш.*, *Нарожный А. Т.*, *Харченко А. И. и др.* Об уравнениях состояния графита, алюминия, титана и железа при давлениях>13 Мбар // Письма ЖЭТФ. 1985. Т. 41, №6. С. 270-272. 莫德里,等. 压力大于 13 Mbar 条件下石墨、铝、钛、铁的状态方程.

[137] *Елисеев Г. В.*, *Модель И. Ш. и др.* // ДАН СССР. 1966. №289. С. 850. 叶里塞耶夫,等. 苏联科学院学报.

[138] *Никифоров А. Ф.*, *Уваров В. Е.* // ДАН СССР. 1970. №191. С. 47. 尼基弗洛夫,等. 苏联科学院学报.

[139] *Киржниц Д.*, *Лозовик Ю.*, *Шпатаковская Г.* Статистическая модель вещества // УФН. 1975. Т. 117, №9. С. 3. 基尔日尼茨,等. 物质的统计学模型.

[140] *Фортов В. Е.*, *Храпак А. Г.*, *Якубов И. Т.* Физика неидеальной плазмы. — М.: Физматлит,

2004. 弗尔托夫,等. 非理想等离子体物理学.

[141] *Фортов В.* Уравнения состояния вещества. — М.: Физматлит, 2013. 弗尔托夫. 物质状态方程.

[142] *Шпатаковская Г.* Квазиклассический метод в задачах квантовой физики. — М.: LAP LAMBERT Academic Publishing, 2012. 施巴达科夫斯卡娅. 量子物理学问题的准经典方法.

[143] *Fortov V.*, *Yakubov I.*, *Khrapak A.* Physics of Strongly Coupled Plasma. — Oxford: Clarendon Press, 2006.

[144] *Voropinov A. I.*, *Gandel'man G. M.*, *Podval'nyi V. G.* Electronic energy spectra and the equation of state of solids at high pressures and temperatures // Physics-Uspekhi. 1970. V. 13, №1. P. 56–72.

[145] *Никифоров А. Ф.*, *Новиков В. Г.*, *Уваров В. Б.* // Вопросы атомной науки и техники. 1979. Т. 4, №16. С. 16. 尼基弗洛夫,等. 原子科学和技术问题.

[146] *Rozsnyai B. F.* Relativistic hartree-fock-slater calculations for arbitrary temperature and matter density // Phys. Rev. A. 1972. V. 5, №3. P. 1137–1149.

[147] *Синько Г. В.* // Численные методы механики сплошных сред. 1979. №10. С. 124. 新科. 连续介质力学数值方法.

[148] *Young D. A.*, *Wolford J. K.*, *Rogers F. J.*, *Holian K. S.* Theory of the aluminum shock equation of state to 104 Mbar // Phys. Lett. A. 1985. V. 108, №3. P. 157–160.

[149] *Rogers F. J.* Equation of state of dense, partially degenerate, reacting plasmas // Phys. Rev. A. 1981. V. 24, №3. P. 1531–1543.

第4章

高能量密度物理学中的强激光

激光技术的飞速发展导致了纳秒、皮秒、飞秒①甚至阿秒超短脉冲激光出现的可能，也引起了现有的和计划中的激光综合体向拍瓦(10^{15} W，PW)和泽瓦(10^{21} W，ZW)功率级别(图4.1、图4.2)进军(见表2.2、表2.3、图2.2)，使获得大跨度功率密度、直到以我们现有的知识所能达到的极限高的 $q\approx10^{22}\sim10^{23}$ W/cm^2[1-5]成为可能，毫无疑问，所谓的"极限"还会随时间的推移而进一步突破。

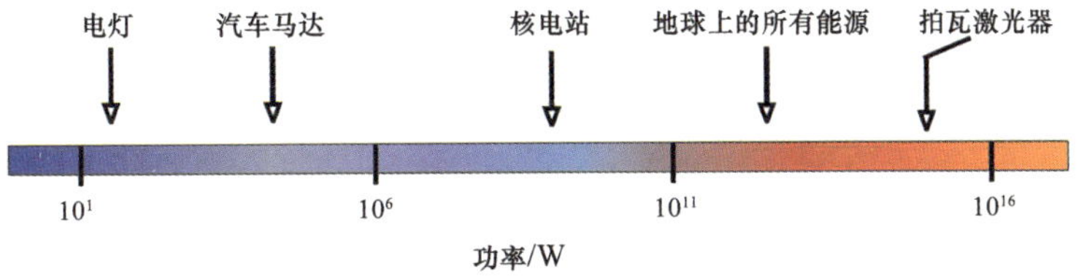

图4.1　功率标尺

如此巨大光通量作用于目标将导致各种各样的新型物理效应[1,4,6,7]，如多光子电离、自聚焦[8]和各种性质的丝状形成、超强电场和超强磁场的生成、电子和离子加速到相对论速度、这类快速粒子所诱发的核反应、等离子体的相对论"透明"、非线性调制和多重谐振波的生成、有质动力效应、"空心"离子的形成、流体力学中的相对论效应以及很多其他效应，都是我们目前集中研究的对象(见[1，9]的概述及其参考文献)，其中的某些现象我们将在本章仔细分析。

4.1　激光辐射强度的发展

激光辐射功率密度的进一步发展将伴随着出现全新的现象[7,10]，如电子-正电子对偶的自发产生("真空沸腾"及其透明度的损失[1,6,9-24])、微量相对论物质的出现、冲击波和相对论等离子体通量的生成、类似天体物理学的射流和γ射线暴等，将来还可能实现量子引力显现的条件[25-27]。在此全新强度水平上，也可能出现其他受控热核聚变机制(6.2节)、核反应机制、获得短寿命同位素的新方法，以及高效率紧凑型加速器

① 用于对照：10 fs(飞秒)相对于1 min(分钟)的比率等于1 min(分钟)相对于宇宙年龄的比率。

特别的设计方案(6.4 节)等。

图 4.2 列出了辐照强度提高的进程，以及为研究高能量密度物理学所开辟的条件[1,7,10]。

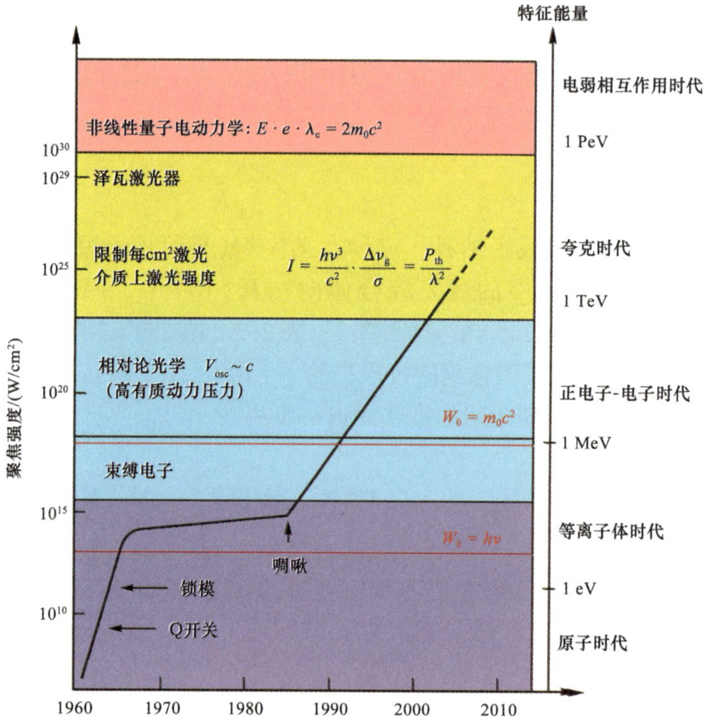

图 4.2　激光辐射强度随时代的增长[1,10]

1960 年代辐射强度的快速发展导致了由束缚电子(特征能量有 eV 量级)所激发的众多非线性效应的发现。当代辐射强度的飞速发展也给人们研究相对论电子能量($W\approx m_ec^2\approx 0.5$ MeV)条件下的过程创造了条件

激光发明之后很快就记录到了大量非线性光学现象[8,18-24]，包括自动聚焦、激光辐射所导致的原子内部场和分子场的变形，以及受激拉曼散射、布里渊散射和汤姆逊散射，还有多光子电离以及一系列其他与束缚电子相关的非线性效应。

从建造第一代激光器开始，提高激光辐射峰值功率便曾经是、并仍然是量子电子学最重要目标之一[28]。所谓“高峰值功率”概念本身也经常变化，如今便是指功率不小于 1 PW。20 世纪 60—70 年代激光功率的迅猛发展建立在 Q 开关(Q-switch，置信区间调制)和锁模原理基础之上，所以仅用了 40 年就把激光脉冲持续时间从微秒级缩短到了皮秒级[1]。沿这一方向进一步的发展受限于激光器庞大的体积和昂贵的价格，以及不得不在光学元件的光线稳定性极限状态运行。

当代激光物理学领域的“复兴”要归功于 1985 年光学脉冲啁啾(带有频率偏移)(图 4.2、图 4.3)放大技术的发明[30]，打开了通向数太瓦(10^{12} W，TW)、拍瓦、甚至是艾瓦(10^{18} W，EW)级别激光系统的道路[7,28]，送达目标的最大功率密度达 $q\approx10^{22}$ W/cm^2，理论极限约 3×10^{23} W/cm^2。此类技术中[30]，原始的短激光脉冲在通过色散元件(例如衍射光栅)的时间内被拉宽(图 4.3[29])。脉冲被分解成光谱分量，每一分量通过的路径都略有不同，取决于它的波长，在时间和空间上都拉宽了数万倍，代价是谱分量的疏散。如此拉宽的脉冲具有比原始值小得多的强度，并且可能很容易放大。脉冲持续时间内也会发生这个拉宽脉冲的谱修剪(线性调频，即所谓的"啁啾")——从开始到结束频率连续地变化。包含较小功率密度的拉宽脉冲以普通方式被激光活性介质放大——活性介质于是在小得多的通量功率条件下运作——并到达另一非线性部件，目的是在另一色散系统——(最动力十足的部件)压缩器——进行光学压缩。这种方案的特点在于，激光介质中正是有比较低强度的拉宽脉冲在被放大。如果说传统技术是用互相垂直的两组透镜使辐射聚焦，新技术则可以同时进行三维聚焦，由此使作用到目标上的功率密度急剧升高。

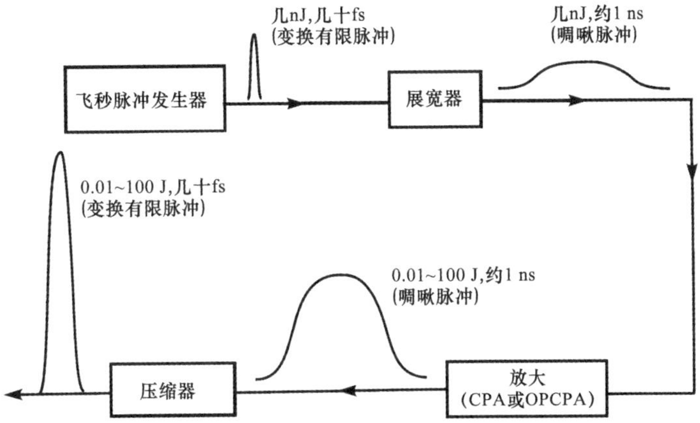

图 4.3 飞秒激光器总体示意图[29]

啁啾原理无一例外被用于所有功率 1 TW 及以上的激光[29]。它能够使激光辐射强度提高 5~6 个数量级，从根本上降低了激光器的尺寸和成本，使之成为"台式"装置，甚至小规模的大学实验室也能负担。此外，这些激光很容易与受控热核聚变大型装置("快"点火——6.2.3 节)和带电粒子加速器(见 6.4 节、图 5.10)相组合，既为从真空生成对偶[6,20-23,31]、也为获得研究光子-光子对撞所需要的强烈光辐射[32]这类量子电动力学(QED)非线性效应提供一种记录方式。

与啁啾技术同步发展的还有获取超强脉冲的新技术，建立在非线性光学晶体中光参量放大(Optical Parametric Chirped Pulse Amplification，OPCPA，光学参量啁啾脉冲放大)基础之上[33]。参量放大的优势在于啁啾脉冲空前高的增益系数——通过晶体一次能量增益就可达到 3~4 个数量级。其他积极的方面还有，大口径晶体家族 KDP (potassium dihydrophospate，磷酸二氢钾)生长技术得到很好的发展，通过定标比例放大器级联可以提高所生成脉冲的能量。目前的三类放大器——钛蓝宝石晶体 CPA、钕玻璃 CPA、KDP 晶体和 DKDP 晶体(potassium dideuterophosphate，磷酸二氘钾) OPCPA——具有几乎相同的 1 PW 功率极限。

现有的和计划中的拍瓦激光器根据增益介质可分成三种类型：1) 钕玻璃；2) 蓝宝石；3) KDP 晶体和 DKDP 晶体中的参量放大器(见来自文献[29]的表 4.1)。所有三类激光器中，能量(以粒子数反转的形式)贮存在玻璃中的钕离子内。第一种情况，这股能量直接转变成啁啾脉冲能量，然后脉冲被压缩。第二、三种情况，贮存的能量转变成窄带纳秒脉冲，该脉冲在转变成二次谐波之后成为啁啾脉冲泵浦放大器。此泵浦或者保证蓝宝石晶体中的粒子数反转，或者在非线性晶体中参变衰减成两个啁啾脉冲。

表 4.1　拍瓦(10^{15} W)激光概念对照

放大介质	钕玻璃 (Nd: glass)		掺钛蓝宝石 (Ti: sapphire)		磷酸二氘钾 (DKDP)晶体		掺铬钇铝石榴石陶瓷 (Cr: YAG ceramics)	
能源	Nd: glass		Nd: glass		Nd: glass		Nd: glass	
泵浦光		(+)	2ω Nd[1)]	(−)	2ω Nd	(−)	1ω Nd[2)]	(0)
泵浦时间/ns		(+)	>10	(0)	1	(−)	>10	(0)
放大器口径/cm	40	(0)	8	(−)	40	(0)	>50	(+)
最小脉宽/fs	250	(−)	25	(+)	25	(+)	25	(+)
效率($1\ \omega$ Nd → fs)/%	80	(+)	15	(0)	10	(−)	25	(0)
1 kJ 1ω Nd 输出拍瓦数	3.2(3)[3)]		6(1.5)[4)]		4		10	
实现的功率/PW	1.36		1.1		1.0		—	

符号“+”、“-”和“0”分别对应于特征值高于平均、低于平均和平均值[29]

1) 钕激光二次谐波。

2) 钕激光一次谐波。

3) 从钕激光一次谐波脉冲到飞秒脉冲。

4) 衍射光栅和蓝宝石晶体的辐射阻抗把最大功率分别限制在了 3 PW 和 1.5 PW 水平。

峰值功率取决于被压缩脉冲的宽度及其能量。最大能量在钕玻璃激光中达到，因为粒子数反转形式所贮存的能量直接转变成了啁啾脉冲。然而钕激光玻璃的窄带放大把压缩脉冲宽度限制在了数百飞秒水平。结果衍射光栅的光学阻抗也制约了向数拍瓦级别前进的脚步。

不同于钕玻璃激光，蓝宝石激光保证了宽带放大，可将脉冲压缩到 10~20 fs。同时在现有晶体生长技术条件下，蓝宝石晶体口径不超过 10 cm。如此之小的口径在跨越拍瓦功率水平门槛的努力中将导致啁啾脉冲能量受到限制，原因是光学击穿和自聚焦。

目前世界上有数十台拍瓦级激光器或者正在运行(见图 2.2 和表 2.3、来自文献[28]的表 4.2)，或者将很快投入使用，迄今为止最先进的技术给我们带来了希望——将来能够获得 10^{28} W/cm^{2}级别的超高功率密度[1,7,9]。来自文献[28]的表 4.2 中列出了这类系统的特性并标出了计划中的实验。

表 4.2 辐射峰值功率>100 TW、脉冲宽度≤1 ps 的现役装置

研究中心 \ 激光器名称 \ 国别	激光器类别	峰值功率	脉冲能量/J	最小脉宽/fs	峰值光强/(W/cm^2)	重复频率/Hz	研究主要路线
俄罗斯							
俄罗斯联邦核中心“全俄实验物理研究院”(RFYaTs-VNIIEF)	DKDP	1 PW	70	70		每天几次	激光热核聚变(LTF)物理学，e物质极端状态，激光驱动粒子加速
PEARL 俄罗斯科学院应用物理研究所(IAP RAS)	DKDP	560 TW	24	43		每天几次	电子加速，生物医学应用
USA							
NIF 劳伦斯利弗莫尔国家实验室(LLNL)	Nd: Glass	1.8×10^6	3×10^3			每天几次	激光热核聚变
Callisto LLNL	Ti: Sa	300 TW	18	60	5×10^{20}		电子加速
美国							
Trident 洛斯阿拉莫斯国家实验室(LANL)	Nd: Glass	200 TW	100	500	5×10^{20}		离子加速，实验室天体物理学
OMEGA EP 罗彻斯特大学(University of Rochester)激光能量学实验室(LLE)	DKDP	1 PW	1000	1000	$>10^{20}$		LTF新点火方案，高能量密度实验

续表

研究中心 / 激光器名称 / 国别	激光器类别	峰值功率	脉冲能量/J	最小脉宽/fs	峰值光强/（W/cm^2）	重复频率/Hz	研究主要路线
Hercules 密歇根大学（University of Michigan）超快光学科学中心（CUOS）	Ti: Sa	300 TW	17	50	2×10^{22}	0. 1	相对论激光等离子体，粒子加速，X 射线（XR）辐射的产生
Texas Petawatt Laser（德克萨斯拍瓦激光器） 德克萨斯大学奥斯汀分校（University of Texas at Austin，UT Austin）	Nd: Glass	1. 1 PW	186	165		每天几次	粒子加速，生物医学应用
BELLA 劳伦斯伯克利国家实验室（Lawrence Berkeley National Laboratory，LBNL）	Ti: Sa	1. 1 PW	43	40		1	
Titan 劳伦斯利弗莫尔国家实验室（LLNL）	Nd: Glass	500 TW	200	400			
Diocles 内布拉斯加大学林肯分校（University of Nebraska-Lincoln，UNL）	Ti: Sa	700 TW	20	30			

续表

国别 / 激光器名称 / 研究中心	激光器类别	峰值功率	脉冲能量/J	最小脉宽/fs	峰值光强/（W/cm^2）	重复频率/Hz	研究主要路线
英国							
Vulcan 卢瑟福－阿普尔顿实验室（Rutherford Appleton Laboratory，RAL）	DKDP	1 PW	500	500	10^{21}	每天几次	LTF 物理，物质极端状态，激光驱动粒子加速，实验室天体物理学
Astra Gemini RAL	Ti: Sa	2×0.5 PW	2×20	40	10^{22}	1/20	粒子加速，相干 XR 源，实验室天体物理学
Orion 原子武器研究所（Atomic Weapon Establishment，AWE）	Nd: Glass	2×0.8 PW	2×500	600			
法国							
PETAL 原子能和替代能源委员会（Atomic Energy and Alternative Energies Commission，CEA）	Nd: Glass	2 PW	3000	1.5×10^{-3}			
德国							
PHELIX 亥姆霍兹重离子研究中心（GSI Helmholtz Center for Heavy-Ion Research）	Nd: Glass	1 PW	500	500			激光辐射与重离子束相互作用

续表

研究中心 / 激光器名称 / 国别	激光器类别	峰值功率	脉冲能量/J	最小脉宽/fs	峰值光强/（W/cm^2）	重复频率/Hz	研究主要路线
PEnELOPE 亥姆霍兹德累斯顿-罗森多夫研究中心（Helmholtz Center Dresden-Rossendorf）	Ti: Sa	1.3 PW	200	150			
日本							
大阪大学（Osaka University）激光工程研究所（Institute of Laser Engineering，ILE）	DKDP	1 PW	500	500	10^{20}	每天 3~4 次	LTF，高能量密度物理
日本原子能研究所（Japan Atomic Energy Agency，JAEA）高等光子研究中心（Advanced Photon Research Center，APRC）	Ti: Sa	850 TW	29	33		10	相对论光学
加拿大							
ALLS 国立科学研究院（Institut National de la Recherche Scientifique，INRS）先进激光光源（Advanced Laser LightSource，ALLS）	Ti: Sa	200 TW	5	25		10	X 射线到红外辐射范围与物质的相互作用

续表

国别 / 激光器名称 / 研究中心	激光器类别	峰值功率	脉冲能量/J	最小脉宽/fs	峰值光强/(W/cm²)	重复频率/Hz	研究主要路线
韩国							
光州科学技术院(Gwangju Institute of Science and Technology; GIST, Gwangju)先进光子学研究所(Advanced Photonics Research Institute, APRI)	Ti: Sa	100 TW 1 PW	3 30	30 30		10 0.1	相对论汤姆逊散射，硬X射线产生，电子加速
中国							
上海光学精密机械研究所(Shanghai Institute of Optics and Fine Mechanics, SIOFM)	Ti: Sa	890 TW		29		10	相对论激光等离子体，粒子加速，X射线产生
Shengan-IIU 中国科学院长春光学精密机构与物理研究所(Changchun Institute of Optics, Fine Mechanics and Physics, Chinese Academy of Sciences)	Ti: Sa	1.1 PW	32	28		1	

激光系统 HERCULES[34]每次能够在 10 s 内产生约 300 TW 光脉冲。当前的辐射强度最高纪录——靶上约 2×10^{22} W/cm^2——属于这台激光，是把脉冲聚焦成 1 μm 尺度的焦斑而获得的。

德国 PHELIX 激光装置[35]使用钕玻璃，可以获得能量高达 1 kJ 的激光脉冲，功率 >500 TW。激光器以两种模式运行——长模式(0.7~20 ns、0.3~1 kJ、10^{16} W/cm^2)和短模式(0.5~20 ps、120 kJ、10^{20} W/cm^2)。

我们来看一些其他高功率激光建造项目[29]。首先我们来看俄罗斯的项目[36]，由俄联邦核中心(萨洛夫)完成，俄罗斯科学院应用物理研究院也参加了。名为“光线”(Луч)的装置(二次谐波脉冲能量有 1 kJ、脉冲宽度为 2 ns)的通道之一被用于泵浦。经特别设计的激光作为“光线”装置通道的主控振荡器，既保证飞秒激光泵浦的、也保证参数放大前期级联激光泵浦的同步性。终级增益之后，啁啾脉冲最大能量目前将近 100 J。四光栅压缩器效率为 68%。脉冲压缩全部结束之后的输出功率将达到 2 PW 左右。

到 2014 年，英国的卢瑟福-阿普尔顿实验室(Rutherford-Appleton Lab.，UK)计划升级现有的 OPCPA 激光装置 Vulcan，功率从 1 PW 升到 10 PW[37]。作为两级串联放大器泵浦，Vulcan 使用了两组钕玻璃激光通道，每一通道脉冲的能量有 600 J。利用了 DKDP 晶体中的超宽带同步性，啁啾脉冲波长将近 910 nm。这一设计的特别之处在于啁啾脉冲很长(3 ns)。

不久前启动了两个庞大的泛欧洲激光项目 HiPER(High Power Laser Energy Research，高功率激光能源研究)[38]和 ELI(Extreme Light Infrastructure，极端光基础设施)[39]。HiPER 项目主要研究方向是相对中等辐射能量压缩激光靶时的激光受控热核聚变——二次谐波的能量小于 0.4 MJ，而 NIF(National Ignition Facility)装置中三次谐波的是 1.8 MJ。这么“经济”的能量是通过利用与纳秒脉冲一类的更短(1 ps 量级)脉冲而得来，其功率从 150 到 2000 PW，用于点燃热核靶(快点火)。ELI 项目的目的是建立由三个科学中心组成的网络，每个中心将建造超强(10~30 PW)飞秒激光，用于在高能量密度物理学领域进行独特的科学研究。这些泛欧洲项目中，飞秒激光(DKDP 晶体中主要波长为 910 nm 的啁啾激光脉冲参量放大)的建造样式对于将来的定标放大被认为是最优选择。

OPCPA 方案并不是所讨论的方案中用于将来制造数拍瓦和艾瓦级别激光器的唯一方案。口径为 30~40 cm 的蓝宝石晶体的出现，数种标号钕玻璃的应用使增益带得以加宽都很有可能。特别有意思的一个概念涉及激光陶瓷——一种新型光学材料，把玻璃和单晶体的优点结合在一起。激光陶瓷已经为高平均功率激光带来了实质性的改良。这一方向上的激光技术在迅猛发展，现在已经发表了小功率飞秒陶瓷激光方面的大量结果。高功率激光目前在实践中没有采用陶瓷，但在将来，以陶瓷为基础的激光完全可以与钕玻璃激光、蓝宝石激光以及 OPCPA 激光一较高下。

文献[29]特别提出了一个概念，就是建造以掺铬钇铝石榴石(Cr: YAG)陶瓷为基础的超强飞秒激光，兼有传统性原理(能量来源——钕玻璃的纳秒激光脉冲，CPA)和使用激光陶瓷而开辟的新的可能性。从表 4.1 可以看出，由 Cr: YAG 制成的陶瓷同时具有三项关键性质：很宽的增益带，可以使脉冲放大到 20 fs；很大的口径，可以将啁啾脉冲放大到数千焦耳水平；钕玻璃窄带激光辐射很高的转换效率。这些性质发掘出了建造独特激光（峰值功率 100 PW、泵浦能量达 10 kJ）的潜能。我们注意到，虽然由 Cr: YAG 陶瓷所制成的元件还没有作为有源元件，它们已经广泛应用于被动调 Q（Q-switch）技术中。

除大口径外，能够制成实际上不能以单晶形式生成的有源介质也是陶瓷极为重要的优势。掺钕和镱的一些稀土元素氧化物可以作为成品实例：Nd: Y_2O_3、Nd: Lu_2O_3、(Nd, Yb): Sc_2O_3、Yb: Y_2O_3等等。有人还提出过建造数拍瓦激光的另一种方案：大口径陶瓷（Nd, Yb）: Lu_2O_3或（Nd, Yb）: Sc_2O_3中的闪光灯泵浦 CPA，类似于钕玻璃激光的，其脉冲宽度大得多。激发态从钕离子传递到镱离子，镱离子可以保证宽的频带（只有使用二极管激光时才可能实现镱的直接泵浦，因此使定标放大比较困难）。如果同时使用几种氧化晶体（Sc_2O_3、Y_2O_3、Lu_2O_3等）还有可能获得更宽的频带，类似于使用几种标号的钕玻璃或者几种含有铬离子的石榴石。因此在不久的将来，可能会出现基于激光陶瓷中的 CPA 的新型拍瓦或数拍瓦方案。

全世界已建造的拍瓦激光器很快将成为征服高能量密度物理学新领域——极端光场物理学——的工具。将来拍瓦激光可以用作基础研究的带电粒子加速器，也可以用于军事技术和医学应用范畴。从最近的成果看来，应当建造同位素工厂，可用于正电子放射成像术，以及获得用于强子治疗的紧凑且廉价的离子源。

凡此种种潜在的应用以及拍瓦激光领域巨大的进步，引起了商业公司想掌握拍瓦级别技术的很大兴趣，这更加速了激光技术的发展。这一切不禁使我们憧憬着，再过五到十年，拍瓦激光（也包括 OPCPA 激光）将不再是稀有的东西，全世界很多实验室都可以得到。

向较小（阿秒，10^{-18} s）激光脉冲宽度的转变发掘出了高能量密度物理学、化学、生物学和医学等诸多领域意义重大的又一波潜力[28]。显然，以激光辐射与气体射流相互作用条件下所生成的高阶谐振为基础的源成为了初级阿秒脉冲源。由于原子电离时辐射对原子的非线性作用，高频谐振在 10^{13} W/cm^2 条件下已经出现。超短（1~2 个光学周期）激光辐射的利用可以在射流中获得约 100 as 级别的脉冲，对于超短时间尺度原子分子过程的研究意义重大。

激光与固体靶相互作用条件下超短辐射的生成更为有效[28]。文献[28]认为多普勒效应是生成这类辐射的机制之一。

紧随固态等离子体表面高次谐波产生机制研究的下一个重要工作见文献[40]。该文献作者注意到，超相对论极限状态电子的辐射具有同步性，发生在短暂时间间隔内，因此所生成光谱的截止频率不是由电子相对论因子的平方来定义，而是由立方来定义。这一理论结果得到了卢瑟福-阿普尔顿实验室（RAL）中 Vulcan 装置的实验证明[41-43]。

把光学辐射转变成阿秒脉冲最令人着迷的目的之一，是解决获取超高强度以观测真空非线性效应的问题。特别是正如新近的计算和评估结果所显示的[18]，要观测电子-正电子对偶生成的雪崩现象，真空中所需要的强度必须在 10^{26} W/cm^2 的水平，高于不久将进行的国际合作项目目标强度三个数量级[39]。缩短波长是提高强度显而易见的路径之一，从而减小衍射极限所限制的极限聚焦下的能量聚集体积。除了从等离子体球形表面生成阿秒脉冲聚焦的方案[44]，还提出过迎面激光脉冲聚焦的概念，激光脉冲从以相对论速度运动的电子镜面反射，而电子镜面产生于尾流波的破碎[45]或是电子从薄膜中的有质动力喷出[46]。实际上这一机制被所生成辐射相对不高的效率和不良的空间相干性所严重制约。

从提高能量转换效率方面考虑，一种在超临界等离子体表面倾斜辐射生成高功率阿秒脉冲的模式看起来是魅力无穷[47,48]。通过有质动力施加于表层的电磁波触发了电子向等离子体内部的移动。不同于垂直入射情况，倾斜入射时运动参考系中等离子体通量的存在会导致磁场的出现，该磁场由电子向等离子体内部运动过程中所产生的裸离子所形成[28]，其本身也是场的双半周期内，波的有质动力作用对电子施加影响方面有所差别的起因。

等离子体中内部场的出现以及等离子体部分电子运动的加速，在这一阶段会导致等离子体入射波能量的累积。由于线性偏振情况下光压的力在场周期内振荡，某些时刻在电荷分离力量作用下，形成于电子移动的纳米束撕裂并飞向入射波，成为阿秒爆发源。这时第一阶段所累积的能量在数十阿秒时间内就辐射出去了。由于和机械弹簧能量积累状况有相似之处，这种三阶段过程描述被称为相对论电子弹簧模型[49]。

正如粒子云网格(Particle-in-cell，PIC)模拟所显示的，使用 10 PW 级别激光脉冲条件下可以在数纳米尺度区域内达到 1.8×10^{26} W/cm^2 的强度。

生成高阶谐波的另一种有前途的机制[28]是所谓的相干尾流辐射[50]，包括在下列叙述中。激光辐射与固体靶表面相互作用时会产生在等离子体内部运动的电子束团[51]。当存在密度梯度时这些束团将[28]诱发等离子体波动，其频率是束团重复率的倍数，而后者本身取决于激光脉冲频率。这些等离子体波动在某些密度梯度条件下出现，因此它们可以放射出同样频率的电磁波。这样所产生的(各频率)谐波可一直到对应于靶内最高电子密度的等离子体频率谐波(的出现)。

相干尾流辐射的生成可以在一系列实验中观测到。2004 年的实验中[52]，碳、铝薄膜在 10^{18} W/cm^2 强度的激光辐射作用下，观测到了被照射靶背面的谐波。在只有 2×10^{16} W/cm^2 的激光脉冲强度照射下，观测到了一直到第 18 阶的谐波。

总结本节内容我们看到，值得期待数拍瓦级别激光源的出现，以达到 10^{23} W/cm^2 量级的辐射强度。当今世界上有几个国家正在研制设计峰值功率达 10 PW 的激光装置。它们是英国的 Vulcan-10 PW，法国的 ILE-Apollon，以及俄罗斯的 PEARL-10。欧洲特大工程项目 ELI 框架内，捷克、匈牙利和罗马尼亚正在建造三座超强激光综合体，将用于进行相应的超强场中的基础物理学研究、阿秒脉冲的生成问题研究，以及光致核反应过程研究。期待获得能量为数 GeV 的单能电子束，能量为 1 GeV 水平的离子束，光子能量为数 GeV 的超亮伽马射线，亚阿秒宽度的超短脉冲，以及使用阿秒宽度的脉冲条件下成就创纪录的 10^{26} W/cm^2 的辐射强度[28]。

4.2 强激光辐射作用下的物理效应

这类高能量密度激光技术的出现使得强度沿着标尺能够充分地向上爬升，使得实验室研究能够从原子态和固态过程转向热等离子体、激光核物理学、高能量物理学、相对论研究，甚至于转向标准模型界限之外的宇宙学研究[1,53,54]。

高功率激光辐射的作用，将导致吉巴(Gbar)压力、每厘米太伏电场、吉高斯(GGs)磁场的相对论等离子体中的新型强非线性物理现象[1,9,55-57](图 4.2)。

除了众所周知的自聚焦、受激散射、波阵面变陡效应之外，还出现了全新效应——光成丝、流体力学中的相对论和有质动力效应，以及激光等离子体中非热力学吉伏(GV)电子和数兆伏离子的充分产生，它们能够引起核反应[1,9,10,58-66]。这里所指的是极短的飞秒级别的光脉冲，其间电磁波也只能完成几个周期的振荡。

分析了因提高了作用强度而出现的物理效应之后，我们将沿着激光强度曲线向上移动(图 4.2)。从 $q>10^{14}$ W/cm^2(对应 $\lambda=1$ μm)开始，激光冲击波振幅压力进入了兆巴范围[1,9,11-13,67-72]，相应的定标律为[11-13]

$$p(\mathrm{TPa})=0.87\,[q(\mathrm{W/cm^2})]^{2/3}\cdot[\lambda(\mu\mathrm{m})]^{-2/3}$$

从 $q>3.4\times10^{18}$ W/cm^2 开始，在氢的第一玻尔轨道(Bohr orbit)上，激光波中的电场强度 $E=\sqrt{4\pi q/c}$ 与原子核的电场强度 $E_a=e/a_B^2\approx5\times10^9$ V/cm 相当。要电离 U_i(eV)的能量水平，强度必须为

$$q(\mathrm{W/cm^2})=\frac{4\times10^9U_i^4(\mathrm{eV})}{Z^2}$$

在这些条件下，激光辐射使周围介质电离，转变成加热的等离子体。该参数区域内一直在进行着有趣的实验，包括激光辐射生成强冲击波实验[11,71-73](见图 4.4)和激光等离子体中生成快速带电粒子实验[6,9,74-76](图 4.5)。

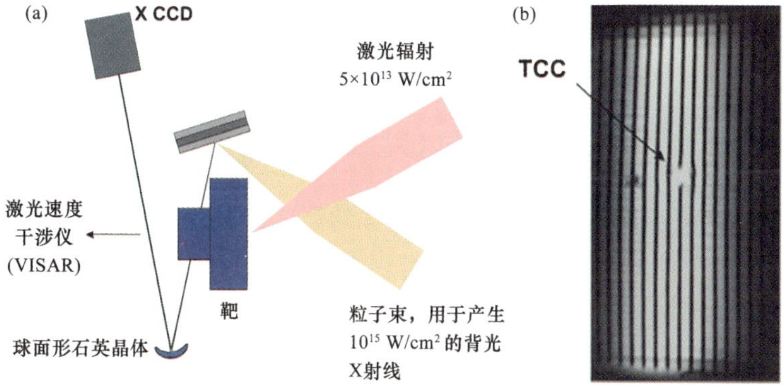

图 4.4 (a)激光辐射生成冲击波实验[73]；(b)通过 5 keV X 射线辐射的吸收来测量冲击压缩等离子体的密度(VISAR，velocity interferometry system for any reflector，可用于任何反射体的速度干涉测量系统；CCD，charge-coupled device，电荷耦合装置；TCC，target chamber center，靶室中心)

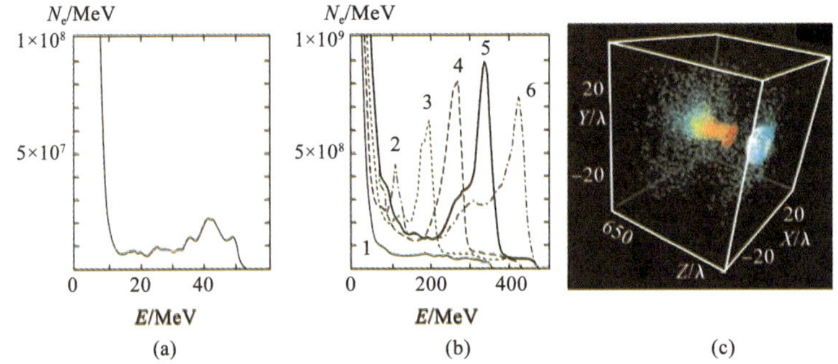

图 4.5 激光辐射加速的电子的能谱[9,74]

(a) 20 mJ、6.6 fs；(b) 12 J、33 fs，光谱的时间演化：1——$ct/\lambda=350$，2——$ct/\lambda=450$，3——$ct/\lambda=550$，4——$ct/\lambda=650$，5——$ct/\lambda=750$，6——$ct/\lambda=850$；(c) 12 J、33 fs、$z/\lambda=690$ 的激光辐射在数密度为 10^{19} cm^{-3} 的等离子体中的传播，$q\approx10^{19}$ W/cm^2 时非热力学电子的三维能量分布图像，能量超过 10 MeV 的电子每隔 10 keV 用不同颜色标示

需要重点指出的是，在利用激光驱动的冲击波来建立高密度冲击压缩等离子体状态方程的试验中，成功地采用了快速汤姆逊散射技术[77]，与标准强冲击波技术相比，从根本上扩充了冲击波实验的信息量[78,79]。

从大致相同的 $q>10^{17}$ W/cm^2 功率密度出发，在吸收区域明显地生成了数兆电子伏量级的非热力学电子和离子[58,59,61-66,75,76,80-91]。从 10^{18} W/cm^2 开始，有质动力光压与等离子体流体力学压力相当[1,9,10,12,13]。

当激光波场中被加速的电子的动能升高到了它的静止能量量级 m_ec^2 时，相对论效应将变得极为重要，导致条件

$$q_{pe}\cdot\lambda^2\approx1.37\times10^{18}\frac{W\cdot\mu m^2}{cm^2}$$

成立。当 $\lambda=1$ μm 时，给出的值就是 10^{18} W/cm^2。

因此有史以来第一次在地球条件下得到了微量具有相对论能量的物质[1,9,13]，其所具有的电子的相对论质量是静止能量质量的 100 倍量级。

在强度

$$q_{pp}=\left(\frac{M_p}{m_e}\right)^2q_{pe}\approx5\times10^{24}\ W/cm^2$$

条件下，质子的运动将变成相对论的，希望这样的强度很快能在实验中实现。

激光辐射变成“相对论”强度现在已经带来了[1]一些有意思的物理结果[2]，包括：X 射线[92-96]和伽马射线[97-100]辐射的生成，电子感应加速器辐射的生成[101,102]，等离子体中(图 4.6)[56,103-106]和大气中[107-115]的相对论自聚焦，高阶谐波的生成[116-123]，电子[6,9,75,76,80,81,83,85-88,124]、质子和离子[60-62,64-66,82,84,89-91,125]的加速，中子[126-128]和正电子[21,58,59,63]的生成，电子涡旋和孤子[1,9,57,80]的出现，超兆高斯磁场的生成[55,57,129,130]，以及量子电动力学效应的显现[6,13,18,22,23,131]。

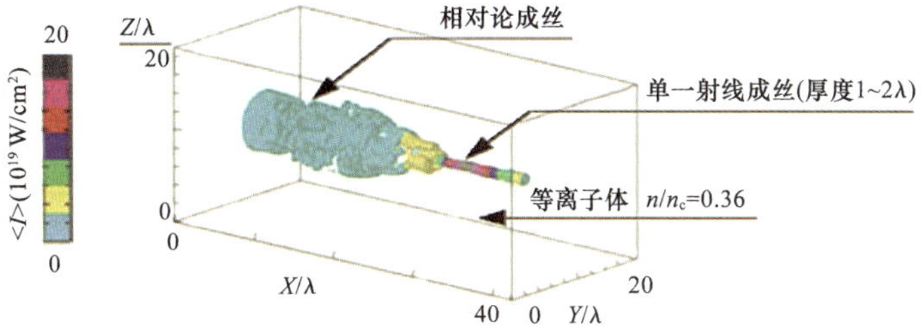

图 4.6 激光脉冲的自聚焦[9]

高强度辐射条件下会发生等离子体的相对论透明化[1,9,10]，与电子质量的相对论增长和相应临界等离子体频率$\omega_p=\sqrt{4\pi e^2 n_e/\gamma m}$（这里 γ 为相对论洛伦兹因子(Lorentz factor)，n_e为电子数密度）的下降相关，与有质动力对等离子体密度的修正相关，也与激光脉冲本身的频率变换相关[7,120,132]。

与相对论透明化效应一起，激光辐射的相对论自聚焦效应也是人们极为关注的[1]，该效应由等离子体介电常数的变化引起，原因是相对于光线传播方向的横向电子质量的相对论增长，以及有质动力作用下等离子体密度的空间重新分布。自聚焦临界功率可以从文献[103]等的工作中获得：

$$W_{cr}=\frac{m_e c^5\omega^2}{e^2\ \omega_{pe}^2}\approx 17\left(\frac{\omega}{\omega_{pe}}\right)^2\ \mathrm{GW}$$

观测这类效应的实验在文献[56，104-107]中有所介绍。用 PIC 模拟激光束成丝现象的结果[9]见图 4.7。这类激光脉冲多射线结构的出现是由于成丝不稳定性以及光束横向不均匀性的摆动，类似于自聚焦现象。等离子体中激光辐射的自聚焦和成丝会导致电子涡漩的发展[133]，强烈补偿流的形成，以及强磁场的生成。关于激光等离子体中兆高斯和千兆高斯磁场的生成问题我们将在 4.8 节详细介绍。

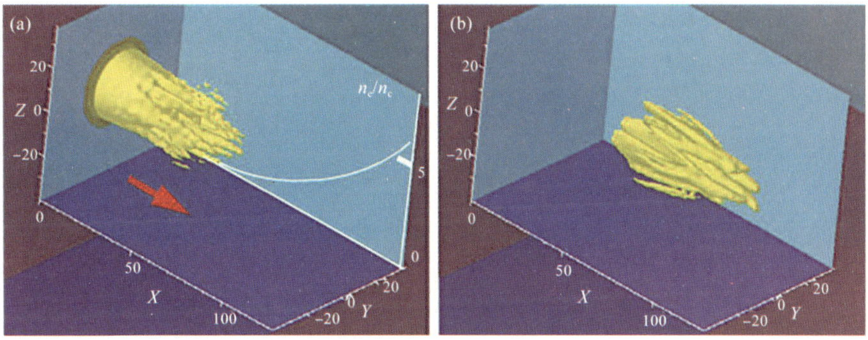

图 4.7 拍瓦宽激光脉冲形成多丝[9]

由于它们的等离子体屏蔽作用，所出现的数个通道准独立地进行传播

文献[134]中研究了生成太赫兹(10^{12} Hz，THz)级别(约 0.6 THz)辐射的可能性，条件是用约 0.1 ns 的激光脉冲以高强度 $I\approx 10^{18}\sim 10^{19}$ W/cm^{2}照射靶子。研究通过数值模

拟来进行，使用了相对论电磁场程序 PIC。在此类脉冲和靶的相互作用下，靶上就形成了等离子体(图 4. 8)。从等离子体中逃离的电子形成了一个虚阴极，其振荡不仅由电子场本身决定，也由等离子体的离子场决定。整个过程在太赫兹频率范围内发生，而且生成效率是离子缺席状况——也就是传统的 reditron(一种改进型虚阴极振荡器)生成机制——的三倍，量值合计为电子束功率的约 10%。

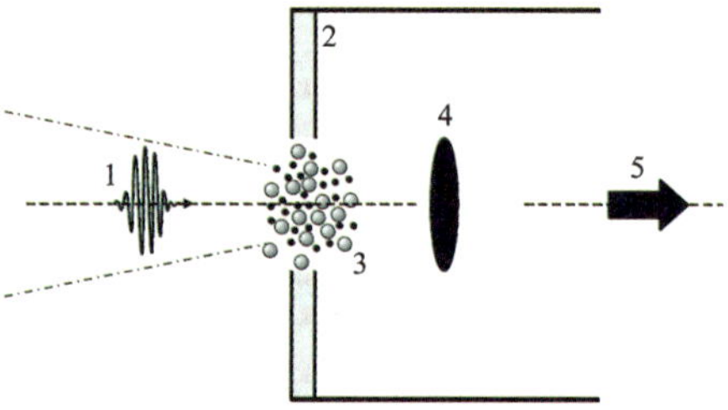

图 4. 8　研究中的发生器示意图[134]

1——激光脉冲；2——靶；3——等离子体；4——虚阴极；5——生成的辐射

太赫兹兆伏特激光脉冲的生成，其现状和前景在文献[135]中有通盘分析。

文献[136]中有关激光等离子体流迎面相撞的实验，目的是生成无碰撞冲击波，原理见图 4. 9。CH_2 制成的薄膜安装于激光装置 OMEGA 中，被强度为约 10^{16} W/cm^2 的激光通量照射。汤姆逊散射方法的利用表明，膨胀速度为约 2000 km/s 时，消融等离子体所具有的电子温度约 110 eV，密度约 10^{18} cm^{-3}。这类流动的迎面碰撞导致无碰撞冲击波的生成，这在天体物理等离子体中非常普遍[137](第 9 章)。

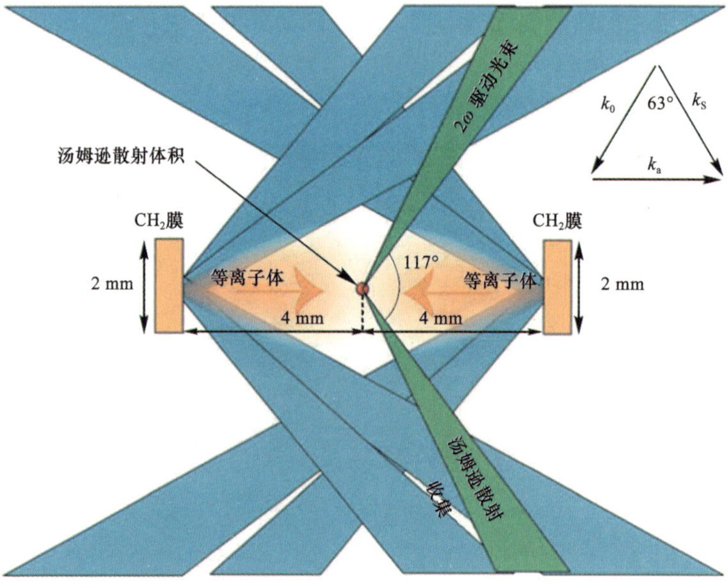

图 4. 9　激光生成无碰撞冲击波的实验布局[136]

每一片箔材被 10 束波长约 351 nm(3ω)、脉冲宽度 1 ns、焦斑尺度约 250 μm 的激光照射

与无碰撞冲击波相关的开尔文-亥姆霍兹(Kelvin-Helmholtz)湍流的发展在文献[138]中有所记述，文中利用光学干涉量度法和质子射线照相术研究了冲击波、接触间断和整体的流动的动力学。

相对论性质的值得研究的效应[9,13]与强非线性等离子体波紧密相关，该波在等离子体中构成真空通道和“气泡”(图 4.10[9])，形成带电粒子的等离子体透镜，产生频率从太赫兹到 X 射线区间的强电磁辐射[7,120,132]，并激发无碰撞冲击波[1]。

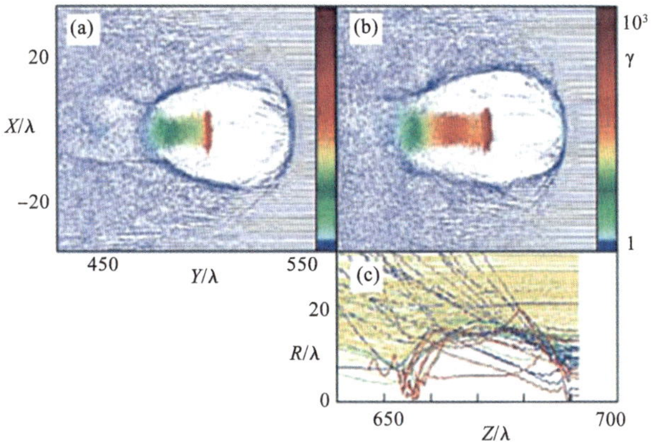

图 4.10 等离子体中在能量为 12 J 的 33 fs 激光脉冲作用下的孤子“气泡”

(a) $ct/\lambda=500$；(b) $ct/\lambda=700$；(c)随激光脉冲移动的坐标系中的电子轨迹。电子的轨迹用不同颜色标记，各出发点具有不同的离轴距离[9]

两束相对论强度共线激光在等离子体中的传播[4]导致产生强尾流电磁波，使电子加速(图 4.5)，加速速率甚至可以高达 100 MV/cm，比普通约等于 5 kV/cm 的加速速率高出数千倍(见 6.4 节)，同时也产生了极强的纵向电场[6]：对应于激光辐射强度 $q\approx 10^{18}$ W/cm^{2}的电场强度是约 2 TV/m，而对应于 10^{23} W/cm^{2}的是大约 0.1 PV/m。这样的加速速率可能意味着，通常 50 GeV 能量的 SLAC(Stanford Linear Acceleration Center, USA)加速器的激光版本也许只有 100 μm 长[6]。如今已经进行了激光加速实验，在激光辐射强度 $10^{18}\sim10^{19}$ W/cm^{2}条件下，成功地将电子加速到了 1 GeV① 能量[139-141]。可以相信，未来数拍瓦和艾瓦级别激光的出现[7]，将在总动能 GeV 量级条件下，实现 TV/cm 加速速率(详见 6.4 节)。

文献[65]中，使用中等强度 $W\approx5\times10^{17}$ W/cm^{2}的激光辐射与冷冻纳米靶相互作用，可获得能量 5.5~7.5 MeV 的质子流。

在激光等离子体中非线性的其他千奇百怪表现中，我们特别注意了光学波阵面的非线性变陡(类似于流体力学中冲击波的形成[142])、等离子体射流的形成[143]和高阶谐波的生成[116-123,132]，它们对于光刻、全息摄影和医学等具有现实意义。

在环形偏振电场作用下，等离子体中的电子进行圆周运动，产生同步加速器辐

① 英译本此处为 10~170 MeV。

射[1,92,95,96,144]，要描述该辐射在相当高强度下的性质，相对论效应具有重要意义。对于 $\lambda=1\ \mu m$，这种辐射主导模式从强度 $q\approx3\times10^{22}\ W/cm^2$ 开始得以实现，此时激光能量的绝大部分以硬 X 射线形式辐射出去。

量子光学效应从 $q\approx1.4\times10^{26}\ W/cm^2$ 开始起作用[6]，此时电子动能大约是 50 TeV。当 $q\approx10^{21}\ W/cm^2$ 时，光压大约是 300 Gbar，接近于太阳中心压力，并大大高于核爆炸近源区域压力[145-148]（见第 3 章）。

高强度激光有助于获得超高加速度 $a_e=a_0\omega c\approx10^{30}g$（无量纲辐射波幅 $a_0=eE/m_e\omega c\approx10^5$ 条件下），接近于黑洞的施瓦氏半径（Schwarzschild radius）区域内的加速度[149,150]（见 8.3 节），这就原则上提供了对黑洞及假设"虫洞"附近条件进行模拟、验证广义相对论预言的可能性。特别是当 $q\approx10^{26}\ W/cm^2$ 时电子加速度是 $a=10^{27}g$，已经接近于黑洞"事件视界"上的条件[10,53,149,151]。如果如此极端巨大的加速度将来能够实现，那么显然有可能研究特殊安鲁电磁辐射（Unruh radiation）了[25-27]，该辐射类似于引力效应引发的霍金辐射（Hawking radiation）。这种情况下应该出现增量（与麦克斯韦方程组（Maxwell equations）计算相比）电磁辐射，其有效温度为 $kT=\hbar a/c$。该辐射功率与同步加速器辐射功率之比，在强度 $q\approx10^{18}\ W/cm^2$ 时，为 10^{-6}，并且随 $\sqrt{q}$ 同比增长，所以有希望在高强度激光辐射条件下记录到这个辐射。

当激光辐射功率密度达到更高的 $q\approx3\times10^{29}\ W/cm^2$ 时，就有可能使短距离上有关时间-空间维度变化的当代量子引力理论预言得到验证[53,152-155]。根据文献[153]，这一距离是 $r_n\approx10^{32/n-17}$ cm，这里 n 是大于 4 的空间维度。这种情况下，电子波动函数（electron wave function）反映 n 在 3 以下、距离在 10^{-6} cm 以内的另一引力定律。

超高光学辐射强度条件下，如 $q\approx3\times10^{29}\ W/cm^2$ 时，量子电动力学效应、偏振效应、真空击穿效应、电子-正电子对偶的自发生成[21-23]成为最重要因素，然后夸克-胶子等离子体就出现了。

真空中电子-正电子对偶的自发生成问题涉及很多有意思的状况，例如重原子核（从 $Z_1+Z_2>135$ 起）的碰撞[156]、黑洞的蒸发[157]、宇宙中粒子的诞生[158]等。要使量子电动力学中的击穿效应显现，特征电场标度[10]就是施温格强度（Schwinger intensity）

$$E_S=\frac{m^2c^3}{e\hbar}\approx10^{16}\ V/cm$$

以康普顿波长（Compton wavelength）$\lambda_C=2\pi\hbar/(mc)$ 就足够将电子加速到相对论量值，对应的激光辐射超高强度为：

$$q_{QED}=q_{pe}\frac{\lambda^2}{\lambda_C^2}\approx8.1\times10^{30}\ W/cm^2$$

要实现这些超极端条件，在体积为 1 mm^3 空间内聚焦 $\lambda\approx1\ \mu m$ 的激光，就需要 1 MJ 量级的能量释放。这一产生电子-正电子对偶的强度阈值在有原子核造成散射的情况下会大为降低（到 $10^{22}\ W/cm^2$ 量值）[23,159]。

两束正面相对传播的激光的合成提供了产生对偶的临界强度，为 $10^{26}\ W/cm^2$ 量级，低于单光束阈值两个数量级[160]。

文献[161]分析了获得超相对论 $kT\gg m_ec^2$ 电子-正电子等离子体的可能性，此时等离子体温度为 10 MeV 量级，通过以脉宽 330 fs、强度约 7×10^{21} W/cm^{2}的激光辐射双面加热金箔而获得。使用了量子电动力学以及与夸克-胶子等离子体类似的技术。

提供给激光等离子体的高能量密度，不仅足以引起多种多样的电子过程，而且足以引起各种核转变(核反应)，如活化作用、裂变和聚变、原子核嬗变等[6,59,90,162-168]。除了由等离子体场生成的伽马射线、电子和质子辐射流所引起的低能核反应外，更复杂的核转变机制也有可能。例如，约 $10^{17}Z^6$ W/cm^{2}的强度条件下将发生 Z 重原子电离，使电荷为 Z 的原子核失稳。因此内壳层电子敲落出来，导致重元素的衰变[164]。

文献[97-99，162，165，166]的工作方向之一，是利用激光加速到能量超过 200 MeV 的电子随后在重靶中的减速，以生成数兆伏特的 γ 射线轫致辐射来诱发光核反应。铀的光核反应已经得到成功展示，然后钍元素的也实现了[163,166,167]。不久前也实现了[168]((γ，n)反应的结果)将^{129}I(半衰期是 15.7 百万年的放射性产物主要成分)激光嬗变为半衰期为 25 分钟的^{128}I。这类实验中，重原子核库仑场(Coulomb field)中电子-正电子对偶生成反应机制起着重要作用，其反应截面大大(两个数量级)高于^{238}U(γ，f)的光核反应截面。

激光光核反应可能的应用中，还需要特别指出[162]的是有关医用放射性同位素的获取、核常数的测定，以及反恐用放射性物质的探测。

由于将激光辐射能量传递给质子使之高能有比较高的能量转换效率(大约 12%[166])，所以高能质子可用于通过核反应(p，xn)和(p，f)制造脉冲中子源。总的来说，该类中子源强度能够[162]大大高于来自氘团簇库仑爆炸的强度(每焦耳 10^5个中子)。文献[169，170]的实验中记录到了 1.2×10^9 个铋原子，为得到这一结果必须从(p，xn)反应中产生超过 2×10^9 个中子，因此每焦耳激光能量的中子产额大约是 5×10^6个。文献[171]中对于激光系统 Vulcan 的条件所进行的评估值是 Zn(p，xn)反应的 2×10^9个和 Li(p，n)反应的 4×10^{10}个中子。这类方案在激光装置 Titan(LLNL)上也得以实现，得到了 1.8×10^9的中子产额[127]。我们要特别指出，现有的紧凑型中子发生器或者自发核裂变源所具有的特征强度分别在 $10^8\sim10^{10}$ 中子/s 以及 10^{10} 中子/(s · cm^2)量级，而稳态反应堆和脉冲反应堆的分别有 $10^7\sim10^{13}$ 中子/s 以及 10^{14} 中子/(s · cm^2)量级。

正如我们已指出的，强激光辐射场中会产生正电子，它们与靶电子一起湮灭并释放出两个具有 0.511 MeV 能量的光子。这一辐射的频谱分析可以提供有关靶电子性质的有价值信息，因此正电子源目前用于材料学中的正电子湮灭光谱学，也用于基础研究中的正电子光谱学等等。低能正电子可以在电子-正电子等离子体、原子分子物理学、反氢的获取、天体物理学现象的模拟、材料学等等的研究中得到应用。

目前已完成的有关激光等离子体中正电子产生[162]的评估和实验显示，每激光脉冲正电子总数目在 10^8量级时，每等离子体电子的正电子数目大约在 $10^{-4}\sim10^{-2}$。作为对照：线性电子加速器每秒可提供 10^9 量级的正电子，也就是放射性同位素源产额的 1000 倍。因此，如果将脉冲重复频率提高到 10 Hz 及以上，则激光正电子源完全可以和传统源相匹敌。

激光等离子体中加速的电子和离子可以在(γ，n)和(p，n)核反应中用来生产同位素。这类设施比现有的回旋加速器更为紧凑，可以直接安放在诊所内，例如，用于正电子放射 X 射线断层照相术[58,59,172-175]。因此在劳伦斯伯克利国家实验室(Lawrence Berkeley National Laboratory，LBNL)中，建立在 10-TW 固体激光基础之上的等离子体激光电子加速器在 ^{63}Cu 的(γ，n)反应中已经用于 ^{62}Cu、^{61}Cu 同位素的生产。近些年来，为各种医疗应用建造能量达 200 MeV 量级激光等离子体质子加速器的想法在美国、欧洲、日本引起了广泛关注[7]。

医疗应用的同时，质子层析成像术有着更广阔的应用前景，如冲击波物理学和国防技术中快速流动过程的测量，能够获得具有高时间分辨率的高对比度图像[70,71,89,176-179]。与质子束一起，生成于激光等离子体的能量达 20~100 kV 的高强度 X 射线也成功应用于脉冲等离子体过程的 X 射线诊测(图 4.4)[73]。法国和俄国的科学家们曾经迈出了重要一步[71,73,179]，实验中利用强激光冲击波，实现了冲击压缩等离子体密度的直接 X 射线照相测量(图 4.4)。

如上所述，文献[6，23，159，180，181]报告了激光作用下电子-正电子对偶的生成，其中还记载了其他重点关注的效应，如多光子干涉和真空极化。SLAC 加速器中在 $q \approx 5\times10^{18}$ W/cm^2 的激光照射下，被加速到能量为 46.6 GeV 和 49.1 GeV 的电子相互作用时记录到了非线性康普顿散射(Compton Scattering)和对偶的生成[10]。

文献[182，183]建议使用高能(8 GeV)电子加速器(Spring-8)和强激光来做量子电动力学和用于光核反应的强 γ 射线产生方面的实验，这样就可以研究强和弱相互作用的耦合过程。加速器与激光的组合对于建造新一代光源前途远大，例如飞秒同步加速器和相干 X 射线辐射源联合起来[10,20,24,98,183]。

激光强度沿标尺的进一步爬升(图 4.2)目前很难预估，因为关于紧邻特高能量密度宇宙大爆炸的时空的物质构造，我们的知识十分有限。

4.3　激光冲击波①

以受控热核聚变以及核物质模拟为目的而建造的高功率脉冲激光，具有独一无二的功能来生成兆焦能量、数百太瓦功率量级的光脉冲。将这类脉冲作用于凝聚态介质可得到创纪录的局部能量密度，该量值目前在实验室条件下使用任何其他技术还从未达到过。这种情况使得强激光系统成为很有前途的工具，用以研究具有极高能量密度的等离子体状态的物质。

如何测量压缩物质的参数是一个突出的问题，特别是当物质在极度压缩和极度加热状态时，测量涉及很小的空间尺度、很强的不均匀性以及很短的物质存在时间。这个难点原则上或许可以通过提高激光能量来克服。然而很容易看出，所必需的能量与特征尺度的立方(或者，同样也与惯性约束时间的立方)成正比，因此实践中所能达到的对实验规模的扩大非常有限。诊测压缩和加热物质的另一个难点是受限于球面激光

① 为简约起见，本译著将“激光诱发的冲击波”主要称为“激光冲击波”。

实验几何本身，这类实验中靶的压缩内层被炽热且相对稀薄、不断膨胀的等离子体冕区所“屏蔽”。

如果转变为平面压缩几何形状，则诊测可以得到极大简化，因为此时确定压缩物质参数可以利用质量、动量和能量守恒定律，它们在一维准定常流动时的代数方程组具有最简单的形式(见2.4节—2.6节)。运用守恒定律是高压动力学物理处理定常冲击间断问题的主要方法[78]，该方法已经成功地应用于兆巴压力量级下物质热力学和动力学性质的研究上。此时为了生成冲击波，使用了化学炸药或者轻气体投射装置。

运用强激光来生成冲击波使得可达到的压力范围大大拓宽。显而易见，甚至在激光实验中，基于平面准定常冲击波利用的经典方法也是进行定量测量最有前途的方法。到目前为止，激光生成强冲击波方面的大部分实验还是在靶参数和激光脉冲参数受到一定限制的传统设施上完成。利用这类设施，目前已经在金属中成功地生成了平面激光冲击波，其波阵面后压力可达数十兆巴(Mbar)甚至吉巴(Gbar)，比传统技术——如使用凝聚态炸药和轻气“炮”——所能获得的高出数倍，如果仅比较压力，就已经与地下核爆炸紧邻区域的量值相当(见第3章)。

随着激光的发明，很快其独特性质就被成功地用于生成强冲击波，并且借此也获得了物质的极端状态[11]。早期实验原理见图4.11。

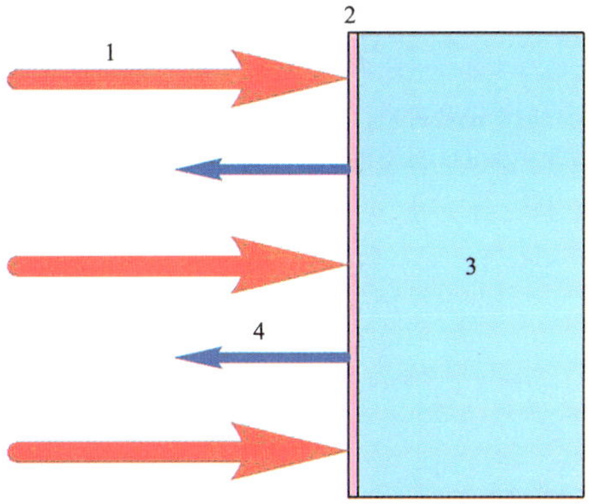

图4.11　激光辐照靶的早期实验示意图

蒸气沿箭头4膨胀，与箭头1方向的激光束迎面相遇。如果蒸气对于光辐射是透明的，则吸收发生在近表面层2。这一层分开了靶和蒸气。蒸气4的压力使靶3的物质运动起来

对于靶进行长时间辐照时(图4.11)在其表面形成了蒸发物质云。中等激光强度下，这是中性分子或者原子蒸气，一般来说对于辐射是透明的[184]，此时能量吸收发生在凝聚态物质的靶表层。这一表层被加热、熔化，然后蒸发，于是产生了迎向激光束的蒸气流[184]。这股流动产生了压力，使得蒸气朝向激光束膨胀。

高强度I条件下，从凝聚态靶表面带走的物质电离并且形成了等离子体云或者喷雾。这股云团也被称作等离子体冕区。因为与激光惯性热核聚变问题相关，冕区的动力学问题人们已经仔细研究了很多年，具体可参考文献[11，185，186]等。等离子体通常相对于辐射不透明，其吸收作用发生在冕区(沿离开靶的方向密度下降)内部临界

表面附近。之所以这么称谓是因为该表面上电子密度降低到了临界值，此时等离子体频率下降到激光辐射频率。这一密度低于固态密度约 10～100 倍(取决于激光量子硬度)，并且等离子体以这一密度加入冕区中。

图 4.12、图 4.13 中的临界表面 2 上所吸收的热流由电子热传导机制输送到靶表面，热流经由热传导的传递显示于图 4.12 的箭头 3，相应的热波剖面显示于图 4.13。消融锋面 4 形成靶边界，锋面上固态密度物质开始被剧烈加热，密度下降，新生部分物质加入从靶到冕区的流动。这部分新物质的速度在图 4.12 中以向左箭头 u 表示，到达并穿过临界表面 2，继续向真空膨胀。

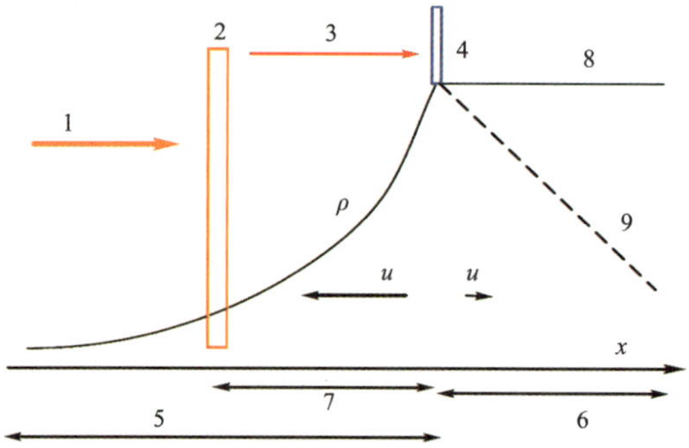

图 4.12　近靶激光等离子体冕区

1——激光束；2——吸收激光能量的临界密度表面附近区域；ρ——靶 6 和冕区 5 中的密度分布；曲线 8 和 9 分别对应厚靶和薄靶；4——消融锋面，其右边是冷稠密物质，左边是热低密度等离子体。箭头 3 代表从临界表面 2 到消融锋面 4 方向的热流。向左箭头 u 代表从消融锋面流出的等离子体流；亚声速"垫子"7 中的热等离子体压力沿向右箭头 u 方向推动稠密靶物质。可以理解为冕区像活塞一样推动靶物质

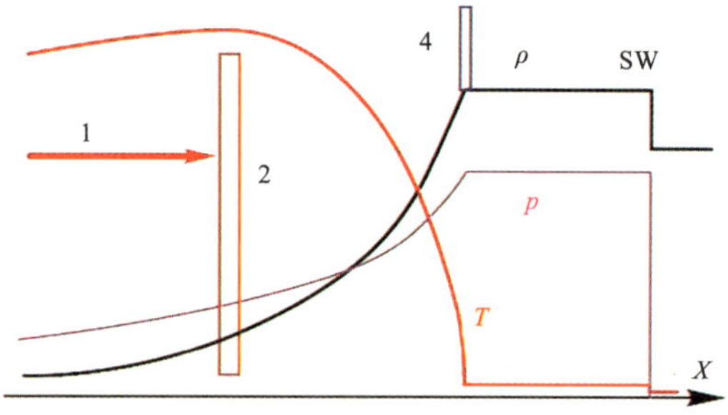

图 4.13　足够高功率长脉冲作用下的密度 ρ、压力 p 和温度 T 分布

这种情况对于激光热核聚变很有意义；1——到达临界密度表面 2 的激光束；4——消融锋面，是热波波阵面(锋面)，在它后面温度急剧升高。冕区压力维持冲击波(SW)在均匀靶物质中准稳态传播

靶表面被称为消融面。锋面 4 的右边是相对较冷的固态密度靶物质。临界密度 2 和消融锋面 4 之间的过渡段 7 中是亚声速流动。消融锋面之前的热等离子体压力传递给该锋面之后的固态密度物质。如同蒸气情况，正是冕区压力驱动了靶中的流动，

图 4.12 中显示为向右箭头 u。两个箭头 u 指示坐标系中流动的方向，该坐标系与靶物质初始静态相关联。厚靶情况，图 4.12 中显示，密度 ρ 的分布在靶中沿直线 8 延伸。因此冕区压力维持着向靶内部传播的冲击波。这一冲击波显示在图 4.13 中。

实验中记录测量这一冲击波可以获得有关物质冲击压缩的热力学信息(见 4.5 节)。

当压缩脉冲通过自由表面离开时，记录其形状可以得到高温、高压、高变形速率条件下有关介质力学性质非常丰富的信息。

薄靶情况，靶背面(相对消融锋面 4 的反面)压力变为零。因此物质的压力和密度沿图 4.12 中的曲线 9 下降。图 4.12 中消融锋面右侧的稠密物质中，压力梯度驱动加速靶物质。这就是著名的球形壳层加速原理的基础。

所出现的流动可以定性地认为由三段组成：1) 稳态冲击波，紧接着 2) 吸收了光能量的查普曼－尤格(Chapman-Jouguet)爆燃波，然后 3) 一个简单的(绝热的或者等温的)向心稀疏波使流动封闭。

此时可达到的最高压力等于

$$p_{\max}=I^{2/3}\rho_c^{1/3}$$

这里 I——频率为 ω 的激光的辐射强度，ρ_c——等离子体临界密度($\omega_0=\omega_p=\sqrt{4\pi e^2 n_e/m_e}$)。

对这个关系式进行分析我们可以看到，利用激光方法所得到的压力生成与靶的化学成分关系不大，这也是激光压力生成法与——使用金属盘片或者利用凝聚态炸药爆轰产物进行打击的——经典动力学物理方法之间的根本区别。特别是从如何获得等离子体最高压力方面来看，高频辐射具有极大优势。然而短波长辐射的主要优势在于，非热电子的影响随着激光频率的升高而下降。

需要指出，与前面所进行的定性评估相对应的激光脉冲参数区间内，前面所提到的相互作用过程简化模型非常提纲挈领[11]。实际上在 $10^{13}\sim10^{17}$ W/cm^{2}量级的强辐射作用下，光的吸收本质上具有非线性特征。同时光的很大部分被等离子体反射掉了，反射系数也取决于辐射强度。结果是用于评估屏蔽时间的吸收系数表达式被大为简化。高强度激光条件下还出现了一系列复杂性，如果要充分完整地考虑在内，只有繁难的数值模拟范畴内才有可能胜任。这些计算结果拟合成了下列关系式：

$$p_{\max}=\alpha I^{\alpha}\lambda_0^{-\beta}$$

这里 $\alpha\approx0.3\sim0.7$，$\beta\approx0.3\sim2.0$，取决于模型和辐射强度范围[11]。

文献[11]中构想出了对激光辐射和靶尺度的要求，是在被研究物质中获得平面稳定冲击间断所必要的，该间断在相对低温的物质中传播。这使基于冲击压缩等离子体流守恒定律的动力学诊测方法得以应用，由此而产生的限定条件决定着当代激光助力下可得到的最高压力值。考虑到背面和侧面卸载波将使冲击波衰减和扭曲，连同非热电子所引起的非流体力学靶加热因素，要产生压力 p，所需要的波长 λ_0激光的能量可以表示为[11]：

$$E_{\text{las}}\sim p^6\lambda_0^{11}$$

因此，沿激光冲击波压力标尺向上爬升的建设性道路——减小波长并使用分层靶来降低电子加热作用。所以激光冲击波实验中，实验者们竭力运用基本辐射的高阶谐波，或者以黑体辐射空腔(hohlraum，简称黑腔)模式将激光辐射转化为软 X 射线辐射(见

6.2.1 节)。

依照状态方程研究用动力学实验通常的思想体系[78]，必须能够独立测量五个参数中的任何两个，这五个参数是描述平面定常冲击间断传播特征的 D、u、p、V、E，然后根据冲击波波阵面上的守恒定律由测出的两个参数计算出其他参数，这样就可以找到被研究物质状态方程的能量形式 $E=E(p, V)$。动力学实验中用基本的电接触及光学技术来测量运动冲击波相位速度 D，实现起来最容易也最精确。激光冲击波特征测量基线长约 20~50 μm 且间断传播速度在 20~50 km/s 时，实验特征时间在 1 ns 量级，因此更倾向于使用光学测量技术。

不透明材料中的冲击波可以在它离开分级靶自由表面瞬间测量到。当冲击波行进到距离自由表面几个光程 l_r 之内时，它变得可见。金属中的光学射程 $l_r \approx 10^{-5}$ cm，当传播速度 $D \approx 20$ km/s 时，经过时间 $\tau \sim l_r/D \approx 5$ ps 之后会导致光信号的增长，这也决定了实验中使用的(等离子)超高速扫描照相机所必需的时间分辨率。

第二个动力学参数的测量伴随着巨大的困难。使用爆炸技术和轻气体投射装置的动力学实验中，要测定冲击压缩物质的质量速度 u，最常用的方法是“反射波”法(反射波会出现在任意间断衰减的时候)，该方法建立在通用气体动力学定律之上。具体工作概括为被研究物质以及“标准件”(已知冲击绝热性质的物质)中冲击波的相位运动速度的测量，依据接触界面压力和速度的连续条件，得出被研究物质的质量运动速度。“标准件”的冲击绝热曲线用“刹车”法独立测量，其中要测量标准件内冲击波速度以及打击体飞行速度 $w=2u$，打击体材料同“标准件”一样。“反射波”法是高压动力学物理的基础，能够测定大多数化学元素和化合物的冲击压缩性。手册[187,188]中给出了 300 多种已研究物质的特征参数，压力上限达约 5 Mbar。使用地下强爆炸及核弹爆轰技术时(见 2.6 节、3.3 节)得到了数十兆巴的冲击压力，为此标准件问题非常急迫，因为这里使用“刹车”法非常困难。这种情况下，能够进行的只有物质相对压缩性的测量，还是由标准件绝热曲线直接测量区域外插而得到。此时用高原子序数元素作为标准件，为此量子统计计算最为可靠。实际上这种情况下，标准冲击绝热曲线的构造仍不得不向大跨度外插值(5~300 Mbar)求助。

文献[189]中所提出的速度 u 的记录方法基于重物质和轻物质之间清晰边界位移的监测，需要使用快速响应 X 射线探测器以及 X 射线从侧面照射分层靶[190]。根据[189]的评估，这一方法所得到的速度 u 测量精度能够在 6%~8%量级。

下一代激光的实验中，除运动学特性之外，将测量一套更为完整的物理参数。物质被高度压缩时，极端高强度冲击波内运动的波动速度和物质速度地记录测量，从状态方程定义方面来看显然并非最佳。此时很希望与 D 一样，或者像[179, 191]所做的对于非理想等离子体根据 X 射线的吸收，或者根据 X 射线频率范围内谱线的斯塔克增宽(Stark broadening)[192]，直接测量冲击波中等离子体的压缩程度。温度的(高温测量或者多普勒频率)测量极其有益，鉴于壳层结构只在高压条件下出现，所以温度相关性中正好有望展现强烈的非单调性。

平面定常冲击波相关的实验是高温高压条件下研究物质属性最简单、最容易判断诠释的一类实验。当然强激光的应用也为高能量密度实验物理学领域其他有意义的选项打开了方便之门。利用 $I\lambda_0^2>10^6$ W 的激光辐照金属薄靶(1~10 μm)会导致非热电子[193-196]及离子对靶的反面进行加热。将所测得的温度与计算数据[197,198]进行对比，就可以用来校正目前对此现象仍显研究不足的理论模型。当 $I\lambda_0^2$的量值较低时，这一方法可以用来研究激光等离子体中的电子热传导特性[198-200]。我们强调，非热电子是将凝聚态物质加热到数电子伏特温度的高效快速体积加热源。这类高温状态的衰变曾被用于文献[201]中强冲击波的生成。

众所周知单次冲击压缩时，被压缩物质的密度不可能超过某种限度。因此最简单的单次稳态冲击波实验不能(使参数)达到相图中非常有意义的区域，也就是对应于物质超级压缩的区域。为了向这一区域进行推进有过很多设想，它们的共同特点是压缩过程中熵增很小。使用强激光的实验中，取代单脉冲的可以是幅度和频率以最优方式选取的连续数个脉冲，或者是一个强度不断增长且波形特别的不间断脉冲[202,203]。采用分层靶或壳层靶可以代替对激光脉冲形状的设计，初始靶密度分布经过了特殊选择。文献[204]中也讨论了一些其他方案。必须指出，所有准等熵压缩实验中，被压缩物质参数的测量是非常复杂的问题。目标定在解决激光热核聚变问题的类似实验中，使用了 X 射线照相机、重复充电离子光谱仪、热核反应产物探测仪，以及冕参数测量基础上的间接技术。远离激光辐射聚焦地点的远程冲击波测量技术也有一定的可利用价值。点爆炸理论的运用[205]也能够对有效的爆炸能量进行评估[206]。

激光技术并非只在被大力压缩以至于密度超过固体的物质的研究方面才大有用途。利用激光冲击波或非热电子加热使材料膨胀这一技术[201]，可以获得等熵卸载波中状态的广谱性，包括玻耳兹曼强烈非理想等离子体范围、高温沸腾曲线邻近区域，以及“金属-电介质”过渡区域[191,207]。

甚至简要罗列一下通过当代激光技术获得的局部极高能量密度条件下可能的及已实现的实验就可以看出，这一技术相比其他高压获取技术具有无可替代的优势，有助于获得关于物质极端状态的全新物理信息。自然，这里的测量和记录必须使用最先进的高速响应技术，而实验的分析和诠释也对新物理模型和复杂数值计算提出了要求。

最后，我们来分析一些固体中激光生成冲击波的实验，并讨论与这类技术相关的生成效应。

在固态氢和树脂玻璃中激发冲击波的实验最早是利用低功率钕激光实现的[208]，参数条件是能量 $E\approx12$ J、脉冲宽度 $\tau=5$ ns。由于焦斑尺度较小(约 40 μm)，最高压力为约 2 Mbar 的冲击波迅速变成球形，然后熄灭。文献[209]中在高强度辐射 $I=3.5\times10^{14}$ W/cm^{2}条件下，聚乙烯中所获得的冲击压力约 1.7 Mbar，而文献[210]中当 $I=2\times10^{14}$ W/cm^{2}时，氢中、树脂玻璃中的压力幅度分别是约 2 Mbar 和 4 Mbar。等离子体冕区离子能量和靶后坐力动量能量(积分方法)的测量，使文献[211]能够评估 $I\approx10^{14}$ W/cm^{2}时铝靶中的压力。

为了获得平面冲击波，文献[212-214]中使用了更高功率的钕玻璃“雅努斯(Janus)”激光系统，脉冲能量高达 100 J，脉冲宽度为 300 ps。300~700 μm 直径焦斑中所获得的辐射强度 I 高达 3×10^{14} W/cm^2。

根据冲击波通过分段铝样品的时间，测得冲击间断波阵面速度为 13 km/s(相应的压力约 2 Mbar)，也测量了等离子体冕区膨胀速度。对冲击波到达自由表面时($\Delta t \leqslant 50$ ps)辐射强度随时间积累的记录得出了冲击间断厚度 $\leqslant 0.7$ μm 的评估。冲击压力提高了一个量级。文献[214]中使用了小直径靶，作者的意图是减小表面电流效应[216,217]，得到了文献[218]的理论与文献[214]的实验相符合的结果。

在波长为 $\lambda_0 = 1.05$ μm 的钕激光作用下，获得了等离子体压力 $p \approx 35$ Mbar[219]，来自激光装置“席瓦(Shiva)”的十束重叠光线照射由 22 μm 厚铝层和 32 μm 厚金层所构成的靶[220]。脉冲宽度为 625 ps 时峰值强度为 2.9×10^{15} W/cm²。金层中记录到冲击波速度为(17.3±0.3)km/s，与二维气体动力学计算相符合[218]，计算中等离子体所吸收能量的份额是 30%，激光束的汇聚已考虑在内[221]。此实验中，测量 X 射线放射谱可用于评估靶背面非热电子引起的温升，它也就是不到 500 ℃，同时冲击压缩等离子体的温度在 5 eV 级别。

文献[222]的实验中分层靶上实现了“反射”法设计，在低衰减条件下实现了波幅为 $p \approx 3$ Mbar 的冲击波从铝层向金层($p \approx 6$ Mbar)的过渡。正如文献[212]所述，激光辐射($E \approx 20 \sim 30$ J、$\tau = 300$ ps)在焦斑上的分布并不均匀，焦斑形状会从圆形(直径 100 μm)变为椭圆形(长、短轴分别为 500 μm 和 200 μm)。作者认为，后一种情况是那些实验误差($\delta D = 15\%$、$\delta p = 30\%$)的主要原因。

文献[223]在激光系统“雅努斯”上对铝和铜的冲击压缩性进行了系统性比较研究，激光强度在 $I \approx 5 \times 10^{13} \sim 4 \times 10^{14}$ W/cm²区间($E \approx 30$ J、$\tau = 300$ ps)。靶内的金质薄层被用作非热电子吸收并使冲击波宽度增加(但在一定程度上降低了压力峰值)。所获得的结果在铝中对应于 2~6 Mbar 压力区间，在铜中对应于 4~8 Mbar 压力区间，与动力学实验结果符合得很好，动力学实验使用了高爆炸药和轻气炮投射装置来进行[224,225]。

与反射法一道，激光实验中也利用脉冲 X 射线照相术精心研究了[179,190]等离子体运动速度的测量方法。17 μm 厚的铝靶被“席瓦”装置的激光束照射，强度为 $I = 6 \times 10^{14}$ W/cm² ($E = 110$ J、$\tau = 600$ ps)。同时这套装置的激光束之一落到一个钽靶上，导致了特征能量为 1.9 keV 的 X 射线的出现。X 射线场中的运动图像被快速响应 X 射线照相机(X 射线“显微镜”)所记录，时间和空间分辨率分别是 15 ps 和 4.5 μm，从而发现等离子体运动速度为 8×10^6 cm/s。

我们注意到在文献[219]中所进行的实验，用短波激光辐射生成了冲击波，因为对于这些工况，由于激光能量吸收份额的提高以及非热电子受到抑制，预计必须提高冲击压缩等离子体的峰值压力。波长 $\lambda_0 = 0.35$ μm、强度 $(1 \sim 2) \times 10^{14}$ W/cm² ($\tau = 700$ ps)的激光辐射用来照射 25 μm 厚的铝靶，靶中出现了压力 10~12 Mbar 的冲击波。此时等离子体所吸收的能量为入射光通量的约 95%。同一实验装置中，用长波 $\lambda_0 = 1.06$ μm、$I = 3 \times 10^{14}$ W/cm²(被吸收强度为 1.2×10^{14} W/cm²)的激光辐射来照射，所产生的压力约 6 Mbar。

还可以在文献[11，78]中找到有关激光生成强冲击波的一些其他早期工作。

关于兆巴压力区间氢、氘和惰性气体的冲击波压缩实验数据可见于 2.4 节和第 9 章。

4.4 超快速变形力学

强激光不仅是建立高能量密度的先进物理学工具，也是实现和研究物质凝聚态中超快过程的独特手段。

相互作用过程中的物理学和力学与激光脉冲宽度高度相关。当脉冲宽度为约 1 ns 或更高时，蒸发是主要机制(图 4.11)，而飞秒级别则是热力学。两种机制都意味着要面临变形的超快速度。

4.4.1 超快变形时的力学性质

冲击波技术是极端高速变形时材料性质研究的强有力工具。这一科研方向的方法论基于把实验中所记录的物质流动参数与物质中所正在发生的物理化学过程联系起来。冲击波内高速变形、破坏以及物理化学变化等方面的研究进展，很大程度上与高时空分辨率波形测量最新技术的研究紧密相关[226-228]。当前已经获得了有关下列物质的弹塑性及强度特性在微秒和纳秒量级时间作用下的大量实验信息，它们是工业用途的金属、合金、地质材料、陶瓷、玻璃、高分子化合物、人造橡胶、塑性及脆性单晶体。爆轰波和激发冲击波中的能量释放动力学规律相关的信息获取技术发展也取得了长足进步。在实验数据基础上构建了唯象流变学变形和破坏模型、物理化学变化宏观动力学模型，它们对于爆炸过程、高速打击过程、强辐射脉冲与物质相互作用过程的计算必不可少。

与盘片打击相比，运用强脉冲激光生成冲击波具有很多优势，当然也伴随有某些问题。脉冲激光技术使得加载时间推进到了超短级别，直到皮秒量级，同时能保证实验样品完好无损以利于后续的微结构分析，相较于高动能打击体实验，额外的影响微乎其微。另一方面，激光束横截面功率分布不均匀，因此必须采取补偿措施来生成平面冲击波，使得波后物质运动速度是一维的。

压缩冲击波，紧随其后的稀疏波，以及压缩脉冲从实验样品背面自由表面反射时波的相互作用，都是测量和分析的对象。结构变化过程、塑性流动过程以及破坏过程伴随着物质可压缩性的变化，因而也表现在压缩波和稀疏波的结构中。平面型样品中冲击压缩脉冲通常由盘片冲击生成，盘片以这样或那样的方式被加速到每秒数百米至数千米范围的速度，在创纪录的实验中，可高达每秒数十千米。打击体和样品的直径与厚度的关系选择面非常广，只要保证在测量时间段流动中波动过程的一维性就行。实验中连续记录了样品自由表面速度曲线 $u_{fs}(t)$，为此使用了纳秒时间分辨率的激光多普勒速度测量仪 VISAR[229]或者 ORVIS[230]。

典型测量结果见图 4.14，是标号为 40 Kh 的钢样品自由表面速度曲线，被铝片以(1.9±0.005)km/s 的速度撞击加载。本实验中冲击压缩压力达到了 19 GPa。速度曲线显示，先后有三个压缩波到达样品表面。随着变形从弹性过渡到塑性使纵向可压缩性升高，冲击波因此失稳并分裂成了弹性前驱波以及其后的塑性压缩波。压力约 13 GPa 条件下，材料经受了从 $\alpha \to \varepsilon$ 的多晶形变化(从 I 格子/体心晶格(body-centered lattice)到面心密集晶格(face-centered close-packed lattice))且比容下降，因此这一压力区间内塑

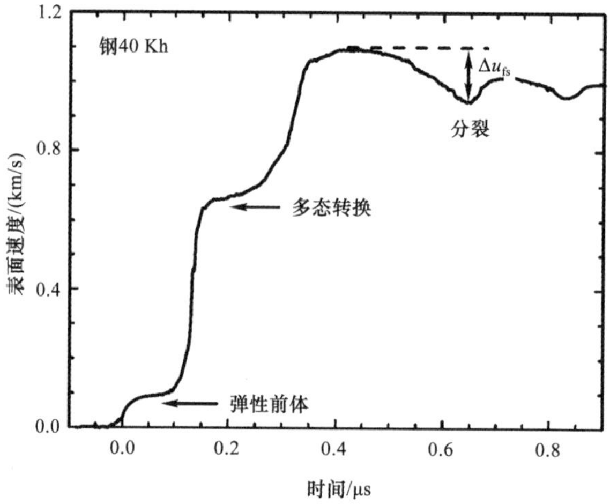

图 4.14 标号为 40 Kh 的钢样品自由表面速度曲线，
样品厚度 4 mm，铝片打击体厚度 2 mm、速度(1.9±0.005)km/s

性压缩波分成了两个。第一个塑性冲击波波后压力对应于转变的起始，它的衰减以及第二塑性波中的压缩速度取决于结构转变动力学。冲击波来回作用之后打击体内出现了稀疏波，该波追随冲击波在样品中传播。稀疏波到达样品表面引起了后者速度的下降。压缩脉冲从自由表面反射的结果是在样品内部产生了拉伸应力。张力作用所造成的材料破坏(爆裂脱落)伴随着应力弛豫，导致压缩波的出现，该波以所谓爆裂脉冲的形式到达表面，并再次使表面速度提高。对爆裂破坏阻力所进行的测量提供了亚微秒级加载作用下材料强度性质的信息。

弹性前驱波波阵面上的纵向应力或者雨贡纽弹性极限(Hugoniot elastic limit, HEL)是

$$\sigma_{HEL}=0.5u_{fse}\rho_0c_1$$

其中 u_{fse}——弹性前驱波中自由表面的速度跃变，ρ_0——材料初始密度，c_1——材料中的纵向声速，压缩应力取正值。一维变形状况下的弹性极限与屈服强度 σ_T 相关，通常概念下它们的关系为

$$\sigma_T=\frac{3}{2}\sigma_{HEL}(1-c_b^2/c_1^2)$$

其中 $c_b=\sqrt{K/\rho}$——“体积”声速，K——体积弹性模量。由于结晶体塑性变形速率取决于错位密度和它们的运动速度，而且这些量值是有限的，所以塑性流动应力随加载作用时间的缩短而增大。冲击波实验中，流动应力显然与变形速率相关，特别是当弹性前驱波随着传播而衰减、以及冲击波内参数在有限时间内增长的时候。

当冲击压缩脉冲从一个物体的自由表面反射时，爆裂破坏由于无数缝隙和孔洞的诞生及发展而发生。这些过程的发展速度以及相应的破坏过程中应力弛豫速度取决于起作用的拉伸应力量值，也不可能那么随随便便就高上去。因此负载施加速度越大，则爆裂时破坏应力量值越高。分析压缩脉冲在物体自由表面反射状况下的爆裂现象，根据所测得的自由表面速度曲线 $u_{fs}(t)$，就有可能计算出亚微秒加载时破坏应力的量值

(材料爆裂强度)。爆裂强度 σ_{sp} 的量值根据速度从峰值到爆裂脉冲波前值的下降值 $\Delta u_{fs}(t)$ 来计算。线性(声学)近似时，用于计算爆裂时破坏性应力的简化公式有如下形式

$$\sigma_{sp}=\frac{1}{2}\rho_0 c_b(\Delta u_{fs}+\delta)$$

其中 δ 是对速度曲线变形的修正，该变形来自于两个速度之差，其中一个是在拉伸材料中传播的爆裂脉冲波阵面速度(c_1)，另一个是在它之前的入射卸载波塑性部分速度(c_b)[231,232]。为了将材料可压缩性的非线性因素考虑在内，计算 σ_{sp} 的量值时实际上利用了状态方程在负压区域的外插值。

迄今为止，已经利用激光冲击波技术对固态物体的弹塑性和强度性质进行了大量的测量。由于使用了激光冲击波技术，如今能够成功地在相当于凝聚态物质的极限强度或是“理想”强度下的拉伸应力水平上进行测量，这一强度已经是有可能对抗破坏的上限。众所周知，固体(和液体)弹性模量随着压缩而升高，相应地，随着拉伸而降低。某种程度的拉伸应力条件下，体积模量应该趋于零：$dp/dV=0$，对应于凝聚态稳定性的绝对丧失。正是这些应力量值才是术语“理想强度”的意义所在。零体积模量状态对应于凝聚态物质的亚稳界限(拐点)[233]，一般来说在真实的实验中应该得不到。除了断裂极限强度，固体中还存在剪切应力极限。理想剪切强度用剪切应力参量 τ 来定义，凭借它对剪切变形 γ 的导数变为零：$d\tau/d\gamma=0$。也有理想剪切强度用——没有热起伏参与或是作为晶格声子不稳定性条件的——完美晶体中的错位成核和堆垛层错产生所必需的应力来定义。

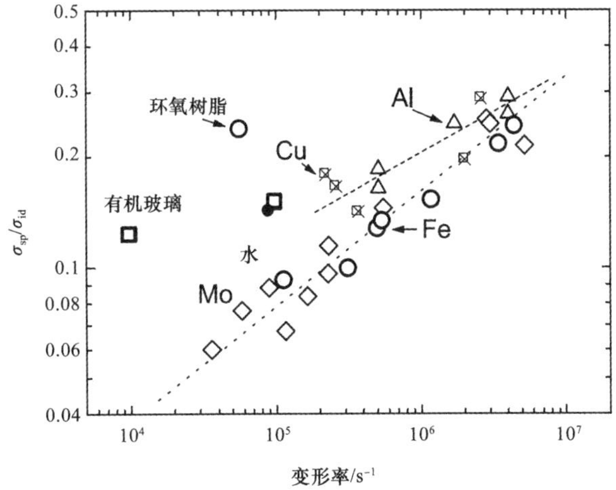

图 4.15 与变形率相关的爆裂发生时均质材料(单晶、非晶态聚合物、液体)理想强度 σ_{id} 的实现程度

图 4.15 显示了爆裂强度 σ_{sp} 的归一化值 σ_{sp}/σ_{id} 与变形率的关系，所涉及的材料有金属单晶、非晶态聚合物、液体等[228,232]。虽然这类材料爆裂强度测量值相差超过两个量级，但是在归一化坐标中这些数据并不显得那么分散。

图4.15中的数据显示，纳秒时间长度加载时可以实现凝聚态物质最高到理想强度的30%的爆裂强度。具有面心立方(face-centered cubic，fcc)结构的铜和铝可塑单晶相比铁和钼的看起来能够达到更高程度的理想强度，这里的铁和钼具有体心立方(body-centered cubic，bcc)晶格结构。大有可能这是因为，bcc金属具有更高的屈服强度，因而其微观缺陷周围很可能有较高的应力集中。非晶态聚合物、液体可实现的爆裂理想强度的程度至少不低于金属的。各种物质理想强度实现程度的差别随着加载时间的缩短而降低。

激光多普勒速度测量仪VISAR和ORVIS的时间分辨率限制在10^{-9} s量级，由其中的干涉仪延迟线所决定。这时波幅测量的误差与延迟时间成反比。由飞秒激光脉冲所生成的压缩脉冲的宽度不仅取决于激光脉冲本身的参数，还取决于数百纳米厚的靶表面层的温度分布，这一分布形成于晶格电子和离子的温度平衡过程中。这些条件下冲击加载的特征时长为数十皮秒，所以不能够使用VISAR或ORVIS。利用飞秒干涉显微镜[234-236]可以达到10^{-12} s的时间分辨率。利用这项技术测量冲击压缩脉冲到达样品表面过程中表面随时间的位移，其精度可以达到1 ns。要获得分析用途所必需的表面速度曲线，这些数据应该以多种方式加以辨别，当然这会增加额外的误差，但不会太大。

飞秒激光技术可用来研究数百纳米到数微米厚度金属薄膜中的冲击波现象[237-241]。这么薄的膜没有足够的刚性，因此实验用的是喷涂到玻璃基底上的金属样品。

图4.16显示了亚微米铝样品中冲击波速度U_S以及波阵面后质量速度u_p的测量数据[238,241]，作为对比也列出了数毫米厚铝样品中所测得的冲击绝热曲线。所列数据互有差别的原因在于，亚微米厚样品中铝的动力学弹性极限能够达到21 GPa，也就是，实际上所测得的U_S和u_p值恰好对应于弹性压缩冲击绝热曲线。作为对比我们注意到，金刚石的动力学弹性极限落在50~100 GPa区间[242,243]，也就是，皮秒量级加载时长内，铝的弹性极限变得与金刚石的相当。正如图4.17所显示的数据，薄膜样品中所实现的铝的弹性冲击压缩状态与三维压缩冲击绝热曲线之间的差别达到了6.5 GPa，这与大约为4.9 GPa的最大剪切应力相对应，超过了铝的理想剪切强度值3.2~3.5 GPa，该值来自从头计算(ab initio calculation)以及分子动力学(molecular dynamics，MD)模拟的数据[244,245]。另一方面，材料的剪切模量以及相应的理想剪切强度在压缩过程中不断升高。

图4.18汇集了铝材料中弹性前驱波衰减的实验数据。等于铝材料动力学弹性极限(HEL)的前驱波波阵面后的压缩应力与测量结果一致，变化幅度从10 mm距离的50 MPa到1.2 μm距离的20.5 GPa。我们注意到，高达20.5 GPa的弹性压缩在稳态塑性冲击波中也能实现，其最终冲击压缩压力为38.7 GPa时，传播速度同样也是U_S= 7.8 km/s。这么强烈的压缩自然会导致剪切模量大为升高。图4.18中所显示的全部标记符号都代表归一化的$\sigma_{HEL}G_0/G$量值[241]。利用这一修改，就能够把图4.15中的整套实验数据以合理的精度写成经验公式

$$\sigma_{HEL}=S(h/h_0)^{-\alpha}$$

其中h_0=1 mm，S=0.16 GPa，指数α=0.63。前驱波波阵面后最高剪切应力值等于

$$\tau_{HEL}=(3/4)\sigma_{HEL}(1-c_b^2/c_l^2)=\sigma_{HEL}G/E'$$

这里$E'=\rho_0c_l^2$——杨氏模量(Young modulus)。由应力弛豫所引起冲击压缩弹性前驱波的

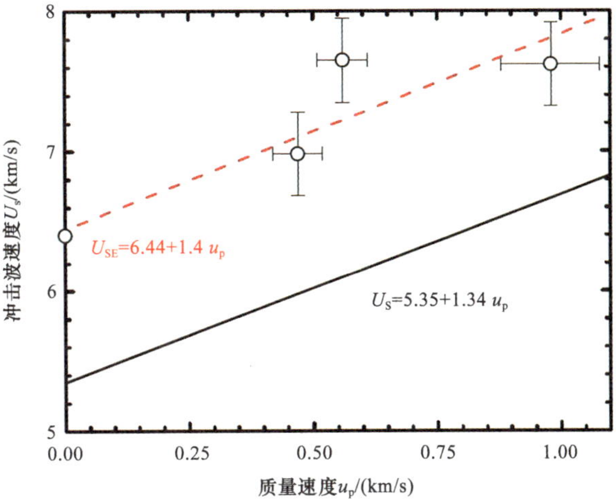

图 4.16 亚微米铝样品中冲击波速度和波阵面后质量速度测量结果与它的冲击绝热曲线相比较

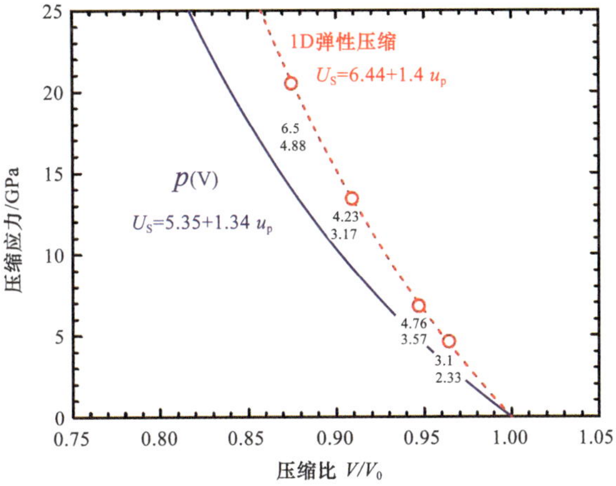

图 4.17 亚微米薄膜样品在飞秒激光脉冲作用下铝的冲击压缩状态

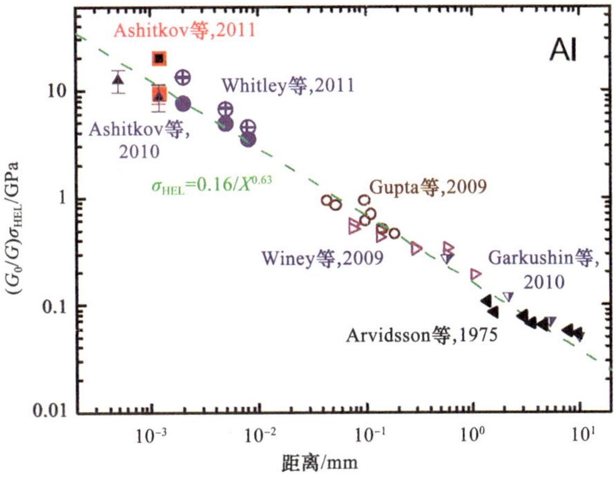

图 4.18 铝材料中弹性冲击波波幅与行进距离的关系

衰减，以关系式 $\dot{\gamma}_p=(\dot{\varepsilon}_x^p-\dot{\varepsilon}_y^p)/2$ 与波阵面后的塑性变形率相关[246,247]：

$$\left.\frac{d\sigma_x}{dh}\right|_{\text{HEL}}=-\frac{4}{3}\frac{G\dot{\gamma}_{\text{p}}}{c_1}$$

其中 h——波的行进距离；G——剪切模量；c_1——前驱波传播速度，本近似中照例与纵向声速相等。

最后，经验公式可变换为塑性变形初始速率与剪切应力的关系式：

$$\dot{\gamma}_{\text{p}}=\frac{4}{3}\left[\frac{\tau E'}{SG}\right]^{\frac{\alpha+1}{\alpha}}\frac{S\alpha c_1}{h_0 G}=9.1\times10^7(\tau/\tau_0)^{2.59}\ \text{s}^{-1} \tag{4.1}$$

这里 $\tau_0=1$ GPa。正如图 4.19 所显示的，弹性前驱波波阵面后的塑性变形初始速率随着波的传播而衰减，从距离 1 μm 时的 $10^9\ \text{s}^{-1}$ 降到 5～10 mm 时的 $10^3\ \text{s}^{-1}$，随后前驱波的衰减迅速放慢。

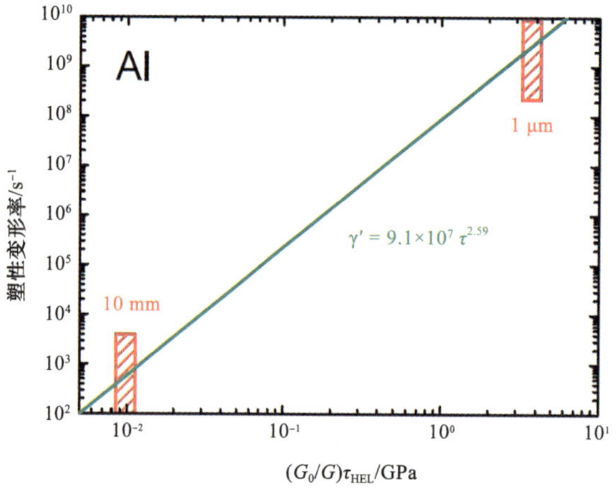

图 4.19　铝材料中与(4.1)一致的弹性前驱波波阵面后的初始塑性变形率与剪切应力值的关系

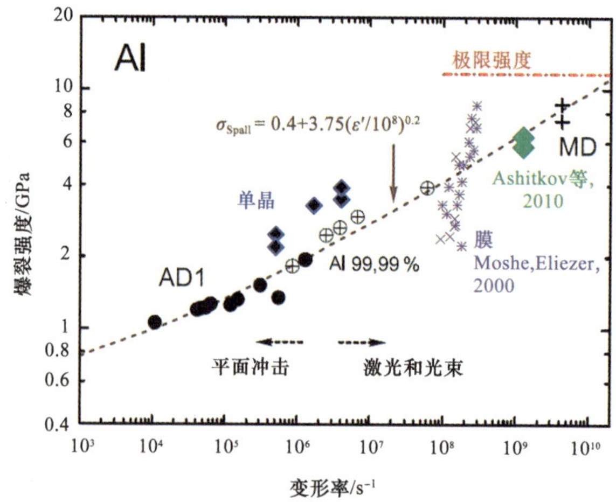

图 4.20　不同纯度铝材料所测得的爆裂强度与单晶铝数据、爆裂的分子动力学模拟结果的对比，以及与从头计算的铝材料理想强度量值的对比

来自文献[238]的图 4.20 汇集了铝材料爆裂强度实验数据，其冲击波动加载持续时间从数十皮秒到数微秒。也列出了高速破坏及爆裂的原子论模拟结果[248,249]、铝材料“理想”强度从头计算结果[250]。单晶的爆裂破坏阻抗高于多晶铝及铝合金的。多晶材料含有相对较强的应力集中器，如晶粒间边界、杂质等，这些缺陷降低了引发破坏所必需的应力水平。单晶的高体积强度显然来自它们的高度同质性。铝材料爆裂强度测量结果与变形率的关系也列了出来。这里所谓的变形率可理解为入射压缩脉冲卸载段内物质的膨胀速率：$\dot{V}/V_0=\dot{u}_{fs}/2c$，这里 $\dot{u}_{fs}$ 为所测波形卸载段内的衰减速率，文献[231]提到，初始破坏速率可以准确到是这一量值的数倍。向更高的变形率外插实验数据得到了与分子动力学计算值相符合的结果，并且能够预估拉伸速率约 $2\times10^{10}\ s^{-1}$时“理想”强度可达到的水平。

4.4.2 金属熔化物和固相的动力学强度

超短激光脉冲(见 4.5 节)为极限拉伸高速率 $\dot{V}/V\approx10^9\ s^{-1}$条件下凝聚态介质拉伸强度的测量提供了独一无二的可能性。这些巨量参数值 $\dot{V}/V\sim u/d_T$ 的获得有赖于靶加热层的薄度 d_T。例如流体力学膨胀速率 $u=0.1$ km/s、$d_T\approx100$ nm 时，我们得到 $\dot{V}/V\sim u/d_T\approx10^{-3}\ ps^{-1}=10^9\ s^{-1}$。利用分子动力学方法所进行的计算过程中，参量 $\dot{V}/V$ 精确地由晶核形成开始前的瞬间所定义[251-254]。强度和参数的对数关系显而易见，显示在图 4.21 中。

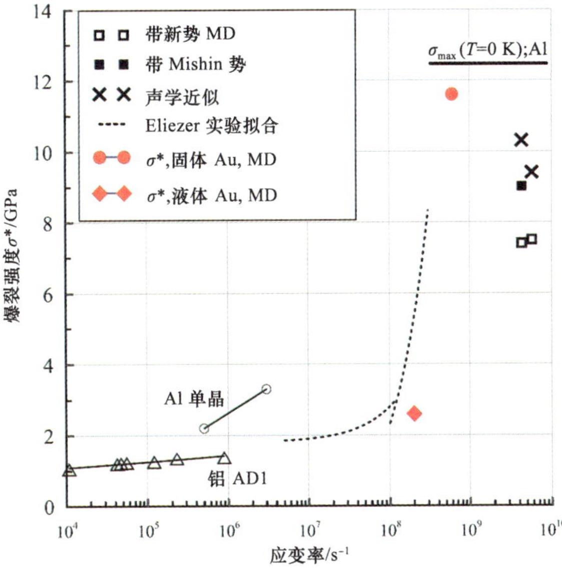

图 4.21 拉伸强度 σ^* 随拉伸速率 $\dot{V}/V$ 的升高而提高

最高速率时的数据通过分子动力学(MD)模拟方法获得。它们在超短激光脉冲(ultrashort laser pulse, USLP)实验中得到证明。艾利泽尔(Eliezer)等人的铝材料数据([255, 256]，又见[257, 258])处在两方面数据的中间位置——一方面是 MD 所模拟的 USLP 实验数据，另一方面是对应于微秒时间量级的颇为传统的利用打击体的实验结果[227,259]。本图还添加了金材料的计算数据，用以分析铝材料的情况，见正文

图 4.21 中汇集了投射打击体实验(铝材料)和激光实验的数据。有一组激光实验使用了亚纳秒和脉冲宽度更长的激光[255-258]，其相应的结果显示为图中的两段虚线[256]。另一组激光实验使用了超短激光脉冲，我们来说明一下超短激光脉冲的实验数据和计算数据。十字叉代表固相铝爆裂强度(拉伸强度)，借助了线性声学基础上的评估。这一评估适用于分子动力学(MD)模拟计算数据。与精确 MD 模拟计算数据一致的评估，图中以空心方块标记。

此时的 MD 模拟使用了原子间相互作用的新[248,251]势能(EAM(Embedded Atom Method，原子嵌入法)势能)，计算结果以空心方块标记。新势能根据大变形状态的密度泛函方法所计算的数据构建。作为对比，图中涂黑方块所代表的结果，是我们在 MD 计算中采用了米申(Mishin)等人的 EAM 势能[260]所获得的。在介质的大变形状况下，这一 EAM 势能将导致相当大的误差。正如我们所见，采用米申势能的计算对固相铝的强度估计过高。

图 4.21 中红色菱形和实心圆所代表的分别是——发热超短激光脉冲从正面照射薄膜时——金材料向真空消融的 MD 模拟和薄膜背面边界向真空中的剥离。这两种实验的原理在图 4.22 中显示。消融发生在薄膜正面，也就是，该表面直接受到超短激光脉冲的作用。加热 1 和诊断数据接收器 7 的布局显示于图 4.22 的右半幅。这里所指的是向真空方向消融的实验，该实验用于测定熔化物强度。而且如果使被吸收的能量 F_{abs} 变化，就可以找到动力学强度 σ^* 与液相温度之间的关系了。

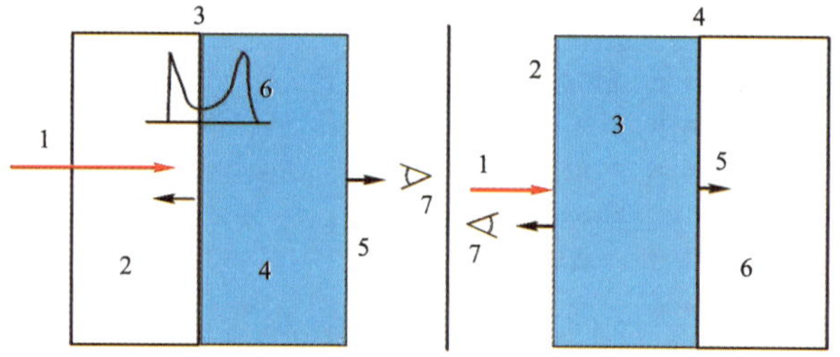

图 4.22　测定固相爆裂强度(左半幅图)和熔化强度(右半幅)的实验布局

电介质(通常是玻璃)制成的薄片是支撑金属薄膜(通常 0.1～10 μm 厚)所必需的。曾有过对无约束金属薄膜进行的实验，但在这里我们将不涉及。为了加热和测量，使用泵浦探测技术(pump-probe technique)。加热作用(泵浦)的 USLP 1 穿透电介质 2，并在电介质和金属之间的边界 3 被吸收(左半幅)，结果出现了向电介质 2 行进的冲击波以及在金属 4 中传播的压缩波，相应的压力分布如(左半幅中)曲线 6 所显示。金属中的压缩波是否来得及形成冲击波，取决于波幅和电介质上金属薄膜的厚度。如果波幅足够大，则冲击波或者压缩波到达(及离开)背面边界 5 时将诱发固态金属的爆裂。通常金属薄膜 4 比左半幅中边界 3 的熔化层更厚，因此爆裂发生在固相内。右半幅的说明将出现在正文中

测定固相强度的实验显示于图 4.22 的左半幅。加热引发了金属正面边界 3 的压缩波。图 4.22 左半幅中，具有相当大波幅的压缩波到达/离开背面边界 5 将导致其附近的层裂，分析了背面边界移动速度数据之后就可以测定固相强度 σ^*。这些数据由接收器 7 来收集。薄膜应该比图 4.22 左半幅中正面边界 3 的金属熔化层更厚，保证所测定的强度 σ^* 确实属于固体。$F_{abs} \approx 100\ mJ/cm^2$ 时，熔化层厚度约 60～140 nm。在对应于背面爆裂阈值的 F_{abs} 值区间内，压缩波或是冲击波波幅所具有的量值，应该使压缩波内物

质的温度几乎不变。因此为了研究固相强度 σ^* 与温度的关系，必须使用预热薄膜作为实验和计算的对象；稍后引用的数据所对应的初始温度是室温。使用超短激光脉冲和热薄膜所进行的实验将对应于热靶实验[259]，只不过目前是在变形速率大得多的条件下进行。迄今为止，这类实验和模拟计算还没有进行过。

正如图 4.22 的说明文字所述，超短激光脉冲有加热作用，它穿过图中左半幅的薄膜正面边界 4 以及右半幅的薄膜 3，产生压缩波 6，该波跑过薄膜，从薄膜背面边界 5 离开并引起背面边界的移动。如果跨过了爆裂阈值，则背面边界的近表层就会剥离（图 4.22 左半幅）。左半幅图背面边界移动的监测由一组诊断超短激光脉冲来完成，见文献[237]。从移动边界反射的诊断脉冲的接收孔在图中标为数字 7。根据反射脉冲相位来测定背面边界位置。

借助于一组诊断超短脉冲所进行的测量范例显示于图 4.23，结果发现了图 4.22 左半幅代表的实验中背面边界的轨迹 $x_{rear}(t)$。根据轨迹可以算出边界移动速度 $u_{rear}(t)=dx_{rear}/dt$。双温流体力学数值模拟范例见图 4.24。

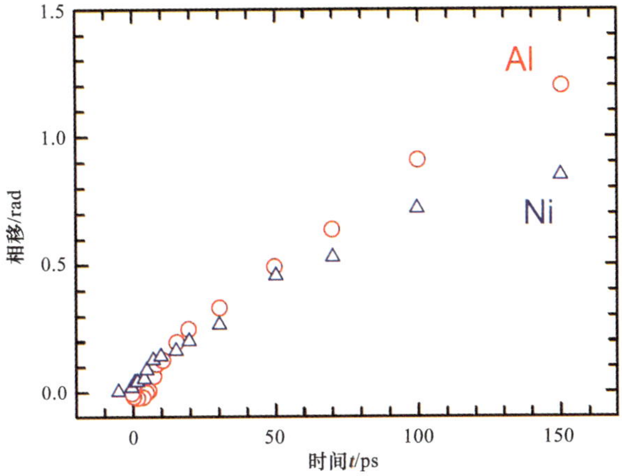

图 4.23 来自泵浦探测数据的背面边界轨迹[261]

本图计数的开始相当于压缩波或冲击波到达背面边界的时刻。边界位移 $\Delta x_{rear}(t)=\lambda_{probe}\psi_{probe}/4\pi$ 是根据反射诊断 USLP 的相位 ψ_{probe} 来判断。这一相位是纵轴坐标

分析处理图 4.23 的实验数据过程中，提取出了速度与时间的关系（例如见[261]）。背面边界速度一开始急剧升高，是有陡峭前锋的压缩波离开边界的结果，见图 4.24 的例子。然后压缩波波幅下落，边界开始“刹车”，凝聚态物质张力阻抗作用下边界速度开始下降。稍后“刹车”结束。根据边界“刹车”段降速值 Δu，可以利用依照线性声学所得出的公式 $\sigma^* \approx \rho c_s \Delta u$ 计算出强度。对这一公式还进行了补充修正使之更为精确，参见文献[261]中根据超短激光脉冲实验所进行的强度计算。这些计算结果与本书所列出的流体力学数值模拟结果保持一致。

固相和液相的强度与温度的关系见图 4.25。随着温度的升高，函数 $\sigma^*(T)$ 变小，而且数据指明，熔化态的强度呈阶梯式下降。

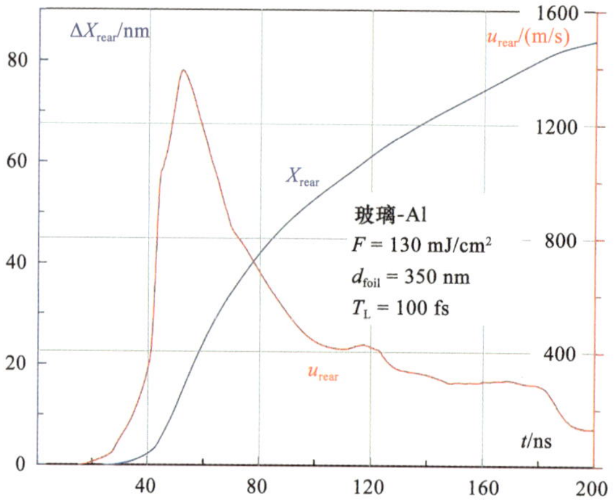

图 4.24　图 4.22 左半幅所代表的装置中激光作用效应的双温流体力学数值模拟

放热光束穿过电介质(玻璃)且部分地被薄膜的边界 3 所吸收。薄膜很薄(d_{foil} = 350 nm)，因此压缩波的翻转并没有发生，虽然拐点附近波形的陡变显而易见

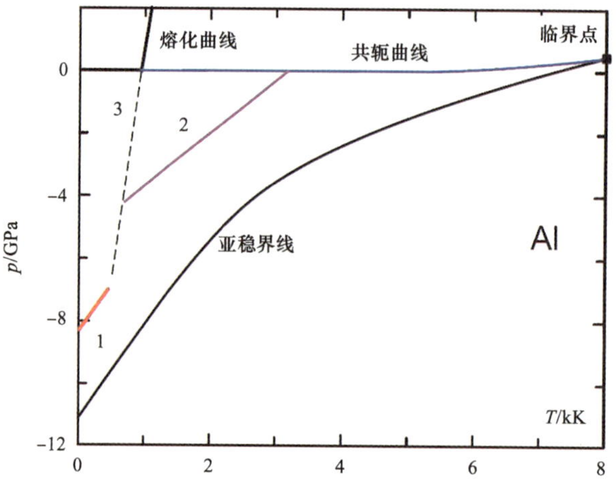

图 4.25　铝的固相(曲线 1)和熔化态(曲线 2)强度 $\sigma^*(T)$ 与温度的关系

有关剥离的结果通过分子动力学数值模拟计算而得到，是图 4.22 左半幅所代表的 USLP 作用的情况。拉伸速率 $\dot{V}/V$ 的液态状况是约 2×10^9 s^{-1}，晶体状况是约 4×10^9 s^{-1}。晶体拉伸在 110 方向实现

图 4.25 显示的数据指出了熔化曲线延长线附近强度 $\sigma^*(T)$ 的急剧下降。图 4.25 中的虚线 3 对应于不平衡拉伸负压区域内预计的熔化曲线走向。当温度很低即 $T\to0$ 时，铝的曲线 3 估计还是落在亚稳界线(spinodal)上方[262,263]。一般认为铝材料因此而不同于其他金属，当温度趋近于极限值时，其他金属的曲线 3 将与亚稳界线交叉[264]。我们的计算综合了流体力学和分子动力学(组合式处理方法)。图 4.25 中曲线 1 和 2 的压力和温度计算值直接取未来爆裂时破碎点的，或是熔化物中空穴成核点的，它们在破碎或是空穴形成时刻之前已计算出来。这一时刻之后，这个点的拉伸应力幅度快速下降。为了明确固相中 $\sigma^*(T)$ 的相关性，不得不进行超短激光脉冲作用于固态

薄膜靶的实验工作。

图 4. 25 中显示了凝聚态相与饱和蒸气之间的平衡曲线(共轭曲线，Binodal)，这条曲线在临界点结束。共轭曲线由两截组成：升华曲线和沸腾曲线。升华曲线上的蒸气压力可以忽略不计，因此在压力-温度平面上，这条曲线与均匀压力刻度的零压力轴重合，如图 4. 25。与超短激光脉冲实验中处于熔化或者爆裂阈值时相当大的拉伸应力幅度相比，蒸气压力甚至在临界点也不高。那些应力幅度接近于晶体低温曲线负压模量峰值$p_{max}|_{cold}$。依照利用我们精心研究的原子间相互作用 EAM 势能所计算出来的结果[248]，当晶体沿 100 方向拉伸时，$p_{max}|_{cold}$和$V_{max}|_{cold}/V_0$的值分别是 12. 2 GPa 和 1. 5，这里 V_0是零温度时的晶体平衡体积。

图 4. 25 对应的是铝材料的情况，金材料的数据列于图 4. 21。低温金材料的强度高于铝材料的，见文献[248]。金材料的低温曲线模量大约高出 1. 8~2 倍。看起来正因如此，固相金材料靶爆裂强度高于我们对于 USLP 作用所进行的数值模拟计算，见图 4. 21。这时金材料碎裂时，也就是晶体中爆裂的开始，比铝材料处于更接近$p_{max}|_{cold}$点的状态。对于铝材料来说，爆裂应力阈值大约是理想强度$p_{max}|_{cold}$的 70%，对于金材料是 55%。必须指出，与铝材料相比，熔化时金材料的强度下降幅度显然更大——我们可以比较一下图 4. 21 中所对应的金的爆裂(固相爆裂)和消融(熔化物的空穴现象)标记。

此外，金材料在超短激光脉冲实验中的拉伸速率 $\dot{V}/V$ 比铝材料的低得多，低大约一个量级[253,254]。所涉及的因素有，首先，由于电子-离子热交换系数大大下降，所以金的加热层厚度d_T几乎翻倍，系数的下降主要源自于金原子核的大质量。其次，由于物质密度高，在金材料中，在消融或爆裂阈值上的膨胀速率会降低数倍。

4.5 超短脉冲热动力学

前面的章节中我们讨论了激光作用的情况，由此产生的高温蒸气或者等离子体的压力在靶的稠密物质中引起了流动。而超短激光脉冲(USLP)的情形则完全不同。

USLP 起初加热的是固体靶δ_{skin}表层内部[265]的电子子系统，见图 4. 26。随后热流从表层以超声速模式通过电子子系统向靶的深处传播。电子热波的超声速推进持续到电子和离子的子系统之间发生温度弛豫为止[266,267]。弛豫过程中电子把热流传递给离子，使它们的局部温度 T_e和 T_i值渐渐地趋向一致。

温度 T_e和 T_i的趋同在t_{eq}(eq——equilibrium，平衡)时长内持续，t_{eq}在 2~10 ps 量级(取决于具体的金属种类)。非常重要的是加热层厚度d_T相当大，使得声音穿过距离d_T所必须的“声速时间”$t_s=d_T/c_s$大于形成加热层的时间t_{eq}，这里c_s是凝聚态靶物质中的声速。举个例子，如果铝材料加热厚度为$d_T\approx100$ nm，$c_s\approx5$~6 km/s，则$t_s\approx20$ ps，$t_{eq}\approx$ 2 ps。之后当 $t>t_{eq}$，则电子热波逐渐变成通常的强亚声速传播模式。因此在声速时间量级的时间 t 内，加热层厚度d_T几乎不变[251,266,268,269]。上述论断在图 4. 27 中有图解说明。

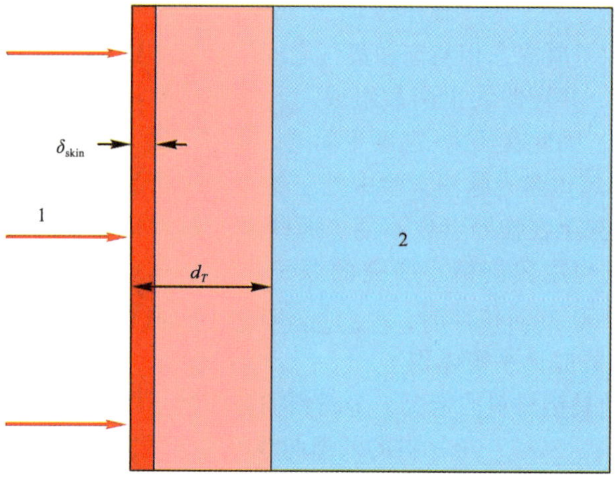

图 4.26　USLP 的作用原则上不同于长激光脉冲的作用

在短时间τ_L内，USLP 急剧加热$\delta_{skin}\approx 10\sim 20$ nm 厚表层中的电子。特征温度$T_e\approx 1\sim 5$ eV。这些温度值是热力学消融的特征阈值温度。同时电子热传导也在加热$d_T\approx 50\sim 150$ nm 厚的一层物质。重要的是d_T层形成于$t_{eq}\approx 2\sim 10$ ps 时间内，与声速穿越时间$t_s=d_T/c_s\approx 15\sim 50$ ps 相比很小。因此可以确切地说，高压力的d_T层是以超声速模式形成的，所有随之而来的流体力学现象正好与高压力固体密度d_T层的衰变紧密相关。与长脉冲情况的差异也包含其中，长脉冲作用下靶的高密度部分物质的移动由冕区压力引起

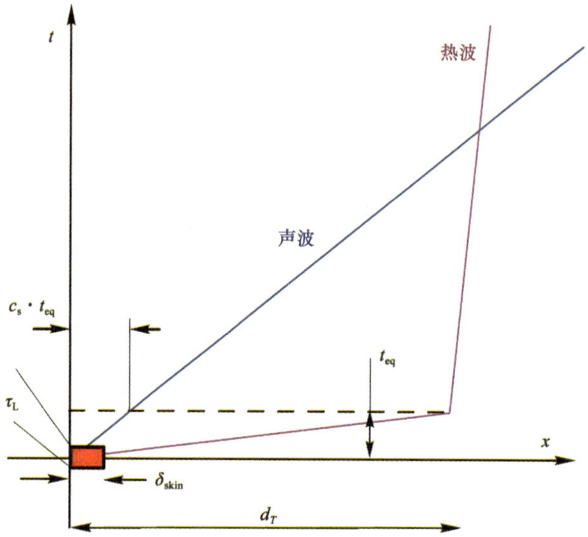

图 4.27　电子热波(ETW)和声速扰动传播的(x, t)坐标系示意图

声速扰动起始于 $x=0$、$t=-\tau_L$点。脉冲作用之前，靶物质占据右半部分空间 $x>0$，真空占据左半部分空间。激光束从左边射向靶。坐标系原点的方块代表空间中由 USLP 加热的区域(深度为表层厚度δ_{skin})和作用时间(脉冲宽度τ_L)。ETW 轨迹由陡直(沿 t 轴)超声速段和平缓强亚声速段——与声波的斜度相比——组成。ETW 的超声速传播在t_{eq}(eq——equilibrium，平衡)时间内持续。t_{eq}时间内声波可以通过$c_s t_{eq}$的距离，与加热层厚度d_T相比并不大。经过$t_s=d_T/c_s$的声速时间，声学扰动离开了加热层d_T，就此全部加热层卷入了流体力学运动

4.5.1 超短脉冲流体力学

如上所述，快速(超声速)加热会导致一个厚度为d_T的加热层的形成。等容加热$\rho(x, t)\sim \text{const}=\rho_0$、$t<t_{eq}\ll t_s$时，高压总是与高温相关联，加热时间$t_{eq}$小于高压层的流体力学衰变时间$t_s=d_T/c_s$，相应地，流体力学阶段的描述也就简化为有关高压层衰变的描述问题。有可能存在两种情况。第一种，USLP 光束通过透明的电介质(例如玻璃)并被电介质-金属交界的金属吸收。这种情况下，图 4.27 的左边是电介质，右边是金属。同时一个冲击波进入电介质内部(也就是图 4.27 中向左)，另一个压缩波向着金属行进。这里我们将分析这样一种状况，也就是图 4.27 中的左边安排的是真空或者低压(例如一个大气压)气体。

真空-金属交界处有着高压层的情况显示在图 4.28 上。如果相较于特征声学时间规模$t_s=d_T/c_s$，厚度为d_T的高压层形成时间t_{eq}因此可以被忽略，那么我们就面临着一个已知初始条件的问题。在 $t=0$ 时刻我们有均匀分布的密度 $\rho(x, t=0)=\rho_0$、$x>0$，以及不均匀的压力分布，见图 4.28。

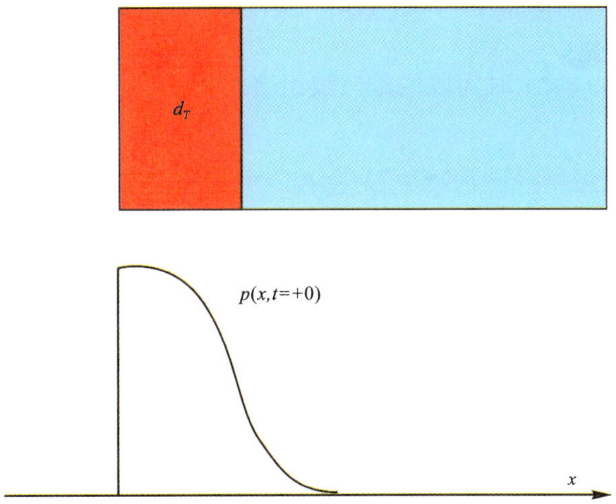

图 4.28 USLP 诱发的流体力学流动问题简化为初始条件问题

初始条件问题是弄清流体力学相关基本点所必需的。流动在声学时间内以及稍后形成了，是真空-金属边界上的高压层衰变的结果。真空位于左边，高压层具有有效厚度d_T。右边靶内部的温度逐渐回到室温，压力则趋近于零

如果与体积抗压模量 K 相比压力很小的话，均匀介质内高压层衰变一维问题的解由处理两个背向压缩波的达勒姆伯特(D'Alembert)公式给出，这个解显示在图 4.29 中，具有如下形式

$$p(x, t)=p_0(x+c_s t)/2+p_0(x-c_s t)/2$$

条件是衰变之前介质处于静止状态。这里函数 $p_0(x)$ 是初始压力分布。

我们设定的情况是在真空-金属边界上已经由 USLP 形成了高压层(见图 4.28)，达

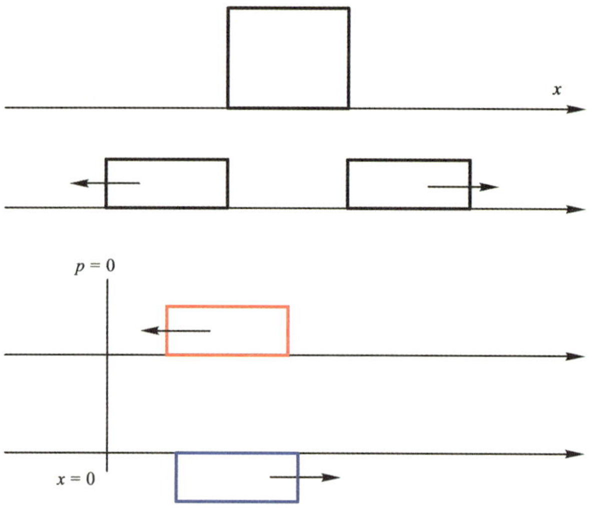

图 4.29　均匀介质(图中第一行)中高压层初始状态衰变为两个背向半波幅的波(图中第二行)波从真空 $p=0$、$x=0$ 的边界反射。重要的是，反射时 $p>0$ 的压缩波变成了 $p<0$ 的拉伸波，这样就形成了拉伸应力。当这些拉伸的幅度足够大时就会发生爆裂——边界 $x=0$ 附近有一层从靶的主要部分剥离。剥离层厚度取决于压缩波的有效厚度和形状。严格矩形波的情况(如图所示)，剥离层厚度等于矩形波厚度的一半

勒姆伯特解在 $t>0$、$t<t_s$时间段内是三波组合[270]，正好是右行波、左行波、张力反射波的相加：

$$p(x,\ t)=p_0(x+c_st)/2+p_0(x-c_st)/2-p_0(c_st-x)/2$$

这一组合对应于图 4.29 中的下面三行。线性近似中我们忽略真空-金属边界的位移。$p_0(x)$为任意函数时，三波解中的第一和第三项之和在真空边界上给出的压力值为零。我们的情况，初始压力分布见图 4.28 的下半部分。

在极短 $t \ll t_s$时间内，边界附近的流动由左向行进波以及边界反射波的叠加而决定。此时与真空交界的边界为非零均匀压力的半空间发生衰变，因为极短时间内可以忽略靶内部压力的下降，见图 4.28，并认为靶内压力分布均匀。边界附近出现稀疏波，波中物质向真空膨胀，相应的解在流体力学范畴内[227,271,272]有着深入的研究。气体压力下降到零值时，气体中的声速变为零。凝聚态物质的情况，压力下降到零值条件下，声速和密度仍保留一定的量值。与此相关的是独特的稀疏波形成，显示于图 4.30(见[273-275])。

图 4.30 中向真空方向膨胀的凝聚态相边界 3 经历着密度阶跃。向零压力介质膨胀时，从阶跃 3 到坡降稀疏波 4 压力恒等于零，同时密度也是常数。常密度层在稀疏波密度分布中形成一个高台，见文献[273，274]。稀疏波的独特性在于高台的存在。如果靶内压力到处都是均匀的(当然位移涉及的一层除外)，则稀疏波与自相似变量 x/t 自相似，这类波被称为中心稀疏波，因为它的剖面覆盖着发端于坐标原点的放射状直线特征线扇形。坐标原点位于真空-金属边界的零时刻。独特的扇形段对应图 4.30 中坡降 4。有心波是一个自相似纯粹的黎曼(Riemann)波范例。高台内部物质呈属于共轭曲线(binodal，蒸气-凝聚态相共存曲线)的平衡状态。同时共轭曲线之外的两相流区域

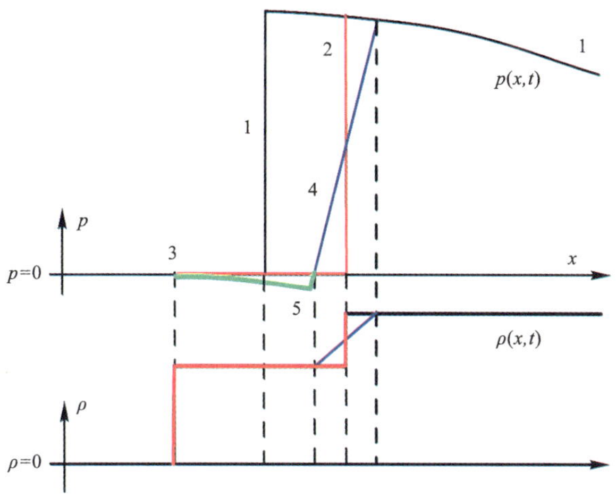

图 4.30 极短时间内初始压力分布的衰变，此时稀疏波向靶深度行进的距离与特征尺度d_T相比并不大。这样就可以忽略初始压力分布的不均匀性，该压力显示于图 4.28 的下半部分：1——初始压力分布，取自图 4.28；2——压力阶跃式下降至膨胀介质的压力，真空情况下这一压力为零。密度同压力阶跃一起减小。线性声学近似中也可采用这一阶跃。如果跳出这一近似，则阶跃 2 拉成一个坡降稀疏波 4。重要的一点，凝聚态介质中稀疏波所具有的流动范围有着恒定参数——一个台阶或者高台。高台终止于凝聚态介质边界 3。具有拉应力 $p<0$ 的区域 5 的出现原因讨论见正文

没有张力，相应地也没有负压[273,274]。

如果图 4.28 中的下半部分把初始压力分布的不均匀性考虑在内，则会出现负压[276]。我们所考虑的情况中，压力在靶体内下降。因此最初阶段，图 4.30 中的边界 3 以匹配更高初始边界压力的速度移动。由于靶内压力下降，这一速度应该随时间的流逝而减小。结果高台物质出现张力，也出现了图 4.30 中的负压段 5。5 段的压力从零值的偏离是由初始压力分布从峰值的偏离所引起，峰值在 $t=0$ 时刻落在边界上（见图 4.28）。

我们暂时止步于负压增长、强度极限达成的讨论以及爆裂现象的描述。让我们再次回到 USLP 和长脉冲的比较以及蒸发的作用。

4.5.2 蒸发的作用

我们来评估能量积累到热力学消融阈值时物质的蒸发量。正如与图 4.29、图 4.30 相关的讨论，压缩波的反射导致随时间变化的张力场的形成。如果在某些瞬间应力峰值超过材料强度，则会产生厚度与加热层深度d_T相当的剥离层。由于这种力学分离机制造成被照射靶表面的物质被拿走，因此这种取物方法也称为消融（如前所述，物质的损失过程称为消融）。张力场的出现与快速加热相关，因此人们使用这样的术语——热力烧蚀。而且，这个术语也有助于区分蒸发消融和热力学消融。

很清楚，由于热力烧蚀与材料强度达到一定量值相关，所以这类消融承载阈值特征。的确也是，如果拉应力哪怕只比强度小一点点，则热力学取物也不会发生。铝、

金和镍材料的计算表明，对于在热力烧蚀阈值上的金属，其所吸收的激光能量大约是 $F_{abs}\approx 0.1\ \mathrm{J/cm^2}$。此时的峰值电子温度为≈2 eV，双温(2$T$)弛豫结束之后的最高表面温度≈2000~3000 K，最高压力≈10 GPa。如果阈值被超过，则阈值附近将剥离 20(Ni)-50(Al)-90(Au)nm 厚的金属，取决于金属种类。

我们依照气体动力学理论来评估物质的蒸发量。一个粗略的方法来自于赫兹-努森(Hertz-Knudsen)公式。当蒸气流向真空时，每脉冲最高流量和蒸发层厚度被量值 $\dot{m}\sim m_i n_{sat} c$ 和 $h_{evap}\sim \dot{m}\tau_{cool}/\rho_0$ 所限制，这里 m_i——原子质量，$p_{sat}(T)=n_{sat}(T)k_B\mathrm{T}$——饱和蒸气压力，$c(T)$——蒸气中的声速，$\tau_{cool}\approx 0.1\sim 1$ ns——照射光斑冷却时间，ρ_0——凝聚相密度。按照克拉佩龙-克劳修斯(Clapeyron-Clausius)公式，温度低于临界值时的饱和蒸气压力是温度的急升(指数)函数。

对于金属来说，2000~3000 K 的温度与金属沸腾温度相当。这就意味着，热力烧蚀阈值附近的金属饱和蒸气压力为一个大气压量级。这样的压力下，饱和蒸气原子密度约为 $3\times 10^{18}\ \mathrm{cm^{-3}}$。这一密度比凝聚相原子密度低四个数量级。蒸发层厚度为 $h_{evap}\sim 0.2\alpha=0.6$ nm，这里 $\alpha\approx 0.3\times 10^{-7}$ cm——原子间距离。计算时可以取下列参量的最高量值：$\tau_{cool}=1$ ns，蒸气里的声速 $c=1$ km/s。正如我们所见，热力烧蚀阈值之上从靶表面力学取走的物质量，约以 10^2 倍高于蒸气流向真空的最高评估量。

4.5.3　进入靶内部的声波形状

在声学时间级别的 $t_s=d_T/c_s$ 内，靶内流体力学流动由三种(右行、左行、反射)波的作用叠加而成，见前面的正文。在时间 $\sim t_s$ 内左行波消失，相应地随时间进一步的流动就只能由右行波和反射波构成了，见图 4.31。右行波和反射波被“零”特征线 4 分开，该特征线自 USLP 起作用的初始时刻从坐标原点发出，见图 4.31。

靶边界轨迹在图 4.31 中标为数字 8、9。在 USLP 作用时间内边界加速并获取了最高速度。之后在左行波反射过程中边界开始减速。图 4.31 中加速段和减速段标为数字 8。减速的原因是，从边界到靶内部方向上左行波波幅在减小，见图 4.28 下半部分。左行波完全反射之后向左的边界位移终止。边界静止之后的轨迹在图 4.31 中显示为垂直线 9。借助于双温流体力学程序和分子动力学所进行的数值模拟工作可见于文献[237，248，251-254，261，266-268，276-301]。

USLP 向靶厚深处输送的特征波，前有压缩凸起，后接张力凹陷。这一形状显示于图 4.31 中额外嵌入的那部分。线性声学中的正压和负压波幅是图 4.28 中初始压力分布剖面幅度的一半。当能量输入在阈值量级时，初始压力约 10 GPa 属于(抗压)体积模量 $K\approx 100$ GPa 有感的份额。显著的非线性效应特别体现在反射波波形上，根据模量其波幅明显小于初始压力峰值的一半。

由于非线性性，波形随时间流逝不断变化，见图 4.32。加热层之外，波在常温均匀物质中行进传播。加热层内部，下列因素对波的传播有所影响，首先存在着熔化层，再者升温区域存在着温度分布。在 $\sim d_T$ 厚加热层的温度分布之外，向内行进波是一个单纯黎曼(Riemann)波。它的前面部分的压缩波陡变(梯度值的增长)现象和压力衰变区域的波形拉伸众所周知。类似地拉伸波($p<0$)剖面也有陡变和拉伸，但现在陡变发生在

拉伸波的尾部，那里压力逐步升高[248,253,254,295]。

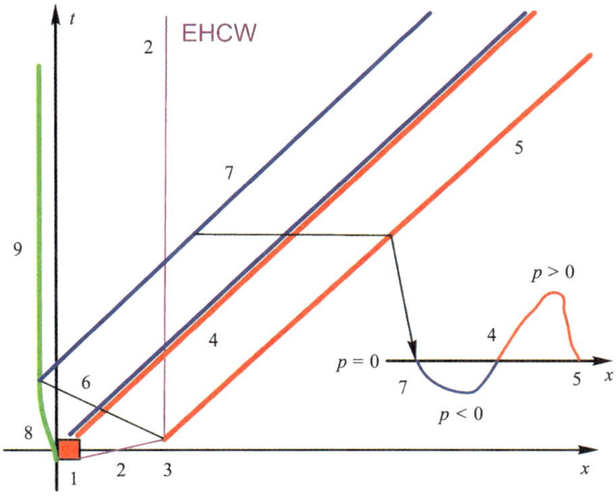

图 4.31 压缩波和稀疏波向靶内的传播

1——由于吸收 USLP 而形成的加热区域位置。吸收深度是表层厚度 10~20 nm 的量级，加热时间取决于 USLP 宽度，通常有≈0.01~1 ps；2——电子热传导波(EHCW)的超声速段和亚声速段；3——跨声速段，这一段区内热波传播模式发生切换。从这一区域起，压缩波前特征线 4、5(右向行进波)开启自身向靶内的传播；6——左向行进波的后特征线。此波，正如我们所看到的样子，向着真空与靶之间的边界方向传播；7——右向行进反射波 4—7 的后特征线。反射的波紧跟压缩波 5—4 传播。同时压力剖面由右向波和反射波叠加而成，像“锯齿”形状，见图中嵌入曲线

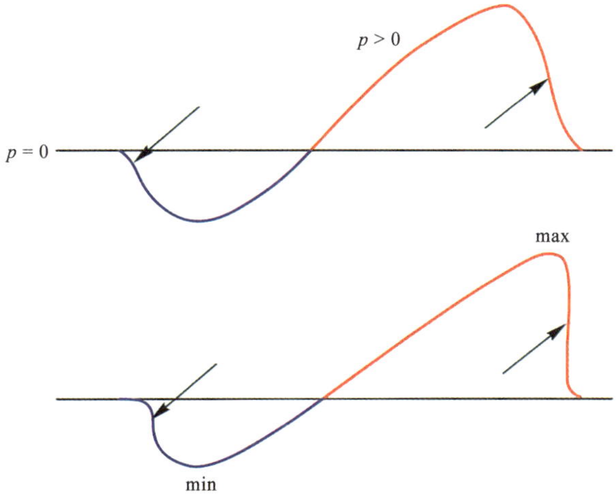

图 4.32 压缩波和拉伸波的转折

在图 4.31 的(x，t)坐标系中的压缩波和拉伸波分别对应于 5—4 带和 4—7 带

图 4.32 上半部分用箭头指出了压缩波前部以及拉伸波尾部的拐点。由于黎曼波特征线的汇集波形发生了陡变。某一时刻焦散面形成了，在此之后部分特征线开始交叉。对于压缩波和拉伸波，这一时刻各自独立。图 4.32 下半部分的箭头指出了转折过后所形成的冲击波的位置。

波的演化过程十分奇怪[252]。在很短时间内，“零”特征线附近的这部分波非常陡峭，因为它对应于稀疏波内压力衰变过程中的特征线扇面，是图 4.30 中的 4 段，是图 4.28 中真空-金属边界上初始压力急剧衰减的反映。同时压缩波内前部长度和拉伸波尾部长度具有图 4.28 中初始剖面厚度的量级。然后因为非线性进程，情况也在改变。零特征线附近的区域不断延展，此区域中压力剖面斜率不断下降。与之相反，压力升高区域变得更为陡峭。最高和最低压力沿各自的特征线传播。最高值特征线落到前冲击波中、且最低值特征线落到尾冲击波中之前，最高和最低波幅并不随时间流逝而改变。在此之后，最高和最低波幅开始随时间流逝而缓慢变化[302,303]。

如果初始压力更高的话，所描述的演化过程进行得会更快一些。如果超过了热力学阈值，则一层剥离之后，进入靶内部的拉伸波剖面将发生实质性改变，凹陷部分深度变小。初始压力越高，则右向波 $p>0$ 和反射波 $p<0$ 所形成的叠加波中最高正压与最大负压幅度之比越大。确实随着所吸收能量 F_{abs} 的增长，图 4.28 所示的初始压力也在升高。当然负压幅度受限于物质的抗张强度。

4.5.4　熔化与成核

计算显示，USLP 在金属中所引发的熔化阈值比热力烧蚀阈值低 2~4 倍。这是一种非常重要的性质。于是当能量接近热力烧蚀阈值$F_{abs}|_{abl}$时，熔化已经在电子温度 T_e和离子温度 T_i之间的弛豫时间$-\tau_L<t<t_{eq}$内发生了。实际上在此时间段内，由于已经超过了熔化阈值，温度 T 在晶体-熔化过渡的亚稳界线上已经升高并超过了 T_i[268]。定常密度条件下，亚稳界线的温度高于熔化温度约 20%。熔化层厚度与加热层厚度d_T相当。

熔体形成之后图 4.28 中高压表层的流体力学衰变继续进行，因此前面提到的右行波、左行波、反射波在熔体中传播。在流体物质中拉伸应力随时间积聚(这一过程的起始见图 4.30，压力向下偏离，线段 5)。研究表明，被研究金属(Al、Au、Ni)的拉伸应力在其液体中达到峰值(Al——[248]，Au——[253，254]，Ni——[299])。因此当熔体达到强度极限后，初始连续状态物质的碎裂从液相中气泡的成核开始。

液体中形成蒸气气泡的现象称之为气穴现象。我们强调，在所分析的 USLP 作用下的热力烧蚀问题中，蒸气压力对气液混合物动力学的影响微不足道。确实如前面曾提到过的，对于消融阈值特征的 2000~3000 K 温度区间内，饱和蒸气特征压力为几个大气压大小，量级为 10^{-4} GPa，尽管这里所讨论的实验中，熔体的动力学强度有数个 GPa。

我们特别指出，最大张力以及成核主要在单温阶段实现，也就是 $T_i=T_e=T$ 阶段。实际上最大张力所要求的时间在声学时间量级$t_s=d_T/c_s$，而这一时间超过了温度平衡时间t_{eq}。当电子压力在加热双温物质膨胀动力学中起着重要作用时，倒是有一些文章研究了双温时间间隔内的气穴现象[304]。我们也必须注意到温度分布对于——跨过消融阈值这个门槛并开始成核的——深度的实质性影响，这是因为强度随着温度的降低在提高。有两个方面存在着竞争，一方面是反射波向靶内推进所造成的最大瞬时拉伸应力幅度的增长，另一方面是内部温度的下降。正如图 4.30 中的压力分布线段 5 所显示的，反射波幅度如何随其传播而增长。

气穴气泡内的蒸气压力无关紧要，重要的是表面张力。气泡表面张力影响到层分裂的减缓这一情况非同一般。这正是 USLP 与其极薄加热层——厚度$d_T \approx 100$ nm、总共只有几个表层厚度——的特殊性。液体分裂的标准实验中，当分裂层厚度在几分之一毫米及以上量级时，这一效应完全可以忽略不计。USLP 实验中由于分裂层的超薄性，其惯性非常微小，因此表面张力成为实质上的主要玩家，见文献[284，289，291]。

熔体-蒸气混合物拉伸时将经历三个阶段。第一阶段主要是成核，生成分散的气相核子，尺度相当于原子间距离[248,289,290,301,305-307]。这种状况是因为应力很大，数 GPa 单位量级，并且活核子的直径很小。成核过程中核子间距离大大超过活核直径，也就是说各核子是独立形成的。然而第一组气泡成核之后经过不长的时间，它们之间的相互作用就会出现。气泡附近的张力幅度在成核过程中从高位下降，直到只比 $2\sigma/r$ 高一点点的量值。$2\sigma/r$ 值由现时的气泡半径和表面张力系数所决定。张力幅度的下落发生在气泡周围的声波球面内。此球面的半径随声速而变大，经过不长时间相邻气泡的球面就重叠了，张力下降且新核子的成核进程终止。

必须指出，这里我们所讨论的是阈值附近的情况。当大大超过了消融阈值(例如 2~3 倍)时，在距离靶表面 h_1深处形成第一组成核气泡之后，张力起先开始下降，然后再度增长[253,254]。结果新一组气泡在 h_2深处孕育形成。

第二阶段，已形成的气泡不断膨胀。此时液相气相混合物中的气相体积份额 $\zeta = V_{\mathrm{vap}}/(V_{\mathrm{vap}}+V_{\mathrm{liq}})$ 也在增长。还在第一批核子形成时，这一份额非常小。第二阶段在液相中有渗流作用；蒸气被隔绝在气泡中，因而蒸气中没有渗流作用。第二阶段在份额 ζ 达到 0.5 量值之前持续进行。之后开始第三阶段，这一阶段蒸气液体混合物形成一种泡沫，其中含有非常少量的熔体成分[248,251]。同时蒸气一如既往，如同第一、第二阶段一样，保持在隔绝状态。液体薄膜阻止蒸气从一个腔穴流向另一个腔穴。对混合物膨胀力的阻抗也持续抑制了层剥离效应，泡沫中薄膜的表面张力起主要作用。

总之，一开始对薄层的抑制与连续熔体的张力相关，直到密度小于低压(可以说是零压)平衡密度为止，这是对抑制作用的主要贡献。第二阶段中抑制作用取决于气泡的表面张力 $2\sigma/r$。这一阶段的剥离层极其薄，它们的惯量也非常小，因此本阶段对于抑制作用的贡献非常大。最终，虽然不大但有感的对于抑制作用的贡献与第三阶段相关，此时薄层的速度因泡沫中液体薄膜对于其膨胀力的阻抗而减小[251]。

第三阶段在液体薄膜变薄到只有数个原子间厚度时结束。这时薄膜开始剥离，对薄层的抑制逐渐终止[289,291]。薄膜剥离阶段持续一些时间。这段时间内熔体中的渗流逐渐消失。相应地对于金属情况，气液混合物的阻抗系数急剧升高。混合物从泡沫状态转变为蒸气中含有液滴的状态，液滴的体积成分不大。混合物进一步膨胀时，参量 ζ 单调接近于零。

第二、第三阶段气泡群的发展见图 4.33。

4.5.5 牛顿环

干涉牛顿环是 USLP 作用下力学效应决定性作用的首批实验性[277]指标。然而为了弄懂它需要大量的理论工作[273,276,280-283]。我们来简略地陈述一下为什么会出现干涉环，

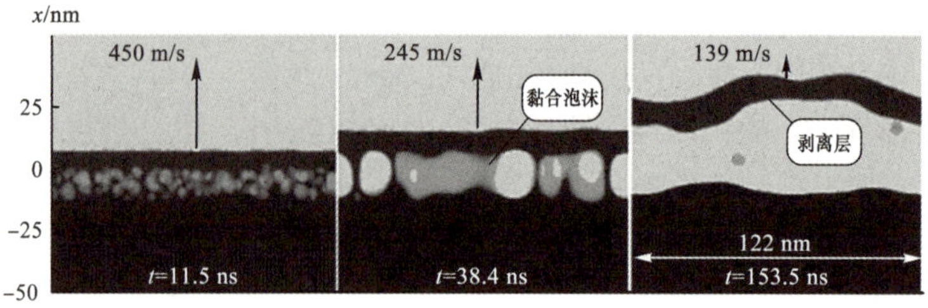

图 4.33　USLP 作用于铝质金属靶的数值模拟范例

参量d_T人为减小 6 倍，是为了在有限的计算能力条件下模拟泡沫形成过程直到其剥离时刻[289,291]。输入了稍微高于热力烧蚀阈值的能量。可以很清楚地看到向上的剥离薄层。箭头表示薄层速度和速度量值。我们看到了非常真实的这一速度的下降持续到了成核之后。这种情况对于更大的剥离薄层厚度——相应于更大的单位面积质量——几无可能。平缓的阴影分布和低部的网格结构被熔化前缘隔开。顶部是液相(平缓阴影区域)，底部是晶格。左幅和中幅图片对应于气液混合物存在的第二和第三阶段。右幅图片中薄膜剥离，剥离薄层下面形成蒸气微滴云，包含很少液体体积成分。泡沫破裂之后薄层以自己的动量继续飞行

主要原因在于剥离层的断裂和激光束光轴上辐射的增强(图 4.34)。

如图 4.34 所示，激光束沿靶表面法线入射，强度为光束轴对称分布。此时靶表面被照射的区域——若该区域能量密度 F(积分通量)超过热力烧蚀阈值$F|_{abl}$的话——就会形成一个圆圈。阈值量以箭头标示在图 4.34 中的强度分布上。超过阈值量后成核现象以及剥离层的形成就开始了。这一薄层的运动速度取决于其局部吸收的能量——能量越高的地方速度越大。因此剥离层向中心弯曲，成为凸起圆顶形状，见图 4.34。

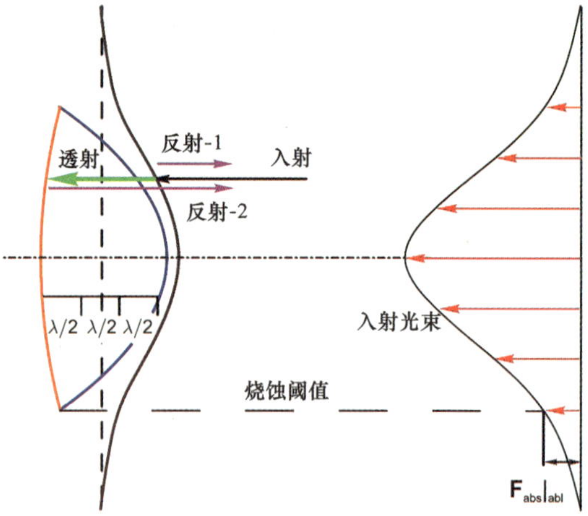

图 4.34　牛顿环形成原理示意图

激光束辐照到靶表面上，光束横截面强度分布显示于图右半部分。强度峰值落在光束轴上。图左半部分是靶。USLP 到达之前靶边界是平面，显示为垂直虚直线，原始靶物质落在此平面以左。USLP 引起了靶物质的移动。光束横截面尺度 $r_{beam}\approx 10\sim 100\ \mu m$，远大于 USLP 所导致的加热层厚度$d_T\approx 100\ nm$。由于与 r_{beam}尺度相比是一块不大的面积，因此局部地可以采用沿靶表面法线流动一维近似。这类图像的积分通量 F 近阈值段范例显示于图 4.33。具有不同$F/F|_{abl}$比值的五种流动范例合并显示于图 4.35。有关半波数和干涉的说明见正文

剥离层下面是未来坑洞的底部。坑洞和圆顶之间形成间断。圆顶厚度越接近中心越薄，因为剥离层厚度取决于当地积分通量值——厚度随 F 增大而减小。存在某个通量值，达到这个值时厚度就会变成零[276,285,286]。如果分布的中心处(如图 4.34 所示)通量超过这一通量值，圆顶上就将出现一个孔洞，见图 4.35。孔洞内部自然没有牛顿环。一个实验图像和计算数据图像范例见图 4.36。

USLP 作用下所形成的剥离层非常薄，因而也非常特别。它只有表层厚度量级，大约 10~20 nm，因此可称为纳米剥离[276]。虽然剥离现象的存在众所周知，但是从前从来没有过这么薄的剥离层。要感谢图 4.34 中的圆顶如此之薄，使探测激光脉冲的光线可以穿过。穿透光线“反射-2”从坑洞底部反射出来，从圆顶下面穿透出来并与光线“反射-1”进行干涉，“反射-1”是光线“入射”从圆顶的初次反射。当圆顶下面的缝隙是激光辐射半波的整数倍时，就形成了牛顿环。

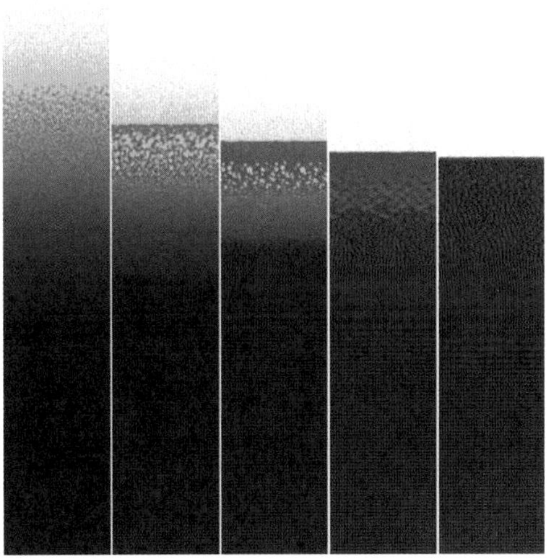

图 4.35 带圆顶的二维流动范例合并图像

流动由五幅一维流动图组成，从右向左每幅图的通量比值$F/F|_{abl}$渐次升高。我们可以看到，首先从右数两幅的通量不够大时，没有成核、断裂和剥离层。其次，剥离层厚度随通量增大而减小，比较一下从左数起的第三、第二幅图。最左边图像的通量比值使剥离层消失了

我们必须指出，其实很容易通过改变激光光斑强度分布来调整圆顶形状。还必须强调，图 4.36 中带有牛顿环的图像随时间的流逝而变化，因为图 4.34、图 4.35 所显示的圆顶处于运动之中。随着时间的流逝，圆顶和坑洞底部之间的距离变大。起初图像中的受辐照斑没有环。要出现第一个环，就必须使圆顶中心点之下的间隔能容纳一个半波长，这就需要 USLP 的加热作用之后经过一定的时间。例如激光波长为 1 μm、中心点速度为 1 km/s 时，这一时间是 500 nm/1 [nm/ps] = 0.5 ns。输入的能量越高，这一时间越短。当圆顶之下能容纳两个半波长时第二环就出现了。新的环从中心出现，因而较早前的环就移向图 4.34 中圆圈的边缘，此处也是消融阈值已经达到的界线。

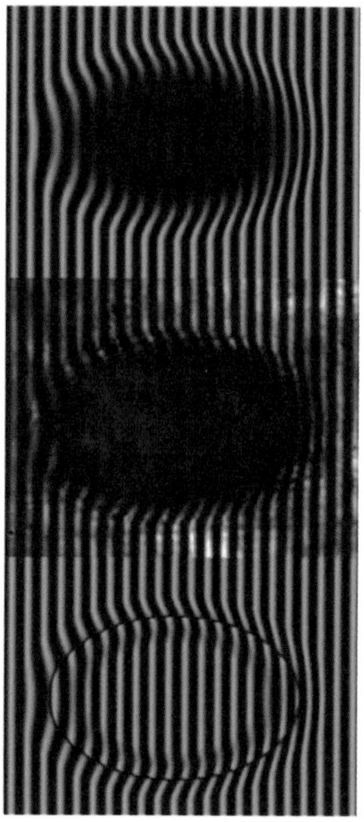

图 4.36　具有牛顿环的图像，得自用金材料所做的实验（中间图像）和两种干涉的理论计算情况（伊诺加莫夫（Иногамов）等，2008[276]）

4.6　团簇等离子的激光爆炸

超强飞秒激光脉冲与粒子团簇靶（cluster target）的相互作用可以获得性质独特的等离子体[308,309]。一方面在粒子团簇所处的位置逐渐形成等离子体，由多电荷离子和千电子伏能量电子组成，其密度大大超过临界密度。另一方面，由于介质平均密度和粒子团簇各自的尺度很小，电磁波可以自由地传播并与靶的所有原子相互作用，也就是，它可以自由地穿过电子密度高于临界值的区域并且不反射，不像在固体靶中所发生的情况。此外，至于金属粒子团簇的传导电子加热（或者粒子团簇由惰性气体原子所组成的初级电离电子加热），一方面缺乏像普通等离子体中那样的能把热流快速运走的能力，另一方面与孤立的原子分子相比，可以使电子子系统更充分地激活。这时原子态离子实际上也加热不了了。激光脉冲主要部分作用期间最初的快速多重电离之后，离子团簇物质正好是理想等离子体，由电子和多电荷原子态离子所构成。

强激发状态下，粒子团簇转变成完全电离的等离子体，它起初位于粒子团簇所占据的区域，然后就自由地向周围空间膨胀。因此要激发粒子团簇物质，就必须使能量输入时间与等离子体膨胀时间相比要很短。对于特征尺度在 10 nm 量级的粒子团簇（团簇中有约 10^4 个原子）和 $10^7 \sim 10^8$ cm/s 的离子膨胀速度，离子的飞行时间是 $10^{-13} \sim 10^{-12}$ s，所以需要飞秒级时间来激发粒子团簇并形成等离子体。

所以在粒子团簇靶中成功地达到了激光能量的高吸收率，且相应地，与其他靶相比达到了更高的物质激发率，所形成等离子体的特征电荷超过了激光与固体或气体靶相互作用所生成的等离子体的平均电荷。利用粒子团簇靶时，激光脉冲能量转变成 X 射线的份额在 10%～15%量级，具有非热特性。此外，激光辐射吸收极大提高的因素导致了快速电子的有效生成，以及动能从数十 keV 到数百 MeV 的多电荷离子的有效生成。因此对激光辐射与粒子团簇相互作用过程所进行的研究，一方面可以获得实验条件下有关材料基本性质的新的信息[308-319]，另一方面也能够利用新的手段来解决一些应用问题，例如核反应的起动[320-326]，电子和重粒子的加速[327-330]，以及如何建立用于医疗、生物和光刻技术等目的的明亮 X 射线光源[331-338]。

本节我们还将表明，同时利用高时间比率 $10^8 \sim 10^{10}$ 的激光脉冲和亚微米尺度粒子团簇，保证了激光-粒子团簇相互作用的高效率，使其可以产生不同的软 X 射线和硬 X 射线(直到伽马)辐射高强度光子束，以及高功率的高能电子和离子流。也将简略地分析这类等离子体飞秒激光-粒子团簇源对于射线照相技术的应用范例。

4.6.1 强飞秒激光脉冲与原子态介质相互作用的模型

经过激光脉冲持续期间以及之后一些时间，粒子团簇靶中所形成等离子体的参数以及等离子体中流动过程的特性发生了巨大变化。这些过程的特征时间显示于图 4.37。照射的第一阶段，原子和离子发生电离，一部分电子逃离粒子团簇，在全部空间均匀分布，所以粒子团簇具有正电荷；剩余电子被粒子团簇自洽势能所束缚。在粒子团簇最初所处位置，会发生粒子团簇加热，并形成高温高密度等离子体。这一阶段的持续时间取决于激光脉冲宽度和粒子团簇大小，通常也只有数十或数百飞秒。

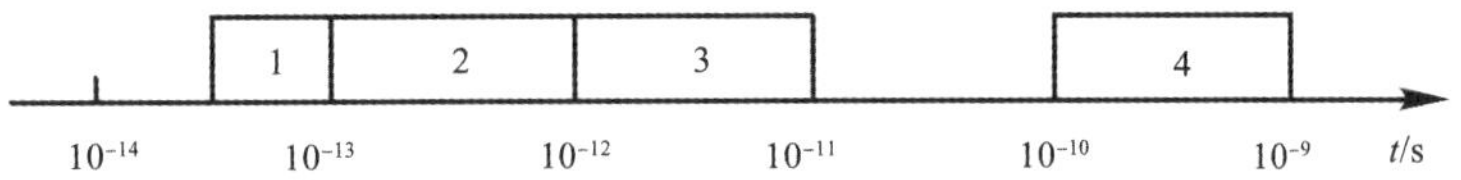

图 4.37 依照文献[309]，粒子团簇束流被超强超短激光脉冲所激发这一过程的特征时间
1——激光脉冲宽度；2——粒子团簇寿命；3——粒子团簇衰变之后均匀等离子体形成时间；4——均匀等离子体衰变时间

第二阶段，在正电荷以及束缚电子的流体力学压力作用下，开始发生结构的衰变，所有空间梯度逐渐消失，渐渐形成空间均匀的等离子体通道，其直径对应于激光光斑直径。在加热粒子团簇衰变的同时，电子动能转变成 X 射线和离子动能。第二阶段持续时间在数十到数百皮秒范围内变动。同时值得注意的是，离子的特征终极能量超过了电子的能量。

第三阶段，在数纳秒时间量级上，所获得的空间均匀等离子体逐渐衰变。

第一阶段所形成等离子体的参数非常依赖于激光脉冲对比度和粒子团簇大小，因为相当强皮秒预脉冲的存在于飞秒主脉冲到来之前就有可能引起粒子团簇的崩溃。激光脉冲对比度，也就是主激光脉冲峰值强度与预脉冲之比，一般是 $10^4 \sim 10^6$ 量级，如果没有事先采取一些特别措施来压制预脉冲的话，或许会更低一些。如果这样的低对比度情况下主脉冲足够强，而实验一般在强度 I_{las} 从 10^{17} 到 10^{20} W/cm^2 区间内进行，则此时预脉冲强度将不低于 $10^{13} \sim 10^{14}$ W/cm^2，这将足够在主脉冲到达之前破坏粒子团簇。很显然，解决这一问题的方案之一是将激光对比度提高到 $10^{10} \sim 10^{12}$ 水平。其他方案或许可以是利用大尺度粒子团簇，它们具有激光辐射波长级别的大小，并且包含有 $10^9 \sim 10^{11}$ 个原子，它们之中将只有少部分能够被激光预脉冲摧毁。

在本节，依照文献[308, 309]所发展的理论方法，我们将分析飞秒激光辐射与粒子团簇系统相互作用的基础，并指出把粒子团簇大小增长到亚微米级别将导致的主要变化[334]。

保证相对论超短电磁能脉冲生成的新型激光技术的构建，赋予了辐射-介质相互作用问题研究以新的使命。特别地，建立在原子单元基础之上的原子电场强度特征值是

$$F_0 = \frac{e}{a_0^2} = \frac{m_e^2 e^5}{\hbar^4} = 5.14 \times 10^{19}\ \text{V/cm}$$

而相应于这一电场的电磁波强度是

$$I = \frac{c F_0^2}{8\pi} = 3.5 \times 10^{16}\ \text{W/cm}^2$$

式中：e——电子电荷，a_0——玻尔(Bohr)半径，m_e——电子质量，$\hbar$——普朗克(Planck)常数，c——光速。由现代装置的激光脉冲所形成的场，高于这一量值几个数量级。实验工作显示，使激光脉冲强度达到 $I = 10^{16} \sim 10^{19}$ W/cm^{2}区间，使之对应于电磁波电场峰值强度 $F = (0.6 \sim 20) F_0$，已经是很普通的事情。这时脉冲宽度为 30～100 fs，或者是 15～50 电磁波振荡周期，而电磁波频率通常比相应的原子参量低很多。

文献[309]曾提出，定义原子系统与电磁波相互作用特性的是凯尔迪什(Keldysh)参数，它对于电磁波场电离介质原子的过程来说很小。这一条件不仅满足于原子，也满足于原子持续电离所形成的原子态离子。有一种情况，当外部激光场强度变得可与原子剩余部分所形成的场相当时，原子系统从根本上开始重建，非共振(多光子)过程的速率与共振跃迁速率相当。当激光波强进一步升高时，有可能出现价电子的高于势垒的电离。这时空间区域内价电子的高于势垒跃迁(above-barrier transition)，成为与原子系统相互作用过程第一阶段强电磁波吸收最有效的机制之一，电磁场断开(贝特机制，Bethe mechanism)之后空间区域内电子仍保持自由。激光场中电离电子波动特征幅度评估为参量

$$a = \frac{eF}{m_e \omega^2}$$

并且与原子尺度 a_0 相比确实很大。例如当电磁波场强为 $F = 10^{18}$ V/cm、钛-蓝宝石激光波长为 $\lambda = 0.8$ μm 时，我们得到 $a \approx 1500 a_0 = 82$ nm，这是一个含有约 10^8 个原子的金属粒子团簇半径的量值。

应当指出，由离散原子和分子所组成的气体不适合作为激光辐射高效率的靶子，因为当原子数密度较低时，电子只在激光电磁场中才能自由振荡，它们与原子剩余部分的相互作用相当弱，这就导致了介质所吸收的激光脉冲能量很少。另一方面，如果原子数密度较高，则原子甚至只在一重电离之后电子密度就能达到临界值，因而辐射

将不能够穿透所形成的等离子体。所以为了形成具有最高温度的等离子体，应该选择粒子团簇或者宏观原子系统作为靶子。

4.6.2 强电磁波场中粒子团簇的电离

决定粒子团簇演化的主要过程之一是电离，它可以分为两部分。一部分是内部电离，也就是粒子团簇内原子和离子的电离。另一部分是外部电离，是作为整体的粒子团簇电离。贝特近似(Bethe approximation)范畴内对电离的描述有助于理解这些过程进行的特性，以及电离参数与电磁波参数之间的依赖关系。

通常这样假设，激光场对原子进行电离过程中，所释放出的电子位于原子剩余部分的库仑场中，且激光场不改变原子态粒子的电离势能。当利用类氢离子电离势能 $J=Z^2J_0/n^2$(J_0——类氢离子基态电离势能，n——主量子数)时，场强 F 作用下所生成的原子态离子的最高电荷可以评估为[309]

$$Z=n^{3/4}\left(\frac{F}{F_0}\right)^{1/3}$$

影响多电子原子电离的一个重要因素，是电离势能与离子电荷之间阶梯式的关系。电离势能值的阶跃对应于离子主量子数的变化。以氙粒子团簇等离子体作为范例，图 4.38 中列出了粒子团簇等离子体中原子态离子的电荷 Z 与激光辐射强度之间典型的关系。这一关系随对应于一个常量子数的电荷值变化时具有分段台阶式特性。

内部电离过程发生在原子时标内，也就是我们所观察到的是一瞬间，因此达到电离最高程度的时刻就是电磁波谐波场达到峰值的时刻。波强的提高将引起已形成离子电荷的增长。在同一电子壳层界限内新电子的脱离，在相对不大的场强变化条件下单调进行，而一个新壳层的电离则需要非常大的强度增加。

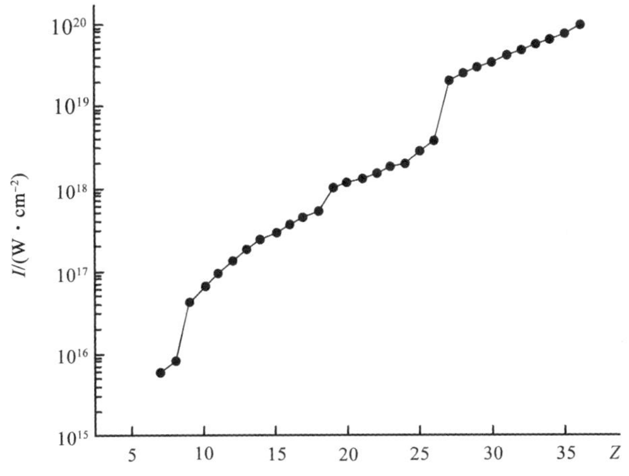

图 4.38 激光脉冲激发氙团簇束流所形成的氙粒子团簇等离子体，其内部的原子态离子电荷 Z 与激光脉冲强度之间的关系[309]

分析激光脉冲作用下粒子团簇作为整体的外部电离通常也采用贝特近似。此时粒子团簇电荷 Q 可以由公式[309]

$$Q=4F\,r_w^2N^{2/3}$$

来计算。这里 r_w——魏格纳-塞茨半径(Wigner-Seitz radius)，与关系式 $R=r_wN^{1/3}$ 所表示的粒子团簇尺度相关，N——粒子团簇中的原子数目。粒子团簇的原子和原子态离子电离过程中所释放的电子，一部分被粒子团簇的自洽场封闭在团簇内，另一部分脱离团簇。脱离粒子团簇电子的份额或者说是粒子团簇的电离程度 α 可以呈现为如下形式[309]：

$$\alpha=\left(\frac{8F}{F_0}\right)^{2/3}\frac{r_w^2}{a_0^2N^{1/3}}$$

正如这一公式所显示的，已知电场中粒子团簇的电离程度随粒子团簇尺度的增大而下降；当粒子团簇大小固定时，又随场强的升高而提高。在具有强度量级在 $10^{16}\sim10^{18}$ W/cm^2 的激光通量作用下，粒子团簇的电离程度可以达到 $\alpha=0.01\sim1$。

应该特别强调，粒子团簇中原子和离子的电离不仅取决于外部电场的作用，也取决于粒子团簇自洽场的作用，自洽场与粒子团簇内部原子态离子的非补偿性电荷相关。与激光波场叠加的自洽场增强了电离。特别地，如果设定粒子团簇中的电荷均匀分布，则粒子团簇内部($r\leqslant R$)自洽场强度将等于[309]

$$F_{cl}(r)=\frac{dU_{cl}}{dr}=\frac{Q}{R^3}r=4F\,\frac{r}{R}$$

该场在粒子团簇中心为零，在边缘不为零。相应地，粒子团簇边缘原子态离子的电荷高于粒子团簇中心的。例如据推测，粒子团簇作为整体的电离的推进类似于基态类氢离子的电离，对于原子态离子电荷 Z 与其到粒子团簇中心点的距离 r 的关系，我们有关系式

$$Z(r)=Z_0\left(1+4\,\frac{r}{R}\right)^{1/3}$$

这里，Z_0——粒子团簇中心的离子电荷。以此为基点，粒子团簇表面的原子态离子电荷是中心的电荷的 $5^{1/3}\approx1.7$ 倍。

被粒子团簇自洽场束缚的电子进行了谐波振荡，因此在粒子团簇全部空间内移动。这些振荡的频率与相应的原子参量相当，通常高于激光辐射振荡频率。电子在粒子团簇内快速扩散，因此粒子团簇中的每一部分都处于相同的状态。

4.6.3　粒子团簇介质对激光辐射的吸收

众所周知对于经典等离子体，如果等离子体振荡频率高于电磁波频率的话，波不可能深入到等离子体内部。如果认为等离子体是均匀的，只有当波的频率 ω 与等离子体振荡频率 ω_p 相当时，波才有可能穿透等离子体。弱电磁信号穿透高密度粒子团簇等离子体的深度在德拜-哈凯尔半径(Debye-Huckel radius)量级，非常小。对于具有电子数密度 $N_e=10^{22}$ cm^{-3}、电子温度 $T_e=100$ eV 的等离子体，德拜-哈凯尔半径是 0.5 nm。

对于超强激光辐射的强电磁场来说情况就不一样了。首先，在辐射和粒子团簇相互作用时出现的边界电子的移动不能构成所必需的屏蔽场(如弱辐射情况所发生的)，所以电磁波能够更为深入地穿透进等离子体。其次，电子一直在振荡，其幅度在强场中可能变得相当大。这一幅度可看作是电磁波穿透等离子体的深度。因此，强波所射

入的粒子团簇半径 R 可以与电磁波场中的自由电子振荡幅度 a 相当，或者说 $R \sim a$[309]。例如对于具有强度 $I \approx 10^{19}$ W/cm^{2}的激光场，当粒子团簇原子数为 $N \approx 4 \times 10^9$ 时，穿透粒子团簇的场深度评估值为 $a \approx 280$ nm，这是一个很大的数值。

因此价电子高于势垒跃迁之后，粒子团簇原子和原子态离子的电离是粒子团簇吸收强电磁波的基础。所产生的电子向粒子团簇内部的扩散以及它们与电磁波场中的粒子团簇等离子体集体自由度的相互作用，将导致电磁波能量被抽吸到所形成的等离子体中。我们也特别指出，平衡电子能量分布的弛豫速率取决于电子-电子的碰撞。在粒子团簇等离子体中建立电子麦克斯韦(Maxwell)分布的特征时间评估表明，这一特征时间远远大于激光脉冲宽度和等离子体膨胀时间，这就证明了这类等离子体介质的非平衡状态。短脉冲高功率激光辐射对粒子团簇进行作用可以将一个高(>1 keV)比能输入电子子系统，因而将导致特别灼热等离子体的形成。

4.6.4 粒子团簇的生成和实验规划

超短激光脉冲作用于粒子团簇靶，是比作用于固体或气体靶远为复杂的问题。这是因为靶的初始状态本身就不那么明确，它很可能空间不均匀。我们认为，即便研究激光脉冲作用下粒子团簇演化的工作能数出好几十种(例如见[308，309，311-338])，粒子团簇、特别是亚微米尺度粒子团簇的形成过程本身实际上仍没有得到彻底研究。最初研究阶段为了计算射流中粒子团簇的参数，曾经利用过基于经验数据的综合所获得的多参数哈格纳公式(Hagena formula)[339]：

$$\Gamma = k\left(\frac{d}{\mathrm{tg}\alpha}\right)^{0.85}\frac{p}{T_0^{2.29}}$$

其中，d——超声速喷管临界截面直径，μm；2α——喷管顶角；p——压力，Mbar；k——经验系数，不同原子有不同值(例如氪原子的 $k=2900$，氖原子的 $k=180$)；T_0——气体初始温度。粒子成团起始于哈格纳参数 $\Gamma>300$ 时。当 $\Gamma>50\ 000$ 时，每个粒子团簇已经含有超过 10 000 个原子了。

然而上述公式只能用于评估粒子团簇大小和密度的平均值，总体上有关气体流动。与此同时，粒子团簇靶参数的时空关系信息，既对于激光辐射加热粒子团簇靶过程进行正确的数值模拟，也对于实现一些——相当大尺度的等离子体沿空间方向之一有均匀性要求的——重要的应用，例如建立 X 射线激光，都绝对必要。

文献[340-342]中介绍了通过气体射流中所发生的气动力学过程的数值模拟来获得这类数据，相变也考虑在内。同时为了描述粒子团簇的形成过程，利用了基于所谓矩量法(moments method)的模型，该模型的发展和应用主要是为了研究湿润水蒸气在喷管和涡轮机叶栅中的流动。这一模型中，气体的流动在室温下开始进行(通常实验也是在这样的条件下进行)，也就是气体不含有离子。那么凝聚相(这类计算中只考虑液体相)核是由于过冷气体的波动而产生的(自发凝聚)。由于表面效应，小型液滴甚至在过冷气体中也可能处于平衡态，或者蒸发。表面张力给分子形成附加垫垒，沉积在液滴中。因此对于具体的气体参数存在着液滴半径临界值 r_{cr}。临界半径的液滴与过冷气体一起处于平衡态，半径略小的液滴蒸发并消失了，因而仅有半径大于临界值 r_{cr} 的液滴可以生长发展。此时为了描述粒子团簇的形成过程引入下列假设：1)液滴速度与气体速度一致；2)液滴温度为饱和温度；3)液滴的分裂及汇合、黏性、热传导、湍流性等诸效应很小，忽略不计；4)不考虑液滴冻结以及结晶核出现的可能性。

精心研究的模型以及所进行的计算使得很多物理现象首次得以展示，例如使用广为人知的拉伐尔喷管(Laval nozzle)来形成粒子团簇时，其浓度和尺度沿喷管的变化非常巨大[340](气体射流中心的气体比喷管固壁周围气体更干且粒子团簇浓度较低)。对于各种气体介质(Ar，Kr，Xe)所进行的系统性计算[342]，从激光-粒子团簇相互作用效应方面来看，也首次给出了非常重要的预言，也就是只有一小部分(约 10%~20%)的气体一般能粒子团簇化，而大部分气体仍保持在气体阶段。本模型的应用也有助于三级喷管的设计[341,342]，首次发现了研究激光与亚微米尺度粒子团簇相互作用(详见 4.6.5 节)、以及与不同气体混合物膨胀时所形成的粒子团簇相互作用的可能性。所有这些从不同气体介质膨胀的数值模拟中得来的结果都得到了实验数据的证实，这些实验数据来自对粒子团簇射流中激光辐射的瑞利散射(Rayleigh scattering)所做的分析，例如就像文献[343，344]中所做的。

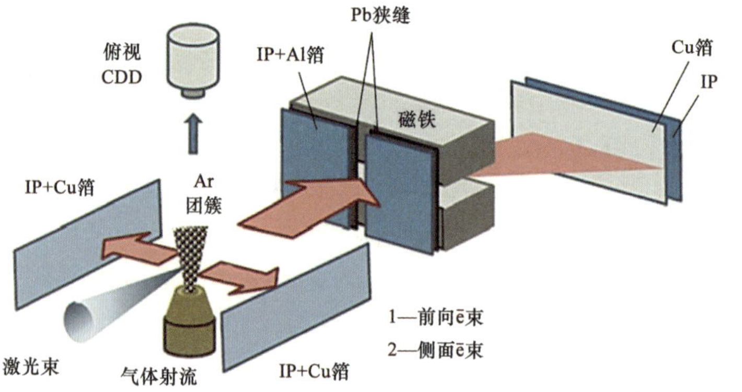

图 4.39　研究超强激光脉冲与粒子团簇靶相互作用的典型实验布局，通常认为是生成和记录相对论电子束的实验范例[330]

我们现在来讨论有关高功率短激光脉冲与粒子团簇相互作用的典型实验装置。文献[308，309]中所描述的实验的主要部分用到了使用惰性气体原子或者简单双原子分子构成的粒子团簇所进行的实验，团簇中粒子的数目达到了一百万。本章 4.6.5 节所引用的结果是利用更大尺度粒子团簇条件下所获得的[345-350]。它们所含有的原子数目已经达到了 $10^8 \sim 10^{10}$，这就保证了利用特殊设计的锥型喷管，其入口和出口直径分别是 0.5 mm 和 2.0 mm。这类实验的典型布局见图 4.39[330]。

粒子团簇束流形成于气体膨胀过程中，此时气体通过喷管的超声速段流入真空，同时喷管入口气体压力为 70 大气压。激光束在距离喷管出口 1 mm 处聚焦成直径约 6 μm 的光斑。Ar 气体在喷管中膨胀，喷出的粒子团簇在距离喷管出口 1 mm 处被 100-fs 激光脉冲照射。激光-粒子团簇相互作用区域的尺度由垂直于激光辐射传播方向(本案例是腔室内从上向下)的汤姆逊散射所控制。相互作用过程中所出现的电子借助于激光束传播方向上的电子频谱仪来测量，在垂直方向也可以显现。不同的实验中辅助利用了软和硬 X 射线频谱仪，以及各种各样的离子探测器（见 4.6.5 节列出的结果）。综上所述，必须再一次强调粒子团簇靶与固体靶相比所具有的独特性质：1）从一发激光到另一发激光粒子团簇靶生成的高度稳定性；2）粒子团簇靶生成和加热作用激光辐射的时间同步性很容易掌握；3）没有细微分散的通常在激光辐射与固态靶相互作用时所出现的寄生粒子；4）高达几乎 100%的激光辐射可以被粒子团簇靶吸收。

直到最近，研究中使用射线照相和离子照相技术仍需要安装巨大且昂贵的实验设备——前一种情况为同步加速器，后一种情况为重离子加速器。然而在很多情况下，同步加速器源，如同重离子加速器，可以成功地被紧凑型飞秒激光所替代，因为当短激光脉冲与物质相互作用时会产生非常强的 X 射线和真空紫外辐射（VUV radiation）通量，以及快速质子或离子束。后面将回顾有关激光-粒子团簇相互作用所获得的量子粒子生成最新最优秀的成果。

4.6.5 超亮 X 射线辐射的生成

X 射线照相术的很多用途主要利用软 X 射线光子，同时对于另外一些用途，倾向于运用硬 X 射线。有一大波可能从中获得亚微米粒子团簇的气体可用来建立各波段的超亮 X 射线光源。如果对于软 X 射线波段，可以选用含有轻化学元素如 C、N、O 的粒子团簇；那么对于生成硬 X 射线辐射，则可以选用中等原子序数的化学元素如 Ar、Kr、Xe。

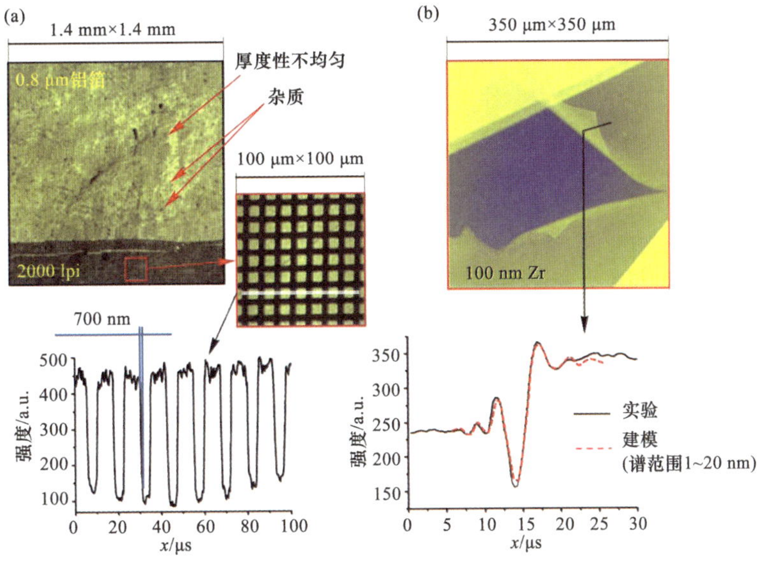

图 4.40 以微目标为对象的高分辨率高对比度放射线照相技术所使用的软 X 射线激光-粒子团簇等离子体源以及 LiF 晶体检波器[345,346]

(a) 铝箔（厚度 0.8 μm）以及位于 LiF 接触表面正交网格（每英寸 2000 行）的荧光图像；(b) 锆箔（厚度 100 nm）损坏部分的荧光图像，由相位差模式获得（样品与探测器表面之间的距离为 3.8 mm）。在锆箔边缘可以明显看到强度升高效应，与数值模拟结果一致。数值模拟用到了这样的假设：距离源 500 mm 处的空间相干长度约 5 μm

4.6.5.1　软 X 射线辐射的生成

在生成能量约 0.7 keV 的软 X 射线辐射实验中曾经测量过 X 射线在氧离子 Ly_α 和 He_β 谱线上的通量，该实验在 JLITE-X(Kansai Photon Science Institute JAEA，日本)装置上进行，试验了三种粒子团簇靶(CO_2、N_2O 气体以及 90% He + 10% CO_2 混合气体)[345,346]。宽度为 36 fs、能量为 120 mJ 的 Ti: Sa 激光的脉冲由抛物线镜面聚焦成直径 50 μm 的光斑，聚焦的光斑处保证有 4×10^{17} W/cm^{2}的激光辐射强度。氧谱线的最高强度在可生成最大粒子团簇(直径最高可达 1 μm)的气体压力条件下观测到。值得注意的是，使用(90% He+10% CO_2)混合气体生成粒子团簇靶的情况下，光子数量比使用纯 CO_2或者 N_2O 气体的情况高 4~9 倍，每 Ly_α 和 He_β 谱线激光脉冲分别达到 2.7×10^{10}和 2.8×10^{10} photons(光子)/sr。两条线谱线所测量到的亮度也高于混合气体的，分别为 1.6×10^{23} photons/s/mm^2/mrad^2/0.1%和 1.3×10^{23} photons/s/mm^2/mrad^2/0.1%(谱线带宽)。

已开发的软 X 射线辐射源曾用于获取接触式 X 射线照相图像，包括各种箔的、纳米或微米厚生物学对象的图像，能量在软 X 射线波段，具有高空间分辨率(约 700 nm)、大视野(数个 cm^2)以及大动态范围[(见图 4.40(a)]。这种使用高强度激光-粒子团簇 X 射线点源辐射以及高对比度、高分辨率 LiF 晶体探测器而开发的放射线照相技术非常高效，从 0.8 μm 厚的铝箔的图像可以明显看出[见图 4.40(a)]。该图像中，空间尺度小于 1 μm 的铝箔最微小的杂质及不均质度细节，都能清晰地分辨出来。

所研制的源和探测系统的主要优点不仅在于能够进行接触放射性照相，也在于获取信息量更大的相差图像。正如图 4.40(b)所清晰显示的，图像对比度有所提高，不仅使箔边缘更加清晰，而且可以分辨薄膜结构中更为微小的细节。图像对比度的增大来源于一种众所周知的效应，即所谓相位差技术[347]。结果可用于评估激光-粒子团簇 X 射线光源的空间相干长度，它大约是 5 μm。

4.6.5.2　硬 X 射线辐射的生成

为获得 3~30 keV 能量区间的硬 X 射线，使用过 Ar、Kr、Xe 粒子团簇。

激光装置 Extreme Light-Ⅲ(中国科学院物理研究所)使用 Ar 粒子团簇进行过实验，在激光辐射强度为 $I_{las}\approx2.6\times10^{19}$ W/cm^2、高(10^{10})对比度的 100-fs 激光脉冲条件下，获得的典型的光谱列于图 4.41(a)。必须指出，对于这样的实验条件，Ar 的 K_α 谱线能量区域的辐射峰值主要取决于各类多电荷离子的辐射，这些离子处于 Ar XVI 的 He_α 谱线和中性 Ar 的 K_α 谱线之间[348]。X 射线输出与气体压力的相关性研究[338]也有介绍[见图 4.41(b)]，气体低压条件下的 X 射线输出相对也不强。然后它随着气体压力的升高而单调提高(也就是随着粒子团簇尺度的增加，对于压力为 70 bar 的 Ar 气体，粒子团簇可以达到 0.3 μm 的直径)，能够达到创纪录的量值，约 2.5×10^{11} photons/J。这种情况下，激光辐射到 X 射线的转化效率非常高，约为 1.2×10^{-4}，可以把所获得的源用于射线照相术来拍摄生物目标，每一发激光的空间分辨率都非常高[338]。

为了在更硬(约 13 keV)的 X 射线谱段内建立高功率 X 射线源，利用了具有更高原子序数的 Kr 气体。图 4.41(c)中列出了所观测到的 X 射线频谱[349]，由连续(韧致辐射)谱和能量为 12.7 keV 和 2.7 keV 的峰值组成，对应于 Kr 的 K_α 线和 L_α 线区域的线

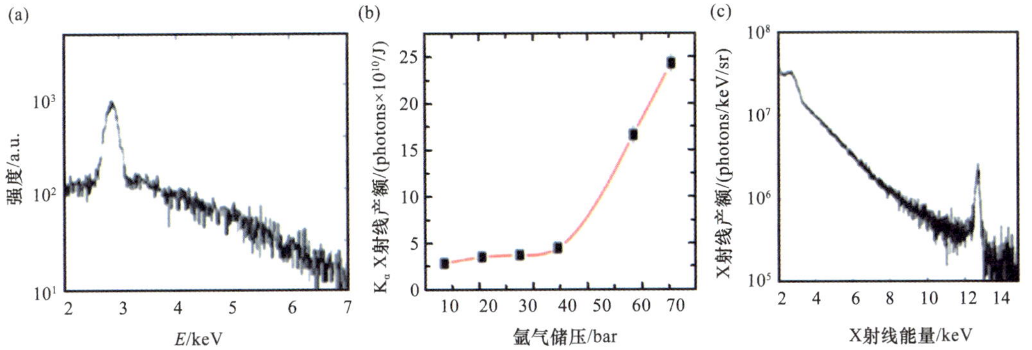

图 4.41 (a) Ar 粒子团簇等离子体在 2~7 keV 光子能量区间内的典型谱段；
(b) Ar 的 K_α 谱线的光子通量与气体压力的关系[338]；
(c) Kr 粒子团簇等离子体在 2~15 keV 光子能量区间内的典型谱段[349]

性谱，在 Ti: Sa 激光辐射强度仅有约 8×10^{16} W/cm^{2}的条件下获得[349]。K_α 线半峰值宽度(FWHM, Full Width at Half-Maximum)为 0.28 keV，恰好合理地与这类能量区间内 X 射线的 CCD 能量分辨率 0.25 keV 一致。由另一幅图像可以看到峰值在 2.7 keV 区域，这一峰值的半宽度为 0.74 keV，大约是理想 X 射线 CCD 能量分辨率(在这一能量区域，约 0.18 keV)的四倍。如此之大的峰值半宽度是因为这样一个事实——落在这一能量区间内的不仅有 L_α 谐振线的辐射，还有来自多电荷 Kr 离子的 L 壳层的辐射。

X 射线辐射的输出，也像前面所介绍的用 Ar 所作的实验，展现了随喷管内气体压力的升高而急剧上升的趋势，达到了下列量值范围：能量约 2.7 keV 时，有(5.0~7.5)$\times10^7$ photons/sr 的产额；能量约 13 kV，则有(6.8±2.6)$\times10^5$ photons/sr 的产额。与此同时，韧致辐射及 Kr 的 K_α 线辐射的亮度，假设 X 射线脉冲宽度为 1 ps 时，分别是 2.5×10^{13} photons/(s · mrad^2 · mm^2)/(0.1%带宽)和 1.8×10^{14} photons/(s · mrad^2 · mm^2)/(0.1%带宽)。这类基于亚微米 Kr 粒子团簇的 X 射线光源的高(约 20%)稳定性引人瞩目。利用亚微米尺度 Kr 粒子团簇和高对比度 Ti: Sa 激光进一步提高 X 射线辐射输出，在利用更高功率激光装置 Extreme Light-Ⅲ(中国科学院物理研究所)的实验中得以实现[338]。与 Kr 粒子团簇相互作用的激光强度提高到 2.6×10^{19} W/cm^2，就能使 Kr 的 K_α 线附近的 X 射线辐射输出约 8×10^8 photons/J，相应的转换系数为约 1.6×10^{-6}。

还有可能获得更硬的 X 射线辐射，条件是利用具有核电荷 $Z=54$ 的 Xe 粒子团簇[337]。进行过类似的实验，利用 Ti: Sa 激光装置 J-KAREN(Kansai Photon Science Institute, JAEA, 日本)，该装置中运用了啁啾脉冲光参量放大技术，使对比度达到了很高的程度(约 10^{11})，并且使预脉冲中的激光强度小于 10^8 W/cm^2，所以尽管 Xe 粒子团簇尺度相对较小，这一强度在主激光脉冲到达之前不足以破坏粒子团簇。激光辐射强度为约 4×10^{18} W/cm^{2}条件下，Xe 的 K_α 线(约 30 keV)附近所测得[337]的硬 X 射线辐射输出为约 3.1×10^7 photons/pulse(脉冲)，40-fs 激光脉冲所对应的激光辐射向 X 射线转换系数为约 1.5×10^{-7}。X 射线光谱在 30 keV 区域有尖锐的峰值，其半宽度约 0.7 keV，大大高于 X 射线 CCD 的能量分辨率，证明了气体从 Xe^{+30}到 Xe^{+40}的电离在所讨论的实验中确实经历了数个阶段(关于超高强度激光脉冲电离 Xe 粒子团簇的更详细资料见文献[350]等)。除此之外，高能电子的作用能够直接去除多电荷离子的 K-壳层电子，由此这些离子的辐射叠加，导致 Xe 的 K_α 线附近能谱半宽度的增大，这些在所提到的实验中都能观测到。我们注意到，所观测到的光谱在等离子体模型双温假设中得到了最好诠释，因为如果激光脉冲宽度是 40 fs，有效温度就是麦克斯韦的 $T_{el1}=1.3$、$T_{el2}=5.4$ keV，则对于 300-fs 的激光脉冲，$T_{el1}=1.6$、$T_{el2}=4.8$keV。也测定了在 Xe 的 K_α 线附近，40-fs 激光脉冲宽度作用下的 X 射线辐射强度明显高于 300-fs 脉冲宽度(作用下)的。激光能量向 X 射线线辐射(line radiation)的转换效率对应 40-fs 激光脉冲约 1.3×10^{-7}，对应 300-fs 激光脉冲则为 2.4×10^{-8}。这样的结果与文献[351，352]中所获得的数据不同，那些数据归结为，200~300-fs 的激光脉冲是最佳选择，可以输出最多的 Kr 粒子团簇硬 X 射线辐射。所测得的对应 Xe 的关系可以这样解释，也就是 Xe 的 K_α 线(约 30 keV)的光子能量大大高于 Kr 的 K_α 线(约 13 keV)的光子能量。这就意味着对于 Xe 内部壳层的电离来说，不得不需要更高的电子能量(>35 keV，相较于 Kr 内部壳层电离所需要的>15 keV)，应该由激光脉冲来加速这些电子。这一假设在文献[337]中得到确证，借助于电子数目的粒子方法数值模拟，这类电子能量高于 35 keV，生成于 40-和 300-fs 激光脉冲所加热的等离子体中。前一种情况，能量高于 35 keV 的电子数目能高出一个数量级，完全可以自然地使 Xe 的 K_α 线附近 X 射线辐射的输出升高。

4.6.6　粒子团簇等离子体中快速电子的生成

文献[330]中研究了飞秒激光脉冲的高对比度对于与冷凝气相介质相互作用过程的影响，该介质含有大号氩粒子团簇。实验在 Ti: Sa 激光装置 Extreme Light-Ⅲ上进行，该装置能够输出对比度为 10^{10}、激光辐射强度为约 2.6×10^{19} W/cm^{2}时宽度为 100 fs 的脉冲。沿激光辐射传输方向(图 4.39 中标为数字 1)加速的电子的能谱用磁谱仪进行测量。要达到保证电子束高效生成的条件，将喷管与激光束焦点的相对位置、气体压力进行了优化，由此决定了粒子团簇尺度以及其他气相粒子团簇靶的特征参量。结果，当把氩气压力从 1 MPa 变化到 6 MPa 时，在激光光束传输方向(图 4.39 中的方向 1)未能观测到电子束，无论喷管位置如何调整。开始有把握地检测到电子是在压力达到 7 MPa 的时候，这时激发了气体中粒子团簇的形成，当环境气体数密度为约 5.5×10^{19} cm^{-3}时，粒子团簇尺度可达 0.28 μm。电子束在 80 MeV 到 600 MeV 能量区间之内获得最高强度，这时激光脉冲焦点距离喷管出口 1 mm、且沿激光辐射轴方向距离喷管中心大约 0.5 mm，如图 4.42(a)、(b)所示。图中可以看到，光束在垂直方向得到很好的校准，其发散性不超过 1.4 mrad。如果电子麦克斯韦分布能量超过了 80 MeV，则总电子电荷将不低于 50 pC。纵向如此高效率的快速电子生成对应于粒子团簇靶中激光辐射吸收深度为 3 mm 的条件，在可见光波段内根据汤姆逊散射的形状和强度进行了监控，该散射从相互作用区域上方进行了记录，如同图 4.39 所显示的那样。

使用气相粒子团簇作为靶的特殊性在于，可以不仅在激光辐射传输方向上而且还在垂直方向(图 4.39 中的方向 2)上同时观测具有相对论能量的电子流。具有能量>1 MeV、电荷高于 3 nC 的强电子束曾被侧面的探测器记录到[见图 4.42(c)]。这类负

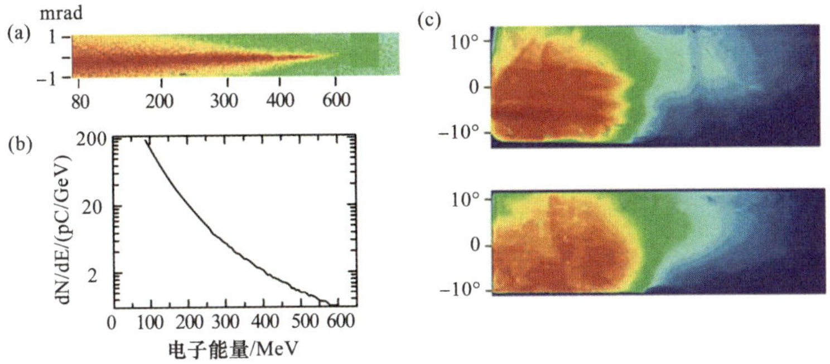

图 4.42 (a)电子光谱仪在单激光脉冲(纵向 1)能量从 80 MeV 到 600 MeV 区间内所获得的电子束图像[330]；(b)对应于图像 a 的电子光谱；(c)垂直于激光辐射轴(方向 2)的电子束图像

载高电荷的电子束可能具有重大的实际意义，例如用于传统加速器流程中的电子注入，或者作为 THz 辐射源。如在图 4.42(c)中所见，电子束也具有很大的角尺度，因此它们可以高效地用于大视野的电子放射线照相技术。

4.6.7 粒子团簇等离子体中高能离子的生成

离子源重要的应用之一就是各种目标的放射线成像，既借助于多电荷高能离子束，也使用高能质子束(为简便起见，我们将这类放射线照相术称为离子照相术或者质子照相术)。因此，依赖于激光等离子体所生成质子源(例如见文献[353，354])的放射线照相术，已经广泛应用于高空间分辨率(数微米水平)和高时间分辨率(数皮秒)成像，而不必再诉诸带电粒子复杂光学，它通常是在利用传统的粒子加速器时所必需的。

我们注意到，离子照相术中重点是要保证一个大视野，为此必须使用大角度范围内辐射各向同性的离子源。从普通的物理概念中可以想到，正好可以用粒子团簇靶来保证生成这类各向同性快速离子。当所研究物质内探测离子的自由程只比样品预期厚度大一点点，则可以保证离子照相成像最好的对比度。当飞秒激光脉冲能量下降到 0.1 J(通量密度在 10^{16} W/cm^2量级)时，加速离子能量将下降到数百 keV。因此，当换成使用较低功率激光装置且随着探测离子平均能量的下降，反而形成了研究和获得极薄样品成像的最佳条件，如微米、纳米级厚度的样品和薄膜。由于所研究物质中加速离子吸收截面与离子电荷的平方成反比，所以高电荷离子在建立这些目标的成像方面具有明显的优势。如果要获得大厚度目标的成像，质子流则最为方便[346]。

为了对亚微米厚薄片进行离子成像，利用了能量有数百 keV 的多电荷离子进行照射，为此使用粒子团簇靶的高效性在装置 JLITE-X 的实验中已有展示。利用汤姆逊抛物线(Thomson parabolas)[见图 4.43(a)、(b)]所进行的 X 射线谱测量显示，使用 90% He+10%CO_2混合气体作为粒子团簇靶时，在所建立的等离子体源中碳元素 $C^{V,VI}$和氧元素 $O^{VII,VIII}$的类 H 和类 He 离子在进行几乎各向同性的加速，直至能量达到 100~1000 keV 级别，这时已加速的氦离子几乎不存在。每激光脉冲在全立体角 4π 内这类高能离子的数量超过 10^8。图 4.43(c)中显示了离子照相成像的范例，该图像通过使用 90% He+10%CO_2混合气体的激光-粒子团簇等离子体源而获得，展示了离子照相显像法对于材料厚度的高(大大好于100 nm)灵敏度，以及高(0.6~0.8 μm)空间分辨率。考虑到探测离子流此时均匀照射目标区域的尺度在数十毫米，则可以就发展显微离子-射线照相成像独特的技术得出这样的结论：视野/分辨率之比应在10^5量级。

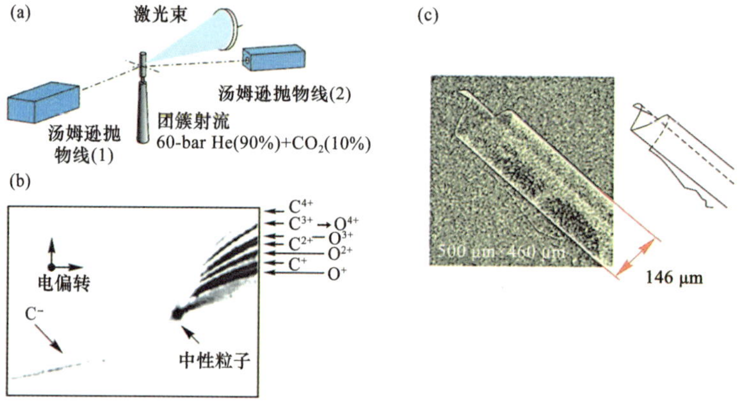

图4.43　(a)记录激光-粒子团簇等离子体源离子谱的设施布局；(b)CO_2-粒子团簇等离子体离子谱的典型形态，借助于汤姆逊抛物线获得[353,354]；(c)CR-39探测器获得的末端卷成管状的100 nm厚Zr箔的离子射线照相图像及其形状的图形重建[346]

其他激光-粒子团簇源有意义的应用是能够将负离子加速到接近兆电子伏的能量。正如图4.43(b)所显示的，负电荷离子束也是由短激光脉冲与大尺度粒子团簇相互作用而生成[355,356]。确实，本实验中记录到的负离子C^{-1}的最高能量大约为0.6 MeV。为了解释高能量负离子的形成，文献[355，356]的作者提出了一个库仑内爆机制(Coulomb implosion，爆炸方向是朝向粒子团簇内部，不同于从粒子团簇中心向外的传统的库仑爆炸)，从而使负离子得到加速。当粒子团簇被高强度激光脉冲照射时，激光光线的有质动力压力将电子从粒子团簇"吹落"，同时也产生了正离子的大量非补偿性电荷，从而引起粒子团簇的库仑爆炸。所关注的模型假设了负离子可能在普通离子加速的同一区域加速，然而它们的加速方向相反，导致接近对称中心时的回弹，由此产生高能量负离子。类似的负离子加速机制先前在文献[357]中有过考虑，为了用于多组分粒子团簇。更为详尽的PIC法数值模拟完成于文献[355，356]，表现出与实验结果相当好的一致性，见图4.43(b)。

上述基于粒子团簇库仑爆炸的离子加速机制不能使离子加速到数十MeV的能量，如今看来这是相对论激光物理学的主要课题之一，正如上面所提到的，这一加速机制能够产生含有不很高能量的各向同性离子束。然而当激光-粒子团簇相互作用时，也有可能是其他更有效的高能离子加速机制在起作用。例如文献[66]中有过论证，亚微米粒子团簇在高强度飞秒激光脉冲照射下，有可能生成能量达20 MeV/nucleon(核子)级别的多电荷离子，这与粒子团簇等离子体独有的性质相关，它能使飞秒激光束有效地自聚焦[358]，形成数毫米长的等离子体通道并产生能量达数十、数百MeV的高强度电子束[330]。粒子团簇介质的这些性质对于离子的高效加速非常重要，因为所建立的等离子体波导有助于激光脉冲的长距离无障碍输运，而大量加速了的快速电子就形成了强电场和强磁场。

在 JLITE-X 装置上进行过产生兆电子伏级能量离子束的实验。利用亚微米 CO_2 粒子团簇作为靶，该粒子团簇产生于 90%He+10%CO_2 的气相混合物向真空膨胀过程中。这些实验中，真空中的激光强度为约 7×10^{17} W/cm^2。但是当激光束穿过粒子团簇靶时激光辐射强度大大升高了，因为主激光脉冲峰值大大超过了相对论自聚焦所需的临界功率。激光辐射自聚焦和自校准存在的事实经由实验证实了，方法是借助于激光等离子体通道在不同激光发光延时条件下阴影成像的记录。所获得的阴影图像显示了等离子体通道的形成，长度将近 5 mm，大大超过了这些实验中所用到的喷管直径(2 mm)和聚焦透镜的瑞利长度(Rayleigh length)(约 900 μm)。离子的高能量(10 ~ 20 MeV/nucleon)用核径迹探测器(SSNTD)来测量，探测器分布于激光传播轴上，距离激光焦点平面 200 mm。由径迹探测器所获得的数据显示，如此高能量的离子被很好地准直，并且在 3.4°的角度之内沿激光辐射传输方向传播。

如此高能量离子产生的事实曾利用飞行时间(TOF，time-of-flight)测量进行了证实，使用微通道板(microchannelplate，MCP)探测器记录离子，探测器位于激光辐射传播方向上的 930 mm 远处。图 4.44 显示了离子能量谱(假设是碳离子)，用 TOF-频谱仪经过 285 连发激光而测得。记录到的最高离子能量为约 18.5 MeV/nucleon，与使用 CR-39 径迹探测器测得的离子能量符合得非常好。

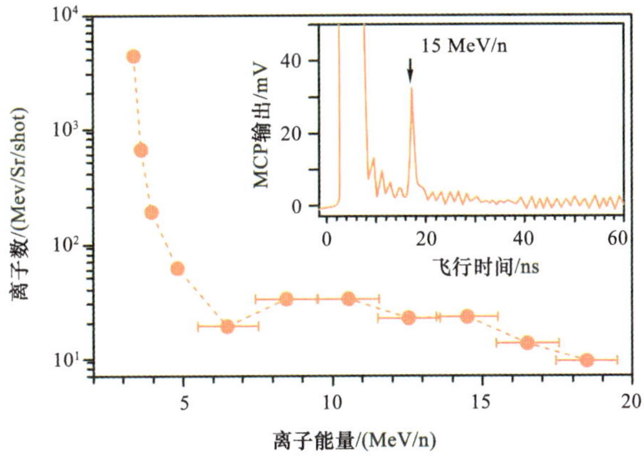

图 4.44 对用飞行时间法获得的大量脉冲进行积分而得到的离子能谱[66]

嵌入图中的飞行时间区间内清楚地显示了单发脉冲一个突出峰值，对应于 15 MeV/nucleon 的能量。

t=5 ns 时间区域内的信号饱和度取决于硬 X 射线辐射的产生

必须指出，在激光预脉冲能量升高的情况下(激光对比度从约 10^6 恶化到约 10^4，因而在主飞秒激光脉冲到达之前肯定会破坏粒子团簇)，既没有因激光自聚焦而提供的长等离子体通道，也看不见加速的 MeV 级离子。为了解释离子加速机制，文献[66]中进行了二维 PIC 法数值模拟。依照文献[359]，离子沿激光辐射传播轴加速，辐射传播过程中建立了高强度电磁场。这一过程非常类似于等离子体柱放电过程中离子的加速。此外离子还有垂直于由不均匀磁压力场所形成的外层表面的加速，因而导致了这一离子束相当小(约 5°)的发散性，与实验中观测到的约 3.4°的发散性已经符合得很好了。

4.6.8　结论

综合本节内容，高功率高对比度(主脉冲相对于预脉冲的时间对比度不差于 10^8 ~ 10^{10})飞秒激光脉冲与大尺度气相粒子团簇的相互作用，能够产生明亮 X 射线辐射源以及高强度电子束和离子束。

由于粒子团簇靶元素组分的因素，所生成辐射的波长有可能落在软 X 射线波段，也可能落在硬 X 射线波段。例如碳酸气体 CO_2 粒子团簇是高效的软 X 射线辐射源，其光子能量 $h\nu \approx 0.7$ keV：在氧元素类氢离子的 Ly_α 线和类氦离子的 He_α 线，所获得的光子产额>2×10^{10} photons/sr/pulse。

当转换系数罕见地高达约 1.2×10^{-4}时，对于氩元素的 K_α 线($h\nu \approx 3$ keV)，得到通量约 2×10^{10}photons/J，因此可以作为低吸收目标的放射线照相源加以利用。在硬 X 射线波段($h\nu \approx 12$~30 keV)，使用惰性气体 Kr 和 Xe 粒子团簇，激光辐射强度为 8×10^{16} ~ 4×10^{18} W/cm^{2}时，K_α 线的辐射强度为 0.7×10^6 ~ 3×10^7 photons/sr/pulse。

本节说明，激光-粒子团簇的相互作用与 X 射线辐射一起，产生了加速的相对论电子通量，它有条件地存在两种形态：高能(能量有数十甚至数百 MeV)、窄束(数个毫弧度)、在激光辐射轴附近传播的通量，以及大视野、具有数 MeV 级别能量、在垂直于激光辐射方向上产生的通量。当氩粒子团簇被 10-TW 功率的脉冲所照射时，获得了能量最高达 600 MeV 的正向电子流，这时能量高于 80 MeV 的电子的总电荷有约 50 pC。同时在约 20°的视场内，横向方向上能量>1 MeV 的电子的电荷总计>3 nC。

研究表明，激光-粒子团簇的相互作用作为能量<1 MeV、几乎各向同性的高强离子源具有很高效率。大视野(数十 cm^2)中获得了被均匀照射的试验样品的离子射线照相技术图像，具有亚微米空间分辨率。因此，粒子团簇离子源对于发展高精度测量方法、监控薄膜和其他低对比度目标以及亚微米级结构的质量等具有重大意义。

从激光-粒子团簇相互作用中也发现了某些条件，有助于实现在激光辐射传输方向上将离子加速到 19 MeV/nucleon 的能量。这一结果证实了激光系统巨大的应用潜力，可用于建立能够实际应用的紧凑型高重复速率离子源进行实际应用，包括医学用途。

4.7　超稠密激光等离子体中的空心离子光谱

将激光辐射时间对比度提升到 10^{10}或更高、启动第一代自由电子 X 射线激光的开发(美国斯坦福国家实验室(Stanford National Laboratory)的直线加速器相干光源(Linac Coherent Light Source，LCLS)，日本物理化学研究院(Institute of Physical and Chemical Research，RIKEN)的 SACLA)为研究物质的那些奇异状态如“空心离子(hollow ions)”等提供了新的机会[360]。

使用以 10^{11}级别超高对比度(脉冲与预脉冲强度之比)为特征的飞秒激光所进行的第一批实验[361-363]，已经首次记录到了本波段内前所未见的新型光谱[见图 4.45(c)]。

新型光谱的出现清楚地表明，向超高激光对比度的过渡必然伴随着所建立的等离子体参数的彻底改变，以及由此所引起的新型物理效应的出现。

所观测到的“非同寻常”的光谱与更为常见的光谱的不同之处在于存在着复杂的准连续性光谱结构，其中嵌入了主线和谐振线。由等离子体日冕准静态动力学模型所计算出的理论光谱[364][见图4.45(d)]，与先前观测到的实验光谱相似，实验光谱由低对比度纳、皮、飞秒激光辐射加热的等离子体发射出来，但看起来完全不适合用于描述新型光谱。

这类强烈光谱重构的物理学因素自然与等离子体生成机制的差异有关。预等离子体的缺失保证了超短激光脉冲与固态物质的直接相互作用，结果形成了等离子体。一方面该等离子体的电子密度高得多，另一方面其密度和温度的空间梯度也非常大。这样的密度条件下——日冕条件下的均匀等离子体中几乎不会被激发的——大量谱线开始主宰等离子体放射光谱。

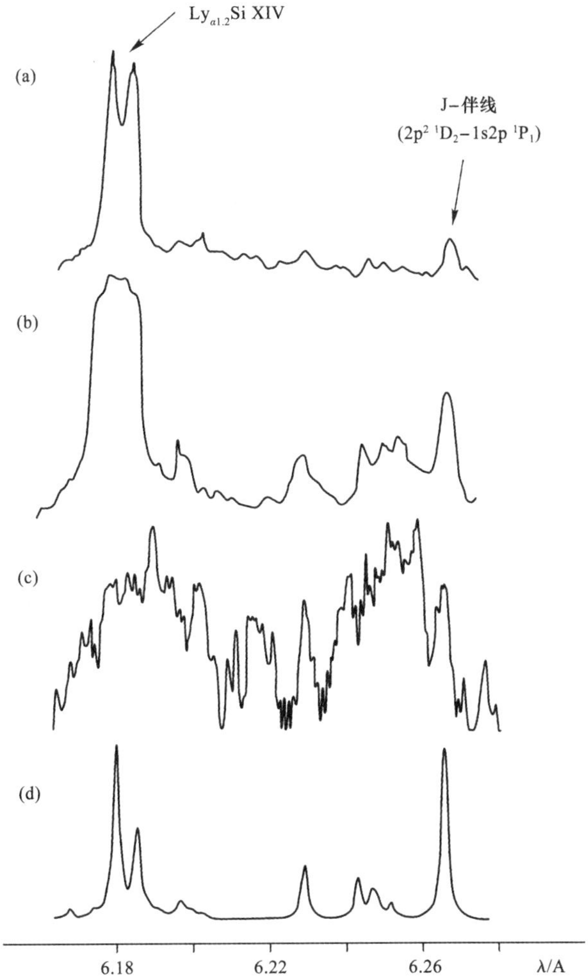

图4.45 Si XIV之类H离子的共振线Ly_α附近的硅等离子体放射光谱，等离子体由纳秒(a)[364]、低对比度(b)[365]和高对比度(c)[361]亚皮秒激光脉冲加热。理论光谱(d)对应于日冕等离子体模型

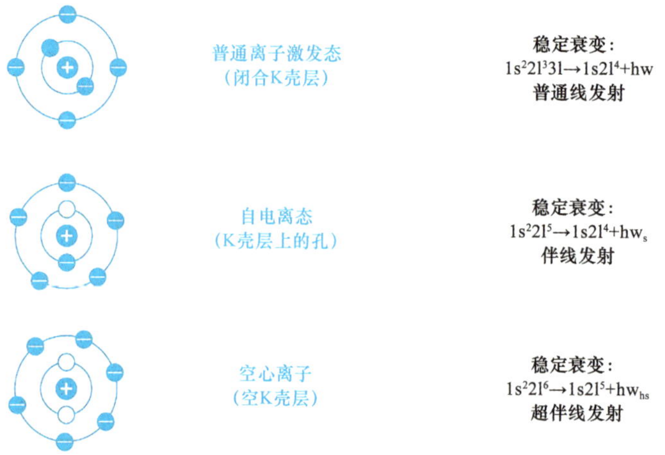

图 4.46　离子激发态、自电离态和空心态的电子壳层结构

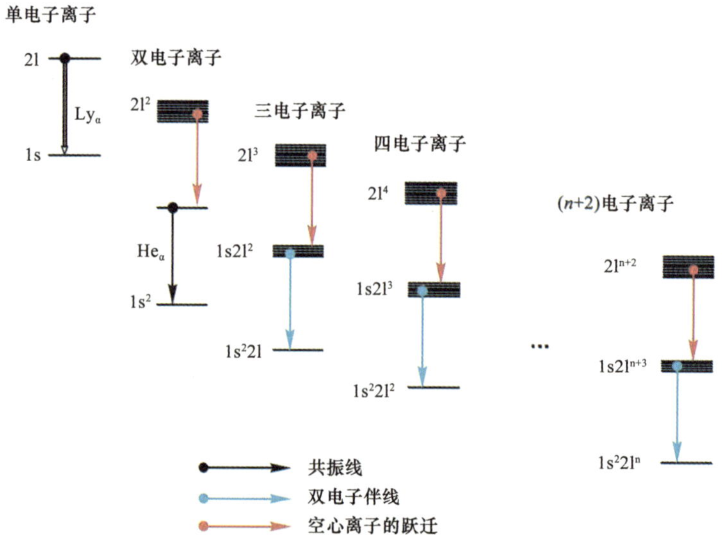

图 4.47　具有原子价 K-或者 L-壳层的普通态、自电离态和空心态离子的能级图

文献[361-363]中首次提出，所观测到的光谱的新形态只有在超密等离子体中考虑多电荷空心离子(也就是图 4.46 中 K 壳层为空的离子)的辐射才可以解释清楚。离子束相互作用(例如见[366-369])或者同步加速器辐射(例如见[370, 371])与固体表面相互作用的实验中，可以观测到这一类型(见图 4.47、图 4.48)在中性和准中性目标(空心原子)中的转换，并在最近二十年中得到积极的研究。多电荷离子的类似结构据推测是在近靶表面等离子体区域的光谱中被初次观测到，该等离子体由激光“NIKE”的纳秒脉冲所产生[372]。

空心离子的理论和实验光谱学发展的一个重要诱因是，这类光谱应该是在温稠密物质(warm dense matter)和非理想等离子体中激发[78,373-376]。因为正如从图 4.46、图

4.47 中所见，这类光谱的放射发生在位于离子深处壳层之间的电子跃迁过程中，所以非常难以量化的非理想性效应对于空心离子光谱的影响将不太显著。这就意味着，空心离子光谱将可以用于非理想等离子体的 X 射线光谱诊断，且几乎不必进行任何修正。

应当指出，为了使等离子体中出现大量空心离子，需要一种既能有效去除内部壳层电子、又不会引起外部壳层电离的机制。严格地说，这样的机制不存在，但可以试图寻找到某些进程，这些进程中电子从内壳层脱落的概率相比外壳层电离至少可以不太小。总的来说，等离子体中的电离可以发生于离子与电子、其他离子或者光子碰撞之时。

当离子-离子碰撞之时，既有可能由入射离子的库仑场引起非共振电离，也可能发生共振电荷交换。第一种过程在等离子体中可以忽略，因为离子撞击电离的截面只有在离子能量超高——只能在加速器中达到——时才会很大[79]。当然我们也必须说明，空心原子(空心原子是总电荷为零的空心离子的特殊情况)光谱最初的观测结果正是来自于加速器实验[366]。第二种机制(共振电荷交换)能够激发空心离子状态，为此必须确保多重性差别很大的离子间的相互作用。

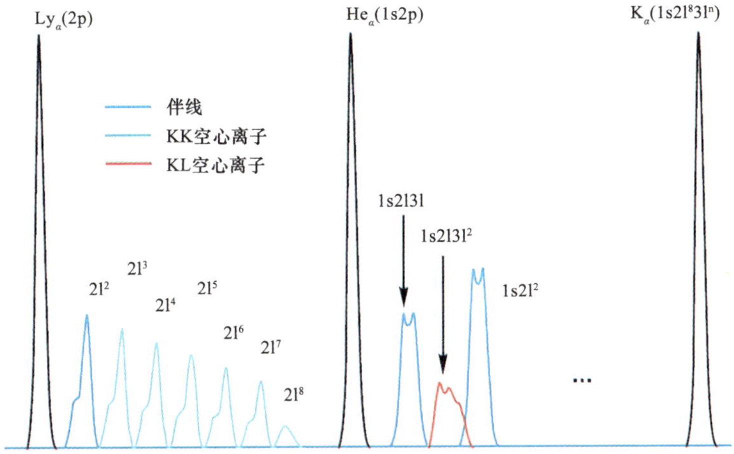

图 4.48 类 H 离子共振线 Ly_α、类 He 离子的 He_α 线、特征线 K_α、双电子伴线 (dielectronic satellites) ($2l^2$, $1s2l^2$, $1s2/3/$) 和超伴线 (hypersatellites) (空心离子线) 在离子放射光谱中的大致位置。对所有谱线都标示了光谱转换的高能级轮廓。电子数>3 的双电子伴线和超伴线位置用省略号表示

等离子体中的电离过程最通常因素还是电子的撞击。这种情况下，电子能量相比于内壳层电离能量也应该足够高，但已经不必像离子撞击所需要的那样高。对于电荷数量为 10 左右的离子，电子能量有数 keV 就已足够，正如众所周知的(例如见文献[377-379])，如果用通量密度超过 10^{16} W/cm^{2}的亚皮秒激光脉冲来生成等离子体，则等离子体中将产生充足的这类电子。

高温电子可以使空心离子产生，但效率并不会很高。确实，电子撞击所引起的电离速率大约与 n^3成正比，这里 n 是正在被电离电子的主量子数。因此，高温电子将更

有可能(几乎高一个数量级的概率)使 L 壳层电离，而不是 K 壳层(见图 4.49)。所以当离子与高温电子 K^2 碰撞时空心离子就形成了，但它们的数量远远少于普通离子数量。这一产额几乎与高温离子是单能的(单一离子束)还是热力学的无关，在图 4.49 中显而易见。总而言之，空心离子的产生不仅来自于内壳层电子的脱离，也来自于它向外壳层的激发，但这一过程所添加的影响(见图 4.49 中的短划线和点线)微乎其微。

如果形成的是类似于 KL、L^2、LM 等类型的空心离子，情形将稍好一些。这样一来，相邻壳层电子撞击电离速率之比将接近于 1，空心离子数量有可能非常大。因此只从简单的估算就可以得出，等离子体中高温电子的存在有可能导致空心离子的激发，但这些状态的数量通常不会太大。

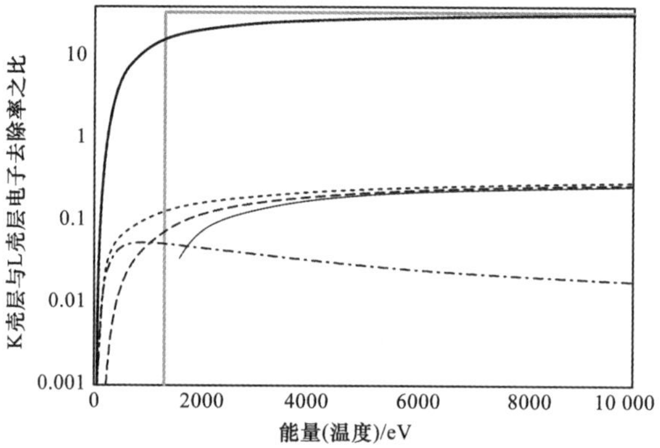

图 4.49　电子从 $Z=10$ 离子的 K 和 L 壳层脱离，由光子引起的(灰色和黑色粗线)与由电子引起的(其他线)概率之比与它们的能量或温度的函数关系[360]

灰粗线——单色 X 射线源，黑粗实线——黑体辐射。细黑实线——单色电子束，短划线——由麦克斯韦电子所进行的电离，点划线——由麦克斯韦电子所进行的激发，点线——由麦克斯韦电子所进行的电离和激发之和

离子与 X 射线光子的相互作用则完全不同。对于这一过程，电子脱离截面(光致电离截面)大概与 n^{-5} 成正比，也就是入射到离子的光子将以势不可当的概率把电子从——其电离能量不超过光子能量的——最内部壳层中脱离出来。例如在图 4.49 中就显示了 $Z=10$ 的类氢离子由单频辐射(灰色线)和黑体辐射(黑粗线)引起光致电离时，电子从 K 和 L 壳层脱离的概率之比。显而易见，在光子能量(温度)区间内，超过 K 壳层电离势(电离势的四分之一)的 K^2 空心离子的生成过程才是主流。

等离子体自身的辐射有可能是产生空心离子的 X 射线辐射源。尤其清晰的是，这一效应应该出现在等离子体非常不均匀、并且具有极大温度差别区域的情况下[380,381]。同时热区域所出现的辐射将在冷区域——其电子温度不足以使离子的外壳层电离——产生空心离子。

一般认为，如果激光辐射强度超过 10^{20} W/cm^2，则向被照射稠密物质传递能量的过程中起主导作用的正是放射性机制，高达 30%的激光脉冲能量转变为了 X 射线辐射和伽马辐射[382-384]。

目前用 X 射线辐射产生空心离子的过程具有特别的现实意义，因为出现了高功率 X 射线激光，既有基于等离子体的，也有自由电子的[385-389]，所涉及的能量输入过程本身将直接与空心离子的生成相关联，不同于可见光激光辐射与物质的相互作用。需要提醒的是，可见光激光脉冲作用于物质时，其能量的主要部分一开始是去加热不断出现的自由电子，之后只有在电子-离子碰撞时，能量才变为离子的内能(碰撞电离并形成多电荷离子)，并且稍后才变为其动能。相比之下，当 X 射线光子被吸收时，大部分能量能够立即变成不断出现的自电离状态和空心离子状态的内能，随后才有一部分能量传递给自电离过程中的等离子体自由电子。同时等离子体的形成过程将严重依赖 X 射线激光光子的能量与靶物质不同原子壳层的电离势之比。因此必须提到不久前一个非常有意思的铝箔吸收高功率 X 射线辐射方面的实验[386]。

当足够强的单色 X 射线辐射与靶相互作用时，可以观测到靶的自发亮效应，此时靶在加热过程中停止吸收辐射并变得几乎透明。在最一般(就是最不引人注目)的情况下，这只不过与靶原子的完全电离相关，原子核成为完全裸核状态，毫无疑问这是完全有可能的，但需要非常大的粒(子)流(量)密度。然而由于空心离子的生成，这一效应有可能在小得多的能量输入条件下发生。正如前面提到过的，内部 K 壳层的光致电离截面大大超过了 L(甚或 M、N)壳层的光致电离截面。这就意味着，一旦等离子体中 K^2 类空心离子占多数，则该等离子体对于能量高于 K 边缘的光子的吸收就急剧下降，也就是自发亮将会发生。此时物质的电离程度将不太高，物质中低电荷离子有可能占最多数量，所以生成这类状态所需要的能量消耗大幅度降低。当然对于 L^8 类空心离子也可以获得类似的效应，但它将显得不那么突出，因为 L、M 壳层光致电离截面的差异已经不再如此巨大。

感应透明度效应具有非常重要的实际意义。对于微目标——包括医学和生物学的——的 X 射线结构研究，需要对它们进行足够大剂量的 X 射线辐射作用才能获得高质量的衍射图像。然而入射辐射剂量的加大照例会导致吸收量的生高，而后者不受欢迎，因为可能引起被照射目标的破坏。我们发现，典型的破坏阈值为每平方埃(10^{-20} m^2)200 个 X 射线光子。自发亮效应可以增大入射通量，但几乎不提高吸收通量[387]。

如果能够连续地调整单色 X 射线辐射频率就可以实现非常有意义的状况——使用自由电子激光[385-389]。因为 K^1 的自电离状态激发能量小于空心离子 K^2 的激发能量，则可以这样选取 X 射线光子能量值，使其足以让自电离状态发生且不足以让空心离子产生。这样就可以获得这种等离子体——不会有空心离子，而自发亮将发生在自电离能级激发的阶段。文献[386]中记载了不久前进行过的这类实验。

类似地，通过自由电子激光频率的连续调整也可以这样选择光子能量，使得空心离子 K^2 的光子泵浦最优化，从而生成几乎只有由这类空心离子组成的固态物质。文献[388]报道了不久前进行的生成空心离子并利用它们的辐射来诊断所形成固态等离子体的这类实验。而文献[389]则记录了首次通过优化自由电子激光泵浦参数建立的 X 射线激光，其在空心离子 Ne^{+1}跃迁中的辐射能量有 849 eV，该激光具有增强的单色性、稳定性和独特的亮度。

我们提到过，当利用 X 射线辐射生成空心离子时，其数量可能非常庞大。这一结果不仅是从前述的光致电离截面的普通评估所得到，也是从详细的动力学计算中而得来。文献[390，391]中建立了动力学模型来描述由可见光普通激光辐射所生成的等离子体，该等离子体还有自由电子 X 射线激光的补充照射。这些研究结果，也包括文献[383]的，清楚地证明了当 X 射线泵浦缺席时，空心离子 K^2 几乎不出现；存在 X 射线泵浦时，空心状态的群落密度几乎与共振能级的一样，甚至可能有所超过。

X 射线光子束对等离子体的作用不仅可以使空心离子的光谱得到观测，也可以将其用作诊断目的。最现实的就是在某些状况下，由可见光激光辐射所生成的状态是温稠密物质还是非理想等离子体[78,373,374,392]。正如文献[383，390，391]的模拟结果所显示的，空心离子光谱与物质温度的关系非常密切，因此可以对温度进行测量。

空心离子的产生应该在高功率 X 射线激光辐射使介质电离的过程中起到了非常大的作用，再说电离机制本身也极度依赖于 X 射线光子能量。作为范例，我们来分析暴露于各种波长 X 射线光子的氖靶的电离，如同文献[387]中所做的那样。

如果 X 射线量子能量低于中性氖 K 壳层的电离阈值(等于 870 eV)，则入射 X 射线辐射将使外(原子价)L 壳层光致电离，最终我们就有了包含类 He 离子 Ne IX 的等离子体。这种情况中，导致介质电离的唯一过程是原子价壳层的光致电离。

如果提高光子能量，使之高于 993 eV，则电离过程将循其他途径发生。一开始发生 K 电子的光致电离并形成自电离态，其后的发展过程有两种可能性：或者发生填充 K 壳层空位及剥离 L 电子的自电离，或者还有一种先形成空心离子、然后自电离的 K 电子的光致电离。由于依赖于光子能量，这些链条有可能在达到某种电离重数时中断，之后将仅只发生价电子的光致电离，最终再次成为 Ne IX 离子的等离子体。

如果光子能量可以超过 1360 eV，则电离链条将进行到底，我们最终将获得 Ne XI 的裸核等离子体。实际上，离子内壳层参与的光致电离-自电离-光致电离……链条，是比单纯价电子壳层的光致电离快得多的过程[387]。这就意味着如此一来，花费少得多的时间也可以达到同等的物质电离程度。

不久前进行过实验研究 X 射线激光 LCLS(Linac Coherent Light Source，美国)的脉冲作用下氖靶的电离[387]。不同实验中 X 射线光子能量有 800 eV、1050 eV、2000 eV，最高通量为 105 photons/$Å^2$。能量在 800 eV 时，离子的最高电荷为+6；1050 eV 时，增加到+8；而最高能量时，达到+10(见图 4.50)。我们注意到，当能量在 2000 eV 时，此研究工作中也发现了自发亮效应。

所以迄今为止，已经有不少这类奇异原子目标光谱的观测，就像空心离子一样(详见文献[360]的综述)。我们看见，这些光谱在超短高功率激光脉冲与凝聚态靶(固态靶、粒子团簇)[361-363,394,395]、甚至还与稠密气体(例如见文献[396])相互作用时激发出来。这样看来，虽然空心离子的光谱很奇特，但也是非常普遍的自然目标。事实上它们的激发在高密度等离子体中特别高效率，所以一般来说，可以就此发展超稠密等离子体 X 射线波段的诊断技术。这在不久前进行的俄罗斯-英国联合实验中得到了很好证明，该实验完成于卢瑟福实验室，使用了拍瓦飞秒激光装置“Vulcan”[383]。图 4.51 介绍了铝靶光谱，由高对比度($>10^{10}$)激光辐射加热，着靶强度超过 10^{20} W/cm^2。从图中

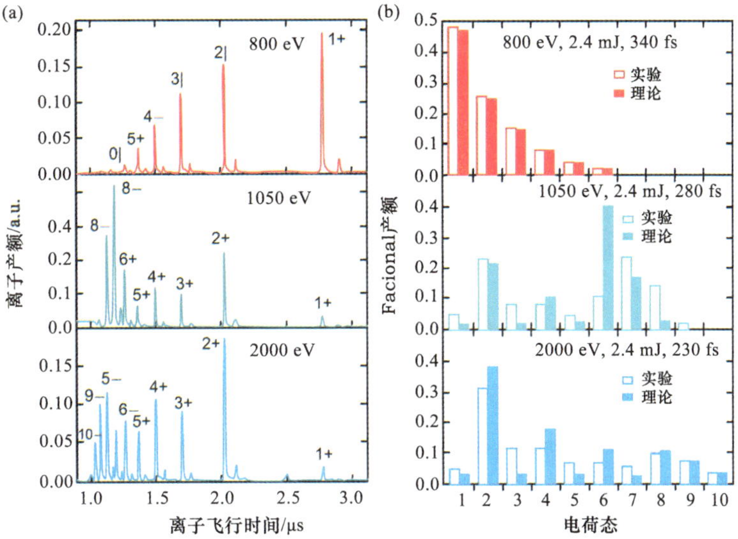

图 4.50 X 射线激光 LCLS 的脉冲作用下氖靶中所形成的各种重数离子产额

(a)飞行时间方法测量的结果；(b)与计算结果的对比[387]

可以看到，一定条件下时间积分的空心离子放射线强度既可以超过共振线的、也可以超过普通伴线的。

非常重要的是，这些光谱应该在温稠密物质中[78,79,373-376,392]和非理想等离子体中[373]激发。例如文献[397]提到，它们在离子-离子相互作用的非理想等离子体、以及电子-离子相互作用的弱非理想离子体中被记录到。同时极为重要的是，如果甚至空心离子光谱也由非理想等离子体发出的话，则非理想性效应对光谱本身的影响可以说非常弱，因为它们的发射发生在位于离子深处的壳层之间的电子跃迁时。这就意味着以那些光谱为基础所发展出来的 X 射线光谱技术可以顺利地用于非理想等离子体的诊断。与此不同的是，有一种技术以利用离子外壳层之间的光谱变迁为基础，要采用这种技术就必须先重新研究已有的等离子体放射-碰撞动力学模型，然后甚至有可能建立强非理想等离子体光谱的新理论。当然毫无疑问，这将花费很多时间。

随着 X 射线等离子体激光及 X 射线自由电子激光建造和使用领域的研究发展，空心离子光谱将更加令人瞩目(例如见文献[119，385-387，398-401])。这里的问题甚至还不在于如何利用空心离子状态来生成 X 射线波段内的激光(例如见文献[389，402])，而在于高功率 X 射线激光辐射与物质相互作用本身的基本特性。要知道，不论 X 射线激光辐射源是等离子体激光还是自由电子激光，在这类实验中，导致空心离子形成的原子和离子内壳层的电离过程将是激光能量吸收的主要机制。同时所获得的介质状态将呈现为固态密度和中等温度的特征，也就是在许多情况下将是非理想等离子体，要确定其参数，如上所述，能够推荐的可靠技术屈指可数。

在我们看来，要发掘以诊断(或者任何其他用途)为目的的空心离子光谱应用潜力，必须进一步发展具有大量开放性电子壳层的原子结构的计算方法。仅当达到光谱学计算精度(相对误差在约 10^{-4}水平)时才有把握鉴别空心离子的光谱，当然不仅根据它们

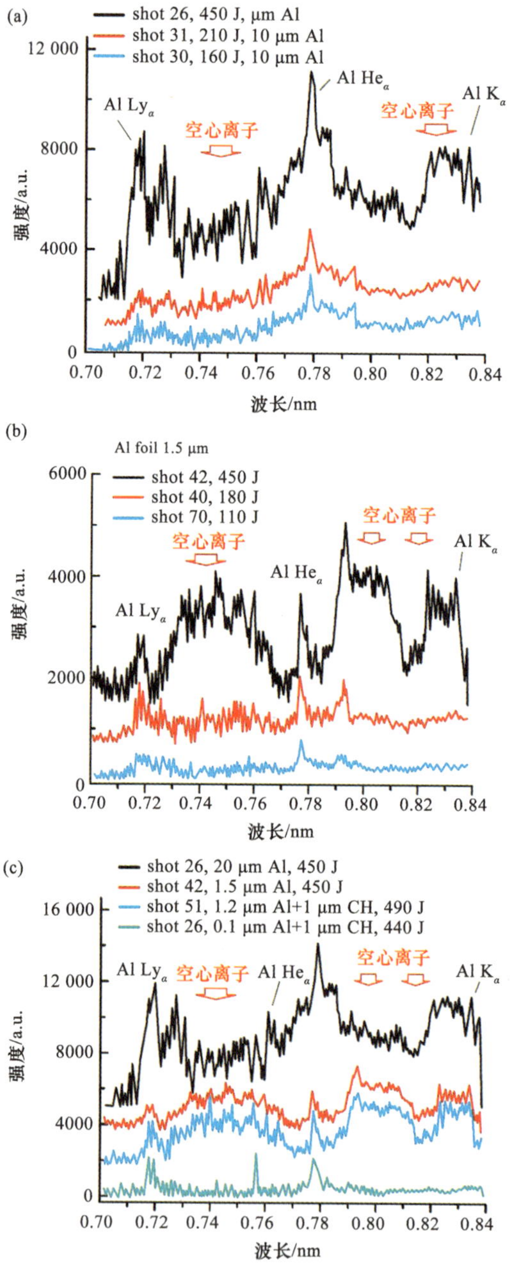

图 4.51　7.0~8.4 nm(Ly_α-He_α-K_α 线)波段之内的 Al 靶 X 射线光谱，由拍瓦激光装置 Vulcan 的高对比度($>10^{10}$)辐射加热，着靶激光辐射强度超过 10^{20} W/cm^2[380][图(c)]。图(c)中黑色和绿色曲线对应于 160、64 J 激光辐射能量照射 1.5 μm 厚铝箔所得到的光谱。蓝色光谱(降低了 5 倍)是 160 J 激光辐射能量照射 20 μm 厚铝箔所得到的。最下面的光谱来自文献[393]，是 150-fs 激光脉冲照射 Al 靶，能量 80 mJ、高对比度、强度 5×10^{17} W/cm^2。垂直折线对应于 Al 的 Ly_α、He_α、K_α 线。图(a)中是光谱的数值模拟计算结果，由程序 ATOMIC 完成，包括/不包括快电子通量和高强度等离子体 X 射线辐射的光谱激发

的电荷属性，也根据电荷属性到底归属哪一类构型，某些特殊情况下，可以归类于精微结构级别。计算方法的发展照样立刻就要求有这类离子光谱的实验信息，所以也变成了在这一领域进行系统性实验研究的课题。

目前的状况本质上非常类似于20世纪后半叶所形成的伴随光谱问题[364,403-405]。当认识到这类光谱对于实际应用的重要性时，伴随结构的计算精度明显不足。但经过了也就是一、二十年，不同的理论团队就发展出了替代处理方法(扰动的相对论理论、多组态相对论修正哈特里-福克方法(Hartree-Fock methods)、迪拉克-福克方法(Dirac-Fock methods)、半经验相对论模型潜能方法)，可用来获得有一定实验精度的必要数据，同样也促进了X射线波段诊断技术的发展，这类技术既可成功地用于稀薄的天体物理等离子体，也可用于稠密的实验室等离子体。如今在空心等离子体光谱方面也应该迈出这一步。

4.8 强磁场

激光等离子体中超强磁场的出现是意义重大且积极发展中的研究方向之一(见文献[406]的评论，后面我们还要提到它)。

强激光辐射作用于固态靶时，磁场生成的各种机制将导致出现感应强度高达1 GGs的磁场，是强激光辐射与稠密等离子体相互作用的结果。这些磁场局限于临界表面附近，那里吸收了激光能量的主要部分。人们提出了准静态磁场生成的一些主要机制：1)等离子体温度梯度和密度梯度的方向不同；2)被有质动力沿激光脉冲轴向和横向加速的快电子通量；3)无碰撞怀布尔不稳定性(collisionless Weibel instability)。

文献[407]中首次预言了相对论稠密等离子体中感应强度将近1 GGs的磁场。按照该文献提出的理论，准稳态磁场源是作用于电子的有质动力。它引发了从激光束轴向周边发散的径向电子流，直到离子和电子开始联合动态振荡为止，以满足电中性要求。

等离子体中的怀布尔不稳定性机制与电子在其速度方向上的各向异性相关。这样的各向异性出现在原子和原子态离子被超强激光场电离的过程中。大多数电子沿被激光波线性极化的电场强度矢量方向逸出，横向逃逸的电子数量少得多。无论纵向还是横向速度都取决于能量-时间的不确定关系。怀布尔[408]最先表明，当存在电流各向异性时，麦克斯韦方程组中出现了有关准静态磁场自发增强的不稳定性。

与前述不同，热电机制[406]是在碰撞等离子体中发挥作用，该等离子体中既有电子密度梯度，又有电子温度梯度，相互有一定的夹角。密度梯度方向是沿着电子束半径。由焦斑截面的激光辐射强度不均匀性所引起。结果激光束轴上的电子数目远多于光束周边的，由于介质原子的电离程度差别很大。温度梯度显然是沿着靶表面的法线方向。自发磁场累积的增长既与温度梯度、也与速度梯度成正比。这种情况下磁场呈环状对称：其圆圈状磁力线环抱激光束。

当相对论强度的激光脉冲通过时，等离子体电子沿着激光脉冲传播方向被洛伦兹力的磁性部分加速，这就引发了也有环形特性的磁场。

还存在着更为尖端的在激光等离子体中产生磁场的技术，其中一部分在文献[406]有所分析。

文献[409]中进行了次临界激光等离子体中的磁场测量。结果显示，在线性偏振激光脉冲宽度为 30 fs、强度为 4.2×10^{18} W/cm^{2}的条件下，出现了角向磁场，其感应强度为 2 到 8 MGs，尺度为 200 μm 量级；而当强度为 8×10^{18} W/cm^{2}时，场强达到 7 MGs。两种磁场都存在了数皮秒。它们的形成归因于激光等离子体中所生成的快电子流。

文献[410]中的测量有助于搞清楚稠密等离子体中临界表面所形成的磁场范围，它对应有 340~460 MGs 的量值(图 4.52)。这类场的磁性压力超过 10^9 atm。

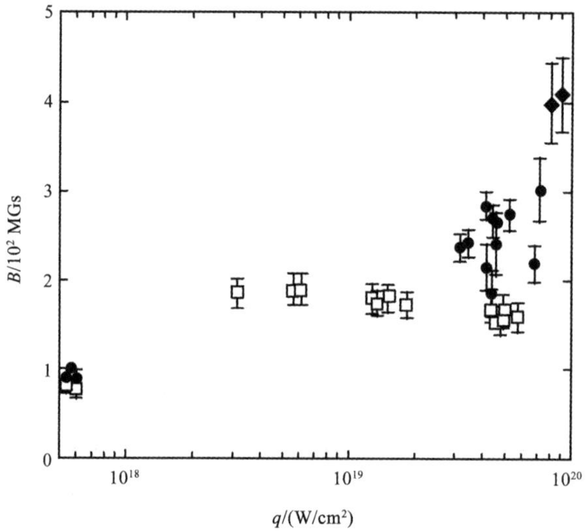

图 4.52　测得的磁场感应强度与 5ω(♦)、4ω(•)、3ω(□)谐波激光辐射强度的关系[410]

文献[411]中综述了激光脉冲照射固态靶的实验结果，激光强度在 10^{20} W/cm^{2}级别。通过对辐射的谐波输出进行偏振测量发现，激光等离子体中出现了磁场，其感应强度将近 700 MGs。这类磁场也存在于远离表层的区域，在如此之强的激光场中，可以用电子的超级相对论运动来解释，也可以用激光辐射的高阶谐波极深地穿透靶物质来解释。

文献[412]中评估了激光实验中的磁场感应强度，大约为 1 GGs。

第 4 章参考文献

[1] *Mourou G. A., Tajima T., Bulanov S. V.* Optics in the relativistic regime // Rev. Mod. Phys. 2006. V. 78, №2. P. 1804-1816.

[2] *Mourou G. A., Barry C. P. J., Perry M. D.* Ultrahigh-intensity lasers: Physics of the extreme on a tabletop // Physics Today. 1998. V. 51, №1. P. 22-28.

[3] *Bahk S.-W., Rousseau P., Planchon T. A. et al.* Generation and characterization of the highest laser intensities (10^{22} W/cm^2) // Opt. Lett. 2004. V. 29, №24. P. 2837-2839.

[4] *Bulanov S.* New epoch in the charged particle acceleration by relativistically intense laser radiation // Plasma Phys. Control. Fusion. 2006. V. 48, №12B. P. B29-B37.

[5] *Yanovsky V., Chvykov V., Kalinchenko G. et al.* Ultra-high intensity-300-TW laser at 0.1 Hz repetition rate // Opt. Express. 2008. V. 16, №3. P. 2109-2114.

[6] *Bamber C., Boege S. J., Koffas T. et al.* Studies of nonlinear QED in collisions of 46.6 GeV electrons with intense laser pulses // Phys. Rev. D. 1999. V. 60, №9. P. 092004.

[7] *Mourou G., Tajima T.* More intense, shorter pulses // Science. 2011. V. 331, №6013. P. 41-42.

[8] *Маненков А. А.* Самофокусировка лазерных пучков: современное состояние и перспективы исследований // УФН. 2011. Т. 181, №1. С. 107-112. 曼涅恩科夫. 激光束自聚焦:研究的现状和前景.

[9] *Pukhov A.* Strong field interaction of laser radiation // Rep. Prog. Phys. 2003. V. 66, №1. P. 47-101.

[10] Frontiers in High Energy Density Physics / Ed. by D.Henderson. — Washington: National Research Council, Nat. Acad. Press, 2003.

[11] *Анисимов С. И., Прохоров А. М., Фортов В. Е.* Применение мощных лазеров для исследования вещества при сверхвысоких давлениях // УФН. 1984. Т. 142, №3. С. 395.阿尼西莫夫,等. 运用强激光研究超高压力下的物质.

[12] *Kruer W. L.* The Physics of Laser Plasma Interaction. — Reading MA: Addison-Wesley, 1988.

[13] *Adzeni S., Meyer-ter-Vehen J.* The Physics of Inertial Fusion. — Oxford: Clarendon Press, 2004.

[14] *Lindle I.* Inertial Confinement Fusion. — N.Y.: Springer, 1998.

[15] *Конюхов А. В., Лихачев А. П., Опарин А. М. и др.* Численное исследование неустойчивости ударных волн в термодинамически неидеальных средах // ЖЭТФ. 2003. Т. 125, №4.С. 927.孔纽霍夫,等. 热力学非理想介质中冲击波不稳定性的数值研究.

[16] *Фортов В. Е.* Мощные ударные волны и экстремальные состояния вещества. — М.: Букос, 2005. 弗尔托夫. 强冲击波和物质极端状态.

[17] *Ryutov D. D., Remington B. A., Robey H. F., Drake R. P.* Magnetodynamic Scaling: From Astrophysics to the Laboratory // Phys. Plasmas. 2001. V. 8, №5. P. 1804-1816.

[18] *Fedotov A. M., Narozhny N. B., Mourou G., Korn G.* Limitations on the attainable intensity of high power lasers // Phys. Rev. Lett. 2010. V. 105. P. 080402.

[19] *Reiss H. R.* Unsuitability of the keldysh parameter for laser fields // Phys. Rev. A. 2010. V. 82. P. 023418.

[20] *Seipt D., Kämpfer B.* Nonlinear compton scattering of ultrashort intense laser pulses // Phys. Rev. A. 2011. V. 83. P. 022101.

[21] *Bell A. R., Kirk J. G.* Possibility of prolific pair production with high-power lasers // Phys. Rev. Lett.

2008. V. 101. P. 200403.

[22] *Bulanov S. S.*, *Esirkepov T. Z.*, *Thomas A. G. R. et al.* Schwinger limit attainability with extreme power lasers // Phys. Rev. Lett. 2010. V. 105. P. 220407.

[23] *Bulanov S. S.*, *Mur V. D.*, *Narozhny N. B. et al.* Multiple colliding electromagnetic pulses: A way to lower the threshold of e^+e^- pair production from vacuum // Phys. Rev. Lett. 2010.V. 104. P. 220404.

[24] *Heinzl T.*, *Seipt D.*, *Kämpfer B.* Beam-shape effects in nonlinear compton and thomson scattering // Phys. Rev. A. 2010. V. 81. P. 022125.

[25] *Unruh W. G.* Notes on black-hole evaporation // Phys. Rev. D. 1976. V. 14, №4. P. 870-892.

[26] *Schutzhold R.*, *Schaller G.*, *Habs D.* Signatures of the unruh effect from electrons accelerated by ultrastrong laser fields // Phys. Rev. Lett. 2006. V. 97, №12. P. 121302.

[27] *Chen P.*, *Tajima T.* Testing unruh radiation with ultraintense lasers // Phys. Rev. Lett. 1999.V. 83, №2. P. 256-259.

[28] *Коржиманов А. В.*, *Гоносков А. А.*, *Хазанов Е. А.*, *Сергеев А. М.* Горизонты петаваттных лазерных комплексов // УФН. 2011. Т. 181, №1. С. 9-32.考尔日曼诺夫,等. 拍(10^{15})瓦激光技术的地平线.

[29] *Хазанов Е. А.*, *Сергеев А. М.* Петаваттные лазеры на основе оптических параметрических усилителей: состояние и перспективы // УФН. 2008. Т. 178, №9. С. 1006.哈赞诺夫,等. 光学参数放大器基础上的拍(10^{15})瓦激光:现状和前景.

[30] *Strickland D.*, *Mourou G.* Compression of amplified chirped optical pulses // Opt. Comm. 1985. V. 56, №3. P. 219-221.

[31] *Bula C.*, *McDonald K. T.*, *Prebys E. J. et al.* Observation of nonlinear effects in Compton scattering // Phys. Rev. Lett. 1996. V. 76, №17. P. 3116-3119.

[32] *Telnov V.* Photon collider at TESLA // Nucl. Instrum. Meth. Phys. Res. A. 2001. V. 472, №1-2. P. 43-60.

[33] *Пискарскас А.*, *Стабинис А.*, *Янкаускас А.* Фазовые явления в параметрических усилителях и генераторах сверхкоротких импульсов света // УФН. 1986. Т. 150, №9.С. 127-143. 皮斯卡尔斯卡斯,等. 参数放大器和超短脉冲光生成器中的相变现象.

[34] HERCULES, http://www.engin.umich.edu/research/cuos/ResearchGroups/HFS/Experimen talfacilities/HERCULESPetawattLaser.htm.

[35] PHELIX, http://www.gsi.de/forschung/pp/phelix/index_e.html.

[36] *Белов И. А. и др.* // Труды Междунар. конф. X Харитоновские тематические научные чтения. — Саров: РФЯЦ-ВНИИЭФ, 2008. С. 145. 别洛夫,等. 第十届哈里顿主题学术报告会,国际会议文集.

[37] Development of petawatt laser amplification systems at the central laser facility / Ed. ByV. Panchenko et al. V. 6735. SPIE, 2007. P. 67350J.

[38] HiPER. http://www.hiper-laser.org/.

[39] ELI, http://www.extreme-light-infrastructure.eu/.

[40] *Baeva T.*, *Gordienko S.*, *Pukhov A.* Theory of high-order harmonic generation in relativistic laser interaction with overdense plasma // Phys. Rev. E. 2006. V. 74. P. 046404.

[41] *Dromey B.*, *Zepf M.*, *Gopal A. et al.* High harmonic generation in the relativistic limit //Nature Phys. 2006. V. 2, №7. P. 456-459.

[42] *Dromey B.*, *Kar S.*, *Bellei C. et al.* Bright multi-keV harmonic generation from relativistically oscillating

plasma surfaces // Phys. Rev. Lett. 2007. V. 99, №8.

[43] *Dromey B., Adams D., Hoerlein R. et al.* Diffraction-limited performance and focusing of high harmonics from relativistic plasmas // Nature Phys. 2009. V. 5, №2. P. 146-152.

[44] *Gordienko S., Pukhov A., Shorokhov O., Baeva T.* Coherent Focusing of High Harmonics: A New Way Towards the Extreme Intensities // Phys. Rev. Lett. 2005. V. 94. P. 103903.

[45] *Bulanov S. V., Esirkepov T., Tajima T.* Light Intensification towards the Schwinger Limit // Phys. Rev. Lett. 2003. V. 91. P. 085001.

[46] *Kulagin V. V., Cherepenin V. A., Hur M. S., Suk H.* Theoretical Investigation of Controlled Generation of a Dense Attosecond Relativistic Electron Bunch from the Interaction of an Ultrashort Laser Pulse with a Nanofilm // Phys. Rev. Lett. 2007. V. 99. P. 124801.

[47] *Boyd T. J. M., Ondarza-Rovira R.* Anomalies in Universal Intensity Scaling in Ultrarelativistic Laser-Plasma Interactions // Phys. Rev. Lett. 2008. V. 101. P. 125004.

[48] *van der Brügge D., Pukhov A.* Enhanced relativistic harmonics by electron nanobunching // Phys. Plasmas. 2010. V. 17, №3. P. 033110.

[49] *Gonoskov A. A., Korzhimanov A. V., Kim A. V. et al.* Ultrarelativistic nanoplasmonics as a route towards extreme-intensity attosecond pulses // Phys. Rev. E. 2011. V. 84. P. 046403.

[50] *Quéré F., Thaury C., Monot P. et al.* Coherent wake emission of high-order harmonics from overdense plasmas // Phys. Rev. Lett. 2006. V. 96. P. 125004.

[51] *Brunel F.* Not-so-resonant, resonant absorption // Phys. Rev. Lett. 1987. V. 59. P. 52-55.

[52] *Teubner U., Eidmann K., Wagner U. et al.* Harmonic emission from the rear side of thin overdense foils irradiated with intense ultrashort laser pulses // Phys. Rev. Lett. 2004. V. 92. P. 185001.

[53] *Гинзбург В. Л.* О физике и астрофизике. — М.: Бюро Квантум, 1995. 金兹伯格. 关于物理学和天体物理学.

[54] *Окунь Л. Б.* Лептоны и кварки. 2 изд. — М.: Наука, 1990.奥共,轻子和夸克.

[55] *Naseri N., Bychenkov V. Y., Rozmus W.* Axial magnetic field generation by intense circularly polarized laser pulses in underdense plasmas // Phys. Plasmas. 2010. V. 17, №8. P. 083109.

[56] *Kuramitsu Y., Sakawa Y., Morita T. et al.* Time evolution of collisionless shock in counterstreaming laser-produced plasmas // Phys. Rev. Lett. 2011. V. 106. P. 175002.

[57] *Romagnani L., Bigongiari A., Kar S. et al.* Observation of magnetized soliton remnants in the wake of intense laser pulse propagation through plasmas // Phys. Rev. Lett. 2010. V. 105. P. 175002.

[58] *Chen H., Wilks S. C., Meyerhofer D. D. et al.* Relativistic quasimonoenergetic positron jets from intense laser-solid interactions // Phys. Rev. Lett. 2010. V. 105. P. 015003.

[59] *Fujimoto M., Matsukado K., Takahashi H. et al.* Repetitive production of positron emitters using deuterons accelerated by multiterawatt laser pulses // Rev. Sci. Instrum. 2009. V. 80, №11. P. 113301.

[60] *Wang W. P., Shen B. F., Zhang X. M. et al.* Efficient acceleration of monoenergetic proton beam by sharp front laser pulse // Phys. Plasmas. 2011. V. 18, №1. P. 013103.

[61] *Bulanov S. S., Bychenkov V. Y., Chvykov V. et al.* Generation of GeV protons from 1 PW laser interaction with near critical density targets // Phys. Plasmas. 2010. V. 17, №4. P. 043105.

[62] *Henig A., Steinke S., Schnürer M. et al.* Radiation-pressure acceleration of ion beams driven by circularly polarized laser pulses // Phys. Rev. Lett. 2009. V. 103. P. 245003.

[63] *Wang X., Ischebeck R., Muggli P. et al.* Positron injection and acceleration on the wake driven by an

electron beam in a foil-and-gas plasma // Phys. Rev. Lett. 2008. V. 101. P. 124801.

[64] *Yan X. Q.*, *Wu H. C.*, *Sheng Z. M. et al.* Self-organizing GeV, nanocoulomb, collimated proton beam from laser foil interaction at 7×10^{21} W/cm^2// Phys. Rev. Lett. 2009. V. 103.P. 135001.

[65] *Zigler A.*, *Palchan T.*, *Bruner N. et al.* 5.5×7.5 MeV proton generation by a moderateintensity ultrashort-pulse laser interaction with H2O nanowire targets // Phys. Rev. Lett. 2011. V. 106. P. 134801.

[66] *Fukuda Y.*, *Faenov A. Y.*, *Tampo M. et al.* Energy increase in multi-MeV ion acceleration in the interaction of a short pulse laser with a cluster-gas target // Phys. Rev. Lett. 2009.V. 103. P. 165002.

[67] *Li Y.*, *Lan K.*, *Lai D. et al.* Radiation-temperature shock scaling of 1 ns laser-driven hohlraums // Phys. Plasmas. 2010. V. 17, №4. P. 042704.

[68] *Sano T.*, *Ozaki N.*, *Sakaiya T. et al.* Laser-shock compression and hugoniot measurements of liquid hydrogen to 55 GPa // Phys. Rev. B. 2011. V. 83. P. 054117.

[69] *Eggert J. H.*, *Hicks D. G.*, *Celliers P. M. et al.* Melting temperature of diamond at ultrahigh pressure // Nature Phys. 2010. V. 6, №1. P. 40-43.

[70] *Sangster T. C.*, *Goncharov V. N.*, *Betti R. et al.* Shock-tuned cryogenic-deuterium-tritium implosion performance on OMEGA // Phys. Plasmas. 2010. V. 17, №5. P. 056312.

[71] *Loupias B.*, *Koenig M.*, *Falize E. et al.* Supersonic-jet experiments using a high-energy laser // Phys. Rev. Lett. 2007. V. 99. P. 265001.

[72] *Nilson P. M.*, *Mangles S. P. D.*, *Willingale L. et al.* Generation of ultrahigh-velocity ionizing shocks with petawatt-class laser pulses // Phys. Rev. Lett. 2009. V. 103. P. 255001.

[73] *Benuzzi-Mounaix A.*, *Koenig M.*, *Ravasio A. et al.* Laser-driven shock waves for the study of extreme matter states // Plasma Phys. Control. Fusion. 2006. V. 48, №12B. P. B347-B358.

[74] *Pukhov A.*, *Meyer-ter-Vehn J.* Laser wake field acceleration: the highly non-linear broken-wave regime // Appl. Phys. B. 2002. V. 74, №4-5. P. 355-361.

[75] *Esarey E.*, *Schroeder C. B.*, *Leemans W. P.* Physics of laser-driven plasma-based electron accelerators // Rev. Mod. Phys. 2009. V. 81. P. 1229-1285.

[76] *Malka V.*, *Faure J.*, *Gauduel Y. A. et al.* Principles and applications of compact laser- plasma accelerators // Nature Phys. 2008. V. 4, №06. P. 447-453.

[77] *Kritcher A. L.*, *Neumayer P.*, *Castor J. et al.* Ultrafast X-ray Thomson Scattering of Shock-Compressed Matter // Science. 2008. V. 322, №5898. P. 69-71.

[78] *Фортов В. Е.* Экстремальные состояния вещества. — М.: Физматлит, 2009.弗尔托夫. 物质的极端状态.

[79] *Фортов В. Е.* Экстремальные состояния вещества на земле и в космосе // УФН. 2009. Т. 179, №6. С. 653-687. 弗尔托夫. 地球上及太空中的物质极端状态.

[80] *Dong P.*, *Reed S. A.*, *Yi S. A. et al.* Formation of optical bullets in laser-driven plasma bubble accelerators // Phys. Rev. Lett. 2010. V. 104. P. 134801.

[81] *Meyer-ter-Vehen J.* From laser fusion to laser accelerators: basic studies into high power laser plasmas // Plasma Phys. Control. Fusion. 2009. V. 51, №12. P. 124001.

[82] *Lee K.*, *Lee J. Y.*, *Park S. H. et al.* Dominant front-side acceleration of energetic proton beams from plastic targets irradiated by an ultraintense laser pulse // Phys. Plasmas. 2011. V. 18, №1. P. 013101.

[83] *Pak A.*, *Marsh K. A.*, *Martins S. F. et al.* Injection and trapping of tunnel-ionized electrons into laser-

produced wakes // Phys. Rev. Lett. 2010. V. 104. P. 025003.

[84] *Mancic A., Robiche J., Antici P. et al.* Isochoric heating of solids by laser-accelerated protons: Experimental characterization and self-consistent hydrodynamic modeling // High Energy Density Physics. 2010. V. 6, №1. P. 21–28.

[85] *Norreys P. A.* Laser-driven particle acceleration // Nature Photonics. 2009. V. 3, №8. P. 423–425.

[86] *Martins S. F., Fonseca R. A., Lu W. et al.* Exploring laser-wakefield-accelerator regimes for near-term lasers using particle-in-cell simulation in Lorentz-boosted frames // Nature Phys. 2010. V. 6, №04. P. 311–316.

[87] *Kotaki H., Daito I., Kando M. et al.* Electron optical injection with head-on and countercrossing colliding laser pulses // Phys. Rev. Lett. 2009. V. 103. P. 194803.

[88] *Buck A., Nicolai M., Schmid K. et al.* Real-time observation of laser-driven electron acceleration// Nature Phys. 2011. V. 7. P. 543–548.

[89] *Roth M., Alber I., Bagnoud V. et al.* Proton acceleration experiments and warm dense matter research using high power lasers // Plasma Phys. Control. Fusion. 2009. V. 51, №12. P. 124039.

[90] *Ogura K., Shizuma T., Hayakawa T. et al.* Proton-induced nuclear reactions using compact high-contrast high-intensity laser // Appl. Phys. Express. 2009. V. 2, №6. P. 066001.

[91] *Bulanov S. V., Echkina E. Y., Esirkepov T. Z. et al.* Unlimited ion acceleration by radiation pressure // Phys. Rev. Lett. 2010. V. 104. P. 135003.

[92] *Kneip S., McGuffey C., Martins J. L. et al.* Bright spatially coherent synchrotron X-rays from a table-top source // Nature Phys. 2010. V. 6, №10. P. 980–983.

[93] *Zamponi F., Lübcke A., Kämpfer T. et al.* Directional bremsstrahlung from a Ti laser-produced X-ray source at relativistic intensities in the 3×12 keV range // Phys. Rev. Lett. 2010. V. 105. P. 085001.

[94] *Hudson L., Seely J.* Laser-produced x-ray sources // Radiation Physics and Chemistry. 2010. V. 79, №2. P. 132–138.

[95] *Fuchs M., Weingartner R., Popp A. et al.* Laser-driven soft-X-ray undulator source // Nature Phys. 2009. V. 5, №09. P. 826–829.

[96] *Schlenvoigt H.-P., Haupt K., Debus A. et al.* A compact synchrotron radiation source driven by a laser-plasma wakefield accelerator // Nature Phys. 2008. V. 4, №2. P. 130–133.

[97] *Giulietti A., Bourgeois N., Ceccotti T. et al.* Intense γ-ray source in the giant-dipole-resonance range driven by 10-TW laser pulses // Phys. Rev. Lett. 2008. V. 101. P. 105002.

[98] *Hayakawa T., Ohgaki H., Shizuma T. et al.* Nondestructive detection of hidden chemical compounds with laser compton-scattering gamma rays // Rev. Sci. Instrum. 2009. V. 80, №4. P. 045110.

[99] *Litz M. S., Merkel G., Pereira N. R. et al.* Anomalous fluorescence line intensity in megavoltage bremsstrahlung // Phys. Plasmas. 2010. V. 17, №4. P. 043302.

[100] *Karagodsky V., Schieber D., Schächter L.* Enhancing X-ray generation by electron beam × laser interaction in an optical Bragg structure // Phys. Rev. Lett. 2010. V. 104.P. 024801.

[101] *Albert F., Phuoc K. T., Shah R. et al.* Full characterization of a laser-produced keV X-ray betatron source // Plasma Phys. Control. Fusion. 2008. V. 50, №12. P. 124008.

[102] *Thomas A. G. R., Krushelnick K.* Betatron x-ray generation from electrons accelerated in a plasma cavity in the presence of laser fields // Phys. Plasmas. 2009. V. 16, №10. P. 103103.

[103] *Sarkisov G. S., Bychenkov V. Y., Novikov V.N. et al.* Self-focusing, channel formation, and high-energy ion generation in interaction of an intense short laser pulse with a He jet // Phys. Rev. E.

1999. V. 59, №6. P. 7042–7054.
[104] *Couairon A.*, *Mysyrowicz A.* Femtosecond filamentation in transparent media // Phys. Rep. 2007. V. 441, №2–4. P. 47–189.
[105] *Nakatsutsumi M.*, *Marques J.-R.*, *Antici P. et al.* High-power laser delocalization in plasmas leading to long-range beam merging // Nature Phys. 2010. V. 6, №10. P. 1010–1016.
[106] *Huntington C. M.*, *Thomas A. G. R.*, *McGuffey C. et al.* Current filamentation instability in laser wakefield accelerators // Phys. Rev. Lett. 2011. V. 106. P. 105001.
[107] *Berg L.*, *Skupin S.*, *Nuter R. et al.* Ultrashort filaments of light in weakly ionized, optically transparent media // Rep. Prog. Phys. 2007. V. 70, №10. P. 1633.
[108] *Eisenmann S.*, *Pukhov A.*, *Zigler A.* Fine structure of a laser-plasma filament in air // Phys. Rev. Lett. 2007. V. 98. P. 155002.
[109] *Zhidkov A. G.*, *Pikuz S. A.*, *Faenov A. Y. et al.* Generation of hard X-rays by femtosecond laser pulse interaction with solid targets in atmosphere // Opt. Lett. 2012. V. 37, №5. P. 884–886.
[110] *Eisenmann S.*, *Peñano J.*, *Sprangle P.*, *Zigler A.* Effect of an energy reservoir on the atmospheric propagation of laser-plasma filaments // Phys. Rev. Lett. 2008. V. 100. P. 155003.
[111] *Rubenchik A. M.*, *Fedoruk M. P.*, *Turitsyn S. K.* Laser beam self-focusing in the atmosphere // Phys. Rev. Lett. 2009. V. 102. P. 233902.
[112] *Sugiyama K.*, *Fujii T.*, *Miki M. et al.* Laser-filament-induced corona discharges and remote measurements of electric fields // Opt. Lett. 2009. V. 34, №19. P. 2964–2966.
[113] *Liu Y.*, *Durand M.*, *Chen S. et al.* Energy exchange between femtosecond laser filaments in air // Phys. Rev. Lett. 2010. V. 105. P. 055003.
[114] *Sasaki A.*, *Kishimoto Y.*, *Takahashi E. et al.* Percolation simulation of laser-guided electrical discharges // Phys. Rev. Lett. 2010. V. 105. P. 075004.
[115] *Rohwetter P.*, *Kasparian J.*, *Stelmaszczyk K. et al.* Laser-induced water condensation in air // Nature Photonics. 2010. V. 4, №7. P. 451–456.
[116] *Seres J.*, *Seres E.*, *Verhoef A. J. et al.* Laser technology: Source of coherent kiloelectronvolt X-rays // Nature. 2005. V. 433, №02. P. 596.
[117] *Nomura Y.*, *Hörlein R.*, *Tzallas P. et al.* Attosecond phase locking of harmonics emitted from laser-produced plasmas // Nature Phys. 2009. V. 5, №02. P. 124–128.
[118] *Teubner U.*, *Gibbon P.* High-order harmonics from laser-irradiated plasma surfaces // Rev. Mod. Phys. 2009. V. 81. P. 445–479.
[119] *Suckewer S.*, *Jaegle P.* X-ray laser: past, present, and future // Laser Phys. Lett. 2009. V. 6, №6. P. 411–436.
[120] *Kando M.*, *Pirozhkov A. S.*, *Kawase K. et al.* Enhancement of photon number reflected by the relativistic flying mirror // Phys. Rev. Lett. 2009. V. 103. P. 235003.
[121] *Zhidkov A.*, *Esirkepov T.*, *Fujii T. et al.* Characteristics of light reflected from a dense ionization wave with a tunable velocity // Phys. Rev. Lett. 2009. V. 103. P. 215003.
[122] *Arpin P.*, *Popmintchev T.*, *Wagner N. L. et al.* Enhanced high harmonic generation from multiply ionized argon above 500 eV through laser pulse self-compression // Phys. Rev. Lett. 2009. V. 103. P. 143901.
[123] *Seres J.*, *Seres E.*, *Hochhaus D. et al.* Laser-driven amplification of soft X-ray s by parametric stimulated emission in neutral gases // Nature Phys. 2010. V. 2, №06. P. 455–461.

[124] *McGuffey C., Thomas A. G. R., Schumaker W. et al.* Ionization induced trapping in a laser wakefield accelerator // Phys. Rev. Lett. 2010. V. 104. P. 025004.

[125] *Esirkepov T., Yamagiwa M., Tajima T.* Laser ion-acceleration scaling laws seen in multiparametric particle-in-cell simulations // Phys. Rev. Lett. 2006. V. 96, №10. P. 105001.

[126] *Disdier L., Garconnet J.-P., Malka G., Miquel J.-L.* Fast neutron emission from a high-energyion beam produced by a high-intensity subpicosecond laser pulse // Phys. Rev. Lett. 1999. V. 82, №7. P. 1454-1457.

[127] *Higginson D. P., McNaney J. M., Swift D. C. et al.* Laser generated neutron source for neutron resonance spectroscopy // Phys. Plasmas. 2010. V. 17, №10. P. 100701.

[128] *Li H., Liu J., Ni G. et al.* Parameter optimization for fusion neutron yield from deuterium cluster explosion driven by intense femtosecond laser pulses // Phys. Rev. A. 2009. V. 79. P. 043204.

[129] *Mima K., Ohsuga T., Takabe H. et al.* Wakeless triple-soliton accelerator // Phys. Rev. Lett. 1986. V. 57, №12. P. 1421-1424.

[130] *Li C. K., Séguin F. H., Frenje J. A. et al.* Observation of the decay dynamics and instabilities of megagauss field structures in laser-produced plasmas // Phys. Rev. Lett. 2007. V. 99. P. 015001.

[131] *Burke D. L., Field R. C., Horton-Smith G. et al.* Positron production in multiphoton light-by-light scattering // Phys. Rev. Lett. 1997. V. 79, №9. P. 1626-1629.

[132] *Pirozhkov A. S., Kando M., Esirkepov T. Z. et al.* Soft-X-Ray Harmonic Comb from Relativistic Electron Spikes // Phys. Rev. Lett. 2012. V. 108. P. 135004.

[133] *Sarri G., Kar S., Romagnani L. et al.* Observation of plasma density dependence of electromagnetic soliton excitation by an intense laser pulse // Phys. of Plasmas. 2011. V. 18, №8.P. 080704.

[134] *Диденко А. Н., Ращиков В. И., Фортов В. Е.* О возможности генерации мощного излучения терагерцового диапазона частот при воздействии мощных лазерных импульсов на мишень // Письма ЖТФ. 2011. Т. 37, №6. С. 27-32. 笛坚科,等. 强激光脉冲作用于靶从而产生太赫兹频率范围强辐射的可能性.

[135] *Гарнов С. В., Щербаков И. А.* Лазерные методы генерации мегавольтных терагерцовых импульсов // УФН. 2011. Т. 181, №1. С. 97-102. 加尔诺夫,等. 兆瓦太赫兹脉冲生成的激光方法.

[136] *Ross J. S., Glenzer S. H., Amendt P. et al.* Characterizing counter-streaming interpenetrating plasmas relevant to astrophysical collisionless shocks // Phys. Plasmas. 2012. V. 19, №5. P. 056501.

[137] *Sagdeev R. Z.* Cooperative phenomena and shock waves in collisionless plasmas (Collective processes in rarefied plasma, analyzing nonlinear undamped oscillations and shock waves) // Problems in Plasma Theory / Ed. by M. A. Leontovich. V. 4. of Rev. Plasma Phys. — N.Y.: Consultants Bureau, 1966. P. 23-91.

[138] *Kuramitsu Y., Sakawa Y., Dono S. et al.* Kelvin-helmholtz turbulence associated with collisionless shocks in laser produced plasmas // Phys. Rev. Lett. 2012. V. 108. P. 195004.

[139] *Malka V., Fritzler S., Lefebvre E. et al.* Electron acceleration by a wake field forced by an intense ultrashort laser pulse // Science. 2002. V. 298, №5598. P. 1596-1600.

[140] *Leemans W. P., Nagler B., Gonsalves A. J. et al.* Gev electron beams from a centimetre-scale accelerator // Nature Phys. 2006. V. 2, №10. P. 696-699.

[141] *Hafz N. A. M., Jeong T. M., Choi I. W. et al.* Stable generation of gev-class electron beams from self-guided laser-plasma channels // Nature Photonics. 2008. V. 2. P. 571-577.

[142] *Bulanov S.*, *Inovenkov I.*, *Kirsanov V. et al.* Nonlinear depletion of ultrashort and relativistically strong laser pulses in an underdense plasma // Phys. Fluids B. 1992. V. 4, №7. P. 1935-1942.

[143] *Kodama R.*, *Tanaka K. A.*, *Sentoku Y. et al.* Observation of ultrahigh gradient electron acceleration by a self-modulated intense short laser pulse // Phys. Rev. Lett. 2000. V. 84, №4. P. 674-677.

[144] Application of Electrodynamics in Theoretical Physics and Astronomy / Ed. by L. Ginsburg. — N.Y.: Gordon&Breach, 1998.

[145] *Аврорин Е. Н.*, *Водолага Б. К.*, *Симоненко В. А.*, *Фортов В. Е.* Мощные ударные волныи экстремальные состояния вещества // УФН. 1993. Т. 163, №5. С. 1. 阿夫洛林,等.强冲击波和物质极端状态.

[146] *Владимиров А. С.*, *Волошин Н. П.*, *Ногин В. Н. и др.* Ударная сжимаемость алюминия при давлениях *P*> 1 Гбар // Письма ЖЭТФ. 1984. Т. 39, №2. С. 69-72. 伏拉基米洛夫,等. *P*> 1 Gbar压力条件下铝材料的冲击可压缩性.

[147] *Аврорин Е. Н.*, *Симоненко В. А.*, *Шибаршов Л. И.* Физические исследования при ядерных взрывах // УФН. 2006. Т. 176, №4. С. 449. 阿夫洛林,等.核爆炸的物理学研究.

[148] *Трунин Р. Ф.* Ударная сжимаемость конденсированных веществ в мощных ударных волнах подземных ядерных взрывов // УФН. 1994. Т. 164, №11. С. 1215. 特鲁宁. 地下核爆炸产生强烈冲击波条件下凝聚态物质的冲击可压缩性.

[149] *Засов А. В.*, *Постнов К. А.* Общая астрофизика. — Фрязино: Век-2, 2006. 扎索夫,等. 普通天体物理学.

[150] *Kanel G. I.*, *Rasorenov S. V.*, *Fortov V. E.* Shock-Wave Phenomena and Properties of Condensed Matter. — N.Y.: Springer, 2004.

[151] *Vacca J. R.* The World'S. 20 Greatest Unsolved Problems. — New Jersey: Prentice Hall-PTR, 2004.

[152] *Rubakov V. A.*, *Shaposhnikov M. E.* Do we live inside a domain wall? // Phys. Lett. B. 1983. V. 125, №2-3. P. 136-138.

[153] *Arkani-Hamed N.*, *Dimopoulos S.*, *Dvali G.* Phenomenology, astrophysics, and cosmology of theories with submillimeter dimensions and tev scale quantum gravity // Phys. Rev. D. 1999. V. 59, №8. P. 086004.

[154] *Giddings S. B.*, *Thomas S.* High energy colliders as black hole factories: The end of short distance physics // Phys. Rev. D. 2002. V. 65, №5. P. 056010.

[155] *Rubakov V. A.* Multidimensional models of particle physics // Physics-Uspekhi. 2003. V. 46, №2. P. 211.

[156] *Zeldovich Ya. B.*, *Popov V. S.* Electronic structure of superheavy atoms // Soviet Physics-Uspekhi. 1972. V. 14. P. 673.

[157] *Hawking S. W.* Particle creation by black holes // Communications in Mathematical Physics. 1975. V. 43, №3. P. 199-220.

[158] *Parker L.* Quantized fields and particle creation in expanding universes. I // Phys. Rev. 1969. V. 183, №5. P. 1057-1068.

[159] *Liang E. P.*, *Wilks S. C.*, *Tabak M.* Pair production by ultraintense lasers // Phys. Rev. Lett. 1998. V. 81, №22. P. 4887-4890.

[160] *Narozhny N.*, *Bulanov S.*, *Mur V.*, *Popov V.* e^+e^--Pair production by a focused laser pulse in vacuum // Phys. Lett. A. 2004. V. 330, №1-2. P. 1-6.

[161] *Thoma M. H.* Field theoretic description of ultrarelativistic electron-positron plasmas // 2008.

[162] *Galy J., Maucec M., Hamilton D. et al.* Bremsstrahlung production with high-intensity laser matter interactions and applications // New Journal of Physics. 2007. V. 9, №2. P. 23.

[163] *Schwoerer H., Ewald F., Sauerbrey R. et al.* Fission of actinides using a tabletop laser // Europhys. Lett. 2003. V. 91, №1. P. 47-52.

[164] Lasers and nuclei: Application of ultrahigh intensity lasers in nuclear science // Lecture Notes in Physics / Ed. by H. Schwoerer, J. Cagill, B. Beleites. V. 694/2006. — N.Y.: Springer, 2006.

[165] *Cowan T. E., Hunt A. W., Phillips T. W. et al.* Photonuclear fission from high energy electrons from ultraintense laser-solid interactions // Phys. Rev. Lett. 2000. V. 84, №5.P. 903-906.

[166] *Ledingham K. W. D., Spencer I., McCanny T. et al.* Photonuclear physics when a multiterawatt laser pulse interacts with solid targets // Phys. Rev. Lett. 2000. V. 84, №5. P. 899-902.

[167] *Umstadter D.* Photonuclear physics: Laser light splits atom // Nature. 2000. V. 404, №6775. P. 239.

[168] *Magill J., Schwoerer H., Ewald F. et al.* Laser transmutation of iodine-129 // Appl. Phys. B. 2003. V. 77, №4. P. 387-390.

[169] *McKenna P., Ledingham K. W. D., Shimizu S. et al.* Broad energy spectrum of laser-accelerated protons for spallation-related physics // Phys. Rev. Lett. 2005. V. 94, №8. P. 084801.

[170] *Zagar T., Galy J., Magill J., Kellett M.* Laser-generated nanosecond pulsed neutron sources: scaling from VULCAN to table-top // New Journal of Physics. 2005. V. 7. P. 253.

[171] *Nellis J. W.* // High Pressure Phenomena. Proc. Int. School of Physics «Enrico Fermi». — Amsterdam. — Oxford: JOS Press, 2002. P. 607.

[172] *Фортов В. Е., Хоффманн Д., Шарков Б. Ю.* Интенсивные ионные пучки для генерации экстремальных состояний вещества // УФН. 2008. Т. 178, №2. С. 113. 弗尔托夫,等. 用于产生物质极端状态的高强度离子束.

[173] *Ledingham K. W. D., McKenna P., Singhal R. P.* Applications for nuclear phenomena generated by ultra-intense lasers // Science. 2003. V. 300, №5622. P. 1107-1111.

[174] *Chiu C., Fomytskyi M., Grigsby F. et al.* Laser electron accelerators for radiation medicine: A feasibility study // Medical Physics. 2004. V. 31, №7. P. 2042-2052.

[175] *Fujimoto M., Matsukado K., Takahashi H. et al.* Diagnosis of laser-induced relativistic plasma by positron imaging technique // Appl. Phys. Lett. 2008. V. 93, №25. P. 251101.

[176] *Willingale L., Thomas A. G. R., Nilson P. M. et al.* Fast advection of magnetic fields by hot electrons // Phys. Rev. Lett. 2010. V. 105. P. 095001.

[177] *Sarri G., Cecchetti C.A., Jung R. et al.* Spatially resolved measurements of laser filamentation in long scale length underdense plasmas with and without beam smoothing // Phys. Rev. Lett. 2011. V. 106. P. 095001.

[178] *Volpe L., Batani D., Vauzour B. et al.* Proton radiography of laser-driven imploding target in cylindrical geometry // Phys. Plasmas. 2011. V. 18, №1. P. 012704.

[179] *Benuzzi-Mounaix A., Loupias B., Koenig M. et al.* Density measurement of low-Z shocked material from monochromatic X-ray two-dimensional images // Phys. Rev. E. 2008. V. 77.P. 045402.

[180] *Cowan T. E., Hunt A.W., Phillips T.W. et al.* Photonuclear fission from high energy electrons from ultraintense laser-solid interactions // Phys. Rev. Lett. 2000. V. 84, №5.P. 903-906.

[181] *Liang E. P., Wilks S. C., Tabak M.* Pair production by ultraintense lasers // Phys. Rev. Lett. 1998. V. 81, №22. P. 4887-4890.

[182] *Tajima T.* Summary of working group 7 on 玡 xotic acceleration schemes / Ed. by P. L. Colestock, S.

Kelley. V. 569. AIP, 2001. P. 77–81.

[183] *Fujiwara M.*, *Kawase K.*, *Titov A. T.* Parity non-conservation measurements with photons at spring-8 / Ed. by Z. Gácsi, Z. Dombrádi, A. Krasznahorkay. V. 802. AIP, 2005. P. 246–249.

[184] *Анисимов С.И.*, *Имас Я. А.*, *Романов Г. С.*, *Ходыко Ю. В.* Действие излучения большой мощности на металлы. — М.: Наука, 1970. 阿尼西莫夫,等. 高强度辐射对金属的作用.

[185] *Прохоров А. М.*, *Анисимов С. И.*, *Пашинин П. П.* Лазерный термоядерный синтез // УФН. 1976. Т. 119, №7. С. 401–424. 普罗霍洛夫,等. 激光热核聚变.

[186] *Анисимов С. И.*, *Иванов М. Ф.*, *Иногамов Н. А. и др.* Численное моделирование лазерного нагревания и сжатия простых оболочечных мишеней // Физика плазмы. 1977. Т. 3, №4. С. 723–732. 阿尼西莫夫,等. 普通薄壳靶激光加热压缩的数值模拟.

[187] Compendium of Shock Wave Data: Lawrence Livermore Lab. Report UCRL-50108 / Ed. by M. van Thiel. 1977.

[188] Los Alamos Sci. Lab. Shock Wave Data / Ed. by S. P.March. — Berkeley: Univ.Calif. Press, 1980.

[189] *Trainor R. J.*, *Graboske H. G. et al.* Lawrence Livermore Lab. Preprint UCRL-52562. 1978.

[190] *Price R. H.*, *Rosen M. D.*, *Banner D. L.* // Shock Waves in Condensed Matter-1981 / Ed. by W. J. Nellis, L. Seaman, R.A. Graham. — N.Y.: Amer. Inst. Phys., 1982. P. 155.

[191] *Фортов В. Е.* Динамические методы в физике плазмы // УФН. 1982. Т. 138, №11. С. 361–412. 弗尔托夫. 等离子体物理中的动力学方法.

[192] *Auerbach J. M.*, *Bailey D. C. et al.* LawrenceLivermore Lab. Report UCRL-79636. 1977.

[193] *Burnett N.H.*, *Josin G.*, *Ahlborn B.*, *Evans R.* Generation of shock waves by hot electron explosions driven by a CO_2 laser // Appl. Phys. Lett. 1981. V. 38, №4. P. 226–228.

[194] *Giovanielli D. V.* // Bull. Amer. Phys. Soc. 1976. V. 21. P. 1047.

[195] *Trainor R. J.*, *Holmes N. C.*, *More R.M.* Lawrence Livermore Lab. Report UCRL-82429. 1979.

[196] *Decoste R.*, *Kieffer J. C.*, *Pépin H.* Spatial Characteristics of Continuum X-Ray Emission from Lateral Energy Transport in CO_2-Laser-Produced Plasmas // Phys. Rev. Lett. 1981. V. 47. P. 35–38.

[197] *Mead W. C.*, *Haas R.A.*, *Kruer W. L. et al.* Observation and Simulation of Effects on Parylene Disks Irradiated at High Intensities with a 1,06-μm Laser // Phys. Rev. Lett. 1976. V. 37. P. 489–492.

[198] *Malone R. C.*, *McCrory R. L.*, *Morse R. L.* Indications of Strongly Flux-Limited Electron Thermal Conduction in Laser-Target Experiments // Phys. Rev. Lett. 1975. V. 34. P. 721–724.

[199] *Mason R. J.* Apparent and real thermal inhibition in laser-produced plasmas // Phys. Rev. Lett. 1981. V. 47. P. 652–656.

[200] *Yaakobi B.*, *Bristow T. C.* Measurement of Reduced Thermal Conduction in (Layered) Laser-Target Experiments // Phys. Rev. Lett. 1977. V. 38. P. 350–353.

[201] *Goldstone P. D.*, *Benjamin R. F.*, *Schultz R. B.* Shock-wave production and plasma motion in CO_2-laser-irradiated targets // Appl. Phys. Lett. 1981. V. 38, №4. P. 223–225.

[202] *Анисимов С. И.* О переходе водорода в металлическое состояние, в волне сжатия, инициировнной лазерным импульсом // Письма ЖЭТФ. 1972. Т. 16. С. 570. 阿尼西莫夫. 金属状态下及激光脉冲引发的压缩波中氢的转换.

[203] *Wood L. L.*, *Killer R. N.*, *Nuckolls J. H.* Lawrence Livermore Lab. Report UCRL-79610. 1977.

[204] *Белоконь В. А.*, *Забродин А.В. и др.* Препринт ИПМ АН СССР №39. — Москва, 1978. 别洛孔,等. 苏联科学院预印本.

[205] *Седов Л. И.* Методы подобия и размерности в механике. — М.: Наука, 1966. 西多夫. 力学中

的相似方法和量纲理论.

[206] *Афанасьев Ю. В., Басов Н. Г. и др.* Взаимодействие мощного лазерного излучения с плазмой. Т. 17. из Итоги науки и техники. — М.: ВИНИТИ, 1978. 阿方纳西耶夫,等. 强激光辐射和等离子体的相互作用.

[207] *Graboske H., Wong L.* Lawrence Livermore Lab. Report UCRL-52323. 1977.

[208] *van Kessel C. G. M., Sigel R.* Observation of Laser-Driven Shock Waves in Solid Hydrogen // Phys. Rev. Lett. 1974. V. 33. P. 1020-1023.

[209] *Billon D., Cognard D., Launspach J. et al.* Experimental study of plane and cylindrical laser driven, shock wave propagation // Opt. Comm. 1975. V. 15, №1. P. 108-111.

[210] *Tan K. O., James D. J., Nilson J. A. et al.* Compact 0,1 TW CO_2 laser system // Rev. Sci. Instrum. 1980. V. 51, №6. P. 776-780.

[211] *Grun J., Decoste R., Ripin B.* Naval Res. Lab. Memorandum Report 4410. 1981.

[212] *Veeser L. R., Solem J. C.* Studies of Laser-Driven Shock Waves in Aluminum // Phys. Rev. Lett. 1978. V. 40. P. 1391-1394.

[213] *Solem L. C., Veeser L. R.* Los Alamos Sci. Lab. Report LASL-LA-96 9667-MS. 1977.

[214] *Trainor R. J., Shaner J. W., Auerbach J. M., Holmes N. C.* Ultrahigh-Pressure Laser-Driven Shock-Wave Experiments in Aluminum // Phys. Rev. Lett. 1979. V. 42. P. 1154-1157.

[215] Lawrence Livermore Lab. Laser Program Annual Report LCRL-ECC21-75. 1976. P. 64.

[216] *Benjamin R. F., McCall G. H., Ehler A. W.* Measurement of Return Current in a Laser-Produced Plasma // Phys. Rev. Lett. 1979. V. 42. P. 890-893.

[217] *Raven A., Willi O., Rumsby P. T.* Megagauss Magnetic Field Profiles in Laser-Produced Plasmas // Phys. Rev. Lett. 1978. V. 41. P. 554-557.

[218] *Zimmerman G. B., Kruer W. L.* // Comm. Plasma Phys. Contr. Fusion. 1975. V. 2. P. 51.

[219] *Trainor R. J., Holmes N. C., Anderson R.A.* // Shock Waves in Condensed Matter-1981 / Ed. by W. J. Nellis, L. Seaman, R.A. Graham. — N.Y.: Amer. Inst. Phys., 1982. P. 145.

[220] LawrenceLivermore Lab. Laser Program Annual Report UCRL-5C021-78. 1979. P. 21.

[221] *Harrach R. J., Lee Y. T. et al.* // Shock Waves in Condensed Matter-1981 / Ed. by W. J. Nellis, L. Seaman, R.A. Graham. — N.Y.: Amer. Inst. Phys., 1982. P. 164.

[222] *Veeser L. R., Solem J. C., Lieber A. J.* Impedance-match experiments using laser-driven shock waves // Appl. Phys. Lett. 1979. V. 35, №10. P. 761-763.

[223] *Holmes N. C., Trainor R. J., Anderson R.A.* // Shock Waves in Condensed Matter-1981 / Ed. by W. J. Nellis, L. Seaman, R. A. Graham. — N.Y.: Amer. Inst. Phys., 1982. P. 160.

[224] *Альтшулер Л. В., Баканова А. А.* // ПМТФ. 1981. №2. С. 3.阿尔特舒列尔,等. ПМТФ?

[225] *Mitchell A. C., Nellis W. J.* Shock compression of aluminum, copper, and tantalum // J. Appl. Phys. 1981. V. 52, №5. P. 3363-3374.

[226] *Канель Г. И., Разоренов С. В., Уткин А. В., Фортов В. Е.* Ударно-волновые явления в конденсированных средах. — М.: Янус-К, 1996. 卡涅里,等. 凝聚态介质中的冲击波动现象.

[227] *Kanel G. I., Razorenov S. V., Fortov V. E.* Shock-Wave Phenomena and the Properties of Condensed Matter. High Pressure Shock Compression of Condensed Matter. — Springer, 2004.

[228] *Канель Г. И., Фортов В. Е., Разоренов С. В.* Ударные волны в физике конденсированного состояния // УФН. 2007. Т. 177, №8. С. 809-830. 卡涅里,等. 凝聚态物理中的冲击波.

[229] *Barker L. M., Hollenbach R. E.* Shock wave study of the alpha_epsilon phase transition in iron // J.

Appl. Phys. 1974. V. 45, №11. P. 4872-4887.

[230] *Bloomquist D. D.*, *Sheffield S. A.* Optically recording interferometer for velocity measurements with subnanosecond resolution // J. Appl. Phys. 1983. V. 54, №4. P. 1717-1722.

[231] *Antoun T.*, *Seaman L.*, *Curran D. R. et al.* Spall Fracture. — N.Y.: Springer, 2003.

[232] *Kanel G.* Spall fracture: methodological aspects, mechanisms and governing factors // Int. J. Fract. 2010. V. 163. P. 173-191.

[233] *Скрипов В. П.* Метастабильная жидкость. — М.: Наука, 1972. 斯克里波夫. 亚稳态流体.

[234] *Temnov V. V.*, *Sokolowski-Tinten K.*, *Zhou P.*, *von der Linde D.* Ultrafast imaging interferometry at femtosecond-laser-excited surfaces // J. Opt. Soc. Am. B. 2006. V. 23, №9. P. 1954-1964.

[235] *Moore D. S.*, *Gahagan K. T.*, *Reho J. H. et al.* Ultrafast nonlinear optical method for generation of planar shocks // Appl. Phys Lett. 2001. V. 78, №1. P. 40-42.

[236] *Агранат М. Б.*, *Андреев Н. Е.*, *Ашитков С. И. и др.* Определение транспортных и оптических свойств неидеальной плазмы твердотельной плотности при фемтосекундном лазерном воздействии // Письма ЖЭТФ. 2007. Т. 85, №6. С. 328. 阿格拉纳特,等. 飞秒激光作用下固体密度非理想等离子体输运和光学性质的确定.

[237] *Агранат М. Б.*, *Анисимов С. И.*, *Ашитков С. И. и др.* Прочностные свойства расплава алюминия в условиях экстремально высоких темпов растяжения при воздействии фемтосекундных лазерных импульсов // Письма ЖЭТФ. 2010. Т. 91, №9. С. 517-523. 阿格拉纳特,等. 飞秒激光脉冲作用下形成极高速拉伸条件时铝的熔化强度性质.

[238] *Ашитков С. И.*, *Агранат М. Б.*, *Канель Г. И. и др.* Поведение алюминия вблизи предельной теоретической прочности в экспериментах с фемтосекундным лазерным воздействием // Письма ЖЭТФ. 2010. Т. 92, №8. С. 568-573. 阿施伊特科夫,等. 飞秒激光作用下的实验中理论强度极限附近铝的性状.

[239] *Whitley V. H.*, *McGrane S. D.*, *Eakins D. E. et al.* The elastic-plastic response of aluminum films to ultrafast laser-generated shocks // J. Appl. Phys. 2011. V. 109, №1. P. 013505.

[240] *Crowhurst J. C.*, *Armstrong M. R.*, *Knight K. B. et al.* Invariance of the dissipative action at ultrahigh strain rates above the strong shock threshold // Phys. Rev. Lett. 2011. V. 107. P. 144302.

[241] *Ashitkov S. I.*, *Agranat M.*, *Kanel G. I.*, *Fortov V. E.* Approaching the ultimate shear and tensile strength of aluminum in experiments with femtosecond pulse laser // AIP Conference Proceedings. 2012. V. 1426, №1. P. 1081-1084.

[242] *McWilliams R. S.*, *Eggert J. H.*, *Hicks D. G. et al.* Strength effects in diamond under shock compression from 0,1 to 1 TPa // Phys. Rev. B. 2010. V. 81. P. 014111.

[243] *Lang Jr. J. M.*, *Gupta Y. M.* Strength and elastic deformation of natural and synthetic diamond crystals shock compressed along [100] // J. Appl. Phys. 2010. V. 107, №11. P. 113538.

[244] *Jahnátek M.*, *Hafner J.*, *Krajčí M.* Shear deformation, ideal strength, and stacking fault formation of fcc metals: A density-functional study of Al and Cu // Phys. Rev. B. 2009. V. 79. P. 224103.

[245] *Clatterbuck D. M.*, *Krenn C.R.*, *Cohen M. L.*, *Morris J.W.* Phonon instabilities and the ideal strength of aluminum // Phys. Rev. Lett. 2003. V. 91. P. 135501.

[246] *Duvall G. E.* Propagation of plane shock waves in a stress-relaxing medium // Stress Waves in Anelastic Solids / Ed. by H. Kolsky, W. Prager. — Berlin: Springer-Verlag, 1964.

[247] *Asay J. R.*, *Fowles G. R.*, *Gupta Y.* Determination of material relaxation properties from measurements on decaying elastic shock fronts // J. Appl. Phys. 1972. V. 43, №2. P. 744-746.

[248] *Zhakhovskii V. V.*, *Inogamov N. A.*, *Petrov Y. V. et al.* Molecular dynamics simulation of femtosecond ablation and spallation with different interatomic potentials // Appl. Surf. Sci. 2009. V. 255, №24. P. 9592-9596.

[249] *Жиляев П. А.*, *Куксин А. Ю.*, *Стегайлов В. В.*, *Янилкин А. В.* Влияние пластической деформации на разрушение монокристалла алюминия при ударно-волновом нагружении // Физика твердого тела. 2010. Т. 52, №8. С. 1508. 日里雅耶夫,等. 冲击波动加载下塑性变形对单晶铝破坏的影响.

[250] *Sinko G. V.*, *Smirnov N. A.* Ab initio calculations of the equation of state and elastic constants of aluminum in the region of negative pressures // JETP Lett. 2002. V. 75, №4. P. 184-186.

[251] *Anisimov S. I.*, *Inogamov N. A.*, *Petrov Y. V. et al.* Thresholds for front-side ablation and rear-side spallation of metal foil irradiated by femtosecond laser pulse // Appl. Phys. A. 2008. V. 92. P. 797-801.

[252] *Anisimov S. I.*, *Inogamov N. A.*, *Petrov Y. V. et al.* Interaction of short laser pulses with metals at moderate intensities // Appl. Phys. A. 2008. V. 92. P. 939-943.

[253] *Demaske B. J.*, *Zhakhovsky V. V.*, *Inogamov N. A.*, *Oleynik I. I.* Ablation and spallation of gold films irradiated by ultrashort laser pulses // Phys. Rev. B. 2010. V. 82. P. 064113.

[254] *Demaske B. J.*, *Zhakhovsky V. V.*, *Inogamov N. A.*, *Oleynik I. I.* Molecular dynamics simulations of femtosecond laser ablation and spallation of gold // AIP Conference Proceedings. 2010. V. 1278, №1. P. 121-130.

[255] *Moshe E.*, *Dekel E.*, *Henis Z.*, *Eliezer S.* Development of an optically recording velocity interferometer system for laser induced shock waves measurements // Appl. Phys. Lett. 1996. V. 69, №10. P. 1379-1381.

[256] *Eliezer S.*, *Moshe E.*, *Eliezer D.* Laser-induced tension to measure the ultimate strength of metals related to the equation of state // Laser and Particle Beams. 2002. V. 20, №01. P. 87-92.

[257] *Fortov V. E.*, *Batani D.*, *Kilpio A. V. et al.* The spall strength limit of matter at ultrahigh strain rates induced by laser shock waves // Laser and Particle Beams. 2002. V. 20, №02. P. 317-320.

[258] *Батани Д.*, *Вовченко В. И.*, *Канель Г. И. и др.* Механические свойства вещества при больших скоростях деформирования, вызванного действием лазерной ударной волны // ДАН. 2003. Т. 389, №3. С. 328. 巴坦尼,等. 激光冲击波作用下的快速大变形状态下物质的力学性质.

[259] *Канель Г. И.*, *Фортов В. Е.*, *Разоренов С. В.* Ударные волны в физике конденсированного состояния // УФН. 2007. Т. 177, №8. С. 809-830. 卡涅里,等. 凝聚态物理中的冲击波.

[260] *Mishin Y.*, *Farkas D.*, *Mehl M. J.*, *Papaconstantopoulos D. A.* Interatomic potentials for monoatomic metals from experimental data and *ab initio* calculations // Phys. Rev. B. 1999. V. 59. P. 3393-3407.

[261] *Ashitkov S. I.*, *Inogamov N. A.*, *Komarov P. S. et al.* Strength of metals in liquid and solid states at extremely high tension produced by femtosecond laser heating // AIP Conference Proceedings. 2012. V. 1464, №1. P. 120-125.

[262] *Povarnitsyn M. E.*, *Itina T. E.*, *Sentis M. et al.* Material decomposition mechanisms in femtosecond laser interactions with metals // Phys. Rev. B. 2007. V. 75. P. 235414.

[263] *Povarnitsyn M. E.*, *Khishchenko K. V.*, *Levashov P. R.* Phase transitions in femtosecond laser ablation // Appl. Surf. Sci. 2009. V. 255, №10. P. 5120-5124.

[264] *Inogamov N. A.*, *Petrov Y. V.*, *Zhakhovsky V. V. et al.* Two-temperature thermodynamic and kinetic properties of transition metals irradiated by femtosecond lasers // AIP Conference Proceedings. 2012.

V. 1464, №1. P. 593–608.

[265] *Анисимов С. И.*, *Капелиович Б. Л.*, *Перельман Т. Л.* Электронная эмиссия с поверхности металлов под действием ультракоротких лазерных импульсов // ЖЭТФ. 1974. Т. 66, №2. С. 776–779. 阿尼西莫夫,等. 超短激光脉冲作用下金属表面的电子弥散.

[266] *Inogamov N.*, *Ashitkov S.*, *Zhakhovsky V. et al.* Acoustic probing of two-temperature relaxation initiated by action of ultrashort laser pulse // Appl. Phys. A. 2010. V. 101. P. 1–5.

[267] *Inogamov N. A.*, *Zhakhovsky V. V.*, *Ashitkov S. I. et al.* Laser acoustic probing of two temperature zone created by femtosecond pulse // Contrib. Plasma Phys. 2011. V. 51, №4. P. 367–374.

[268] *Inogamov N. A.*, *Zhakhovskii V. V.*, *Ashitkov S. I. et al.* Two-temperature relaxation and melting after absorption of femtosecond laser pulse // Appl. Surf. Sci. 2009. V. 255, №24. P. 9712–9716.

[269] *Zhigilei L. V.*, *Lin Z.*, *Ivanov D. S.* Atomistic modeling of short pulse laser ablation of metals: Connections between melting, spallation, and phase explosion // The Journal of Physical Chemistry C. 2009. V. 113, №27. P. 11892–11906.

[270] *Inogamov N. A.*, *Faenov A. Y.*, *Khokhlov V. A. et al.* Spallative ablation of metals and dielectrics // Contrib. Plasma Phys. 2009. V. 49, №7–8. P. 455–466.

[271] *Ландау Л. Д.*, *Лифшиц Е.М.* Гидродинамика. — М.: Наука, 1986. 朗道,等. 流体力学.

[272] *Зельдович Я. Б.*, *Райзер Ю.П.* Физика ударных волн и высокотемпературных гидродинамических явлений. — М.: Наука, 1966. 泽尔多维奇,等. 冲击波和高温流体力学现象物理学.

[273] *Иногамов Н. А.*, *Анисимов С. И.*, *Ретфельд Б. Ж.* Волна разрежения и гравитационное равновесие в двухфазной среде жидкость-пар // ЖЭТФ. 1999. Т. 115, №6. С. 2091–2105. 伊诺加莫夫,等. 两相流液体-气体介质中的稀疏波和重力平衡.

[274] *Anisimov S. I.*, *Inogamov N. A.*, *Oparin A. M. et al.* Pulsed laser evaporation: equation-of-state effects // Appl. Phys. A. 1999. V. 69. P. 617–620.

[275] *Chimier B.*, *Tikhonchuk V. T.* Liquid-vapor phase transition and droplet formation by subpicosecond laser heating // Phys. Rev. B. 2009. V. 79. P. 184107.

[276] *Иногамов Н. А.*, *Жаховский В. В.*, *Ашитков С. И. и др.* О наноотколе после воздействия ультракороткого лазерного импульса // ЖЭТФ. 2008. Т. 134, №1. С. 5–28. 伊诺加莫夫,等. 超短激光脉冲作用引发的纳米级剥离.

[277] *Sokolowski-Tinten K.*, *Bialkowski J.*, *Cavalleri A. et al.* Transient states of matter during short pulse laser ablation // Phys. Rev. Lett. 1998. V. 81. P. 224–227.

[278] *Иногамов Н. А.*, *Опарин А. М.*, *Петров Ю. В. и др.* Разлет вещества, нагретого ультракоротким лазерным импульсом // Письма ЖЭТФ. 1999. Т. 69, №4. С. 284–289. 伊诺加莫夫,等. 超短激光脉冲加热引起的物质飞散.

[279] *Иногамов Н. А.*, *Анисимов С.*, *Жаховский В. В. и др.* Абляция диэлектриков под действием коротких импульсов рентгеновских плазменных лазеров и лазеров на свободных электронах // Оптический Журнал. 2011. Т. 78, №8. С. 5–15. 伊诺加莫夫,等. 短脉冲 X 射线等离子体激光和自由电子激光作用下电介质的消融.

[280] *Жаховский В. В.*, *Нишихара К.*, *Анисимов С. И.*, *Иногамов Н. А.* Молекулярно-динамическое моделирование волн разрежения в средах с фазовыми переходами // Письма ЖЭТФ. 2000. Т. 71, №4. С. 241–248. 扎霍夫斯基,等. 相变介质中稀疏波的分子动力学数值模拟.

[281] *Анисимов С. И.*, *Жаховский В. В.*, *Иногамов Н. А. и др.* Разрушение твердой пленки в результате действия ультракороткого лазерного импульса // Письма ЖЭТФ. 2003. Т. 77,

№11. С. 731-736. 阿尼西莫夫,等. 超短激光脉冲作用下固体薄层的破坏.

[282] *Анисимов С. И., Жаховский В. В., Иногамов Н. А. и др.* Разлет вещества и образование кратера при абляции под действием ультракороткого лазерного импульса // ЖЭТФ. 2006. Т. 130, №2. С. 212-227. 阿尼西莫夫,等. 超短激光脉冲作用下烧蚀过程中物质的飞散和弧坑的形成.

[283] *Анисимов С. И., Жаховский В. В., Иногамов Н. А. и др.* Формирование кратера и откольной оболочки коротким лазерным импульсом // Матем. моделирование. 2006. Т. 18, №8. С. 111-122. 阿尼西莫夫,等. 由短激光脉冲作用下弧坑的形成和外壳的剥落.

[284] *Ашитков С. И., Иногамов Н. А., Жаховский В. В. и др.* Образование нанополостей в поверхностном слое алюминиевой мишени при воздействии фемтосекундных лазерных импульсов // Письма ЖЭТФ. 2012. Т. 95, №4. С. 192-197. 阿施伊特科夫,等. 飞秒激光脉冲作用下铝靶表层纳米孔穴的形成.

[285] *Agranat M. B., Anisimov S. I., Ashitkov S. I. et al.* Dynamics of plume and crater formation after action of femtosecond laser pulse // Appl. Surf. Sci. 2007. V. 253, №15. P. 6276-6282.

[286] *Agranat M. B., Anisimov S. I., Ashitkov S. I. et al.* Nanospallation induced by a femtosecond laser pulse // Proceedings of SPIE. 2008. V. 6720, №39. P. 672002.1-672002.12.

[287] *Anisimov S., Zhakhovskii V., Inogamov N. et al.* Simulation of the expansion of a crystal heated by an ultrashort laser pulse // Appl. Surf. Sci. 2007. V. 253, №15. P. 6390-6393.

[288] *Anisimov S., Inogamov N., Petrov Y. et al.* Numerical simulation of the expansion into vacuum of a crystal heated by an ultrashort laser pulse // Laser Ablation and its Applications / Ed. by C. Phipps. Springer US. 2007. V. 129. of Springer Series in Optical Sciences. P. 1-16.

[289] *Zhakhovskii V., Inogamov N., Nishihara K.* Laser ablation and spallation of crystalline aluminum simulated by molecular dynamics // J. Phys.: Conf. Ser. 2008. V. 112, №4. P. 042080.

[290] *Upadhyay A. K., Inogamov N. A., Rethfeld B., Urbassek H. M.* Ablation by ultrashort laser pulses: Atomistic and thermodynamic analysis of the processes at the ablation threshold // Phys. Rev. B. 2008. V. 78. P. 045437.

[291] *Жаховский В. В., Иногамов Н. А., Нишихара К.* Новый механизм формирования нанорельефа поверхности, облученной фемтосекундным лазерным импульсом // Письма ЖЭТФ. 2008. Т. 87, №8. С. 491-496. 扎霍夫斯基,等. 飞秒激光脉冲作用下表面纳米起伏形成的新机制.

[292] *Petrov Y. V., Zhakhovskii V. V., Inogamov N. A. et al.* Equation of state of matter irradiated by short laser pulse and geometry of spalled cupola // Proc. SPIE 7005, High-Power Laser Ablation VII. 2008. P. 70051W-70051W-12.

[293] *Inogamov N. A., Anisimov S. I., Petrov Y. V. et al.* Theoretical and experimental study of hydrodynamics of metal target irradiated by ultrashort laser pulse // Proc. SPIE 7005, High-Power Laser Ablation VII. 2008. P. 70052F-70052F-10.

[294] *Inogamov N. A., Zhakhovsky V. V., Faenov A. Y. et al.* Spallative ablation of dielectrics by X-ray laser // Appl. Phys. A. 2010. V. 101. P. 87-96.

[295] *Inogamov N. A., Zhakhovsky V. V., Ashitkov S. I. et al.* Pump-probe method for measurement of thickness of molten layer produced by ultrashort laser pulse // AIP ConferenceProceedings. 2010. V. 1278, №1. P. 590-599.

[296] *Inogamov N. A., Faenov A. Y., Zhakhovskii V. V. et al.* Interaction of short laser pulses in wavelength range from infrared to X-ray with metals, semiconductors, and dielectrics // Contrib. Plasma Phys.

2011. V. 51, №4. P. 361-366.

[297] *Inogamov N. A., Faenov A. Y., Zhakhovsky V. V. et al.* Two-Temperature Warm Dense Matter Produced by Ultrashort Extreme Vacuum Ultraviolet-Free Electron Laser (EUV-FEL) Pulse // Contrib. Plasma Phys. 2011. V. 51, №5. P. 419-426.

[298] *Inogamov N. A., Anisimov S. I., Zhakhovsky V. V. et al.* Ablation by short optical and X-ray laser pulses // Proceedings of SPIE, the International Society for Optical Engineering. 2011. V. 7996.

[299] *Demaske B. J., Zhakhovsky V. V., White C. T., Oleynik I. I.* Evolution of metastable elastic shockwaves in nickel // AIP Conference Proceedings. 2012. V. 1426, №1. P. 1303-1306.

[300] *Ishino M., Faenov A. Y., Tanaka M. et al.* Nanoscale surface modifications and formation of conical structures at aluminum surface induced by single shot exposure of soft X-ray laser pulse // J. Appl. Phys. 2011. V. 109, №1. P. 013504.

[301] *Cherednikov Y., Inogamov N. A., Urbassek H. M.* Atomistic modeling of ultrashort-pulse ultraviolet laser ablation of a thin lif film // J. Opt. Soc. Am. B. 2011. V. 28, №8. P. 1817-1824.

[302] *Иногамов Н. А., Жаховский В. В., Хохлов В. А., Шепелев В.* Сверхупругость и распространение ударных волн в кристаллах // Письма ЖЭТФ. 2011. Т. 93, №4. С. 245-251. 伊诺加莫夫,等. 晶体中的超强弹性以及冲击波的传播.

[303] *Inogamov N., Khokhlov V., Petrov Y. et al.* Ultrashort elastic and plastic shockwaves in aluminum // AIP Conference Proceedings. 2012. V. 1426, №1. P. 909-912.

[304] *Норман Г. Э., Стариков С. В., Стегайлов В. В.* Атомистическое моделирование лазерной абляции золота: эффект релаксации давления // ЖЭТФ. 2012. Т. 141, №5. С. 910.诺尔曼,等. 金子激光烧蚀的原子理论数值模拟:压力弛豫的效应.

[305] *Норман Г. Э., Стегайлов В. В.* Гомогенная нуклеация в перегретом кристалле: молекулярно-динамический расчет // Докл. РАН. 2002. Т. 386, №3. С. 328-332. 诺尔曼,等. 过热晶体中的均匀成核:分子动力学计算.

[306] *Insepov Z., Hassanein A., Bazhirov T. T. et al.* Molecular dynamics simulations of bubble formation and cavitation in liquid metals // Fusion science and technology. 2007. V. 52, №4. P. 885-889.

[307] *Bazhirov T. T., Norman G. E., Stegailov V. V.* Cavitation in liquid metals under negative pressures. Molecular dynamics modeling and simulation // Journal of Physics: Condensed Matter. 2008. V. 20, №11.

[308] *Крайнов В. П., Смирнов М. Б.* Эволюция больших кластеров под действием ультракороткого сверхмощного лазерного импульса // УФН. 2000. Т. 170, №9. С. 969-990. 克拉依诺夫,等. 超短超强激光脉冲作用下大簇/光束的演化.

[309] *Крайнов В. П., Смирнов Б. М., Смирнов М. Б.* Фемтосекундное возбуждение кластерных пучков // УФН. 2007. Т. 177, №9. С. 953-981. 克拉依诺夫,等. 光束簇的飞秒级激发.

[310] *Fortov V. E., Morfill G. E.* Complex and Dusty Plasmas: From Laboratory to Space. — CRC Pres, 2010.

[311] *Rusek M., Lagadec H., Blenski T.* Cluster explosion in an intense laser pulse: Thomas-Fermi model // Phys. Rev. A. 2000. V. 63. P. 013203.

[312] *Ditmire T., Bless S., Dyer G. et al.* Overview of future directions in high energy-density and high-field science using ultra-intense lasers // Radiation Physics and Chemistry. 2004. V. 70, №4-5. P. 535-552.

[313] *Saalmann U., Siedschlag C., Rost J. M.* Mechanisms of cluster ionization in strong laser pulses //

Journal of Physics B: Atomic, molecular and optical physics (Print). 2006. V. 39, №4.

[314] *Milchberg H. M., Kim K. Y., Kumarappan V. et al.* Clustered gases as a medium for efficient plasma waveguide generation // Philosophical Transactions of the Royal Society A: Mathematical, Physical and Engineering Sciences. 2006. V. 364, №1840. P. 647-661.

[315] *Taguchi T., Antonsen T. M., Palastro J. et al.* Particle in cell analysis of a laser-cluster interaction including collision and ionization processes // Opt. Express. 2010. V. 18, №3. P. 2389-2405.

[316] *Fennel T., Meiwes-Broer K.-H., Tiggesbäumker J. et al.* Laser-driven nonlinear cluster dynamics // Rev. Mod. Phys. 2010. V. 82. P. 1793-1842.

[317] *Bychenkov V., Kovalev V.* Relativistic coulomb explosion of spherical microplasma // JETP Letters. 2011. V. 94. P. 97-100. http://dx.doi.org/10.1134/S0021364011140062.

[318] *Erk B., Hoffmann K., Kandadai N. et al.* Observation of shells in coulomb explosions of rare-gas clusters // Phys. Rev. A. 2011. V. 83. P. 043201.

[319] *Hoffmann K., Murphy B., Kandadai N. et al.* Rare-gas-cluster explosions under irradiation by intense short XUV pulses // Phys. Rev. A. 2011. V. 83. P. 043203.

[320] *Ditmire T., Zweiback J., Yanovsky V. P. et al.* Nuclear fusion from explosions of femtosecond laser-heated deuterium clusters // Nature. 1999. V. 398, №6727. P. 489-492.

[321] *Kishimoto Y., Masaki T., Tajima T.* High energy ions and nuclear fusion in laser-cluster interaction // Phys. Plasmas. 2002. V. 9, №2. P. 589-601.

[322] *Grillon G., Balcou P., Chambaret J.-P. et al.* Deuterium-Deuterium Fusion Dynamics in Low-Density Molecular-Cluster Jets Irradiated by Intense Ultrafast Laser Pulses // Phys.Rev. Lett. 2002. V. 89. P. 065005.

[323] *Buersgens F., Madison K.W., Symes D. R. et al.* Angular distribution of neutrons from deuterated cluster explosions driven by femtosecond laser pulses // Phys. Rev. E. 2006. V. 74. P. 016403.

[324] *Lu H. Y., Liu J. S., Wang C. et al.* Efficient fusion neutron generation from heteronuclear clusters in intense femtosecond laser fields // Phys. Rev. A. 2009. V. 80. P. 051201.

[325] *Higginbotham A. P., Semonin O., Bruce S. et al.* Generation of mie size microdroplet aerosols with applications in laser-driven fusion experiments // Rev. Sci. Instrum. 2009. V. 80, №6. P. 063503.

[326] *Last I., Ron S., Jortner J.* Aneutronic h + 11B nuclear fusion driven by coulomb explosion of hydrogen nanodroplets // Phys. Rev. A. 2011. V. 83. P. 043202.

[327] *Ditmire T., Tisch J., Springate E. et al.* High-energy ions produced in explosions of superheated atomic clusters // Nature. 1997. V. 386, №6620. P. 54-56.

[328] *Tajima T., Kishimoto Y., Downer M. C.* Optical properties of cluster plasma // Phys. Plasmas. 1999. V. 6, №10. P. 3759-3764.

[329] *Sakabe S., Shimizu S., Hashida M. et al.* Generation of high-energy protons from the coulomb explosion of hydrogen clusters by intense femtosecond laser pulses // Phys. Rev. A.2004. V. 69. P. 023203.

[330] *Zhang L., Chen L.-M., Wang W.-M. et al.* Electron acceleration via high contrast laser interacting with submicron clusters // Appl. Phys. Lett. 2012. V. 100, №1. P. 014104.

[331] *Mcpherson A., Thompson B. D., Borisov A. B. et al.* Multiphoton-induced X-ray-emission at 4-5 keV from Xe atoms with multiple core vacancies // Nature. 1994. V. 370, №6491. P. 631-634.

[332] *Donnelly T. D., Ditmire T., Neuman K. et al.* High-order harmonic generation in atom clusters // Phys. Rev. Lett. 1996. V. 76. P. 2472-2475.

[333] *Chu H.-H., Tsai H.-E., Chou M.-C. et al.* Collisional excitation soft X-ray laser pumped by optical field ionization in a cluster jet // Phys. Rev. A. 2005. V. 71. P. 061804.

[334] *Смирнов М. Б., Скобелев И. Ю., Магунов А. И. и др.* Эволюция микрокапли под воздействием лазерного импульса // ЖЭТФ. 2004. Т. 125, №6. С. 1283-1294. 斯米尔诺夫, 等. 激光脉冲作用下微小液滴的演化.

[335] *Kugland N. L., Constantin C. G., Neumayer P. et al.* High K_α X-ray conversion efficiency from extended source gas jet targets irradiated by ultra short laser pulses // Appl. Phys. Lett. 2008. V. 92, №24. P. 241504.

[336] *Chen L. M., Liu F., Wang W. M. et al.* Intense high-contrast femtosecond *K*-shell X-ray source from laser-driven Ar clusters // Phys. Rev. Lett. 2010. V. 104. P. 215004.

[337] *Hayashi Y., Pirozhkov A. S., Kando M. et al.* Efficient generation of Xe K-shell X rays by high-contrast interaction with submicrometer clusters // Opt. Lett. 2011. V. 36, №9. P. 1614-1616.

[338] *Zhang L., Chen L.-M., Yuan D.-W. et al.* Enhanced K_α output of Ar and Kr using size optimized cluster target irradiated by high-contrast laser pulses // Opt. Express. 2011. V. 19, №25. P. 25812-25822.

[339] *Hagena O. F.* Cluster ion sources (invited) // Rev. Sci. Instrum. 1992. V. 63, №4. P. 2374-2379.

[340] *Boldarev A. S., Gasilov V. A., Blasco F. et al.* Modeling cluster jets as targets for high-power ultrashort laser pulses // JETP Lett. 2001. V. 73. P. 514-518.

[341] *Boldarev A., Gasilov V., Faenov A.* On the generation of large clusters in forming gas-jet targets for lasers // Technical Physics. 2004. V. 49. P. 388-395.

[342] *Boldarev A. S., Gasilov V. A., Faenov A. Y. et al.* Gas-cluster targets for femtosecond laser interaction: Modeling and optimization // Rev. Sci. Instrum. 2006. V. 77, №8. P. 083112.

[343] *Dorchies F., Blasco F., Caillaud T. et al.* Spatial distribution of cluster size and density in supersonic jets as targets for intense laser pulses // Phys. Rev. A. 2003. V. 68. P. 023201.

[344] *Gao X., Wang X., Shim B. et al.* Characterization of cluster/monomer ratio in pulsed supersonic gas jets // Appl. Phys. Lett. 2012. V. 100, №6. P. 064101.

[345] *Fukuda Y., Faenov A. Y., Pikuz T. et al.* Soft x-ray source for nanostructure imaging using femtosecond-laser-irradiated clusters // Appl. Phys. Lett. 2008. V. 92, №12. P. 121110.

[346] *Faenov A. Y., Fukuda Y., Pikuz T. A. et al.* Investigation of interaction of short laser pulses with large clusters and applications to imaging processes // Journal of the Korean Physical Society. 2010. V. 56, №1. P. 279-286.

[347] *Pikuz T. A., Faenov A. Y., Gasilov S. V. et al.* Propagation-based phase-contrast enhancement of nanostructure images using a debris-free femtosecond-laser-driven cluster-based plasma soft x-ray source and an lif crystal detector // Appl. Opt. 2009. V. 48, №32. P. 6271-6276.

[348] *Faenov A., Skobelev I., Pikuz T. et al.* Diagnostics of the early stage of the heating of clusters by a femtosecond laser pulse from the spectra of hollow ions // JETP Lett. 2011. V. 94. P. 171-176.

[349] *Hayashi Y., Fukuda Y., Faenov A. Y. et al.* Intense and reproducible Kα emissions from micron-sized Kr cluster target irradiated with intense femtosecond laser pulses // JapaneseJ. Appl. Phys. 2010. V. 49, №12. P. 126401.

[350] *Berkelbach T. C., Colgan J., Abdallah J. et al.* Modeling energy dependence of the inner-shell X-ray emission produced by femtosecond-pulse laser irradiation of xenon clusters // Phys. Rev. E. 2009. V. 79. P. 016407.

[351] *Issac R. C., Vieux G., Ersfeld B. et al.* Ultra hard X rays from krypton clusters heated by intense laser fields // Phys. Plasmas. 2004. V. 11, №7. P. 3491–3496.

[352] *Dorchies F., Blasco F., Bonté C. et al.* Observation of subpicosecond x-ray emission from laser-cluster interaction // Phys. Rev. Lett. 2008. V. 100. P. 205002.

[353] *Tanaka K. A., Yabuuchi T., Sato T. et al.* Calibration of imaging plate for high energy electron spectrometer // Rev. Sci. Instrum. 2005. V. 76, №1. P. 013507.

[354] *Borghesi M., Audebert P., Bulanov S. V. et al.* High-intensity laser-plasma interaction studies employing laser-driven proton probes // Laser and Particle Beams. 2005. V. 23, №03. P. 291–295.

[355] *Nakamura T., Fukuda Y., Yogo A. et al.* Coulomb implosion mechanism of negative ion acceleration in laser plasmas // Phys. Lett. A. 2009. V. 373, №30. P. 2584–2587.

[356] *Nakamura T., Fukuda Y., Yogo A. et al.* High energy negative ion generation by coulomb implosion mechanism // Phys. Plasmas. 2009. V. 16, №11. P. 113106.

[357] *Smirnov B. M.* Negative Ions. — McGraw-Hill, 1992.

[358] *Alexeev I., Antonsen T. M., Kim K. Y., Milchberg H. M.* Self-focusing of intense laser pulses in a clustered gas // Phys. Rev. Lett. 2003. V. 90. P. 103402.

[359] *Nakamura T., Bulanov S. V., Esirkepov T. Z., Kando M.* High-energy ions from near-critical density plasmas via magnetic vortex acceleration // Phys. Rev. Lett. 2010. V. 105. P. 135002.

[360] *Скобелев И. Ю., Фаенов А. Я., Пикуз Т. А., Фортов В. Е.* Спектры полых ионов в сверхплотной лазерной плазме // УФН. 2012. Т. 182, №1. С. 49–75. 斯考别列夫,等. 超稠密激光等离子体中空心离子光谱.

[361] High-resolution X-ray spectroscopy of hollow atoms created in plasma heated by subpicosecond laser radiation / Ed. by G.A. Kyrala, J.-C. J. Gauthier. V. 3157. SPIE, 1997. P. 10–20.

[362] *Урнов А. М., Дюбо Ж., Фаенов А. Я. и др.* Рентгеновские спектры многозарядных полых ионов, излучаемые фемтосекундной лазерной плазмой // Письма ЖЭТФ. 1998. Т. 67. С. 467–472. 乌尔诺夫,等. 飞秒激光等离子体照射的多重充电空心离子 X 射线谱.

[363] *Faenov A. Y., Magunov A. I., Pikuz T. A. et al.* High-resolved X-ray spectra of hollow atoms in a femtosecond laser-produced solid plasma // PhysicaScripta. 1999. V. 1999, № T. 80B. P. 536.

[364] *Бойко В. А., Виноградов А. В., Пикуз С. А. и др.* Рентгеновская спектроскопия лазерной плазмы. — М.: ВИНИТИ, 1980. 伯伊科,等. 激光等离子体的 X 射线光谱学.

[365] *Faenov A. Y., Skobelev I. Y., Pikuz S. A. et al.* High-resolution X-ray spectroscopy of a subpicosecond-laser-produced silicon plasma // Phys. Rev. A. 1995. V. 51. P. 3529–3533.

[366] *Briand J. P., de Billy L., Charles P. et al.* Production of hollow atoms by the excitation of highly charged ions in interaction with a metallic surface // Phys. Rev. Lett. 1990. V. 65. P. 159–162.

[367] *Schenkel T., Hamza A., Barnes A., Schneider D.* Interaction of slow, very highly charged ions with surfaces // Progress in Surface Science. 1999. V. 61, №2–4. P. 23–84.

[368] *McMahon S. J., Kavanagh A. P., Watanabe H. et al.* Characterization and parametrization in terms of atomic number of X-ray emission from K-shell filling during ion-surface interactions // Phys. Rev. A. 2011. V. 83. P. 022901.

[369] *Rzadkiewicz J., Gojska A., Rosmej O. et al.* Interpretation of the Si K_α X-ray spectra accompanying the stopping of swift ca ions in low-density SiO_2 aerogel // Phys. Rev. A. 2010. V. 82. P. 012703.

[370] *Diamant R., Huotari S., Hämäläinen K. et al.* Evolution from threshold of a hollow atom's X-ray emission spectrum: The Cu $K^h\alpha_{1,2}$ hypersatellites // Phys. Rev. Lett. 2000. V. 84. P. 3278–3281.

[371] *Diamant R., Huotari S., Hämäläinen K. et al.* Diagram X-ray emission spectra of a hollow atom: The $K^h\alpha_{1,2}$ and $K^h\beta_{1,3}$ hypersatellites of Fe // Phys. Rev. Lett. 2003. V. 91. P. 193001.

[372] *Aglitskiy Y., Lehecka T., Deniz A. et al.* X-ray emission from plasmas created by smoothed KrF laser irradiation // Phys. Plasmas. 1996. V. 3, №9. P. 3438-3447.

[373] *Фортов В. Е., Храпак А. Г., Якубов И. Т.* Физика неидеальной плазмы. — М.: Физматлит, 2004. 弗尔托夫,等. 非理想等离子体物理学.

[374] *Fortov V., Yakubov I., Khrapak A.* Physics of Strongly Coupled Plasma. — Oxford: Clarendon Press, 2006.

[375] *Rosmej F. B., Lee R. W., Riley D. et al.* Warm dense matter and strongly coupled plasmas created by intense heavy ion beams and XUV-free electron laser: An overview of spectroscopic methods // J. Phys.: Conf. Ser. 2007. V. 72, №1. P. 012007.

[376] *Norman G. E., Skobelev I. Y., Stegailov V. V.* Excited states of warm dense matter // Contrib. Plasma Phys. 2011. V. 51, №5. P. 411-418.

[377] *Abdallah J., Faenov A. Y., Skobelev I. Y. et al.* Hot-electron influence on the X-ray emission spectra of ar clusters heated by a high-intensity 60-fs laser pulse // Phys. Rev. A. 2001. V. 63. P. 032706.

[378] *Zhidkov A. G., Sasaki A., Fukumoto I. et al.* Pulse duration effect on the distribution of energetic particles produced by intense femtosecond laser pulses irradiating solids // Phys. Plasmas. 2001. V. 8, №8. P. 3718-3723.

[379] *Abdallah J., Csanak G., Fukuda Y. et al.* Time-dependent boltzmann kinetic model of x rays produced by ultrashort-pulse laser irradiation of argon clusters // Phys. Rev. A. 2003. V. 68. P. 063201.

[380] *Colgan J., Jr J. A., Faenov A. et al.* Muta calculations of a laser-produced mg hollow atom spectrum // PhysicaScripta. 2008. V. 78, №1. P. 015302.

[381] *Colgan J., Abdallah Jr. J., Fontes C. J. et al.* Non-lte and gradient effects in K-shell oxygen emission laser-produced plasma // High Energy Density Physics. 2010. V. 6, №3. P. 295-300.

[382] *Zhidkov A., Koga J., Sasaki A., Uesaka M.* Radiation damping effects on the interaction of ultraintense laser pulses with an overdense plasma // Phys. Rev. Lett. 2002. V. 88. P. 185002.

[383] *Colgan J., Abdallah Jr. J., Faenov A. Ya. et al.* Exotic dense matter states pumped by relativistic laser plasma in a radiation dominated regime // Phys. Rev. Lett. 2013. V. 110 (in print).

[384] *Nakamura T., Koga J. K., Esirkepov T. Zh. et al.* High-Power γ -Ray Flash Generation in Ultraintense Laser-Plasma Interactions // Phys. Rev. Lett. 2012. V. 108. P. 195001.

[385] *Doumy G., Roedig C., Son S.-K. et al.* Nonlinear atomic response to intense ultrashort X rays // Phys. Rev. Lett. 2011. V. 106. P. 083002.

[386] *Nagler B., Zastrau U., Faustlin R. R. et al.* Turning solid aluminium transparent by intense soft X-ray photoionization // Nature Phys. 2009. V. 5, №9. P. 693-696.

[387] *Young L., Kanter E. P., Krassig B. et al.* Femtosecond electronic response of atoms to ultra-intense X-rays // Nature. 2010. V. 466, №07. P. 56-61.

[388] *Vinko S. M., Ciricosta O., Cho B. I. et al.* Creation and diagnosis of a solid-density plasma with an X-ray free-electron laser // Nature. 2012. V. 482. P. 59-62.

[389] *Rohringer N., Ryan D., London R. A. et al.* Atomic inner-shell X-ray laser at 1,46 nanometres pumped by an X-ray free-electron laser // Nature. 2012. V. 481. P. 488-491.

[390] *Rosmej F. B., Lee R. W.* Hollow ion emission driven by pulsed intense X-ray fields // Europhys. Lett. 2007. V. 77, №2. P. 24001.

[391] *Rosmej F.* Exotic states of high density matter driven by intense XUV/X-ray free electron lasers // Free Electron Laser / Ed. by S. Varro. InTech, 2012. P. 187-212.

[392] *Fortov V. E.* Extreme states of matter. — Springer, 2010.

[393] *Andiel U.*, *Eidmann K.*, *Witte K. et al.* Comparative study of time-resolved K-shell spectra from aluminum plasmas generated by ultrashort laser pulses at 395 and 790 nm // Appl.Phys. Lett. 2002. V. 80, №2. P. 198-200.

[394] *Faenov A. Y.*, *Pikuz T. A.*, *Skobelev I. Y. et al.* Hollow ion spectra in warm denselaser-produced plasma: Observation and modeling // J. Plasma Fusion Res. SERIES. 2009. V. 8. P. 1210-1213.

[395] *Colgan J.*, *Abdallah Jr. J.*, *Faenov A. Ya. et al.* Observation and modeling of high resolution spectral features of the inner-shell X-ray emission produced by 10^{-10} contrast femtosecond-pulse laser irradiation of argon clusters // High Energy Density Physics. 2011. V. 7, №2. P. 77-83.

[396] *Rosmej F. B.*, *Faenov A. Y.*, *Pikuz T. A. et al.* Charge-exchange-induced formation of hollow atoms in high-intensity laser-produced plasmas // J. Phys. B: At. Mol. Opt. Phys. 1999. V. 32, №5. P. L107.

[397] *Gauthier J.-C.*, *Geindre J.-P.*, *Audebert P. et al.* Observation of *KL→LL* X-ray satellites of aluminum in femtosecond laser-produced plasmas // Phys. Rev. E. 1995. V. 52. P. 2963-2968.

[398] *Гаспарян П. Д.*, *Стариков Ф. А.*, *Старостин А. Н.* Проблема угловой расходимости и пространственной когерентности излучения рентгеновского лазера // УФН. 1998. Т. 168, №8. С. 843-876. 加斯帕良,等. X 射线激光辐射的角发散性和空间相干性问题.

[399] *Faenov A. Y.*, *Inogamov N. A.*, *Zhakhovskii V. V. et al.* Low-threshold ablation of dielectrics irradiated by picosecond soft X-ray laser pulses // Appl. Phys. Lett. 2009. V. 94, №23. P. 231107.

[400] *Berrill M.*, *Brizuela F.*, *Langdon B. et al.* Warm photoionized plasmas created by soft-X-ray laser irradiation of solid targets // J. Opt. Soc. Am. B. 2008. V. 25, №7. P. B32-B38.

[401] *Toleikis S.*, *Fäustlin R.*, *Cao L. et al.* Soft X-ray scattering using FEL radiation for probing near-solid density plasmas at few electron volt temperatures // High Energy Density Physics. 2010. V. 6, №1. P. 15-20.

[402] *Moribayashi K.*, *Sasaki A.*, *Tajima T.* Ultrafast X-ray processes with hollow atoms // Phys. Rev. A. 1998. V. 58. P. 2007-2015.

[403] *Boiko V. A.*, *Vinogradov A. V.*, *Pikuz S. A. et al.* // J. Sov. LaserRes. 1985. V. 6. P. 85.

[404] *Аглицкий Е. В.*, *Сафронова У. И.* Спектроскопия автоионизационных состояний атомных систем. — М.: Энергоатомиздат, 1985. 阿格利茨基,等. 原子系统自动离子化状态的光谱学.

[405] *Бойко В. А.*, *Пикуз С. А.*, *Скобелев И. Ю.*, *Фаенов А. Я.* Рентгеновская спектроскопия многозарядных ионов. — М.: Энергоатомиздат, 1988. 伯伊科,等. 多重充电离子的 X 射线光谱学.

[406] *Беляев В. С.*, *Крайнов В. П.*, *Лисица В. С.*, *Матафонов А. П.* Генерация быстрых заряженных частиц и сверхсильных магнитных полей при взаимодействии сверхкоротких интенсивных лазерных импульсов с твердотельными мишенями // УФН. 2008. Т. 178, №8. С. 823. 别里雅耶夫,等. 超短强激光脉冲与固体靶相互作用下快速带电粒子和超强磁场的生成.

[407] *Sudan R. N.* Mechanism for the generation of 10^9 G magnetic fields in the interaction of ultraintense short laser pulse with an overdense plasma target // Phys. Rev. Lett. 1993. V. 70, №20. P. 3075-3078.

[408] *Weibel E. S.* Spontaneously growing transverse waves in a plasma due to an anisotropic velocity distribution // Phys. Rev. Lett. 1959. V. 2, №3. P. 83-84.

[409] Measurements of magnetic fields generated in underdense plasmas by intense lasers / Ed. by M. Lontano, D. Batani. V. 827. AIP, 2006. P. 53–64.

[410] *Tatarakis M.*, *Gopal A.*, *Watts I. et al.* Measurements of ultrastrong magnetic fields during relativistic laser-plasma interactions // Phys. Plasmas. 2002. V. 9, №5. P. 2244–2250.

[411] *Wagner U.*, *Tatarakis M.*, *Gopal A. et al.* Laboratory measurements of 0.7 GG magnetic fields generated during high-intensity laser interactions with dense plasmas // Phys. Rev. E. 2004. V. 70, №2. P. 026401.

[412] *Eliezer S.*, *Mendonca J.*, *Bingham R.*, *Norreys P.* A new diagnostic for very high magnetic fields in expanding plasmas // Phys. Lett. A. 2005. V. 336, №4-5. P. 390–395.

第 5 章

相对论带电粒子束

地球条件下，只有在重离子进行相对论碰撞时才能刷新最高能量密度。为此目的所必需的加速器[1]已在全球若干实验室里投入运行。众所周知，它们是核物理学、基本粒子物理学、量子色动力学(quantum-chromodynamic，QCD)、超密核材料物理学[2-6]等方面研究的主要实验工具，这些领域向来是当代自然科学的最前沿，但仍需继续努力使加速粒子束能量不断增长、相密度不断提高。

高能量物理学和相对论核物理学领域的研究可以证明，那些控制基本粒子的运动及相互作用的基本规律既非常特别又十分简单。它们建立在对称的基础上，并且服从这样一条原则：所有不与对称相抵触的事件都是允许的，因此可以而且必须发生。这一原则在粒子的引力、电磁、弱和强相互作用中已经得到了充分体现。

从劳伦斯(E. Lawrence)1932 年发明第一代 1.2 MeV 质子回旋加速器起到 CERN(European Organisation for Nuclear Research，欧洲核子研究组织)刚刚启用其大型强子对撞机(Large Hadron Collider，LHC)(图 5.1)，加速器科学和技术已经走过了一条令人难忘的道路。LHC 可将质子加速到只比光速低亿分之一，每束对向传输的粒子束能量高达 7 000 000 MeV，是质子静止能量 m_pc^2 的 7000 倍，在质心系统(center-of-mass system)中对应约 14 TeV 的质子碰撞能量。

在此期间，全世界已经建造了数十台各种类型的加速器，都是巨型电子工程设施，集中了最尖端的工程技术成就，展现了高水平的可靠性。毫无疑问，它们是当今高能量密度物理学方面的新纪录创造者。

利用加速器综合体 LHC 计划实现两束能量为 7×7 TeV 的质子束的对撞，迈上一个距离为 10^{-16} cm、能量级别为 1 TeV 的新台阶，特别是对于生成暗物质(dark matter，其质量 $m_{DM}\approx10$ GeV~1 TeV)粒子、希格斯玻色子(Higgs boson)、夸克-胶子等离子体已经足够，或许也可用于发现新维度、解决其他复杂的高能物理学问题[7,8]。这些 LHC 实验的主要目的[9]就在于通过找寻希格斯玻色子和其他新粒子来揭示电弱对称破坏机制，检验粒子物理学所谓的标准模型(Standard Model，SM。其他新粒子与标准模型可能的扩展性相关)，探究在太电子伏特能量级别是否有新物理学出现。

文献[10]中讨论了利用 LHC 进行科学研究的主要方向：

1. 寻找希格斯玻色子，它是尚未找到的最新电弱理论元素——零自旋标量玻色子；
2. 寻找超对称性；
3. 寻找 SM 和最小超对称性标准模型(Minimal Supersymmetric Standard Model，MSSM)范畴之外的新物理学；

4. 重子物理学(baryon-physics)；
5. 重离子物理学(heavy-ion physics)；
6. 夸克物理学(top-quark physics)；
7. 标准模型物理学(量子色动力学和电弱相互作用)。

LHC 装置内，质子以 3000 个束团的形态运动，分布于对撞机全长 27 km 的整个圆周上。每个束团由多达 1000 亿个质子组成，在对撞点具有数厘米长度和仅仅 16 μm 直径，就像一根人类的头发丝。总共有 2808 个 1000 亿质子束团在分布有探测器的区域碰撞，形成每秒超过 600 百万次的质子的粒子碰撞(交汇点碰撞达 20 次)。这些碰撞将在组成质子的粒子——夸克和胶子——间发生。粒子能量最高时，碰撞释放出的能量约为初始质子能量的 1/7，或约 2 TeV。

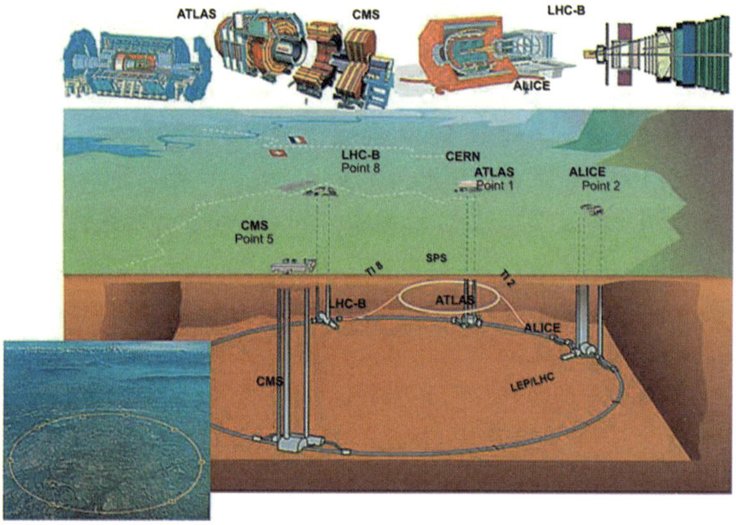

图 5.1　位于 CERN 的大型强子对撞机(LHC)示意图
其地下圆环隧道全长将近 27 km。图片上部列出了使用的主要探测器：
LHC-ALICE、ATLAS、CMS 和 LHC-B

LHC 采用四套巨型探测器系统，其中最大一套的体积相当于半个巴黎圣母院(Notre Dame Cathedral in Paris)、最重一套的钢铁用量超过了埃菲尔铁塔(Eiffel Tower)，它们将测量从每次碰撞中逃逸的数千粒子的参数。尽管探测器体型巨大，但每一独立元件的安装精度必须在 50 μm 以内。未来它们还将用于研究高度电离、能量高达 155 GeV/nucleon(核子)的铅离子(Pb^{82+})的碰撞过程。本书将在 5.6 节更详细地讨论 LHC 项目。

美国斯坦福直线加速器中心(Stanford Linear Acceleration Center，SLAC)的直线加速器能从动能 50 GeV 的 10 个电子中产生 5 ps 脉冲，聚焦到 3 μm 光斑上时能够提供 10^{20} W/cm^{2}的功率密度。

美国布鲁克海文国家实验室(Brookhaven National Laboratory，BNL，位于纽约长岛)一直活跃运行着的相对论(速度为光速的 99.99%)重离子对撞机(Relativistic Heavy Ion Collider，RHIC)(图 5.2)，在质心系统中能够保证金离子碰撞能量高达 100 ~

500 GeV/nucleon，Au + Au 是 39 TeV，Cu + Cu 是 13 TeV[11]。每次迎面碰撞能够诞生 5000 基本粒子，它们之中只有为数不多的部分含有必要的信息。用该加速器获得的新实验数据在文献[11，12]中有所讨论。在德国达姆施塔特(Darmstadt)运行的独特的离子和反质子加速器(Facility for Antiproton and Ion Research，FAIR)，当被加速的 U^{92+} 离子数目约为 5×10^{11} 及反质子约 4×10^{13} 个时，对应的能量是 1.5～34 GeV/nucleon。每一套这类巨大无比的超相对论强子加速综合体(LHC 和 RHIC)的建造成本都在几十亿美元，已经触及了世界上最富裕国家、甚至最富裕国际社会如欧盟的经济能力的天花板。

图 5.2 布鲁克海文国家实验室的 RHIC 加速器

强子碰撞时伴随着超密核物质——夸克-胶子等离子体——的形成，所产生的高能物理学基础问题的实验研究已经列入了这些综合体的科研计划。依据当代概念，宇宙大爆炸之后最初几微秒内，宇宙物质正处于这种状态(图 8.50)，而 γ 射线暴、中子星、黑洞等天体物理目标的物质也是这种状态。

在准备这些实验期间，出现了对它们能否安全进行的担忧，这绝非偶然，因为有可能正好在实验室条件下出现了黑洞，随后吞噬我们的文明。不过，计算结果表明，加速器实验中的迷你(微型)黑洞状态的存在时间非常短暂(10^{-26} s 量级)，尚不足以造成灾难性后果。此外，在超高能宇宙粒子行进过程中灾难性事件的缺失显然更证明了，在这一能量密度区间内所进行的加速器实验是安全的。

文献[13]分析了与碰撞实验能量的升高紧密相关(图 5.4)的潜在危险性。后面的讨论中我们还将引用这篇文献。实际上高能粒子的碰撞原则上能够触发第一类相变，这时假真空崩溃且宇宙的物理性质完全改变。实验——包括对宇宙射线进行的实验——显示，低能量情况下这些都不会发生。当然需要定义安全边界，边界之内允许能量升高。只要知道宇宙射线的能量峰值就可以评估这一边界，$E_{lab} = 10^{20}$ eV。对撞机中质心系统内的等价能量大约 10^6 GeV，只要碰撞粒子能量不高于这个值，就不必担心会有第一类相变之类后果。

由于能量的普朗克尺度(Planckian scale)是 10^{19} GeV，所以安全研究的能量规模是它的 10^{-13}份额。安全能量界限之外的实验有很多问题留待回答[13]：基本粒子质量的起源，对超对称性的理解，隐质量的性质，中微子物理学问题，大统一，超统一，多维度等。当然也存在着这样的可能性，未来我们能够研究全尺度能量也不会跑出安全边界。

如果相信多维度思想的正确性，则特别用以描述量子-引力效应特性的普朗克能量尺度(Planckian energy scale)有可能低得多。最简化的理论方案基于半径为 R 的 d 维球形几何附加维度思想，拥有关系式[13]

$$m_d = \left(\frac{m_4^2}{R^d}\right)^{1/(d+2)}$$

式中，$m_4 = 10^{19}$ GeV，而 m_d 则是$(d+4)$维空间的真实能量尺度。真实($(d+4)$维)空间普朗克尺度有可能低得多，取决于紧测量的 R 的大小，相应地所有新物理学效应都应该比它低[13]。

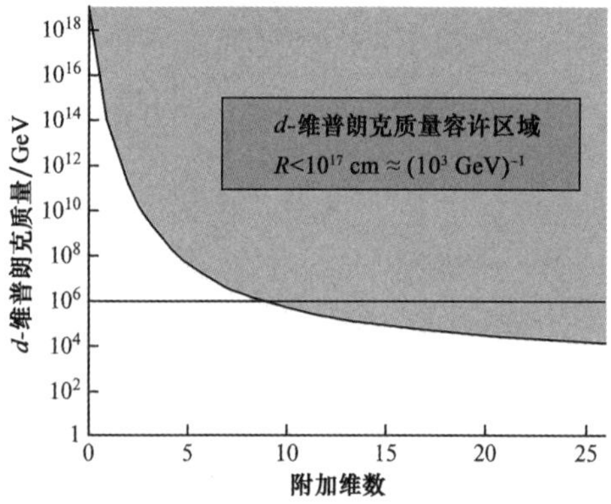

图 5.3　d-维普朗克质量有效区间(灰色区域)，$R<10^{-17}$ cm≈(10^3 GeV)$^{-1}$[13]

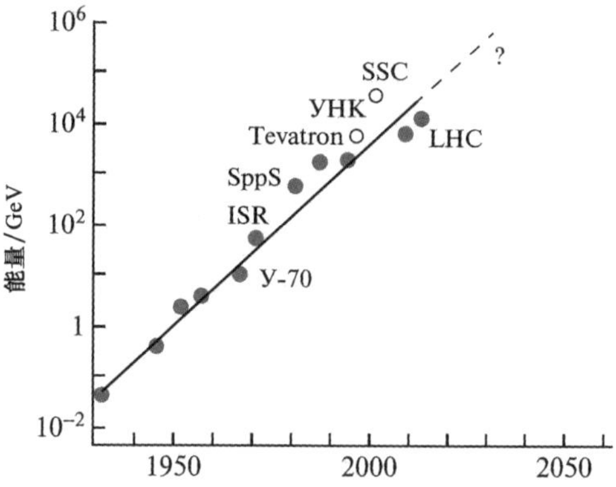

图 5.4　加速器能量(换算为质心能量)与建造时间的关系[13]

如果所有的场都“感知”了附加维度的话，潜在 R 值就取决于当代实验技术的上限 10^{-17} cm 量级。图 5.3 中灰色区域分割出了 d-维普朗克质量(Planckian mass)有效值，水平线代表“安全边界”。很明显，当空间维度数量大于 8 时，d-维普朗克质量可能就是未来的对撞机中能够达到的量值[13]。

今后的实验研究如何既提高测量精度又不增加粒子能量，迫使对撞机能量的提高成为一个现实的问题。例如电子和 μ 介子的磁矩测量；原子能偏移的测量；K^0、D^0、B^0介子中质量混合的测量；罕见衰变(rare decay)的测量等。特别是当测量 μ 介子磁矩时，所得到的相对于 SM 的偏差仅在 3.2σ 置信度小数点后的第九位[13]。

对我们来说，重要的是这些加速器实验不仅是为了获得超相对论能量粒子束和研究强子对撞个案(图 8.51)[14]，也是为了物质的宏观加热[1,15,16]。

5.1 热等离子体宏观体积的生成

2.4 节、2.5 节描述的凝聚态打击体的气体动力学加速技术具有根本性缺陷，即受推进气体内声速 c_s 量值的限制，以至于当打击体加速到声速时加速效率急剧(指数)下降。使用高强度带电粒子流(电子流、轻或重离子流)以及电动力学加速法生成高能量密度的技术，均以光速取代了声速，使这一限制不复存在。带电粒子束的关键优点在于其能量释放的体积特征[15]，它们也以此区别于激光辐射。频率为 ω_l 的激光辐射的能量主要在狭窄的临界带内释放，$\omega_l \sim \omega_p \sim \sqrt{4\pi e^2 n_e / m_e}$，然后通过电子热传导传递到靶的内部[17-20]。

带电粒子减速的结果是出现一层等容加热等离子体，随后其膨胀就会生成传向靶内的冲击波，或者从粒子束轴向外发散的圆柱形冲击波。当代高能量密度物理学的研究集中了这两种技术的优势——由高能粒子束所生成的冲击波进行等容加热和压缩。

要成为高能粒子束发生器，或者利用为高能物理及核物理研究建造的回旋加速器[16]，或者利用强流二极管系统[21,22]。后一种选择指的是 1~20 MeV 粒子动能、MA 量级电流的亚纳秒脉冲[23,24]。

兆电子伏特(MeV)能量级别的相对论电子束被用于[25]铝靶中冲击波的激发，目的是研究稠密等离子体中电子的吸收特性，以及查明粒子束自身磁场对其在磁化等离子体中制动能力的影响(所谓的磁“制动”效应)。

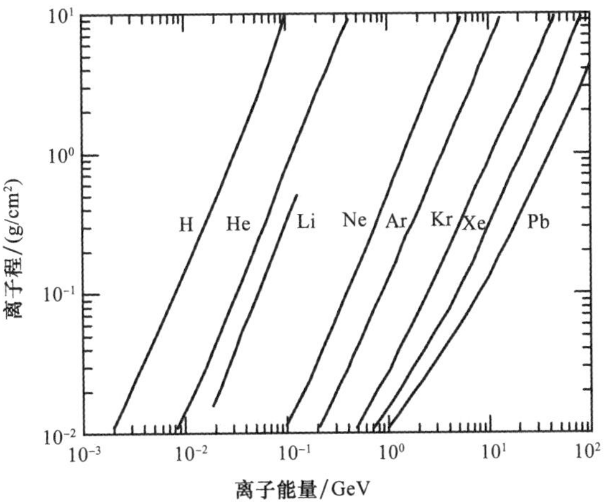

图 5.5 冷物质中的特征离子程[15]

由于离子程比电子程短得多(图 5.5)，所以离子束可以在等离子体中获得更高的能量密度(图 5.6)。在文献[21]的系列研究中，利用脉冲型强流加速器 KALIF，能量大约 2 MeV、电流在 400 kA 量级的质子束在靶上发展出了 10^{12} W/cm² 量级的功率密度。这就足以将微型(50~100 μm)的飞片加速到 12~14 km/s，并且可以对稠密等离子体中快速质子制动能力进行信息量丰富的测量，记录等离子体的热力学参数和冲击-压缩黏性，找到极高变形速率条件下金属的抗裂强度。结果是(图 5.7)金属抗裂强度随着变形速率的升高(逐渐接近理论极限)而显著提高(1~2 个量级)，这与脉冲应力场中位错和裂缝的传播动力学紧密相关[21,26]。

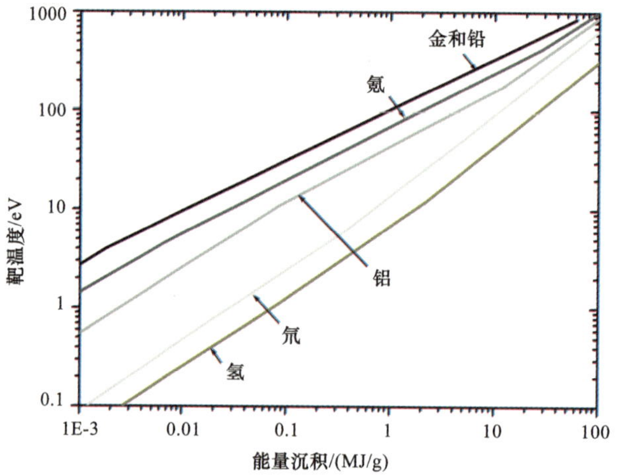

图 5.6　等离子体特征温度与带电粒子束能量输出的关系[15]

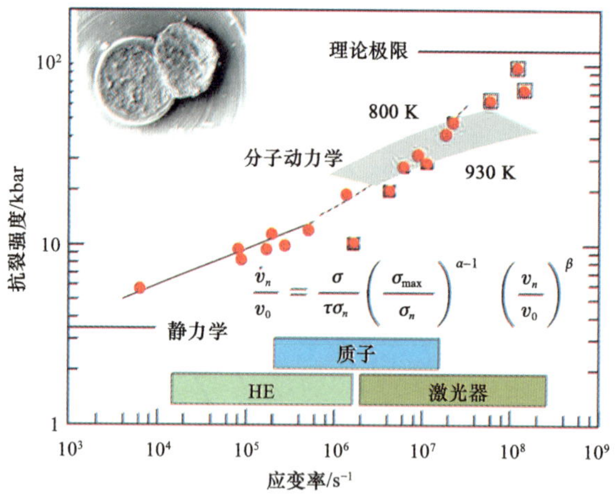

图 5.7　快速变形条件下铝镁合金的抗裂强度(HE：High Explosive，高能炸药)[21,26]

更早些时候的脉冲型强流发生器 BPFA-Ⅱ(美国圣地亚，图 5.8)曾用于产生强度为 10^{12} W/cm^2 量级的 MeV 锂离子束，用于惯性约束聚变(Inertial Confinement Fusion，ICF)项目。目前这套装置已经成功地加入了强电流 Z 箍缩工作，用于产生“软”X 射线，以用电动力学方式生成冲击波和绝热压缩波[27,30-32]。

为进行高能物理实验而建造的相对论重离子加速器，竟然成为了惯性约束受控热核聚变研究首要(表 2.2)的候选设施，也可用于稠密等离子体压缩和加热实验(图 5.9)[1,15]。

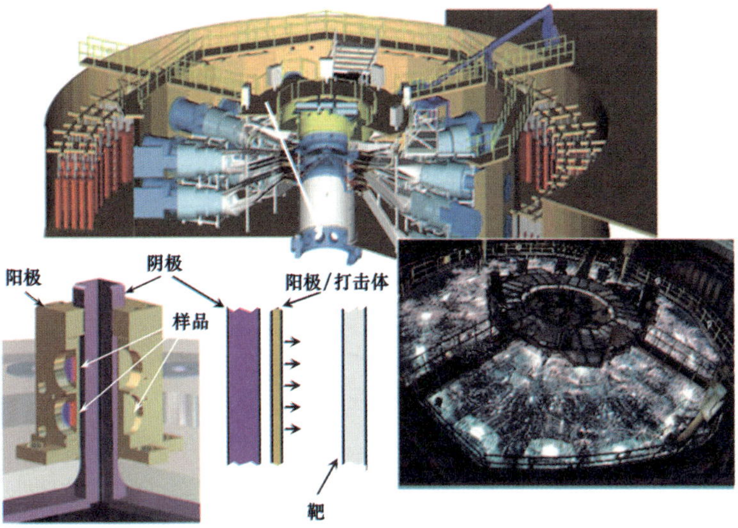

图 5.8 美国圣地亚国家实验室(Sandia National Laboratories, USA)的 Z 箍缩装置中对金属套筒进行电动力学加速的示意图[27]

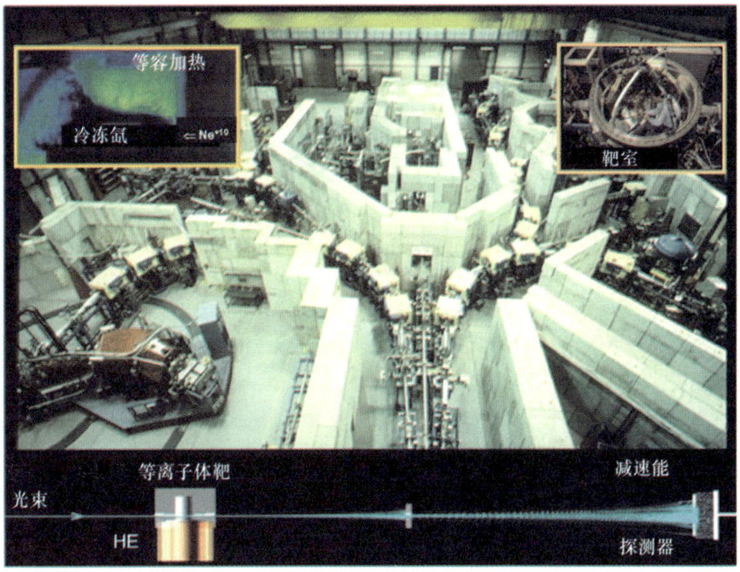

图 5.9 使用加速器 GSI 进行相对论重离子束相互作用实验(德国达姆施塔特)[1,16]

原本建造用于研究每束能量为 7 TeV 的两束质子束相碰撞的大型强子对撞机 LHC (CERN)(图 5.1), 可产生 2808 个质子束团, 每束团持续时间为 0.5 ns、包含 1.1×10^{11}个质子, 顺序间隔 25 ns, 因此质子束总持续时间为 89 μs、总能量约 350 MJ, 足以蒸发 500 kg 铜。每束质子能量密度为 10^{10} J/cm^3。一个重相对论离子的特征动能与高能炸药(HE)爆轰产物所驱动的爆炸投射系统的金属套筒动能相当, 系统描述见 2.5 节。

每核子动能为 3~300 MeV 的重离子束, 曾经用在了致密靶和多孔靶加热、等离子体中离子制动能力测量等实验中, 以及带电粒子束与借助于激波管的微型爆炸而生成的冲击压缩等离子体相互作用的实验中[1,33,35-37]。

尤其令人感兴趣的是重离子加速器 GSI 和强大的拍瓦激光系统 PHELIX(图 5.10)的组合使用，高质量地拓展了这类装置的实验能力。

位于德国达姆施塔特的加速器综合体 GSI 的能力和应用前景列在图 5.11、图 5.12 中。显然，高强度相对论重离子束在高能量密度等离子体生成和脉冲热核聚变等方面的未来十分光明[1,16](见 6.3 节)。

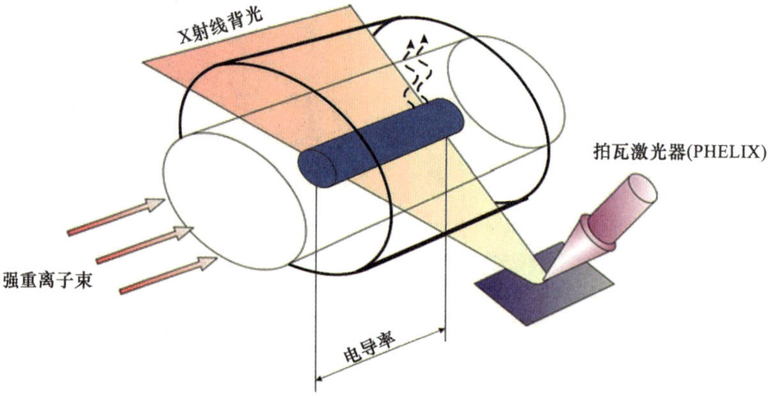

图 5.10　FAIR 项目使用相对论重离子束和拍瓦激光进行 HIHEX 实验示意图[1,16,33,34]

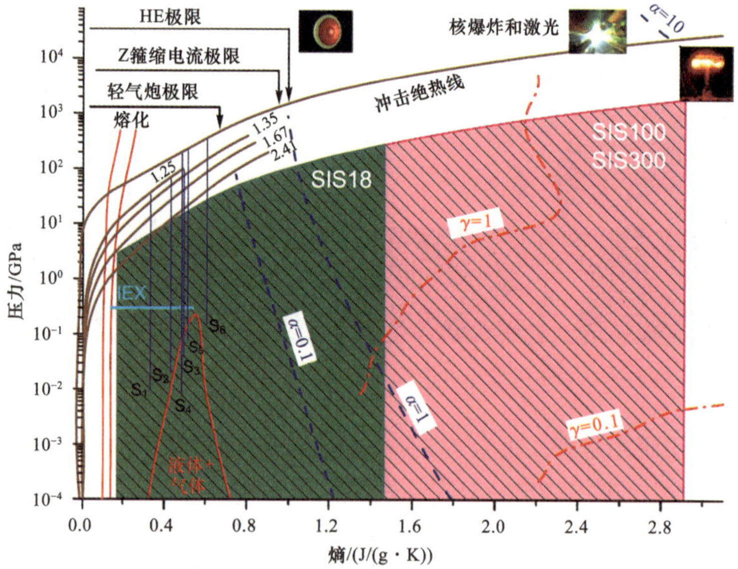

图 5.11　重离子加速器 SIS18、SIS100、SIS300(见表 2.2)
在铅材料中生成高能量密度的能力[1,16,33,34]

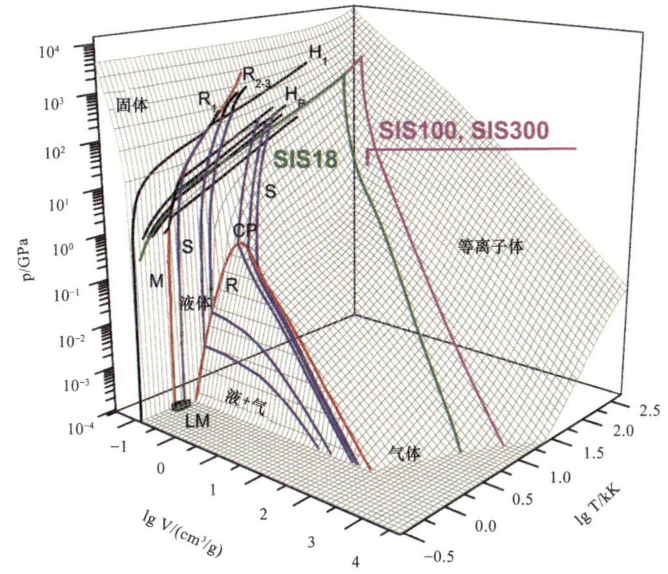

图 5.12　用重离子发生器可得到的锌材料相图区段[1,16,33,34]

5.2　原子核的相对论碰撞

正如前面已经提到过的，通过在加速器中已加速到亚光速的重离子的迎头碰撞就能够不断创造高能量密度的新纪录(图 5.13、图 5.14[38])。这些碰撞实验旨在在高能物理学、基本粒子物理学以及相对论核物理基础问题实验研究中，寻找强子碰撞后的新型粒子(图 5.15)，以及相伴而生的超密核物质——夸克-胶子等离子体(QGP)(图 5.16、图 5.33)。利用 CERN 和美国布鲁克海文实验室的加速器进行过独特的实验，单次重原子核 Cu-Cu 及 Au-Au 的碰撞可以产生处于超密和过热状态的超极端重子物质，其密度在 10^{15} g/cm^{3}量级，压力有 10^{30} bar，温度大约 200 MeV，比能量密度约为 1 GeV/fm^3(图 1.1、图 1.2)。使用 RHIC 装置的实验中曾经实现了铁原子核的碰撞，其比能为 100 GeV/nucleon(核子质量为 1 GeV)，导致了 300~600 MeV 的温升。

实验室中离子碰撞时出现极端高参数区域，其随后的膨胀有时被称为“微爆炸”(图 5.15)，与它的相似体宇宙大爆炸一样都是特殊的分析研究对象[40]。

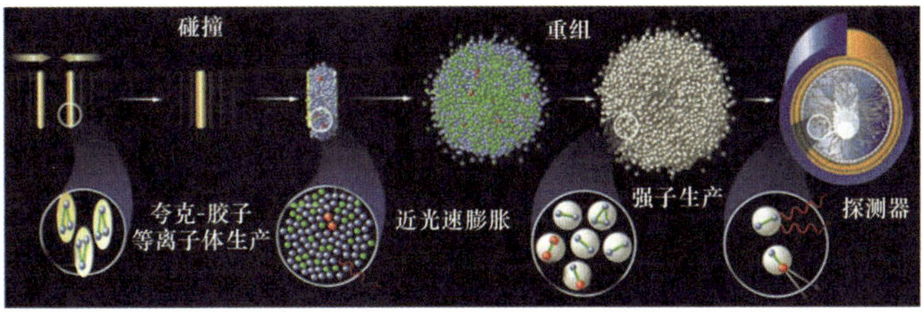

图 5.13　加速器中相对论重原子核的碰撞动力学[11]

粒子及原子核的内部结构和相互作用是在加速器上进行研究的主要对象[40]。按照当代概念，强相互作用由量子色动力学描述，它将夸克和胶子作为基本研究对象(所谓的部分子，parton)，认为它们在相互作用中起主要作用。在低能量时，部分子被禁闭在强相互作用粒子(强子)内部。

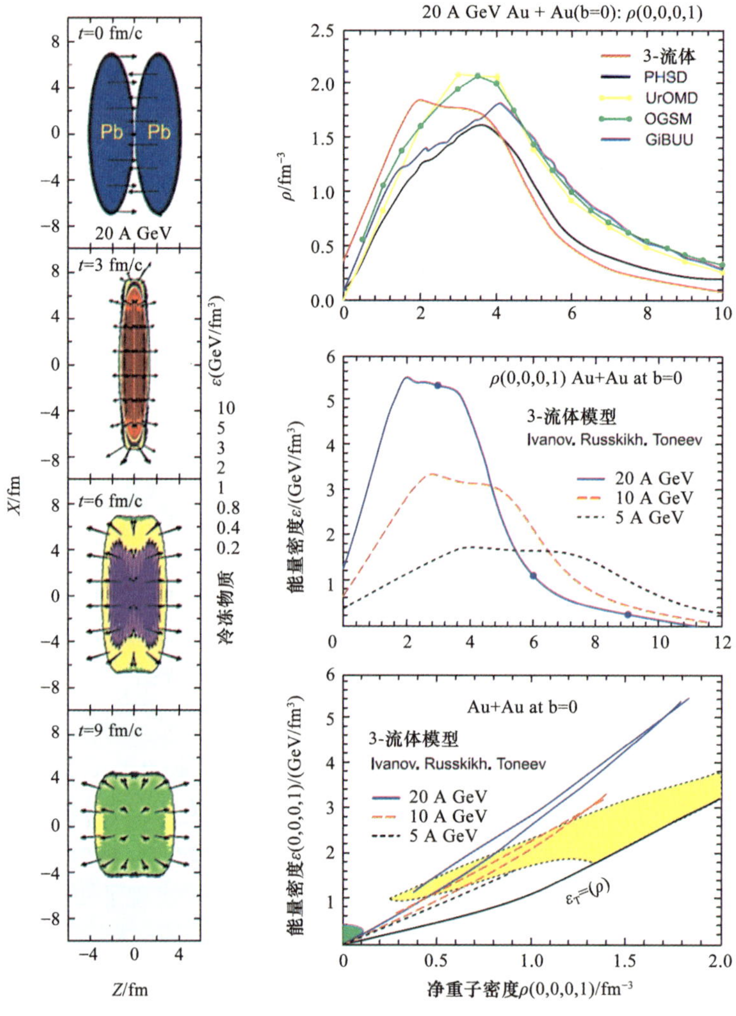

图 5.14　金原子核的相对论碰撞

左侧——能量密度，浅颜色代表强子化区域。右侧——中心点的总重子能量密度的时间演化以及参数变化的轨迹。相共存区域为黄色，而相变区域则为绿色[38]

在碰撞中生成的物质无疑不同于前面所提到的。强内部场与高相干性的部分子构型变得特别重要。当两个重原子核在超相对论能量条件下碰撞时，预计将会出现高温稠密的内部有色介质。这种介质应该表现出某些集体性质，有别于静态条件下的相应观测结果。

图 5.17 中列出了利用各种加速器所能得到的重子物质的特性[41]。

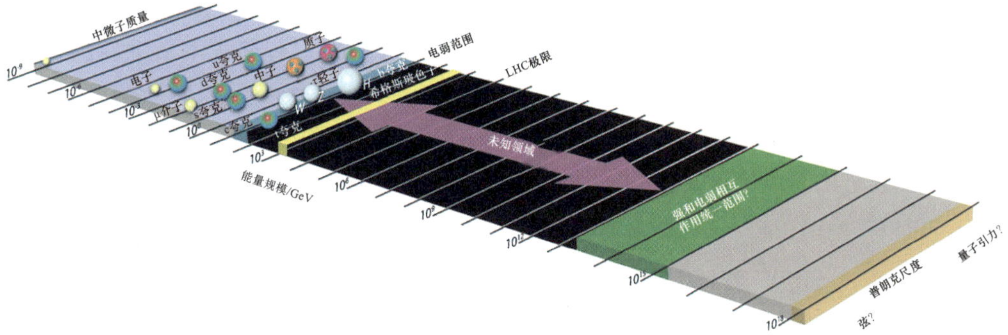

图 5.15　粒子分级问题[39]

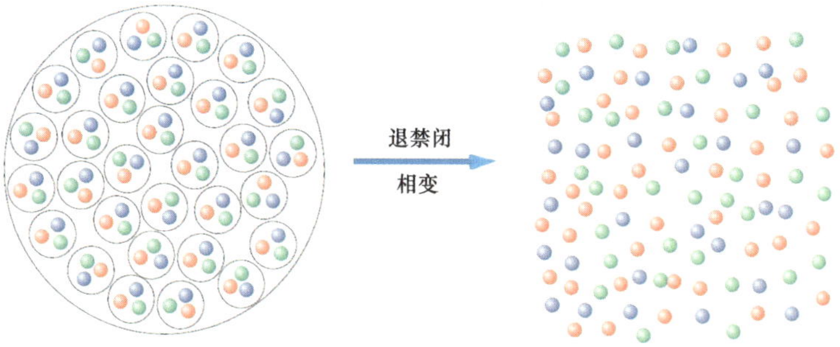

图 5.16　夸克-胶子等离子体的形成

普通条件下(左)夸克(彩色小球)被禁闭在强子中。当温度 $T>T_c$ 时，发生夸克退禁闭，它们不再被束缚在强子中，形成了夸克-胶子等离子体

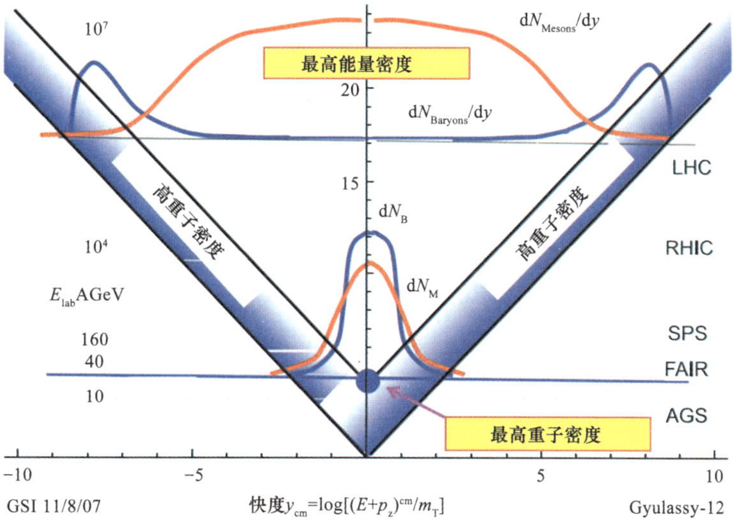

图 5.17　各种加速器所能得到的重子物质特性[41]

相对论核碰撞条件下物质性质的研究一直是自然科学最前沿的研究领域[42]。根据贝蒂(H. A. Bethe)的观点，二十世纪人们在原子核力及相应过程研究上所消耗的智力，比用于所有其余学科研究的总和还多。

依照文献[10，43，44]，下面简短地讨论一下从加速器中所获得的主要成果。

世界上先进的科学中心都参与了使用加速器的研究工作：

——GSI，德国，$E_{\mathrm{lab}}\approx 1\sim 2$ AGeV，对应于核子-核子质心能量$\sqrt{S_{NN}}\approx 2\sim 2.5$ GeV；

——CERN，SPS，瑞士/法国，$E_{\mathrm{lab}}\approx 20\sim 158$ AGeV，$\sqrt{S_{NN}}\sim 6\sim 17$ GeV；

——BNL，RHIC，美国，$\sqrt{S_{NN}}\approx 20\sim 200$ GeV；

——JINR(Joint Institute for Nuclear Research，核研究联合研究所)Nuclotron(世界第一台超导同步加速器)，俄罗斯，$E_{\mathrm{lab}}\approx 1\sim 6$ AGeV，$\sqrt{S_{NN}}\approx 2.5\sim 3$ GeV。

CERN的SPS(Super Proton Synchrotron，超级质子同步加速器)加速器研究工作获得了大量的数据，包括能量高达450 GeV条件下的总截面、弹性散射幅度、衍射过程、广义裂变以及其他强子相互作用综合特性数据等。使用该加速器还记录了集体效应的各种表现，表明存在夸克-胶子等离子体。如今，SPS加速器作为能量450 GeV的粒子注入器，服务于LHC加速器；也用作中微子源，其通量能够穿透730 km厚山体岩石到达位于意大利格兰萨索(Gran Sasso)的地下实验室。

LHC加速器安放于大型电子-正电子对撞机(Large Electron-Positron Collider，LEP)的位置，即总能量高达200 GeV的电子束和正电子束迎面碰撞产生相互作用的地点。在LEP加速器上首次发现了夸克和胶子射流，精确地测量了量子色动力学(QCD)耦合常数α_s及其与能量(以现有精度，$\alpha_s(M_z)=0.1176\pm 0.002$)的依赖关系，发现和研究了弱相互作用载体——W玻色子和Z玻色子，标定了希格斯玻色子质量的下限(114 GeV)。

另一台不久前终止运行的加速器是位于汉堡(Hamburg)的强子-电子环形加速器(Hadron-Electron Ring Accelerator，HERA)，曾使能量达27.5 GeV的电子束和能量达920 GeV的质子束加速并碰撞，使物理学家们能够仔细地研究了所谓的质子结构函数，从而弄清楚了高能质子的夸克-胶子成分[10]。

根据能量参数及碰撞体性质，最接近于LHC的是芝加哥附近费米实验室(Enrico Fermi Laboratory in Chicago)的TeV粒子加速器(Tevatron)。Tevatron中质心能量几乎达2 TeV的质子与反质子进行碰撞。因此粒子碰撞正是有关$q\hat{q}$、gg、$\gamma\gamma$及γ坡密子(Pomeron)过程的信息来源。对于W和Z玻色子以及t夸克(Top Quark)的质量和宽度(质量近似值分别为80.4 GeV、91.2 GeV、172 GeV)的研究非常密集且成果显著，定义了希格斯玻色子质量的下限，仔细研究了QCD射流以及大横向动量过程。即使是现在，Tevatron仍在源源不断地输出数据，不断地激发人们的强烈兴趣。所有这些过程都将在LHC上以更高精度进行研究。相等的时间累积条件下，在LHC上取得的这类事项(例如，相同能量的射流)的统计数据将比Tevatron的高出约一千倍[10]。

另一台加速器，相对论重离子对撞机(Relativistic Heavy Ion Collider，RHIC)，在布鲁克海文运行。在RHIC上工作的主要目的在于[10]研究总能达每核子200 GeV的离子束的迎面碰撞，并且与类似的质子碰撞数据结果相对比。在 RHIC 上所进行的实验提供了有关重子物质性状的丰富信息，获得了约 5 GeV/fm^3的破纪录的高能量密度状态，取代了先前达到过的约 0.15 GeV/fm^3；得到了夸克-胶子等离子体，正如所预期的，具有高制动能力和非黏性流体性质。碰撞过程中充分表现了“集体”通量、快速热能化、压力快速升高以及其他一些从根本上说是全新的现象的存在。彻底研究了这类碰撞中所产生的核物质的性质，从而获得了对夸克-胶子等离子体形成概念的额外支持。比起气体性质，这些性质更近似于理想液体性质，正如一开始所设想的那样(详见 5.4 节)。也清楚地观测到了其他一些集体效应——粒子流的方位角不对称性及粒子流穿过射流介质时粒子光谱的软化。

在 KEK(日本)的 B 介子工厂和 SLAC(Stanford Linear Accelerator Center，斯坦福直线加速器中心，美国)的 B 粒子工厂中，粒子束的高强度可用于准确测量 γ 玻色子族性质和产生 b 夸克的其他过程的性质。这有助于更加明确地理解 CP 不变性的破坏问题、物质与反物质之间差别的出现问题，以及更为详尽地研究粒子的罕见衰变并获得对我们已知粒子的超对称伴(Supersymmetric Partner)的质量限制。

我们概括一下主要的结果[43]：

——碰撞中原子核的强力制动；

——次生粒子的集体通量；

——动量分布的异常大幅度加宽；

——多级超子(hyperon)产生的异常增强；

——ρ 介子(meson)光谱峰值的极大展宽；

——快速强子(hadron)的强力修正；

——射流在核介质中运动时所受到的抑制。

这类观测到的现象可能与夸克-胶子等离子体的出现紧密相关。

也获得了大量其他有趣的结果，当然也是限制在当代高能物理学概念范围内。

根据现代概念，强相互作用应由量子色动力学(QCD)描述，它将夸克和胶子看作基本粒子(部分子)，是相互作用的主要因素。低能量时，部分子被禁闭在强相互作用粒子(强子)内部并决定了它们的静态性质。高密度时，我们有 QCD 的非微扰模式，用于描述有限温度热力学平衡态下的强相互作用物质。碰撞中产生的物质展现了全新的令人惊叹的性质，强内部场和高相干性部分子的组合变得特别重要。两个重原子核在超相对论能量条件下碰撞时将出现一种高温稠密的有色介质。依照文献[40]我们注意到，这种介质应该表现出某些有别于静态条件下所观测到的集体性质。核波动函数中的低动量模可以用与某些高动量静态有色源相关的经典场来描述。根据现代观点[40]，碰撞过程(所有模式的能量演化)要经过数个阶段(图 5.13)，本章起始部分我们讨论了其中的一些。在时间间隔短、体积有限的某一阶段，夸克和胶子可能退禁闭，并且按照相应的现代理论形成某种理想流体——夸克-胶子等离子体。这种等离子体的集体性质既表现为流体力学范畴内的整体力学运动，也表现为对部分子在其内部传播的色动力学响应，在介质内用 QCD 进行描述[40]。

在巨大动量传递时 QCD 耦合常数变小(渐近自由)，可以适当采用基于微扰理论的一种微扰近似。为了研究巨大动量传递、即在越来越短距离上的传递过程，高能量粒子碰撞实验必不可少。因此研究了粒子的夸克-胶子结构、其标度关系以及相互作用区域的性质。此外介质中的刚性过程可能诱发其集体性相干响应。在重离子加速器 SPS 和 RHIC 上进行了原子核-原子核(AA)碰撞实验研究[40]。研究中的主要问题包括：高能量状态下 AA-碰撞过程与质子-质子(pp)碰撞过程性质的差异。观测和对比了各种特性，这些特性清楚地表明，原子核碰撞不应按照核子-核子碰撞的相干重叠来处理。要解释各种差异，必须把介质的集体性质考虑在内，这些性质的一些表现与夸克-胶子等离子体的出现紧密相关。

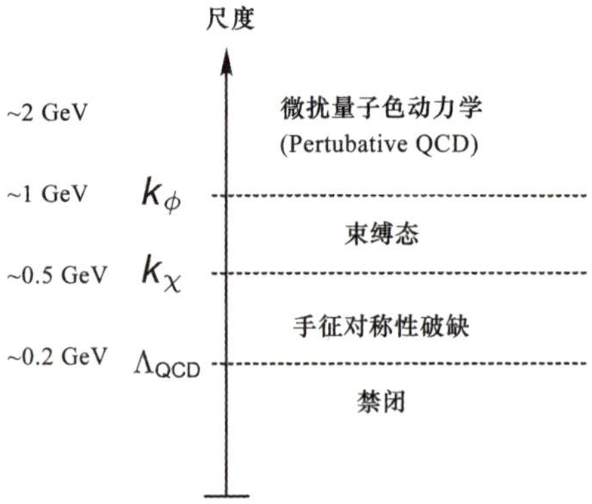

图 5.18　动量(能量)分级和非微扰效应标度[38]

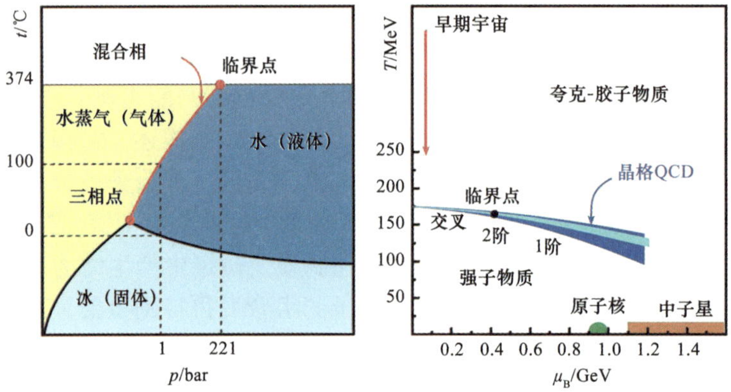

图 5.19　左图：水-蒸汽转变(具有汽化潜热的第一类相变)终止于(第二类相变的)临界点。临界点之上蒸汽和水不存在差别

右图：依照现代理论模型，夸克-强子的相变结构类似于水-蒸汽转变，高于临界点时相之间没有差异(μ_B为与重子密度相关的重子化学势，T 为温度)

在理论和实验上致力于研究压缩重子物质的相图，以及密集探索高能量密度状态下强相互作用物质的未知非寻常相，已经快马加鞭持续了大约四分之一世纪[43]。这些研究将有助于了解强子介质中强子的性状，获得强子物质及核物质的状态方程，并且

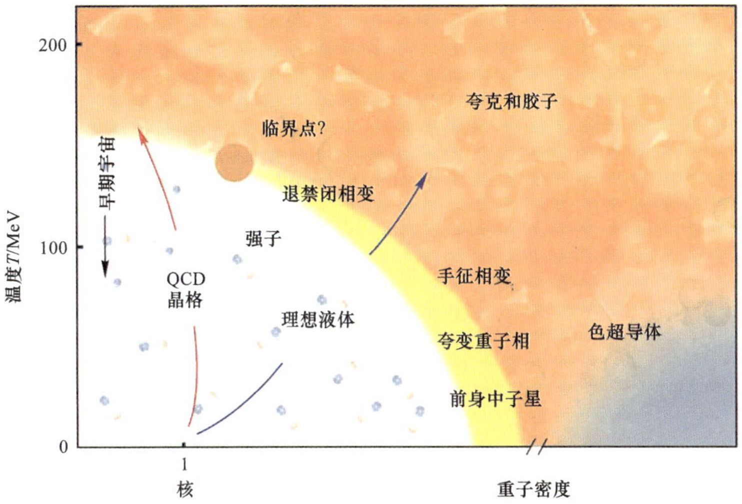

图 5.20 重子材料强相互作用相图

发布于 NICA(Nuclotron-based Ion Collider Facility，俄罗斯基于超导重离子加速器的离子对撞机装置)网站[47,50]

记录所观测到的夸克退禁闭及手征对称性破坏现象(图 5.18[38])。

相对论碰撞的研究中，大趋势是沿着相对论粒子的能量标尺努力向上攀登。碰撞能量的提高当然会导致颠覆性高能效应的出现，但是正如我们后面将要看到的，原子核碰撞时相互作用时间将要缩短，使得超相对论相互作用时更有可能出现非平衡态过程。这种状况解释了一种反向研究趋势——对于较低能量(相比创纪录能量)区间 8~40 GeV 的兴趣，处于新型强子相形成的相界之内[43-45]。

根据当代物理学概念，核物质随着重子温度和/或密度的提高可能会经历一系列的相变(见图 5.19 和图 5.20)，其中之一是随着手征对称性破坏发生的相变，由强相互作用引起。这种相互作用在重子低温和/或低密度条件下破坏手征对称性，而该对称性在高参量时又能得到恢复。这时可能存在一个对称性破坏和恢复的相共存域，类似于次临界水汽中所具有的(见图 5.19)。由于夸克成对的可能性，有可能出现光的超视距效应和系统的结晶化。另外一个奇异相变的范例是向夸克-胶子等离子体的转变[46]，对此我们将在之后进行详细分析。

类似相变的存在定性地改变了我们惯常认为的重子物质相图应有的样子(图 5.20)，导致手征性和夸克-胶子转变新相界的出现，它们本身又有可能相互交叉甚至重叠[44,47]。

强子高密度且非常低温度状态下色超导性(color superconductivity)有可能消失，中子星专家们目前正在加紧研究这一效应。这一效应可能导致出现一种新重子相，可称为夸变重子相(quarkyonic，quark+baryon)。

因此我们看到，即使是在中等能量区间，强压缩重子物质物理性质的研究也非常受重视，因为它给人们发掘物质的新型奇异状态提供了可能性。然而，尽可能去发掘最高碰撞能量仍然是高能物理研究工作的主要方向。这里所讨论的仍是目前有待证实的到达近距离、大统一(grand unification)范畴的可能性[48]。这种距离上，电磁相互作用和弱相互作用将更为统一，从某种意义上说，它们将由一个共同的相互作用常数来描述。能否期待强色动力学相互作用也加入其中？换言之，短距离内轻子和夸克形成一个统一的群。对这个问题获得正面回答的希望在于，10^{-19} m 量级距离内，三个相互作用常数相差已经不那么明显，所表现出的趋势是不断地相互接近。针对这种统一已经有一些理论模型，在 10^{-32} m 量级距离内，模型中这些常数趋近于一个量值，即

$$\alpha_{GU}=g_{GU}^{2}/4\pi\approx 1/40$$

大统一特征能量(10^{16} GeV)只不过比普朗克质量(Planck mass)小三个数量级，这时引力相互作用变得强于电弱及强相互作用。因此这里出现了超级引力范畴内全部粒子和相互作用的超级大联合所需要的条件[48]。

为了描述手征性相变，文献[49]的作者们研究了 π 介子自由度主宰条件下加热的各种晶体结构的熔化。

5.3　夸克-胶子等离子体

在大量借助于加速器技术所获得的有趣的物理结果中，我们暂且先来关注一下夸克-胶子等离子体(QGP)的生成，它出现在能量≥200 MeV 时的夸克退禁闭过程中[12,51,52]。实验流程是这样的：两个原子核碰撞时(图 5.13[11])，动能转化为核子内能，按照量子色动力学(QCD[51])理论的预期就会导致出现所谓的“色玻璃凝聚态(color glass condensate)”，然后随着热化作用，形成物质的新状态——夸克-胶子等离子体，也称“夸克汤”[12,51](图 5.16)。在 RHIC 中进行碰撞的是几乎以光速飞行的金原子核。每一次碰撞(微型爆炸)都要经过几个阶段。一开始出现短暂存在的膨胀中的“火球”，火球由胶子(绿色)、夸克和反夸克构成，主要是上(u)夸克、下(d)夸克和奇(s-)(蓝色)夸克，还有少量较重的粲(c-)夸克和底(b)夸克(红色，或称美夸克)。最终火球爆炸并粉碎成强子(银色)，它们和光子及其他衰变产物一起被探测到。夸克-胶子等离子体的物理性质由所记录到的粒子的性质来决定。这种情况下，假设碰撞时间足够使物质热化，因此动能还来得及(这是另一个讨论主题)转变为形成的等离子体的内能。

出现在这类碰撞中的 QGP 由夸克、反夸克和胶子构成[4,5,53-55]。夸克和其他费米子的质量列于图 5.21[53]。这类等离子体有时被称为最“古老”的物质形态，因为它存在于宇宙大爆炸之后最初的几微秒内(见 9.4 节)，在其膨胀和冷却期间形成强子。QGP 具有最高密度，大约 9~10 ρ_0($\rho_0=2.8\times10^{14}$ g/cm^{3}为核密度)，可能出现在中子星内部、黑洞内或者普通恒星坍缩时(见第 8 章)。为了寻找 QGP，当前已经展开了超相对论离子碰撞的大规模实验计划，实验所用加速器包括 HERA(德国)、布鲁克海文实验室(BHL)的 RHIC、德国达姆施塔特的 GSI，以及 CERN 的 SPS 和 LHC 等。

第一批在布鲁克海文(RHIC)和 CERN(SPS)的 QGP 实验已经展现了这类等离子体比先前设想的(夸克和胶子气体)更为多样化的性状，搞清楚了应该给予特别关注的能量区间 $\sqrt{S_{NN}}\approx 2\sim 10$ GeV，因为该区间内很可能出现强相互作用(非理想)QGP。这一能量区间将在 FAIR 项目的压缩重子物质(CBM，Compressed Baryonic Matter)实验范畴内

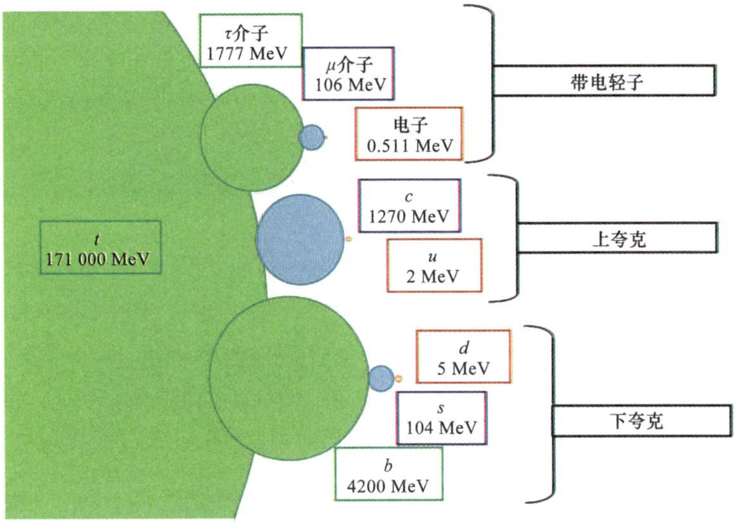

图 5.21　带电标准模型(SM)费米子的质量。圆形面积与粒子质量成正比[53]

进行研究(详见 5.7 节，将研究能量为 $E_{\text{lab}}\approx 5\sim 35$ AGeV 和 $\sqrt{S_{NN}}\approx 3\sim 8.5$ GeV 的碰撞)。此外，BNL-RHIC 计划进行比 $\sqrt{S_{NN}}\approx 200$ GeV 更低的(低到 $\sqrt{S_{NN}}\approx 5$ GeV)能量级别的实验。遗憾的是，束流亮度因此将降低几个数量级。

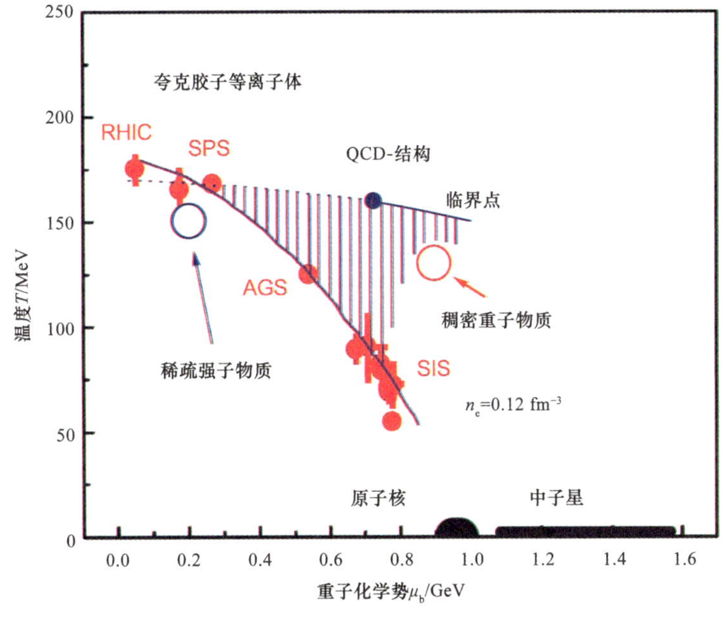

图 5.22　核材料相图

不管怎样，这里所说的是关于质心系统中每原子核能量在 100 GeV 量级及以上的或者实验室坐标系中每原子核能量在 20 TeV 量级的重原子核的碰撞。先进加速器中所达到的条件列在核材料相图中(图 5.22)。低温和低重子密度区域被强子(原子核及介子)所占据[2,4,5,55,56]。高密度(比核密度 $\rho_0 = 2.8\times10^{14}$ g/cm^3 高 5～10 倍)和高温($T>$ 200 MeV$\approx10^{12}$ K)的极限状况对应于夸克和胶子，它们在这样的条件下没有被禁闭在强子内，形成了“夸克-胶子等离子体”。这些状态之间的转换可能或者是模糊的或者是急剧的，就像图 5.20 中临界点的第一类相变。为了描述压缩重子物质在相图中对应区域的性状，使用了量子色动力学方法，该方法本身就是实验验证的对象。量子色动力学计算包含在内的相图见图 5.23[38]。

QGP 是宇宙起源之后物质转化的极重要元素(见 9.4 节)。宇宙大爆炸之后最初的几微秒时间内[4,5]，温度以 T(MeV)～$1/\sqrt{t}$ 的规律逐渐下降，这里 t 是时间(单位为 s)，因此温度有数百 MeV 的 QGP 能够在大爆炸之后最初的 5～10 μs 内存在(见图 5.24)，这时重子密度还没有那么高。等离子体随着宇宙的膨胀而冷却，发生了物质的“强子化”，随后 π 介子形成。如果发生了第一类相变，则等离子体内部有可能形成强子“气泡”：中子、质子和 π 介子。

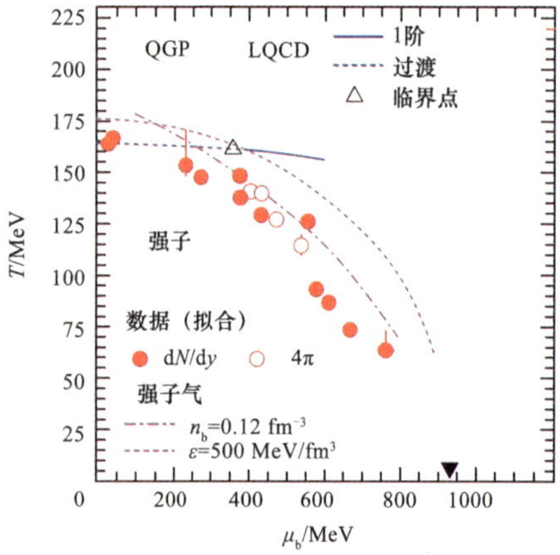

图 5.23　强子物质和夸克-胶子物质相图
圆圈代表实验和晶格 QCD(LQCD)数值模拟。
中空三角是临界点，黑三角是原子核[38]

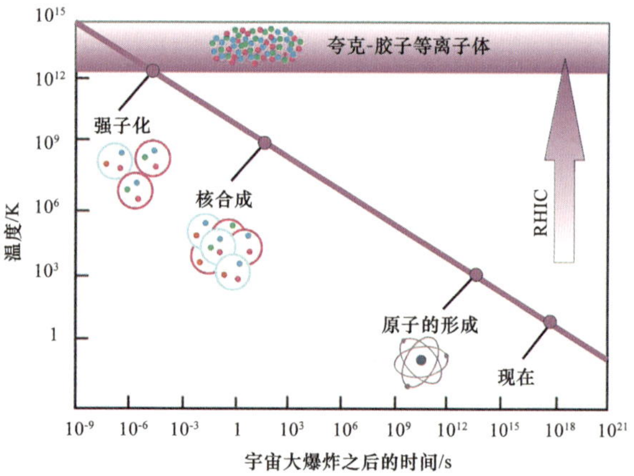

图 5.24　宇宙大爆炸之后物质的转化
箭头所指为 RHIC 加速器参数

QGP[58-61]是超稠密超高温的核物质形态，包含不受束缚的夸克和胶子，它们在能量较低时被束缚在强子中(图 5.16)。

四类相互作用(引力、电磁、弱、强)示意性展现在图 5.25 中，其中三类围在方框内，由标准模型描述。电磁和弱相互作用统一成电弱相互作用(图 5.26)。

我们知道普通物质由原子构成，原子由一个原子核和若干电子构成，原子核由质子和中子构成。质子和中子本身又由上(u)夸克和下(d)夸克组成。因此构成普通物质的基本粒子是电子和两类夸克 u 和 d。

量子色动力学(QCD)的构建是为了描述强相互作用[40,52,63]。不同于标准模型的其他粒子，QCD 的基本粒子是不能够直接观测的——它们是夸克和胶子。我们能看见的是它们的强子束缚状态。

QCD 的中心思想之一是渐近自由原理。低能量对应大耦合常数，而该常数随着能

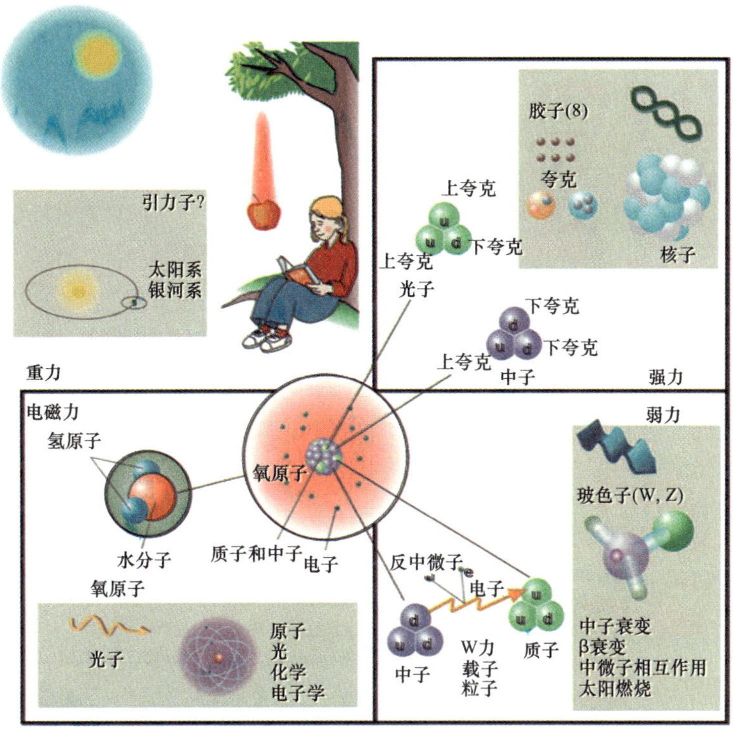

图 5.25　自然界的四类相互作用和物质的结构

方框表示标准模型作用范围[57]

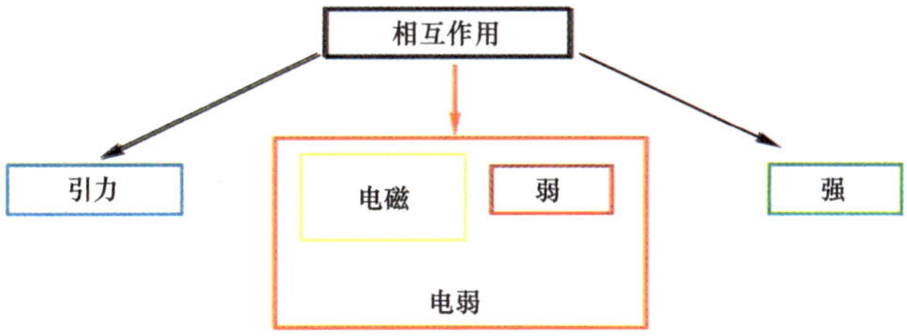

图 5.26　基本粒子的相互作用[53]

量的升高而变小(图 5.27)，趋近于零。对于这种情况，低能量时的耦合常数大量值使微扰理论不能变动。这套理论适用于高能量限度并能提供良好的结果。

低能量(低于 1 GeV)时，束缚态和它们的相互作用能够用非微扰晶格理论来描述。这时向连续光谱的转变可以通过降低晶格参数来实现。

渐近自由原理的一个重要性质在于，随着能量(自然还有温度)的升高，对其主要的贡献不是来自强子束缚态，而是自由的夸克和胶子(斯忒藩-玻耳兹曼极限，Stefan-Boltzmann Limit)。所以出现了两种相(强子相和夸克-胶子相)，它们之间有相变，临界温度 $T_c \approx 200$ MeV，能量密度 ≈ 0.7 GeV/fm^3。

核材料的压缩也能导致这一效应[40,52,63]。重子高密度状态下的耦合常数很小，因为费米表面(Fermi surface)对应于高能量，也会导致夸克退禁闭。对应于此的重子物质

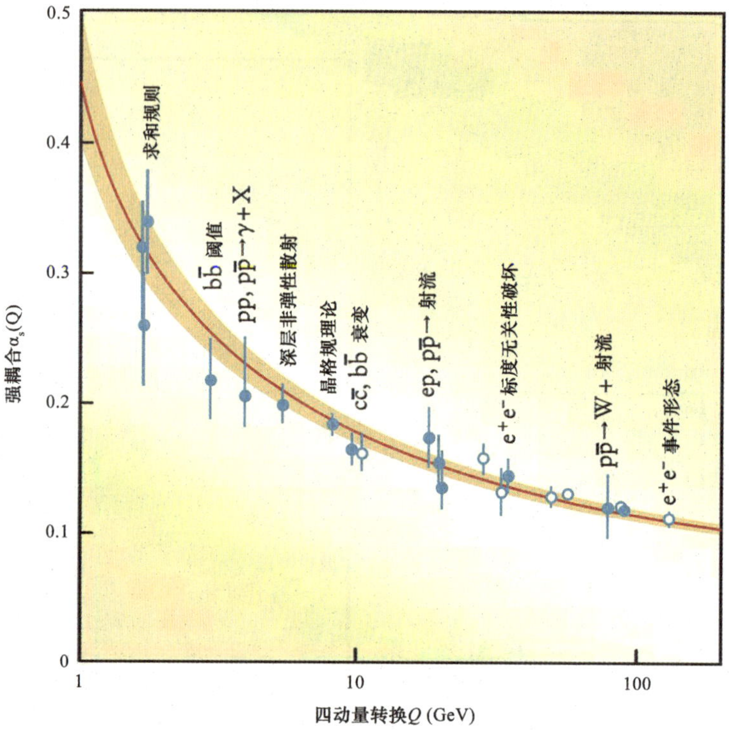

图 5.27　耦合常数与能量的依赖关系[64]

相图就有了图 5.19、图 5.20 中非同一般的形态，大量研究工作[40,52,63,65-84]都奉献给了该相图的相关计算，这些文献不仅研究 Ⅰ-类、Ⅱ-类相变领域、强子和夸克-胶子相混合物的热力学和动力学，也研究超临界条件下的解析交叉(analytical crossover)。

我们注意到(见图 5.21[53])，高密度(化学势)状况下根据渐近自由原理，费米子的作用很弱。因为夸克相互之间吸引靠近，所以它们将形成库柏对(Cooper pairs)，导致色超导性[63](见图 5.20)。

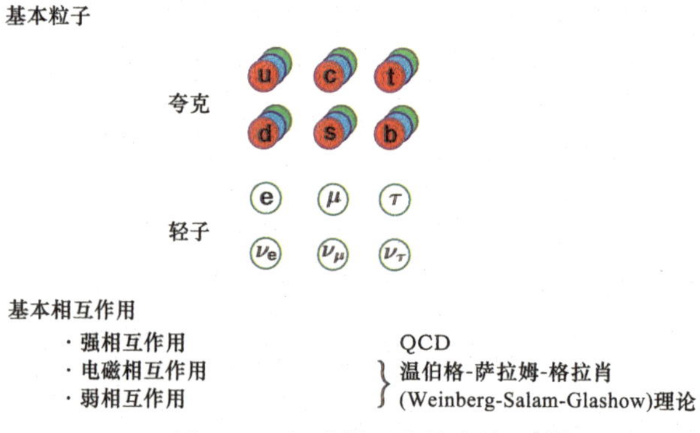

图 5.28　标准模型的构成单元[62]

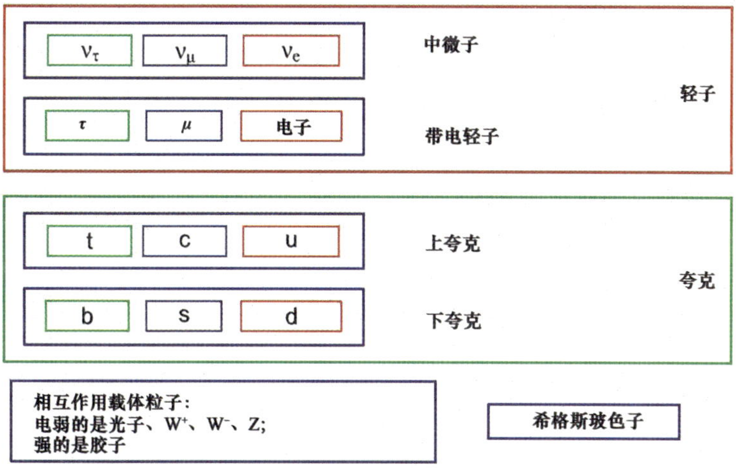

图 5.29　标准模型所涉及的基本粒子[53]

标准模型提供了一套有关粒子物理学当代概念的完整描述(图 5.28、图 5.29)。在标准模型中,夸克种类数量是六。额外的夸克标为 s、c、b 和 t。我们没有在普通物质中发现它们的原因在于,通常条件下这些夸克是不稳定的。实际上[53]量子色动力学中的有效耦合常数随能量的减小而增长(见图 5.27),使得强相互作用中的粒子不能以自由态存在,而仅存在于(强子)约束状态中,对此的物理学解释是生成于真空的虚偶(virtual pair)所造成的点电荷的屏蔽作用。当我们接近一个电荷源时,我们必将穿透其周围的屏蔽云。此时的有效电荷由于没有屏蔽而升高,这可以类比于穿透原子核周围的电子云。差别在于质量表面上的电子是真实粒子。电子屏蔽实际上是一种经典效应。重正规化群电荷(renormalization group charge)的增加与虚粒子(virtual particle)的最低贡献相关,并且是纯量子效应。负责禁闭夸克的约束力由于非常软的胶子的交换才出现。与夸克类似,电子是六种所谓轻子(lepton)成分所组成的家族的一员。这些轻子中有三类中微子(neutrino)。

标准模型的另一重要组成部分是基础性相互作用。有三种力作用于夸克和轻子。强相互作用由量子色动力学描述,而电磁及弱相互作用则由温伯格-萨拉姆-格拉肖理论(Weinberg-Salam-Glashow theory)描述。所有这三类相互作用都在特殊场论——所谓的规范场论(gauge theory)——范畴内进行分析。标准模型所处理的一些问题列在表 5.1 中。

表 5.1　标准模型的问题

	问题
物质的结构	1. 夸克-胶子物质
	2. 超越标准模型框架的希格斯玻色子(Higgs boson)
	3. 超对称,大统一,附加维度
	4. 中微子性质

续表

	问题
宇宙的性质	5. 重子不对称性
	6. 暗物质
	7. 宇宙射线的本质

表 5.2　夸克特性

名称	夸克种类和夸克味	电荷(|e|)	质量(MeV)
u	上夸克(*up*)—上[a]	2/3	5
d	下夸克(*down*)—下[a]	-1/3	10
s	奇夸克(*strange*)—奇异的(奇异性，奇异数 $S=-1$)	-1/3	150
c	粲(魅)夸克(*charm*)—迷人的(魅力，粲数 $C=+1$)	2/3	1300
b	美(底)夸克(*beauty*)—美丽的(美丽，底数 $B=+1$)	-1/3	4200
t	顶夸克(*top*)—顶[b]，真夸克(*truth*)—真	2/3	175 000

[a] 没有夸克味命名，也没有使用相应的附加量子数

[b] 没有公认的夸克味命名

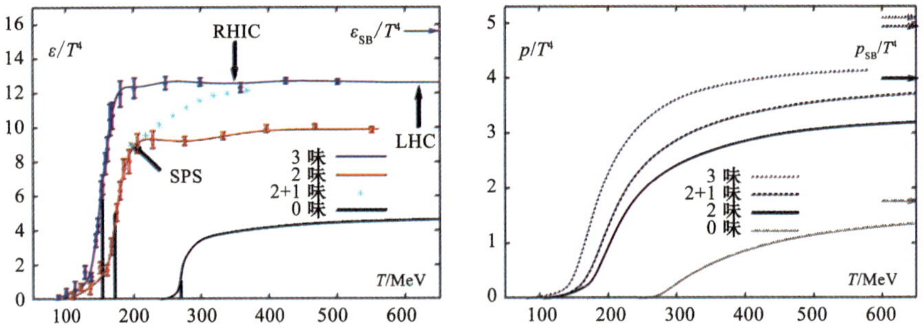

图 5.30　能量密度(左)和压力(右)与温度相关的量子色动力学计算[12]
最现实的状况对应于 2 + 1(夸克)味(下标 SB 代表 Stefan-Boltzmann)

表 5.2 列出了(具有分数电荷的)夸克的特征，它们构成了强子。例如：

质子=u+u+d

中子=u+d+d

$\pi^+=u+\bar{d}$ 等等。

量子色动力学[85-88]提供了(图 5.27)对应于 QGP 转换的能量密度值为 1~10 GeV/fm，接近于质子内部能量密度，但超出原子核能量密度一个数量级。详细的数值计算得出了 QGP 出现的临界条件：$T_c \approx 150\sim200$ MeV $\approx(1.8\sim2.4)\times10^{12}$ K(图 5.30)——比太阳中心温度高出 100 000 倍——且临界能量密度 $e_{cr}\approx0.7$ GeV/fm^3。

这类等离子体的出现代表了自由度数量(图 5.31[89])的增加，从强子的 3 到胶子的 8，乘以旋转的 2，加上轻味夸克的 2~3，其本身也有 2(个)旋转和 3(种)颜色。因此根据量子电动力学，夸克具有 24~26 个自由度，而在夸克-胶子等离子体中，当 $T\approx(1\sim3)T_c$时可以激发 40~50 自由度，与之对应的是低温($T<T_c$)π 介子气体的 3(自由度)。因为能量密度、压力、熵几乎与系统的激发自由度成正比，所以这些热力学参数在 T_c附近狭窄温度范围内的突变解释了为什么普通核物质与 QGP 之间有巨大的(数倍)能量差异(图 5.30)。

考虑到前面的说法，理想的、$g\to0$ 的 QGP 的状态方程具有如下形式[90]

$$P_{SB}^{QCD}(T)=(\underbrace{2_s\times8_c}_{\text{胶子}}+\frac{7}{8}\times\underbrace{2_s\times3_c\times2_{q\bar{q}}\times n_f}_{\text{夸克}})\frac{\pi^2T^4}{90}-\underbrace{B}_{\text{真空}}$$

对于强子物质[90]

$$P^{H}(T)=(\underbrace{3_{ISO}}_{\pi\text{介子}}+\underbrace{O(e^{-M/T})}_{\rho,\omega,\cdots})\frac{\pi^2T^4}{90}$$

将这些表达式进行对比就可以决定 QGP 的临界转换温度 T_c了。

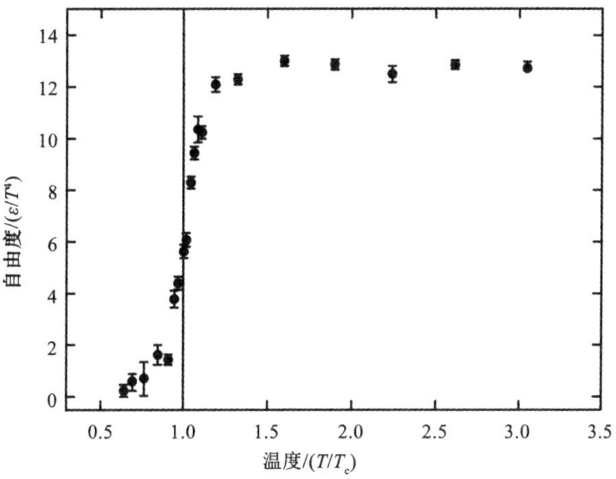

图 5.31　温度为 T 时系统热力活性自由度的数量正比于其能量密度 ε 与 T^4之比

图中画出的是扩展强子物质所预计的温度与 ε/T^4的关系，由量子色动力学范畴内的晶格近似计算出来。ε/T^4比率以自然单位制得出(这时普朗克常数(Planck constant)和玻耳兹曼常数(Boltzmann constant)等于 1)且无量纲。横坐标是温度 T 与临界温度 T_c(大约 170 MeV)之比，以此为变量能够显示出 ε/T^4的急剧升高，证明了从强子气体向夸克-胶子等离子体的转变[89]

正如我们已经熟悉的"电磁"等离子体("electromagnetic" plasma，EMP)，夸克-胶子等离子体在 $T\gg T_c$时是理想的，在 $T\approx(1\sim3)T_c$时是非理想的。与此相对应的非理想性参数——粒子间相互作用能量与动能之比——$\Gamma=2Cg^2/4\pi aT=1.5\sim5$，这里 C 为卡西米尔不变量(Casimir invariant)(对夸克而言，$C=4/3$；对于胶子，$C=3$)；$a\approx0.5$ fm 为粒子间距离，$a\sim1/T$，$T=200$ eV；强相互作用常数 $g\approx2$。分子中有系数 2 是考虑到磁相互作用，相对论状况时它同库仑相互作用(Coulomb interaction)有相同量级。

目前难以断定，向 QGP 的转变究竟是真实的具有能量密度阶跃的热动力学相变，还是虽然急剧、但仍是连续的转变[12]。很有可能(图 5.32)在重子化学势 μ_B 低值时是连续转化，而 μ_B 高值时就是第一类相变了(图 5.33)。无论如何，理论上[12]预计过渡区域内的声速是一个小量值(图 5.32、图 5.30)，这反映在可观测到的重原子核相对论碰撞时的流体力学异常现象中。所提到的 QGP 绝热压缩特性证明，$T \approx T_c$ 时应该有较“软”的状态方程，而高温以及 $T \leqslant T_c$ 时则有更“硬”的状态方程。在极限 $T \ll T_c$ 时，强子物质的状态方程变得“更软”，虽然这时不确定性非常高，而用量子电动力学(Quantum Electrodynamics，QED)方法描述这类物质将遇到极大的困难。文献[93]中基于晶格计算得出了有关在 QGP 中诱发了磁涡旋的结论。

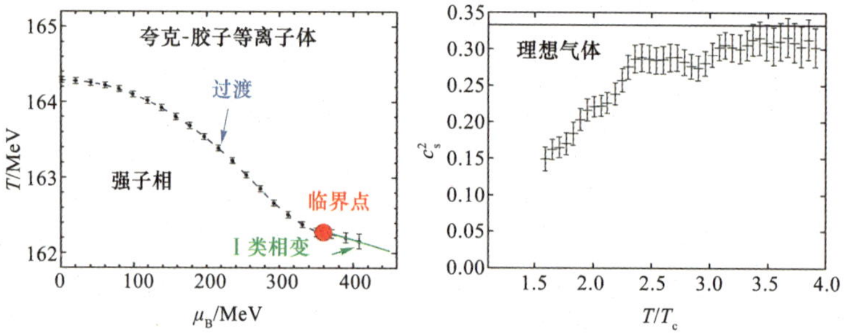

图 5.32　夸克-胶子等离子体状态方程的特性[12]

左图——依照文献[63，91]得出的相界和临界点，右图——声速与温度的关系

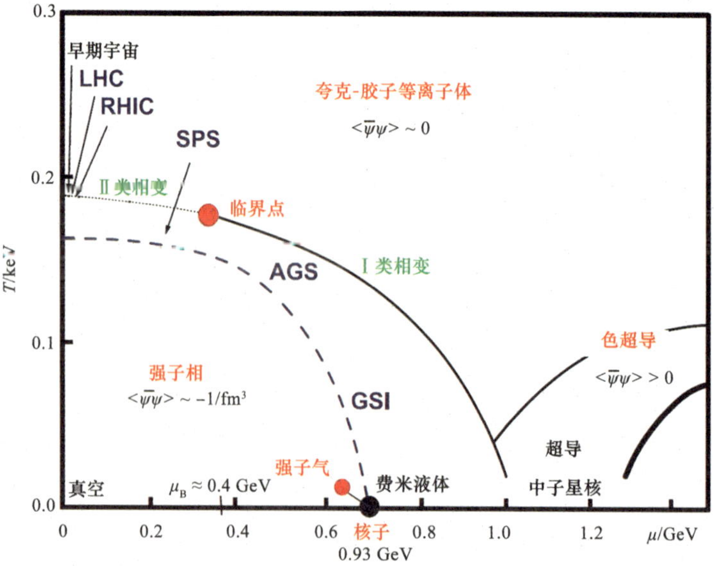

图 5.33　夸克-胶子等离子体相图[90,92]

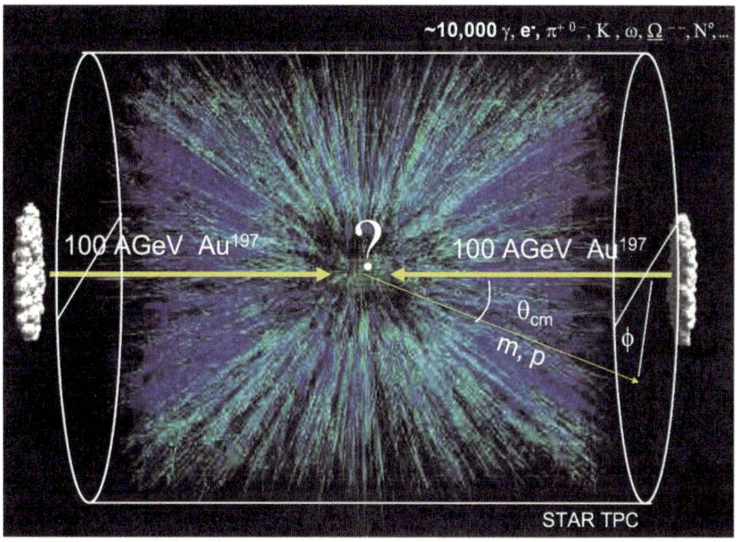

图 5.34 相对论强子的碰撞——“真空的燃烧”[14]

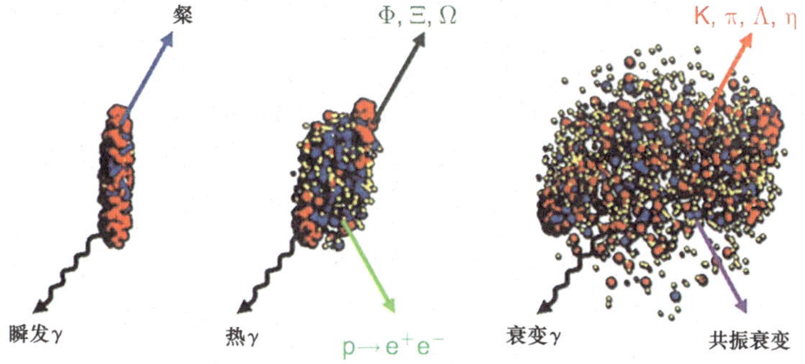

图 5.35 铀原子核在 25 AGeV(实验室坐标系)时的碰撞示意图，显示了三个时间段：碰撞起始、高密度相、膨胀相。结果飞出了大约 1000 个粒子，其中大部分是 π 介子[38]

重原子核相对论碰撞图像见图 5.34~图 5.36。这时的每一次碰撞都会产生千百个高能粒子(图 5.35、图 5.36)，其中的大部分是介子。探测器的任务就是选择和分析必要的事件。

RHIC 的实验条件下，核子碰撞尺度的纵向洛伦兹压缩(Lorentzian compression)在 100 量级。U + U 碰撞区域的特征体积大约为 3000 fm^3，里面含有 10 000 量级的夸克和胶子，而碰撞特征时间 $\tau_0\approx 0.2\sim 2\ \mathrm{fm}/c\approx(5\sim 50)\times 10^{-25}$ s。因此看起来，高能过程的一部分发生在原子核束团互相穿透混合后已经在膨胀的物质内。

这些非平衡性效应随离子碰撞速度的提高而变强，并且成为研究压缩重子物质的限制因素(详见 5.6 节、5.7 节、5.8 节)。特别是原子-原子碰撞特征时间 $\tau\sim 2R/\gamma$，SPS 加速器的是 $\tau\approx 1.5\ \mathrm{fm}/c$，而 RHIC 的则是 $\tau\approx 0.14\ \mathrm{fm}/c$。

文献[12]关注了原子核碰撞之后膨胀等离子体中快粒子的诞生，类似于宇宙大爆炸之后物质新形态的诞生(见 9.4 节)。然而差别在于，原子核碰撞是一维膨胀，而不是如同宇宙学中的三维膨胀。相对论碰撞之后物质的时空演化见图 5.37。

碰撞之时，随着核材料的膨胀和冷却，所出现的夸克和胶子热能化($\tau_{eq} \leqslant 1\ \mathrm{fm}/c \approx 3\times10^{-24}\ \mathrm{s}$)，并且在等离子体寿命 $\tau_0 \approx (1\sim2)R/c \approx 10\ \mathrm{fm}/c$ 内能够达到局部热力学平衡。这种情况下介质开始流体力学运动，对它的观测记录承载着有关强子物质或夸克-胶子物质性质的实验信息，以及它们互相转化的界限，根据量子电动力学(QED)，转化应发生在 $\approx 1\ \mathrm{GeV/fm^3}$ 能量密度级别。

图 5.36　25 AGeV 能量级别的金原子核相互碰撞后所诞生粒子的轨迹[38]

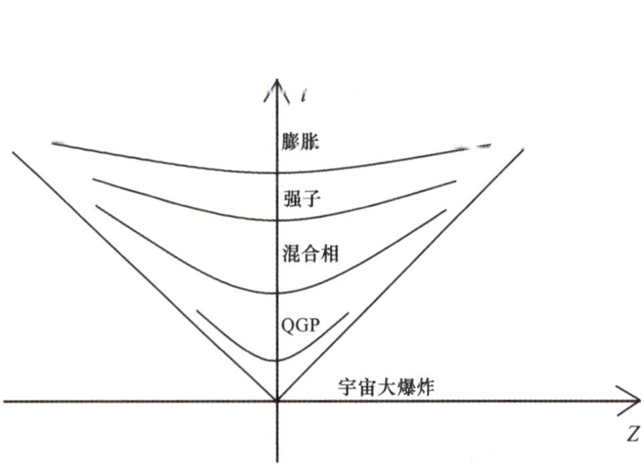

图 5.37　碰撞之后物质的时空演化[51]

无论如何文献[89]认为，RHIC 上所进行的实验中，一经过 2×10^{-24} s 的时间之后流体力学就开始起作用了，比粒子穿过原子核的时间短多了。

朗道(L. D. Landau)(1953)提出了利用流体力学方程组描述相对论离子碰撞的想法。该思想在很大能量范围内多种碰撞实验的计算方面硕果累累[94]。在这一近似处理中，高密度状态的物质运动由质量、动量、能量守恒微分方程组描述，外加电荷数量(总重子数、电荷数及奇异数)守恒定律。也利用了核物质的半经验状态方程(图 5.38、图 5.39)[65-84,94,95]。

很明显，关于流体力学近似的合理性的焦点问题之一是核物质在超相对论碰撞时是否热化。

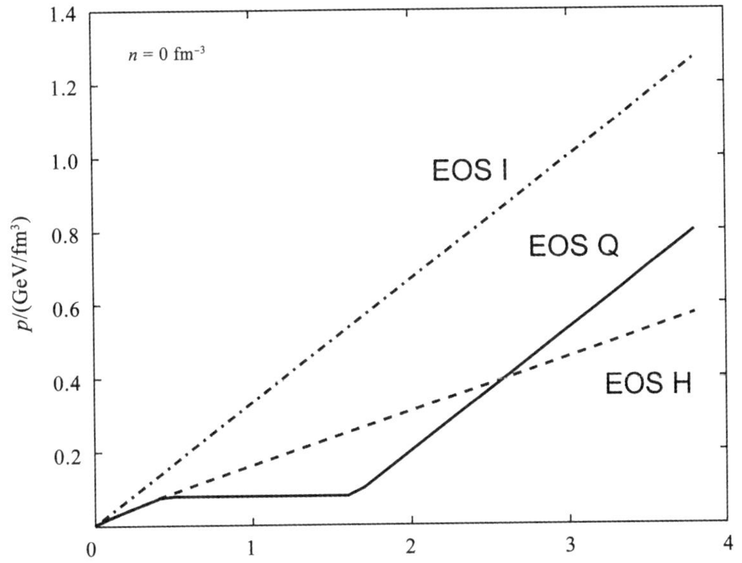

图 5.38 共振强子气体状态方程(EOS H)、无质量粒子理想气体状态方程(EOS I)和有相变状态方程(EOS Q)的范例[94]

图 5.40[12]画出了核碰撞时特征能量密度与时间的关系。碰撞和膨胀动力学的分析表明[12]，从相对较慢的一维向较快的三维膨胀的转变发生在 0.3 fm/c 量级特征时间内。图 5.40 中上部深色带对应于系统处于热力学平衡状态的假设，是理想无质量气体，而下部对应于非平衡态“冰冻”条件。将要到 3 fm/c 时间时，等离子体是夸克、胶子、强子的混合物，而 10 fm/c 时，夸克和胶子联结成强子。可达到的能量密度的下限在 $t\approx1$ fm/c 时实现，而上限(无质量气体)——在 0.3 fm/c 时。能量密度的一般估计有如下形式[12]

$$(2\sim3)\ \mathrm{GeV/fm^3}\leqslant E\leqslant(20\sim30)\ \mathrm{GeV/fm^3}$$

作为对比，中子星(8.3 节)内能量密度大约是 1 GeV/fm^3。

物质新形态——QGP——的出现应该伴随着能够在实验中观测到的物理学新效应的显现。

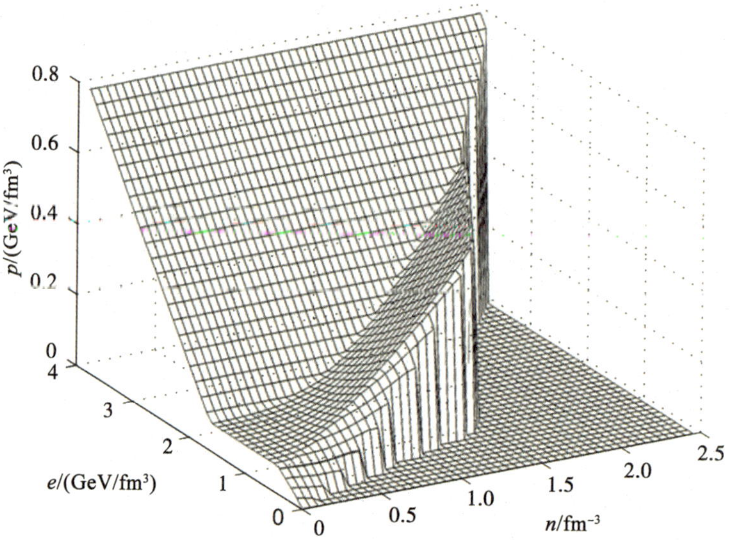

图 5.39　有夸克-强子相变的状态方程(EOS Q)

图中显示压力是能量 e 和部分重子密度 n 的函数。对于每一个 n 值，存在一个最小能量密度值 $e_{\min}(n)$，它也对应于一个压力 $p_{\min}(e_{\min}, n)$。低于 $e_{\min}$ 水平时的压力“手动”设置为零

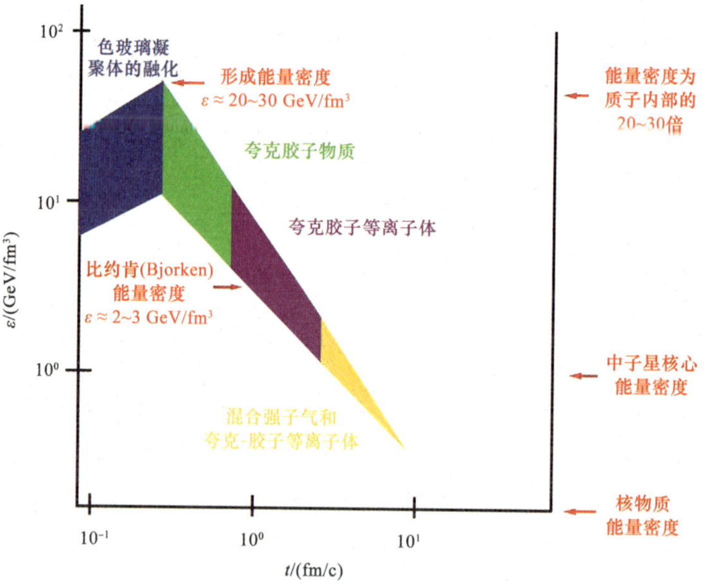

图 5.40　核碰撞时的特征能量密度与相互作用时间的关系[12]

等离子体中新自由度的出现应该在碰撞和膨胀的相对论流体力学中有所反映，而相对论流体力学本身又是在局部热力学平衡条件下由黏性流体力学方程组所描述。这一体系对于非黏性流体又可以简化(欧拉方程，Euler equation)，而实验中显现的与黏性相关的集体效应(见 5.4 节)可以成为等离子体效应的指标。

根据指定的状态方程所计算出的流体力学效应参数与实验的不同之处是 QGP 的出现。

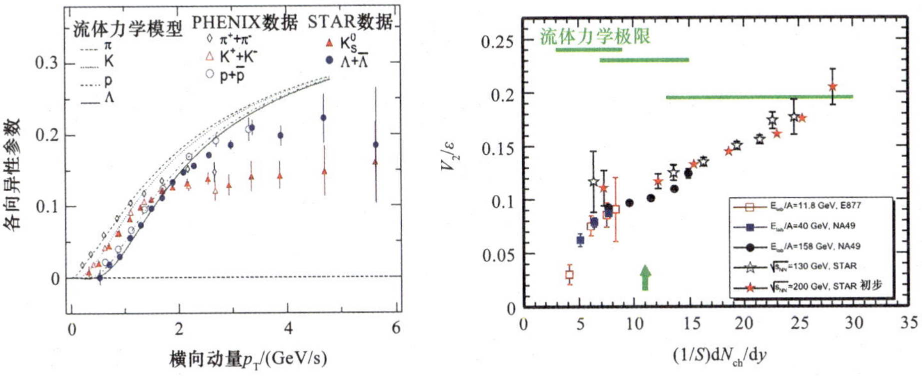

图 5.41　实验中显现的夸克-胶子等离子体[12]

左图——RHIC 的 STAR 实验组[96-98]和 PHENIX 实验组[99]测量结果。右图——来自文献[100]的数据

Au+ Au 碰撞(200 AGeV)时对于流动的方位分量 π、K、p、Λ进行对比的结果见图 5.41[96-100]。可以看出，能量低于 1 GeV/fm 量级时，计算结果与测量结果的一致性非常好，但能量升上去之后就变差了，因为 QGP 出现了。如果在状态方程中考虑这一等离子体出现所引发的 $T\approx T_c$ 附近声速的下降以及相应的状态方程的"软化"，则可以改善计算结果与实验结果的一致性。

除了状态方程中的特性之外，QGP 的出现也能够体现在流体力学运动中的剪切黏度 η 的性状上：

$$T^{ij}_{diss}=\eta\left(\frac{\partial v_i}{\partial x^j}+\frac{\partial v_j}{\partial x^i}-\frac{2}{3}\delta_{ij}\nabla\cdot v\right)+\zeta\delta_{ij}\nabla\cdot v$$

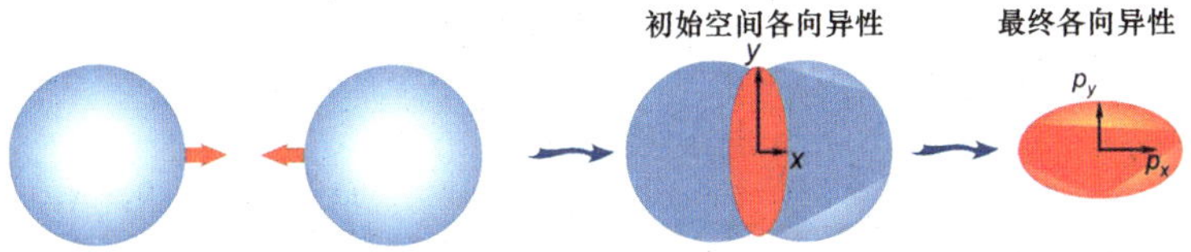

图 5.42　原子核的相对论碰撞——椭圆形流动的诞生

高能量区域具有椭圆形状，因此空间的各向异性也使介质的膨胀动量各向异性[101]

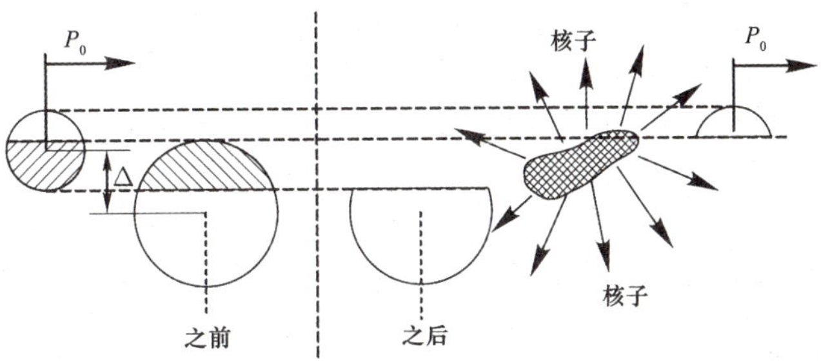

图 5.43　原子核偏心对撞示意图[38]

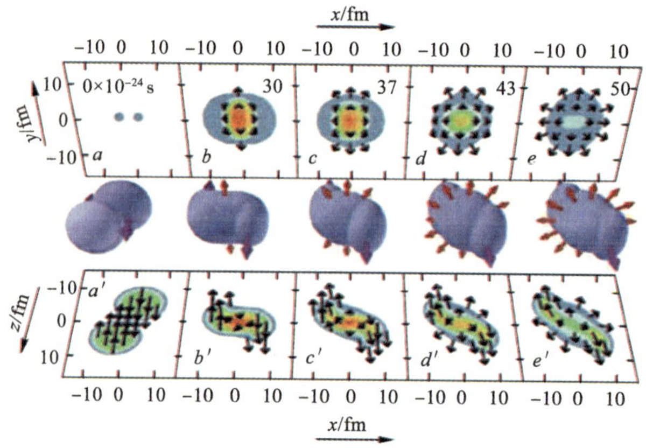

图 5.44　在 2 AGeV 条件下 Au + Au 的偏心(b=2 fm)对撞动力学
XZ 平面上给出了运动速度，沿 XY 平面是物质密度[38]

QGP 的表现使之看起来不像由互不作用粒子所组成的气体，而是具有近乎于零黏性的强相互作用的流体，然而它有下限，$\frac{\eta}{s} \gtrsim \frac{1}{4\pi}\frac{\hbar}{k}$，来自于高度概括的宇宙弦理论(string theory)(见下一节)。

正是因为这些效应，才使得 SPS 加速器中所测得的——无论是中心对撞的(图 5.42)还是偏心对撞的(图 5.43、图 5.44)——椭圆形膨胀速度在三维非定常(3+1D)流体力学[94]范畴内与计算值相比不可避免地偏低，且该差值随碰撞瞄准[12]参数的提高而下降，因为与等离子体相比，通过强了把压力传递给流体力学流动的效率比较低。无论如何，根据欧拉方程[92]计算的理想-非黏性流动结果相比于有黏性耗散方程计算的结果，与实验的一致性更好(图 5.45)。

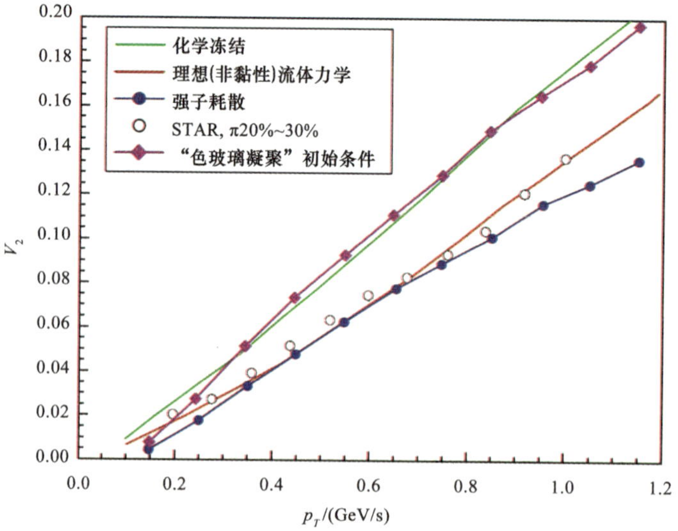

图 5.45　核碰撞中测得的(圆圈)与计算的膨胀速度对比[92]

奇怪的是，在 RHIC 上所进行的能量相对不高的实验却表现出了异常的 QGP 耗散，使得有效黏性值相比于弱非理想德拜等离子体(Debye plasma)模型所应有的，大约只有 1/10。显然[12]这与等离子体非理想性效应相关(图 5.60、图 5.61)。

惊人的是，大自然中有史以来所发现的最灼热且最稠密材料在非理想性程度方面超过了所有已知流体，其特性就是介质的黏性。弦理论和 QCD 所计算出的黏性值是超流体氦的 1/10[11]。有关黏性和非理想性的问题非常普遍，将在下一节进行仔细分析。

要在相互作用领域对材料性质进行实验研究，就必须研究各种探测用部分子(夸克、胶子)穿过材料时的能量损失[40]，类似于研究电子穿过普通非晶态介质时的能量损失。前不久在 SPS 和 RHIC 上所获得的实验结果清楚地表明，对于重离子的碰撞，介质的集体性质是决定性的。其部分子的辐射性质、终极强子的能谱、它们的相关性，与质子-质子碰撞的同类状况相比，在不断改变。所激发的相干辐射反映了介质对于穿过其中的部分子的集体响应。对于介质本身，集体性运动也会发生。所生成粒子的强子化学组分也在不断改变。微观和宏观两种近似在 QCD 范畴内对于所观测到的效应的理论性描述都富有成效。介质的力学和热力学性质在流体力学适用范畴内进行研究。稍后我们将阐述所提到的两种近似并讨论相应的实验数据。

有关高密度物质性质的重要信息包含在碰撞生成的带电强子的实测谱中。$p_T \approx$ 3 GeV时，带电强子横向动量的光谱形态不断改变，从指数关系型到幂律型，与摄动 QCD 所预计的一致。能量在 200 GeV 时，Au-Au 中心碰撞单一粒子分布的 RHIC 结果揭示了强烈的、与 p_T无关的、对具有高横向动量(p_T>4 GeV)强子份额的抑制。测量覆盖了 p_T直到 20 GeV 量值的区间。测得具有高横向动量的粒子有巨大的缺额，标志着介质中部分子的能量损失，对应于所谓的射流抑制(淬灭)效应，该射流出现在——相对于真空光谱的来自于介质中部分子的——强子光谱的软化过程中。因此抑制因素是测定介质密度的强有力手段。

我们看到，对生成于原子核相对论碰撞的射流的抑制效应包含着物质冲击压缩性质的信息[102-104]，以及 QGP 出现的信息。根据量值的级别，这种抑制可以由胶子的放射性损失测算出来，同一时间弹性损失的贡献并不大。

用于 PHENIX 实验的这类“X 线断层摄影术”的结果列于图 5.46 的右侧[12,105]，可以看到，为了解释所观测到的射流抑制，认为降低了的初始胶子密度应为 $\mathrm{d}N^g/\mathrm{d}y \approx$ 1000±200。这些量值与其他独立测量值的一致性在合理范围内[12]：

1. 与碰撞后根据等离子体膨胀所测算的初始熵值相比；
2. 与根据“椭圆形”流动流体力学数值模拟计算所得出的等离子体初始参量相比；
3. 与量子电动力学方法所计算出的密度变化速率值相比。

在胶子特征动量($p_0 \approx 1.0 \sim 1.4$ GeV)条件下，这些数据的收集有助于得出相对论碰撞时的能量初始密度：

$$E_0 = E(1/\rho_0) \approx \rho_0^2/\pi R^2 \cdot \mathrm{d}N^g/\mathrm{d}y \approx 20\ \mathrm{GeV/fm^3} \approx 100\ E_a$$

而特征动量本身也决定着初级非平衡 QGP 的形成时间，$\hbar/p_0 \approx 0.2$ fm/c。这些条件下为了利用流体力学，所必须的局部热力学平衡在

$$\tau_{\mathrm{eq}} \approx (1\sim3)B/p_0 < 0.6\ \mathrm{fm}/c$$

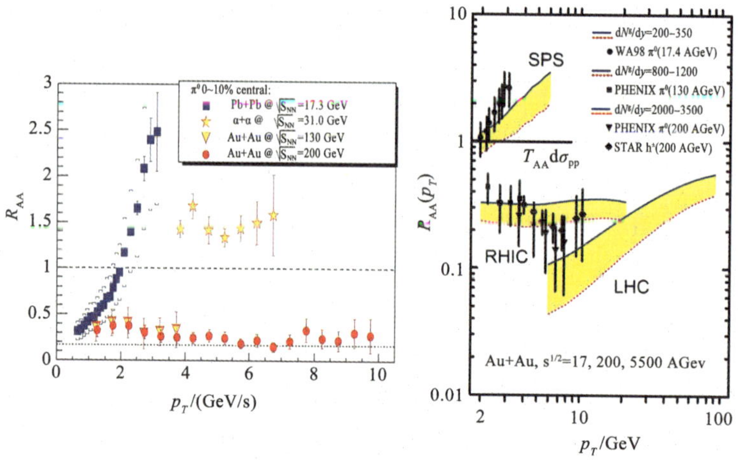

图 5.46　左图——π^0流淬灭数据，包括 RHIC PHENIX 实验组的对比所测结果与更早在 CERN 的交叉储存环(ISR)和超级质子同步加速器(SPS)上的观测结果。右图——在 SPS、RHIC、LHC 上测得的系数 $R_{AA}=dN_{AA}/T_{aa}(b)d\sigma_{pp}$，与放射性能量损失模型对比[12,105]

时达到。接近这一时间点时，温度是

$$T(\tau_{eq})\approx(\varepsilon_0/(1\sim3)\cdot 12)^{1/4}\approx 2T_c$$

根据模型之一[12]，当 $p_0\approx 2\sim2.2$ GeV 时，微型射流应该在 1000 量级。

通过测量核碰撞中相关联的双射流就可以研究次级粒子间的相关性，从而得到有关等离子体性质更为详尽的数据(图 5.47)。有结果显示[40]，无论双粒子还是三粒子的相关性都显示出了两个反向的类似射流的峰值(双射流转换)。从理论上讲，一级近似中的射流按照夸克和胶子的硬散射残余现象处理。不同条件下(中心或边缘碰撞、质子和金材料)获得的这些射流的一致性被认为是量子色动力学技术和 QGP 形成技术的适用性的强有力的论据[12]。

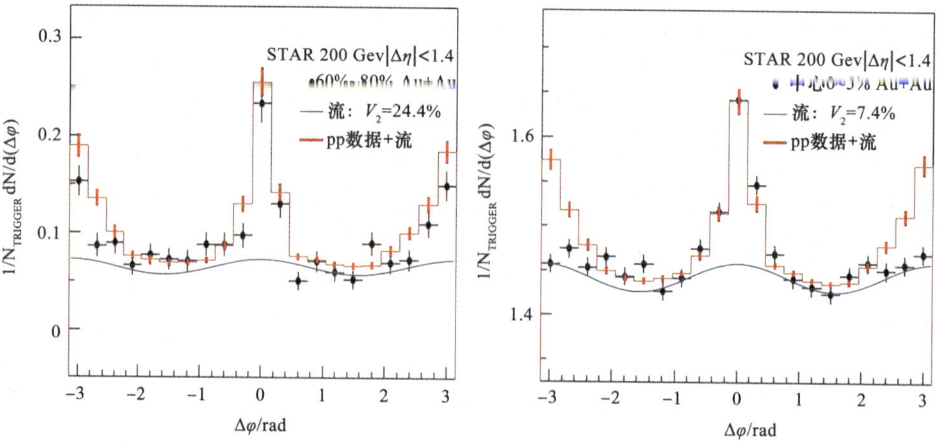

图 5.47　RHIC STAR 实验组进行的 Au + Au 碰撞实验中[12,106,107]的强相关反向射流(左图)与 p+p 碰撞的对比，以及与 Au+Au 迎头相撞时具有单射流的偏心碰撞的对比(右图)

因此核碰撞时所观测到的射流抑制现象提供了测算核物质能量密度的可能性，并且根据射流运动通过夸克-胶子等离子体时的能量损失分析，就可以得出有关这类等离子体强集体性相互作用(非理想性)的结论。

多粒子的相关性和完全(量热性)重构的射流是主要研究对象，近年来在质子-质子和原子核-原子核碰撞研究中对此已经倾注了很大的力量。在质子-质子、Cu-Cu、Au-Au 的碰撞中，最初所获得射流完全重构的结果清楚地显示了射流在夸克-胶子介质中的变宽。

QGP 的另一性状是在原子核-原子核碰撞中观测到了全新拓扑结构的事件，分别被称为“脊”和“双峰”事件[40]。在中心碰撞事件中，触发的射流位于一个基座(脊)上，该基座跨越一个很大的赝快度(pseudorapidity)区间，并在方位角方向迅速衰减。脊的存在与射流峰值无关。该峰值特性与所产生粒子的共同特性一致，然而“脊”内粒子的光谱更硬一些。脊的出现与射流结构中的粒子无关。边缘碰撞中且触发粒子的 p_T很大时，脊消失。无论是脊的赝快度大长度还是双粒子相关性所揭示的大宽粒子团的存在，二者都指向了集体性效应的重要作用。

在防触发(远离)方向上质子-质子碰撞中所观测到的方位角 $\delta\phi=\pi$ 的峰值，在 Au-Au 碰撞中被一个宽大防触发结构所替代。大部分中心碰撞事件中在 $\delta\phi=\pi\pm1.1$ 时，两个对称极值(驼峰)可以清晰地分辨出来。峰值位置基本上与触发粒子及伴生粒子的横向动量无关。在高量值 p_T(6 Gev<p_T^{trig}<10 GeV)触发时，两个驼峰显然合并成了一个宽驼峰。这就意味着，隐藏在两个驼峰之间的防触发射流再次可见——正如应该发生在介质尺度有限的情况下，具有高量值 p_T的部分子从介质中逃逸并形成射流。由重夸克激发的射流具有类似的定性性质(虽然测量的统计数量较少)。这些特性既为了双粒子的、也为了三粒子的相关性被观测到。毫无疑问这些特性的存在与介质的集体性质紧密相关。

如今，人们在积极地分析 QGP 的观测现象[90]，如：

——“气压”效应：根据集体流动参数(椭圆形的、纵向的、径向的)，由夸克-胶子介质内部压力所引起；

——“热力学”效应：光子、轻子偶、矢量介子；

——“临界”现象：强子密度波动；

——“X 线断层摄影术”：短时射流、重夸克流；

——“奇异”现象：多夸克状态、飞米尺度的“富勒烯(fullerene)”。

在这些有趣的流体力学现象之中，特别值得一提的是非常精彩完美的斯托克(Stöcker)思想[108]——关于圆锥形马赫冲击波的形成(图 5.48)，根据该波性质可以判断压缩核材料的特性。

依照文献[40]，在之后的讨论中，我们要分析一个对 QGP 进行描述的微观近似。在量子色动力学(QCD)范畴内对诞生的数千粒子在全部相空间里参加的所有过程进行连续的微观描述，如今依然是不现实的。这样的描述也许可以应用于相对少有的 p_T值较大的子进程，这些子进程中的 QCD 耦合常数相当小。为了描述介质中真实的集体效应，宏观(包括统计)近似更为适用。

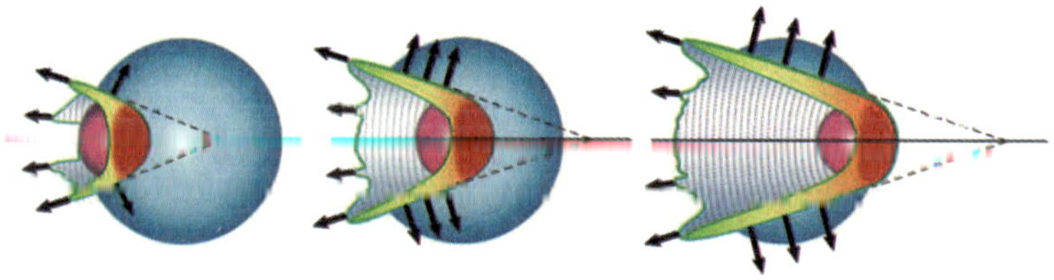

图 5.48 轻原子核(左侧)与“重”原子核碰撞时核物质中马赫冲击波的形成[108]

同时通过运用 QCD 的普遍性原理，可以追踪场演化的普遍特征，并弄清重离子碰撞过程中典型的相关性规律。下面将要讨论的，就是这些情形下的现有模式，它描述从色玻璃凝聚态(color glass condensate，CGC)向 glasma(夸克-胶子等离子体前体，其中粒子被凝聚成玻璃样或无定形态)转变，继而变成夸克-胶子等离子体以及进一步强子化的过程[40]。

这些阶段中有关夸克-胶子介质性质的主要实验信息来自部分子的能量损失。

为了描述强子及核碰撞中的多次散射过程，在 QCD 范畴内引入了 CGC 概念——物质的一种通用形式，控制所有强相互作用的高能极限，也是强子波动函数的组成部分。

QCD 中多粒子的诞生归因于 CGC 核波动函数中具有小 x 的部分子。当两张 CGC “薄饼”碰撞时就会诞生一种密度非常高的材料，被称作 glasma，出现于夸克-胶子等离子体(QGP)之前。glasma 由局限于横向平面并且在原子价色自由度之间延展的色通量管(flux tube)构成。这些通量管产生了长程关联。长程(赝)快度关联的存在与核碰撞中 glasma 的早期形成时刻相关。径向通量在通量方向上校准粒子并产生了方位角关联性，特别地，这或许能够将脊效应解释为初始状态的快速长程关联与最终状态的径向通量的结合。

宏观集体性质(CGC、QGP)可以表现在其整体性力学运动中(如黏性)，由流体力学描述；或者表现在对外部色通量的响应(如色动介电常数，chromopermittivity)中，在 QCD 范畴内描述。

众所周知[40]，在能量非常高时，胶子就成为了强子碰撞波动函数中的主要成分。介质中的胶子动力学方程组不同于真空中的包含了夸克-胶子等离子体色动介电常数的方程组[40]。类似于电动力学中的介电常数，色动介电常数描述物质对穿越其中的部分子的线性响应。根据强耦合常数主导顺序，方程组完全类似于介电常数被色动介电常数所替换的电动力学方程组。文献[40]中详细讨论了介质对部分子作用的响应问题。

为了研究夸克-胶子介质演化进程中不断变化的热力学和力学特性，需要有关时空图像的信息[40]。晶格数值计算和有关 CGC、glasma、QGP 的思想，提供了有关从约束状态向自由夸克和胶子转变的一些明确迹象。非弹性碰撞能够导致介质的热化，随后介质膨胀，可以用流体力学来描述这一演化阶段。这些内容在文献[52，74，94，95，109]等的综述中都有阐述。

介质特性由六个独立变量进行描述[40]，它们是能量密度 e、压力 p、重子数目 n_B 以及三个速度向量分量 u_μ。能量动量的张量和重子电荷的电流有如下形式：

$$T^{\mu\nu}(x)=(e(x)+p(x))u^{\mu}(x)u^{\nu}(x)-p(x)g^{\mu\nu}$$
$$j_{B}^{\mu}(x)=n_{B}(x)u^{\mu}(x)$$

这些变量的演化由六个流体力学方程描述：五个是非线性偏积分微分方程，由能量、动量、重子电荷的局部守恒定律来获得：

$$\partial_{\mu}T^{\mu\nu}=0(\nu=0,\ \cdots,\ 3),\ \partial_{\mu}j_{B}^{\mu}(x)=0$$

再加上涉及 p、e、和 n_B 的状态方程[65-84,110-117]。最后提到的这个方程，通过对位于临界温度之下和之上(也就是强子的和夸克-胶子介质)状态的归一化处理，通常以尽可能接近 QCD 晶格数据的形式去选择。这是整套处理方法颇为任意的元素。除此之外，要求解(3+1)维非线性方程组，必须给定初始条件。这些解只有通过数值方法利用几个外部参数才能找到[40]。

从流体力学方程组的解可以得到各类粒子横向动量的光谱、径向和椭圆形通量，以及相互作用区域的几何形状(根据玻色-爱因斯坦相关性和亨伯里-布劳恩-特维斯(Hanbury Brown-Twiss，HBT)干涉学原理)。这些数据与实验结果的对比可以定义夸克-胶子介质的主要热力学、统计学和力学性质。能量在 200 GeV 时它们的量值简要归类如下：$T_{eq}\approx 360$ MeV，$T_{cr}\approx 170$ MeV；$T_{dec}\approx 120$ MeV，$\tau_{therm}=\tau_{eq}\approx 0.6<1$ fm；$\tau_{dec}\approx 7$ fm，$e_{th}\approx 25$ GeV/fm^3，$e_{cr}\approx 1$ GeV/fm^3，$e_{dec}\approx 0.075$ GeV/fm^3，$s_{eq}\approx 110$ fm^{-3}，$\nu/s\approx 0.1$(在 AdS/CFT(Anti-de Sitter/Conformal Field Theory，反德西特空间/共形场论)中是 $1/4\pi$)，$n_B<0.5$ fm^{-3}。晶格量子色动力学(lattice QCD)所预估的强子化之前非常小的能量密度及很低温度条件下，这些量值揭示了快速热化、高平均初始能量密度和相当长的夸克-胶子等离子体寿命。在短于 1 Fermi 时间内的完全热化是测量椭圆形通量值(图 5.42)及其与中心度的关系所必需的，对低 p_T 值粒子来说，中心度对局部热力学平衡的任何偏离都非常敏感。集体激发、共振和非弹性相互作用使系统维持在热平衡状态。数据与理想流体动力学很好的一致性表明，正如我们先前所见，QGP 的黏性非常小。其他输运(剪切、扩散、热传导)系数对于特征微观尺度的散射没有实质性作用，该尺度远远小于与介质膨胀相关的宏观尺度。强非扰动相互作用应该是类似于理想流体性状的主要原因。由此产生了又一个术语“强相互作用夸克-胶子等离子体”(strongly interacting quark-gluon plasma，sQGP)。例如，sQGP 中可以存在粒子团簇或者大量带有重夸克的准粒子的带色束缚态。来自夸克-胶子介质组分的共振散射可能变得十分重要。所有这些或许导致了对所讨论尺度上集体性响应的出现，导致了高压、高量值色动介电常数和长程关联，它们对解释因非局部进程而使奇异部分子的诞生有增长尤其必需。所谓长“寿命”有利于对“无限”介质中的能量损失进行近似处理。

碰撞流体力学如今是蓬勃发展的领域。用这种处理方法确立了低 p_T 值粒子的主要特性。同时，也必须将众多因素考虑在内，如热力学、集体通量模型、强子化过程、共振衰减、化学组分、碰撞几何等等。然而迄今为止，还没能够完整地建立一套一以贯之的流体力学描述。有时候会出现完全矛盾的陈述，例如有关椭圆形通量的能量(从 SPS 到 RHIC)对快度和中心度的依赖关系、通量的绝对值、通量与不同半径的横向动量的关系、某些粒子的强子化学组分等等。但愿借助于同一套可调整参数，这些矛盾能够在不远的将来得到解决，使我们能够更深入地理解物质的及其演化的集体热力学和力学性质。

寻找和研究 QGP 的物理性质是当今世界很多实验室大力进行的理论和实验研究主题。在实施 FAIR 和 NICA 项目之后启动大型强子对撞机(LHC)，无疑将使这些工作获得新的动力(见 5.7 节、5.8 节)。

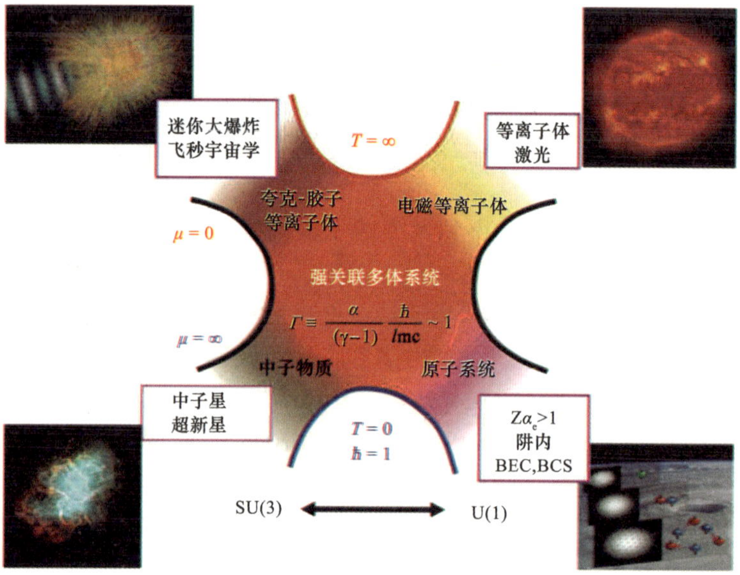

图 5.49　高能量密度物理学研究的各个方向[12]

夸克-胶子等离子体与普通等离子体相比，有很多不同和很多共同之处[51](图 5.49[12])。普通等离子体组成了可见宇宙的 98%～99%且被称为“电磁”等离子体(EMP)。电磁等离子体中粒子间相互作用强度由非理想性参数描述(见第 2 章)，亦即 $\Gamma_{EM}=\frac{z^2e^2n^{1/3}}{kT}$。对夸克-胶子等离子体而言，相应的参数形式是$\Gamma_{CQP}=\frac{\alpha_s}{1-\gamma}\frac{\hbar}{lmc}$，这里 α_s 是耦合常数，$\alpha_s\approx 0.3$～0.5(图 5.27)。这种情况中的强非理想性模式对应于不太高的温度 T～$(1$～$2)T_c$，据称温度再高时将进入微扰模式。

不同于 EMP，QGP 是相对论或者超相对论等离子体。这种相对论方面的差异不仅表现在其运动学上，也体现在，非相对论状态下只有粒子存在，其数目守恒；相对论状态下反粒子也存在，守恒的是轻子数目。粒子数密度已经不再是适当的特征量，取而代之的是重子和奇异(strange)粒子数密度。

在大横向动量状态原子-原子碰撞中，较之对 π 介子的强力抑制，可以观测到各种粒子份额的提升。因此，原子-原子碰撞和质子-质子碰撞后的强子化学组分不相同，这被认为是夸克-胶子等离子体的显现(或者更为笼统地说，是一种前强子状态的效应)。高 p_T(超过 2 GeV)值的原子-原子中心碰撞时，与质子-质子碰撞相比，中性 π 介子和 ν 介子被强烈抑制(大约相差 5 倍)。高 p_T值碰撞产物强子化学组分的改变可以反映介质中各种粒子相互作用的差异，也需要考虑介质的集体(非局部)性质(包括强子化之前可能的扩散)。

过渡 p_T($p_T \approx 2 \sim 5$ GeV 区间内)值时生成了更多质子，因此质子与 π 介子数目之比逐渐接近于 1。

引人注目的是，当次生粒子横向动量非常小($p_T<0.5$ GeV)时，对于质子-质子碰撞、原子-原子碰撞，甚至 e^+e 碰撞，次生粒子份额(对于不同粒子有差别)不变，并且与初始能量无关，正如从相干过程的普遍性出发对长波胶子所预期的那样。

EMP 内电子和离子之间巨大的质量差异使它们具有了不同的动力学和运动学，尤其是决定了弛豫过程中电子和离子之间的温度差别。QGP 中也有重粒子(魅、顶、底夸克)，然而它们的数目比轻夸克和胶子少，寿命也更短。因此重夸克对 QGP 动力学贡献很小。QGP 由量子色动力学(QCD)描述，而 EMP 由量子电动力学(QED)描述。QED 与色动力学不同，是阿贝尔的(Abelian，量子(光子)无自相互作用。阿贝尔，Niels Henrik Abel，挪威数学家)。量子色动力学中，胶子不仅迁移色荷，决定夸克之间以及夸克与反夸克的相互作用，胶子间也相互作用。不同于光子，胶子对于色荷密度以及色电流作出了贡献。

QGP 和 EMP 共有的一个特性是粒子间相互作用的集体性质[51]。尽管有屏蔽，有效电磁相互作用的半径通常比粒子间距大很多，因此在德拜球(Debye sphere)内有很多粒子，它们的运动有很强的关联性。量子电动力学提供了相应的德拜解，$\Phi(r)=(q/r)\times\exp(-m_{\mathrm{D}}^2)$，其中德拜质量(在单位原子系统中替代德拜半径的倒数)$m_{\mathrm{D}}^2=e^2T/3$ 是 $(qT)^2$ 量级，这里 q 是 QED 的耦合常数。因为这一理论中的粒子数密度 $\sim T^3$，所以德拜球中弱压缩极限内($1/q \gg 1$)的粒子数目 $\sim 1/q^3$。有意思的是，QGP 中相同电荷粒子间相互作用的赝势在某些情况下可能会变成吸引力[51]。对于 EMP 和 QGP 来说，粒子相互作用所固有的远距离特性将导致一些重要的集体效应，如屏蔽、等离子体波动、不稳定性等。

不同于利用了外部电磁场或者引力场所进行的 EMP 实验，对于 QGP 来说，所需要的外部场的强度之高不可思议，而且在相对论碰撞时只有自感应场才非常重要。

EMP 和 QGP 动力学的描述也有本质上的区别[51]。电磁等离子体(EMP)中在相应的时间限度内，广泛使用($m_{\mathrm{i}} \gg m_{\mathrm{e}}$)具有不同电子和离子温度的双流体(电子-离子)模型。局部电中性条件阻碍了明显的电荷分离，导致出现磁流体力学方程组，其中等离子体的运动是压力梯度和磁场共同作用的结果。

在 QGP 中，没有与磁流体力学类似的情形，因为每一个夸克或者胶子可能承载了不同磁极的色荷。因此当局部热力学平衡达到之后，各个色分量将具有一致的温度和速度。此外，夸克-胶子系统还在局部热力学平衡达成之前就会变得色中性。QGP 的情况，实现了无色动力学场的中性流体的流体力学。当然如果没有局部热力学平衡，就将采用更为复杂的运动学方程组，带有这样或那样形式的“碰撞”项[12]。

要封闭表示质量、动量、能量守恒定律的运动方程组，必须使用状态方程。对于最简单的无质量粒子所构成的理想超相对论气体情况，采用 $E_{(x)}=3P(X)$。

许多对 EMP 来说很典型的流体力学和运动学等离子体不稳定性，看来可以在 QGP 中显现[51]，虽然观测起来极为困难。然而原子核相对论碰撞中，所测量到的很短

($\leqslant 1\ \mathrm{fm}/c$)的 QGP 热化时间和射流抑制效应与这些扰动的发展密切相关。

实验中所观测到的[51]物质的快速热化、椭圆形通量的参数、飞散粒子的光谱、射流的抑制、低黏性都可以归因于[51] QGP 的已经距离退禁闭阈值不远的非理想性。前面已经引入的非理想性参数估计，$\Gamma \approx 1.5 \sim 5.0$，可能高了一个数量级，因为在相互作用势中考虑了更高阶项[51]，其本身可能也会引起“等离子体”的相变，类似于非相对论强非理想等离子体中所观测到的[119-123]。

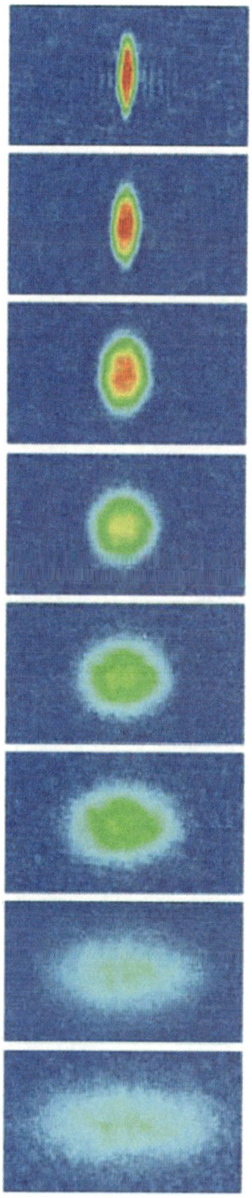

图 5.50　静电阱断电之后的非理想低温^{6}Li 锂等离子体膨胀的非对称(“椭圆形”)动力学[118]。类似于原子核碰撞中的椭圆形通量

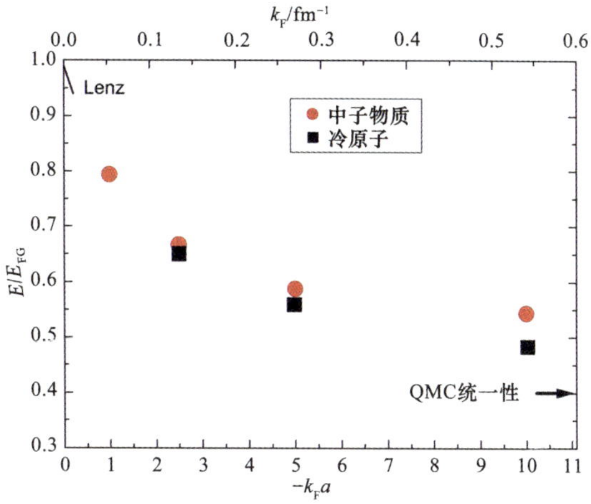

图 5.51 中子物质(圆圈)和超冷原子(方块)的折合能量[124]
QMC：量子蒙特卡罗方法(Quantum Monte Carlo)

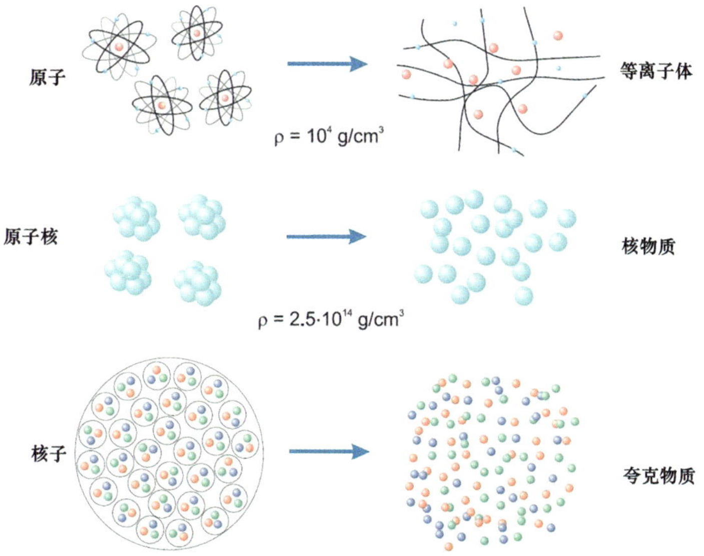

图 5.52 高能量密度状态下物质的变迁

文献[51]中，压缩 EMP 所显现出的等离子体非理想性效应，已被用于分析 QGP 的黏性性状、截面、碰撞和制动能力。由于 QGP 中的朗道长度(Landau length)($\Gamma_c \sim q^2/E$)与德拜半径(Debye radius)之比从 1 变到 5，这就使散射截面增加了 2~9 倍，使自由程 λ 缩短，因此黏性($\eta \sim \lambda$)量值也降低了一个数量级(见下一节)。这与原子核碰撞时所测得的椭圆形通量参数和粒子光谱相一致，也与所记录到的碰撞损失的增长相一致。

惊人的相似[51]出现在强非理想 QGP 与强非理想“粉尘”等离子体之间[120-122]。两种情况下，显然所指的都是非牛顿流体，其剪切黏性依赖于运动速度。此外，QGP 还具有纳米流体(nanoliquid)的特征[51]。特别是碰撞之后，QGP 的初始尺度立刻变成 10 fm 左右，约为粒子间距的 20 倍，与连续介质的同类系统大为不同。这也是非理想“粉尘”等离子体的特性。

文献[92]中分析了 QGP 和一种强非理想 EMP 之间的相似之处，后者是由激光及蒸发技术冷却到超低温度的静电阱中的离子所构成的。这两种都是有限体积及大数目($\approx 10^4 \sim 10^7$)自由度的强相互作用系统。图 5.50 援引了一个 EMP 低温离子的等离子体云团膨胀的范例[118]，展现了相对论碰撞实验中超密核物质膨胀时典型的所谓椭圆形通量特征(图 5.42)。中性物质和超冷费米原子(Fermionic atom)相近的能量特性(图 5.51)[124]，展现了温度值相差大约 20 个数量级状况下惊人的相似性。

这些相似性可能大有用处，有助于理解 QGP 的一些重要性质，特别是那些从相对论离子碰撞实验中很难直接得到的性质：

——压缩介质中动能的分布；

——集体运动及其测量；

——屏蔽；

——碰撞和膨胀；

——通量、流体力学；

——热(能)化；

——相关性；

——与快速粒子的相互作用、制动能力；

——黏性、耗散。

这样的类比很容易继续下去。

本节最后，我们援引一张高能量密度条件下的物质变化示意图(图 5.52)，它能在一定程度上推广 2.6 节结论(图 2.33)，说明在压力和温度向着极端高区域进发时物质如何简化。

我们看见，重离子相对论碰撞方面的实验(SPS、RHIC)已经成为物理学新领域——夸克-胶子介质物理学——相关的极为宝贵的信息来源。这些实验表明，核碰撞不应看作是质子-质子碰撞的加成，因此重离子的动力学中必须考虑介质的集体性质。关于这一点，各向异性通量的存在、射流的淬灭，还有相关性特别的形式如脊、双峰事件等等很多我们前面已经讨论过的都可以证明。

介质演化的理论判断需要大量求助于 QCD 来讨论某些效应，如色玻璃凝聚态、glasma、热化、夸克-胶子等离子体、强子化等等。我们特别强调，凝聚态物理学方法可以用来描述介质内部分子能量损失的修正，该损失来自形成长度(Formation length)效应以及介质极化之后的集体响应(色动介电常数)。为了描述该介质的集体性状，广泛运用了流体力学原理。

结论中我们还要强调一种处理方法，就是如何依靠夸克-胶子等离子体自身的发光来发现它[11]，其高能光子如何逃脱吸收、逃离介质。正如天文学家通过遥远的星球所发射出光线的光谱来测量其温度，物理学家们也在尝试利用含能光子来弄清楚夸克-胶子流体的温度。但是目前看来光谱的测量极其艰难，因为中性 π 介子衰变时会出现很多其他光子。虽然它们的出现比夸克-胶子流体到强子的逆变换晚得多，但到达探测器的光子总归看起来是一样的。

很多物理学家打算利用 CERN 的大型强子对撞机(LHC)去实现下一个能量的里程碑[11]。预计很快就会开始观测铅原子核碰撞的实验，总能量将高于百万 GeV。将在 LHC 上发生的微型爆炸中，瞬间所达到的能量密度将是 RHIC 上进行碰撞的数倍，而温度将远超 10^{13} K。专家们将能够模拟和研究宇宙大爆炸之后最初几微秒存在过的条件。

极为有意思的问题是，RHIC 上所发现的流体相似性能否在温度和能量密度更高的 LHC 上坚持[11]。很多理论学家猜测，一旦夸克的平均能量高于 1 GeV 时它们之间的作用力将变弱，因此夸克-胶子等离子体总归将表现得像气体一样。其他研究者不同意这样的观点。他们坚信，更高能量条件下的 QCD 力不会下降得那么快，因此夸克和胶子仍将保持着很强的互相约束，如同液体中的分子一样。

5.4 黏性和粒子间的相互作用

正如我们前面所看到的，在 RHIC 加速器上进行的实验中，有一个结果不期而至闪亮登场，它就是 $p \approx 10^{30}$ bar，$T \approx 10^{12}$ K，$\rho \sim 10\rho_0 \approx 10^{15}$ g/cm^3 的强压缩夸克-胶子等离子体，其表现不像夸克和胶子的气体，而是像黏性微不足道[$\eta/s \sim (0.08 \sim 0.24)$]的液体。一般看来这反映了相互作用粒子群最为基本的性质，粒子群在强粒子间相互作用极限内表现为非黏性理想流体[89,125,126]。

这一特性是分类繁多、性质各异、参数跨度巨大(图 5.60、图 5.61、图 5.62)——温度相差 18 个数量级、密度相差 25 个数量级——的物理学研究对象所固有的[52,127,128]。这些对象指的是 $T \approx 10^{12}$ K 的相对论超压缩夸克-胶子等离子体[89]、宇宙早期的物质[129]、氦同位素的黏性[130,131]、分子态和原子态流体、粉尘等离子体[132]、金属和半导体中的电子[133,134]、石墨烯(graphene)[135]、黑洞[125]和光学阱中的超冷($T \approx 10^{-6}$ K)锂原子费米气体(Fermi gas)[126,136,137](见图 5.60~图 5.62)。

所有这些经典和量子系统中的强(集体性)粒子间相互作用表现为剪切黏性的急剧下降，于是它成为一种诊断方法，起到“信号”的作用，来见证强相关系统的集体性状。很重要一点，这类黏性性状实际上独立于模型而且是“非微扰的”。

理想流体的概念对应于处于局部热力学平衡状态的宏观系统，此刻该系统具有微不足道的剪切黏性，$\eta = \rho v^2 \tau$。宏观来看，黏性是描述介质对抗其运动的量值。微观来看，黏性是介质各种元素之间相互作用的强度特性[125]。可以断定[89]，黏性反映了介质无法向相邻区域传递一定的动量，也反映了局部完全平衡的打破，造成了摩擦力和流动减速。

剪切黏性所体现的是扰动如何通过相互作用在介质中传播。相互作用越强，则扰动的传递将越强烈，流体黏性则越低。在粒子不相互作用的理想气体的另外一个极限状况中，剪切黏性是一个有限值(图 5.53)。

实际上黏性与粒子碰撞的平均时间(图 5.53)以及系统的能量密度 E 成正比。而熵

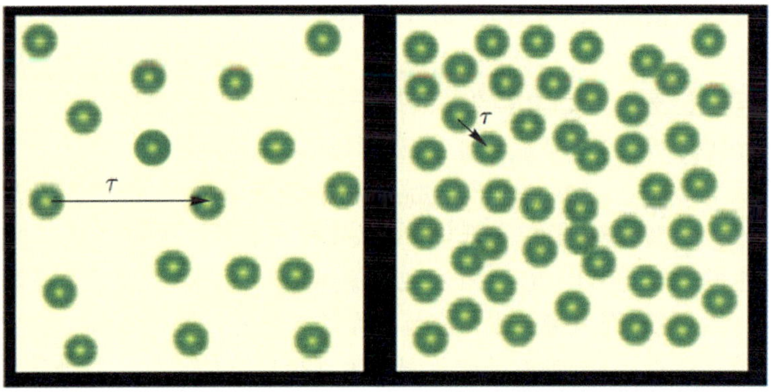

图 5.53 右图所示的强相互作用粒子通常具有同类粒子相互作用事件之间很小的平均自由程和很短的平均自由时间 τ

左图所示的粒子弱相互作用系统适用于传统的扰动理论计算方法，但随着 τ 的下降，粒子开始失去自己的独立性，所以这些方法逐渐失效[125]

图 5.54 全息摄影的对偶性能够将规范场论中的流体力学计算转换为高维度时空理论的散射计算

左侧平面代表三维空间，是一个四维时空断面，为此发展了双规范场论(dual gauge theory)。垂直于这一平面的运动发生在附加的第五维；引力作用于五维时空体积。右侧平面代表黑洞的三维事界(事件视界，event horizon)。扰动如何在规范场论的四维时空传播是复杂的计算，等价于计算更为简单的一个过程，其中引力子(蓝色)被黑洞在五维时空中扩散[125]

密度 s 与粒子密度 N 成正比，所以 $\eta/s \sim \tau\varepsilon/k$，其中 ε 是每粒子能量。由于粒子间的相互作用使 τ 下降，这就导致了 η 的降低。根据海森堡原理(Heisenberg principle)，$\eta\varepsilon \gtrsim \hbar$、$\eta/s \sim \hbar/k$，所以 $\eta=0$ 的理想流体浓度与量子力学相矛盾。

利用基于海森堡关系(Heisenberg relation)分析、规范场论、弦理论以及为描述引力而发展的(图 5.54)全息原理(见后面)的论据，文献[127]中的杰出工作获得了黏性估计的下限，得出了非常小的量值：

$$\left(\frac{\eta}{s}\right)_{g}=\frac{1}{4\pi}\frac{\hbar}{k}\approx 6.08\times 10^{-13}\mathrm{K}\cdot\mathrm{s}$$

用规范场论方法计算的扰动传播支持了这一估计，在该理论范畴内分析了多维空间中从边界上的一点开始的引力子的传播，其在反德西特空间(anti-de Sitter space)中从黑洞的反射，以及返回到边界(图 5.54)[138]。此外引力子反射截面实际上接近于黑洞视界面积，而黏性也正比于视界面积[138]。同时也在黑洞物理学和热力学之间利用了所建议的霍金类比(Hawking analogy)。在一种 10 维“黑”膜上研究了引力超弦理论(superstring theory)，在流体力学中可以找到类似理论。全息原理(AdS/CFT，Anti de Sitter/Conformal Field Theory，反德西特/共形场论)把这种多维处理方式引向较少维度空间。同时“黑”膜的熵也正比于事界面积，$S=A/4G$，由此来评估黏性的低限。

文献[128]中，为强相互作用系统而发展的弦理论的方法被用于描述“对偶”弱相互作用[125]。曾有显示，η/s 比率应该具有非零最小值$\frac{\eta}{s}\geqslant\frac{1}{4\pi}\frac{\hbar}{k}$。这一关系式把强相互作用系统的流体力学和热力学联系在了一起[126]。强子共振相对论气体剪切黏性的具体计算[139]、扰动[140]和晶格计算[141]与这一限制性估计并不矛盾。

通过手征微扰理论[142]可以看到，黏性 η/s 随 T 的升高(T 随系统中相关度的提高而升高)而单调下降，达到了 QGP 相变温度附近的最小值。η/s 的这种性状本身也可以是强相关性系统中相变的表征。文献[143]中提出了 η/s 的最小值意味着向 QGP 相变的结论，该文利用超相对论分子动力学方法表明，火球的膨胀和冷却伴随着 η/s 的增长。这一 QGP 参量显示出了随温度升高而单调增长的特性。

为了使说明更为充分，我们援引另一文献[144]的工作，其中利用广义引力理论得出了量子限的其余值。

为了分析黏性，利用了最精妙的理论处理方法之一——所谓的全息方法——来分析较低和中等能量条件下的强相互作用动力学。其主要思想在于，对偶理论能够在任意维度的时空中成型，因此，例如，某些理论的大耦合常数四维动力学等价于另一理论的弱耦合五维动力学(类似于用一种二维全息描述一种三维立体对象)。这一处理方法最著名的一次实践就是反德西特/共形场论对应(AdS/CFT correspondence)，基本上实现了具有四维共形不变性的强耦合规范场论和具有弱耦合常数的多维超引力之间的对偶性。四维共形对称包括相对于庞加莱群(Poincare group)变换、膨胀和反转的不变性。

实验证明[125]，普通液体如水、甚至液氦具有远超低限 $\hbar/4\pi k$ 的黏性(图 5.55)，同时正如夸克-胶子等离子体和超冷费米子的黏性(5.2 节)，只比极限值$(\eta/s)_{\mathrm{bd}}$高几倍。这就证明了这种情况下曾经获得过具有创纪录低的剪切黏性值的材料新形式[89,125,126]。

我们注意到，依照文献[145]，当 $\Gamma\approx 12$ 时，单一成分等离子体的黏性，达到了最小值，$\frac{\eta}{s}=4.9\frac{\hbar}{4\pi k}$。强非理想粉尘等离子体和电磁等离子体的黏性见图 5.60、图 5.61。

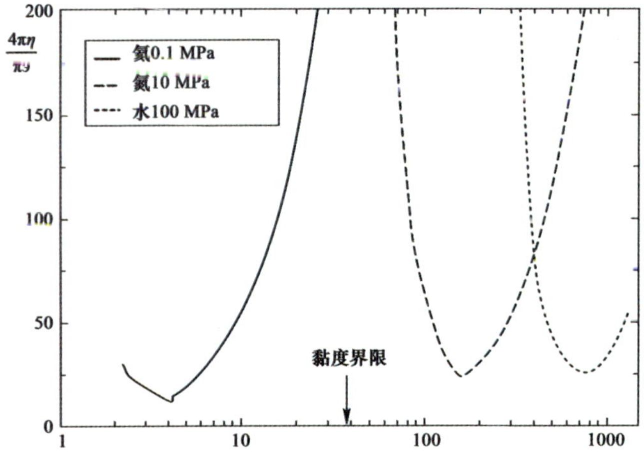

图 5.55 氦、氮和水的黏性[145]

我们来更为仔细地分析这些例子。让我们从稀薄的锂-6 原子费米气体(Fermi gas)开始，通过蒸发降温对其进行冷却，直到 $T\approx10^{-6}$ K[126]。这一强相互作用费米子的系统展现了低黏性理想流体的性质，只能适用于量子力学[126]。

实验中[126]，数十万锂-6 原子放置于光学阱内，它们之间的相互作用由外部磁场控制。为了降低温度，采用了"蒸发冷却"方式，把原子系统转变为量子模式(费米统计，Fermi statistics)，此时原子动量变得如此之小，以至于热力学德布罗意波长(thermal de Broglie wavelength) $\lambda\sim\sqrt{\hbar/(2nmkT)}$ 变得与粒子间距相当[126]。

异向旋转原子间的相互作用在费希巴赫共振(Feshbach resonance)的状况下最大[146]，该状况实现条件由外部磁场的施加得以保证。这时粒子对偶碰撞的动能和磁相互作用能量之和逐渐接近二聚体的结合能。重要的是在这种模式中，这类气体的性质具有普遍性并且几乎与粒子间相互作用的细节无关[126]。

因为光学阱电位几乎是谐振波形状，所以根据维里定理(virial theorem)，粒子系综总能 E 等于势能的两倍。系综的几何尺度根据其照片决定(图 5.56[126])。这一从实验中记录到的系综尺度也决定了系统内能。通过改变形成阱的激光辐射频率就可以找到原子共振频率，这时激光能量的吸收增大，相应地粒子系综尺度也变大。

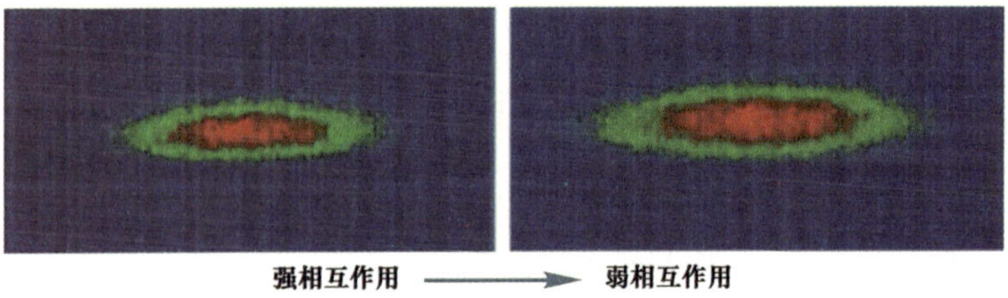

图 5.56 阱中所捕获的费米气体的均方根尺度决定其能量和熵

当粒子强相互作用时(左图)云团尺度的测量可以得出总能。如果慢慢除去外部磁场，实验工作者可以绝热地把系统变成弱相互作用模式。这种情况(右图)下从云团均方根尺度可以计算出熵。强模式中的相互作用是吸引，相应的云团尺度减半不足为奇。两种云团水平方向都能够达到 200 μm。红色区域表示最稠密部分[126]

测量熵 S 的想法主要是为了利用使系统脱离费希巴赫共振的磁场的绝热变化，随后再把系统切换到弱粒子相互作用模式。这时的熵 S 等于很容易计算的理想气体的熵，它凭借过程的绝热性等于强相互作用系综的熵。

如此这般所获得的数据见图 5.57[126]，可以看到非理想费米系统状态从超流体向普通流体的转变。文献[126]显示，这一转变发生在 $T\approx0.2T_F$ 时，其中 T_F 是费米温度，而 $T=\partial E/\partial S$。

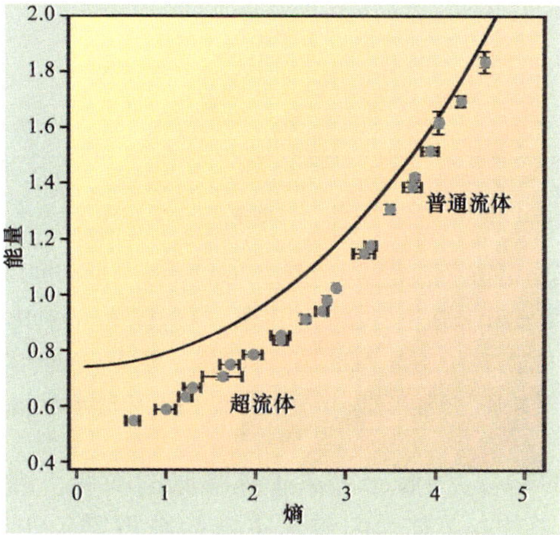

图 5.57 强相互作用锂-6 费米气体从超流体状态向普通流体状态的转变，其“信号”是能量-熵的比例变化

图中的计算能量是每粒子能量归一化为阱内理想费米气体的费米能量，而每粒子熵的计算归一化为玻耳兹曼常数(Boltzmann constant)。数据证明了变化发生在归一化能量大约为 0.8 时。图中列出了理想费米气体能量和熵的关系(曲线)作为对比[126]

实验中通过改变外部磁场[126]实现了粒子系综振荡模式——“心跳”模式。心跳模式的衰变能够提供系统剪切黏性的有关信息。所获得的费米粒子强相互作用剪切黏性数据见图 5.58[126]，并且证实了几乎为理想流体的模式的实现。显而易见，所测得的 η/s 值非常接近弦理论设定的下限 $\frac{1}{4\pi}\frac{\hbar}{k}$。

也研究了输入附加能量或者切断阱电流之后雪茄形束团的膨胀模式(图 5.50)。可以清楚地看到云团膨胀的椭圆性，类似于夸克-胶子等离子体的椭圆形通量。这种情况下[126]的动量量纲是 $\hbar/\delta$，其中 δ 是粒子间距。剪切黏性的形式是 $\nu\sim\alpha\hbar^3/\delta^3=\alpha\hbar n$。无量纲参量 α 的意思是德布罗意波长与粒子间距之比。空气的 $\alpha\approx6000$，水的 $\alpha\approx300$，证明了这种情况下量子效应的微不足道[126]。但液氦在 λ(相变)点的 $\alpha\approx1$，对应于量子模式。对强相互作用费米系统进行的黏性计算得出 $\alpha\approx0.3$[147]。

文献[136]对阱中等离子体振荡过程进行了理论研究，其中奠定了一种流体力学近似，找到了激发态光谱密度特性。

正如我们在 5.3 节所见到的，重原子核相对论碰撞时夸克-胶子等离子体(QGP)的产生伴随着低黏性(理想)流体的出现，其动力学由夸克和胶子所组成的理想流体的流体力学模型描述。

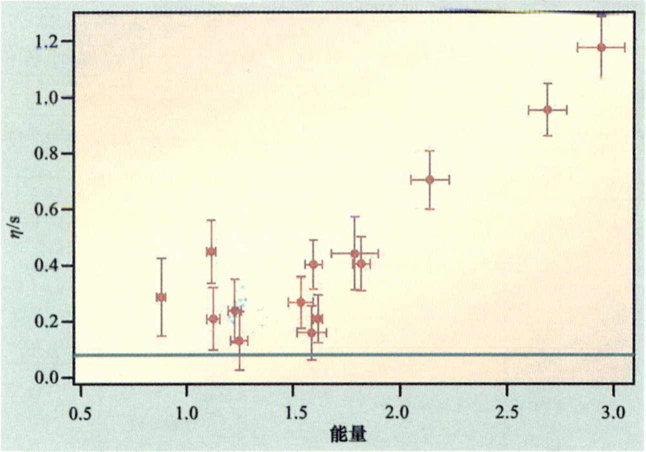

图 5.58 强相互作用正常锂-6 实验测定的剪切黏性与熵密度(η/s，红色圆圈)之比和弦理论所预估的下限(绿色直线)的对比

计算所用到的每粒子能量归一化为费米能量。以这些单位衡量，从超流体向正常流体的转变发生在归一化能量为 0.8 时。统计误差棒不包括黏性评估用模型可能引起的系统误差[126]

由于探测器记录到的是夸克-胶子等离子体膨胀的晚期，因此关于它的特性只能通过间接迹象来判断(见 5.3 节)，其中内涵最丰富的数据是关于膨胀中的物质“流”，以及对应于大角动量值的“硬”过程的。硬过程包括夸克的诞生，以及 QGP 中出自于夸克碰撞的高度准直强子射流。乍看起来这与渐近自由原理相矛盾[89]，该原理预言 QGP 中的相互作用随温度和密度的升高而减弱。

然而实验清楚地显示了偏心碰撞中等离子体的高压所引发的“椭圆形”流的形成(图 5.42、图 5.45)，偏心碰撞也可以有把握地被碰撞流体力学计算所再现。这也验证了局部热力学平衡条件下用连续介质力学方法对相对论碰撞进行描述的可行性。

射流在稠密 QGP 中运动时将被吸收(抑制)，证明了夸克-胶子介质对于射流的强不透明性。这一射流抑制效应见来自文献[89]的图 5.59 的图解说明，图中的电子反映了重夸克的衰变。有趣的是，由于光子不受制于强相互作用，它们实际上(见图 5.59)不被 QGP 所吸收，因此它们能够承载关于 QGP 温度的信息，该温度被证明[89]是在 300~600 MeV 范围内，远远高于相变为 QGP 所需的温度 $T_c \approx 170$ MeV。

总而言之，实验数据表明[89](鉴于夸克和胶子的强不透明性)QGP 是强相互作用介质，而不是弱相互作用的，正如从渐近自由原理可以推断的。

用量子色动力学方法对晶格模型所进行的计算证明了 $T\approx(1\sim2)T_c$时相关函数中峰值的存在，也证明了夸克和胶子明显的相关性。

无论如何，有关射流抑制和椭圆形通量的数据可以在假设黏性极低的条件下进行阐述，该黏性仅略微超过它的下限，$\dfrac{\eta}{s}\geqslant\dfrac{1}{4\pi}\dfrac{\hbar}{k_B}$。

碰撞实验的结果表明，它们接近于弱渐近自由模式，该模式中量子色动力学预言了短距离内色荷的屏蔽。我们在 5.3 节中所讨论的电磁等离子体中库仑电荷的德拜屏蔽和夸克-胶子等离子体中的色屏蔽之间的类比可能意涵非常丰富。

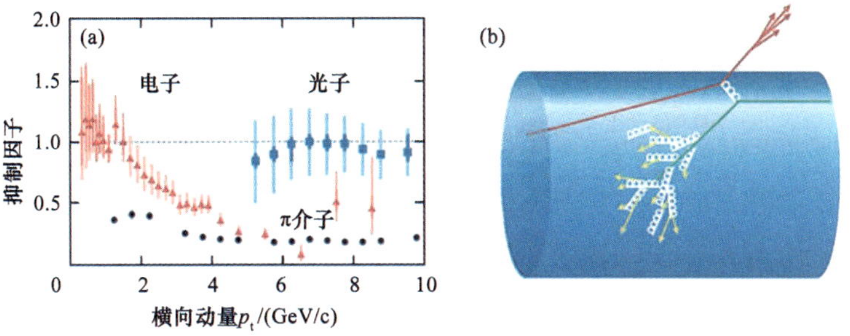

图 5.59 夸克-胶子等离子体(QGP)中射流和重夸克强子的抑制

(a)图为π介子和金原子核正碰时具有大横向动量 p_t 的电子产额的抑制图示。抑制系数是粒子产额与那些 QGP 中所允许的质子-质子碰撞简单叠加可预期的产物之比。大 p_t 值π介子是强子射流的信号，而大 p_t 值电子则是离散重夸克强子衰变的信号。恰恰相反的是，对核作用力不敏感的大 p_t 值光子不会被抑制(取自文献[5])。射流和重夸克强子的抑制在 QCD 中是高能夸克发射胶子造成能量损失的特征。(b)图为高能夸克生成胶子示意图。QCD 中，一个高能夸克(红色)在出现并形成射流之前，散射并释放出胶子(白色小圈圈)[89]

我们这里再一次强调，当使得粒子间相互作用有条理的能量大大超过使之失调的热能时，强相互作用系统有相变倾向。属于这类相变的有(见第 1、2 章)：

——粉尘等离子体的结晶；

——阱中的超冷离子和原子；

——胶体系统的调整；

——氘中的等离子体相变；

——液氦表面二维电子的结晶；

——加速器中激光辐射冷却作用下的结晶束；

——半导体中的激子滴；

——金属-氨溶液的相分层。

所有这些状况中都有导致新相态的出现的强集体性粒子间相互作用[120,121]。

这里所讨论的夸克-胶子等离子体是这类相转变的代表性范例，相应的研究将在国际合作项目 FAIR 的框架内进行(见 5.7 节)。

有关强非理想粉尘等离子体(图 5.60)和冲击压缩电子-离子等离子体(图 5.61)的黏性的实验数据揭示了 η/s 随系统中的非理想性(相关性)的增强而削弱。

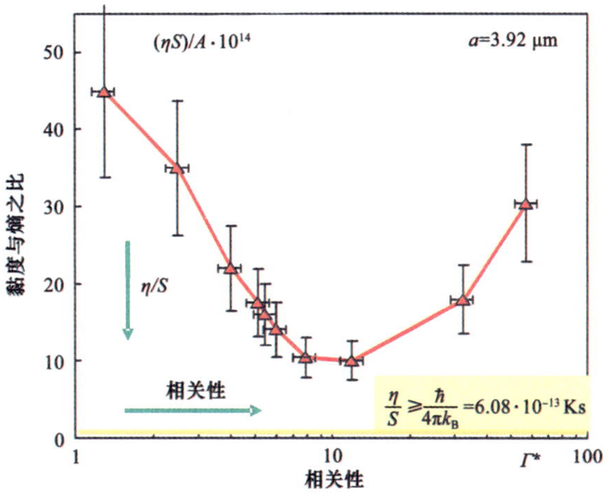

图 5.60 粉尘等离子体的黏性与非理想性参数的关系[258]

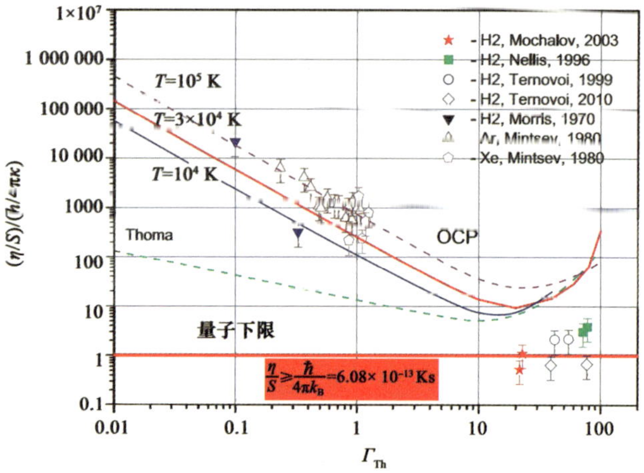

图 5.61　冲击压缩电子-离子等离子体的黏性[258]

最后，我们给出氦、氮、水、在 RHIC 上进行实验的重子物质、夸克-胶子等离子体、与对比温度有关的介子气体这些物质的 η/s 数据(图 5.62)。显然，QGP 具有最低剪切黏性。

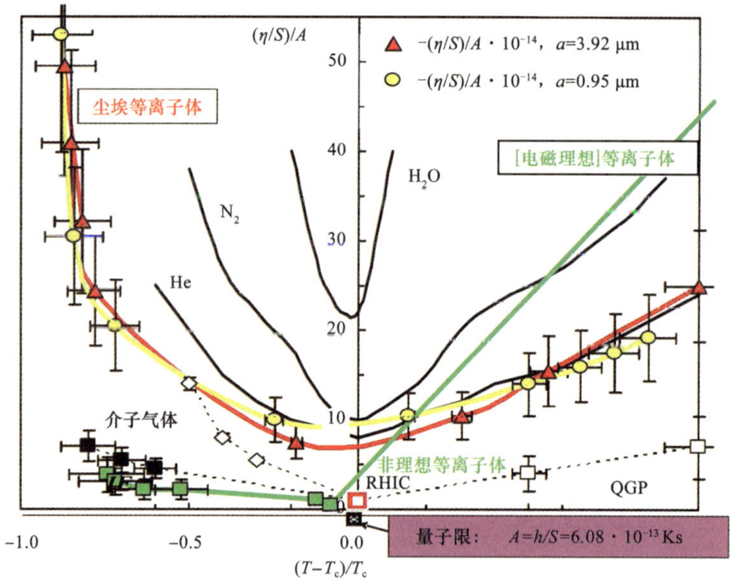

图 5.62　各种介质无量纲化的黏性[89]

5.5　极端原子物理学

稳定的具有放射性的高强度离子束，在处于各种电荷状态且速度从零到光速($v\approx 0.99c$)范围内时，和超冷反质子一样，都是前途广阔的工具，可用于获得超强电场和磁场，以及研究它们在超短时间内的作用。相应的研究将在国际合作项目 FAIR 框架内进行(见5.7节)。实验中不仅使用了普通靶，也有非普通目标如超冷电子、原子、分子或团簇，它们也可能经受高功率激光所产生的高强度光场的作用。

具有存储粒子束的极(端)强电磁场物理学是FAIR项目中存储粒子原子物理研究合作组织(Stored Particle Atomic Physics Research Collaboration，SPARC)的中心课题[148]。将用最重的相对论离子进行高精度实验，以深入研究其电子结构和内部动力学。这些实验的结果有助于得出内涵丰富的结论，说明关于物质和光的基本理论是否适用于极限场强中亚阿秒时间间隔内的相互作用。在超强电磁场随时间快速变化以及高量值相对论多普勒频移(Doppler shift)条件下，第一类实验将利用相对论重离子来研究高度电离的原子与电子和光子的相互作用过程[148,149]。这种情况下，有可能让电场强度超出临界值($\approx 10^{16}$ V/cm)一个数量级来自发生成轻子对偶(e^+e^-)，即所谓的施温格极限(Schwinger limit)[150]。

目前只有不多的一些以相对论模式进行的e^+e^-对偶方面的实验，能量达到数个GeV/nucleon。由于FAIR项目建议的工作能量在1~30 GeV/nucleon区间，这些实验应该能提供很多该能量区间内的新数据。

在这一能量区间内可以期望获得电磁场作用的强效应条件下原子物理方面有意义的最新数据。要诊断这些过程，必须采用光子、电子和正电子光谱学的当代最新技术[151]。

相应的基本过程示意见图5.63[151]。电子和光子光谱学提供了有关强场中的激发机制的信息。而为了产生e^+e^-对偶，需要来自负连续介质的激发[151]。

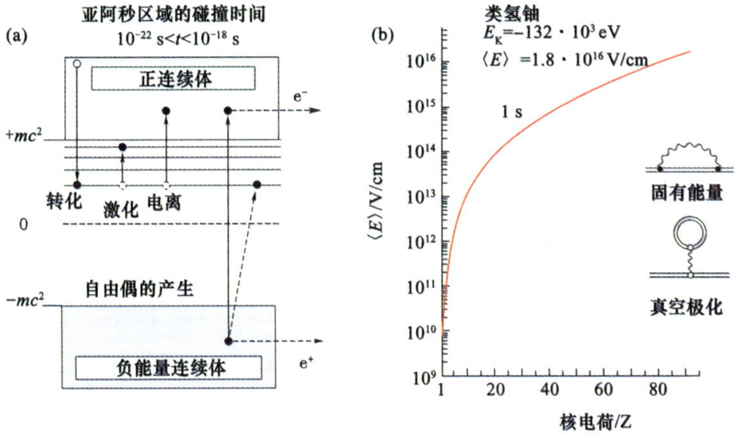

图5.63　单粒子狄拉克方程(Dirac equation)能量图以及相对论离子-原子碰撞中所观测到的主要原子过程(a)。作为核电荷数Z的函数的类氢离子K壳层电子电场强度$\langle E\rangle$的数学期望值(b)[151]

作为示意图，图5.64显示了以相对论速度运动的点电荷所产生的径向电场强度的角分布[148]。从图5.64可以看出，随着速度逐渐接近光速，电场在垂直于运动轨迹的方向增强，而纵向场分量下降($\sim\gamma^2$)。同时，与位于碰撞参量$b\approx 10^6$ fm远的靶原子相互作用的时间创新低——只有阿秒的十分之几($\approx 10^{-19}$ s)，其他实验技术根本望尘莫及。所以，对于原子内部壳层的电离及其激发，分别测量相互作用碰撞参量与纵向和横向场分量的关系提上日程。要完成这些实验，必须利用高精度光谱学技术来记录光子、电子、正电子的释放，它们提供了有关如此超强场中的激发机制的必要信息。

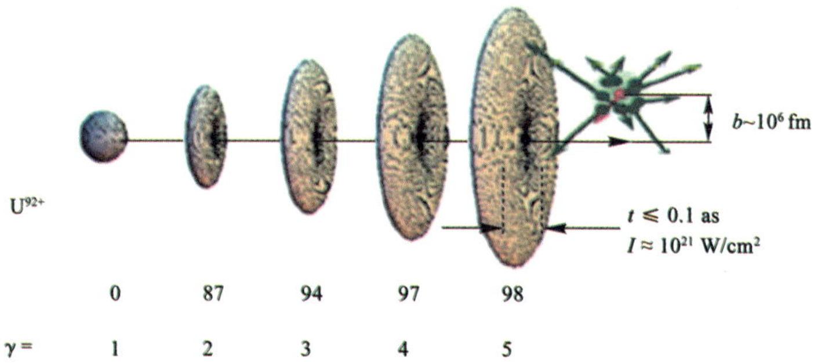

图 5.64　以相对论速度运动的点电荷所产生的径向电场强度的角分布（实验室参照系的洛伦兹因子(Lorentz factor)γ 从 1 到 5）[148]

令人关注的是，在 FAIR 装置中不同的储存环中，可以实现的洛伦兹因子 γ 的值大约在 1 到 30 范围内。因此与靶原子相互作用中的电场强度可能超过将 1s 电子保持在铀离子 K 壳层上的场强（$E\approx10^{16}$ V/cm）[148]（图 5.63）。这时当能量测量精度为 10^{-14} 水平时，所得出的铀（$Z=92$）的基态能级量子电动力学修正将在 500 eV 级别（图 5.63）。

另一类型的 SPARC 合作实验，其目标是达到离子的高度电离，直到在同步加速器环中不停转圈的铀原子核完全“剥皮”。实际上离子的各种加速构造（FAIR）中几乎所有电子都被剥离了，而这些高度电离的离子随后可能会减速到速度几乎为零，因此光谱学和其他方式的测量可以捕捉到。图 5.65 中列出了特征能量和库仑场强度，它们可以在各种 GSI 装置中同理获得[151]。新实验储存环（New Experimental Storage Ring，NESR）中的离子将被冷却，令能量从 760 MeV/nucleon 下降到 4 MeV/nucleon，然后在低能储存环（Low-Energy Storage Ring，LSR）装置中进一步降到 0.5 MeV/nucleon。这是光致电离的微分截面、激发、极化、电子-原子核制动过程、（e，2e）过程等等测量方式引人注目的新发现，提供了独特的可能性来研究高电荷重离子在低能量时的碰撞，这时的索末菲参量（Sommerfeld parameter）q/r 非常高[151]，最终目标是极高电场中量子电动力学的高精度验证。这里必须测量出一、二、三电子原子精细结构的修正量，特别是 1s 1/2和 2s 1/2 状态的。对于类 Li 重离子，通过迎向相对论离子束运动方向发射激光束，由于多普勒效应（Doppler effect），可能直接激发 2s-2p 跃迁（图 5.66）[148]。

激光激发的结果是所释放的光子将具有多普勒频移（正比于 2γ），有助于进行高灵敏度测量并可靠地抑制散射初级光子。因此，$\gamma=23$ 时铀中 280 eV 的跃迁，其测量精度曾经达到破纪录的±0.007 eV。在环中循环的重离子束与激光辐射的相互作用将具有重要应用价值——将粒子束有效冷却到产生高电荷重离子结晶束的条件。正如我们将在 6.6 节所看到的，这是等离子体相变（结晶化）的表现，是由高于被冷却离子动能的强库仑相互作用 ~Z^2e^2/r_{av} 所引起的。类似的激光冷却大大优化了束质量：其长度减半，直径减到 1/4，而动量则减小一个数量级。

这类实验将在 NESR 上进行，将利用强大的拍瓦激光器 PHELIX（图 5.67）[152]。

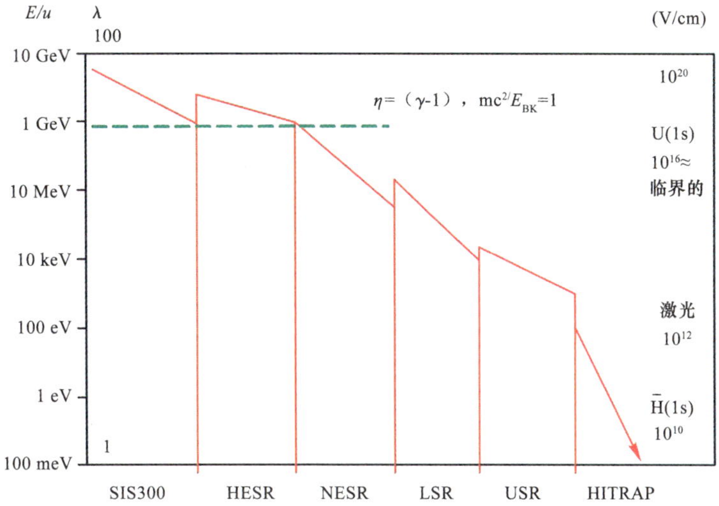

图 5.65　借助 FAIR 的各种装置可获得的离子能量和洛伦兹因子

特别标出绝热性 $\eta=1$ 的量值(离子特征动能，对应于铀原子 K 壳层电子结合能 E_{BK} 的速度)。右侧是碰撞中、约束状态、激光场中所能达到的电场强度的标尺。需要特别说明的是，LSR、USR 和 HITRAP 是储存环，而阱装置安放在 FAIR 建筑物内[148]

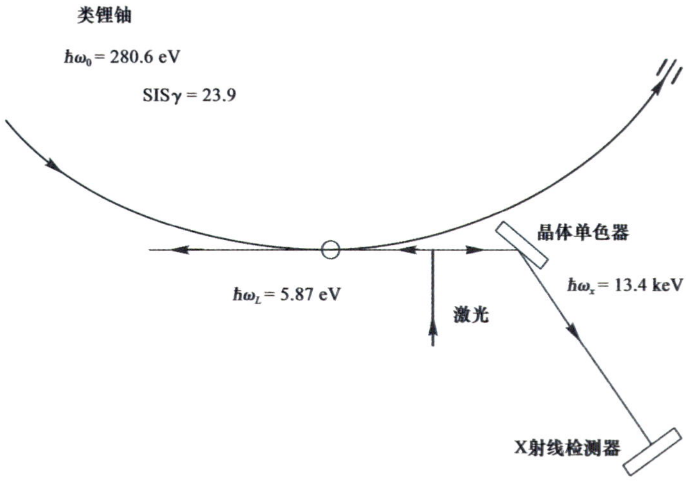

图 5.66　类 Li 重离子超精细结构测量实验示意图[148]

不同于这一物理学领域采用气体靶的典型实验，储存环能够保证对离子束成分的高精度控制，以及在单一粒子和事件的水平上对原子、电子终态的诊断。这就意味着有可能建立独特的未受扰动的可控条件，此时的相互作用过程只有一个离子、激光辐射场和一个电子参与。因此，基础量子电动力学将用于在超强场模式下修正原子中的结合能、磁矩以及磁相互作用。实验将使用 SIS300 的同步加速器环和 NESR。研究工作将使用 X 光晶体分光计、低温热量计、康普顿偏振计(Compton polarimeter)、电子光谱仪和其他广为接受的诊断系统，它们有可能通过顺序原子跃迁光谱学验证 QED

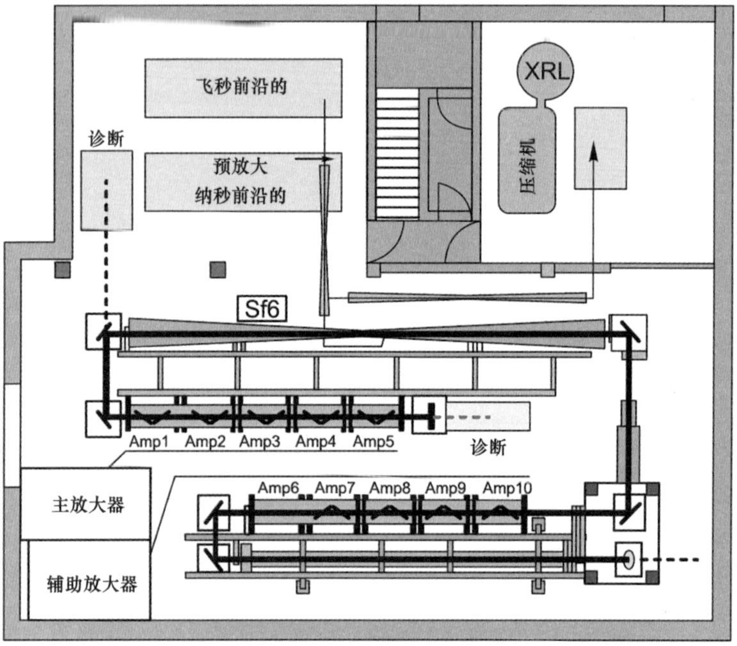

图 5.67　拍瓦激光器示意图[152]

模型[149,151]。

低能反质子及离子研究(Facility for Low-Energy Antiproton and Ion Research, FLAIR)的实验研究协作计划包括基础对称性研究、引力对反物质的效应、物质和反物质之间的相互作用以及反物质原子物理学等课题。

建设中的 FLAIR 装置综合体[153]主要面向反质子和低能离子研究，是产生超冷反质子束的新一代装置[153]，而超冷反质子束是对阱中捕获并用激光冷却的反氢和反氦原子进行最高精度光谱学研究所必须的。所生成的有效强度高达 10^{12} s^{-1}的反质子束能够制动并截获反质子，其数量比目前用 CERN 可获得的(数量)高出 100 倍[154]。

反质子将在高强度质子束(能量 29 GeV)与大约 8 cm 厚的铱靶相互作用下生成[155]。电子-正电子对偶形成后所获得的反质子被发送进收集环(Collector ring, CR)，进行 3 GeV 能量条件下的冷却。然后反质子强度在再循环实验储存环(Recirculation experimental storage ring, RESR)内逐渐升高，再从这里被发送到 NESR，并在该环中减速到 30 MeV 能量。在 FLAIR 装置中，反质子被进一步减速到实验所需能量(0~5 MeV)，使一开始是高速的反质子束降速的是两个串联储存环：磁环 LSR(30 MeV~300 keV)和静电环 USR(300 keV~20 keV)[156]。

在 LSR 和 USR 环中采用了电子冷却以保证低发射度($\varepsilon \approx 1\pi$ mm · mrad, $\delta p/p \approx 10^{-4}$)，具有内部气体靶用以研究与反质子的原子碰撞。通用装置 HITRAP 的潘宁阱(Penning trap)[157]被用来冷却到冷冻温度，并利用磁场将重离子和反质子减速到它们完全静止。这些条件下，稳定的放射性^{238}U 重离子势中的电子 g 因子是可以测量的[151]。类氢离子超精细分裂的研究可以提供有关原子核内部磁矩分布的信息。基态超精细水平的光学泵浦将导致放射性原子核核自旋的有效极化，因此开发出了验证标准模型独一无二的手段。

这类低能反质子束的存在拓展了当今世界未曾有过的实验能力。特别是相对精度为 10^{-4}($\Delta\nu \approx 100$ kHz) 的反氢基态 1.4 GHz 线或者对于 1s-2s 跃迁相对精度大约为 10^{-10}的 2.5 GHz 线的超精细分裂的超精密光谱学，将使得有可能达到记录 CPT 守恒的破坏以及验证 QED 计算结果所必需的敏感度[158,159]。

阱中捕获和激光冷却的反质子打开了一扇通向实验研究引力对反物质作用效应问题的大门，有别于引力效应被高出几个数量级的强电磁相互作用完全遮蔽的情况。为此目的，计划用反氢的冷却中性原子进行相应的高敏感度实验[160]。

用反氢和反氦所进行的碰撞实验，有史以来第一次实现了碰撞过程的完全再现。多亏碰撞过程中具有连续引出束，在例如带正电荷的反氢原子 H^+(一个反质子和两个正电子)这类大型反物质系统上，才有可能测量反质子态原子的 X 射线光谱，并研究原子核-反原子核的散射。此外在同一装置中，不稳定原子核与作为试探粒子的反质子的组合也打开了研究奇异原子核之结构的新一扇方便之门(见第 7 章)。

所以，相对论重离子束的利用开创了极端条件下原子及原子核物理过程研究的新纪元，因而才有可能进行相对论碰撞动力学的研究，证实极端强电磁场中量子电动力学的预言，利用原子物理技术来定义稳态及非稳态原子核的特性，最终进行标准模型的验证(见第 9 章)。

5.6 大型强子对撞机

对材料基本性质和结构以及宇宙从诞生时刻开始的演化的研究一直都是当代物理学的中心问题之一。与此相关的是实验室条件下物质极端状态的生成，与天体物理目标的观测一起，给研究者们提供了并一直在提供原则上有关我们周围物质的全新的实验数据，使我们形成基本的世界观。在所有研究型设施之中，相对论加速器占有特殊地位，如 CERN 的大型强子对撞机(LHC)(图 5.1)、美国布鲁克海文的相对论重离子对撞机(RHIC)(图 5.2)、日本物理化学研究院(RIKEN)的回旋加速器综合体，以及俄罗斯国产的加速器 TVN-ITEF 和 Nuclotron(JINR)。

接下来的三节我们将简要分析已经安装启用或准备安装的一些基础装置项目，期待利用这些装置在不远的将来实现重大突破。

根据文献[10]，我们的分析从大型强子对撞机(LHC)开始，它是具有最高粒子碰撞动能的装置。它使实验者们步入了创新高的太电子伏特能量水平，用来研究规模越来越小的空间的性质。具体所指的是标准模型基础预言的验证及其范畴外效应的寻找。

这里令人非常感兴趣的是粒子质量和场的起源属性和多样性、物理真空的构造、宇宙中粒子类型数目的庞大、包括引力的基本力的统一描述、可能存在的所有可观测粒子的超对称配偶和附加的时空维度，以及其他一些原理性问题。

加速器 LHC 的示意图见图 5.68。双方向(用箭头指示)粒子束迎面运动的结构显而易见。2011 年，每一束的质子能量都有 3.5 TeV，因此碰撞总能有 7 TeV。2012 年，对撞机的运行总能有 8 TeV。设计的碰撞总能是 14 TeV[255]。

在各自通道中反向行进的粒子的运动利用了 1232 块超导磁铁，每一块的磁感应强度 $B\approx 9$ T(图 5.69)。磁铁在非常低温度(1.9 K)、压力(10^{-10} torr)下工作。磁铁的初始冷却使用了最多达 1.2×10^{7} L 液氮，而为了它们后续的工作，又使用了最多达 7×10^{5} L 液氦。工程师们必须保证对 40 000 处连接的可靠控制，严防跑冒滴漏。除了主磁铁之外，还有 500 多块四极超导磁铁和 4000 多块定位校正超导磁铁。

除高能碰撞粒子之外，LHC 加速器还应具有高达 10^{34} $cm^{-2}\cdot s^{-1}$的发光度，使小横截面罕见事件得到研究。正因为这些罕见事件代表物理学新的兴趣点，才为此建造了 LHC。要研究大横截面过程，则在较低发光度模式中运行就足够了。可以通过各种方式达到这一目的，例如粒子束散焦方式，就像使用 LHC 底(美)夸克实验(Large Hardron Collider beauty experiment，LHCb)探测器一样。

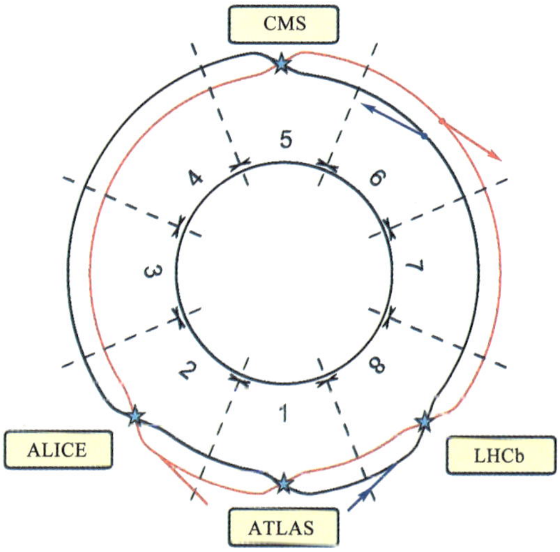

图 5.68　加速器 LHC 示意图

箭头代表粒子束运动方向。小星标代表四个粒子束碰撞点，也是四套主探测器所在位置[10]

四套主探测器 ATLAS(A Toroidal LHC ApparatuS)、CMS(Compact Muon Solenoid)、ALICE(A Large Ion Collider Experiment)和 LHCb 负责记录四个位置粒子束相互作用所诞生的产物。为此目的开展了四次同名国际合作来研究如何运行这些探测器(图 5.69)。最大型探测器 ATLAS 和 CMS(图 5.70、图 5.71)被指定既用于质子-质子、也用于离子-离子碰撞事件的研究。探测器 ALICE 被指定用于离子-离子碰撞的研究，虽然也可以用它来获得一些质子-质子碰撞过程的数据。LHCb 被指定用于 b 夸克诞生事件的记录。除了四套主探测器之外，还有与主探测器配合使用的小型次探测器：LHC 前行粒子探测器(LHC forward，LHCf)、全截面弹性散射探测器(Totem)、零度热量计(Zero Degree Calorimeter，ZDC)、前向 μ 介子光谱仪(Forward Muon Spectrometer，FMS)、半人马座和奇异物体研究(Centauro and STrange Object Research，CASTOR)热量计以及安装在 LHC 隧道中距相互作用点 420 m 处的前向质子探测器 FP420。

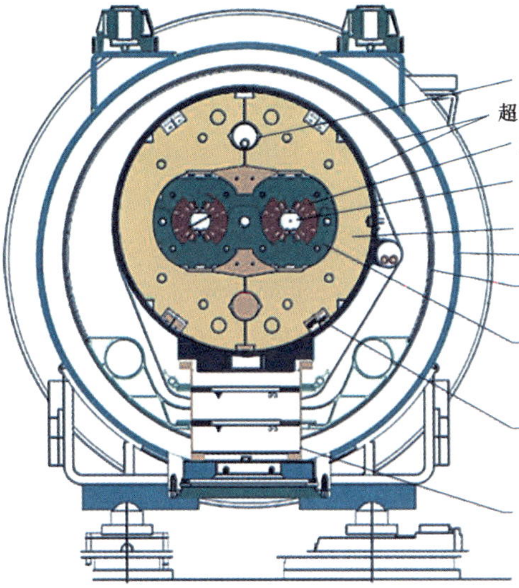

图 5.69 LHC 的磁铁系统示意图[10]

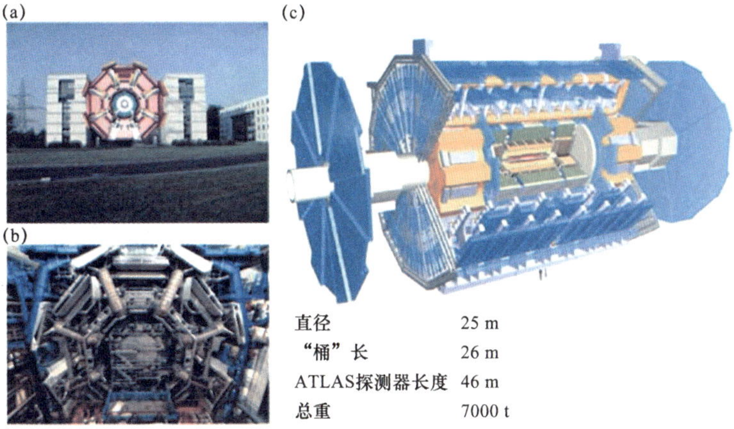

图 5.70 探测器 ATLAS

(a)探测器真实尺度照片，位于 CERN 的 40 号楼，也是 ATLAS 和 CMS 的协作地点；(b)全貌；(c)剖面示意图[10]

探测器本身也是杰出的工程作品。ATLAS 高 25 m(大约 8 层楼高)，长 46 m，重 7000 t。为了安放全部跟踪器和热量计，这样的尺度是必需的。它们涵盖尽可能大的角度，以便记录诞生的全部粒子。

束结构具有各自的特性。质子流在加速器环内是由束团构成的，束团之间间隔 25 ns 时间，或者间隔大约 7.5 m 距离。由于束流的这种重复率，它们在相互作用点相遇的频率将是 30~40 MHz。束中的大部分质子飞驰而过，在这些点并不相碰，只是沿着加速器环继续运动。即便如此，每次束相遇时都将同时发生大约 20~40 次非常短暂的质子-质子相互作用。触发系统必须能够分辨相互作用，进而从中挑选出那些有物理意义的事件。因此触发应该快速响应、目标明确、专门配合相应探测器的目标[10]。

要使诞生的带电粒子的轨迹弯曲，探测器中的磁场是必需的，ATLAS 中的磁场达到了 2 T，CMS 中有 4 T。弯曲轨迹有助于测量一个粒子的动量并测算其质量，这是有关相互作用的主要信息。粒子探测基于带电粒子与探测器物质的相互作用。ATLAS、CMS 和 ALICE 的总体“建筑式样”大部分是一样的，而 LHCb 则是面向主要为正向运动的 b 夸克。

应该特别要重点关注所用材料的抗辐射性，因为极大的通量作用于离相互作用点非常小的距离使得辐射强度非常高。这一要求对于电子系统也非常重要，因为电子系统要从探测器部件中读出信息并传输到计算机网络。

探测系统的热量计吸收并测量电子、光子、强子的能流，它们也是信号触发器，特别是对于所研究事件的信号。借助于热量计就能够测量电磁簇射的传播方向和能量。围绕电磁热量计分布的强子热量计也测量强子簇射的方向和能量(特别是强子射流)，以及可能与中微子相关的丢失能量，未检测到的中性粒子，等等。距离相互作用点最远的那部分外围探测器由使用气体的设备组成，主要用于鉴别 μ 介子并测量它们的动量。这些设施的运行与其他记录仪/探测器完全同步[10]。

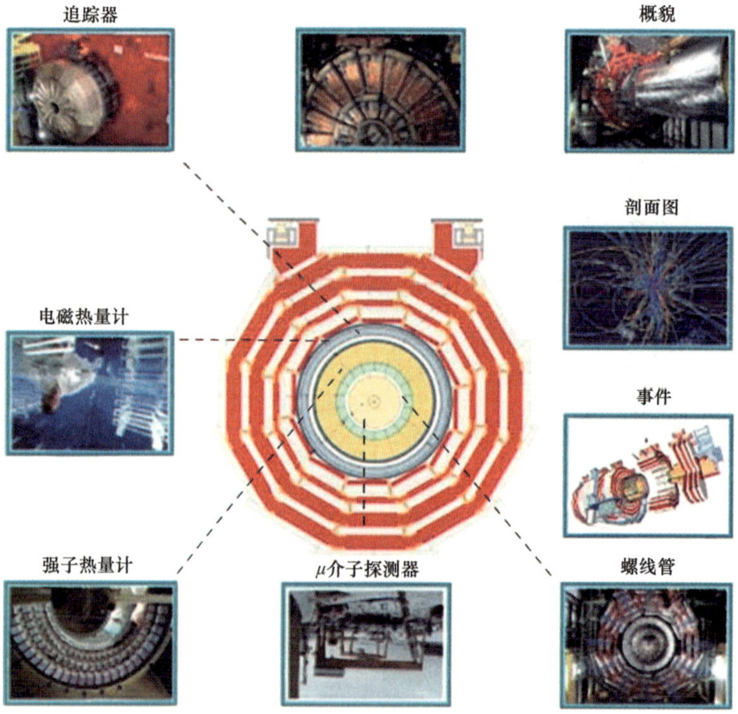

图 5.71　探测器 CMS：剖面示意图和内部结构，跟踪器和热量计等[10]

为了进行 LHC 项目，需要巨大的计算能力去存储、分配、分析来自加速器的信息，数量在每年数十拍字节(petabyte，10^{15}字节)。为此发展了特别的网络计划“Grid”去连接全世界的计算机中心。

依照文献[10]，我们简单讨论一下 LHC 项目的主要科研目标。首先曾计划寻找标准模型唯一还未发现的粒子——希格斯玻色子，它负责粒子的质量属性及其在自然界的多样性(顶夸克的质量是中微子质量的 10^{14} 倍，而光子的质量根本就是零)[10]。在完成这一计划的过程中竟然真的发现了新的粒子，以微观世界物理学尺度来看它非常重。在这一物理学领域，质量以能量单位来度量。如此一来，电子质量等于0.5 MeV，质子大约是1 GeV，已知最重的基本粒子 t 夸克是 173 GeV。而新玻色子的质量是 125~126 GeV(更精确地说，根据 CMS 的数据[256]是 125.3 ± 0.4 (stat.) ±0.5 (syst.) GeV，根据 ATLAS 的数据[257]是 126.0 ± 0.4 (stat.) ±0.4 (syst.) GeV，标出了统计(stat.)误差和系统(syst.)误差)。这一新粒子(习惯性标为 H)没有电荷。它不稳定，而且可能以各种方式衰变。人们在大型强子对撞机上发现了它[256,257]，研究了它衰变成两个光子：$H\to\gamma\gamma$，以及衰变成电子-正电子和/或 μ 介子-反 μ 介子两种对偶：$H\to e^+e^-e^+e^-$，$H\to e^+e^-\mu^+\mu^-$，$H\to\mu^+\mu^-\mu^+\mu^-$。特别重要的是要搞清楚：只有一个希格斯玻色子存在？或者还有其他希格斯玻色子(们)存在？这一粒子是否还存在内部结构？希格斯场(Higgs field)与天体物理学的观测如暗能量(dark energy)(或者，用理论家的话来说，与引力理论中的宇宙学常数)等紧密相关[10]。

其他在 LHC 上所进行的工作方向与寻找已知粒子的重超对称伴子相关，这类伴子或许能证明我们世界的超对称性。超出标准模型范畴外的那些过程的横截面极为微小，估计是处于数飞靶恩(fb)到数皮靶恩(pb)之间($1\ \text{fb}=10^{-15}\ \text{b}$，$1\ \text{pb}=10^{-12}\ \text{b}$，$1\text{b}\ (\text{barn})=10^{-28}\ \text{m}^2$)。

LHC 的实验计划包括研究量子色动力学效应，如广义分布、B 介子或者既包含底夸克又包括奇夸克的介子的诞生、双轻子光谱、离子-离子碰撞中的集体效应等[10]。LHC 将生成各种重夸克，因为使 $b\bar{b}$ 对偶诞生所需的横截面在 1 μb 量级，而顶夸克诞生所需的则是 1 nb 量级。

具有很多最小值的物理真空的复杂结构、特殊不对称性、以及多维效应很可能决定了很多有趣的效应。特别是人们推测，物理真空绝不是一无所有，而是充满了标量希格斯场[10]。

当 LHC 实验中检测中微子和引力微子这样的轻粒子时，超对称性有可能显现出来[10]。超对称性推测已知的费米子对应于它们的超对称伴子——玻色子，而在标准模型中这类伴子就不存在。所以它们的发现也就意味着已经超出了标准模型范畴，可能需要引入超粒子的存在。于是一个全新的世界出现了：按照我们的意愿出现了一位天生的递补者来诠释暗物质，并且将有可能把自然界所有的基本力统一起来[10]。

另一条标准模型之外的路线也被打开，主要思路是增加时空维度。这些附加的维度有可能被缩编(紧凑化)了，使得它们迄今为止从未被发现过，但也许将来在能量超过 1 TeV 时能够被发觉。这时万有引力特别有可能变得很强，在 LHC 的能量条件下将有可能促成微型黑洞的诞生[10]，引起了人们巨大的担忧，无数新闻媒体的文章对此有各种论述。

LHC 项目计划研究压缩重子物质的性质，能量条件是高于 RHIC 的 28 倍以及高于 SPS 的 300 倍。这里所说的是夸克-胶子等离子体在新的能量级别的状态和性质，对于理解物质在这类条件下的性状极为重要，顺理成章地对理解宇宙早期所发生——当夸克和胶子还没有被约束在强子内部、仍保持“自由”时——的过程也很重要。随着能量的升高，集体效应的特性也在变化，可能预示着，原子核在随后强子化之前发生合并这段时间内，原子核内部的强子开始向夸克-胶子物质变迁这一属性。在 LHC 上所进行的离子碰撞中，核物质表现出的性状远不同于简单外推的结果。总之，很难预测大自然会选择哪一条道路：是选择我们已知的一条，还是全新能量领域的全新道路？我们不得不等待来自 LHC 的实验数据，从中得到答案。

除了寻找热稠密夸克-胶子等离子体外，寻找冷稠密色玻璃凝聚态（CGC）也是前景光明的工作，从中有可能显示出量子色动力学所描述的场的新性质[10]。

高能量条件下的质子是部分子的来源，LHC 将成为研究多种专有过程的重要工具。例如，有可能成功地分辨夸克-夸克、夸克-胶子、胶子-胶子散射。将能够研究它们与坡密子（pomeroon）的相互作用，以及坡密子-坡密子的相互作用。碰撞中原子核的强电磁场可能导致 γ-γ 过程中有意义的全新效应，并引起出乎意料的非对称性[10]。

高能物理学领域有前途的研究在很大程度上取决于从 LHC 能获得哪些结果。要进一步向前推进，将不得不把质子束发光度再提高一个数量级。这一计划已经以超级 LHC（Super LHC，SLHC）的名号广为人知。这一计划将增加统计资料并增大质量区间，从中寻找超对称粒子和附加维度[10]。

另一前途光明的项目是国际直线对撞机（International Linear Collider，ILC），在那里电子和正电子沿直线轨迹迎向彼此，将以总能 1 TeV 相撞。超对称世界在大质量状况下将可以有很好的研究精度。显然出现了更高能量的需求——数个 TeV。如果需要研究更大质量的粒子，紧凑型直线对撞机（Compact Linear Collider，CLIC）项目将成为热门话题[10]。

这些项目将与另一些计划竞争，那些计划希望能够使 LHC 的能量加倍（DLHC）或者甚至加到三倍（TLHC）[10]。

有关各种选择可能性的讨论和对比目前一直在进行，只有在 LHC 开足马力——能量 13～14 TeV——运行并快速获取数据之后，才能作出具体的决定。未来的高能量密度物理学在很大程度上取决于这些结果。

5.7　FAIR 项目

欧洲离子和反质子研究设施（The European Facility for Antiproton and Ion Research，FAIR）是全新的研究型综合体计划，以多用途加速器为基本装备，采用世界上前所未有的反质子和放射性原子核束参数，提供独特的功能来进行当代科学和创新技术最迫切方向的研究[161]。

建于德国达姆施塔特的这一超级现代化加速器综合体，能够提供可精确调节的高能反质子束和各种性质（亮度、相密度）不一、能量各异的离子束。所建造的 FAIR 综合体突出的特征是具有高强度初级、次级稳态放射性原子核束，还有超出当今世界现有束强度 100～10 000 倍的反质子束。

此外，在 FAIR 上所进行的实验，与美国布鲁克海文国家实验室 RHIC 离子对撞机以及与 CERN 的 LHC 对撞机的实验相比，能够大大推动核物质相图未知区域的研究[1]。RHIC 和 LHC 的实验主攻极高温度、但低重子密度的核物质性质的研究，FAIR 的实验的目的则在于在地球条件可达到的最高重子密度条件下对物质的性质进行仔细研究。

加速器综合体 FAIR 项目的科学目标可划分为下列具体的研究方向：

——利用稳态离子束以及远离稳态界限的短寿命(放射性)原子核束进行原子核结构研究和核天体物理学研究；

——强子结构，量子色动力学(QCD)范畴内的强相互作用理论，主要利用反质子束；

——核物质相图，夸克退禁闭和夸克-胶子等离子体；

——利用高强度重离子束与拍瓦激光的独特组合的超稠密电磁等离子体物理学；

——原子物理学，量子电动力学(QED)，利用高电荷重离子束及反质子束的超强电磁场；

——离子束在材料科学、医学和生物学领域的应用研究和技术开发。

在 FAIR 上将要进行的实验需要大量的技术创新：

——设计新型超导磁铁，用于获得尽可能高强度的粒子束；

——精准控制粒子束能量与几何形状的创新技术；

——能够追踪诞生于实验中的大量粒子的轨迹和参数的大型探测器；

——来自探测器的异常高的数据流所需要的新型硬件和软件解决方案(如 GRID 技术等)，可以对这些数据进行处理、访问和存储。

FAIR 是国际合作项目，属于 CERN 的欧洲科研基础设施战略论坛(European Strategy Forum on Research Infrastructures，ESFRI)的基础项目[162]。参加 FAIR 项目的共有 15 个国家：奥地利、英国、德国、印度、西班牙、意大利、中国、波兰、俄罗斯、罗马尼亚、斯洛伐克、斯洛文尼亚、芬兰、法国和瑞典。这些国家计划以提供高技术设备和实验设施部件，以及经费支持的方式为 FAIR 项目作出贡献。

项目总成本，包括建设、维护和运行到 2025 年，总计约 30 亿欧元。加速器中心启动阶段及其基本研究设施的建设费用超过 15 亿欧元。

FAIR 设施建设工期定为 8 年，计划在 2018 年完成。同时，加速器综合体多个分系统上的科学研究在 2017 年就已经启动。

来自全世界的约 3000 名研究人员将利用 FAIR 加速器综合体进行实验，目的是研究物质的基本性质和结构，以及宇宙自诞生时刻起的演化。目前已经设立了 14 个大型国际协作项目，分为四个研究选题方向：

——原子核及核天体物理学——NuSTAR；

——稠密重子物质——CBM；

——反质子计划——PANDA；

——超稠密等离子体物理学、原子物理学，以及材料科学和生物学应用研究——APPA。

5.7.1 加速器综合体

在位于达姆施塔特市的重离子研究所[163]运行的重离子加速器综合体(GSI)是最成

功的多用途国际合作实验计划科研设施之一。然而，从 2002 年起又开始了新一代多用途设施的概念设计，对离子束和反质子束的质量指标和强度提出了新的要求，以便以前所未有的条件开展实验研究。2006 年，国际科学界——来自 44 个国家的 2500 名科学家和工程师——提出了一份 FAIR 的基础性技术清单，详细列出了计划用于实验的工程方案和加速器系统所需要的部件及建议的实验类型。FAIR 的主要特点是一整套加速器系统复杂但经济的有效配置，目的是使所生成的粒子数覆盖史无前例的参数范围。同时加速器综合体最重要的特性，将是能保证同时并行研究最多可达五个的不同计划。总之，该综合体将服务于各种实验，并且互不干扰。

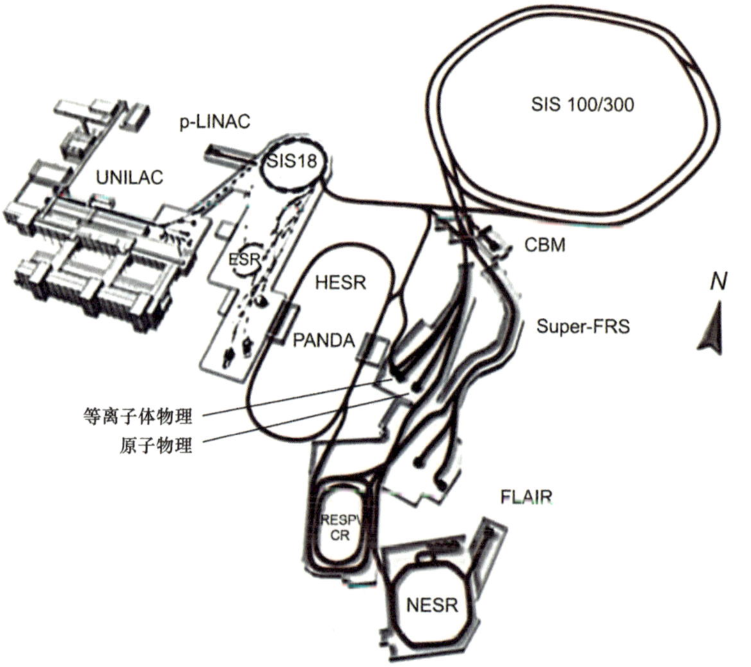

图 5.72　加速器综合体 FAIR 的示意图[161]

加速器综合体 FAIR 的概貌及其主要参量见图 5.72 和表 5.3。现有的 UNILAC 加速器和 SIS18 同步加速器将成为加速器综合体 FAIR 的注入器。

FAIR 综合体由精心设计的多系统组合起来，既可用来加速和积累高质量粒子束，也可用于获得初级粒子束轰击靶时所诞生的次生粒子。高能质子束和离子束将用于形成次级反质子束，以及稳态和非稳态(放射性)原子核束。次级粒子束既可以直接利用，也可以发往储存环的复杂系统，在那里达到实验进行所需要的参量。

FAIR 的核心是两条加速用同步加速器环，周长 1100 m(SIS100 和 SIS300)，磁刚度分别是 100 T · m 和 300 T · m，在地下隧道中上下分布，设计用于离子加速——从氢离子(质子)到铀离子。目前保持运行的 UNILAC 和 SIS18 加速器将在离子注入 SIS100 新环之前预先加速它们。SIS100 的任务是生成高强度脉冲型离子束，目的是随后将它们转化成稀有元素次生原子核束，也可用于把质子束转化成反质子。同步加速器环将由超导磁元件构成，保证 1 Hz 频率的磁场高达 4 T(磁场增强速率为 4 T/s)。铀离子 U^{28+} 的设计强度是能量为 1 GeV/nucleon 时每脉冲 5×10^{11}个离子，质子的则是能量为 29 GeV 时的 4×10^{13}。为了高强度质子束的注入，将建造新型直线质子加速器，希望能量能够达到 70 MeV。

表 5.3 同步回旋加速器和储存环的主要参数

环	环周长/m	磁刚度/T · m	束能量
SIS 100 同步加速器	1084	100	2.7 GeV/nucleon, $^{238}U^{28+}$ 27 GeV, 质子
SIS 300 同步加速器	1084	300	34GeV, $^{238}U^{92+}$
CR (收集环)	211	13	0.74 GeV/nucleon, $^{238}U^{92+}$ 3 GeV, 反质子
RESR (再循环实验储存环，或称累积和减速环)	245	13	0.74 GeV/nucleon, $^{238}U^{92+}$ 3 GeV, 反质子
NESR (新实验储存环)	222	13	0.74 GeV/nucleon, $^{238}U^{92+}$ 3 GeV, 反质子
HESR (高能储存环)	574	50	14 GeV, 反质子

离子束和质子束都将经历脉冲宽度的压缩来生成、积累、进而冷却奇异原子核和反质子，其脉冲宽度分别是 60 ns 和 25 ns。短时长高强度重离子脉冲在等离子体物理学实验中必不可少。

如果或者从 SIS100 的环直接抽取，或者当粒子束转送到、并随后从 SIS300 的环慢速输出时，一个平均强度在每秒约 3×10^{11}离子、能量 1 GeV/nucleon 的连续束模式是有可能的。

加速了的铀原子核被注入 SIS300 的环，该环基于超导快速循环磁铁元件而构成，提供高达 6 T 的场，场强积累速率为 1 T/s。Ne^{10+} 的最高离子能量达 45 GeV/nucleon，而完全电离的铀离子 U^{92+} 的(最高能量)则是 34 GeV/nucleon。SIS300 可提供强度达每秒约 10^{10}粒子、抽取周期在 10~100 ns 的慢速束输出，用于生成超稠密核物质的重原子核碰撞有关实验。

加速器 SIS100/300 由传输线与连续环所组成的复杂系统相连接。向这些环中注入的粒子束不断积累，“冷却”，准备好用于具体的实验。FAIR 能够多功能运行，能够用五种不同的粒子束、同时进行最多达五个的研究计划。这是通过对粒子束的联动控制做到的，既可以在两套同步加速器中做到，也可以在相邻的储存环和加速器环中做到。因此每一次实验将能够完全利用能够获得的最高粒子束强度。

要精准完成物理实验，就必须使次级粒子束具有一定的能量，使得所有束粒子以一致的速度(纵向相体积最小)沿一个方向运动，这可以通过所谓的粒子束“冷却”技术来达到。

FAIR 中将采用两种类型的冷却：

——电子冷却(参考 CERN[163])，通过周期性与平行的、速度严格限定的电子束相互作用使离子减速到同一速度；

——随机冷却，这时所谓的信号极(pickup electrodes)决定在环中循环的粒子束中心的几何位置，用于生成分布于 CERN 储存环直径上对置段的纠偏设施(kickers)所需的场幅度[156,164]。

粒子束逐渐冷却、逐渐积累，准备用于下列四套环中的实验。

1. 收集环(Collector ring，CR)，环中次级离子束和反质子束经受随机冷却，保证反质子束相体积下降 1.6×10^4 倍(冷却时间 10 s)，稀有同位素的下降 1.3×10^6 倍(冷却时间 1.5 s)。此环也将用于短寿命原子核质量的测量；

2. 再循环实验储存环(Recirculation experimental storage ring，RESR)，每 10 秒一次向此环中注入 CR 中随机冷却的具有能量 3 GeV 的 10^8 个反质子，数小时之后就能积累 10^{11} 个反质子，准备在 HESR 中的后续应用。RESR 也将保证稀有同位素(1 s 内)的急剧减速，能量从 740 降到 100~500 MeV/nucleon。

3. 新实验储存环(New experimental storage ring，NESR)，设计用于使用奇异离子和反质子所进行的实验。环中将既采用电子冷却，也采用随机冷却，根据实验类型的不同，包括能量极低(低到反质子的 30 MeV 和放射性离子束的 4 MeV/nucleon)条件下的实验。

4. 高能储存环(High energy storage ring，HESR)，利用电子冷却和随机冷却，环中能量达 14.5 GeV 的反质子束为实验准备妥当。

PANDA 实验所使用的反质子束采用下述方式获得[165]。一开始电流 70 mA、脉冲宽度 40 μs、重复频率 5 Hz 的脉冲质子束，在特殊直线加速器 p-LINAC 中加速到能量达 70 MeV，将被注入同步加速器 SIS18。

为了提高加速质子的数量，在加速到 2 GeV 能量之前，同步加速器 SIS18 的环将填充 8 组质子微脉冲(束团)，2 GeV 能量是向后续的 FAIR 主加速器——SIS100 同步加速器——注入所必需的。

在 SIS100 中循环的质子将被加速到 29 GeV 的终态能量，在流向生成反质子的靶之前，它们被压缩成约 7.5 m 长的束团，相应的持续时间约 25 ns。每 10 s 有一个这种 2×10^{13} 个质子构成的束团被甩到厚(有效厚度 60~80 mm)铱或钨靶上，结果将诞生最多 1×10^8 个平均能量 3 GeV 的反质子(产额为每一个质子 5×10^{-6})。

由此所分离出来的反质子短束团具有 $\delta p/p=\pm3\%$ 的动量散度、$\varepsilon_{x,y}=200$ mm · mrad 的横向发散度，然后被引入 CR 储存环，在那里其相体积发生变化，使得束团长度从 $l_b\approx15$ m 拉长到 $l_b\approx45$ m，相应的动量散度下降到 $\delta p/p=\pm1\%$。之后经过绝热重整，反质子束为其随机冷却作好了准备，冷却之后反质子束($\delta p/p=\pm1\%$、$\varepsilon_{x,y}=5\pi$ mm · mrad)又聚成束团被送进 RESR 环，在那里反质子不断累积。

在 RESR 环里，反质子束在累积持续时间内一直将经受随机冷却，在此过程中，每 10 s 会向 RESR 内新注入一反质子束团。反质子累积速率与它们在 CR 环中的冷却速率相当。这就是说，每小时预计可以获得高达 7×10^{10} 个反质子。累积时间(或者累积的反质子总数)根据实验要求进行选择。

在 RESR 环内所累积的反质子具有 3.8 GeV/c 动量，压缩成束团后，注入 HESR 的高能储存环。在周长 574 m 的 HESR 中，反质子束既可以加速、也可以减速到当前实验所需要的动量，其速率将近每秒 0.1 GeV/c。

所以，加速器综合体 FAIR 能够保证反质子束前所未有的强度和质量，其动量范围从 1.5 GeV/c 到 15 GeV/c(或者能量从 0.83 GeV 到 14.1 GeV)，可用于采用内部靶及通用 4π 探测器 PANDA 所进行的湮灭实验。为了补偿反质子束因与内部靶相互作用以及束内散射而造成的加热，HESR 环将既装备电子能量达 4.5 MeV 的电子冷却设施，又装备随机冷却系统。

对于粒子束质量和强度的超高要求使得有必要实现 FAIR 的极其复杂的加速-存储模式。

强度问题。对于快循环磁铁所提出的技术要求[165]，其中 SIS100 加速器内的磁场将以 4 T/s 的速率增长到 2 T，而 SIS300 加速器内的磁场以 1 T/s 的速率增长到 6 T，促使设计人员突破当代技术水平的限制，转向场增长速率方面具有创纪录参量的超导应用领域。

感应放射性问题。高强度粒子束要求研发新材料和进行新的防辐射设计，使加速器和探测器的部件能够承受粒子束所引起的放射性。

加速器问题。要使很重的铀离子 U^{28+} 急剧加速，需要复杂的射频装置去产生前沿急升且变频的极端强场，以生成高强度短(50~100 ns)粒子脉冲。

超高动力学真空问题。当高强度离子束存在于加速器和储存环的真空通道内时，新型材料和技术系统应该能够承受极端真空条件(10^{-12} mbar)。不可避免的粒子损失可能导致分子离开那些固壁的解吸附作用，从而引起残余气体压力不受欢迎的升高。特别研发了准直仪，试图尽可能降低这些效应。与 LHC($10^{-11}\sim10^{-10}$ mbar)相比，加速器方案通道中提高了的真空要求，是由于需要加速具有广谱质量及广谱电荷的离子，包括那些具有大捕获截面和/或轨道电子电离的离子。

下面我们转向 FAIR 的科研计划。

5.7.2 原子核结构、天体物理学、与稀有同位素粒子束的核反应——NuSTAR(Nuclear STructure, Astrophysics and Reactions)

分组到 NuSTAR 方向的实验包括一大类研究范围：原子核物理学、核天体物理学、基础相互作用和对称性等。

在奇异短寿命原子核的研究中，利用了次级放射性原子核束，发现了根本上全新样貌的核结构[166-171]。

奇异原子核的特点在于含有特别富余的质子或中子，所以自然远离稳定状态区域(图 5.73)。毋庸置疑，这类原子核的结构肯定不同于那些占据稳定区域的原子核的结构[172-174]。例如它们具有显著不同的质子和中子密度分布，以质子/中子光环的存在来区分。此外，它们具有稳态原子核中未曾见过的新型激发模式。这些效应的研究非常重要，有助于深刻理解核内力、成对及聚类效应与同位素自旋及其密度的关系(例如见文献[170，175-177])。

加速器综合体 FAIR 对稀有同位素粒子束的利用，使得有史以来第一次能够分辨很多远离稳态区域的非稳态原子核的性质，它们对于宇宙中天体物理学过程的发展有着重大影响，这些过程决定了重化学元素的起源、星球爆炸物理学、星球中的核过程、致密天体——如白矮星、中子星、奇异星等——的性质[167]。所以理解巨星表面热核爆炸的物理学、诠释新型天体物理学现象所表现出的活动状态以及宇宙在大爆炸之后的演化的新机缘浮出水面。

FAIR 的主要任务之一是获取次级放射性原子核束，用以研究原子核结构以及宇宙中元素的起源。根据现代概念[178]，存在着 6000 多种原子核，而且它们之中的大多数是不稳定的，特别是那些质子数目和中子数目差别巨大的。有着复杂、且有时候罕见结构的原子核可能表现出非常规性状，说明有某些力在起作用，阻止原子核的分裂。

尽管这些稀有同位素中的一些只能存在非常短的时间(不超过 10^{-6} s)，它们在核反应中仍起着决定性作用，这些核反应的结果是在星球中形成了重元素。同时，轻元素形成于星球的生命过程中，当它们在进行热核燃烧时，更重的元素(比铁重)主要形成于，如文献[179-181]中所认为的，特大质量恒星毁灭前的剧变期间，也就是它们作为超新星爆炸的时候(见第 8 章)。然后这些元素在星际空间传播，最终将变成下一代恒星和行星的组成部分。验证这些思想的唯一途径就是在实验室中生产和研究不稳定同位素。FAIR 不同于世界上任何其他装备的，将生产仍然未知的奇异原子核，测量它们的质量、衰变模式和其他性质。作为图解，图 5.73 给出了一张原子核图谱。

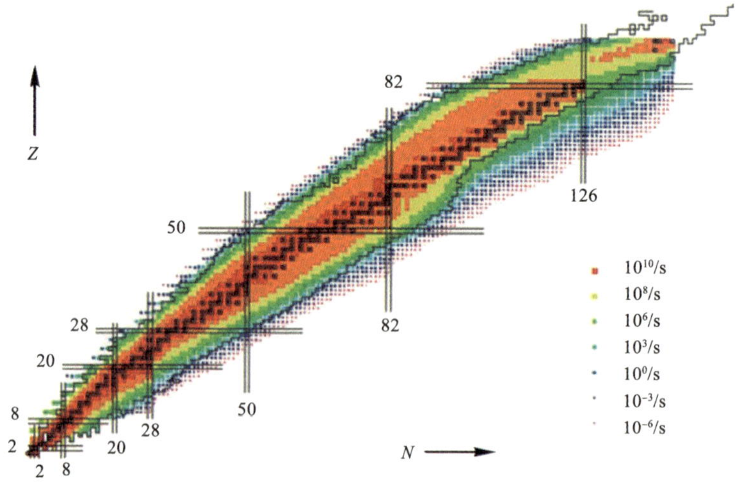

图 5.73　FAIR 中所预计的放射性粒子束每秒钟强度的图谱(根据右侧色标标出颜色)。初级粒子束的原子核以及已知原子核区域界限用黑色标出[163]

为了在这一方向上开展工作，新型加速器综合体将提供全电荷数、全质量数范围的次级放射性原子核束，从最轻到最重的。这些次级稀有同位素束或者通过分裂初级重离子束而获得，或者是作为能量高达 1.5 GeV/nucleon 的^{238}U束的裂变产物而获取。各种电荷及质量数的原子核束的分割，将通过新型部分超导磁性分离器 Super-FRS 来进行[182]，其离子-光学设计见图 5.74，与类似的现有 GSI 中的分离器 FRS 的方案进行了对比。

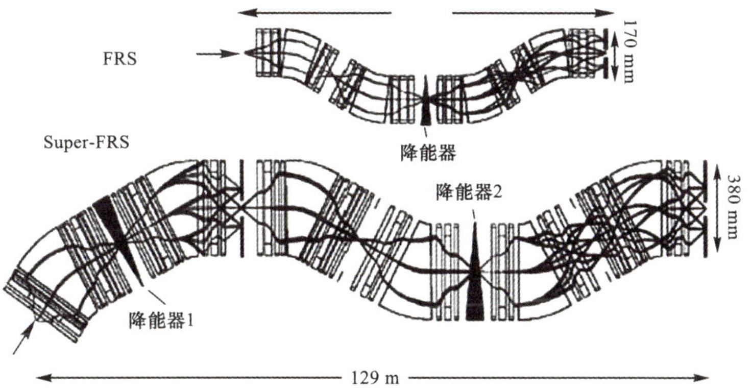

图 5.74 新型分离器 Super-FRS 与现有 GSI 中的分离器 FRS 的离子-光学方案设计的对比。为了清楚明了，纵向和横向选取不同尺度，但对于两种分离器都是一致的[163]

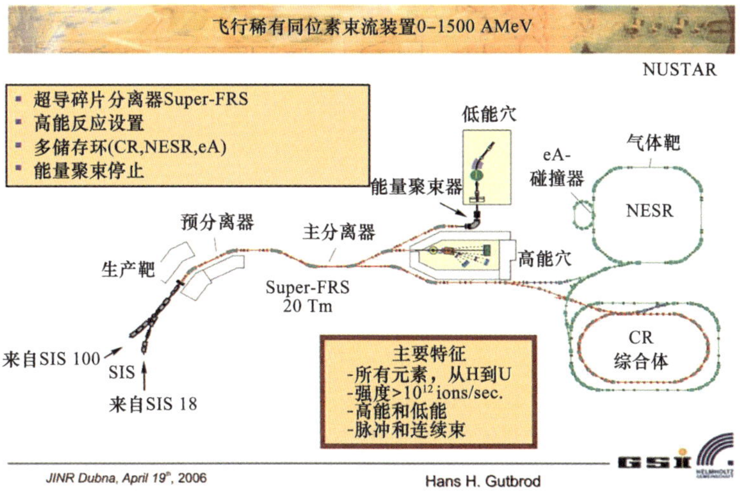

图 5.75 NuSTAR 的实验设计方案[163]

总之，奇异原子核束形成于初级重离子束通过靶的时候。与此同时离子分裂成其他种类原子核，并且立刻在磁分离器内各自分离，见图 5.75。这样就能获得所有形态同位素(直到短寿命)的高纯度粒子束，能量跨度很大，具有实时脉冲特性，与具体的实验有很大关系。有史以来第一次，可以大量生产最重的放射性原子核(直到铀)，充分供应精确测量所需。

Super-FRS 的设计是基于现有的 GSI 中的碎片-分离器使用结果，该分离器中利用双磁路分析原理对能量进行间隔选择。来自 SIS100/300 的初级粒子束的高强度决定了磁分离器的二级流程，装配了楔形降能器(厚度变化的减速器)，通过在厚度不同的物质中粒子能量损失有差别这一因素，使穿过的次级粒子束单色化[183]。

大孔径分离器 Super-FRS 在动量(±2.5%)、角度(水平发散度±40 mrad、垂直发散度±20 mrad)方面将具有大接受度和 1500 的离子-光学分辨能力。具有两级独立分离能力的分离器新概念得到采用，为的是能够处理高负载，从而保证有效的背景抑制。将近 30%~60%的裂变产物碎片将被提取出来作为空间离散的同位素粒子束。

甚至是最短寿命同位素的粒子束也可以获取，并用于 FAIR 加速器上的研究工作。在能够保障不同时间结构(脉冲的或是准连续的)的情况下，所获得的次级粒子束在大能量区间内具有高纯度。它们既可以被送到标靶处，也可以被注入储存环。

目前 NuSTAR 的科研方向(图 5.75)包括 8 种实验，为此来自世界上 37 个国家的 800 多个合作者参与进来。

R^{3}B(**R**eactions with **R**elativistic **R**adioactive **B**eams，与相对论放射性粒子束的反应)——原子核结构将在高能放射性离子束的核反应中进行研究。为此目的，在 Super-FRS 分离器的高能分支焦点平面上[183]将安装具有大接受度和高分辨率的高效通用设施。

HISPEC(**Hi**gh Resolution **Spec**troscopy，高分辨率光谱学)——在中等能量放射性粒子束上进行中子特别富余、中等重量原子核壳层结构的演化研究，利用了库仑激发(Coulomb excitation)反应、碰撞脱落和次级碎片。通过测量寿命和回磁比(也就是一个基本粒子(或者基本粒子系统)的磁偶极矩与其机械力矩之比)，也进行了远离稳态路径的原子核集体性质的演化研究(见图 5.73)。

DESPEC(**De**cay **Spec**troscopy，衰变光谱学)——所有 DESPEC 的实验之中，离子在衰变之前将被深度注入活性限制物(active stopper)。多段探测器可以时空关联重离子注入所引发的信号，以及 β 衰变之后探测器内本身所出现的信号。对于奇异原子核，将研究那些非常规衰变模式，如 β 延时中子发射和裂变，或者直接中子放射性。短寿命原子核同质异构状态性质的研究将得以实现。

LaSpec(**La**ser **Spec**troscopy of short-lived nuclei，短寿命原子核激光光谱学)——为了研究停滞的、冷却的、聚束(bunches)的放射性离子[184-186]，将建造多用途激光光谱学设施，借助于各种光学技术，使独立于模型的同位素及异构体核自旋、磁偶极矩、电四极矩以及半径均方根变化的测量得以实现。

MATS(Precision **M**easurements of very short-lived nuclei using an **A**dvanced **T**rapping **S**ystem for highly-charged ions，利用先进高电荷离子捕获系统对极短寿命原子核进行精确测量)——这一方向的目的在于对短寿命原子核质量的精确测量。MATS 的实验装置将是下列系统独特的组合：用以获得多电荷离子的电子束离子阱(electron-beam ion trap，EBIT)、用于准备粒子束的离子阱、基于用于质量测量(相对精度 10^{-9}量级)和放射性原子核衰变(内转换电子和阿尔法粒子)研究的潘宁电磁阱的高精度系统。有关利用离子阱来进行精确核物理测量的最新评论见文献[184]。

ILIMA(**I**someric Beams, **Li**fetimes and **Ma**sses, 同质异构粒子束，寿命和质量)——本计划的研究方向是奇异原子核的质量和寿命的测量，以相对论能量条件下的同质异构状态为主。为此目的，奇异原子核离子束被注入 CR 储存环。质量测量(精度 ±50 keV)和极短命原子核(数微秒以内)寿命测量——利用循环于储存环内的离子的频谱测量(例如见文献[187])——将在以同步模式运行的 CR 中完成。较长寿命原子核(超过 1 s)在 CR 中预先随机冷却之后，将先送往 RESR 环，然后注入 NESR 储存环，在那里它们将再经受一次电子冷却，此后它们的质量将以类似的方法测量出来[188]。移动式粒子鉴别探测器将被安放在 CR 和 NESR 里的偶极磁铁其中之一的后面，用以进行寿命长短的独立测量。

EXL(**Ex**otic nuclei studied in **L**ight-ion induced reactions at the NESR storage ring, NESR 储存环中在轻离子诱导反应中的研究奇异原子核)——建议利用现代化加速器-存储器技术和通用探测系统，研究逆向运动学中奇异原子核与稳态轻原子核的直接反应。之前完成的利用轻原子核的研究毫无疑问地显示，这类轻原子核参与的直接反应在中等和高等能量条件下是原子核结构研究整套技术中不可或缺的工具。安装于 NESR 储存环中的 EXL 的探测器系统将由下列各部分组成：

——测量围绕内部气体射流靶分布的反应产物的反冲核的硅探测器，辅以慢中子探测器和高度分段化的闪烁器组件，用以记录 γ-光子并测量靶的更高能量反冲核的总能；

——前向飞行的快中子和轻带电粒子的探测器；

——从气体射流靶飞出的重碎片的探测器。

ELISe(**El**ectron-**I**on **S**cattering at the NESR, NESR 的电子-离子散射)——使用交叉的离子和电子储存环(分别是 NESR 和 ER)，以及配合反应产物探测器系统运行的电子光谱仪，借助于离子对电子的弹性、非弹性和准自由散射实验，研究奇异原子核结构。原子核内最可靠的密度分布数据正是在电子散射实验中获得的。然而迄今为止，用原子核进行电子在原子核上的散射实验还仅限于稳态同位素。ELISe 计划的目的是拓展这一强大的——已经提供了有关稳态原子核结构大量宝贵信息的——工具到远离稳态路径的原子核区域。为此在 NESR 储存环中已经冷却的次级放射性离子束将与高强度电子束碰撞，该电子束在与 NESR 环有交叉的储存电子环 ER 中循环。

次级粒子束(见图 5.75)沿三条线路被送往实验：

——高能分支，将研究对于天体物理过程非常重要的逆向运动学中与高能重离子的反应，利用了最高记录效率，覆盖了全立体角——R^3B 实验(此时束中的重粒子与靶的轻原子核相互作用，而次级粒子在大角度范围内被记录到)；

——低能分支，利用单能低能离子束(从 1 MeV/nucleon 到 100 MeV/nucleon)研究原子核某些性质如衰变模式和能级等——HISPEC、MATS、LaSpec、DESPEC 实验；

——指向 CR-RESR-NESR 环系统的分支，进行奇异原子核的不断累积、冷却和积蓄。实验将借助电子束或者反质子束测量未知奇异原子核的质量和寿命，并研究它们的结构——ILIMA、EXL、ELISe 实验。

在许多方面，在 FAIR 上所设计出来的实验，根据其自身性能，将远胜于其他具有放射性原子核束的科研中心的实验。FAIR 与类似项目——美国的(阿贡国家实验室(ANL)的 RIA[189] 和密西根州立大学(MSU)的 LEBIT[190])、欧洲的(CERN 的 REX-ISOLDE[191]、法国国家重离子大加速器实验室(GANIL)的 SPIRAL-2[192]、鲁汶大学(Louvain-la-Neuve)的 CYCLONE[193]、慕尼黑大学(LMU)的 MAFF[194]、亥姆霍兹重离子研究中心(GSI)的 SHIP[195] 和 SHIP-TRAP[186])和日本的(RIKEN 的 RIBF[195])——相比较具有显著的优势，因为采用了新技术、高强度次级放射性粒子束，它们在很大质量范围内具有最高——可达 1.5 GeV/nucleon(作为对比，RIA 中是 400 MeV/nucleon，RIKEN 中是 350 MeV/nucleon)——的能量，主要是依靠大孔径碎片分离器 Super-FRS 与 CR-RESR-NESR 储存环系统独特的组合[196]。

5.7.3　压缩重子物质(Compressed Baryonic Matter，CBM)实验

CBM 实验的科研计划，包括高重子密度条件下原子核-原子核碰撞中核物质的极端状态以及向夸克-胶子等离子体的相变的研究，也包括密度与中子星、夸克-胶子("奇异")星内部相当的重子物质的结构和状态方程研究(见 8.3 节)[179]。本计划包括寻找重子物质和夸克-胶子物质之间的相界，寻找临界点，寻找高重子密度时手征对称性再现的开始征兆(图 5.20)[197]等，凡此种种，不一而足。

当粒子束强度与现有 GSI 里 SIS18 加速器的相比高 1000 倍、与 CERN 的 LHC 实验的相比放大 10 倍时，FAIR 的 SIS300 里的重离子能量达到了 35～45 GeV/nucleon(见 5.6 节)[198]。对照在美国布鲁克海文国家实验室的离子对撞机 RHIC、在刚开工的 CERN 的对撞机 LHC 上的实验，策划中的工作意在大力推动相图未知领域的研究[10]。那些实验室的实验主要关注极端高温，但重子密度较低，也就是说，在重子的化学势非常低的状态下，研究物质性质。而 FAIR 的 CBM 实验则完全相反，主要目标是在地球条件下重子密度达到最高量值时对物质性质进行详细研究(图 5.20)。

为了研究核物质在高密度(对于超新星爆炸和致密天体物理目标来说很典型)区域如何表现，在能够保证核物质最紧致的能量条件下，在 FAIR 上将使用固定靶进行重离子之间的碰撞实验。预计当密度非常高时，原子核成分(质子和中子)将"熔化"成夸克-胶子等离子体。这一变成新状态的相变只需占用 10^{-23} s，应该在 FAIR 的 SIS300 加速器上所能达到的高能量条件下在原子核之间迎面碰撞时能够观测到[38]。

在 CERN 及布鲁克海文所进行的实验中，寻找临界点是依靠记录次级粒子通量(大量可观察量)的光谱特性来实现，与之不同的是，FAIR 初级粒子束的高强度为扫描相图广大区域的粒子能量和记录稀有事件增加了一种可能性(见图 5.20)。特别地，计划将首次根据衰变成电子-正电子对偶的短命矢量介子的记录去直接研究"火球(fire ball)"出现的识别标志(可观测现象)(图 5.76)。

对于金离子，在 2～35 GeV/nucleon 的 FAIR 能量区间，对相图中核物质高密度——高于正常值 8～10 倍——区域进行的实验非常合适。

为了对数据结果进行无歧义的解析，能够将原子核-原子核碰撞中所获得的数据与质子-质子碰撞及质子-原子核碰撞的数据进行直接对比非常重要，因为 FAIR 的加速器

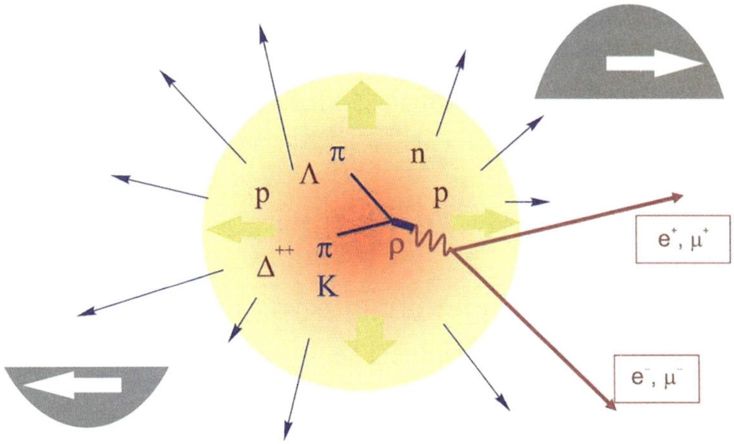

图 5.76　伴随有双轻子对偶诞生的两个原子核碰撞时出现“火球”

综合体能够提供能量高达 90 GeV 的质子束。

图 5.77[199]是 CBM 合作范畴内的探测器布局示意图。通用探测系统将鉴别诞生于反应密集区域的粒子。实验将应付每秒 10^7 数量的事件，以及金离子一次中心碰撞所生成的高达 1000 个带电粒子[198]。这时，包含奇夸克和粲夸克的粒子将充当高灵敏度诊断探针。

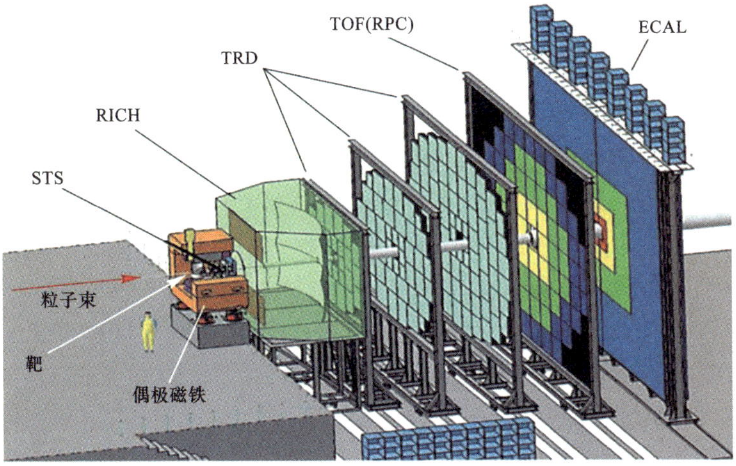

图 5.77　CBM 探测器

耐辐射硅次级粒子追踪器(Silicon Tracker of Secondaryparticles，STS)由三层平面硅像素/条纹探测器构成，在它们后面是四层微型条纹探测器。整套探测器分布于测算动量的、分辨率好于 1% 的偶极磁铁缝隙内。环形切连科夫探测器(Ring Cherenkov Detector，RICH)的用途是在低能矢量介子衰变所造成的电子动量的范围内鉴别电子并抑制 π 介子。过渡辐射探测器(Transition Radiation Detector，TRD)将记录带电粒子轨迹并鉴别快速电子和正电子。能够以 100 kHz/cm² 频率运行的细小颗粒状气体计数管的研制是一项挑战。同时，当电子探测效率在90%时，π介子辨别因子必须达到数百。强子的鉴别将借助于电阻平板腔(Resistive Plate Chamber，RPC)基础上的飞行时间系统(Time-of-flight，TOF)进行。当粒子流达到25 kHz/cm^{2}时，所需的测量精度不应该超过100 ps。电磁热量计(Electromagnetic Calorimeter，ECAL)将用于鉴别电子、光子和π介子的排斥。

具有适当触发系统概念的破纪录高速数据采集系统，是CBM探测器运行的特别之处。

CBM方向的协作共计有来自15个国家的350多位学者参加，他们准备在2016年就开始用来自SIS100加速器的离子束进行实验。

5.7.4 反质子计划——PANDA实验

在达姆施塔特的反质子湮灭(Anti**P**roton **AN**nihilation in **DA**rmstadt，PANDA)实验的物理计划涵盖广泛的研究领域，从强子及核物理学基础问题的研究延伸到对基本对称性的验证——利用安装在高能HESR的加速器-存储器轴线上的PANDA通用探测器、通过加速反质子与核子及原子核的碰撞来进行研究(见图5.78)。

本计划的目的是寻找新型物质，同时将成就胶子激发研究和奇夸克及粲夸克物理学中史无前例的精度[163,200]，该精度将由加速器综合体FAIR的两个原则性优点来保证：

——能量高达15 GeV的高强度反质子束；

——能够以±10 keV的精度扫描反质子的能量。所有这些都能使强相互作用性质的实验研究在全新的精度水平上进行。

既对普通强子、也对奇异强子结构所进行的实验研究，可以利用电子束、π介子束、K介子束、质子束或者反质子束来进行。强子湮灭的过程中，特别是反质子-核子及反质子-原子核的湮灭中，胶子自由度的粒子，加上粒子-反粒子对偶，其诞生都极为丰沛，使得以史无前例的统计学和精度所进行的光谱学研究能够开展。因此加速器综合体FAIR的反质子束与PANDA探测器相结合，就能保证获得高质量(与CERN和费米国家实验室所完成的实验相比)的新一批数据。FAIR将能保证提供比CERN的高出100倍的被储藏、被冷却的反质子束强度，也将能够超过FNAL(美国)所达到的、以及建于日本的J-Park装置的束强度[163,201]。

有史以来第一次，在质子-反质子的共振湮灭时，不仅能够对衰变的电磁模式、也能够对其强子模式进行高精度测量。而对应于粲(偶)素质量(charmonium masses)的能量区间(3~5 GeV/c^2，见图5.79)内胶子激发(胶球和混合体)的探求也将能够实现。

胶子模式的确凿定义将成为解答强子中夸克约束问题的里程碑。特别是由一个粲夸克和一个反夸克粒子所组成的粒子(粲素)，让迄今为止还未涉及的强相互作用——其主要理论当前是量子色动力学(QCD)——的某些方面能够得到高精度研究。与此同时，PANDA实验还具有巨大的潜力可供发掘，对大型强子对撞机(LHC)上相对高能量条件下的实验也是补充，同时依靠精度为10 keV的对能量的扫描能力，将能够测定某些窄共振带宽，例如粲素状态的带宽。

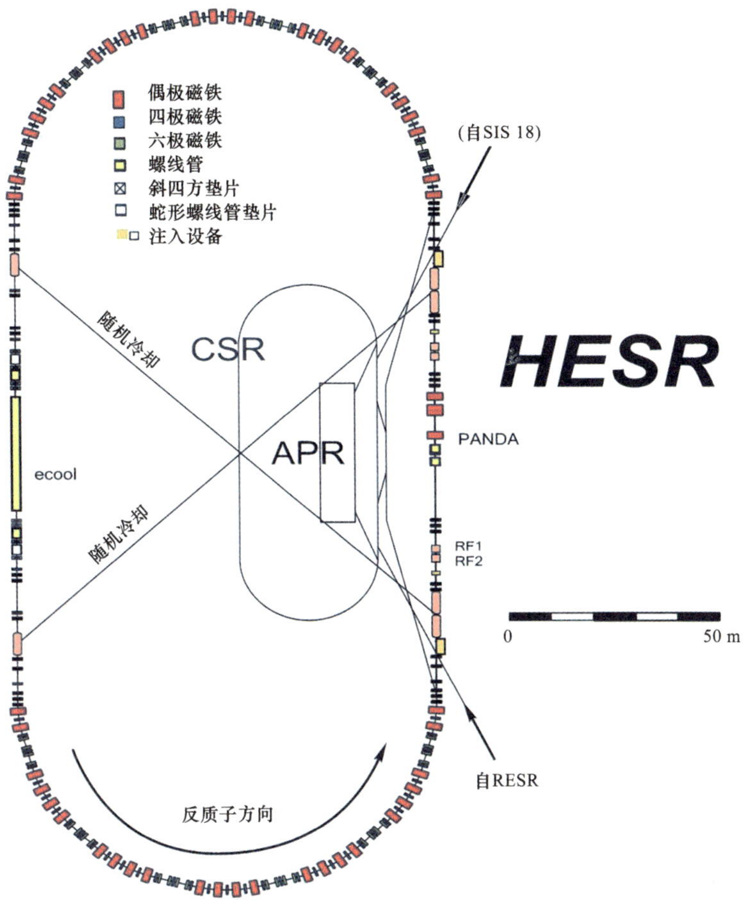

图 5.78　配有 PANDA 探测器的反质子加速储存环 HESR[163]

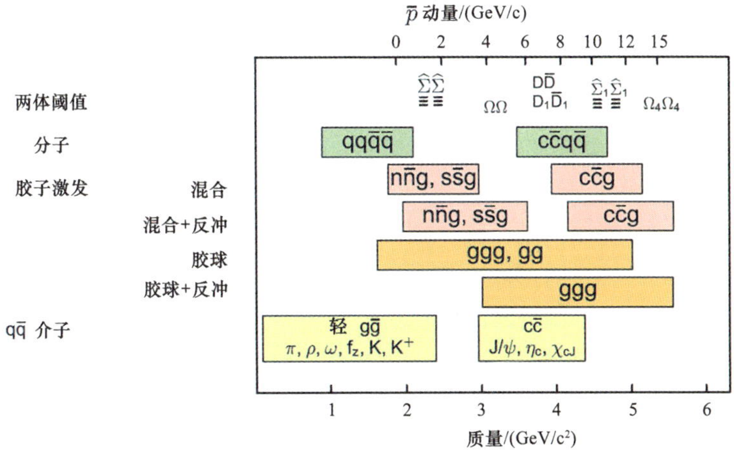

图 5.79　PANDA 实验中能够涉及的强子的质量范围。
上标尺表示相应的反质子动量，是固定靶实验中所需要的[163]

PANDA 的科研协作计划包括：

——探求胶球和混合体这类奇异粒子；

——高于 D-反 D 介子对偶形成阈值的粲素状态的光谱学；

——超(原子)核(包括双原子核)及粲原子核的研究，也就是将奇(单或双)粒子或者粲粒子代替普通核子"植入"原子核中。

同时还计划在 PANDA 装置上研究涵盖大能量范围内只包含单个光子、π^0-和 η-介子的稀有衰变。

图 5.79 示意性地展示了 PANDA 实验所能涉及的强子质量区域。

预计 PANDA 实验能以两种运行模式进行：高发光度模式和高分辨率模式。这些模式的特征参数汇集在表 5.4 中。

表 5.4　PANDA 实验两种运行模式的参数

这里预设内部氢靶有效厚度是 4×10^{15} atoms/cm^2，而粒子束发散度等于 0.3 mm · mrad

参数	运行模式	
	高分辨率	高强度
动量范围/ (GeV/c)	1.5~8.9	1.5~15
累积的反质子数	1×10^{10}	1×10^{11}
束流亮度/ (cm^{-2} s^{-1})	2×10^{31}	2×10^{32}
动量分辨率 $\delta p/p$	$<4\times10^{-5}$	1×10^{-4}

在 SIS100 中加速到 29 GeV 能量的质子被用于生成反质子束，反质子在质子轰击靶的时候诞生，然后在两个环(CR 和 RESR)中冷却，并在高能储存环(HESR)中累积到 574 m 长，这一完整流程见图 5.78。其中反质子束与质子靶(氢)相互作用，最终得到了包含奇和粲夸克的粒子组合。

PANDA 实验将使用两类内部氢-束靶：

——射流团簇靶(例如见文献[202，203])，其中的粒子团簇由 10^5 数目量级的弱连结氢原子组成，以及

——落入真空的特征直径为 20~40 μm 的冷冻氢微球[204]链所代表的靶。

类似的其他气体(例如，氘、氮、氩、氙)所构成的靶也将用于 PANDA 实验。

PANDA 探测器是具有内部固定靶的 4π 探测器，安装在 HESR 高能储存环上。它将具有接近 4π 的接受度和高分辨率的追踪、粒子鉴别及热量测定能力，在内部氢靶上每秒 2×10^7 次相互作用的负载下，能够保证有效的数据收集和事件选择[200]。

为了保证高动量分辨率，探测器将由两组磁分光计组成(见图 5.80)：基于超导磁螺线管的靶分光计，围绕反质子-靶相互作用点分布，将用于大角度测量；前分光计，具有偶极磁铁，用于测量从靶中小角度飞出并飞向反质子束轴的粒子的轨迹。

两组分光计都提供追踪、带电粒子鉴别、电磁热量测定和 μ 介子鉴别功能，能够记录完整的终态光谱，对于达到 PANDA 的科研协作目的非常重要。

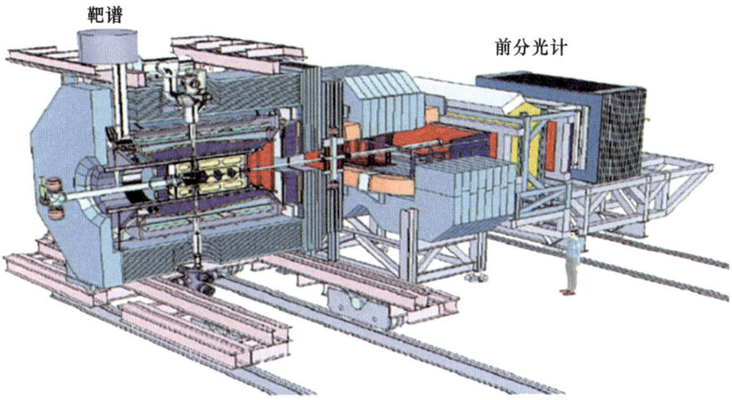

图 5.80 PANDA 探测器由两组磁分光计组成：靶分光计(左)，围绕反质子-靶相互作用点分布，以及前分光计，用于测量从靶中小角度飞出并飞向反质子束轴的粒子的轨迹。探测器总长 10 m[163]

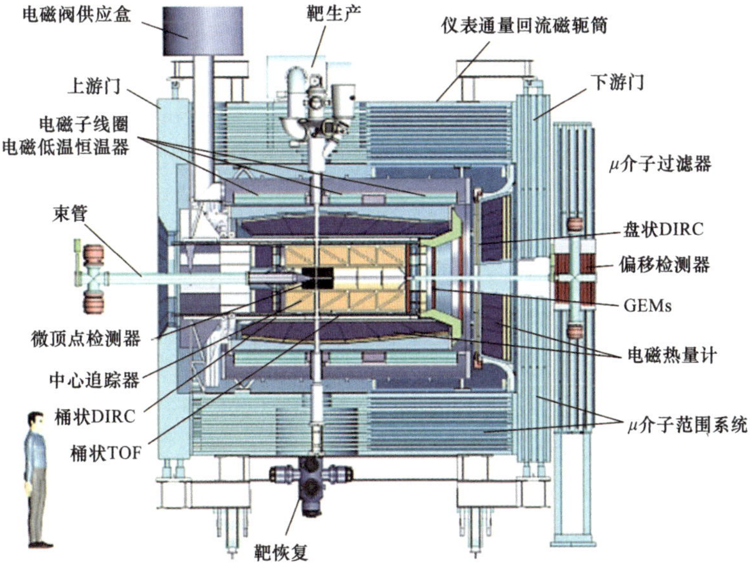

图 5.81 PANDA 探测器的靶分光计侧视图

靶分光计，其各部件都有标明的布局图见图 5.81，将测量高度均匀的(差异在±2%以内)2 T 螺线管磁场中带电粒子的踪迹。类似于对撞实验中所安装的探测器，其构造像一个洋葱——各种类型探测器一层一层绕轴分布。用于过滤掉来自反质子束的靶物质(也就是粒子团簇束流或者小球束流)的真空管上下穿过分光计，垂直于具有反质子束的真空管。对应于粒子从靶中飞出的角度，此分光计可以有条件地分为三个部分：

1. 圆桶部分，覆盖 22°到 140°之间的角度；
2. 前盖部分，将角度的下限分别拓展到垂直平面的 5°和水平平面的 10°；
3. 后盖部分，覆盖的角度范围是约 145°和 170°之间。

我们简要地介绍一下靶分光计的主要部件。

超导螺线管。在长 4 m、半径 1.9 m 空间内保持 2 T 的磁场，同时还要在这一空间里能够自由安装探测器，这是极不平凡的任务。加上对磁场均匀度的严格要求、磁铁与靶粒子束输运热管的交叉、保证与探测器连接通畅的必要性，使得这一任务的难度升高。螺线管的低温保持器将包围所有探测器，并作为支撑它们的结构。依靠分布其中(13 层铁之间)的微型漂移管，磁偏转系统将额外起到 μ 介子记录系统的作用(图 5.81 中的 μ 介子范围系统)。

微型顶点探测器(Micro-Vertex Detector，图 5.81)安装在靶分光计中最接近反质子束和与其交叉的靶粒子束相互作用的位置。微型顶点探测器的概念建立在使用耐辐射硅像素及条纹探测器的基础之上，是带电粒子的追踪设施，对于短命粒子如粲粒子或者奇异超子、D 介子，次级衰变顶点的精准测量非常重要。

中心追踪器(Central Tracker，图 5.81)。围绕微型顶点探测器分布着也是圆筒状的中心追踪器，其运行基于带电粒子通过气体时的气体电离过程。气体电离之后出现的电子在所应用的电场中漂移到传感电极，如果知道它们在气体中的漂移速度以及电极的空间位置，就能测出带电粒子的轨迹。

气体电子倍增器测量台(Gas Electron Multiplier，GEMs，图 5.81)。与轴呈夹角 $<22°$ 飞行的粒子，也就是那些不会落到中心追踪器上的，将由三个气体电子倍增器所组成的测量台来记录，它们分别安放在离靶 1.17 m、1.53 m 和 1.89 m 处。

粒子鉴别。在大动量及大角度范围内鉴别强子和轻子的能力是 PANDA 装置重要的标志。对于动量大于 1 GeV/c 粒子的鉴别将由切连科夫探测器承担。对于大角度飞出的慢粒子，其鉴别将由飞行时间探测器完成。因为靶分光计中的飞行路径仅有 50~100 cm，所以这类探测器必须具有良好的时间分辨率(50~100 ps)。制成了内外半径分别为 42 cm 和 45 cm 的桶状飞行时间探测器组件(Barrel TOF，图 5.81)，将覆盖 22°和 140°之间的角度。同样角度范围内对更快速粒子的鉴别将利用内反射切连科夫光探测法(Detection of Internally Reflected Cherenkov(DIRC)light)进行，就像在 BaBar 装置上所实现的那样[205]。这种切连科夫探测器将由 1.7 cm 厚石英片组成桶状外形(Barrel DIRC，图 5.81)，在离轴 45~54 cm 远的地方包围反质子束。类似的制造成圆盘形状的切连科夫探测器(Disc DIRC，图 5.81)，将用于以 5°和 22°之间的角度向前飞的粒子。这种圆盘将直接安装在电磁热量计的前盖之前。

电磁热量计(图 5.81)。为了与电磁热量计中靶分光计紧凑构造下的高负载进行对比，必须利用具有短辐射长度 X_0 的快速闪烁材料。为此最合适的是钨酸铅晶体($PbWO_4$)，是一种高密度无机闪烁体材料，对于光子、电子、甚至居间能量区域都有良好的能量和时间分辨率[206]。正因如此，$PbWO_4$晶体在 CERN 的 CMS 协作中的紧凑型 μ 介子分光计设备中得到了应用[207]。为了达到能量在 1 GeV 时的能量分辨率在 2%以内，电磁热量计中的晶体应该长 20 cm(也就是大约 $22X_0$)。11 360 片前端面尺寸为 2.1 cm×2.1 cm 的成型晶体安装在内半径为 57 cm 的热量计桶内。该桶的前盖和后盖分别需要 3600 片和 592 片晶体。

前分光计，其三维构造状态见图 5.82，将记录垂直和水平角度分别在±5°和±10°范围内所释放出的粒子。

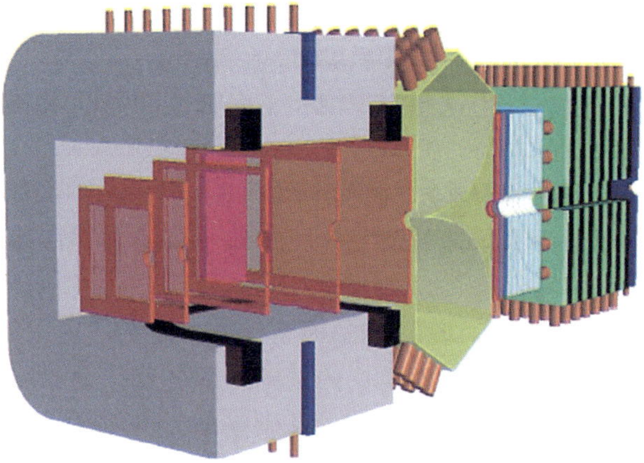

图 5.82 PANDA 探测器的前分光计的三维构造图
1 m 磁隙、超过 2 m 孔径的偶极磁铁（左侧）具有 2 T·m 的偏转力

为了在这里根据分辨率≤1%的动量对带电粒子进行分析，将使用 1 m 磁隙、超过 2 m 孔径的偶极磁铁。磁铁偏转力为 2 T·m，能够迫使最高动量达 15 GeV/c 的反质子在这一偶极磁铁的磁场中偏转 2.3°。反质子束的偏转随后将由两组或三组校正磁铁来抵补，它们安装在 PANDA 装置的后侧。

偶极磁铁磁场中粒子轨迹的变化将由一套多路漂移腔测量。两个腔安装在磁铁前面，另两个安装在磁铁后面。这样就能记录具有最高动量的粒子的轨迹。若要记录动量不大粒子的轨迹，需要另加两个漂移腔安装在磁隙内。

由塑料闪烁体薄片所组成且薄片组两端有快速光电倍增器用于信号计数的一套设施，安装于离靶 7 m 远的地方，将作为止动飞行时间计数器（stop time-of-flight counters），测量自安放于靶区域的起始探测器与这些止动计数器之间的飞跃时间。另外，类似的止动探测器将安装在偶极磁铁内部，用以记录没能飞出这个磁铁的低能粒子。当所期望的时间分辨率为 50 ps 时，π 介子从 K 介子的分离（π/K）以及 K 介子从质子的分离（K/p），在三倍标准误差水平上将分别能够达到 2.8 GeV/c 和 4.7 GeV/c 的动量。

用于飞入前角区域粒子的热量计将由两部分组成。第一部分的用途是以高分辨率及高效率探测光子和电子，将利用“肉串”类型的热量计（例如见文献[208]）。文献[209]中对于类似的热量计，获得过 $4\%/\sqrt{E}$ 的能量分辨率。热量计的第二部分将用于测量中性强子的能量，也作为快速触发器和 μ 介子主动过滤器。这一热量计部分将直接安装在“肉串”热量计之后，在 μ 介子鉴别计数器墙之前（这些计数器类似于那些前面所提到的、包围靶分光计超导螺线管的 μ 介子计数器）。前分光计的详细描述可以在文献[210]中找到。

5.7.5 电磁等离子体物理学

经受高强度脉冲作用的物质，其高能量密度物理学和极端状态的研究，对于获得超高温、超高压、超高密度状态下的物理学过程和材料性质的新知识非常必要。这些知识构成了未来能源计划——热等离子体的惯性约束受控热核聚变、磁流体动力学及磁积累发生器、太空核装置等——的科学基础(见第 2、3、4 章)[179]。为了发展国防及核能应用的新技术，在核大国中这些知识用在了完善核武器设施(第 3 章)、核能装置中处于强核辐射流作用下的材料研究等方面。

夸克-胶子等离子体粒子间的主要相互作用形态由量子色动力学方法描述。与之不同，本节我们将讨论电磁等离子体的研究，该等离子体的主要特性是其中的弱电磁相互作用。

在实验数据的基础上发展了物理-数学模型，具有高置信度以及良好的预测质量，正如专家们所期待的，能够构成数值模拟的基础去部分取代全尺度真实的实验。这种数值模拟的精度及预测质量取决于所使用的基础模型、物理过程性质理解的深度、超高压力温度条件下对材料性质描述的可靠性等。

所以，这一领域研究工作的实际意义，与高能量密度条件下物质性质的可靠实验数据的获得、以及在此基础上精确设计的理论模型的建立紧密相关，这些模型可用于发展新型国防技术和民用设施，以及惯性热核聚变、核反应堆安全性、等离子体技术等。

全尺寸核试验(见第 3 章)能够在密度 1~1000 g/cm^3、温度 0.1~100 000 eV 的范围内获得实验数据。如果没有这类实验，则只能从研究型装置获得实验数据，这些装置的参数将只能覆盖上述数据范围的若干部分。其中最大型(见第 4 章)的要数强激光 OMEGA 和 NIF(美国)、GEKKO-12(日本)、VULKAN(英国)和“Iskra-5”(俄罗斯)，强放电系统 ZX(美国)、Angara-5-1(俄罗斯)，高功率重离子加速器 SIS-18(德国)、TWAC-ITEP(俄罗斯)等。图 5.83 反映了在物质状态相图的各个区域内各种装置的研究能力。

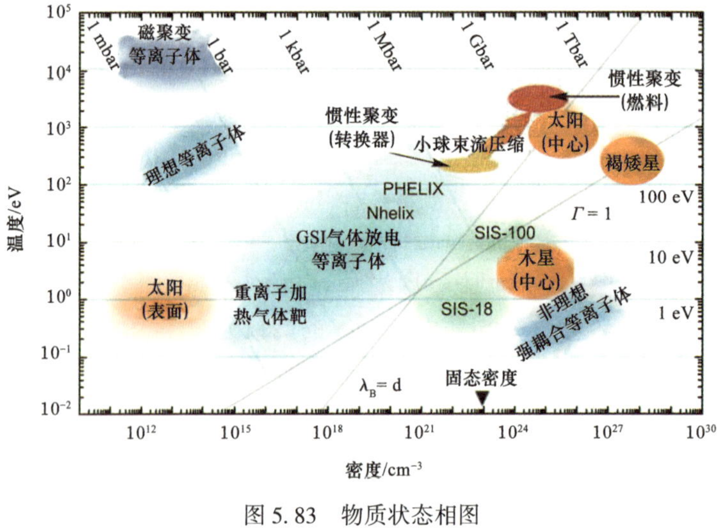

图 5.83　物质状态相图

在 FAIR 综合体上，能量达 1000 MeV/nucleon 时脉冲离子束的强度将能达到 10^{12} 量级。在脉冲持续的 50 ns 时间内如果提高重(直到铀)离子束强度并对其进行压缩，则 FAIR 装置的比能输入，将比重离子研究所的 SIS18 综合体所实现的高出 600 倍，也比

TWAC-ITEP 综合体的参数超出 10 倍，足以进行超稠密非理想电磁等离子体性质、以及其他实验装置所达不到的密度和温度状态下的超高压力条件下的物质性质研究。

上述参数的离子束如果聚焦成直径约 1 mm 的斑点，就能够把稠密靶物质的宏观体积加热到几十电子伏的温度。

电磁等离子体实验计划的核心包括三个基本实验：

——重离子加热和膨胀实验(Heavy Ion Heating and EXpansion，“HIHEX”)；

——实验室行星科学/物理学实验(LAboratory PLAnetary Sciense，“LAPLAS”)；

——温密物质实验(Warm Dense Matter，“WDM”)。

所有这三个实验对于 FAIR 加速器上的物质在高能量密度物理学方面最重要的特性，就是利用高能质子束(射线照相术)进行等离子体诊断的独有能力，以及拍瓦(10^{15} W)强激光辐射的同步使用。这种激光能够使靶上的辐射通量密度高达 10^{21} W/cm^2。相应的质子束传输线路设计为从 SIS18 加速器到等离子体物理实验大厅，强激光束也传送到了靶真空室。高功率激光脉冲、诊断质子束和高强度离子束的组合展现了 FAIR 全新独特的实验能力。

“HIHEX”实验。脉宽 50~100 ns 的高强度重离子束能够迅速(与流体力学运动特征时间相比)加热物质，然后观察热物质向周围环境膨胀，也就是先形成了高水平的能量释放，随后观察等熵膨胀。在类似的实验中[1,211]，热物质膨胀时要经过一系列有趣的新状态：如初始密度正常的金属在加热之后达到了流体过热状态，具有无序离子成分和简并电子。等熵膨胀过程中，物质要经历一种准非理想玻耳兹曼等离子体状态以及稀薄气体状态。在进一步膨胀的过程中，简并率下降，伴随着离子和原子能谱的重新分布，以及稠密等离子体的部分重组。无序电子系统中有可能发生金属-电介质相变，而临界点和液体-蒸气平衡点附近的等离子体将变成非理想的。当等熵线进入了液体-蒸气双相区域，气相的凝结就开始了。当能量输入越积越多时，等熵膨胀可能伴随着等离子体电离度 α 和非理想性参数 Γ 剧烈变化的更为奇异的效应。在一次实验中，物质的热力学参数可能在很大范围内变化：压力达六个数量级幅度、密度达四个数量级幅度。

在压力-熵坐标图中，高能量密度材料的状态占据广大区域(图 5.11[211])，包括热压缩电离物质、非理想等离子体、加热膨胀液体和准理想等离子体。

利用冲击-压缩材料的等熵膨胀技术[212]所获得的有关金属性质的现有信息，主要沿雨贡纽绝热曲线(Hugoniot adiabat)集中，并且在相平面上的临界点位置补充一些模型评估数据(图 5.11)。因此相图位于冲击绝热曲线下面的广大区域，包括金属临界点区域和非理想等离子体($\Gamma \geq 1$)区域，需要进一步的研究[213-216]。

图 5.11 中，相图分出了重离子加速器装置 SIS18、SIS100 上可达到的参数所对应的区域。特别是运行中的 SIS18 加速器能够生成发热铀离子脉冲，其强度为 10^{10} 粒子量级、脉冲宽度 100 ns 量级、离子能量为 300 MeV/nucleon。这种脉冲聚焦到靶上时，能够保证能量的释放达到 1 kJ/g 的水平。未来计划提高束强度，达到能量释放在 10 kJ/g 的水平。2003 年在 ITEP(理论和实验物理研究院，莫斯科)启动运行的 TWAC-ITEP 存储加速器，其目标在于获得高达 10~20 kJ/g 的能量释放水平，此时着靶的铜离子或者

钴离子脉冲能量达 700 MeV/nucleon。FAIR 计划中的新型 SIS100 加速器将能够达到超过 100 kJ/g 的能量释放水平。

两项大型国际协作计划(HEDgeHOB 和 WDM)，目标均在于利用强离子束作用在物质中引起的体积能量释放属性去生成以高熵为标志的物质状态。FAIR 的加速器所生成的粒子束强脉冲，将能够生产大体积稠密等离子体，其能量密度水平将有助于解决等离子体物理学、磁流体力学、放射性材料学、行星地球物理学、原子和分子物理学等的多学科基本问题。预期的铀离子 U^{28+} 束参数列于表 5.5。

表 5.5　预期的粒子束参数

脉冲总能量	80 kJ
脉冲宽度	50 ns
粒子总数	2×10^{12}
比功率	10 TW/g
比能释放	>100 kJ/g
离子能量	≈1 GeV/nucleon

图 5.84 是“HIHEX”实验示意图，其中圆柱形靶整体被高强度重离子束加热。加热了的物质(等离子体)开始向周围的真空等熵膨胀。对于构造物质状态方程所必需的膨胀参数，则采用包含由拍瓦激光器产生 X 射线背光照射的诊断系统进行测量。

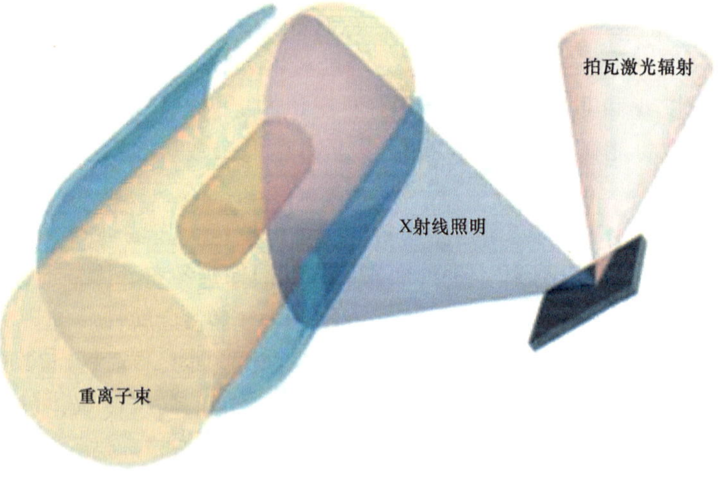

图 5.84　“HIHEX”实验示意图

“**LAPLAS**”实验中，通过朝向圆柱体轴的圆柱形内爆实现了获取高度压缩物质的模式。对这一效应的兴趣产生于在实验室里如何生成巨行星中的木星、土星核心部分的物质状态，那里的物质在数电子伏特温度条件下具有密度 1~2 g/cm^3、压力 5~10 Mbar。此外，实验还承担以重离子加速器驱动为基础的惯性约束受控热核聚变问题的研究[1,217]。

照例，靶子是圆柱形多层结构，各层具有各自的初始密度(图 5.85)。

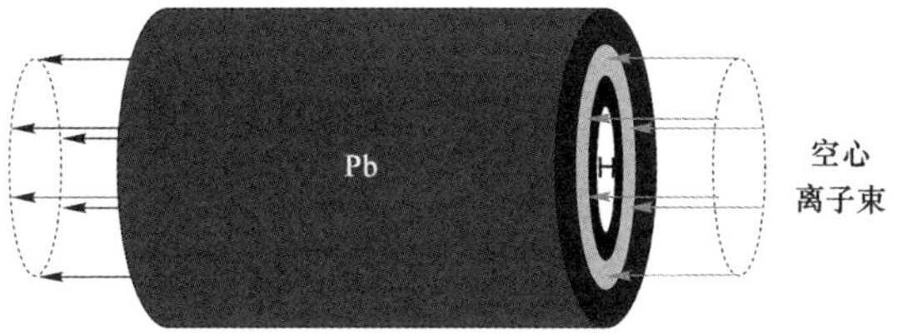

图 5.85 LAPLAS 实验的多层圆柱形靶结构[218]

实验中占据中心区域的是被压缩到尽可能高的终态密度的物质，如氢或者相等摩尔数的 DT 混合物。吸收离子能量的物质层(吸收体)经受特殊形状的“管状”——其横截面为环形——粒子束的辐照。形成类似形状离子束这一问题的解决，要利用从加速器到靶子之间输运阶段的 HF(高频)场使离子束旋转，详见文献[217, 219]。同时一系列理论设计工作集中在寻找优化条件方面，目的是保证吸收体物质对类似快速旋转粒子束能量释放的流体力学响应的均匀性[219,220]。

为此要特别关注这类加热离子束脉冲的参数、靶各层的几何尺寸及其初始密度的组合情况，以保证燃料向圆柱轴压缩的模式万无一失且接近绝热，即所谓准等熵模式[221]，也可见文献[222]和文献[223]。

LAPLAS 实验的目标[218,219]是研究氢的金属化效应，是巨行星木星和土星内层的典型状态。利用二维流体力学程序[224]，数值模拟计算研究了重离子束作用下实现压缩的准等熵模式的可能性，目的是获得魏格纳(Eugene Paul Wigner)在 1935 年所预言的氢的金属化效应。在数值模拟实验中使用了 3 mm 长的多层圆柱形靶，其外半径也是 3 mm (图 5.77)。固态冷冻氢所构成的圆柱体内半径是 0.5 mm。从圆柱体端面起，能量为 400 AMeV、强度 10^{12}个离子、脉宽 50 ns 的铀离子束作用于靶上。非常重要的一点是粒子束横截面的环形——粒子束聚焦成外半径 2 mm、内半径 0.5 mm 的一个环，不是作用于氢，而是作用于圆柱形铅层。沿着这一层的能量释放被认为是均匀的，因为能量为 400 MeV/nucleon 的铀离子在铅中的射程是 4.25 mm，所以布拉格峰值(Bragg peak)远在靶外。

实验的特殊性在于，生成大量连续回荡弱冲击波的工况要得到保证，使氢能沿等熵线得到压缩。二维流体力学程序 BIG-2[224]能够计算不同时刻沿半径的氢密度分布。计算结果显示，随着氢-铅边界朝着圆柱轴相对缓慢的绝热移动，此边界与轴之间出现了反射弱冲击波系，该波系塑造物质的状态，使之与氢的金属化条件相匹配。依照表 SESAME 中的状态方程，此时压力为 3 Mbar、密度$\approx$1 g/cm^3、温度$\geqslant$0.1 eV[218]。这些参数能够在 160~200 ns 内保持不变，足以进行极端条件下氢的导电性实验测量。不久前完成的氢的准绝热压缩实验[1,179]证明，压力所引发的金属化甚至在压力接近 1 Mbar、密度$\approx$0.6 g/cm^{3}时就已经开始。

WDM 实验的目的是实现材料的准等容加热工况，并在非理想性参数大量值 $\Gamma\geqslant 1$、粒子间强相互作用时达到等离子体的极端状态[179]。

文献[225]中介绍了准备利用SIS100加速器(在国际合作项目FAIR框架内进行建造)的离子束进行实验的物理论据。实验针对的是130 kJ/g能量释放水平下固态氢状态的研究，由焦斑半径 $r_b = 350\ \mu m$ 的200 MeV/nucleon、强度为 8×10^{10} 的铀离子束来保证，根据来自表SESAME的状态方程，这种状态对应于温度0.6 eV的温密物质模式，此时全部粒子束能量转化成物质内能。

至于离子特征能量 $E \geqslant 10$ MeV/nucleon的离子束的整体能量释放，比能释放 E_s 是决定性特征量值，能够通过实验测量得到，精度较好。如果被加热样品物质的密度 ρ_0 在加热过程中保持不变，则照射之后物质的热力学参数由 E_s 和 ρ_0 决定。因此任何可测量的物理量都是这一明确定义的热力学状态的函数。

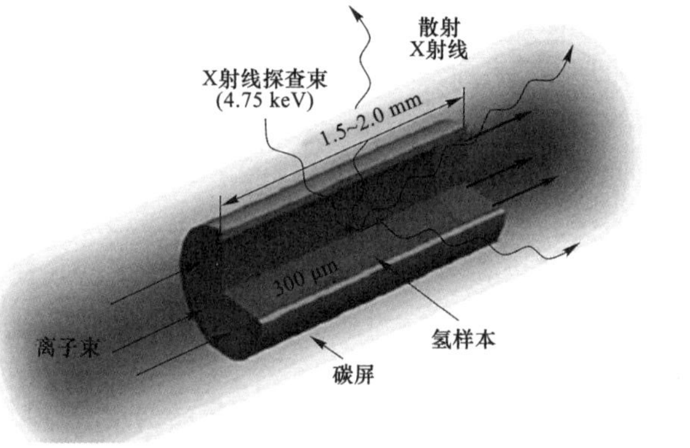

图5.86　WDM。氢的准等容加热实验示意图[225]

靶材料的选择受到诊断技术能力的制约，涉及记录加热样品物质散射的X光子光谱和角分布，也就是汤姆逊X射线散射(Thomson X-ray scattering)法[226]。这类具有时间分辨的X射线背光照射由在达姆施塔特的GSI建造的拍瓦激光器PHELIX提供。然而当X光子能量在≈1~3 keV区间时，靶结构材料的选择只能限制在低 Z 元素中。要进行物质状态的诊断并对数据进行插值，样品体积内密度分布最好是均匀的。完成准等容实验最简单的靶是半径为 $R_h \geqslant r_b$ 的冷冻氢圆柱(图5.86)。如果粒子束横截面上的强度是直角分布，则圆柱体轴上的密度在卸载波到达该轴之前保持不变。然而对于横截面上是高斯(Gauss)强度分布的真实粒子束来说，当沿半径的压力二阶导数不为零时，轴上密度在卸载波到达靶轴之前已经开始下降。

靶内已加热区域的这类流体力学卸载效应，可以通过采用限制冷冻氢的惯性壳(屏)进行补偿。为了保证“约束”加热物质所需要的低 Z 材料对X光子透明，该屏也被离子束的周边部分加热。此时被加热的屏层就会产生反压力去约束靶内主要物质。显然该屏最好使用升华能更高的材料，去迟滞屏本身流体力学膨胀过程的发端。

借助于二维流体力学程序BIG-2[224]所进行的数值模拟显示，屏密度应该低于石墨的，所以选择了一种正常条件下密度为1.5 g/cm³的塑料。靶的各层密度随时间的变化显示于图5.87。一开始由于离子束的高斯分布(Gaussian profile)，氢密度开始下降。屏物质中的压力超过了氢压力，因此屏开始向内运动并发动弱冲击波。稍后当屏密度下降，压力开始拉平使氢-屏边界停顿下来。然后上升的氢压推动边界回到初始位置。直到离子束中断，计算显示沿靶半径的密度分布基本上达到了均匀状态。

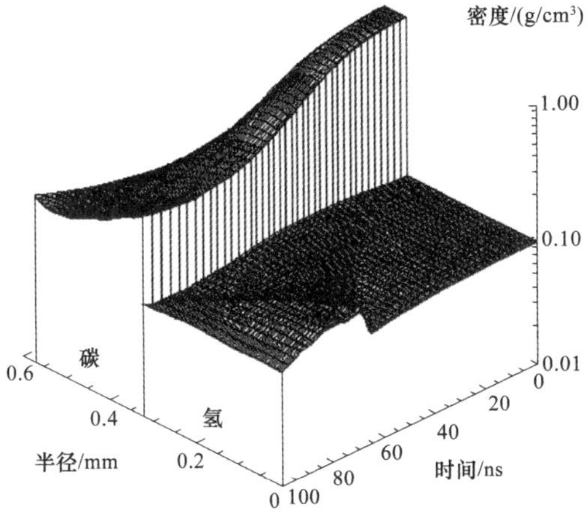

图 5.87 靶内各层密度随时间的变化[188]

图 5.88 是靶子横截面上平均氢密度的演化。屏厚度可以根据所要求的结果进行优化：加热过程中密度波动的最低限度在 10%～15%（$\Delta R_c = 50\ \mu m$）以内或者加热脉冲结束后氢密度又等于初始值 0.1 g/cm^3（$\Delta R_c = 60\ \mu m$）。

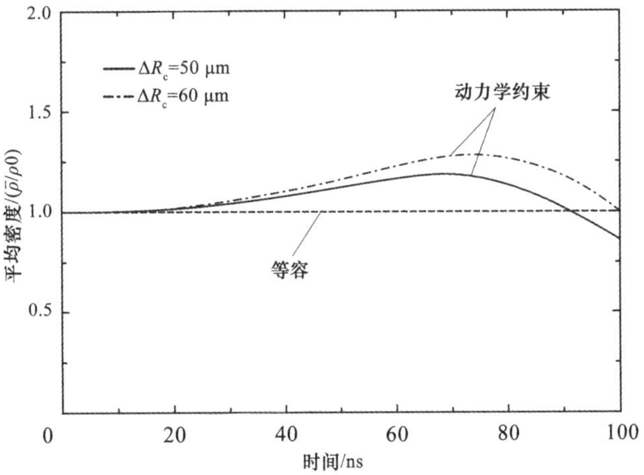

图 5.88 靶子横截面上平均氢密度的演化[225]

因此，显而易见，在规定的一套初始参数条件下，离子束能够提供固态密度氢在 5000 ℃时的准等容加热模式，也就是能够保证 100 ns 时间内的动力学约束。

5.7.6 放射性材料学和生物物理学（Radiative Study of Materials and Biophysics，BIOMAT）

FAIR 的加速器综合体能量为 10 GeV/nucleon 及以上的重离子束，对于银河系和太阳系粒子的放射性作用于鲜活生物目标或者各种材料的研究有着重大意义。实际应用领域包括放射性材料学、微电子元件的辐射电阻、核医学、宇宙重带电粒子辐射作用于活细胞和材料的效应模拟等。为此在实验设计和实施的时候，快速离子穿透样品体积到达可控深度的属性具有特别重要的意义。

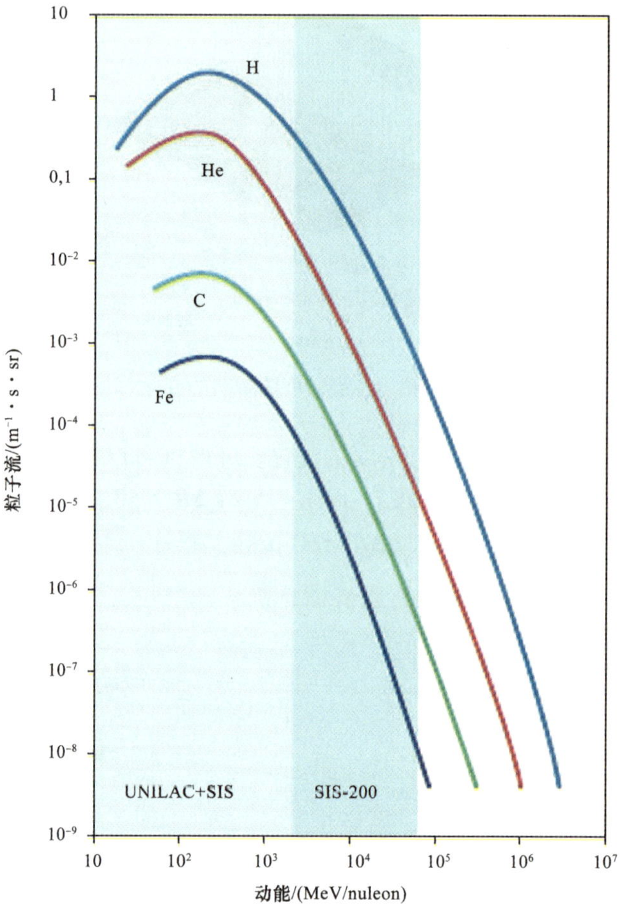

图 5.89　银河系的宇宙辐射中重带电粒子的光谱[230]

1. **必须掌握关于快速重带电粒子辐射效应的全面资料**，以便将星际旅行宇宙飞船昂贵的放射生物学防护厚度尽可能下降到必要水平的最小值[227,228]。此外，为照射样品所建造的装置，对于太空中所使用仪器和设备的测试及校准也很重要。

太阳系和银河系起源的宇宙射线，是星际空间研究和载人星际任务的最大危险，因为人员和设施都处于地球磁场的保护范围之外[228,229]。即使是低水平辐照时也可能引起基因改变和致癌效应。而在太阳耀斑和日冕物质抛射的时候，致命的剂量可能在 30 min 以内就积累起来。太阳辐射主要由质子及氦原子核构成，而银河系辐射的成分还包括一直到铁的更重的粒子(图 5.89)。

这种情况下，由于辐射作用由粒子的制动能量损失来定义，依照贝蒂–布洛赫公式

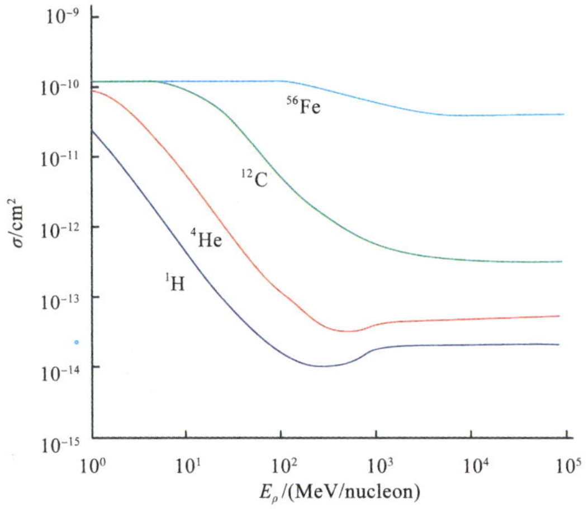

图 5.90　重带电粒子长时间作用下乳腺细胞出现癌变的风险系数计算结果[227]

(Bethe-Bloch formula)正比于粒子电荷的平方[1,231]，所以相对论铁离子的风险系数(图 5.90[227])比质子的高出三个数量级。

无论是对于生命有机体还是对于电子设备，(辐射)剂量都是决定性因素。剂量一般都是宏观地进行测算，如每单位质量吸收多少能量(1 Gy = 1 J/kg)，但是沿着单一粒子轨迹的局部剂量分布更为重要[232]，在轨迹中心能够达到数千 Gy。正是这种宏观剂量相对较低时不成比例的强烈响应，在很多生物系统中都能观测到。这一放射性生物学效能(radiobiological efficiency，RBE)[233,234]增长的现象，与重带电离子轨迹附近脱氧核糖核酸(deoxyribonucleic acid，DNA)的双螺旋都有大量破坏紧密相关。把更高 RBE 和重相对论粒子在制动过程中的破碎现象考虑在内，是铁离子辐照使细胞变异增强的主要原因，尽管与质子束相比，铁离子辐照强度较低。

在 FAIR 即将面临的实验中，必须特别注意相对论原子核的破碎和高 RBE 的次级低能粒子暴雨的形成对生命体的作用。由于次级粒子时空相关，所以放射性生物学效应的研究不仅将在遗传学分子水平上，也将在细胞和生命组织水平上进行[235]。

2. FAIR 的加速器模拟银河宇宙辐射较重组分作用的材料学实验追求两个主要目标：

——调校宇宙飞船探测设施，从而以质量及电荷的高分辨率记录高能(>1 GeV/nucleon)宇宙粒子；

——电子元件中的辐射效应的研究，这些电子元件用在航天卫星的仪器中——从单独芯片到集成微处理器[236]。这些效应将会导致单一故障、毁灭性运行错误的出现或是空间飞行器上电子设施关键功能的失效。

来自 SIS100 的重离子将被用于 BIOMAT 的多用途装置，该装置配备了光栅扫描系统[237]，在大跨度不同原子质量粒子流密度区间内，将保证提供能够对大面积场进行均匀照射的高质量粒子束。一个特殊的机器人将用于在实验过程中放置样品(图 5.91)。

图 5.91　对生物样品进行自动定位的机器人系统[163]

为了进行生物物理学及材料学研究，需要一整套的多种离子束——从质子到铀。能量为 10 GeV/nucleon、离子质量从质子(5×10^{10} cm^{-2})到铁(1×10^{8} cm^{-2})范围内的粒子束强度最高要求，对应于 10 Gy 的剂量在 1 min 内被 100 cm^2的靶面积均匀吸收。以这样的剂量功率，达到可接受的辐照时间，这对于原本放置在营养培养基内的敏感生物样品(也就是细胞培养)非常重要。较重离子束的最高强度——从氪的到铀的(1×10^{8} cm^{-2})，由材料学研究所需要的通量匹配合理的曝光时间来决定。

BIOMAT 合作项目将与 SPARC 合作项目联合使用高能离子束引导和实验场地。14 个研究团队共同参与合作。

3. 利用相对论重离子束对材料进行改性处理的研究。高能重离子穿越固态物质时，会在短时间(约 10^{-18} s)内感应诱发超高电场(10^{12} V/m 量级)，该电场作用于离运动轨迹最近的原子和电子，把快速粒子动能转化为物质内能。能量的损失激发起复杂的过程，例如伴随着电离原子库仑排斥(Coulomb repulsion)的快速电子的诞生、X 光量子和俄歇电子(Auger electron)的释放、电子-光子相互作用等[238-240]。结果，一个快粒子就会形成长条的半径为数纳米的圆柱形区域，区域内的物质性质与其初始性质相比发生了根本性改变，例如，从晶体到非晶体状态的转变或者亚稳态高温高压相的形成等[239,240]。

要深刻理解这一条踪迹的形成机制，最关键的是要仔细研究快粒子穿过物质而引起的瞬态过程(图 5.92)[230]。

尤其是在约 10^{-18} s 到 10^{-13} s 这段时间内，电子过程主宰了踪迹的演化。通过记录伴随电子和俄歇电子或者通过 X 射线技术，可以实现高分辨率(10^{-14} s 水平)的破坏过程诊断[162,179]。然而，完整的踪迹形成机制不仅包括因电子的激发导致的原子位移，还包括与冲击波的通过和晶格弛豫(lattice relaxation)紧密相关的较慢速(约 10^{-13} ~ 10^{-12} s)过程[241,242]。

描述快粒子在固态物质中制动时最重要的定量特性是制动能力 dE/dx(单位行程的

能量损失)。对于非相对论离子(E_i<1 GeV/nucleon),已经从理论和实验方面详细研究了制动机制[243,244]。但是对于相对论能量 E_i>2 GeV/nucleon 的离子,制动能力的实验数据严重不足。

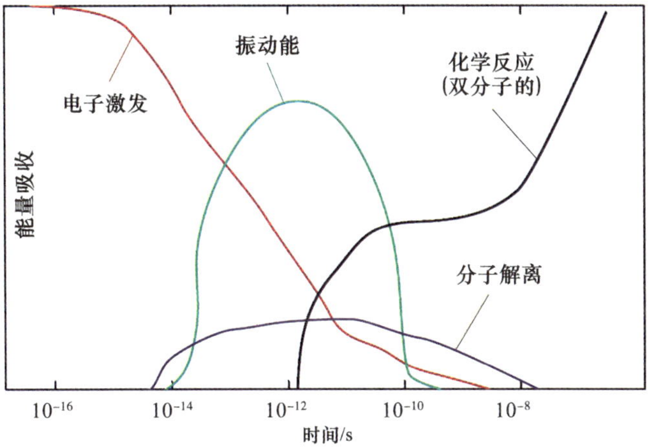

图 5.92 快粒子通过后聚合物样品中能量耗散的实时图[230]

在 FAIR 装置上所进行的材料学实验课题之一,是要研究预压缩到 25 GPa 压力的固态物质的改性,其体积内高强度重离子束被减速。实验的中心思想在于研究物质的物相变化,该物质是已经在制动能力最高的布拉格峰值附近[243,244]被金刚石砧压缩过的(图 5.93[230])。

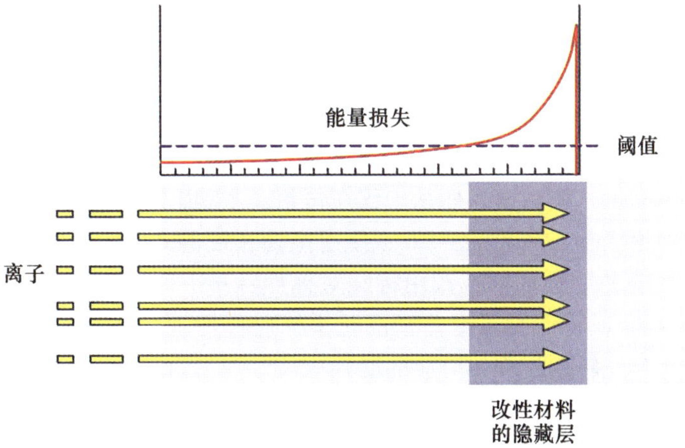

图 5.93 布拉格峰值区域预压缩样品中材料的改性[230]

重离子在短时间内从小体积中释放出自己的能量,该能量保证超过因预压缩处于亚阈值状态的固态物质结构改变的阈值。此外,离子束也在样品中唤起了声波,声波对相变过程也有影响。因此,高压和离子束的快速局部能量释放的组合,将揭示全新的相变发生可能性，这是仅使用压力情况下不可能发生的。要进行这些研究，建议利用一些方兴未艾的诊断技术，包括 X 光量子和中子的衍射、可见光拉曼光谱学(Raman spectroscopy)、以及 μ 介子自旋的谐振测量法等[245]。

总而言之应当指出，这些研究将在世界上独一无二的研究型综合体中进行。FAIR 综合体独有的特性就是能产生高强度稳态放射性初级和次级原子核束以及反质子束，其强度超过现有的粒子束 100~10 000 倍，因而在项目的启动阶段已经能够提供独有的能力，可用于进行时下最令人关注的科学和技术研究[246]。其对粒子束的存储、冷却和压缩能力也保证了束流的高质量。所提出的加速器综合体方案具有基本的综合体并行自洽运行的优化能力。总的来说，该综合体的运行将服务于各种实验，就好像它原本是为不同的实验单独设计的一样。

5.8　NICA 项目中的重离子实验

俄罗斯第一台能产生高能原子核束的加速器是核研究联合研究所(JINR)在杜伯纳(Dubna)的同步相位加速器(Synchrophasotron)，如今已经让位给了 Nuclotron，Nuclotron 属于新一代超导磁铁加速器。1971 年在杜伯纳进行了先锋实验，在同步相位加速器上对相对论氘核进行了加速，对原子核参加的反应中累积效应的形成进行了研究，开启了被称为“相对论核物理学”的高能物理学新的挑战方向[247,248]。其后数年，有好几代超相对论重离子加速器被接连替代。随着技术的进步和新型设施的不断建造，实验室的当量能量规模从每核子数个 GeV 增长到了数十 TeV。

在不断进行重离子实验的过程中，一直以来逐步形成了加速器运行能量稳定增长的趋势，为追求高能量而建造的设施愈发强大且昂贵。然而不久之前竟出现了相反的趋势，也就是加速器能量下降的趋势，其目的在于获得核材料新型状态存在的证据，研究相应的相转变和临界效应。这种情况下，相对论核碰撞中发生着更为充分的物质热化，结果更为清晰地证明了实验中新型核材料的出现。目前看来，为此需要相对不太高的被加速离子能量，实验室参照系中仅在每核子 8~40 GeV 区间内就够了[249]。

根据现有的理论概念，随着温度和/或重子电荷密度的升高，核材料可能经历一系列第一类相变，其中之一是核相互作用特殊对称性——手征对称性——恢复的第一类相变。在较低温度和/或较低重子电荷密度时手征对称性被严重破坏，较高时则恢复。因此，预计存在着与此转变过程相对应的混合相[250]——已破坏和未破坏手征对称性都存在的物质相。正如我们前面所提到的，还有一种预计的第一类相变是所谓的核材料退禁闭转变成有待证实的夸克-胶子等离子体状态。

重离子实验中能量的降低，在一定程度上是“追本溯源”，只不过是回到过去已经熟练掌控的能量值。当然其便利性显而易见：可以利用最先进探测器、现代化概念和模型，它们在从前进行同等能量实验时还未出现，现在则可以用来更准确地了解已经形成的概念，或能修改从前的错误，以及对现有的实验数据补充必要的合乎当代概念的新数据。

对撞机项目 NICA (Nuclotron-based Ion Collider fAcility, 俄罗斯) (图 5.94、图 5.95)[43,251,252] 自 2007 年在 JINR 启动以来，一直与 RAS (Russian Academy of Sciences, 俄罗斯科学院)、Rosatom(俄罗斯国家原子能公司)、俄罗斯教育和科学部以及其他一些机构保持紧密合作，主要工作方向是研究相对论重离子在能量为 $\sqrt{S_{NN}}\approx 4\sim 11$ GeV 时在质心系统或者 8~60 AGeV 时在实验室系统内的碰撞。这一雄心勃勃的计划打算研究因实验室所能达到的最高重子电荷密度条件下的重离子碰撞而被加热且被强压缩的核物质的性质，寻找相变、核物质新状态、以及混合夸克-强子相形成的新证据。当 $Au^{79+}+Au^{79+}$ 的碰撞在能量 $\sqrt{S_{NN}}\approx 10$ GeV 条件下发生时，平均发光度 $L\approx 10^{27}\ cm^{-2}\ s^{-1}$；而对于质子-质子碰撞，则分别是 $\sqrt{S_{NN}}\approx 20$ GeV 和 $L\approx 10^{30}\ cm^{-2}\ s^{-1}$。目前世界上的四个加速器中心——CERN(SPS)、BNL(RHIC)、GSI(FAIR)、JINR(NICA)——都在计划这一能量区间的实验项目，互相补充，因为任何实验结果都需要验证。

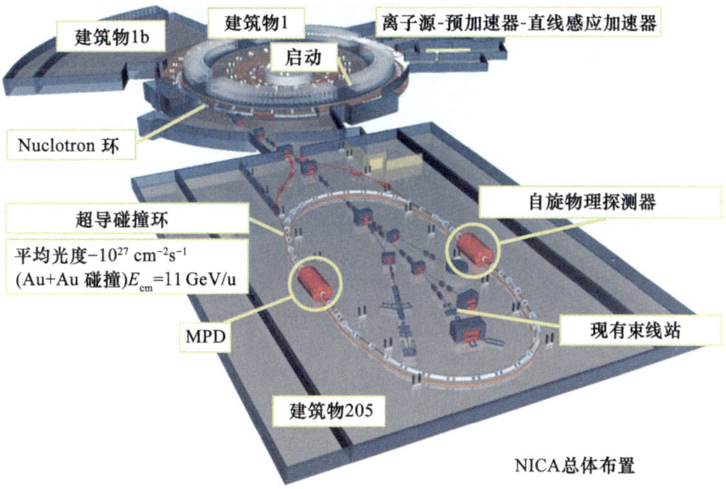

图 5.94 JINR 加速器综合体地盘上的 NICA 对撞机布局[47,251]

计划中的科研任务包括：通过研究加速器技术所能提供的最高密度(见图 5.20、图 5.96)下强压缩重子物质的性质，来揭示和研究核物质的新状态、夸克-胶子等离子体类的新物质相等。

NICA 项目也将研究电子-原子核碰撞，目的是研究大动量原子核及核子的电磁形状因子(form factor)。这一方向包括电荷空间分布的研究、核子及原子核的磁化、以及价夸克所引起的部分子的分布。这类测量有可能提供重子物质的色透明度信息，对于理解 QGP 性质及零温量子色动力学预估非常重要。

所讨论的项目将提供有关处于图 5.96 的相图中心区域物质的性状信息，也就是处于高重子密度、中等温度条件的物质性状。也在计划实施其他一些大规模项目：

——在布鲁克海文的 RHIC 低能模式；

——在 SPS-CERN 上的 NA61 SHINE；

——在达姆施塔特的 CBN、FAIR。

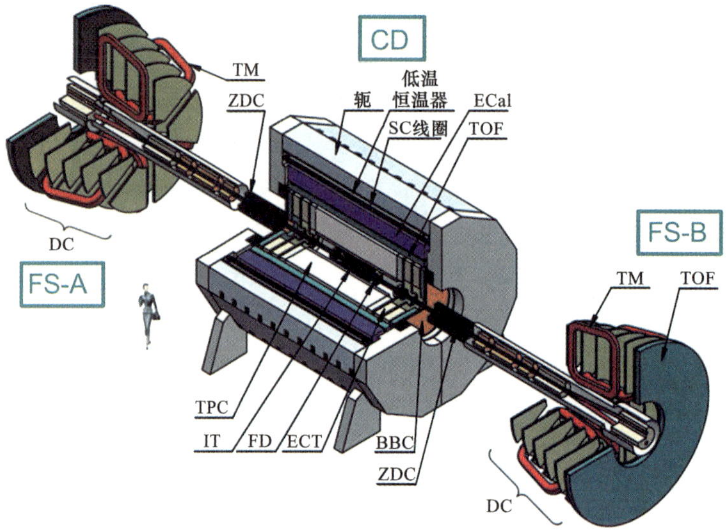

图 5.95　多功能粒子探测器 MPD 结构示意图

中心探测器(central detector, CD)和两套前向分光计(forward spectrometers) FS-A 和 FS-B)。束-束计数器(beam-beam counter, BBC);内部探测器(追踪器)(inner tracker, IT);时间投影室(time projection chamber, TPC);飞行时间系统(time-of-flight system, TOF);电磁热量计(electromagnetic calorimeter, ECal);端面追踪器(end-cap tracker, ECT);快速前向探测器(fast-forward detector, FD);超导线圈(superconducting coil, SC Coil);零度角热量计(zero degree calorimeter, ZDC);环形磁铁(toroidal magnet, TM);漂移室(drift chamber, DC)[45]

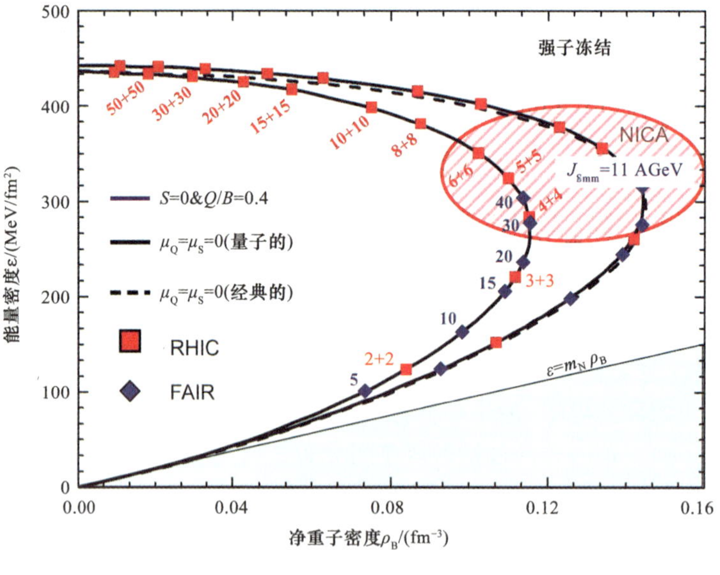

图 5.96　对于不同碰撞能量所预估的冻结点(系统中的粒子停止相互作用)

(J. Randrup, J. Cleymans[47])

碰撞能量为 $\sqrt{S_{NN}}\approx 4+4$ eV 时冻结重子密度达到最高值。蓝色是实验室系统、红色是质心系统中所计算的能量值

NICA 项目的示意图见图 5.20、图 5.94。两套多功能粒子探测器(Multi-purpose Particle Detector，MPD)(图 5.95)之一用于测量下列热且压缩核物质的特性：

——关于夸克-胶子和/或手征相变的发端；

——关于临界点的存在及其参数；

——关于夸克-胶子混合相的存在。

第二种探测器，自旋粒子探测器(Spin Particle Detector，SPD)，将研究重离子碰撞以及极化核子和氘核碰撞之后的自旋物理学。

NICA 项目中将研究强子物质的某些“整体”性质，如它的状态方程，这对于天体物理学的应用非常重要，那些应用包括中子、夸克和奇异恒星的物理学(见第 8 章)。

项目进行的第一阶段计划有下列实验：

——强子的倍增性和光谱特性，包括“冷冻”条件下的“奇异”粒子、奇异重子和反重子；

——强子和奇异粒子的集体通量、高阶定向椭圆形通量；

——飞秒学①(femtoscopy)和粒子的相关性。

第二阶段主要是关于利用光子和双轻子的电磁场所进行的测量。

飞秒学、HBT-相关性和逐事件涨落，包含了有关热物质在退禁闭条件下的时空属性、其性质和相界的关键信息。

双轻子和光子，正如 RHIC 和 SPS 的实验所显示的，能够作为穿透 QGP 区域不可多得的工具。由于电磁相互作用的截面很小，双轻子和光子几乎能自由地离开相互作用区域，在通向探测器途中的变向微乎其微。而且如果热电磁辐射的确能够成功地从强背景辐射中分辨出来，那么它就能提供关于压缩重子物质的温度信息。

虽然 NICA 的能量范围低于 RHIC 和 LHC 的，但该项目可以实现更高的重子物质密度，正好是所期待的向着 QGP 和手征结构发生相变的条件。

很显然，NICA 项目将能够提供相对论碰撞中诠释非平衡和量纲效应所起作用的信息。

也将研究多粒子生成机制，即原子核的强子如何演变成终态粒子。高能量(超过 15 GeV)时这一效应可以很好地在夸克和胶子模型基础上进行描述。然而当能量较低时，这类衰变的研究还不够充分，可能还需要引入新的自由度。

NICA 项目的重要组成部分是倍增效应物理学，由非扰动模式中高密度条件下的量子色动力学模型进行描述[47]。

对于自由核子在运动学上属于禁忌的累积过程，能够提供关于介质集体性质、热和冷 QGP 中夸克和胶子近距离相关性的有用信息。

NICA 项目的工作者们希望，他们能够成功地获得有关真空和强子的新资料。而事实上，起因于 QCD 理论非阿贝尔属性(non-Abelion nature)的量子色动力学拓扑解，能够导致近临界区域的拓扑波动，其后果是导致 P-或者 CP-不变性已破坏的时空区域的出现。

① 飞秒学(femtoscopy)，研究飞秒尺度的物理、化学以及其他过程的学科。

重离子碰撞中，可能引起正强子和负强子相对于反应平面的分裂，并导致 QGP 中电偶极矩的出现。这一电荷分裂由碰撞初始时刻的强磁场与已加热物质中拓扑波动幅度(“手征磁效应”)的比率所决定。看起来这一效应已经在 RHIC 的实验中建立起来[253]，并且在 QGP 中只能更为强化。有理由期待，这一效应可能在 NICA 实验条件下再度显现。

至于 NICA 项目的其他研究方向，与极化效应和自旋物理学相关的，这里列举两个方向：

——离子碰撞时的极化效应；

——具有极化粒子束的自旋程序。

前一个方向与重离子碰撞时所产生的巨大角动量变换成诞生粒子的角动量紧密相关。对这些过程进行研究要依靠对于碰撞动力学、所生成介质的手征性质、P-或者 CP-不变性有可能的破坏等更为深刻的认识。

自旋程序包括：

——利用纵向极化质子和氘束进行德勒尔-杨效应(Drell-Yan effect)的研究；

——包括和不包括重子诞生过程中的自旋效应；

——轻、重离子，直接光子(direct photons)；

——弹性过程中螺旋振幅和双自旋不对称性的研究。

因此我们看到，NICA 项目进行中和计划中的研究对压缩重子物质的基本性质进行了补充，并且无疑将在这一当代物理学引人入胜的领域结出更多新硕果。

参考文献[254]，我们简要讨论国际线性对撞机计划 ILC 来结束有关加速器项目的这一节，该计划概念性设计阶段由世界上 300 个实验室和大学的 1600 位专家发起。关键点在于这是一台 30 km 长的直线电子-正电子对撞机，预算 67 亿美元。整套设施由两台 11.3 km 长的直线加速器组成，一台用于电子，另一台用于正电子，见图 5.97。

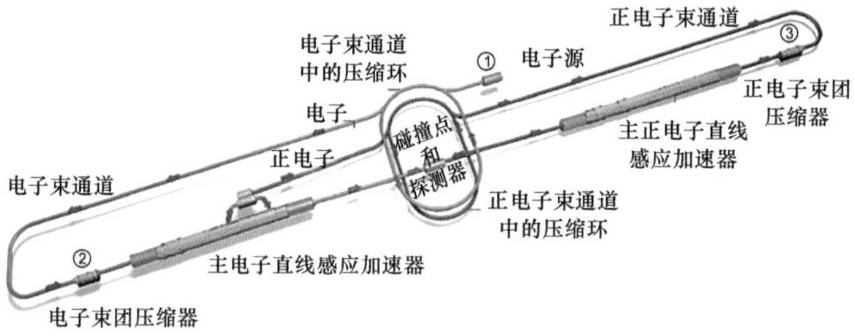

图 5.97　ILC 加速器示意图[254]

设计中的 30 km 长的线性对撞机 ILC，将成为这类装置中的最强大者，其直线加速器将把电子(蓝色)和正电子(橙色)加速到 2500 亿 eV（250 GeV)，然后这些粒子束互相对撞。

每一次脉冲激光都能从砷化镓靶中敲击出数十亿个电子。加速到 5 GeV 之后，电子被注入压缩环用以使束密度升高。电子被送往压缩器，在那里它们所形成的粒子束团进一步被压缩并加速到 15 GeV。然后它们被注入主直线电子加速器(linac)，能量直奔 250 GeV。在直线加速器的中途，电子束向特殊磁铁(波荡器)偏转，于是电子的一部分能量变成了 γ 射线。伽马光子照射旋转靶，由此产生电子-正电子对偶。正电子被捕获、加速到 5 GeV，被送往第二压缩环。

正电子朝向 ILC 的另一端运动，在那里它们所形成的束团进一步被压缩，并在第二个主直线加速器中加速到 250 GeV。磁透镜对电子束和正电子束进行聚焦，它们飞向彼此。在碰撞点，探测器将分析总共 500 GeV 能量的电子、正电子相互作用过程中所诞生的粒子。

主直线加速器这一超导射频(superconducting radio-frequency，SCRF)装置的关键元件是 1 m 长的九单元铌共振器，可以被降温到 2 K。八套或九套这样的共振器组合在一起，放入盛满超冷液氦的容器里，形成一个低温恒温器。ILC 中的每一台直线加速器内将安装多达 900 个低温恒温器，也就是在整套对撞机中有将近 16 000 个共振器。

两台超导直线加速器保证了 500 GeV 能量的电子-正电子对撞。ILC 将每秒钟五次生成、加速、在脉冲时长 1 ms 内造成几乎 3000 电子-正电子束团的碰撞，对应于每粒子束 10 MW 的功率。

电子束团压缩过程中，电子能量逐渐增加到 10 GeV，然后它们被注入两个 11.3 km 长的主 SCRF 直线加速器之一，在那里能量增长到 250 GeV。能量在途中刚到 150 MeV 时，电子束团将为了形成正电子束团而偏转。正电子将被捕获并加速到 5 GeV，之后被送进另一压缩环，最终在 ILC 的另一端注入第二个主 SCRF 直线加速器。

当电子和正电子能量达到终态值 250 GeV 后，它们奔向碰撞点，一连串磁透镜会将电子、正电子束团聚焦成宽 600 nm、厚 6 nm 的扁平带。

目前还没有决定 ILC 的安装地点，甚至最终是否安装，因为最终的决定取决于各国政府所能提供的财政支持，以及不远的将来当代加速器所能获得的最新成果。

第 5 章参考文献

[1] *Фортов В. Е.*, *Хоффманн Д.*, *Шарков Б. Ю.* Интенсивные ионные пучки для генерации экстремальных состояний вещества // УФН. 2008. Т. 178, №2. С. 113. 弗尔托夫,等. 用于产生物质极端状态的高强度离子束.

[2] *Окунь Л. Б.* Лептоны и кварки. 2 изд. — М.: Наука, 1990. 奥共. 轻子和夸克.

[3] *Гинзбург В. Л.* О физике и астрофизике. — М.: Бюро Квантум, 1995. 金兹伯格. 关于物理学和天体物理学.

[4] *Новиков И. Д.* Отзвуки Большого взрыва (наблюдения реликтового излучения) (Сессия РАН 28.02.2001) // УФН. 2001. Т. 171, №8. С. 859. 诺维科夫. 大爆炸的回声(残余辐射监测).

[5] *Rubakov V.* Introduction to cosmology // Proceedings of Science RTN(2005)003. 2005.

[6] *Karsch F.* Lattice QCD at High Temperature and the QGP. 2006.

[7] *Рубаков В. А.* Иерархии фундаментальных констант (к пунктам 16, 17 и 27 из списка В. Л. Гинзбурга) // УФН. 2007. Т. 177, №4. С. 407. 鲁巴科夫. 基础常数排列(金斯伯格目录的 16、17 和 27 条).

[8] *Рубаков В. А.* Большие и бесконечные дополнительные измерения // УФН. 2001. Т. 171, №9. С. 913. 鲁巴科夫. 庞大而无限的附加维度.

[9] *Мангано М. Л.* Квантовая хромодинамика и физика адронных столкновений // УФН. 2010. V. 180, №2. P. 113-138. 曼加诺. 量子色动力学和强子碰撞物理学.

[10] *Дремин И. М.* Физика на большом адронном коллайдере // УФН. 2009. Т. 179, №6. С. 571-579. 德列明. 大型强子对撞机物理学.

[11] *Райорден М.*, *Зейц У.* Первые микросекунды // В мире науки. 2006. №8. С. 21. 拉伊奥尔靳,等. 最初数微秒.

[12] *Gyulassy M.*, *McLerran L.* New forms of QCD matter discovered at RHIC // Nucl. Phys. A. 2005. V. 750, №1. P. 30-63.

[13] *Стриханов М. Н.* Проблемы стандартной модели и статус ускорительного эксперимента // Вестник РАН. 2012. Т. 82, №5. С. 407-414. 斯特里哈诺夫. 标准模型问题和加速实验的状况.

[14] *Langanke L.* A FAIR chance for nuclear astrophysics / Symposium on the physics at FAIR // GSI, Darmstadt, November 2007.

[15] Ядерный синтез с инерционным удержанием / Под ред. Б.Ю. Шаркова. — М.: Физматлит, 2005. 沙尔科夫编. 惯性约束核聚变.

[16] *Hoffmann D.H.H.*, *Fortov V. E.*, *Lomonosov I.V. et al.* Unique Capabilities of an Intense Heavy Ion Beam as a Tool for Equation-of-State Studies // Phys. Plasmas. 2002. V. 9, №9. P. 3651-3654.

[17] *Анисимов С. И.*, *Прохоров А. М.*, *Фортов В. Е.* Применение мощных лазеров для исследования вещества при сверхвысоких давлениях // УФН. 1984. Т. 142, №3. С. 395. 阿尼西莫夫,等. 运用强激光研究超高压力下的物质.

[18] *Kruer W. L.* The Physics of Laser Plasma Interaction. — Reading MA: Addison-Wesley, 1988.

[19] *Adzeni S.*, *Meyer-ter-Vehen J.* The Physics of Inertial Fusion. — Oxford: Clarendon Press, 2004.

[20] *Lindle I.* Inertial Confinement Fusion. — N.Y.: Springer, 1998.

[21] *Baumung K.*, *Bluhm H. J.*, *Goel B. et al.* Shock-Wave Physics Experiments with High-Power Proton Beams // Laser and Particle Beams. 1996. V. 14, №2. P. 181.

[22] *Месяц Г. А.* Импульсная энергетика и электроника. — М.: Наука, 2004. 梅夏茨. 脉冲动力学和电子学.

[23] *Pieranski P.* Colloidal crystals // Contemporary Physics. 1983. V. 24, №1. P. 25–73.

[24] *Russel W. B., Savill D. A., Schowalter W. R.* Colloidal Dispersions. — Cambridge: Cambridge University Press, 1989.

[25] *Fortov V., Rudakov L., Ni A.* Application of Intense Relativistic Electron Beams in High Dynamic Pressure Thermophysics // Sov. Thermal Phys. Rev. 1992. V. 371. P. 589.

[26] *Канель Г. И., Разоренов С. В., Уткин А. В., Фортов В. Е.* Ударно-волновые явления в конденсированных средах. — М.: Янус-К, 1996. 卡涅里,等. 凝聚态介质中的冲击波动现象.

[27] *Knudson M. D., Hanson D. L., Bailey J. E. et al.* Equation of State Measurements in Liquid Deuterium to 70 GPa // Phys. Rev. Lett. 2001. V. 87, №22. P. 225501.

[28] *Cuneo M. E., Adams R. G., Bailey J. E. et al.* Generating High-Brightness Light Ion Beams for Inertial Fusion Energy // IAEA 17th Fusion Energy Conference. — Yokohama, Japan, 1998. P. IFP/14.

[29] *MacFarlane J. J., Wang P., Bailey J. et al.* Analysis of K_α line emission from aluminum plasmas created by intense proton beams // Phys. Rev. E. 1993. V. 47, №4. P. 2748–2758.

[30] *Spielman R. B., Deeney C., Chandler G. A. et al.* Tungsten Wire-Array Z-pinch Experiments at 200 TW and 2 MJ // Phys. Plasmas. 1998. V. 5, №5. P. 2105–2111.

[31] *Cuneo M. E., Vesey R. A., Bennett G.R. et al.* Progress in Symmetric ICF Capsule Implosions and Wire-Array Z-Pinch Source Physics for Double-Pinch-Driven Hohlraums // Plasma Phys. Control. Fusion. 2006. V. 48, №2. P. R1–R35.

[32] *Quintenz J., Sandia S.* Pulsed Power Team. — Nagaoka, Japan, 2000. June.

[33] *Tahir N. A., Deutsch C., Fortov V. E. et al.* Studies of strongly coupled plasmas using intense heavy ion beams at the future FAIR facility: the HEDgeHOB collaboration // Contrib. Plasma Phys. 2005. V. 45, №3–4. P. 229–235.

[34] *Tahir N. A., Deutsch C., Fortov V. E. et al.* Proposal for the Study of Thermophysical Properties of High-Energy-Density Matter Using Current and Future Heavy-Ion Accelerator Facilities at GSI Darmstadt // Phys. Rev. Lett. 2005. V. 95, №3. P. 035001.

[35] *Rosmej O. N., Blazevic A., Korostiy S. et al.* Charge state and stopping dynamics of fast heavy ions in dense matter // Phys. Rev. A. 2005. V. 72, №5. P. 052901.

[36] *Ефремов В. П., Пикуз-мл. С. А., Фаенов А. Я. и др.* Исследование зоны энерговыделения потока тяжелых ионов в наноматериалах методами рентгеновской спектроскопии многозарядных ионов // Письма ЖЭТФ. 2005. Т. 81, №8. С. 468. 耶夫列莫夫,等. 用多重充电离子 X 射线光谱学方法研究纳米材料中重离子放能流范围.

[37] *Mintsev V., Gryaznov V., Kulish M. et al.* Stopping Power of Proton Beam in a Weakly Non-ideal Xenon Plasma // Contrib. Plasma Phys. 1999. V. 39, №1–2. P. 45–48.

[38] The CBM Physics Book / Ed. by B. Friman, C. Höhne, J. Knoll et al. 1 ed. V. 814. of Lecture Notes in Physics. — Springer, 2010.

[39] *Квиг К.* Грядущая революция в физике частиц // В мире науки. 2008. №5. С. 26–34. 克维格. 粒子物理学中即将出现的革命.

[40] *Дремин И. М., Леонидов А. В.* Кварк-глюонная среда // УФН. 2010. Т. 180, №11. С. 1167–1196. 德列明. 夸克–胶体介质.

[41] *Gyulassy M.* Relativistic heavy ions and QGP at FAIR. http://www-win. gsi. de/FAIR-sti/ fair-

symposium-2007/Gyulassy_FAIR110807final.pdf.

[42] *Гинзбург В. Л.* О сверхпроводимости и сверхтекучести (что мне удалось, а что не удалось), а также о «физическом минимуме» на начало XXI века // УФН. 2004. Т. 174, №11. С. 1240. 金兹伯格. 关于超导性和超流动性(我的成功与不成功),以及关于21世纪开端的物理学基础知识.

[43] *Sissakian A. N., Sorin A. S.* The nuclotron-based ion collider facility (NICA) at JINR: new prospects for heavy ion collisions and spin physics // J. Phys. G: Nucl. Part. Phys. 2009. V. 36, №6. P. 064069.

[44] *Sissakian A., Sorin A. S.* The QCD Phase Diagram NICA, JINR Communication. — Dubna, Russia: JINR, 2009.

[45] *Sissakian A. et al.* The MultiPurpose Detector — MPD to study Heavy Ion Collisions at NICA. Conceptual Design Report. — Dubna, Russia: JINR, 2009.

[46] *Randrup J., Ruuskanen P.V.* Thermodynamic consistency of the equation of state of strongly interacting matter // Phys. Rev. C. 2004. V. 69. P. 047901.

[47] Searching for a QCD mixed phase at the Nuclotron-based Ion Collider facility (NICA white paper) / Ed. by D. Blaschke et al. 2009. http://theor. jinr. ru/twiki/pub/NICA/WebHome/ Wh_Paper_dk6.pdf.

[48] *Окунь Л. Б.* Азы физики. Очень краткий путеводитель. — М.: Физматлит, 2012. 奥共. 物理学入门。非常简短的指南.

[49] *Park B.-Y., Lee H.-J., Vento V.* Skyrmions at finite density and temperature: The chiral phase transition // Phys. Rev. D. 2009. V. 80. P. 036001.

[50] NICA, http://theor.jinr.ru/twiki-cgi/view/NICA.

[51] *Mrowczynski S., Thoma M. H.* What do electromagnetic plasmas tell us about the quark-gluon plasma? // Ann. Rev. Nucl. Part. Sci. 2007. V. 57, №1. P. 61-94.

[52] *Shuryak E.* Physics of strongly coupled quark-gluon plasma // Progress in Particle and Nuclear Physics. 2009. V. 62, №1. P. 48-101.

[53] *Троицкий С. В.* Нерешенные проблемы физики элементарных частиц // УФН. 2012. Т. 182, №1. С. 77-103. 特洛伊茨基. 基本粒子物理学未解决的问题.

[54] *Hands S.* The phase diagram of QCD // Journal of Contemporary Physics. 2001. V. 42, №4. P. 209-225.

[55] *Glendenning N.* Compact Stars, Nuclear Physics, Particle Physics and General Relativity. — N.Y.: Springer, 2000.

[56] Frontiers in High Energy Density Physics / Ed. by D.Henderson. — Washington: National Research Council, Nat. Acad. Press, 2003.

[57] *Gross D. J., Politzer H. D., Wilczek F.* Asymptotic freedom and quantum chromodynamics: the key to the understanding of the strong nuclear forces. http://www. nobelprize. org/nobel_ prizes/physics/laureates/2004/advanced-physicsprize2004.pdf.

[58] *Shuryak E. V.* Quantum chromodynamics and the theory of superdense matter // Phys. Rep. 1980. V. 61, №2. P. 71-158.

[59] *Shuryak E. V.* Quark-gluon plasma and hadronic production of leptons, photons and psions // Phys. Lett. B. 1978. V. 78, №1. P. 150-153.

[60] *Kalashnikov O. K., Klimov V. V.* Phase transition in the quark-gluon plasma // Phys. Lett. B. 1979. V.

88, №3-4. P. 328-330.

[61] *Kapusta J. I.* Quantum chromodynamics at high temperature // Nucl. Phys. B. 1979. V. 88, №3-4. P. 461-498.

[62] *Кобаяси М.* CP-нарушение и смешивание ароматов // УФН. 2009. Т. 179, №12. С. 1312. 科巴雅西、CP-不变性的违反和味的混合.

[63] *Fodor Z., Katz S. D.* Critical point of QCD at finite T and μ, lattice results for physical quark masses // Journal of High Energy Physics. 2004. V. 2004, №04. P. 050.

[64] *Wilczek F.* QCD made simple // Physics Today. 2000. V. 53, №8. P. 22-28.

[65] *Cheng M., Ejiri S., Hegde P. et al.* Equation of state for physical quark masses // Phys. Rev. D. 2010. V. 81. P. 054504.

[66] *Spieles C., Stöcker H., Greiner C.* Phase transition of a finite quark-gluon plasma // Phys. Rev. C. 1998. V. 57. P. 908-915.

[67] *Zwanziger D.* Equation of state of gluon plasma from a fundamental modular region // Phys. Rev. Lett. 2005. V. 94. P. 182301.

[68] *Wang P., Thomas A. W., Williams A. G.* Phase transition from hadronic matter to quark matter // Phys. Rev. C. 2007. V. 75. P. 045202.

[69] *Udayanandan K.M., Sethumadhavan P., Bannur V. M.* Equation of state of a quark-gluon plasma using the cornell potential // Phys. Rev. C. 2007. V. 76. P. 044908.

[70] *Cho S., Zahed I.* Classical strongly coupled quark-gluon plasma. IV. Thermodynamics // Phys. Rev. C. 2009. V. 80. P. 014906.

[71] *Cheng M., Christ N. H., Datta S. et al.* QCD equation of state with almost physical quark masses // Phys. Rev. D. 2008. V. 77. P. 014511.

[72] *Steinheimer J., Dexheimer V., Bleicher M. et al.* Hydrodynamics with a chiral hadronic equation of state including quark degrees of freedom // Phys. Rev. C. 2010. V. 81. P. 044913.

[73] *DeTar C., Levkova L., Gottlieb S. et al.* QCD thermodynamics with nonzero chemical potential at $Nt=6$ and effects from heavy quarks // Phys. Rev. D. 2010. V. 81. P. 114504.

[74] *De J. N., Agrawal B. K., Samaddar S. K.* Equation of state of finite nuclei and liquid-gas phase transition // Phys. Rev. C. 1999. V. 59. P. R1-R4.

[75] *Csernai L. P., Fai G., Gale C., Osnes E.* Nuclear equation of state with momentum-dependent interactions // Phys. Rev. C. 1992. V. 46. P. 736-747.

[76] *Gelman B. A., Shuryak E. V., Zahed I.* Classical strongly coupled quark-gluon plasma. II. Screening and equation of state // Phys. Rev. C. 2006. V. 74. P. 044909.

[77] *Gubser S. S., Nellore A.* Mimicking the QCD equation of state with a dual black hole // Phys. Rev. D. 2008. V. 78. P. 086007.

[78] *Hamieh S., Letessier J., Rafelski J.* Quark-gluon plasma fireball // Phys. Rev. C. 2000. V. 62. P. 064901.

[79] *Letessier J., Rafelski J.* QCD equations of state and the quark-gluon plasma liquid model // Phys. Rev. C. 2003. V. 67. P. 031902.

[80] *Lévai P., Heinz U.* Massive gluons and quarks and the equation of state obtained from SU(3) lattice QCD // Phys. Rev. C. 1998. V. 57. P. 1879-1890.

[81] *Lampert M. A., Molina-París C.* Effective equation of state for a spherically expanding pion plasma // Phys. Rev. D. 1998. V. 57. P. 83-92.

[82] *Kolomietz V. M.*, *Sanzhur A. I.*, *Shlomo S.*, *Firin S. A.* Equation of state and phase transitions in asymmetric nuclear matter // Phys. Rev. C. 2001. V. 64. P. 024315.

[83] *Kapusta J. I.* Equation of state and phase fluctuations near the chiral critical point // Phys. Rev. C. 2010. V. 81. P. 055201.

[84] *Meisinger P. N.*, *Miller T. R.*, *Ogilvie M. C.* Phenomenological equations of state for the quark-gluon plasma // Phys. Rev. D. 2002. V. 65. P. 034009.

[85] *Collins J. C.*, *Perry M. J.* Superdense Matter: Neutrons or Asymptotically Free Quarks? // Phys. Rev. Lett. 1975. V. 34, №21. P. 1353-1356.

[86] *Baym G.*, *Chin S. A.* Can a neutron star be a giant MIT bag? // Phys. Lett. B. 1976. V. 62, №2. P. 241-244.

[87] *Freedman B. A.*, *McLerran L. D.* Fermions and gauge vector mesons at finite temperature and density. III. The ground-state energy of a relativistic quark gas // Phys. Rev. D. 1977. V. 16, №4. P. 1169-1185.

[88] *Chapline G.*, *Nauenberg M.* Asymptotic freedom and the baryon-quark phase transition // Phys. Rev. D. 1977. V. 16, №2. P. 450-456.

[89] *Jacak B.*, *Steinberg P.* Creating the perfect liquid in heavy-ion collisions // Physics Today. 2010. V. 63, №5. P. 39-43.

[90] *Gyulassy M.* Quark gluon plasmas: Femto cosmology with A+A @ LHC. — 2008. July.

[91] *Csikor F.*, *Egri G.*, *Fodor Z. et al.* The QCD Equation of State at Finite Tμ on the Lattice // Prog. Theor. Phys. Supp. 2004. №153. P. 93-105.

[92] *Baym G.* Matter under extreme conditions. 2007. July.

[93] *Chernodub M.N.*, *Nakamura A.*, *Zakharov V. I.* Manifestations of magnetic vortices in the equation of state of a yang-mills plasma // Phys. Rev. D. 2008. V. 78. P. 074021.

[94] *Kolb P. F.*, *Sollfrank J.*, *Heinz U.* Anisotropic transverse flow and the quark-hadron phase transition // Phys. Rev. C. 2000. V. 62. P. 054909.

[95] *Фортов В.* Уравнения состояния вещества. — М.: Физматлит, 2013. 弗尔托夫. 物质状态方程.

[96] *Adams J.*, *Adler C.*, *Aggarwal M. M. et al.* Azimuthal Anisotropy at the Relativistic Heavy Ion Collider: The First and Fourth Harmonics // Phys. Rev. Lett. 2004. V. 92, №6. P. 062301.

[97] *Sorensen P. R.* Kaon and Lambda Production at Intermediate p_T: Insights into the Hadronization of the Bulk Partonic Matter Created in Au+Au Collisions at RHIC. Ph.D. Thesis. 2003.

[98] *Adams J.*, *Adler C.*, *Aggarwal M. M. et al.* Particle-Type Dependence of Azimuthal Anisotropy and Nuclear Modification of Particle Production in Au+Au Collisions at sNN=200 GeV // Phys. Rev. Lett. 2004. V. 92, №5. P. 052302.

[99] *Adler S. S.*, *Afanasiev S.*, *Aidala C. et al.* Elliptic Flow of Identified Hadrons in Au+Au Collisions at sNN=200 GeV // Phys. Rev. Lett. 2003. V. 91, №18. P. 182301.

[100] *Alt C.*, *Anticic T.*, *Baatar B. et al.* Directed and elliptic flow of charged pions and protons in Pb+Pb collisions at 4A and 158A GeV // Phys. Rev. C. 2003. V. 68, №3. P. 034903.

[101] *Ollitrault J.-Y.* Anisotropy as a signature of transverse collective flow // Phys. Rev. D. 1992. V. 46, №1. P. 229-245.

[102] *Gyulassy M.*, *Plumer M.* Jet quenching as a probe of dense matter // Nucl. Phys. A. 1991. V. 527. P. 641-644.

[103] *Gyulassy M.*, *Plumer M.*, *Thoma M.*, *Wang X. N.* High p_T probes of nuclear collisions // Nucl. Phys.

A. 1992. V. 538. P. 37-49.

[104] *Wang X.-N.*, *Gyulassy M.* Gluon shadowing and jet quenching in A+A collisions at $\sqrt{s}=200$ A GeV // Phys. Rev. Lett. 1992. V. 68, №10. P. 1480-1483.

[105] *Vitev I.*, *Gyulassy M.* High-p_T Tomography of d+Au and Au+Au at SPS, RHIC, and LHC // Phys. Rev. Lett. 2002. V. 89, №25. P. 252301.

[106] *Jacobs P.*, *Klay J.* Jets and high p_T hadrons in dense matter: recent results from star. 2003.

[107] *Adler C.*, *Ahammed Z.*, *Allgower C. et al.* Disappearance of back-to-back high-p_T hadron correlations in central Au+Au collisions at sNN=200 GeV // Phys. Rev. Lett. 2003. V. 90, №8. P. 082302.

[108] *Stocker H.*, *Hofmann J.*, *Maruhn J.*, *Greiner W.* Shock waves in nuclear matter — proof by circumstantial evidence // Progress in Particle and Nuclear Physics. 1980. V. 4. P. 133-195.

[109] *Heinz U.W.* Concepts of Heavy-Ion Physics // ArXiv High Energy Physics — Phenomenology e-prints. 2004. arXiv: hep-ph/0407360.

[110] *Boyd G.*, *Engels J.*, *Karsch F. et al.* Thermodynamics of SU(3) lattice gauge theory // Nucl. Phys. B. 1996. V. 469, №3. P. 419-444.

[111] *Okamoto M.*, *Ali A.*, *Khan S.* Aoki et al. Equation of state for pure SU(3) gauge theory with renormalization group improved action // Phys. Rev. D. 1999. V. 60. P. 094510.

[112] *Namekawa Y.*, *Aoki S.*, *Burkhalter R. et al.* Thermodynamics of SU(3) gauge theory on anisotropic lattices // Phys. Rev. D. 2001. V. 64. P. 074507.

[113] *Bernard C.*, *Blum T.*, *DeTar C. et al.* Equation of state for two flavor QCD at $N_t=6$ // Phys. Rev. D. 1997. V. 55, №11. P. 6861-6869.

[114] *Ali A.*, *Khan S.*, *Aoki R.* Burkhalter et al. Equation of state in finite-temperature qcd with two flavors of improved wilson quarks // Phys. Rev. D. 2001. V. 64. P. 074510.

[115] *Karsch F.*, *Laermann E.*, *Peikert A.* The pressure in 2, 2 + 1 and 3 flavour QCD // Phys. Lett. B. 2000. V. 478, №4. P. 447-455.

[116] *Bernard C.*, *Burch T.*, *DeTar C. et al.* QCD equation of state with 2 + 1 flavors of improved staggered quarks // Phys. Rev. D. 2007. V. 75. P. 094505.

[117] *Aoki Y.*, *Fodor Z.*, *Katz S. D.*, *Szabo K.K.* The equation of state in lattice QCD: with physical quark masses towards the continuum limit // Journal of High Energy Physics. 2006. V. 2006, №01. P. 089.

[118] *O'Hara K. M.*, *Hemmer S. L.*, *Gehm M. E. et al.* Observation of a Strongly Interacting Degenerate Fermi Gas of Atoms // Science. 2002. V. 298, №5601. P. 2179-2182.

[119] *Фортов В. Е.* Мощные ударные волны и экстремальные состояния вещества // УФН. 2007. Т. 177, №4. С. 347. 弗尔托夫. 强冲击波和物质极端状态.

[120] *Fortov V.*, *Yakubov I.*, *Khrapak A.* Physics of Strongly Coupled Plasma. — Oxford: Clarendon Press, 2006.

[121] *Фортов В. Е.*, *Храпак А. Г.*, *Якубов И. Т.* Физика неидеальной плазмы. — М.: Физматлит, 2004. 弗尔托夫,等. 非理想等离子体物理学.

[122] *Fortov V. E.*, *Ivlev A. V.*, *Khrapak S.A. et al.* Complex (Dusty) Plasma: Current Status, Open Issues, Perspectives // Phys. Rep. 2005. V. 421, №1. P. 1-103.

[123] *Fortov V. E.*, *Ilkaev R. I.*, *Arinin V.A. et al.* Phase Transition in a Strongly Nonideal Deuterium Plasma Generated by Quasi-Isentropical Compression at Megabar Pressures // Phys. Rev. Lett. 2007. V. 99, №18. P. 185001.

[124] *Gezerlis A.*, *Carlson J.* Strongly paired fermions: Cold atoms and neutron matter // Phys. Rev. C.

2008. V. 77, №3. P. 032801.
[125] *Johnson C. V.*, *Steinberg P.* What black holes teach about strongly coupled particles // Physics Today. 2010. V. 63, №5. P. 29-33.
[126] *Thomas J. E.* The nearly perfect Fermi gas // Physics Today. 2010. V. 63, №5. P. 34-37.
[127] *Kovtun P.*, *Son D. T.*, *Starinets A. O.* Holography and hydrodynamics: diffusion on stretched horizons // Journal of High Energy Physics. 2003. V. 2003, №10. P. 064.
[128] *Kovtun P. K.*, *Son D. T.*, *Starinets A. O.* Viscosity in strongly interacting quantum field theories from black hole physics // Phys. Rev. Lett. 2005. V. 94. P. 111601.
[129] *Weinberg S.* // Astrophys. J. 1971. V. 168. P. 175.
[130] *Abrikosov A. A.*, *Khalatnikov I. M.* The theory of a Fermi liquid (the properties of liquid 3 he at low temperatures) // Reports on Progress in Physics. 1959. V. 22, №1. P. 329.
[131] *Khalatnikov I. M.* An Introduction to the Theory of Superfluidity. Benjamin. — N.Y., 1965.
[132] *Ваулина О. С.*, *Петров О. Ф.*, *Фортов В. Е. и др.* Пылевая плазма (эксперимент и теория). — М.: Физматлит, 2009. 瓦乌林娜,等. 粉末等离子体(实验和理论).
[133] *Vignale G.*, *Ullrich C. A.*, *Conti S.* Time-dependent density functional theory beyond the adiabatic local density approximation // Phys. Rev. Lett. 1997. V. 79. P. 4878-4881.
[134] *Steinberg M. S.* Viscosity of the electron gas in metals // Phys. Rev. 1958. V. 109. P. 1486-1492.
[135] *Turlapov A.*, *Kinast J.*, *Clancy B. et al.* Is a gas of strongly interacting atomic fermions a nearly perfect fluid? // Journal of Low Temperature Physics. 2008. V. 150. P. 567-576.
[136] *Bruun G. M.*, *Smith H.* Shear viscosity and damping for a Fermi gas in the unitarity limit // Phys. Rev. A. 2007. V. 75. P. 043612.
[137] *Schäfer T.* Ratio of shear viscosity to entropy density for trapped fermions in the unitarity limit // Phys. Rev. A. 2007. V. 76. P. 063618.
[138] *Policastro G.*, *Son D. T.*, *Starinets A. O.* Shear viscosity of strongly coupled $n=4$ supersymmetric yang-mills plasma // Phys. Rev. Lett. 2001. V. 87. P. 081601.
[139] *Pal S.* Shear viscosity to entropy density ratio of a relativistic Hagedorn resonance gas // Phys. Lett. 2010. V. B684. P. 211-215.
[140] *Arnold P.*, *Moore G. D.*, *Yaffe L. G.* Transport coefficients in high temperature gauge theories, 2. Beyond leading log // Journal of High Energy Physics. 2003. V. 2003, №05. P. 051.
[141] *Meyer H. B.* Calculation of the shear viscosity in SU(3) gluodynamics // Phys. Rev. D. 2007. V. 76. P. 101701.
[142] *Cremonini S.* The Shear Viscosity to Entropy Ratio: A Status Report // Mod. Phys. Lett. 2011. V. B25. P. 1867-1888.
[143] *Demir N.*, *Bass S. A.* Shear-viscosity to entropy-density ratio of a relativistic hadron gas // Phys. Rev. Lett. 2009. V. 102. P. 172302.
[144] *Brustein R.*, *Medved A. J. M.* Ratio of shear viscosity to entropy density in generalized theories of gravity // Phys. Rev. D. 2009. V. 79. P. 021901.
[145] *Thoma M. H.*, *Morfill G. E.* Ratio of viscosity to entropy density in a strongly coupled one-component plasma // Europhys. Lett. 2008. V. 82, №6. P. 65001.
[146] *Kleppner D.* Professor Feshbach and his resonance // Physics Today. 2004. V. 57, №8. P. 12-13.
[147] *Bruun G. M.*, *Smith H.* Frequency and damping of the scissors mode of a Fermi gas // Phys. Rev. A. 2007. V. 76. P. 045602.

[148] *Stöhlker T.*, *Backe H.*, *Beyer H. et al.* Status and perspectives of atomic physics research at GSI: The new GSI accelerator project // Nucl. Instrum. Meth. Phys. Res. B. 2003. V. 205. P. 156-161.

[149] Documents of the SPARC collaboration. http://www-linux.gsi.de/~sparc/documents/pdf_ files/06_01_06_SPARC_TR.pdf.

[150] *Schwinger J.* On gauge invariance and vacuum polarization // Phys. Rev. 1951. V. 82. P. 664-679.

[151] *Schuch R.*, *Stöhlker T.* Stored Particle Atomic Physics Research Collaboration: Atomic Physics with Stored Highly-Charged Heavy Ions at the Future FAIR Facility. http:// www-linux.gsi.de/~sparc/documents/pdf_files/sparc_stori05.pdf.

[152] *Kuehl T.*, *Bock R.*, *Borneis S. et al.* PHELIX — Status and First Experiments // Hyperfine Interactions. 2005. V. 162. P. 55-62.

[153] FLAIR Project at GSI // International Workshop on Beam Cooling and Related Topics, COOL05. — Galena, IL (USA), 2005. http://www.oeaw.ac.at/smi/flair/pub/Cool05_FLAIR. pdf.

[154] *Maury S.* The Antiproton Decelerator (AD) // CERN/PS 99-50 (HP). 1999.

[155] FAIR Baseline Technical Report. 2006. V. 2 (Accelerator and Scientific Infrastructure). P. 471.

[156] *Van der Meer S.* Stochastic damping of betatron oscillations in the ISR. CERN-ISR-PO-72-31: Tech. rep. 1972.

[157] The HITRAP decelerator and trap facility.http://www.gsi.de/forschung/ap/projects/hitrap/ index_e.html.

[158] *Widmann E.* Testing CPT with antiprotonic helium and antihydrogen — the ASACUSA experiment at CERN-AD // Nucl. Phys. A. 2005. V. 752. P. 87-96.

[159] *Bluhm R.*, *Kostelecký V. A.*, *Russell N.* CPT and Lorentz tests in Penning traps // Phys. Rev. D. 1998. V. 57. P. 3932-3943.

[160] *Walz J.*, *Hansch T. W.* A Proposal to Measure Antimatter Gravity Using Ultracold Antihydrogen Atoms // General Relativity and Gravitation. 2004. V. 36. P. 561-570.

[161] *Фортов В. Е.*, *Шарков Б.Ю.*, *Штокер Х.* Научная программа в новом международном центре фундаментальной физики — европейском центре антипротонных и ионных исследований FAIR // УФН. 2012. Т. 182, №6. С. 621-644. 弗尔托夫,等. 新成立的基础物理国际中心科学计划 — 反质子和离子研究欧洲中心 FAIR.

[162] ESFRI, the European Strategy Forum on Research Infrastructures. http://ec.europa.eu/ research/infrastructures/index_en.cfm? pg=esfri.

[163] FAIR Baseline Technical Report. —Darmstadt: GSI, 2006.

[164] *Пархомчук В. В.*, *Скринский А.Н.* Электронное охлаждение — 35 лет развития // УФН. 2000. Т. 170, №5. С. 473-493. 帕尔霍姆丘克,等. 电子冷却 — 35 年的发展.

[165] *Möhl D.* Stochastic cooling // CAS-87. CERN 87-03. 1987. V. 2. P. 453-533.

[166] *Golovkov M. S.*, *Grigorenko L. V.*, *Ter-Akopian G. M. et al.* The 8He and 10He spectra studied in the reaction // Phys. Lett. B. 2009. V. 672, №1. P. 22-29.

[167] *Neidherr D.*, *Audi G.*, *Beck D. et al.* Discovery of 229Rn and the Structure of the Heaviest Rn and Ra Isotopes from Penning-Trap Mass Measurements // Phys. Rev. Lett. 2009. V. 102. P. 112501.

[168] *Sun B.*, *Knöbel R.*, *Litvinov Y. A. et al.* Large-Scale Mass Measurements of Short-Lived Nuclides with the Isochronous Mass Spectrometry at GSI // Int. J. Mod. Phys. E. 2009. V. 18. P. 346-351.

[169] *Nörtershäuser W.*, *Tiedemann D.*, *Žáková M. et al.* Nuclear Charge Radii of 7,9,10Be and the One-Neutron Halo Nucleus 11Be // Phys. Rev. Lett. 2009. V. 102. P. 062503.

[170] *Nakamura T., Wada M., Okada K. et al.* Laser spectroscopy of 7,10Be+ in an online ion trap // Phys. Rev. A. 2006. V. 74. P. 052503.
[171] *Rubio B., Nilsson T.* NuSTAR // Nucl. Phys. News. 2006. V. 16, №1. P. 9–14.
[172] *Tanihata I., Hamagaki H., Hashimoto O. et al.* Measurements of Interaction Cross Sections and Nuclear Radii in the Light *p*-Shell Region // Phys. Rev. Lett. 1985. V. 55. P. 2676–2679.
[173] *Orr N. A., Anantaraman N., Austin S. M. et al.* Momentum distributions of 9Li fragments from the breakup of 11Li and the neutron halo // Phys. Rev. C. 1995. V. 51. P. 3116–3126.
[174] *Yamazaki T., Hayano R., Itahashi K. et al.* Discovery of deeply bound π^- states in the $^{208}Pb(d, ^3He)$ reaction // Zeitschrift fur Physik A Hadrons and Nuclei. 1996. V. 355. P. 219–221.
[175] *Rudolph D., Hoischen R., Hellström M. et al.* Isospin symmetry and proton decay: Identification of the 10^+ isomer in ^{54}Ni // Phys. Rev. C. 2008. V. 78. P. 021301.
[176] *Regan P., Garnsworthy A., Pietri S. et al.* Isomer Spectroscopy Using Relativistic Projectile Fragmentation at the N=Z Line for A~80→ 90 // Nucl. Phys. A. 2007. V. 787, №1–4. P. 491–498.
[177] *Tomaselli M., Kuhl T., Ursescu D., Fritzsche S.* Correlation effects on the charge radii of exotic nuclei // Hyperfine Interactions. 2006. V. 171. P. 243–253.
[178] An international accelerator facility for beams of ions and antiprotons // Conceptual Design Report. GSI, 2001. P. 12. http://www.gsi.de/fair/reports/index.html.
[179] *Фортов В. Е.* Экстремальные состояния вещества. — М.: Физматлит, 2009. 弗尔托夫. 物质的极端状态.
[180] *Pfeiffer B., Kratz K.-L., Thielemann F.-K., Walters W.* Nuclear structure studies for the astrophysical r-process // Nucl. Phys. A. 2001. V. 693, №1–2. P. 282–324.
[181] *Kratz K.-L., Pfeiffer B., Thielemann F.-K., Walters W.* Nuclear structure studies at ISOLDE and their impact on the astrophysical r-process // Hyperfine Interactions. 2000. V. 129. P. 185–221.
[182] *Winkler M., Achenbach B., Behr K.-H. et al.* The status of the Super-FRS at FAIR // Eur. Phys. J. — Special Topics. 2007. V. 150. P. 263–264.
[183] *Scheidenberger C., Geissel H., Maier M. et al.* Energy and range focusing of in-flight separated exotic nuclei — A study for the energy-buncher stage of the low-energy branch of the Super-FRS // Nucl. Instrum. Meth. Phys. Res. B. 2003. V. 204. P. 119–123.
[184] *Herfurth F.* Precise Nuclear Physics Measurements with Ion Traps // Int. J. Mod. Phys. E. 2009. V. 18. P. 392–404.
[185] *Schwarz S., Bollen G., Lawton D. et al.* The low-energy-beam and ion-trap facility at NSCL/MSU // Nucl. Instrum. Meth. Phys. Res. B. 2003. V. 204. P. 507–511.
[186] *Neumayr J. B., Beck L., Habs D. et al.* The ion-catcher device for SHIPTRAP // Nucl. Instrum. Meth. Phys. Res. B. 2006. V. 244, №2. P. 489–500.
[187] *Radon T., Kerscher T., Schlitt B. et al.* Schottky Mass Measurements of Cooled Proton-Rich Nuclei at the GSI Experimental Storage Ring // Phys. Rev. Lett. 1997. V. 78. P. 4701–4704.
[188] *Litvinov Y., Geissel H., Radon T. et al.* Mass measurement of cooled neutron-deficient bismuth projectile fragments with time-resolved schottky mass spectrometry at the FRS-ESR facility // Nucl. Phys. A. 2005. V. 756, №1–2. P. 3–38.
[189] *York R. C.* Rare isotope accelerator (RIA) project // Physica C: Superconductivity. 2006. V. 441, №1–2. P. 31–37.
[190] *Kester O., Sieber T., Emhofer S. et al.* Accelerated radioactive beams from REX-ISOLDE // Nucl.

Instrum. Meth. Phys. Res. B. 2003. V. 204. P. 20–30.

[191] *Mittig W.*, *Villari A. C. C.* GANIL and the SPIRAL2 project // 4th Int. Conf. on Exotic Nuclei and Atomic Masses, ENAM'04. — Pine Mountain, Georgia, 2004.

[192] Production and acceleration of Radioactive Beams at Louvain-la-Neuve // 14th Int. Conf. on Cyclotrons and their Application. — Cape Town, 1995. P. 629.

[193] *Habs D.*, *Groß M.*, *W. Assmann*, *et al.* The Munich accelerator for fission fragments MAFF // Nucl. Instrum. Meth. Phys. Res. B. 2003. V. 204. P. 739–745.

[194] *Hofmann S.*, *Münzenberg G.* The discovery of the heaviest elements // Rev. Mod. Phys. 2000. V. 72. P. 733–767.

[195] *Goto A.*, *Yano Y.*, *Katayama T.* RIKEN RI-Beam Factory project // J. Phys. G: Nucl. And Part. Phys. 1998. V. 24, №8. P. 1341.

[196] Report of the NSAC Subcommittee on Comparison of the Rare Isotope Accelerator (RIA) and the Gesellschaft für Schwerionenforschung (GSI) Future Facility. http://www.er.doe.gov/np/1.nsac/docs/RIA-GSI-nsac-022604.pdf.

[197] FAIR Baseline Technical Report. V.3A (CBM). — Darmstadt: GSI, 2006. P. 1.

[198] *Senger P.* Status of the CBM experiment at FAIR // CBM Progress Report. 2009. P. 1. http://www.gsi.de/documents/DOC-2010-Apr-17-1.pdf.

[199] Detector CBM. http://www.gsi.de/fair/experiments/CBM/detector.html.

[200] *Föhl K.* The PANDA detector at the future FAIR laboratory // Eur. Phys. J. — Special Topics. 2008. V. 162. P. 213–220.

[201] *Asner D. M.*, *Phillips T. J.*, *Apollinari G. et al.* P–986 Letter of Intent: Medium-Energy Antiproton Physics at Fermilab. 2009. http://131.225.70.2/directorate/program_planning/ Mar2009PACPublic/P986LOIFeb2009.pdf.

[202] *Ekström C.* Internal targets // CERN Report 92-01. 1992. P. 120–146. http://cdsweb.cern.ch/record/212880/files/CERN-92-01.pdf.

[203] *Reich H.*, *Bourgeois W.*, *Franzke B. et al.* The ESR internal target // Nucl. Phys. A. 1997. V. 626, №1–2. P. 417–425.

[204] *Trostell B.* Vacuum injection of hydrogen micro-sphere beams // Nucl. Instrum. Meth. Phys. Res. A. 1995. V. 362, №1. P. 41–52.

[205] *Aleksan R.*, *Amerman L.*, *Aston D. et al.* Test of a large scale prototype of the DIRC, a Cherenkov imaging detector based on total internal reflection for BaBar at PEP-II // Nucl. Instrum. Meth. Phys. Res. A. 1997. V. 397, №2–3. P. 261–282.

[206] *Novotny R.*, *Beck R.*, *Doring W. et al.* Electromagnetic calorimetry with PbWO4 in the energy regime below 1 GeV // IEEE Trans. Nucl. Sci. 2000. V. 47, №4. P. 1499–1502.

[207] CMS Technical Proposal, CERN/LHCC 94–38, LHCC/P1. 1994.

[208] *Atoyan G.*, *Gladyshev V.*, *Gninenko S. et al.* Lead-scintillator electromagnetic calorimeter with wavelength shifting fiber readout // Nucl. Instrum. Meth. Phys. Res. A. 1992. V. 320, №1–2. P. 144–154.

[209] *Chiang I. -H.*, *Garber E.*, *Inagaki T. et al.* CsI endcap photon detector for a $K^p m \rightarrow n^+ vv^-$ experiment at BNL // IEEE Trans. Nucl. Sci. 1995. V. 42, №4. P. 394–400.

[210] PANDA Collaboration, «Technical Progress Report for: PANDA». 2005.

[211] *Hoffmann D. H. H.*, *Fortov V. E.*, *Lomonosov I. V. et al.* Unique capabilities of an intense heavy ion

beam as a tool for equation-of-state studies // Phys. Plasmas. 2002. V. 9, №9. P. 3651-3654.

[212] *Коробенко В. Н.*, *Рахель А. Д.*, *Савватимский А. И.*, *Фортов В. Е.* // Физика плазмы. 2002. Т. 28. С. 1093-1102. 考洛别恩科等// 等离子体物理学.

[213] *Зельдович Я. Б.*, *Райзер Ю. П.* Физика ударных волн и высокотемпературных гидродина мических явлений. — М.: Наука, 1966; Физматлит, 2008. 泽尔多维奇,等. 冲击波和高温流体力学现象物理学.

[214] *Sokolowski-Tinten K.*, *Bialkowski J.*, *Cavalleri A. et al.* Transient States of Matter during Short Pulse Laser Ablation // Phys. Rev. Lett. 1998. V. 81. P. 224-227.

[215] *Batani D.*, *Koenig M.*, *Lower T. et al.* Measuring EOS with Lasers // Europhysics News. 1996. V. 27. P. 210.

[216] *Batani D.*, *Morelli A.*, *Tomasini M. et al.* Equation of State Data for Iron at Pressures beyond 10 Mbar // Phys. Rev. Lett. 2002. V. 88. P. 235502.

[217] *Кошкарев Д. Г.*, *Чуразов М. Д.* Инерционный термоядерный синтез на базе тяжелоионного ускорителя-драйвера и цилиндрической мишени // Атомная энергия. 2001. Т. 91, №1. С. 47-54. 考施卡列夫,等. 重离子加速器-激励器和圆柱形靶的惯性约束热核聚变.

[218] *Tahir N. A.*, *Hoffmann D. H. H.*, *Kozyreva A. et al.* Metallization of hydrogen using heavy-ion-beam implosion of multilayered cylindrical targets // Phys. Rev. E. 2000. V. 63. P. 016402.

[219] *Piriz A. R.*, *Tahir N. A.*, *Hoffmann D. H. H.*, *Temporal M.* Generation of a hollow ion beam: Calculation of the rotation frequency required to accommodate symmetry constraint // Phys. Rev. E. 2003. V. 67. P. 017501.

[220] *Basko M. M.*, *Churazov M. D.*, *Aksenov A. G.* Prospects of heavy ion fusion in cylindrical geometry // Laser and Particle Beams. 2002. V. 20, №03. P. 411-414.

[221] *Basko M. M.* Magnetized implosions driven by intense ion beams // Phys. Plasmas. 2000. V. 7, №11. P. 4579-4589.

[222] *Tahir N.*, *Kozyreva A.*, *Hoffmann D. et al.* Metallization of Hydrogen Using Heavy Ion Imploded Multi-Layered Cylindrical Targets // Contrib. Plasma Phys. 2001. V. 41, №2-3. P. 287-290.

[223] *Tahir N.*, *Deutsch C.*, *Fortov V. et al.* Intense heavy ion beams as a tool to induce high-energy-density states in matter // Contrib. Plasma Phys. 2003. V. 43, №5-6. P. 373-376.

[224] *Fortov V.*, *Shutov A.* // Nucl. Sci. Eng. 1996. V. 123. P. 169.

[225] *Kozyreva A.*, *Basko M.*, *Rosmej F. et al.* Dynamic Confinement of Targets Heated Quasy-isochrically with heavy ion beams // GSI-2003-2 Annual Report. 2003. P. 27.

[226] *Gregori G.*, *Glenzer S. H.*, *Rozmus W. et al.* Theoretical model of X-ray scattering as a dense matter probe // Phys. Rev. E. 2003. V. 67. P. 026412.

[227] *Weyrather W. K.*, *Ritter S.*, *Scholz M.*, *Kraft G.* RBE for carbon track-segment irradiation in cell lines of differing repair capacity // International Journal of Radiation Biology. 1999. V. 75, №11. P. 1357-1364.

[228] *Durante M.*, *Cucinotta F. A.* Heavy ion carcinogenesis and human space exploration // Nature Reviews Cancer. 2008. V. 8. P. 465-472.

[229] *Curtis S.*, *Vazquez M.*, *Wilson J. et al.* Cosmic ray hit frequencies in critical sites in the central nervous system // Advances in Space Research. 1998. V. 22, №2. P. 197-207.

[230] BIOMAT Collaboration, Letter of Intent for: Materials Research with Relativistic Heavy Ion Beams. http://www.gsi.de/fair/experiments/biomat/BIOMAT_LOI_Mat.pdf.

[231] *Bethe H. A.* Handbuch fur Physik. V. 24/2. — Berlin: Springer Verlag, 1933.

[232] *Curtis S. B.* Single track effects, biostack and risk assessment // Radiation Measurements. 1994. V. 23, №1. P. 5–8.

[233] *Kraft M.* // Nucl. Sci. Appl. 1987. V. 3. P. 1.

[234] *Kramer M.*, *Kraft G.* Calculations of heavy-ion track structure // Radiation and Environmental Biophysics. 1994. V. 33. P. 91–109.

[235] *Durante M.* Applications of particle microbeams in space radiation research // Journal of Radiation Research. 2009. V. 50, №Suppl. A. P. A55–A58.

[236] *Holmes-Siedle A.*, *Adams L.* Hand book of radiation effects. — Oxford Univ. Press, 2002.

[237] *Haberer T.*, *Becher W.*, *Schardt D.*, *Kraft G.* Magnetic scanning system for heavy ion therapy // Nucl. Instrum. Meth. Phys. Res. A. 1993. V. 330, №1–2. P. 296–305.

[238] Proc. of Int. Symposium on Swift Heavy Ions in Matter (SHIM 2002), 5th / Ed. by G.Marletta, S. Bouffard, R. Neumenn. Giardini Naxos, Italy, 19–23 may 2002.

[239] *Schiwietz G.*, *Grande P.*, *Skogvall B. et al.* Influence of nuclear track potentials in insulators on the emission of target Auger electrons // Phys. Rev. Lett. 1992. V. 69. P. 628–631.

[240] *Xiao G.*, *Schiwietz G.*, *Grande P. L. et al.* Indications of Nuclear-Track-Guided Electrons Induced by Fast Heavy Ions in Insulators // Phys. Rev. Lett. 1997. V. 79. P. 1821–1824.

[241] *Kambara T.*, *Kanai Y.*, *Kojima T. et al.* Acoustic emission from fast heavy-ion irradiation on solids // Nucl. Instrum. Meth. Phys. Res. B. 2000. V. 164–165. P. 415–419.

[242] *Kambara T.*, *Kageyama K.*, *Kanai Y. et al.* Elastic wave from fast heavy ion irradiation on solids // Nucl. Instrum. Meth. Phys. Res. B. 2002. V. 193, №1–4. P. 371–375.

[243] *Geissel H.*, *Scheidenberger C.* Slowing down of relativistic heavy ions and new applications // Nucl. Instrum. Meth. Phys. Res. B. 1998. V. 136–138, №0. P. 114–124.

[244] *Scheidenberger C.*, *Geissel H.* Penetration of relativistic heavy ions through matter // Nucl. Instrum. Meth. Phys. Res. B. 1998. V. 135, №1–4. P. 25–34.

[245] *Stammler T.*, *Gmelin E.*, *Greubel K. et al.* Pressure cell and combined cryostat/furnace for high-pressure μSR studies // Hyperfine Interactions. 1997. V. 106. P. 307–311.

[246] *Sturm C.*, *Sharkov B.*, *Stöcker H.* 1, 2, 3... FAIR! // Nucl. Phys. A. 2010. V. 834, №1–4. P. 682–687.

[247] *Baldin A. M.*, *Malakhov A. I.*, *Sissakian A. N.* Some problems of relativistic nuclear physics and multiple particle production [in Russian] // Phys. Elementary Part. At. Nucl. 2001. V. 32, №7. P. 6.

[248] *Емельянов В. М.*, *Тимошенко С. Л.*, *Стриханов М. Н.* Введение в релятивистскую ядерную физику. — М.: Физматлит, 2011. 叶米良诺夫,等. 相对论核物理导言.

[249] *Sissakian A. N.*, *Sorin A. S.*, *Suleymanov M.K. et al.* Properties of strongly interacting matter and the search for a mixed phase at the JINR nuclotron // Phys. Part. Nucl. Lett. 2008. V. 5, №1. P. 8–17.

[250] *Sissakian A. N.*, *Sorin A. S.*, *Toneev V.D.* QCD Matter: A Search for a Mixed Quark-Hadron Phase. 2006. http://arxiv.org/abs/nucl-th/0608032.

[251] Design and construction of Nuclotron-based Ion Collider fAcility (NICA), conceptual design report / Ed. by I. Meshkov, A. Sidorin. 2008. http://nica.jinr.ru/files/NICA_CDR.pdf.

[252] *Sissakian A. N.*, *Sorin A. S.*, *Suleymanov M. K. et al.* Towards searching for a mixed phase of strongly interacting QCD matter at the JINR nuclotron. 2006. http://arxiv.org/abs/nucl-ex/ 0601034.

[253] *Voloshin S. A.* for the STAR Collaboration. Probe for the strong parity violation effects at RHIC with three particle correlations. 2008. http://arxiv.org/abs/0806.0029.

[254] *Бэриш Б.*, *Уокер Н.*, *Ямамото Х.* Коллайдер нового поколения // В мире науки. 2008. №5. Р. 36-41.

[255] *Рубаков В. А.* К открытию на Большом адронном коллайдере новой частицы со свойствами бозона Хиггса // УФН. 2012. Т. 182, №10. С. 1017-1025. 鲁巴科夫. 在大型强子对撞机上发现具有希格斯玻色子性质的新粒子.

[256] *Chatrchyan S. et al.* (CMS Collab.) Observation of a new boson at a mass of 125 GeV with the CMS experiment at the LHC // Phys. Lett. B. 2012. V. 716. P. 30; arXiv: 1207.7235.

[257] *G. Aad. et al.* (ATLAS Collab.) Observation of a new particle in the search for the Standard Model Higgs boson with the ATLAS detector at the LHC // Phys. Lett. B. 2012. V. 716. P. 1; arXiv: 1207.7214.

[258] *Fortov V. E.*, *Petrov O. F.*, *Vaulina O. S.*, *Timirkhanov R. A.* Viscosity of a Strongly Coupled Dust Component in a Weakly Ionized Plasma // Phys. Rev. Lett. 2012. V. 109, №5. P. 055002.

第 6 章

高能量密度物理学的工程应用

6.1 磁约束受控热核聚变

在众多高能量密度物理学工程应用之中，磁约束受控热核聚变的意义最为重大。它建立在热核聚变基础之上，而热核聚变能给我们的太阳和其他恒星提供能量，并且是生命的基础以及所有生命体消亡的原因。①

核能的开发是人类文明史上最伟大的成就之一。早在 20 世纪的前三十多年，人们已经弄清楚了宇宙演化过程中核聚变反应作为星球能源的巨大规模和量值。20 世纪中叶，人们制造了最具破坏性的武器——热核炸弹，在地球上成功地再现了产生创纪录能量密度的条件，该能量密度是准受控聚变所必需的。这一杰出的科学成就不仅定义了现代文明的自然科学面貌，也(正如核武器建造者们所预计的那样)奠定了几十年来当代社会和文明历史性的发展，使地球上全球性的军事冲突不再有发生的可能。目前科学家和工程师们正在付出史无前例的努力，以期实现受控状态下的核聚变反应，为人类提供取之不尽、用之不竭的生态清洁能源，一劳永逸地解决地球上的能源问题。

逐一来说，几乎国际热核聚变实验堆(International Thermonuclear Experimental Reactor，ITER)所需要的所有参数在现有的装置上都能够达到(表 6.1)。

受控核聚变的历史非常亮眼且戏剧化，它饱含希望和失望，满载突破和失败。1961 年在萨尔茨堡举行的会议上，罗森布鲁斯(M. N. Rosenbluth，美国)在关于等离子体理论成就的总结发言中说道："虽然很遗憾但千真万确，理论工作者们并没有清楚地告诉实验工作者们如何建造一部热核机器。同时还有一点也千真万确，等离子体热核反应堆造不出来的根本原因，我们已经努力找寻了很多年，但仍然没有找到。"他随后补充道："……我相信，只要不输掉更困难的不受控核聚变的战斗，人类社会在 20 年左右的时间内解决受控核聚变问题的机会非常大。"

从受控核聚变开始研究之时算起，如今 60 年已经过去了，我们可以断言，起初阶段对问题复杂性的估计严重不足，特别是如果考虑到终极目标，也就是证明在热核电站能够生产电能，从此时此刻算起也还需要几十年的时间[1]。

放热核反应类型以及为此所必需的极端高能量密度物理条件，我们在 2.1 节中已经有所讨论。至于如何实现，则需要采用两种热等离子体约束隔热技术——磁性的和

---

① 译者注：以下若无特别声明，"热核聚变"与"核聚变"意义相同。

电感的。前者如今得到了优先发展，具有热核参数——温度≈10^8 K、密度 10^{19} ~ 10^{20} m^{-3}——的等离子体被感应强度为 4~8 T 的磁场以恒定或准恒定模式约束。这一方向被称为磁约束(magnetic confinement)，领先者是环形托卡马克装置，于 20 世纪 50—60 年代在库尔恰托夫原子能研究所(IAE，I. V. Kurchatov Institute of Atomic Energy)落成，构成实验型托卡马克国际合作项目 ITER 的基础。ITER 在法国建造，有七个国家参与合作[2]。该项目的构建包括了巨型实验数据库(图 6.1)和模型程序计算结果，将托卡马克中的主要过程都考虑在内。

表 6.1　托卡马克(tokamak)和 ITER 项目已实现的参数

参数	目前水平	ITER 的要求
温度/keV	50（普林斯顿等离子体物理实验室托卡马克聚变试验反应堆 TFTR）	15
密度/10^{20} m^{-2}	15（紧凑型强场托卡马克 Alcator C-Mod）	1
寿命/s	1(欧洲联合环形加速器 JET)*	3
小半径/m	1.1 (JET)*	2
大半径/m	3(JET)*	6
放电时间/s	360（法国 Tore Supra 托卡马克聚变堆）	400
加热功率/MW	50（TFTR）	70
聚变功率/MW	16（JET）*	500
燃烧持续时间/s	10（JET）*	400

注：标有 * 的参数意味着，ITER 的托卡马克装备之后落后的部分就能解决。

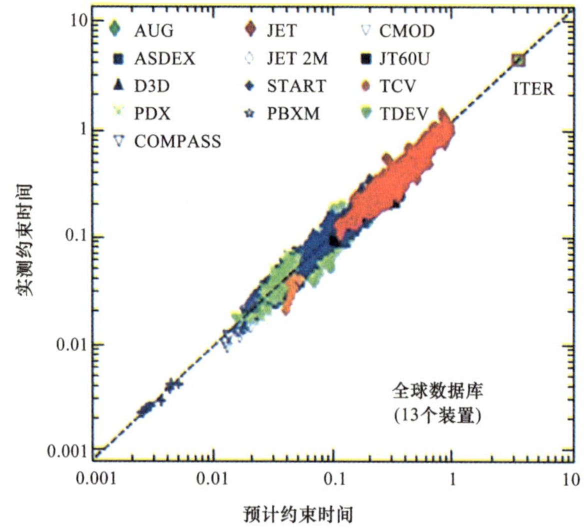

图 6.1　实验约束时间值和 ITER 的比例原则的对比(H98(y，2))

有关等离子体的加热和磁约束方面的工作可以通过文献[1]的综述进行了解，这里我们仅提及一些结果。令人印象最深刻的是氘-氚等离子体实验中，在两台托卡马克装置上获得的巨大的热核功率——聚变试验反应堆 TFTR 上的是 11 MW(1994 年)，欧洲联合环形加速器 JET 上的是 16 MW(1997 年)(图 6.2)[1]。$Q=P_{fus}/P_{aux}$的最高值在 JET 装置上达到，约 0.65。这些结果在使用热离子($T_i \gg T_e$)的模式中曾经记录到，并不是反应堆所特有的。在类似于反应堆的 H-模式中，JET 装置上利用 $T_i \approx T_e$在长脉冲(约 5 s)中获得过$P_{fus}=3\sim5$ MW 的热核功率。相似的结果也在 JT-60U 装置上在氘放电中得到过：短脉冲中 $T_i \gg T_e$时，DT-等离子体的计算等效值 Q_{eqv}达到约 1.25，在准稳态模式中是约 0.5[1]。

图 6.2 显示了因子 $M=n_i(0)T_i(0)\tau_E$与 $T_i(0)$的函数关系，从一系列托卡马克的实验中获得[1]。图中 M 值的阴影区域对应于 DT 等离子体 $Q=0.1$、1.0 和∞ 的计算值。假设如前所述把 JET 和 TFTR 的 $T_i \gg T_e$时的数据排除，并且考虑到 $T_i(0)\approx 30$ keV 时 DT 反应的点火模式所需要的量值 $M\approx 100$，则从图中可以看出，从 JET 和 JT-60U 装置中最好的准稳态放电模式到 DT 反应点火模式之间，以 ΔM 为单位的间距是 20~30[1]。

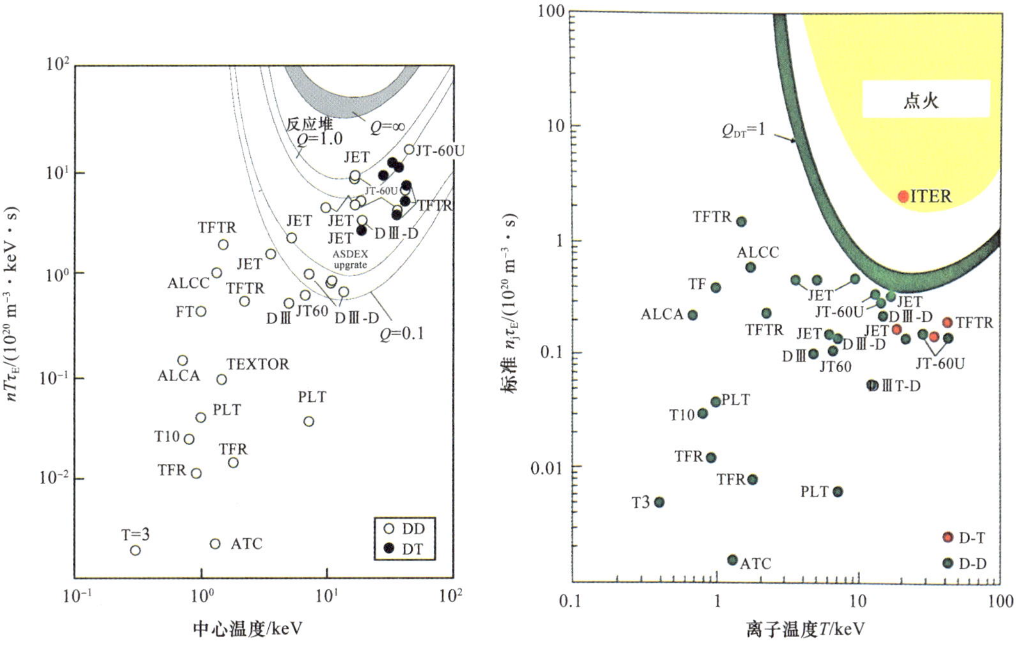

图 6.2 $nT\tau_E$的实验值与中心离子温度的关系

所显示的区域具有参量 $Q\equiv P_{fus}/P_{aux}=0.1$、1.0 和∞[1]

图 6.3 显示了从 DT-放电中测得的最高热核功率或者根据不同托卡马克中的 DD 等离子体参数计算得到的等效功率P_{fus}^{max}从 1975 到 1995 年间的动态变化[1]。显然，20 年间P_{fus}^{max}增长了 10^8倍。这要感谢新型、更大型装备的使用，以及给它们配备的更为强大的补充加热装置。在 JET 和 JT-60U 装置上获得了创纪录的高功率脉冲之后，P_{fus}^{max}再也没

有新的突破。过去十年所研制的新型超导装置与 JET 和 JT-60U 相比尺度较小，它们不是定位在创造P_{fus}^{max}的高量值，而是在稳态放电的获得和研究。P_{fus}^{max}的进一步提高（与 JET 和 TFTR 所达到的相比高出 30~50 倍）应该会发生在 ITER 达到设计指标之后，也就是大约在 2027 年。

等离子体构造图示和总体图示见图 6.4、图 6.5。

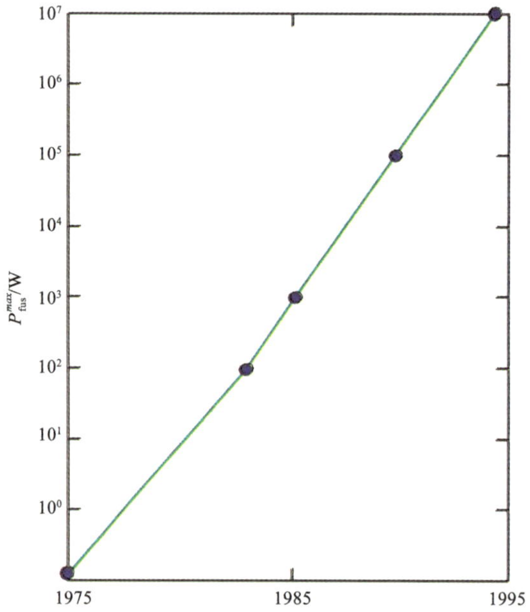

图 6.3　二十年间（1975—1995 年）各种实验装置中所产生的核聚变功率的增长动态[1]

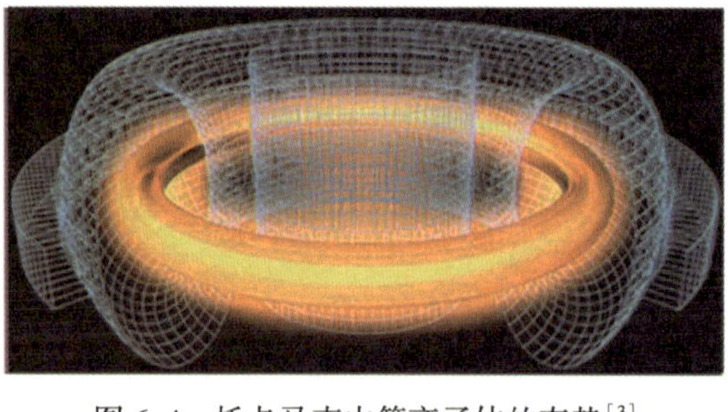

图 6.4　托卡马克中等离子体的态势[3]

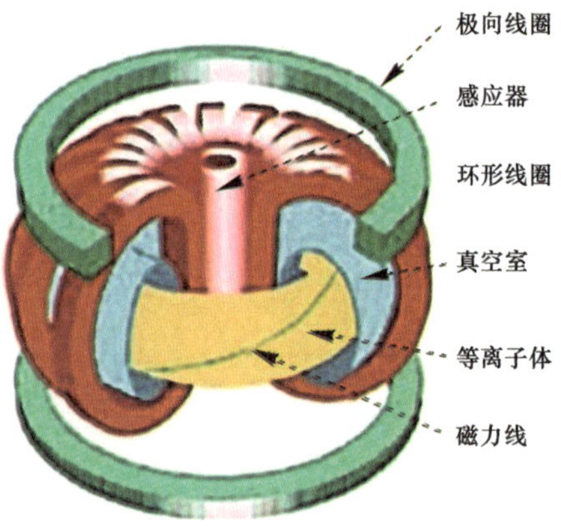

图 6.5　托卡马克原理图[3]

电子和离子的异向环形漂移所引起的电荷分离效应，将导致等离子体弧柱径向甩到固壁上。为了补偿这一效应，需要在等离子体中激发起一股环形电流。结果是外部磁场的磁力线与等离子体内在电流场的叠加围绕着环形轴旋转，电荷沿力线的自由流动就消除了电荷分离。因此托卡马克的等离子体只有具备内在电流时才能幸存。最简单情况下，电流的激发来自中心螺线管的感应电场。因此在最初发展阶段，托卡马克被看作脉冲系统，其寿命取决于中心螺线管磁通量的累积时间。不过后来发现了等离子体内在电流非感应维持的可能性。存在两个原因，其中之一与等离子体中高频波激发时及中性中子束注入时的电子吸引相关。第二个原因与等离子体中的压力梯度所造成的电子轨迹的特殊性相关，形成了所谓的自举电流。根据现代概念及一些实验观测现象，托卡马克中有可能维持一股稳定的电流，因此仍然可以期待未来的稳态托卡马克反应堆。外部线圈的角向磁场与等离子弧柱电流相互作用，并阻止其沿环面主径的抛甩。围绕环形轴旋转的磁力线构成了一个嵌入式磁性表面系统(图 6.6)。

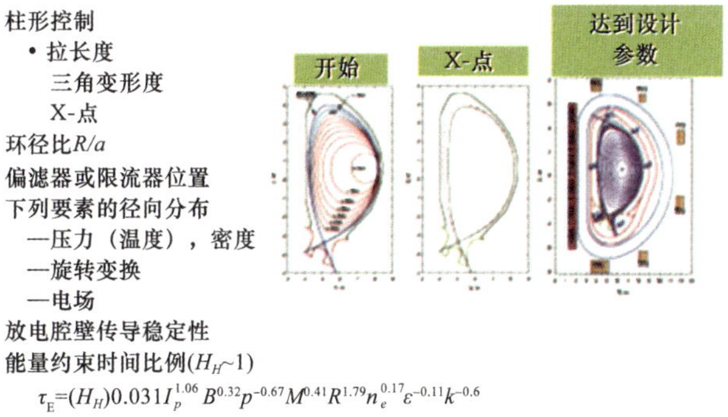

图 6.6　托卡马克的主要物理参数

它们之中有一族表面具有特别的性质，其面上线条在数次旋转之后自行封闭，这些表面被称为有理表面。有理表面附近的等离子体的一些性状与众不同。有一种边界面被称为分界线，分界线之外磁性消失。分界线之外的磁力线伸向环面之外，终结于腔室固壁。通过极向场线圈电流值的选择，分布于分界线附近的开放磁力线，可以被导向一个被称为偏滤器的空间。偏滤器的功能是消除混入等离子体的反应产物和杂质。沿这些磁力线流出的——含有杂质和聚变反应产物阿尔法粒子的——等离子体在偏滤器叶片上中性化，而气体则从体积内排走。托卡马克等离子体容易受到众多磁流体动力学(MHD)和运动学不稳定性的影响。某些 MHD 不稳定性的发展会引起等离子体内部的磁力线重联(所谓的内部断裂)，以及具有自身封闭磁表面的孤岛的形成，进而招致托卡马克的粒子损失和能量损失。最危险的情况是断裂不稳定性的发展，将导致等离子弧柱被甩到腔室固壁上以及放电的终止。断裂时，第一道反应堆固壁将承受巨大的电动力学类型强力载荷，以及伴随断裂发展的等离子体和电子束通量所引起的热损伤。断裂必须被排除在反应堆工况之外，在工业热核电厂概念设计中每年至多允许发生一次。因此一直在研究断裂的预判和预防技术，以及通过向等离子体注入大量强辐射物质的方式来减轻其后果的方法。等离子体工况维持的控制问题，在于等离子弧柱中如何选择压力、电流的径向分布，以期实现一个稳定的配置。托卡马克中的放电模式由加热及等离子体电流生成的补充来源对等离子体施加的外部作用来控制。

在反应堆尺度的托卡马克中，等离子体的补充加热和电流生成的现代技术建立在中性原子束和高频波激发同时作用的基础之上。能量在 1 MeV 量级的中性粒子束的注入器，其粒子束具备数十 MW 功率。落入等离子体的中性粒子被电离并被捕获，加热了等离子体并激发电流。这类稳定运行注入器的制造是复杂的工程物理问题。另一加热和电流生成技术路线基于外设天线对等离子体进行波激发。磁化等离子体中存在很多类型的波以及一些特征共振频率：电子和离子的回旋加速频率谐波、高和低混频共振等。这些频率的量值处在数十到数百兆赫兹之间。反应堆所需的功率水平，如同中性粒子束注入器的，经测算应有数十兆瓦。然而对于补充加热用的高频(HF)技术来说，装备这等功率发生器的任务反而更容易解决，因为原本用于无线电通信和加速器的大功率的发生器灯早已研制成功。只有电子回旋共振加热等离子体的频率高于 100 GHz 的发生器是个例外。脉冲宽度超过 1000 s 的兆瓦级功率振动陀螺仪不久前已经建造成功并有明确记载(ITER 项目)。波与等离子体相互作用的物理学因大量线性和非线性振荡类型变化效应、折射现象和非碰撞吸收现象而内涵丰富，迄今为止还不能说它已经得到了充分的研究。但是如果没有粒子束型高频大功率源用于托卡马克的加热，某些情况下还用于抑制其不稳定性，则未来的反应堆就不可能顺利发展。

未来的托卡马克反应堆最重要的问题是如何保证等离子体的高效隔热，以损失和加热的功率平衡所定义的能量保持时间为其特征值。托卡马克的能量损失由扩散过程和与 MHD 模式的发展相关的非局部输运所造成。目前像托卡马克这样如此复杂且多元的系统，还不能够从第一性原理出发进行模拟计算。因此在数千次实验的基础之上，已经获得用以预估保持时间的比例原则，包括保持时间与大量托卡马克参数的关系。ITER 项目中所使用的比例原则见图 6.1。显然在第一台 ITER 的实验性托卡马克反应堆上，保持时间应该已经超过了现有水平的 3 倍。

从托卡马克等离子体损失能量的首要因素是等离子体的电子和离子输运过程。辐射部分的损失对于托卡马克能量平衡的贡献不大，因为当有来自腔室固壁的少量重杂质落入等离子体时，离子的有效电荷不超过 2。回旋加速频率的电子辐射对于氘-氚燃料循环可以忽略。新经典近似中，粒子能量损失由湍流机制和环形磁场中的粒子轨迹特性所决定。托卡马克中观察到了输运障碍的形成，那里的传热系数剧烈下降，达到了经典值。障碍形成的大致原因是等离子体围绕环形轴旋转的方位角速度的梯度，它抑制了局部不稳定性的发展。出现在等离子体边界上的输运障碍对于反应堆模式具有特殊意义。等离子体边界上带有输运障碍的模式被称为 H-模式，其特点是等离子体外边界上有着巨大的温度梯度和过高的能量约束。图 6.7 所标出的比例原则对应于 H-模式工况。向 H-模式的过渡发生在补充加热功率超过某个阈值的时候，对此也用到了比例原则。带有内部障碍形成的工况也已知晓。期待内部障碍能够大大提高聚变反应强度和反应堆功率。H-模式工况的吸引力被等离子体边界上局域模不稳定性的发展抹上了阴影。等离子体周期性喷射到托卡马克腔室第一壁表面的现象，将导致脉冲式破坏以及杂质流入放电等离子体。第一壁和偏滤器接收叶片的破坏的最终后果是使反应堆的使用寿命受到限制。

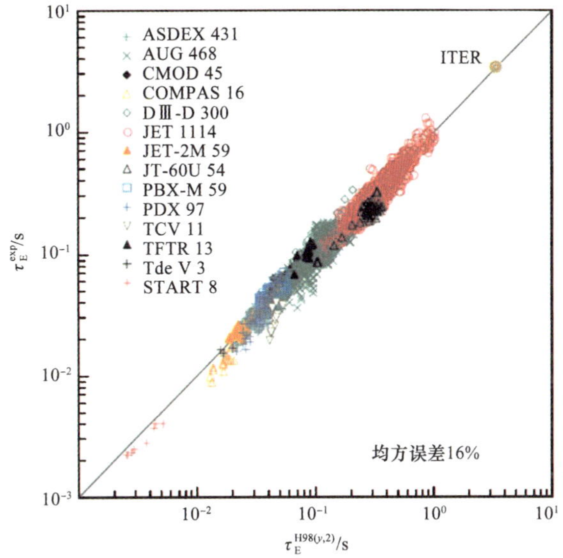

图 6.7 H-模式下 14 个托卡马克等离子体热能约束时间 τ_E^{exp} 与经验比例原则 $\tau_E^{H98(y,2)}$ 的对比[1]

在 ITER 的建设过程中，在局域模不稳定性解决方法的发展阶段，探索的主线是提高等离子体喷射的频率，从而使脉冲式喷射的能量下降。在控制不稳定性发展的方法之中，有高频场边界附近磁力线的打乱，有固体微粒周期性的注入等。在第一台实验性反应堆的建造阶段就已经很清楚了，未来的托卡马克反应堆将与反应堆腔室第一壁问题的解决有很大关系。第一壁距离等离子体表面数厘米远，所以壁物质喷射对等离子体成分的影响非常大，即便某些工况下能导致辐射冷却的杂质向等离子体中心的传递很可能是有限的。因此作为壁材料自然要选择低 Z 物质，如碳或者铍。它们的缺点是在等离子体能量脉冲式喷射时更容易毁坏。替代品可以是钨，但钨离子穿透到等离子体中心的问题研究得还不够。曾有建议在壁上覆盖一层液态锂。小型托卡马克上所获得的结果给人以乐观的鼓励，然而托卡马克反应堆壁锂涂层适用性的工程物理问题还没有彻底研究过。锂涂层比较严重的缺陷是可允许的壁温受到锂蒸发温度(约 450 ℃)的限制，这就降低了反应堆的热力学效率。

另一个托卡马克动力反应堆运行能力问题是固壁侵蚀产物尘埃的产生。虽然等离子体表层中的尘埃浓度不太大，在 10^{-5} cm^{-3} 量级，且它对等离子体动力学并没有显现出直接影响，但尘埃形成的危害在于对氚的捕获和腔室打开时的喷溅。评估显示，反应堆运行时沉淀氚的量能够迅速达到极限值。迄今为止，沉淀氚的去除技术仍处于研究阶段。

建造热核托卡马克反应堆所列出的上述问题只是向热核动力工程过渡的巨大挑战的一部分，决定性步骤将是实验性 ITER 反应堆的启动。ITER 项目(表 6.2)计划获得 DT 等离子体，其指标是大约 500 s 时长脉冲的感应模式下，P_{fus} = 400 ~ 500 MW、$Q \geqslant$

10。也应该研究实现 DT 等离子体“可控燃烧”的可能性，也就是具有 $Q>30$ 的模式。预计 ITER 将成为最终的实体设施，可以用来成功地展示强烈的聚变反应(等离子体热核燃烧)时托卡马克等离子体的约束模式。预计由于离子分布函数的不平衡，在托卡马克等离子体中，大量阿尔法粒子的出现会导致形成新的不稳定性，即所谓的阿尔文模式(Alfven mode)。需要研究这些不稳定性效应，特别是对等离子体和阿尔法粒子约束的影响。加热等离子体的阿尔法粒子损失的升高，不会让反应堆在稳定工况运行时的补充加热源的功率下降。现有的理论不能预判阿尔文模式对于等离子体稳定性及阿尔法粒子损失的灾难性影响。无论如何，需要用实验来证明。所以 ITER 的主要物理任务就是研究热核等离子体在托卡马克反应堆中燃烧的物理学。

表 6.2　ITER 的设计参数与聚变示范堆 DEMO 版本之一的对比[1]

参数	ITER		DEMO
	感应模式	稳态模式	稳态模式($\geqslant 10^6$ s)
等离子体电流 I/MA	15	9	15
等离子体轴上磁场 B_t/T	5.3	5.18	6.8
超导体最大磁场 B_{max}/T	11.8	11.8	14.6
等离子体小半径 a/m 等离子体大半径 R/m 等离子体轴上离子温度 $T_{i(0)}$/keV	2 6.2 2.3	1.85 6.35 25	2.1 6.5 45
$r=0.95a$ 时，MHD 稳定裕度 q_{95} $\langle n_e\rangle$与格林沃尔德极限(Greenwald limit)之比，$\langle n_e\rangle/n_G$	3.0 0.85	5.3 0.75	5.3 1.0
约束改善系数 $H_{H98(y,2)}$	1.0	1.4	1.3
$\beta_N=\beta(100aB/I)$	1.8	3.0	3.9
自举电流份额 f_{BS}	0.15	0.5	0.79
非感应电流份额 f_{NI}	0.21	1	1
聚变功率 P_{fus}/MW	400	350	3000
等离子体加热功率 P_{heat}/MW ($P_{heat}=P_\alpha+P_{aux}$)	120	140	654
热等离子体能量 W_{th}/MJ	320	290	1215
辐射能量损失份额 $f_{rad}=P_{rad}/P_{heat}$	0.5	0.57	0.86
$Q=P_{fus}/P_{aux}$	10	5	54
破坏率 $f_{disruption}$	≈ 0.1 (每脉冲)	≈ 0.1 (每脉冲)	$\leqslant 1$ (每年)

ITER 的另一个任务是展现基于托卡马克的热核反应堆最关键技术的运行能力：工况、补充加热和不稳定性抑制等的控制，氚的处理问题，超导磁系统的工作能力等。

对于 400 s 长脉冲、等离子体感应电流驱动，预计热核功率将超出托卡马克消耗功率的十倍。在稳态模式、3000 s 时长时，将着手力求增益系数 $Q=5$ 的尝试。ITER 的建设工作由七个国家和地区——欧洲、印度、中国、韩国、俄罗斯、美国和日本——联合完成。$Q=10$ 工况的获得计划在 2020 年代末实现。参加项目的各国讨论了向试验性工业化托卡马克反应堆过渡的计划。目前正在讨论的示范反应堆，设计规模超过或者等于 ITER。工业反应堆的发电量应该超过 1 GW。

除了托卡马克之外，全世界的实验室中还有在研的其他磁约束装置，最有意思的是一台仿星器(stellarator，一种等离子体实验装置)(图 6.8)，相比托卡马克有很多优点。仿星器的主要优点是，磁场磁力线的旋转变换通过具有复杂三维几何磁场线圈的选择来达成。因此仿星器内的等离子体约束不需要激发电流，从而也没有电流流动引起的 MHD 不稳定性。仿星器摆脱了最危险的托卡马克不稳定性——断裂不稳定性。仿星器的物理学和工程学研究与托卡马克相比力度还不够大，而它的磁系统结构又非常复杂，所以非常不适合安装在一个用于吸收中子通量的(反应堆)再生区里。用于收集来自等离子体的阿尔法粒子和杂质的仿星器偏滤器与托卡马克偏滤器完全不同，看起来技术上更为复杂。防中子通量的低温超导磁系统热绝缘体的布置也是巨大的难点。结果，仿星器反应堆概念设计中，主腔室的半径很大，尺度在 15 m 量级，电力输出有数吉瓦，这对于工业发电厂来说太高了。

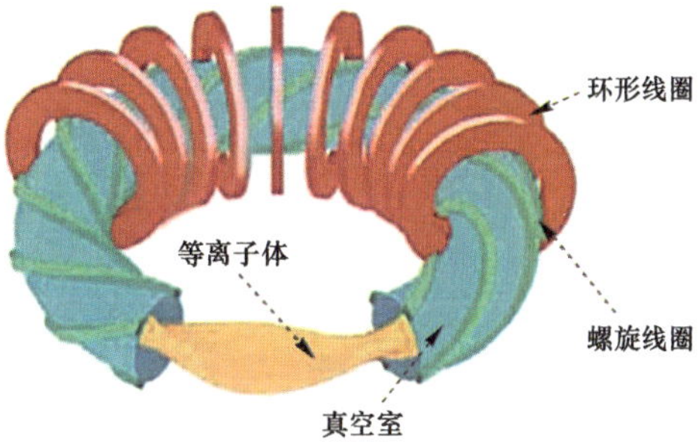

图 6.8　仿星器原理图[3]

图 6.9　德国马克斯-普朗克等离子体物理研究所的仿星器 Wendelstein 7-X 组装现场[3]

示范性热核电站 DEMO 版本之一的参数在 $P_{fus}=3$ GW 时见表 6.2，并且与 ITER 在感应和稳态模式下的参数作了对比。ITER 的另一个重要任务是进行 DEMO 设计和氚制备所必需的核技术试验。

6.2 惯性约束激光核聚变

6.2.1 直接驱动

当前热核研究沿两个方向发展：磁约束(图 6.10)和惯性约束受控核聚变。磁约束时，加热到温度 $T\approx 10$ keV 的热核等离子体借助于磁场被约束在准定常状况下。这一方向上的现状和远景见图 6.2。

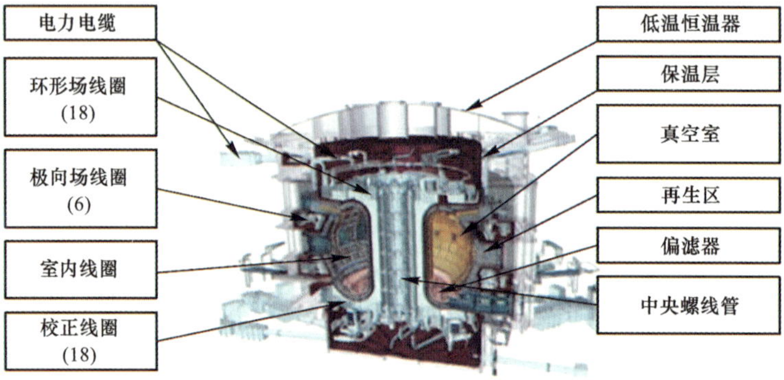

图 6.10 ITER 的实验性热核反应堆

惯性约束受控核聚变建立在热核能量以微型爆炸形式正向释放的可能性基础之上，微型爆炸由激光、X 射线或者能量为数兆焦、持续时间将近 1 ns 的重离子辐射驱动。这一方向是高能量密度物理学研究最有意义的实用动机[4-8]。为此目的已经启用了世界上最强大激光装置 NIF，其脉冲能量在 2012 年 3 月就达到了 1.8 MJ(利弗莫尔，美国)[9]。另一兆焦耳激光装置 LMJ(波尔多，法国)[10](图 6.11)的建设持续进行，各种强电流 Z 箍缩新方案正在进行研究[11,12]，稍后将在 FAIR 项目范畴内[13]，计划引入新一代相对论重离子加速器，与热核计划一道，用于热核武器中物理过程的模拟以及核物理的研究。

热核反应速率与温度的关系(见图 3.8)使得氘-氚反应成为聚变反应的最佳选择，其高效进行的必要温度在约 2~10 keV，对于热核等离子体 10^8 cm/s 的膨胀速度，这将导致直径约 10^{-1} cm 的球形靶情况的特征时间在 10^{-9} s 量级。这种热核反应的能量平衡条件(劳森判据，Lawson criterion[5,6,8])具有以下形式

$$n\tau\approx\rho r/4c_s m_i\approx 2\times 10^{14}\ \mathrm{s/cm^3}$$

对应于 $\rho r\approx 0.1\sim 3$ g/cm^2，并要求热核燃料压缩到每立方厘米数百克的密度，温度为 10 keV 时所对应的巨大压力在 100~200 Gbar 量级。因此，要释放 0.1 吨 TNT 当量或者

500 MJ 的热核能量，需要 3 mg 氘氚燃料，所对应的微型靶直径约 300 μm。在压缩能量为 30 kJ、压力 13.5 Gbar 时，激光照射的结果是靶丸中心燃料密度能达到 90 g/cm^3，这在内爆速度为 1.4×10^7 cm/s 时能够得到保证。这些参数严重依赖靶的具体结构和所选择的“驱动器”。

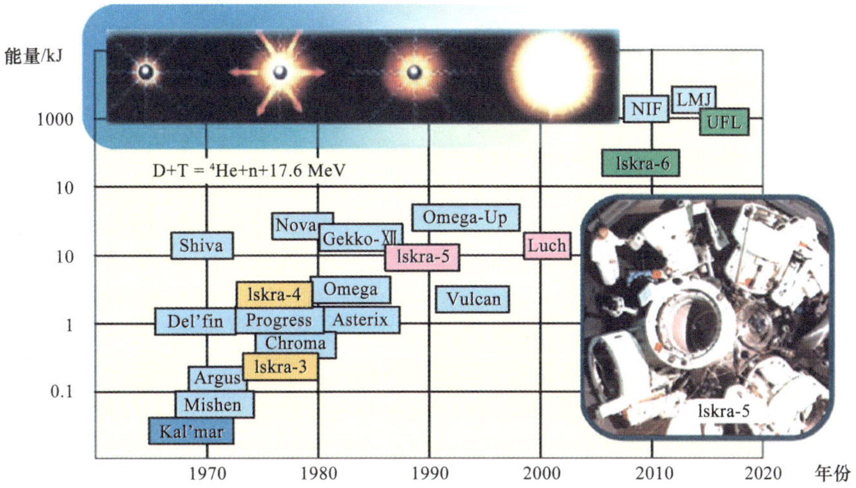

图 6.11 用于惯性约束受控核聚变的激光装置

等离子体的高温将阻碍如此高压缩度的实现，该温度的降低可以通过“温和”准绝热压缩来实现。为此需要特殊的激光辐射断面，它必须能随时间增长，直到压缩结束[5,6,14-16]。

尽管最初的想法很简单，并且已经在 60 年前的核武器实践中很快应验了，总体而言，实现脉冲式受控核聚变的技术性难度仍然非常高，主要问题是如何把长波激光辐射能量有效地输送到稠密热核等离子体中，因为能够把 1 μm 波长的激光辐射有效吸收的等离子体临界密度在 10^{21} cm^{-3}量级，高出液相氢密度三个量级。所以这一状况强烈阻碍了热核等离子体的直接激光加热，使得短波长(X 射线)辐射的利用更为可取。另外低密度状态下，正比于 n^2的热核反应速率也将很低，需要额外的约束手段。

因此，目前所有已提出的脉冲核聚变方案，都是基于高功率定向能通量对微靶(靶丸)表面进行照射使之压缩(图 6.12、图 6.13)。照射加热了靶的外层部分，使之膨胀并出现烧蚀压力，导致靶丸进一步向自身中心压缩(图 6.14)。这类转变中最愿意看到的当然是所必需的照射能量随压缩的提高而减小($\sim 1/n^2$)。同时烧蚀模式中靶丸能量的转移系数很小，不超过 10%，而瑞利-泰勒(Rayleigh-Taylor)不稳定性的发展也在干扰动力学压缩过程本身，破坏了压缩的对称性，引起了靶丸层的混合。此外热核等离子体密度的升高导致热核阿尔法粒子行程的缩短，它们“卡”在稠密靶中，形成了热核燃烧波，从微型球中心向外围传播(图 6.12)。

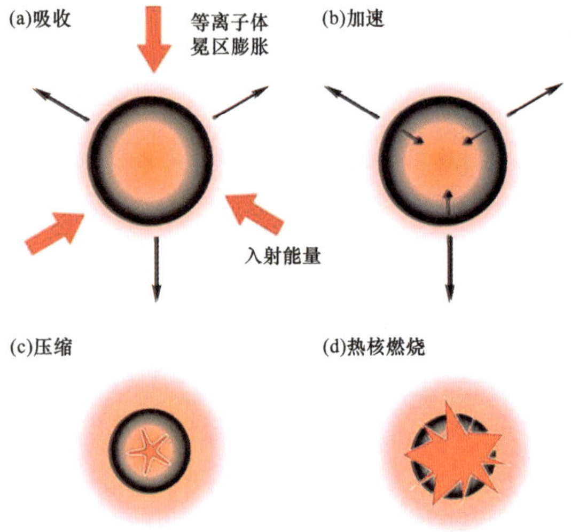

图 6.12　热核靶丸工作原理[8]

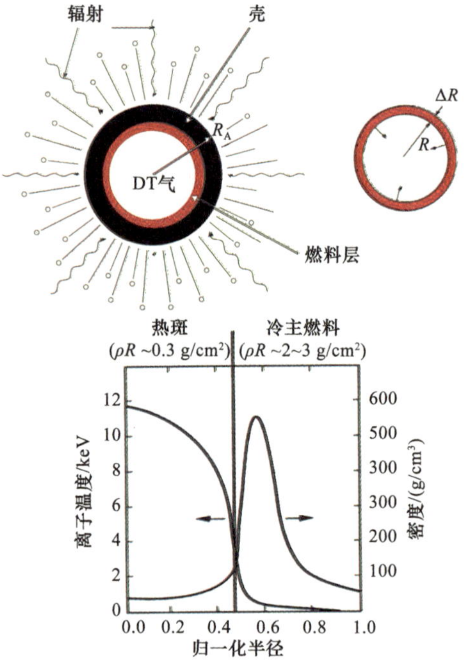

图 6.13　热核靶中参数的变化[8]

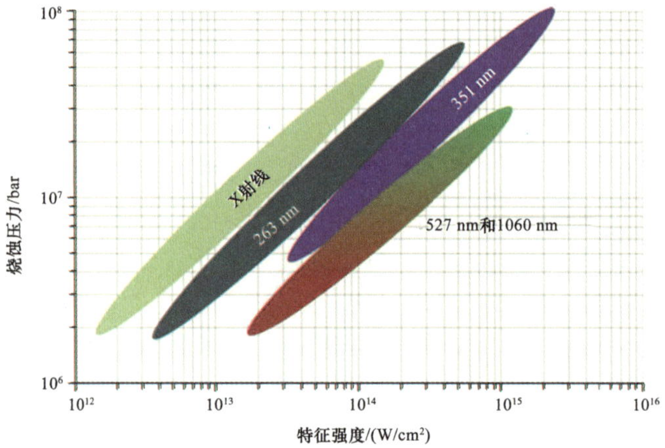

图 6.14　烧蚀压力与“驱动器”电磁辐射的强度和波长的关系[8]

在压缩到峰值的时刻，靶丸中心发生热核燃烧，以波的形式从靶中心向外围传播(图 6.12)。这类靶丸中的参数分布见图 6.13。这一惯性约束受控核聚变方案被称为“直接驱动”方案，因为靶丸的压缩和加热发生在等离子体烧蚀压力($P \approx 100$ Mbar、$T \approx 10^6$ K)(图 6.14)作用之下，该压力产生于激光辐射聚焦下的靶丸外表面。现在已经提出了大量直接驱动热核靶结构(图 6.12、图 6.15)，所包含的能量密度高达 $10^{16} \sim 10^{17}$ J/cm³，已经可与天体物理状态相媲美。烧蚀压力与各种波长电磁辐射强度的关系见图 6.14。显然，要在受控核聚变(controlled nuclear fusion，CNF)等离子体中生成高能量密度，短波辐射具有很大的优势[6,7]。

一系列具体热核靶以及相对应的照射强度时间剖面见图 6.15。

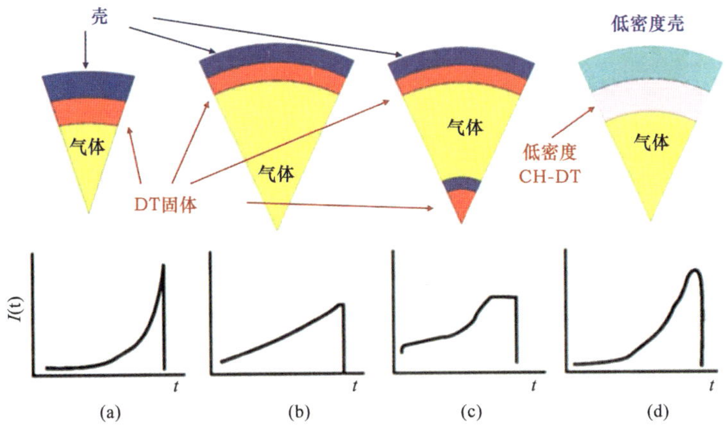

图 6.15　等离子体惯性约束 CNF 的热核靶结构以及相应的激光照射时间剖面[8]

除了高功率"驱动器"的构造之外，真正落实脉冲式可控核聚变的一个重要问题，是如何保证照射的高度对称以及相应的等离子体动力学压缩对称性。为了减小瑞利-泰勒不稳定性的畸变效应，仔细研究制定了激光压缩过程中所谓的间接驱动模式(图 6.16)[5,6,8]，其中球靶的压缩[(图 6.16(b)]通过来自圆柱形密封舱——被激光辐射加热的——侧壁的热软 X 射线辐照来实现(图 6.16)。

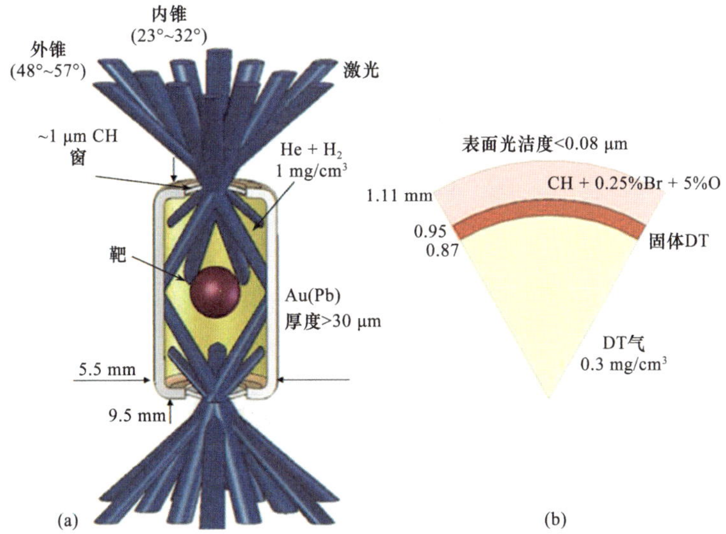

图 6.16　用于 NIF 激光系统的间接驱动热核靶(a)以及被 X 射线辐照的靶内热核球截面(b)示意图

图 6.16 显示的模式以及用于 NIF 的热核靶照片(图 6.17)中，球形 DT-靶[图 6.16(b)]被放置在一个镀金圆柱体中，192 道激光束从双方向对其照射，它们先打

到圆柱体内表面上[图 6.16(a)](功率密度有 10^{15} W/cm^2 量级)，使内表面蒸发，从而在圆柱腔内形成高强度软 X 射线辐射。然后又轮到此 X 射线辐射对热核靶[图 6.16(b)]进行高度对称球形压缩。为了消除近壁等离子体对压缩对称的畸变效应，圆柱体内部充满了气凝胶电离时产生的低密度($n \approx 10^{21}$ cm^{-3})等离子体。用于重离子的类似热核靶模式见文献[7，18]。

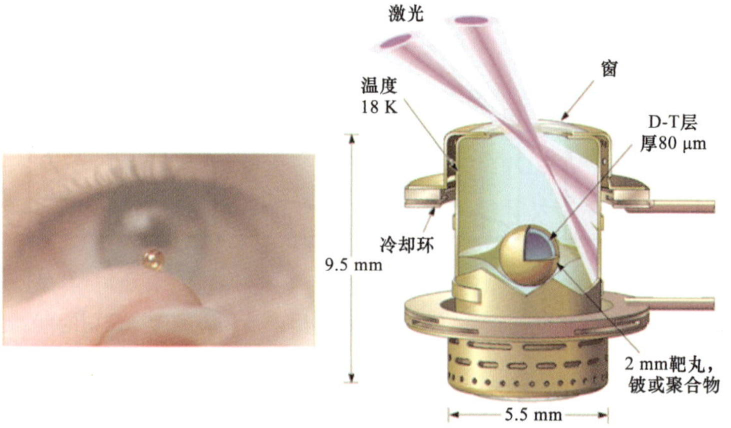

图 6.17　间接驱动靶的照片及其在 NIF 装置中用 192 道激光束进行照射[4]的示意图

这类热核靶的工作与复杂的非线性过程紧密相关——光束成丝和聚焦、非相干散射过程、等离子体波(受激拉曼和布里渊散射)及非热电子和离子的生成、双等离子体衰变以及其他许多效应，其中一部分在较小型装置上以及利用现代化计算机程序已经得到充分的研究。

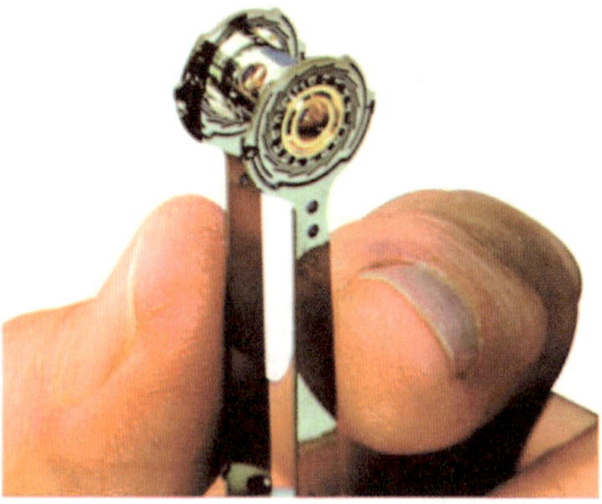

图 6.18　热核靶照片[17]

现有的以及在建的用于惯性核聚变的激光系统见表 2.3 和图 6.19，表明了兆焦耳水平激光系统 NIF 和 LMJ 的启用将能够保证热核点火条件以及 CNF 的正能量输出模式。

同时激光技术的蓬勃发展正在不断地提供新的技术解决方案和物理思想，深刻地影响着激光核聚变计划的发展。特别是通过半导体激光二极管的泵浦，晶体激光和玻璃激光把系统的总效率提高到了 30%~35%。

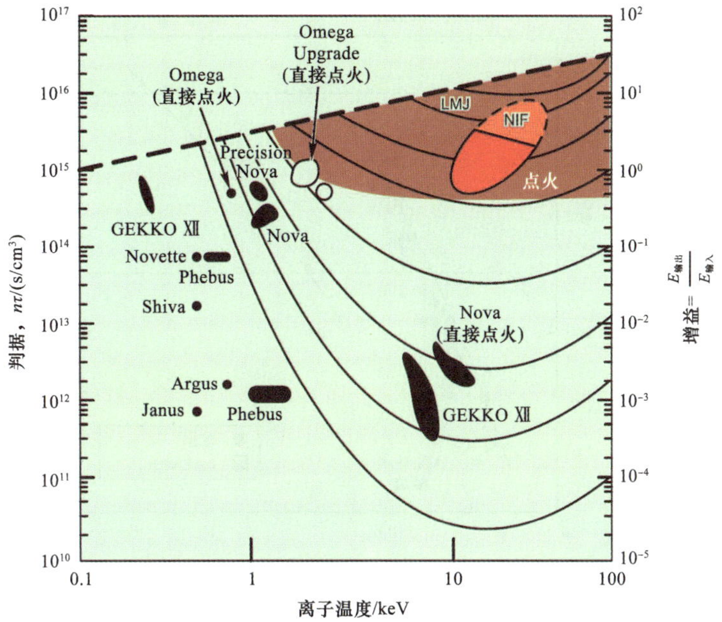

图 6.19　用于等离子体惯性约束受控核聚变的激光的能力[8]

NIF 激光器的实验结果见图 6.20[19]，从中可以看到曾经达到过软辐射创纪录的高温约 300 eV，实现了 DT-靶的高度对称压缩，提供了约 2×10^{14}的中子产额。下一节我们将更为详尽地分析 NIF 激光器的实验。

正如第 4 章所讨论的，啁啾技术的发明使得在光波电场中把电子加速到接近光速时，可以产生相对论条件的等离子体。电子质量的相对论增长使得等离子体振荡的临界频率下降，所以等离子体透明度边界向着高密度区域移动，这就改善了热核点火条件。

等离子体中的非线性效应由高强度激光辐射激发，将导致该辐射向高阶谐波的变换，当然对稠密等离子体中能量转换效率的提高也有利可图。总而言之，激光辐射向短时长高强度的过渡明显有利于激光核聚变的效率。在核聚变中利用这类短脉冲激光还有一种主意，与“快速点火”的想法紧密相关[20]，将在 6.2.3 节详细讨论。

6.2.2　走向热核点火：NIF 上的实验

本书作者希望，在本书出版之时，本节内容将只具有历史意义，因为届时应该已经实现了能量正向输出的热核反应激光驱动点火——激光热核反应思想得以成功地进行实体展示。就在当下，NIF 的专家们正在核聚变点火反应方面进行着非凡的努力，克服前进道路上的重重困难，展现出难以置信的创造力，充分利用了当代高能量密度物理学最前沿的独特实验技术。

2009 年 3 月，NIF 系统输出了约 1.1 MJ 水平的能量，高出先前的激光水平达 30 倍。目前，它在全功率(约 411 TW)运行、输出 192 道光束的能量(约 1.875 MJ)打到靶上时，应该能在球形靶内达到极端高能量密度——等离子体温度约 100 MK、密度

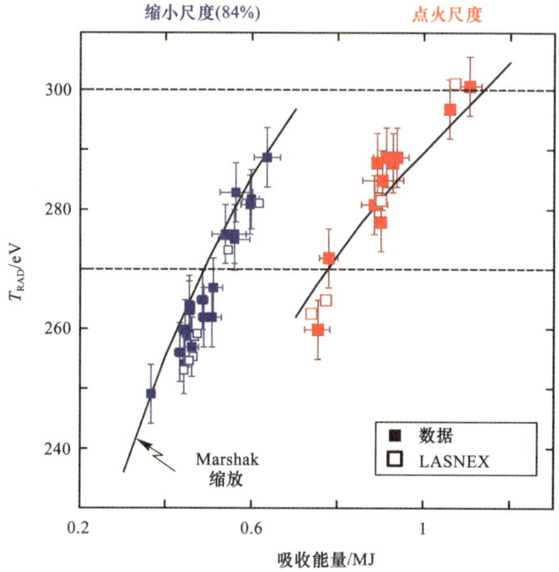

图 6.20　与密封舱固壁保持热力学平衡的实验和理论辐射温度与被吸收激光辐射能量的关系
测量值通过宽带 X 射线光谱仪 DANTE 获得，计算在放射流体力学模型范畴内进行，利用了 LASNEX 程序，详细构造都考虑在内。马尔沙克比例原则(Marshak scaling)建立了被吸收的激光辐射能量转化成 X 射线辐射——有效转化系数是 90%——与辐射损失之间的关系。数据结果显示，当激光辐射被吸收的能量 ≥1.1 MJ 时，密封舱内点火温度是 $T_{RAD} \approx 300$ eV[19]

约 1000 g/cm^3、压力约 140 Gbar。

配合 NIF 激光的热核靶设计见图 6.16、图 6.17，其详细的结构描述和工作原理见文献[24]。复合层组装精度在 0.1~1 μm 水平，而表面粗糙度约 1 nm。DT 冰层的冰冻应该在低于三相点温度 1.5 K 的温度下处理，而这一内层的曲率应该精确到 1 μm 以内。热核靶及其深冷系统的照片见图 6.21。

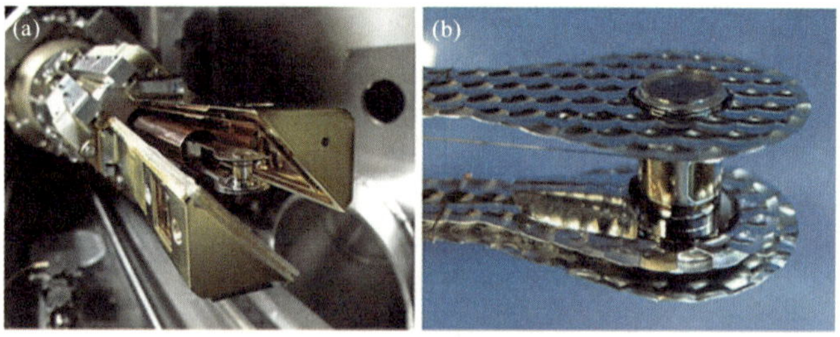

图 6.21　NIF 激光热核靶的照片[21]

NIF 装置配备了 35 套诊断综合体以用来进行：X 射线辐射及中子辐射、密封舱外散发出的辐射能谱及辐射光谱参数的记录，冲击波参数的干涉仪测量，热核辐射特性的 X 射线及伽马光谱测量(详见文献[25])。利用 NIF 激光系统进行的核聚变科研方向见图 6.22[17,22,23]，包括靶丸压缩的绝热性及对称性研究、靶层速度研究、激光紫外线辐射到软 X 射线辐射的转换效率(81%~91%)研究[19,26]，以及对于靶丸的成功点火所不可或缺的各个层面的各种不稳定性的特性研究。第一(驱动)阶段研究由激光生成的软 X 射线辐射特性。下一(调谐)阶段主要研究球形靶压缩动力学——研究靶子各层运动的动力学、冲击波动力学以及其他在靶中心进行热核反应点火所必需的流体力学特性。第三阶段主要处理氚、氢、氘分别为 74%/24%/2%的混合物的激光压缩，目的是获得中等中子产额并进行诊断技术检验。第四阶段的目标是实现能量输出有 10~20 的热核反应点火。

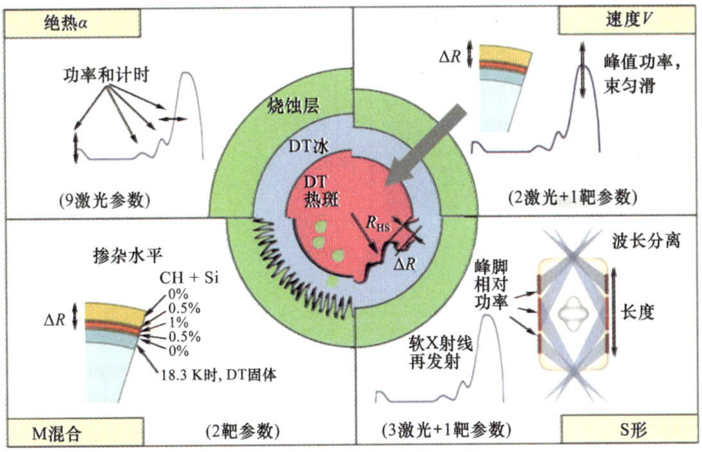

图 6.22 利用 NIF 进行的核聚变方面的科研工作[17,22,23]

能量为 1.6 MJ 的实验中获得过密封舱内>300 eV 的辐射温度，估算的等离子体中压力>100 Gbar；展示了对压缩脉冲的控制，DT 反应的中子产额≈8×10^{14}。能量直到 655 kJ 的辐射温度数据见图 6.23[26]。

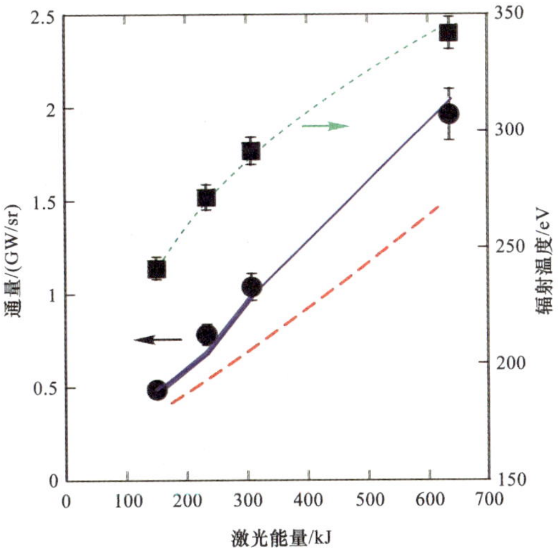

图 6.23 测量 X 射线通量和温度与激光能量的关系

曲线为计算数据。转换系数约 88%[26]

图 6.24[22]中列出了创纪录的高能量密度，利用了中子和 X 射线诊断而获得[22]。相应的实验方案也测量到了高密度和高压力，见图 6.25。

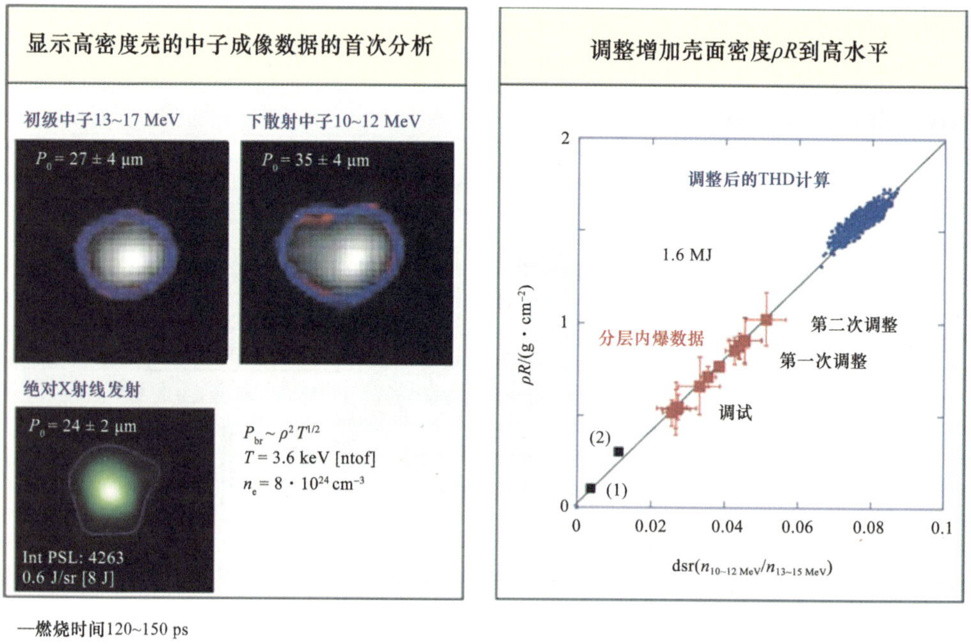

图 6.24　热核等离子体参数，根据记录 X 射线辐射和中子辐射而测得[22]

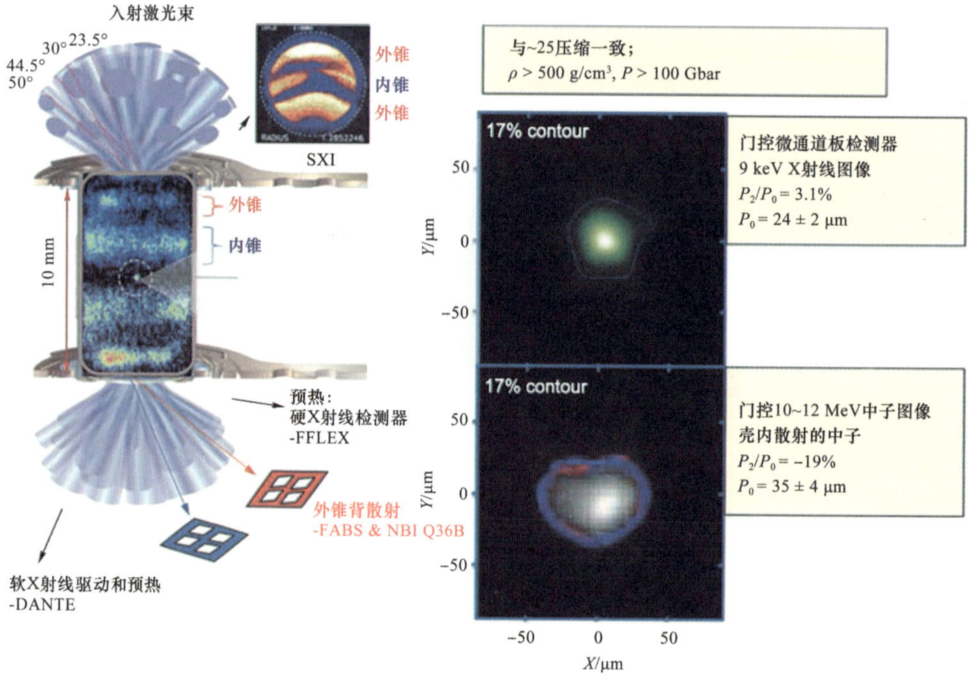

图 6.25　热核靶的激光压缩实验方案[22]

文献[27]指出，将黑腔的壳材料从金换到铀能够使内爆速度增加(18±5) μm/ns。文献[28-31]使用光谱学研究了混合过程不稳定性。发自热核靶的硬(>100 keV)韧致辐射的测量，使得可以评估等离子体简并所引起的绝热指数变化。计算结果和激光实验的深度比较可见文献[32]的仔细研究。数值模拟结果显示了射流的出现和激光靶壳的强烈混合。实验结果见图 6.26[28] 和图 6.27。为了点火成功而进行的激光辐射参数和热核靶特性的"微调"见文献[33]的工作。

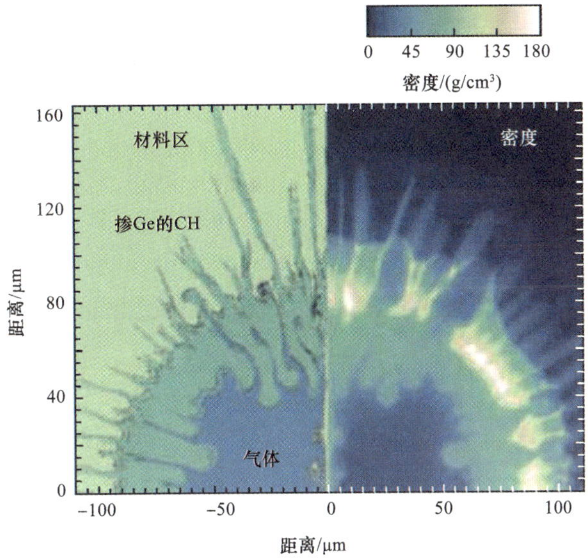

图 6.26 激光压缩热核靶时不稳定性发展的结果[28]

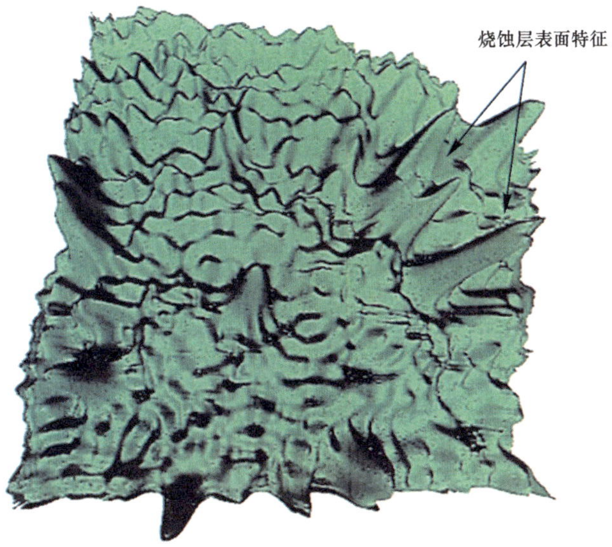

图 6.27 燃料-烧蚀层分界面的数值模拟结果[32]

迄今为止进行的实验得到的所有受控核聚变装置的最高劳森判据值为 $P\tau \approx$ 10 atm · s(见第 2 章和图 6.28)。已达到的等离子体参数($\rho R \approx 1$ g/cm^2、$T_i \approx 3$ keV)非常接近点火条件，已经为 HYDRA 程序的计算结果所验证[15]，能量输出在 1 MJ 左右。

更为详尽的 NIF 激光装置实验论述包含在文献[17, 21-23, 25, 26, 31, 34-47]之中。

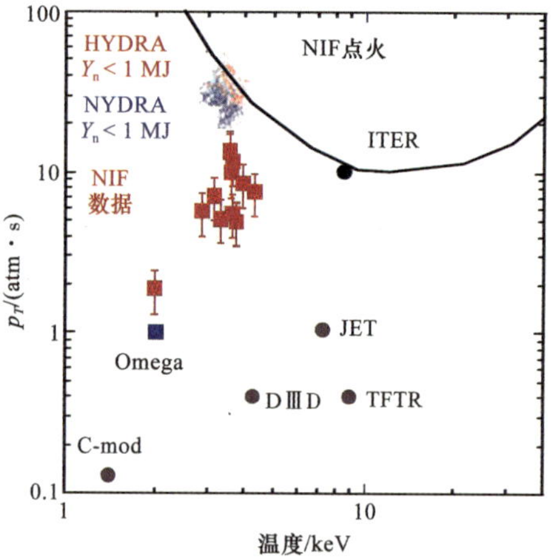

图 6.28　NIF 装置的点火判据[15]

6.2.3　快点火

超强短脉冲激光的出现揭示了令人振奋的新型激光核聚变的可能性，使得热核等离子体的绝热压缩过程和加热过程能够分开[5,48]。这一方案中，使用纳秒激光可以把热核靶压缩到很高密度，但加热程度远不到热核温度。然后压缩燃料内部被飞秒激光作用下产生的兆电子伏特能量的电子或者离子强流进行补充加热，由此激发全靶的热核燃烧[5,6,20,49-52](图 6.29、图 6.30)。此外当激光通量极为强大时，很可能出现某些效应，促使光能更深地穿透进超临界密度等离子体。由于光波有质动力对电子的作用，电子和离子将离开激光光区域，(由于这样的自聚焦效应)在等离子体中形成了低密度通道，沿该通道光能将能够穿过临界表面进入预压缩靶内部，引起靶的热核点火(图 6.29)。这类方案被称为“快点火(fast ignition)”[20]，能提供更高的热核产额，重要的是，它对于不稳定性和混合发展的对抗能力更强，因而更加稳定，因为这里压缩过程和加热过程在时间上是分开的。要使靶丸的工作状态最优，必须使把热核燃料压缩到密度为 200~300 g/cm^{3}的激光脉冲宽度大约在 10~20 ns。

这一方案的主要问题是向压缩稠密靶内部传送的超强能流如何有效地产生和输运。预估表明[4]，必须将以电子或者 α 粒子($\rho r \approx 0.5$ g/cm^2)的行程为尺度的等离子体体积加热到 10 keV，因而当等离子体密度大约 300 g/cm^{3}时，该行程在 10~20 ps 时间内是约 10 μm[5,6,53]。当功率为 4×10^{14} W 且强度为 10^{20} W/cm^2 量级时，相应的能量大约 3 kJ。另一对此方案的修正版本，能量为 1~5 MeV 的电子或者质子可以用来起加热作用，它们在等离子体中的行程与 α 粒子相当。

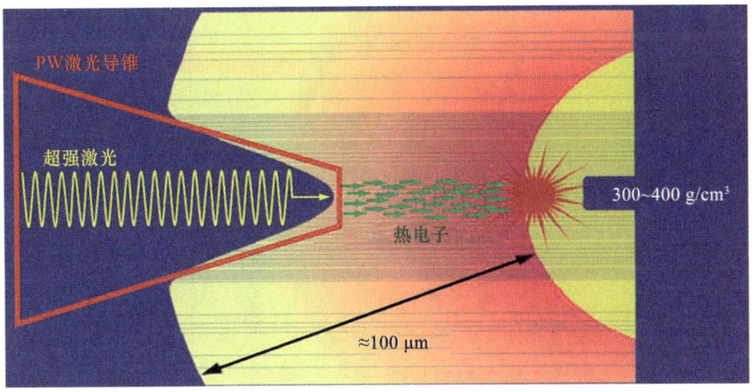

图 6.29 热核靶“快”点火方案(电流>500 MA)

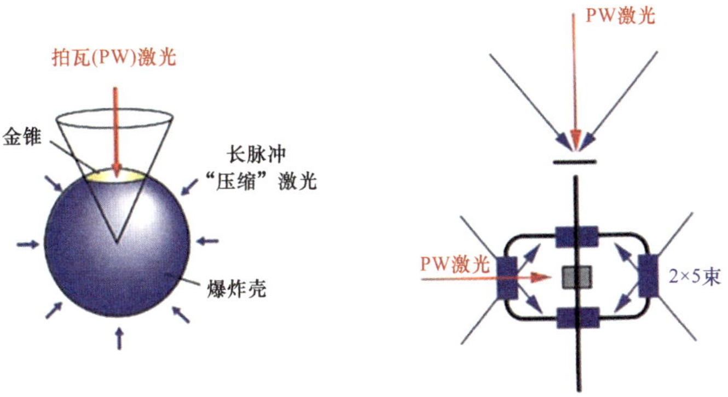

图 6.30 快点火方案

红色箭头——用于加热已压缩燃料的拍瓦激光辐射，蓝色箭头——用于压缩靶丸的纳秒激光辐射

当代短脉冲激光能够保证必要的 $10^{15}\sim10^{20}$ W/cm^{2}量级的强度，并且能够在 $10^{21}\sim10^{26}$ cm^{-3}密度的稠密等离子体中提供对“快点火”效应有益的完整光谱——相对论自聚焦和成丝、量子和腊肠型不稳定性，还有真空通道的形成和一组新型多样性的粒子加速机制。此外，还有可能产生超强(10^9 Gs 级别)磁场和数兆电子伏特能量的离子[53,54]。

计算机数值模拟在研究这类效应的工作中具有重要作用[49,55]，特别是预言了非常高效率(达 30%)的从激光辐射到兆伏特量级电子的能量传递(图 6.31)。这时还出现了一些新型加速机制——振荡有质动力进行的加热、超稠密等离子体层中从横向到纵向的电场变换、相对论激光通道内电子感应共振时的电子加速[49,56]。所有这些变化多端的效应如今成为了仔细研究的对象。特别是大阪大学进行的实验中[57]，大约 20%的短脉冲激光能量传递给了压缩热核靶。

文献[50，52，58，59]建议，压缩燃料的点火不用电子，而是用激光等离子体的快速离子。

“直接驱动”和“快点火”核聚变方案的对比见图 6.32。

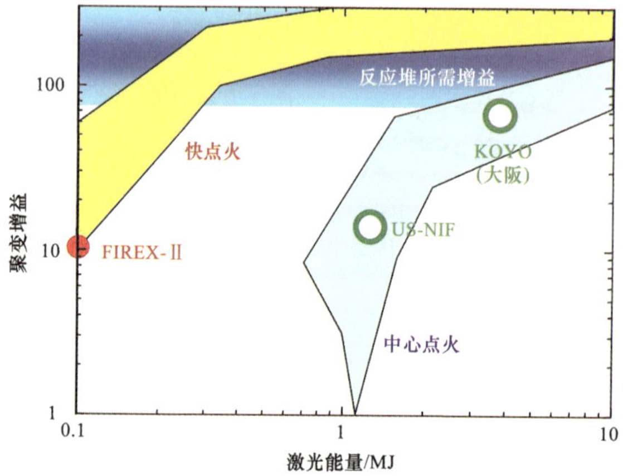

图 6.31　热核增益系数与激光能量的关系[54]

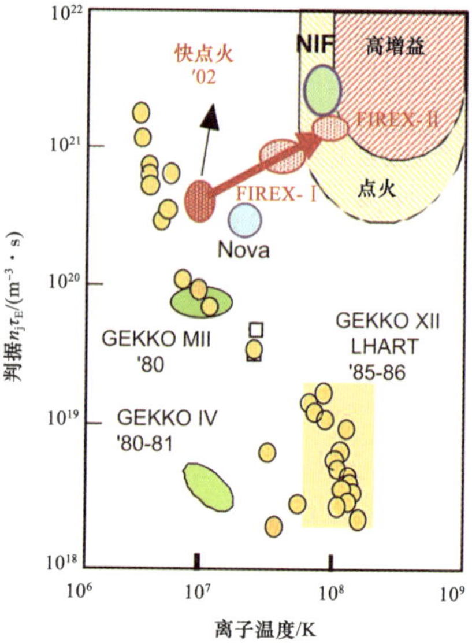

图 6.32　“直接驱动”和“快点火”核聚变方案的对比[54]

能量从数万电子伏特到数十兆电子伏特的强激光辐射对粒子团簇的作用目前正在加紧研究中[55,56,60-76]，因为能够用来获得极端高温等离子体，研究强非平衡效应，建立 X 射线辐射、中子和电子通量。实际上直接光致电离接替热力碰撞电离从强度 10^{21}~10^{22} W/cm^{2}开始。这时光电子离开粒子团簇，破坏了等离子体电中性的基本条件[77]，导致强电场的产生[55]。这时粒子团簇的“库仑爆炸”发生，使离子加速到了非常高(1 MeV 级别)的能量[65]，导致聚变反应中子的产生[63,72]。这就打开了一个局面，使具有大量技术和医学应用的 X 射线辐射及中子的紧凑型激光驱动发生器的建造大有可为[78]。

其他“库仑爆炸”状况曾在强度为 $q\approx10^{18}$ W/cm^{2}的激光辐射作用于密度为 10 mg/cm^3 的泡沫塑料(C_5H_{10})的实验中观测到。获得了能量为 200 keV 的离子，其参数对应于“库仑爆炸”模型。

6.3　重离子束核聚变

重(自 $A>80$ 起)离子束驱动的受控热核反应[7]具有不少潜在优势，例如加速器的高效能、高能物理领域实验用离子加速器的可靠性和易加工性。为此正在研究粒子束总能储备在兆焦耳级别时离子的数吉电子伏特动能水平，粒子束应该被压缩到 10 ns，聚焦到毫米尺度的靶上。要达到这样的条件，必须突破由空间电荷所定义的某些限度，这就需要抑制各种不稳定性，研究强电流束中的集体效应和其他一些复杂过程。所以束流发射度的提高(温度的升高)可能是由集体过程(直到束流“结晶化”[80,81])、从导电表面“反射”的磁场系统的瑕疵及离子间力引起的。

研究束流在反应堆腔室内的传输也需要仔细分析本底等离子体动力学和反向电流(流

不稳定性和成丝不稳定性）、本底等离子体对束流的“剥皮”、束流的光致电离等[4]。

借助于离子束所做的有关高能量密度生成及其物理学的研究工作在很多研究机构——GSI，德国（图5.9）；伯克利，美国；理论和实验物理研究所（ITEP），俄罗斯；俄罗斯科学院化学物理问题研究所（IPKhF，ITES OIVT RAN），俄罗斯[7,18,82]——火热进行，获得了关于等离子体对重离子吸收能力、冲击波动力学、靶丸等容加热、等离子体光谱等众多意义非凡的全新数据[18,83-91]。

重离子加速器GSI（SIS-100）与拍瓦激光器PHELIX联合应用的计划[87]特别引人关注（图5.10）。

文献[18，82]的对利用重离子束研究高能量密度物理学进行了更为详尽的描述。

6.4 带电粒子的激光等离子体加速

当今世界上很多实验室都有短脉冲强激光（脉冲宽度 τ_L 比皮秒还短，$\tau_L<10^{-12}$ s）（见表2.3）器，它们被用于研究各种过程并发展出很多应用。应用之一是在飞秒激光基础上研制新一代紧凑型高能电子和离子的激光等离子体加速器。加速了的电子然后可用于研制以它们为基础的X射线自由电子激光器。

当代电子加速器的大小由加速场强度决定，它有 $10^7\sim10^8$ V·m^{-1}，受谐振器加速系统内击穿的限制。所以很久以来人们一直在讨论粒子在等离子体中而不是在真空中的加速问题。这种情况下，一方面已经不再受击穿的限制，另一方面相对论电荷密度波（其相速度接近于光速）中的电场强度能够达到非常高量值。确实，利用泊松方程所进行的简单评估就能把这一场强与等离子体电子密度 n_e 联系起来：

$$E\approx\alpha(n_e[\mathrm{cm}^{-3}])^{1/2}[\mathrm{V\cdot cm}^{-1}]$$

这里 $\alpha=\delta n/n_e$——无量纲等离子体波波幅（δn——电子密度振荡幅度）。电子密度 $n_e=10^{17}$ cm^{-3}、$\alpha=0.3$ 时，等离子体波中加速场强度为 10^8 V/cm，加速速率比在传统的射频加速器中高出二到三个数量级。一级激光等离子体尾波加速器原理[92]见图6.33、图6.34。

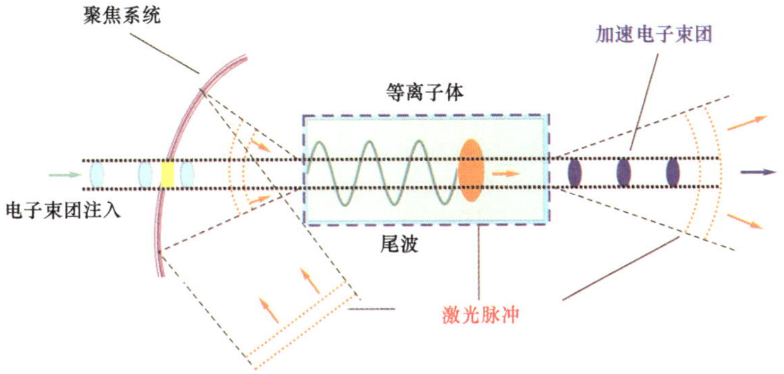

图6.33 一级激光等离子体尾波加速器原理[92]

我们来分析一下激光加速的某些方面[94]。正如我们在第 4 章所看到的，新一代固体激光的发展派生出一种独特的光脉冲对激光靶的照射条件，其辐射强度在 $10^{17} \sim 10^{21}$ W/cm^{2}区间，时长 20~1000 fs。

如此强度条件下，激光脉冲中建立起了前所未有的超强电场，远远超过原子电场的 $E_{at} \approx 5.14 \times 10^9$ V/cm。这些条件引起了非常有意思的激光辐射与等离子体(由激光脉冲前缘或者预脉冲与固态靶相互作用生成)相互作用动力学。激光辐射非常高效地变成[94]快速带电粒子流——电子和原子态离子，它们与周围靶物质的相互作用，在使原子内部壳层电离时产生了硬 X 射线，还引起了各种核反应及光核反应。

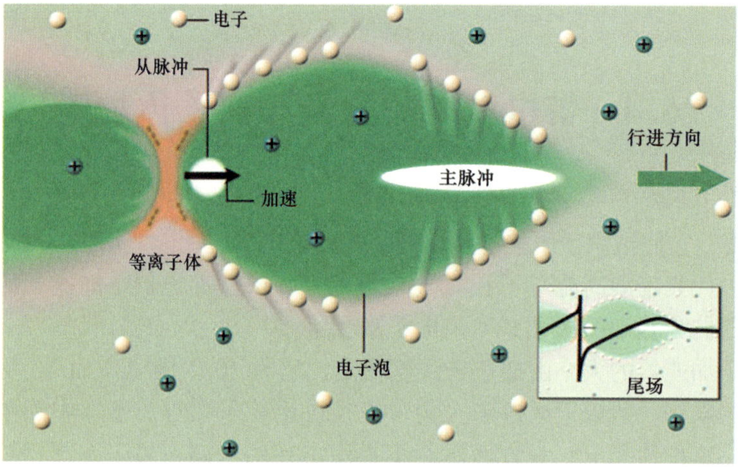

图 6.34　尾波场中的加速原理[93]

主激光脉冲排挤电子(白色)形成了正电荷区域(绿色)。加速电场(右下)沿轴传播

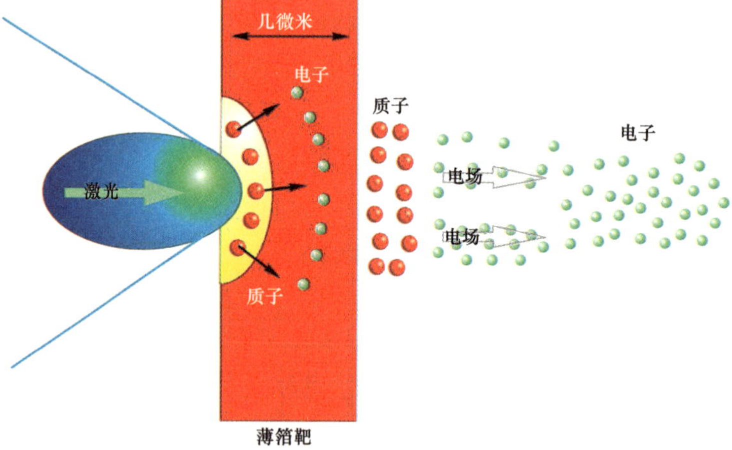

图 6.35　激光等离子体中电子和离子产生原理[95]

当参数 $\alpha>1$ 时，激光辐射强度 I 表现出相对论特性。α 是线性偏振激光辐射电场中振荡电子的无量纲动量，表述为公式[94]

$$\alpha=\frac{eE}{mc\omega}=0.85\lambda\left(\frac{I}{10^{18}}\right)^{1/2},\quad E=27.7\,I^{1/2}\ \text{V/cm}$$

这里 e 和 m 分别为电子电荷与质量，E 为激光辐射电场强度(V/cm)，λ 为辐射波长(μm)，ω 为激光辐射频率，c 为光速，I 为辐射强度(W/cm^2)。

太瓦级适中外廓尺度的激光系统能够达到 $\alpha>1$ 时的强度，相应的电场强度超过 10^{10} V/cm。这类场中原子的超势垒(above-barrier)电离在 10^{-17} s 量级的原子钟时间内发生，所诞生的电子在激光脉冲作用时间内被加速到相对论能量 MeV 级别。

文献[96]中建议利用已在激光等离子体($10^{18}\sim10^{19}$ W/cm^2)中加速了的电子去生成太赫兹电磁辐射。为此要利用一个“虚阴极(virtual cathode)”几何构造，在其场中实现电子束高频振荡(见 4.2 节)。

飞秒、皮秒激光等离子体中原子态离子的加速是一个次级过程，产生于空间电荷分离的高准静态电场的出现是其前提条件(图 6.35)，快速电子束团的运动造成了这一电荷分离。当激光辐射很强，超过 $I\geqslant10^{18}$ W/cm^2 时，很可能获得能量 $E_i>1$ MeV 的定向高能离子束。

文献[97，98]中，拍瓦激光器[99]被用于在一个扁平几何形状内生成能量约 67 MeV 的质子。采用另一种相干加速原理，用强度为 $10^{19}\sim10^{20}$ W/cm^2 的激光脉冲辐照(1～2 J、45 fs)一个薄金刚石靶，可以获得能量为 113 MeV 的质子和 71 MeV 的碳离子[100]。40 J、700 fs 的激光脉冲[101]能够生产能量为 35 MeV 的质子和 185 MeV 的碳离子。使用更适度的激光脉冲(40 fs、0.5 TW)，冰纳米靶上获得了能量 $E\approx5.5\sim7.5$ MeV 的质子[102]。

超短脉冲作用下激光等离子体中高能质子束和离子束的生成，是当前快速发展的研究领域，尤其是因为它们在下述领域有着非常重要的实际需求：质子加速、材料结构研究、质子放射线照相术、医用短寿命放射性同位素的生产、受控激光核聚变等。当高强度 $I\geqslant10^{18}$ W/cm^2 激光辐射作用时，也有可能激发一系列核反应，这些核反应从前只能采用基本粒子加速器来实现。

当前人们在广泛讨论密度远高于临界值的等离子体在激光脉冲作用下生成快速电子的几种机制[94]。如果激光脉冲没有预脉冲(高对比度)，则激光辐射与边界清晰的固态密度等离子体发生相互作用。这时“真空加热”机制得以实现，还有纵向(沿激光脉冲传播方向)有质动力引起的所谓的 $\mathbf{v}\times\mathbf{B}$ 机制($\mathbf{B}$ 为激光波磁场感应强度)。相对论强度条件下，$\mathbf{v}\times\mathbf{B}$ 机制成为主角，此时电子振荡能量相当于或者高于电子静止能量 $mc^2=$ 511 keV。

还有一种在等离子体临界表面的等离子体共振中快速电子的生成机制，此时激光辐射有一个电场强度矢量在密度梯度(通常在激光辐射斜入射到一个靶上时)上的投影，而且激光频率与等离子体频率一致。

不同于有质动力 $\mathbf{v}\times\mathbf{B}$ 机制，“真空加热”和共振吸收机制出现在非相对论(低得多，$\alpha<1$)强度状况下。

文献[94]还分析了一种靶前等离子体次临界区域中快速电子的生成机制——依靠新兴磁场中电子感应加速器的共振。这一工况下，激光波偏振方向的横向超相对论电场使电子加速，而快速电子电流所感应出的角向磁场则形成洛伦兹力的磁部分。这股力扭转电子，把它们的运动方向逐渐改变为完全反向。在精准的电子感应加速器共振情况下，电子反射发生在横向电场方向转变时刻，所以电子一直处于加速状态。

还有其他电子加速机制，必须在实验中建立特殊条件，例如使加速在尾波中进行，后面我们还将进行更为详尽的分析。共振吸收的情况，近等离子体临界表面的场大大高于激光辐射入射场。

我们不想沉迷在大量激光加速机制的详细描述中(见文献[94]的评论)，所以把它们列在表 6.3 内，各种电子加速机制也进行了对比。

如何利用激光在稀薄等离子体中激发相对论电荷密度波，其可行性分析首次出现在文献[103]中，然而该工作主要关注的是中等强度双频激光辐射的共振激发技术。利用当代激光技术所生成的高强度短脉冲去激发电荷密度波(所谓的尾波等离子体波)的可行性引起了大家的注意，并在文献[104，105]发表后开始被积极讨论(又见文献[106、107]、文献[92，108，109]的评论以及它们引用的文献)。

表 6.3　稠密介质中各种电子加热机制的对比[94]

加热机制	适用情况
电子从离子散射的受激逆轫致辐射	强度低于 10^{15} W/cm^2
表面薄层中纵向有质动力电子加速	大于 10^{19} W/cm^{2}的相对论强度
真空加热	高对比度，中等强度，短脉冲
激光辐射的共振吸收	低对比度，长脉冲
激光尾波对电子加速	气体靶，可观的次临界等离子体区，超短脉冲
回旋加速机制	存在外加恒定磁场的情况
电子感应加速机制	由变化的磁通量穿透电子轨道产生的涡旋电场

电子被有质动力从激光脉冲所占据的区域顶走而出现的电荷分离场，在激光脉冲之后诱发了电荷密度波，其相速度等于激光脉冲群速度，在稀薄等离子体中后者非常接近光速，因此尾波等离子体波相速度也接近光速，所以正好对于相对论电子的有效加速也是必需的(图 6.36、图 6.37)。第一批实验[110-112]已经显示，这样的尾波确实能被短(亚皮秒)激光脉冲有效诱发，并且能够把电子束团加速到数十或数百 MeV 的高能量。

不久前在欧洲、美国的不同实验室几乎同时成功地进行了一批实验，它们甚至迫使怀疑论者也把注意力转向了利用激光等离子体加速技术研究高能物理学的可行性(图 6.38)。特别是在 2004 年，曾经展示了获得准单能电子束团的可能性(图 6.39)，电子束团经过数毫米距离被加速到了 100 MeV 能量级别，并且发散度很小[113,114]，这对于利用这类电子束团作为硬辐射源、以及对于多级加速都很重要。

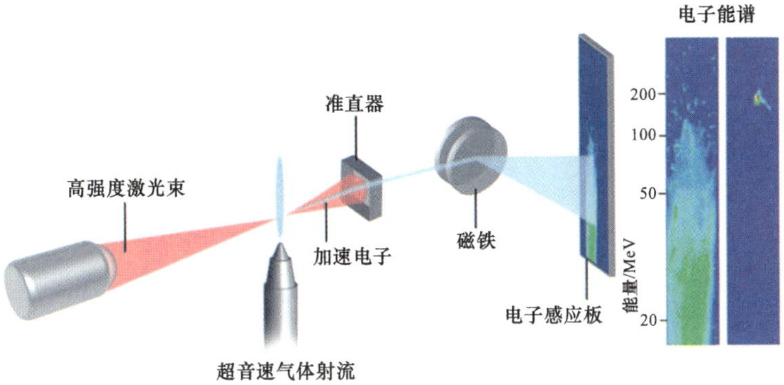

图 6.36　尾波场激光加速器示意图[93]

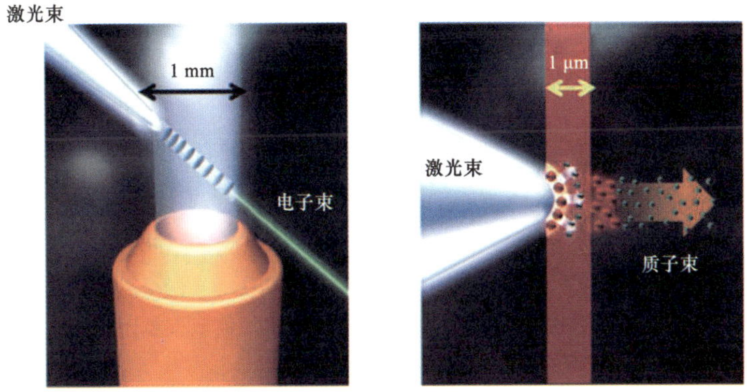

图 6.37　直接(右)和尾波激光加速

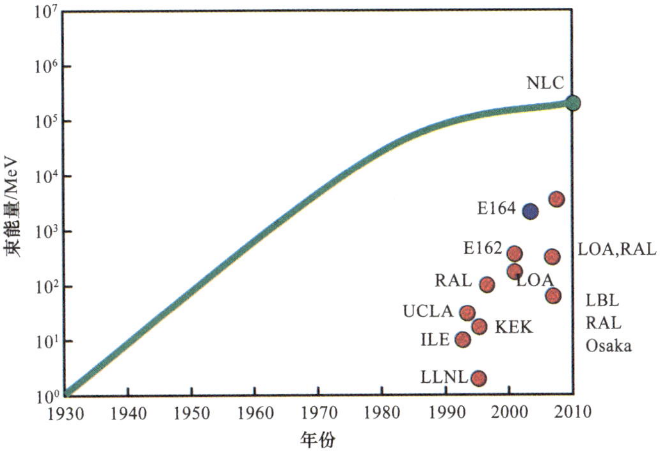

图 6.38　激光驱动电子加速领域的持续进展

为了产生吉电子伏(10^9 eV)能量级别的电子束团，理论预估有关激光脉冲管道传播的重要性在伯克利国家实验室(National Berkeley Laboratory)得到了新一轮验证[115](图 6.40)。

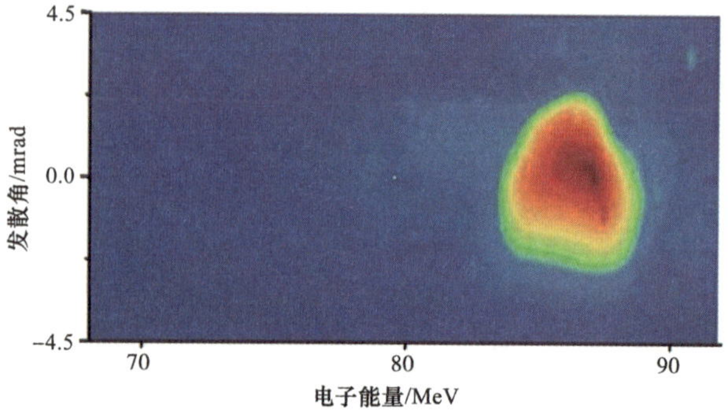

图 6.39　包含 2×10^9 个电子的被加速束团的能谱和角发散度[113]

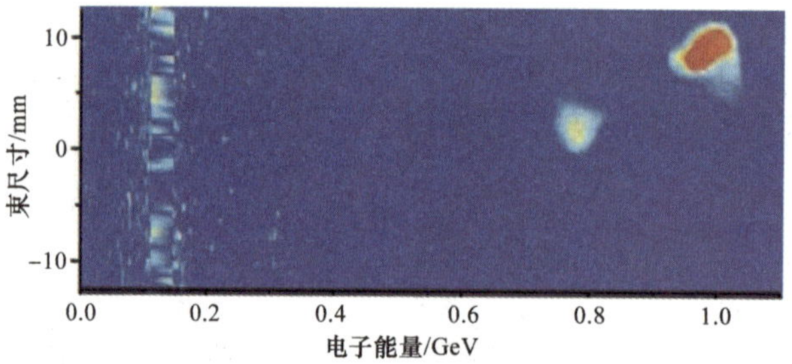

图 6.40　激光脉冲在一根毛细管中进行管道传播时加速电子束团的能谱和尺度[115]

电子的二级激光加速[116]实验布局见图 6.41。这一方案采用了二级加速技术，其中第一级产生能量约 100 MeV 的电子流，能量参差不齐。这股流被送进第二级进行加速，使出口处束能达约 0.5 GeV，能量参差度比较小(小于 5% FWHM)。如此这般被加速的电子参数见图 6.42。

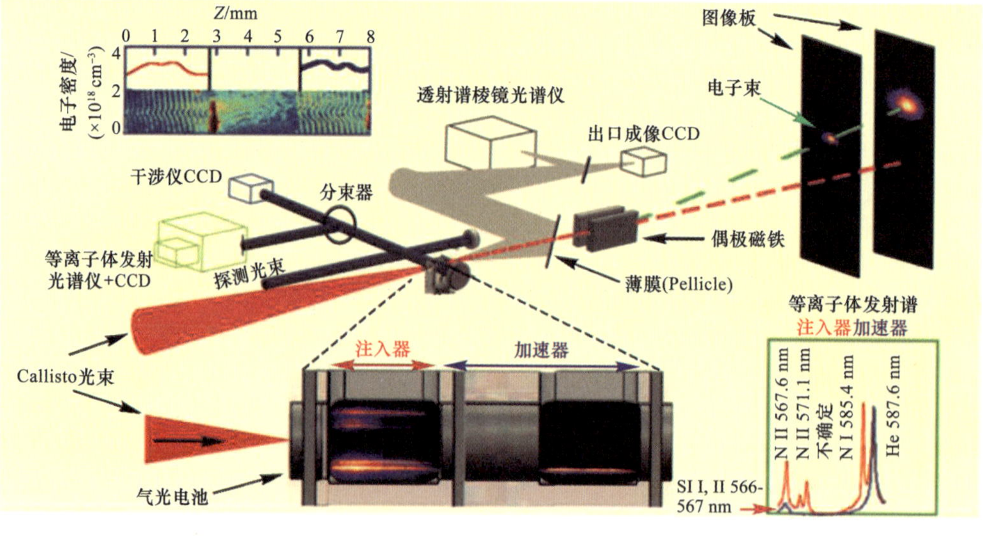

图 6.41　电子二级激光加速实验示意图[116]

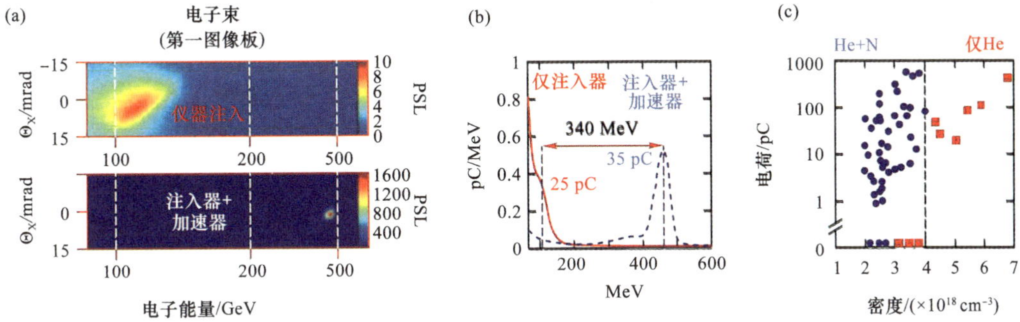

图 6.42　二级加速之后的电子束参数[116]

共振条件下激光脉冲能够最有效地生成尾波等离子体波，这时脉冲宽度 τ_e 接近波的半周期，也就是以

$$c\tau_e \approx \lambda_p/2 \approx \pi c/\omega_p = \pi/k_p$$

为条件，这里 $\omega_p = (4\pi e^2 n_e/m)^{1/2}$ 为电子的等离子体频率，k_p 为等离子体波的波矢量，c 为光速。这些表达式显示，加速场强度随等离子体密度升高而升高，相应地随激发尾波的激光脉冲宽度缩短而增长。不过，这应该意味着，在更稠密的等离子体中，脉冲群速度和相应的尾流等离子体波相速度也在下降，由于相对论电子更快地从波的加速相离开，所以它可能的加速长度(及最高能量增益)也减小了。例如对于波长 $\lambda \approx 1$ μm、等离子体密度 $n_e \approx 10^{17}$ cm^{-3} 的激光辐射，最大加速长度等于 1 m，所以在加速速率为 $E \approx 10$ GV/m(这时 $\alpha \approx 0.3$)时对应已加速电子的最高能量增益 $\Delta\varepsilon_{max} \approx 6$ GeV。此时用于共振尾波激发的激光脉冲宽度应该在 100 fs 量级。

在力求这些参数的过程中，在传播的长距离(1 m 量级)上必须一直保持激光脉冲高强度是主要难点，该强度在已经引用的例子中应该在 10^{18} W/cm^2 量级。如果缺失任何激光辐射的光学管道机制，高强度激光脉冲传播长度(以及相应的有效加速长度)就要受到衍射长度的限制，衍射长度对于太瓦级激光(这是达到辐射的高强度所必需的)真实参数来说远小于最大加速长度。因此，要使电子能量达到 1~10 GeV 且没有激光脉冲管道，就必须增大焦斑使衍射长度增加，所以要保持高强度时，太瓦(10^{15} W)级激光必不可少[117-119]。当利用激光脉冲的管道传播时，所必需的功率水平可以下降一个量级以上[115]。

激光脉冲光学管道对于克服其衍射散布是可行的，因为能够自聚焦，或者在等离子体管道形成时其轴上的密度最小，保证了辐射的波导传播[120,121]。一种保证高强度短脉冲激光能传播数十或数百个瑞利长度(Rayleigh length)的前景非常光明的技术，是利用电介质充气毛细管，管中的等离子体或者通过放电生成[122-124]，或者是激发尾波的激光脉冲本身所引起的气体光学电离的结果[125,126]。因此目前人们很大部分精力倾注在各种等离子体管道形成技术的研究以及管道中短强激光脉冲的传播方面[65,127-130]，还有充气毛细管内尾波的生成机制和结构的研究[131-136]。

上述决定共振激发尾波的简单规律在激光脉冲弱非线性动力学条件下成立(当激光场中电子的振荡能量不高于它的静止能量时，是弱相对论条件)。当线性共振条件

$c\tau_e \approx \lambda_p/2$ 不能满足时，将激光脉冲传播的非线性性考虑在内就开启了高强度等离子体场生成的全新模式。特别是当激光脉冲长度远超等离子体波长时，高强度尾波生成机制取决于激光脉冲的自调制，其结果是脉冲强度变成了纵向调制，幅度接近于等离子体波长[137-148]。自调制是激光脉冲不稳定性发展的结果，取决于等离子体和激光辐射参数，可能或者与激光脉冲自聚焦或者与它的前向受激拉曼散射(stimulated Raman scattering)相关，伴随着尾波的受激生成过程。结果等离子体波波幅可能大大超过短激光脉冲引发的线性共振条件下所生成的量值。

另一个超相对论强度的超短激光脉冲($c\tau_e < \lambda_p/2$)极限状况中，不久前发现了电荷分离加速场生成的强非线性模式。这些条件使紧随激光脉冲之后的全部等离子体电子被有质动力排挤(所谓的气泡模式(bubble regime)，图 4.10)[49,149,150]，而被颠覆的尾波则卷走了本底电子的一小部分，并以创纪录的加速速率对它们进行加速[151-158]。

在相对论强度的激光脉冲作用下，金属薄膜上的激光能量被高效地转化给了良好准直加速离子流[160-179]。

在积极发展的离子的激光等离子体加速应用之中，应该特别注意惯性核聚变的“快点火”(见 6.2.3 节)和恶性肿瘤的质子疗法[57,161,162,178,180,181](图 6.43)。放射疗法和肿瘤学中质子的利用，与其他形态的放射性相比具有很多非常重要的优势。首先，具有一定能量的质子在物质中的制动发生在局部区域布拉格峰值(Bragg peak)附近(对于碳元素——见图 6.44)[7,18,82,178,182]，在那里积累起束能的主要部分，尽可能地减小了对身体健康组织的照射(图 6.45)。

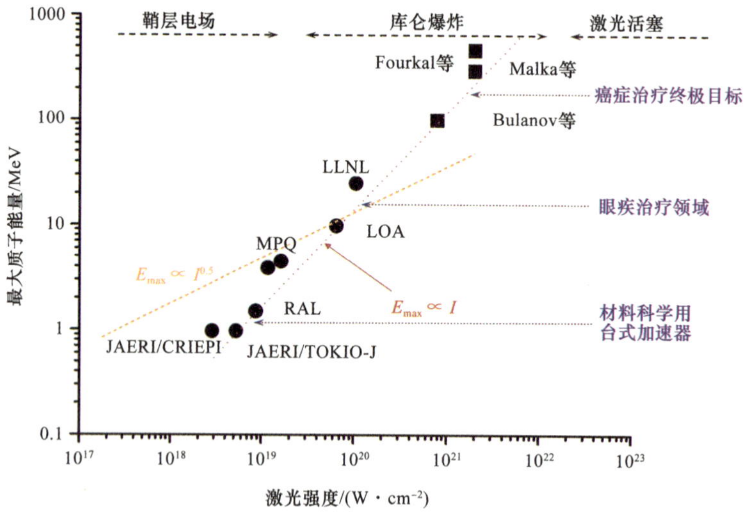

图 6.43　离子激光加速器参数

必须强调，上述加速离子成功应用的必要条件是它们的高度单能性。特别对于强子疗法，离子束中的能量散度不应该超过 2%。为获得准单能加速质子束，曾提出了双层靶结构，文献[183]中对其进行了真实三维几何分析，展示了获得优质局部性高能质子束团的可能性，能量散度 $\Delta E/E \approx 3\%$(见图 6.46)。

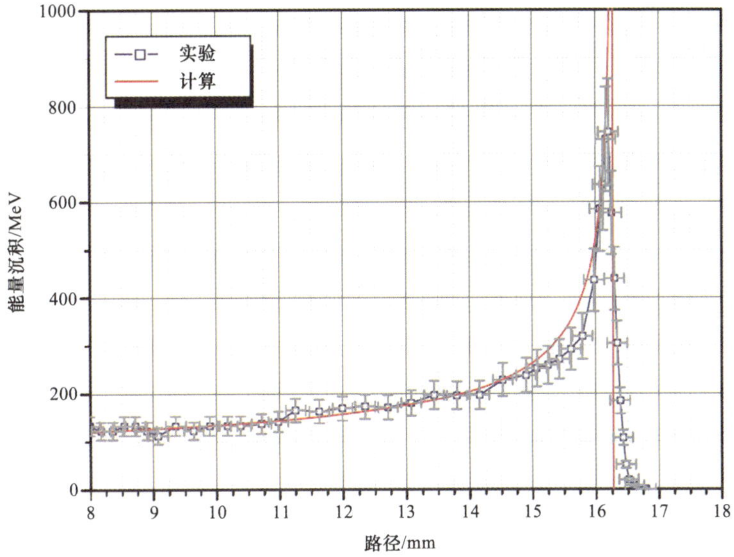

图 6.44 能量为 250 MeV/nucleon 的 C^{6+} 原子核束在铜靶中的能量沉积分布图[18,159]

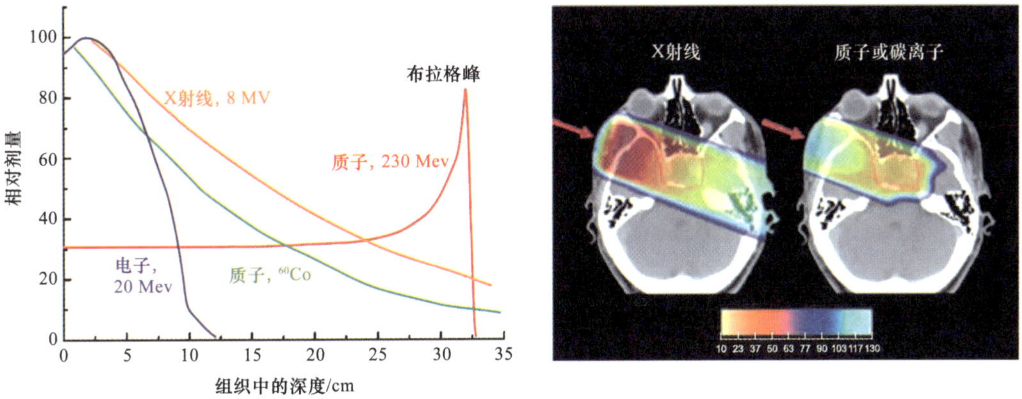

图 6.45 质子和强子疗法[95]

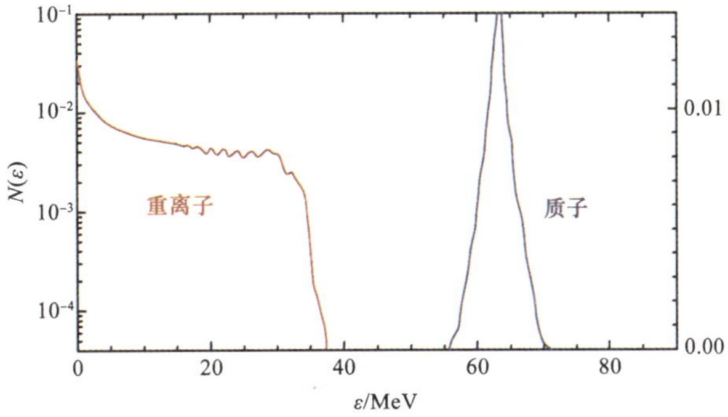

图 6.46 加速质子和重离子的光谱[183]

6.5　同步加速辐射源，自由电子激光，太赫兹脉冲强辐射源

现在利用自由电子激光[184-209]可以获得非常高强度飞秒级大范围波长（从远紫外线到软 X 射线）的强辐射通量（图 6.47）。

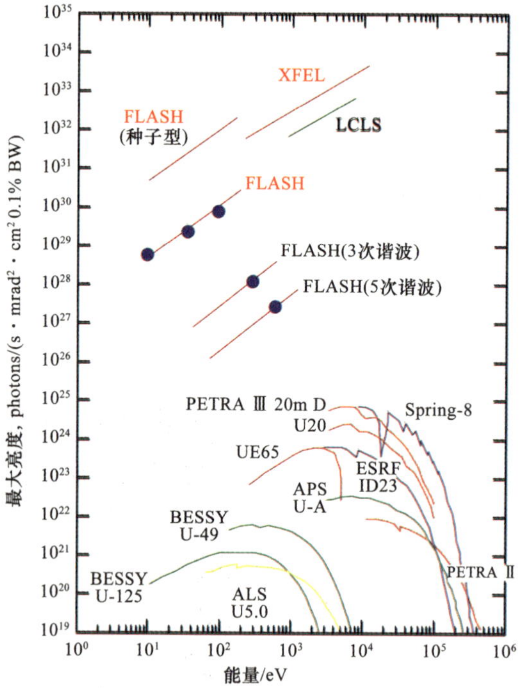

图 6.47　实验性装置的峰值功率

FLASH、XFEL——德国；LCLS、APS——美国；Spring-8——日本；ESRF——法国；SLS——瑞士。红色表示在 DESY 的装置。蓝色圆点表示测量值。PETRA Ⅲ在 2009 年、欧洲的 XFEL 在 2015 年启动运行[186,187]

这些状况使自由电子激光成为研究原子级别空间分辨率的超快化学过程、生物化学过程大有前途的工具，可用于分析生物的结构、研究真实时间尺度的物理化学变化动力学、研究强非理想及天体物理等离子体等，这些都需要原子级别的空间分辨率和高时间分辨率。图 6.48 展示了在德国 DESY 的自由电子激光 FLASH 的示意图[186,187]。

这一装置是当今辐射亮度的世界冠军，列入 2013 年的计划，该装置的亮度高出大多数同类装置亮度 6~9 个数量级（全球主要同步加速辐射源见表 6.4）。同时，脉冲总能为 10~50 mJ、波长到 6.5~60 nm 时，脉冲宽度从 50 fs 缩短到 10 fs。请注意，光在 10 fs 时间内通过的距离只不过约 3 μm。5 GW 功率的装置 FLASH 长 260 m，有一台具有 1~2 kA 电流的超导线性电子加速器，赋予电子 440~700 MeV 的动能，能量散度大约 0.1%量级。这一电子流被发往 27 m 长的波荡器段（undulator section），在那里当重

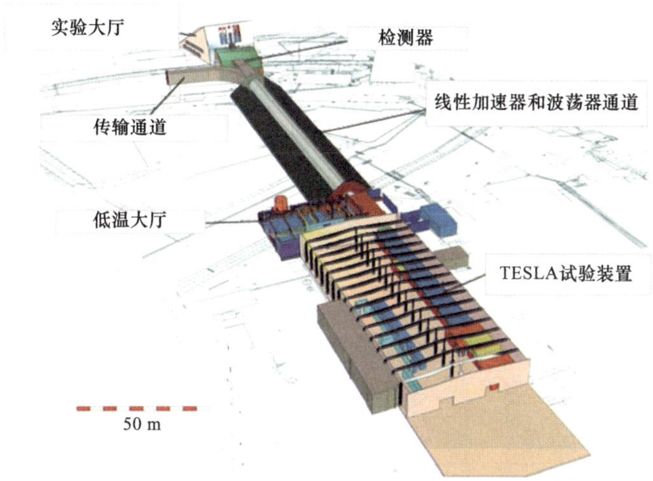

图 6.48 自由电子激光 FLASH 的布局[186,187]

复频率为 5~10 Hz、峰值亮度(10^{29}~10^{30}) photons/(s · mrad · mm^2 · 0.1%BW)时的平均辐射功率为 100 mW 时，以一连串 800 个脉冲的形式形成 X 射线波段电磁辐射，每脉冲能量达 50 μJ(峰值 150 μJ)[187]。

具有独特辐射参量的自由电子激光可以在科学技术不同研究领域进行广泛应用，经常是其他的发生和诊断方式不能涉足的领域。

多亏有了短波长(与原子尺度相当)，这类辐射很适合用于研究单独的原子和分子，而辐射的短时长则提供了追踪化学反应、生物化学反应动力学和机制的可能性，通过选择性激发被选中的自由度而实现(图 6.49)[190-197,199-204]。特别地，这将使三维生物结构的研究、以及深入这类生物分子找到结构要素的位置和作用的研究得以进行，对于新一代药物的研制、聚合物的合成以及复杂空间分子结构的构造意义十分重大。

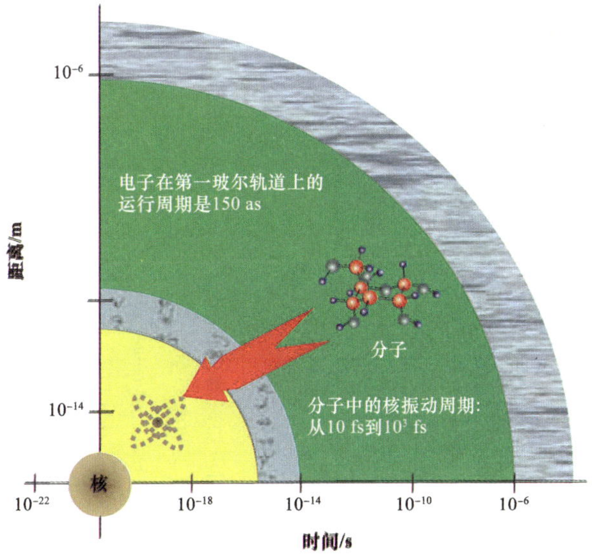

图 6.49 原子物体及核子物体的时空特性[95]

表 6.4　同步加速辐射源

装置名	安装地点	国家或地区	能量/GeV	周长/m	启动年份	备注
先进光子源（Advanced Photon Source，APS）	阿贡国家实验室（Argonne National Laboratory）	美国	7.0	1104	1995	每脉冲 0.31 mA，脉冲间隔时间 $\Delta\tau = 11.37$ ns
加拿大光源（Canadian Light Source）	萨斯喀彻温（萨省）大学（University of Saskatchewan）	加拿大	2.9	174	2004	250 mA
澳大利亚同步加速器（Australian Synchrotron）	墨尔本（Melbourne）	澳大利亚	3	216	2007	
ANKA 同步辐射光源	卡尔斯鲁厄理工学院（Karlsruhe Institute of Technology）	德国	2.5	110.4	2000	
巴西国家同步辐射实验室（LNLS）装置	坎皮纳斯市（Campinas）	巴西	1.37	93.2	1997	
中东同步加速器光源实验科学与应用中心（International center of Synchrotron-Light for Experimental Science Applications in the Middle East，SESAME）装置	安曼	约旦	2.5	125	设计中（已于 2017 年建成）	
先进光源（Advanced Light Source）	劳伦斯伯克利国家实验室（Lawrence Berkeley Laboratory）	美国	1.9	196.8	1993	

续表

装置名	安装地点	国家或地区	能量/GeV	周长/m	启动年份	备注
国家同步辐射光源（National Synchrotron Light Source）	布鲁克海文国家实验室（Brookhaven National Laboratory）	美国	2.8	170	1982	
斯坦福同步辐射光源（Stanford Synchrotron Radiation Light Source）	斯坦福直线加速器中心（SLAC）国家加速器实验室（SLAC National Accelerator Laboratory）	美国	4.5	2199	1973	电流 1.5 A，3400 160-fs 长束团，束团间隔时间 2.1 ns，890 极摇摆器，$E=8.2$ keV，通量 10^{33} photon/（s·mm^2·mrad^2）（0.1% $\Delta E/E$）
“太阳”（Soleil）同步辐射光源（Source Optimisée de Lumière à Energie Intermédiaire du LURE）	巴黎	法国	3	354	2006	
上海同步辐射装置（Shanghai Synchrotron Radiation Facility）	上海	中国	3.5	432	2007	电流 200~300 mA，发射率 3.9 nm·rad
瑞士光源（Swiss Light Source）	保罗谢勒研究所（Paul Scherrer Institute）	瑞士	2.8	288	2001	
柏林同步加速器 BESSY Ⅱ	位于柏林的柏林亥姆霍兹中心（Helmholtz-Zentrum Berlin in Berlin）	德国	1.7	240	1998	
欧洲同步辐射装置（European Synchrotron Radiation Facility，ESRF）	格勒诺布尔（Grenoble）	法国	6	884	1992	

续表

装置名	安装地点	国家或地区	能量/GeV	周长/m	启动年份	备注
ELETTRA 同步辐射光源	的里雅斯特(Triesta)	意大利	2~2.4	260	1993	
"钻石"同步辐射光源(Diamond Light Source)	牛津郡(Oxfordshire)	英国	3	561.6	2006	
德国电子同步加速器研究中心(Deutsches Elektronen-Synchrotron, DESY)的自由电子激光装置 FLASH(Free Electron LASer in Hamburg)	汉堡(Hamburg)	德国	4.5	289	2007	$\lambda=6.8\sim47$ nm, $t=10\sim70$ fs, $P_{max}=1\sim5$ GW, $I=10^{29}\sim10^{30}$ photons/(s · mm^2 · mrad^2)
同步辐射 X 射线源 PETRA Ⅲ	DESY	德国	6.5	2304	2009	
SPring-8	RIKEN	日本	8	1436	1997	
国家同步辐射研究中心	新竹科学园	中国台湾	3.3	518.4	2008	
同步光研究所(Synchrotron Light Research Institute, SLRI)	呵叻府(Nakhon Ratchasima)	泰国	1.2	81.4	2004	
同步辐射光源 Indus 2	印度拉贾拉曼先进技术中心(Raja Ramanna Centre for Advanced Technology), 印多尔(Indore)	印度	2.5	36	2005	

续表

装置名	安装地点	国家或地区	能量/GeV	周长/m	启动年份	备注
韩国浦项加速器实验室（PAL）同步辐射光源 PLS	浦项市(Pohang)	韩国	2.5	280.56	1994	
库尔恰托夫同步辐射光源(Kurchatov Synchrotron Radiation Source)SIBIR-2	莫斯科库尔恰托夫研究所	俄罗斯	2.5	124	1999	电流 150 mA（75 60-ps 束团），19 极扭摆器，$B=7.5$ T，光子能量高达 200 keV，$I=10^{12}\sim10^{14}$ photons/(s · mm^2 · mrad^2)
西伯利亚同步辐射中心(Siberian Synchrotron Radiation Centre，SSRC)装置	新西伯利亚布德科尔核物理研究所(Budker Institute of Nuclear Physics，Novosibirsk)	俄罗斯	6	366		电流 80 mA（4 100-ps 束团），7 极扭摆器，$B=1.2$ T，光子能量高达 100 keV，$I=10^{13}$ photons/(s · mm^2 · mrad^2)

将来利用这一技术，看起来还能够追踪电子光谱、磁性、反应能力和其他的群——构成的原子数目从一小撮连续变化到固态 10^{23} 量级时——物理化学性质的变化。

短波长电磁辐射与等离子体相互作用物理学具有自身本质的特性，从激光等离子体中高能量密度的研究方面来看，其发展前景非常光明[187,192,193,195,197,204]。正如我们已经在第4章、图6.14见到过的，向短波长辐射的转变对于这些目标非常有利可图，使 $\omega_e \approx \omega_p$ 处的临界密度向更高密度区域平移——从红外线的 $n_{ec} \approx 10^{21}\ \mathrm{cm}^{-3}$，到紫外线的 $n_{ec} \approx 10^{24}\ \mathrm{cm}^{-3}$。这就极大地提高了激光能量向等离子体传递的效率，通过平移不稳定性阈值、降低非热电子和表面效应所起的作用等，大大简化了激光相互作用物理学。短时长激光脉冲只加热电子成分，离子仍保持低温，因此在反应过程初始阶段避免了流体力学运动，这样就在物质中实现了均匀的体积空间能量累积。

评估显示[187]，利用自由电子激光可以(通过体积加热、冲击波和放射波生成)获得非常高能量密度，并进行状态方程、电离成分、瞬态动力学、天体物理条件的等离子体光学性质的研究。

激光的X射线量子的巨大能量特别适合于研究多光子电离过程，从而在激光等离子体中获得深度电离的离子。此外，深度电离状态(如 Fe^{+23})可以通过阱中离子的电子电离而产生[187]。这类离子中，原子核附近的电场极为强大，因此可以把相应的光谱(包括离子与高强度激光场相互作用所获得的)用于量子电动力学(描述电磁力并且是基本粒子"标准模型"的一部分)理论的高精度验证。

自由电子激光在杰斐逊实验室(Jefferson National Laboratory，美国)曾经成功地用于同时产生强飞秒X射线(通过扭摆器中汤姆逊散射和电子束红外辐射的相互作用)、红外线自由电子激光辐射和线性加速器中的太赫兹辐射[109,184,185,210]。

目前正在研究利用激光技术来产生强电磁辐射的数套方案。为此正在仔细分析上述飞秒级电子束激光加速器如何产生从吉赫兹到X射线波段的电磁辐射。这类辐射可能作为，例如，衍射辐射或者短暂高能粒子束的渡越辐射(transition radiation)而出现。X射线可能产生于相对论电子束与部分激发它(相对论电子束)的激光辐射的相互作用。

一种有趣的辐射产生方案被认为非常适合于自由电子激光。这一方案中，强电子束穿过(与束密度相比)低密度等离子体传播，致使形成一个正电荷等离子体圆柱，因为激光束前锋把等离子体电子沿径向排挤。束中的相对论电子在这个等离子体通道中完成电子的径向感应加速振荡之后，放射出X射线波段的电磁能。这一X射线产生机制最先在文献[211]中提出并实现。类似的电子感应加速振荡也可以由短激光脉冲尾波场捕获的电子来执行(见6.4节)[212-219]。同时也能观测到硬X射线。

太赫兹波段的电磁辐射非常引人关注，利用它可以进行物质的诊断和光谱分析，其中量子状态之间的跃迁能非常小，大约是0.01 eV，相应的量子频率为太赫兹量级、辐射波长是100 μm。特别是几乎全部有机材料都属于这类物质，包括生物和医学研究对象，还有很多半导体和高温超导体等。强太赫兹辐射源的研制不仅发明了医疗诊断的新技术，而且有可能成为安全领域(毒品、炸药的侦察发现等)的可靠工具。

太赫兹波段从远红外辐射延伸到微波亚毫米辐射。目前使用的可见光波段和微波波段的生成技术都不适合用于太赫兹辐射的生成，因为效率太低。现有的低温运行的半导体源功率处于0.1~0.01 W的水平，而利用自由电子激光成功地达到了20 W功率级别。但这一功率水平对于大范围利用太赫兹辐射仍显不够。正因如此，各种新型激光等离子体太赫兹辐射源才更加引人关注，它们的功率水平有可能超过1 MW。

文献[220]报告，有史以来第一次，在飞秒级强短激光脉冲照射气体和固体靶时，记录到了太赫兹波段的低频电磁辐射。作者们将观测到的效应归因于由激光脉冲在等离子体中激发的具有太赫兹频率的等离子体振荡向电磁辐射的转换。

文献[220]的工作首先是从物理机制方面吸引了专家们注意，该机制决定了等离子体振荡能量如何转变成电磁辐射，以及它们的转换效率。其次是这一电磁辐射的性质和功率，能够从强短激光脉冲与等离子体相互作用中获得。纵向等离子体波有可能转变成横向电磁场，例如当等离子体中存在密度不均匀性或者存在外部施加的磁场时。

短激光脉冲通过周期性不均匀(分层)等离子体时低频(太赫兹)电磁辐射生成的研究可见文献[221](又见文献[222-224])。该效应与激光脉冲的尾波等离子体场转换成等离子体密度调制的横向电磁波紧密相关。就随机不均匀性等离子体而言，当激光脉冲在有密度起伏的等离子体中传播时，这一问题已在文献[224]中仔细研究过了。

在规律性不均匀的等离子体中，对于太赫兹波段的低频激光脉冲辐射既有数值模拟研究[225]，也有解析分析研究[226,227]。等离子体中激光脉冲在外部磁场作用下也有可能激发太赫兹辐射。这种情况下，太赫兹波动场的生成与瓦维洛夫-切连科夫(Vavilov-Cherenkov)效应相关，因为激光脉冲速度超过了脉冲诱发的慢异常波相速度。这一问题在激光脉冲相对外部磁场横向传播[228-232]、以及纵向(沿磁场)传播时[233]已经研究过了。

激光脉冲尾波中加速并形成的电子束团穿越等离子体边界时太赫兹频率范围内电磁波的生成在文献[234-238]中有所研究，其生成条件是金兹伯格-弗兰克(Ginzburg-Frank radiation)渡越辐射。电子穿过稀薄等离子体边界时的低频激光脉冲渡越辐射，在文献[239，240]中有比较仔细的研究。太赫兹波从边界向真空、也向等离子体内传播，它的激发在当前情况下与激光脉冲的有质动力作用以及等离子体边界上涡流的出现紧密相关。与体电磁波的生成一起，沿等离子体边界传播的太赫兹表面波的渡越辐射也出现了[241]。

当两束短激光脉冲迎头相互作用时，太赫兹辐射也可能在稀薄等离子体中产生[242]。这时在相互作用区域诱发起小尺度等离子体驻波，该波以双倍等离子体频率发出辐射。所讨论的效应是基于两种等离子体激元合并、且释放光子的基本非线性过程。太赫兹辐射的产生也发生在气体的光学击穿过程中，此时激光脉冲借助于轴锥体而聚焦。如果施加外部定常电场[243]或者超高频(微波)场[244]，则电离波激发等离子体波，后者以超光速行进并因瓦维洛夫-切连科夫效应而放射电磁脉冲。

低强度激光脉冲在大气中传播时的太赫兹及亚太赫兹辐射的生成效应可在许多实验中观测到(例如见文献[245])。文献[222，223]的作者认为出现这一辐射的原因是空气电离时形成的等离子体线柱中的密度调制。

必须强调，文献中人们也讨论了利用激光产生太赫兹辐射的其他方法，这些方法建立在波相互作用的非线性(四波)过程基础之上。

6.6 加速器中的等离子体

带电粒子束在现代化高能加速器中还是一种典型高能量密度物理学范例[4]。虽然这类被加速束团中的粒子数密度不高，但它们的加速和相互之间以及与加速场之间的集体相互作用对应于巨大的能量密度。此外，激光或者电子冷却之后粒子相对速度微小的变动程度，都将导致这类束流产生的等离子体的非理想性参数的高量值。

一个标志性范例是"晶状"束[80,81]，出现在同步加速器中被加速离子的激光冷却时，此时离子的相对速度对应于 mK 量级的温度，所以库仑相互作用效应愈发显著，导致了这类等离子体的"结晶"(图 6.50)。

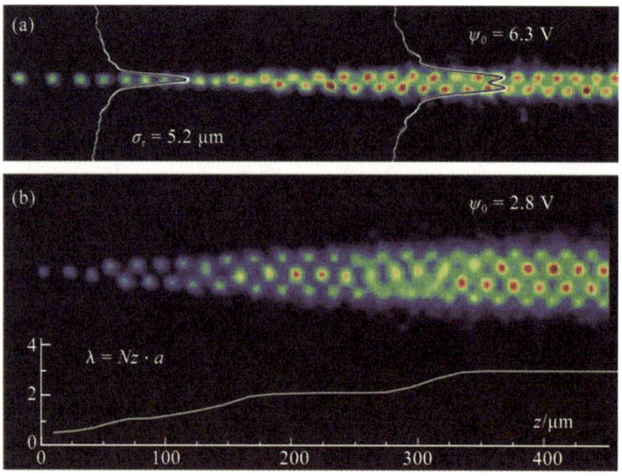

图 6.50　加速器中的"晶状"束[80,81]

加速器中其他的等离子体生成机制也有可能[4]。等离子体可能在加速粒子的回旋辐射作用下、残余气体电离时或者粒子束撞壁时出现。上述最后一种情况对于 GSI 和 CERN 的 LHC 加速器来说意味着兆焦耳量级的能量释出[18,247]。因此而出现的密度为 $10^5 \sim 10^7\ \mathrm{cm}^{-3}$的电子落到加速器通道中心，引起"束-等离子体"的双流不稳定性，导致加速粒子的损失和束流发射度的变差。这些过程在许多方面类似于激光等离子体中的现象，可以用高能量密度物理学方法进行分析研究。

高能量密度等离子体的状态涉及越来越广的范围，它们出现在脉冲式强电流加速器以及高功率超高频辐射发生器的运行过程中[248,249]。这些装置中，一个高(兆电子伏特)脉冲电压施加到真空间隙上就会引起阴极微尖端的电微爆和强电流电子束的爆炸发射。这里所能达到的能量密度在兆巴级别压力条件下大约是 $1 \sim 10\ \mathrm{MJ/cm^3}$。以这一原理设计建造的加速器和超高频发生器能够在工业领域有着广泛的应用，是高能量密度物理学基础研究实践应用的优秀榜样。

下一代强激光可以使功率密度达到 $10^{23}\ \mathrm{W/cm^2}$以上，因此纵向电场将超过 1 TV/cm。如此级别场中的粒子经过很短距离就可以加速到相对论能量，从而提高了它们的寿命。

计算数据[49]表明，功率密度为10^{23} W/cm^{2}的辐射与金属靶相互作用时，能够产生能量为5 GeV 的质子，它们自己在10-fs 级激光辐射脉冲作用下也提供寿命约20 ns 的π介子。利用激光加速机制可以使π介子的能量和寿命快速(数皮秒内)提升100倍——达到15 GeV 和2 μs。这一提高的寿命原则上提供了利用普通加速器技术把π介子加速到吉电子伏特水平的可能性，然后π介子将衰变成μ介子束和中微子束。

π介子源有可能对于发展π介子加速器具有重要意义，π介子虽然是粒子，但没有夸克结构，所产生的同步加速器辐射也比较弱。γ-γ碰撞的研究装置有可能成为加速器和激光联合使用的另一志存高远的努力方向[4]。

第 6 章参考文献

[1] *Азизов Э. А.* Токамаки от А. Д. Сахарова до наших дней (60 лет токамакам) // УФН. 2012. V. 182, №2. P. 202-215. 阿兹伊佐夫. 从萨哈罗夫到今天的托卡马克(托卡马克的 60 年).

[2] ITER Physics Basic. 1999. V. 39. P. 2175.

[3] *Егоров И.* Звезды на земле // Популярная механика. 2012. №115. С. 86-92. 叶果罗夫. 地球上的巨星 // 通俗力学.

[4] Frontiers in High Energy Density Physics / Ed. by D. Henderson. — Washington: National Research Council, Nat. Acad. Press, 2003.

[5] *Adzeni S., Meyer-ter-Vehen J.* The Physics of Inertial Fusion. — Oxford: Clarendon Press, 2004.

[6] *Lindle I.* Inertial Confinement Fusion. — N.Y.: Springer, 1998.

[7] Ядерный синтез с инерционным удержанием / Под ред. Б.Ю. Шаркова. — М.: Физматлит, 2005. 惯性约束核聚变,沙尔科夫编.

[8] Energy from Inertial Fusion / Ed. by W. Hogan. —Austria: IAEA, 1995.

[9] *Li C. K., Séguin F. H., Frenje J. A. et al.* Charged-particle probing of X-ray-driven inertialfusion implosions // Science. 2010. V. 327, №5970. P. 1231-1235.

[10] *Cavailler C.* Inertial fusion with the LMJ // Plasma Phys. Control. Fusion. 2005. V. 47, №12B. P. B389-B403.

[11] *Spielman R. B., Deeney C., Chandler G. A. et al.* Tungsten Wire-Array Z-pinch Experiments at 200 TW and 2 MJ // Phys. Plasmas. 1998. V. 5, №5. P. 2105-2111.

[12] *Cuneo M. E., Vesey R. A., Bennett G.R. et al.* Progress in Symmetric ICF Capsule Implosions and Wire-Array Z-Pinch Source Physics for Double-Pinch-Driven Hohlraums // Plasma Phys. Control. Fusion. 2006. V. 48, №2. P. R1-R35.

[13] FAIR project WEB site. http://www.gsi.de/portrait/fair_e.html.

[14] *Chang P., Betti R., Spears B. K. et al.* Generalized measurable ignition criterion for inertial confinement fusion // Phys. Rev. Lett. 2010. V. 104. P. 135002.

[15] *Betti R., Chang P. Y., Spears B. K. et al.* Thermonuclear ignition in inertial confinement fusion and comparison with magnetic confinement // Phys. Plasmas. 2010. V. 17, №5. P. 058102.

[16] *Goncharov V. N., Sangster T. C., Boehly T. R. et al.* Demonstration of the highest deuterium-tritium areal density using multiple-picket cryogenic designs on OMEGA // Phys. Rev. Lett. 2010. V. 104. P. 165001.

[17] *Moses E. I.* The National Ignition Facility and the National Ignition Campaign // IEEE Transactions on Plasma Science. 2010. V. 38, №4. Part 2, SI. P. 684-689. 36th IEEE International Conference on Plasma Science, San Diego, CA, may 31-jun 05, 2009.

[18] *Фортов В. Е., Хоффманн Д., Шарков Б. Ю.* Интенсивные ионные пучки для генерации экстремальных состояний вещества // УФН. 2008. Т. 178, №2. С. 113. 弗尔托夫,等. 用于产生物质极端状态的高强度离子束.

[19] *Glenzer S. H., MacGowan B. J., Meezan N. B. et al.* Demonstration of ignition radiation temperatures in indirect-drive inertial confinement fusion hohlraums // Phys. Rev. Lett. 2011. V. 106. P. 085004.

[20] *Tabak M., Hammer J., Glinsky M. E. et al.* Ignition and high gain with ultrapowerful lasers // Phys. Plasmas. 1994. V. 1, №5. P. 1626-1634.

[21] *Glenzer S. H., Spears B. K., Edwards M. J. et al.* First implosion experiments with cryogenic thermonuclear fuel on the national ignition facility // Plasma Phys. Control. Fusion. 2012. V. 54, №4. P. 045013.

[22] *Glenzer S. H.* Update on the national ignition campaign. 2012.

[23] *Collins S. H. et al.* // The 17th APS Shock Compression of Condensed Matter. — Chicago, 2011.

[24] *Haan S. W., Lindl J. D., Callahan D. A. et al.* Point design targets, specifications, and requirements for the 2010 ignition campaign on the national ignition facility // Phys. Plasmas. 2011. V. 18, №5. P. 051001.

[25] *Lindli J. D.* Nif ignition target design, requirements, margins, and uncertainties // Proc. 6th Int. Conf. IFSA. — San Francisco, 2009.

[26] *Kline J. L., Glenzer S. H., Olson R. E. et al.* Observation of high soft X-ray drive in large-scale hohlraums at the national ignition facility // Phys. Rev. Lett. 2011. V. 106. P. 085003.

[27] *Callahan D. A., Meezan N. B., Glenzer S. H. et al.* The velocity campaign for ignition on NIF // Phys. Plasmas. 2012. V. 19, №5. P. 056305.

[28] *Hammel B. A., Scott H. A., Regan S. P. et al.* Diagnosing and controlling mix in National Ignition Facility implosion experiments // Phys. Plasmas. 2011. V. 18, №5. P. 056310.

[29] *Regan S. P., Epstein R., Hammel B. A. et al.* Hot-spot mix in ignition-scale implosions on the NIF // Phys. Plasmas. 2012. V. 19, №5. P. 056307.

[30] *Town R. P. J., Rosen M. D., Michel P. A. et al.* Analysis of the National Ignition Facility ignition hohlraum energetics experiments // Phys. Plasmas. 2011. V. 18, №5. P. 056302.

[31] *Glenzer S. H., MacGowan B. J., Michel P. et al.* Symmetric inertial confinement fusion implosions at ultra-high laser energies // Science. 2010. V. 327, №5970. P. 1228-1231.

[32] *Clark D. S., Haan S. W., Cook A. W. et al.* Short-wavelength and three-dimensional instability evolution in national ignition facility ignition capsule designs // Physics of Plasmas. 2011. V. 18, №8. P. 082701.

[33] *Landen O. L., Edwards J., Haan S. W. et al.* Capsule implosion optimization during the indirect-drive National Ignition Campaign // Phys. Plasmas. 2011. V. 18, №5. P. 051002.

[34] *Michel P., Divol L., Williams E. A. et al.* Tuning the implosion symmetry of ICF targets via controlled crossed-beam energy transfer // Phys. Rev. Lett. 2009. V. 102. P. 025004.

[35] *Glenzer S. H., MacGowan B. J., Meezan N. B. et al.* Publisher's note: Demonstration of ignition radiation temperatures in indirect-drive inertial confinement fusion hohlraums // Phys. Rev. Lett. 2011. V. 106. P. 109903.

[36] *Mackinnon A. J., Kline J. L., Dixit S. N. et al.* Assembly of high-areal-density deuterium-tritium fuel from indirectly driven cryogenic implosions // Phys. Rev. Lett. 2012. V. 108. P. 215005.

[37] *Robey H. F., Celliers P. M., Kline J. L. et al.* Precision shock tuning on the national ignition facility // Phys. Rev. Lett. 2012. V. 108. P. 215004.

[38] *Döppner T., Thomas C. A., Divol L. et al.* Direct Measurement of Energetic Electrons Coupling to an Imploding Low-Adiabat Inertial Confinement Fusion Capsule // Phys. Rev. Lett. 2012. V. 108. P. 135006.

[39] *Moody J. D., Michel P., Divol L. et al.* Multistep redirection by cross-beam power transfer of ultrahigh-power lasers in a plasma // Nature Physics. 2012. V. 8, №4. P. 344-349.

[40] *Regan S. P., Falk K., Gregori G. et al.* Inelastic X-ray scattering from shocked liquid deuterium //

Phys. Rev. Lett. 2012. V. 109. P. 265003.

[41] *Glenzer S. H., Callahan D. A., MacKinnon A. J. et al.* Cryogenic thermonuclear fuel implosions on the national ignition facility // Physics of Plasmas. 2012. V. 19, №5. P. 056318.

[42] *Spears B. K., Glenzer S., Edwards M. J. et al.* Performance metrics for inertial confinement fusion implosions: Aspects of the technical framework for measuring progress in the national ignition campaign // Phys. Plasmas. 2012. V. 19, №5. P. 056316.

[43] *Johnson M. G., Frenje J. A., Casey D. T. et al.* Neutron spectrometry — an essential tool for diagnosing implosions at the national ignition facility (invited) // Rev. Sci. Instrum. 2012. V. 83, №10. P. 10D308. http://link.aip.org/link/? RSI/83/10D308/1

[44] *Glebov V. Y., Forrest C., Knauer J. P. et al.* Testing a new NIF neutron time-of-flight detector with a bibenzyl scintillator on OMEGA // Rev. Sci. Instrum. 2012. V. 83, №10. P. 10D309.

[45] *Frenje J. A., Casey D. T., Li C. K. et al.* Probing high areal-density cryogenic deuterium-tritium implosions using downscattered neutron spectra measured by the magnetic recoil spectrometer // Phys. Plasmas. 2010. V. 17, №5. P. 056311.

[46] *Hicks D. G., Spears B. K., Braun D. G. et al.* Convergent ablator performance measurements // Phys. Plasmas. 2010. V. 17, №10. P. 102703.

[47] *Kyrala G. A., Seifter A., Kline J. L. et al.* Tuning indirect-drive implosions using cone power balance // Phys. Plasmas. 2011. V. 18, №7. P. 072703.

[48] *Киржниц Д. А.* Экстремальные состояния вещества (сверхвысокие давления и температуры) // УФН. 1971. Т. 104, №7. С. 489. 基尔日尼茨. 物质极端状态(超高压力和温度).

[49] *Pukhov A.* Strong field interaction of laser radiation // Rep. Prog. Phys. 2003. V. 66, №1. P. 47-101.

[50] *Honrubia J. J., Fernández J. C., Temporal M. et al.* Fast ignition of inertial fusion targets by laser-driven carbon beams // Phys. Plasmas. 2009. V. 16, №10. P. 102701.

[51] *Stephens R. B., Akli K. U., Bartal T. et al.* Energy injection for fast ignition // Plasma and Fusion Research: Review Articles. 2009. V. 4. P. 016.

[52] *Naumova N., Schlegel T., Tikhonchuk V. T. et al.* Hole boring in a dt pellet and fast-ion ignition with ultraintense laser pulses // Phys. Rev. Lett. 2009. V. 102. P. 025002.

[53] *Конюхов А. В., Лихачев А. П., Опарин А. М. и др.* Численное исследование неустойчивости ударных волн в термодинамически неидеальных средах // ЖЭТФ. 2003. Т. 125, №4. С. 927. 孔纽霍夫,等. 热力学非理想介质中冲击波不稳定性的数值研究.

[54] *Mima K.* Present status and prospects of firex project for fast ignition laser fusion. 2008. August.

[55] *Gavrilenko V. P., Faenov A. Y., Magunov A. I. et al.* Observation of modulations in lyman-α line profiles of multicharged ions in clusters irradiated by femtosecond laser pulses: Effect of a dynamic electric field // Phys. Rev. A. 2006. V. 73. P. 013203.

[56] *Mourou G. A., Tajima T., Bulanov S. V.* Optics in the relativistic regime // Rev. Mod. Phys. 2006. V. 78, №2. P. 1804-1816.

[57] *Kodama R., Norreys P. A., Mima K. et al.* Fast heating of ultrahigh-density plasma as a step towards laser fusion ignition // Nature. 2001. V. 412, №6849. P. 798-802.

[58] *Roth M., Cowan T. E., Key M. H. et al.* Fast ignition by intense laser-accelerated proton beams // Phys. Rev. Lett. 2001. V. 86, №3. P. 436-439.

[59] *Bychenkov V. Y., Rozmus W., Maksimchuk A. et al.* Fast ignitor concept with light ions // Plasma Phys. Rep. 2001. V. 27, №12. P. 1017-1020.

[60] *Ditmire T., Tisch J.W. G., Springate E. et al.* High-energy ions produced in explosions of superheated atomic clusters // Nature. 1997. V. 386, №6620. P. 54–56.

[61] *Ditmire T., Zweiback J., Yanovsky V. P. et al.* Nuclear fusion in gases of deuterium clusters heated with a femtosecond laser // Phys. Plasmas. 2000. V. 7, №5. P. 1993–1998.

[62] *Kaplan A. E., Dubetsky B. Y., Shkolnikov P. L.* Shock shells in coulomb explosions of nanoclusters // Phys. Rev. Lett. 2003. V. 91, №14. P. 143401.

[63] *Ditmire T., Zweiback J., Yanovsky V. P. et al.* Nuclear fusion from explosions of femtosecond laser-heated deuterium clusters // Nature. 1999. V. 398, №6727. P. 489–492.

[64] *Sherrill M. E., Abdallah J., Csanak G. et al.* Spectroscopic characterization of an ultrashort-pulse-laser-driven Ar cluster target incorporating both boltzmann and particle-in-cell models // Phys. Rev. E. 2006. V. 73. P. 066404.

[65] *Kim K. Y., Milchberg H. M., Faenov A. Y. et al.* X-ray spectroscopy of 1 cm plasma channels produced by self-guided pulse propagation in elongated cluster jets // Phys. Rev. E. 2006. V. 73. P. 066403.

[66] *Kugland N. L., Neumayer P., Döppner T. et al.* High contrast Kr gas jet K_α X-ray source for high energy density physics experiments // Rev. Sci. Instrum. 2008. V. 79, №10. P. 10E917.

[67] *Fukuda Y., Faenov A. Y., Pikuz T. et al.* Soft X-ray source for nanostructure imaging using femtosecond-laser-irradiated clusters // Appl. Phys. Lett. 2008. V. 92, №12. P. 121110.

[68] *Fukuda Y., Faenov A. Y., Tampo M. et al.* Energy increase in multi-MeV ion acceleration in the interaction of a short pulse laser with a cluster-gas target // Phys. Rev. Lett. 2009. V. 103. P. 165002.

[69] *Nakamura T., Fukuda Y., Yogo A. et al.* High energy negative ion generation by coulomb implosion mechanism // Physics of Plasmas. 2009. V. 16, №11. P. 113106.

[70] *Chen L. M., Liu F., Wang W. M. et al.* Intense high-contrast femtosecond *K*-shell X-ray source from laser-driven Ar clusters // Phys. Rev. Lett. 2010. V. 104. P. 215004.

[71] *Colgan J., Abdallah Jr. J., Faenov A. Ya. et al.* Observation and modeling of high resolution spectral features of the inner-shell X-ray emission produced by 10 ~ 10 contrast femtosecond-pulse laser irradiation of argon clusters // High Energy Density Physics. 2011. V. 7, №2. P. 77–83.

[72] *Lu H. Y., Liu J. S., Wang C. et al.* Efficient fusion neutron generation from heteronuclear clusters in intense femtosecond laser fields // Phys. Rev. A. 2009. V. 80. P. 051201.

[73] *Zhang L., Chen L.-M., Yuan D.-W. et al.* Enhanced K_α output of Ar and Kr using size optimized cluster target irradiated by high-contrast laser pulses // Opt. Express. 2011. V. 19, №25. P. 25812–25822.

[74] *Hayashi Y., Pirozhkov A. S., Kando M. et al.* Efficient generation of Xe K-shell X rays by high-contrast interaction with submicrometer clusters // Opt. Lett. 2011. V. 36, №9. P. 1614–1616.

[75] *Zhang L., Chen L.-M., Wang W.-M. et al.* Electron acceleration via high contrast laser interacting with submicron clusters // Appl. Phys. Lett. 2012. V. 100, №1. P. 014104.

[76] *Robbie S. O., Doyle H., Symes D., Smith R.* A study of ambient upstream material properties using perpendicular laser driven radiative blast waves in atomic cluster gases // High Energy Density Physics. 2012. V. 8, №1. P. 55–59.

[77] Энциклопедия низкотемпературной плазмы / Под ред. В. Е. Фортова. — М.: Наука, 2000. 低温等离子体百科全书,弗尔托夫编.

[78] *Kishimoto Y., Masaki T., Tajima T.* High energy ions and nuclear fusion in laser-cluster interaction // Phys. Plasmas. 2002. V. 9, №2. P. 589–601.

[79] *Okihara S., Esirkepov T. Z., Nagai K. et al.* Ion generation in a low-density plastic foam by interaction with intense femtosecond laser pulses // Phys. Rev. E. 2004. V. 69, №2. P. 026401.

[80] *Schatz T., Schramm U., Habs D.* Crystalline Ion Beams // Nature. 2001. V. 412, №6848. P. 717-720.

[81] *Schramm U., Schatz T., Bussmann M., Habs D.* Cooling and Heating of Crystalline Ion Beams // J. Phys. B: At. Mol. Opt. Phys. 2003. V. 36, №3. P. 561-571.

[82] *Hoffmann D. H. H., Fortov V. E., Lomonosov I. V. et al.* Unique Capabilities of an Intense Heavy Ion Beam as a Tool for Equation-of-State Studies // Phys. Plasmas. 2002. V. 9, №9. P. 3651-3654.

[83] *Rosmej O. N., Blazevic A., Korostiy S. et al.* Charge state and stopping dynamics of fast heavy ions in dense matter // Phys. Rev. A. 2005. V. 72, №5. P. 052901.

[84] *Ефремов В. П., Пикуз-мл. С. А., Фаенов А. Я. и др.* Исследование зоны энерговыделения потока тяжелых ионов в наноматериалах методами рентгеновской спектроскопии многозарядных ионов // Письма ЖЭТФ. 2005. Т. 81, №8. С. 468. 耶夫列莫夫,等. 用多重充电离子 X 射线光谱学方法研究纳米材料中重离子放能流范围.

[85] *Mintsev V., Gryaznov V., Kulish M. et al.* Stopping Power of Proton Beam in a Weakly Non-ideal Xenon Plasma // Contrib. Plasma Phys. 1999. V. 39, №1-2. P. 45-48.

[86] *Tahir N. A., Deutsch C., Fortov V. E. et al.* Studies of strongly coupled plasmas using intense heavy ion beams at the future FAIR facility: the HEDgeHOB collaboration // Contrib. Plasma Phys. 2005. V. 45, №3-4. P. 229-235.

[87] *Tahir N. A., Deutsch C., Fortov V. E. et al.* Proposal for the Study of Thermophysical Properties of High-Energy-Density Matter Using Current and Future Heavy-Ion Accelerator Facilities at GSI Darmstadt // Phys. Rev. Lett. 2005. V. 95, №3. P. 035001.

[88] *Bieniosek F., Barnard J., Leitner M. et al.* Diagnostics for near-term warm dense matter experiments // Nucl. Instrum. Meth. Phys. Res. A. 2007. V. 577, №1-2. P. 284-288.

[89] *Roth M., Alber I., Bagnoud V. et al.* Proton acceleration experiments and warm dense matter research using high power lasers // Plasma Phys. Control. Fusion. 2009. V. 51, №12. P. 124039.

[90] *Mancic A., Robiche J., Antici P. et al.* Isochoric heating of solids by laser-accelerated protons: Experimental characterization and self-consistent hydrodynamic modeling // High Energy Density Physics. 2010. V. 6, №1. P. 21-28.

[91] *Hoffmann D., Tahir N., Udrea S. et al.* High energy density physics with heavy ion beams and related interaction phenomena // Contrib. Plasma Phys. 2010. V. 50, №1. P. 7-15.

[92] *Андреев Н. Е., Горбунов Л. М.* Лазерно-плазменное ускорение электронов (Сессия РАН 20.05. 1998) // УФН. 1999. Т. 169, №1. С. 53. 安德烈耶夫,等. 电子的激光-等离子体加速.

[93] *Чандрасекар Д.* Плазменные ускорители // В мире науки. 2006. №5. С. 17-23. 钱德拉塞卡, 等离子体加速器.

[94] *Беляев В. С., Крайнов В. П., Лисица В. С., Матафонов А. П.* Генерация быстрых заряженных частиц и сверхсильных магнитных полей при взаимодействии сверхкоротких интенсивных лазерных импульсов с твердотельными мишенями // УФН. 2008. Т. 178, №8. С. 823. 别里雅耶夫,等. 超短强激光脉冲与固体靶相互作用下快速带电粒子和超强磁场的生成.

[95] *Сергеев А.* Петаваттные и аттосекундные источники света — новые рубежи лазерной физики. 2008. April. 谢尔盖耶夫. 拍(10^{15})瓦和阿(10^{-18})秒光源 — 激光物理的新边疆.

[96] *Didenko A., Rashchikov V., Fortov V.* On possibility of high-power terahertz emission from target under the action of powerful laser pulses // Technical Physics Letters. 2011. V. 37. P. 256-258.

[97] *Hatchett S. P., Brown C. G., Cowan T. E. et al.* Electron, photon, and ion beams from the relativistic interaction of petawatt laser pulses with solid targets // Phys. Plasmas. 2000. V. 7, №5. P. 2076–2082.

[98] *Wilks S. C., Langdon A. B., Cowan T. E. et al.* Energetic proton generation in ultra-intense laser-solid interactions // Phys. Plasmas. 2001. V. 8, №2. P. 542–549.

[99] *Gaillard S. A. et al.* Abstract No. G06.003 // Proceedings of the APS 51st Annual Meeting of the Division of Plasma Physics. — N.Y.: APS, 2009.

[100] *Steinke S., Henig A., Schnurer M. et al.* Efficient ion acceleration by collective laser-driven electron dynamics with ultra-thin foil targets // Laser and Particle Beams. 2010. V. 28, №01. P. 215–221.

[101] *Henig A., Kiefer D., Markey K. et al.* Enhanced laser-driven ion acceleration in the relativistic transparency regime // Phys. Rev. Lett. 2009. V. 103. P. 045002.

[102] *Zigler A., Palchan T., Bruner N. et al.* 5.5×7.5 MeV proton generation by a moderateintensity ultrashort-pulse laser interaction with H2O nanowire targets // Phys. Rev. Lett. 2011. V. 106. P. 134801.

[103] *Tajima T., Dawson J. M.* Laser electron accelerator // Phys. Rev. Lett. 1979. V. 43, №4. P. 267–270.

[104] *Горбунов Л. М., Кирсанов В. И.* Возбуждение плазменных волн пакетом электромагнитного излучения // ЖЭТФ. 1987. Т. 93. С. 509. 果尔布诺夫,等. 电磁辐射集束激发等离子体波.

[105] *Sprangle P., Esarey E., Ting A., Joyce G.* Laser wakefield acceleration and relativistic optical guiding // Appl. Phys. Lett. 1988. V. 53, №22. P. 2146–2148.

[106] *Буланов С., Кирсанов В., Сахаров А.* Возбуждение ультрарелятивистских ленгмюровских волн импульсом электромагнитного излучения // Письма ЖЭТФ. 1991. Т. 50, №4. С. 176. 布兰诺夫,等. 电磁辐射脉冲激发超级相对论等离子体波.

[107] *Berezhiani V. I., Murusidze I. G.* e^+e^--Pair production by a focused laser pulse in vacuum // Phys. Lett. A. 1990. V. 148, №6-7. P. 338–340.

[108] *Горбунов Л. М., Кирсанов В. И. и др.* // Труды ФИАН. — М.: Наука, 1992. Т. 219. С. 3. 果尔布诺夫,等. 苏联科学院物理研究所文集.

[109] *Esarey E., Sprangle P., Krall J., Ting A.* Overview of plasma-based accelerator concepts // IEEE Transactions on Plasma Science. 1996. V. 24, №2. P. 252–288.

[110] *Marques J. R., Geindre J. P., Amiranoff F. et al.* Temporal and spatial measurements of the electron density perturbation produced in the wake of an ultrashort laser pulse // Phys. Rev. Lett. 1996. V. 76, №19. P. 3566–3569.

[111] *Siders C. W., Blanc S. P. L., Fisher D. et al.* Laser wakefield excitation and measurement by femtosecond longitudinal interferometry // Phys. Rev. Lett. 1996. V. 76, №19. P. 3570–3573.

[112] *Marques J. R., Dorchies F., Audebert P. et al.* Frequency increase and damping of nonlinear electron plasma oscillations in cylindrical symmetry // Phys. Rev. Lett. 1996. V. 78, №18. P. 3463–3466.

[113] *Geddes C. G. R., Toth C., van Tilborg J. et al.* High-quality electron beams from a laser wakefield accelerator using plasma-channel guiding // Nature. 2004. V. 431, №7008. P. 538–541.

[114] *Faure J., Glinec Y., Pukhov A. et al.* A laser- plasma accelerator producing monoenergetic electron beams // Nature. 2004. V. 431, №7008. P. 541–544.

[115] *Leemans W. P., Nagler B., Gonsalves A. J. et al.* GeV electron beams from a centimetrescale accelerator // Nature Phys. 2006. V. 2, №10. P. 696–699.

[116] *Pollock B. B., Clayton C. E., Ralph J. E. et al.* Demonstration of a narrow energy spread, ~ 0.5 GeV

electron beam from a two-stage laser wakefield accelerator // Phys. Rev. Lett. 2011. V. 107. P. 045001.

[117] *Gorbunov L. M., Kalmykov S. Y., Mora P.* Laser wakefield acceleration by petawatt ultrashort laser pulses // Phys. Plasmas. 2005. V. 12, №3. P. 033101.

[118] *Lifschitz A. F., Faure J., Malka V., Mora P.* GeV Wakefield acceleration of low energy electron bunches using Petawatt lasers // Phys. Plasmas. 2005. V. 12, №9. P. 093104.

[119] *Gordienko S., Pukhov A.* Scalings for ultrarelativistic laser plasmas and quasimonoenergetic electrons // Phys. Plasmas. 2005. V. 12, №4. P. 043109.

[120] *Durfee III C. G., Milchberg H. M.* Light pipe for high intensity laser pulses // Phys. Rev. Lett. 1993. V. 71, №15. P. 2409-2412.

[121] *Clark T. R., Milchberg H. M.* Optical mode structure of the plasma waveguide // Phys. Rev. E. 2000. V. 61, №2. P. 1954-1965.

[122] *Zigler A., Ehrlich Y., Cohen C. et al.* Optical guiding of high-intensity laser pulses in a long plasma channel formed by a slow capillary discharge // J. Opt. Soc. Am. B. 1996. V. 13, №1. P. 68-71.

[123] *Hooker S. M., Spence D. J., Smith R. A.* Guiding of high-intensity picosecond laser pulses in a discharge-ablated capillary waveguide // J. Opt. Soc. Am. B. 2000. V. 17, №1. P. 90-98.

[124] *Spence D. J., Butler A., Hooker S. M.* Gas-filled capillary discharge waveguides // J. Opt. Soc. Am. B. 2003. V. 20, №1. P. 138-151.

[125] *Cros B., Courtois C., Malka G. et al.* Excitation of accelerating wakefields in inhomogeneous plasmas // IEEE Transactions on Plasma Science. 2000. V. 28, №4. P. 1071-1077.

[126] *Courtois C., Couairon A., Cros B. et al.* Propagation of intense ultrashort laser pulses in a plasma filled capillary tube: Simulations and experiments // Phys. Plasmas. 2001. V. 8, №7. P. 3445-3456.

[127] *Couairon A., Mysyrowicz A.* Femtosecond filamentation in transparent media // Phys. Rep. 2007. V. 441, №2-4. P. 47-189.

[128] *Berg L., Skupin S., Nuter R. et al.* Ultrashort filaments of light in weakly ionized, optically transparent media // Rep. Prog. Phys. 2007. V. 70, №10. P. 1633.

[129] *Nakatsutsumi M., Marques J.-R., Antici P. et al.* High-power laser delocalization in plasmas leading to long-range beam merging // Nature Phys. 2010. V. 6, №10. P. 1010-1016.

[130] *Huntington C. M., Thomas A. G. R., McGuffey C. et al.* Current filamentation instability in laser wakefield accelerators // Phys. Rev. Lett. 2011. V. 106. P. 105001.

[131] *Shvets G., Wurtele J., Chiou T., Katsouleas T.* Excitation of accelerating wakefields in inhomogeneous plasmas // IEEE Transactions on Plasma Science. 1996. V. 24, №2. P. 351-362.

[132] *Andreev N. E., Gorbunov L. M., Kirsanov V. I. et al.* Structure of the wake field in plasma channels // Phys. Plasmas. 1997. V. 4, №4. P. 1145-1153.

[133] *Fortov V. E., Ivlev A. V., Khrapak S. A. et al.* Complex (Dusty) Plasma: Current Status, Open Issues, Perspectives // Phys. Rep. 2005. V. 421, №1. P. 1-103.

[134] *Andreev N. E., Chizhonkov E. V., Frolov A. A., Gorbunov L.M.* On laser wakefield acceleration in plasma channels // Nucl. Instrum. Meth. Phys. Res. A. 2002. V. 410, №3. P. 469-476.

[135] *Andreev N. E., Nishida Y., Yugami N.* Propagation of short intense laser pulses in gas-filled capillaries // Phys. Rev. E. 2002. V. 65, №5. P. 056407.

[136] *Andreev N. E., Cros B., Gorbunov L. M. et al.* Laser wakefield structure in a plasma column created in capillary tubes // Phys. Plasmas. 2002. V. 9, №9. P. 3999-4009.

[137] *Андреев Н., Горбунов Л., Кирсанов В. и др.* Резонансное возбуждение кильватерных волн лазерным импульсом в плазме // Письма ЖЭТФ. 1992. Т. 55, №10. С. 550. 安德烈耶夫,等. 等离子体中利用激光脉冲所产生的尾波共振激发.

[138] *Antonsen Jr. T. M., Mora P.* Self-focusing and Raman scattering of laser pulses in tenuous plasmas // Phys. Rev. Lett. 1992. V. 69, №15. P. 2204-2207.

[139] *Antonsen Jr. T. M., Mora P.* Self-focusing and Raman scattering of laser pulses in tenuous plasmas // Phys. Fluids B. 1993. V. 5, №5. P. 1440-1452.

[140] *Sprangle P., Esarey E., Krall J., Joyce G.* Propagation and guiding of intense laser pulses in plasmas // Phys. Rev. Lett. 1992. V. 69, №15. P. 2200-2203.

[141] *Krall J., Ting A., Esarey E., Sprangle P.* Enhanced acceleration in a self-modulated-laser wake-field accelerator // Phys. Rev. E. 1993. V. 48, №3. P. 2157-2161.

[142] *Andreev N. E., Kirsanov V. I., Gorbunov L. M.* Stimulated processes and self-modulation of a short intense laser pulse in the laser wake-field accelerator // Phys. Plasmas. 1995. V. 2, №6. P. 2573-2582.

[143] *Mori W. B., Decker C. D., Hinkel D. E., Katsouleas T.* Raman forward scattering of short-pulse high-intensity lasers // Phys. Rev. Lett. 1994. V. 72, №10. P. 1482-1485.

[144] *Andreev N. E., Gorbunov L.M., Kirsanov V. I. et al.* The theory of laser self-resonant wake field excitation // Physica Scripta. 1994. V. 49, №1. P. 101-109.

[145] *Decker C., Mori W., Tzeng K.-C., Katsouleas T.* Modeling single-frequency laser-plasma acceleration using particle-in-cell simulations: the physics of beam breakup // IEEE Transactions on Plasma Science. 1996. V. 24, №2. P. 379-392.

[146] *Andreev N. E., Kirsanov V. I., Sakharov A. S. et al.* On the phase velocity of plasma waves in a self-modulated laser wake-field accelerator // Phys. Plasmas. 1996. V. 3, №8. P. 3121-3128.

[147] *Andreev N. E., Gorbunov L. M., Kirsanov V. I., Sakharov A. S.* Self-modulation of high-intensity laser pulses in underlense plasmas and plasma channels. V. 396. AIP, 1997. P. 61-74.

[148] *Hegelich B. M., Albright B. J., Cobble J. et al.* Laser acceleration of quasi-monoenergetic MeV ion beams // Nature. 2006. V. 439. P. 441-444.

[149] *Clark E. L., Krushelnick K., Davies J. R. et al.* Measurements of energetic proton transport through magnetized plasma from intense laser interactions with solids // Phys. Rev. Lett. 2000. V. 84, №4. P. 670-673.

[150] *Maksimchuk A., Gu S., Flippo K. et al.* Forward ion acceleration in thin films driven by a high-intensity laser // Phys. Rev. Lett. 2000. V. 84, №18. P. 4108-4111.

[151] *Kruer W. L.* The Physics of Laser Plasma Interaction. — Reading MA: Addison-Wesley, 1988.

[152] *Malka V., Faure J., Gauduel Y. A. et al.* Principles and applications of compact laser- plasma accelerators // Nature Phys. 2008. V. 4, №06. P. 447-453.

[153] *Hafz N. A. M., Jeong T. M., Choi I. W. et al.* Stable generation of GeV-class electron beams from self-guided laser-plasma channels // Nature Photonics. 2008. V. 2. P. 571-577.

[154] *Esarey E., Schroeder C. B., Leemans W. P.* Physics of laser-driven plasma-based electron accelerators // Rev. Mod. Phys. 2009. V. 81. P. 1229-1285.

[155] *Norreys P. A.* Laser-driven particle acceleration // Nature Photonics. 2009. V. 3, №8. P. 423-425.

[156] *Hosokai T., Zhidkov A., Yamazaki A. et al.* Electron energy boosting in laser-wake-field acceleration with external magnetic field b ~ 1 T and laser prepulses // Appl. Phys. Lett. 2010. V. 96, №12.

P. 121501.
[157] *McGuffey C., Thomas A. G. R., Schumaker W. et al.* Ionization induced trapping in a laser wakefield accelerator // Phys. Rev. Lett. 2010. V. 104. P. 025004.
[158] *Andreev N. E., Kuznetsov S. V., Cros B. et al.* Laser wakefield acceleration of supershort electron bunches in guiding structures // Plasma Phys. Control. Fusion. 2011. V. 53, №1. P. 014001.
[159] *Bakhmetjev I., Fertman A., Golubev A. et al.* Research into the advanced experimental methods for precision ion stopping range measurements in matter // Laser and Particle Beams. 2003. V. 21, №1. P. 1-6.
[160] *Bamber C., Boege S. J., Koffas T. et al.* Studies of nonlinear QED in collisions of 46,6 GeV electrons with intense laser pulses // Phys. Rev. D. 1999. V. 60, №9. P. 092004.
[161] *Atzeni S., Temporal M., Honrubia J.* A first analysis of fast ignition of precompressed ICF fuel by laser-accelerated protons // Nucl. Fusion. 2002. V. 42, №3. P. L1-L4.
[162] *Fourkal E., Li J., Xiong W. et al.* Intensity modulated radiation therapy using laser-accelerated protons: a Monte Carlo dosimetric study // Physics in Medicine & Biology. 2003. V. 48, №24. P. 3977-4000.
[163] *Esirkepov T., Borghesi M., Bulanov S. V. et al.* Highly efficient relativistic-ion generation in the laser-piston regime // Phys. Rev. Lett. 2004. V. 92, №17. P. 175003.
[164] *Maksimchuk A., Flippo K., Krause H. et al.* Plasma phase transition in dense hydrogen and electron-hole plasmas // Plasma Phys. Rep. 2004. V. 30, №6. P. 473-495.
[165] *Esirkepov T., Yamagiwa M., Tajima T.* Laser ion-acceleration scaling laws seen in multiparametric particle-in-cell simulations // Phys. Rev. Lett. 2006. V. 96, №10. P. 105001.
[166] *Zhang Z. M., Heand X. T., Sheng Z. M., Yu M. Y.* High-density highly collimated monoenergetic gev ions from interaction of ultraintense short laser pulse with foil in plasma // Phys. Plasmas. 2010. V. 17, №4. P. 043110.
[167] *Bulanov S. S., Bychenkov V. Y., Chvykov V. et al.* Generation of GeV protons from 1 PW laser interaction with near critical density targets // Phys. Plasmas. 2010. V. 17, №4. P. 043105.
[168] *Henig A., Steinke S., Schnürer M. et al.* Radiation-pressure acceleration of ion beams driven by circularly polarized laser pulses // Phys. Rev. Lett. 2009. V. 103. P. 245003.
[169] *Yan X. Q., Wu H. C., Sheng Z. M. et al.* Self-organizing GeV, nanocoulomb, collimated proton beam from laser foil interaction at 7×10^{21} W/cm^2// Phys. Rev. Lett. 2009. V. 103. P. 135001.
[170] *Willingale L., Petrov G. M., Maksimchuk A. et al.* Front versus rear side light-ion acceleration from high-intensity laser-solid interactions // Plasma Phys. Control. Fusion. 2011. V. 53, №1. P. 014011.
[171] *Lee K., Lee J. Y., Park S. H. et al.* Dominant front-side acceleration of energetic proton beams from plastic targets irradiated by an ultraintense laser pulse // Phys. Plasmas. 2011. V. 18, №1. P. 013101.
[172] *Gizzi L., Betti S., Förster E. et al.* Laser-accelerated ions from layered targets // Nucl. Instrum. Meth. Phys. Res. A. 2010. V. 620, №1. P. 83-87.
[173] *Huang L. G., Lei A. L., Bin J. H. et al.* Improving proton acceleration with circularly polarized intense laser pulse by radial confinement with heavy ions // Phys. Plasmas. 2010. V. 17, №1. P. 013106.
[174] *Ogura K., Shizuma T., Hayakawa T. et al.* Proton-induced nuclear reactions using compact high-contrast high-intensity laser // Appl. Phys. Express. 2009. V. 2, №6. P. 066001.
[175] *Echkina E., Inovenkov I., Esirkepov T. et al.* Dependence of the ion energy on the parameters of the

laser pulse and target in the radiation-pressure-dominated regime of acceleration // Plasma Phys. Rep. 2010. V. 36. P. 15-29.

[176] *Bulanov S. V., Echkina E. Y., Esirkepov T. Z. et al.* Unlimited ion acceleration by radiation pressure // Phys. Rev. Lett. 2010. V. 104. P. 135003.

[177] *Flacco A., Ceccotti T., George H. et al.* Comparative study of laser ion acceleration with different contrast enhancement techniques // Nucl. Instrum. Meth. Phys. Res. A. 2010. V. 620, №1. P. 18-22.

[178] *Batani D., Jafer R., Redaelli R. et al.* Effects of laser prepulse on proton generation // Nucl. Instrum. Meth. Phys. Res. A. 2010. V. 620, №1. P. 76-82.

[179] *Gaillard S. A., Flippo K. A., Lowenstern M. E. et al.* Proton acceleration from ultrahigh-intensity short-pulse laser-matter interactions with cu micro-cone targets at an intrinsic ~108 contrast // J. Phys.: Conf. Ser. 2010. V. 244, №2. P. 022034.

[180] *Tajima T.* Summary of working group 7 on 玡xotic acceleration schemes / Ed. by P. L. Colestock, S. Kelley. V. 569. AIP, 2001. P. 77-81.

[181] *Fourkal E., Shahine B., Ding M. et al.* Particle in cell simulation of laser-accelerated proton beams for radiation therapy // Medical Physics. 2002. V. 29, №12. P. 2788-2798.

[182] *Lykov V. A., Baidin G. V.* Computer simulation of laser proton acceleration for hadron therapy // J. Phys.: Conf. Ser. 2010. V. 244, №2. P. 022046.

[183] *Esirkepov T. Z., Bulanov S. V., Nishihara K. et al.* Proposed double-layer target for the generation of high-quality laser-accelerated ion beams // Phys. Rev. Lett. 2002. V. 89, №17. P. 175003.

[184] *Douglas D. R., Jordan K. C., Merminga L. et al.* Experimental investigation of multibunch, multipass beam breakup in the jefferson laboratory free electron laser upgrade driver // Phys. Rev. ST Accel. Beams. 2006. V. 9, №6. P. 064403.

[185] *Carr G., Martin M., McKinney W. et al.* Very high power THz radiation at Jefferson Lab // Physics in Medicine & Biology. 2002. V. 47, №21. P. 3761-3764.

[186] The european X-ray laser project XFEL. http://xfel.desy.de/.

[187] New FLASH Brochure. http://hasylab.desy.de/news_events/announcements/new_flash_ brochure/.

[188] *Togashi T., Takahashi E. J., Midorikawa K. et al.* Extreme ultraviolet free electron laser seeded with high-order harmonic of Ti:Sapphire laser // Opt. Express. 2011. V. 19, №1. P. 317-324.

[189] *Giannessi L., Bacci A., Bellaveglia M. et al.* Self-amplified spontaneous emission free-electron laser with an energy-chirped electron beam and undulator tapering // Phys. Rev. Lett. 2011. V. 106. P. 144801.

[190] *Hoener M., Fang L., Kornilov O. et al.* Ultraintense X-ray induced ionization, dissociation, and frustrated absorption in molecular nitrogen // Phys. Rev. Lett. 2010. V. 104. P. 253002.

[191] *Martins M., Wellhöfer M., Sorokin A. A. et al.* Resonant multiphoton processes in the soft-X-ray regime // Phys. Rev. A. 2009. V. 80. P. 023411.

[192] *Fäustlin R. R., Bornath T., Döppner T. et al.* Observation of ultrafast nonequilibrium collective dynamics in warm dense hydrogen // Phys. Rev. Lett. 2010. V. 104. P. 125002.

[193] *Michel D. T., Depierreux S., Stenz C. et al.* Exploring the saturation levels of stimulated Raman scattering in the absolute regime // Phys. Rev. Lett. 2010. V. 104. P. 255001.

[194] *Jiang Y. H., Rudenko A., Pérez-Torres J. F. et al.* Investigating two-photon double ionization of d2 by XUV-pump×XUV-probe experiments // Phys. Rev. A. 2010. V. 81. P. 051402.

[195] *Toleikis S., Fäustlin R., Cao L. et al.* Soft X-ray scattering using FEL radiation for probing near-solid density plasmas at few electron volt temperatures // High Energy Density Physics. 2010. V. 6, №1. P. 15–20.

[196] *Dzelzainis T., Chalupsky J., Fajardo M. et al.* Plasma emission spectroscopy of solids irradiated by intense xuv pulses from a free electron laser // High Energy Density Physics. 2010. V. 6, №1. P. 109–112.

[197] *Doumy G., Roedig C., Son S.-K. et al.* Nonlinear atomic response to intense ultrashort X-rays // Phys. Rev. Lett. 2011. V. 106. P. 083002.

[198] *Schneider J. R.* FLASH — from accelerator test facility to the first single-pass soft X-ray free-electron laser // J. Phys. B: At. Mol. Opt. Phys. 2010. V. 43, №19. P. 194001.

[199] *Mancuso A. P., Gorniak T., Staier F. et al.* Coherent imaging of biological samples with femtosecond pulses at the free-electron laser FLASH // New Journal of Physics. 2010. V. 12, №3. P. 035003.

[200] *Treusch R., Feldhaus J.* FLASH: new opportunities for (time-resolved) coherent imaging of nanostructures // New Journal of Physics. 2010. V. 12, №3. P. 035015.

[201] *Krikunova M., Maltezopoulos T., Azima A. et al.* Time-resolved ion spectrometry on xenon with the jitter-compensated soft X-ray pulses of a free-electron laser // New Journal of Physics. 2009. V. 11, №12. P. 123019.

[202] *Seibert M. M., Ekeberg T., Maia F. R. N. C. et al.* Single mimivirus particles intercepted and imaged with an X-ray laser // Nature. 2011. V. 470, №2. P. 78–81.

[203] *Chapman H. N., Fromme P., Barty A. et al.* Femtosecond X-ray protein nanocrystallography // Nature. 2011. V. 470, №2. P. 73–77.

[204] *Young L., Kanter E. P., Krassig B. et al.* Femtosecond electronic response of atoms to ultra-intense X-rays // Nature. 2010. V. 466, №07. P. 56–61.

[205] *Khorsand A. R., Sobierajski R., Louis E. et al.* Single shot damage mechanism of Mo/Si multilayer optics under intense pulsed XUV-exposure // Opt. Express. 2010. V. 18, №2. P. 700–712.

[206] *Chalupský J., Juha L., Hájková V. et al.* Non-thermal desorption/ablation of molecular solids induced by ultra-short soft X-ray pulses // Opt. Express. 2009. V. 17, №1. P. 208–217.

[207] *Hau-Riege S. P., London R. A., Bionta R. M. et al.* Wavelength dependence of the damage threshold of inorganic materials under extreme-ultraviolet free-electron-laser irradiation // Appl. Phys. Lett. 2009. V. 95, №11. P. 111104.

[208] *Inogamov N. A., Faenov A. Y., Zhakhovsky V. V. et al.* Two-temperature warm dense matter produced by ultrashort extreme vacuum ultraviolet-free electron laser (EUV-FEL) pulse // Contrib. Plasma Phys. 2011. V. 51, №5. P. 419–426.

[209] Ablation by short optical and X-ray laser pulses / Ed. by V. P. Veiko, T. A. Vartanyan. V. 7996. SPIE, 2010. P. 79960T.

[210] *Carr G. L., Martin M. C., McKinney W. R. et al.* High-power terahertz radiation from relativistic electrons // Nature. 2002. V. 420, №6912. P. 153–156.

[211] *Wang S., Clayton C. E., Blue B. E. et al.* X-ray emission from betatron motion in a plasma wiggler // Phys. Rev. Lett. 2002. V. 88, №13. P. 135004.

[212] *Seres J., Seres E., Verhoef A. J. et al.* Laser technology: Source of coherent kiloelectronvolt X-rays // Nature. 2005. V. 433, №02. P. 596.

[213] *Fuchs M., Weingartner R., Popp A. et al.* Laser-driven soft-X-ray undulator source // Nature Phys.

2009. V. 5, №09. P. 826-829.

[214] *Schlenvoigt H.-P., Haupt K., Debus A. et al.* A compact synchrotron radiation source driven by a laser-plasma wakefield accelerator // Nature Phys. 2008. V. 4, №2. P. 130-133.

[215] *Kneip S., McGuffey C., Martins J. L. et al.* Bright spatially coherent synchrotron X-rays from a table-top source // Nature Phys. 2010. V. 6, №10. P. 980-983.

[216] *Albert F., Phuoc K. T., Shah R. et al.* Full characterization of a laser-produced keV X-ray betatron source // Plasma Phys. Control. Fusion. 2008. V. 50, №12. P. 124008.

[217] *Thomas A. G. R., Krushelnick K.* Betatron X-ray generation from electrons accelerated in a plasma cavity in the presence of laser fields // Phys. Plasmas. 2009. V. 16, №10. P. 103103.

[218] *Kando M., Pirozhkov A. S., Kawase K. et al.* Enhancement of photon number reflected by the relativistic flying mirror // Phys. Rev. Lett. 2009. V. 103. P. 235003.

[219] *Zhidkov A., Esirkepov T., Fujii T. et al.* Characteristics of light reflected from a dense ionization wave with a tunable velocity // Phys. Rev. Lett. 2009. V. 103. P. 215003.

[220] *Hamster H., Sullivan A., Gordon S. et al.* Subpicosecond, electromagnetic pulses from intense laser-plasma interaction // Phys. Rev. Lett. 1993. V. 71, №17. P. 2725-2728.

[221] *Горбунов Л., Фролов А.* Излучение низкочастотных электромагнитных волн коротким лазерным импульсом в стратифицированной разреженной плазме // ЖЭТФ. 1996. Т. 110, №5. С. 1242. 果尔布诺夫,等. 分层稀疏等离子体中短激光脉冲激发的低频电磁波的辐射.

[222] *Sprangle P., Penano J. R., Hafizi B., Kapetanakos C. A.* Ultrashort laser pulses and electromagnetic pulse generation in air and on dielectric surfaces // Phys. Rev. E. 2004. V. 69, №6. P. 066415.

[223] *Thomas M., Antonsen J., Palastro J., Milchberg H. M.* Excitation of terahertz radiation by laser pulses in nonuniform plasma channels // Phys. Plasmas. 2007. V. 14, №3. P. 033107.

[224] *Gorbunov L. M., Frolov A. A.* Emission of low-frequency electromagnetic waves by a short laser pulse propagating in a plasma with density fluctuations // Plasma Phys. Rep. 2000. V. 26, №8. P. 646-656.

[225] *Sheng Z.-M., Wu H.-C., Li K., Zhang J.* Terahertz radiation from the vacuum-plasma interface driven by ultrashort intense laser pulses // Phys. Rev. E. 2004. V. 69, №2. P. 025401.

[226] *Sheng Z.-M., Mima K., Zhang J., Sanuki H.* Emission of electromagnetic pulses from laser wakefields through linear mode conversion // Phys. Rev. Lett. 2005. V. 94, №9. P. 095003.

[227] *Sheng Z.-M., Mima K., Zhang J.* Powerful terahertz emission from laser wake fields excited in inhomogeneous plasmas // Phys. Plasmas. 2005. V. 12, №12. P. 123103.

[228] *Yoshii J., Lai C. H., Katsouleas T. et al.* Radiation from Cherenkov wakes in a magnetized plasma // Phys. Rev. Lett. 1997. V. 79, №21. P. 4194-4197.

[229] *Spence N., Katsouleas T., Muggli P. et al.* Simulations of Cherenkov wake radiation sources // Phys. Plasmas. 2001. V. 8, №11. P. 4995-5005.

[230] *Yugami N., Higashiguchi T., Gao H. et al.* Experimental observation of radiation from cherenkov wakes in a magnetized plasma // Phys. Rev. Lett. 2002. V. 89, №6. P. 065003.

[231] *Dorranian D., Starodubtsev M., Kawakami H. et al.* Radiation from high-intensity ultrashort-laser-pulse and gas-jet magnetized plasma interaction // Phys. Rev. E. 2003. V. 68, №2. P. 026409.

[232] *Bakunov M. I., Bodrov S. B., Maslov A. V., Sergeev A. M.* Two-dimensional theory of Cherenkov radiation from short laser pulses in a magnetized plasma // Phys. Rev. E. 2004. V. 70, №1. P. 016401.

[233] *Gorbunov L. M., Frolov A. A.* On the theory of Cherenkov emission from a short laser pulse in a

magnetized plasma // Plasma Phys. Rep. 2006. V. 32, №6. P. 500–513.

[234] *Leemans W. P., Geddes C.G. R., Faure J. et al.* Observation of terahertz emission from a laser-plasma accelerated electron bunch crossing a plasma-vacuum boundary // Phys. Rev. Lett. 2003. V. 91, №7. P. 074802.

[235] *Leemans W. P., van Tilborg J., Faure J. et al.* Terahertz radiation from laser accelerated electron bunches // Phys. Plasmas. 2004. V. 11, №5. P. 2899–2906.

[236] *Van Tilborg J., Schroeder C.B., Filip C.V. et al.* Temporal characterization of femtosecond laser-plasma-accelerated electron bunches using terahertz radiation // Phys. Rev. Lett. 2006. V. 96, №1. P. 014801.

[237] *Van Tilborg J., Schroeder C. B., Esarey E., Leemans W. P.* Pulse shape and spectrum of coherent diffraction-limited transition radiation from electron beams // Laser and Particle Beams. 2004. V. 22. P. 415–422.

[238] *Schroeder C. B., Esarey E., van Tilborg J., Leemans W. P.* Theory of coherent transition radiation generated at a plasma-vacuum interface // Phys. Rev. E. 2004. V. 69, №1. P. 016501.

[239] *Горбунов Л. М., Фролов А. А.* Низкочастотное переходное излучение короткого лазерного импульса на границе плазмы // ЖЭТФ. 2006. Т. 129, №6. С. 1018. 果尔布诺夫,等. 等离子体边界短激光脉冲的低频转移辐射.

[240] *Gorbunov L. M., Frolov A. A.* Transition radiation generated by a short laser pulse at a plasma-vacuum interface // Plasma Phys. Rep. 2006. V. 32, №10. P. 850–865.

[241] *Frolov A. A.* Excitation of surface waves at a plasma boundaryby a short laser // Pulse. Plasma Phys. Rep. 2007. V. 33, №3. P. 179.

[242] *Горбунов Л., Фролов А.* Об излучении на удвоенной плазменной частоте из области взаимодействия двух коротких лазерных импульсов в разреженной плазме // ЖЭТФ. 2004. Т. 125, №3. С. 598. 果尔布诺夫,等. 稀疏等离子体中从双短激光脉冲相互作用区域以加倍等离子体频率产生的辐射.

[243] *Голубев С. В., Суворов Е. В., Шалашов А. Г.* О возможности генерации терагерцового излучения при оптическом пробое плотного газа // Письма ЖЭТФ. 2004. Т. 79, №8. С. 443. 果鲁别夫,等. 光学击穿稠密气体产生太赫兹辐射的可能性.

[244] *Быстров А. М., Введенский Н. В., Гильденбург В. Б.* Генерация тетрагерцового излучения при оптическом пробое газа // Письма ЖЭТФ. 2005. Т. 82, №12. С. 852. 贝斯特罗夫,等. 光学击穿气体产生太赫兹辐射.

[245] *Tzortzakis S., Mechain G., Patalano G. et al.* Coherent subterahertz radiation from femtosecond infrared filaments in air // Opt. Lett. 2002. V. 27, №21. P. 1944–1946.

[246] *Yampolsky N. A., Fraiman G. M.* Conversion of laser radiation to terahertz frequency waves in plasma // Phys. Plasmas. 2006. V. 13, №11. P. 113108.

[247] *Tahir N. A., Kain V., Schmidt R. et al.* The CERN large hadron collider as a tool to study high-energy density matter // Phys. Rev. Lett. 2005. V. 94, №13. P. 135004.

[248] *Месяц Г. А.* Импульсная энергетика и электроника. — М.: Наука, 2004. 梅夏茨. 脉冲动力学和电子学.

[249] *Месяц Г. А., Яландин М. И.* Пикосекундная электроника больших мощностей // УФН. 2005. Т. 175, №3. С. 225. 梅夏茨,等. 高功率皮秒电子学.

第 7 章
强压缩下的核变态

图 6.49 中列出了分子物体、原子物体及原子核物体运动的特征尺度和特征时间[1]，而图 7.1 则列出了物质不同结构状态的特征尺度。因为原子与原子核的尺度相差 5~6 个数量级、且原子密度与原子核密度相差甚远——$\rho \ll \rho_0 \approx 2.8\times10^{14}$ g/cm^3，这些过程可以分别进行处理。它们当然是在任何 ρ 值都受到严格约束，因为原子核结构及其电荷直接决定了任一原子或离子的电子结构，以及它的化学性质和物质的总体状态。

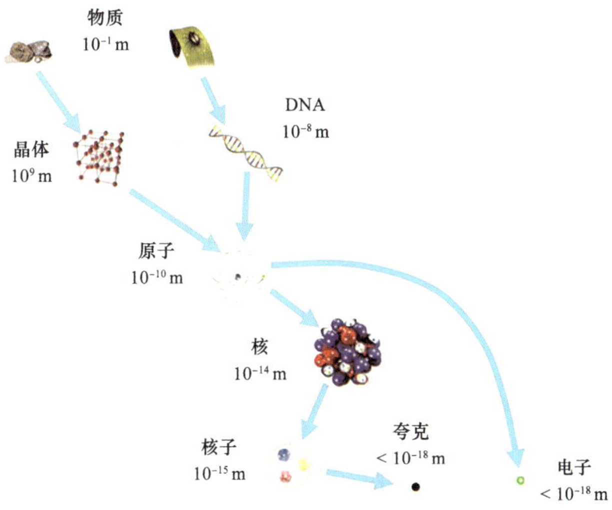

图 7.1　物质不同结构状态的特征尺度

因此在前面各章，我们把注意力主要放在物质的电子和离子成分方面，以及它们在相图不同位置上热力学性质的描述。同时原子核中的过程没有详细涉及，因为等离子体密度($\rho \lesssim 10^{10}$ g/cm^3)并不是很高，所以原子核性质就取了正常实验室条件下的。

如果沿着压力和温度标尺向上移动，逐渐接近粒子间距为原子核范围(中微子尺度约 0.16 fm[2])且密度 $\rho \sim \rho_0$，我们就应该把核变态考虑在内，它们对应于超极端状态时核材料新形态的出现[3-5](图 7.2[5])。这里所开启的可能性列在核材料相图中(图 5.20)，指出了当代加速器 RHIC、LHC(核物质的高温及中等密度)、以及 FAIR SIS 300(高重子密度)的实验可行性。图中也引入了中子星参数[4,6]，中子星出现在大质量 $M>M_{\odot}$($M_{\odot}$——太阳质量)[3-4]星演化的终极阶段引力坍缩时。

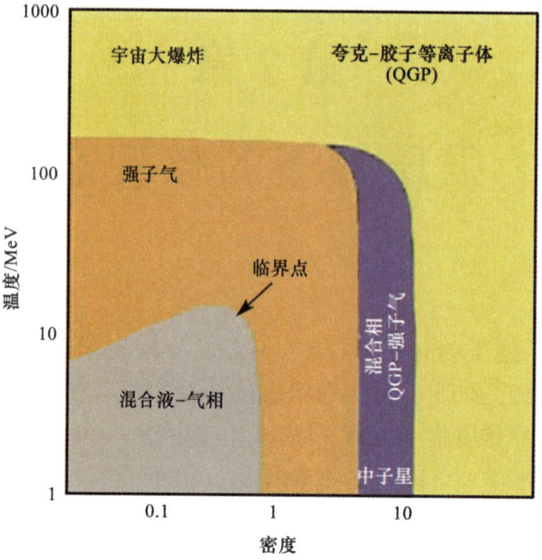

图 7.2　强压缩物质示意图

温度以 MeV 为单位，密度以原子核密度 ρ_0 的份额为单位。随着压力和密度的升高，出现 I 类相变夸克-胶子等离子体[5]

7.1　中子星极端状态

依赖于太阳化学成分恒星的初始质量，核聚变演化完成之后，在恒星内部可能出现三类紧密结实的残余：白矮星、中子星，以及黑洞[7,8]和迄今为止还未发现过的夸克星[4,6]。

中子星是主序列恒星(“正常”恒星)演化可能的终极产物之一[6]，它们诞生于Ⅱ类超新星的爆炸之中。这类爆炸发生于一个超新星的前辈星消耗掉了全部核“燃料”：从氢到氧和镁，累积于恒星中心的铁族元素的同位素成为连续核聚变反应的终极产物(见第 3 章)。简并电子费米气体的压力阻止了这类铁镍合金恒星核在引力作用下的崩溃。然而在氧耗尽几昼夜之后，铁核质量就超过了钱德拉塞卡极限(Chandrasekhar limit) $1.44M_\odot$——最大质量，其引力收缩还能够抵抗简并电子的压力。当引力坍缩到来时，恒星核的灾难性收缩伴随着巨大引力能($>10^{53}$ erg)的释放，此时冲击波也出现了，它以光速的 10%幅度的速度摆脱巨星的外壳。恒星内部继续以同样幅度的速度收缩，同时原子核不断合并，实质上变成一个巨核，如果其质量超过——简并中子和其他强子压力能够阻止其引力收缩的——最大值(约 $2\sim3M_\odot$)，则这一收缩无论如何停不下来，最终就形成了一个黑洞。

一般认为，黑洞形成所伴随的崩溃可能导致超级超新星(hypernova)的爆发，比超新星(supernova)爆发亮数百倍，有可能是来自遥远星系的神秘的宇宙 γ 射线爆发的源泉(见 9.3 节)。质量较小时诞生的是中子星，由核物质压力来抵抗引力收缩。此时所释放能量的约 1%转变成壳膨胀动能，随后形成一种星云——超新星残余，并且仅有约

0.01%(约 10^{49} erg)变成了电磁辐射，即便如此也能胜过整个星系发出的亮度，像观测到了超新星。

不是所有的恒星都能以超新星(甚或是超级超新星)作为自己演化的终结：只有足够大质量($M>8M_{\odot}$)的恒星才注定有这样的结局。质量稍小的恒星，经过巨星阶段，在寿命将要终结的时候逐渐脱掉其外壳，而剩下的中心部分不断收缩，最终变成了白矮星。

中子星诞生于 $10^{10}\sim10^{11}$ K 以上的温度，然后冷却——开始很快，之后越来越慢，通过内部中微子辐射和表面电磁辐射释放能量。

中子星大概是最奇异的天文物体，它们之中有大范围的物质超极端状态[4,6,9,10]，在实验室研究中几无可能达到。所以中子星在某种程度上起着“宇宙实验室”的作用，根据它们的观测现象可以判断物质在超极端条件——超(量)核密度、超强磁场、重子成分的超流动性、超级压缩物质的高强度核变态——下的性状。当然，观测到的这些过程的表现形式也非常多姿多彩——放射性和 X 射线脉冲星、闪烁 X 射线源、γ 源、X 射线瞬态、磁星等[8,9,11]。

中子星并不是——其内部物质所压缩到的密度在实验室不可能达到的——唯一的目标[6]。其他致密星种类的代表还有白矮星和有待证实的夸克星[6]。如果中子星尺度主要由引力和简并中子压力之间的平衡来决定，则白矮星内引力收缩对抗的是简并电子压力，而夸克星或者奇异星内——夸克-胶子等离子体压力。

与白矮星相比中子星小得多。白矮星在质量 $M\sim M_{\odot}$ 时具有半径 $R\approx10^{4}$ km，与地球半径相当，且比中子星半径大出约 1000 倍[4,6]。所以白矮星内部物质密度还没有核密度 ρ_0 的千分之一。根据理论模型，夸克星在 $M\sim M_{\odot}$ 时可能还是比中子星更致密。夸克星至今还未观测到，它们的存在性本身也还没有完全敲定。

中子星是银河系中可观测到的最小恒星[4,6,12]。它们的半径在 10 km 量级，约为普通恒星尺度的十万分之一。但是中子星质量 M 却有太阳质量 $M_{\odot}$ 的量级，归组到大约 $1.4M_{\odot}$ 的量值。中子星物质平均密度 $\bar{\rho}=3M/4\pi R^{3}=7\times10^{14}$ g/cm^{3}，超出标准核密度 $\rho_0=2.8\times10^{14}$ g/cm^{3} 数倍。因此约定成俗中子星代表一个尺度为约 10 km 的巨大原子核。此星中心密度可能超过核密度的 10~20 倍。这样的密度状况下，中子星中心可能凝聚有 π 介子、超子和 K 介子。这样一来，所涉及的恰是奇异星或者夸克星[6,13]。奇夸克形成的可能性也在讨论之列。

对于中子星[6]，不同于普通星，广义相对论效应起着突出的作用。另一方面，中子星的观测可以为这一理论效应的表现提供非常有价值的信息。

一个中子星由外壳与内核组成。外壳分为外层和内层，壳中一直在发生物质的中子化。内核也分外部和内部。外壳内层以及内核外部的质子和电子数量只有中子数量的几个百分点。中子星的引力能是其静止能量相当可观的部分($0.2Mc^{2}$)。

中子星的存在由巴德(Baade)和兹维基(Zwicky)[14]在中子发现两年之后的 1934 年最先预言。尽管尺度很小，中子星是恒星中最活跃的，它们辐射出去的能量覆盖全部电磁波波段——从无线电波到 1 TeV 以上的超高能光子。快速旋转的中子星失去很多能量。特别是巨蟹座星云中的脉冲星辐射出 10^{38} erg/s 的能量，比太阳所辐射的高出很多数量级。以无线电频带辐射出去的能量仅占很小部分，是所失去能量的 $10^{-5} \sim 10^{-6}$。最强大的射电脉冲星也以其他频段辐射——可见光、X 射线、γ-波段。

中子星与短周期辐射源、1967—1969 年发现的脉冲星联系在一起，是质量 $M>8M_\odot$ 的普通恒星演化的终极阶段，这时引力将物质压缩到核密度，逐渐形成中子物质[7,8,15]，朗道(L. D. Landau)早在 1932 年就对此做出了预言。中子星的存在要感谢因泡利不相容原理(Pauli principle)而出现的互相推斥，但不是在电子之间，而是在中子和质子之间。

除了射电脉冲星，中子星也是下述辐射源：强 X 射线辐射(X 射线脉冲星)[6,12]，γ 射线和 X 射线爆发(磁星)，从超新星遗迹、很弱的可见光恒星中心发出的恒定 X 射线辐射。中子星的研究提供了解决一系列物理学基本问题的可能性，其中首先是超稠密物质 $\rho>\rho_0$ 状态方程的研究。

硅材料 ^{32}Si 的热核燃烧伴随着同位素 ^{56}Fe、^{58}Fe、^{60}Fe、^{62}Ni 等的产生，在大质量星非简并内核中使热核反应链封闭，因为随后的核聚变只有吸收能量才有可能发生(见第 3 章)。内核质量为 $1.5 \sim 2M_\odot$ 时恒星中心的密度达到约 3×10^9 g/cm³，$T\approx8\times10^9$ K[8]。诱发引力坍缩的重要过程是铁原子核光致离解成了 13 个阿尔法粒子的过程：$\gamma + {}^{56}_{23}Fe \rightarrow 13{}^2_4He + 4n$，以及物质的中子化。

根据文献[15]，按照朗道的预言，除原子核之外，构成其组分的粒子(质子和中子)能够形成另一个稳定系统——中子物质[7,15]。该物质主要由中子组成，混入很少的质子和电子杂质。根据泡利不相容原理，中子物质相对于 $n\rightarrow p+e^-+\bar{\nu}$ 流程的中子衰变是稳定的，因为衰变时可能释出的电子能级已经被物质成分之一的其他电子所占据。

中子物质是普通物质(由电子和原子核构成)超强压缩时所产生的，它出现在恒星的引力坍缩时，经过了超新星爆发阶段。这等压缩时，当物质密度达到 10^{11} g/cm³ 量级之后，密度以及由此而生的电子能量会变得如此之大，以至于开始进行相反的 β 衰变过程 $p+e^-\rightarrow n+\bar{\nu}$——电子的能量足够大，所以能够超越中子和质子之间的质量差别。最终随着压缩的加强，原子核捕获电子的过程加速进行，伴随着质子变成了中子。原子核内的中子能级已经被占据，后续中子进入连续光谱，形成一种中子费米液体。总之，当密度比核密度小不太多时，中子物质状态就会出现，充满中子星的内部。

中子星的特征属性是其超高(核)密度，$\rho\approx2.8\times10^{14}$ g/cm³ 或者 0.17 baryon/fm³。然而不同于核子被强相互作用束缚的原子核，中子星内的核子是引力约束，而中子的 β 衰变被压缩物质电子的强简并所抑制。

中子化时简并物质的弹性下降[8]，因为重子密度守恒所以电子密度下降，物质变得“更软”了。压力随密度的升高减慢，物质的有效绝热指数 $\gamma = d\log P/d\log\rho$ 从 5/3 减小到 4/3，根据维里定理，就会引起物体力学稳定性的破坏[8]。所以物质的中子化是大质量星演化的后期阶段导致其核崩溃的主要物理过程之一。

物质的中子化过程在实验室非常难以模拟，甚至利用激光热核靶内的超高度压缩或者通过相对论核碰撞都不行，虽然有可能成功利用某些等效过程，例如从含有反应堆锶的强源中吸收电子反中微子的过程[16]。

另外一个恒星流体静力学失稳的因素是广义相对论效应，这时物质压力对吸引力有所贡献，使该力越来越强，使物质更强烈地被压缩[7,15]。同时大质量星内核的崩溃伴随着Ⅱ类或者 Ib/c 类超新星的爆发(见第 8 章)。

物质中子化时恒星极快速地失去稳定性：弹性的失去导致压缩和加热，但普通星的负热容在这里不再起作用，因为对抗压缩的简并气体压力与温度关系不大。而且引力压缩所释放出能量的大部分被中子化时诞生的中微子带走了。即使崩溃时温度的升高能使简并减弱、使电子气体的压力升高，中子过剩原子核的 β 衰变过程中能量也继续被反中微子带走。

中子星内核外部的中微子能量损失的主要机制是所谓的修正乌尔卡过程(modified URCA processes)[6]，由连续性反应 $n+N\rightarrow p+N+e+\bar{\nu}_e$ 和 $p+N+e\rightarrow n+N+\nu_e$ 组成，这里 $N=n$ 或者 $N=p$——中介核子。中介核子的加入使修正 URCA 过程不同于通常的 β 衰变和 β 捕获过程，所谓的直接乌尔卡过程(direct URCA-process)。

“乌尔卡过程”这一术语由伽莫夫(G. A. Gamow)和朔恩伯格(M. Schoenberg)提出[6]。伽莫夫回忆道：“我们把它命名为乌尔卡过程，多多少少是为了缅怀(我们初次相遇的)那个赌场(里约热内卢乌尔卡赌场(Casino de Urca))，并多多少少因为，乌尔卡过程导致热能快速地从恒星内部抽走，如同乌尔卡赌场玩家口袋里的钱迅速消失一样。我们把关于乌尔卡过程的文章寄给《物理评论(Physical Review)》用于发表之后，我有些担心，出版者可能饶有兴趣地提问，为什么我们会命名为“乌尔卡”过程。长时间思考之后我决定说，这是 unrecordable cooling agent(不可测冷却剂)的缩写，但他们什么也没有问过。”

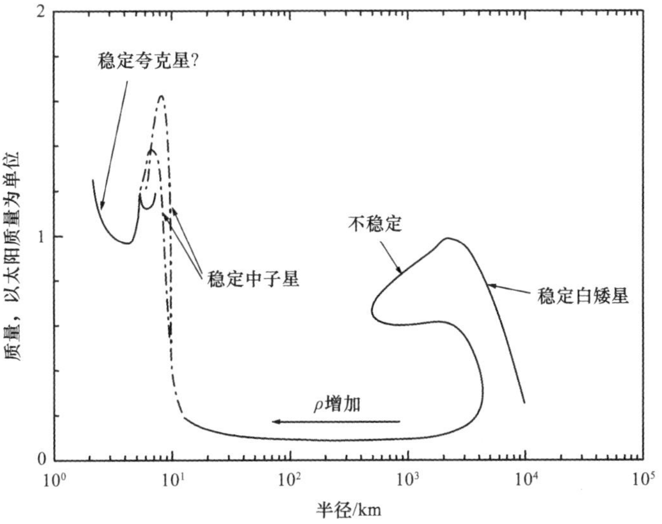

图 7.3 向中子星和夸克星的转变[21]

恒星内核的崩溃终止于密度达到原子核密度量级时，这时中子简并效应变得非常重要，且物质可压缩性具有了对抗引力作用的能力。恒星的自由落体外层撞击压缩内核的固体表面并且从那里“回弹”，正如所预判的，可能正是外壳脱落和观测到的超新星爆发效应的原因。但是数值模拟表明，这一因素还不足以使超新星外壳爆炸。目前通常认为，爆炸原因是多个非一维效应：磁场、超声速对流、恒星内核的旋转等[17-20]。

恒星从白矮星到超稠密中子星和夸克星的转变显示(图 7.3)，这时出现了不稳定性阶段。最后，形成了质量为 $M \approx M_{\odot}$、尺度只有 10 km 量级的致密恒星(图 7.4)，其初始温度在 10^{11} K 量级、内核密度约 $1.5 \sim 15\rho_0$，具有强磁场($B \approx 10^{11} \sim 10^{16}$ Gs)及引力场(重力加速度约 $(2 \sim 3) \times 10^{14}$ cm/s^2)，所以必须使用广义相对论对其进行描述。以 0.0016~1 s 为周期旋转的中子星(射电脉冲星)是独一无二的天体物理目标，它们的旋转制动机制(意味着演化)由电动力所决定。中子星作为双重系统的成员，清楚地表明也是致密 X 射线源[8]。

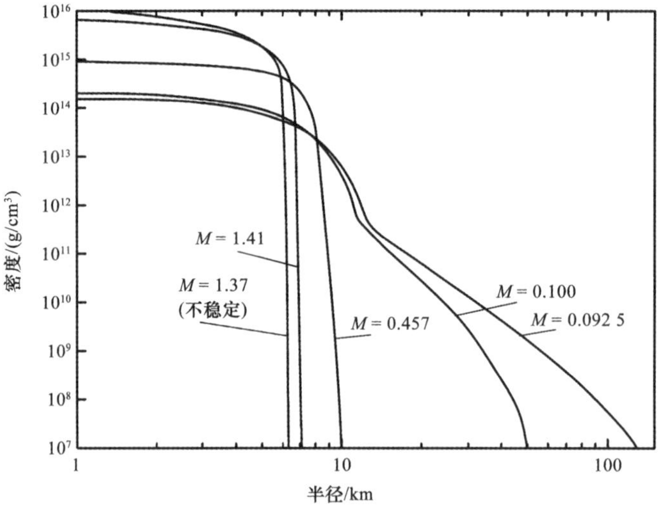

图 7.4　不同质量 M(以太阳质量 $M_{\odot}$ 为单位)中子星的密度分布[22]

尽管尺度不大，但中子星内部的物质状态系列(图 7.5)和物理学过程(图 7.5、图 7.6)非常多样化。中子星大气层的厚度有数十厘米到数毫米，密度为 0.1~100 g/cm^3，它由 $T \leqslant 10^6$ K 的非理想等离子体组成，有着巨大的磁场。

中子星的大气层可能由形成于恒星诞生阶段的铁族元素构成，或者是由氢和氦这样的轻元素积聚而构成。强万有引力使得中子星大气层很薄(0.1~10 cm)且稠密(0.1~100 g/cm^3)，所以从粒子间相互作用角度判断，这里的物质是强非线性的。如果恒星温度不是很高，则其外壳内有可能诞生轻的原子、分子、金属的液滴和团簇。在强磁场状况下，外壳之上可能凝聚着少量气体。超强磁场可能导致量子电动力学效应(真空极化类)，对于辐射过程非常重要。所有这些问题都使大气层成分和光学性质的计算难上加难，从而影响到恒星本身的辐射性质的计算，所以它们是理论天体物理学、非理想等离子体物理学以及核物理学非常重要的关注点[9,11]。

数百米厚的外壳外层[9]由稠密等离子体构成，其中的电子在向内运动过程中历经从玻耳兹曼状态到简并状态的转变，然后(当 $\rho \gg 10^6$ g/cm^{3}时)变成简并相对论气体。$\rho \geqslant 10^4$ g/cm^3 时，压力导致等离子体完全电离。进一步压缩时发生 β 捕获和物质的中子化。

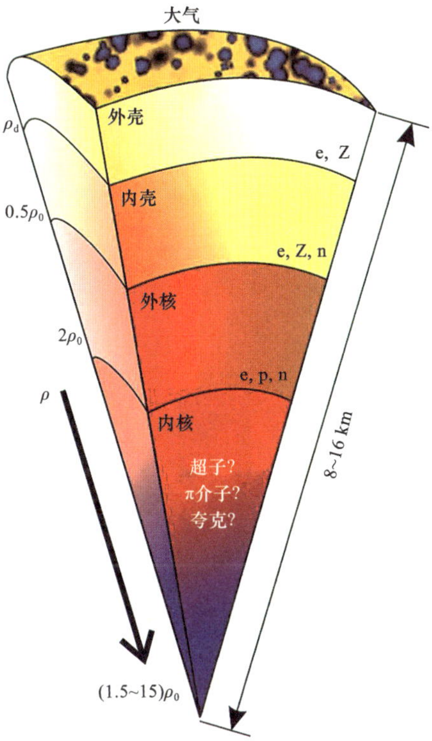

图 7.5 质量为 $1.4M_\odot$ 的中子星断面示意图

恒星参数与其各层的状态方程紧密相关[8,9]；$\rho_0=2.8\times10^{14}$ g/cm^3

与中子星内核($2\rho_0<\rho<20\rho_0$)相接的边界上原子核消失了，而内核内部的中子可能是超流动性的，反映在冷却动力学和目标的中微子发光度方面。中子物质的超流动性可以在某些脉冲星制动过程中突然旋转失败时观测到，是由内核内部物质的正常成分和超流体成分相互作用所引起。一些状况下，失败动力学很容易解释为超流动性涡旋从恒星外壳的撕离。“冻结”成恒星的磁场演化可以得出恒星内核为超导性的结论。因为恒星内部温度与核子过渡到超导状态的临界温度紧密相关，所以有人提出[23]应该利用中子星作为“温度计”，用以测量非对称核物质中核子的临界温度，以此得到哪怕是间接的核物质状态方程的信息。

超流动性也影响了振荡阻尼。超流动性粒子色散关系中间隙的存在可能使体积黏性急剧下降并缓和振荡阻尼[24]。另一方面，互相摩擦等价于高有效黏性。冷却中的中子星内超流动性现象取决于冷却模式和 T_c 值。有可能在年轻中子星内超流动性还来不及出现，所以不会影响振荡模式。然而超流动性可以强烈抑制比较年长中子星的振荡[24]。

冷却中中子星表面的温度随时间的下降被中微子发光度和恒星热容所特别控制。超流动性粒子的色散关系中间隙的存在改变了热容，使这些粒子所参加的中微子反应速率下降，因此也可以用来确定 $T_c\approx3\times10^8$ K。

中子星的冷却对于中子星内核的中子和质子的超流动性非常敏感。而核子超流动性出现的温度本身又对于超稠密物质的状态方程非常敏感。最要紧的是，研究核子的超流动性具有原则上的可行性，随后也可以研究中子星内核的状态方程。

中子星内核内部的成分目前还不能准确得知，因为超稠密物质中强相互作用的物理学知识仍远远不够[7,8]。很可能内核由核子-超子物质、π 介子聚合物、夸克-胶子等离子体或者其他无论什么奇怪状态的物质构成。依照文献[9]，如果中子星外壳($\rho<0.5\rho_0$)的性质由非理想等离子体模型来描述，那么当$\rho\geqslant\rho_0$时的超(量)核密度物质性质的描述则极为艰难，因为实验室数据不完整，缺少关于超(量)核密度物质的完备理论[25]。

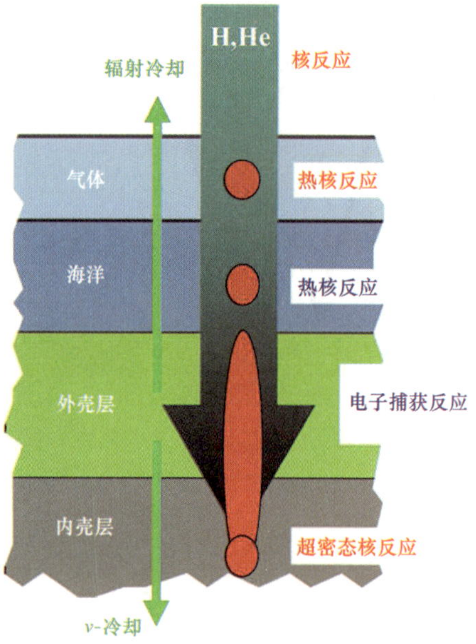

图 7.6　中子星内部的物理过程

属于二元系统的很多中子星在物质向具有强磁场($>10^{10}$ Gs)的中子星流动时，表现为 X 射线脉冲星。磁场强度较低时物质在恒星表面积蓄起来，一旦达到某些临界值后就会发生热核爆炸，表现为规律性的 X 射线爆发。不同于白矮星表面的爆炸，中子星的强引力场使爆炸产物不能离开、并且反向回归。

根据文献[26]，极端磁场的生成机制可以作下列概括。所有恒星都有弱磁场，该磁场在恒星压缩后可能加强。以中子星诞生为结束标志的大质量星的内核崩溃，崩溃时间段内其内核尺度下降 10^5倍，当然磁场应该增强 10^{10}倍。具有强磁场的中子星被称为磁星[26]。

也分析了另一种磁场对流机制[26]。恒星内气体可以因为对流而循环，电离气体比较热的部分上浮，比较冷的部分下沉。因为电离后的气体能很好地传导电流，所以穿过气体的磁力线被物质流拖曳(磁场的“凝入(freezing-in)”效应)。因此磁场逐渐增强。

这一被称为发电机机制(Dynamo Mechanism)[26]的著名效应很可能就是恒星和行星磁场出现的原因。如果大质量星的涡流性内核旋转足够快，则发电机机制能够作用于该星寿命的任何阶段。更有甚者，正是在内核变成中子星之后的短暂时期内，对流尤其强烈[26]。

磁场在演化过程中也在改变着自己的形态，引发恒星之外沿磁力线流动的电流，而电流本身又发出 X 射线辐射。磁场同时也掠过固态外壳，在壳内产生弯曲和拉伸应力。这就引起了恒星内层的加热，有时还会导致外壳破裂，伴随着强烈的恒星震动。这时所释放出的电磁能造就了稠密的电子云和正电子云，以及软伽马辐射的突然爆发(图 8.53)。

中子星固有的强磁场($B>10^{12}$ Gs)状况下的物质构造非常特别[12](图 7.7)。在这类场影响下，原子电子的回旋半径小于玻尔半径(Bohr radius)，原子在垂直于磁场方向被强烈压缩，变成针状。由这类原子所形成的物质具有什么样的性质——可以根据中子星表面与其磁层的相互作用来判断，表面上物质的密度有 10^5 g/cm^3。

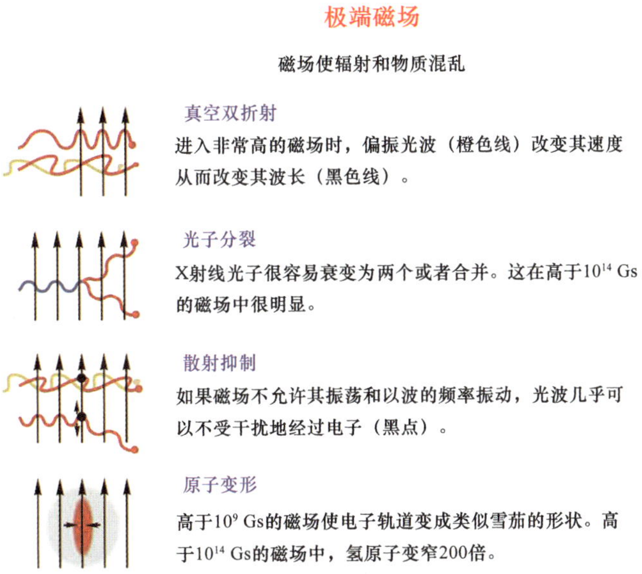

图 7.7　磁场对辐射和物质的影响[26]

正如我们在第 5 章所提到的，夸克-胶子等离子体简直是变态超稠密的物质状态。不久前在实验室发现了这类等离子体，它由夸克、反夸克和胶子构成[27-30]。夸克-胶子等离子体具有最高密度，可能出现在中子星中心或者普通星坍缩时(图 8.54)。这种情况下，我们所讨论的就是夸克星和混合星，混合星是由中心的夸克-胶子物质和强子外壳构成[31]。同时夸克星尺度相比中子星小一些，因为夸克-胶子等离子体可压缩性高一些(图 8.55)。被认为是夸克-胶子星或者混合星的候补者的，举一个例子，是被牛顿和钱德拉(Newton and Chandra)太空望远镜在 X 射线波段内检测到的 RXJ1856 星，其半径大于 16 km。

7.2 压缩与核结构

沿着图6.49中的核密度标尺向右移动，当$\rho \gtrsim 10^{10}$ g/cm^{3}时[4,32]，原子核变得不稳定，与具有最大中子过剩$\delta \sim \frac{N-Z}{A} \sim 0.3$时的$\beta$衰变相关，这里$N$、$Z$、$A$分别是中子数、质子数及核子数。中子过剩$\delta$随压缩加强而升高，当$\delta > 3$时，中子能级不再被锁定。原子核没入自由中子介质中且不能在这样的条件下存在，于是在约10^{-20} s时间内衰变并释放中子。

我们关于10^{11} g/cm$^3 \lesssim \rho \lesssim 10^{14}$ g/cm^{3}和$0.3 \lesssim \delta \lesssim 0.8$这类材料的知识建立在理论体系基础之上，部分已经得到中子星天文观测的有力支持。正如我们前面所提到的，中子星非常奇异，是最极端的天文物体，出现在一系列恒星演化终极阶段的引力坍缩时。然而多粒子原子核系统理论的能力在这一领域非常有限，实验也是如此，特别是在密度$\rho > \rho_0 = 2.5 \times 10^{14}$ g/cm^{3}这一对称核物质特征范围内。物质中子化的这些过程是中子星结构和动力学计算的基础[4]，对于它们的热力学描述已经发展了非常完善的模型，综合在专著[4]中。后面我们将不断引用这一工作。

在所考虑的密度范围内，原子核之间的特征距离相当于它们的尺度，对应于等离子体的“核”密度约10^{14} g/cm^3。为描述这些超级压缩状况使用了三种模型[4]，它们是有效核子相互作用势哈特里-福克(Hartree-Fock)方法的计算[33]、有限温度下托马斯-费米(Thomas-Fermi)方法的计算[34,35]和液滴模型的计算[36]。

文献[37]中描述了接近于中子化起始条件下的核物质热力学，这样就可以计算各种密度的中子过剩原子核的性质。特别地，存在^{84}Se($Z/A \approx 0.405$)的原子核最大密度估计约8.2×10^9 g/cm^3。目前发现了很多中子过剩原子核、以及在高度压缩时也稳定的不少新型原子核结构[4]。

利用目前成熟的理论方法已经成功地计算了一些核结构的成分和能量，其中的某些平衡结构被称为“冷催化物质”。

计算显示[4]，对体心立方(bcc)晶格^{56}Fe，得到的E的最低值是930.4 MeV，对应于$\rho \approx 7.86$ g/cm^3、$n_b = 4.73 \times 10^{24}$ cm^{-3}。我们注意到，^{56}Fe不是最弱约束的自由原子核。每核子最高结合能

$$b = [(A-Z)m_n c^2 + Z m_p c^2 - M(A,\ Z)c^2]/A$$

达到了下列值：对^{62}Ni，$b(^{62}\text{Ni}) = 8.7945$ MeV；对^{56}Fe，$b(^{56}\text{Fe}) = 8.7902$ MeV；$b(^{58}\text{Fe}) = 8.7921$ MeV。^{56}Fe的bcc晶格能量保持在冷物质的基础状态，压力将近10^{30} dyne/cm^2、$\rho \approx 10^6$ g/cm^3[38]。在这些条件下物质是等离子体，所以采用单一组分等离子体模型。

当$\rho \gg 10^9$ g/cm^{3}时，电子变成超相对论状态，$\mu_e \sim p^{1/4}$。随着p的升高，把(A, Z)替换成具有较高核能W_N、但较低A'/Z'的(A', Z')对能量有利，因为W_N/A的提高比$Z\mu_e/A$的降低更多。这就解释了物质在更强烈压缩状况下的中子化效应[4,32]。

中子化时密度的跃升[32]服从关系式[4]

$$\frac{\Delta\rho}{\rho}\approx\frac{\Delta n_b}{n_b}\approx\frac{Z}{A}\frac{A'}{Z'}-1$$

冷稠密材料中原子核的平衡参数见来自文献[39]的表7.1，表中列出了现有原子核还能存在的最高密度，μ_e是与之匹配的化学势。

表7.1 冷稠密物质基础状态下的原子核[39]

上半部分是实验测得的原子核质量，下半部分来自质量默勒公式(mass Moeller formula)。最后一行对应于中子稳定的边界[4]

元素	Z	N	Z/A	ρ_{max}(g/cm^3)	μ_e(MeV)	$\Delta\rho/\rho$(%)
^{56}Fe	26	30	0.4643	7.96×10^6	0.95	2.9
^{62}Ni	28	34	0.4516	2.71×10^8	2.61	3.1
^{64}Ni	28	36	0.4375	1.30×10^9	4.31	3.1
^{66}Ni	28	38	0.4242	1.48×10^9	4.45	2.0
^{86}Kr	36	50	0.4186	3.12×10^9	5.66	3.3
^{84}Se	34	50	0.4048	1.10×10^{10}	8.49	3.6
^{82}Ge	32	50	0.3902	2.80×10^{10}	11.4	3.9
^{80}Zn	30	50	0.3750	5.44×10^{10}	14.1	4.3
^{78}Ni	28	50	0.3590	9.64×10^{10}	16.8	4.0
^{126}Ru	44	82	0.3492	1.29×10^{11}	18.3	3.0
^{124}Mo	42	82	0.3387	1.88×10^{11}	20.6	3.2
^{122}Zr	40	82	0.3279	2.67×10^{11}	22.9	3.4
^{120}Sr	38	82	0.3167	3.79×10^{11}	25.4	3.6
^{118}Kr	36	82	0.3051	(4.32×10^{11})	(26.2)	

一个原子核向下一个原子核的转变引发的是带有密度阶跃$\Delta\rho/\rho$的Ⅰ类相变，见表7.1的最后一列[39]。

表7.1中间粗水平线以上的最后一行所对应的最大密度，其材料的基态所包含的原子核具有实验室测量出来的质量。表7.1的最后一行对应于中子稳定性边界(中子溢出，neutron drip)的密度，它[4]被评估为$\rho_{ND}\approx2.2\times10^{11}$ g/cm^3。

正如我们提到过的，描述$\rho\lesssim10^{14}$ g/cm^{3}时的中子物质利用了通常(实验室)条件下原子核性质的计算方法，即给定中子-中子相互作用势的哈特里-福克方法、托马斯-费米准经典近似和可压缩液体的液滴模型。

这些计算显示，压缩过程中，原子核之外的中子数增加，而核内的质子数减少。

类似的计算结果在文献[4，40]中以解析公式的形式进行了综合总结，便于中子空穴外壳内部的状态方程计算。

7.3　托马斯-费米模型

根据文献[4]，在中子稳定性边界区域，一个单位晶格内的核子数目随压缩快速增长，在$\rho \approx 10^{13}$ g/cm^{3}时可以达到$A_{cell} \approx 1000$[40]。这使得哈特里-福克方法的采用极度复杂化了，因为必需的计算量急剧增加(见孔(Kon)的“指数”障碍问题[41])。另一方面，单位晶格内核子数目的增加证明了采用更为简化的准经典近似适当其时(见2.6节)。

根据这一模型进行的大量计算(更为详尽的见文献[4])发现中子蒸发(中子溢出)时密度$\rho_{ND} \approx 4\times10^{11}$ g/cm^3。依照文献[42]，Z几乎维持不变，对于10^{11} g/cm$^3 \leqslant \rho \leqslant 5\times10^{13}$ g/cm^3，$Z \approx 30$；然后当$\rho \approx 10^{17}$ g/cm^{3}时，下降到$Z \approx 20$。

液滴模型[4]从把总能的体积能量部分$E_{n,bulk}$和表面能量部分$E_{n,surf}$的分开出发：

$$E_{cell} = E_{n,bulk} + E_{n,surf} + E_{coul} + E_e$$

其中前三项取决于原子核的尺度和形状。然后核子又分成三个子系统：中子的体积液体“i”、不太稠密液体“o”以及“i-o”边界上的表面液体，标记为“s”。系统完全处于力学和“化学”平衡状态。原子核内f相的核子密度$n_{p,i}$、$n_{n,i}$是常数，而“o”相的$n_{n,0}$和$n_{p,0}=0$。原子核尺度本身可以通过质子半径r_p必须使$(4\pi r_p^3 n_p)/3 = Z$来确定。

平衡的参数值在给定n_b之后通过使$\varepsilon = E_{cell}/V_c$最小化来找到。同时要将化学平衡和力学平衡条件考虑在内(详见文献[4])，产生了五个最小化补充条件。

根据适合于脉冲星外壳下层条件的液滴模型最新版本之一[43]所进行的计算表明，原子核内的核子数目A随密度而增长，并在$\rho \approx 10^{14}$ g/cm^3、$A_{cell} \approx 1000$时达到了约300。同时质子数目的改变则很小，$Z \approx 40$。在$\rho \approx 10^{14}$ g/cm^{3}时的原子核实际上非常重并且中子过剩，所以它们的变形和裂变面临着稳定性问题。

从文献[4]已进行的计算来看，$\rho < 10^{13.5}$ g/cm^{3}时核物质的主要状态由球形原子核构成，相对于衰变成其他形态的结构、碎片或者npe气体(中子、质子、电子气体)，它们是稳定的。这一范围内原子核形状的圆球度所遵循的是，例如，液滴模型，该模型由于$E_{n,surf}+E_{coul}$对于$r_p \ll r_c$的贡献使球形最小化了。显然当$\rho > 10^{13.5}$ g/cm^{3}时情况改变了，这时$r_p > r_c \gtrsim 0.5$。

原子核奇异的形状也会出现[4]，前提是原子核体积开始超过系统总体积的约50%，此时具有圆形中子“气泡”形状的核物质变得愈发动力十足。要区分非球形结构，应该让已经把表面效应考虑在内的ε泛函最小化[4]。

历史性的第一批这类工作首先在计算大质量星引力坍缩时完成，显示了[4] $T \gtrsim 10^{10}$ K、熵为每核子$(1\sim2)k_B$时，在变为同质等离子体状态之前出现了一系列相变，与原子核形状的改变紧密相关。分析了核子气体(3N)中的球形原子核，以及稠密核物质中的球形“气泡”(3B)。二维的情况研究了原子核气体中的原子核圆柱(2N)和中空圆柱(2B)。还分析了一种核物质平行层情况，平行层之间被核子气体1N隔开。搞定了随着密度的升高，将发生$3N \to 2N \to 1N \to 2B \to 3B$的转换，连续过渡到同质物质。这些过渡向着更稠密(核)相份额升高的方向进行。

文献[44]中对$\rho \gtrsim 10^{14}$ g/cm^{3}时的状况所进行的分析表明，奇异原子核结构的位置和存在本身取决于 N-N 相互作用势的形态。看得出，$3N \to 2N \to 1N \to 2B \to 3B$ 的过渡开始于 $n_{cc} \approx 0.064\ \text{fm}^{-3} \approx \frac{1}{3}n_0(1.1\times10^{14}\ \text{g/cm}^3)$，结束于 $n_{cc} \approx 0.096\ \text{fm}^{-3}$、$\rho_{cc} \approx 1.4\times 10^{14}\ \text{g/cm}^3$时的 $3B$ 到同质 npe 物质的过渡。奇异相之间的能量非常小，$\lesssim \text{keV}\cdot\text{fm}^{-3}$。

文献[45]的工作显示，相对论托马斯-费米(relativistic Thomas-Fermi，RTF)模型中奇异相所存在的区间非常狭窄：$(1.0\sim1.5)\times10^{14}\ \text{g/cm}^3$。文献[46]中还获得了更窄的结构过渡区间 $0.050\sim0.058\ \text{fm}^{-3}$。

在实验研究过的原子核范围之外的核物质，其状态方程的研究非常薄弱。当 $\rho>\rho_{DN}$ 时，原子核性质越来越取决于周围的中子气体，该气体压力随总压的升高而升高。核物质状态方程由核子的哈密顿量(Hamiltonian)构成，该量描述了 $\rho\leqslant2\rho_0$时的核子相互作用。如果密度更高，则非核子的自由度将很重要。对于 $10^{11}\ \text{g/cm}^3<\rho\leqslant\rho_0\ \text{g/cm}^3$范围内的描述，引用了有效原子核哈密顿量。与此同时，有效相互作用的描述应该像普通(实验室)原子核性质的描述一样，因为 $\rho\geqslant10^{13}\ \text{g/cm}^3$时，对压力的贡献主要来自于中子，有效原子核力能够提供亚核密度中子气体适当的描述。虽然我们没有关于中子物质直接的实验信息，但有关它在 $n_n\leqslant n_0$时的性质却有着足够多可靠的数值模拟计算数据[47,48]。

两种中子物质状态方程的对比见图 7.8[4]。显然向 npe 液体的转变使曲线斜率明显增加：物质“刚性”也有增加。

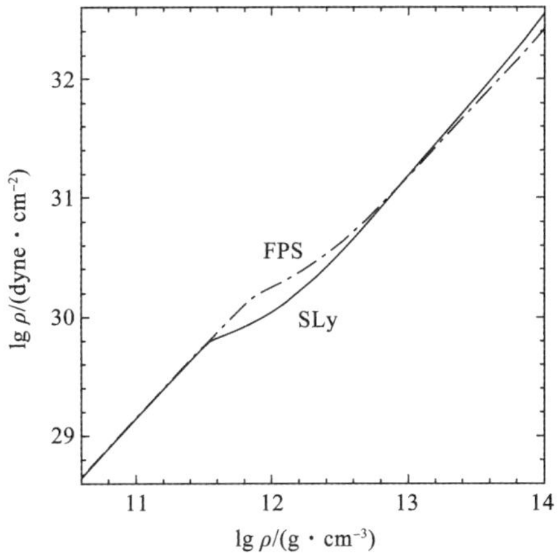

图 7.8　状态方程 SLy 和 FPS 的对比[4]

曲线的斜率由绝热指数

$$\gamma\sim\left(\frac{\rho}{p}\right)\left(\frac{\delta p}{\delta\rho}\right)$$

来描述(见图 7.9)。

当 $\rho<\rho_{ND}$时，绝热指数 $\gamma\sim\left(\frac{\rho}{p}\right)\left(\frac{\delta p}{\delta\rho}\right)$接近于 4/3[4]，因为在这一范围内，超相对论

电子气体压力 p_e 和晶格压力 p_i 正比于 $\rho^{4/3}$。密度阶跃之上的压力由液滴模型的“软”状态方程所决定，使得 γ 下降。在“稳定性曲线”范围之后，状态方程变得更加刚性，在 ρ_{cc} 的范围内 γ 明显上升。后来的 γ 升高与原子核的消失以及中子、质子和电子液体的出现紧密相关。

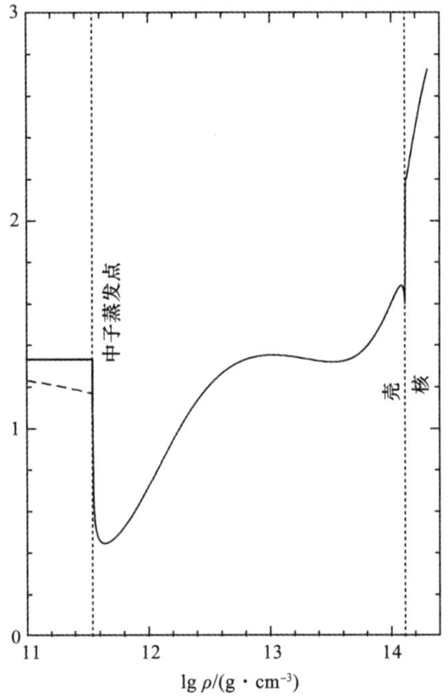

图 7.9　直到中子蒸发点的中子星物质基态用于 HP 模型的、以及 ρ 更高时用于 CLDM 模型[43,39]的绝热指数 γ[4]

这里我们将不描述 $\rho<\rho_{cc}$ 时核晶体的强度特性，相对论状况的特性在文献[50]中、非相对论的在文献[4]中已经仔细分析过。这些特性对于描述 $\rho\lesssim10^{14}$ g/cm^3 时的中子星外壳非常重要。同时也分析了 bcc 晶格和多晶结构。文献[51]中列出了库仑单一组分 bcc 晶格等离子体剪切模量数据，简并电子所引起的屏蔽没有考虑在内。得到了下列剪切模量表达式：

$$\mu=\frac{1}{5}(2b_{11}+3c_{44})=0.1194\ \frac{n_N(Ze)^2}{r_c}$$

在各向同性介质中这一表达式有如下形式：

$$\mu=0.0159\ (Z/26)^{2/3}p_e$$

这里 p_e 是超相对论电子气体的压力。所以

$$\mu/K=0.016\ (Z/26)^{2/3}(p_e/\gamma p)\ll1$$

这类晶体的泊松系数 $\sigma\approx1/2$，而杨氏模量 $E\approx3\mu$。

磁场中的等离子体是与可控核聚变[3,52]、磁流体力学发生器、以及天体物理应用[4]相关的大量研究的工作对象。

最后一种情况，正如我们前面所提到的，对中子星给予了极大的关注，那里的典型磁场达到了约 10^{12} Gs 量值，或者对于磁星是约 10^{15} Gs 量值[3,52]。这类磁场中，电子和离子相对于磁场的横向运动量子化为朗道轨道(Landau orbital)，其长度为 $a_m \sim \left(\frac{\hbar c}{eB}\right)^{1/2}$。玻尔半径(Bohr radius) a_0 与这一长度之比就是场强参数 $\gamma = \left(\frac{a_0}{a_m}\right)$。当 γ 值比较大时，作用于原子之价电子的洛伦兹力超过了原子核的库仑力。如果(相对论单位的)场强值为

$$b = \hbar\omega_c/(m_e c^2) = B/B_r \gtrsim 1$$

那么相对论效应就会影响到朗道电子的能级。这里 $\omega_c = eB/(m_e c^2)$ 是电子回旋频率，$B_r = m_e^2 c^3/(e\hbar) \approx 4.4\times10^{13}\,Gs$ 是相对论磁场。

这些符号中，当 $\gamma \gg 1$ 时(射电脉冲星的)磁场被称为强磁场，而 $b \gg 1$ 时(磁星的)磁场被称为超强磁场。

磁场中的理想电子气体热力学函数见文献[4]。

磁场对于物质的热力学及结构所施加的影响(见图 7.7)在文献[4]中有详细论述，那里列出了详尽的参考文献和方便的拟合公式。

随着密度增长到 $\rho > \rho_0 \approx 2.8\times10^{14}$ g/cm^3，核物质变成了新形态，与 ρ_0 的正常条件下很熟悉的核结构截然不同，因此背上了“奇异”这样的称谓[4]。这类状态的存在取决于强(强子的)相互作用(π 介子和 K 介子的凝聚)特性以及重子的夸克结构。

7.4 介子、π介子及K介子的凝聚

本节的论述我们主要参考专著[4]。

π 介子是最轻的介子，它们能够在系统中作为自由粒子在场，并在 $\rho > \rho_0$ 时替换凝聚物中的电子[53]。因为 πN 吸引而形成 π 介子凝聚物的思想在文献[54-57]中得到发展，人们注意到了这种情况下对称性的改变，指出了原子核相关性对于这类凝聚物存在的重要作用。π 介子凝聚物的形成，依照文献[4]的说法，“软化”了核物质的状态方程。

K 介子是最轻的奇异介子，根据文献[58]，应该在 $\rho > 3\rho_0$ 时因 $K^- N$ 吸引而形成凝聚物。K 介子的凝聚，依照文献[4]，也剧烈地“软化”了状态方程。

因为夸克是强子的主要构造元素，所以当密度足够高时它们能够“离解”成夸克物质，或者夸克-胶子等离子体(见 5.3 节)。夸克-胶子等离子体状态方程的计算曾经在为量子色动力学开发的晶格模型框架内完成[59]。夸克-胶子等离子体的性质和模型我们已经在第 5 章分析过了。

正如在气体中，因为强 NN 相互作用可以代表短距离排斥力和长距离吸引力的总合，所以系统中可能出现结晶化。同时在中子材料中有可能发展出复杂的结构，如交互液态结晶层、准一维细丝等。这时共存相中的每一种都有可能带电。很清楚，晶体结构的形成可能导致强度效应的出现。

核物质状态方程中巨大的不确定性迫使人们提出[60]探索性假设——高度压缩时所

出现的处于 β 平衡的奇异结构在正常条件下也将是稳定的，形成有待证实的“自约束”状态[61]或者 Q 物质[62]。在类似假设基础之上建立了“奇异”星的当代模型[3,4,52]。

虚拟 π 介子交换负责 N-N 相互作用的远程作用部分。π 介子的能量 ω_n 和动量 k 不满足标准公式 $\omega_n^2 = m_\pi^2 c^2 + k^2 c^2$。$\pi$ 介子的虚拟性在于，它们生存于 $\sim \dfrac{\hbar}{m_\pi c^2} \approx 5\times10^{-24}$ s 时间内，所通过的特征长度 $\sim \dfrac{\hbar}{m_\pi c} \approx 1.4$ fm。

由于 π 介子与核子的强相互作用，稠密核物质基本状态必须包括 π 介子的玻色-爱因斯坦凝聚物(Bose-Einstein condensate)[54-57]。这种凝聚可以在核费米液体理论[63]基础之上或者就拉格朗日函数而言进行论述[56,57]。

前一种处理方法需要对处于 β 平衡的 $npe\mu$ 物质之空间同质状态的稳定性进行分析。原来[4,54,55]在 $\rho>\rho_0$ 时，对于周期性结构——密度波——而言系统将失去稳定性。分析了 $\rho>\rho_0$ 时的稳定性之后就能够确定扰动的不同分支及其稳定性。

π 介子的凝聚对于中微子发射的计算起着重要作用，因为该计算揭示了正常 $npe\mu$ 物质中动量守恒条件下的乌尔卡过程。

强子和轻子之间处于 β 平衡的条件下，$npe\mu$ 物质状态方程的计算从总能密度的最小化出发[4]：

$$\varepsilon(n_b,\ n_q^{(h)},\ n_e,\ n_\mu) = \varepsilon(n_b,\ n_q^{(h)}) + \varepsilon_e(n_e) + \varepsilon_\mu(n_\mu)$$

这时重子密度固定并且还有电中性前提条件：

$$n_n + n_p = n_b,\quad n_p + n_{\pi_s^+} = n_{\pi^-} + n_e + n_\mu$$

这里所揭示的可能性列在图 7.10 中[4]。π 介子的凝聚使状态方程的强烈“软化”显而易见，导致了 $v_s^2<0$(图 7.10 中的 CB 段)。

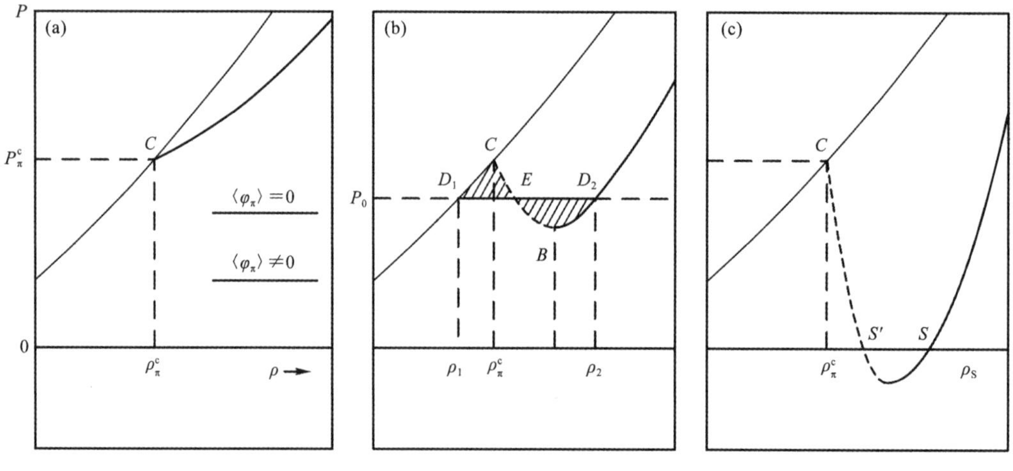

图 7.10　π 介子凝聚介质的三种不同的定性状态方程

粗实线表示 π 介子凝聚相，细实线对应正常相：(a)中等软化的第二类相变；(b)强软化，意味着 $p=p_0$ 时的第一类相变；(c)非常强烈软化，导致 $p=0$、$c=c_s$ 时的稳定“反常”超稠密自约束状态[4]

我们需要特别注意图 7.10(c)，因为它[55,64]预示了反常原子核的形成，远比普通原子核稠密得多。

在天体物理学中这将导致高尔夫球大小的异常恒星存在的可能性[4,65]。

有限温度状况，π 介子凝聚的峰值保持不变。这是一种强 $\pi^- n$ 引力，能够对抗凝聚物状态调整所引起的动能的增加。T 的升高使凝聚向密度更高的方向移动[66]。同时当 $k_B T \gtrsim 30$ MeV 时，热 π 介子气体对系统的热力学也有贡献。

π 介子凝聚的临界温度 T_{crit}^{π} [66,67]是 $k_B T_{\text{crit}}^{\pi} \gtrsim 60$ MeV。

由于 K 介子的大质量 $m_K c^2 = 493.6$ MeV，其凝聚作为不太重要的过程早就被分析过了。介质中的 K 介子 K^- 的稳定性条件：

$$\mu_{K^-} = m_K c^2 = \mu_e$$

K 介子要占据低能量状态只有在高密度状况

$$n_b > \frac{1}{3\pi^2}\left(\frac{m_K c}{\hbar}\right)^3 \approx 33\, n_0 \cdot \frac{x_e}{0.1}$$

时才可以，这里 $x_e = n_e / n_b$。

由于与重子的强相互作用，K 介子在密度数倍于核密度 ρ_0 的条件下会形成凝聚物[4,68]。

$npe\mu$ 物质中，K^- 可以诞生于反应

$$e + N \to K^- + N + \nu_e、n + N \to p + K^- + N$$

为此其能量 $\omega_K < \mu_e$。正常条件下的核试验证明了能量从 -80 MeV 到 -120 MeV 的 K^- 的强引力，并且 $n_b \sim (2\sim3) n_0$ 时的电位深度(potential depth)已经知道。正如同 π 介子的情况，K 介子的凝聚大大提高了中微子的放射，引起了恒星更进一步的冷却。

K 介子凝聚物对核物质状态方程影响的计算在平均场模型框架内进行[4]。要构成平均场模型相应的电位和参数，使用了 K 介子-核子碰撞的实验数据，也使用了强子的夸克模型数据及原子核的平衡特性[68]。依赖于 K 介子-核子引力的强度，K 介子的凝聚可能是第一类($U_{K^-} \lesssim -90$ MeV 时)或者第二类($U_{K^-} \gtrsim -80$ MeV 时)相变。

K 介子凝聚边界的评估产生了一个量值 $n \gtrsim (3\text{-}5) n_0$ [69,70]，预言了密度变化的双重阶跃和状态方程的强烈“软化”。

温度对 K 介子凝聚的影响在文献[71, 72]中已有研究，表明了当 $T \lesssim 60$ MeV 时，这一效应很小且存在于凝聚结边界 $\rho_c^k(T) > \rho_c^k(0)$ 的位移中。对应于临界点的参数数据看起来非常缺乏[4]。

重原子核在碰撞能量 $E_{e_{ab}} \sim 100$ MeV/nucleon 时，其温度还不足以促成明显的强子化。这里有可能是压力的下降效应使核密度到了低于正常水平的程度，被称为核物质中的“液体-气体”变迁[73]。

这类核相变的临界点对应于 $T \sim 18$ MeV、$\rho \sim 0.4\rho_e$。这一变迁的存在可以在相对论核碰撞后碎片的分布特性方面显示出来。这一效应的细节在文献[74]中有详细论述。

7.5　超压缩条件下的核子及超子

正如我们所看到的，原子核不可能在密度 $\rho>(1.5\sim2)\times10^{14}$ g/cm^{3}时存在，这时系统正在变成准同质的中子、质子、电子等离子体。物质的这一状态已经由多体理论(many-body theory)方法进行了足以确信的论述，该理论能够成功地用于原子核结构的描述。这一状态下，重子与电子(以及 μ 介子，如果电子的费米能量超过 $m_\mu c^2\approx$ 105.7 MeV)处于 β 平衡。这样的中子星状态顶着"$npe\mu$ 物质"的头衔，能够在中子星内核的外部找到[4]。

当密度更高时，物质就进入了所谓的超子(重核子)状态[4]。

因为我们所说的是高于普通核密度的密度，所以关于这类物质状态的信息非常有限，因此五花八门的定性假设也冒了出来。例如，这时物质有可能失去同质性，形成了 π 介子和 K 介子凝聚物，也可能随着夸克-胶子等离子体的形成而发生夸克退禁闭(见 5.3 节)。

核物质中 π 介子(介子中最轻的一种)的玻色凝聚(Bose Condensation)通常对 π 介子-核子的强排斥有所阻碍。但在超稠密介质中有可能出现集体激发——具有 π 介子性质的准粒子，它们可能随着平移守恒(translation invariance)的丧失而凝聚起来[6]。进一步的研究揭示了形成 π 介子凝聚物各种相的可能性。显然[6]，稠密物质中短程相关性和有序结构的形成阻碍了 π 介子的凝聚。

K 介子是最轻的奇异介子，形成于压缩核物质中，是 $e+N\to K^-+N+\nu_e$、$n+N\to p+K^-+N$ 过程的结果，这里 N 是核子，它的加入保证了简并物质中的动量守恒和能量守恒。$\rho\gtrsim3\rho_0$时 K 介子玻色凝聚的可能性被很多科学家研究过[68]。类似于 π 介子的凝聚，中子星内我们需要处理的是类 K^-准粒子。它们具有比孤立 K 介子更小的质量，使得它们的玻色凝聚很可能发生。K 介子凝聚的形成依赖于超子的在场，强烈影响到物质的核子构成属性。正如 π 介子凝聚物的状况，当 K 介子凝聚时平移守恒也丧失了。由于 K 介子与核子之间的吸引力，凝聚物的形成可以通过第一类或者第二类相变去实现[75]。无论 π 介子凝聚还是 K 介子凝聚，两者都能使状态方程显著软化。

$\rho\gtrsim10^{14}\sim10^{15}$ g/cm^{3}时状态方程的计算基于强子系统和轻子系统的基态定义，通过给定电荷及重子荷时自由能的最小化来进行。

这是难度极高的物理学问题，求解时几乎完全没有实验信息可以借鉴，只有对中子星[4]、超新星爆炸[3,52]以及相对论核碰撞的观测数据可资利用。

着手讨论核物质状态方程之前我们必须再一次强调，这里所说的是关于同质且各向同性核介质的描述，是天体物理目标所对应的典型介质。核碰撞方面的实验研究中(见第 5 章)我们处理的是有限核子系统，所以核子的同质性条件和热力学平衡条件应该分别检验(见[3，52])。这种情况所涉及的是局部热力学平衡——这一近似构成了非定常气体动力学的基础。

我们遵循文献[4]进行下一步讨论。

$\rho\sim\rho_0$时的原子核含有不超过 10%的质子和电子，因此可以忽略它们并认为是纯中子系统。对于这样的物质进行了大量的状态方程计算(见[4，76]和它们引用的参考文献)，当$\rho \sim 3\rho_0$时状态方程遇到了更多的不确定性，因为大约一半的核子能量由没太搞清楚的核子相互作用势所定义。

下一步是对处于β平衡的$npe\mu$物质进行状态方程计算，以非对称核物质[4]——核子的同质混合物[77]——的数据为基础，也使用了布鲁克耐尔-贝蒂-戈德斯通(Brueckner-Bethe-Goldstone，BBG)展开方法[78]。

要描述核子和超子本身对物质状态方程的贡献，需要相应的相互作用势知识[79]及其后续的热力学性质计算，例如使用哈特里-福克方法的计算。计算中[79]考虑了核子和Σ、Λ、Ξ超子以及Δ-共振，正如已经解释清楚的，它们在$\rho \gtrsim 1.2\times10^{15}$ g/cm^{3}时列入系统。已经注意到计算结果严重依赖粒子间相互作用的形态。

利用格林函数(Green function)[80,81]和BBG展开所进行的状态方程计算，在把超子子系统考虑在内后显示了状态方程的"软化"。

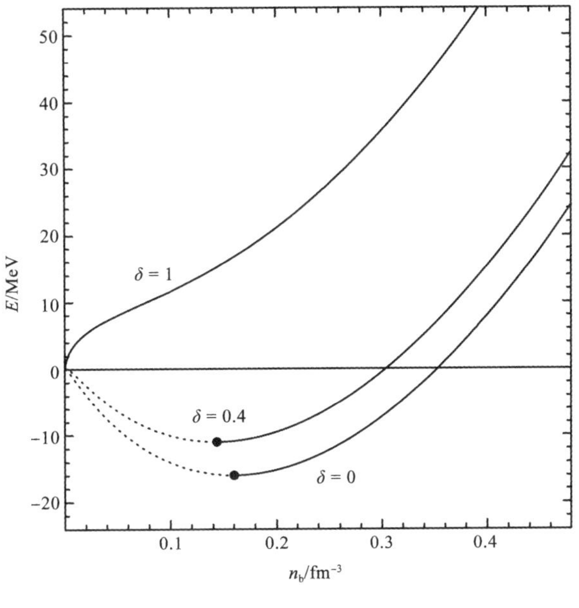

图 7.11　每核子能量与重子数密度的函数关系

$\delta=0$是对称核物质；$\delta=0.4$是非对称核物质(这种非对称性对应于中子星外壳及新生质子中子星核心的中子蒸发点)；$\delta=1$是纯中子物质。曲线$E(n_b)$的最小值由圆点标出。虚线对应负压。对原子核有效哈密顿量的SLy4模型进行了计算，该模型曾用于计算SLy状态方程[49]。得到的结果为$n_0=0.16$ fm^{-3}、$E_0=-16.0$ MeV[4]

用于均质且无限的核物质之状态方程计算的核物质模型在不断发展，也可用于多核子重原子核的描述。前一种情况，库仑能量对于无限系统可以排除，对于前面(第3章)分析过的原子核液态模型，状态方程中变成$E_{coul}=0$且$A\to\infty$。在这一限度内，每核子能量E只与中子和质子密度相关。通过核子数密度n_b和非对称性参数$\delta=(n_n-n_p)/n_b$，可以很方便地表达这种系统的性质。$\delta=0$的情况对应于对称核物质，而$\delta=1$对应中子物质。前一种情况最为简单，因为由于电荷对称而值得考虑的粒子只有一种——核子。对称物质对于重原子核整体性质的描述是很好的相似物，而中子物质自然对应的是中子星。前者对于地球条件下的普通原子核，$\delta^2 \leqslant 0.04$。

核物质性质的计算是与原子核多粒子模型进行对比的素材（见[78]）。曲线最低点的 E 和 n_e（图 7.11）标为 E_0和 n_0，所以 $B_0=-E_0$为核物质中每核子最大结合能。近程排斥力和远程吸引力的对比决定了核子-核子相互作用中的“饱和度”。$B_0=-E_0$是饱和状态结合能，而 n_0则是饱和密度。

我们来看原子核在正常条件下典型的 δ 小量值情况：

$$E(n_b,\ \delta) \approx E_0+S_0\delta^2+\frac{K_0}{9}\left(\frac{n_b-n_0}{n_0}\right)^2$$

这里 S_0和 K_0分别是对称性能量和压缩性能量：

$$S_0=\frac{1}{2}\left(\frac{\partial^2 E}{\partial \delta^2}\right)_{n_b=n_0,\delta=0},\quad K_0=9\left(n_b^2\frac{\partial^2 E}{\partial n_b^2}\right)_{n_b=n_0,\delta=0}$$

S_0决定小对称性所造成的能量增长，而 K_0则在 $n_b=n_0$点决定 $E(n_b)$曲线，并且描述随压力升高而发生的能量增长。

平衡状态参量的数值来自正常条件下原子核性质方面的实验数据，它们是（各种程度精度的）$n_0=(0.16\pm0.01)\,\mathrm{fm}^{-3}$、$B_0=(16.0\pm1.0)\,\mathrm{MeV}$、$S_0=(32\pm6)\,\mathrm{MeV}$、$K_0=(231\pm5)\,\mathrm{MeV}$[4]。

系统的哈密顿量应该包括来自粒子或者相互作用的贡献。通常这些贡献由量子色动力学（QCD）方法来定义。这样的话，哈密顿量中的库仑项小到可以忽略不计，而弱相互作用非显性出现在达到平衡的途径中。

遗憾的是，在实现这一形式体系的真实操作中遇到了严重的困难，因此不得已采用了简化模型，模型中夸克没有单独进行处理，而是与强子（重子和介子）绑在一起。之后在哈密顿量中引入一个强（强子）相互作用的唯象模型，该模型以介观理论（mesoscopic theory）为基础，把强烈的强子相互作用用介子交换模型来描述，还引入了相应的赝势（pseudopotential）。这些赝势的参数在大量核子散射实验、氘^{2}H 性质的实验数据的基础上获得。NH 及 HH 相互作用的实验数据仅有低质量Λ、Σ 超子的。其他超子的实验信息更为稀有。

除了成对的之外，当$\rho \geqslant 10^{15}\ \mathrm{g/cm^3}$时，三粒子和多粒子相互作用的贡献十分显著，有关数据却非常稀少。

我们先来看简化的最小化模型[4]，建立在把 $npe\mu$ 的模型扩展到$\rho \geqslant 2\rho_0$的区域之上。

历史上，核物理学的主要任务是找到把核子绑在原子核上的作用力。当代的唯象势建立在核子-核子散射方面大量的能量区间上限达 350 MeV 的实验基础之上，能量更高的则包括 π 介子诞生的非弹性过程。

核子-核子相互作用的有效势是复杂的且经常臃肿不堪难以处理的空间、旋转、同位旋变量的张量函数：

$$\hat{v}_{ij}=\sum_{u=1}^{18} v_u(r_{ij})\hat{O}_{ij}^u$$

这里的前 14 个算子独立于电荷，也就是在同位素空间内不随时间变化：

$$\hat{O}_{ij}^{u=1,\cdots,14}=1,\ \tau_i\cdot\tau_j,\ \sigma_i\cdot\sigma_j,\ (\sigma_i\cdot\sigma_j)(\tau_i\cdot\tau_j),\ \hat{S}_{ij},\ \hat{S}_{ij}(\tau_i\cdot\tau_j),\ \hat{L}\cdot\hat{S},$$
$$\hat{L}\cdot\hat{S}(\tau_i\cdot\tau_j),\ \hat{L}^2,\ \hat{L}^2(\tau_i\cdot\tau_j),\ \hat{L}^2(\sigma_i\cdot\sigma_j),\ \hat{L}^2(\sigma_i\cdot\sigma_j)(\tau_i\cdot\tau_j),$$
$$(\hat{L}\cdot\hat{S})^2,\ (\hat{L}\cdot\hat{S})^2(\tau_i\cdot\tau_j)$$

即便是如此复杂的表述也非包罗万象——它在局部取决于 $\mathbf{r}_{ij}$ 且不描述非局部项，例如介子的交换。

三粒子相互作用随着 ρ 的增长开始发挥作用，对于描述 ^{3}H 和 ^{4}He 的结合能必不可少。把它们考虑在内的方法之一[82,83]是通过单 π 介子交换的修正对中程势进行修正。

从共动参考系向实验室坐标系过渡而引起的相对论性修正降低了势的排斥部分，并且在高密度时对状态方程有所贡献[77]。

在强子的能级上，强烈的核子-核子相互作用是核子间介子交换的结果。用场的说法，这是核子场与介子场相互作用的结果。

量子色动力学(QCD)理论是完整的强相互作用当代理论，夸克和胶子是其基本场。在我们所考虑的介子交换模型中，对于强相互作用，夸克和胶子并不直接出现，而物质则由介子、核子以及它们的共振构成。介子交换模型成功地描述了能量≤350 MeV 时的核子-核子相互作用、^{2}H 和稀薄核系统的性质，处理了原子核场及介子场 ψ 和 φ 的问题。这时的介子质量≤1 GeV/c^2，不能用以描述≤0.2 fm 的近程相互作用。

介子-核子的相互作用由——取决于旋转和反射时介子场的对称性质的——拉格朗日函数中对应的项来描述。

如果专门说对称性，则下列介子类型必须考虑在内：(场 φ^{ps}、质量 m_{ps} 的)赝标量型、(场 $\varphi^{(s)}$、质量 m_s 的)标量型和(场 $\varphi_\mu^{(v)}$，$\mu=0,\cdots,3$、质量 m_v 的)矢量型。

实验提供了[4]：$m_\pi c^2=138$ MeV、$m_\eta c^2=548$ MeV、$m_\rho c^2=769$ MeV、$m_\omega c^2=783$ MeV 和 $m_\delta c^2=983$ MeV。对应的哈密尔顿量中的各项描述已知的相互作用类型、场对称性，包含了纯粹调整用参数用以说明实验数据[4]。

来自 π 介子和 ω 介子的单粒子交换的贡献反映了两种核子-核子相互作用的重要性质。π 交换导致远程($\hbar/(m_\pi c)\approx 1.4$ fm)作用力，同时 ω 交换负责近程($\hbar/(m_\omega c)\approx 0.25$ fm)排斥力以及自旋轨道项合理的量值。

双 π 介子交换负责中程($\hbar/(2m_\pi c)\approx 0.7$ fm)吸引力，而已激发的共振状态对这一部分也有自己的贡献。把相应的费曼图(Feynman diagram)综合起来就能得到散射矩阵和可以与 ^{2}H 碰撞方面的实验结果相提并论的计算结果。

要进行多粒子计算，基于上述场论介子交换方法所构造的相互作用赝势必不可少，通常在单玻色子交换模型(SBE)框架内操作，这时多 π 介子交换由具有相应的 σ 核子耦合常数的标量 σ 介子($m_\sigma c^2\approx 550$ MeV)交换来描述。

相互作用项不仅取决于粒子间距离，也取决于邻近粒子及其波动函数。

单成分交换模型能够在能量≤350 MeV 时对约 4300 个 pp 和 np 的碰撞实验结果成功地进行高精度描述。

势方面的详细数据可以在文献[84，85]中找到。

有关核子-超子和超子-超子相互作用的数据非常缺乏，总共只有那么几个核子-超子相互作用点，而超子-超子则一个都没有。可用的是 $A=3$ 和 $A=4$ 的超(原子)核数据。这些条件下，为了构造相应的势，需要援引关于相互作用对称性类型的思想(详见文献[4])。

核物质的能量以下列套路进行计算[4]：在 $V\to\infty$、$Z/A_{b}=\text{const}$ 界限内考虑核子的系统 A_{p}(N 个中子和 Z 个质子)。同质核材料中 $n_{n}=N/V$；$n_{p}=Z/V$ 及 $n_{b}=A_{b}/V=n_{n}+n_{p}$。忽略库仑能量和质子与中子的质量差异。

为了计算核物质的状态方程，采用格林函数(Green function)方法，它实际上是扰动理论的一种形式，或者采用基于多粒子波动函数$\{\psi_{var}\}$空间中使哈密顿量最小化的变分法[77]。

众所周知，原子核的基本性质主要有两方面，乍一看是不同的模型：壳模型(shell model)和液滴模型(liquid-drop model)。第一个模型中，多粒子问题简化为单粒子在其他粒子平均出来的某种场中的运动问题。液滴模型中，核子的相互作用如此之强，以至于它们的运动完全是集体性的，所以原子核就像核子紧紧绑在一起的液滴。从场论观点对这些模型特性所进行的分析见文献[86]，其中认为核子的相互作用由标量介子和矢量介子来完成。这时标量介子决定了远程和中程吸引力，这些力解释了核子如何形成原子核以及最低势(电位)的量值，而矢量介子则决定了排斥力，并由此而定义核结合能。通过引入类似的介子场并将相对论效应考虑在内，相似的模型[86,87]也曾经得到了发展。

文献[86]提出了一种平均场模型，引入了 σ 介子 ω 介子的电中性场，其中 $m_{\sigma}c^{2}\approx$ 600 MeV。ω 介子对粒子间势的贡献是负值，并随密度升高而增长。结果势就有了一个最低值，它能够决定核结合能。

模型的相对论归纳概括[86]在[87]中有所介绍，其中系统的平均场用哈特里近似(Hartree approximation)进行计算。平均场相对论模型具有很多引人注目的特点。从计算角度来看，它甚至对于核子和超子所构成的多组分重子物质都够简单。它的洛伦兹不变性(Lorentz invariance)保证了扰动传播速度总是低于光速。

但是这个模型也有缺点。介子处理方法意味着，核子间平均距离 r_{NN} 比虚拟介子的行程$r_{\phi}=\dfrac{\hbar}{m_{\phi}c}$小得多，是在$n_{b}\gg 100\ n_{0}$时才能运用。在模型与实验一致的地方，$r_{NN}\gg r_{\phi}$。还有其他缺点(见文献[4])。

根据密度泛函法(density functional method，DFM)[88]，多粒子系统的能量是单粒子密度的泛函。基态能量由这一单粒子密度泛函求最小值决定。密度泛函法模型在均质旋转非极化核物质情况下得到明显的简化，这时所有因素都系于 n_{p}和 n_{n}。所选择的关系式 $\varepsilon_{n}(n_{n},\ n_{p})$的参数形式应该符合实验数据，或者从更精确的模型推断出来[89,90]。一些用于状态方程的泛函可以从文献[4，91]中找到。

随着重子密度的升高，高能中子开始被超子所取代[4]。替换核子能量密度 $\varepsilon_{N}(n_{n},\ n_{p})$的是更为通用的重子泛函 $\varepsilon_{B}(n_{B})$，这里 n_{B}是重子粒子 B 的一组密度：

$$\sum n_{B}=n_{b}$$

当 $n_b \le 10\, n_0$ 时只考虑六种轻重子就足够了：核电荷双重态 N、电荷单态 Λ、电荷三重态 Σ 及电荷双重态 Ξ。这些重子的参数见表 7.2。重子场 ψ_B 在同位旋空间中具有清晰可辨的性质，核子及超子 Ξ 被同位旋场、Λ 被同位旋标量场、Σ 被同位旋矢量场所代表。

表 7.2　重子八重态的质量、电荷、奇异性和平均测量寿命

所有这些重子的重子数目、旋转和参数比分别为 1、1/2 和+1

重子	mc^2/MeV	Q/e	S	τ/s
p	938.27	1	0	$>10^{32}$
n	939.56	0	0	886
Λ^0	1115.7	0	−1	2.6×10^{-10}
Σ^+	1189.4	1	1	0.80×10^{-10}
Σ^0	1192.6	0	−1	7.4×10^{-20}
Σ^-	1197.4	−1	−1	1.5×10^{-10}
Ξ^0	1314.8	0	−2	2.9×10^{-10}
Ξ^-	1321.3	−1	−2	1.6×10^{-10}

为了计算状态方程[4]，我们来分析一个由核子、电子和 μ 介子构成的系统。核子本身是强相互作用费米液体，电子和 μ 介子是准理想费米气体。

$$\varepsilon(n_n,\ n_p,\ n_e,\ n_\mu) = \varepsilon_N(n_n,\ n_p) + \varepsilon_e(n_e) + \varepsilon_\mu(n_\mu)$$

平衡条件

$$\mu_n = \mu_p + \mu_e、\mu_\mu = \mu_e$$

反映了弱相互作用过程

$$n \to p + e + \bar{\nu}_e、p + e \to n + \nu_e$$

$$n \to p + \mu + \bar{\nu}_\mu、p + \mu \to n + \nu_\mu$$

通常，物质对于中微子是透明的，所以中微子对于热力学没有贡献（影响）。

对于超相对论电子：

$$\mu_e = \hbar c p_{Fe} \approx 122.1 \left(\frac{n_e}{0.05\, n_0}\right)^{1/3}\ \text{MeV}$$

对于中等相对论 μ 介子：

$$\mu_\mu = m_\mu c^2 \sqrt{1 + \left(\frac{\hbar p_{F\mu}}{m_\mu c}\right)^2}$$

当 $\mu_e > m_\mu c^2 = 105.65$ MeV 时 μ 介子存在。

压力：

$$p = n_b^2 \left(\frac{d(\varepsilon/n_b)}{dn_e}\right)$$

图 7.12 中列出了根据五种模型所计算的核物质状态方程[4]。模型 BBB1 和 BBB2 是布鲁克耐尔-贝蒂-戈德斯通模型，利用不同的核子-核子势和三元相互作用模型计算出来。模型 APR 和 APR* 基于变分法，使用相同的核子-核子相互作用势和新的——根据实验数据改良过的——三元相互作用势。三元核子相互作用的 UIX* 推斥力

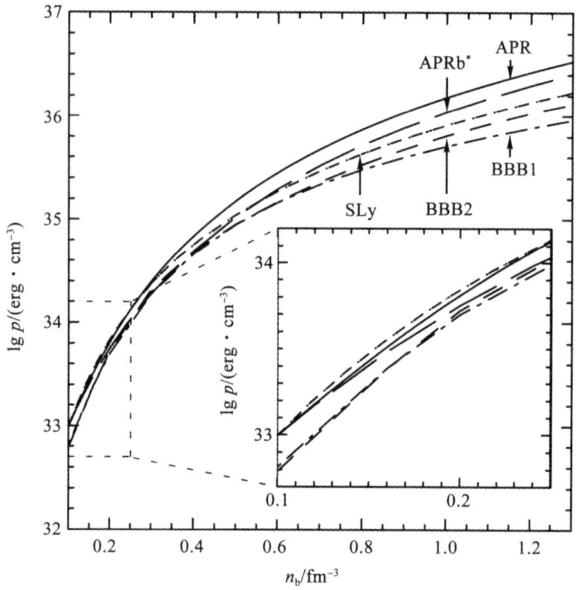

图 7.12　处于 β 平衡的 $npe\mu$ 物质的一些状态方程(表 7.3)的压力与重子数密度的关系[4]

部分比 UIX 中状态方程 APR 的作用力更强，但这对结果的影响并不很大。最后，SLy 状态方程是基于密度泛函法并接近于 APR 模型。正如我们所见到的，质子份额严重(三次方)依赖于对称性能量。

表 7.3　选出的中子星内核状态方程(EOS)[4]

EOS	模型	文献
BPAL12	$npe\mu$ 能量密度泛函	[92]
BGN1H1	$np\Lambda\Xi e\mu$ 能量密度泛函	[93]
FPS	$npe\mu$ 能量密度泛函	[94]
BGN2H1	$np\Lambda\Xi e\mu$ 能量密度泛函	[93]
BGN1	$npe\mu$ 能量密度泛函	[93]
BBB2	$npe\mu$ 布鲁克纳理论(Brueckner theory)，NN 巴黎势(Paris potential)+UVII NNN 厄巴纳势(Urbana potential)	[95]
BBB1	$npe\mu$ 布鲁克纳理论，A14 NN 阿贡势(Argonne potential)+UVII NNN 厄巴纳势	[95]
SLy	$npe\mu$ 能量密度泛函	[49]
APR	$npe\mu$ 变分理论，A18 NN 阿贡势+UVII NNN 厄巴纳势	[77]
APRb*	$npe\mu$ 变分理论，A18 NN 带有应力校正的阿贡势+UVII NNN 厄巴纳势	[77]
BGN2	$npe\mu$ 有效核子能泛函	[93]

$\rho \gtrsim 2\rho_0$时物质具有与压缩程度稍小时同样的组分这一假设构成所谓“极小”模型(minimal model)的基础[4]，它是一系列模型的基础(表 7.3[4])。根据状态方程 APR 和 APRb* 进行了计算，其结果的对比见图 7.12[4]。显然，把相对论计算包括在内并且对三粒子的核子相互作用势进行改良对状态方程的影响甚至在 $n_b \approx 1.2\ \mathrm{fm}^{-3}$时都非常微弱。APR 和 APR* 模型比用势的老版本的模型“更软”。

总而言之根据不同的理论，由于相互作用对于能量 $\varepsilon \equiv \rho c^2$的贡献，在高密度 ρ 时，ρ 越高，对 $p(\rho)$的贡献就越大于对 $p(n_b)$的。

图 7.13 显示了绝热指数对于密度的依赖关系

$$\gamma = \frac{n_b}{p}\frac{dp}{dn_b} = \frac{p+\varepsilon}{p}\frac{dp}{d\varepsilon}$$

$\gamma(n_b)$的振荡反映了前面所描述的压缩 $npe\mu$ 物质中的物理过程。

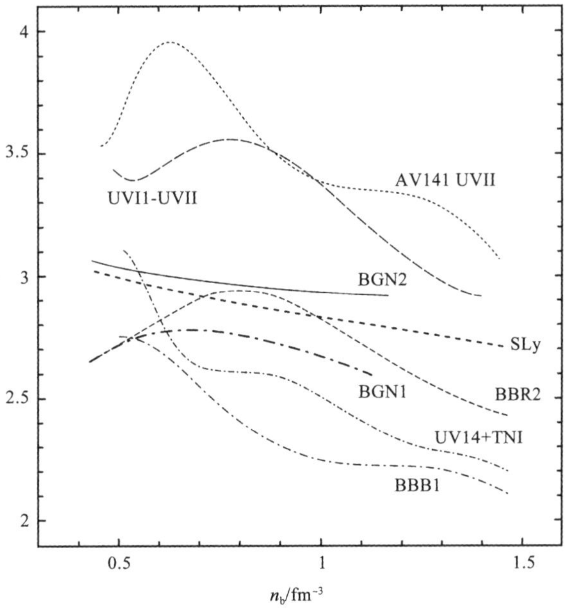

图 7.13 中子星内核内部 $npe\mu$ 物质使用各自的状态方程时的绝热指数与重子密度的关系

所有方程，除三种状态方程之外，都取自于表 7.3，其他的来自于文献[76]

$\rho \gtrsim 2\rho_0$时，随着压缩程度的加大，正如我们提到过的，系统中开始逐渐产生超子。它们的浓度由热力学标准模型[4]计算出来，可见图 7.14 和图 7.15。系统中超子的出现很容易在组分曲线中看出(图 7.14、图 7.15)。例如当 $n_b = 8n_0$时得到 $n_\Lambda \approx n_n$。计算结果表明[4]，根据压缩程度一开始出现的是 Σ^-超子。物质的超子化招致它的去轻子化：负电荷粒子 e 和 μ 被 Σ^-以及其他负超子所取代，最终只留下了 Σ^+超子。$n_b \approx 1\ \mathrm{fm}^{-3}$时将出现所谓的“重子汤(baryon soup)”。

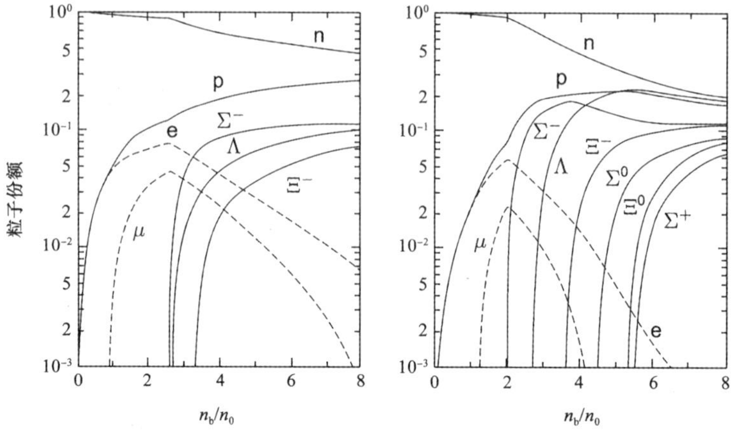

图 7.14 与重子数密度 n_b(以 $n_0=0.16\ \mathrm{fm}^{-3}$ 为单位)相关的粒子份额 $x_j=n_j/n_b$ 根据用于重子相互作用的两种相对论模型的公式[96]进行计算

左图——有效手征模型(effective chiral model)[96]。右图——相对论平均场模型 TM1[97]

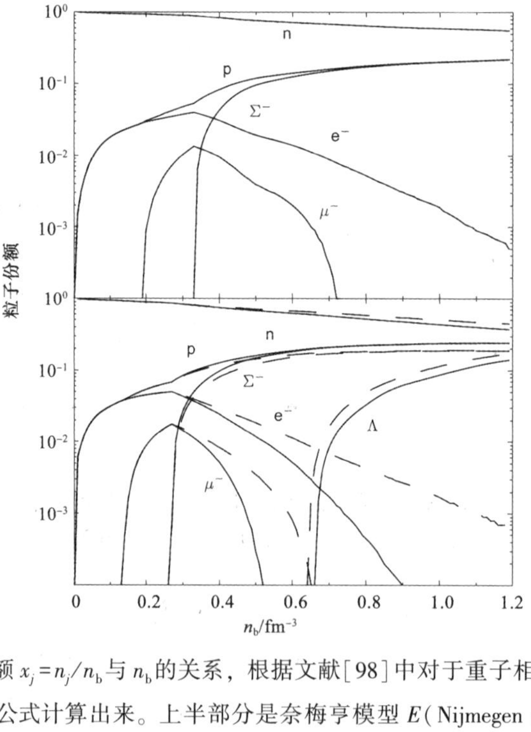

图 7.15 粒子份额 $x_j=n_j/n_b$ 与 n_b 的关系，根据文献[98]中对于重子相互作用两种模型利用 BHF 近似的公式计算出来。上半部分是奈梅亨模型 E(Nijmegen model E)[99]：中子星内核中只出现 Σ^- 超子。下半部分是用于核子段的 APR 模型(表 7.3[77])和用于 NH 及 HH 相互作用的奈梅亨模型 E[99]。不同于上半部分，Λ 出现在稠密物质中。两部分图的实线：所有的重子-重子(NN、NH、HH)相互作用都包括在内。下半部分图的虚线：HH 相互作用被(人为)排除[4]

重子的出现"软化"了状态方程，因为高能中子被大量的低能重子(它们产生比较低的压力)所取代。状态方程的这种"软化"可以在图 7.16 中看到。绝热指数 γ 的改变可以在图 7.17 中看出。

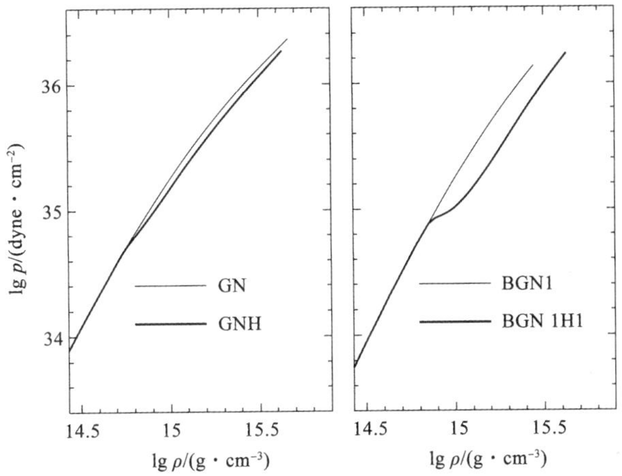

图 7.16　超子的存在对状态方程的"软化"

每一幅图片都显示了有超子(粗线)和没有超子(细线)的状态方程。左图——文献[100]的状态方程模型。右图——来自文献[93]的 BGN1 和 BGN1H1 状态方程(见表 7.3[4])

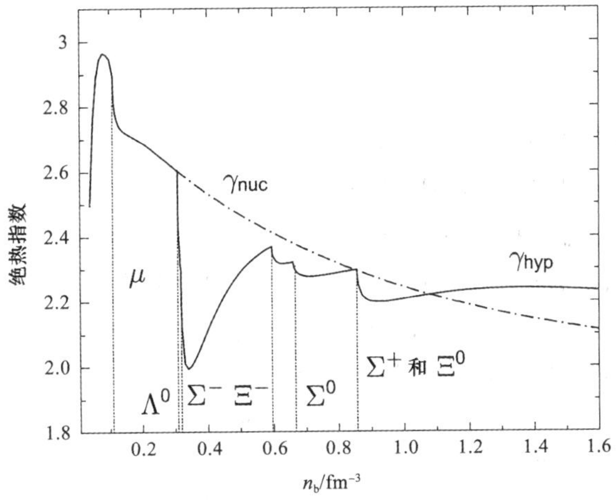

图 7.17　中子星内核中绝热指数 γ 与 n_b 的关系

对文献[100]的模型状态方程进行了计算。实线(γ_{hyp})——超子物质(垂直点线指明 μ 介子和超子出现的阈值)；点划线(γ_{nuc})对应于人为限制超子出现的情况

我们强调，$n_b \geq 5n_0$时的状态方程严重依赖于模型。特别是关于三粒子的相互作用，包括超子的，目前所知甚少。

在 $\rho > \rho_0$ 区域对于状态方程的一般性的限制必不可少，特别是在有关核物质性状我们知识有限的地方。对于状态方程广义属性的基本要求是因果性条件和洛伦兹不变性。

它们可以用多种方式构造出来，例如引入超压性（ultrabaricity）$p>\varepsilon$ 和因果性 $dp/d\varepsilon>1$ 等必要条件。

对于某些状态方程，违反 $v_s>c$ 的状况特别在图 7.18 中用黑点标出。

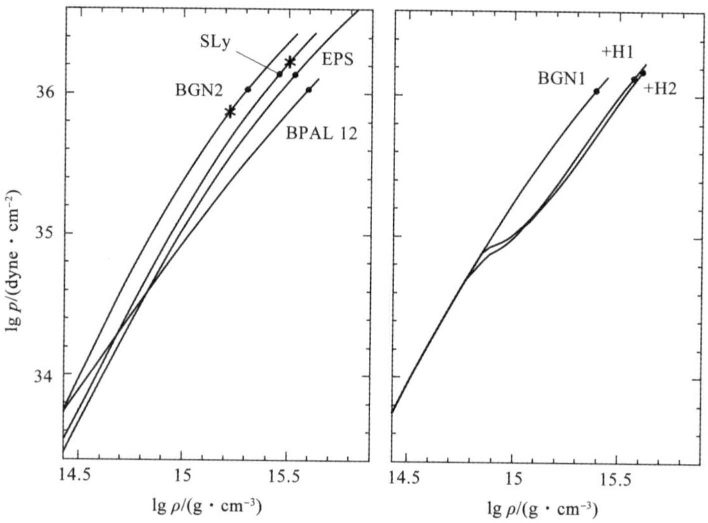

图 7.18　中子星内核的模型状态方程（见表 7.3）
黑点对应于稳定中子星内的密度峰值，同时星号所对应的值的意思是，密度高于它们以后状态方程是超光速的（$v_s>c$）

文献[101-105]分析了 $v_s<c$ 条件、洛伦兹不变性和因果性之间的相互关系问题。提出了两个问题：

1. 洛伦兹不变性是否限制了状态方程？

2. $dp/d\varepsilon>1$ 条件对于满足因果性条件是否足够？

如何把所讨论的状态方程与因果性原则联系起来？$v_s>c$ 条件可能反映了因果性的缺失或违反，因为这种情况下一个信号的传播比光速还要快。然而 $v_s>c$ 可能是声波的某些特殊成分互相干扰的结果，如当高频成分在加强、而低频成分则在逐渐熄灭的时候。

归纳起来可以认为，洛伦兹不变性和因果性并不排除 $v_s>c$ 的可能性。然而相应的否定性范例指向超高密度，比夸克退禁闭特征密度还要高的密度。

在本节结尾我们再次强调下列几点。正如我们前面所讨论的，如果所谈到的温度和密度超过了 $\rho_0\approx0.15\ \text{fm}^{-3}$ 的基态，则有关核物质性质的实验信息我们极度缺乏[73]。在这一范围，强子物质可能表现出性质和结构的高度多样性，其属性本身经常非常奇异。$T<20$ MeV、$\rho<\rho_0$ 时核蒸发有可能发生[73]，而当高密度 $\rho>3\rho_0$ 时则会有强子核物质的出现（π 介子凝聚物和同分异构体）。

核物质的 π 介子化预计在 $T>50$ MeV 时发生。由夸克退禁闭及核物质转变成夸克-胶子等离子体状态所引起的相变在 $\rho>5\sim10\ \rho_0$ 及 $T\approx150\sim250$ MeV 时发生。物质的这些奇异状态看起来出现在大爆炸之后最初的数毫秒之内（见 9.4 节），也出现在超新星爆炸[3,52]和中子星形成的过程中[4]，以及重原子核相对论碰撞时[73]。

格林纳(W. Greiner)和斯托克(H. Stöcker)领导下的“法兰克福”学派物理学家在核冲击波中的高度压缩预估方面的工作特别有意思[73]。他们的精彩工作不仅建立了美妙的重原子核相对论碰撞流体力学理论，也发展了在所观测到的碰撞数据(碎片、π 介子等)基础之上获得状态方程的方法。

第 7 章参考文献

[1] *Сергеев А.* Петаваттные и аттосекундные источники света — новые рубежи лазерной физики // Президиум РАН 29.04.2008. 谢尔盖耶夫. 拍(10^{15})瓦和阿(10^{-18})秒光源 — 激光物理的新边疆.

[2] *Brown B.* Neutron radii in nuclei and the neutron equation of state // Phys. Rev. Lett. 2000. V. 85. P. 5296-5299.

[3] *Фортов В. Е.* Экстремальные состояния вещества. — М.: Физматлит, 2009. 弗尔托夫. 物质的极端状态.

[4] *Haensel P.*, *Potekhin A. Y.*, *Yakovlev D. G.* Neutron stars 1: Equation of state and structure. V. 326. Astrophys. Space Sci. Lib. — N.Y.: Springer, 2007.

[5] The CBM Physics Book / Ed. by B. Friman, C. Höhne, J. Knoll et al. 1 ed. V. 814. Lecture Notes in Physics. — Springer, 2010.

[6] *Потехин А. Ю.* Физика нейтронных звезд // УФН. 2010. Т. 180, №12. С. 1279-1304.

[7] *Киржниц Д. А.* Экстремальные состояния вещества (сверхвысокие давления и температуры) // УФН. 1971. Т. 104, №7. С. 489-508. 基尔日尼茨. 物质极端状态(超高压力和温度).

[8] *Засов А. В.*, *Постнов К. А.* Общая астрофизика. — Фрязино: Век-2, 2006. 扎索夫,等. 普通天体物理学.

[9] *Яковлев Д. Г.*, *Левенфиш К. П.*, *Шибанов Ю. А.* Остывание нейтронных звезд и сверхтекучесть в их ядрах // УФН. 1999. Т. 169, №8. С. 825. 雅可夫列夫,等. 中子星的冷却以及它们地核内的超流性.

[10] *Haensel P.*, *Potekhin A.*, *Yakovlev D.* Neutron Stars 1: Equation of State and Structure. — N.Y.: Springer, 2007.

[11] *Шапиро С.*, *Тьюколски С. А.* Черные дыры, белые карлики, нейтронные звезды. Т. 1-2. — М.: Мир, 1995. 沙皮罗,等. 黑洞,白矮星,中子星.

[12] *Истомин Я. Н.* Генерация электронно-позитронной плазмы в магнитосфере нейтронных звезд // УФН. 2008. Т. 178, №8. С. 880. 伊斯托明. 中子星磁球体中电子-正电子等离子体的产生.

[13] *Ivanov Y. B.*, *Khvorostukhin A. S.*, *Kolomeitsev E. E. et al.* Lattice qcd constraints on hybrid and quark stars // Phys. Rev. C. 2005. V. 72. P. 025804.

[14] *Baade W.*, *Zwicky F.* Cosmic Rays from Super-Novae // Proceedings of the National Academy of Sciences of the United States of America. 1934. V. 20, №5. P. 259-263.

[15] *Киржниц Д. А.* Лекции по физике. — М.: Наука, 2006. 基尔日尼茨. 物理学讲义.

[16] *Имшенник В.* Экспериментальные возможности изучения процессов нейтронизации вещества в звездах // Ядерная физика. 1995. Т. 58. С. 888. 伊姆申尼克. 星球物质中子化过程辐射的实验可能性.

[17] *Drake R. P.* High-Energy-Density Physics. — Berlin-Heidelberg: Springer, 2006.

[18] *Kifonidis K.*, *Plewa T.*, *Janka H.-T.*, *Muller E.* Nucleosynthesis and clump formation in a core-collapse supernova // Astrophys. J. Lett. 2000. V. 531. P. L123-L126.

[19] *Imshennik V. S.* Explosion mechanism in supernovae collapse // Space Sci. Rev. 1995. V. 74, №3-4. P. 325-334.

[20] *Имшенник В.*, *Надёжин Д.* Сверхновая 1987А в Большом Магеллановом Облаке: наблюдения и теория // УФН. 1988. Т. 156, №12. С. 561. 伊姆申尼克,等. 超新星-1987A 在大麦哲伦云团

中:观测和理论.

[21] *Gyulassy M.* Quark Gluon Plasmas: Femto cosmology with A+A @ LHC. — 2008. July.

[22] *Baym G., Pethick C., Sutherland P.* The Ground State of Matter at High Densities: Equation of State and Stellar Models // Astrophys. J. 1971. V. 170. P. 299.

[23] *Page D., Applegate J. H.* The cooling of neutron stars by the direct URCA process // Astrophys. J. Lett. 1992. V. 394. P. L17-L20.

[24] *Яковлев Д. Г.* Сверхтекучесть в нейтронных звездах // УФН. 2001. Т. 171, №8. С. 866-868. 雅可夫列夫. 中子星内的超流性.

[25] *Окунь Л. Б.* Лептоны и кварки. 2 изд. — М.: Наука, 1990. 奥共,轻子和夸克.

[26] *Кувелиоту К., Дункан Р., Томпсон К.* Магнитары // В мире науки. 2003. №6. С. 26-35. 库维里奥图,等. 磁星.

[27] *Hands S.* The phase diagram of QCD // Journal of Contemporary Physics. 2001. V. 42, №4. P. 209-225.

[28] *Новиков И. Д.* Отзвуки Большого взрыва (наблюдения реликтового излучения) (Сессия РАН 28.02.2001) // УФН. 2001. Т. 171, №8. С. 859. 诺维科夫,大爆炸的回声(残余辐射监测).

[29] *Rubakov V.* Introduction to cosmology // Proceedings of Science RTN(2005)003. 2005.

[30] *Glendenning N.* Compact Stars, Nuclear Physics, Particle Physics, and General Relativity. — N.Y.: Springer, 2000.

[31] *Schertlera K., Greinera C., Schaffner-Bielichc J., Thoma M.* Quark phases in neutron stars and a third family of compact stars as signature for phase transitions // Nucl. Phys. A. 2001. V. 677, №1-4. P. 463-490.

[32] *Киржниц Д. А.* Полевые методы теории многих частиц. — М.: Атомиздат, 1963. [*Kirzhnits D. A.* Field-Theoretical Methods in Many-body Systems. — Oxford: Pergamon Press, 1967.] 基尔日尼茨,多体系统理论的场方法.

[33] *Bonche P., Vautherin D.* A mean field calculation of the equation of state of supernova matter // Nucl. Phys. A. 1981. V. 372. P. 496-526.

[34] *Marcos S., Barranco M., Buchler J.-R.* Low entropy adiabats for stellar collapse // Nucl. Phys. A. 1982. V. 381. P. 507-518.

[35] *Ogasawara R., Sato K.* Nuclei in the neutrino-degenerate dense matter. II // Prog. Theor. Phys. 1983. V. 70. P. 1569-1582.

[36] *Lattimer J. M., Pethick C. J., Ravenhall D. G., Lamb D. Q.* Physical properties of hot, dense matter: The general case // Nucl. Phys. A. 1985. V. 432. P. 646-742.

[37] *Baym G., Pethick C., Sutherland P.* Statistical mechanics of simple Coulomb systems // Astrophys. J. 1971. V. 170. P. 299-317.

[38] *Salpeter E. E.* Energy and pressure of a zero-temperature plasma // Astrophys. J. 1961. V. 134. P. 669-682.

[39] *Haensel P., Pichon B.* Experimental nuclear masses and the ground state of cold dense matter // Astron. Astrophys. 1994. V. 283. P. 313-318.

[40] *Negele J. W., Vautherin D.* Neutron star matter at subnuclear densities // Nucl. Phys. A. 1973. V. 207. P. 298-320.

[41] *Кон В.* Электронная структура вещества — волновые функции и функционалы плотности // УФН. 2002. Т. 172, №3. С. 336-348. 孔. 物质的电子结构——波动函数和密度泛函数.

[42] *Buchler J.-R.*, *Barkat Z.* Properties of low-density neutron-star matter // Phys. Rev. Lett. 1971. V. 27. P. 48-51.

[43] *Douchin F.*, *Haensel P.* Inner edge of neutron-star crust with SLy effective nucleon-nucleon interactions // Phys. Lett. B. 2000. V. 485. P. 107-114.

[44] *Lorenz C. P.*, *Ravenhall D. G.*, *Pethick C. J.* Neutron star crusts // Phys. Rev. Lett. 1993. V. 70. P. 379-382.

[45] *Oyamatsu K.* Nuclear shapes in the inner crust of a neutron star // Nucl. Phys. A. 1993. V. 561. P. 431-452.

[46] *Sumiyoshi K.*, *Yamada S.*, *Suzuki H.*, *Hillebrandt W.* The fate of a neutron star just below the minimum mass: does it explode? // Astron. Astrophys. 1998. V. 334. P. 159-168.

[47] *Pethick C. J.*, *Ravenhall D. G.*, *Lorenz C.* The inner boundary of a neutron-star crust // Nucl. Phys. A. 1995. V. 584. P. 675-703.

[48] *Pethick C. J.*, *Ravenhall D. G.* Matter at large neutron excess and the physics of neutron star crusts // Annu. Rev. Nucl. Sci. 1995. V. 45. P. 429-484.

[49] *Douchin F.*, *Haensel P.* A unified equation of state of dense matter and neutron star structure // Astron. Astrophys. 2001. V. 380. P. 151-167.

[50] *Carter B.*, *Quintana H.* Foundations of general relativistic high-pressure elasticity theory // Proc. Roy. Soc. London Ser. A. 1972. V. 331. P. 57-83.

[51] *Ogata S.*, *Ichimaru S.* First-principles calculations of shear moduli for Monte Carlo simulated Coulomb solids // Phys. Rev. A. 1990. V. 42. P. 4867-4870.

[52] *Фортов В. Е.* Экстремальные состояния вещества на Земле и в космосе // УФН. 2009. Т. 179, №6. С. 653-687. 弗尔托夫. 地球上及太空中的物质极端状态.

[53] *Bahcall J. N.*, *Wolf R. A.* Neutron stars. II. Neutrino-cooling and observability // Phys. Rev. 1965. V. 140. P. B1452-B1466.

[54] *Migdal A. B.* Stability of vacuum and limiting fields // Zh. Eksp. Teor. Fiz. 1971. V. 61. P. 2209-2224.

[55] *Migdal A. B.* Phase transitions in nuclear matter and non-pair nuclear forces // Zh. Eksp. Teor. Fiz. 1972. V. 63. P. 1993-1999.

[56] *Sawyer R. F.* Condensed π^--phase in neutron star matter // Phys. Rev. Lett. 1972. V. 29. P. 382-385.

[57] *Scalapino D. J.* π^--condensate in dense nuclear matter // Phys. Rev. Lett. 1972. V. 29. P. 386-388.

[58] *Kaplan D. B.*, *Nelson A. E.* Strange goings in dense nucleonic matter // Phys. Lett. B. 1986. V. 175. P. 57-63.

[59] *Chodos A.*, *Jaffe R. L.*, *Johnson K. et al.* New extended model of hadrons // Phys. Rev. D. 1974. V. 9. P. 3471-3495.

[60] *Witten E.* Cosmic separation of phases // Phys. Rev. D. 1984. V. 30. P. 272-285.

[61] *Lee T. D.*, *Wick G. C.* Vacuum stability and vacuum excitation in a spin-0 field theory // Phys. Rev. D. 1974. V. 9. P. 2291-2316.

[62] *Bahcall S.*, *Lynn B. W.*, *Selipsky S. B.* New models for neutron stars // Astrophys. J. 1990. V. 362. P. 251-255.

[63] *Migdal A. B.*, *Saperstein E. E.*, *Troitsky M.A.*, *Voskresensky D. N.* Pion degrees of freedom in nuclear matter // Phys. Rep. 1990. V. 192. P. 179-437.

[64] *Migdal A. B.* Meson condensation and anomalous nuclei // Phys. Lett. B. 1974. V. 52. P. 172-174.

[65] *Hartle J. B.*, *Sawyer R. F.*, *Scalapino D. J.* Pion condensed matter at high densities: equation of state

and stellar models // Astrophys. J. 1975. V. 199. P. 471-481.

[66] *Kunihiro T.*, *Takatsuka T.*, *Tamagaki R.* Neutral pion condensation in hot and dense nuclear matter // Prog. Theor. Phys. Suppl. 1993. V. 112. P. 197-219.

[67] *Kolehmainen K.*, *Baym G.* Pion condensation at finite temperature (ii). simple models including thermal excitations of the pion field // Nucl. Phys. A. 1982. V. 382. P. 528-541.

[68] *Ramos A.*, *Schaffner-Bielich J.*, *Wambach J.* Kaon condensation in neutron stars // Physics of Neutron Star Interiors / Ed. by D. Blaschke, N.K. Glendenning, A. Sedrakian. V. 578. of Lecture Notes in Phys. 2001. P. 175-202.

[69] *Pandharipande V. R.*, *Pethick C. J.*, *Thorsson V.* Kaon energies in dense matter // Phys. Rev. Lett. 1995. V. 75, №25. P. 4567-4570.

[70] *Kolomeitsev E. E.*, *Voskresensky D. N.* Negative kaons in dense baryonic matter // Phys. Rev. C. 2003. V. 68, №1. P. 015803.

[71] *Pons J. A.*, *Reddy S.*, *Ellis P. J. et al.* Kaon condensation in proto-neutron star matter // Phys. Rev. C. 2000. V. 62, №3. P. 035803.

[72] *Pons J. A.*, *Miralles J. A.*, *Prakash M.*, *Lattimer J. M.* Evolution of proto-neutron stars with kaon condensates // Astrophys. J. 2001. V. 553. P. 382-393.

[73] *Stöcker H.*, *Greiner W.* High energy heavy ion collisions-probing the equation of state of highly excited hardronic matter // Phys. Rep. 1986. V. 137, №5-6. P. 277-392.

[74] *Csernai L. P.*, *Kapusta J. I.* Entropy and cluster production in nuclear collisions // Phys. Rep. 1986. V. 131, №4. P. 223-318.

[75] *Glendenning N. K.*, *Schaffner-Bielich J.* Kaon condensation and dynamical nucleons in neutron stars // Phys. Rev. Lett. 1998. V. 81. P. 4564-4567.

[76] *Wiringa R. B.*, *Fiks V.*, *Fabrocini A.* Equation of state for dense nucleon matter // Phys. Rev. C. 1988. V. 38. P. 1010-1037.

[77] *Akmal A.*, *Pandharipande V. R.*, *Ravenhall D. G.* Equation of state of nucleon matter and neutron star structure // Phys. Rev. C. 1987. V. 58. P. 1804-1828.

[78] *Baldo M.*, *Fiasconaro A.*, *Song H. Q. et al.* High density symmetric nuclear matter in Bethe-Brueckner-Goldstone approach // Phys. Rev. C. 2001. V. 65. P. 017303.

[79] *Tsuruta S.*, *Cameron A. G. W.* Some effects of nuclear forces on neutron-star models // Canadian J. Phys. 1966. V. 44. P. 1895-1922.

[80] *Weber F.*, *Weigel M. K.* Neutron star properties and the relativistic nuclear equation of state of many baryon matter // Nucl. Phys. A. 1989. V. 493. P. 549-582.

[81] *Weber F.*, *Weigel M. K.* Baryon composition and macroscopic properties of neutron stars // Nucl. Phys. A. 1989. V. 505. P. 779-822.

[82] *Schiavilla R.*, *Pandharipande V. R.*, *Wiringa R. B.* Momentum distributions in $A=3$ and 4 nuclei // Nucl. Phys. A. 1986. V. 449. P. 219-242.

[83] *Pudliner B. S.*, *Pandharipande V. R.*, *Carlson J.*, *Wiringa R. B.* Quantum Monte Carlo calculations of $A \leqslant 6$ nuclei // Phys. Rev. Lett. 1995. V. 74. P. 4396-4399.

[84] *Stoks V. G. J.*, *Klomp R. A. M.*, *Terheggen C. P. F.*, *de Swart J. J.* Construction of high-quality NN potential models // Phys. Rev. C. 1994. V. 49. P. 2950-2962.

[85] *Wiringa R. B.*, *Stoks V. G. J.*, *Schiavilla R.* Accurate nucleon-nucleon potential with charge-independence breaking // Phys. Rev. C. 1995. V. 51. P. 38-51.

[86] *Johnson M. H.*, *Teller E.* Classical field theory of nuclear forces // Phys. Rev. 1955. V. 98. P. 783–787.
[87] *Duerr H. P.* Relativistic effects in nuclear forces // Phys. Rev. 1956. V. 103. P. 469–480.
[88] *Kohn W.*, *Sham L. J.* Self-consistent equations including exchange and correlation effects // Phys. Rev. 1965. V. 140. P. A1133–A1138.
[89] *Chabanat E.*, *Bonche P.*, *Haensel P. et al.* A Skyrme parameterization from subnuclear to neutron star densities // Nucl. Phys. A. 1997. V. 627. P. 710–746.
[90] *Chabanat E.*, *Bonche P.*, *Haensel P. et al.* A Skyrme parameterization from subnuclear to neutron star densities. Part II. Nuclei far from stabilities // Nucl. Phys. A. 1997. V. 635. P. 231–256.
[91] *Rikovska J.*, *Stone J. C.*, *Miller R. et al.* Nuclear matter and neutron-star properties calculated with the Skyrme interaction // Phys. Rev. C. 2003. V. 68, №3. P. 034324.
[92] *Bombaci I.* An equation of state for asymmetric nuclear matter and the structure of neutron stars // Perspectives on Theoretical Nuclear Physics / Ed. by I. Bombaci, A. Bonaccorso, A. Fabrocini et al. — Pisa: Edizioni ETS, 1995. P. 223–237.
[93] *Balberg S.*, *Gal A.* An effective equation of state for dense matter with strangeness // Nucl. Phys. A. 1997. V. 625. P. 435–472.
[94] *Pandharipande V. R.*, *Ravenhall D. G.* Hot nuclear matter // Nuclear Matter and Heavy Ion Collisions / Ed. by M. Soyeur et al. — Dordrecht: Reidel, 1989. P. 103–132.
[95] *Baldo M.*, *Bombaci I.*, *Burgio G. F.* Microscopic nuclear equation of state with three-body forces and neutron-star structure // Astron. Astrophys. 1997. V. 328. P. 274–282.
[96] *Hanauske M.*, *Zschiesche D.*, *Pal S. et al.* Neutron star properties in a chiral SU(3) model // Astrophys. J. 2000. V. 537. P. 958–963.
[97] *Sugahara Y.*, *Toki H.* Relativistic mean-field theory for unstable nuclei with non-linear σ and ω terms // Nucl. Phys. A. 1994. V. 579. P. 557–572.
[98] *Vidaña I.*, *Polls A.*, *Ramos A. et al.* Hyperon-hyperon interactions and properties of neutron star matter // Phys. Rev. C. 2000. V. 62. P. 035801.
[99] *Rijken T. A.*, *Stoks V. G. J.*, *Yamamoto Y.* Soft-core hyperon-nucleon potentials // Phys. Rev. C. 1999. V. 59. P. 21–40.
[100] *Glendenning N. K.* Neutron stars are giant hypernuclei? // Astrophys. J. 1985. V. 293. P. 470–493.
[101] *Bludman S. A.*, *Ruderman M. A.* Possibility of the speed of sound exceeding the speed of light in ultradense matter // Phys. Rev. 1968. V. 170. P. 1176–1184.
[102] *Bludman S. A.*, *Ruderman M. A.* Noncausality and instability in ultradense matter // Phys. Rev. D. 1970. V. 1. P. 3243–3246.
[103] *Ruderman M. A.* Causes of sound faster than light in classical models of ultradense matter // Phys. Rev. 1968. V. 172. P. 1286–1290.
[104] *Caporaso G.*, *Brecher K.* Must ultrabaric matter be superluminal? // Phys. Rev. D. 1979. V. 20. P. 1823–1831.
[105] *Olson T. S.* Maximally incompressible neutron star matter // Phys. Rev. C. 2000. V. 63. P. 015802.

第 8 章

行星和恒星中的高能量密度

高能量密度物理学是这样一门学科，它建立在宇宙演化及其天体物理目标在万有引力及热核能量释放作用下的当代认知基础之上[1]。

很难想象有这样一个智力活动领域，它在过去一个世纪所经历的变化比宇宙学还要大。科学家们彻底地改变了对于我们周围世界结构的看法。

天体物理学现象具有惊人的规模和多样性，要理解它们，当代物理学前沿的最新思想和数据必不可少。同时对天体物理目标的跟踪观察在电磁辐射的大范围波段内展开——从硬伽马射线到米波段(图 8.1、图 8.2)，提供了甚至现代化加速器也达不到的超高能量的物理过程的独特信息。按照泽尔多维奇院士的比喻：宇宙是“穷人的加速器”，是不需要花费数十亿美元进行建设的实验装置。

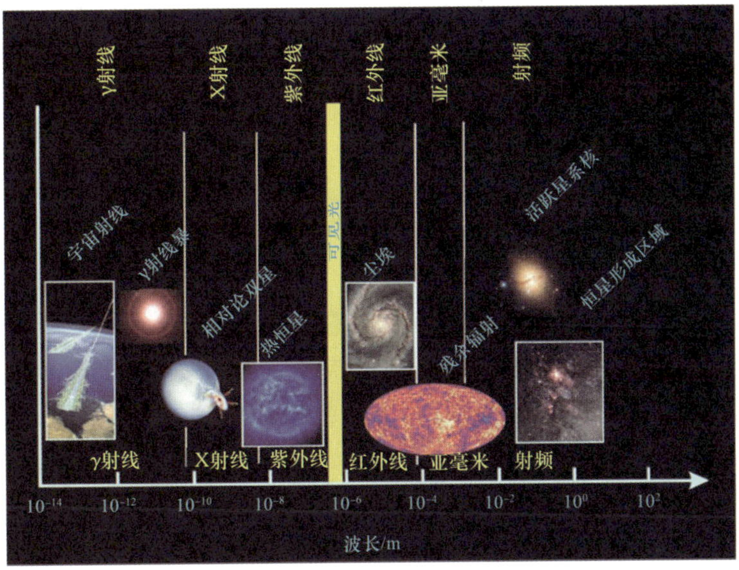

图 8.1 天体物理目标观测的光谱分区[2]

宇宙由普通物质、光子、残余辐射、暗物质(hidden mass)以及表现为非零宇宙常数(cosmological constant)的“类真空”物质构成[3,4]。所谓普通物质主要指的是质子、电子和中子。氢是占主导地位的元素，氦和数量不大的锂也是。重原子在宇宙中存在的数量非常稀少。质子数量在我们的尺度为 10^{28} cm 的宇宙中估算为埃丁顿-迪拉克数(Eddington-Dirac number)$N=10^{80}$。宇宙中的物质密度为 $\rho_{sub}=10^{-31}$ g/cm^3。这些物质以恒星、行星、彗星、星际气体、陨石、宇宙射线的形式存在。

根据当代概念[5]，将近 74%的能量质量(energy-mass)属于反引力的“暗能量(dark energy)”。大约四分之一的宇宙平均密度应属于引力质量(“暗”或隐质量)，其中大约 22%是“暗”物质，出现在门捷列夫元素周期表中的普通重子物质总共约占 4%。这 4%的物质包含在恒星、行星和星际介质中。4/5 的重子物质属于星际介质，只有 0.5%的宇宙平均密度集中在恒星内。它们只占宇宙体积的 10^{-25}。别看这些“平均”数字很平凡，恒星实际上在我们的宇宙中起着非凡的作用，因为它们明亮的射线穿过遥远的距离来到我们面前，是我们的宇宙中正在发生的各种物质和能量变态过程的基本信息来源。正是在恒星内发生着不可逆热核变化和重元素诞生过程、我们难以得到的物质奇异形态的产生——中子物质、夸克-胶子等离子体等。如果残余辐射能够提供有关宇宙演化最初几十万年的信息，那么接下来几十亿年的历史我们根据恒星观测来判断。

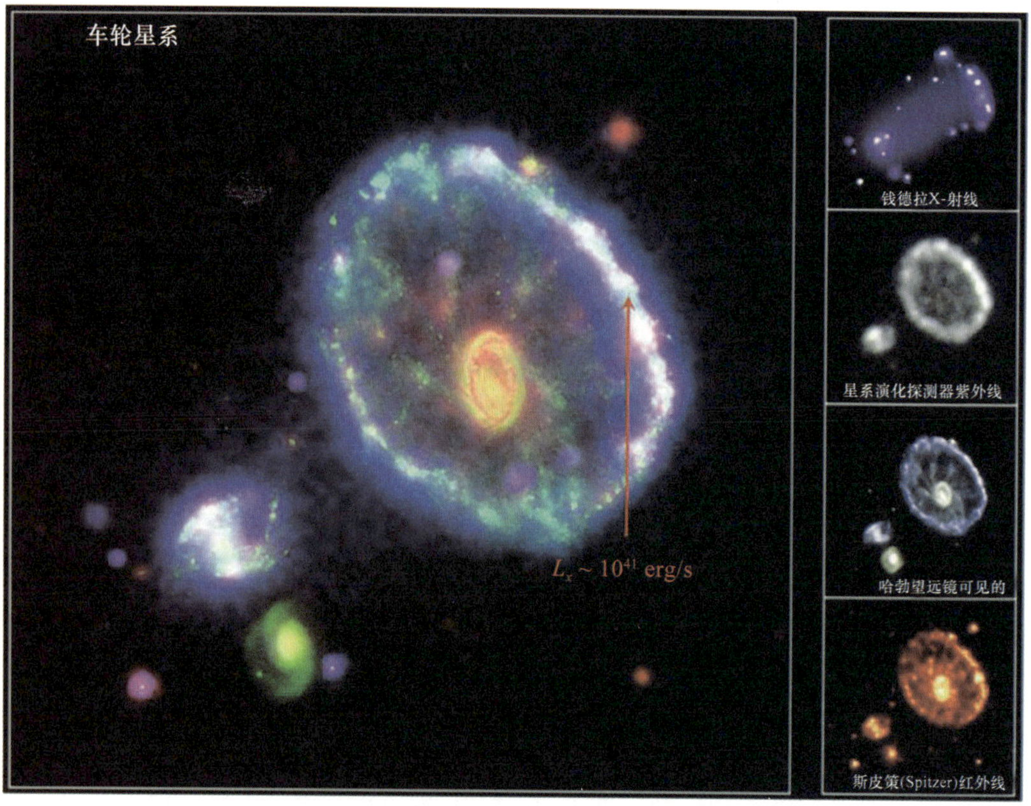

图 8.2　不同光谱波段中的车轮星系图[2]

宇宙中物质参数的变化跨越很大范围[6,7]：从宇宙真空和密度只有 10^{-30} g/cm^3 的稀薄星系际气体①，到极端高密度 $10^{14} \sim 10^{17}$ g/cm^3 的中子星(表 8.1)。密度为 $n \approx 10^{-4} \sim 10^{-3}$ cm^{-3} 的星系际气体的温度有 $10^7 \sim 10^8$ K，而被(恒星外壳的脱落、恒星的碰撞与爆

① 这一量值来自真空中引力效应的测量并与根据空间曲率下限所得出的上限概念相一致[8]。

炸、气体云的碰撞等所引起的)冲击波加热时可能达到十亿度。在中子星内部，正如我们在第7章所见到的，温度有 $10^8 \sim 10^{11}$ K[1]。99%的可见物质加热到了 10^5 K 以上的温度。

表 8.1 自然界和实验室中物质的特性参数

目标	T/K	ρ/(g/cm^3)	p/bar
星系际气体	$10^7 \sim 10^8$	$10^{-30} \sim 10^{-3}$	$10^{-17} \sim 10^{-7}$
地球中心	5×10^3	$10 \sim 20$	3.6×10^6
木星中心	$(1.5 \sim 3)\times10^4$	$5 \sim 30$	$(3 \sim 6)\times10^7$
系外行星	$10^3 \sim 10^5$	$1 \sim 30$	$10^7 \sim 10^8$
金刚石砧	4×10^3	$5 \sim 20$	5×10^6
冲击波	10^7	$13 \sim 50$	5×10^9
磁约束受控热核聚变	10^8	3×10^{-9}	50
惯性约束受控热核聚变	10^8	$150 \sim 200$	2×10^{11}
太阳	1.5×10^7	150	10^{11}
红巨星	$(2 \sim 3)\times10^7$	$10^3 \sim 10^4$	5×10^{12}
白矮星	10^7	$10^6 \sim 10^9$	$10^{16} \sim 10^{22}$
金核相对论碰撞，100 GeV/nucleon，布鲁克海文(Brookhaven)	$2\times10^7 \sim 7\times10^{13}$	10^{15}	10^{30}
中子星，黑洞，伽马射线暴	$10^8 \sim 10^{11}$	$10^{14} \sim 5\times10^{15}$	$10^{25} \sim 10^{27}$
早期宇宙(普朗克条件，Planck conditions)	10^{32}	10^{94}	10^{106}

如果星系际空间内的磁场在 10^{-9} Gs 量级，那么银道面(Galactic plane)附近的是 10^{-6} Gs 量级，中子星表面的则是高出了22个数量级。现有的最新纪录属于不久前发现的磁星——形成于超新星爆发之后的一种中子星。磁星具有极强的磁场——高达 10^{15} Gs，对应于 10^8 g/cm^{3}量级的密度，接近于核物质的密度[9]。

巨大的黑洞完全吸收了恒星系及星系的热核。近些年来所讨论的磁通道(“虫洞”(wormhole)，连接广阔空间和时间的假设通道”)[10]，有可能，连接着我们和其他宇宙天地，如果它们存在的话。物质的引力积聚产生高度准直射流，带电粒子束被加速到超高能量。超新星爆炸产生冲击波、等离子体抛射、湍流等离子体和粉末云团，为恒星的诞生创造所需的材料[6,7,11,12]。中子星的尺度在数千米，以千赫兹频率进行旋转，将自己巨大的磁场作用于等离子体，产生强大的X射线辐射。

周密的天文学观测证明，类似于暗物质和暗能量的物质新形态占有主导地位。但是我们甚至对靠近我们的太阳系行星的结构也不完全了解。

同时，研究恒星的新型有效手段不断出现[5]。光学干涉测量法能够测量恒星的尺度，甚至形状。高精度宇宙光度计在星震学(astroseismology)面前大显身手：声波从恒星深处行进到恒星表面，提供了光球结构的信息，借助于光学望远镜就能够获得有关恒星内部的数据。

研究人员的任务在于，在实验室条件下，哪怕是在某种程度上重现这些奇异状态和材料变化，途径是在超强激光聚焦中、等离子体的箍缩内爆中或者使用超级计算机的数值模拟计算进行相对论原子核碰撞[11]。这样一来，实验室规模和天体物理学规模之差就有很高(达 25)的数量级，所以恰当的无量纲参量选择和认真的相似性准则分析必不可少[14,15]。现有的基础性技术能力以及高能量密度积聚的前景在前面的章节已有论述，它们是实验室天体物理学——快速发展中的高能量密度物理学领域——的技术基础[14-16]。实验研究包括[11]很多方面，如状态方程、强冲击、放射性和磁流体波、混合动力学、超声速和相对论射流、放射性流动、光致电离等离子体的光学性质、强压缩热物质及相对论等离子体的输运性质和动力学性质。这些过程与大量各类天体物理目标和现象紧密相关，如超新星(图 8.3、图 8.4)、中子星、辐射加速的相对论射流(图 8.5)、分子云团和粉末云团、黑洞、“虫洞”、伽马射线暴、行星和外行星。

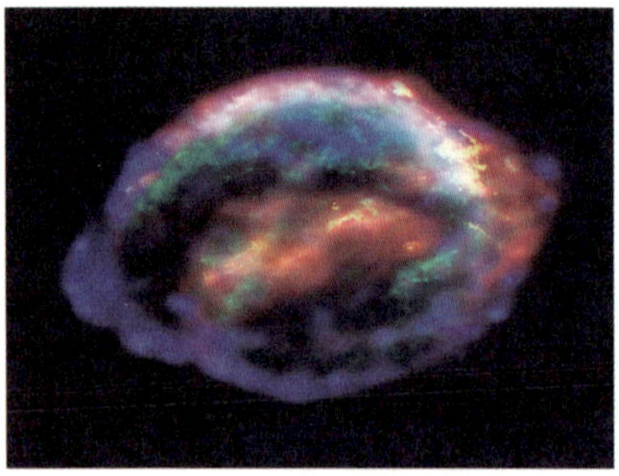

图 8.3　开普勒超新星残余
(X 射线和红外波段)[13]

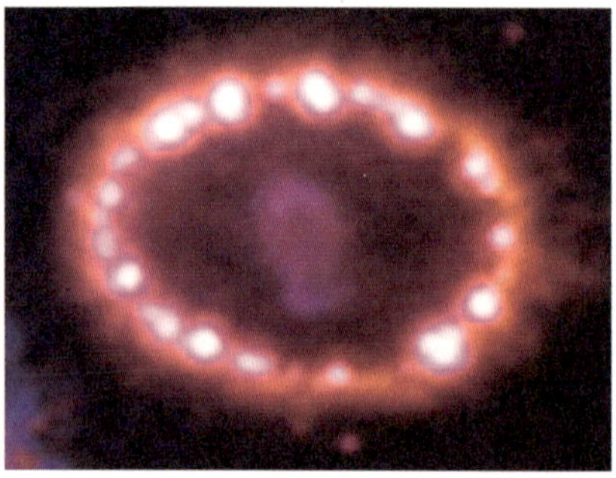

图 8.4　被环绕超新星 1987A(SN1987A)
的强冲击波加热的气体环[13]

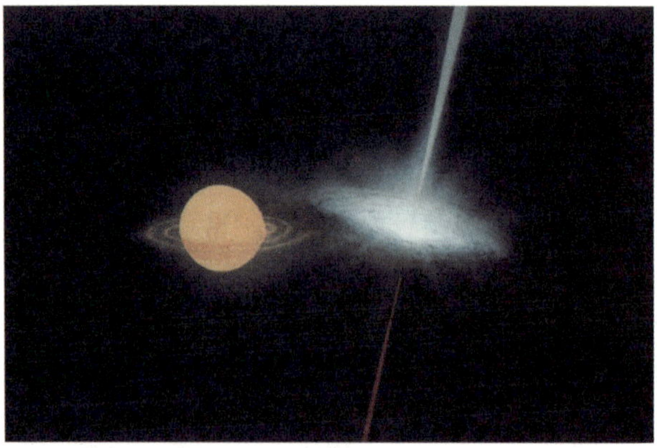

图 8.5　双目标 SS433 示意图[7]
左侧是大质量星，其物质流向右侧的致密天体(中子星或者黑洞)，
在那里形成两股速度将近四分之一光速的相对论射流

描述构建天体物理目标之结构和演化的中心要素是被强烈压缩和加热之物质的物理性质[1]。这就包括状态方程、等离子体组分、其光学性质，以及各种输运系数——黏性、热传导、扩散、电导率、粒子制动能力等。这些信息在状态参数涵盖的大范围内必不可少，但只有其中一小部分如今可以在实验室测量中获得。同时在相当广泛的领域内，用于热等离子体或者冷稠密物质的理论模型正在得到发展[1,11,17-19]。

我们将简要分析一些天体物理目标范例，主要来自文献[11]且只从高能量密度物理学的观点来查看。

8.1　行星和外行星

无人操作空间站所获得的有关太阳系巨行星的详细信息，以及太阳系外数百行星(外行星)的发现，对于行星研究是极大的推动[20,21]。这里所发展的演化和构造模型建立在大量的——兆巴和超兆巴量级压力下的——压缩热物质物理性质信息的基础之上(图 1.2、图 2.36、表 8.1)。

8.1.1　太阳系的行星

图 8.6[22]列出了太阳系行星的尺度和离太阳的平均距离，而图 8.7、图 8.8 则是它们的质量和组分。图 8.7 上的点分布在平均密度大约 3 g/cm^{3}附近，它们落在从彗核的 0.5 g/cm^{3}到金属小行星和陨石的 7.7 g/cm^{3}之间。行星中最大的是木星，其尺度比太阳小一个量级，但具有和太阳接近的密度(分别是 1.33 g/cm^{3}和 1.41 g/cm^3)。土星的尺度接近木星，但密度几乎只有其一半——0.7 g/cm^3。天王星和海王星的密度分别是 1.27 g/cm^{3}和 1.64 g/cm^3；它们与木星和土星一起组成太阳系的巨行星组。地球(5.52 g/cm^3)、金星(5.24 g/cm^3)、火星(3.94 g/cm^3)和水星(5.43 g/cm^3)组成类地行星组，具有高平均物质密度。环日物质本身只有太阳系质量的 0.134%，太阳系的绝大多数质量(99.866%)属于太阳——一颗普通恒星，黄矮星。

图 8.6　行星质量(以地球质量为单位)及其与太阳之间的平均距离[22]

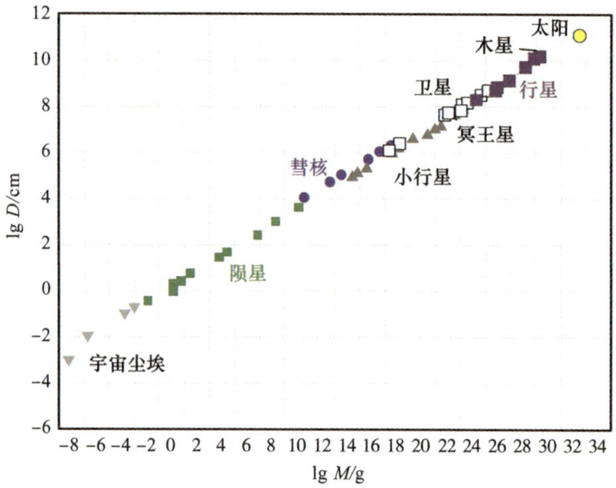

图 8.7　太阳系目标的质量和尺度

所有目标几乎分布在一条线上，相应的平均密度大约为 3 g/cm³[23]

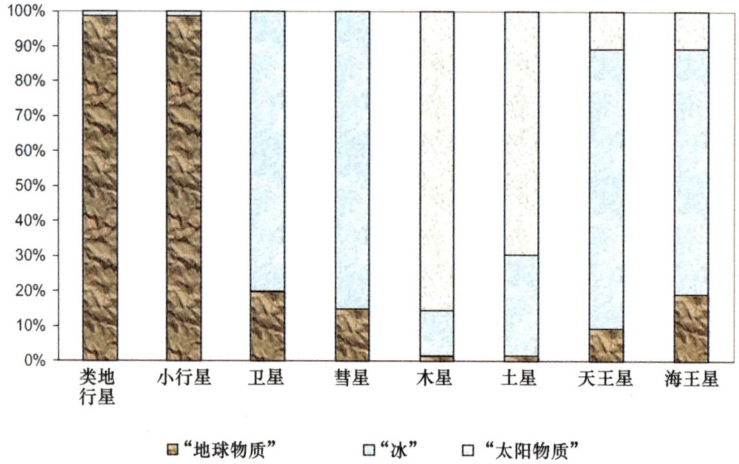

图 8.8　太阳系目标所包含的各类物质的相对含量[23]

太阳的质量大约有 2×10^{30} kg，是地球的 333 000 倍、木星的 1000 倍。

已知恒星中的最大质量大约是太阳的 100 倍。这些大质量星也不过只比最低质量星"重"1500 倍。这时恒星的亮度相差万亿(10^{12})倍[5]。

恒星的尺度相差不是非常大，但也相当大——几乎有十亿倍(如果不算中子星的话)，而且最大的恒星未必是最重的。已知一些恒星，按直径算比我们的太阳大了约 1500 倍。但是按质量算，它们中的一些与太阳差别不大，其平均密度比太阳低数百万倍。还有，太阳的平均密度等于 1.4 g/cm^3，比水的密度也高不了多少[5]。

图 8.9、图 8.10 展示了一系列太阳系巨行星的结构和特征参数，它们集中了 99.5%的环日物质质量。显然这里所涉及的是复杂的结构和五花八门的物理过程，人们必须学会如何在实验室内重现它们，用兆巴压力下稠密等离子体的理论模型对它们进行描述。

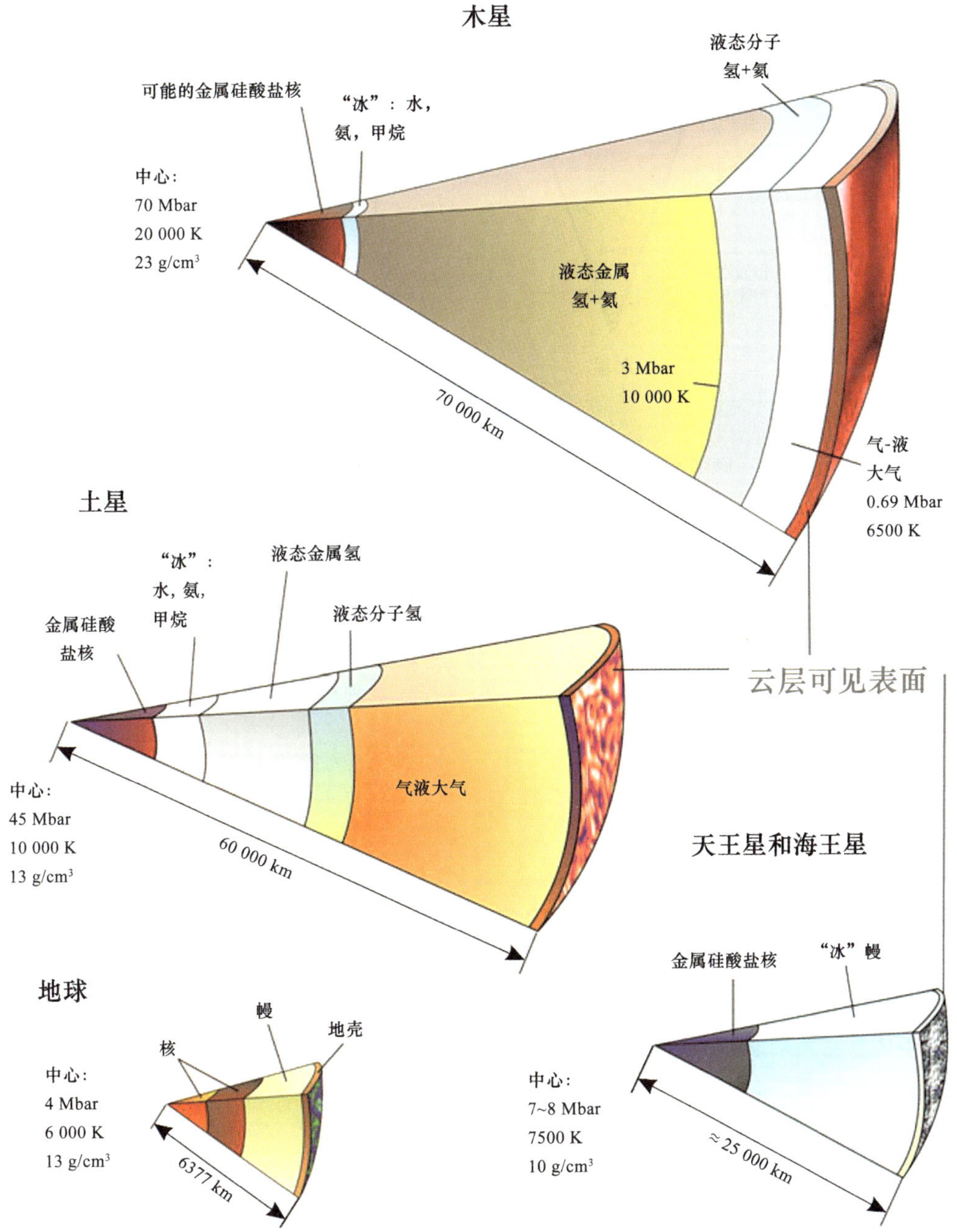

图 8.9 巨行星与地球的内部构造对比示意图[22]

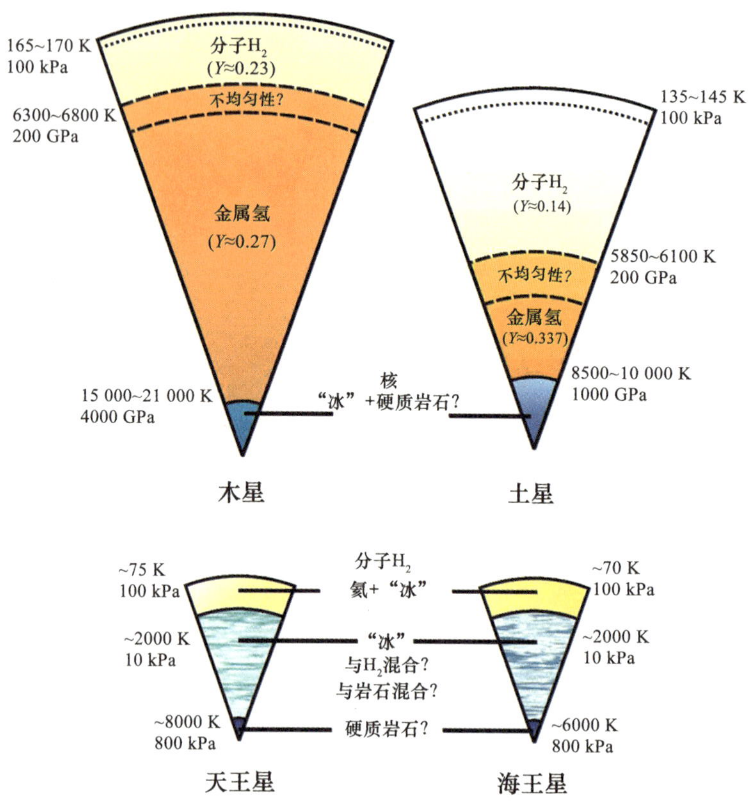

图 8.10　太阳系巨行星的构造和物理条件[24]

图 8.11 展示了行星物质在相图中的位置，以及动力学实验可以做到的状态。而图 8.12 则列出了铁的状态图，标出了 Fe 的地球状态和冲击绝热状态。地球的内部构造示意图见图 8.13。

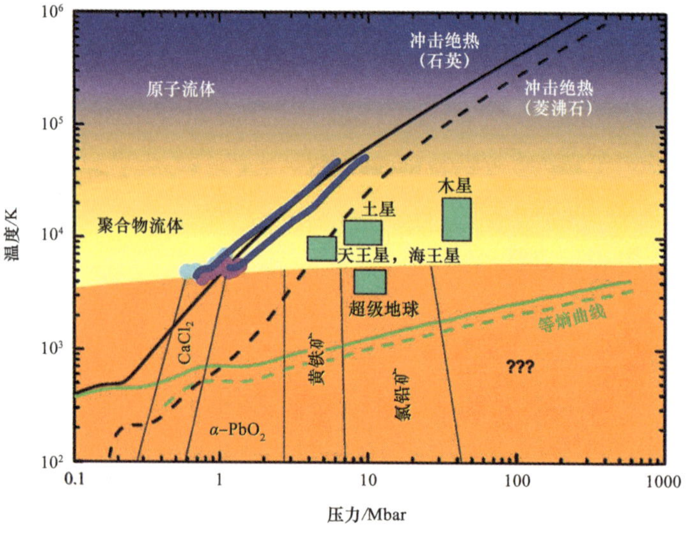

图 8.11　相图中行星物质的位置

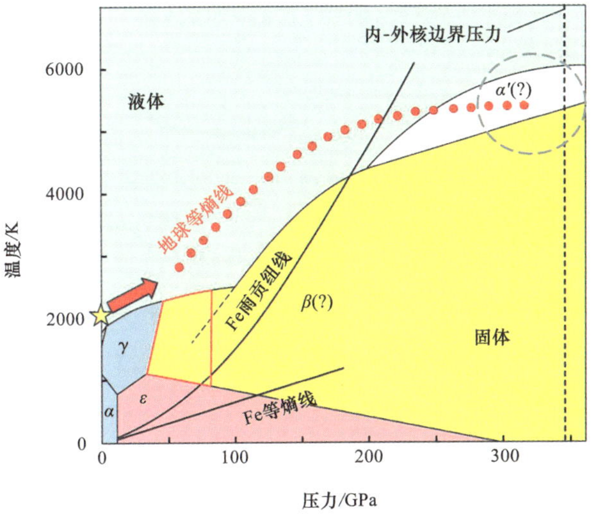

图 8.12 铁的相图(包括冲击绝热雨贡纽曲线、标出了地球表面的状态)

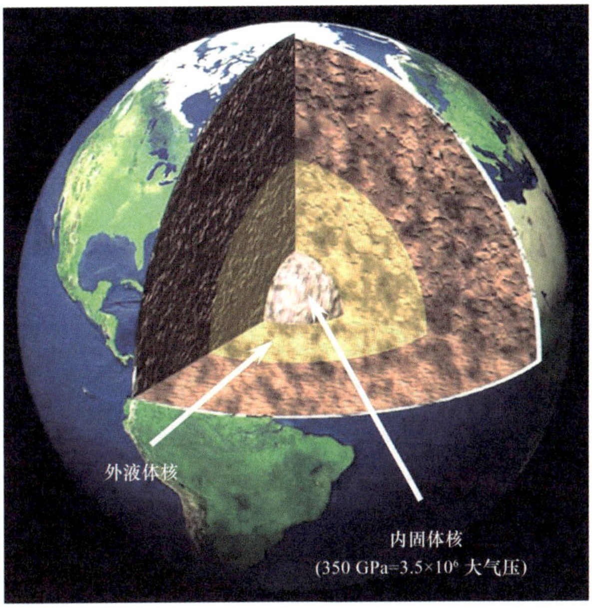

图 8.13 地球内部的构造

8.1.2 外行星

位于太阳系之外的行星所观测到的相关信息数量要少得多。自 1992 年至 2013 年，已经发现了数百个这类目标，它们被天文工作者根据行星在恒星与地球上的观测者之间穿过时刻恒星亮度的下降(“遮蔽”法，图 8.14[25])而捕捉到。图 8.15 是由哈勃(Hubble)太空望远镜拍摄的恒星 Gliese 229(吉丽斯 229)的系外行星-卫星的罕见照片。右侧明亮的光晕为光电探测器的光学曝光。这一系外行星的质量相当于 20~60 个木星。

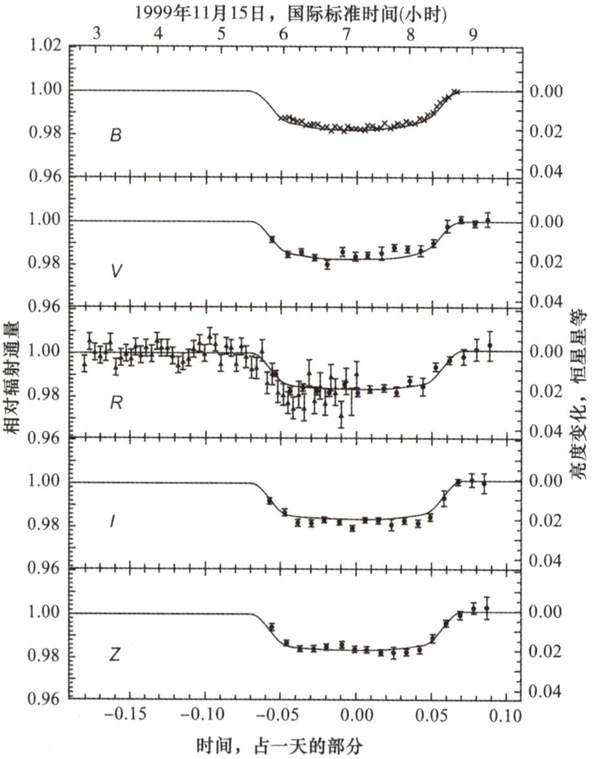

图 8.14　V376 Pegasi(佩伽西)是银河系第一个变(恒)星，当行星穿过其恒星圆面时其亮度发生改变[25]
行星穿过时恒星亮度在光谱的全波段(B、V、R、I、Z)黯淡数个百分点

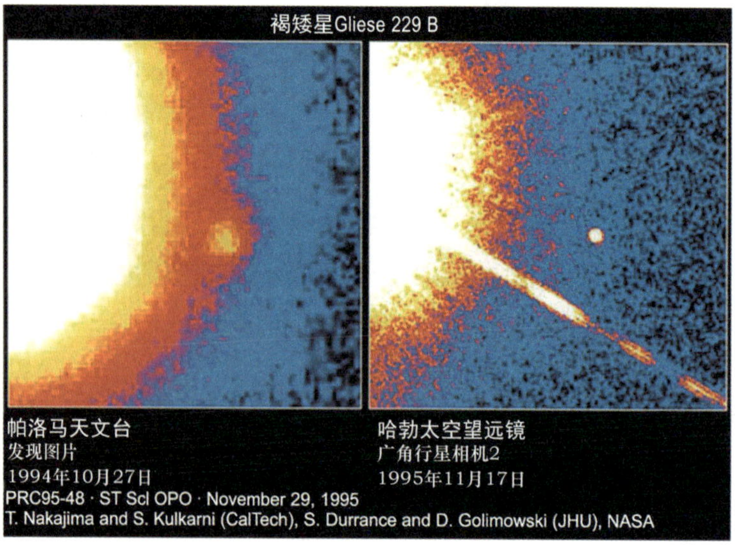

图 8.15　恒星 Gliese 229 的卫星图像
图片由“哈勃”太空望远镜拍摄[26]

只有已发现的系外行星之一 Gliese 581——距离地球有 20.5 光年——略微与我们的地球相似。它的温度在 15~55 ℃。NASA 于 2009 年发射的开普勒太空仪将致力于寻找类似于地球的系外行星。迄今为止所发现的系外行星主要是非常大质量的目标(图 8.16[20,21,24]),其轨道尺度跨度极广,决定了它们所具有的物质处在各种各样的物理条件下。

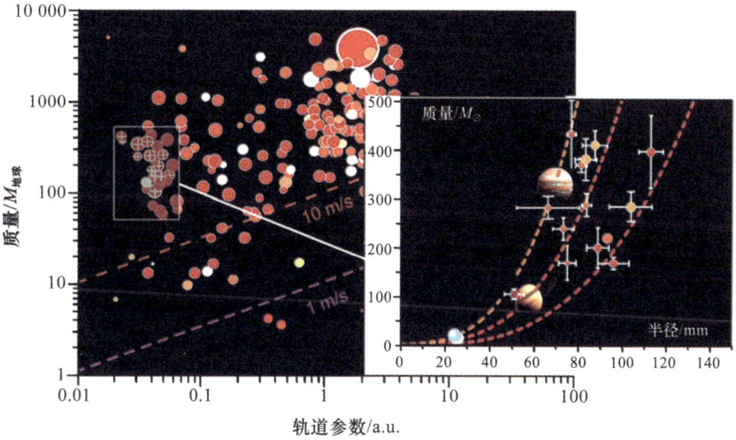

图 8.16　系外行星的特性[24]

特别是在 1998 年发现的系外行星 DH2 094 586,其构造和参数令我们想起了木星,只是温度有一点超过,具有等离子体相变区域、以及氢和氦的等离子体相分层。研究者们预计[24],在大多数情况下含有重元素的大质量内核(质量达 100 个地球)是存在的。图 8.16、图 8.17 列出了一些巨行星及系外行星的尺度和质量及其化学组分,与一系列太阳系行星进行了对比。

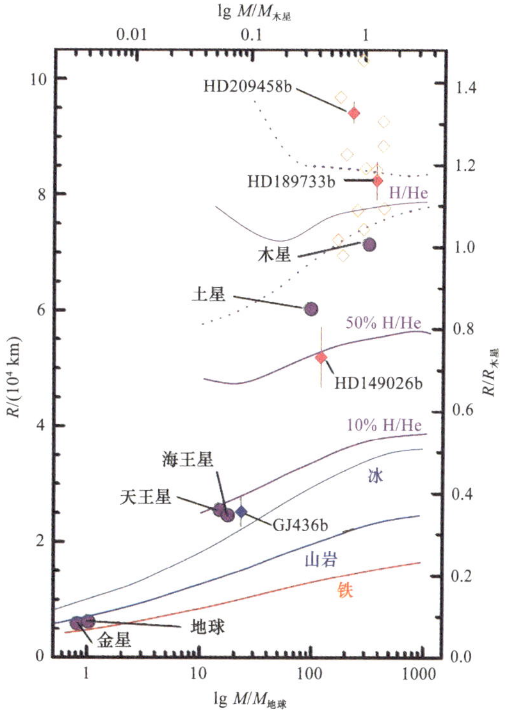

图 8.17　系外行星的特性和化学组分与一系列太阳系行星的对比[24]

图 8.18 依据文献[20]列出了各元素的丰度,圆圈内所强调的是对于巨行星和系外行星很重要的化合物。

近期正在计划利用航天器继续大力研究巨行星和系外行星。Cassini 太空探测器正在对土星的引力场进行高精度测量;CoRoT 和开普勒探测器(分别于 2006 年 12 月和 2009 年发射)将能够新发现数十颗系外行星;Juno 航天器

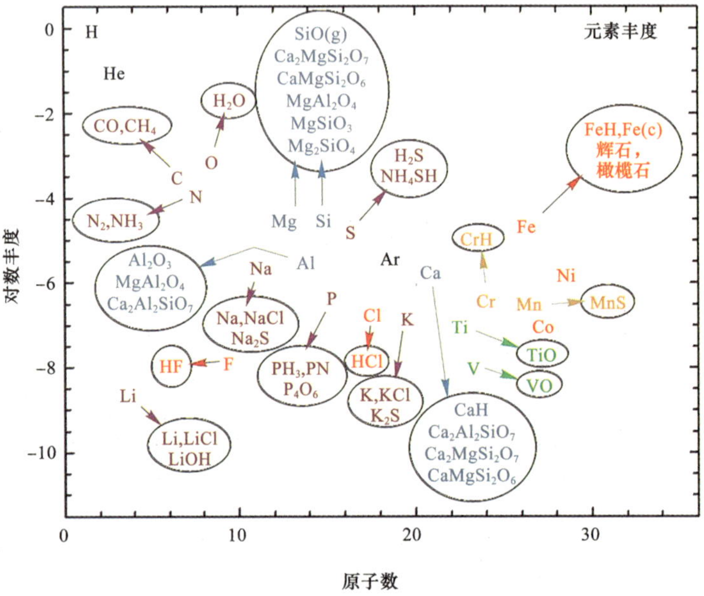

图 8.18　参考文献[20]的化学元素丰度

(2011 年发射)将对木星的引力场和磁场进行高精度测量，而 KRONOS 将用来测量土星的参数。

对地球测量和太空测量的数据进行阐释，进而在此基础上构建这些目标的演化、结构和动力模型，都需要有关兆巴压力水平下非理想等离子体物理性质的可靠信息(图 8.9、图 8.10)。这里所指的是有关稠密多组分等离子体，具有强烈的集体粒子间相互作用，此时压致电离——所谓的“冷”电离——与热致电离效应一起都起着决定性作用。要知道在木星的中心区域(图 8.9、图 8.17、图 8.22)，温度在$(15\sim20)\times10^3$ K 时压力达到了 40~60 Mbar，而褐矮星 GL 229 中心的等离子体压力大约是 10^5 Mbar[12]。

要实现这些目标，正如我们所提到过的，氢、氦及其混合物的多重(准绝热)冲击压缩方面的实验特别引人注目，这些实验利用气压炮和爆炸加载装置进行(图 8.19)[18,19,27,31]，所得到的信息提供了有关天体物理目标非常有意义的新资料。它们是关于状态方程、压致电离(图 8.20)[18,19,27,35]的数据，以及关于非理想等离子体中相变(图 8.21)[31]的数据。测量显示，等离子体相变发生在 $p\approx1.2$ Mbar 时的氘等熵曲线上，这时如果等离子体密度在 $\rho\approx0.5\sim1.0$ g/cm^3，就能出现压致电离。由此木星的金属性边界就能确定了，它向着更大半径的方向移动(图 8.22)[17,36]。

“冷”电离的压力值对于木星的对流效应和强磁场(10~15 Gs)生成的评估至关重要。等离子体相变的发生对于氢和重元素相分离(phase separation)时内部(包括引力)能量输出的评估的重要性不言而喻(图 8.23)，热通量的评估也是同理。因此必须[11]进一步研究氢、氦及其混合物的等离子体相图，还有等离子体相变、金属性边界、各种组分和化学元素的非理想等离子体互溶度，以及高温高压时“氦雨”发生的可能性。

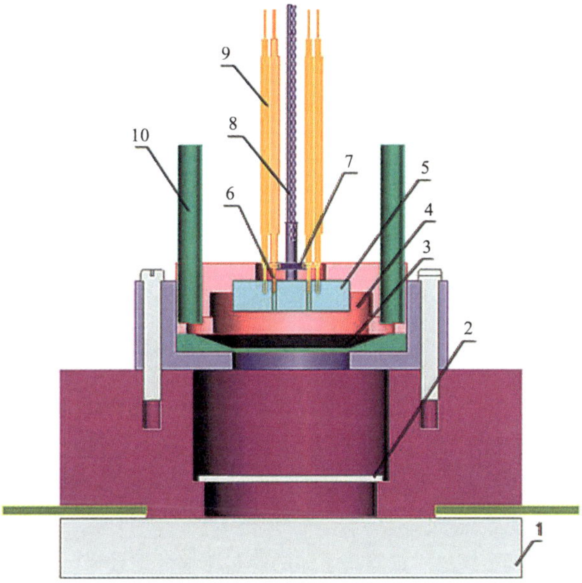

图 8.19 用于等离子体冲击波压缩的爆炸发生器[27]

1——炸药装料；2——钢板；3——实验板底部；4——研究对象物质；5——白蓝宝石窗口；6——铜电极；7——分路电阻；8——石英-石英光纤；9——同轴电缆；10——供气管道

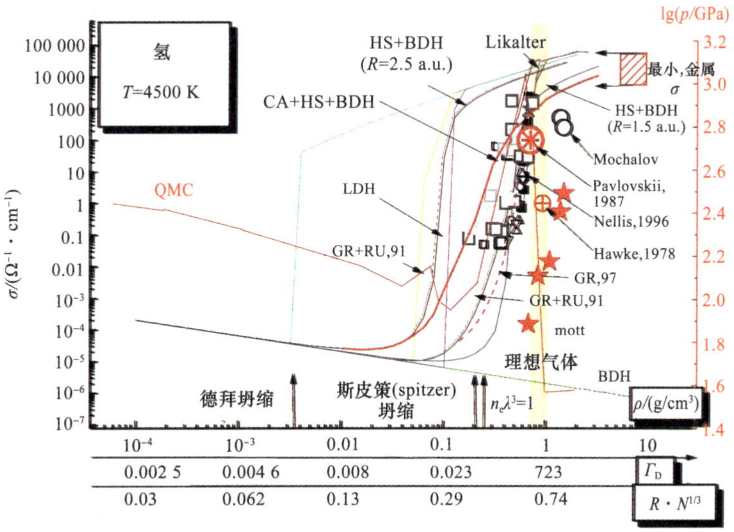

图 8.20 非理想氢等离子体的压致电离[27-30]

所标出的黄色区域代表热力学相变[31]，星号表示脉冲 X 射线照相术密度测量结果[31]，QMC(Quantum Monte Carlo)是量子蒙特卡洛方法的计算[32-34]

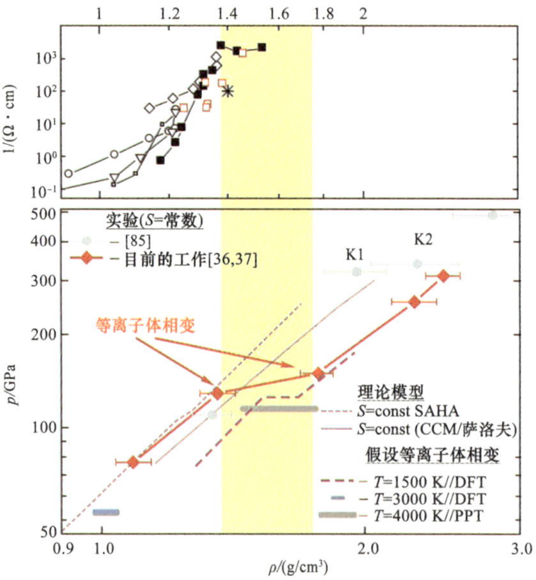

图 8.21　氘等离子体的绝热压缩性记录[31]

等离子体相变区域用黄色标出。上面部分是以 D_2 的密度折合的导电性数据(图 8.20)

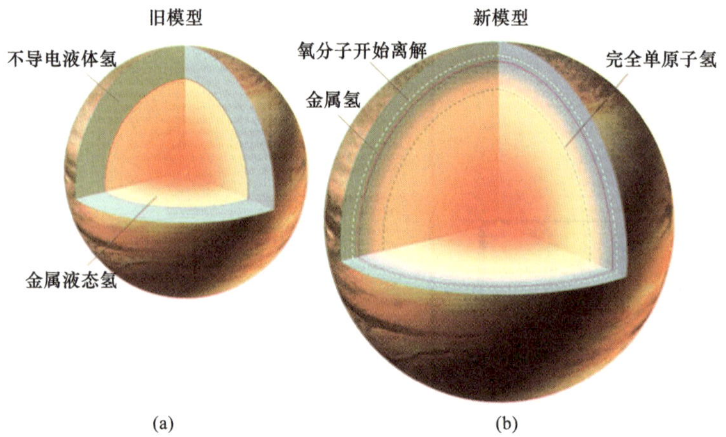

图 8.22　冲击压缩的氢中电导率测量前(a)和测量后(b)的木星构造示意图[36]

金属内核地带从半径的 0.75(a)移动到了大约 0.9(b)处

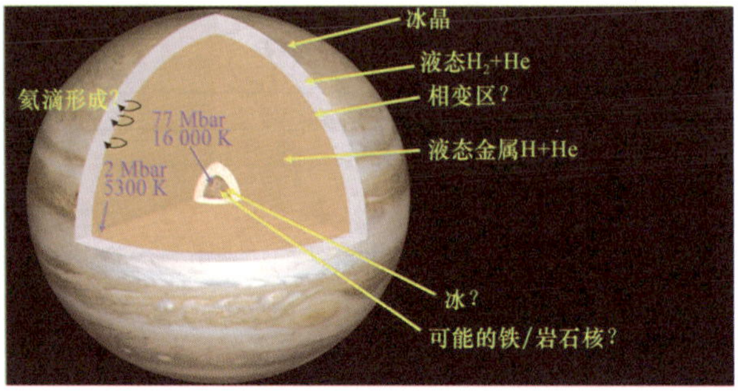

图 8.23　木星的详细结构

8.1.3 低质量星和亚恒星

在尺度方面接近于行星目标的有低质量星和亚恒星，由于这些目标的质量不足，它们内部的核反应绝迹了[37]。通常它们的质量是0.07~0.09个太阳质量，尺度与木星相当。这些“未完成态恒星”有木星到太阳范围内的质量，在中心压力大约10^5 atm（10^{10} Pa）条件下由氢-氦简并的或者部分简并的非理想等离子体构成，此时白矮星的等离子体完全简并了[21,38-40]。

如同对行星的处理，研究和建立这类亚恒星目标的大气模型是极为复杂的课题，需要对分子的多组分等离子体进行全面的热力学和光谱学计算（数百万光谱线和光谱带）。也必须考虑到凝聚物（冷凝物）的存在、光谱线的位移和增宽、以及金属及其化合物的出现。所有这些都必不可少，特别是对于计算这些难以观测目标的亮度，以及确定它们对银河系暗物质的贡献。

总而言之，恒星等离子体的光学性质是高能量密度物理学应用于天体物理学的重要领域之一，因为辐射决定了恒星内部的能量输运、它们的演化以及可观测的亮度，提供了有关这些目标的主要观测信息。

为了研究这些问题已经编制了计算机程序，创建了光谱数据库和高能级辐射输运程序，与流体力学运动程序组合应用。所以文献[41]中包含了H_2O的6百万谱线清单，而文献[42]中则是300百万。即便如此它们也没能完全涵盖晚型星（late-type star）和褐矮星所观测到的水蒸汽（谱）带。突出的问题在于如何把压缩等离子体中的非理想性效应以及簇群和粉末形态的凝聚物的形成适当地考虑在内[38]。

作为这类计算的一个范例，我们来分析彗星Shoemaker-Levy 9（鞋匠/舒马克-列维9）撞击木星的光学现象[43,44]，有助于搞清木星大气层的组分和构造，揭示指数大气中冲击波的加速效应，并且阐释地球探测器和太空探测器（图8.24、图8.25）所记录到的光学信号（图8.26）。

图8.24 彗星Shoemaker-Levy 9的碎片撞击木星的结果

下部低于红斑的白色涡旋是撞击的痕迹[43,44]

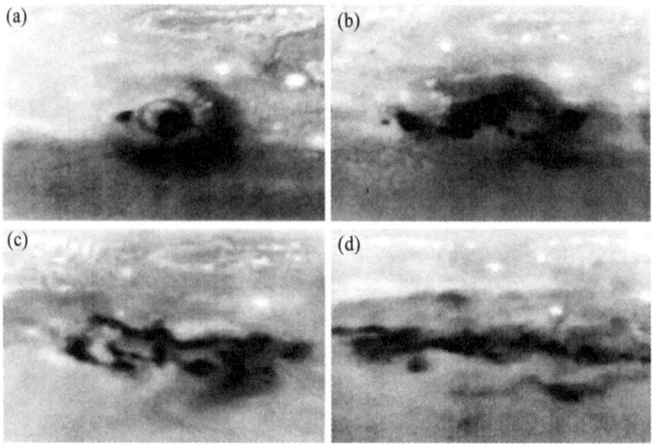

图 8.25　彗星 Shoemaker-Levy 9 的碎片撞击木星处涡旋演化图像
(a)1994 年 7 月 18 日(大约是在打击之后的一小时)；(b)1994 年 7 月 23 日；
(c)1994 年 7 月 30 日；(d)1994 年 8 月 24 日

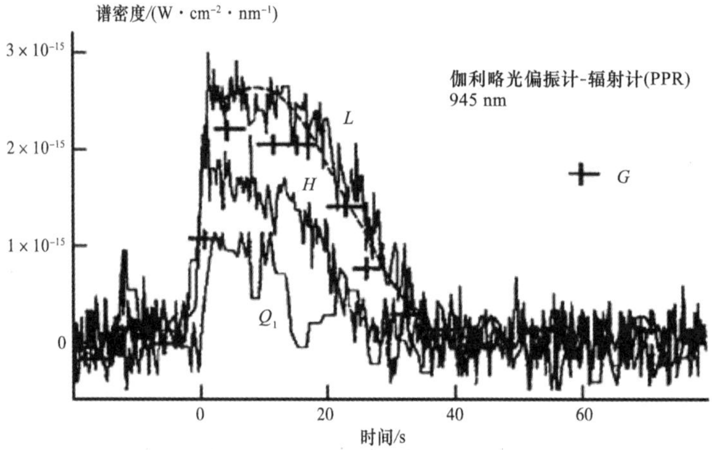

图 8.26　伽利略航天器所获得的彗星 Shoemaker-Levy 9 系列撞击的亮度曲线，
使用 $\lambda=945$ nm 波长进行观测。虚线对应于解析解[43,44]

等离子体的光学性质不仅决定了恒星目标的亮度、光谱和结构，也可能在恒星失去稳定性之后导致大规模的脉动[12]，就像 1596 年发现的恒星 Mira（Omicron Ceti）(鲸鱼星座中的藁变星，刍藁增二)的长周期(11 个月)振荡(图 8.27)。这些恒星(造父变星，Cepheid)的振荡半径和辐射温度不断发展，因为等离子体的光学不透明度系数 $\varkappa(T,\ \rho,\ Z)$ 在增长，它是等离子体组分、温度和密度的复杂函数[45]。$\varkappa(T,\ \rho,\ Z)$ 的增长阻断了热通量从恒星中心向外层的流动，引起压力的升高，该压力反过来又产生了压缩波，导致外壳的膨胀、冷却和密度降低。如果这样的膨胀使 $\varkappa(T,\ \rho,\ Z)$ 减小，则将招致能流的增长，引发恒星的径向振荡和所观测温度的律动。很显然，这一过程的动力学取决于等离子体组分、以及温度为 4×10^3 K 和 1.5×10^4 K 时氦和氢的电离过程。

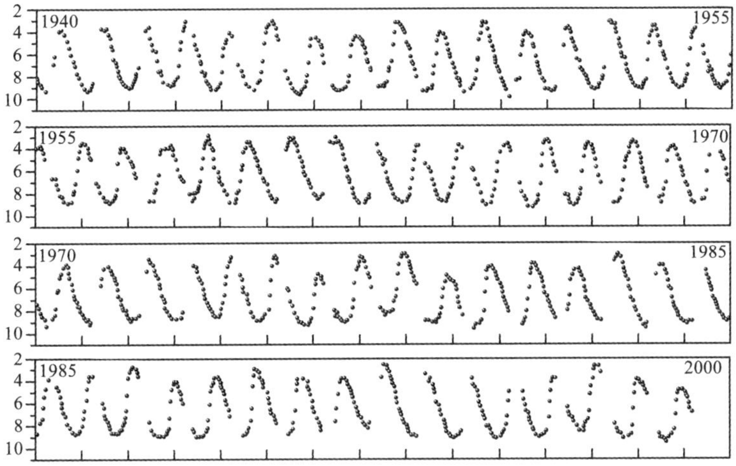

图 8.27 60 年间恒星 Mira (Omicron Ceti)亮度的变化，来自美国变星观测者协会的数据
所标出的是每 10 昼夜平均的恒星目视星等[25]

观测中的这些脉动或是振荡表现为造父变星发光的变化性。径向脉动的意思是，脉动中物质只沿着恒星的半径运动，恒星的形状并不因此改变，仍保持大概的球形。只有大气层在脉动，脉动不向恒星内部纵深渗透。恒星大气层在收缩时被加热，而膨胀时则在冷却。当造父变星的表面温度接近最高、且球体被压缩到最小尺度之后开始膨胀时，其亮度最高。

辐射过程对于描述星际目标的起源、演化及其结构的意义非常重大。恒星在亮度-光谱分级图中的位置见图 8.28。

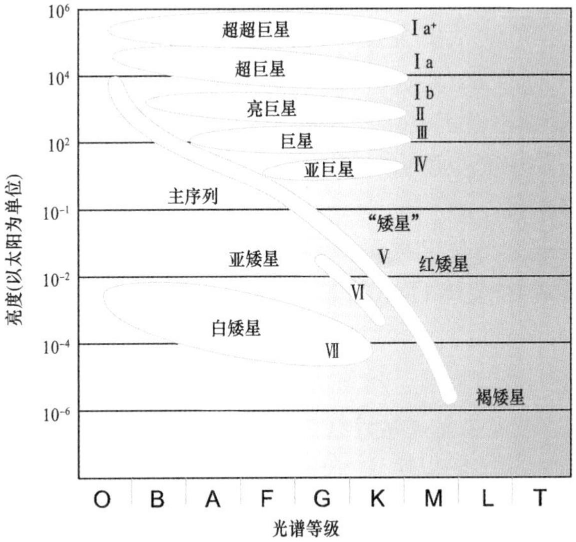

图 8.28 赫罗图(Hertzsprung-Russell diagram)当代形式的示意图

显示了主要恒星序列(群)所占据的区域。序列名称右侧列出了其亮度级别，通常与恒星的光谱级别一起标出[5]

8.2　单一恒星的形成和演化

我们先来分析星际气体云团物质的引力坍塌而引发的恒星的形成和加热的动力学[5]。

8.2.1　恒星的诞生

密度扰动的增强有如下定性机制[46]。物质密度升高的区域在自己周围建立起引力场。引力场吸引周围的物质，使之落到该区域，从而形成更高的密度落差。当物质越来越向中心收缩集中时，其压力也在逐渐升高并产生了传向外围的声波。如果声波速度小于气体下落速度，则云团继续坍塌。这一过程一直持续到密度落差 $\delta\rho/\rho$ 达到 1 的量级。此后动力学转为非线性阶段——密度越来越高的区域仍在坍塌崩溃，然后就形成一个致密引力耦合的天体目标。

在平面时空范畴内利用牛顿万有引力理论和经典流体力学对引力不稳定性发展过程进行的分析，将带出[46]引力流体内扰动的不稳定性：波长 $\lambda>\lambda_J$ 的小幅度初始扰动，这里

$$\lambda_J \equiv \frac{2\pi}{q_J} = \sqrt{\frac{u_s^2\pi}{G\rho}}$$

以指数增长，密度对比度随时间变大，$\delta\rho \sim \rho$，非线性模式随之而来。过程的特征时间是

$$t_J = \frac{1}{\Omega_J} = \frac{1}{\sqrt{4\pi G\rho}}$$

非线性模式一旦开启之后就会发生快速的坍塌，形成一个致密天体。临界波长 λ_J 得到一个金斯波长(Jeans wavelength)的称号，而不稳定性本身则被称为金斯不稳定性[46]。我们注意到金斯不稳定性具有普遍性：临界波长 λ_J 对于任意介质都存在，只取决于介质密度 ρ 和介质中的声速 u_s。还有一点，金斯时间根据其量值级别与密度为 ρ 之均匀球体的自由落体时间一致。

直径等于金斯波长之球体的质量被称为金斯质量，根据此量值的规模，它是金斯不稳定性所导致形成之天体目标的最小质量，若把暗物质考虑在内，其量值在 $\sim 1000M_\odot$($M_\odot$——太阳质量)。

第一波来自重子云和暗物质、质量为 $10^5 \sim 10^6 M_\odot$ 的恒星起源在宇宙大爆炸之后的 30~100 百万年。这一波恒星是硬紫外线强源，阻碍了其他恒星的生成[47]。它们以自己的辐射持续加热周围空间，所以宇宙气体逐渐被加热到了某些温度值，在这些温度下原子态氢的作用加强了，恒星形成过程加速了，因为原子态氢在温度高于 10 000 K 时比分子态的辐射出更多能量[47]。

第一代恒星的质量处于 $30 \sim 100M_\odot$ 区间。

利用红外望远镜和射电望远镜[5]不仅找到了这类气体适宜的云团，也搞清了这些

云团如何失去稳定性、在引力作用下收缩，然后启动转化成恒星的过程。

天文学家所观测到的结构对于非相对论无碰撞物质中引力不稳定性的发展十分典型[47]。介质起初准各向同性膨胀时，各向异性也在发展。密度已升高的区域中，引力物质的膨胀在减缓、终止，然后由坍塌取代。坍塌的起始阶段以三个方向之一为主导，导致了自相交(焦散面)以及一维迎面流动的形成。稍后物质的引力自捕捉区域松弛下来，然后球形化，形成多流引力耦合系统——暗物质光环。这些已深刻了解充分研究的过程在数值实验中得到证明，把数十亿无碰撞引力粒子考虑在内，主要特征与观测结果非常一致[47]。

也可以利用更为成熟的程序在超级计算机上对这些过程进行更为仔细的分析研究。这类分析研究的范例见图 8.29[48]，图中显示了宇宙大爆炸之后过去了 2 亿年，两个原恒星如何诞生的计算机景象。

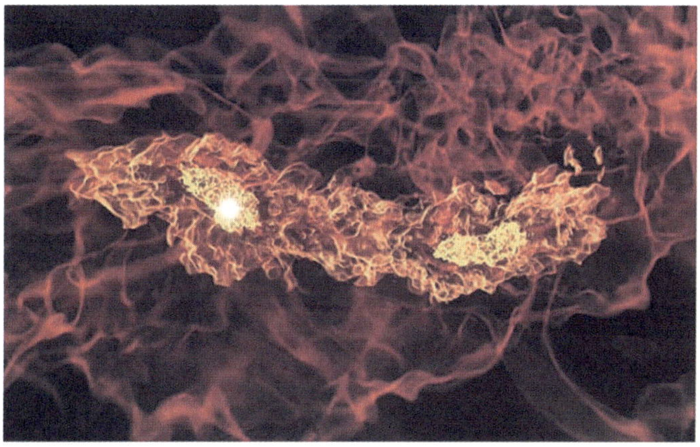

图 8.29　计算机模拟的两个原恒星的诞生。色彩的亮度对应于密度值[48]

图 8.30[48]显示，来自明亮大质量星(在中心)的光辐射如何将恒星周围的物质推向数千光年远的距离。

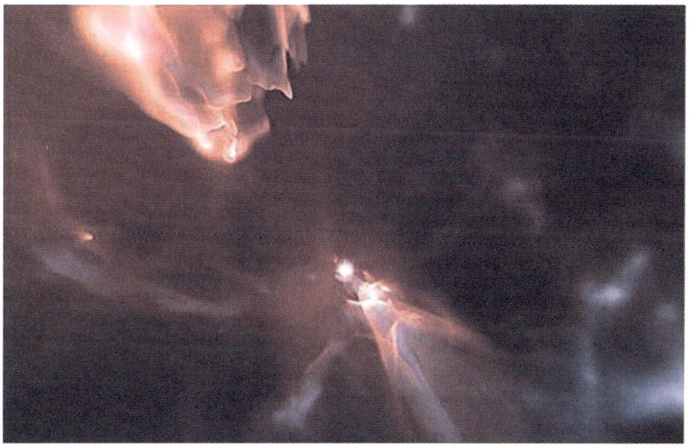

图 8.30　数学模拟[48]的由明亮大质量星的辐射所引起的星际介质的排斥

已经察明，就在收缩开始之前，这类云团内部的气体温度只不过 10~30 K，有的甚至只有 3~5 K。它们(云团)主要由氢分子和氦原子构成。其他化学元素数量不大，主要集中在尺度约 0.1 μm 的粉末颗粒中。虽然按照“星际标准”这些云团被认为相当稠密，但是按照地球标准它们极其稀薄：粉末颗粒之间的平均距离有好几米，而 1 m^3气体中大约有 20 亿个分子，比正常条件下空气的低 10^{16}倍。所以 50 亿年前形成我们的太阳的这种气体-粉末星云，其尺度大约是当今太阳的 1 千万倍大。

虽然根据地球习惯我们将星际气体集结的区域称之为“云团”，但是它们与大气干扰云团的不同之处在于引力的重要作用。星际小云团在一段时间内能够抵抗引力作用。但是由于互相的随机碰撞与合并，它们自己的质量以及随之而来的引力作用得以增大。

云团一旦在自身引力的作用下开始收缩，就停不下来了。实际上随着云团尺度(R)的变小，引力(GM/R^2)的变大比气体压力(p)反作用力的增长快得多，这是因为物质的高效冷却：压缩时所释放出的全部热量以粉末的红外线辐射形式离开了云团。在云团还没有达到非常高的密度——高密度时红外线光子才难以离开——之前，云团中的温度保持在很低的水平几乎不变，只有几度。所以压力梯度(排斥力)的增长非常缓慢($p/R\sim\rho T/R\sim\rho^{4/3}$)，而云团体积单元重量的增长显然快得多($\rho M/R^2\sim\rho^{5/3}$)。

随着云团压缩程度及其密度的增长，引力相比气压力越来越占主导地位。因此云团压缩速度一直在加快，并且大约 50 万年后，其尺度减小了 1 千倍。云团体积随之也减小了 10 亿倍，而气体平均密度则是提高了同样的倍数。

中心地带的密度增长最快，所以正是在云团中心物质对于红外辐射变得不透明，这就极大地降低了冷却效率。中心地带开始快速升温，其内部气体压力开始更快地增长，造成压缩的减慢。很快压力变得如此之高，以至于压缩停止了，云团内部形成了一个流体静力平衡的内核。内核之外的气体一如从前对于红外辐射是透明的，几乎自由地继续向中心下落。

以每秒数千米速度下落的外壳气体撞到静止不动的内核物质并急剧减速直到完全停止。这时其动能转变成热能，其中的将近 50%加热了气体，剩余的则向外辐射出去。起初这一辐射由红外光子构成，然后发射光谱中可见光光子的数量持续增加。然而厚厚的外壳对于可见光不透明，可见光被粉尘吸收，之后又以红外线波段重新辐射出去。因此对于外界的观察者，原恒星看起来是一个明亮的、但相当冷的红外辐射源；粉尘“保护层”隐藏了恒星的发端时期，使光学望远镜看不清楚。

当外壳几乎完全落到内核上并变得透明，内核好像“从保护层破壳而出”——一个原恒星变成了一个年轻恒星。

为了确定无疑，现在我们来看[49]——由于引力不稳定性而转变成恒星的——质量为一个太阳质量($1M_\odot$)的星际云团，在温度为(5~10) K、密度 $n\approx10^5$ cm^{-3}时，它的半径 $R\approx3\times10^6$ AU$\approx10^9R_\odot$。云团坍塌时的引力起初花费在粒子向中心运动的动能增长上，而由于碰撞作用很小以及能让红外辐射将热能带走的云团还是透明的，所以温度保持不变。这样的等温压缩状态下，引力$\sim R^{-2}$，而排挤物质的阿基米德力$\sim R^{-1}$，如果坍塌早期这些力是同量级的话，那么随着半径的减小后者的作用急剧下降。对应于自由下落的等温压缩过程持续 10^5年这样一个时间量级，之后原恒星在红外线波段失去透明性，阻碍了它的放射性降温，所以压缩过程随着温度的升高变成了绝热模式。这一模式中温度和压力的升高迟滞了云团的压缩，当温度在 10^3 K、10^4 K 量级时离解反应和电离反应发生，使物质温度的升高更减缓了。但当离解和电离结束时进程则再次变成了绝热模式。原恒星变成准平衡状态，这时引力与等离子体压力相抵，辐射损失则由导致引力能释放的慢压缩所补偿。经过 5×10^7 年量级的特征时间，引力压缩把原恒星内核加热到了热核温度，以至于原恒星变成了主序列恒星(图 8.28、图 8.31)。

图 8.31　恒星体的相对尺度[50]

太阳演化的时间分段见表 8.2，来自文献[5]。

表 8.2　太阳演化的各个阶段[5]

演化阶段	时间/年*	T_{eff}/K	$L/L_\odot$	$R/R_\odot$	T_c/K	ρ_c/(g/cm^3)
1. 原恒星开始收缩	0	10	10^{-4}	2×10^6	10	10^{-19}
2. 恒星内核的出现	3×10^5	10	10^{-4}	2×10^6	2×10^4	2×10^{-2}
3. 内核包含一半质量	7×10^4	300	26	2×10^3	8×10^5	0.25
4. 开始缓慢收缩	8×10^5	4400	1.6	2.1	4×10^6	1.5
5. 对流阶段的最小 L	8×10^6	4400	0.5	1.6	6×10^6	11
6. 主序列前的最小 L	1.6×10^7	5900	1.1	1.0	1.3×10^7	83
7. 零年龄主序列	1.0×10^7	5700	0.7	0.87	1.4×10^7	90
8. 今天的太阳	4.6×10^9	5800	1.0	1.0	1.5×10^7	156

* 所标出的时间是指前一阶段结束之后开始计算的流逝时间。

目前这一定性模型已经被更为完善成熟的二维、三维原恒星演化模型所取代，把旋转、对流、热致电离和密度电离都考虑在内，还包括了多组分等离子体光学性质的详细描述[51]。

在引力不稳定的云团转变成恒星的过程中，物质的物理状况发生着剧烈的改变——密度升高 20 个、温度则是 6 个数量级。物质经历了一系列的变化，从分子态和固态到超稠密相对论等离子体状态。

稳定条件下恒星处于流体静力学平衡状态——等离子体压力随深度而增长，而且球体每一层的重量精确地由该层内外边界的压力差所补偿[5]。如果压力在某些点比上一层的重量大(或者小)，则恒星很容易膨胀(或者相应地缩小)，平衡将得到恢复。由于气体中压力改变的信息由声波传输，恒星恢复力学平衡的时间也就是声波穿过恒星直径距离所需的时间。这一时间非常短：对于太阳是将近 1 小时。通常在恒星内发生的(从内核向表面的能量输运时间或者热核燃料燃烧时间等)热力过程的特征时间要长得多——数十万年、数百万年、甚至数十亿年。所以恒星演化过程中其结构的重构这样进行——认为气体压力总是来得及契合新的条件，因此恒星不会脱离平衡状态。

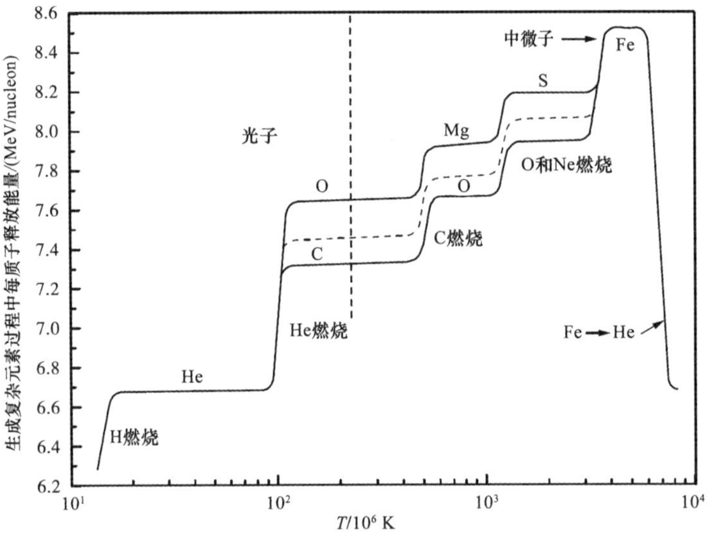

图 8.32　氢、氦、碳、氧和氖相继燃烧时的能量释放
上曲线代表氧的变化，下曲线代表碳的变化。其他阶段也发生同样的情况。
有可能在真实的恒星中能量的改变对应于虚线[52]

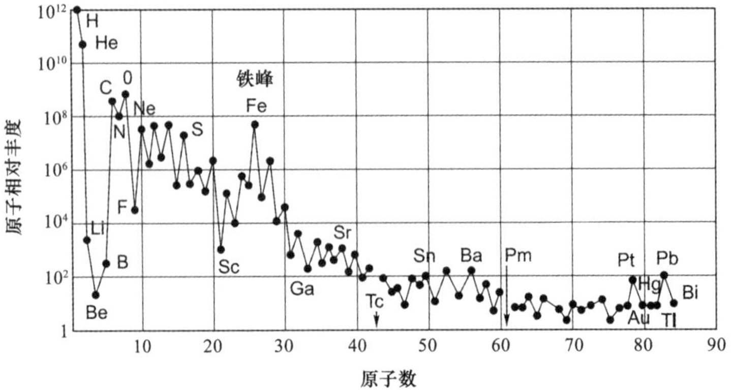

图 8.33　星际介质以及恒星外层中化学元素的相对丰度[5]

恒星进一步演化的主要能量来源是热核燃烧(见第3章)，导致了极端高温下强烈压缩物质中重元素的诞生(图8.32[52])。正如我们在第3章所提到的，要实现热核聚变反应，必须把原子核拉近到$r\leqslant 10^{-15}$ cm(核力作用半径)的距离，同时要克服电磁排斥的库仑能。氢-氦聚变反应的结果是释放出10^3倍于克服库仑排斥所需的能量。

要实现热核反应，等离子体的高温必不可少——数千keV。热核反应的燃料是轻于铁的化学元素，它们在星际介质和恒星外层中的含量见图8.33[5]。恒星中心区域热核聚变的结果是重于氢的元素(特别是He、C、N、O)的份额明显更高。

这种燃烧(表8.3[53])使氢变成了氦(1×10^7 K)，然后又变成了碳和氧($(1\sim2)\times10^8$ K)。在大约8×10^8 K时碳变成了氖、钠和镁，而在2×10^9 K时氧变成了硅和硫。如果要把硅变成铁及其相邻的元素，则必要的温度将近4×10^9 K。至此热核燃烧终止，因为要生成更重的元素就必须消耗能量(见图3.3，^{56}Fe和^{60}Ni的结合能达到峰值)。

从图3.3可以很清楚地看到，原子核的合并所伴随的结合能释放只到铁原子核$^{56}_{26}$Fe的形成，而更重元素的原子核聚变则相反，需要消耗热能。所以核反应只有在全部轻元素原子核完全变成铁原子核之前才能给恒星提供能量。重于铁的元素在恒星内部的聚变只有在爆炸性质的过程发生时才可以[5]，例如超新星爆发时，这时恒星的快速压缩伴随着巨额的能量释放。重原子核中绝对稳定的可能只有质子数$Z<83$的原子核，也就是铋之前的(含铋)。虽然某些$Z>83$的原子核可以生存相当长时间(例如铀原子核$^{238}_{92}$U的平均寿命将近50亿年)，它们总归要衰变成两个或更多个较低电荷的原子核。

表8.3 恒星热核燃烧的主要阶段[53]

核反应的主要成分	恒星中央温度/K	中央密度/(kg/m³)	阶段持续时间
氢	4×10^7	5×10^3	7×10^6年
氦	2×10^8	7×10^5	5×10^5年
碳	6×10^8	2×10^8	600年
氖	1.2×10^9	4×10^9	1年
氧	1.5×10^9	10^{10}	6个月
硅	2.7×10^9	3×10^{10}	1天
内核坍塌			0.2 s
内核爆炸			

这些元素(Cu、Sn、Ag、Pb、Th、U)在Ⅱ类超新星爆炸和红巨星爆炸中发生中子捕获反应时进行聚变。

在天体物理目标的强烈压缩等离子体中，静态和动态的电荷屏蔽降低了互相排斥离子的垫垒(见3.1节)，提高了等离子体热核燃烧的速率[54-56]。这样能使太阳等离子体中的反应加速数个百分点，而同时对于超新星有可能使反应速率提高数百万倍。

因此实验室天体物理等离子体的重要研究方向之一有可能是稳态模式和过渡模式下——物理条件接近天体物理水平的——热核燃烧的研究(见图1.1)。要知道天空中

99%看得见的恒星在燃烧氢和/或氦，其参数是 OMEGA、NIF、LMJ 等激光系统和拍瓦激光器可以达到的(第 4 章)。

8.2.2　单星的演化

参考文献[12]，我们简单概括一下单星的演化，如图 8.34 所示。

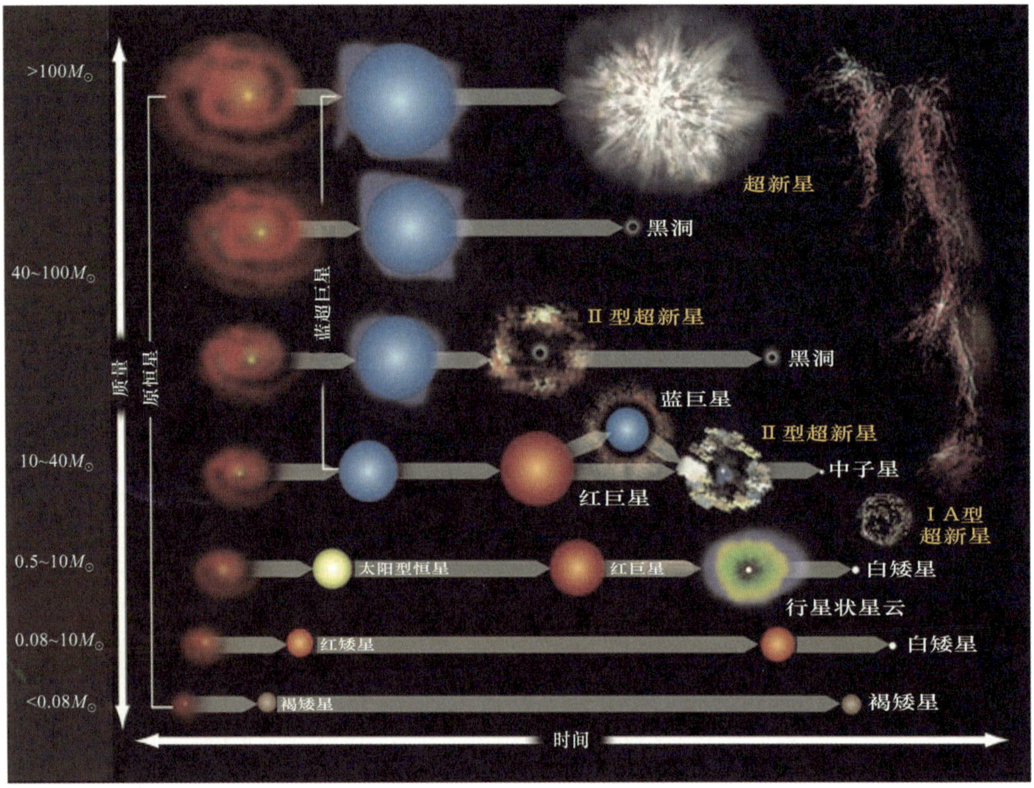

图 8.34　恒星演化示意图[57]

低质量星 $M<0.08M_\odot$。它们的质量太小了，以至于难以启动氢的热核燃烧。这类星(褐矮星)的中心电子简并效应和库仑非理想性效应实质性存在，并且此天体目标是行星和恒星之间的中间状况。它们被称为不成功恒星或者“无核聚变”恒星。

质量在 $0.08M_\odot<M<0.5M_\odot$的恒星有完整的对流，所以避免了内核氢燃烧之后分层部分的进一步点燃。这类恒星即便随着时间加热也不会变成红巨星。这些天体目标的动力学中[5]，简并气体的高弹性阻止了恒星内核的压缩，使热核反应达不到足以维持恒星亮度的强度。分层源也不能长期提供热能：距离恒星中心越远外壳越膨胀，最终其外部总归要脱离恒星。核反应逐渐熄灭，恒星只留下了一个热氦内核，被轻质但延伸很广的非简并热气体外壳所包围。随着冷却，这一气体逐渐下沉到氦内核表面上，内核本身的尺度与地球相当，但是质量稠密一千倍。

因此 $M<0.5M_\odot$的恒星，其演化的终极产物变成非常稠密(约 1 t/cm^3)的致密天体

目标——氦白矮星。简并气体的压力几乎与温度无关，所以不同于普通恒星，尽管热能一直在散失，白矮星几乎不能压缩，所以它们的演化以冷却为主。但是质量小于 $0.9M_\odot$ 的单星，由于其氢燃烧的时间超过了宇宙的年龄，所以来自单星的氦白矮星还来不及形成。由于宇宙时间期间还来不及演化，银河系中无论何时形成的低质量星成为恒星形成史重建的材料来源。然而如果低质量星是二元系统的组成部分，则它的部分质量很可能流向吸积中心，其质量将近太阳一半的裸露简并氦内核在冷却期间可能变成白矮星。

对于质量 $0.5M_\odot<M<2.5M_\odot$ 的恒星，氢燃烧之后形成了质量将近 $0.5M_\odot$ 的简并氦内核。$M>0.5M_\odot$ 的恒星，当温度升高到 1.5×10^8 K 而且在这些恒星的中心氦变成碳已经开始时，其电子气体的简并仍没有到来。恒星内部区域的收缩停止，因为那里一个核能源已经接通了；类似状况也曾经有过，那时年轻恒星变成了主序列星。现在一个恒星有两个核能源：中心的和分层的。中心能源是氦燃烧，分层能源是氢变成为氦。要适应已改变的条件，恒星外壳的尺度下降，还有一点加热。恒星的有效温度升高。这期间，与恒星主要质量微弱相连的一部分外壳物质就向周围空间流走了。

然后恒星进入到其生命中的一个相当长阶段，这期间在其内核中碳元素不断累积。当浓度不断增加时，一部分碳在 He + C → O 反应过程中变成了氧。

在这一演化阶段，恒星中出现了径向脉动，由引力、压力和热等离子体光学性质的特殊性综合作用引起[5]。

在红巨星阶段有氢分层源的热核燃烧。氦燃烧的起始及其转变成碳发生在等离子体的简并条件下，并伴随着短时间的能量释放(氦爆发)。恒星外壳膨胀飞散并逐渐消失在太空中。演化的终极产物是冷却中的碳-氧白矮星，质量大约有 $0.5M_\odot$。

因为我们的太阳正处于这一级别的恒星质量范围，对它来说最重要的意义是具有氢(图 3.6)和碳-氮(图 3.7)能量循环，详见 3.1 节。

根据爱因斯坦的公式，当太阳辐射出能量 E 时，其质量每秒钟减少量值 $E/c^2\approx$ 4 百万吨[5]。这是太阳风从太阳拿走质量的数倍。

根据质子-质子模式(图 3.6)，氦形成于四个质子的合并，其中每一个质子在加入成为氦的组分时将有约 1%的质量亏损。如果全部氢以这种模式燃烧，则太阳质量将减少 $0.01M_\odot$，而能量释放则是 $E\approx0.01M_\odot$。如果发光度 $L_0=\text{const}$，如此算来太阳寿命约 1000 亿年；如果注意到其实只有中心区域(约 10%的太阳质量)在燃烧，则太阳寿命约 100 亿年[5]。

更为精确的太阳时间演化计算见图 8.35[59]、图 8.36[60]，从中可以回答太阳还能闪亮多久这个问题——还有约 50 亿年。根据文献[59]，如果采用粗略平均的寿命质量关系

$$t=100\text{ 亿年}\left(\frac{M}{M_\odot}\right)^{-3}$$

则显而易见，恒星寿命如何随着它们质量的增加而快速缩短。由于最大质量星的发光度 $L\sim M$，则随着恒星质量的增长，它们的寿命停止缩短并趋近于大约 350 万年，按照宇宙规模是非常小的量值。假设大质量星就诞生在 1 千万年前，则今天它已经不在主

序列星中了。低质量星虽然诞生于宇宙(其年龄大约 140 亿年)演化的黎明，但还是会长久地生存下去。

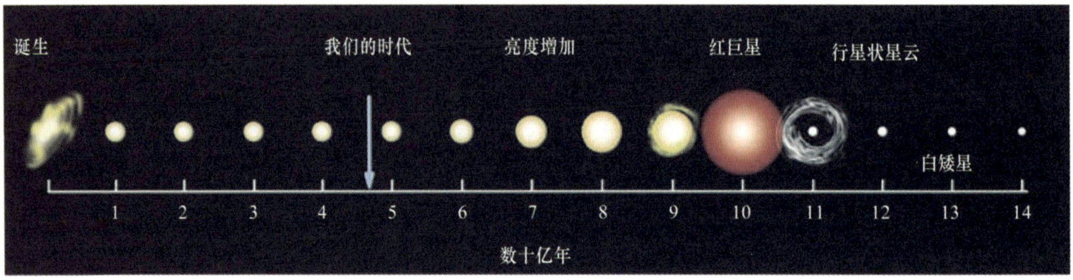

图 8.35　太阳的演化。所标出的尺度不是真实比例[59]

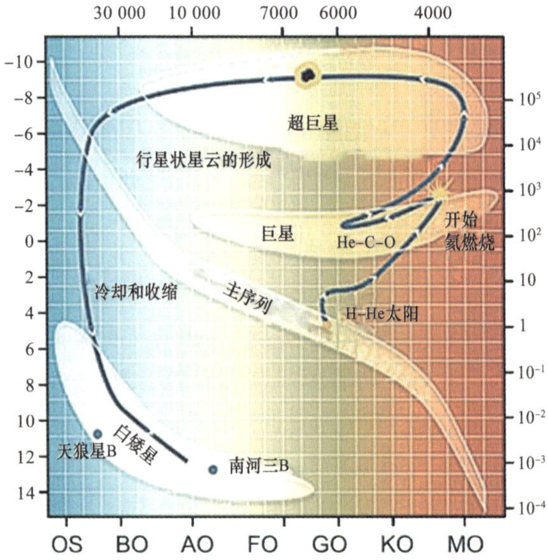

图 8.36　恒星天体目标的相对尺度[60]

在主序列星阶段，恒星的温度、半径和发光度逐渐提高，但是非常缓慢。例如在太阳 50 亿年的生命中，其表面温度仅仅提高了 2%，半径扩大 10%，而发光度增加约 30%。随后的 40 亿年，它的温度将几乎不变，半径增加到 1.5 倍，发光度加倍。恒星演化的所有其余阶段——既像形成期间、也像生命晚期——转瞬即逝。

文献[5]中所引用的评估显示，恒星中氢的燃烧非常缓慢。如果用太阳发光度(4×10^{26} W)除以所涉及核反应的中心区域质量($0.1M_{\odot}=2\times10^{29}$ kg)，我们将得到“燃烧中”太阳物质单位质量的平均放热功率：$q=0.002$ W/kg。如此微弱的能量释放就连家用电器都没有类似的。例如普通灯泡的这一参数是 3000 W/kg，电熨斗是 1000 W/kg，带有内部电源的笔记本电脑的比能量释放大大超过太阳，耗散的功率大约 10 W/kg。甚至安静状态的人所散发出的热流量也有 1 W/kg，如同一个巨星，没有发亮只是因为他的质量远远小于一颗恒星的。

太阳每单位活性质量所产生的热量等同于腐烂中的落叶所释放出的，太阳的比功率也就是人类心脏的数十分之一。所以太阳中的核燃料首先并不“燃烧”，而只是“阴燃”或者甚至是“腐烂”。还有低质量恒星氢的核燃烧发展更为缓慢：例如质量为 $0.1M_{\odot}$ 的红矮星的发光度是太阳的数万分之一，所以它的 q 值是太阳的数千分之一。

尽管外部的变化很小，恒星在矮星寿命期间改变了内部结构：如果一开始是氢、氦混合物的均质球体，则最终它的内核实际上已是纯氦构成，被最初的氢、氦混合物所构成的外壳所包围。同时在其生存期间，太阳类型的恒星将烧掉自己原始质量的大约 10%。

烧掉内核中的氢之后，如果还没有足够的条件点燃氦（10^8 K、10^5 g/cm^3），核反应逐渐熄灭，恒星中心区域开始剧烈收缩并因此加热。当内核表面与氢接壤地带的温度达到 10^7 K，内核周围分层源中的氢燃烧就开始了。这时所释放出的能量比先前氢内核燃烧时多得多，恒星变得越来越亮。恒星半径增大，温度下降，表面发红。此时恒星离开了主序列，出现在亚巨星分支，然后是红巨星。这一阶段的能源是持续增长的分层源中氢的燃烧，给恒星提供了越来越多的能量。恒星的半径和发光度持续增长，温度几乎保持不变。太阳类型恒星的这一过程将花费大约 1 亿年。

在巨星分支，质量不断增长的氦内核持续收缩。热能的分层源——内核周围的氢燃烧区域——变得越来越厚、越来越强，而恒星外壳则一直在膨胀及冷却，卷入对流的外壳区域越来越延伸。最终对流区下边界下降到氢燃烧层上。燃烧产物（主要是碳和氮）被带出到表面，改变了恒星大气层的组分。保持温度不高的同时，恒星的半径和发光度持续增长。

红巨星阶段的恒星并不稳定：它的等温氦内核持续收缩，氢燃烧层一直在膨胀，对流外壳越来越宽广（图 8.37）。太阳质量的红巨星，其半径最大可膨胀到 $200R_{\odot}$。这一时刻的太阳表面将碰到地球轨道。虽然太阳表面温度经过这一时期将下降到 3100 K，但这个巨型红球的发光度将升高到当今太阳的 2400 倍。于是地球生命的演化终止。然而冥王星轨道区域的条件反而将变得有利于生命。有分析显示，太阳质量只有在 $1.6\times10^{30}\sim2.4\times10^{30}$ kg 范围内，其所构成的条件才能使地球上存在生命。这一范围之外，地球上的气候恐怕比火星更寒冷，比金星更酷热。太阳质量经过测量得出的是 2×10^{30} kg。红巨星阶段相对时间较短，因此所观测到的该阶段的恒星非常少——只占其总数的数个百分点。

对于更大质量（$2.5M_{\odot}<M<8M_{\odot}$）的天体目标，氢燃烧之后的氦内核不简并，红巨星阶段之后发生氦的非简并燃烧，形成碳和氧。恒星内部的收缩逐渐停止，因为那里的一个核能源打开了。恒星有两个核能来源：中心的和分层的。中心能源是燃烧氦，分层能源是把氢变成氦。要契合已改变的状况，恒星外壳的尺度变小，还有一点加热。这一时期，与恒星主质量微弱连接的外壳物质的一部分流向周围空间[5]。

此后恒星进入了一段相当长的自主生命时期，期间其内核中的碳在不断累积。当碳浓度不断升高时，其中一部分碳在 He + C → O 反应过程中变成为氧。结果红巨星内部形成了一个 $1.2M_{\odot}$ 质量的简并（C-O）内核。由于热不稳定性的发展，外壳不断脱落

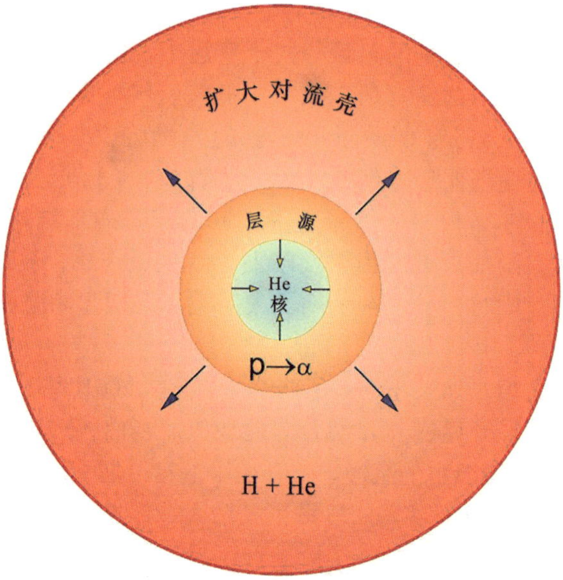

图 8.37　红巨星的构造[59]
氢燃烧而形成的简并收缩氦内核位于中心；其内部没有核反应进行
内核周围的是逐渐膨胀的分层能源，其中氢在燃烧。恒星广阔的对流氢-氦外壳一直在膨胀

并形成行星状星云，通过热($T \approx 10^5$ K)内核的紫外线而发光。该内核逐渐冷却，然后转变成相对较冷的(C-O)白矮星。

中心区域的氦消耗殆尽之后，失去了能源的恒星内核开始收缩，很快其外边界上的温度和密度升到如此之高，以至于那里的氦点燃了[5]。从这一时刻起内核被两种分层源所包围：外层是氢在燃烧，内层是氦在燃烧。这时内核本身的密度变得如此之高，使得电子气体简并了，其压力阻止了中心区域的收缩。两种分层源的出现伴随着恒星尺度的增长及其有效温度的降低：在图 8.36 中恒星向右、向上移动，到红超巨星范围，所具有的半径从 $100R_{\odot}$到 $1000R_{\odot}$。恒星的构成变得不均匀：根据自身的尺度，超巨星的简并内核只不过大于地球的尺度 2~3 倍，但整个恒星的半径却超过了地球轨道的半径！

计算结果令人想到，分层源中核燃料的烧尽并不是匀速地进行，而是脉冲式的，以一个接一个高强度短(延续数年)爆发的形式，爆发之间间隔数千年。每一次爆发都引起冲击波，向外传播并驱动一部分外壳抛向外部空间，使恒星质量明显减少。由于自身尺度巨大，红超巨星的外壳与内核的联系相对较弱，因此这类恒星质量的减少甚至在爆发之间的间歇期也非常剧烈：它们的外层收缩和膨胀，其特征时间在数百天这个量级，也引发了冲击波以及物质以将近 10 km/s 的速度向外部空间流失。

这些恒星脉动的原因与造父变星一样。通常红超巨星的脉动并不是严格周期性的，但是脉动幅度非常大：一个循环周期内，恒星的半径能改变数十倍，而发光度更是数千倍！

对于已知质量范围的恒星目标，在电子的中性简并背景下采用碳离子和氧离子的单一成分等离子体模型非常合适。白矮星的特征参数是 $\rho \approx 10^6$ g/cm^3、$T \approx 10^6 \sim 10^8$ K，将导致很高的等离子体非理想性：$\Gamma \approx 5 \sim 500$。这类等离子体容易发生库仑结晶。根据星震学观测，恒星 BPM 37093 质量的 90%（5×10^{32} g）处于结晶状态（“钻石”内核，如图 8.38 所示）。

图 8.38 具有等离子体晶体内核的白矮星 BPM 37093

在狭窄质量范围内（$8M_\odot < M < 10 \sim 12M_\odot$），热核燃烧传到了氧、氖和镁的混合物。进一步的热核反应不再发生，因为恒星外壳以行星状星云的形式飘散掉了。外壳抛弃之后的演化结果——（O-Ne-Mg）白矮星，其质量接近钱德拉塞卡极限（Chandrasekhar limit）（$M \approx 1.2M_\odot$）。

图 8.39 中展示了新恒星爆炸的动力学[13,57]，如果累积的结果还达不到钱德拉塞卡极限，则将导致比超新星状况更弱的爆炸。

图 8.39 新恒星爆炸的动力学[13,57]

大质量星（$10 \sim 12M_\odot < M < 30 \sim 40M_\odot$）内核的热核演化发生在非简并条件下，一直到 Fe、Co、Ni 元素的形成（图 8.40、图 8.41）。

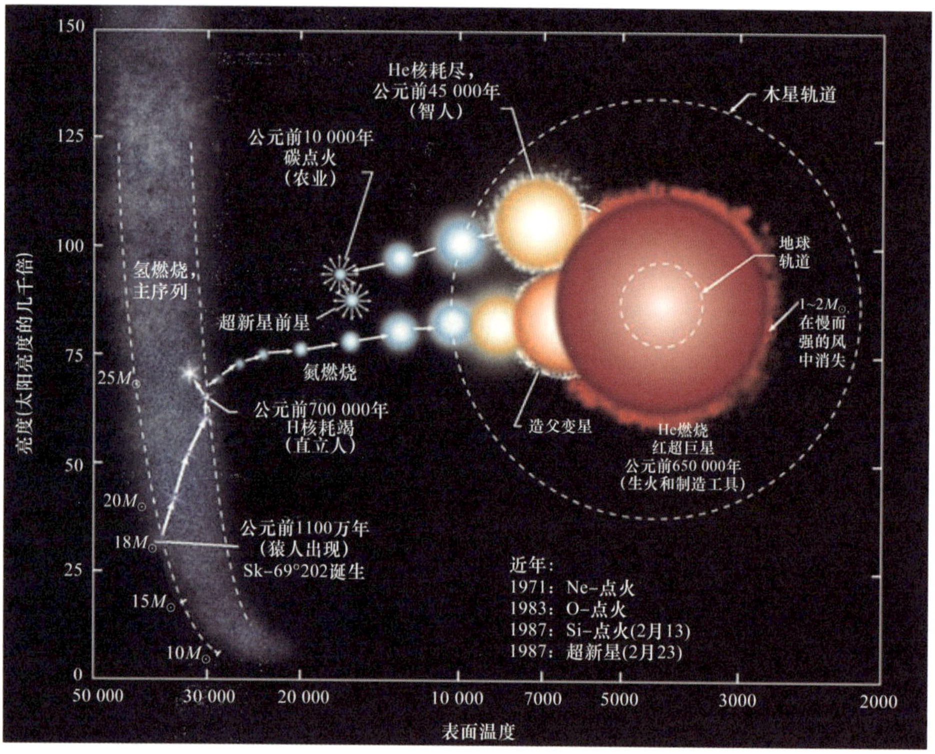

图 8.40 超新星 SN 1987A 的演化及其与人类进化的对比

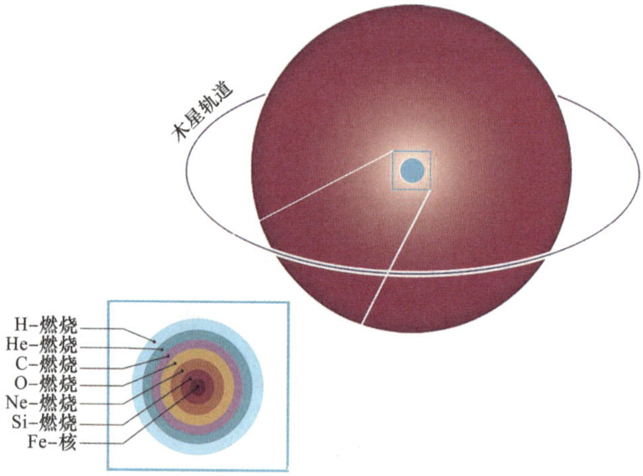

图 8.41 红超巨星的构造[59]

处于演化最终阶段的大质量超巨星($M>8M_{\odot}$)具有复杂的构造。其内核中新的元素在合成——越深的地方则元素越重，直到铁元素。这类超巨星有一个惯性铁内核，被燃烧中的硅、氖、氧、氦和氢外壳所包围。

根据文献[5]，红超巨星外壳中的热量输运由对流完成，对流所涉及的区域从氦和氢燃烧分层源到光球。结果热核反应产物进入壳内下部。随着外壳的外层——主要由氢、氦构成——向周围空间飞散，恒星大气层中来自深处的热核聚变产物越来越多。正是通过这种途径才形成了单一的碳星——超巨星，在其光谱中可以观测到分子 CN、C_2、SiC_2以及其他某些分子的强谱线，证明了恒星外层中碳的高含量。从这些恒星的大气层流出的气体逐渐冷却。当该气体的温度下降到 1500 K 以下时，碳原子开始凝结成粉尘颗粒。

超巨星阶段在结束之前已经延续了数十万年，实际上恒星的外壳全都揭走了，露出了灼热的简并碳-氧内核。原来恒星质量越多，则演化过程中失掉部分的质量也越多。白矮星的质量不能超过钱德拉塞卡极限，大约是 $1.4M_{\odot}$(否则矮星将坍缩)。正是这两种状况决定了本节我们所考虑的($8\sim10M_{\odot}$)质量区间的上限：这是那些——演化结束时简并碳-氧内核质量不高于钱德拉塞卡极限的——恒星的初始质量。

通常[5]所有由简并电子气体维持平衡的致密星都被称为白矮星，虽然它们的颜色可能各种各样：从蓝白色到红色。而且自从诞生之后大约经过 100 亿年，这些恒星冷却下来，以至于完全停止了在可见光波段的发光。

为什么——身后留下白矮星的——恒星质量的下限精确定义($0.5M_{\odot}$)，而上限大约是($8\sim10M_{\odot}$)，其原因非常简单。低质量星很稳定：演化过程中它们几乎不失去物质，因此它们的模型非常可靠。而大质量星的演化取决于很多难以考虑的因素：旋转、磁场、对流特性、恒星风强度等。所以白矮星先祖的初始质量上限到目前为止还不能完全精确定义。无论如何专家们相信，它一定处于 $8M_{\odot}$到 $10M_{\odot}$之间。

质量超过 $10M_{\odot}$的恒星，其电子气体的简并不会阻碍内层加热到约 10^9 K 的温度，这时碳和氧可能加入各种各样的核反应以形成更重的元素。例如这些核反应：

$$^{12}_{6}C + ^{12}_{6}C \rightarrow ^{24}_{12}Mg$$

$$^{12}_{6}C + ^{12}_{6}C \rightarrow ^{20}_{10}Ne + ^{4}_{2}He$$

$$^{12}_{6}C + ^{4}_{2}He \rightarrow ^{16}_{8}O$$

$$^{16}_{8}O + ^{16}_{8}O \rightarrow ^{32}_{16}S$$

$$\cdots$$

恒星的进一步演化将转向所有更重元素的接连“燃烧”[5]、内核的压缩以及在其外边界上新分层源的形成。

碳和氧所参加的核反应起动之后，中微子和反中微子带走了释放能量的主要部分：温度在 10^9 K 时有多种过程在进行，导致了这些粒子的诞生，且无障碍地离开了恒星[5]。特别是硅原子核$^{28}_{14}Si$ 可以捕获一个自由电子、放出中微子并转变成铝原子核$^{28}_{13}Al$，该原子核并不稳定，很快变回了初始原子核$^{28}_{14}Si$，同时释放出一个电子和一个反中微子。结果既没有一个硅原子也没有一个电子消失，但一个中微子和一个反中微子出现了，它们的诞生消耗了自由电子的部分动能，也就是气体的热能。

演化的后期阶段，中微子非常高效地从恒星带走热能，迫使其核反应堆满负荷运转以使物质不冷却。要转向新型核燃料必须提高气体温度，而这样反而又导致了中微子辐射强度的提高。因此，每一种新型核燃料的燃烧变得越来越快：要把碳和氧转变成硅族元素需要数百年，而随后如果再变成铁则只需要数十年。

气体越热，则气体中所产生的光子的平均能量越高[5]。当温度升高到十亿开氏温度且硅开始燃烧，则将大量出现 γ 光子，其能量如此之高，以至于与原子核碰撞时，它们能把原子核劈成数个原子核碎片，引起光致离解。碎片加入聚变反应，所以硅的“燃烧”实际上是很多反应的综合效果。

最常出现的情况是，γ 光子把 α 粒子从原子核上劈下来，然后 α 粒子积极地加入聚变反应，所以硅的“燃烧”主要是一条转化链的结果：${}^{28}_{14}Si \to {}^{32}_{16}S \to {}^{36}_{18}Ar \to {}^{40}_{20}Ca \to {}^{44}_{22}Ti \to {}^{48}_{24}Cr \to {}^{56}_{26}Fe \to {}^{56}_{28}Ni \to$等。镍原子核不稳定，寿命只有 6 昼夜，然后吸收等离子体的一个电子并转变成钴同位素：${}^{56}_{28}Ni+e^- \to {}^{56}_{27}Co+\nu$。这种原子核也不稳定，半衰期将近 77 天，最后变成稳定的铁原子核：${}^{56}_{27}Co+e^- \to {}^{56}_{26}Fe+\nu$。

到某些时候所释放的能量超过了破坏原子核所消耗的能量，但也只有在恒星还没有形成铁-镍内核之前。重于${}^{52}_{26}Fe$ 的元素的聚变，正如我们所见过的(图 3.3)，已经不释放且只吸收能量。这种情况下，恒星内部区域压缩所释放的热能开始消耗于光致离解。因此气体的温度和压力缓慢升高，以抵消收缩时的引力增长。结果流体静力学平衡被打破了，恒星内核开始迅速坍塌。压缩时气体被加热到 $10^{10} \sim 10^{11}$ K，由此导致中微子辐射的强烈爆发。

事件的进一步发展及一个恒星的终极命运取决于很多因素，其中最重要的是其铁-镍内核开始坍塌时刻的恒星质量。在演化终极阶段，恒星质量已经是其不知何时迈入主序列时的 1/2 到 1/3(图 8.28)。如此这般的原因使大质量星逐渐失去其物质。气体从它们表面的流走以每秒数百到数千千米的速度进行[5]。由于光压，质量 $M>10M_\odot$ 恒星的发光度在所有演化阶段都如此之高，以至于外层的辐射压力超过了引力，迫使外壳物质离开了恒星。恒星每年都失去达 $3\times10^{-6}M_\odot$ 的物质，演化的后期阶段，质量损失速率还要升高 10~30 倍。恒星质量越大，其发光度也越高，随后刮离恒星的星风也越强。结果更大质量恒星失去更多部分的初始质量，直到铁内核在它们的中心形成并开始坍塌。

由 Fe、Co、Ni 所组成并具有 1.5~$2M_\odot$ 质量的恒星内核将经受一系列的不稳定性，最终坍塌并形成中子星(见 7.1 节)。

让我们重返大质量恒星生命的终结阶段。我们停留在恒星铁内核形成的那一时刻，它失去了稳定性并开始快速收缩。主序列星中质量小于 $\approx 40M_\odot$ 的恒星，其坍塌中的内核变成了中子星——质量为 1.5~$3.0M_\odot$ 的天体目标，其半径大约 10 km、平均密度为每立方厘米数亿吨。如此条件下的物质主要由中子构成，其简并气体的压力与压缩这些致密体的巨大重力相抵消[5]。我们将在下一节详细介绍中子星的物理学，眼下我们来讨论大质量星外面部分的命运。

铁内核坍塌之后 0.1 s 内，恒星的中心区域形成了[5]尺度将近 1000 km 的一个空间，空间的中心有一个中子星。一些——内核坍塌开始之前还没来得及变成铁的——物质迅速填补这一空腔。根据假设之一，加速到了 100 000 km/s、并撞到中子星表面之后，这些外层的物质被加热并产生了强冲击波。该波向外飞奔，不仅顶住了气体下落，也迫使气体膨胀。穿过富含核燃料的物质之时，冲击波“点燃”了它，核能给这一爆轰波补充了能量，维持了它的高速度。正是这一过程导致了恒星质量的主体以每秒数千千米的速度向周围空间飞散，解释了大质量恒星这一时刻的超新星爆发现象。显然这一场景中的非对称坍塌具有重要的意义，其本身也可能与旋转和磁场紧密相关[5]。

大质量恒星生命的这一终极阶段与中微子辐射的强爆发紧密相关，而离开中子内核的冲击波从内部把恒星爆炸了。整个过程伴随着Ⅱ类(如果广阔的氢外壳保存了下来)或者Ib/c超新星爆发。同时这类超新星的亮度非常高，可能超过银河系其余恒星的总亮度。脱落外壳的残余经过数万年时间以发光星云——超新星残余——的形式存在。

如今习惯性认为[5]，超新星爆发标志着恒星演化的终极灾难性阶段。消耗掉全部热核能源之后，大质量恒星再也不能对抗引力并急速坍塌。白矮星的质量不可能超过太阳的1.5倍。更大质量坍塌中的恒星不会停止于白矮星阶段，它收缩为一个中子星或者黑洞。这时会释放出重力能——发生超新星爆发。留在爆炸地点的中子星或者黑洞被逐渐散开的星云——气态超新星残余——所包围。正如我们所见到的那样，像新生恒星一样的超新星其实也非常老。超新星现象标志着恒星的死亡，所以不同于新生的恒星，超新星恒星不能重复爆发。

8.2.3 超新星恒星

这些天体目标(图8.42[61])是最有趣最鲜明的天文现象之一(诞生流程见图8.43)。超新星中最夺目的是1006年5月1日所记录到的，中国的史书也记载了185年、386年和393年出现的稍暗一些的爆发。存在数年之后，SN 1006的亮度超过了金星，已经可以和月亮相媲美，因为它距离太阳系不很遥远，大约7000光年。根据日本、中国、朝鲜的观测纪事，著名且被仔细研究过的超新星残余巨蟹星云在1054年7月4日被发现。按照当代观点，超新星爆炸发生的频率大约是100年1次。

图8.42 1994年在NGC 4526星系中爆发的超新星

图像由“哈勃”太空望远镜所获得[61]

超新星观测领域巨大的进步发生在自动化望远镜投入应用之后[5]。例如[5]简单实用的望远镜KAIT(Katzman Automatic Imaging Telescope，卡茨曼自动成像望远镜)的直径只有0.76 m，位于美国加州的里克(Lick)天文台，现在每年发现约80颗超新星，这已经大大超过了不久前世界上所有天文台发现的总和。每一个晴朗的夜晚KAIT自动对选

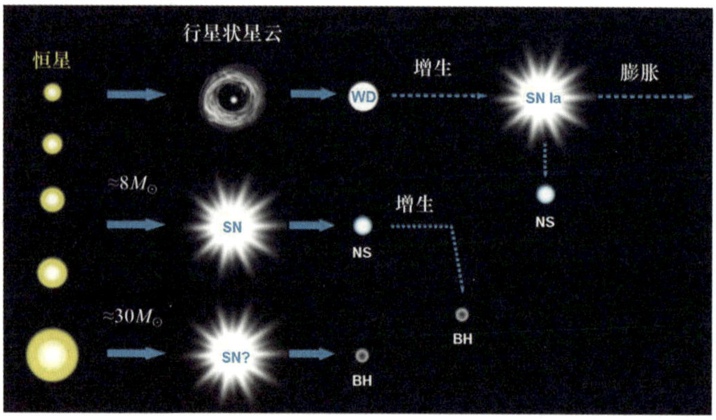

图 8.43　导致超新星出现的恒星演化流程

低质量恒星变成白矮星(WD)。这时可能出现行星状星云。如果白矮星是紧临的二元系统的一部分，则它可能抓取足够多的质量，以至于 Ia 型超新星(SN)爆炸发生。物质将完全飞散，但也可能形成一个中子星(NS)。更大质量恒星在超新星爆炸之后变成了中子星。这类致密天体目标在紧临的二元系统中也可能增加自己的质量，且坍缩(最有可能无爆炸)成一个黑洞(BH)。大部分大质量恒星形成黑洞。这一过程是否伴随着超新星爆炸目前还不清楚

定的天空区域拍照，每星期能获得约 7000 幅星系图像。每一星系的新图像自动与其先前的进行对比，用以发现超新星的候补者。

Ia 类超新星清晰的亮度-时间曲线(被称为光度曲线)互相非常相似。最初的 10~20 天里，恒星的光辉增长数倍，达到峰值，之后以同样的速率在同样的时长内下降。然后亮度指数下降，经过 1~3 年恒星就消失了。Ia 类超新星发光峰值的绝对亮度具有不大的散度，所以它们可用作“太空蜡烛或者标准蜡烛”——宇宙中测量距离的光源。Ⅱ类超新星的亮度曲线有别于 Ia 类的，峰值强度只有几分之一，衰减时间更长，辐射光谱构成不同。

从遥远的超新星恒星爆发中所观测到的反常光学效应，彻底改变了关于真空、宇宙的结构和演化的物理性质的现有概念[11,62]。由于独一无二的亮度，超新星可以在极为遥远的真正的宇宙距离处被看到，作为宇宙灯塔的角色，照透几乎全部宇宙，特别是有助于追踪这些光源的视在亮度与它们和地球之间距离的关系。亮度的下降显得快于根据宇宙模型预估的速度。这对应于宇宙膨胀加速、而不是——从前认为的——减慢的情况，导致“暗”能模型的出现(见 9.1.5 节)。目前的发现彻底改变了我们对宇宙太空演化当代阶段的理解，要求我们必须寻找这一效应的其他表现，或许是在高能量密度实验物理学领域。

超新星根据其光谱特性可分成两类。具有氢的亮谱线的超新星归为Ⅱ类，氢亏空的超新星归为Ⅰ类。Ⅰ类超新星原则上更亮，它们又被分为 Ia 和 Ib 亚类：前一类的光谱中具有清晰的硅吸收线，后一种的光谱中则为氦线。最有可能的是，Ia 类超新星出现在碳-氧白矮星的灾难性热核爆炸时。其他类超新星与超大质量恒星内核的引力坍缩紧密相关。

宇宙学研究中利用了 Ia 类超新星，因为它们很适合宇宙观测，看起来能比其他超新星更好地完成——对于宇宙的全部时期的——标准源角色，并给最遥远的星系提供

光学测距的可能性。首先，Ia 类超新星非常明亮(它们的恒星亮度是-19)，等级只逊于最大的星系(-22)和类星体(-25)。其次，它们本身的发光度在光度的峰值有可能因所观测的光度曲线(也就是恒星光度与时间的关系)斜率特性而重构。第三，有理由假设，不同宇宙时间所发生的爆发不应该有很大差别(也就是这一天体目标群落的宇宙演化并不那么显著)。最后，这类超新星的理论研究进展很不错。所有这些都使观察家们能够利用 Ia 类超新星作为深空中明亮的辐射标准。

超新星中由于高温 $T\approx30$ MeV 的原因，无质量粒子的超相对论($kT\gg mc^2$)等离子体成为现实。$T\approx10$ MeV 时这类等离子体的能量密度将近 4×10^{23} J/cm^3，其中 1/3 归光子；等离子体频率 $\omega_{pl}\approx1.5\times10^{21}$ Hz，德拜半径(Debye radius) $\lambda_D\approx10^{-11}$ cm。

8.2.4 超大质量恒星($M>30\sim40M_\odot$)的坍塌

坍塌可能与将近 $10M_\odot$ 质量黑洞的形成一起发生。目前还没有提出这一过程的可靠模型，虽然有关恒星质量的黑洞存在的天文观测数据看起来颇为令人信服。

超新星爆炸之后向周围空间所抛射的物质，经过了恒星内部热核反应堆的转化[5]，有效地使重于氦的元素含量更高。超新星所抛弃的物质可以加入下一代恒星的形成，或者可以去形成行星。很难想象没有碳和氧的生命。但是可以推测，如果没有超新星，宇宙中也许就没有生命了[5]。

正如我们后面将要看到的，中子星不可能具有超过 $2\sim3M_\odot$ 的质量。分析表明[5]，诞生时质量超过 $40M_\odot$ 的恒星，在演化过程中逐渐形成质量超过 $3M_\odot$ 的铁内核。这样的内核坍塌时出现的不应该是中子星，而是黑洞。预计[5]，大质量快速旋转星的内核坍缩变成黑洞时，轨道天文台大约每昼夜能观测到一次强烈的超过 2 s 时长(所谓的长爆发)的伽马射线爆发。这种情况下，坍塌内核的部分物质在新生黑洞周围形成一个质量吸积盘，盘子在数秒内被黑洞吸收。圆盘吸积物进入黑洞的后续过程伴随着两股气体射流的喷出，射流具有相对论速度，垂直于圆盘平面(见 9.1 节)。所有这些都发生在还来不及对内核的重构有所反应的恒星外壳以内。强烈的射流刺穿恒星外壳，产生了沿圆盘轴的伽马射线爆发。与此同时在圆盘平面上生成一个冲击波，该波向外传播并拽掉恒星外壳，在我们看来就像超新星爆发，有时候被称为超级新星(爆发)，因为这种情况下爆炸时所放射出的能量比“普通”超新星的高一个数量级。根据文献[5]，GRB080319B 的迸发对应于 1 千万个类似于银河系的星系的总和。根据专家的评估，类似的“焰火”闪亮意味着自然界一个质量将近 $50M_\odot$ 的恒星的灭亡。

由于恒星的质量(尺度)，它们之中存在着——从中心地带压缩等离子体中的热核燃烧区域向恒星边缘、并随后向外太空辐射的[59]——各种能量输运机制(图 8.44)。

在相当大尺度的恒星中所释放的热核反应能量由辐射进行传输。太阳内核的能量由辐射传输，而在相当不透明的外壳中则是对流传输。然而如果在光子的路径上出现了很多准备吸收光子的等离子体粒子，则经过一段距离光子将被吸收掉，以这种方式把能量从恒星的一部分送到另一部分。这一被称为辐射传热的过程是把热能从恒星中心地带输运到其外层的主要机制之一。

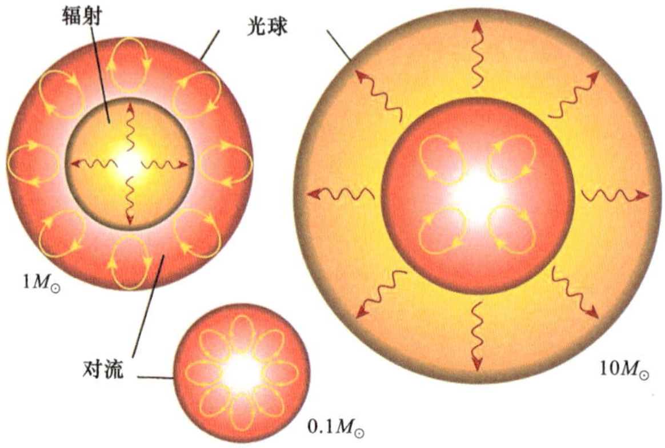

图 8.44　主序列星中的能量输运机制[59]

恒星内部物质的不透明性一般非常高。太阳内核中光子的平均自由程是 1 mm。而太阳内部光子从诞生到死亡平均只走过将近 0.1 mm。接替被吸收光子的几乎就是立刻新诞生的，就这样持续到诞生于核反应的第一个光子的后裔终于到达了恒星边缘。只有恒星大气层这样的地方密度非常小，气体几乎透明，光子离开了恒星，随身带走了核反应所释放的能量。

太阳内部等离子体参数的分布见图 8.45。

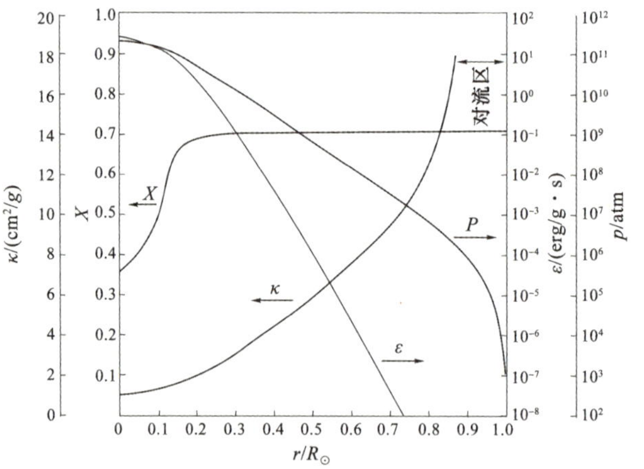

图 8.45　太阳等离子体的参数分布[5]

X——氢的质量份额；p——压力；κ——不透明度系数；ε——能量产生的比(质量单位)速率

质量小很多的恒星(红矮星 0.1$M_\odot$)是完全对流的。而质量大于太阳的恒星，其灼热且相当透明的外壳中的能量由辐射来输运，但在其内核中辐射不能胜任此工作，因此对流在那里发展。

总结这轮讨论，我们从文献[59]引用表 8.4，综合了单星演化的流程。

恒星中的与热核武器(见第 3 章)中的过程之间有很多相同之处——燃料形态相似，热核聚变反应相似，辐射传热的决定性作用相似等。但也存在巨大的差别——热核爆炸在数十纳秒之内就能完成，而恒星则闪烁数十亿年。所有事实都归因于因尺度的巨大差异及引力作用而引起的过程的稳定性问题。

表 8.4 单星的演化[54]

<table>
<tr><td rowspan="2">小质量
（0.08~0.5$M_\odot$）</td><td colspan="2">中间质量（0.5~8$M_\odot$）</td><td colspan="2">大质量（8~100$M_\odot$）</td></tr>
<tr><td>0.5~3$M_\odot$</td><td>3~8$M_\odot$</td><td>8~10$M_\odot$</td><td>>10$M_\odot$</td></tr>
<tr><td colspan="5">内核中的氢燃烧</td></tr>
<tr><td>氦白矮星</td><td colspan="4">层源中氢的燃烧</td></tr>
<tr><td rowspan="11"></td><td>简并氦内核</td><td colspan="3" rowspan="2">非简并氦内核</td></tr>
<tr><td>氦耀斑</td></tr>
<tr><td colspan="4">氦在内核中安静燃烧</td></tr>
<tr><td colspan="4">层源中氢和氦的燃烧</td></tr>
<tr><td colspan="2">行星状星云</td><td>简并的碳-氧内核</td><td rowspan="2">非简并碳-氧内核</td></tr>
<tr><td colspan="2">碳-氧白矮星</td><td>碳爆轰</td></tr>
<tr><td colspan="2" rowspan="5"></td><td colspan="2">内核中碳及后续元素
（O，Ne，Si，Fe，Ni……）燃烧</td></tr>
<tr><td colspan="2">层源中碳及后续元素
（O，Ne，Si，Fe，Ni……）燃烧</td></tr>
<tr><td>行星状星云</td><td>Ⅱ型超新星爆炸</td></tr>
<tr><td>O，Ne，Mg……
白矮星或中子星</td><td>黑洞</td></tr>
</table>

时间 ↓

根据文献[5]我们推测，由于随机波动的作用，中心温度比平衡值高了一点，因此核反应进行速率加快了，随之而来的是热量释放的强度也提高了。结果是气体加热程度应该更高，核反应速率应该也提高，等。所以应该发生雪崩般的氢燃烧，伴随着无比巨大的能量释放，有可能导致恒星的爆炸，如同氢弹爆炸所发生的一样，虽不是在恒星内部，但原理相同。

恒星内部温度的升高导致气体压力的升高，这就破坏了恒星的流体静力学平衡。气体膨胀的同时做功对抗引力，因此消耗了气体内能，所以气体温度又下降了。所有的问题都在过程的动力学中，哪一过程进行得更快：是导致爆炸的核反应速率的升高，还是恒星通过膨胀而来得及冷却并来到一个新的稳定状态。因此，如果有能力对热核反应节律的改变进行快速响应的话，恒星将是自主调整的热核反应堆。

恒星的反应速率由其流体力学膨胀和收缩的特征时间所决定。如果恒星中保持力学平衡，则这一时间与引力作用下的恒星收缩特征时间(自由落体时间)一致，它只取决于恒星的平均密度，太阳类恒星的大约为 1 小时。

现在我们将评估核反应的特征时间。我们来看一下主要的 pp-链反应(图 3.6)：

$$p + p \to {}^{2}H + e^{+} + \nu \qquad \text{数百亿年,}$$
$$^{2}H + p \to {}^{3}He + \gamma \qquad \text{数秒,}$$
$$^{3}He + {}^{3}He \to {}^{4}He + 2p \qquad \text{数百万年。}$$

这里列出了特征时间间隔，该时间内氢、氘和氦原子核在给自己寻找太阳内核特征条件下的反应伙伴。这一链条中的第一个反应比其他的慢太多了，因为这一反应中要求质子到中子的转变，由弱相互作用控制。它比氘与下一个质子的结合慢 10^{18} 倍，该聚变受强相互作用控制。但是如同任何干线的通行能力都取决于其最狭窄之处，所以正是数百亿年才是太阳内部核聚变重构的特征时间。正如我们所见到的，压倒性地长于恒星的力学响应时间[5]。

恒星的自主调节是可能的，因为它的膨胀和冷却在一定时间内发生，这一时间比氢燃烧过程中温度升高的特征时间短得多。类似的氢弹爆炸过程没有调节机制：炸弹里燃料的燃烧极快，以至于升高的压力来不及把它散开。为了达到这样的效果，炸弹设计师不得不利用特殊的“快速燃烧”的氢同位素——氘和氚，它们所加入的热核反应没有非常慢运行的弱相互作用的参与[5]。

总之，要使恒星内的核燃料稳定燃烧，重要的是要让温度提高使气体压力的增大。但是简并气体的压力与温度的关系非常弱，因此如果热核反应在高度简并的气体中进行，则上述的自主调节机制不起作用，因而在恒星中心所发生的应该是热核爆炸。然而质量小于 $0.5M_{\odot}$ 的恒星所具有的简并程度如此之高，以至于收缩在温度大大升高之前就停止了，因此氦无论如何点不着。而质量超过 $2.3M_{\odot}$ 的恒星，其氦点燃发生在非简并气体之中。不过质量在 $0.5M_{\odot}$ 到 $2.3M_{\odot}$ 之间的恒星，其氦燃烧正好开始于电子气体的高度简并。结果刹那间内核的发光度就升高到了 $\sim 10^{10}L_{\odot}$，接近于我们银河系全部恒星发光度的总和——这就是所谓的氦耀斑。如此奇妙的能量释放只不过延续了几秒钟：温度升高大约 30%之后，气体变得非简并，于是自主调节机制立刻开始作用，使核反应进入了稳定“燃烧”模式。

在爆发时间内，内核里只来得及燃烧 1%的氦，而且这时的恒星发光度几乎不变：实际上全部热核爆炸的热能消耗在了内核膨胀时对抗引力的做功。这一片段在恒星的生命中可以称为内部爆炸。观测者几乎感觉不到它的发生，但在恒星的演化过程中却是重要的一步。

最大质量的星体目标到底是什么样的？从对二元系统组成部分的观测中落实了从 $0.05 \sim 0.1M_{\odot}$ 到 $80 \sim 90M_{\odot}$ 质量区间恒星的存在[49]。随着恒星质量的提高，其外层的温度和辐射压力急剧升高，引发了径向振荡的摇摆、稳定性的失去以及恒星外壳的脱落。这一机制对应的质量极限（Ledoux-Schwarzschild-Harm limit，勒杜-施瓦兹希尔-哈姆极限）在 $60M_{\odot}$ 的水平。如果更详细地考虑冲击波中的振荡能量耗散和一些其他的散逸效应，则恒星质量极限可以上升到 $100M_{\odot}$。大多数恒星满足这一标准，虽然看起来存在更大质量的天体目标：在星云 NGC 3372 中具有 5×10^{6} 倍于太阳发光度的灼热超巨星 η Car，其质量应该在 $200M_{\odot}$ 级别，而在星系 NGC 1058 中的强大的超新星 SN 1961v，其质量有可能是 $2000M_{\odot}$ 级别[49]。

前不久发现的超级恒星 R136a1 距离地球仅仅 160 000 光年，目前所具有质量是

$260M_{\odot}$(诞生时有 $320M_{\odot}$)。它在剧烈地抛撒物质，在一百万年的生命中减少了 17%的质量。

根据文献[5]，初始质量约 $100M_{\odot}$的恒星的灭亡原因不是铁内核的光致离解，而是最具能量的光子向电子和正电子的转变：$\gamma \rightarrow e^{+} + e^{-}$。γ 射线光子的衰变只能在原子核附近发生，光子的部分动量和动能传递给了原子核。这一过程在温度 $T > 10^{9}$ K 时起着明显的作用，但却在高密度时使电子-正电子对偶诞生的效率下降，这时电子气体的简并开始了。非简并气体中为了诞生一个对偶，一个光子的能量只要比 $2m_{e}c^{2}$高一点点就足够了，但是在简并气体中这就不够了：所有低能级已经被占据了，因此新诞生的电子应该具有相当高的动能。关于物质中子化也是这样考虑的。

当最大质量恒星中心地带的温度达到 10^{9} K 时，电子气体还没有简并，因此正是在这类恒星中电子-正电子对偶的诞生起着重要的作用。对偶的形成需要消耗热能，所以，如同铁的光致离解，气体的弹性下降，且气体压力不再能抵消引力。恒星中心地带开始快速收缩，其温度急剧升高。到稳定性失去的时刻，恒星中心地带的氢已经变成了氦，然后氦一开始变成碳，然后变成氧。温度的急剧升高“点燃”了氧，随之发生热核爆炸，完全破坏了恒星，把其物质抛洒向外围空间，其稠密内核也不保了。

不过，超大质量恒星灭亡的状况其实可能更为复杂。前不久发表的文章中分析了这样一种可能性，恒星中心的热核爆炸一开始并没有完全破坏恒星，只是抛掉了其外壳的一小部分——将近 10%的恒星完整质量。在这之后，恒星的流体静力学平衡恢复，但经过大约一千年平衡再一次打破，发生了新的爆炸。就这样重复多次，直到恒星完全毁坏。

所观测到的大质量恒星数量很少的原因可能是，这类恒星的诞生非常稀少，寿命相对也不长，银河系中这类恒星在我们的世纪确实没有。但也不排除 $M > 150M_{\odot}$的恒星根本不能形成，因为随着自身质量的增长，原恒星本身的发光度也剧烈提高，在质量达到某个最大值后辐射压力阻止了壳物质往恒星内核上的积聚[5]。可能不仅是光压阻止了吸积，也包括“吹”自吸积圆盘表面的风，其强度如同所观测到的，原恒星质量越大风越强。

8.2.5 褐矮星和白矮星

恒星质量的下限很不清晰，因为发光太弱，所以小恒星很难观测到，质量为 $0.06M_{\odot}$的红矮星只有 2000 K 的温度。二元系统 Ross 614 具有 $0.059M_{\odot}$和 $0.051M_{\odot}$两个部分，可以作为轻型恒星天体的范例，而系统 LHS 1047 中最低质量部分重量只有 $0.055M_{\odot}$[49]。计算显示，质量小于 $0.07 \sim 0.1M_{\odot}$的低质量星中温度很低，不足以使热核燃烧进行，它们的能源是引力收缩，又被简并电子气体的压力所阻止。对于质量较低且失去热核能源的天体目标不大使用“恒星”的称谓。紧邻这一界限、质量为 $0.02 \sim 0.04M_{\odot}$的天体目标得到了“褐”(或者“棕”)矮星的称谓，指向了它们的红外辐射特征。通过间接方法，天文工作者们成功地察觉了更低质量的天体目标，如系统 BD 68° 946 中质量为 $0.009M_{\odot}$的卫星，它们是质量介于恒星和行星之间的过渡天体目标[49]。

褐矮星内部是完全电离的氢-氦等离子体[64]。简并参数 $\psi = kT/kT_{F}$，这里 T_{F} 是费米温度，对于质量很小的恒星和褐矮星，变化范围是 2 到 0.05，所以要描述内部状态就必须考虑电子气体部分简并的热力学状态。图 8.46 描绘了质量从木星到太阳范围内的低质量星和亚恒星天体目标中心区域的特性[64]。质量低于 ~0.35$M_{\odot}$的恒星，其内部变成完全对流状态，而且由于气体还完全保持在经典模式($\psi \geqslant 1$)，质量的增大正比于恒星半径 R，而中心区域密度 ρ_c 随质量增大而下降，正比于M^{-2}。低于氢燃烧的极限时，电子简并开始起主导作用，所以 $M \sim R^{-3}$，密度随质量增大而再度升高。半径与质量的关系是 $R \sim M^{-1/3}$，如同白矮星的，是完全简并时的关系，但当部分简并时，这一关系更为缓和——褐矮星半径与质量几乎无关。具有太阳的年龄和金属性的褐矮星，其半径与木星相同($0.1R_{\odot}$)。

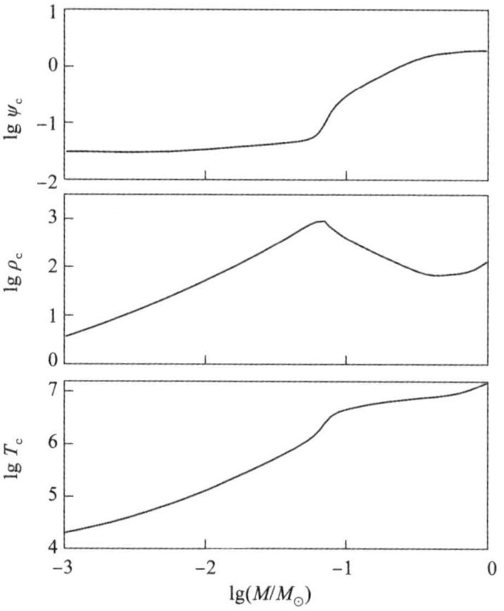

图 8.46　具有太阳的重元素成分及 50 亿年年龄的低质量星和褐矮星的简并参数 ψ、中心区域密度 ρ_c 和中心区域温度 T_c[63]

图 8.47 显示了低质量天体目标中心区域的温度随时间的变化。

为褐矮星的大气层构造模型是一件复杂的事情，因为必须计算分子吸收(数百万光谱线)，考虑凝聚物的出现等。有一种情况重要性也不低，就是褐矮星的发光度在 $10^{-2} \sim 10^{-5}$，低于太阳发光度，所以寻找这类弱发光天体目标非常困难[63]。

因此，在自然界存在并经常性地诞生的质量在$(100 \sim 0.05)M_{\odot}$区间的恒星天体目标，能够被现有的物理学模型所接纳，虽然也观测到了数量不大的在这一区间之外的一些目标。

我们已经看见，恒星的寿命取决于它的质量[53]。质量越大，温度、密度和内部压力越高，且核反应点燃主要燃料氢的效率也越高。这就意味着大恒星的生命较短，但更为闪亮(表 8.5)。

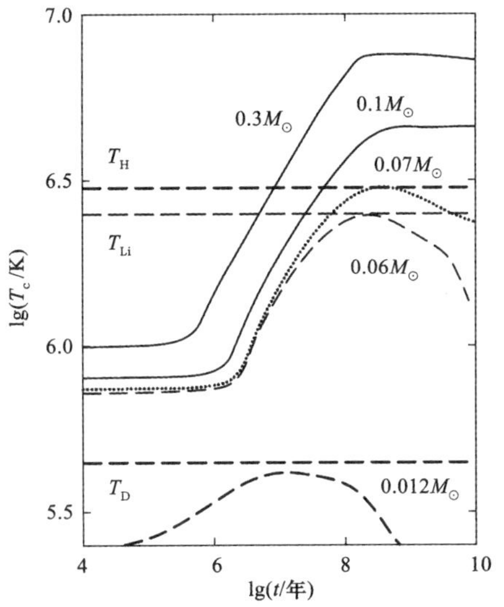

图 8.47 不同质量的中心区域温度 T_c是年龄的函数

T_H、T_{Li}、T_D分别是氢、锂、氘的燃烧温度[64]

表 8.5 恒星生命的长度与其质量的关系[53]

恒星质量/$M_\odot$	寿命/百万年
50	3~5
10	30
1.5	3000
1.0	10 000
0.1	1 000 000

消耗能量比较节约的小恒星寿命确实长得多。假如我们的太阳质量就算只增加到 1.5 倍，它或许早就不存在了，地球上的智慧生命也就来不及出现了。

恒星及星际间介质的化学成分对于这些目标的物理学非常重要。尤其氧族元素(C、N、O)是核反应的催化剂，而铁族元素决定恒星的光学密度和发光度。一般认为的星际介质和太阳的原子态组分是这样的：1000 个氢原子配 100 个氦原子以及 2 或 3 个更重元素的原子。同时星际介质原子的一半结合成分子，而很多重元素的原子含在粉尘颗粒中。当然这些都是高度估算的组分值。一些恒星中重元素含量可能比上述值低 3~4 个数量级[49]。

从实现极端条件这方面来看，白矮星是非常有意义的天体物理目标[40]，它们的吸积可能导致 Ia 类超新星的诞生。质量在(8~10)$M_\odot$的恒星的演化过程中，热核燃烧终止于氦或者碳-氧简并内核阶段。这种简并内核中的热核燃烧带有爆炸性质，升高的温度可以部分地抵消简并，减缓了能量释放。所以红巨星的外壳可能由于分层源和简并内核交界面上热不稳定性的发展而脱离，然后形成行星状星云。令人称奇的是，这下

阳离子形成晶体格栅[12]——非理想等离子体中的一种相变变异[31-35,65-72]。

如果白矮星加入一个二元系统，则另一种恒星活跃性的形态[12]浮现出来，这时在万有引力作用下，物质从邻近恒星流向白矮星，从而增加了它的质量。当接近钱德拉塞卡极限时[12]，白矮星的中心开始热核燃烧，具有爆炸性质(Ia 类超新星模型)。发展这种爆炸的模型时面临着一个非常重要问题：爆炸的最初阶段其实进行的是燃烧波的爆燃模式，最终转变成 C-O 燃烧的爆轰模式，燃烧后则变成以著名的^{56}Ni 原子核为主的铁族元素，在它自己的放射性衰变过程中变成为^{56}Co、再成为^{56}Fe，保障了 Ia 类超新星光度曲线的全部动力[73]。然而如同对于 O-Ne-Mg 白矮星的情况，可能还到不了这种地步，因为物质的中子化可能早于热核燃烧就开始了，那时候就有可能坍塌成为中子星。

白矮星成为双星系统的组成部分表明自己属于广义分类的变星，所谓的爆发变星[12]。它们的主要区别性特征在于具有不同幅度的周期性或者不规则爆发，这类系统的特征尺度处于太阳半径的几分之一到几倍之间。

也有这样的恒星，它们的爆炸相对不巨大，发生在表面层内，它们被称为类新星恒星。还有一些恒星具有强烈的爆发，爆炸能够使恒星内部更深的层次卷入(涉及半径的数个百分点)，它们被称为新星。最后，如果爆炸触动了恒星的很大部分，则我们所面对的就是超新星了。

爆炸动力参数的差异也非常巨大。所观测到的最“弱”天文爆炸——太阳上的爆发——的时间尺度将近 10^3 s，同时释放出大约 10^{32} erg 的能量。新星的 $t\approx10^8$ s，相应的能量是 $E\approx10^{45}$ erg。超新星的 $t\approx10^{10}$ s、$E\approx10^{50}$ erg。星系的核心中，大概 $t\approx10^{15}$ s、$E\approx10^{65}$ erg 等。

爆炸变星各种形态的爆发的物理因素各不相同。特别属于新星的单次强爆发由物质的热核爆炸引起，那些物质从邻近的主序列星或者从经过微演化的接近太阳质量的亚巨星吸积，积累于白矮星的表面。计算显示，单次爆发只在一定的白矮星质量区间以及一定的其表面物质累积速率范围内才有可能。流动速率非常低的时候，物质逐渐简并并加入白矮星。而流速很高时，物质保持在非简并状态且燃烧以非常缓慢的准稳态模式进行。为了新星的稳定性，最好是在正落向表面的物质质量中就已经发生了简并，而温度的上升并不伴随着引起热核爆炸的压力升高和外壳膨胀。因为这些条件下物质的引力能量几乎只是热核燃烧能量释放的百分之一，所以爆炸式热核燃烧时，在白矮星表面粒子所获得的速度远超“第二宇宙”速度，因而已炸毁的外壳消散在星际介质中。

白矮星演化动力学需要有关等离子体状态方程、白矮星光学和输运性质的详细资料，并用于相应星系区域的实时分析。很遗憾，我们的实验能力目前所能触及的仅仅是这些天体目标的外围区域。

同时，当代计算机软件可以进行内容丰富的超新星爆炸数值模拟计算[15]。图 8.48[15,74]展示了Ⅱ类超新星爆炸的二维数值模拟结果，等离子体膨胀时流体力学不稳定性的发展清晰可见。

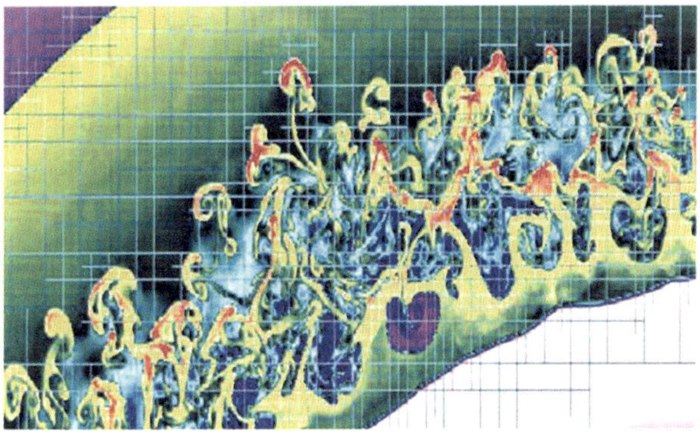

图 8.48 超新星 SN1987A 爆炸的二维数值模拟[15,74]

在某些恒星(超新星、新星)的演化场景中，热核燃烧发端于简并等离子体内部区域，然后因对流而传递给外部地带。这时对流不稳定性逐步发展，导致天体目标的爆炸[75]。类似的对流、但没有局部热核能量输出的过程很可能发生在褐矮星的外部地带。

遗憾的是，简并等离子体中对流效应的研究目前明显不足[11]。这需要相应的实验室实验。

现有的高压技术——金刚石砧和轻气体炮、电动力学装置、化学炸药及核炸药、激光及强电流箍缩所驱动的强冲击波——可以用来(见第 2 章)进行强压缩等离子体的状态方程、光学和输运性质研究，压力可以高达地球条件下创纪录的 4 Gbar[76-79]，也能使激光微靶内部达到 10 Gbar 压力，进行迄今为止未曾有过的等离子体性质定量测量。在很多情形下[27,28,31,80]成功地实现了准绝热压缩，极大地抑制了材料的加热效应。

非常期待，NIF 和 LMJ 激光装置将能够大大拓宽可实现的参数范围，达到类地行星、系外行星和巨行星、褐矮星和中等质量恒星、以及白矮星外层的特征条件。

8.3 宇宙中的超极端状态

因为与太阳化学组分恒星的初始质量有关，热核演化结束之后的恒星内部可能出现三类致密残余：白矮星、中子星和黑洞[1,12]。

正如我们在前面所看见的，大质量星用巨大的爆炸结束了自己的生命，此后尺度原本是太阳无数倍的巨星变得只剩下了中子星——小型(尺度与不大的小行星相当)的、非常稠密的(比原子核还致密)、带有强磁场的快速旋转球体。中子星表面巨大的引力使它不易毁坏，甚至像某些射电脉冲星那样以将近每秒 1000 转(这时表面的旋转速度几乎是光速的 20%)的频率快速旋转时也是如此[5]。

8.3.1 中子星和夸克星

根据那些不同寻常的性质之总和，物理学家们认为中子星是最有意思的天文目标。尽管温度很高，它的物质具有超流性和超导性：这些“超现象”所必需的条件因中子星内部极高的密度而出现。从等离子体物理学角度来看，这类恒星的大气层非常值得研究，那里的带电粒子与超强磁场(高达 10^{14} Gs 甚至更高)相互作用，那样的磁场在地球实验室内永远得不到。

此外，中子星是用以验证爱因斯坦的引力理论——广义相对论——最重要的天体目标。广义相对论与牛顿理论的不同之处清晰地表现在强引力场方面，而强引力场恰恰是中子星所固有的。更有甚者，那些看来是射电脉冲星的天体目标，其中某些可以作为高级时钟，用来揭示恒星运动中微妙的瞬时相对论效应。我们在后面还将回到这一点。

我们的银河系中已经发现了 2000 多颗中子星，银河系外的还有数十颗。大多数是射电脉冲星，其余是 X 射线源或者伽马射线源。天文学家们相信，银河系中至少有 1 亿颗衰老的中子星，它们很难发现，因为它们的表面已经冷却，旋转也缓慢下来。下落气体被中子星引力加速到约 100 000 km/s，撞击表面之后被加热到数百万度高温，天文学家们用太空天文台记录到了这时所出现的 X 射线。

7.1 节中我们详细地分析了中子星的结构、动力学和其他特性，是从在中子星中所实现的物质高能量密度状态的角度来看。这里我们继续这一分析。

中子星大概是最奇异的天文目标。中子星内实现了很大范围的物质超极端状态[81,82]，是实验室研究根本达不到的。因此中子星在某种意义上扮演了“太空实验室”的角色，根据它们的现象观测可以判断物质在超极端——超核密度、超强磁场、重子成分的超流性、超压缩物质强烈的核转化——条件下的性状。所观测到的这些过程的现象自然非常多种多样——射电和 X 射线脉冲星、X 射线爆发源、γ 射线源、瞬态 X 射线、磁星等[12,81,83]。

中子星是银河系中可观测到的最小恒星[84]。它们的半径在 10 km 量级，其尺度是普通恒星的十万(10^5)分之一，是白矮星的数百分之一。然而中子星的质量是太阳 $M_\odot$ 的级别，大约 $1.4M_\odot$ 这一组别。中子星物质的平均密度是 $\bar{\rho}=3M/4\pi R^3=7\times10^{14}\ \mathrm{g/cm^3}$，超过标准核密度 $\rho_0=2.8\times10^{14}\ \mathrm{g/cm^3}$ 数倍，所以这是我们已知的最稠密的天体。可以有条件地认为中子星是一个尺度为 10 km 的巨型原子核。该恒星中心的密度可能高于核密度 10~20 倍。中子星中心这样的密度可能是 π 介子、超子、K 介子浓缩的产物。产生奇夸克的可能性也得以讨论。

构成中子星物质的重子成分的超流性是最有意思的中子星特性之一。在当代模型的基础上，超流性以——粒子强相互作用的引力部分作用下具有反向动量的——重子的库柏对(Cooper pair)形成为先决条件。超流性出现在 T 低于临界温度 T_c 时，引起了重子色散关系中费米能级附近缝隙 Δ 的出现。

中子星的外壳内层中预计[85]出现自由中子以及原子核中核子的超流性。中子星内核里的中子、质子和其他粒子可能是超流的。带电粒子——例如质子——的超流性就意味着超导性。

超子物质中的超子成对、夸克物质中的夸克成对都是可能的。

在这些状况中，计算得出了临界温度 $T_c\leqslant10^{10}$ K，甚至更低。预估了夸克的新型超流性，是不同夸克的成对(ud、us、ds)。这时在夸克的费米特征能量约 500 MeV 条件下，可以预计特征温度 $T_c\approx50\ \mathrm{MeV}\approx5\times10^{11}$ K。

中子星的进一步压缩能够导致夸克的退禁闭(见5.5节)，以及高密度夸克-胶子等离子体的形成。这类猜想的夸克星的结构见图8.49[86]。

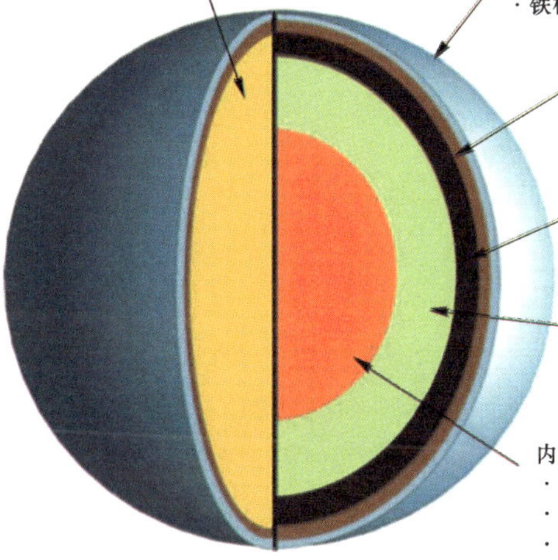

图8.49 基于核物质理论的混合星或者奇异星的结构[86]

8.3.2 射电脉冲星

观测到了中子星-射电脉冲星之后，非常重要的成就是广义相对论的验证，也就是，对于构成紧密联星的双中子星运动的动力学进行后牛顿修正的测量。特别是对于脉冲星B1913C，测量到了旋转轨道周期的减小，因为引力波发射使恒星结合能减小了。星际介质的参数——电子密度、磁场、参数不均匀性——根据接收到的无线电信号的延迟及其偏振来决定。射电脉冲星的瞬时性质可以用来研究引力波的宇宙背景。

总之，研究活跃中子星能使发生在中子星与生俱来的超强($B>10^{12}$ Gs)磁场中的电动力学过程得到研究。

当紧密双星系统中的中子星存在超强($10^{12}\sim10^{14}$ Gs)磁场时，中子星特殊形态的吸积可能发生，这时正常星的物质及其附着的磁场，沿着磁力线落到磁极区域。这时过剩角动量通过磁场传递给恒星，而不是通过流体力学运动。物质落到中子星表面的速度差不多是每秒数十万公里量级，巨大的物质流和能量流暴风骤雨般降落到不大(数百平方米)的中子星磁极区域，所产生的等离子体温度在$10^9\sim10^{10}$ K量级。所释放出的能量以硬光子形式、从两个灼热的“X射线”光斑辐射出去(图8.50)。强磁场使这些光斑的辐射各向异性。

由于一般性的磁轴并不与力学旋转轴重合，中子星旋转一周的时间内，轴周围的观测者将记录到一次或者两次X射线辐射脉冲。这类源被称为X射线脉冲星[12](图8.50)。γ辐射的情况涉及γ射线暴。如果在演化过程中捕获了磁场，则中子星表现为磁星形态[87]——具有超强磁场的恒星(图 8.51)[87]。

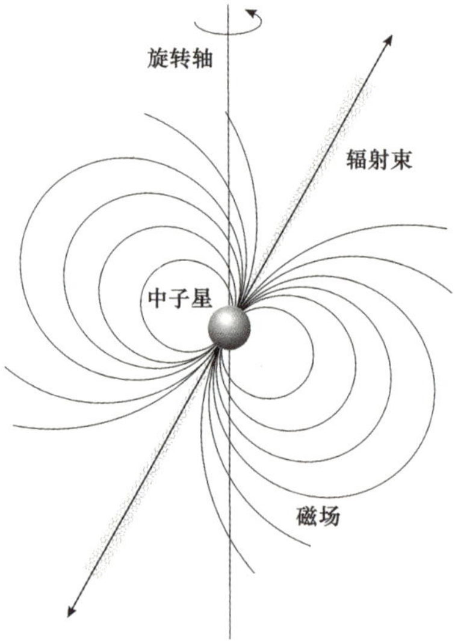

图 8.50　带有磁层(magnetosphere)的中子星

显示了中子星磁场的磁力线，其磁偶极子轴向恒星旋转轴倾斜。

脉冲星辐射模型之一是双束同轴磁偶极子(图中双圆锥体)的形式[88]

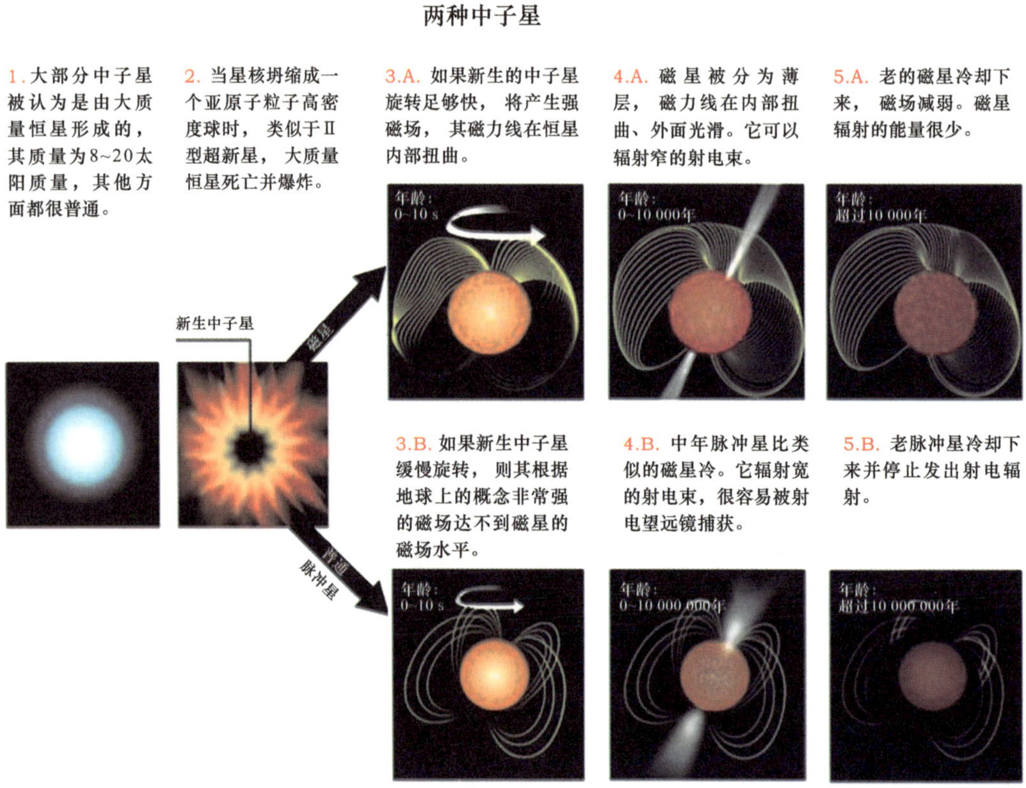

图 8.51　两类中子星[87]

中子星可能具有的磁场，其极限感应强度被认为有 $B\approx10^{18}$ Gs，这时的磁场的能量与引力能量相当[84]。

观测显示[84]，旋转中子星类射电脉冲星所失去的能量主要消耗在相对论粒子流的形成上，该粒子流被称为脉冲星风。这类粒子的流量有每秒 10^{40}粒子。

8.3.3 磁星

正如先前所提到过的，有这样一些中子星，它们形成了一个类别，虽然数量不大(只占全部中子星的10%)，但却非常活跃，它们提供了明亮的伽马射线和X射线爆发，它们的磁场远远高于脉冲星的。

这些中子星——磁星(图8.52)——的旋转相对较慢，周期 $P\approx5\sim10$ s，但是制动能力比脉冲星强很多，$\mathrm{d}P/\mathrm{d}t\approx10^{-10}\sim10^{-12}$ s/s。从这类恒星辐射出去的X射线辐射通量 $W_x\approx10^{35}\sim10^{36}$ erg/s 大大超过恒星的旋转能量损失。储存在磁场中的能量也高于恒星的旋转能量。这就说明恒星活跃性的源泉不是恒星的旋转，如同射电脉冲星的情况，而是磁场。所以这些中子星被称为磁星。

图8.52　磁星是一种中子星，其活跃性与磁场所储存能量的释放紧密相关。已知的磁星候选者所具有的磁场高达 10^{15} Gs，其能量密度对应于密度为每立方厘米数十吨的物质。这类场可能催生新型有意义的——不可能在实验室进行研究的——物理效应[5]

中子星磁层中的强磁场建立了等离子体生成以及——活跃恒星辐射出的相对论电子和正电子流的——风形成的条件。

粒子的高效诞生起始于磁场感应值 $B_c=m^2c^3/e\hbar=4.4\times10^{13}$ Gs 时，这时相邻朗道能级(Landau level)的间隔等于电子静止能量，$\hbar\omega_c=mc^2$。在这样的场中真空变得不稳定，并在其中诞生了电子-正电子对偶，给予这些奇异目标的辐射动力学以巨大的贡献。结果表明，强磁场并没有抑制粒子的诞生。

相对论天体物理目标的重要特性是巨型磁场的存在，在很大程度上决定了它们(目标)的运动动力学和辐射特性。

所记录到的中子星辐射主要是软 X 射线，在恒星诞生 $10^5 \sim 10^6$ 年之后才能接收到。近年来记录到了一类新的中子星——磁星[9,89]，具有高达 10^{15} Gs 的超强磁场，该磁场影响了它们的——与表面热辐射一起形成的——伽马辐射[9,12]。

这类目标的范例就是我们银河系中迄今为止所记录到的最明亮的一次伽马射线暴，其来源是中子星 SGR 1806-20，属于磁星类别，距离地球大约 50 000 光年。爆发只持续了 0.1 s，之后数秒内所释放的能量比我们太阳 25 万年所辐射出的还要多。

这种磁星的磁场值有 10^{15} Gs，也就是，SGR 1806-20 星是宇宙中已知磁星里最强的。对比一下：太阳磁场值是在 1 Gs 到 5 Gs 之间变化；地球磁场只有 $0.31 \sim 0.62$ Gs。假设 SGR 1806-20 星处于月亮的位置，则它的磁场或许就已经改变了任何有机生物分子的排列，更不用说放射性了。当然万幸太阳周围没有这样的极端恒星目标(最近距离的磁星也有约 13 000 光年远)。SGR 1806-20 的磁场比普通射电脉冲星的强数百倍，其表面温度这时高达约 1 千万度。仅只依靠最强磁场，SGR 1806-20 表面的一块铁所承受的力就比地球重力高 1.5 亿倍。

极为短暂的爆发持续时间证明了[9]有利的方面，爆发的能源是储存于磁层内的磁场的消耗，而不是中子星外壳中(磁场)的。随后出现的含有很少重子成分($M<E/c^2$)的“磁云”的膨胀由磁场决定。磁云是强相对论且各向异性的，爆发之后数周内一直保持这些性质。

磁星中有最强的磁爆发，这时恒星表面在洛伦兹力作用下爆裂，从这些裂缝中飞出了质子，它们与磁场相互作用，进而放射能量。恒星的磁场根据这股能量值计算出来[9,89]。文献[90]中提出了下面的磁星磁爆发模型。

大多数时间磁星是平静的，但磁场在其固体外壳中所诱发的应力逐渐增大(图 8.53的阶段 1)。到某一时刻外壳中的应力超过其强度极限之后，磁星破碎成很多小块(阶段 2)。这种“星震”产生脉冲电流，它很快熄灭，留下一个炽热的等离子体球(阶段 3)。等离子体球逐渐冷却，从自己的表面放射出 X 射线，几秒钟内就气化消失了(阶段 4)。

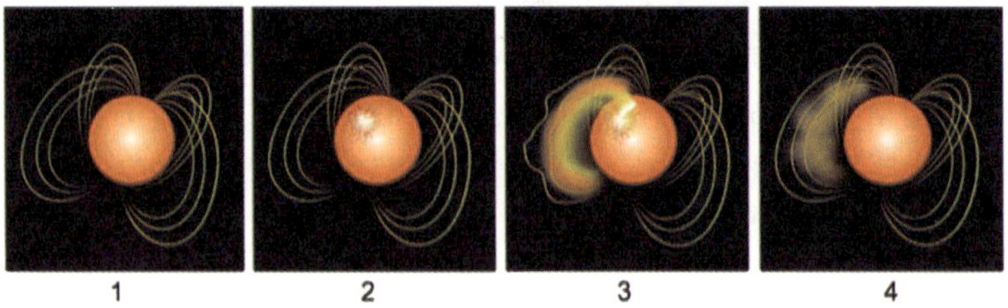

图 8.53　磁星爆发的形成[87]

迄今为止总共只发现了 14 颗磁星，虽然认为，我们的银河系中应该至少有数百万磁星。

我们注意到，人们有时候把穿过一个“虫洞”到达宇宙的另一空间的奇异时空旅行可能性与磁星的存在联系起来，如果不稳定性的发展不会让这一过程不可能的话。

要分析观测数据，极为重要的是如何认识具有强磁场($B\approx10^{11}\sim10^{16}$ Gs)的中子星外层的部分电离稠密等离子体的物理性质[82,83]。

众所周知，强磁场能够急剧改变物质的性质。特别是当 $H\approx150$ MOe 时状态方程的刚性是原来的 4 倍。$B\approx10^{12}$ Gs 时中子星表面的磁场压力将近 40 Pbar(petabar)。当

$$B\gg B_0=m_e^2e^3c/\varepsilon^2\hbar^3\approx2.35\times10^9\ \text{Gs}$$

时(ε—介电常数)，电子的回旋加速器能量

$$\hbar\omega_e=\hbar(eB/m_ec)=11.58B/10^{12}\ \text{keV}$$

比与原子核相互作用的库仑能高出许多。中子星条件下，库仑力相对于磁力是小扰动。而在典型的恒星温度条件下，电子处于朗道能级[6,82]。由于运动被限制在垂直于磁场的方向，众多原子和离子在一起呈现出圆柱形，具有高结合能[92,93]。这类卵形原子组成具有共价键的线状分子链，这些分子链本身也能形成三维凝聚物。而且当原子在定常磁场中移动时，正如洛伦兹变换所显示的，原子的参照系中出现了电场，该电场有可能诱发系统的电离[92,93]。结构中目前还有很多不清楚的地方，如强磁化物质的那些奇异状态的电子和力学性质[11,82]。

理解恒星目标的结构及演化、恒星坍塌、超新星爆炸等的中心要素是恒星物质的状态方程、组分和非理想等离子体光学性质[1,18,19,45,82]。状态方程包括核统计平衡的重要条件，但只在温度极高(约 5×10^{10} K)时适用。相应的状态方程相对任意原子核(包括非稳态的)组合而构造，也将物质的强非理想性库仑效应考虑在内，那样的物质有时被称为库仑液体[94]。除了上述强非理想等离子体描述的极大复杂性，还要加上考虑了磁场的复杂性，这就使原子核质心运动与电子结构之间关系的正确描述更为困难。这里只进行了最初的步骤。当场强和温度相对不高时，非简并气体到宏观凝聚物状态的相变可以预期[18,19,31,35]。随着场强升高、温度下降，这一凝聚物的饱和蒸气密度将下降，同时光学自由程加长，因此热辐射将更容易从充满金属液体凝聚物的恒星中心放射出去[11]。

$T>10^6$ K、磁场 $B>10^{14}$ Gs 的电离等离子体中辐射输运的描述面临一定的难度。难度之一与质子能量为 $0.63(Z/A)B/10^{14}$ keV 时的离子回旋加速器的共振紧密相关。

另一个问题关系到超高磁场

$$B>B_{cr}=m_e^2c^3/e\hbar=4.4\times10^{13}\ \text{Gs}$$

条件下真空的极化和虚电子-正电子对偶的诞生，超高磁场能改变介质的介电性能，使质子的运动偏振化，因而改变了等离子体辐射性质本身。在这类场中，束缚电子的轨函数被磁场——$\hbar\omega_c/E_C>1$——强烈扰动，这里 $\hbar\omega_c$ 是在回旋加速频率上的电子能量，E_C 是库仑能[95]。

“真空共振”效应的研究严重不足，真空共振时等离子体和真空对线性偏振的影响下降，引起吸收和耗散中的共振效应[11]。这一现象在质子能量为

$$E_v(\rho)\approx1.0(Y_e\rho)^{1/2}(B/10^{14})^{-1}f(B)\ \text{keV}$$

时表现出来，这里 ρ 为以 g/cm^3 为单位的密度，$Y_e=Z/A$，$f(B)$ 为场感应强度 B 的弱变函数。

新一代超强短脉冲激光目前已经能够在激光等离子体中产生 10^9 Gs 量级的场强(见

文献[96, 97]和第 4 章)。这一方向的发展能够提供强磁场中关于天体物理等离子体辐射特性及光谱的新资料。

超强磁场中物理效应研究的一种巧妙方法在文献[98]中有所讨论。即便场强比电子-质子等离子体的小了$(\varepsilon m_0/m)^2 \approx 10^4 \sim 10^3$ 倍(m_0为质子质量, m 为空穴质量),半导体中的电子-空穴等离子体(液体)的磁场将仍然是"超强的"。因此电子-空穴等离子体是独特的凝聚态物体,它在超强磁场的实验室研究中能够得到。

8.3.4 奇异恒星

正如我们在 5.3 节所见过的,夸克-胶子等离子体(QGP)是核物质的奇异超稠密状态。这样的等离子体不久前在实验室制成了,它由轻夸克、反夸克和胶子组成[99-102]。夸克-胶子等离子体具有最高密度,可能出现在中子星中心或者当普通星坍塌的时候(图 8.54)。这种情况下所说的就是夸克星和混合星,由夸克-胶子物质的中心和强子的外壳所构成[103]。同时夸克星相比中子星尺度较小,因为夸克-胶子等离子体的可压缩性更大(图 8.55)。作为夸克-胶子星或者混合星的候补者,人们认为 RXJ1856 星这样的可以胜任,它由"牛顿"和"钱德拉(Chandra)"太空望远镜在 X 射线波段发现,其半径超过 16 km。

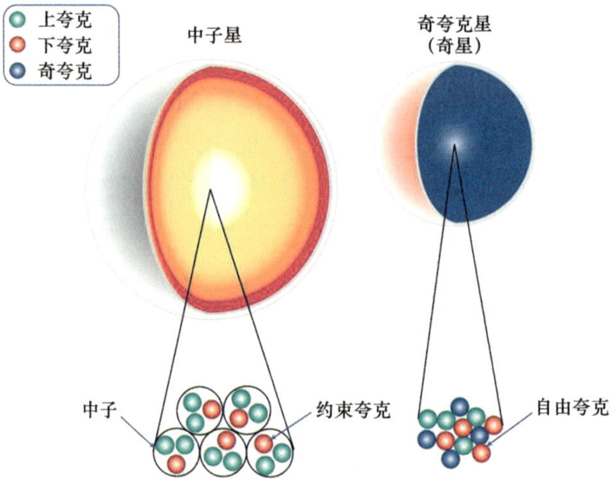

图 8.54 中子星和夸克星

我们注意到与此相关的一个假设[104],按照这一假设,几近自由夸克所构成的等离子体不仅在高压下而且在零压下都呈现绝对稳定的物质状态。假如这样成立的话,则代替中子星的就有可能是所谓的奇异星,它们几乎完全由夸克物质构成,其密度$\gtrsim \rho_0$。

物质的超稠密状态,特别是夸克-胶子等离子体,也可能表现为黑洞——广义相对论所预言的天体目标,其引力场如此之强,以至于第二宇宙速度就等于了光速[7,105]。然而有关"黑洞"的思想,看起来最初是由剑桥的教师米歇尔(J. Michell)于 1783 年提出的,但比拉普拉斯(Laplace)从光的微粒理论所推断的晚一些[91]。黑洞是一种被事件视界——尺度为 $r_{bh} = 2GM/c^2 \sim 3M/M_\odot$ km 的一种表面——所划分的时空区域,该尺度

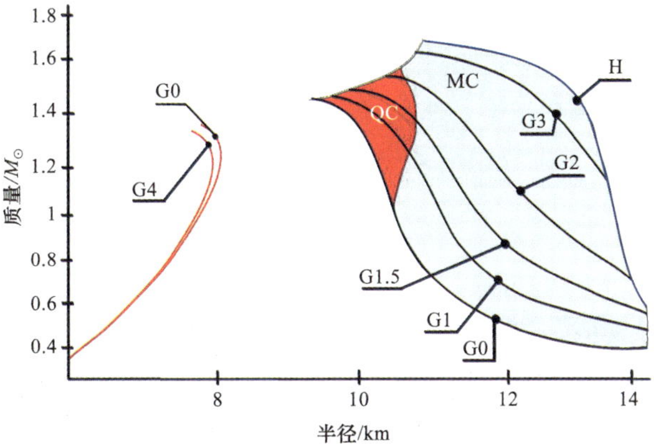

图 8.55 夸克星和混合星的尺度[103]

以内没有任何信息能够逃逸出去使外部观测者看到。黑洞表面像一种阀门在运作，只能向一个方向放行物质——向目标以内，甚至光线也跑不出去。黑洞的这一独特性质导致一种有趣的事实——在外部的观测者看来它是一个灼热体，是一个热辐射源。按照施瓦兹希尔(Schwarzschild)的论断，任何足够重的不旋转恒星耗尽核燃料之后，不可避免将坍塌并变成黑洞。临界质量值根据恒星质量超出条件定义，在恒星内部核反应完全终止阶段是三个太阳质量以上。质量超过临界值的恒星开始因引力而收缩，没有任何物理性相互作用能阻止这一过程。这种现象被称为恒星的引力坍缩。黑洞出现的条件需要物质的超高压缩：太阳的 $r_{bh}\approx 3$ km，地球的 $r_{bh}\approx 1$ cm，月亮的 $r_{bh}\approx 0.12$ mm。

8.3.5 黑洞

黑洞内实现了物质的最“极端”状态，显然只能与宇宙大爆炸的最初阶段相类比。

黑洞出现的条件对应于物质压缩到了一定的临界密度 $\rho_c=2\times10^{16}(M_\odot/M)^2$ g/cm^3，它与天体目标的质量成反比。对于一种典型的恒星质量($M=10M_\odot$)黑洞，引力半径为 30 km，临界密度为 2×10^{14} g/cm^3，等于原子核的密度。

对于典型星系($M=10^{10}M_\odot$)核心处的黑洞，引力半径等于 3×10^{15} cm = 200 AU，是从太阳到冥王星距离的 5 倍。此时的临界密度是 0.2×10^{-3} g/cm^3，是空气密度 1.3×10^{-3} g/cm^{3}的几分之一。

对于地球($M=3\times10^{-6}M_\odot$)，临界密度非常之大，等于 2×10^{27} g/cm^3，比原子核密度高 13 个数量级。

黑洞可分为三类：

1. $M=(3\sim50)M_\odot$的恒星质量黑洞。恒星演化结束之时形成白矮星(如果恒星内核质量 $M_c\leqslant1.2M_\odot$)、中子星(如果 $M_c\leqslant3M_\odot$)、黑洞(如果 $M_c\geqslant3M_\odot$)。

2. 星系($M=10^6\sim10^{10}M_\odot$)核心处的超大质量黑洞。

3. 初级黑洞，形成于宇宙演化的早期阶段，所谓的“永恒”黑洞。从观测者的角度来看，关于它们至今所知甚少。总的来说，银河系中据信存在 1 千万个黑洞。

根据现有的认识[4]，在我们的星系（我们把它看作一条奶路①，即银河系）自身的中心可能包含质量将近 $3\times10^6 M_{\odot}$ 的黑洞，其尺度在 0.05 天文单位量级。银河系直径约 80 000 光年，厚度约 6 000 光年，球面光晕的半径为 10^5 光年量级。太阳和地球距离银河系中心有 26 000 光年，围绕银河系中心旋转的周期是 2.3 亿光年，在 50 亿年存续期间只转了 22 圈。

图 8.56　星空为背景的黑洞。在 $1000r_{bh}$ 远的地方黑洞的存在很难发现（左图），而 $10r_{bh}$ 远的地方（右图）黑洞使星空扭曲变形[88]

可以根据黑洞的引力对相邻目标的作用，间接地推断它们的存在（图 8.56）。银河系中有大约 20 个黑洞候选者，是恒星质量的，而超大质量（数百万 $M_{\odot}$）黑洞有可能存在于 300 个星系中[106]。然而这样的目标几乎可以肯定还有更多。在漫长的历史过程中，很多恒星一旦消耗完自己的燃料就应该坍缩，所以黑洞的数量可能与可见恒星的相当，并且根据文献[91]，它们的质量可以解释星系旋转的高速度（见图 9.33、图 9.34）。

爱因斯坦的广义相对论预见了黑洞令人惊诧的性质。依照文献[107]，事件视界上对于外部的观察者，时间进程停止了。发往黑洞的宇宙飞船，从远处的观察者角度看，永远也不能贯穿事件视界，而是随着接近于视界而持续减速。飞船里的宇航员原则上能够穿过事件视界到另一边，但不可能给外部观察者传递任何信息。这时在事件视界下面自由下落的宇航员，有可能惊奇地发现另一个宇宙，甚至自己的未来。这是因为，黑洞内部的时间坐标和空间坐标互换了位置，空间中的旅行在这里换成了时间中的旅行[107]。

旋转黑洞还有更为特异的性质。它们的事件视界半径较小且埋在能层（ergosphere）里。能层是一个时空区域，里面的物体被旋转黑洞的涡旋引力场所卷吸，一定在不停地运动[107]。

记录、进而测量黑洞的参量难度很大。不管怎么说，诺贝尔奖在这方面仍虚位

① 在希腊神话里，宙斯（Zeus）的妹妹兼妻子希拉（Hera）的奶汁很神奇，谁吸了便会长生不老。宙斯将他和爱克米那（Alcmene）的儿子赫克里斯（Hercules）偷偷放在睡着的希拉身旁吃奶，希拉发现吃奶的不是自己的儿子，便把孩子推开，因用力太猛，奶汁喷到天上，便成了 Milk Way（奶路）。

以待。

从天文学角度来看，为了发现黑洞，需要测量天体目标的质量，搞清其半径不超过 r_{bh}，还要获得目标具有“实际上”的事件视界的证明。黑洞质量根据其邻近气体及恒星的运动来测量比较可靠。同时因为 $r \gg r_{bh}$，所以大多数情况下运用牛顿引力定律就足够了。

黑洞半径的测量极为困难。迄今为止只能粗略地($r<r_{bh}$)进行间接估算：物质吸积到黑洞时的强 X 射线发光度的研究，快速可变性的分析，光谱线分布的研究等。

黑洞动力学的特性之一是一种模式：在来自吸积圆盘中心的放射压力作用下，将出现速度为每秒数千千米的高强度准球形的物质流动。这样的物质圆盘吸积到相对论目标，其出乎意料的新特性是高度准直(发散角小于1°)的物质相对论(速度~0.26c)抛射的形成。我们注意到，如今已经发现了等离子体速度~0.9c 的相对论准直射流。

恒星质量黑洞可能或者形成于二元系统中吸积诱发的中子星坍塌，或者形成于大质量单星内核的坍塌[12]。黑洞诞生的必要条件出现在恒星演化的终极阶段，此时其质量大约超过 $3M_{\odot}$(图 8.57[108])。这样的恒星无法控制地压缩——坍塌——最终导致条件 $R<r_{bh}$ 的满足，以及恒星质量——从 $3M_{\odot}$ 到 $100M_{\odot}$——黑洞的形成。

图 8.57 天蝎座中的二元系统 GRO J1655-40 由质量为 $2M_{\odot}$ 的正常恒星(右)和 $7M_{\odot}$ 质量的黑洞构成。图片根据钱德拉 X 射线天文台的数据完成(作者 M. Weiss，图片来自网址 http://chandra.harvard.edu)。正常恒星的物质流向黑洞。在磁力作用下从黑洞吸积圆盘吹出了“风”，而在内部区域磁力迫使物质趋向黑洞[108]

近年来又发现了质量是数百万个太阳的巨型黑洞。它们之中的一部分曾在 130 亿年以前存在。至今也没有完全搞清楚这些巨型黑洞的形成机制。它们或者是因较小尺度黑洞不断的合并而出现，或者是因引力吸积而出现。

8.3.6 类星体

更重的大质量和超大质量——质量高达 $10^9 M_{\odot}$——黑洞的出现是在球状星团中心、在星系核心以及类星体内的大量气体坍塌的结果。质量 $3M_{\odot}$ 以下的轻黑洞可能是宇宙早期(初级黑洞)超级压缩物质的密度波动增长的结果。对于这类初级的或者“永恒”

的——不是恒星坍塌之后形成的、而是从宇宙诞生之初就存在的——黑洞，预示了在它们的中心存在着一座“桥梁”——通向具有另一空间的另一个宇宙。

天体物理学家们把黑洞与我们星系的以及最近星系的紧凑型 X 射线源联系起来，这些星系之中的大多数是 X 射线二元系统，其中的可见光恒星——贡献者——把物质输送到相邻的相对论目标：中子星或者黑洞(图 8.58[108])。

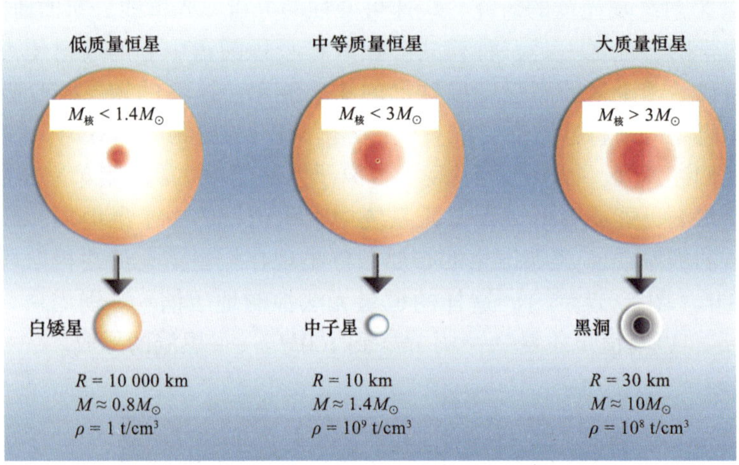

图 8.58　黑洞的出现与各种质量恒星的演化对比图[108]

这种物质的吸积伴随着 X 射线波段巨大的能量释放，发光度高达 $10^{36} \sim 10^{39}$ erg/s，是太阳的热光度数百万倍，所以可见光恒星在相对论天体目标引力场中是探测体角色。同时黑洞的候补者不同于中子星，不仅在于质量更大(3 倍左右)且没有磁场，而且还在于可观测的表象——这些强 X 射线辐射体既不是 X 射线脉冲星，也不是 I 类 X 射线爆发体[6,102,105]。这类目标的强辐射密度是巨量值——10^{27} W/cm^2，超过聚焦的激光辐射纪录值 6 个数量级(2.2 节、表 2.2、表 2.3)。空间模型显示，对于质量 $M = 10M_\odot$、超核密度 $\rho \approx 10^{16}$ g/cm^{3}的典型黑洞，其压力处于$(2 \sim 3) \times 10^{24}$ Mbar 水平。

量子力学对黑洞模型进行了某些修正：保留事件视界的同时黑洞不再是“黑”的，而是变成了辐射源[91]。这一辐射的天然属性如同因强电场而诞生的电子-正电子对偶的，该电场使真空中虚(短命)对偶的能量增加，把它们变成实对偶。黑洞强引力场中对偶的诞生也是同理。这些对偶出现在面临事件视界的“真空”空间区域。这些对偶的成员之一在事件视界之外变成了具有正能量的真实粒子，可能消失于无限空间；另一种粒子出现在视界以内，带着负能量落到黑洞里面。总之黑洞成为了流向无限空间的连续粒子流的来源。这类辐射源形成之时，没有任何粒子能穿过事件视界。分析这样的景象时霍金(Hawking)发现[91]，这类辐射的性质如同半径为 r_{bh} 的灼热黑体辐射的，该黑体温度被加热到了(开氏温标 K)

$$T \sim \frac{\hbar c^3}{8\pi kGM} \sim 0.5 \times 10^{-7} M_\odot / M$$

所以质量为数个太阳的黑洞，其温度有数百万度，因而不可能通过实验模拟进行观测。

这就说明[91]，黑洞越小，则亮度温度越高，也越容易被发现。如同用热力学第二定律描述的任何热体，黑洞能够放射粒子(蒸发)，含有巨大的熵值。质量约是一百万个太阳的(就像大概位于我们银河系中心的那一个)单一黑洞所含有的熵，是可见宇宙中所有粒子熵总和的 100 倍。

辐射过程中黑洞的质量逐渐减少，其温度的升高强化了辐射，从而加速了质量减少。所以黑洞随时间“燃烧起来”，其温度快速升高，一定时间之后，黑洞的全部质量消失，其存在终止。

宇宙发展的脚本之一(见 9.4 节)是它将永远膨胀下去。遥远的星系将从我们的视野中消失。那些留在我们附近的将转变成黑洞，它们将不断向周围介质蒸发。经过数十亿年，真有可能只留下空空如也的宇宙。那时候，也只有那时候，宇宙将具有可能性最高的熵值。宇宙将来到一种平衡状态，那以后宇宙中任何时候任何事情都不再发生。

本质上，黑洞消失前的最后那些瞬间将在强爆炸模式中度过，约 0.1 s 时间内所释放的能量有 10^{30} erg，这样的爆炸或许远离地球也能看见。但是不能认为恒星目标也是这样，大质量和超大质量黑洞更不行：就算到了太阳的质量，其温度也低到不能再低的几分之一度，而寿命则比宇宙存在的时间长得多。所以在我们的时代爆炸的只能够是质量将近 10^{15} g 的初级黑洞。很遗憾，这样的爆炸迄今为止还未见到过。

辐射所引发的吸积动力学改变的新奇模式与所谓的埃丁顿光度极限(Eddington luminosity limit)相关[12]，一旦超过这一极限，光压就会超过万有引力。二元系统的一个经典范例是 SS433(图 8.5[109])，其中向致密目标的吸积是超临界的。SS433 是大质量二元恒星，从中能发出物质的窄束射流，以大约 0.26c 的速度运动。带有相对论射流的二元系统得到了一个银河微类星体的称谓，它们之中的大部分，致密星具有超过 $3M_{\odot}$的质量，是黑洞可靠的候补者。很有可能，向黑洞转变的近临界吸积总是伴随着相对论射流的形成，但是其形成机制还没有完全弄清楚。

显然[12]，超大质量($M>10^5 \sim 10^6 M_{\odot}$)黑洞是很多星系的中心要素。自由向黑洞下落的物质加速到接近光速，在黑洞附近该物质流由于初始角动量而卷起，成为稠密且非常灼热的吸积圆盘。这个“陀螺”的能量也是星系的活性内核能量的主要储备。正是在这个“陀螺”中、而不是黑洞本身中，诞生了短波长辐射强流，而且由于磁场作用，使质子和电子加速到了非常高的能量，它们(质子和电子)以高准直射流的形式垂直于吸积圆盘平面喷出。有一些情形，从星系中心喷出的射流长度有数百千秒差距(kiloparsec，1 千秒差距=3262 光年)，以巨大云团结束[106]。

大体上，这一景象类似于物质累积成黑洞或者中子星的过程，但这时的能量规模却要高出很多量级。活性原子核的主要能量是物质向——超大质量黑洞所形成的——引力深阱下落过程中所释放出来的。正如向致密恒星残余吸积的情形，吸积圆盘内这一目标周围，下落气体的能量一部分转变成为热能，一部分成为圆盘旋转能量。因为下落物质在黑洞的引力场中加速到了接近光速的速度，总计所释放出的能量是包含在下落物质原子核内核能的数十倍。

很可能，在类星体的中心存在质量有 $10^8 M_{\odot}$ 量级的黑洞，这就解释了为什么从这类目标的极地有强辐射发出[91]。

对于很多天体物理目标——如双子星、二元 X 射线源、类星体、星系的活性内核、射流型喷射这样的——来说，物质的引力吸积是其质量和能量的主要来源[12]。虽然早就有了吸积理论，但 X 射线源的第一次发现对这一理论又有了新的推动。向恒星(包括中子星)的物质吸积，正如前面提到过的，可能发生在它们的表面之内，或者发生在强磁化恒星磁层的表面之外。这时下落物质的重力能量转化成为热能并再次辐射到外空间。

另一种情况发生在向黑洞吸积时(图 8.59)，那些黑洞有可能出现在我们银河系的二元 X 射线源中，或者在活跃星系核内。这时，正如我们已看到的，物质穿过了黑洞的事件视界，而相应的辐射已经不可能向外发射。不同于向恒星吸积，黑洞的情况，其吸积的辐射效率先天未知，而且取决于很多因素，如下落物质的角动量和物质连带的磁场等。对于非磁化气体的球形吸积，其能量向辐射的转换效率可以达到 10^{-8}，而磁场的存在把这一量值提高到了 10%[11,83,100,101]。这一量值非常之小，但对于阐释我们银河系中心的黑洞周围极低的发光度却意义重大。射流和流走的等离子体都是造成低发光度的因素(图 8.60)

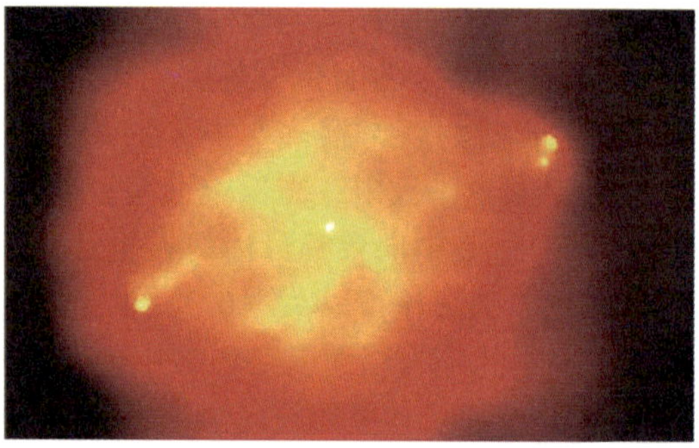

图 8.59　天鹅座 A(Cygnus A)星系内向黑洞的物质吸积[15]。可见导致强 X 射线和射电辐射的宇宙射流，由于周围介质的制动，产生了“热斑”，造成巨大的空穴。天鹅座 A 的射电辐射的强度有 $A \approx 10^{45}$ erg/s，大约是仙女座(Andromeda)星系辐射的 1 千万倍

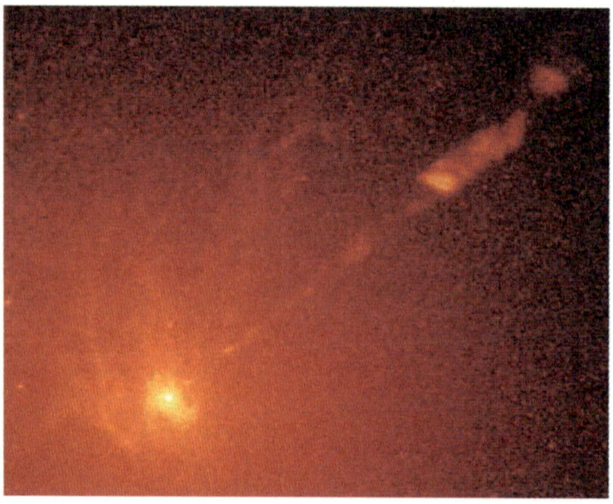

图 8.60　物质向大质量目标吸积时[15]在星系 M87 的中心形成射流。
射流由快速运动粒子构成，具有多相性(多样性集成)结构，尺度在 10 光年量级

黏性是物质吸积理论中的一个特殊问题[11]。黏性所起的作用通常是使角动量效应减小，使吸积增强。层流黏性流动时分子黏性很低，稳态吸积圆盘应该是大质量、大厚度的，而这时的吸积速率应该很小。这种情况确实与所观测到的二元 X 射线源高吸积速率不相符合。

通过假设真实的黏性系数大大超过“分子-动力学”的值，例如认为吸积圆盘是湍流的，因而纳入了相应的湍流黏性，可以解释这一差异[11,110]。

吸积圆盘湍流的阐释[111-113]需要进行专门的研究[11]。线性近似中的开普勒圆盘相对于角动量守恒的轴对称扰动是稳定的（瑞利的看法[114]）。大雷诺数 $Re=\rho Vl/\eta\approx 10^{10}$时，非线性扰动的幅度将很小，所以即使线性扰动稳定，来自非线性扰动的湍流也可能发展。

作为吸积圆盘湍流化起因的磁流体动力学（MHD）不稳定性正在大力进行研究。差动旋转圆盘（阿尔芬速度（Alfvén velocity）低于声速）的线性（磁旋转）不稳定性可能发展成湍流模式，目前利用完善的三维 MHD 程序成功地进行了模拟。

在这一领域实验室所进行的实验与旋转的液体金属有关，由于可观的金属磁扩散，是在低于必要的磁雷诺数 Re_m 条件下进行的[113]。另一类实验室工作有可能涉及激光等离子体，该等离子体中能够产生 100 kT 级别的场和高加速度。

除了磁旋转不稳定性[111,112]，吸积课题中的罗斯比波不稳定性（Rossby wave instability）[11,114]对于具有非单调密度、压力或者熵剖面的非磁流动也非常重要[114]。这类情况的二维数值模拟揭示了 3~5 个长寿涡旋的出现，明显地改变了吸积的动力学，这点对于研究年轻恒星的行星的形成非常重要。

正如我们所看见的，目前人们非常关注的二元系统是，其中的成员之一为中子星或者黑洞或白矮星类的坍塌天体目标。活跃星系核及类星体是另一个极端。它们的异常发光度是下落物质的能量转化成位于星系中心的大质量黑洞的结果。这些目标相应的强烈 X 射线辐射使下落吸积圆盘内的物质电离，使之变成等离子体状态，根本上影响了磁场、辐射及库仑相互作用的动力学。要研究这些过程的物理学，必须利用高能 X 射线钱德拉和 XMM 太空天文台。这时还有很多问题没有解决[11]，它们涉及平衡及动态模式下的等离子体光致电离。

强电流 Z 箍缩、激光及相对论重离子加速器（见第 2、4 章）能够在这样或那样的程度上复制等离子体中的光致电离现象，使人们更深刻地洞察物质吸积到黑洞的动力学。

文献[115，116]中有一个惊人的建议——在地球条件下获得迷你（微型）黑洞（图 8.61）。这套设施中的 2 套艾瓦（10^{18} W）激光器照射金质靶，产生两股能量≥1 TeV 的相撞离子流，应该能够导致半径约 10^{-4} fm 量级的黑洞的形成。

8.3.7 “虫洞”

近年来人们总在讨论[10]还有一种黑洞发端机制，与所谓的“磁隧道”或者“虫洞”的坍塌有关[117,118]。

“虫洞”[119]是一种假设的天体目标，由爱因斯坦方程的非奇（异）解所描述，具有两个由喉道相连接的庞大（或者无限）的时空区域。所探讨的两个庞大时空区域可能处

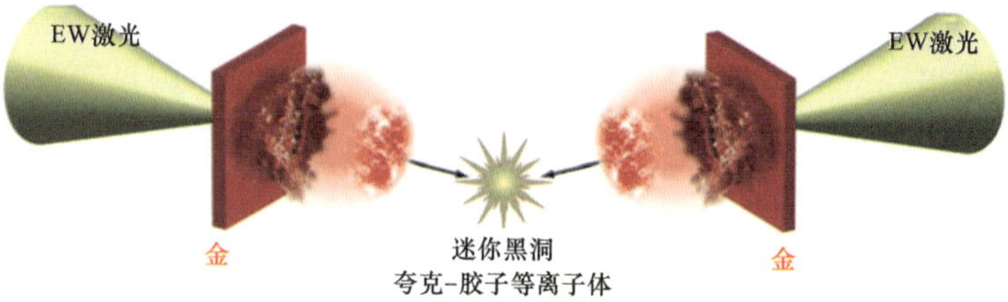

图 8.61　激光生成夸克-胶子等离子体和迷你黑洞[115,116]

于同一个宇宙，甚或在多宇宙模型中属于不同宇宙。后一种情况中，“通行”隧道为研究其他宇宙提供了独一无二的可能性。

这些从爱因斯坦方程得出其存在的花样百出的天体目标，显然是出现在宇宙大爆炸之后的早期阶段，并由于各种因素保持到了我们的时代。根据构成当代宇宙学基础的混沌膨胀模型[10]，除了我们的宇宙，还有可能存在无数其他宇宙，它们起源于不同时间、不同空间的标量场，构成一种“时空泡沫”[117,118]。我们的以及其他宇宙各自的某些部分可能通过时空隧道——存在于初始标量场并在膨胀之后得到保留的“虫洞”——联系起来(图 8.62、图 8.63[53])。于是出现了格外引人入胜的可能性，用以研究多元素宇宙以及寻找非凡类型天体物理目标——隧道入口——的特殊表现。

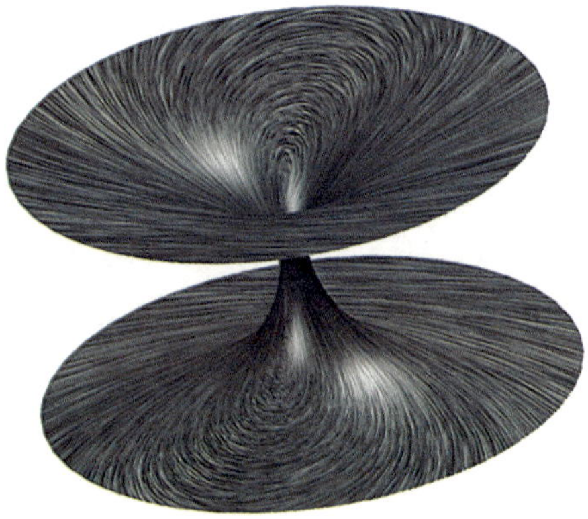

图 8.62　联系两个空间(两个宇宙)的“虫洞”[53]

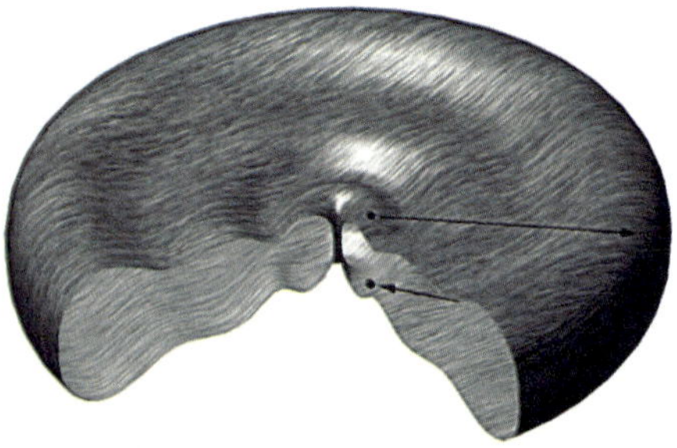

图 8.63　联系同一空间两个局部区域的“虫洞”

普通空间中它们之间的通道可能比通过“虫洞”的道路长得多。一眼看过去就知道，我们的空间弯曲了[53]

文献[10]中分析了“虫洞”的各种模型，虫洞由穿过这些洞的电磁场及磁场与“幻象”能量的组合、磁场与“幻象”物质的组合来维持，组合的引入是为了解释不久前记录到的宇宙的加速膨胀[100,101]。同时“幻象”能量和“幻象”物质应该具有不同寻常的接近于真空的状态方程，$P/E<-1$，且应该是各向同性或者各向异性的。文献[119]中研究了虫洞球状模型的动力学，洞中充满由磁场和负质量密度粉尘所构成的物质。

观察显示，这类磁隧道的入口可以找到，它是宏观尺度的磁单极子，而它对普通物质的吸积可能导致具有径向磁场的黑洞的形成。文献[10]中讨论了这样的猜想：某些活跃星系核及银河系其他天体目标是否是或者是否曾是这些磁洞的入口，磁洞质量从 2 kg 到 20 亿个太阳质量不等。这些天体目标长久的宇宙寿命归因于它们没有事件视界，所以霍金蒸发效应对它们不起作用[120]，这就使“虫洞”不同于质量下限为 10^{15} g 的初级黑洞。“虫洞”可能像一个二元系统，由空间喉道入口构成，该喉道建立了多重联系拓扑，放射非热辐射和 γ 射线暴。

引自文献[10]的表 8.6 介绍了磁“虫洞”喉道的参数(ν_G为探测粒子振荡频率，ν_H为回转频率)，是为下列目标所进行的估算：类星体核、具有临界磁场用以诞生电子-正电子对偶的目标、具有地球和太阳质量的目标、具有临界磁场用以诞生单极-反单极对偶的目标、具有普朗克质量的目标。

表 8.6 各种质量磁“虫洞”的参数[10]

$M_\infty=2M_0$	r_0/cm	B_0/Gs	$\rho(r_0)/(g/cm^3)$	ν_G/Hz	ν_H/Hz
6×10^{42} g$=3\times10^9M_\odot$	4.5×10^{14}	7.8×10^9	2.7×10^{-3}	7.6×10^{-6}(1.5 天)	2.2×10^{16}
10^{39} g$=5\times10^5M_\odot$ ($e^\pm$对偶生成)	7.4×10^{10}	4.4×10^{13}	9.7×10^4	0.045(22 s)	1.3×10^{20}
2×10^{33} g$=M_\odot$ (太阳质量)	1.5×10^5	2.3×10^{19}	2.4×10^{16}	2.4×10^4	6.6×10^{25}
6×10^{27} g$=M_\oplus$ (地球质量)	0.45	7.8×10^{24}	2.7×10^{27}	7.6×10^9	2.2×10^{31}
5×10^{10} g (正电子素)	3.5×10^{-18}	10^{42}	4.4×10^{61}	9.7×10^{26}	2.7×10^{48}
1.8×10^3 g ($\mu^\pm$对偶生成)	1.3×10^{-25}	2.6×10^{49}	3×10^{76}	2.6×10^{34}	7.3×10^{55}
2×10^{-5} g (普朗克质量)	1.5×10^{-33}	2.3×10^{57}	2.4×10^{92}	2.3×10^{42}	6.6×10^{63}

显然“虫洞”的参数对应于超高能量密度，可能与紧邻宇宙大爆炸区域的能量相当。大家特别关注这些天体目标绝无仅有的高磁场。场强在 $B=m_e^2c^3/e\hbar\approx4.4\times10^{13}$ Gs 时，朗道激发能级超过了电子静止能量。正电子素原子在高于 10^{24} Gs 的场内获得稳定性，

它们自发从真空诞生并充满全部环境。场强约 2.6×10^{49} Gs 时发生真空的击穿以及磁单极子对偶的诞生，导致“虫洞”的质量只有 1.8 kg，显然是这类天体目标的下限。

大家也一直讨论在众多太空目标中观测到磁隧道入口或者——吸积自残余黑洞所形成的——黑洞的可行性[10]。这些目标的结构及空间衰减速率与普通黑洞结构的差异可以作为指标。此外，磁单极子的旋转激发了偶极电场，导致了相对论粒子的加速。这时电子向一个电极加速，质子则向另一个电极加速。这类单向射流可以从某些来源观测到，例如类星体 3C273[10]。一个黑洞与“虫洞”入口的差别可以根据后者事件视界的缺失来论断——落向“虫洞”的发光体通过(光谱线的)红移或者蓝移的轮替就能不断地观测到，对引力透镜类星体 Q09577+561 的观测好像证明了这一模型的可取性[10]。“虫洞”作为没有视界的强相对论天体目标，其特殊性可能在于恒星质量相对于喉道的周期性振荡发生的可能性(见表 8.6)，伴随着记录到的相应的红移变化。当放射源沿隧道入口周围圆形轨道运动时，紧致源也将周期性地改变自己的流动和红移。最终，外部观测者可以发现回旋频率的辐射，以及与 $e^{\pm}$ 和 $\mu^{\pm}$ 对偶形成相关的效应[10]。

基于磁隧道入口的二元系统、以及同一磁隧道两端接近的过程，都可能伴随着可观测的辐射效应，特别是后者终止于变成没有磁场的黑洞、以及外部磁场的辐射。电磁脉冲使电子-正电子对偶加速，由此可以解释所观测到的 γ 射线暴。

文献[10]中分析了新型初级宇宙目标观测现象的其他可能性——“虫洞”入口和源自虫洞的特殊黑洞。无论如何，“虫洞”的发现为多元素宇宙的研究展现了迷人的前景，甚至为半荒诞思想——关于在这些隧道坍缩成黑洞之前如何乘“时光列车”沿“虫洞”穿越回过去、打破因果关系原则、去往另一个宇宙——的讨论铺平了道路[117,118]。

图 8.64[121]是天体物理目标的特征磁场及尺度的希拉斯图，也展示了它们作为粒子加速器的能力。实线代表目标的尺度评估(以秒差距(parsec，ps)为单位)和磁场感应通量值(以 Gs 为单位)评估，那些目标能够在冲击波速度为光速的 1/300 条件下使质子加速到 $10^{20}\sim10^{21}$ eV 的能量。点线代表铁原子核的这些值。黑色斑块表示各天体物理目标的观测尺度和磁场。很有可能，如果我们预先假设了粒子加速机制(费米)本身的特性，则在我们已知的宇宙中没有明确的候选者能够成为 Zevatron(将粒子加速到 1 ZeV = 10^{21} eV 的加速器)——能量可观测的宇宙粒子的加速器。这里也展示了在地球上运行的 Tevatron (10^{12} eV 加速器)和 LHC 加速器的特征参数作为对比。

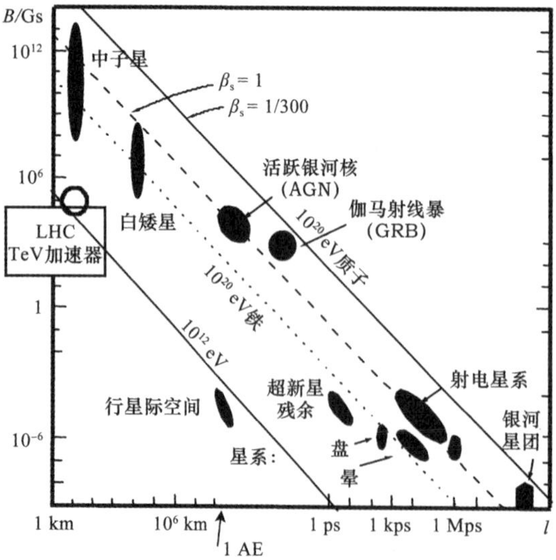

图 8.64　天体物理目标的特征磁场及尺度的希拉斯图 (Hillas diagram)[121]

第 8 章参考文献

[1] *Киржниц Д. А.* Экстремальные состояния вещества (сверхвысокие давления и температуры) // УФН. 1971. Т. 104, №7. С. 489. 基尔日尼茨. 物质极端状态(超高压力和温度).

[2] *Зеленый Л.М.* // Международный форум «Космос: наука, проблемы XXI века». — М.: РАН, 2007. 兹耶廖内//国际论坛"宇宙:科学,二十一世纪的问题".

[3] *Чернин А. Д.* Темная энергия и всемирное антитяготение // УФН. 2008. Т. 178, №3.С. 267. 切尔宁. 暗能量以及世界性反万有引力.

[4] *Грибанов А. А.* Основные представления современной космологии. — М.: Физматлит,2008. 格里巴诺夫. 当代宇宙学基本概念.

[5] Звезды / Под ред. В. Г. Сурдина. Астрономия и астрофизика. 3 изд. — М.: Физматлит,2013. 仰望星空,苏尔金编.

[6] *Гинзбург В. Л.* О физике и астрофизике. — М.: Бюро Квантум, 1995. 金兹伯格. 关于物理学和天体物理学.

[7] *Vacca J. R.* The World's 20 Greatest Unsolved Problems. — New Jersey: Prentice Hall-PTR,2004.

[8] *Черепащук А.М.*, *Чернин А. Д.* Вселенная, жизнь, черные дыры. — Фрязино: Век-2, 2004. 切列帕修克,等. 宇宙,生活,黑洞.

[9] *Lyutikov M.* Magnetar giant flares and afterglows as relativistic magnetized explosions //Mon. Not. R. Astron. Soc. 2006. V. 367, №4. P. 1594-1602.

[10] *Кардашев Н. С.*, *Новиков И. Д.*, *Шацкий А. А.* Магнитные тоннели (кротовые норы) в астрофизике // Астрономический журнал. 2006. Т. 83, №8. С. 675-768.卡尔达绍夫,等. 天体物理学中的磁通道(虫洞).

[11] Frontiers in High Energy Density Physics / Ed. by D.Henderson. — Washington: NationalResearch Council, Nat. Acad. Press, 2003.

[12] *Засов А. В.*, *Постнов К. А.* Общаяастрофизика. — Фрязино: Век-2, 2006.扎索夫,等. 普通天体物理学.

[13] http://hubblesite.org

[14] *Ryutov D. D.*, *Remington B. A.*, *Robey H. F.*, *Drake R. P.* Magnetodynamic Scaling: FromAstrophysics to the Laboratory // Phys. Plasmas. 2001. V. 8, №5. P. 1804-1816.

[15] *Drake R. P.* High-Energy-Density Physics. — Berlin-Heidelberg: Springer, 2006.

[16] *Takabe H.* Hydrodynamic instability, integrated code, laboratory astrophysics and astrophysicsin laser and inertial fusion energy // Edward Teller Lectures / Ed. by M.Hora,G. Miley. — Sydney: University of South Sydney, 2004. P. 331.

[17] *Фортов В. Е.* Мощные ударные волны и экстремальные состояния вещества // УФН.2007. Т. 177, №4. С. 347. 弗尔托夫. 强冲击波和物质极端状态.

[18] *Fortov V.*, *Yakubov I.*, *Khrapak A.* Physics of Strongly Coupled Plasma. — Oxford: Clarendon Press, 2006.

[19] *Фортов В. Е.*, *Храпак А. Г.*, *Якубов И. Т.* Физиканеидеальнойплазмы. — М.:Физматлит,2004. 弗尔托夫,等. 非理想等离子体物理学.

[20] *Burrows A.*, *Hubbard W. B.*, *Lunine J. I.*, *Liebert J.* The theory of brown dwarfs and extrasolargiant planets // Rev. Mod. Phys. 2001. V. 73, №3. P. 719-765.

[21] Brown dwarfs and extrasolar planets // Astronomical Society of the Pacific ConferenceSeries / Ed. by R. Rebolo, E. L.Martin, M. R. Zapatero. Osorio. ASP. 1998. V. 134.

[22] *Родионова Ж. Ф.*, *Сурдин В. Г.* Планеты Солнечной системы // Астрономия XXI век /Под ред. В. Г. Сурдина. — Фрязино: Век-2, 2007. С. 34. 罗迪奥诺娃,等. 太阳系的行星//二十一世纪的天文学. 苏尔金编.

[23] *Шевченко В. В.* Природа планет // Астрономия XXI век / Под ред. В. Г. Сурдина. —Фрязино: Век-2, 2007. С. 93. 舍夫琴科. 行星的本质//二十一世纪的天文学. 苏尔金编.

[24] *Gelliot T.*// Int. Workshop on Warm Dense Matter. — Porquerolle, France, 2007.

[25] *Самусь Н. Н.* Переменные звезды // Астрономия XXI век / Под ред. В. Г. Сурдина. — Фрязино: Век-2, 2007. С. 162. 萨姆斯. 变化中的恒星//二十一世纪的天文学. 苏尔金编.

[26] *Шевченко В. В.* Солнечная система // Энциклопедия«Современное естествознание» /Под ред. В.Н. Сойфера. Т. 4. Физика элементарных частиц. Астрофизика. — М.: Магистр-пресс, 2000. С. 125. 舍夫琴科. 太阳系//《当代自然科学》百科全书,索菲尔编.

[27] *Фортов В. Е.*, *Терновой В. Я.*, *Жерноклетов М. В. и др.* Ионизация давлением неидеальной плазмы в мегабарном диапазоне динамических давлений // ЖЭТФ. 2003. Т. 124, №2.С. 288. 弗尔托夫,等. 兆巴量级动压条件下非理想等离子体的电离.

[28] *Nellis W. J.* Dynamic Compression of Materials: Metallization of Fluid Hydrogen at HighPressures // Rep. Prog. Phys. 2006. V. 69, №5. P. 1479-1580.

[29] *Hawke P. S.*, *Burgess T. J.*, *Duerre D. E. et al.* Observation of electrical conductivity ofisentropically compressed hydrogen at megabar pressures // Phys. Rev. Lett. 1978. V. 41,№14. P. 994-997.

[30] *Pavlovski A.*, *Boriskov G. et al.* Isentropic solid hydrogen compression by ultrahigh magneticfield pressure in megabar range // Megagauss Technology and Pulsed Power Applications /Ed. by C. Fowler, R. Caird, D. Erickson. — N.Y. — London: Plenum Press, 1987. P. 255.

[31] *Fortov V. E.*, *Ilkaev R. I.*, *Arinin V. A. et al.* Phase Transition in a Strongly NonidealDeuterium Plasma Generated by Quasi-Isentropical Compression at Megabar Pressures //Phys. Rev. Lett. 2007. V. 99, №18. P. 185001.

[32] *Filinov V. S.*, *Levashov P. R.*, *Bonitz M.*, *Fortov V. E.* Calculation of the Shock Hugoniot of Deuterium at Pressures above 1 Mbar by the Path-Integral Monte Carlo Method // PlasmaPhys. Rep. 2005. V. 31, №8. P. 700-704.

[33] *Filinov V. S.*, *Bonitz M.*, *Levashov P. et al.* Plasma phase transition in dense hydrogen andelectron-hole plasmas // J. Phys. A: Math. Theor. 2003. V. 36, №22. P. 6069-6076.

[34] *Bezkrovniy V.*, *Filinov V. S.*, *Kremp D. et al.* Monte Carlo Results for the HydrogenHugoniot // Phys. Rev. E. 2004. V. 70, №5. P. 057401.

[35] *Фортов В. Е.* Мощные ударные волны и экстремальные состояния вещества. — М.: Букос, 2005. 弗尔托夫. 强冲击波和物质极端状态.

[36] *Nellis J. W.* High Pressure Phenomena // Proc. Int. School of Physics «Enrico Fermi». — Amsterdam. — Oxford: JOS Press, 2002. P. 607.

[37] *Балега Ю. Ю.* Коричневые карлики: субзвезды без ядерных реакций (Сессия РАН30.01.02) // УФН. 2002. Т. 172, №8. С. 945. 巴列加. 褐矮星:没有核反应的亚星.

[38] *Allard F.*, *Hauschildt P. H.*, *Alexander D. R.*, *Starrfield S.* Model atmospheres of very lowmass stars and brown dwarfs // Ann. Rev. Astron. Astrophys. 1997. V. 35. P. 137-177.

[39] *Chabrier G.*, *Baraffe I.* Theory of low mass stars and substellar objects // Ann. Rev. Astron.Astrophys.

2000. V. 38. P. 337-377.

[40] *Koester D.* White dwarfs: Recent developments // Astron. Astrophys. Rev. 2007. V. 11, №1.P. 33-66.

[41] *Miller S., Tennyson J., Jones H. R., Longmore A. J.* Computation of frequencies andlinestrengths for triatomic molecules of astronomical interest // Molecules in the StellarEnvironment Proceedings of IAU Colloquium No. 146. Held at Copenhagen, Denmark, May24-29, 1993 / Ed. by U. G. Jorgensen. — Berlin: Springer Verlag, 1994. P. 296-309.

[42] *Partridge H., Schwenke D. W.* The determination of an accurate isotope dependent potentialenergy surface for water from extensive ab initio calculations and experimental data //J. Chem. Phys. 1997. V. 106, №11. P. 4618-4639.

[43] *Клумов Б. А., Кондауров В. И., Конюхов А. В. и др.* Столкновение кометы Шумейкер-Леви 9 с Юпитером: что мы увидим? // УФН. 1994. Т. 164, №6. С. 617. 克鲁莫夫,等. 彗星“舒马克-列维 9”和木星的碰撞:我们将看见什么?

[44] *Фортов В. Е., Гнедин Ю. Н., Иванов М. Ф. и др.* Столкновение кометы Шумейкер-Леви 9с Юпитером: что мы увидели // УФН. 1996. Т. 166, №4. С. 391. 弗尔托夫,等. 彗星“舒马克-列维 9”和木星的碰撞:我们看见了什么?

[45] Энциклопедия низкотемпературной плазмы / Под ред. В. Е. Фортова. — М.: Наука, 2000. 低温等离子体百科全书,弗尔托夫编.

[46] *Горбунов Д. С., Рубаков В. А.* Введение в теорию ранней Вселенной: Космологические возмущения. Инфляционная теория. Т. 2. — М.: Красанд, 2010. 果尔布诺夫,等. 早期宇宙理论导引:宇宙学的窘境。膨胀理论.

[47] *Лукаш В. Н., Михеева Е. В., Малиновский А. М.* Образование крупномасштабной структуры Вселенной // УФН. 2011. Т. 181, №10. С. 1017-1040. 鲁卡什,等. 宇宙大规模结构的形成.

[48] *Abel T.* The first stars, as seen by supercomputers // Physics Today. 2011. V. 64, №4.P. 51-56.

[49] *Сурдин В.* Рождение звезд. — М.: Эдиториал УРСС, 1999. 苏尔金. 星星的诞生.

[50] *Левин А.* Они были первыми: самые старые звезды // Популярная механика. 2011. Т. 103, №5. С. 42-46. 列文. 它们曾经是第一:最年长的星星//通俗力学.

[51] *Рубаков В. А.* Большие и бесконечные дополнительные измерения // УФН. 2001. Т. 171,№9. С. 913. 鲁巴科夫. 巨大而无限的附加维度.

[52] *Каплан С. А.* Физика звезд. — М.: Наука, 1970.卡普兰,星物理学.

[53] *Рубин С. Г.* Устройство нашей Вселенной. — Фрязино: Век-2, 2006. 鲁宾. 我们宇宙的结构.

[54] *Salpeter E. E.* Nuclear reactions in the stars. I. Proton-proton chain // Phys. Rev. 1952.V. 88, №3. P. 547-553.

[55] *Ichimaru S.* Nuclear fusion in dense plasmas // Rev. Mod. Phys. 1993. V. 65, №2.P. 255-299.

[56] *Waxman E.* Gamma-ray bursts and collisionless shocks // Plasma Phys. Control. Fusion.2006. V. 48, №12B. P. B137-B151.

[57] *Левин А.* Космические бомбы // Популярная механика. 2007. Т. 8, №58. С. 38. 列文. 太空炸弹//通俗力学.

[58] *Кочаров Г. Е.* Термоядерный котел в недрах Солнца и проблема солнечных нейтрино // Энциклопедия «Современное естествознание» / Под ред. В. Н. Сойфера. Т. 4. Физика элементарных частиц. Астрофизика. — М.: Магистр-пресс, 2000. С. 28. 孔恰洛夫. 太阳内部的热核熔炉以及太阳中微子问题//《当代自然科学》百科全书,索菲尔编.

[59] *Батурин В. А., Миронова И. В., Сурдин В. Г.* Физика и эволюция звезд // АстрономияXXI век /

Под ред. В. Г. Сурдина. — Фрязино: Век-2, 2007. С. 120. 巴图林,等. 物理学和星星的演化//二十一世纪天文学. 苏尔金编.

[60] *Левин А.* Возраст мироздания: слушаем пульс Вселенной // Популярная механика. 2012. Т. 115, №5. С. 54-60. 列文. 宇宙的年龄:倾听宇宙的脉搏//通俗力学.

[61] *Ефремов Ю. Н.* Звездные острова. — Фрязино: Век-2, 2005. 叶夫列莫夫. 多星岛.

[62] *Чернин А. Д.* Космический вакуум // УФН. 2001. Т. 171, №11. С. 1153. 切尔宁. 宇宙真空.

[63] *Балега Ю. Ю.* Коричневые карлики: субзвезды без ядерных реакций // УФН. 2002. Т. 172, №8. С. 945-949. 巴列加. 褐矮星:没有核反应的亚星.

[64] *Chabrier G.*, *Baraffe I.* Theory of low-mass stars and substellar objects // Ann. Rev. Astron. Astrophys. 2000. V. 38. P. 337-377.

[65] *Fortov V. E.*, *Ivlev A. V.*, *Khrapak S. A. et al.* Complex (Dusty) Plasma: Current Status, Open Issues, Perspectives // Phys. Rep. 2005. V. 421, №1. P. 1-103.

[66] *Dubin D. H. E.*, *O'Nail T. M.* Trapped Nonneutral Plasmas, Liquids and Crystals (the Thermal Equilibrium States) // Rev. Mod. Phys. 1999. V. 71. P. 87.

[67] *Schatz T.*, *Schramm U.*, *Habs D.* Crystalline Ion Beams // Nature. 2001. V. 412, №6848. P. 717-720.

[68] *Schramm U.*, *Schatz T.*, *Bussmann M.*, *Habs D.* Cooling and Heating of Crystalline IonBeams // J. Phys. B: At. Mol. Opt. Phys. 2003. V. 36, №3. P. 561-571.

[69] *Pieranski P.* Colloidal crystals // Contemporary Physics. 1983. V. 24, №1. P. 25-73.

[70] *Russel W. B.*, *Savill D. A.*, *Schowalter W. R.* Colloidal Dispersions. — Cambridge: Cambridge University Press, 1989.

[71] *Murray C. A.*, *Wenk R. A.* Observation of Order-Disorder Transitions and Particle Trajectoriesin a Model One-Component Plasma: Time Resolved Microscopy of Colloidal Spheres //Strongly Coupled Plasma Physics / Ed. by H. Van Horn, S. Ichimaru. — Rochester: UniversityRochester Press, 1993. P. 367.

[72] *Шашкин А. А.* Переходы металл-диэлектрик и эффекты электрон-электронного взаимодействия в двумерных электронных системах // УФН. 2005. Т. 175, №2. С. 139. 沙什金. 金属-电介质转换以及二维电子系统中电子-电子相互作用效应.

[73] *Ivanova L. N.*, *Imshennik V. S.*, *Chechotkin V. M.* Pulsation regime of the thermonuclearexplosion of a star's dense carbon core // Astrophys. Space Sci. 1974. V. 31, №2. P. 497-514.

[74] *Kifonidis K.*, *Plewa T.*, *Janka H.-T.*, *Muller E.* Nucleosynthesis and clump formation ina core-collapse supernova // Astrophys. J. Lett. 2000. V. 531. P. L123-L126.

[75] *Mezzacappa A.* Ascertaining the core collapse supernova mechanism: The state of the artand the road ahead // Ann. Rev. Nucl. Part. Sci. 2005. V. 55, №1. P. 467-515.

[76] *Аврорин Е. Н.*, *Водолага Б. К.*, *Симоненко В. А.*, *Фортов В. Е.* Мощные ударные волны и экстремальные состояния вещества // УФН. 1993. Т. 163, №5. С. 1. 阿夫洛林,等.强冲击波和物质极端状态.

[77] *Владимиров А. С.*, *Волошин Н. П.*, *Ногин В. Н. и др.* Ударная сжимаемость алюминия при давлениях $P>1$ Гбар // Письма ЖЭТФ. 1984. Т. 39, №2. С. 69-72. 伏拉基米洛夫,等. $P>1$ Gbar 压力条件下铝材料的冲击可压缩性.

[78] *Аврорин Е. Н.*, *Симоненко В. А.*, *Шибаршов Л. И.* Физические исследования при ядерных взрывах // УФН. 2006. Т. 176, №4. С. 449. 阿夫洛林,等.核爆炸的物理学研究.

[79] *Трунин Р. Ф.* Ударная сжимаемость конденсированных веществ в мощных ударных волнах

подземных ядерных взрывов // УФН. 1994. Т. 164, №11. С. 1215. 特鲁宁. 地下核爆炸产生强烈冲击波条件下凝聚态物质的冲击可压缩性.

[80] *Knudson M. D.*, *Hanson D. L.*, *Bailey J. E. et al.* Equation of State Measurements in LiquidDeuterium to 70 GPa // Phys. Rev. Lett. 2001. V. 87, №22. P. 225501.

[81] *Яковлев Д. Г.*, *Левенфиш К. П.*, *Шибанов Ю. А.* Остывание нейтронных звезд и сверхтекучесть в их ядрах // УФН. 1999. Т. 169, №8. С. 825. 雅可夫列夫,等. 中子星的冷却以及它们地核内的超流性.

[82] *Haensel P.*, *Potekhin A.*, *Yakovlev D.* Neutron Stars 1: Equation of State and Structure. —N. Y.: Springer, 2007.

[83] *Шапиро С.*, *Тьюколски С. А.* Черные дыры, белые карлики, нейтронные звезды. Т. 1-2. — М.: Мир, 1995. 沙皮罗,等. 黑洞,白矮星,中子星.

[84] *Истомин Я. Н.* Генерация электронно-позитронной плазмы в магнитосфере нейтронныхзвезд // УФН. 2008. Т. 178, №8. С. 880. 伊斯托明. 中子星磁球体中电子-正电子等离子体的产生.

[85] *Яковлев Д. Г.* Сверхтекучесть в нейтронных звездах // УФН. 2001. Т. 171, №8.С. 866-868. 雅可夫列夫. 中子星内的超流性.

[86] The CBM Physics Book / Ed. by B. Friman, C. Höhne, J. Knoll et al. 1 ed. V. 814. of LectureNotes in Physics. — Springer, 2010.

[87] *Кувелокту К.*, *Дункан Р.*, *Томпсон К.* Магнитары // «Альманах Космос». — М.: В миренауки, 2006. С. 134. 库维罗克图,等. 磁星.

[88] *Попов С. Б.*, *Прохоров М. Е.* Звезды: жизнь послесмерти // Астрономия XXI век /Под ред. В. Г. Сурдина. — Фрязино: Век-2, 2007. С. 183. 波波夫,等. 星星:死亡以后的生活//二十一世纪天文学. 苏尔金编.

[89] http://space.rin.ru/news/html/2877.html.

[90] *Засов А. В.*, *Сурдин В. Г.* Разнообразие галактик // Астрономия XXI век / Под ред. В. Г. Сурдина. — Фрязино: Век-2, 2007. С. 329. 扎索夫,等. 星系的多样性//二十一世纪天文学. 苏尔金编.

[91] *Хокинг С.* Краткая история времени. От Большого взрыва до черных дыр. СПб.: Амфора, 2007. 霍金. 时间简史。从大爆炸到黑洞.

[92] *Карнаков Б. М.*, *Мур В. Д.*, *Попов В. С.* К теории лоренцевой ионизации // ПисьмаЖЭТФ. 1997. Т. 65, №5. С. 391. 卡尔纳科夫,等. 洛伦兹电离理论.

[93] *Popov V. S.*, *Karnakov B. M.*, *Mur V. D.* Quasiclassical theory of atomic ionization in electricand magnetic fields // Phys. Lett. A. 1997. V. 229, №5. P. 306-312.

[94] *Надежин Д. К.*, *Юдин А. В.* Влияние кулоновского взаимодействия на уравнение состояния в условиях ядерного статистического равновесия // Письма в Астрономическийжурнал. 2005. Т. 31. С. 299. 纳捷仁,等. 核统计平衡条件下库仑相互作用对于状态方程的影响.

[95] *Кадомцев Б.* Избранные труды. Т. 1. — М.: Наука, 2003. 卡多姆采夫. 选集.

[96] *Disdier L.*, *Garconnet J.-P.*, *Malka G.*, *Miquel J.-L.* Fast neutron emission from a high-energyion beam produced by a high-intensity subpicosecond laser pulse // Phys. Rev. Lett. 1999. V. 82, №7. P. 1454-1457.

[97] *Mima K.*, *Ohsuga T.*, *Takabe H. et al.* Wakeless triple-soliton accelerator // Phys. Rev. Lett.1986. V. 57, №12. P. 1421-1424.

[98] *Келдыш Л. В.*, *Джеффрис К. Д.* Электронно-дырочные капли в полупроводниках. — М.: Наука, 1988. 凯尔德施,等. 半导体中的电空穴.

[99] *Hands S.* The phase diagram of QCD // Journal of Contemporary Physics. 2001. V. 42, №4. P. 209-225.

[100] *Новиков И. Д.* Отзвуки Большого взрыва (наблюдения реликтового излучения) (СессияРАН 28.02.2001) // УФН. 2001. Т. 171, №8. С. 859. 诺维科夫. 大爆炸的回声(残余辐射监测).

[101] *Rubakov V.* Introduction to cosmology // Proceedings of Science RTN(2005)003. 2005.

[102] *Glendenning N.* Compact Stars, Nuclear Physics, Particle Physics, and General Relativity. —N.Y.: Springer, 2000.

[103] *Schertlera K.*, *Greinera C.*, *Schaffner-Bielichc J.*, *Thoma M.* Quark phases in neutron starsand a third family of compact stars as signature for phase transitions // Nucl. Phys. A. 2001.V. 677, №1-4. P. 463-490.

[104] *Witten E.* Cosmic separation of phases // Phys. Rev. D. 1984. V. 30. P. 272-285.

[105] *Черепащук А. М.* Массы черных дыр в двойных звездных системах // УФН. 1996. Т. 166,№8. С. 809. 切列帕修克. 双子星系统中的黑洞质量.

[106] *Сурдин В. Г.* Астрономия XXI век / Под ред. В. Г. Сурдина. — Фрязино: Век-2, 2007. С. 8. 苏尔金. 二十一世纪的天文学. 苏尔金编.

[107] *Черепащук А. М.* Черные дыры в двойных звездных системах // Энциклопедия «Современное естествознание» / Под ред. В. Н. Сойфера. Т. 4. Физика элементарных частиц. Астрофизика. — М.: Магистр-пресс, 2000. С. 228. 切列帕修克. 双子星系统中的黑洞//《当代自然科学》百科全书,索菲尔编.

[108] *Черепащук А. М.* Черные дыры во Вселенной // Астрономия XXI век / Под ред. В. Г. Сурдина. — Фрязино: Век-2, 2007. С. 219. 切列帕修克. 宇宙中的黑洞//二十一世纪天文学. 苏尔金编.

[109] Explosive-Driven Generators of Powerful Electrical Current Pulses / Ed. by V. E. Fortov. — Cambridge: Cambridge Int. Sci. Publishing Ltd, 2007.

[110] *Zubko V.*, *Dwek E.*, *Arendt R. G.* Interstellar dust models consistent with extinction, emission, and abundance constraints // Astrophys. J. Suppl. Ser. 2004. V. 152, №2. P. 211-249.

[111] *Велихов Е. П.* Устойчивость течения идеально-проводящей жидкости между вращающимися цилиндрами в магнитном поле // ЖЭТФ. 1959. Т. 36, №5. С. 1398. 维里霍夫. 磁场中旋转圆筒内理想传导液体流动的稳定性.

[112] *Велихов Е. П.* Устойчивость плоского течения Пуазейля идеально-проводящей жидкостив продольном магнитном поле // ЖЭТФ. 1959. Т. 36, №4. С. 1192. 维里霍夫. 纵向磁场中泊肃叶理想传导液体平面流动的稳定性.

[113] *Stefani F.*, *Gundrum T.*, *Gerbeth G. et al.* Experimental evidence for magnetorotationalinstability in a Taylor-Couette flow under the influence of a helical magnetic field // Phys.Rev. Lett. 2006. V. 97, №18. P. 184502.

[114] *Faber T.* Fluid Dynamics for Physicists. — Cambridge: CambridgeUniversity Press, 1977.

[115] *Arkani-Hamed N.*, *Dimopoulos S.*, *Dvali G.* Phenomenology, astrophysics, and cosmologyof theories with submillimeter dimensions and TeV scale quantum gravity // Phys. Rev. D.1999. V. 59, №8. P. 086004.

[116] *Bleicher M.* How to create black holes on Earth // Eur. J. Phys. 2007. V. 28, №3. P. 509-516.

[117] *Hisa-aki Shinkai*, *Hayward S. A.* Fate of the first traversible wormhole: Black-hole collapseor inflationary expansion // Phys. Rev. D. 2002. V. 66, №4. P. 044005.

[118] *Lobo F. S. N.* Phantom energy traversable wormholes // Phys. Rev. D. 2005. V. 71, №8.P. 084011.

[119] *Шацкий А. А.*, *Новиков И. Д.*, *Кардашев Н. С.* Динамическая модель кротовой норы и модель Мультивселенной // УФН. 2008. Т. 178, №5. С. 481. 沙茨基,等. 虫洞动力学模型和多重宇宙模型.

[120] *Hawking S. W.* Particle creation by black holes // Communications in Mathematical Physics.1975. V. 43, №3. P. 199-220.

[121] *Панасюк М.* Странники Вселенной, или эхо Большого взрыва. — Фрязино: Век-2, 2005. 帕纳修克. 宇宙朝圣者,或者大爆炸的回声.

第 9 章

致密天体物理目标之外的高能量密度

第 8 章我们分析了因引力而收缩到致密尺度的宇宙目标——行星、恒星等——内部的物理过程和现象。现在我们转而分析宇宙其他部分的高能量目标。

9.1 宇宙射流、辐射冲击波和分子云团

原恒星演化到一定阶段总会发生母气体流走的情况(图 9.1[1])。大质量原恒星更为特别的是其球对称流出，因为任何非定向结构都会被辐射和星风所破坏。低质量原恒星和年轻恒星的特点是气流定向，显然与旋转能量转化为射流动能相关[2]。这些射流和流动的校准因素以及它们的能源之一，很可能是直径约 1 pc(parsec，秒差距，1 pc 相当于 3.26 光年)、质量为数百 $M_{\odot}$($M_{\odot}$为太阳质量)的环绕恒星圆盘。

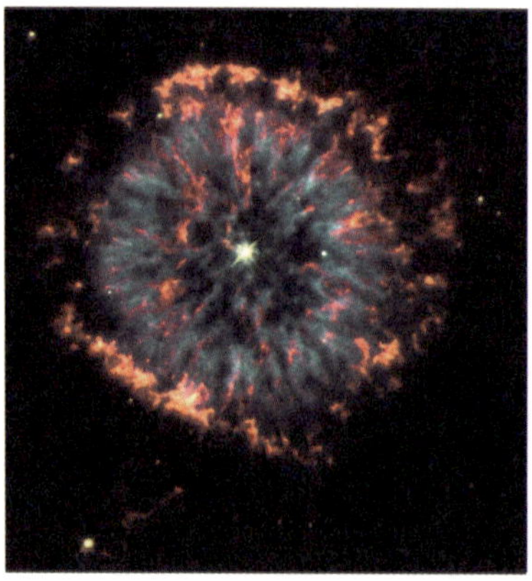

图 9.1　天鹰座中的行星状星云 NGC 6751

可以看见离开中心恒星的气体流。“哈勃”太空望远镜的照片[1]

轴对称稳定流动[3]与很多天体物理任务有关，对它的讨论由来已久[3-6]。向普通恒星和黑洞的吸积属于这类流动[6-8]，还有轴向对称星(太阳)风[9-12]、自年轻恒星目标的射流喷出[13]和自旋转中子星磁层的粒子喷射[14,15]也是如此。磁流体动力学(MHD)模型在积极发展，与超大质量黑洞磁层的构造理论紧密相关，这些黑洞据认为是活跃星系核和类星体的“中心发动机”[16,17]。

各种太空目标相互之间的关系图解[4]见图 9.2。

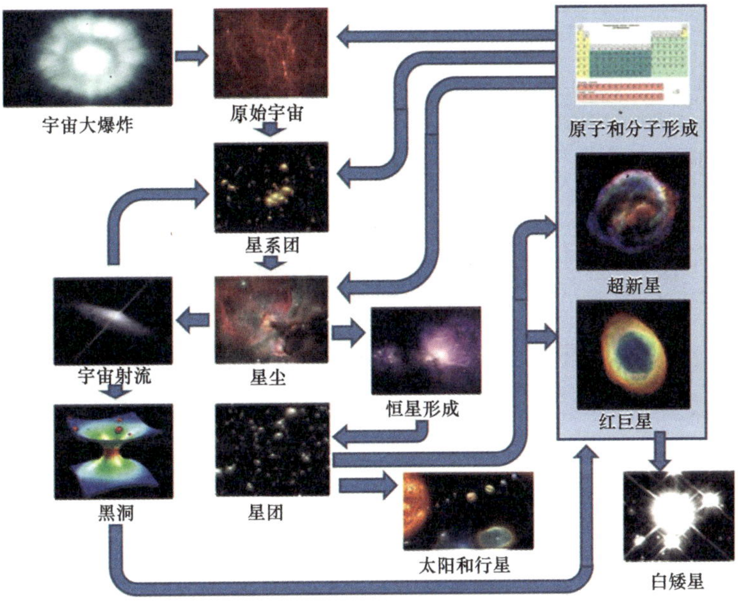

图 9.2 多种太空目标相互关系示意图[4]

9.1.1 宇宙射流(太空射流)

高功率(10^{39} W 量级)、大长度(0.01~2 pc)、高准直(发散角 5~20°、甚至小于 1°)、多方向的分子及等离子体相对论射流(速度达 0.9c)从很多活跃星系、类星体和老龄致密恒星中都能观测到[3-5,18](图 8.5、图 8.60、图 9.3、图 9.4)。这些射流是天体物理目标现象之一，在最活跃的类星体情况下经常伴随着广谱电磁辐射——从频率为 10^8 Hz 的射电辐射到频率为 10^{27} Hz 的超硬伽马辐射。从很多年轻恒星那里也能看到速度为 100~300 km/s 的高准直射流。

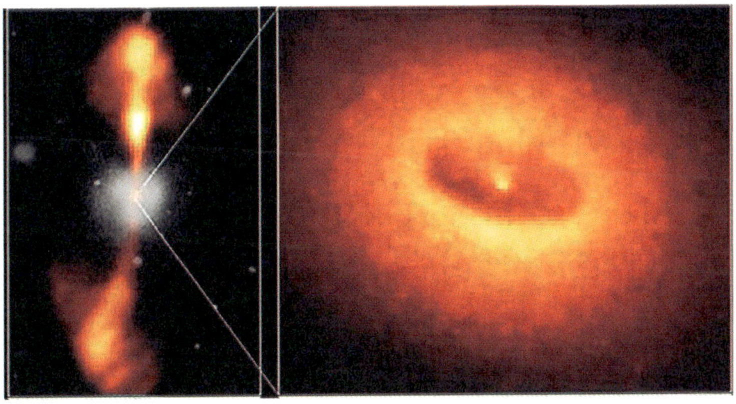

图 9.3 室女座中的活跃椭圆形星系 NGC 4261 是高功率射电源 3C 270，左图是全貌照片(它在画面中心)，其上叠加了拉长的射电区域图像。每一股射电流远离星系中心 20 kpc(kiloparsec)。右图是星系中心区域照片，由"哈勃"太空望远镜拍摄。直径约 300 kpc 的大质量气体粉尘圆盘包围着星系核[19]

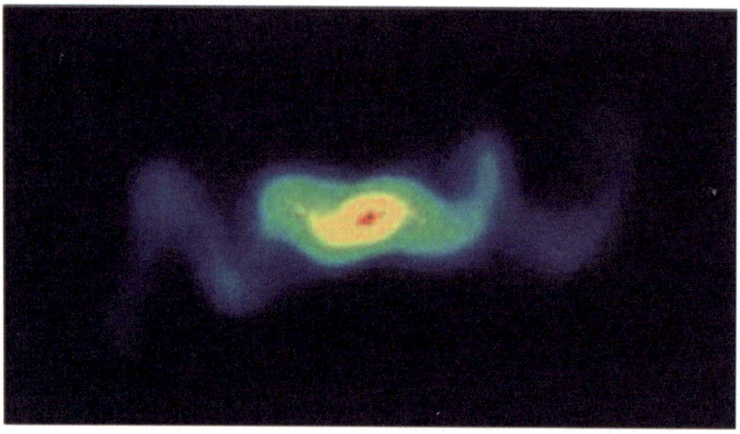

图 9.4　来自黑洞候补者恒星 SS433 的射流的射电图像。
SS433 与质量 $M \approx 10M_{\odot}$ 的普通星组成双星系统，从中刮出很强的星风[4]

观测和理论分析显示，与吸积圆盘一同旋转的磁场使这些等离子体射流加速和聚焦，从吸积物质或者从旋转黑洞获取能量。

对于很多恒星目标，射流的动力学是磁流体动力学[18,20,21]模式，该模式下它们的能量和角动量来自于电磁场及环境物质动能[5]。

磁流体力学近似以单极感应器模型也即直流电源模型为基础[21]。确实，在所有致密天体中都假设有一个快速旋转中心体(黑洞、中子星或者年轻恒星)以及存在常规磁场，导致了强感应电场的出现。而电场本身又导致了纵向电流的出现以及粒子的高效加速。这一模型中的准直机制与已知的平行电流吸引性质紧密相关。

我们从文献[21]中引用射流喷射动力学模型的主要论点。预计超大质量黑洞(其质量达到 $10^6 \sim 10^9 M_{\odot}$)位于母星系中心，黑洞不断吸积周围的物质。同时，星系核活动的能源可能是黑洞的旋转能量

$$E_{\text{tot}} = \frac{J_r \Omega^2}{2} \approx 10^{62} \left(\frac{M}{10^9 M_{\odot}}\right) \left(\frac{\Omega r_g}{c}\right) \text{erg}$$

和吸积物质的能量。这里 $r_g = 2GM/c^2$ 为黑洞半径，J_r 为惯性动量，而 Ω、M 分别为黑洞的角速度和质量，c 为光速。为使超大质量天体更好地存在，有一个因素必须考虑，就是爱丁顿发光度(Eddington luminosity)

$$L_{\text{Edd}} \approx 10^{47} \left(\frac{M}{10^9 M_{\odot}}\right) \text{erg} \cdot \text{cm}^{-1}$$

(也就是作用于吸积物质的引力与辐射压力的作用力相等时的发光度)接近于活跃星系核的特征发光度[6]。此外根据上述公式所评估的活跃期 $t_d = E_{\text{tot}}/L_{\text{Edd}}$ 的量级在 10^7 年，也与观测结果符合得很好。

接下来，通常认为物质的吸积具有圆盘特性。因此空间中出现了一个首选方向——旋转轴，沿此轴形成喷射抛洒。由于黑洞本身不可能有自己的磁场，黑洞周围大规模磁场的产生，正如所预计的，发生在吸积圆盘内。

根据当代观点，大质量中心天体出现在大多数星系中，它们只有在足够大量的物

质落上之前，才会保持活跃。这就限制了它们的活跃生命长度。

回想起来，射电辐射扩散区域接近活跃星系，距离星系核有数十、偶尔数百 kpc 远，20 世纪 60 年代初期发现之后几乎立刻就把它们与——从星系核心流出的——等离子体喷射(射流)联系了起来。恰恰是射流给这些区域提供了从活跃核心汲取的物质和能量(图 9.5)。观测显示，射流可能在非常接近星系核的地方被加速及校准，例如，离我们最近的活跃星系的情况(图 9.6)即是如此。

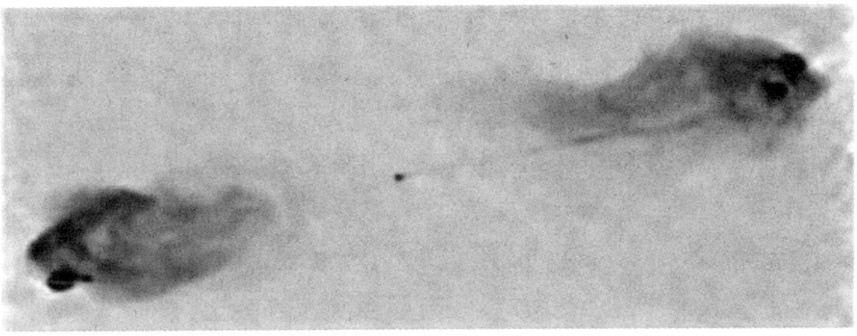

图 9.5　活跃区域和来自天鹅座核心的射流喷射的射电图像(5 GHz)[21]

明亮区域之间的距离大约有 80 kpc，比中心黑洞的尺度高出 9~10 个量级

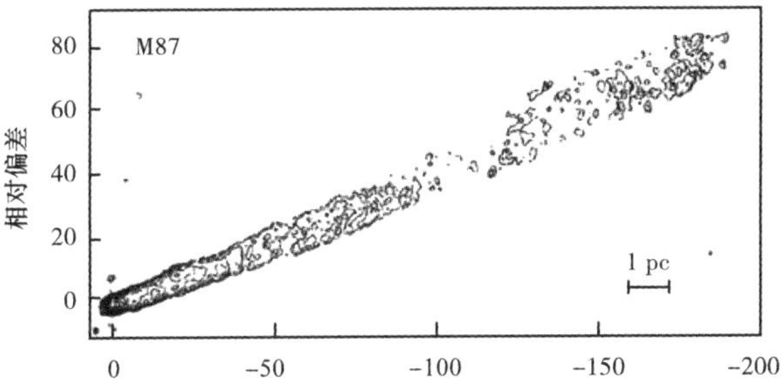

图 9.6　接近中心黑洞来自星系 M87 的射流喷射的射电图像。射流横向尺度大约 1 pc 量级[21]

来自活跃星系核的射流物质，其能量非常之高——射流的洛伦兹因子(Lorentz factor)整体上至少应该有几个单位。例如在星系 M87 中，射流运动能直接观测到，而且流出物质的洛伦兹因子 $\gamma\approx6$。很多情况中，在与星系际物质相互作用从而明显制动之前，物质一直能保持相对论速度，直到距离核心非常遥远。另一个惊人的射流属性是其高度准直性——发散角至多只有几度。

致密天体基本 MHD 理论的示意图见图 9.7。图 9.7 中所示的单极感应器模型中[21]，旋转磁化球能够起到蓄电池作用，从而决定了中心发动机的能量输出。确实，假设球体具有高导电性，则磁场冻结的条件

$$E_{\text{in}}+\frac{\Omega x r}{c} x\, B_{\text{in}}=0$$

导致了点 A 和 B 之间的电势差 δU。根据幅度量级，这一电势差值可以估算为

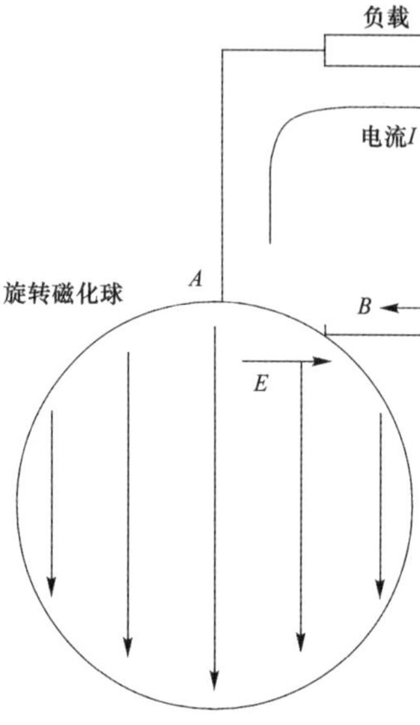

图 9.7　单级感应器——直流电源。磁化球之内电流逆电场方向流动[21]

$$\delta U \sim E\, R_0 \sim \frac{\Omega R_0^2}{c} B$$

这里 R_0为工作区域横向尺度。结果在外电阻输出的总能是

$$W_{\mathrm{tot}} = I\delta U$$

值得注意的是[21]，单极感应器中的能源是旋转动能。实际上，从图 9.7 可以看出，球内电荷逆电场方向移动。之所以如此是因为，晶格对沿导体迁移的电荷产生了某种作用力，从而破坏了球内的冻结条件。反之，表面电流施加到球体物质的安培力则导致其制动。所以，单极感应器(或有时被称为单极法拉第(Faraday)发生器)运行的基础不是法拉第效应本身(当在某一框架内感应电动势(EMF)与磁通量的变化有关时)，因为电路中的磁通量保持不变。相反的情况也有可能：如果给磁化球施加电势差，则该球将开始旋转。

要使中心发动机运行，必须有：

1. 旋转体；
2. 常规磁场；
3. 良好的导体。

这时电流连同能量损失将取决于外电阻值。

文献[21]概述了如何将这一模型转用到真实的天体物理目标上，需要非常复杂的分析。

对于银河系外的、微型类星体的以及伽马射线暴的射流，认为有另一种(坡印亭，Poynting)机制在起作用，这时电磁场成为(能量的)主要来源。任何情况下，射流速度都超过逃逸速度(第二宇宙速度)，足以离开吸积圆盘的范围。

原恒星演化中双极流动的出现看起来有点离奇：吸积和喷射的物质流动同时发生。不过，被认为是主要机制的应该是，在其作用下原恒星在坍缩过程中可以不受多余角动量和磁通量的约束。

令人振奋的是最近在射电连续辐射中以及在 21 cm 线中发现的结构，它们高耸于银河系吸积圆盘之上，被称为“蠕虫”，它们的尺度有 100~300 pc。究其形成原因，很可能是流出恒星形成发源地的热等离子体流[2]。

有碰撞和无碰撞模式的等离子体射流实验室实验可以在强流 Z 箍缩装置上进行(2.8 节)。碰撞模式下可以研究能量交换的过程、辐射和冲击波的产生。降低靶密度之后就可以模拟射流向靶内的穿透、它们的动力学以及热能化。

Falize 等对比了在实验室中以及天体物理中的辐射流体力学过程，发现了辐射流体力学现象再现条件的相似性准则[22]。

无论如何，通过在实验室条件下利用 Z 箍缩和激光[23]，人们确实获得了马赫数 $Ma\approx5\sim10$ 的流体力学等离子体射流，以及 $Ma\approx50\sim60$ 的强辐射射流[5,24]。借助于皮秒太瓦激光，已经得到了高能、电中性、高准直、能量达 100 MeV 的质子射流新种类[25-31]。

坡印亭加速机制在几何形状上接近于附加了电势 m_ec^2/e 的磁绝缘二极管系统，能导致产生强带电粒子流。正是这些工作电压为 10^6 V 量级的脉冲型强流加速器[32,33]被用于模拟来自吸积区域的等离子体射流。

9.1.2 辐射冲击波

天体物理目标中巨大的脉冲式能量释放绝对与太空等离子体中强冲击波、孤子、以及接触面的产生分不开[3-5,23](图 9.8)，它们可能是由超新星爆炸、星风、银河系螺旋型波、云团及恒星的相互碰撞以及其他种种因素所引起。

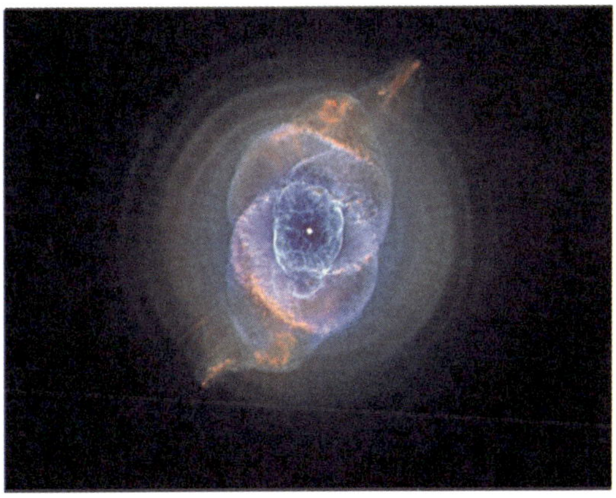

图 9.8 猫眼星云(NGC 6543)[34]，距离太阳 1 kpc 远。
在中心可看见剥离了等离子体外壳的恒星的残余。“哈勃”太空望远镜的照片

爆炸波离开稠密介质之后，其辐射降温时间变得短于流体力学时间。这样的辐射爆炸波可能出现在超新星演化的终极阶段，在伽马射线暴和超新星的余晖阶段。

稠密分子云中[3-5]冲击压缩等离子体的温度达到了数千万度。如果冷却时间随温度慢慢地增长，则这些区域将经受径向振荡。此外，稠密冷却区域纵向也常常是不稳定

的。详细的计算机计算显示，这类辐射波在星际介质中的传播速率是 $n=(d\ln R/\gamma\ln t)\approx 1/3$（$R$ 是辐射波半径，$R(t)\sim t^n$，t 是时间），低于 2/5 的西多夫-泰勒速率（Sedov-Taylor rate），但高于 2/7 的简单自相似极限[20]。所以天体物理学中辐射爆炸波的研究意义重大，该波与等离子体中复杂的流体力学及辐射过程紧密相关（图 9.9）[35,36]。

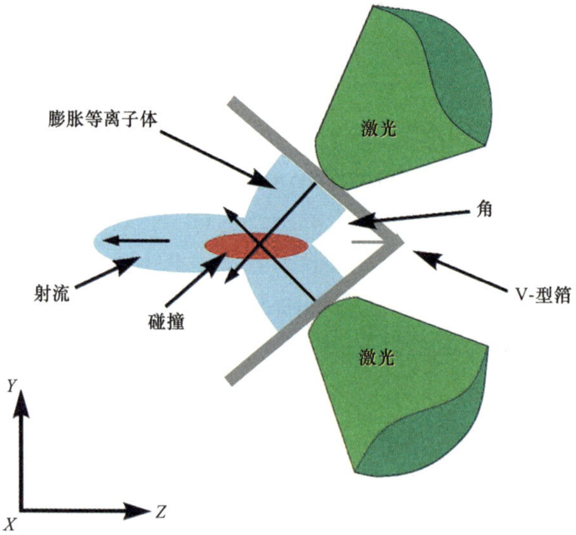

图 9.9　激光生成等离子体射流的实验示意图[36]

两道激光照射薄膜（厚度 3~5 μm），结果两股（薄膜）背面射流相交形成一股纵向射流

为了进行辐射爆炸波的实验室研究（图 9.10），必须要建立冲击压缩气体的强辐射、但光学稀薄区域[23,37]。在利弗莫尔（LLNL）进行的试验，用短脉冲激光 Falcon 照射氙射流，能够获得并研究辐射波，并且分析它们的衰减率[38]。

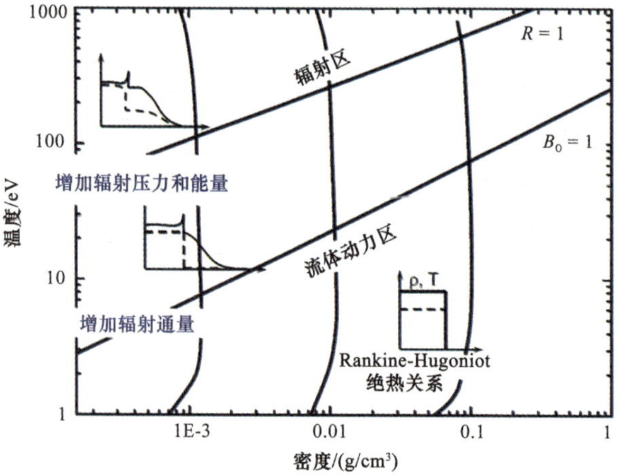

图 9.10　氙中的辐射冲击波。$R=\dfrac{E_{\rm th}}{E_{\rm rad}}=\dfrac{3\rho_0 T/2m}{4\sigma T^4/3c}$；$B_0=\dfrac{\rho_0 C_v T V_s}{\sigma T^4}$

文献[37]中研究了激光射流的结构、动力学和主要参数。通过改变气体的参数及其化学组分就能研究从绝热到强辐射的各种模式，并能够再现天体物理射流的主要特性，如脱体冲击波、等离子体的冲击压缩区域、接触面及马赫盘等的形成。

恒星之间的空间并非一无所有或者一致均匀(图 9.11、图 9.12)。它充满着低密度物质、辐射和磁场，相应的特征能量密度在 1 eV/cm^3量级。平均下来，星际空间每立方厘米含有不超过 1 个氢原子和少得多的其他化学元素的原子。这一空间的每立方千米中，只有不超过 10 粒、每粒尺度约 1 μm 的粉尘。物质温度变化的跨度很大——从 10 K 到 10^6 K。电子温度在 8000~17 000 K 区间内，平均 12 000 K，而年轻致密天体的行星状星云中的电子密度从 10^2 cm^{-3}到 10^5 cm^{-3}[39]。气体和粉尘的稠密区域被称为云团(或者星云)(图 9.13、图 9.14)，尺度在 100~300 pc，质量上限达 $10^7M_{\odot}$，分成弥漫的($T\approx10^2\sim10^3$ K、$n\approx1\sim10^2$ cm^{-3})、黑暗的(10~10^2 K、$10^2\sim10^4$ cm^{-3})、分子的(5~50 K、$4\times10^2\sim10^6$ cm^{-3})和球状体(10~30 K、$10^3\sim10^6$ cm^{-3})种种。很可能其中一些出现在活跃的恒星形成地带，而分子的出现本身又证明介质冷却了、变稠密了，恒星形成已经准备好了[2]。现在已经发现了各种各样的分子，直到包含了 13 个原子的结构(cyano-decapeptide，氰基十缩氨酸)，它们形成于气相离子的反应、以及具有催化作用的粉尘微粒的表面。据显示[2]，最简单分子的形成要花费 $10^4\sim10^5$年，而要形成 10~13 个原子的分子则必须经过数千万年。

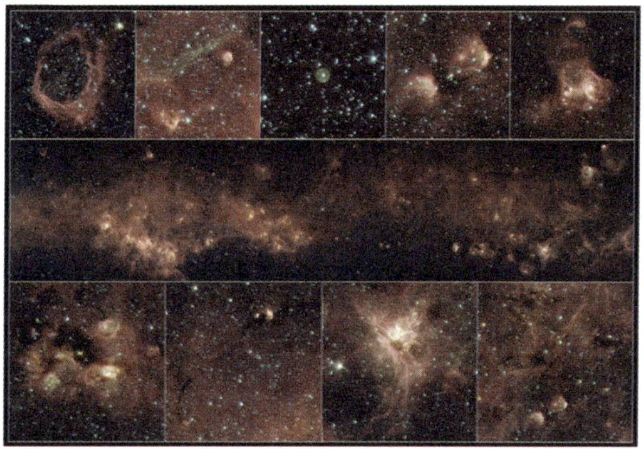

图 9.11　红外光波段矩尺座方向的银河系

中间带：长 9″、宽 2″的银河区段。上排和下排：中心图像放大的片段，展示了银河典型的天体目标和结构：恒星形成区域、稠密且弥漫的星际云、行星状星云。照片由美国国家航空航天局(NASA)斯皮策(Spitzer)轨道天文台于 2005 年拍摄，使用了 3.6~8.0 μm 波段的红外望远镜(http：//photojournal. jpl. nasa. gov/catalog/PIA03239)

粉尘的尺度从 0.01 μm 到 0.2~0.3 μm，存在于星际介质中，参与了分子的催化合成，阻挡恒星辐射并把其脉冲传递给星际气体，参与了辐射的平衡，并且当然是恒星及行星诞生的重要因素。虽然粉尘只占银河系全部质量的 0.03%，但其发光度是恒星的 30%，完全决定了银河系红外波段的辐射(见图 8.1)。辐射把粉尘从红巨星的大气层排挤出去，加上新星和超新星的爆炸，是太空中粉尘的主要来源(每年(3~4)$\times10^{-3}$ $M_{\odot}$)。

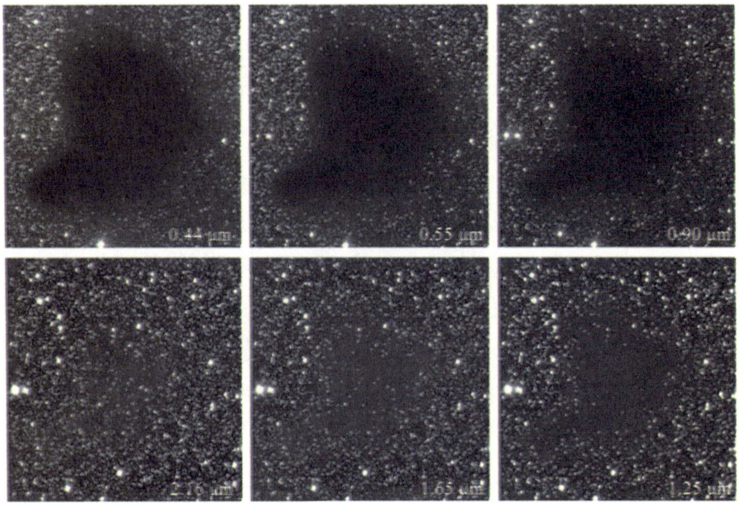

图 9.12　蛇夫座中尺度为 0.2 pc 的气体粉尘云团 B 68，距离地球 150 pc 远。在可见光波段，云团后面看不见任何恒星(第一幅照片)。然而星际粉尘不太吸收红外线，所以随着波长的增大(测微计所显示的)，云团变得越来越透明。照片来自欧洲南方天文台(ESO)VLT 望远镜[1]
(http：//www.eso.org/public/outreach/press-rel/pr-1999/phot-29-99.html)

图 9.13　圆锥体星云(NGC 2264)[34]

图 9.14　欧米伽(Omega)/天鹅星云(M17)[34]

据估计，我们的星系(银河系)中距离地球数十 pc 远的行星状星云大约有 8000 到 40 000 个。

9.1.3　分子云团

巨型分子云团中的平衡由引力和大规模物质流的动压支撑，如强度高达 10^{37} erg/s 的准直射流、冲击波、与其他云团的碰撞、以及恒星形成的过程等[2]。最终，最后一项破坏了平均寿命达 $10^7 \sim 10^8$ 年的分子云团。从另一方面来看，大质量星际云团自己也可能对星团施加了破坏性影响(详见文献[2])。

行星状星云的前辈属于中等质量恒星——从 0.8$M_{\odot}$到 8$M_{\odot}$[39]。主序列中初始质量 >8$M_{\odot}$的恒星确实不经过行星状星云阶段，而是经历了内核的崩溃，这时突然烧起来如同超新星一般，甩掉了大质量外壳，它们的内核则变成了中子星或者黑洞。质量小于 0.8$M_{\odot}$的恒星不可能产生行星状星云，它们变成了碳-氧白矮星。

在分析行星际云团的形成时考虑了几个模型：随机碰撞后的结块、帕克(Parker)(或者磁瑞利-泰勒)不稳定性、重力(Jeans，琼斯)不稳定性、恒星形成区域周围的气体外壳膨胀所引起的气体压实。

星系中星际气体的量值取决于很多因素[3]：恒星形成、恒星演化后气体的脱落(图 9.8、图 9.15)、星系的吸积等。圆盘星系中气体的主要质量是原子态和分子态气体(图 9.16[40])，将近 97%的质量是氢(70%~75%)和氦(20%~25%)。由于密度波、冲击波、孤子、热的或者相反的冷的巨型云团的因素，星际气体介质在很多尺度上都不均匀(图 9.16[40])。热的或者星冕气体的温度在 10^5~10^6 K 量级，尺度有数百 pc。该气体的起源应该归功于年轻恒星的活动——星风、恒星形成、超新星爆发等。巨型星系中的热气体是红巨星演化过程中抛撒气体外壳或者碰撞(例如，与白矮星，图 9.17[41])的结果。由于超新星爆炸可观的能量份额传递给了周围介质，所以出现了热气体的膨胀区域(图 9.18[19])和在星际气体中传播的冲击波。它们通过压缩气体的稠密段，加速其冷却和进一步压缩，促进了恒星的发端和形成(图 9.19)。产生于密集星系系统中的强烈潮汐式相互作用的冲击波也在完成同样的角色。所以被明亮的、年轻的、附近的大质量恒星所照亮的冷稠密分子云团在宇宙中也起着“恒星孵化器”的作用(图 9.13、图 9.14、图 9.20、图 9.21、图 9.22)。

图 9.15 超新星第谷布拉赫(Tycho Brahe)(SN 1572)爆炸遗迹的图像[23]

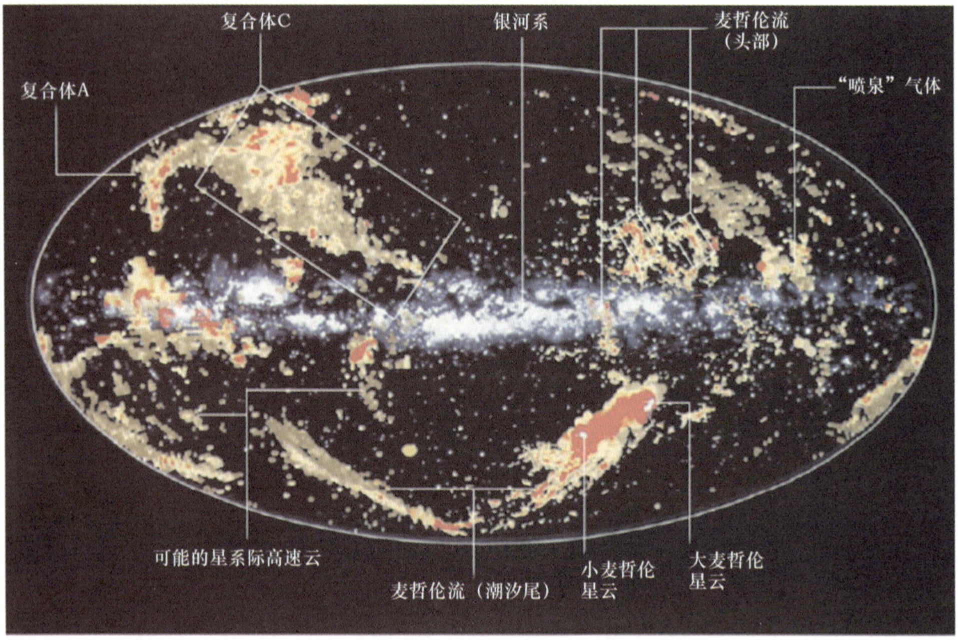

图 9.16 银河系中气体的分布图，根据中性氢浓度数据(彩色斑点)构造并叠加到银河系可见光(白色)图像上。从侧面看银河系盘，银河系核位于中心。高速氢云团(特别是复合体 A 和 C)在银河系盘的上面和下面都能看到[40]

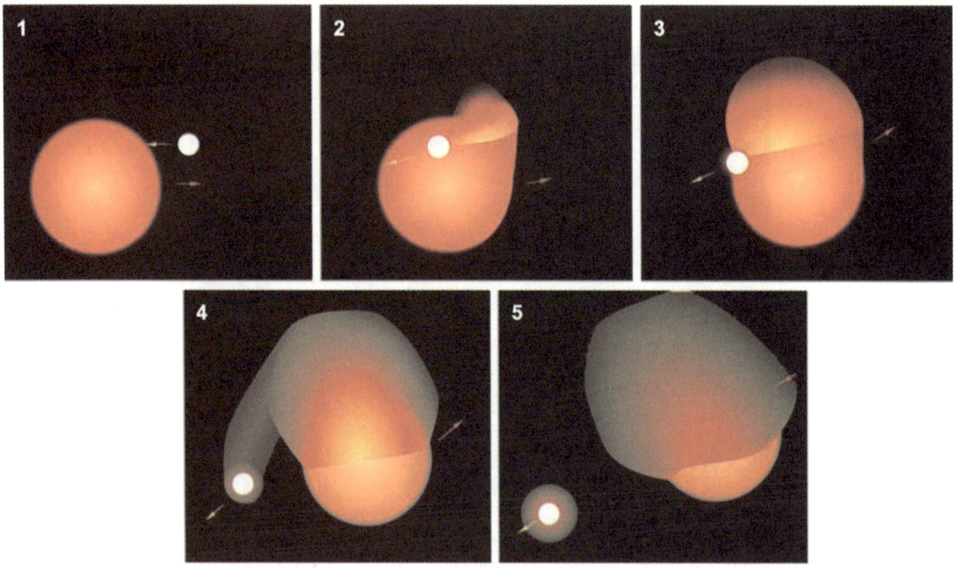

图 9.17 白矮星与膨胀的红巨星相碰撞[41]

矮星从碰撞中离开时毫发无损，随身带走了巨星的一部分气体。
巨星本身破裂成几块，虽然其内核保持完整并变成了另一个白矮星

图 9.18 紫外线光谱波段的星系 M81(底部)和 M82(顶部)

M82 中恒星形成的爆炸特性展示为被星系中心部分的恒星加热的气体的喷射[19]

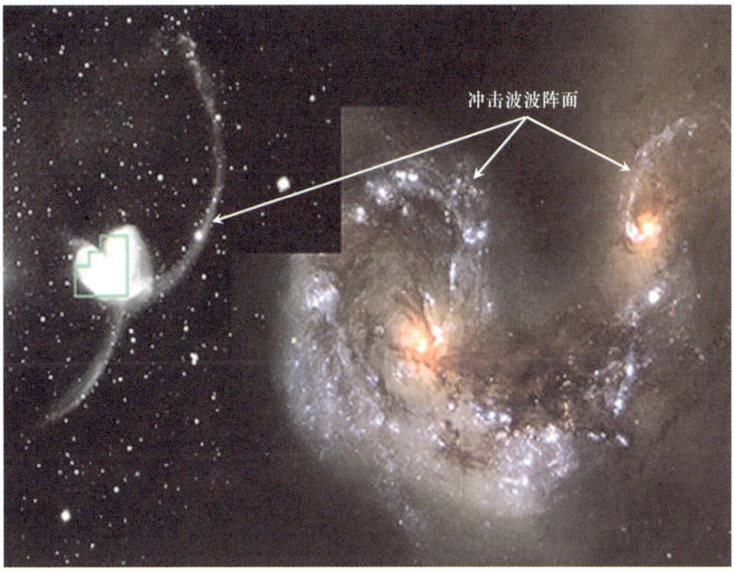

图 9.19 相互作用的星系“天线”(NG 4038 和 NG 4039)

右侧是“哈勃”太空望远镜拍摄的照片，展示了星系合并的中心区域内活跃的恒星形成，包括冲击波波阵面[19]

图 9.20　红矩形星云(HD 44179)，可以看见喷出的气体射流[42]

图 9.21　新生的星团(N90 区域)，被用以形成星团的气体残余所包围[1]

图 9.22　照片右上角是最热星云之一的行星状星云“甲虫”(NGC 6302)的中心恒星，被稠密、含尘的饱和碳环所包围[42]

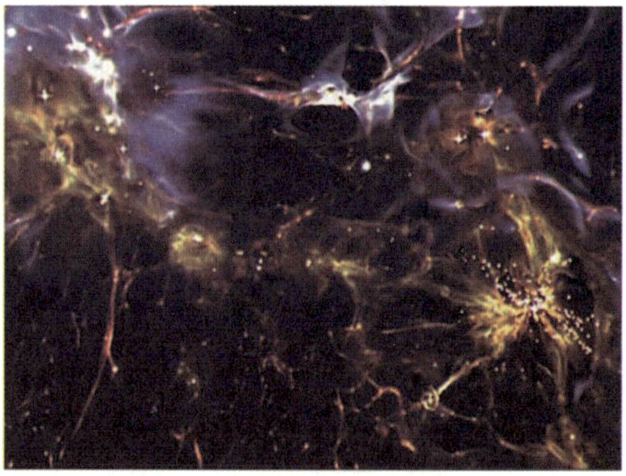

图 9.23　星系诞生的数学模拟[43]

落到云团上的强恒星辐射造成了消融压力，叠加了星风压力(图 8.30[43])。结果云团被冲击波压缩，沿着离开辐射天体的方向启动。锥状星云(图 9.13)、欧米伽星云(图 9.14)、玫瑰星云和 NGC 3603 星云都是这类范例。对于明亮恒星附近的稠密分子云团的兴趣与一个猜想有关——它们是否是新的恒星和星系的诞生地[3](图 9.23[43])。星云中非同寻常的柱子形状(图 9.13)引起了极大的关注，它们可能因消融锋面的不稳定性(瑞利-泰勒类)[20]而出现。可供选择的另一种解释以“彗星”模型为基础，这时辐射作用下的物质被从云团的稠密区域带走，正像彗尾中所发生的那样。

通过“哈勃”太空望远镜[34]和地基毫米干涉仪 BIMA 的观测，得到了关于云团内部的速度分布及物质动力学的宝贵的信息，有助于验证很多关于物质辐射动力学、云团物质在恒星形成中的作用等猜想(图 9.24、图 9.25)。

图 9.24 “哈勃”太空望远镜拍摄的星系 NGC 3079 的照片，展示了其内核的高度活跃性。向星系际空间喷射的热气体成为产生年轻恒星的原材料[4]

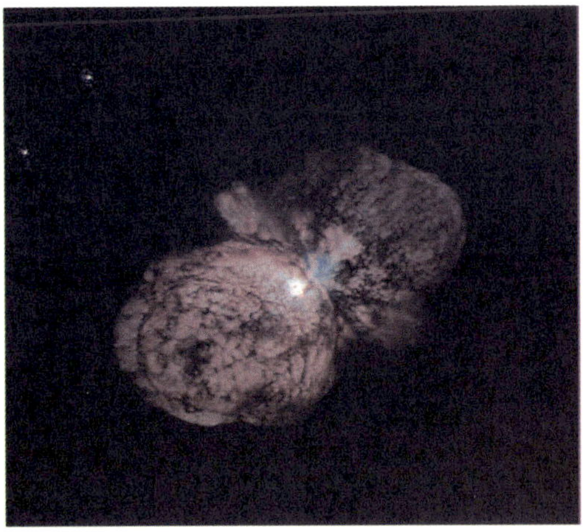

图 9.25 源自船底座超大质量恒星 η 的巨型气体和粉尘云团成为新恒星天体的原材料[4,34]

分子气体不仅能在 CO 线观测到，而且也能在 OH、H_2、NH_3、HCN、HCO^+线观测到。这就说明分子在星云电离之后仍存在了很长时间，粉尘隔离了它们免受内核的硬辐射，而粉尘也因此被加热并变成红外辐射源。

很多天体物理目标中不仅有带电成分，还有大量的中性原子和分子混合物[44]。星系盘中除了灼热稀薄完全电离的空洞(温度 $T\approx10^6$ K、浓度 $n\approx2\times10^{-3}$ ions/cm^3)之外，还有“温热”相($T\approx10^4$ K、$n\approx0.2$ particles/cm^3)，其电离度在 0.1，只占体积的几十个百分点。在恒星形成的主发源地以及经常包含快速演化的年轻活跃恒星的冷中性云团中，物质浓度会高出 2~3 个量级，而温度和电离度则较低。太阳和很多恒星的光球中物质电离度非常低，太阳光球中它只有约 10^{-3}。在所有列举的以及很多其他天体中，除了部分电离的本底等离子体，还有相对论的(宇宙射线)和非相对论的超热粒子，它们的来源既可能是已研究过的天体，也可能是远没有涉及的天体。不用说，类似条件在地球起源(电离层)的目标中也有可能[44]。

9.1.4　行星状星云

行星状星云在第一近似中是电离的气体外壳，包围着位于其中心的热恒星(内核)。外壳外层可能包含中性气体[39]。

粉尘不仅存在于星际介质和分子云团中，它也可能形成自己的粉尘云团，因超额红外线辐射而被发现。目前已经发现 100 多个带有气体粉尘圆盘的年轻行星，圆盘中含有形成行星系统的物质[2]。粉尘圆盘的红外光谱分析给出了相当多的粒子尺度数据——从 0.5 μm 到数厘米。

对粉尘云团和粉尘圆盘的射流动力学施加影响的一个事实是微粒可能带电(由于光致电离)，形成了所谓的“粉尘”等离子体[45]，它在许多方面具有不同寻常的性质，并且如实验所证实的，具有升高了的黏性(详见文献[45，46])。

行星状星云在星系的星际介质演化中起着重要作用。它们把物质传送到这一介质中用以形成下一代恒星，这就使该介质中源自产生该星云的恒星内部的核合成产物的含量越来越高[39]。

在我们银河系中，新生行星状星云大约一年形成一次。以恒星风形态和行星状星云飘散的形式还给恒星间星际介质的质量，平均每年 3.3$M_{\odot}$。

银河系中大约所有恒星的 95%以白矮星的形式结束演化。这一数目中的约 60%非常迅速地经过这一演化阶段，使自己的全部外壳电离并形成行星状星云。有关这些星云的数据，使我们能够评估当代银河系中恒星灭亡的速度，判断银河系中恒星形成的历史[39]。

虽然由于在发射谱线的辐射使行星状星云成为可视明亮目标，但是它们对星系的光学亮度并没有明显的贡献，因为它们寿命很短，所以数量很少。然而由于低质量星在后渐进阶段演化得太慢，以至于不能电离已脱落的星云，所以恒星在这一阶段可能是星系的紫外线发光度的重要来源。

为了描述恒星自发形成的初始阶段，人们想出了各种模型[2,43]：由利夫希茨(Lifshits)推广到广义相对论情况的引力(琼斯)模型[47]、磁动力学模型、热不稳定性模型，还有星际物质的冲击波压缩模型。恒星的感应形成也与自发形成一起得到研究，感应形成是由相邻恒星诞生时的爆炸所诱发的，爆炸产生了压缩波，引发了恒星形成的“链式”反应[47]。喷发的欧米伽星云(M17)的周围区域可以证明这种激发机制，这一星云的一侧是没有气体的空间和一群年轻恒星(在喷发星云自身内部还有更年轻的恒星)，而另一侧是带有恒星形成迹象的分子云团。

文献[48]中也引用了激发恒星形成的波的其他范例，它们沿着一个 100 pc 量级规模的分子云团传播。这里看起来很可能与化学活性介质中的燃烧波和爆轰波传播类似。文献[49]中首次提出了超新星爆炸的冲击波是恒星形成的起因的思想。文献[50]中进行了冲击波作用于超新星残余的数值模拟计算。对于双速冲击波，分析了辐射损失和云团分裂所起的作用。恒星形成的自动传播波或者蔓延波的启动，其触发机制考虑了外部辐射压力所引起的星际云团的压缩，星风流动的压缩造成气体外壳的不稳定性的想法也考虑在内。与此同时，母体云团中恒星及恒星系统的诞生频繁导致云团的分裂，可能促进了新星际云团的诞生。

恒星与星际介质之间的物质交换示意图见图 9.26[2]。星际介质因恒星爆炸而得到恒星物质的不断补充，而恒星本身也诞生于星际介质(图 9.27、图 9.28[51])。因此在这一周转过程中，未破碎的演化残余——白矮星、中子星、黑洞以及行星——不断消失。总的来说，质量为 $1M_{\odot}$ 的恒星，其自身质量的 40%返还成星际介质，而质量为 $9M_{\odot}$ 的恒星则返还超过 90%[2]。流向星际介质的恒星质量流总计每年 $1M_{\odot}$，同时星际介质内部的气体从弥漫介质到分子云团来回搬迁，速率为每年 $10^2M_{\odot}$，与之相比在恒星形成上的消耗最多 1%到 3%。

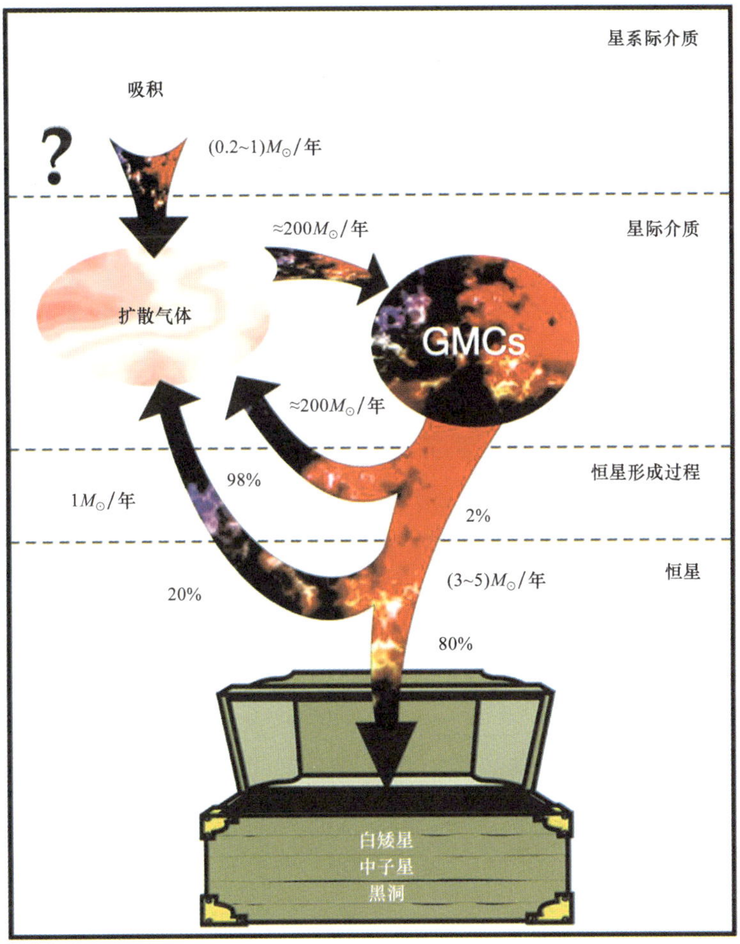

图 9.26　恒星与星系际介质之间的物质交换[2]

然而绝不是所有重子物质都如那些落到明亮恒星、星云以及其他可见天体上的物质那样容易观测到[53]。实际上如果把所有望远镜看得见的物质收集到一起，则结果只能是占宇宙大爆炸之后所出现的物质总量的几十分之一。这一个物质的数字与“暗”能量和“暗”物质(占看可观测宇宙的 96%)无关，而是与其余 4%的重子物质相关[53]。

宇宙大爆炸之后重子物质密度的初始值[53]根据残余体的微波辐射参数来评估，与

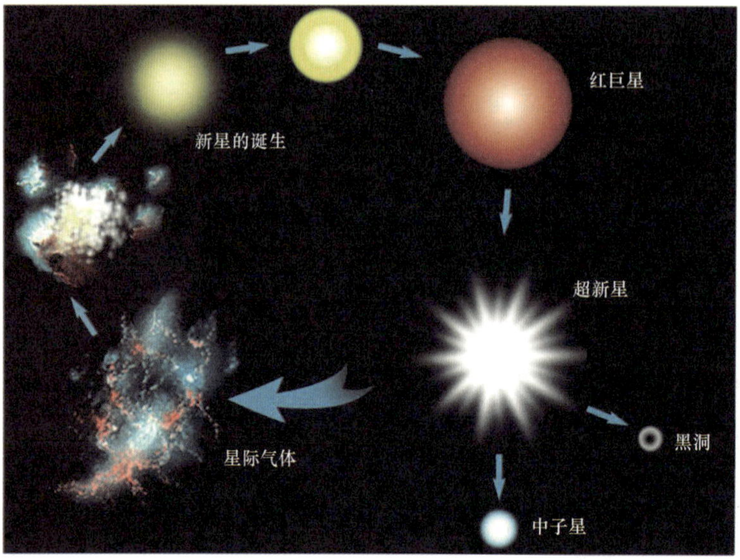

图 9.27　星系中物质的循环

典型的年轻恒星诞生于气体云团中，长期处于准稳态，就如同我们现在的太阳，耗尽氢之后进入红巨星阶段。红巨星爆炸，把重元素送到周围空间，使气体云团充满了重化学元素原子核[51]

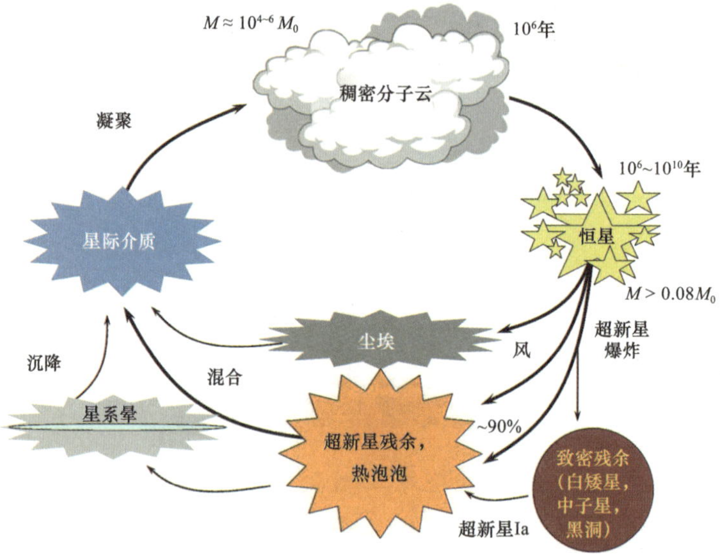

图 9.28　宇宙结构诞生的动力学[52]

氦、锂、氘的含量无关。这占宇宙全部物质的 4%。进入星系的组分之后[53]，重子无处不在：恒星中、恒星残余体中、中性气体(既有原子态、也有分子态)中、电离气体中、粉尘中、行星中，最终，还有人群中。

利用电磁波频谱的测定进行估算，这类可观测到重子的数量只占出现在宇宙早期的初始数量的 10%。显然那些短缺的重子处于状态难以找到的温-热星系际介质

(WHIM, warm-hot intergalactic medium)之中[53]。如果能够成功地证明这类物质的存在并精确定位，则很可能足以解释那些销声匿迹重子的下落[53]。

WHIM 的存在能够解释为什么星系形成的效率如此之低。大规模结构的演化所导致的结果是，星系际气体变得太稀薄且太灼热(离子因在引力场中的加速而变热)，以至于聚不成星系形成所必需的稠密冷云团。但是重子的一部分总归是形成了星系，否则的话就不可能出现恒星、行星、还有你和我[53]。

较早时期星系的形成效率更高。大约 80 亿年前，星系形成的平均节奏比目前的高出 10~20 倍，我们现在能看到的星系的大部分正是形成于这一时期。

星系与其周围空间之间的重子交换过程，无论对于星系演化的研究还是对于 WHIM 理论的验证都非常重要[53]。冷却和升温连续过程的结果，使得重子在星系际空间、恒星和星系中气体之间不断循环。获取重子的“战斗”一直在进行：星系一直在生长，从它们的周围空间争夺重子。评估表明，大约一半——此刻存在于这个或那个天文工作者注视过的星系中的——重子到达过星系际空间至少一次。很可能这样的循环甚至已经发生过很多次。构成我们身体的重子或许也参加了这类循环，周期大约是 140 亿年一次。

重子的诸如此类的概念[53]表明，星系的演化只不过是星系际介质大规模演化的一小部分。星系仅仅是重子循环转换的很多过程之一，这些过程的大部分发生在星系之外。根据人本原理(anthropic principle)(见 9.4.6 节)，我们在正确的时间顺利地出现在了正确的地点，那里的重子恰好处于稳定状态。在我们宇宙的其他地方或者其他纪元，可能远不是这样。经历 50 亿年进入毁灭之际(见 8.2.2 节)，太阳会烧掉我们系统中的内行星，蒸发掉外行星，重元素则会搬迁到星际空间，当然肯定不带着我们。

9.1.5 “暗”能量和“暗”物质

说到宇宙中物质的变化，不得不提到从 1998—1999 年起就引起研究者们好奇的一个问题——“暗”物质和“暗”能量。按照当代概念[54,55]，大约 70%~75%的宇宙质能(mass-energy)集中在所谓的“暗”能量中(图 9.29、表 9.1)，它只能通过引力效应来表现自己，与已知的粒子并不直接相关。它可能被爱因斯坦宇宙常数所代表[56]。

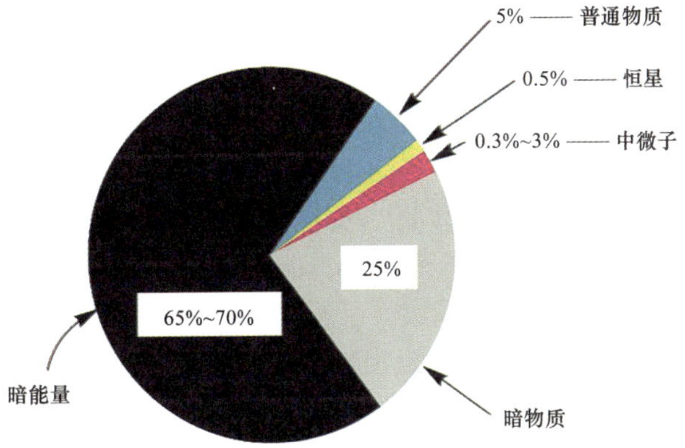

图 9.29 当代宇宙中的能量平衡[55]

有关自然界中存在暗能量(一种渗透全部可见宇宙的微弱相互作用物理实质)这一概念的提出[57]是 20 世纪末物理学的头号轰动性新闻，出乎大多数学者们的意料，特别是从事基本粒子物理学与宇宙学衔接领域研究的学者们。实际上，众所周知的基本相互作用特征能量规模在 1 GeV(强相互作用)、100 GeV(电弱相互作用)和 10^{19} GeV(引力相互作用)量级，没有任何理由会想到自然界还存在一种小得多的能量规模。然而，事实证明，暗能量的特点是其规模在 $E_v \approx 10^{-3}$ eV，由暗能量密度 $\rho_v = E_v$ 确定。

表 9.1　宇宙的组分[41]

物质	典型粒子	典型粒子质量(能量)/eV	可观察宇宙中的粒子数	对宇宙总质量可能的贡献/%	其存在证据
普通(“重子”)物质	质子，电子	$10^6 \sim 10^9$	10^{78}	5	直接观察，估算元素丰度
辐射	微波宇宙背景的光子	10^{-4}	10^{87}	0.005	用射电望远镜观察
热暗物质	中微子	$\leqslant 1$	10^{87}	0.3	中微子测量，星系形成模型
冷暗物质	超对称粒子	10^{11}	10^{77}	25	从银河系动力学估算
暗能量	“标量”粒子	10^{-30}(假设暗能量由粒子组成)	10^{118}	70	超新星观测数据说明宇宙在加速膨胀

除此之外在一个量级幅度以内，当代宇宙中存在一个近似等式

$$\rho_v \approx \rho_D \approx \rho_B$$

这里的 ρ_D 和 ρ_B 分别是暗物质和重子的质量密度。然而对于这一等式，从来没有过任何毫无争议的先验论断[57]。我们强调，近似关系 $\rho_D \approx \rho_B$ 在重子不对称的形成以及暗物质的产生之后宇宙演化的每一时刻都成立，因为宇宙膨胀时 ρ_D 和 ρ_B 的下降一致且相当迅速。另一方面，ρ_v 与时间的关系非常弱或者根本没有关系，所以等式 $\rho_v \approx \rho_D$ 就算在宇宙中出现了结构、且产生了恒星之后的当代也是成立的。

独立论据之一如下。星系目录中有关物质空间分布的数据分析、与残留辐射各向异性的测量一起配合来断定群化(“聚集”)物质质量的各种手段的综合利用、以及哈勃得到的参数使人们认识到[57]，构成我们宇宙的不均匀结构——星系及其形成(分组、星系星团、连锁反应、隔离、超星系团、巨洞(超星系团内部或超星系团之间的星系低密度区))——的非相对论物质的总质量密度不超过临界密度 ρ_c 的 30%：

$$\Omega_M \equiv \frac{\rho_M}{\rho_c} \leqslant 0.3$$

这里

$$\rho_M=\rho_D+\rho_B,\ \rho_c=\frac{3H_0^2}{8\pi G}\approx 10^{-29}\,g/cm^3$$

$H_0\approx 70$ km/(s·Mpc)为哈勃常数(Hubble constant)。这一结果是当代宇宙学最重要的成就之一，长期以来它的广为流传的一种说法是宇宙具有非零空间曲率。

然而这样的说明遇到了困难。首先从理论观点来看，明显的空间曲率很难与宇宙膨胀的想法共存：如果没有专门的参数拟合，膨胀模型将算出非常小的空间曲率值R_c^{-2}。其次，在没有暗能量的开放模型中宇宙现在的年龄大约110亿年，同时如果对宇宙中最老的天体(例如球状星团)的存在时间进行评估，产生了更高的量值——120~140亿年。还有否定大空间曲率开放模型的一些其他论据。

如果空间曲率不存在，则有关密度$\Omega_M\leq 0.3$的数据就意味着，当代宇宙中不低于70%的能量密度是以某类物质的存在为前提条件，这类物质不可能被结构的引力场所扰动，并在宇宙演化过程中保持"不聚集"(不群化)，后者意味着这类物质的有效压力为负、且绝对值足够高，也就是$p\approx-\rho$。这就是暗能量。

这类能量存在的主要标志为宇宙膨胀的加速，这是从观测中得出的结论，表现为遥远的超新星显得系统性弱于根据哈勃线性定律所期待的(图9.30)。这就是说，从前宇宙的膨胀比现在慢。

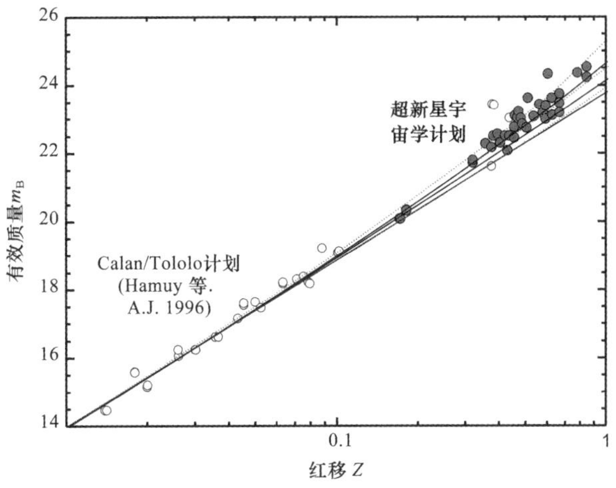

图9.30 Ia类超新星亮度峰值的星等与红移Z(来自S. Perlmutter等人1998年的数据)的函数关系

相对于直线(哈勃线性定律)向上翘等于趋向更远的超新星的亮度减小的方向，意味着宇宙在加速膨胀

第一波观察家[58,59]在1998年宣布了自己的成果，只给出了几个所需类型的超新星的数据。然而这就已经足够[60]发现视在亮度随距离而下降这一规律中的宇宙效应。实际上，亮度的下降平均下来比根据宇宙理论所预计的快得多，该理论那时被认为是一个标准。这一额外的变暗意味着，给定的红移对应着某种程度的有效距离增量。但这只能在宇宙的膨胀有加速度的时候成立，也就是当一个源离开我们的速度不下降、反而随时间增长的时候。

只有隐质量或者作为如今人们更常提到的暗物质，在密度方面低于真空一点点：

$$\Omega_D=\frac{\rho_D}{\rho_c}=0.3\pm0.1$$

暗物质既不发射任何光线，也不发射其他电磁波，一般说来几乎不与电磁辐射发生任何相互作用[60]。在我们银河系中，暗物质数量几乎是发光恒星物质的 10 倍。它形成了一个广大的不可见冕或者晕，包围着银河的、看起来所有质量极大的孤立星系的、以及存在于最大的宇宙系统——星系的星团以及超星系团——中的恒星圆盘。如同在我们银河系中，暗物质数量占所有这些系统全部质量的 90%，有时更多。它能够表现出来只是因为它所产生的万有引力，正是通过其引力效应，它才于 1930 年代被兹维基(F. Zwicky)首次发现，兹维基研究了后发星座中一个豪华星系星团的运动学和动力学。这一星团中的星系以大约每秒一千千米的速度移动，只有当星团总质量是其构成星系质量总和的 10 倍时，才能在这样的速度下把星系保留在可观测的星团体积内。迄今为止，暗物质运输工具的物理性质并不知晓，所讨论的可能性范围极广：从低质量基本粒子(低于电子质量)到矮星恒星、大质量(高于太阳质量)黑洞等。

排在暗物质后面的[60]是恒星和星系的发光物质，其宇宙密度比暗物质密度低一个数量级：

$$\Omega_B=\frac{\rho_B}{\rho_c}=0.02\pm0.01$$

最后，宇宙介质的第四个成分是辐射，或者超相对论介质，其密度为[60]

$$\Omega_R=\frac{\rho_R}{\rho_c}=0.8\times10^{-5}\ \alpha$$

这里的常数因子 $1<\alpha<10\sim30$ 包括了中微子、引力子和其他潜在的超相对论粒子、以及宇宙起源场的贡献，是对精确测量的残余辐射贡献的补充。

加速膨胀效应与反引力——对 50~80 亿光年远的膨胀宇宙边缘的天文观测中发现的一种新型物理效应——有关[56]。反引力表现为遥远星系的宇宙排斥力，超过了万有引力。造成反引力的不是星系或者其他天体，而是未曾知晓的能量-质量形态，所谓的“暗”能量，它占据宇宙全部可观测能量-质量的 70%~80%。这一“暗”能量之所以表现出来是因为造成反引力这一性质，除此之外它看不见抓不着：不发射、不吸收、不扩散光线。它具有负压，其密度恒定；其压力-密度比是 $w=P/\epsilon_\Lambda=-0.97\pm0.09$。问题在于暗能量密度值 ϵ_Λ 非常小：

$$\epsilon_\Lambda\approx0.75\rho_c\approx4\times10^{-6}\ \text{GeV}\cdot\text{cm}^{-3}$$

这一量值比根据维度考虑与基本的——强、电弱、引力——相互作用相关所得到的量值小很多数量级[61]：

$$\epsilon_\Lambda\approx10^{-46}\epsilon_{QCD}\approx10^{-54}\epsilon_{EW}\approx10^{-123}\epsilon_{grav}$$

而能量规模本身 $M_\Lambda=\epsilon_\Lambda^{1/4}\approx10^{-3}\,\text{eV}$ 远小于已知的相互作用能量规模：$M_{QCD}\approx200$ MeV、$M_W\approx80$ GeV、$M_{Pl}\approx10^{19}$ GeV(Pl 是 Planck)。

1960 年代中叶曾提出过宇宙常数的“实质性”解释[62]，据此假设了宇宙中存在理想的均匀宏观介质，密度为

$$\rho_v = \frac{\Lambda}{8\pi G}$$

这里 G 为牛顿引力常数；下文中，假定光速是一个单位，$c=1$。这一密度在时空中不改变，在所有参考坐标系中保持恒定。

密度为 ρ_v 的介质具有负压 p_v，其状态方程(也就是压力和密度的关系)如下：

$$p_v = -\rho_v$$

具有如此反常状态方程的介质与任何“正常”的液体或气体都不相似。根据文献[56]，我们列出其最重要的特性：

1. 此介质不能作为参考坐标系[56]。如果有两个坐标系以某非零相对速度运动，则具有上述状态方程的介质将与两个坐标系共动。所以相对于这类介质的运动和静止不可分辨，这就是真空的基本力学性质。所以由这样的状态方程所描述的介质是真空。

2. 具有这类状态方程的介质是不变且“永恒”的。其能量是包含在宇宙空间内的绝对的且实时定常的能量最小值。这是真空又一个不可或缺的特性。

3. 由给定方程定义压力的介质所造成的不是引力，而是反引力。实际上根据广义相对论，引力不只由介质密度所决定(如牛顿理论所设定的)，而且也由其压力决定。因此，“有效引力密度”一般来说表达为两项之和[56]：

$$\rho_{eff} = \rho + 3p$$

必须注意，表达式等号右侧密度前的因子 1 和压力前的因子 3 的出现是因为时间是一维的，空间是三维的。

用真空状态方程处理时，方程右侧之和所得到 ρ_{eff} 为负值：

$$\rho_{eff} = \rho_v + 3p_v = -2\rho_v < 0$$

负值有效密度意味着“负”引力。不同于万有引力，万有反引力不仅极力使天体不接近，反而还要使它们越来越疏远。如果真空中放入两个探测粒子，初始时刻它们相对静止，然后真空将迫使它们彼此远离。

4. 按照牛顿物理学的说法，真空构成一种力，但本身并不(像宏观介质那样)经受任何外部引力及自身反引力的作用[56]。众所周知，物理学中区分三种质量：主动引力质量，也就是造成引力的质量；被动引力质量，也就是接受、“感受”引力的质量；惰性质量，它位于牛顿运动方程的左侧。自然界所有目标体、所有物体和能量，包括真空，都具有这三种质量形态。刚刚所说过的有效引力密度就是主动引力质量的密度。对于任何一种均匀介质，被动引力质量密度通过关系式 $\rho_{pass} = \rho + p$ 得到。真空的这个值变为零：$\rho_{pass} = \rho_v + p_v = 0$。正是根据这一原则，真空既感受不到外部的、也感受不到自身的引力。根据广义相对论所依赖等效性原理，真空的惰性质量(其密度根据关系式 $\rho_{in} = \rho + p$ 得到)也等于零。

5. 由于暗能量密度是定常值，真空应该认为是一种介质，均匀地充满所有尺度的空间——从宇宙级到任意小[56]。更准确地说，小尺度领域我们有把握的也就是几分之一毫米以上，不能再小了，因为引力理论本身的平方反比定律所经过的实验验证只到亚毫米距离。凭借足够的安全裕度可以认为，真空存在并绝对均匀，无论如何至少能到厘米级小尺度。陷入了暗能量的物体(至少是宏观尺度的物体)不会把暗能量挤出物体所占据的体积——暗能量密度无论在物体内外都是一致的。

不同于牛顿的万有引力，反引力的力量随距离线性增长[56]，对于大爆炸之后宇宙运动的动力学具有重要影响[56]。结果在宇宙年龄 70～80 亿年之后，零加速整装待发，从此刻开始宇宙按照指数定律膨胀。此时宇宙常数值接近于临界密度，约等于 10^{-56} cm^{-2}。由于当代宇宙的年龄大约 140 亿年，结果是宇宙的历史可以分为几乎相等的两部分：前一半，暗物质、重子和辐射的引力占优；后一半，暗能量的反引力主宰。

暗能量的另一种表现是从太空装置 WMAP(Wilkinson Microwave Anisotropy Probe，威尔金森微波各向异性探测器)观测到的残余辐射温度分布不均匀性所追踪到的，这些不均匀性是宇宙最初的前星系时代结构的“痕迹”，稍后这些痕迹的发展就导致了星系的起源。这些不均匀性的演化、所观测到的它们的大量特性整体上与宇宙的物理参数紧密相关，特别是涉及宇宙的几何形状。

最重要(想必也是最可靠)的 WMAP 结果是，宇宙中的总能量密度 ρ_0 接近于临界密度：$\rho_c=(3/8\pi G)H_0^2=(1\pm0.1)\times10^{-29}\,\mathrm{g/cm^3}$，这里 $H_0=(72\pm0.4)\,\mathrm{km/(s\cdot Mpc)}$ 是哈勃常数。同时也不排除两个密度严格相等。这些数据指向宇宙的高密度，超过了普通物质和暗物质的密度。

根据 WMAP 的数据，宇宙中的物质密度极为精确地等于临界值。这就意味着总密度的 70%～80%应该属于暗能量。实际上，其他能量(重子、暗物质和辐射)的贡献早就规定了非常严格的上限，大约是临界密度的 30%～20%，因另外一整套独立的宇宙必要条件而广为人知。目前公认，物质的 26%为隐质量，只有 4%为可见物质。

与“可见”部分相比，这类对宇宙质量的高估来自于星系分布的不均匀性、以及星系星团中质量演化的分析。

现在我们援引[56]有关宇宙的能量构成以及年龄的 WMAP 数据。暗能量(相应的下标为 V)、暗物质(下标 D)、重子(下标 B)、辐射(下标 R)各自的密度都以临界密度为单位给出：

$$\Omega_V=\frac{\rho_V}{\rho_c}=0.75\pm0.05$$

$$\Omega_D=\frac{\rho_D}{\rho_c}=0.23\pm0.07$$

$$\Omega_B h^2=\frac{\rho_B}{\rho_c}=0.022\pm0.001$$

$$\Omega_R h^2=\frac{\rho_R}{\rho_c}=7\times10^{-5}$$

这里 h 为哈勃常数，以 100 km/(s · Mpc)为单位：$h=H/100=0.72\pm0.04$。

这些数据对应宇宙现在的状态，其年龄根据 WMAP 数据是

$$t_0=(13.7\pm3)\ \text{billion years}(137\ 亿年左右)$$

暗能量的密度曾经在首批实验中就测算过，确实非常之小，在 0.7×10^{-29} $\mathrm{g/cm^3}$ 量级[56]。1 m^3 空间中，这一暗能量质量等于三个氢原子质量。具有这等密度的介质中，反引力的力量简直微不足道，但它能平衡两个距离半米的氢原子之间的万有引力[56]。

与暗物质相关还有假设的 WIMP(Weakly Interacting Massive Particles，弱相互作用有质粒子(10~1000 GeV[63]))，它们出现在宇宙形成的早期(图 9.31)。中微子、中轻微子、光微子、引力微子、轴子等属于这一类别。必须注意到，正如从宇宙形成早期的核聚变理论所得出的，宇宙中物质的重子成分的平均密度与非重子(WIMPs)的平均密度之比大约是 0.07。同时可见物质的平均密度与宇宙的总平均密度之比只有 0.003~0.007。

看起来[64]星系和星系星团被巨型暗物质晕所环绕。这类大质量应该由粒子所构成才能与直接天文观测的数据不矛盾，那些粒子与普通物质只有非常微弱的相互作用，或者主要是自己互相接触。自然它们只能在某些情形下才表现出来——在它们利用万有引力与发光物质相互作用的时候。

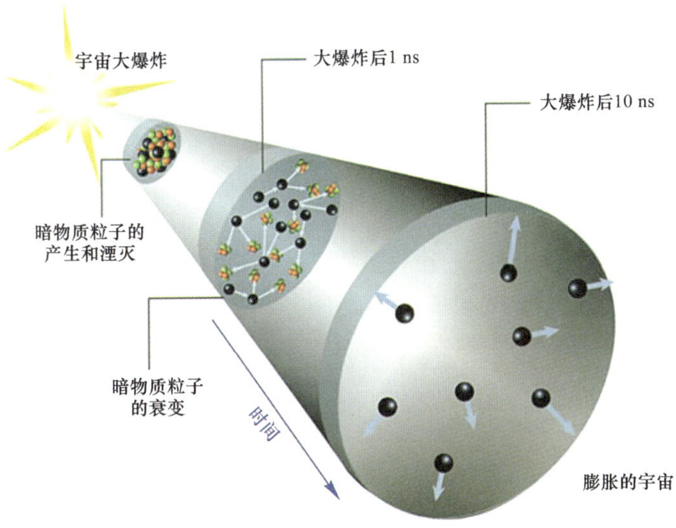

图 9.31 宇宙大爆炸之后 WIMP 的诞生[64]

天文学家们认为[64]，在星系形成的历史中，最开始形成的是暗物质晕，然后它开始吸引普通物质进入合成势阱中。普通物质善于适应各种变化，逐渐发展，产生了如今我们能观测到的最丰富的星系家族，然而惰性暗物质则保持了自己的原始形态和构造。至于暗能量，其广为人知的——观察中得出的——自然属性是当代宇宙加速膨胀的原动力。我们能够进行的观测表明，暗能量在宇宙全部生命周期中几乎不变。

造成暗物质的责任方是预言的假想粒子，它们获得了弱相互作用有质粒子(WIMP)的名称。这一名号来源于这样一个事实，即它们的相互作用，除了万有引力之外，只有借助于微弱的核相互作用。因对我们日常生活中无处不在的电磁相互作用不敏感，WIMP 完全无影无踪，它们对普通粒子的任何直接作用都难以察觉。因此这些假想粒子是宇宙暗物质这一角色优秀的后备军。WIMP 诠释暗物质属性的能力取决于这类粒子的数量，所以宇宙问题的解答越来越依赖于基本粒子物理学。与其他粒子一样，WIMP 或许也是诞生于宇宙大爆炸之中(图 9.32)。

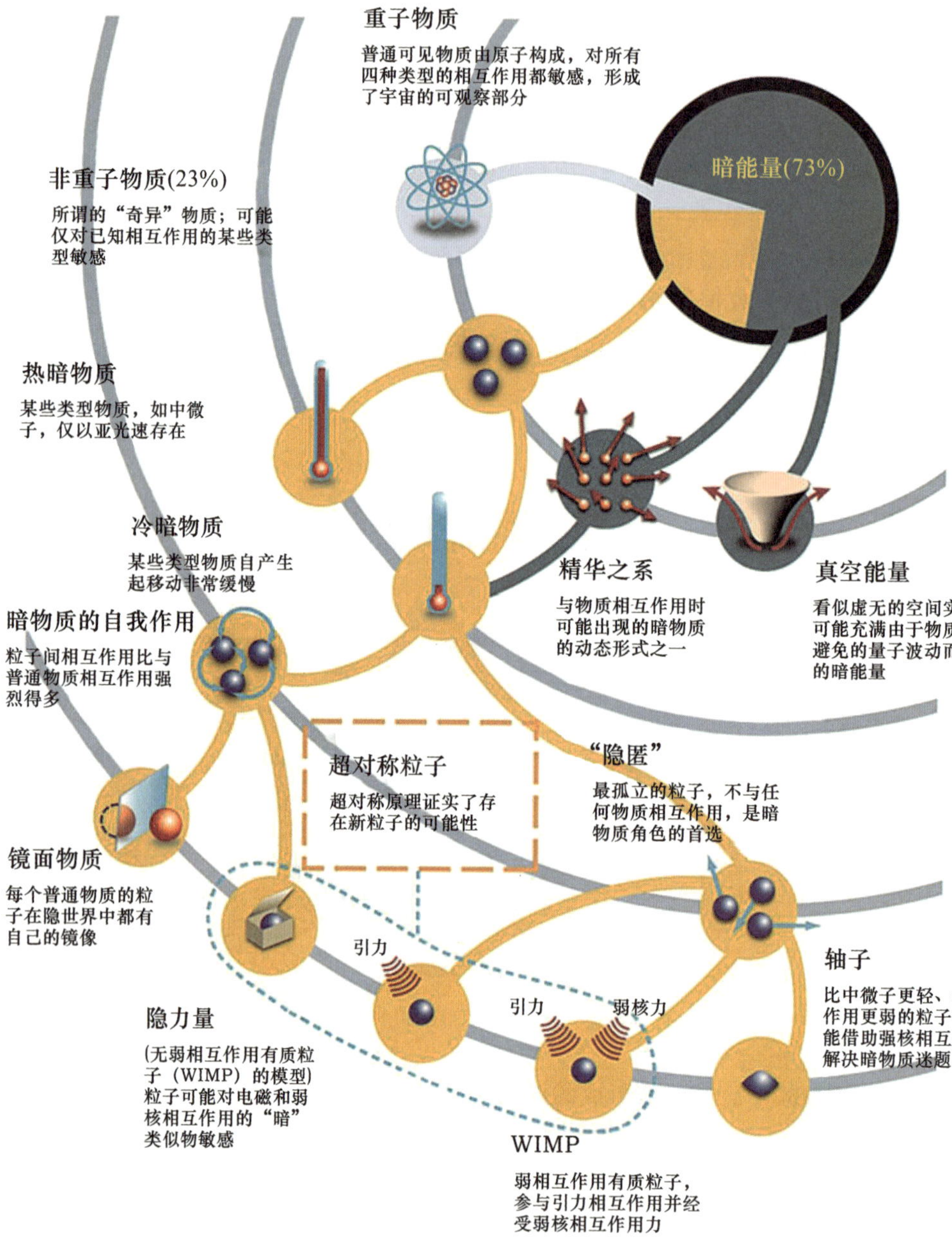

图 9.32　暗能量与暗物质[64]

在灼热且稠密的早期宇宙中，暗物质粒子 WIMP 的诞生和灭亡过程处于动力学平衡状态。随着宇宙的膨胀，其温度下降，因此用于暗物质新粒子诞生的能量已经不敷使用。所以这些粒子的衰变成为占主导地位的过程。理论很好地预言了 WIMP 的数量，完全可以和观测结果相对照。

“暗”质量运输工具这一角色的候选者清单中多多少少也有更受欢迎的目标，但是隐质量到底是什么东西构成的这一问题最终应该由观测回答，很可能是 LHC 上的答案。

有利于“暗”能量存在的补充论据是所谓哈勃-桑德奇悖论(Hubble-Sandage paradox)的解[56]。其精髓是，长达 20 Mpc 距离上的物质分布有高度不均匀性和明显随机性状况下，存在速度与距离成正比的规则物质膨胀流，这在均匀分布状况下也是成立的。的确[56]在从几个单位到几十个 Mpc 尺度内，宇宙物质的分布极不均匀，它聚集在分散的群簇中——星系、星系群和星系星团，它们随机地散播在太空中。这样的条件下弗里德曼模型(Friedman model)并不适用：物质均匀分布条件没有得到满足。

然而仔细地观察表明[65]，在巨大的空间跨度内，从 4 Mpc 到 200 Mpc，很有把握地追踪到了遵守哈勃定律 $v=H_sR$ 的膨胀的正常流动。原来星系的规律性运动学无论如何也不会被均质单元内部星系分布强烈的无规律性所干扰，这时均质单元内部所测得的哈勃常数 H_s 接近于 WMAP 装置观测所提供的统一量值 H_0。

暗能量的存在看来解决了这一个悖论问题。暗能量具有完美的均匀密度，在强力的物质凝结之外无处不在，结果使全部宇宙几乎均匀。由此星系运动的规律性和它们在均质单元内空间分布的无规律性之间的矛盾也消除了：统治性暗能量本底存在的状况下，质量/能量的总分布实际上也几乎是规律性的[56]。

作为“暗”能量存在的论据，文献[57]中讨论了星团和超星系团中异常星系速度的测量、星团的引力透镜化、星系旋转曲线的测量、发光度和质量之间关系的定义、X 射线星团的温度测量等。

文献[61]有“暗”能量效应的理论模型分析，指出宇宙膨胀加速的原因可能与低能量时的新物理学相关(精华模型[60])。

这类能量的状态方程有如下形式：$p=\omega\rho$，这里 ρ 为暗能量密度[66]。参量 $\omega<-1/3$ 对应宇宙膨胀，$\omega=-1$ 对应宇宙恒定，而 $\omega<-1$ 对应幻象能量(phantom energy)。最后一种情况，系统具有负值的熵和温度，而能量在这类系统中则保存不住[66]。

另一长距离引力修正模型源自膜世界理论(brane world theory)，以及有关巨大和无限尺度的附加维度的思想[67]。在这些理论中，普通物质局限在三维超曲面(膜，brane)上，嵌入更高维度的空间。这一思想[67]的要点在于，引力子可以在“我们”的膜上传播有限(虽然很长)的时间，然后去到附加维度。

光线“急速穿过”这一不可见物质就像透过真空。这一不可见物质的数量在星系之间的“巨洞”中不断增长。对于银河系，“隐质量”(暗能量)数量在量级上等于普通质量数量，而在“巨洞”中则高出 10 倍。太阳系内本身没有“隐物质”。隐物质集中在银河系外围——银河系的晕中。

暗能量的发现使观测宇宙学的很多问题得到解释。科学发展有史以来第一次出现了标准宇宙模型，能够符合整套观测数据，直到今天仍然无可取代。标准模型不仅精彩地描述了宇宙如何整体演化，也描述了宇宙结构的形成。无论暗能量效应如何，结构的产生在当代宇宙中仍在进行，并且还将持续 100 亿年上下[57]。

多维理论的问题之一是寻找隐藏附加维度的机制，以便在研究普通物理现象时，时空有效地表现为通常的四维时空。所建议的模型中[67]引入并分析了附加维度的“紧致性”，在超过紧致化规模(附加维度的尺度)的距离上使有效的四维时空得以保证。这时多余维度的尺度应该极其微小。依照流行的观点，紧致化规模应该是普朗克长度(Planck length)量级。以普朗克规模(距离 $l_{Pl} \approx 10^{-33}$ cm，相应的能量 $M_{Pl} \approx 10^{19}$ GeV)，直接发现附加维度几乎毫无希望。

扣除 70%的暗质量，其余 30%的宇宙质能以有质量粒子物质的形式存在，其中最熟悉的有质子、中子和电子，占物质的 1/6，也就是宇宙全部质量的 4%~5%，被命名为重子，它们构成了恒星、行星及自然界其他普通物体。这一质量的大部分归因于作为质子和中子组分的夸克和胶子的运动能量。还有更小部分(0.3%~1.0%)的宇宙质量属于三种中微子家族。还有第四种宇宙能量成分——残余光子(也可能是引力子)的辐射；辐射所占的比例不超过总密度的万分之几。余下的 20%~25%宇宙质能构成我们看不见的“暗”物质(“暗”材料)，有关它的存在只能由它作用于被观测宇宙目标的引力效应来证明。一般认为它由假设的非相对论稳态有质基本粒子构成，粒子质量从 10 GeV 到 1 TeV，这些粒子不列入标准模型粒子的数量，也不参加强核相互作用。它们形成巨大的银河尺度的粒子群，它们的寿命应该与当代宇宙相当，大约 140 亿年。

“暗”物质粒子在有关引力相互作用方面具有普通性质：它们能够集合成群、形成引力场等，这对于宇宙中各种结构——星系和它们的星团——的形成非常重要。这些结构以及微波残余辐射偏振的研究表明，“暗”物质粒子在宇宙演化早期就已经是非相对论的。那时“暗”物质粒子没有电荷，与物质的相互作用非常微弱，所以它们难以被察觉。

早在 1933 年，瑞士天体物理学家兹维基(Fritz Zwicky)[68]在美国操作一台大型望远镜进行观测并认识到，如果没有补充质量存在的话，星系星团后发星座(Coma Berenices)不可能有引力状约束，人们后来把这些“补充质量”称为隐质量。最近几十年越来越明确，暗物质在宇宙中无处不在，比可见物质和重子物质丰富得多。甚至出现了全新的方向——分子动力学宇宙学(MD cosmology)，其任务包括搞清暗材料由哪些粒子构成。表面上宇宙的这一成分甚至可能具有重子属性。已有评估[68]，超过一半的暗物质可能具有重子属性。此外，宇宙中还可能存在普朗克质量(10^{-5} g)的黑洞的不辐射残余，或许还有质量 $M \sim 10^2 M_{\oplus}$ 的前子恒星(地球质量 $M_{\oplus} \approx 6\times10^{27}$ g)。

为了描述暗材料的其余部分，科学家们引入了弱相互作用重粒子——质量为 10^{-5}~10^{-6} eV 的中轻微子和轴子[68]。也分析了[68]暗物质粒子的其他选项，它们是纯净(超对称)中微子、引力微子、轴微子、轻标量粒子、轻希格斯介子、卡鲁察-克莱因(Kaluza-Klein)暗物质、超重暗物质、非拓扑孤子、带电有质粒子(CHAMP)、超弱相互作用有质粒子(SWIMP)、膜世界的暗物质、第四代重中微子、镜像粒子等。

早期观测到的“暗”物质的表象之一见图 9.33。

根据牛顿力学，引力约束质量的旋转速度与到旋转中心距离的平方根成反比下降。然而图 9.33[69,70]中的测量结果显示，星系相对中心的远距离部分与近距离部分以同样的速度旋转，同时即使有离心力也不飞走，这就证明了星系质量随其半径的确是线性增长，所以一大部分有引力但看不见的质量分布于星系可见图像界限之外[71]。

银河系差不多有 10^{11} 颗恒星，类似的反常旋转范例见图 9.34[72]，图中援引了旋转速度与到银河系中心距离的关系。最内部区域中的旋转特性接近于固体的，然后速度有

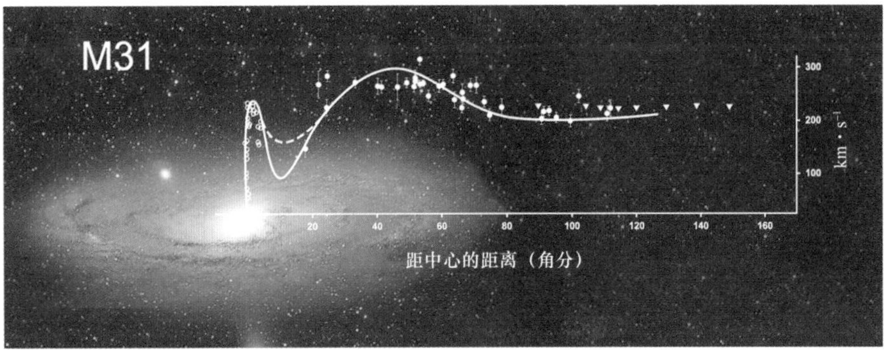

图 9.33 仙女座星系(M31)照片叠加其沿径向的角速度分布，由光度测量(圆圈)和无线电测量(三角)所获得[69,70]。可见图像之外的旋转角速度保持恒定，证明 M31 的质量沿半径线性增长

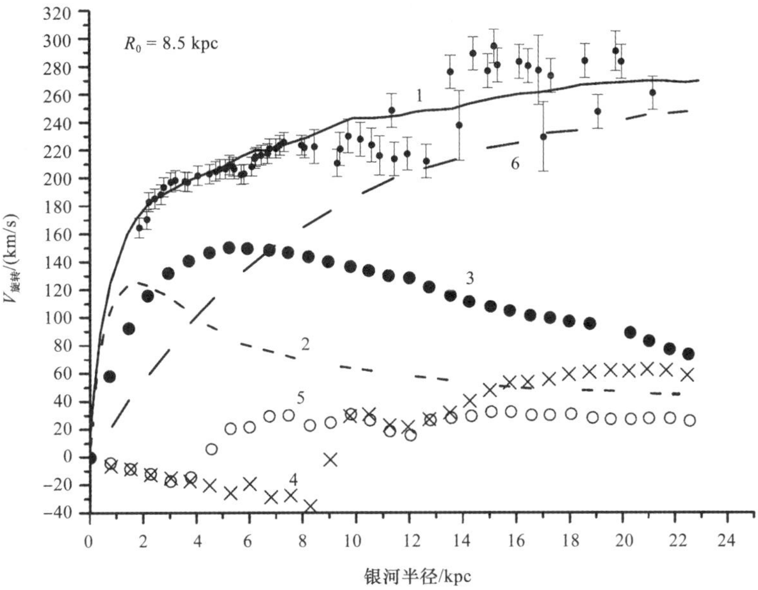

图 9.34 银河系旋转的综合曲线(1)及其各成分各自所形成的旋转曲线：徽章(badge)(2)、恒星盘(3)、中性氢层(4)、分子氢层(5)和不可观测暗物质晕(6)，其贡献决定了离中心很远距离的旋转曲线。根据 R. P. Olling 和 M. R. Merrifield 于 2000 年的工作[72]

一点下降。然而再往远处去，直到最遥远的可测速的天体，旋转速度保持恒定或者缓慢上升，到 1970 年代，对我们星系以及大多数其他星系的中性氢的观测已经证实这些。实际上公认的对这一事实的解释是，银河系被广阔的引力性质云团所包围，然而却是不可观测的重子物质，分布于距离银河系中心从 10^{-5}到数个秒差距的广大空间[73,74]。

这种情况下，观测到的来自星系中心和晕环的强烈 γ 射线和中微子流是由暗物质湮灭所造成的[73,74]。

迄今为止也获得了大量各种属性的其他观测数据，证明了宇宙中“暗”质量的存在[75]。除了宇宙学数据，还有红外线天文观测结果[73,74]、以及星系中或者星系星团中引力场的测量也证明了大量“暗”物质的存在。

图 9. 35 展示了引力透镜化的结果，此时星团的引力场把位于星团后面的星系所射出的光线弄弯曲了。这样一来，引力场像起到了光学透镜的作用。这种情况下有时能观测到这一遥远星系的几种图像，图 9. 35 的左半部中，它们是蓝色。光线的弯曲程度取决于星团中质量的分布，如果考虑透镜化效应，则结果是图 9. 35 的右半部中所呈现出的蓝颜色辐射星系的图像，显然它与发光(可见)物质大不相同。这种方式所确定的星系星团的质量证明，“暗”质量提供了宇宙中总能量密度的约 25%，与从星系及其星团形成的理论与观测相对比所得出的估算一致。

图 9. 35　遥远星系的引力透镜化

照片是星系星团 0024+1654 方向，由“哈勃”望远镜拍摄[34]

这些估算出的星系星团位力质量(virial mass)或者动力学质量，是观测到的——根据质量-发光度关系计算出来的——星系质量直接相加所得出的星团可见质量的 10 倍。星团中星系的运动速度($V \gg 1000$ km/s)远远大于从可见物质质量中所计算出的速度。

图 9. 36[51]所显示的是星系 UGC 10214 的照片，物质流从该星系向不可见引力中心输出，不可见引力中心据推测就是由暗物质构成的。

有关隐质量的在场也被星系星团中灼热($T=(3\sim10)\times10^7$ K、$n_e>0.001$ cm^{-3})气体的发现以及一些其他观测数据所证实。一系列理论问题(如宇宙大规模结构的形成问题、不久前发现的残余微波(本底)辐射空间波动的诠释所涉及的宇宙学问题等)的解决也需要求助于隐质量。

依照文献[68]，暗能量密度目前的量值是

$$\rho_{DE}=\rho_{\Lambda}\sim10^{-47}\ \text{GeV}^4\approx0.7\times10^{-29}\ \text{g/cm}^3$$

比普朗克时代的密度高 123 个数量级：

$$M_{Pl}=1.2\times10^{19}\ \text{GeV 时},\ \rho_{\Lambda}\sim2\times10^{76}\ \text{GeV}^4(\approx0.5\times10^{94}\ \text{g/cm}^3)$$

已经有大量的工作(见[68，76-80]的论述)试图解释这一 123 个数量级的巨大差异。宇宙大爆炸之后最初的 10^{-5} s 内，一系列相变的结果使宇宙失去了 78 个数量级的密度[68]，其中最后一种是夸克-色动力学相变。随后的膨胀时期，真空能量变化速率比它在演化的量子周期低了 10^{57}倍。

图 9.36　星系 UGC 10214（“蝌蚪”）

一种假设，物质“尾巴”是因不可见“暗”星系的吸引而形成的[51]

原来[68]在宇宙演化的早期当能量从 10^{19} GeV 下降到 150 MeV 时，量子场的冷凝物在 10^{-5} s 时间内就抵偿了 78 个数量级的真空能量密度。然后经过 140 亿年（$\approx 4\times 10^{17}$ s），由于宇宙膨胀过程中新型量子状态的诞生，真空成分又失掉了 45 个数量级。也就是说在通常的物理过程中就失去了 123 个数量级的真空能量。

实验室条件下的分子及粉尘云团的研究可以利用强激光和强电流设施进行，模拟云团的消融动力学、分界面的稳定性、辐射对结构的影响以及辐射流体力学不稳定性的发展。此外，这类介质中冲击波的产生可以造成高度的不均匀性以及湍流过程的发展。用 Z 箍缩生成激光冲击波以及压缩波方面的工作目前已经得到了很大的发展[23,81-84]，已经能够提供很多有助于了解太空中的分子云团的新成就。实验区域施加磁场使云团更为“刚性”，明显地改变了它们的动力学和结构。

星际介质还表现出了活跃性的一种特别形态，在羟基分子（OH）线、二氧化硅线、甲醇（CH_3OH）线产生微波激射辐射（maser radiation）。微波激射效应表现为，当亮度温度为 10^{16} K 时线宽只对应于 10^2 K 的温度[2]。这一微波激射辐射变化多端：其偏振、强度、线形等有时候一昼夜间、甚至几分钟内就会彻底改变，对应于尺度在 1 AU（天文单位）量级的激射区域。这些源的发光度是太阳的 1 到 10^3倍，分布于富含气体和大质量星的活跃的恒星形成区域，以及具有活跃核心的星系中。宇宙微波激射粒子数反转的源泉很可能是化学反应、红外辐射或者气体向真空的超声速膨胀，大概发生在原恒星和老龄超巨星的大气层中。

全部宇宙空间内磁场无处不在，包括地球内部、星际和星系际介质。这些磁场的起源和结构目前仅仅部分地搞清楚了，尤其是关于中子星和气态行星-巨星的磁场[5]。所研究出的最为成功的是地球磁场生成模型（“dynamo”模型，动力模型），建立在详细的测量和全面的磁流体力学计算基础上[85,86]。

决定恒星活跃度的非定常磁流体力学现象是特殊的问题。对于太阳，它们是广为人知的一组：太阳磁活性、等离子体的日冕抛射、太阳黑子和其他长期观测的现象(图 9.37、图 9.38)，这些现象是磁场与太阳等离子体复杂的非线性相互作用的结果。

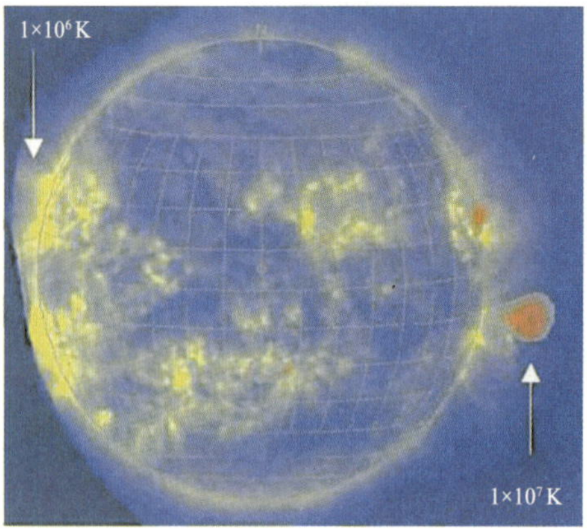

图 9.37　太阳耀斑，温度达 10^7 K

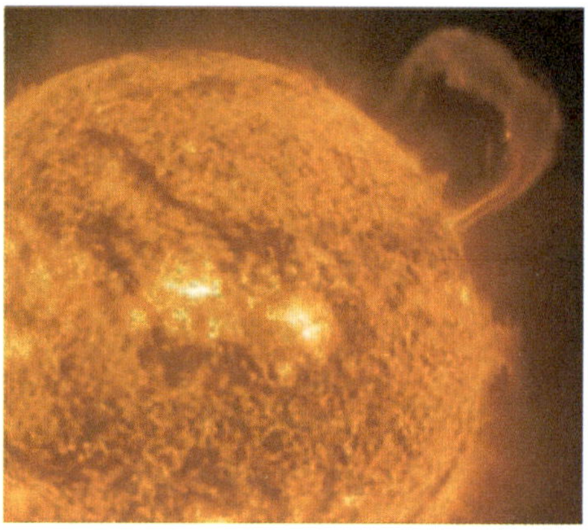

图 9.38　太阳上等离子体的抛射[87]。等离子体紧随磁通量线

太阳上的磁流体力学现象自然得到了最充分的研究[87]。对于太阳表面的磁不稳定性以及磁力线转接的拓扑学的观测一直在进行。磁通量管的运动及压缩动力学经常带有极度非定常的爆炸特性，平均磁场感应在 1 Gs 水平时，太阳黑子的磁场感应强度达到了 3000~4000 Gs。太阳耀斑的温度有 10^8~10^9 K；太阳深处等离子体的参数是 $T\approx1.5\times10^7$ K、$\rho\approx150$ g/cm^3、$P\approx0.2$ Tbar；从太阳内部到表面的光子扩散时间约 10^5年。

实验室实验，配合三维数值模拟[88,89]，是诠释磁活性等离子体中场的自组织复杂现象的基础。

重要的是，这类能量的局部积累效应会引起太阳的整体震荡，能够以非常高的精度记录到。这些震荡的特性取决于太阳等离子体的组分和热力学性质，所以成为了独一无二的高精度实验性资料，既可用于检验多组分等离子体的理论模型，也可用于确定太阳等离子体的元素组分[90]。此类对照的结果见图 9.39，通过日震学方法所获得的太阳的等离子体绝热指数与一系列理论模型的绝热指数进行了对比。正如同中子星的情况，太阳对于高能量密度领域的实验也起到了“宇宙实验室”的作用。

天体物理等离子体的磁雷诺数几乎总是显得非常大，使得磁能量耗散在大多数情况下并不显著[5]。然而，如同在空气动力学中，有一些重要的过程是例外，它们是日冕的加热及太阳风的入射[88,89]、行星磁层的循环以及吸积圆盘的辐射。磁力线的重整是一个特殊的问题[88,89]。磁层内、双层内和等离子体射流内这些效应最有可能表现出来，与不稳定性的发生紧密相关。这里对于运动学过程和比例因子的理解仍不够充分。

行星间和恒星间等离子体的磁流体湍流结构根据无线电波的行进来研究[3,5,94]，测量证明了它的各向异性。理论模型表明，在不可压缩流体范畴内，当(沿级联)从大涡

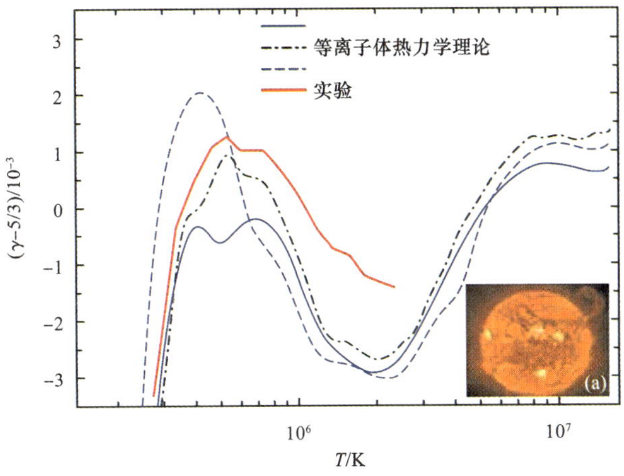

图 9.39 太阳的“地震”。太阳等离子体绝热指数的实验数据与一系列等离子体理论模型的对比[90-93]。嵌入的小图(a)是太阳照片，显示了日珥和局部能量释放的明亮区域，局部能量释放能够诱发整体震荡及太阳等离子体内的声波

旋变到小涡旋时，垂直于本底磁场方向上的场梯度增强。但这时还不清楚，涡旋规模的惯性区域是否形成，向大涡旋的级联反向行进是否发生，或者此时阿尔芬波(Alfvén wave)是否正在生成，该波会离开湍流带[5]。

这一领域的实验室和数值模拟实验原本是非常有趣且信息丰富的。

9.2 宇宙射线

早在 20 世纪初就已经很有把握地明确了[95]，来自太空的带电粒子流落到了地球上，其能量范围很宽，从 keV 到 10^{20} eV 量级(图 9.40、图 9.41)。

带有高达 3×10^{20} eV 巨量能量(对比一个网球的能量 50 J)的宇宙射线在 1991 年首次记录到。从那时起用各种装置曾经记录到数十起能量在 10^{20} eV 量级的事件[95]。这些事件或者通过大气层中大气级联的荧光性记录或者在特别建造的地基探测网中被发现。入射粒子的空间分布显示出惊人的各向同性。如果单说质子，则磁场对它们的影响并不大，很可能它们不是起源于银河系。

宇宙射线本质上是非常稀疏的相对论气体，其粒子之间的相互作用很弱，具有幂律(图 9.40)而不是麦克斯韦能谱。同时，宇宙射线与星际介质的粒子碰撞，与星际磁场相互作用。虽然地球的宇宙射线流很小，大约 1 particle/($cm^2\cdot s$)，但是 1 eV/cm^3的能量密度级别与银河系中所有恒星的电磁辐射密度相当，或者与星际气体热运动的以及湍流运动动能的能量密度相当，也与银河系磁场的能量密度相当[97]。超高能量的粒子流非常之小，大约每 100 年 1 particle/km^2，然而正是它们的起源和传播最有意义。

文献[98]中发展的模型基于下列假设[99]：宇宙射线的主要份额是银河系起源，它们在星际磁场中扩散。宇宙射线的来源是超新星爆炸。具有最高能量($10^{18}\sim10^{19}$ eV 以

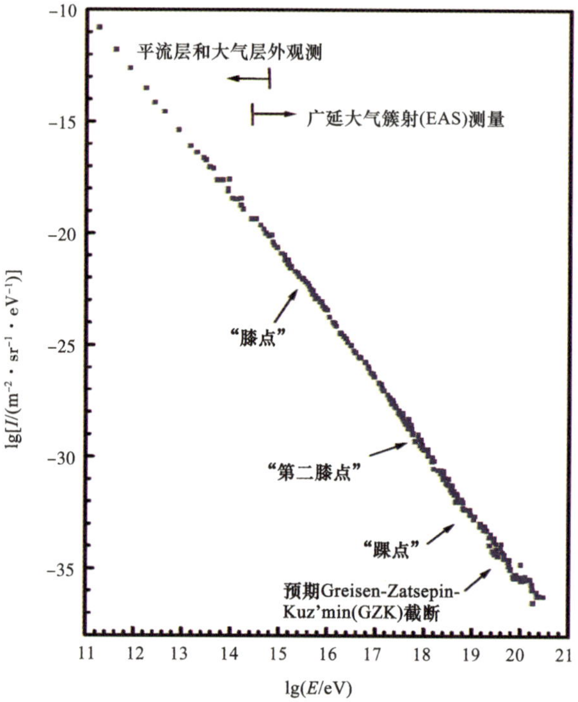

图 9.40　观测到的宇宙射线能谱[3,95]

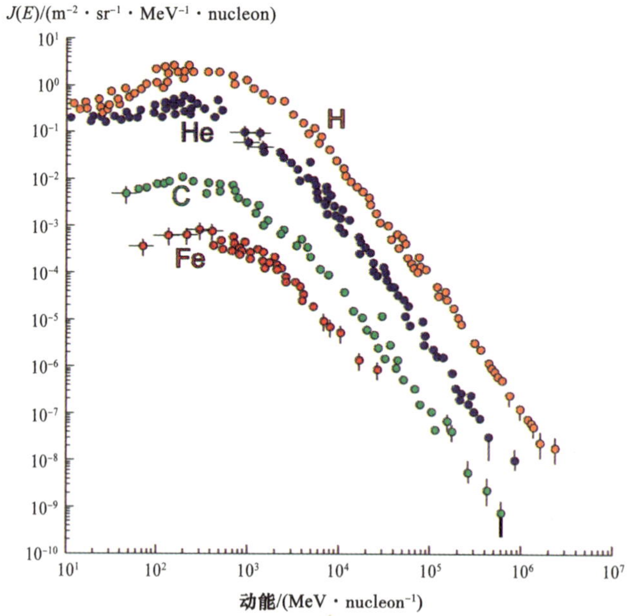

图 9.41　银河系宇宙射线(Cosmic Rays，CR)的差示光谱：质子 H、氦原子核 He、碳 C 和铁 Fe[96]

上)的粒子是银河系外的起源。

人们揭示了已经穿越 50 Mpc 以上距离的质子的能量极限[97,100]，与质子在大约 5×10^{19} eV 能量的残余辐射光子上散射引起的电离能量损失相关。人们特别积极地研究着超过这一极限的超高能量粒子[87-90,95,97,100-105]，目的是寻找其来源和加速机制[106]。

依照“质子-中微子-质子”模型[108]，宇宙中是中微子、而不是质子能够传播很远的距离。中微子在诞生地应该具有超高能量，排除了在残余辐射光子上散射所引起的衰耗。这个模型允许超高能量粒子源的存在，它们极有可能位于银河系之外的宇宙学距离上。

很遗憾，现有的数据还不能够毫无疑问地确定超高能量宇宙射线的来源，然而清楚的是，这些来源之中的物理条件应该非常极端。根据能量特性，超新星及其残余是银河系中最合适的宇宙射线来源[98]。只需要将 10%~20% 的超新星喷射物动能转化成相对论粒子的能量，就能够达到所观测到的宇宙射线能量密度约 1.5 eV/cm^3。在射电、X 射线和 γ 射线波段观测到的非热辐射，直接证明了超新星残余物中存在相对论粒子。

同步加速器射频辐射的数据表明了这类超新星残余中存在能量为 50 MeV~30 GeV 的电子[99]。对于 Cas A 的情况，曾在红外波段记录到这一同步加速器辐射，证明了能量高达 200 GeV 的电子的存在。具有特征幂律光谱、能量直至数十 keV、在大约十个年轻银河系超新星残余中的非热 X 射线辐射的发现，可以用能量达 10~100 TeV 的极高能电子的同步加速器辐射解释清楚。电子所引起的本底光子的逆康普顿散射(inverse Compton scattering)具备如此之高的能量，以及能量达约 100 TeV 的质子和原子核与气体原子核相互作用过程中伽马辐射的生成，都解释了从一些超新星年轻残余中记录到的 TeV 量级伽马辐射的存在。所有波段非热辐射的空间分布证明，超新星外壳残余中粒子的加速直接发生在超新星爆炸产生的冲击波上。

这些源所必须满足的一个自然条件是几何条件：粒子在获取必需的能量之前不应该离开加速器。通常这样假设，粒子被电场加速，被磁场约束，这时的几何标准应该是，粒子的拉莫尔半径(Larmor radius)不应该超过加速器的线性尺度[109]。

文献[109]列出了超高能量粒子的加速器必须满足的标准：

——被加速粒子在加速过程中必须始终在加速器内(几何标准)；

——每一种源应该具有足够的能量储备用以传递给粒子(自身功率)；

——辐射损失不应该超过能量增益；

——相互作用损失不应该超过能量增益；

——应该有足够高的能源总数及总功率，以确保供观测的宇宙射线通量；

——伴随的光子、中微子和低能量宇宙射线的辐射，无论对于单独源还是对于扩散通量都不应该超过观测限度。

根据这些标准，只有某些星系才适合于所观测能量粒子的加速，大多数星系都不行。

宇宙射线显然应该是由某种非热机制所加速的，因为最大质量星的中心温度不高于数十 keV。所以对于这类粒子的研究，不仅用到了经典感应机制(例如Ⅰ阶、Ⅱ阶费米机制[110](图 9.42)[107])，还有随机机制[111,112]，当粒子加速发生在粒子与磁区域或者与无碰撞——超新星爆发或者从活跃星系内核喷发出物质所诞生的——冲击波随机相

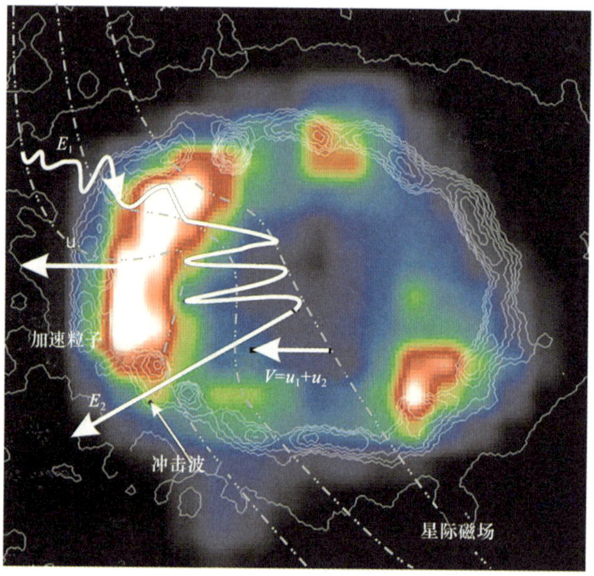

图 9.42 超新星 SN 1987 爆炸的残余

图中显示了利用冲击波的 I 类费米粒子加速机制的定性图像。

照片来自钱德拉人造卫星上的 X 射线望远镜[107]

互作用时，其湍流带中各种各样的不稳定性不断发展。然而当能量很高时这里出现大量的放射性能量损失，甚至当能量低于扎采宾-库兹明极限(Zatsepin-Kuz'min limit)时同样如此[97,100]。

有关宇宙射线组分的数据也佐证了[99]，粒子的加速利用了在星际间介质中或者在超新星前星的风中传播的冲击波。依照文献[113]，也应该考虑到等离子体箍缩加速机制。其特别之处在于，考虑了这些原子的性质——如第一电离势或者挥发性——之后，宇宙射线源的化学组分原来接近于局部星际介质和太阳光球的正常组分。很可能离子和微尘的加速在部分电离的星际气体中和/或者超新星高频率爆发的灼热星际气体“气泡”中进行。

超新星残余中的宇宙射线的加速机制是 I 类费米加速机制的一种形式[99]。由于冲击波波阵面多次穿过弥漫的快速粒子，快速粒子的加速发生在受冲击波压缩的气流中。粒子的扩散缘于它们在不均匀磁场中的散射。

文献[114]介绍了由伽马射线暴的磁流体冲击波激发的尾流波场中的加速机制(见 6.4 节)。分析认为，相对论运动等离子体中的尾波场很高(10^{19} V/cm 量级)，接近于施温格(Schwinger)极限，此外这类场还用于描述这些相对论源的伽马粒子光谱。

电子在大质量黑洞的射流中被加速时，可能实现的是尾流加速机制[7,115]。黑洞发射出强大的 X 射线辐射，X 射线辐射产生于能量 1 GeV 量级的高准直电子(或者正电子)流的相对论射流中的轫致辐射和同步加速机制。阿尔芬波在尾流波生成中的作用以及它们加速粒子的能力在文献[25, 114]中有充分的讨论。

超新星残余是主要的[99]、当然并非唯一的星际介质中相对论粒子的来源。特别是产生高能电子-正电子对偶的脉冲星，可能也要对宇宙射线中所观测到的正电子的存在负责任。测量到的能量高于 10 GeV 的正电子流大于预计的——在宇宙射线与星际气体原子相互作用时出现的——次级正电子流，脉冲星的贡献原则上能够解释这一差异。最终阐明宇宙射线中的高正电子通量的属性非常重要，因为另一种解释是，这些正电子是暗物质衰变的产物。

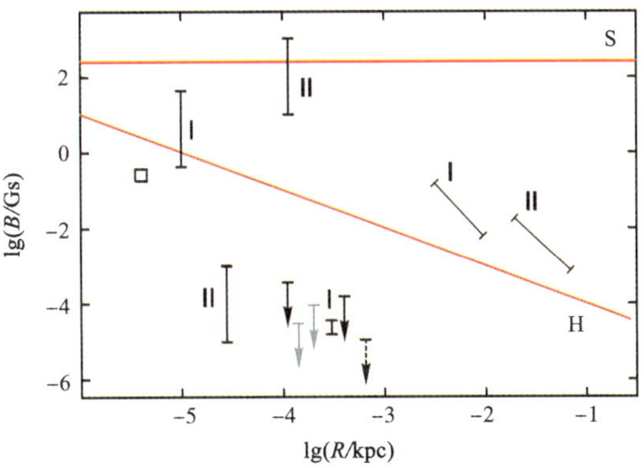

图 9.43 以尺度 R-磁场感应强度 B 为坐标的活跃星系中心区域图解

塞弗特星系(方块和箭头)、FRI 射电星系(以"I"标记的误差线段)、FRII 射电星系和类星体(以"II"标记的误差线段)。箭头表示巨型(兆)微波激射器中塞曼分裂(Zeeman splitting)所定义的上限(虚线[116]、灰色[117]、黑色[118])。黑色(I)垂直误差线段——法拉第旋转(Faraday rotation)效应[119]。方块[120]、灰色(I)垂直[121]、黑色(II)垂直[122]、斜(I、II)[123]误差线段对应于利用同步加速自吸收方法所进行的评估。把质子加速到 10^{20} eV 所允许的参数区域处于 H 线和 S 线之间(H 线是希拉斯极限，Hillas limit；S 线是感应加速所造成的同步加速器损失的限度)[109]

宇宙射线天体物理学的首要问题是最高能量($E>10^{19}$ eV)粒子的起源问题。所观测到的——能量大于约 5×10^{19} eV 的——粒子流的急剧减少证明，这些粒子在 3×10^{9} 多年的时间内经历了与宇宙本底辐射光子的相互作用，具有银河系外的起源。同时超高能量质子的能量消耗在了电子-正电子对偶的诞生，以及 π 介子的诞生(格雷森-扎采宾-库兹明效应，Greisen-Zatsepin-Kuz'min effect)上，而原子核也经历了额外的光致分裂。地球上观测到的能量小于 10^{17} eV 的宇宙射线具有银河系起源，它们在超新星残余中得到加速。

电磁加速机制与瞬变电场的产生紧密相关，例如在脉冲星、中子星、磁星的磁层中，那些地方的表面磁场能够达到 10^{12} Gs，而磁星磁场在数千千米的规模上更是高达 10^{14} Gs，在旋转频率只不过 10^{-3} s^{-1}情况下，已经足以将粒子加速到 10^{19} eV。我们强调，中子星中直接的(尽管未被普遍接受)感应强度 B 测量方法以回旋加速器线为基础，但是超高能量粒子观测到的辐射是各向同性的，并且显然与辐射体的位置无关。

粒子的加速既可以发生在活跃星系的中心区域(紧临黑洞和吸积圆盘)，也可以发生在延展的结构中(射流、射电"耳朵"、热斑、纽结)[109]。

简单的评估[99]表明，从能量特性方面来看，具有活跃内核的星系的射流可能是所观测到的超高能量宇宙射线的来源。要在星系际介质中保持宇宙射线的高强度，也就是所观测到的能量超过 10^{19} eV，宇宙射线源的强度必须在 3×10^{36} erg/(s · Mpc^{3})量级，同时活跃内核星系的射流所释放的动能在 10^{40} erg/(s · Mpc^3) 水平，甚至是 10^{44} ~ 10^{46} erg/(s · Mpc^3)。

我们必须指出，"活跃星系核"这一说法通常用于描述某些区域，其所占据的尺度远远大于有吸积圆盘的黑洞，而且还经常包含内部射流(有时候还是规模更大的结构)。

星系核的核心区域中具体的磁场测量结果见图 9.43[109]。

正如我们在 9.1 节所看到的，活跃星系内核孕育着大规模(从亚秒差距到百万秒差距)的、或多或少是直线的喷射(见 9.1.1 节)——相对论的(强射电星系、燃烧体、类星体中)或者非相对论的(塞弗特星系中)。有这样的假想，所有射流都发育自中央黑洞。在小于 1 秒差距的规模上，对于能流的主要贡献由磁场决定，但是在 1 秒差距量级的规模上，相对论粒子的能量开始占上风。相对论射流中可以观察到内部冲击波(纽结)和末端冲击波(热斑)，以及射流所培育的星系空间之外的延伸区域。这类天体中尺度在 10^{-2} ~ 10^{2} kpc 的磁场，其强度估计为 10^{-6} ~ 10^{-3} Gs。根据文献[109]，宇宙伽马射线暴所提供的磁场在 10^{-13} ~ 10^{-3} kpc 规模上有 10^{-2} ~ 10^{8} Gs。在射电和 X 射线波段的观测对比很有把握地说明，一些射流的辐射与加速中的粒子紧密相关，这些粒子的加速不仅发生在有限数量的冲击波中，也利用了某种分配机制。已经证明了有些情况下射流中存在有序域，使得感应加速成为可能[109]。

高能量密度等离子体在理解这类现象的过程中起着重要作用，宇宙簇射的研究可以在等离子体和加速器实验室中进行。由大量的星系来源，如活跃星系核及射流、伽马射线暴、碰撞、星系星团等，所驱动的冲击波在这里起着主导作用。冲击波机制的替代品磁重联生成机制如今研究得还不够充分。

最高能粒子可能由于——出现在快速旋转的磁化中子星附近的——磁流体力学"风"而产生[5,7,124]。这些强磁体会加速星系或其尺度在 3 百万光年的星系星团中的重核。这类单极感应体可能存在于大质量黑洞的吸积圆盘中。目前人们正在对这些加速器现象及其局部物理模型进行大量的数值模拟。

如何解释加速粒子向宇宙中星系尺度的巨大空间的传播仍是一个问题。同时星系际场本身的大小和结构目前显然还没有得到充分研究。

作为本节的小结，我们引用 R-B(区域尺度-磁场)希拉斯图(图 9.44、图 9.45[109])，图中标出了相应的天体物理目标和各种加速机制的界限。

9.3　伽马射线暴

当代天体物理学中，γ 射线暴是最神秘的研究对象[3,5,125]，其能量释放是宇宙大爆炸之后的最高纪录。它们是在 1968 年由计划追踪大气层核爆炸的美国人造卫星 Vela 5A&B 偶然发现的。这些所探测到的爆发频率为每天一次以上，在天空中各区段随机分布(图 9.46、图 9.47、图 9.48、图 9.49)，其能量释放时长也是爆发持续时间，从数毫秒到数秒，能量在 0.1 ~ 100 MeV 之间。γ 射线暴源中的一部分是致密天体，有数十亿光年远，每一次爆发放射 10^{51} ~ 10^{53} erg 的能量。所记录到的光谱表明，这些辐射体对

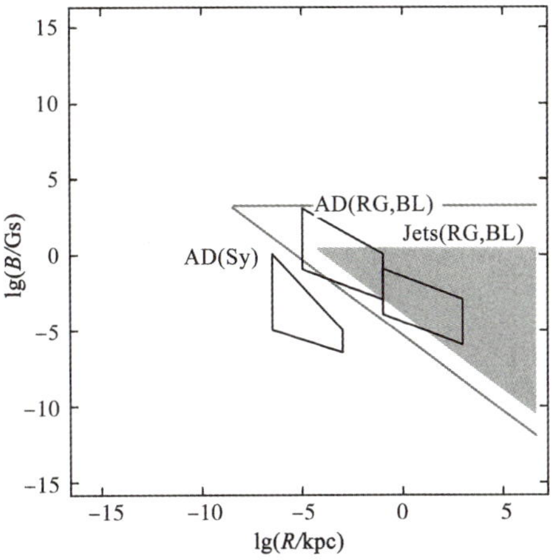

图 9.44 受到几何以及辐射损失限制的感应加速模式 R-B 图，
该模式中主要的损失来自同步加速器辐射

标出了能够实现该模式的与天体相对应的参数区域：活跃星系的核心秒差距(AD)——从低强度的赛弗特(Sy)星系到高强度的射电星系(RG)和燃烧体(BL)——以及强大活跃星系的相对论射流(Jets)。颜色加深区域所对应的参数有可能把质子加速到 10^{20} eV 的能量。浅色线划出的是把铁原子核加速到 10^{20} eV 的能量所允许的参数区域。所允许区域的下限由希拉斯极限决定，上限(水平线)是从辐射损失得出的极限。所有量值都是在加速器的静止参照系中给出的；如果为了相对论射流而转换到实验室参照系，则最高能量必须乘以射流洛伦兹因子(Lorentz factor)(特征量从轻子射流的约 10 到强子的约 100)[109]

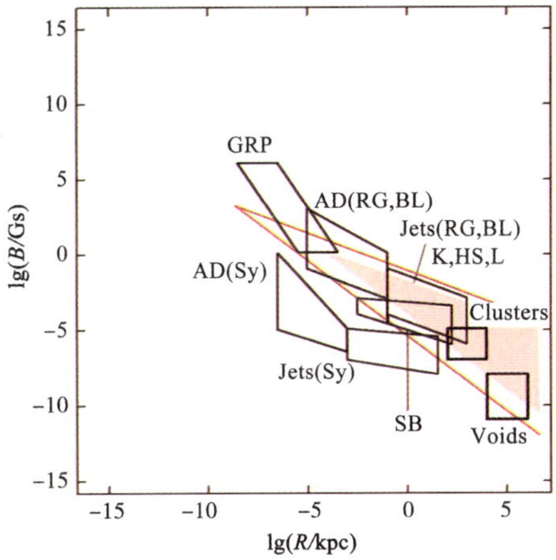

图 9.45 受到几何及辐射损失限制的扩散加速 R-B 图(主要的损失来自同步加速器辐射)

标出了能够实现这一模式的与天体相对应的参数区域：活跃星系的核心秒差距(AD)，从低强度的赛弗特(Sy)星系到高强度的射电星系(RG)和燃烧体(BL)；相对论射流(Jets)、纽结(K)、强活跃星系(RG 和 BL)的热斑(HS)和射电耳朵(L)；低强度活跃星系(Sy)的非相对论喷射；SB 星系；伽马射线暴(GRB)；星系星团(Clusters)及大规模巨洞(Voids)。颜色加深区域所对应的参数有可能把质子加速到 10^{20} eV 的能量。浅(红)色线所括起的区域是把铁原子核加速到 10^{20} eV 能量所允许的参数区域。所允许区域的下限由希拉斯极限决定，上限是辐射损失的极限。所有量值都是在加速器的静止参照系中给出的；如果为了相对论射流以及 GRB 的外壳而转换到实验室参照系，则最高能量必须乘以射流洛伦兹因子(特征量从轻子射流的约 10 到强子射流的和 GRB 的约 100)[109]

于输出的辐射是光学薄的。

文献[127, 128]提出的用于 γ 射线暴的相对论"火球"模型作如下简化，两个中子星碰撞(合并)[129]或者超大质量星引力坍缩(图 9.51)之后，小范围内所释放出的能量有 10^{52} erg 量级，该区域内充满相对论光子、轻子与少量重子混合物。这一初始温度有 1~10 MeV 的"火球"以相对论速度膨胀，通过同步加速器机制或者逆康普顿机制，由费米机制所加速的电子在光学薄冲击波中产生伽马射线。数量不多的重子也加速到了相对论能量，从"火球"中带走部分能量，在火球之外产生出射和返回冲击波，从该冲击波中发射出的 X 射线被记录为 γ 射线暴(图 9.49、图 9.50)。发散冲击波中辐射出更长寿命的 X 射线余晖，这类辐射通常的持续时间为≥2 s。

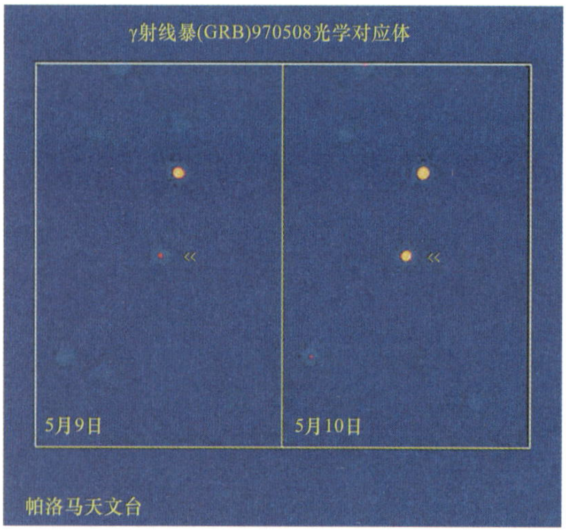

图 9.46　GRB970508 的伽马射线暴[4]

照片显示，当 GRB970508 伽马射线暴的亮度升高时其光学辐射如何变化

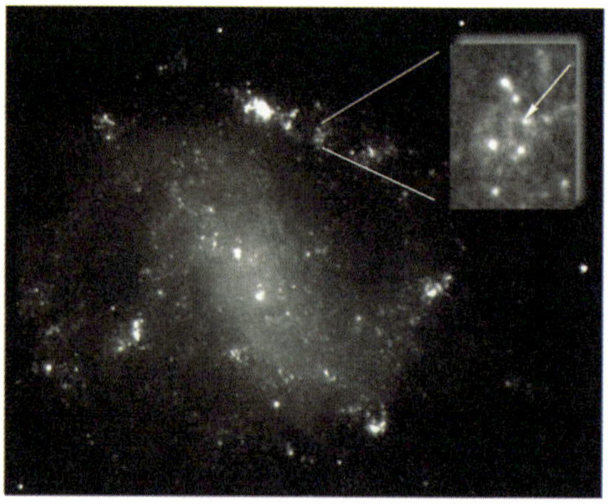

图 9.47　星系 ESO 184-G82 中的恒星爆炸

插入图像显示了尺度大约 300 光年带有 γ 射线暴的恒星诞生区域[4]

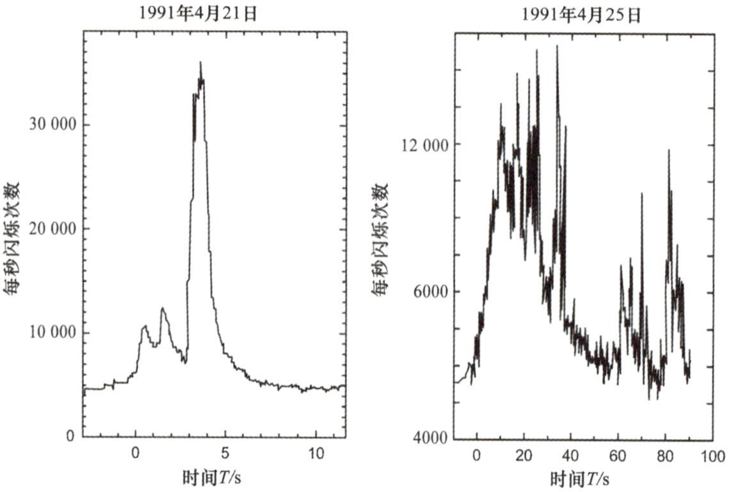

图 9.48　γ 射线暴的强度随时间的变化[4]

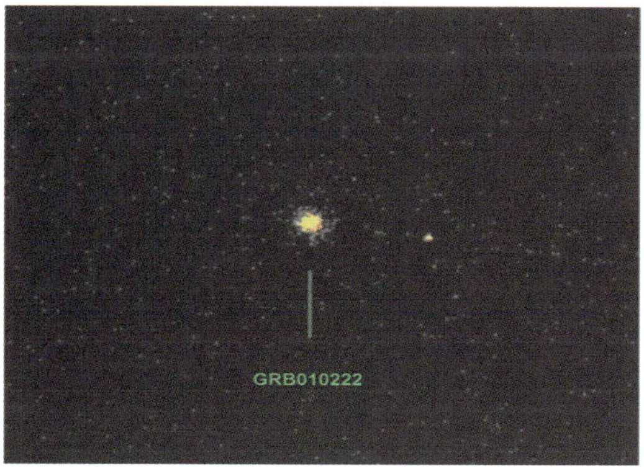

图 9.49　GRB010222 的 γ 射线暴，在 γ 波段只观测到了几秒，而它在 X 射线、可见光、红外线和射电波段的余晖以"火球"膨胀的形式持续了好几天[4]

图 9.50　螺旋星系 NGC 3184 中 GRB030329 的 γ 射线暴与超新星爆炸有关[4]

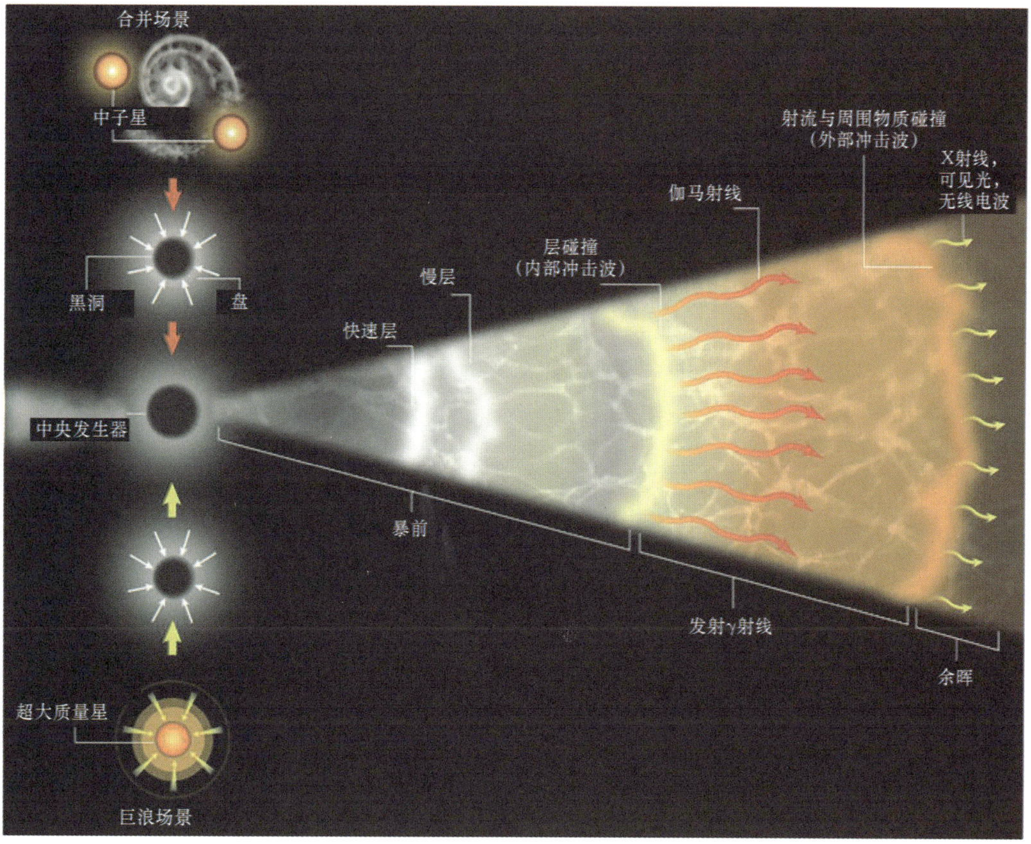

图 9.51　γ 射线暴的诞生或者可能起始于两个中子星的合并，或者是来自超大质量星的坍塌，两种情况都产生了黑洞及围绕黑洞的物质圆盘。然后这一系统喷射内含冲击波的物质流[126]

一般认为[3,127,128,130,131]，这些天体的前身是大质量坍塌恒星[128]。产生了 γ 射线的冲击波[132]出现在“火球”从恒星表面脱离之后，而恒星的旋转有可能把“火球”变成强大的射流。

第二类耗时 $t \approx 2$ s 的短时间爆发与二元中子星之间的(图 9.52、图 9.53)或者中子星和黑洞之间的相互吸收紧密相关。这种情况下也有可能沿旋转轴形成一股或者两股射流[132]。这种相互吸收可能成为引力波源，对于引力波的追踪最近几十年一直在进行[133,134]。

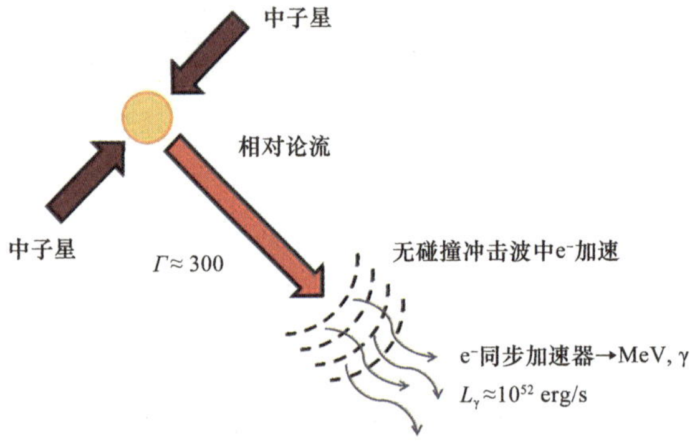

图 9.52　有“火球”形成的 γ 射线暴场景[135]

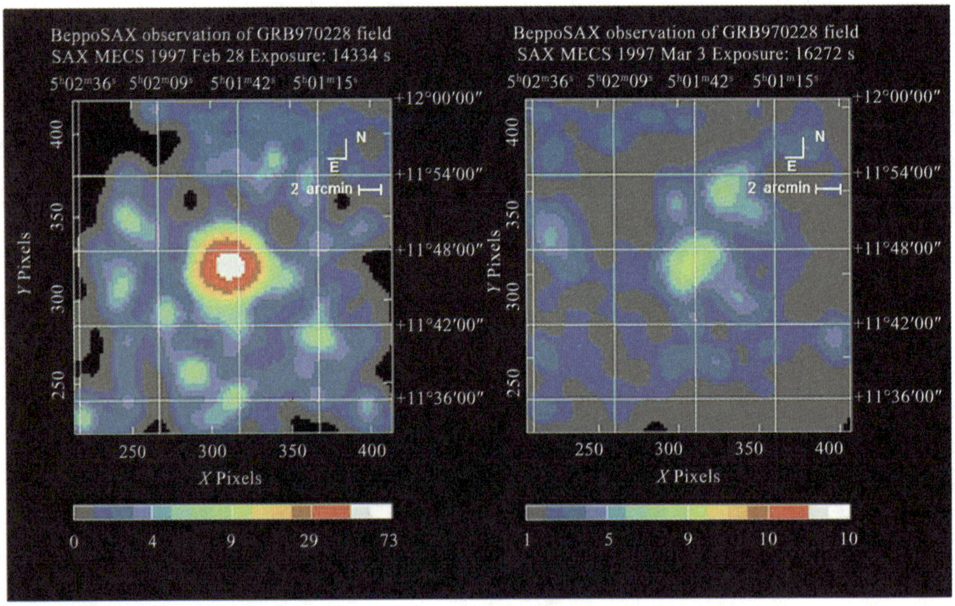

图 9.53　GRB970228γ 射线暴的发展动力学

左图摄于 1997 年 2 月 28 日，右图摄于 4 天之后[4]

吸积圆盘及射流中典型的物质密度 $\rho \geqslant 10^{14}$ g/cm^3，对应于核物质密度或者中子星密度。随着“火球”的膨胀，非弹性核碰撞的重要性也在增长，中子和质子的相对速度越来越接近光速。非弹性中子、质子的碰撞产生带电 π 介子、千兆电子伏 μ 介子和电子中微子，它们应该能被航天器探测到[5]。来自 γ 射线暴的强大相对论射流对应于洛伦兹因子 $\gamma \geqslant 100$ 和极端高的能流（$10^{50} \sim 10^{52}$ erg/s 或者 $10^{43} \sim 10^{45}$ W）。射流核心的能量密度在 10^{30} erg/cm^3 量级，足够用于电子-正电子对偶的自发生成或者核反应的自发启动[5,125,136]。

进一步说，当距离 $\geqslant 10^{11}$ cm 时，电子-光子碰撞的自由程就会超过射流的特征尺度，无碰撞的内部和外部冲击波按照费米机制使电子加速[110]并具有相对论分配光谱。它们与湍流磁场的相互作用产生非热 γ 射线、X 射线和可见光辐射，可以被接收设备所记录。

此外，对于幂律连续体还要叠加上加热等离子体区域与恒星表面流出的裂解射流相互作用产生的特征 X 射线。

前面描述的“火球”冲击波模型中的非热光谱起源于这样一个假设——费米加速机制服从幂定律 $N(j_e) \sim \gamma_e^{-p}$，其中 $p \approx 2 \sim 2.5$。这与观测结果完全一致[5]。要达到合理的效率，加速电子的能量与加速能的比率不应该太小，$E_e \approx 1$，同时磁能与总能的比率 $E_e \leqslant 1$，取决于同步加速器的或者逆康普顿光谱的峰值是否将与在兆电子伏特能量级别所观测到的光谱拐点一致。

与此同时，γ 射线暴时尾流等离子体加速机制可能极为重要[25]，因为中子星碰撞或者恒星崩溃时将出现强阿尔芬冲击波或者孤波，还有相对论等离子体的喷射。同时为了解释 γ 信号的形态，应该把它穿过的等离子体大气层的条件考虑在内。非常有意思的是，阿尔芬（MHD）冲击波能够收集相当一部分（$\approx 10^{-2}$）“火球”能量，也就是大约 10^{50} erg。从中心向外传播，它们可能具有狭窄的波阵面、但其后是巨量的 10^{10} Gs 的磁场，以至于可能和粒子的费米加速机制构成竞争关系[137]。

那些使电子加速的机制也能够对质子发生作用，使之加速到 10^{20} MeV。

要在实验室（哪怕是部分地）模拟这些过程，太瓦级和拍瓦级短脉冲激光是最合适的工具（见 2.5 节），它们能在靶上打出 10^{20} W/cm^2 量级的功率密度。目前已经获得了令人瞩目的结果：高准直 MeV 质子束[27-29,138-140]、能量为 100 MeV 的电子和正电子束[141-144]、对应于“火球”条件的 $T_e > m_e c^2$ 的热相对论等离子体，以及超强（>100 MT）磁场[25,26,145-148]。等离子体的这些超级极端条件目前已经接近于 γ 射线暴的参数。

正如我们在第 6 章提到过的，拍瓦激光的出现开辟了在实验室中获取相对论及电子-正电子等离子体的新途径。这类激光的强度超过 2×10^{18} W/cm^2 时，能在激光等离子体中产生能量 $kT > m_e c^2$ 的非热电子[25,144,149-153]。当这些电子流与重靶在贝蒂-黑特勒尔（Bethe-Heitler）机制下相互作用时，会产生电子-正电子对偶[141,142,154,155]。

利用强激光进行的实验表明[156-158]，对偶的释出甚至超出了理论评估值。同时双面照射的计算显示，对偶的膨胀比金离子的膨胀还快。因此在激光实验中，看起来能够部分地复制天体物理“火球”及其膨胀的条件。这里有可能进行两个“火球”的碰撞，目的是模拟 γ 射线暴的冲击波模型，并且研究“火球”的能量如何转变成内能和 γ 辐射。

激光产生的电子-正电子等离子体也可用于模拟黑洞附近的偶发性湮灭效应。两台兆焦耳、0.1 拍瓦、脉冲宽度 10 ns 量级的激光，两面照射金质靶，能够[5]产生的对偶密度超过本底电子密度数百倍，使得泽尔多维奇、孙亚耶夫、列维奇等提出的理论极

限 $kT \approx 20mc^2$ 有可能得到验证[159,160]。

大麦哲伦星云(Large Magellanic Clouds)中超新星 SN1987 的爆炸观测得到了[161]大量出乎意料的全新信息，有力地推动了实验室天体物理学的研究[23,156,157,162]。特别是计算和实验表明，流体力学不稳定性以及混合在恒星爆炸流体力学中起着非常重要的作用[4,156,163,164]，它们对于激光热核聚变也非常关键。激光靶上的瑞利-泰勒(Rayleigh-Taylor)、里奇麦耶-梅什科夫(Richtmyer-Meshkov)不稳定性研究的相应实验目前正在很多激光实验室中积极进行[23,25,156,162]，已经对理解非稳态天体物理学现象提供了很多有益的数据。

在探究超新星爆炸过程时，利用一维、二维、三维计算程序所进行的数值模拟也起着极为重要的作用[23,163,164]。这些计算基于这样的假设：由于引力分层，超新星的原始结构(爆炸前)由氢外层、然后氦层、进而直到铁内核所构成。这一内核引力坍缩之后将产生径向发散强冲击波，该波在氦-氢分界面具有高参量：$\rho \approx 2.3$ g/cm^3、$T \approx 6$ keV、$p \approx 75$ Gbar，将引起里奇麦耶-梅什科夫不稳定性的发展[20,156,163,164]。

文献[157]中，Nova 激光器被用于模拟超新星爆炸，按照激光辐射转化为软 X 射线辐射的方案进行。X 射线照相的测量追踪了不稳定性发展的非线性阶段，并且与数值模拟计算结果进行了对比。

很有可能，超相对论的超高能量密度等离子体中的条件，也是宇宙天体的特征条件，在相对论重离子碰撞时才能够最为充分地复制出来。图 9.54 揭示了大爆炸之后宇宙的膨胀与“微型爆炸”之间的相似性，该实验室条件的“微型爆炸”出现在 RHIC 加速器中离子相对论碰撞时，其空间尺度为 0.01 fm 到 1 fm、持续时间约 10^{-23} s。

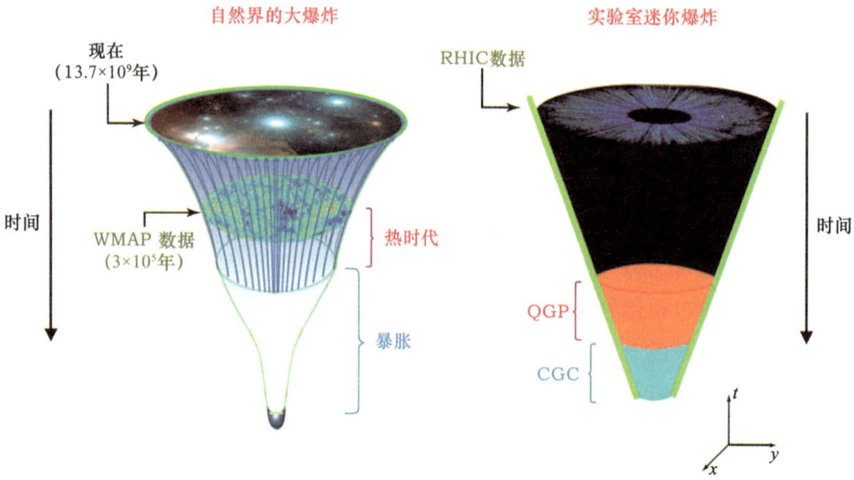

图 9.54　宇宙大爆炸和相对论核碰撞时“微型爆炸”之间的相似性

同时，超极端效应的实验效果显然能由现有的实验室条件来记录，例如在研究质子的自发衰变时。实际上由于量子涨落，构成质子的三种夸克之一可能获取足够高的能量，导致质子衰变。尽管这种过程(10^{33} 年量级)的可能性微乎其微，但当中子数量极大时，这一过程或许有可能在大量样本中探测到。在俄亥俄州的盐井中，为这一目的使用了 8 千吨水。质子自发衰变实验记录的缺乏使得对其寿命的评估取了下限，这在大统一模型的构建中非常重要[52]。

9.4 宇宙大爆炸之后物质的变化

在地球实验室中构造最“极端”自然界条件——“宇宙大爆炸”——的当代加速器能力对比见图 9.55 和图 1.2。我们看到，基本粒子物理学使高能粒子相互作用的测量向前推进了一大步。那些高能粒子在宇宙诞生之后的最初瞬间起着主要作用，并且决定了之后数十亿年宇宙的演化。毕竟，对早期宇宙演化的研究为研究无法在实验室中复制的高能现象提供了独特的机会。

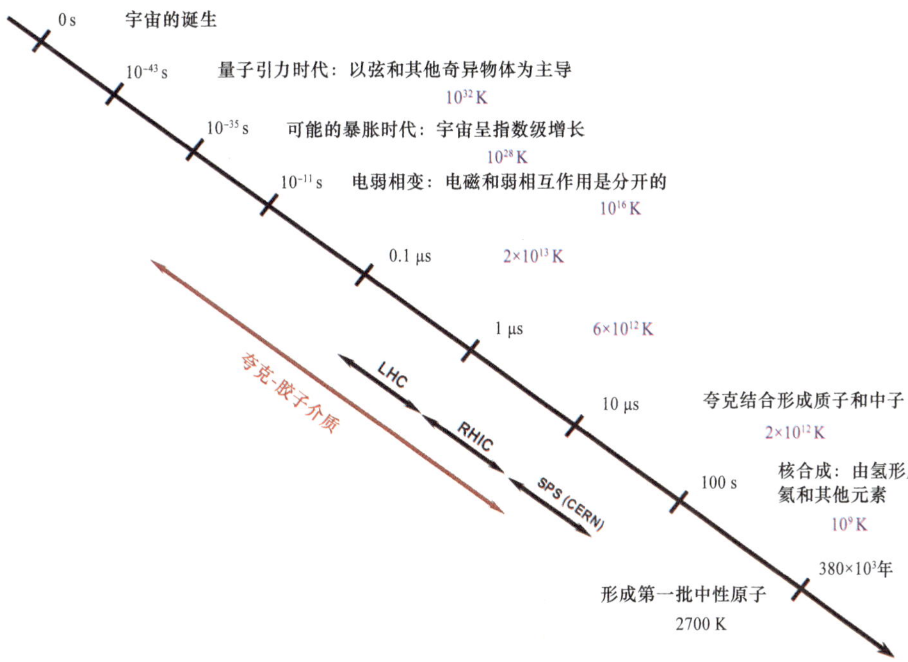

图 9.55 宇宙的时间标尺。大爆炸之后宇宙的膨胀[165]

根据当代概念[51,166]，宇宙随时间的演化进程极度不均衡——目前比较慢速，早期异常地快速，所以宇宙状态真正的质变也就发生在几分之一秒内。目前观测到的宇宙出现在 137~150 亿年以前，从某种具有无限高温度和密度的初始奇异状态出发，并且从那时起不停地膨胀和冷却，直到现在的尺度，10^{28} cm 量级，平均温度在 2.7 K 量级。依照宇宙大爆炸理论（见图 9.56，图中列出了与发生的事件相对应的参量量级），进一步的演化取决于宇宙膨胀的当前速度和当代宇宙中物质的平均密度。如果 ρ 小于来自理论的、且取决于膨胀速度的某个已知临界值 ρ_{cr}，则宇宙将永远膨胀下去。但如果 $\rho>\rho_{cr}$，则膨胀过程将在不知什么时刻因引力而停止，并且启动反向压缩阶段，向着初始奇异状态回归。

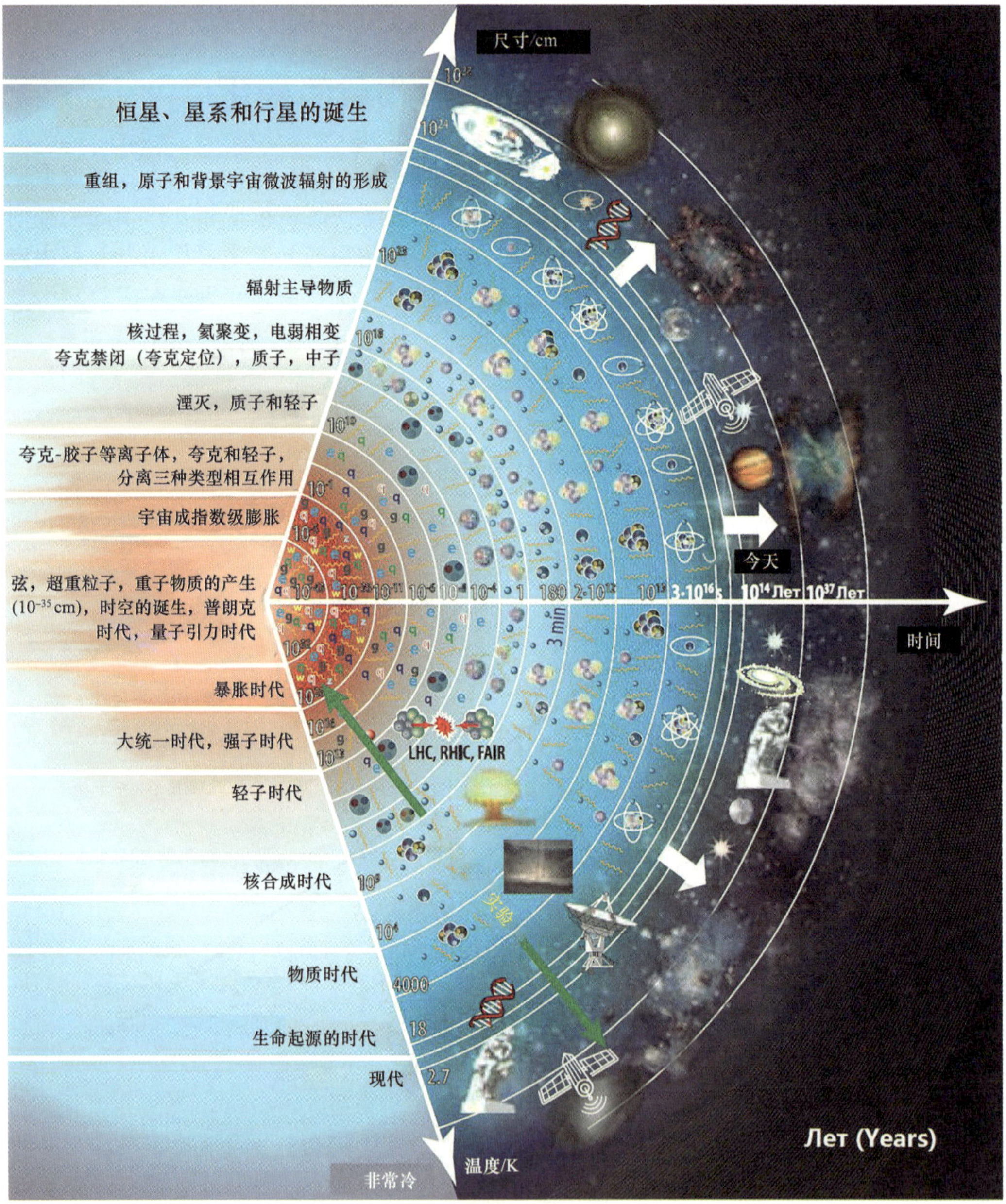

图 9.56 宇宙大爆炸之后的时间线，鲁比阿(K. РУббиа)

我们银河系的寿命可以用各种方法来确定，其中之一是监测白矮星的发光度[167]。这些致密、且一开始就非常灼热的天体实际上是几乎所有恒星生命的终极阶段，只有最大质量恒星是例外。为了转变成白矮星，恒星应该完全燃烧掉自己全部的热核燃料，还要承受数次剧烈变动——例如不知何时变成了红巨星。

典型的白矮星几乎完全由沉浸于简并电子气体中的碳离子和氧离子构成，具有主要是氢或氦成分的稀薄大气层。白矮星表面温度从8000到40 000 K，而其核心区域则加热到了数百万、甚至数千万度。这类恒星数量庞大，但是它们的氢燃烧极其缓慢，所以能生存数千万到数亿年。时至今日，它们都还来不及消耗完自己的氢燃料。

一旦白矮星不能维持核聚变反应，它就使用自己储存的能量发光，因此就慢慢冷却下来。这一冷却速率可以计算出来，在此基础上确定其表面温度从初始值下降到观测值所需要的时间。由于我们正在讨论银河系的年龄，所以应该寻找最长寿、因而也最低温的白矮星。现代望远镜有助于发现表面温度低于4000 K的银河系内矮星，其发光度是太阳的30 000分之一。至今还没有找到它们——或者它们根本不存在，或者非常少。由此可见，我们的银河系不可能比150亿年还老，否则那样的白矮星的数量应该相当可观[167]。

目前已知的最冷的白矮星是“哈勃”太空望远镜于2002年和2007年观测到的[167]。计算表明它们的年龄在115~120亿年。此外还应该加上恒星前身的年龄(5亿到10亿年)。由此可见，银河系的年龄无论如何不会低于130亿年。因此，基于白矮星观测得出的银河系最终估计年龄为大约130~150亿年。

与残余辐射的光谱分析(声学模式的研究)相关的评估认为宇宙年龄在135~140亿年。从其他评估方式也得到了相近的我们宇宙的寿命。

根据测量数据，我们的宇宙每10亿年膨胀5%~10%。然而宇宙密度评估的不确定性高得多。星系中所有可见恒星质量的总和低于ρ_{cr}的百分之一。加上暗物质质量的平均密度在$0.1\rho_{cr}$量级。因此，如果未来不再发现无论什么样的质量新来源，则我们的宇宙很可能将永远膨胀下去。当然，如果压缩阶段终归会到来，则无论如何只可能在大约100亿年以后，到那时太阳已经熄灭，地球上的生命已经完全终止。

然而哪怕智慧生命经历了瘟疫、灾难、战争而存活下来，能够保证自己的能量来源，能够保持或者构建可接受的栖息环境，我们遥远的后代所面临的，根据模型[168]，将是周围的宇宙并不美好的景象——黑暗的深处点缀着处于变无可变的空旷中的寥落星辰。是加速的膨胀将导致这一切，膨胀随时间的流逝将使星系以近乎超光速的速度离我们远去，使它们从观察者的视野中完全消失[168]。这一过程排除了用于测量膨胀程度的基准目标的存在，也完全“洗刷”了大爆炸之后保留的所有特性。换句话说，证明大爆炸无论什么时候曾经存在过的所有可观测现象，曾经充满了包围我们的今天的宇宙，渐渐都消失了。

宇宙的加速膨胀[168]可能导致一个固定的事件视界的形成——一个假想的范围，里面的观察者永远看不到任何外面的物质和辐射。这样的模型中，宇宙好像变成了某种“外部黑洞”，这时物质和辐射仿佛被封锁在了事件视界之外，而不是以内。同时我们星系的“当地群组(包括银河系、仙女座星系和一些矮星伴星系)”将合并成单一的恒星超星系团。所有其他星系将从观察者的视野中消失。这一过程将花费大约1000亿年时间。

实际上残余辐射也将最终消失，其峰值将转移到米波段，而强度将下降很多数量级。此外，星际物质的电子成分将阻挡这一辐射进入银河系。

宇宙大爆炸之后最初 3 min 内所生成的大量氢和氦的数量，由于恒星中的热核反应将急剧转化(减少)，看起来将抹掉大爆炸的又一个重要痕迹[168]。可以预期在遥远的将来，可观察的宇宙将坍塌成一个黑洞，将发生在银河系坍塌之前。

图 9.57　宇宙可观测部分的演化[168]

事件发展 1 千亿年以后的未来景象见图 9.57。当我们的星系——银河系——与自己最近的邻居合并，而遥远的星系又离开了我们的视野，地球夜晚的天空将彻底地改变。经过 50 亿年，仙女座的星云几乎完全填满了天空。太阳变成红巨星，随后烧完。经过 1 千亿年，银河系、仙女座星云以及其他小星系形成巨型球状星系。经过 100 万亿年，最后的恒星也将熄灭，只有黑洞和那些(如果有的话)可能是超级文明所建立的来源在朦胧地闪烁。超星系将收缩成一个黑洞。

早期宇宙随时间演化的主要阶段见表 9.2[166] 和图 9.58。在自己的生存时间内，宇宙从普朗克长度(Planck length) 10^{-33} cm 膨胀到当代规模的约 10^{28} cm。在基本粒子物理学中我们实验性地只推进到了 10^{-15} cm。新型加速-对撞机 LHC 将能够让我们窥视一下再低一个数量级的状况。

表 9.2　早期宇宙演化的主要阶段[166]

与其物理过程对应的纪元名称	宇宙大爆炸之后经历的时间/s	温度/K
经典时空的出现	10^{-43}	10^{32}
暴胀阶段	$\approx 10^{-42} \sim 10^{-36}$	在很大范围内变化
物质的产生	10^{-36}	$\approx 10^{29}$
重子过剩的产生	10^{-35}	$\approx 10^{29}$
电弱相变	10^{-10}	$\approx 10^{16} \sim 10^{17}$
夸克禁闭	10^{-4}	$\approx 10^{12} \sim 10^{13}$
初级核合成	$1 \sim 200$	$\approx 10^{9} \sim 10^{10}$

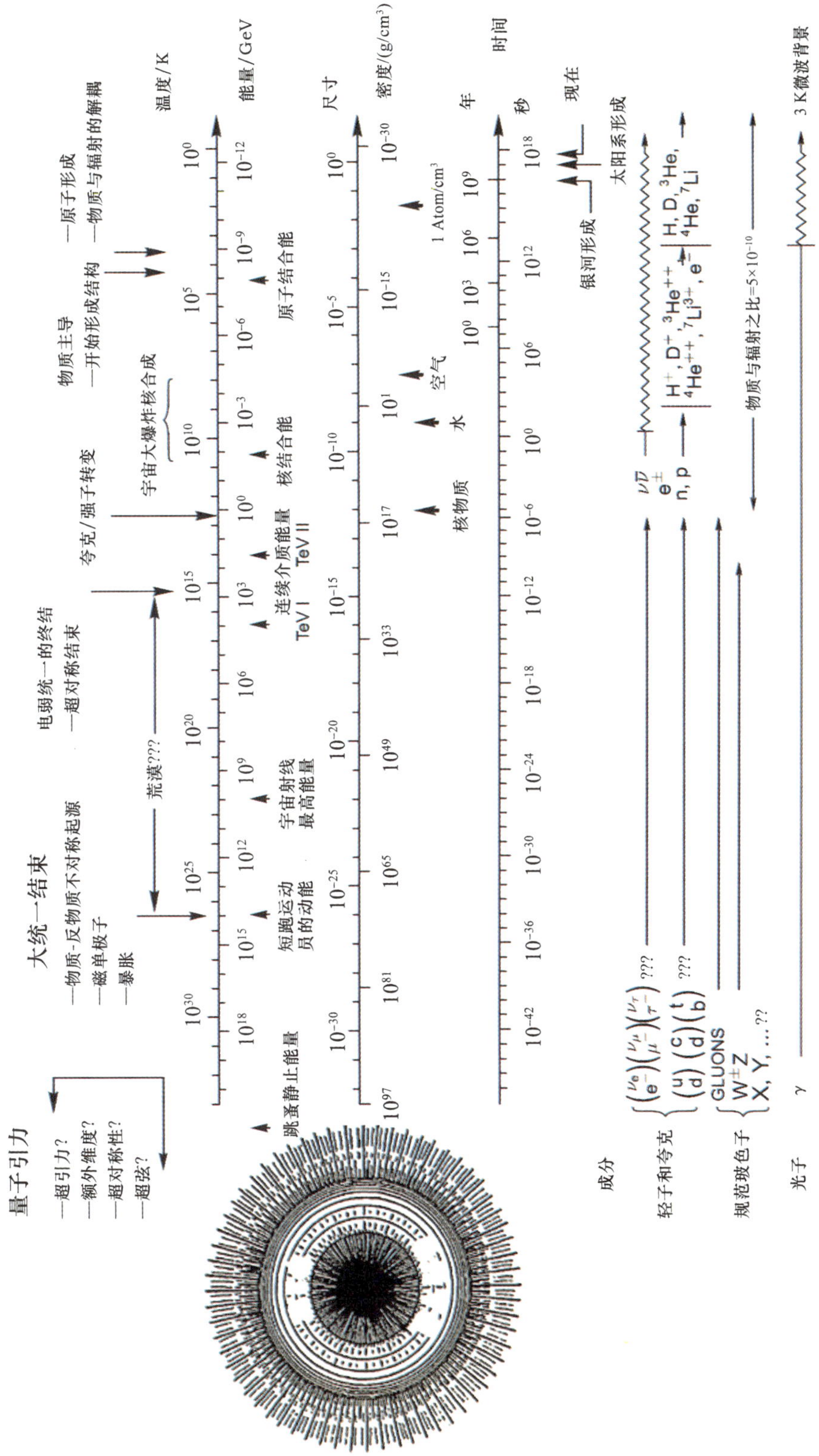

图9.58 大爆炸之后宇宙在膨胀时发生的主要物理事件

相互作用的能量规模见图 9.59[169]。

之后根据文献[51，166]，我们将仔细分析这些阶段。

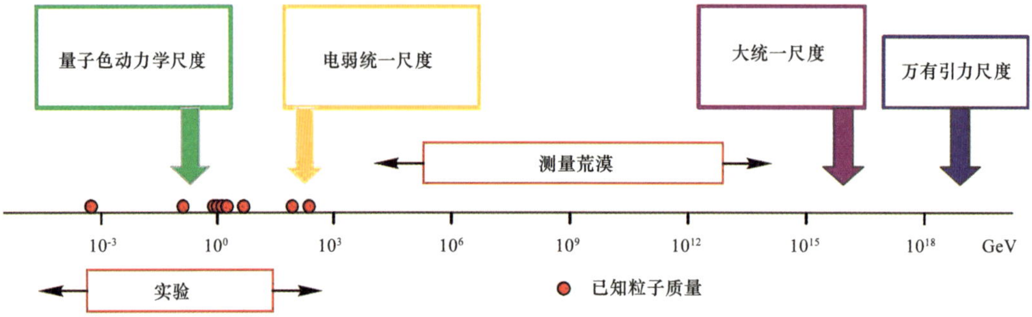

图 9.59　相互作用能量规模的等级[169]

9.4.1　宇宙的起源

早期年龄从 10^{-43} s 到 2~3 min 的时间段是最有意义、也最难描述的宇宙历史部分，那时候形成了宇宙最根本的性质，表现为现在的哈勃膨胀、宇宙的大规模结构，以及作用于我们能观测到的宇宙部分的物理规律。

描述的原则性困难在试图更为接近“天地万物起源”的过程中愈发严重，也就是对第一个百分之一秒内的探究。为此需要超高能领域基本粒子物理学可靠的相关知识，这些知识目前我们还没能掌握，因为那样的能量级别目前在地基加速器上还达不到。当进一步向宇宙起源接近时，还会遇到更为艰巨的引入“引力量子化”的必要性的问题，目前甚至还没有一个基本令人满意的解决方案。由于这些缘故，研究我们的天地万物最初存在瞬间的所有努力实质上都是纯理论的构想。

宇宙起源时刻也是经典时空诞生的纪元。火热的宇宙大爆炸理论目前已经是公认的，也就是宇宙从一个奇点(有时候说是从时空泡沫)诞生[166]。在宇宙诞生的时刻，物质的密度 ρ 和温度 T 就达到了普朗克值：$\rho_{Pl}\approx10^{93}$ g/cm^3、$T_{Pl}\approx1.3\times10^{32}$ K，这时引力的相互作用力道与其他的(强的、弱的、电磁的)相当，而且必须把量子化一同考虑在内。

当代加速器所能提供的巨量能量，对于在实验室条件下复制对应于 10^{15} GeV 量级的“大统一”的参数区域的条件明显不够。为此或许需要一台太阳系尺度的加速器。

从大爆炸时刻起宇宙就一直在膨胀，物质温度一直在下降，而体积一直在增长。在探究宇宙的起源时利用了有关宇宙作为整体的量子演化的各种最笼统的想法，其中之一认定，封闭宇宙的总质量等于零。这就意味着，具有普朗克级别初始几何尺度的全部宇宙可能没有消耗能量就诞生了。

随着不断膨胀，宇宙从引力场采集了能量，用以生产更多的物质。物质的正能量精准地与负引力能平衡，因此总的能量平衡等于零。

9.4.2 暴胀

宇宙中经典时空诞生之后经过 10^{-43} ~ 10^{-42} s 就开始了暴胀阶段[51,166](图 9.60[170]),一直延续到大统一阶段，大约在 10^{-35}s，这时有残余辐射产生。暴胀阶段的分析需要把我们已知的物理定律对空间尺度外推 30 个数量级，那里看起来是人类哲学思维的极限边界[171]，正如伟大的古代基督教神学哲学家德尔图良(Tertullian)所指出的，那样的边界正是神学的开始。

所观测到的宇宙高度均匀且各向同性[54]。在热大爆炸理论范畴内，这些第一眼看起来一目了然的性质并没有找到令人满意的解释，这是一个严肃的问题，更准确地说，是一组相互关联的问题。暴胀理论或许能够成功地解决这些问题[54]。而且暴胀理论给出了一个宇宙中产生初级不均匀性的巧妙机制，该不均匀性对于热大爆炸理论也是一个问题。正因如此，暴胀理论看起来非常令人信服。

根据暴胀理论，宇宙的急速(接近于指数)膨胀阶段——鼓起来(暴胀)阶段——比热大爆炸阶段先行一步。这一阶段材料的状态方程接近于真空的，$p \approx -\rho c^2$，能量密度随时间缓慢变化，宇宙急速膨胀，变成大规模均匀高精度扁平的空间。暴胀停止之后就是多少有点长期的后暴胀加热阶段的到来，其结果是类真空的能量最终转化成了热能。只有在此之后才是热大爆炸阶段的到来。所有这些显然都发生在极为短暂的时间内。

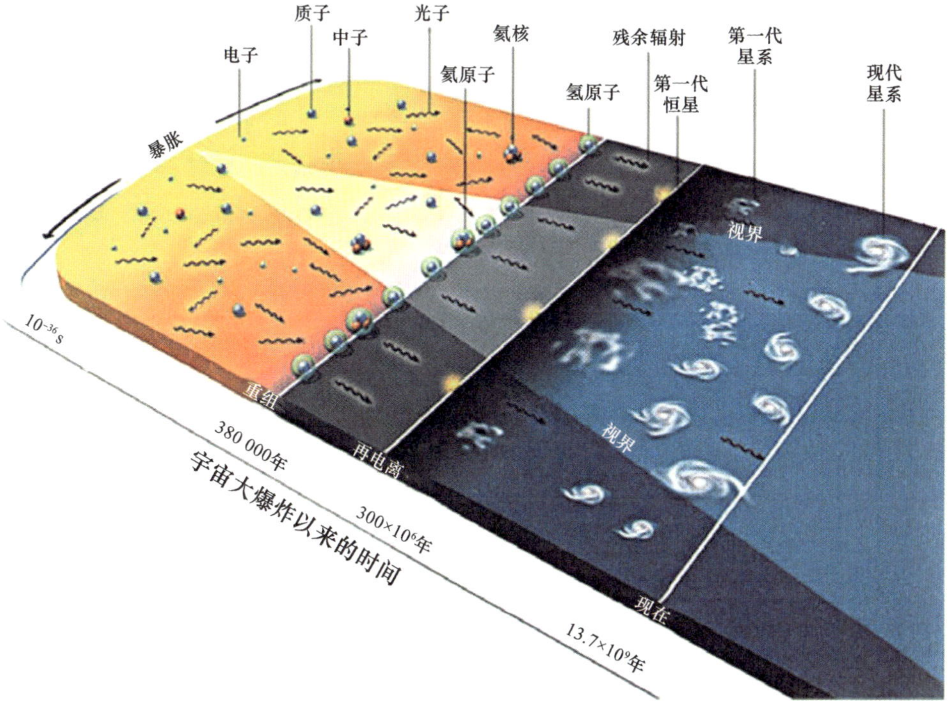

图 9.60 宇宙的时间线

暴胀时期，宇宙急速膨胀，光子和带电粒子构成的等离子体远远扩散到——限制了假设观察者目光可及的区域的——视界界限之外。38 万年之后重组开始：出现了初级原子和残余辐射。又经过 3 亿年，第一批恒星的光线电离了大部分氢和氦[170]

虽然暴胀理论还没有得到观测结果的充分证明，但其一系列版本给人以遐想，或许不久的将来它们可以得到证明。非常精彩的是，今天的宇宙学规模上宇宙性质的研究，特别能够阐释演化的最初那些瞬间宇宙的性质及其所充满的物质。这是存在于自然界的微观物理学和宏观物理学紧密关联的最为亮眼的表现之一。

第一个仔细研究的斯塔尔罗宾斯基(Starobinskii)的暴胀模型(详见文献[54])建立在——既包括一阶、也包括高阶曲率标量的——拉氏函数(Lagrangian)引力理论基础之上。这一理论中，弗里德曼方程(Friedman equation)在哈勃参数高量值时需要修正，构造出带有比例因子的宇宙学解法，该比例因子在长期演化过程中呈指数增长。这一模型中还有后暴胀加热机制，其结果是宇宙的演化进入了炽热阶段。从这点来看，斯塔尔罗宾斯基模型十分成功。

近年来又提出了一些模型[54]，这些模型中引力由广义相对论描述，而暴胀模式的出现则是由于宇宙中具备了特殊的物质。实际上斯塔尔罗宾斯基模型也属于这种类型。

要让膨胀加速，必须使充满宇宙的物质具有负压：

$$p<-\frac{1}{3}\rho c^2$$

暴胀阶段以极限程度低的负压为特征，$p\approx-\rho c^2$，这时普通引力物理学定律本身就改变了。这种状态下的物质不是引力的来源，而是排斥力的根源。或许非常早期的宇宙曾经不仅充满了粒子，还有非常高密度的暗能量的过渡形态(暴胀场——暴胀期间该场主导能量脉冲张量)。这股能量又引起了宇宙以非常高加速度膨胀，之后就衰减了，形成了高温等离子体，稍后分成我们所熟悉的物质和辐射。只留下了很微弱的暗物质的痕迹，它只在当代纪元才变得非常重要。暴胀时期，宇宙的体积变大了很多数量级(在某些模型中是10^{1000}倍)，所以全部宇宙处于一个因果联系的区域，宇宙膨胀的动能及其势能均等了。这一时期所产生的物理条件，随后将使宇宙按照哈勃定律(Hubble law)膨胀。

由于这一阶段粒子间距离的变化速率正比于距离本身，而且膨胀速率 $R\sim e^{bt}$，所以它被称为暴胀/通货膨胀阶段，类似于通货膨胀时货币流通额的增长也遵循这样的指数增长规律。

不同于——爆轰产物的膨胀取决于压力梯度的——化学炸药的爆炸，大爆炸情况下均匀介质中的负压——存在于宇宙演化开始阶段的反引力——是膨胀的根源。

暴胀期间，万有斥力使粒子加速，所以后来粒子以惯性运动，形成膨胀的哈勃定律。

评估显示[54]，对于 $T=M_{\rm Pl}\sim 1$ TeV 时，暴胀最小持续时间为 $\Delta t_{\rm infl}^{\rm min}\approx 10^{-42}\sim 10^{-9}$ s。在这么短的时间内，宇宙来得及胀到一定程度，使得初始为普朗克尺度的区域变成宇宙学意义上的大规模。同时假定[54]，暴胀发端的时刻是普朗克时刻 $t_{\rm Pl}$，尽管某个 $t_{\rm i}\gg t_{\rm Pl}$的时间点可能是暴胀的起始时刻。

所提出的这些模型中，暴胀结束以及后暴胀加热之后，宇宙中确立了一个高温，自动就意味着灼热阶段一定有必要的熵值。同时，导致暴胀的那些机制决不允许在暴胀阶段开始时宇宙中就有了高熵值。熵产生于后暴胀加热时期，此时不具备高熵值的真空类物质的能量转化成了热能。换句话说，后暴胀加热是一个过程，从热力学观点看非常不平衡；但就是这一过程导致了宇宙中熵的起源。

暴胀阶段还有一个重要的过程[51,166]：标量场的真空量子起伏产生密度小扰动，而量子度规起伏产生引力波。通常只表现于微观尺度的真空量子起伏，在呈指数膨胀的宇宙中迅速增大，变得在宇宙学上意义重大。随着宇宙的进一步膨胀和冷却，万有引力使原始不均匀性升高，形成了恒星和星系，而密度下降的区域就变成了巨洞。因此后来出现的星系星团和星系本身就是宇宙发展早期的量子起伏的宏观表象。

因此根据残余辐射的各向异性和不均匀性($10^{-5}\sim10^{-6}$)的观测(图 9.61)可以复制温度初级扰动的光谱。根据初级扰动光谱以及引力波光谱也可以再现暴胀阶段的、也就是 10^{16} GeV 能量级别的物理规律。这是 RELICT、COBE(Cosmic Background Explorer，宇宙背景探测器材)实验的方向，也是 TENERIFE、SASKATOON 和 CAT(Cosmic Anisotropy Telescope，宇宙各向异性望远镜)等地上实验的目标。

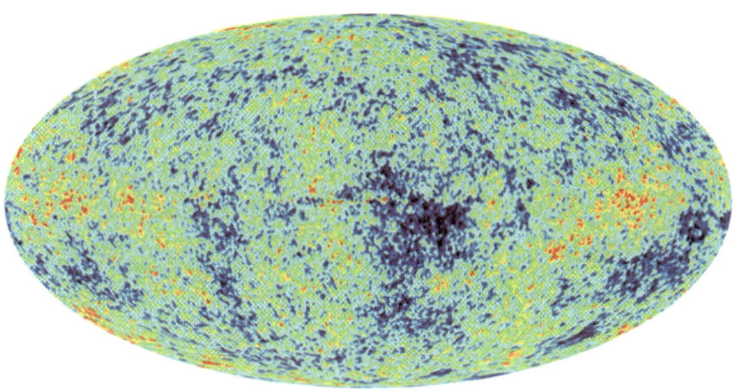

图 9.61　由卫星 COBE 测量的残余辐射的结构和角分布反映了早期宇宙的状态
物质的初级不均匀性是 $10^{-5}\sim10^{-6}$[172]

所讨论的早期宇宙区域间温度的差异非常大，以至于更为稠密区域中过剩的万有引力阻止了这些区域的无限膨胀，并在自身引力的作用下开始收缩，招致恒星和星系的形成。所以在天体图(图 9.61)中原则上包括了宇宙所有结构的历史背景。

如何从最初的小扰动 $\delta T/T\approx10^{-4}\sim10^{-5}$ 发展到今天密度超出曾经的平均值 $10^5\sim10^6$ 倍的星系和恒星，这些分析研究在学术专著[54]中展开了论述。书中详细地分析了，在不断膨胀的宇宙中，物质密度的不均匀性和度规的不均匀性如何发展。从观测角度看，一些相互关联的方面特别重要。第一方面是密度扰动的增长，它最终导致了多种结构(星系、星系星团等)的形成。第二方面与残余辐射观测到的各向异性及偏振相关，它们不管怎样都是由密度不均匀性所引起，而与另一类扰动——引力波(更准确地说，是张量扰动)——无关。理论与观测结果的对比能够得到对于宇宙学非常关键的两个问题的答案：

——存在于灼热大爆炸起始阶段的初级宇宙扰动的光谱是什么样的；

——宇宙中介质——普通物质、暗物质、暗能量——的基本性质是什么样的。

初级扰动的范围设定了其演化的起始数据；假如完全没有初级扰动，则宇宙或将严格保持均匀及各向同性，宇宙中的结构或将永不出现。

据显示[54]，相对不太大幅度的扰动也就增长到量值 $\delta\rho/\rho\approx 1$，而大幅度的扰动直到当代纪元仍然很小(是线性的)。

关于密度和度规的初级扰动本身是如何出现的这一问题，其机制在热大爆炸理论范畴内还没有得到解决，也是这一理论的问题之一。暴胀理论对这个问题给出了巧妙的答案。

根据文献[54]，我们给出了由于不稳定发展而产生的天体物理目标的特征值。由于坍塌而形成的致密天体具有质量

$$M(R)\approx\frac{4\pi}{3}R^3\rho_{\mathrm{M},0}$$

这里 $\rho_{\mathrm{M},0}$ 是暗物质和重子质量的当代平均密度。对于临界密度 $\rho_{\mathrm{c}}=1.5\times10^{11}M_{\odot}/\mathrm{Mpc}^3$、$\Omega_{\mathrm{M}}=0.24(\delta\rho\sim\exp(\Omega t))$，质量为 $M\approx1.5\times10^{11}M_{\odot}$ 的天体目标所对应的星系尺度为 $R=1$ Mpc。这样的质量规模是普通(非矮星)星系的特征值。强调一点，所谓的总质量包括暗物质晕的质量。因此，星系所对应的规模是：

$$R\sim(1\sim3)\ \mathrm{Mpc}\Leftrightarrow(10^{11}\sim4\times10^{12})M_{\odot}$$

我们的银河系巨大无比，其质量大约有 $10^{12}M_{\odot}$。上述尺度不过是指星系从中收集物质的区域的当代尺度。星系本身的尺度小得多，它们有 10~100 kpc，所以星系核心区域的物质密度超出平均密度 $10^5\sim10^6$ 倍。

星系星团的特征是 R 和 M 的量值大得多：

$$R\sim(10\sim30)\ \mathrm{Mpc}\Leftrightarrow(10^{14}\sim4\times10^{15})M_{\odot}$$

这已经是宇宙中引力相关的最大天体了。它们的尺度在 1~10 Mpc，而核心区域的物质密度超过平均值 100~1000 倍。

或许，埋在暗物质晕中最小的源自恒星的构成物是矮星星系。对它们所进行的相应的评估得出：

$$R\sim(40\sim400)\ \mathrm{kpc}\Leftrightarrow(10^7\sim10^{10})M_{\odot}$$

重子是从较小质量的晕中由第一批恒星的辐射以及这些恒星爆炸后产生的物质流“吹出来”的。然而质量规模在 $M\sim10^5M_{\odot}$ 最有意义：在这等质量的晕中形成了第一批恒星。对于这类晕

$$R\sim10\ \mathrm{kpc}\Leftrightarrow10^5M_{\odot}$$

从结构形成的角度来看，暗物质的扰动最为重要。它们产生引力势，重构之后物质一般都向那里“靠拢”。

我们看到[54]，要实现暴胀，就必须使真空的状态方程具有负压：

$$p=-\rho c^2$$

要利用这一状态方程，比例因子就应该按照定律

$$a(t)=\mathrm{const}\cdot\mathrm{e}^{H_{\mathrm{vac}}t}$$

而变化，这里的哈勃参数 H_{vac} 与时间无关，等于

$$H_{\mathrm{vac}}=\sqrt{\frac{8\pi}{3}\frac{\rho_{\mathrm{vac}}}{M_{\mathrm{PL}}^{2}}}$$

如果具有非零真空能量的宇宙中也有普通物质，则随着时间的流逝，膨胀一定遵循指数定律，因为真空的能量密度在宇宙膨胀过程中保持不变，而物质的能量密度则在下降。因此有这样的假设，真空具有正能量，自然会造成暴胀式膨胀。但是还需要一种制止暴胀的机制，其结果应该是宇宙得到加热并过渡到灼热阶段。标量场的衰变可能就是这种机制[54]。

依照文献[54]，我们来详细描述因暴胀而提出的熵问题的求解。暴胀期间，宇宙中的物质没有熵，但却有相当程度的能量密度，该能量密度随着膨胀缓慢下降。暴胀结束时，这股能量在一巨大的——形成于暴胀式膨胀的——体积内转变成为热能，导致巨大的熵增。

因此，这一混沌暴胀场景大致给出了下列宇宙学图像。一开始宇宙充满了普朗克密度的物质，一般说来很难用经典物理学定律来描述，所以甚至有关经典时空的普通概念这里也不适合采用。这一量子宇宙的一些最开始具有几乎是普朗克尺度的星团因暴胀而“鼓起来”。我们目前所观测到的宇宙区域属于这些“鼓起来”星团之一的一部分。

这时宇宙的微小区块(普朗克尺度的)在暴胀时代伸展成为尺度在 $R\approx10^{10^{13}}$ 和 $10^{10^{7}}$ 的区域。

暴胀和后暴胀加热理论成功地解决了[54]无论在怎样尺度下的——普朗克的或是巨型的——一些问题，这些问题有关热大爆炸时代的初始数据。但是有人提出了一个完全合乎情理问题，宇宙演化灼热阶段之前是否可能有另外一种阶段、而不是暴胀阶段发生。这里合乎逻辑的可能性之一是，宇宙的坍缩发生在宇宙的膨胀之前，当能量密度达到足够高时就会发生所谓的“反弹”——膨胀取代了收缩。

在经典广义相对论范畴内，膨胀取代收缩要求有非常不同寻常的物质存在。

在收缩让位于膨胀时期，哈勃参数从负值增长到正值，因此 $\dot{H}>0$。这只可能发生在 $p<-\rho c^2$ 时，而且根据弗里德曼方程，$\rho>0$。

我们所熟悉的物质形态，包括使用标准拉氏函数的标量场和向量场，并不满足这一状态方程。具有这一性质的假设性物质被称为“幻象物质”(也可采用“幻象能量”这一术语)。具有幻象性质的自洽场论模型的构造绝对是不平常的课题。

另一种可能性是，反弹纯粹由经典广义相对论范畴内所不能描述的量子过程引起。这种可能性可以，例如，在大爆炸前的场景中进行讨论。这里的难点在于，量子引力理论或者其替代理论(例如超弦理论)还没有发展到能够回答一个问题——量子模式中的反弹是否可能，如果可能，则即将进入经典膨胀模式的宇宙处于怎样的状态。

还有一种更为引人入胜的可能性是宇宙的脉动(周期性)概念。在这一版本场景中假设，宇宙或者它的一部分反复经受了这样的循环，膨胀被收缩取代，然后是反弹并再一次膨胀。我们正处于这一场景的循环之一中。于是所观测宇宙的均匀性和空间平面度可能在循环的晚期为暗能量所主宰——这样的旅程现在已经开始了。

负压物质的状态不稳定；物质应该过渡到正压状态。因此宇宙发展的暴胀阶段非常快地结束了，然后普通物质诞生的阶段开始了(图 9.62、表 9.3)[51]。

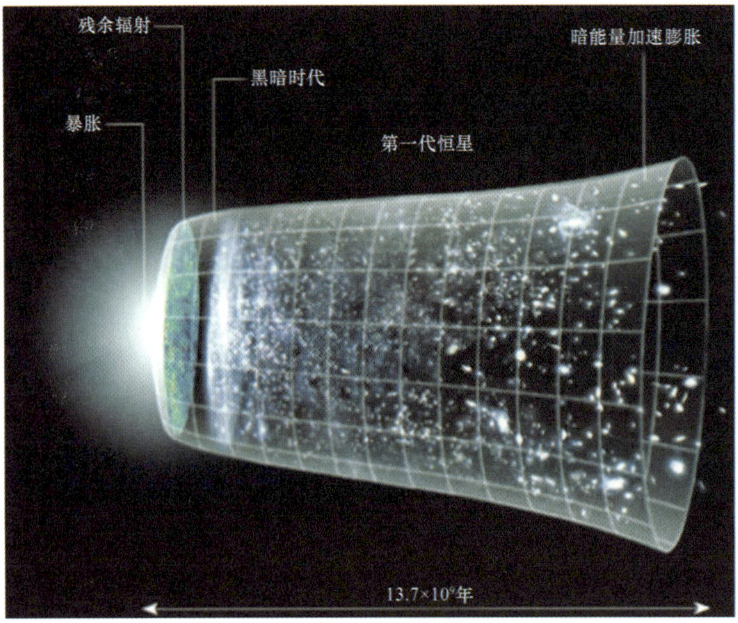

图 9.62　突显出初始阶段的宇宙膨胀[172]

表 9.3　宇宙简史：主要阶段[51]

时间	辐射温度/K	注解
10^{-43}~10^{-37} s	超过 10^{26}	暴胀
10^{-6} s	超过 10^{12}	夸克、胶子、电子及其反粒子的等离子体
3×10^{-5} s	10^{12}~10^{9}	夸克和胶子形成质子和中子
10^{-4} s~3 min	10^{12}~10^{9}	氘、氦和锂核的产生
15 000 年	10^{4}	物质和辐射的能量密度相等
300 000 年	4000	由轻核和电子形成原子。宇宙对光子变得透明
1 500 000 年	300	没有什么特别值得注意的，除了空间温度等于室温且对人类舒适
10~30 亿年	20	最初的恒星和星系的形成
30 亿年	10	在第一批恒星爆炸中产生重核；出现下一代恒星
30~150 亿年	3	行星和智慧生命的出现
10^{14}年	随后非常冷	不再出现新的恒星
10^{37}年		所有低亮度物体都耗尽了能量。黑洞和基本粒子持续存在
10^{100}年		所有黑洞都蒸发了。稳定的基本粒子(电子，三种中微子，可能还有质子)的稀薄气体

9.4.3　后暴胀时期

根据文献[173]，大爆炸之后从大约 10^{-37} s 时刻开始，根据弗里德曼定律，宇宙相对较慢地膨胀，其温度和密度则随时间而下降。起步温度大约 10^{29} K，也就是 10^{16} GeV 量级，超过了 X 和 Y 玻色子质量值，这就是宇宙中的最高温度。这些条件下，造成这一质量出现的希格斯粒子的冷凝物缺席。X 和 Y 玻色子没有质量，使符合强、弱、电磁相互作用之间完全对称的物质状态得以实现。物质本身是一种热稠密等离子体，由无质量粒子(夸克、轻子、光子、胶子、W、Z、X 和 Y 粒子)和大质量希格斯粒子构成。这时夸克和胶子之间自由转换，它们的相对浓度只由温度决定。

在大约 10^{-33} s 时刻，当温度下降到 10^{14} GeV $\approx 10^{27}$ K(X 和 Y 玻色子的质量)时，随着相应的希格斯粒子冷凝物的出现发生相变。质量大约 10^{15} GeV 的 X 介子对偶诞生了，它们衰变成夸克和轻子。按照萨哈罗夫院士(A. D. Sakharov)的思想，这时候重子电荷得不到保留，粒子-反粒子之间的 CP 对称性也违反了。如此就形成了当今具有质子数目约 10^{80}(埃丁顿-迪拉克数，Eddington-Dirac number)的物质。这一时期被称为电磁、弱、强相互作用大统一时期。

从这一时刻起，强、电磁相互作用之间的对称被打破，夸克和轻子之间的相互转变过程大大减缓，宇宙中开始形成物质的重子非对称性，使物质相对于反物质占据压倒性的统治地位。现代理论擅长于诠释(例如见文献[51])，此类非对称性如何自然地出现在原始状态的演化过程中，原始状态中粒子和反粒子的浓度原本相等。

后暴胀加热阶段大幅度场起伏有可能产生的意义重大的结果是引力波的生成[54]。此阶段的场起伏可能有大波长；实际上这里唯一独立于模型的限制是，这些波长不应该超过当前的哈勃尺度。文献[54]中估计了这类波的参数：$W_0 \approx 20$ Hz、$\lambda \approx 10^5$ km。

在大约 10^{-12} s 时刻，温度下降到 10^2 GeV $\approx 10^{15}$ K(W 和 Z 玻色子的质量)，第二(电弱)相变发生，同时出现那些——负责 W 和 Z 粒子的质量的——希格斯粒子的二次冷凝物。从此刻起，W 和 Z 粒子的质量不再为零，电磁及弱相互作用之间的对称被打破，而物质本身就是一种等离子体，由大量轻子、夸克、胶子和无质量光子构成。

下一次相变显然发生在大约 10^{-5} s 时刻，这时温度下降到约 100 MeV，10^{11} ~ 10^{12} K。这次相变的结果是，通过夸克和反夸克合并以产生重子、介子以及相应的谐振，夸克-胶子等离子体变成强子系统。当温度为 10^{11} ~ 10^{12} K 时发生夸克禁闭(“不得逃跑”)。自由状态下，夸克只能存在于非常灼热的温度高达 $T>10^{11}$ K 的等离子体中。早期宇宙中，当温度大大高于这个值时，没有质子和中子，只有“夸克汤”。随着宇宙的膨胀，温度进一步下降，夸克开始合并形成质子和中子，此后作为独立粒子在自然界中已经碰不到了(不是“逃逸了”)。

当代加速器实验技术能够重现相邻大爆炸之后大约百分之几到十分之几秒的这一瞬时的状态(图 9.55)，而加速器 LHC、RHIC、FAIR 等的启用显然推进到了毫秒、微秒级别。随后的时期以自由状态的夸克和胶子的缺席为特征，轻子、强子和光子是物质的结构组分。同时随着温度的下降，不稳定粒子衰变，重子和重轻子对偶湮灭。

宇宙极限对应于中微子可能的质量≤0.3 eV。把中微子从重子-电子-光子等离子体中分割出来发生在温度大约 2~3 MeV 时。中微子给热大爆炸时期所有阶段的总能量密度作出了显著的贡献，因此它们对于宇宙扰动的演化具有重大影响。

在 e^+e^- 对偶湮灭之前，中微子的温度 T_ν 与光子温度一致，之后则稍低，在接近中微子割裂的瞬间，中微子温度与光子温度的关系如下[54]：

$$T_\nu(t)=\left(\frac{4}{11}\right)^{1/3}T(t)$$

这时中微子分布函数的齐次部分非常精准地与费米-迪拉克分布（Fermi-Dirac distribution）相吻合。对于三类活跃中微子中的任何一种，中微子数密度随 α^{-3} 而下降，在当代纪元等于 $n_{\nu,0}=112\ \mathrm{cm}^{-3}$。

质子和中子形成以后，宇宙的下一步演化走向了核合成时期，时间约 1~100 s（温度约 0.1~1 MeV ≈ 10^9 ~ 10^{11} K——特征核规模），这时发生初级核合成，形成最轻的——原子量 $A<5$——物质要素的组分。从 $t\approx1$ s 到 $t\approx200$ s 这段时间在宇宙的生命中起着至关重要的作用。这一时期内形成了第一批轻原子核：^{4}He（25%）、^{2}H（3×10^{-5}%）、^{3}He（2×10^{-5}%）、^{7}Li（10^{-9}%），也就是我们所熟悉的物质开始诞生了。其余的同位素虽然也形成于这一时期，但是最终形成像恒星内部物质一样的成分却要晚得多，在数百万年之后。

大爆炸之后经过大约 1 s，初级等离子体的温度就下降到了 10^{10} K，对应于 1 MeV 的能量级别。

当温度下降到 $T=0.7$ MeV 时，这些弱相互作用反应实际上就终止了，中子数与质子数之比变成常数，并且等于过程结束时的比值。在宇宙的这一阶段，质子和中子以自由形态存在，没有被束缚到原子核内。稍后，当温度跌到 100 keV 时，大部分中子（除去那些已经衰变的）在 $p+n\rightarrow{}^2H+\gamma$ 反应形成氘的过程中已经被绑定了。

氘本身有效地捕获了初级等离子体的重子之后就诞生了 ^{3}He 和 ^{3}H。再抓住一个质子或者中子之后就出现了 ^{4}He，在 ^{4}He 中实际上所有没有衰变的中子就到达终点了。（原子）质量数 $A=5$ 这样适当的原子核的缺乏阻止了后续的反应，使得更重元素的诞生（$^3He+{}^4He\rightarrow{}^7Be$、$3\,{}^4He\rightarrow{}^{12}C$ 等）成为小概率事件。

当温度进一步下降时，物质由 H 和 He 原子核、电子、光子（其数密度 n_γ 是原子核的 10^9 倍）以及中微子构成，这时的中微子已经基本上不再和其余物质发生相互作用。有关这一时期，人们通常说是“辐射主宰”纪元，因为电磁辐射对于物质能量的贡献占主导地位。

在这一时代（“火球”时代），物质的主要形态是残余辐射。离我们现在所处宇宙的起源越近，这一辐射的频率就越高。

随着宇宙的膨胀，无论等离子体的还是辐射的温度都下降了。辐射频率也应该降低了，以至于初始可见光变成了不可见的，并且转移到了射频波段。如今光线固定在了射频辐射，温度有 $T\approx2.4$ K，被称为残余辐射。不同于普通光线，残余辐射没有来源：全部宇宙好像在发光，或者“漂流”在光的海洋中[174]。

残余辐射的密度 $\rho_{\mathrm{rad}}=10^{-34}\ \mathrm{g/cm^3}$，目前它低于普通物质密度，但并不一直是这样的。实际上物质的密度反比于体积，以长度尺度论就是 $\rho_{\mathrm{sub}}\sim R^{-3}$。宇宙的膨胀改变了电磁辐射波峰之间的距离，增大了波长。所以残余辐射的光子能量反比于 R，残余辐射密度 $\rho_{rad} \sim R^{-4}$。当我们穿越回过去，在 $R \to 0$ 时，密度 ρ_{rad} 比 ρ_{sub} 增长得更快。

然而我们注意到，光子的数密度(不是能量密度)与质子数密度之比保持一个常数 $n_\gamma / n_b = 10^9$，它被称为比熵。

由氢开始透明这一条件所决定的时间——按照某种巧合就是 $\rho_{sub} = \rho_{rad}$ 的时刻——被称为重组时间。这一时刻之前，$\rho_{sub} < \rho_{rad}$，相应的时期被称为"火球时代"[174]。残余辐射的温度取决于比例因子 $T \sim R^{-1}$。重组时代的特征是温度为数千度的量级。当温度更高时，原子不能够生存，因为电子将立刻从壳层被拽走。曾经在可见光波段看得见残余辐射，这一时期天空不是黑暗的，而是光辉闪耀，渐渐地随着膨胀变成红色，然后完全黑暗！

各向同性是残余辐射的重要性质：其性状在任何方向都保持一致，是费里德曼各向同性宇宙模型的重要证明。

当频率更高时，进行的是光子激发的粒子-反粒子对偶的诞生过程。所以如果提到非常早期宇宙的残余辐射[171]，更多的是关于粒子-反粒子等离子体，而不是光子气体。这类等离子体被称为双(极性)等离子体。当 $kT = m_e c^2$ 时，人们所论及的是轻子时代，而当温度更高时，$kT \approx m_p c^2$——这是强子时代。

在"火球"时代，质子、中子、电子、以及形成于宇宙最初三分钟的轻元素氘、氚、氦、锂的作用都很小。光压如此之高，以至于大量粒子均匀地在宇宙中四散开来，由于万有引力而不可能形成任何类似于星系、恒星或者行星的结构。然而不与残余电磁辐射相互作用的暗物质就是另一种情况了。由于引力相互作用，这股暗能量早在涉及可见物质的类似过程开始之前可能就已经聚集起来。

初级等离子体在所讨论的时代遵守辐射主导的状态方程，$p = \rho c^2/3$。这一时期发生了电子-正电子对偶的湮灭，它们变成了光子。在地下核爆炸试验中[175-178]，等离子体和光子的温度达到了 10^7 K 级别，能量密度达 10^9 J/cm^3，对应于大爆炸之后数秒的状态，接近于辐射主导模式的下限。这一优势于 $10^8 \sim 10^{10}$ s(根据其他评估，到大约 10^{12} s)时期(温度 $\approx 10^4 \sim 10^5$ K $\approx 1 \sim 10$ eV——特征原子能规模)不再表现出来，这时电子和原子核能量不足以克服它们之间作用的电磁引力，发生电子与原子核的重组，形成了中性原子态物质，该物质对于光子是透明的。

在此之前还在"火球"时代，宇宙遵循 $R \sim \sqrt{t}$ 的规律膨胀，然后当物质开始起主要作用时，膨胀定律近似采用 $R \sim t^{2/3}$ 的形态。

9.4.4 重组时代

重组时代里光压下降了如此之多，以至于粒子开始互相吸引。但是由于所有这些都是逐渐发生，残余辐射也不是瞬间就停止了与可见物质的相互作用，转到射频波段，所以某个阶段一定存在，也就是宇宙中传出"第一声"的时候[171]！这一声音还被称作"萨哈罗夫音波"，以萨哈罗夫院士的名字命名，是他提出了这类音波在早期宇宙存在的思想。实际上正如我们前面所提到的，可见物质粒子之间有万有引力的反作用力以及电磁压力所引起的排斥力在起作用。所以粒子一时互相接近，一时又分开了，随着压力的减弱就出现了类似于声振荡的粒子密度振荡的衰减。这个声音是一种“低语(whisper)”——一种次声，在重组时代具有视界量级的波长。但是它响起的地方出现了密度扰动，未来将变成星系。

粒子翻卷的后果是出现了高密度区域，那里已经存在暗物质引起的不均匀性。没有暗物质，星系可能到现在都还来不及形成。可见物质的不均匀性引起了——反映第一声和未来星系核心的——残余辐射温度分布的不均匀性(图 9.61)。

重组时代和宇宙的“透明化”时期重合：等离子体消失，物质变得透明了。这一时期的温度从实验室物理学就能很好地得出，$T\approx 4500\sim3000$ K。

重组之后光子就直达观察者，几乎与物质没有任何相互作用，构成了残余辐射，其能谱对应于目前加热到 2.75 K 的绝对黑体的光谱。约 3000 K 和约 3 K 之间的温度差异是由于，从透明化时期开始宇宙已经膨胀了约 1000 倍。

当今宇宙中的介质由数种成分构成——重子、光子、中微子和暗物质。在宇宙演化相对较晚阶段，每种单一成分内部没有任何相互作用，除了引力作用。重组之前的成分是重子-电子-光子等离子体、暗物质和中微子，重组之后则去掉了光子。

宇宙早期在温度 $T\approx 0.25$ eV 时发生重组之后，宇宙变得透明，或者更准确地说，对于初级等离子体的光子几乎透明。这些光子以残余辐射的形式在宇宙中保存到了我们的时代。残余辐射特性的测量有助于获得关于宇宙在重组时代最重要的信息，评估宇宙的年龄。此外重组之后，宇宙的膨胀以及一系列与结构形成相关的过程对残余光子的传播产生了影响。因此残余辐射也包含了宇宙发展较后时期非常有价值的信息。

残余辐射能谱的形态与普朗克谱的形态高度一致。这一主张是对于不同频率残余辐射大量观测数据进行分析的结果。与到达方向有关的辐射强度的些许变化是温度的变化，它是普朗克谱的唯一特征。残余光子(大约 400 个/cm^3)的平均温度是 $T_0=(2.725\pm0.001)$K。

温度的最大角变化是 $\delta T/T\approx 10^{-3}$，具有清晰的偶极属性，归因于地球的运动。变化的更微小的结构的幅度是 $\delta T/T\approx 10^{-5}$，在其背后所支撑的正是极为不平凡的物理学。残余辐射的温度除了角度相关外，其残余光子来流方向所决定的偏振现象也意义重大。

非常重要的是，“火球”时代通过在均匀且各向同性的等离子体中形成——打破了总体上的均匀性和各向同性的——轻度不均匀性(密度起伏)，就已经构建了未来星系形成的条件。这就是未来星系的“萌芽”。重组时代之后当宇宙温度下降、且辐射不再与物质粒子强烈相互作用并使之在空间中扩散时，这些“萌芽”通过引力开始把粒子拉到自己身边。1993 年从 COBE 卫星获得了首批相应的测量实验数据。天空的温度在一些区块(“斑点”)稍微($10^{-5}\sim10^{-6}$，图 9.61)不同于其他区块的温度。

重组时代之后是“黑暗世纪”的来临[171]，残余辐射与物质割裂，星系中的恒星还没有开始发光。这一时期出现了原星系，像某种气体云团。它们互相碰撞，形成黑洞。这些黑洞将可见物质吸到自己这里，可见物质是发光的，于是出现了类星体。残余辐射的表现很弱，暗物质和可见物质起着主要作用。

大约 50 亿年以前，宇宙膨胀过程中还发生过一次重要事件，宇宙学常数正式登场[171]。更早些时候它还没有起多大作用，因为当时还是小量，低于残余辐射的物质密度。然后宇宙开始以指数规律膨胀。由于相对加速度，星系间的互相排斥越来越强，妨碍了它们的互相碰撞。这一情况对于太阳、太阳系、地球和地球上生命出现的可能性非常重要。

重组时代和我们的时代之间还树立着一座重要的里程碑——宇宙大规模结构的形成，或者星系的形成。这一时期有条件地发生在等离子体残余光子的温度满足不等式 $T \leqslant 30$ K 的时候。这一过渡时期内还有银河系外天体演化的非线性阶段这样的时代，也就是，普通星系、类星体、星团和星系的超星系团时代。

这一时期的宇宙总体上持续膨胀并冷却，但是在一些平均密度相对有些升高的区域，由于额外的引力作用使物质的膨胀减缓，过渡到缓慢旋转的引力收缩阶段。物质收缩而引起这一旋转的角速度的升高使离心力变得与引力量级相当。这样就形成了旋转星系[52]。

这些星系中的氢和氦由于引力而被压缩，也被加热，激发了热核聚变反应。相应的温度升高终止了引力收缩，使太阳类的恒星诞生。更大质量星因更强的引力使加热更强烈，所以燃烧掉自身的氢元素也更快速(数亿年间)，开启了氦变成更重元素如碳和氧类的热核转化过程。此后核心区域被压缩成黑洞类的超稠密状态，或者中子星，而包含重元素的外层区域因超新星爆炸而被抛向星际空间，给下一代行星和恒星提供物质基础。特别地，我们的太阳是第二代或者第三代恒星。更为详细的恒星天体的演化，我们已经在 8.2 节分析过了。

我们再次强调，我们身体的原子诞生于恒星内部，而原子核则是在宇宙生涯的最初 3 min 内就诞生了。形象地说，如果我们放眼无限的远方，由于光速的有限性，我们仿佛在注视久远的过去：距离我们非常遥远的一个“地点”就是我们身体的原子核所诞生的地方，而更早一些则是基本粒子本身的诞生[171]。这里的意思是，宇宙看起来像一座巨大的“房子”，根据(宇宙论的)人择原理(见后续)，里面为人类的诞生早都作好了准备，也保存了从人类迈出最初的步伐到目前为止的所有“照片”。

我们引用文献[3]的公式，根据这一公式，温度从膨胀的早期变化到 $T \sim 10^{12}$ K：

$$T=\frac{1.3}{\xi^{1/4}\sqrt{t}}\ \mathrm{MeV}$$

反转这一公式，我们得到膨胀开始后相对论粒子的温度等于 T 的时间：

$$t=\frac{1.7}{(T[\mathrm{MeV}])^{2}\xi^{1/2}}\ \mathrm{s}$$

9.4.5 核合成

从原子时代开始，光子气体的冷却就独立于其他物质，在当代表现为残余辐射。

核合成阶段相对于早期宇宙是终极阶段。它在大爆炸之后经过 3 min 就结束了。

核合成时代之后紧接着是隐物质主宰阶段，与隐物质载体的类型相关，大约在温度 $T \approx 10^{6}$ K 时到来。从这一时代起，物质密度的小扰动增长，迄今为止，增大到了如此程度，以至于出现了星系(大爆炸之后 50~100 亿年)、恒星和行星(100~115 亿年)。

在这一点上，如果把宇宙作为一个整体对待，形成我们周围世界物质的宇宙学阶段可以认为是结束段。后续阶段本质上具有局部特性，与宇宙结构的形成——大规模结构(星团和超星系团)、星系、恒星、行星——紧密相关。在这些阶段可见物质的主要形态是等离子体状态(宇宙等离子体——行星周围的、行星际的、恒星和恒星大气层的行星内的等离子体，类星体及星系核心等离子体，星际及星系际等离子体，夸克-胶子等离子体)。

从物质组分形成的角度看，恒星的热等离子体具有特殊意义，该等离子体中有一直到碳元素的轻元素原子核的合成(主序列星和红巨星)。更重的元素形成于——恒星演化灾难性晚期的——超新星爆发时，借助于中子捕获进而发生 β 衰变。这样的元素诞生情形使卡尔·萨甘(Carl Sagan)认为，我们都是恒星物质所构成的。

超新星爆发时也形成了宇宙射线——极度不平衡的物质成分。在自身演化的晚期，恒星或者转变成白矮星状态，其物质是理想的——“纯粹的”金属(原子核组成的晶格被几乎自由的电子气体所包围)，或者转变成黑洞，或者中子星。最后一种，正如我们前面讨论过的，包含一个液体(超流体)核心——由中子和少量质子与电子的混合物(中子物质)构成，一层外壳内层——由中子过剩原子核晶格、电子气体和中子液体构成，以及一层外壳外层——结构上类似于白矮星物质。

根据文献[39]，我们概述宇宙中化学元素生成更为详尽的图像。我们从这样一个演化阶段开始，这时的宇宙在宇宙大爆炸之后最初的瞬间由夸克、胶子、轻子、中微子和光子混合物构成。随着我们宇宙的膨胀，物质的密度和温度下降，使得夸克结合在一起，形成了中子和质子(核子)。核子的相互碰撞就使第一批最简单的原子核诞生了，但是由于和光子以及其他具有及高能量粒子的碰撞，这些原子核立刻衰变成单独的核子。虽然物质的密度和温度随着宇宙的膨胀而下降，却提高了原子核存活下来的概率。热核反应(3.1 节)

$$n + p \rightarrow {}^{2}D$$

$${}^{2}D + {}^{2}D \rightarrow {}^{3}He + n$$

$${}^{2}D + {}^{2}D \rightarrow {}^{3}T + p$$

$${}^{3}T + {}^{2}D \rightarrow {}^{4}He + n$$

导致了氘(${}^{2}D$)、氚(${}^{3}T$)原子核、以及氦同位素${}^{3}He$、${}^{4}He$ 原子核的形成。但是由于不存在原子质量为 5 的稳定原子核，所以氦同位素不可能通过连续不断兼并质子或者中子来合成比${}^{4}He$ 更重的原子核。除此之外，到氦元素已经形成了可观的数量的时候，物质温度就会跌到使反应

$${}^{3}He + {}^{4}He \rightarrow {}^{7}Be$$

$${}^{4}He + {}^{4}He \rightarrow {}^{8}Be$$

$${}^{8}Be + {}^{4}He \rightarrow {}^{12}C$$

的效率极低，因为库伦排斥与质子相比更强。由于这些原因，宇宙诞生之后大约经过 3 min，宇宙中初级的元素合成就结束了。计算和观测表明，到这一时刻，宇宙物质的 75%是氢、25%是氦同位素${}^{4}He$，还有少量的氘(约 0.003%)和轻的氦同位素${}^{3}He$(约 0.002%)，而比氦重的元素的合成微不足道。至于自由中子和氚，它们在核合成时代曾经数量可观，但当时就是不稳定粒子，很快就消失了：

$$n \rightarrow p + e^- + \tilde{\nu}$$

$$^3T \rightarrow {}^2D + e^- + \tilde{\nu}$$

现如今，也就是宇宙起源之后经过了大约135~145亿年，氢和氦的相对丰度与初级核合成结束时刻的几乎一样，然而更重元素的含量显著提高，我们银河系的星际气体中，这些元素的份额是质量的2%~3%。星际介质中最多的是氧原子，碳原子数量只有它的一半，氮、氖、铁、硅等元素的数量更是下降了一个数量级。

所有重于氦的元素是在恒星中合成的[39]。虽然热核反应发生在恒星内核深处，但是这些反应产物完全可以出现在恒星周围的空间中。第一条通路——对流将核转变产物输送到恒星外层，从那里再随着星风被带到星际介质中。这类过程在恒星演化的晚期最为有效。

正如我们已经看见的，星际介质提高重元素含量有第二种可能性——超新星爆炸，彼时冲击波把恒星物质向四面八方喷洒，使这些物质变成星际气体。冲击波从恒星中心向其表面运动，不仅在其波阵面之后附着了气体，而且还将气体加热到很高的温度。结果波阵面后面开始了热核反应，反应过程中物质几乎瞬间就从氢变成了镍，而同时释放出的热能又给冲击波补充了能量，形成了热核爆轰波，支持该波不衰减。虽然比铁更重的元素的合成(图3.3)过程不释放能量，反而是吸收能量，但是当超新星爆炸时所释放出的能量如此之多，以至于出现了消耗其中的一部分来合成甚至非常重元素的可能性，如铀元素这类的。总而言之，元素越重，则其合成的可能性越小，虽然这一规律也存在例外，取决于不同原子核的特性、以及这样或那样的聚变反应发生的可能性。至于镍元素，就像大质量星核心区域在“安静”地燃烧时那样，所合成的最多数量的是镍元素的不稳定同位素$^{56}_{28}Ni$，随后其β衰变的结果就是变成了钴元素，然后钴元素自己又变成了稳定的铁同位素$^{56}_{26}Fe$。

我们前面已经看见了，恒星在其诞生时刻的质量越大，则在其灭亡时刻向星际空间所喷射的自身质量的份额就越高，最大质量星(100~150$M_\odot$)的则是全部。除此之外，随着恒星质量的增长，其寿命也在缩短。这两种情形使得大质量星成为重元素的主要供应者。宇宙中第一批恒星只由氢和氦构成。经过数百万年，其中的最大质量星消亡，向星际介质喷射了第一份重元素。富含这些物质的气体与星际介质的氢-氦气体混合，经过一些时间，从这一混合物中就诞生了新一代恒星，其中质量最大的很快又消亡了，使重于氦的元素的浓度进一步升高。宇宙存在期间，数千代大质量星来得及诞生及消亡，每一次都使星际介质中的重元素含量提高。当然在这期间也诞生了低质量恒星，它们生存到了我们的时代，在其外层保留了相应于星际介质组分的化学组分，因为这些外层来自于星际介质。在寿命高于100亿年的球状星团中，天文学家们发现了一些恒星，其重元素含量是太阳表层的百分之一。而不久前又成功地找到了一些恒星，它们的物质中重元素的含量是太阳的数万分之一。显然，它们应该是我们银河系中最老的恒星吧。

所描述的场景对于我们的生命具有重要意义[39]。生命的存在有赖于有机物分子，这些分子是氢与化学元素(门捷列夫)周期表中几乎所有元素的化合物，首要的当然是与碳元素的。这就意味着，所有的生命都是由——曾经不止一次到过恒星内部、并且经历过恒星热核反应堆的——物质所构成。

我们的宇宙经历了暴风骤雨般的青春时代，充满了极端、强烈的事件。普朗克温度 $T=10^{32}$ K 在宇宙发端之后仅 10^{-43} s 就达到了；经过 10^{-6} s，$T=10^{13}$ K；经过 0.01 s，$T=10^{11}$ K；经过 1 s，$T=10^{10}$ K；经过 1 min，$T=10^{9}$ K；经过 10 万年，$T=10^{4}$ K（世代交替）；经过 100 万年，$T=10^{3}$ K。因此，初级核合成在“宇宙起源”之后几分钟就结束了，而原子的形成则要经过 1 百万年。在这样急风暴雨式的阶段之后，演化的起始步骤就结束了，然后过渡到了常规的老态龙钟式的膨胀过程，也就是我们目前所看到的、已经是“宇宙起源”大约 150 亿年以后的样子。

人们已经很好地了解了地球和太阳接近于当今时代的演化阶段[167]。现代日震学甚至可以直接确定太阳的年龄，根据最新数据，是 45.6~45.8 亿年。由于原日云团引力凝聚的持续时间总共只有数百万年，可以肯定，这一过程的发端到我们当今时代不超过 46 亿年。同时太阳物质含有大量重于氦的元素，它们由先前若干代——以超新星形式烧尽及炸毁的——大质量星内部的核反应而形成。这就意味着，宇宙存在的跨度远远超过太阳系的年龄。

根据放射性年龄测定法，地球上最古老的岩石是加拿大西北部的灰片麻岩，其年龄据测定是 40.3 亿年[167]。还有更早（44 亿年以前）结晶的锆石矿微小颗粒，是自然的硅酸锆，在西澳大利亚的片麻岩中发现。既然那时候地壳已经存在，所以我们的行星应该更老一些。至于陨石，碳球粒状陨石陨星物质中钙-铝含量的年龄测定可以提供最精准的信息，形成于新生太阳周围的气体粉尘云团的这类物质几乎从未改变[167]。1962 年在哈萨克斯坦帕夫罗达尔（Pavlodar）地区发现的类似结构的埃夫雷莫夫卡（Efremovka）陨石，其放射性年龄是 45.67 亿年。

正如我们前面所看到的，地球上的人类生命将在大约 50 亿年之后、在太阳上的热核燃料耗尽之后终止，当然，如果上苍慈悲为怀让地球上目前的人类能够延续到那时候的话。

9.4.6　我们的时代

文献[179]讨论了图 9.63 所展示的宇宙发展的情形。根据这篇文献，宇宙从高度均匀的等离子体发端，消亡时将几近真空，也就是从低熵状态演化到高熵状态——被称为“热寂”的终极状态。

我们所观察到的生物学进步、生命（图 9.64）和文明起源的生气勃勃的时代正好落在了这种常规的宇宙发展进程中。特别是行星地球形成于大约 45~50 亿年以前，最简单的有机生命——大约 40 亿年以前，而 DNA 分子和遗传密码——大约 35 亿年以前。将近 12 亿年以前出现了植物和动物。人类的祖先在将近 100 万年前出现，一种智人物种——将近 20 万年前。这一种群约公元前 5 万年才开口说话；而使用文字记载——6~8 千年前。现代文明据信发端于最后的冰川时期结束时——约公元前 1 万年，那时的地球温度终于来到了现代水平，约 15 ℃。仅仅约 4 千年前，最后的猛犸象消失在泰米尔和弗兰格尔岛。第一批城镇出现在 6~7 千年前，基督教文明——2000 年前，而工业文明——只不过 200 年前。

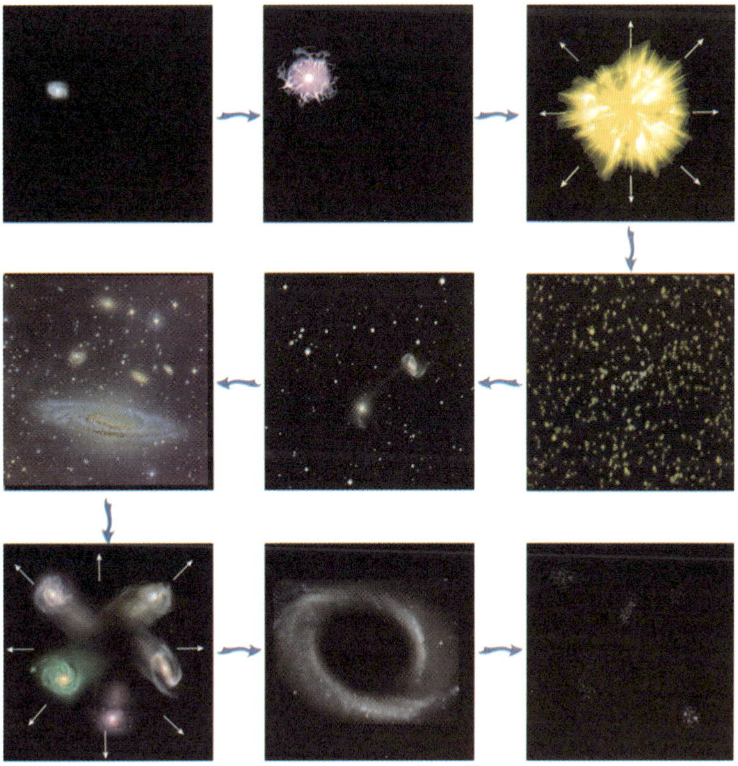

图 9.63 宇宙的发展[179]

一开始空间几乎一无所有，某些区域有量子场起伏。之后空间呈指数膨胀(暴胀)，充满几乎完全均匀的初级等离子体。物质的聚集催生了恒星和星系，它们由于膨胀的加速而飞向四面八方。一些星系的核心所含有的巨型黑洞吸收周围所有的东西，然后自己也慢慢蒸发。空间再一次变成一无所有……

在这期间人类发展到如此之成熟，以至于开始有能力提出关于物质极端状态物理学的问题。在数量级上，文明起源的时间与圣・奥古斯丁(St. Augustine)(图 9.65)在其著作《上帝之城》中的评估(约 5 千年前)一致[52]。在回答“创造宇宙之前上帝在做什么”这一问题的时候，他说，造物主在为提出这类问题的人准备地狱[52]。生命体和——提出类似问题并敢于探索宇宙的——智慧体出现的可能性是自然科学最具挑战性也最有意义的问题之一。

有关生命的起源是宇宙的原则性问题中最有意思也最困难的问题[180]。

最古老(年龄高达 35 亿年)的地球水成岩中大量化石细菌残留物的发现，是地质学者和古生物学者在 20 世纪末最惊人的发现之一[180,181]。

细菌是我们星球上最古老且多样化的生命形态。它们为了栖息完全征服了地球空间，这方面早就胜过了最复杂的有机体。当代条件下，细菌生命几乎无处不在：陆地上、水环境中，它们能够在-10 到+120 ℃的温度下生存，在南极洲冰层深处，在大气层高处。当温度低于-10、高于+120 ℃时，细菌能够转为蛰伏状态，这样就能保持更高的稳定性来适应不友好的温度、脱水、放射性剂量升高等条件。蛰伏的细胞能够长时间(直到 2 百万年及以上)处于有生命力的状态；特别是把它们从永久冻土中提取出

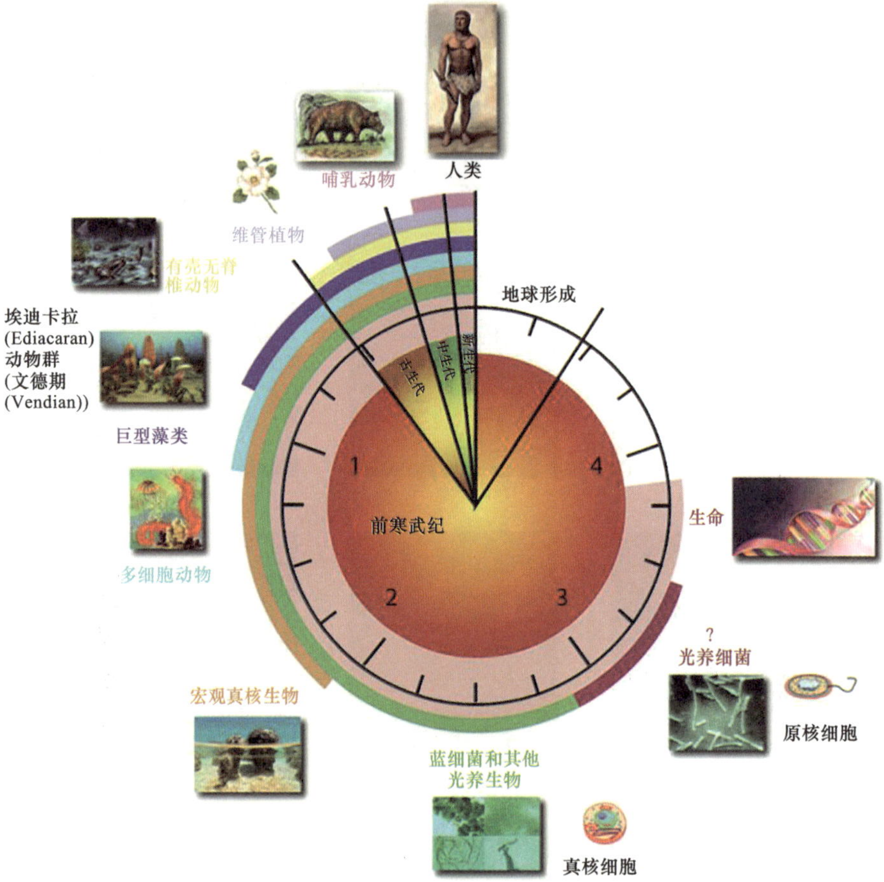

图 9.64　生命历史的标志性事件(数十亿年间)

图 9.65　圣·奥古斯丁最早的肖像(公元六世纪)

来后，在适当条件下它们能够再度萌发繁殖。

生命的起源与地球上水的存在紧密相关(图 9.66)。地球上从前没有水，在陨星集中撞击地球这一时期结束之后，地球上的水开始积蓄(图 9.67)。约 40 亿年前，浅水池中开始形成沉积物，在我们的星球上生命繁荣起来。除了细菌，还有藻青菌(照片见图 9.68)，也不排除地球曾经被绿藻类所占领，甚至或许还有真菌类。陆地表面在太古时代就已经有微生物生存[180]。

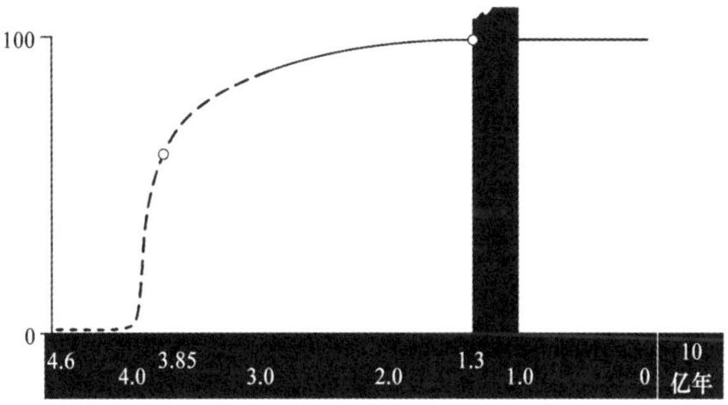

图 9.66　地球存在的早期水容量的增长

13 亿~10 亿年——地球表面的盐分和水容量实现趋稳的时期[180]

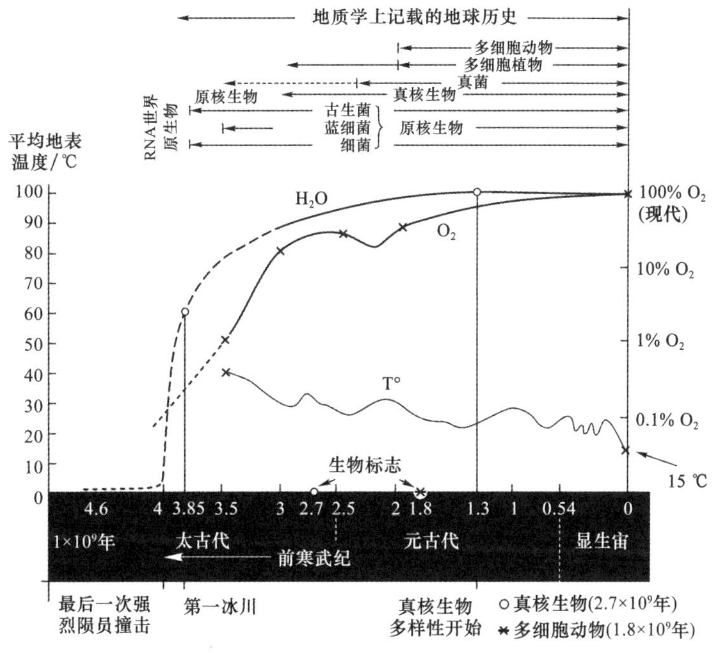

图 9.67　前寒武纪所发生的地质事件的纲要[180]

与现有水容量相当的量值在约 13 亿年前就已经形成了，从那时起我们看到了各种有机体最大幅度的扩张。RNA 世界作为一种独立状态，如果曾经存在，则止步于 40 亿

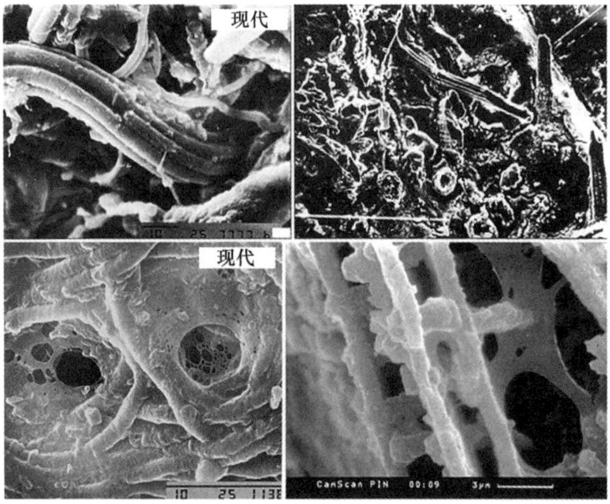

图 9.68　当代以及发掘出来的(寒武纪的和奥陶纪的)藻青菌，年龄约 28 亿年。特别有意义的是纤维和薄膜保存非常完好，薄膜厚度 10~20 μm[180]

年前，也可能在地球形成以前。恰恰在地球上出现生命的概率其实非常小。很可能生命的出现比地球的形成早得多，先出现在“地球类”行星上，被陨石带到了地球上[180]。

地球上的生命至少在 35~40 亿年前萌芽，但最初的几十亿年它非常原始，没有本质上的分化。前寒武纪晚期，约 6.5 亿年前，出现了多细胞动物，进化成为有硬骨骼的生物，其存在使地质学家能很有把握地认定遥远古代动物区系的变化。在寒武纪——起始于约 5.45 亿年前的有形生命纪元的第一地质时期——物种多样性急剧扩展，被称为寒武纪爆炸。从那时起，演化的大趋势又导致了越来越庞大的生物多样性。

当然在此背景下，曾经不止一次发生了某种行星级的灾难性事件，导致了生命的急剧减少，被称作(物种的)大规模灭绝。这类大规模物种灭绝事件之一之所以众所周知是因为恐龙的消失，发生在白垩纪和早第三纪交替时期(约 6 千 5 百万年前)。自 1980 年代初以来，解释这一事件的权威性假设是大块陨石的坠落，所造成的直径 180 km 的弹坑位于拉丁美洲的尤卡坦半岛。试图采用陨石假说来解释其他大规模物种灭绝事件没有成功。对于那些事件，占上风的假说是大量反常的火山活动以及所伴随的有毒气体向大气层的喷发。此外，火山假说也可用于解释白垩纪-早第三纪的大规模物种灭绝。

对于我们周围的世界，具有思想、语言和文化的天赋异禀的人类的出现当然具有特殊的意义。正因为这些素质我们有别于动物，也正因如此我们的数量千百倍(巨大的数字)地高于与我们体重相当的动物——熊、狼、大型猿猴(图 9.69)[182]。分子生物学家不久前的研究表明，这里的决定性事件应该是一到两个 HAR1 F 基因的突变，它们决定了胚胎发育第五至第九周的大脑组织。国际项目负责人凯瑟琳·波拉德(Katherine Pollard)在《是什么使我们成为人类?》一文中对这些研究进行了总结[183]。根据这一模型，目前完全有理由相信，我们遥远先祖的基因中这样突发点式的变化发生在 5 百万~4 百万年前，能够使大脑组织发生质的飞跃，成为社会意识和文化发展的起因，导致人口数量不同寻常的增长。由于这一突变，长长的人类起源时期之后出现了说话能力和语言，人类掌握了用火和石头工具。从那时起人类的生物属性就没什么改变了，尽管我们社会发展的过程突飞猛进。今天我们了解这些意义非凡，于是终于明白了，正是人口数量增长的——基于遗传信息的共同增长机制并且服从于自身内在力量的——非线性动力学不仅决定了我们爆炸式的发展，也决定了这一发展的极限[182]。

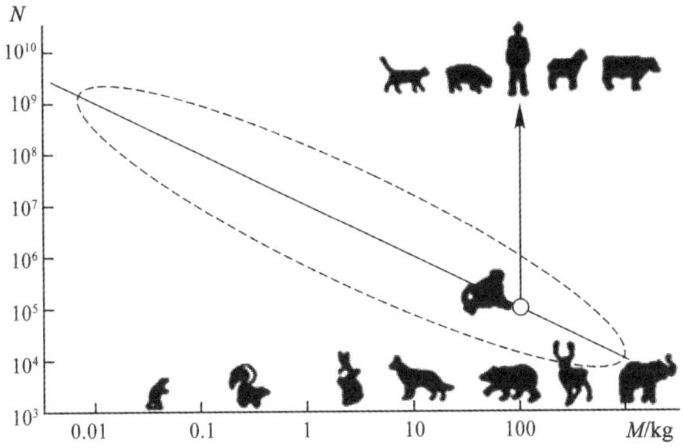

图 9.69 地球上各种动物的数量与它们的质量的关系[182]

这一异常飞速发展的特征是，它不是由指数定律

$$N \sim N_0 e^{-T/T_E}$$

来描述，而是用到了更强势的双曲线定律[182]

$$N=\frac{210^{11}}{2025-T}=\frac{C}{T_1-T}$$

双曲线(爆炸式)发展的主要性质在于，增长速率不是正比于人口数的一次幂——就像反映人类繁殖能力的指数增长的时候，而是正比于二次幂——世界上人口数的平方。这就指出了一个极为重要的——可以解释为协调增长的——由正比于 N^2 的二次方相互作用所描述的规律[182]。

这一增长速率基于所有成熟的有关集体相互作用的概念以及由此而得出的结论[182]。综上所述，人类的增长源于人口数繁殖的协调机制；正如文献[182]中所提到的，集体机制使这一模型成为描述全人类规模的增长的有效工具。

因此，根据文献[182]的模型，正比于人口数平方的增长不是由独立单元的发展所决定，而是取决于全人类的集体相互作用。

令人惊诧莫名的是，早年间对于这一所观察到的地球上人类爆炸式增长的诠释之一，有时会导向这样一种见解，婚姻中男人和女人的互动(配对数量 $\sim N$)比婚姻外的($\sim N^2$)效率低多了。显然莎士比亚(William Shakespeare，1564—1616)早就察觉到了这一点，他在《李尔王》中写道(第一幕第二场，朱生豪译)：

为什么他们要叫我私生子？为什么我比人家卑贱？
我的壮健的体格，
我的慷慨的精神，我的端正的容貌，
哪一点比不上正经女人生下的儿子？为什么他们要给我加上
庶出？贱种？私生子的恶名？贱种，贱种？

难道在热烈兴奋的奸情里，
得天地精华、父母元气而生下的孩子，
倒不及拥着一个毫无欢趣的老婆，
在半睡半醒之间
制造出来的那一批蠢货？

无论如何，当 2050 年来临之际，一定会出现一种增长的刹车机制，在此之前地球人口将达到一个固定的极限 90~110 亿人[182]。

根据这些模型所得出的——地球上有史以来生活过的——人口的总量接近约 980 亿人这一数字[182]。

在描述人类历史的时候，世界上人口增长的非线性动力学使我们得出这样的结论，就是发展本身改变了时间流淌的节律[182]。这首先就可以从历史时期持续时间的指数缩短中清楚看到，从而表现出在历史长河中——所理解的增长——的真正的时间相对性（图 9.70）。特别是，古代延续了约三千年，中世纪——一千年，近代——三百年，而现代历史——也就一百多年。

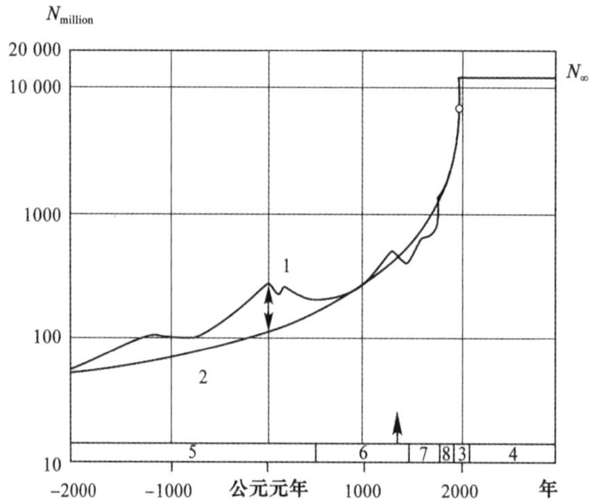

图 9.70　公元前 2000 年到公元后 3000 年的世界人口[182]

根据文献[182]，增长的加速导致这样一个情况，每一次循环之后，余下的发展所需时间基本上是前一步骤的一半。例如持续 100 万年的旧石器时代早期之后，只过去了 50 万年就到了我们的时代，而 1000 年的中世纪之后到现在只过去了 500 年。到此为止，历史的进程加快了 1000 倍。历史进程持续时间的这种转变也表现在古埃及和中国的历史中，它们有数千年历史，历数朝代作为标记，而同一时期的欧洲历史的进程则是由各自分开的统治集团所控制。罗马帝国经历 1500 年之后毁灭了——从 500 年的罗马陷落到 1500 年的君士坦丁堡陷落。至于现代帝国，例如大英帝国，十年就完蛋了，而苏联帝国的情况甚至更快。因此，非平衡自相似成长时就会经历发展的浓缩，这时历史进程的速率随着人口转折的即将到来而加快，不可避免地导致增长危机。

显然人类学家很明白这一点，在描绘全部石器时代——从百万年的旧石器时代早期到一万年的新石器时代——时，他们习惯性地转向对数（而不是线性）时标。根据文献[182]，人类历史进程以对数标尺列于表9.4中。

表9.4 对数时间标尺的人类历史进程[182]

纪元	时期	年代，年	人口	文化周期	ΔT/年	历史，文化，技术
C	T_1	2150 2050 2000	10×10^9 9×10^9 6×10^9	地球人口稳定期 世界人口变迁	45	向极限 11×10^9 过渡期 年龄分布变化——老龄化 全球化 城市化
B	11	1955	3×10^9	世界人口变迁	45	计算机，互联网 核能
B	10	1840	1×10^9	近代史	125	世界大战 电气化和无线电通信
B	9	1500		近代	340	工业革命 印刷术
B	8	500 A. D.		中世纪	1000	地理发现，罗马衰落， 穆罕默德(伊斯兰教)
B	7	2000 B. C.	10^8	古代	2500	基督，“轴心时代” 希腊文明 印度，中国，佛教和儒教
B	6	9000		新石器时代	7000	美索不达米亚，埃及 用文字表述的语言 城镇，青铜器 驯养家畜
B	5	29 000	10^7	中石器时代	20 000	农业 陶瓷 细石器
B	4	80 000		旧石器时代中期	51 000	定居美洲 语言，萨满教
B	3	22万年	10^6	阿舍利时期(欧洲旧石器时代早期)	140 000	智人 语言，用火
B	2	60万年		阿布维利文化(欧洲旧石器时代初期)	380 000	定居欧洲和亚洲，手斧
B	1	160万年	10^5	奥尔德沃文化 (东非旧石器时代)	1 000 000	石器文化，斧头 能人
A	T_0	4~5百万年 5~7百万年	(1)	人类起源 出现HAR1 F基因	2 800 000	开始社会化 发展成具有强大大脑和 思维能力的原始人类

因此分析[182]所得出的结论是，全球性人口转折的起因取决于世界人口增长速度的极限何时到来，而不是马尔萨斯人口论，该人口论认为资源才是限制性因素[182]。然而在快速变化的时代，当变化时间变得与人类寿命相当，则会出现有关增长和发展进程的稳定性问题。

20 世纪的世界大战是人类历史上最大规模的全球性灾难，期间两代人的时间就使全球人口减少了 8%～10%。战争前夕的 1913 年，俄罗斯和德国经济的年增长率有 10%，俄罗斯人口每年增长 2%，从这些高的增长率中可以看到欧洲失去政治和经济稳定性的根源。

总之我们看到，我们宇宙的发展过程中发生了一系列转变，形成了越来越复杂、更具多样性的结构[171]。经典时空发端之后出现了初级基本粒子、初级原子核(3 min)、轻元素的原子(重组时代)、星系和恒星；恒星内部合成了碳和重元素，在爆炸时被抛射到空间中；行星形成了，最终出现了有机生命和宇宙中最复杂的物体——人类大脑，由 10^{11} 个(与银河系的恒星数目相当)神经元构成，其中任何一个都比恒星复杂得多。为此花费了很多时间——将近 150 亿年，这期间宇宙走过了长长的历程——增大了 10^{61} 倍。如果我们身体的原子能够叙述自己的历史——如何从真空中诞生的历史，那么它们会讲述所有那些时代，那些我们前面分析过的时代……

人类的生存如何与宇宙的基本性质联系起来？什么范围内这些性质能够为了我们生命的构成而改变？实际上这些范围极为狭窄。

我们援引一些范例。正如霍金[52]所指出的，假如宇宙在第一秒的膨胀速度与临界值有百万分之一的偏差，则人类或许就不能在宇宙中发端了。一种情况下宇宙可能太热、收缩太快，另一种情况下又可能对我们来说又太冷，那时星系或许就形成不了了。只有某条“中间”道路才能通向人类。

氢原子是绝对稳定的元素。在

$$p + e^- \rightarrow n + \nu$$

反应中，p、e^-、n、ν 分别是质子、电子、中子、中微子，该反应在低能量(温度)时绝对不会发生，因为

$$m_e \sim 0.511\ \mathrm{MeV} < \Delta m_N = m_n \sim m_p \approx 1.3\ \mathrm{MeV}$$

当然假如(有意)使质量 m_e 增大，则这一反应可能发生，或许会导致灾难性后果——星系不可能形成，然后恒星也是如此。因为要形成星系，必须有中性氢的存在。

另一个范例——用氦和铍生成碳并释放出 γ 光子的核反应中的“共振”：

$$2\mathrm{He}^4 \rightarrow \mathrm{Be}^8,\ \mathrm{He}^4 + \mathrm{Be}^8 \rightarrow \mathrm{C}^{12} + 2\gamma$$

这种核反应的概率在 He^4 和 Be^8 的能量等于 7.65 MeV 时提高了，它能够在温度很高的恒星中进行。假如这一共振不曾存在，则或许不能够产生足以使生命起源的碳元素数量[171]。但是所得到的碳元素有可能经过反应 $He^4 + C^{12} \rightarrow O^{16}$ 立刻变成氧，使得以碳元素为基础的有机生命不能发端。但是这里由于走大运的随机性，数字指标只偏离了一点点，于是氧生成与碳消失反应里的共振禁绝。确实，$He^4 + C^{12}$ 的能量——7.166 MeV，而 O^{16} 的能量——7.118 MeV，在 O^{16} 的静止坐标系中这一反应不可能发生。总之，就是这 0.05 MeV 的能量差异在恒星内解决了未来人类起源的问题。

双质子^2He是不稳定粒子，这一不稳定性源自于质子(其势能约 2 MeV)的库仑排斥。然而正如评估所表明的，假如核吸引的势能只高了 50 keV 这么一点，则^2He原子核或许就稳定了，那么反应 $p + p \to {}^2He + \gamma$ 或许就发生了，所有质子在初级(宇宙)核合成过程中或许就烧光了。

这类范例的一览表很容易拉长。在比较宇宙常数值时有着惊人的巧合[171]：

——电磁相互作用常数(精细结构常数)$\alpha \approx 10^{-2}$；

——万有引力常数(无量纲)$\alpha_G \approx 10^{-38} \sim 10^{-40}$；

——弱相互作用费米常数 $\alpha_W \approx 10^{-5}$；

——强相互作用常数 $\alpha_S \approx 10$；

——宇宙中质子的数目 $N_p \approx 10^{80} \approx \alpha_G^{-2}$；

——宇宙质量 $M \approx \alpha_G^{-2} m_p$，这里 m_p为质子质量；

——银河系质量 $M \approx \alpha^4 \alpha_G^{-2} m_p$；

——恒星质量 $M_{star} \approx \alpha_G^{-3/2} m_p$；

——行星质量 $M_{pl} \approx \alpha_G^{3/2} M_{star}$(木星质量)；

——人类质量 $M_{homo} = \sqrt{M_{pl} m_p}$。

这些巧合是偶然的吗？最为惊人的是，宇宙常数些许的改变，就会导致人类(其实如同所有以碳元素为基础的生物)因这样或那样的缘故而不能起源，甚至星系本身也将完全是另一种面貌，例如没有氢元素。这就是为什么人择原理的说法之一可以概括为，总星系的结构相对于基本常数值的变动是不稳定的。当然，我们前面所列出的数字的巧合与其说是关于人类的，不如说是关于碳基生物的，人类在这一点上与动物没有多大差别。

所谓的对流恒星——它们之中的热量在对流过程中传递(如太阳上的)并且它们有行星伴随——之所以存在，是因为[171] $\alpha_G = \alpha^{20}$。超新星爆炸了，是因为 $\alpha_G = (\alpha_W)^8$。原子作为原子核和电子所构成的系统而存在，原子核被强相互作用所约束，而电子被电磁相互作用约束在轨道上，因为 $\alpha = (\alpha_S)^{-3}$。

最终，当下时代宇宙的膨胀取决于宇宙常数，其量值使我们的纪元起始于大约太阳起源的时刻。幸亏其他星系被加速从我们旁边推开，使我们银河系免于和它们相撞，因此保证了太阳行星系起源和地球上生物进化的稳定性。

但是这些常数极微小的变化都会从根本上改变整个宇宙！宇宙就像一个精细调校的乐器！所有这些巧合与调校反映在所谓的宇宙学的人择原理中，它也被称为合理性原则。这里所指的是相对于四种相互作用的基本常数 α 数值、质量 m_p和 m_e以及宇宙空间维度的总星系结构稳定性的研究。

在其弱形式中，人择原理确信，我们所观察到的宇宙的性质取决于作为观察者的人[171]。实际上，我们作为观察者所存在的时期，也就是我们在观察全部我们真能看到的目标的时候，以及所有我们所建立的关系确立的时候，其他时间“没有人”能看见所有这些东西。某些巧合与时空中我们观察的特别之处紧密相关。

强人择原理认为，宇宙就是这么构造的，使得宇宙中人类的出现就应该不可避免，这就接近了圣经中的人类中心论思想——人类就是天地万物努力的目标。宇宙就是这样演化的，为了使某种生物——人类——得以出现，这种生物有能力揭示发展的数学定律，明白其中的神秘之处。

强人择原理的提法假定观察者已经创造出来了。如果宇宙是量子的，则根据量子力学的注解版本之一，是人类观察者这样定义了波动函数，使得大爆炸本身以及宇宙演化进行过程中，观察者一定能出现。假设，除我们的宇宙之外有可能存在无穷多——10^{10}——个其他宇宙，它们之中没有我们的世界所固有的宇宙常数之间的关系。这些宇宙常数在那里具有其他量值。但实际上，那些世界中根本没有人类！我们看出了这些关系并不是因为我们是天地万物的精华，而是因为在其他世界中我们根本不能存在！

这些高难度的世界观问题的进一步讨论将把我们带入哲学领域，或者甚至神学领域，显然超出了本书的范畴。

在一般形式下，人择原理确信，总星系中的物理规律对于主要的稳定状态（原子核、原子、恒星、星系）不仅是充分的，也是必要的。

第 9 章参考文献

[1] *Сурдин В. Г.* Млечный Путь // Астрономия XXI век / Под ред. В.Г. Сурдина. — Фрязино: Век-2, 2007. С. 267. 苏尔金. 银河 // 二十一世纪天文学.苏尔金编.

[2] *Сурдин В.* Рождение звезд. — М.: Эдиториал УРСС, 1999. 苏尔金. 星星的诞生.

[3] *Засов А. В.*, *Постнов К. А.* Общая астрофизика. — Фрязино: Век-2, 2006. 扎索夫,等. 普通天体物理学.

[4] *Vacca J. R.* The World's 20 Greatest Unsolved Problems. — New Jersey: Prentice Hall-PTR, 2004.

[5] Frontiers in High Energy Density Physics / Ed. by D. Henderson. — Washington: National Research Council, Nat. Acad. Press, 2003.

[6] *Зельдович Я. Б.*, *Новиков И.Д.* Релятивистская астрофизика. — М.: Наука, 1967. 泽尔多维奇, 等. 相对论天体物理学.

[7] *Шапиро С.*, *Тьюколски С. А.* Черные дыры, белые карлики, нейтронные звезды. Т. 1-2. — М.: Мир, 1995. 沙皮罗,等. 黑洞,白矮星,中子星.

[8] *Bondi H.*, *Hoile F.* // Mon. Not. R. Astron. Soc. 1944. V. 104. P. 273.

[9] *Parker E. N.* Dynamics of the interplanetary gas and magnetic fields // Astrophys. J. 1958. V. 128. P. 664.

[10] *Бисноватый-Коган Г.* Физические вопросы теории звездной эволюции. — М.: Наука, 1989. 比斯诺瓦特伊-孔加恩. 星球演化理论的物理问题.

[11] *Тассуль Ж.* Теория вращающихся звезд. — М.: Мир, 1982. 塔苏尔. 旋转星球理论.

[12] *Михалас Д.* Звездные атмосферы. — М.: Мир, 1982. 米哈拉斯. 星球大气层.

[13] *Lada C. J.* Cold outflows, energetic winds, and enigmatic jets around young stellar objects // Ann. Rev. Astron. Astrophys. 1985. V. 23. P. 267-317.

[14] *Michel F.* Theory of Neutron Star Magnetosphere. — Chicago: Chicago University Press, 1991.

[15] *Beskin V. S.*, *Gurevich A. V.*, *Istomin Y. N.* Physics of the Pulsar Magnetosphere. — Cambridge: Cambridge University Press, 1993.

[16] *Phinney E.* Astrophysical Jets / Ed. by A. Ferrari, A.Pacholczyk. — Dordrecht: D. Reidel, 1983.

[17] *Бегельман М. К.*, *Блендфорд Р. Д.*, *Рис М. Д.* Физика внегалактических источников радиоизлучения / Под ред. Р. Д. Дагкесаманского. — М.: Мир, 1987. 别格尔曼,等. 银河外射电辐射源物理学. 达克凯撒曼斯基编.

[18] *Fabrika S.* The jets and and supercritical accretion disk in SS433 // Astrophys. Space Phys. Rev. 2004. V. 12. P. 1.

[19] *Засов А. В.*, *Сурдин В. Г.* Разнообразие галактик // Астрономия XXI век / Под ред. В. Г. Сурдина. — Фрязино: Век-2, 2007. С. 329. 扎索夫,等. 星系的多样性 // 二十一世纪天文学. 苏尔金编.

[20] *Faber T.* Fluid Dynamics for Physicists. — Cambridge: Cambridge University Press, 1977.

[21] *Бескин В. С.* Магнитогидродинамические модели астрофизических струйных выбросов // УФН. 2010. Т. 180, №12. С. 1241-1278. 别斯金. 天体物理射流喷发磁动力学模型.

[22] *Falize E.*, *Bouquet S.*, *Michaut C.* Radiation hydrodynamics scaling laws in high energy density physics and laboratory astrophysics // J. Phys.: Conf. Ser. 2008. V. 112, №4. P. 042016 (4pp).

[23] *Drake R. P.* High-Energy-Density Physics. — Berlin-Heidelberg: Springer, 2006.

[24] *Willingale L., Mangles S. P. D., Nilson P. M. et al.* Collimated multi-MeV ion beams from high-intensity laser interactions with underdense plasma // Phys. Rev. Lett. 2006. V. 96, №24. P. 245002.

[25] *Mourou G. A., Tajima T., Bulanov S. V.* Optics in the relativistic regime // Rev. Mod. Phys. 2006. V. 78, №2. P. 1804-1816.

[26] *Pukhov A.* Strong field interaction of laser radiation // Rep. Prog. Phys. 2003. V. 66, №1. P. 47-101.

[27] *Clark E. L., Krushelnick K., Davies J. R. et al.* Measurements of Energetic Proton Transport through Magnetized Plasma from Intense Laser Interactions with Solids // Phys. Rev. Lett. 2000. V. 84, №4. P. 670-673.

[28] *Maksimchuk A., Gu K. F. S., Umstadter D., Bychenkov V. Y.* Forward Ion Acceleration in Thin Films Driven by a High-Intensity Laser // Phys. Rev. Lett. 2000. V. 84, №18. P. 4108-4111.

[29] *Mackinnon A. J., Borghesi M., Hatchett S. et al.* Effect of Plasma Scale Length on Multi-MeV Proton Production by Intense Laser Pulses // Phys. Rev. Lett. 2001. V. 86, №9. P. 1769-1772.

[30] *Kando M., Nakajima K., Arinaga M. et al.* Interaction of terawatt laser with plasma // Journal of Nuclear Materials. 1997. V. 248, №1. P. 405-407.

[31] *Kodama R., Tanaka K. A., Sentoku Y. et al.* Observation of ultrahigh gradient electron acceleration by a self-modulated intense short laser pulse // Phys. Rev. Lett. 2000. V. 84, №4. P. 674-677.

[32] *Месяц Г. А.* Импульсная энергетика и электроника. — М.: Наука, 2004. 梅夏茨. 脉冲动力学和电子学.

[33] *Tzortzakis S., Mechain G., Patalano G. et al.* Coherent subterahertz radiation from femtosecond infrared filaments in air // Opt. Lett. 2002. V. 27, №21. P. 1944-1946.

[34] http://hubblesite.org

[35] *Michaut C., Falize E., Cavet C. et al.* Link between laboratory and astrophysical radiative shocks // J. Phys.: Conf. Ser. 2008. V. 112, №4. P. 042013 (4pp).

[36] *Vinci T., Loupias B., Koenig M. et al.* Laboratory astrophysics using high energy lasers: need for 2d simulation // J. Phys.: Conf. Ser. 2008. V. 112, №4. P. 042012 (4pp).

[37] *Nicolaï P., Stenz C., Kasperczuk A. et al.* Studies of supersonic, radiative plasma jet interaction with gases at the prague asterix laser system facility // Phys. Plasmas. 2008. V. 15, №8. P. 082701.

[38] *Woolsey N.* Laboratory plasma physics experiments using lasers // Proc. Int. Conf. Superstrong Fields in Plasma, Sept. 2005, Varena, Italy. 2005.

[39] Звезды / Под ред. В. Г. Сурдина. Астрономия и астрофизика. 3 изд. — М.: Физматлит, 2013. 仰望星空,苏尔金编.

[40] *Ваккер Б., Рихтер Ф.* Наша растущая галактика // Альманах «Космос» +. — М.: В мире науки, 2006. 巴克尔,等. 我们生长中的银河.

[41] *Шара М.* Когда звезды сталкиваются // Альманах «Космос» +. — М.: В мире науки, 2006. С. 95. 沙拉. 什么时候星星会相互碰撞.

[42] *Блик Б., Франк А.* Необычная смерть обычных звезд // Альманах «Космос» +. — М.: В мире науки, 2006. С. 71-78. 伯利克,等. 普通星球不普通的死亡.

[43] *Abel T.* The first stars, as seen by supercomputers // Physics Today. 2011. V. 64, №4. P. 51-56.

[44] *Быков А. М., Топтыгин И. Н.* Неустойчивости многокомпонентной плазмы с ускоренными частицами и генерация магнитных полей в астрофизических объектах // УФН. 2007. Т. 177, №2. С. 149-182. 贝科夫,等. 有加速粒子的多组分等离子体以及天体物理目标磁场生成的不稳定性.

[45] *Fortov V. E.*, *Ivlev A. V.*, *Khrapak S. A. et al.* Complex (Dusty) Plasma: Current Status, Open Issues, Perspectives // Phys. Rep. 2005. V. 421, №1. P. 1-103.

[46] *Фортов В. Е.*, *Храпак А. Г.*, *Храпак С. А. и др.* Пылевая плазма // УФН. 2004. Т. 174, №5. С. 495. 弗尔托夫,等. 粉末等离子体.

[47] *Лифшиц Е. М.* О гравитационной неустойчивости расширяющегося мира // ЖЭТФ. 1946. Т. 16. С. 587. 利夫希茨. 膨胀中的宇宙的万有引力不稳定性.

[48] *Ivanova L. N.*, *Imshennik V. S.*, *Chechotkin V. M.* Pulsation regime of the thermonuclear explosion of a star's dense carbon core // Astrophys. Space Sci. 1974. V. 31, №2. P. 497-514.

[49] *Oumlpik E. J.* Stellar associations and supernovae // Irish Astronomical Journal. 1953. V. 2, №8. P. 219-233.

[50] *Orlando S.*, *Peres G.*, *Reale F. et al.* Crushing of interstellar gas clouds in supernova remnants — I. The role of thermal conduction and radiative losses // Astron. Astrophys. 2005. V. 444, №2. P. 505-U104.

[51] *Рубин С. Г.* Устройство нашей Вселенной. Фрязино: Век-2, 2006. 鲁宾. 我们宇宙的结构.

[52] *Хокинг С.* Краткая история времени. От Большого взрыва до черных дыр. — СПб.: Амфора, 2007. 霍金. 时间简史。从大爆炸到黑洞.

[53] *Гич Д.* Потерянные галактики // В мире науки. 2011. №9. С. 16-23.

[54] *Горбунов Д. С.*, *Рубаков В. А.* Введение в теорию ранней Вселенной: Космологические возмущения. Инфляционная теория. Т. 2. — М.: Красанд, 2010. 果尔布诺夫,等. 早期宇宙理论导引:宇宙学的窘境。膨胀理论.

[55] *Рубаков В. А.* Иерархии фундаментальных констант (к пунктам 16, 17 и 27 из списка В. Л. Гинзбурга) // УФН. 2007. Т. 177, №4. С. 407. 鲁巴科夫. 基础常数排列(金斯伯格目录的16、17和27条).

[56] *Чернин А. Д.* Темная энергия и всемирное антитяготение // УФН. 2008. Т. 178, №3. С. 267. 切尔宁. 暗能量以及世界性反万有引力.

[57] *Лукаш В. Н.*, *Рубаков В. А.* Темная энергия: мифы и реальность // УФН. 2008. Т. 178, №3. С. 301. 鲁卡什,等. 暗能量:神话和现实.

[58] *Riess A. G.*, *Filippenko A. V.*, *Challis P. et al.* Observational Evidence from Supernovae for an Accelerating Universe and a Cosmological Constant // Astron. J. 1998. V. 116, №3. P. 1009.

[59] *Perlmutter S.*, *Aldering G.*, *Goldhaber G. et al.* Measurements of Ω and Λ from 42 High-Redshift Supernovae // Astron. J. 1999. V. 517, №2. P. 565.

[60] *Чернин А. Д.* Космический вакуум // УФН. 2001. Т. 171, №11. С. 1153. 切尔宁. 宇宙真空.

[61] *Рубаков В. А.*, *Тиняков П. Г.* Модификация гравитации на больших расстояниях и массивный гравитон // УФН. 2008. Т. 178, №8. С. 785. 鲁巴科夫. 遥远距离万有引力修正和巨大引力子.

[62] *Глинер Э. Б.* // ЖЭТФ. 1965. Т. 49. С. 542. 格林内尔. 实验物理及理论物理杂志.

[63] *Hindmarsh M.*, *Philipsen O.* Dark matter of weakly interacting massive particles and the QCD equation of state // Phys. Rev. D. 2005. V. 71. P. 087302.

[64] *Тродден М.*, *Фэн Д.* Темные миры // В мире науки. 2011. №1. Р. 14-23. 特洛坚, 等. 暗世界.

[65] *Sandage A.*, *Tammann G. A.*, *Saha A. et al.* The Hubble constant: A summary of the Hubble space telescope program for the luminosity calibration of type ia supernovae by means of cepheids // Astrophys. J. 2006. V. 653, №2. P. 843-860.

[66] *Lobo F. S. N.* Phantom energy traversable wormholes // Phys. Rev. D. 2005. V. 71. P. 084011.

[67] *Рубаков В. А.* Большие и бесконечные дополнительные измерения // УФН. 2001. Т. 171, №9. С. 913. 鲁巴科夫. 巨大而无限的附加维度.

[68] *Бурдюжа В. В.* Темные компоненты Вселенной // УФН. 2010. Т. 180, №4. С. 439-444. 布尔纠扎. 宇宙黑暗构成.

[69] *Rubin V.* Seeing dark matter in the Andromeda galaxy // Physics Today. 2006. V. 59, №12. P. 8-9.

[70] *Rubin V. C.*, *Ford Jr. W. K.*, *Krishna K. C.* Stellar motions near the nucleus of M31 // Astrophys. J. 1973. V. 181. P. 61-78.

[71] *Faber S. M.*, *Gallagher J. S.* Exploding neutron stars in close binaries // Ann. Rev. Astron. Astrophys. 1979. V. 17. P. 135-187.

[72] *Ефремов Ю. Н.* Спиральная структура нашей Галактики // Астрономия XXI век / Под ред. В. Г. Сурдина. — Фрязино: Век-2, 2007. С. 313. 叶夫列莫夫. 我们银河系的螺旋结构 // 二十一世纪天文学. 苏尔金编.

[73] *Zakharov A. F.*, *Nucita A. A.*, *De Paolis F.*, *Ingrosso G.* Apoastron shift constraints on dark matter distribution at the galactic center // Phys. Rev. D. 2007. V. 76. P. 062001.

[74] *Zakharov A.*, *Capozziello S.*, *De Paolis F. et al.* The role of dark matter and dark energy in cosmological models: Theoretical overview // Space Sci. Rev. 2009. V. 148. P. 301-313.

[75] The European X-Ray Laser Project XFEL http://xfel.desy.de/.

[76] *Weinberg S.* The cosmological constant problem // Rev. Mod. Phys. 1989. V. 61. P. 1-23.

[77] *Peebles P. J. E.*, *Ratra B.* The cosmological constant and dark energy // Rev. Mod. Phys. 2003. V. 75. P. 559-606.

[78] *Bousso R.* The cosmological constant // General Relativity and Gravitation. 2008. V. 40. P. 607-637.

[79] *Frieman J. A.*, *Turner M. S.*, *Huterer D.* Dark energy and the accelerating Universe // Ann. Rev. Astron. Astrophys. 2008. V. 46, №1. P. 385-432.

[80] *Бурдюжа В. В.* Космологическая константа (современный взгляд) // Астрономический журнал. 2009. Т. 86, №5. С. 419-427. 布尔纠扎. 宇宙学常数(当代观点).

[81] *Грабовский Е. В.*, *Воробьев О. Ю.*, *Дябилин К. С. и др.* Генерация мощных ударных волн мягким рентгеновским излучением плазмы Z-пинча // Письма ЖЭТФ. 1994. Т. 60, №1. С. 3. 格拉波夫斯基,等. 运用 Z 箍缩等离子体软 X 射线辐射生成强冲击波.

[82] *Spielman R. B.*, *Deeney C.*, *Chandler G. A. et al.* Tungsten Wire-Array Z 箍缩 Experiments at 200 TW and 2 MJ // Phys. Plasmas. 1998. V. 5, №5. P. 2105-2111.

[83] *Cuneo M. E.*, *Vesey R. A.*, *Bennett G. R. et al.* Progress in Symmetric ICF Capsule Implosions and Wire-Array Z 箍缩 Source Physics for Double-Pinch-Driven Hohlraums // Plasma Physics and Controlled Fusion. 2006. V. 48, №2. P. R1-R35.

[84] *Quintenz J.*, *Sandia S.* Pulsed Power Team. — Nagaoka, Japan, 2000. June.

[85] *Stefani F.*, *Gundrum T.*, *Gerbeth G. et al.* Experimental evidence for magnetorotational instability in a Taylor-Couette flow under the influence of a helical magnetic field // Phys. Rev. Lett. 2006. V. 97, №18. P. 184502.

[86] *Balbus S. A.*, *Hawley J. F.* A powerful local shear instability in weakly magnetized disks. I — Linear analysis. II — Nonlinear evolution // Astrophys. J. 1991. V. 376, №1. P. 214-233.

[87] *Aschwanden M.* Physics of the Solar Corona: An Introduction with Problems and Solutions. — U.K.: Springer, 2006. P. 869.

[88] *Nishida A.* The Earth's dynamic magnetotail // Space Sci. Rev. 2000. V. 91, №3-4. P. 507-577.

[89] *Зеленый Л. М., Веригин М. И., Захаров А. В. и др.* Гелиосфера и взаимодействие планет земной группы с солнечным ветром // УФН. 2005. Т. 175, №6. С. 643. 兹耶廖内,等. 太阳以及行星表面物体与太阳风的相互作用.

[90] *Аюков С. В., Батурин В. А., Грязнов В. К. и др.* Анализ малых примесей тяжелых элементов в солнечной плазме с помощью уравнения состояния SAHA-S // Письма ЖЭТФ. 2004. Т. 80, №3. С. 163. 阿尤科夫,等. 借助状态方程 SAHA-S 来分析太阳等离子体中的少量重元素混合物.

[91] *Fortov V., Yakubov I., Khrapak A.* Physics of Strongly Coupled Plasma. — Oxford: Clarendon Press, 2006.

[92] *Фортов В. Е., Храпак А. Г., Якубов И. Т.* Физика неидеальной плазмы. — М.: Физматлит, 2004. 弗尔托夫,等. 非理想等离子体物理学.

[93] Энциклопедия низкотемпературной плазмы / Под ред. В. Е. Фортова. — М.: Наука, 2000. 弗尔托夫编. 低温等离子体百科全书.

[94] *Schekochihin A., Cowley S., Dorland W.* Interplanetary and interstellar plasma turbulence // Plasma Phys. Control. Fusion. 2007. V. 49, №5A. P. A195-A209.

[95] *Nagano M., Watson A. A.* Observations and implications of the ultrahigh-energy cosmic rays // Rev. Mod. Phys. 2000. V. 72, №3. P. 689-732.

[96] *Стожков Ю. И.* Космические лучи // Энциклопедия «Современное естествознание» / Под ред. В.Н. Сойфера. Т. 4. Физика элементарных частиц. Астрофизика. — М.: Магистр-пресс, 2000. С. 191. 斯托日科夫. 宇宙射线 //《当代自然科学》百科全书,索菲尔编.

[97] *Greisen K.* End to the cosmic-ray spectrum? // Phys. Rev. Lett. 1966. V. 16, №17. P. 748-750.

[98] *Ginzburg V. L., Syrovatskii S. I.* The Origin of Cosmic Rays. — Oxford: Pergamon Press, 1964.

[99] *Птускин В. С.* Происхождение космических лучей // УФН. 2010. Т. 180, №9. С. 1000-1004. 普图斯金. 宇宙射线的起源.

[100] *Zatsepin G., Kusmin V.* Top boundary of cosmic ray spectrum // JETP Lett. 1966. V. 4, №3. P. 78.

[101] *Вайнштейн С., Зельдович Я. Б., Рузмайкин А.* Турбулентное динамо в астрофизике. — М.: Наука, 1980. 瓦因斯坦,等. 天体物理学中的湍流发电.

[102] *Takahashi T., Hillman Y., Tajima T.* High Field Science / Ed. by T. Tajima. — N.Y.: Kluver, 2000. P. 171.

[103] *Hayashida N., Honda K., Honda M. et al.* Observation of a very energetic cosmic ray well beyond the predicted 2,7 K cutoff in the primary energy spectrum // Phys. Rev. Lett. 1994. V. 73, №26. P. 3491-3494.

[104] *Takeda M., Hayashida N., Honda K. et al.* Extension of the cosmic-ray energy spectrum beyond the predicted Greisen-Zatsepin-Kuz'min cutoff // Phys. Rev. Lett. 1998. V. 81, №6. P. 1163-1166.

[105] *MinZayyang T. et al.* // Proc. 26th Int. Cosmic Ray Conf. (ICRC) / Ed. by H. Van Horn, S. Ichimaru. V. 3. — Salt Lake City: Utah University, 1999. P. 125.

[106] *Olinto A. V.* Ultra high energy cosmic rays: the theoretical challenge // Phys. Rep. 2000. V. 333-334. P. 329-348.

[107] *Панасюк М.* Странники Вселенной, или эхо Большого взрыва. — Фрязино: Век-2, 2005. 帕纳修克. 宇宙朝圣者,或者大爆炸的回声.

[108] *Weiler T. J.* Cosmic-ray neutrino annihilation on relic neutrinos revisited: a mechanism for generating air showers above the Greisen-Zatsepin-Kuzmin cutoff // Astroparticle Physics. 1999. V. 11, №3. P.

303–316.

[109] *Птицына К. В., Троицкий С. В.* Физические условия в потенциальных ускорителях космических лучей сверхвысоких энергий: обновленная диаграмма Хилласа и ограничения из потерь на излучение // УФН. 2010. Т. 180, №7. С. 723–734. 普基岑娜,等. 潜在超高能量宇宙射线加速器中的物理条件:Hillas 曲线升级以及辐射损失约束.

[110] *Fermi E.* On the origin of the cosmic radiation // Phys. Rev. 1949. V. 75, №8. P. 1169–1174.

[111] *Achterberg A., Gallant Y. A., Kirk J. G., Guthmann A. W.* Particle acceleration by ultrarelativistic shocks: theory and simulations // Mon. Not. R. Astron. Soc. 2001. V. 328, №2. P. 393–408.

[112] *Achterberg A.* Particle acceleration by an ensemble of shocks // Astron. Astrophys. 1990. V. 231, №1. P. 251–258.

[113] *Трубников Б. А.* Ударно-волновой и плазмо-пинчевый механизмы рождения галактических космических лучей // ЖЭТФ. 2005. Т. 128, №1(7). С. 183–192. 特鲁伯尼科夫. 银河系宇宙射线产生的冲击波动和等离子体 Pinch 机制.

[114] *Chen P., Tajima T., Takahashi Y.* Plasma wakefield acceleration for ultrahigh-energy cosmic rays // Phys. Rev. Lett. 2002. V. 89, №16. P. 161101.

[115] *Glendenning N.* Compact Stars, Nuclear Physics, Particle Physics, and General Relativity. — N.Y.: Springer, 2000.

[116] *Vlemmings W. H. T., Bignall H. E., Diamond P. J.* Green Bank telescope observations of the water masers of NGC 3079: Accretion disk magnetic field and maser scintillation // Astrophys. J. 2007. V. 656, №1. P. 198.

[117] *Modjaz M., Moran J. M., Kondratko P. T., Greenhill L. J.* Probing the magnetic field at subparsec radii in the accretion disk of NGC 4258 // Astrophys. J. 2005. V. 626, №1. P. 104.

[118] *McCallum J. N., Ellingsen S. P., Lovell J. E. J.* Magnetic field limits and spectral variability in the circinus galaxy H2O megamasers // Mon. Not. R. Astron. Soc. 2007. V. 376, №2. P. 549–556.

[119] *Zavala R. T., Taylor G. B.* Faraday rotation measures in the parsec-scale jets of the radio galaxies M87, 3C 111, and 3C 120 // Astrophys. J. Lett. 2002. V. 566, №1. P. L9.

[120] *Matveenko L. I., Kellermann K. I., Pauliny-Toth I. I. K. et al.* The Structure of the Nucleus of the Seyfert Galaxy NGC 1275 // Soviet Astronomy Letters. 1980. V. 6. P. 42.

[121] *Artyukh V. S., Chernikov P. A.* Physical conditions in the nucleus of the radio galaxy 3C 274 // Astronomy Reports. 2007. V. 51. P. 808–812.

[122] *Tyul' Bashev S. A.* The Physical Parameters of Several Extragalactic Radio Sources Displaying Rapid Variability // Astron. Rep. 2005. V. 49. P. 967–972.

[123] *Chernikov P. A., Artyukh V. S., Tyul'Bashev S. A., Lapaev K. A.* Study of the physical conditions in active galactic nuclei. Physical conditions in the cores of two nearby radio galaxies // Astron. Rep. 2006. V. 50. P. 202–209.

[124] *Яковлев Д. Г., Левенфиш К. П., Шибанов Ю. А.* Остывание нейтронных звезд и сверхтекучесть в их ядрах // УФН. 1999. Т. 169, №8. С. 825. 雅可夫列夫,等. 中子星的冷却以及它们地核内的超流性.

[125] *Гинзбург В. Л.* О физике и астрофизике. — М.: Бюро Квантум, 1995. 金兹伯格. 关于物理学和天体物理学.

[126] *Герелс Н., Пиро Л., Леонард П.* Ярчайшие взрывы во Вселенной // Альманах «Космос». — М.: В мире науки, 2006. С. 142. 格列尔斯,等. 宇宙中最亮的爆炸.

[127] *Meszaros P., Rees M. J.* Relativistic fireballs and their impact on external matter- models for cosmological gamma-ray bursts // Astrophys. J. 1991. V. 405. P. 278–284.

[128] *Price P. A., Berger E., Reichart D. E. et al.* GRB 011121: A massive star progenitor // astro-ph/0203467. 2002.

[129] *Blinnikov S. I., Novikov I. D., Perevodchikova T. V., Polnarev A. G.* Exploding neutron stars in close binaries // Soviet Astronomy Letters. 1984. V. 10, №3. P. 177.

[130] *Гинзбург В. Л.* О сверхпроводимости и сверхтекучести (что мне удалось, а что не удалось), а также о физическом минимуме на начало XXI века // УФН. 2004. Т. 174, №11. С. 1240. 金兹伯格. 关于超导性和超流动性(我的成功与不成功),以及关于 21 世纪开端的物理学基础知识.

[131] *Arnett W.* Supernova and Nucleosynthesis. — Princeton Univ. Press, 1996.

[132] *Edens A. D., Ditmire T., Hansen J. F. et al.* Studies of laser-driven radiative blast waves // Astrophys. Space Sci. 2005. V. 298, №1–2. P. 39–47.

[133] *Грищук Л.* Реликтовые гравитационные волны и космология // УФН. 2005. Т. 175, №12. С. 1289. 格里修克. 残余引力波和宇宙学.

[134] *Grishchuk L. P.* Gyros, clocks, interferometers...: Testing relativistic graviy in space // Lecture Notes in Physics. — Berlin/Heidelberg: Springer. 2001. V. 562. P. 167.

[135] *Waxman E.* Gamma-ray bursts and collisionless shocks // Plasma Phys. Control. Fusion. 2006. V. 48, №12B. P. B137–B151.

[136] *Киржниц Д. А.* Экстремальные состояния вещества (сверхвысокие давления и температуры) // УФН. 1971. Т. 104, №7. С. 489. 基尔日尼茨. 物质极端状态(超高压力和温度).

[137] *Bell A.* The acceleration of cosmic rays in shock fronts. I // Mon. Not. R. Astron. Soc. 1978. V. 147–156. P. 022105.

[138] *Mangles S. P. D., Murphy C. D., Najmudin Z. et al.* Monoenergetic beams of relativistic electrons from intense laser- plasma interactions // Nature. 2004. V. 431, №7008. P. 535–538.

[139] *Maksimchuk A., Flippo K., Krause H. et al.* Plasma phase transition in dense hydrogen and electron-hole plasmas // Plasma Phys. Rep. 2004. V. 30, №6. P. 473–495.

[140] *Esirkepov T., Yamagiwa M., Tajima T.* Laser ion-acceleration scaling laws seen in multiparametric particle-in-cell simulations // Phys. Rev. Lett. 2006. V. 96, №10. P. 105001.

[141] *Burke D. L., Field R. C., Horton-Smith G. et al.* Positron Production in Multiphoton Light-by-Light Scattering // Phys. Rev. Lett. 1997. V. 79, №9. P. 1626–1629.

[142] *Bamber C., Boege S. J., Koffas T. et al.* Studies of nonlinear QED in collisions of 46.6 GeV electrons with intense laser pulses // Phys. Rev. D. 1999. V. 60, №9. P. 092004.

[143] *Bula C., McDonald K. T., Prebys E. J. et al.* Observation of nonlinear effects in Compton scattering // Physical Review Letters. 1996. V. 76, №17. P. 3116–3119.

[144] *Pukhov A., Meyer-ter-Vehn J.* Laser wake field acceleration: the highly non-linear broken-wave regime // Appl. Phys. B. 2002. V. 74, №4–5. P. 355–361.

[145] *Disdier L., Garconnet J.-P., Malka G., Miquel J.-L.* Fast neutron emission from a high-energy ion beam produced by a high-intensity subpicosecond laser pulse // Phys. Rev. Lett. 1999. V. 82, №7. P. 1454–1457.

[146] *Mima K., Ohsuga T., Takabe H. et al.* Wakeless triple-soliton accelerator // Phys. Rev. Lett. 1986. V. 57, №12. P. 1421–1424.

[147] *Tatarakis M., Watts I., Beg F. N. et al.* Laser technology: Measuring huge magnetic fields // Nature.

2002. V. 415, №6869. P. 280.

[148] *Mason R. J.*, *Tabak M.* Magnetic field generation in high-intensity-laser-matter interactions // Phys. Rev. Lett. 1998. V. 80, №3. P. 524–527.

[149] *Зельдович Я. Б.*, *Райзер Ю. П.* Физика ударных волн и высокотемпературных гидродинамических явлений. — М.: Наука, 1966. 泽尔多维奇,等. 冲击波和高温流体力学现象物理学.

[150] *Kodama R.*, *Norreys P. A.*, *Mima K. et al.* Fast heating of ultrahigh-density plasma as a step towards laser fusion ignition // Nature. 2001. V. 412, №6849. P. 798–802.

[151] *Kruer W. L.* The Physics of Laser Plasma Interaction. — Reading MA: Addison-Wesley, 1988.

[152] *Adzeni S.* ter Vehen J. M. The Physics of Inertial Fusion. — Oxford: Clarendon Press, 2004.

[153] *Lindle I.* Inertial Confinement Fusion. — N.Y.: Springer, 1998.

[154] *Cowan T. E.*, *Hunt A. W.*, *Phillips T. W. et al.* Photonuclear fission from high energy electrons from ultraintense laser-solid interactions // Phys. Rev. Lett. 2000. V. 84, №5. P. 903–906.

[155] *Liang E. P.*, *Wilks S. C.*, *Tabak M.* Pair production by ultraintense lasers // Phys. Rev. Lett. 1998. V. 81, №22. P. 4887–4890.

[156] *McCray R.* Supernova 1987A revisited // Ann. Rev. Astron. Astrophys. 1993. V. 31. P. 175–216.

[157] *Remington B. A.*, *Kane J.*, *Drake R. P. et al.* Supernova hydrodynamics experiments on the nova laser // Phys. Plasmas. 1997. V. 4, №5. P. 1994–2003.

[158] *Hansen J. F.*, *Edwards M. J.*, *Froula D. H. et al.* Laboratory observation of secondary shock formation ahead of a strongly radiative blast wave // Phys. Plasmas. 2006. V. 13, №2. P. 022105.

[159] *Sunyaev R. A.*, *Zeldovich Y. B.* Distortions of the background radiation spectrum // Nature. 1969. V. 223, №5207. P. 721–722.

[160] *Зельдович Я. Б.*, *Левич Е. В.*, *Сюняев Р. А.* Индуцированное комптоновское взаимодействие максвелловских электронов со спектрально узким излучением // ЖЭТФ. 1972. Т. 62, №4. С. 1392. 泽尔多维奇,等. 麦克斯维尔电子和窄频辐射的感应康普顿相互作用.

[161] *Имшенник В.*, *Надёжин Д.* Сверхновая 1987 А в Большом Магеллановом Облаке: наблюдения и теория // УФН. 1988. Т. 156, №12. С. 561. 伊姆申尼克,等. 超新星-1987A 在大麦哲伦云团中:观测和理论.

[162] *Ryutov D. D.*, *Remington B. A.*, *Robey H. F.*, *Drake R. P.* Magnetodynamic Scaling: From Astrophysics to the Laboratory // Phys. Plasmas. 2001. V. 8, №5. P. 1804–1816.

[163] *Drake R. P.*, *Leibrandt D. R.*, *Harding E. C. et al.* Nonlinear mixing behavior of the three-dimensional Rayleigh-Taylor instability at a decelerating interface // Phys. Plasmas. 2004. V. 11, №5. P. 2829–2837.

[164] *Arnett D.* Oxgen-burning hydrodynamics. 1: Steady shell burning // Astrophys. J. 1994. V. 427, №2. P. 932–946.

[165] *Райорден М.*, *Зейц У.* Первые микросекунды // В мире науки. 2006. №8. С. 21. 拉伊奥尔斬,等. 最初数微秒.

[166] *Сажин М. В.* // Энциклопедия «Современное естествознание» / Под ред. В.Н. Сойфера. Т. 4. Физика элементарных частиц. Астрофизика. — М.: Магистр-пресс, 2000. С. 195. 萨仁 //《当代自然科学》百科全书,索菲尔编.

[167] *Левин А.* Возраст мироздания: слушаем пульс Вселенной // Популярная механика. 2012. Т. 115, №5. С. 54–60. 列文. 宇宙的年龄:倾听宇宙的脉搏 // 通俗力学.

[168] *Кросс Л.*, *Шеррер Р.* Наступит ли конец космологии? // В мире науки. 2008. №6. С. 30–37.

克罗斯,等. 宇宙学是否将走到尽头?

[169] *Троицкий С. В.* Нерешенные проблемы физики элементарных частиц // УФН. 2012. Т. 182, №1. С. 77-103. 特洛伊茨基. 基本粒子物理学未解决的问题.

[170] *Ху У.*, *Уайт М.* // Альманах «Космос». — М.: В мире науки, 2006. С. 42. 胡等 //《宇宙》集刊.

[171] *Грибанов А. А.* Основные представления современной космологии. — М.: Физматлит, 2008. 格里巴诺夫. 当代宇宙学基本概念.

[172] *Зеленый Л. М.* // Международный форум «Космос: наука проблемы XXI века». — М.: РАН, 2007. 兹耶廖内 // 国际论坛"宇宙:科学,二十一世纪的问题".

[173] *Киржниц Д. А.* Лекции по физике. — М.: Наука, 2006. 基尔日尼茨. 物理学讲义.

[174] *Гриб А. А.* Основные представления современной космологии. — М.: Физматлит, 2008. 格里伯. 当代宇宙学基本概念.

[175] *Аврорин Е. Н.*, *Водолага Б. К.*, *Симоненко В. А.*, *Фортов В. Е.* Мощные ударные волны и экстремальные состояния вещества // УФН. 1993. Т. 163, №5. С. 1. 阿夫洛林,等.强冲击波和物质极端状态.

[176] *Владимиров А. С.*, *Волошин Н.П.*, *Ногин В. Н. и др.* Ударная сжимаемость алюминия при давлениях P>1 Гбар // Письма ЖЭТФ. 1984. Т. 39, №2. С. 69-72. 伏拉基米洛夫,等. P>1 Gbar 压力条件下铝材料的冲击可压缩性.

[177] *Аврорин Е. Н.*, *Симоненко В. А.*, *Шибаршов Л. И.* Физические исследования при ядерных взрывах // УФН. 2006. Т. 176, №4. С. 449. 阿夫洛林,等.核爆炸的物理学研究.

[178] *Трунин Р. Ф.* Ударная сжимаемость конденсированных веществ в мощных ударных волнах подземных ядерных взрывов // УФН. 1994. Т. 164, №11. С. 1215. 特鲁宁. 地下核爆炸产生强烈冲击波条件下凝聚态物质的冲击可压缩性.

[179] *Кэрролл Ш.* Космологическое происхождение «стрелы времени»// В мире науки. 2008. №9. С. 21-29. 凯罗尔. 宇宙学起源"时光之箭".

[180] *Розанов А. Ю.* Когда появилась жизнь на Земле? // Вестник РАН. 2010. Т. 80, №5-6. С. 533-541. 罗赞诺夫. 何时地球上出现了生物?

[181] *Астафьева М.*, *Герасименко Л.*, *Гептнер А. и др.* Ископаемые бактерии и другие микроорганизмы в земных породах и астроматериалах. — М.: Палеонтологический институт РАН, Москва, 2011. С. 172. 阿斯塔夫耶娃,等. 地球物种和太空物质中的古生物细菌以及其他微有机物.

[182] *Капица С.* Парадоксы роста. Законы развития человечества. АНФ, 2012. 卡皮察. 生长悖论。人类发展规律.

[183] *Поллард К.* Что делает нас людьми? // В мире науки.2009. №7. 波拉尔德. 什么创造了我们人类?

后记

高能量密度状态下的物质构造学和宇宙物理学紧密相关、相互交织[1]。一方面，如果没有相应的天体目标物质结构信息的充分利用，则宇宙物理学任何问题的解决几乎毫无可能。另一方面，宇宙物理学既给核物理学、也给亚核物理学提供了信息，这些信息极大地充实了地球实验室中所获得的资料库，涉及例如，核力的特殊性(脉冲星数据)和中微子种类的数量(宇宙学数据)等。

宇宙(尤其是作为一个整体)承担着基础信息来源的角色，毫无疑问在未来将变得越来越重要，这是因为加速器物理学的能力已经到了看得见的极限。同时高能量密度实验物理学不断发掘出的潜力也给予人们新的希望——在实验室条件下再现物质的超极端状态，这对于包围我们的宇宙来说是很典型的。

虽然实验室等离子体的极限压力目前还差天体物理学峰值 20~30 个数量级，当然这一差异正在急速缩小，但在实验室中的和宇宙中的物理过程经常展现出惊人的多样性，同时又极为相似，在极大的密度(跨度大约 42 个数量级)和温度跨度(直到 10^{13} K)内至少证明了物质性状的物理原理的统一性。

所有这些都在激发最为大胆的想象力，正如伏尔泰曾经指出的："……在大自然中这是完全自然、司空见惯的现象。德国和意大利的一些领主的领地，巡视一圈差不多得花一个半小时吧。但是它们相较于土耳其、莫斯科或者中国等帝国真是微不足道，对比十分惊人。这些反差隐含无穷真谛。"(伏尔泰《微型巨人》(Le Micromégas)，巴黎，1752)

参考文献

[1] *Киржниц Д. А.* Лекции по физике. — М.: Наука, 2006. 基尔日尼茨,物理学讲义.

译者的话

弗拉基米尔·叶甫盖尼耶维奇·弗尔托夫(Владимир Евгеньевич ФОРТОВ, Vladimir E. Fortov)院士是杰出的苏联/俄罗斯科学家，为苏联/俄罗斯乃至世界的科学事业做出了伟大的贡献。弗尔托夫院士著述等身，在国内外以多种语言广泛出版。他对中国及中国人民怀有友好的感情，能以中文出版自己的著作是他的强烈愿望，为此我们也做出了极大的努力。万分遗憾的是，就在本书筹备出版的最后阶段，弗尔托夫院士于2020年11月29日因病不幸离世，没能看到最终的成书。希望《高能量密度物理学》的出版也是对他最好的纪念吧。

本书中文版的出版，首先要感谢弗尔托夫院士博大精深的原著，译者充分感受到了这本书的精彩，并希望尽可能地传递出来。其次要感谢北京应用物理与计算数学研究所的大力支持。另外译者还要感谢蓝可的热情引荐，以及李天惠的费心组织审校和出版事宜。还有很多同事提供了建议和帮助，就一并感谢了。

虽然译者已经尽了自己最大的努力，希望尽可能多地把弗尔托夫院士的思想和成就传达给需要的科学工作者和热心的读者。怎奈水平有限，必有错误之处，还请批评指正。

余真

2021年春于北京

译者简介：

余真，1987年毕业于清华大学工程力学系，曾在俄罗斯莫斯科工程物理学院学习，现于北京应用物理与计算数学研究所工作。